Berichtigungen

S. 3, 5./6. Z. v. o.	Lies: Rostoker
S. 27, 1. Z. nach (9)	Lies: $\hbar\Sigma(\boldsymbol{k}, \omega)$ statt: $\Sigma(\boldsymbol{k}, \omega)$
S. 30, 3. u. 4. Z. nach (12)	Lies: Kronig-Beziehungen auch für $1/\alpha$, ε $\big($falls $\varepsilon(\boldsymbol{q}, 0) > 0$ gilt, s. Pines u. Nozières, 66, Kap. 4, § 1, Dolgov u. a., 81$\big)$ und $1/\varepsilon$. Diese Beziehungen ...
S. 37, 5. Z. v. o.	Lies: $\Big(t_r - \ldots$ statt: $\Big(t_z - \ldots$
S. 81, Abb.-Unterschrift	Lies: Lundqvist
S. 130, 1. Z. vor (7)	Lies: $\mathrm{n}_L(\varkappa\boldsymbol{r})$ statt: $\mathrm{n}_L(\varkappa r)$
S. 178, Formel (53)	Lies: $\tilde{c}$ statt: c
S. 178, Formel (59)	Lies: $\bar{c}$ statt: $\tilde{c}$
S. 190, 9. Z. v. o.	Lies: Newton, 66, § 81
S. 389, Formel (13)	Lies: $\mathrm{j}_l(\varkappa r)$ statt: $j_l(\varkappa r)$ Lies: $\mathrm{n}_l(\varkappa r)$ statt: $n_l(\varkappa r)$
S. 475, 9. Z. v. o. S. 475, 11. Z. v. o. S. 479, Formel (78) S. 491, 6. Z. v. u. S. 491, Formel (6) S. 492, 7. Z. v. u.	Lies: $\mathcal{V}$ statt: $\mathscr{V}$
S. 534, Formel (18)	Lies: $\mathrm{j}_l(z, z')$ statt: $\mathrm{j}(z, z')$
S. 570, 6. Z. v. u.	Lies: $k = k' = \varkappa$ statt: $\boldsymbol{k} = \boldsymbol{k}' = x$
S. 570, 1. Z. v. u.	untere Indizes L statt l!

Ziesche/Lehmann, Ergebnisse in der Elektronentheorie 762 264 0 (6328)

Ergebnisse in der Elektronentheorie der Metalle

Methoden
Ideale und gestörte Kristalle
Meßgrößen

Ergebnisse in der Elektronentheorie der Metalle

Methoden • Ideale und gestörte Kristalle • Meßgrößen

Autorenkollektiv unter Leitung von

Prof. Dr. rer. nat. habil. Paul Ziesche
Technische Universität Dresden, Sektion Physik,

und

Prof. Dr. sc. nat. Gerd Lehmann
Zentralinstitut für Festkörperphysik und Werkstofforschung Dresden,
Akademie der Wissenschaften der DDR

mit Beiträgen von

Dr. H. Eschrig, Dr. M. Hietschold, Doz. Dr. sc. nat. W. John, Dr. sc. nat. E. Mrosan,
Prof. Dr. sc. nat. G. Paasch, Prof. Dr. habil. P. Rennert, Dr. sc. nat. M. Taut

Mit 190 Abbildungen und 40 Tabellen

AKADEMIE-VERLAG · BERLIN 1983

Autoren und ihre Beiträge

Dr. HELMUT ESCHRIG, ZFW Dresden: [0], [2.1.3], [5], [7.2.4], [8]
Dr. MICHAEL HIETSCHOLD, TU Dresden: [10]
Doz. Dr. sc. WALTER JOHN, TU Dresden: [9]
Prof. Dr. sc. GERD LEHMANN, ZFW Dresden: [0], [4], [11], [A1], [A5]
Dr. sc. EBERHARD MROSAN, TU Dresden: [11]
Prof. Dr. sc. GERNOT PAASCH, TH Ilmenau: [1], [2], [3.8], [10]
Prof. Dr. habil. PETER RENNERT, MLU Halle: [2], [6.6], [7]
Dr. sc. MANFRED TAUT, TH Karl-Marx-Stadt: [3], [6], [10.4.4], [A4]
Prof. Dr. habil. PAUL ZIESCHE, TU Dresden: [0], [1], [A2], [A3], [A6], [A7], [A8]
Hinzu kommen
Dr. Ingrid MERTIG, TU Dresden: [6.0]
Dr. Roland SCHÖPKE, TU Dresden: [11.8.3]

Dienststellen der Autoren

TU Dresden = Technische Universität Dresden, Sektion Physik
ZFW Dresden = Zentralinstitut für Festkörperphysik und Werkstofforschung Dresden, Akademie der Wissenschaften der DDR
MLU Halle = Martin-Luther-Universität Halle, Sektion Physik
TH Karl-Marx-Stadt = Technische Hochschule Karl-Marx-Stadt, Sektion Physik/Elektronische Bauelemente
TH Ilmenau = Technische Hochschule Ilmenau, Sektion Physik und Technik elektronischer Bauelemente

Erschienen im Akademie-Verlag, DDR-1086 Berlin, Leipziger Straße 3—4
Lektor: Dipl.-Phys. Ursula Heilmann

Lizenznummer: 202 · 100/536/83
Gesamtherstellung: VEB Druckerei „Thomas Müntzer", 5820 Bad Langensalza
Einbandgestaltung: Rolf Kunze
Bestellnummer: 7622640 (6328) · LSV 1185
Printed in GDR

DDR 120,— M

Inhaltsverzeichnis

Vorwort

Mit dem vorliegenden Buch wird der Versuch unternommen, die von der Dresdener Elektronenstrukturgruppe in den letzten zehn Jahren gesammelten Erfahrungen bei der konkreten Durchführung und Anwendung der Elektronentheorie der Metalle zu verdichten und weiterzugeben. Die Arbeiten ordnen sich in die Aufgabe ein, zum langfristigen Vorlauf einer systematischen und theoretisch fundierten Festkörper- und Werkstofforschung beizutragen. Die Untersuchungen betreffen die elektronischen Eigenschaften reiner Metalle und geordneter Verbindungen sowie solche Störungen der idealen Kristallstruktur wie Punktdefekte, Phononen und Oberflächen. Die Darstellung entspricht dem Stand von 1978; die seitdem erzielten Ergebnisse konnten nur teilweise eingearbeitet werden, die Arbeiten zu ungeordneten, zu spinpolarisierten sowie zu endlichen Systemen wurden überhaupt ausgelassen. Die erwähnte Gruppe ist aus dem ehemaligen Institut für Theoretische Physik der Technischen Universität Dresden hervorgegangen. Die Autoren dieses Buches arbeiten gegenwärtig an verschiedenen Institutionen: Technische Universität Dresden (M. Hietschold, W. John, I. Mertig, E. Mrosan, R. Schöpke, P. Ziesche), Zentralinstitut für Festkörperphysik und Werkstofforschung Dresden der Akademie der Wissenschaften der DDR (H. Eschrig, G. Lehmann), Martin-Luther-Universität Halle (P. Rennert), Technische Hochschule Ilmenau (G. Paasch, von Februar 1977 bis August 1979 Martin-Luther-Universität Halle), Technische Hochschule Karl-Marx-Stadt (M. Taut). An den erzielten Ergebnissen haben weitere Wissenschaftler, die ihre Diplom- bzw. Doktorarbeiten an der Technischen Universität Dresden im Rahmen der hier behandelten Problematik anfertigten, ihren Anteil.

Sehr wertvoll für unsere laufende Arbeit war und ist die internationale Kooperation mit dem Vereinigten Institut für Kernforschung Dubna, dem Institut für Metallphysik Kiew, dem Kurtschatow-Institut für Atomenergie Moskau, der Moskauer Staatlichen Universität, dem Institut für Physik der Metalle Swerdlowsk, dem Physikalischen Institut Prag sowie dem Zentralforschungsinstitut für Physik Budapest. Eine große Rolle spielten und spielen die jährlichen Internationalen Symposien über Elektronische Struktur von Metallen und Legierungen im TU-Erholungsheim Gaußig. Sie ermöglichten und förderten zahlreiche weitere nationale und internationale Kontakte (Zentralinstitut für Elektronenphysik Berlin, Humboldt-Universität Berlin, Karl-Marx-Universität Leipzig, Bergakademie Freiberg; Charkow, Rostow/Don, Warschau, Wrocław, Zagreb sowie Großbritannien, Schweden, Dänemark, Finnland, Österreich, BRD, Schweiz, Italien, Frankreich, Belgien, Holland, USA, Japan). Durch den regelmäßigen direkten Erfahrungsaustausch mit führenden Spezialisten waren wir über die neuesten Entwicklungen stets gut informiert. Allen Kollegen, die zu diesem erfolgreichen wissenschaftlichen Gedankenaustausch beitrugen, gilt unser herzlicher Dank. Seit 1974 werden die Ergebnisse dieser Symposien als Proceedings herausgegeben.

Zu Dank verpflichtet sind wir weiterhin Frau L. Wilhelm und Frau I. Schöpf für die Anfertigung der Reinschrift. Beim Korrekturlesen wurden wir von Frau Dr. I. Mertig, bei der Anfertigung des Sachverzeichnisses von den Herren Dr. G. Seifert, Dr. R. Schöpke und G. Gerbeth unterstützt. Besonders möchten wir die Familien der Autoren nennen, die durch ihre Geduld und Rücksichtnahme wesentlich zum Gelingen des Vorhabens beitrugen. Schließlich möchten wir dem Verlag für das erwiesene Entgegenkommen und die gute Zusammenarbeit sehr danken.

Dresden, Dezember 1982

P. Ziesche, G. Lehmann

Hinweise zum formalen Aufbau und zur Benutzung

Das Buch besteht aus Teilen ([0], [1], [2], . . .), diese aus Kapiteln ([1.1], [2.3], . . .), die wiederum (in der Regel) in Abschnitte ([1.1.1], [2.3.2], . . .) untergliedert sind.

Formeln werden innerhalb eines Kapitels (z. B. [4.1]) durchnumeriert ((1), (2), . . .), an anderen Stellen wird auf sie in der Form (4.1-1), (4.1-2), . . . Bezug genommen. Analoges gilt für die Anhänge [A 1], [A 2], . . . mit ihren Formeln (A 3-1), (A 7-2) usw.

Abbildungen und Tabellen werden kapitelweise numeriert und entsprechend Abb. 5.1-2, Abb. 9.3-5, Tab. 10.4-2 usw. zitiert.

Am Ende jedes Teils finden sich Literaturhinweise. Im Text wird auf sie in der Form . . . Brovman und Holas (74) . . . oder . . . Singwi u. a. (70) . . . oder . . . (Wigner u. Huntington (35) . . . verwiesen.

Zur Bezeichnung von Größen

Trotz verschiedener Autoren der einzelnen Teile wurde versucht, einheitliche Prinzipien bei der Bezeichnung der Größen durchzusetzen, wobei jedoch — bedingt durch die Originalarbeiten zum betreffenden Thema — kleinere Unterschiede verbleiben.

Fundamentale Konstanten ($\hbar$, m, ϵ, c, k_B), atomare Einheiten (a_0, ryd, $2ryd$) und charakteristische Größen des Elektronengases (k_F, q_{TF}, ω_{pl}) s. [A 6].

Normierungsvolumen, Teilchenzahl	$\mathcal{V}$, N
Teilchendichte	$n = N/\mathcal{V}$
Spinvariable, Spinquantenzahl	σ, s
Gesamtenergie, Einteilchenenergie	E, ε
Zahl der Elektronenzustände pro Energieeinheit und pro Elementarzelle bzw. pro Elementarzelle und Spin	$D(\varepsilon)$, $D_s(\varepsilon)$
Zahl der Elektronenzustände pro Energieeinheit und pro Volumeneinheit bzw. pro Volumeneinheit und Spin	$\mathcal{D}(\varepsilon)$, $\mathcal{D}_s(\varepsilon)$
zugehörige integrierte Zustandsdichten	$N(\varepsilon)$, $N_s(\varepsilon)$, $\mathcal{N}(\varepsilon)$, $\mathcal{N}_s(\varepsilon)$
Phononenzustandsdichte	$g(\omega)$, $F(\omega)$
Gittergrößen:	
Vektor im Gitter, im Gitter mit Basis	$\boldsymbol{R}$, $\boldsymbol{R} + \boldsymbol{s}$
Auslenkung aus der Mittellage	$\boldsymbol{u}$
Vektor im reziproken Gitter	$\boldsymbol{G}$
Strukturfaktor	$S(\boldsymbol{q})$, $S(0) = 1$
Bandindex	$\boldsymbol{\nu}$
Zahl der Elementarzellen	N
Volumen pro Elementarzelle	$\mathcal{V}_0 = \frac{\mathcal{V}}{N}$
Zahl der Atome pro Elementarzelle	M
mittleres Volumen pro Atom	$\mathcal{V}_{at} = \frac{\mathcal{V}_0}{M} = \frac{\mathcal{V}}{MN}$
zugehöriger Radius	R_{at}
Volumen der Wigner-Seitz-Zelle	$\mathcal{V}_{WS}$
zugehöriger Radius	R_{WS}
Übergang von Summationen zu Integrationen	$\sum_{\boldsymbol{k}} = \int \frac{\mathcal{V} d^3k}{(2\pi)^3}$

0 Einleitung

P. ZIESCHE, G. LEHMANN, H. ESCHRIG

Als vor 80 Jahren mit der Idee des Elektronengases von Paul Drude die Elektronentheorie der Metalle begründet wurde, ging es um die Erklärung der optischen Eigenschaften von Metallen im Ultraroten und des Wiedemann-Franz-(Lorenz-)schen Zusammenhangs zwischen elektrischer und thermischer Leitfähigkeit. 1928 konnte Arnold Sommerfeld durch Anwendung der Fermi-Dirac-Statistik auf das Elektronengas erklären, warum die Valenzelektronen (fast) nicht zur Wärmekapazität von Metallen beitragen. Wolfgang Pauli und Werner Heisenberg zeigten, daß die Quantentheorie auch den Schlüssel für ein weiteres Problem, nämlich die Erklärung der magnetischen Eigenschaften metallischer Systeme, lieferte. Zur gleichen Zeit hat Felix Bloch die (Einteilchen-) Schrödinger-Gleichung

$$h\varphi_{\boldsymbol{k},\nu}(\boldsymbol{r}) = \varepsilon_{\boldsymbol{k},\nu}\varphi_{\boldsymbol{k},\nu}(\boldsymbol{r}) ,$$
$$h = h(\boldsymbol{p}, \boldsymbol{r}) = \frac{\boldsymbol{p}^2}{2m} + v(\boldsymbol{r}) , \qquad \boldsymbol{p} = \frac{\hbar}{i}\frac{\partial}{\partial \boldsymbol{r}} , \tag{1}$$

für Elektronen (Masse m) im gitterperiodischen Potential $v(\boldsymbol{r} + \boldsymbol{R}) = v(\boldsymbol{r})$ untersucht ($\boldsymbol{R}$ = Gittervektor, $\boldsymbol{k}$ = Bloch-Vektor, ν = Bandindex) und eine fundierte Theorie des elektrischen Widerstandes der Metalle aufgestellt. Dabei wurde eine teilweise Erklärung für die zunächst zu stark vereinfacht erscheinende Annahme gegeben, daß die Leitungselektronen in Metallen als fast frei angesehen werden können. Die Bloch-Wellenfunktionen $\varphi_{\boldsymbol{k},\nu}(\boldsymbol{r})$ genügen wegen der Gitterperiodizität dem Bloch-Theorem

$$\varphi_{\boldsymbol{k},\nu}(\boldsymbol{r} + \boldsymbol{R}) = \mathrm{e}^{i\boldsymbol{k}\boldsymbol{R}}\, \varphi_{\boldsymbol{k},\nu}(\boldsymbol{r}) . \tag{2}$$

(1) entsteht durch Vernachlässigung der Kernbewegung aus einer allgemeineren Vielteilchen-Schrödinger-Gleichung, die über (i = Ion, e = Elektron)

$$H = T_\mathrm{i} + T_\mathrm{e} + V_\mathrm{ii} + V_\mathrm{ie} + V_\mathrm{ee} \tag{3}$$

mit T_i als kinetischer Energie der Ionen (oder Atomkerne) auch deren Bewegung enthält. Die Berücksichtigung des Einflusses der Kernbewegung auf die Elektronenzustände kann wegen der kleinen Amplituden und Geschwindigkeiten störungstheoretisch erfolgen. Auf Gleichung (1) und ihrer (genäherten numerischen) Lösung beruhen weite Teile der Elektronentheorie der Metalle; ihre vielteilchentheoretische Begründung wird durch das von Lew Davidowitsch Landau eingeführte Konzept der Quasiteilchen gegeben.

Inzwischen ist die Elektronentheorie der Metalle zu einem breiten Gebiet geworden mit dem Ziel, immer umfassender und detaillierter immer diffizilere Gleichgewichts- und Nichtgleichgewichtseigenschaften immer komplizierterer metallischer Systeme auf deren elektronische Struktur oder Bandstruktur zurückzuführen. Charakteristisch ist dabei ein enges wechselseitiges Zusammenspiel von Theorie und Experiment. Wichtig ist, daß im Laufe der Jahre sowohl die experimentellen Möglichkeiten wesentlich verbessert und verfeinert wurden (Züchtung reinster Einkristalle, Herstellung von Ultrahochvakua, Erzeugung tiefer Temperaturen, starker Magnetfelder und hoher Drücke, Mikrowellentechnik, energie- und winkelauflösende, spin- und polarisationsabhängige Elektronen- und Photonenspektroskopie, Verwendung von Neutronen, Positronen und Müonen als Sonden) als auch für die Theorie durch die elektronischen Großrechner (seit den 50er Jahren) neue Möglichkeiten entstanden, die zusammen mit neuen theoretischen Verfahren, Modellen, Konzeptionen (Pseudopotentiale, Streukonzept, Modelle für Korrelation, Modelle für Unordnung) zum Tragen kamen.

Zwei unabhängig voneinander verfolgte, sich aber gegenseitig ergänzende Richtungen können festgestellt werden, um die Bandstruktur kristalliner Metalle teilweise oder vollständig zu ermitteln:

1. Konstruktion eines (lokalen) Kristallpotentials $v(\boldsymbol{r})$, das quantenmechanische Vielteilchenkorrelationen mehr oder weniger einschließt (s. S. 5), Lösung der daraus entstehenden (Einteilchen-) Schrödinger-Gleichung (1) und Vergleich von so berechneten Fermi-Flächen, Zustandsdichten usw. mit experimentellen Daten (s. S. 6). Dabei kommen algebraisch-analytische Untersuchungen, numerische Berechnungen und physikalische Intuition (Auswahl geeigneter Modelle, Anpassung weniger zunächst offener Parameter) zu ihrem Recht. An Methoden zur numerischen Berechnung von Valenzbändern (kurz Bandberechnungen) wurden entwickelt:

Zellenmethode = (genäherte) Lösung der Schrödinger-Gleichung (1) innerhalb einer Elementarzelle mit den aus dem Bloch-Theorem (2) folgenden Randbedingungen (Wigner u. Seitz, 1933);

OPW = Orthogonalized Plane Wave Method, Variationsverfahren mit Darstellung der Bloch-Wellen durch (zu den Rumpfzuständen) orthogonalisierte ebene Wellen (Herring, 1940);

Pseudopotentialmethode = Transformation der Bloch-Wellenfunktionen in Pseudowellenfunktionen, die in einfachen Metallen durch ein schwaches Pseudopotential bestimmt werden und bei denen die charakteristischen Oszillationen in Kernnähe fehlen; weitgehende Kompensation des Kristallpotentials in Kernnähe durch das Repulsionspotential für die s-p-Elektronen des Valenzbandes (Phillips u. Kleinman, 1959, Harrison, 1959—64, Cohen u. Heine, 1961, Heine u. Abarenkow, 1964 (hier ist auch die Quantendefektmethode von Kuhn und van Vleck, 1950, eingeflossen), Ashcroft, 1968, Shaw, 1968, Anderson, 1969, u. a., aufbauend auf Heine, 1957, Gold, 1958, Vorläufer waren Hellmann, 1935, Gombás, 1949, Antoncik, 1954);

LCAO = Linear Combination of Atomic Orbitals, Variationsverfahren mit Darstellung der Bloch-Wellen durch Linearkombinationen von atomaren oder atomähnlichen Wellenfunktionen (Bloch, 1928, Fletcher, 1952, Slater u. Koster, 1954 (u. a. Verwendung der LCAO-Darstellung zur Interpolation), Callaway, 1955);

$\boldsymbol{kp}$-Methode = Variationsverfahren, Darstellung der Schrödinger-Gleichung durch ein beschränktes Basissystem, das für $\boldsymbol{k} = 0$ eine strenge Lösung darstellt; Bestimmung der effektiven Masse und Kristallwellenfunktion in der Nähe von Punkten hoher Symmetrien im $\boldsymbol{k}$-Raum (Bardeen, 1937, Seitz, 1940);

APW = Augmented Plane Wave Method, Variationsverfahren mit Darstellung der Bloch-Wellen durch modifizierte ebene Wellen, die stetig an Lösungen der Schrödinger-Gleichung im Rumpfpotential anschließen (Slater, 1937, Chodorow, 1939, Loucks, 1967);

KKR = Berechnung der Bloch-Zustände nach Korringa, 1947, Kohn und Rostocker, 1954, durch wiederholte Streuung des Elektrons (Vielfachstreuung) an den atomaren Potentialen im Kristall. Dabei wird das Kristallpotential in nichtüberlappenden Kugeln kugelsymmetrisch und im Zwischenbereich konstant angenommen (Muffin-Tin-Potential). Die elektronische Struktur wird dann durch die Streuzustände der einzelnen Potentialtöpfe und deren geometrische Anordnung bestimmt.

Zwischen diesen Verfahren wurde ein Netz von Zusammenhängen erkannt. Überblicksmäßige Darstellungen findet man in Ziman (71), Fletcher (71), Jastrebow und Kaznelson (81)[1]). Ausgehend von KKR und APW wurden weitere Verfahren entwickelt, die entweder unter Berücksichtigung der konkreten physikalischen Situation (der Besonderheiten der jeweiligen Bandstruktur) oder durch rechnergerechte Näherungen vereinfachte und schnellere Bandberechnungen ermöglichen. Dazu zählen:

H-NFE-TB = Hybridized-Nearly Free Electron-Tight Binding Method, Transformation der KKR-Gleichungen in eine gemischte Darstellung von ebenen Wellen (durch eine Transformation nach Ziman, 1965) und Resonanzzuständen entsprechend den fast freien *s*-*p*- und den stärker gebundenen *d*-Elektronen von Übergangsmetallen (Heine, 1967, Hubbard, 1967, Jacobs, 1968, Hubbard u. Dalton, 1968, Pettifor, 1969—72, von Hodges, Ehrenreich u. Lang 1966 und Mueller 1967 empirisch eingeführt, von Ziman 1965 mit dem Streukonzept (*d*-Resonanz) verknüpft), ist eine der linearen KKR-Methoden.

LMTO = Linear Combination of Muffin-Tin Orbitals, Variationsverfahren mit Darstellung der Bloch-Wellen durch Linearkombinationen von Muffin-Tin-Wellenfunktionen. Auswertung in der Näherung sphärischer Elementarzellen (ASA = Atomic Sphere Approximation) liefert für Übergangsmetalle kanonische Bänder (O. K. Andersen, 1972), s. Skriver (83). Ein direkter Abkömmling ist die ASW-(Augmented Spherical Wave) Methode von Williams u. a. (79).

Darüber hinaus haben sich weitere linearisierte Versionen bewährt, die meist auf der APW- oder KKR-Methode beruhen (s. z. B. Faulkner, 79). Zu den Standardmethoden wurden auch ausgehend von der Pauli- bzw. Dirac-Gleichung halb- und vollrelativistische Versionen entwickelt. Zur Beschleunigung von selbstkonsistenten Rechnungen wurden anspruchsvollen und damit aufwendigen Methoden gröbere und damit schnellere Verfahren vorgeschaltet. Im Ergebnis dieser Entwicklung bereitet es heute keine prinzipiellen Schwierigkeiten, bei gegebenem Kristallpotential (bzw. gegebener Vorschrift zur Konstruktion des Kristallpotentials) die Bandstruktur mit jeder vernünftigen Genauigkeit zu berechnen.

2. Ein anderer Weg besteht in der Annahme geeigneter analytischer Bandstrukturen $\varepsilon_{k,\nu}$ (oder Fermi-Flächen), Diskussion ihres Einflusses auf Meßgrößen (s. S. 6) und

[1]) Im Unterschied zu den Angaben Bloch, 1929, Korringa, 1947, usw., die sich auf die geschichtliche Entwicklung beziehen, sind mit Ziman (71), Williams u. a. (79) usw. Literaturhinweise gemeint, die sich am Ende dieses Teils befinden.

Anpassung offener Parameter an experimentelle Daten (Kohler, 1949, Lifschitz, Asbel, Kaganow, 1955, s. Lifschitz u. a., 75, Kaganow u. Lifschitz, 79).

Während in der ersten Richtung der quantitative Aspekt (numerische Bandberechnung) dominiert, liegt in der zweiten Richtung die Betonung auf qualitativen Aspekten (Topologie und Geometrie von Fermi-Flächen, qualitativ unterschiedliches Verhalten offener und geschlossener Bahnen, Klassifizierung der Singularitäten der Zustandsdichte wie van-Hove-Singularitäten u. ä.). Beide Wege sind (für reine Metalle) erfolgreich beschritten worden. Ein Ergebnis ist, daß die Fermi-Flächen zahlreicher Metalle und (auf dieser Grundlage) andere Meßgrößen zuverlässig bestimmt werden konnten (s. z. B. Lifschitz u. a., 75, Moruzzi u. a., 78). Auch Verbindungen, insbesondere intermetallische Verbindungen, wurden erfolgreich untersucht.

Eine andere, eng mit den eben diskutierten Fragen verknüpfte Entwicklungslinie betrifft die Frage, inwiefern ein solches Vielteilchensystem wie das Gas der über Coulomb-Kräfte wechselwirkenden Bloch-Elektronen mit solchen Einteilchengrößen wie der Bandstruktur überhaupt beschrieben werden kann oder, konkreter, wie man die auf S. 2 erwähnten quantenmechanischen Vielteilchenkorrelationen in das die Bandstruktur bestimmende Kristallpotential $v(\boldsymbol{r})$ einzuschließen hat. Der entscheidende Schritt hierzu geht auf das von Lew Davidowitsch Landau 1956—58 entwickelte Konzept der Quasiteilchen in Fermi-Flüssigkeiten zurück. Danach hat jedes ausgedehnte normale Fermi-System ein niederenergetisches Anregungsspektrum, ähnlich dem eines idealen, d. h. wechselwirkungsfreien Fermi-Gases. Später wurde dieses Konzept auch auf geladene Fermi-Systeme übertragen (Silin, 1957—59). Über die Einteilchenausbreitungs- (oder Greensche) Funktion und den daraus folgenden Selbstenergieoperator Σ und dessen Eigenschaften (s. [1.2], [2.1]) wird das phänomenologische Quasiteilchenkonzept mit der mikroskopischen Theorie verknüpft (Pitajewski, 1959, Bytschkow u. Gorkow, 1961, Luttinger, 1961, Luttinger u. Nozières, 1962, Abrikossow, Gorkow u. Dsjaloschinski, 1962).

Das Spektrum der Elementaranregungen vom Einteilchentyp (kurz Quasiteilchen) wird durch eine Gleichung bestimmt, die die Form einer Einteilchen-Schrödinger-Gleichung hat mit dem Selbstenergieoperator Σ als nichtlokalem, energieabhängigem, dichteabhängigem und komplexem (nicht-hermiteschem) Potential, das die Vielteilchenwechselwirkung enthält (s. [2.1.3]). Letzteres setzt also die Kenntnis der Grundzustandsteilchendichte $n(\boldsymbol{r})$ voraus. Bestimmt man diese selbstkonsistent in der Näherung unabhängiger Teilchen (Hartree, 1928, Fock, 1930, Slater, 1930), so wird zwar der durch das Pauli-Prinzip bedingte Austausch erfaßt, Korrelationen infolge der Coulomb-Wechselwirkung zwischen den Elektronen bleiben aber unberücksichtigt (s. [2.1.2]). Im Rahmen des sogenannten Dichte-Funktional-Formalismus für das inhomogene Elektronengas kann man jedoch auch unter Einschluß von Austausch *und* Korrelation die Grundzustandsteilchendichte (wie beim Hartree- oder Hartree-Fock-Verfahren aus formalen Einteilchenwellenfunktionen aufgebaut) selbstkonsistent aus einer Gleichung bestimmen (Kohn u. Sham, 1965), die einer Einteilchen-Schrödinger-Gleichung ähnelt und als Euler-Gleichung beim Variieren der Gesamtenergie als Funktional der Teilchendichte entsteht (s. [1.7.6]). Grundlage dafür ist, daß ein vom äußeren Potential $v(\boldsymbol{r})$ und von der Teilchendichte $n(\boldsymbol{r})$ abhängiges Funktional $E[v, n]$ existiert, das bei festgehaltenem $v(\boldsymbol{r})$ und festgehaltener Teilchenzahl $N = \int d^3r\, n(\boldsymbol{r})$ bezüglich Variationen von $n(\boldsymbol{r})$ ein Minimum besitzt. Dieses stimmt mit der Grundzustandsenergie E überein, die zugehörige Teilchendichte $n(\boldsymbol{r})$ ist die des Grundzustandes (Hohenberg u. Kohn, 1964, s. [1.7.2]). Für das in der Kohn-Sham-Gleichung enthaltene effektive Austausch- und Korrelationspotential v_{xc} (lokal, energieunabhängig, reell) hat sich die sogenannte lokale-Dichte-Näherung bewährt. Dabei wird das inhomogene Elektronengas ähnlich wie beim Thomas-Fermi-Verfahren lokal durch ein homogenes Elektronengas mit ortsabhängiger Teilchendichte ersetzt (s. [1.7.4]). Im Ergebnis dessen kann v_{xc} als ein (ursprünglich aus dem Hartree-Fock-Verfahren entstandenes) X_α-Potential (Slater, 1951, Gáspár, 1954, Slater u. a., 1969 bis 72, Schwarz, 1972) geschrieben werden (s. [2.2.2]). Die so (aus der Kohn-Sham-Gleichung) zu bestimmende Grundzustandsteilchendichte $n(\boldsymbol{r})$ geht — wie erwähnt — in den Selbstenergieoperator der Quasiteilchengleichung ein, aus der schließlich die Bandstruktur als Quasiteilchenspektrum dieses Vielteilchensystems folgt (s. [2.1.3]).

Dieses vielteilchentheoretische Verständnis der Bandstruktur hat sich erst in den letzten 10 bis 20 Jahren herausgeschält (Bytschkow u. Gorkow, 1961, Luttinger, 1961). Durch eine lokale-Dichte-Näherung für den Selbstenergieoperator Σ konnte von Hedin und S. Lundqvist, 69, und Hedin und B. I. Lundqvist, 71, dieses vielteilchentheoretische Konzept der Bandstruktur zur Grundlage einer praktikablen Prozedur für Bandberechnungen gemacht werden. Zusammen mit dem Dichte-Funktional-Formalismus bildet es eine vielteilchentheoretische Basis für selbstkonsistente Bandberechnungen. Die Entwicklung auf diesem Gebiet ist nicht abgeschlossen. Erweiterungen und Verbesserungen der in v_{xc} und Σ verwendeten Näherungen sind unter anderem in folgenden Richtungen notwendig:

1. Übertragung auf den spinpolarisierten Fall (für v_{xc} s. von Barth u. Hedin, 72),
2. Berücksichtigung relativistischer Effekte,
3. Versuche, über die lokale-Dichte-Näherung hinauszugehen (s. z. B. Gunnarson u. a., 79).

Prinzipiell noch unklar ist die Beschreibung von Übergängen mit Beteiligung hochangeregter Zustände (z. B. Röntgen-Spektren) in diesem Formalismus. Bei allen noch nicht zu Ende geklärten Fragen besteht doch der Wandel in der Auffassung von der Bandstruktur darin, daß diese früher oft im Sinne des Hartree-Fock-Schemas als Startpunkt einer Vielteilchentheorie des jeweils betrachteten metallischen Systems angesehen wurde und daß dagegen heute klar ist: Die Bandstruktur steht als Quasiteilchenspektrum am Ende einer Vielteilchentheorie. In der Vergangenheit wurden Vielteilchensysteme gewöhnlich im Hartree-Fock-Schema als quantenmechanisches Modell unabhängiger Teilchen (ein Teilchen im mittleren Potential aller übrigen)[1]) diskutiert und behandelt. Dieses Schema liefert über Einteilchenzustände sowohl die Teilchendichte und Gesamtenergie als auch in Verbindung mit dem Koopman-Theorem Einteilchenanregungen. Die Berücksichtigung der Vielteilchenkorrelation zwingt zu einer Verfeinerung: Teilchendichte und Gesamtenergie sind im Dichte-Funktional-Formalismus nach Hohenberg, Kohn und Sham zu bestimmen, die Bandstruktur zur Beschreibung der Elementaranregungen vom Einteilchentyp ergibt sich aus der Quasiteilchengleichung.

Diese so verstandene Bandstruktur bestimmt nun direkt als Schlüsselgröße eine große Gruppe von Eigenschaften eines Metalls, nämlich die elektronischen Eigen-

[1]) Vielleicht sollte man besser das Modell unabhängiger Teilchen (Hartree) vom Modell unkorrelierter Teilchen (Hartree-Fock) unterscheiden, da sich ja in der Hartree-Fock- im Unterschied zur Hartree-Näherung die Teilchen gleichen Spins ausweichen (Austauschloch, statistische Abstoßung), also nicht unabhängig voneinander bewegen.

schaften. Dazu gehören Fermi-Flächen, Fermi-Geschwindigkeiten, Bandmassen, Magnetwiderstand, de-Haas-van-Alphen-Effekt, Zyklotronresonanz, anomaler Skineffekt, Ultraschallabsorption, Zustandsdichten, elektronische Wärmekapazität, Röntgen-Spektren, optische Spektren, Photoelektronenspektren, Energieverlustspektren bei inelastischer Elektronenstreuung, Sekundärelektronenemission, Röntgen-Beugung und Teilchendichte, Positronannihilation und Impulsverteilung; ebenso Phononenspektren (manche Systeme zeigen elektronisch bedingte Anomalien, weiche Moden), Phononenzustandsdichten, Spektren der inelastischen Neutronenstreuung, elastische Eigenschaften, Bindungsenergie, Gitterstruktur (Strukturtyp wie auch Gitterparameter, u. a. das Achsenverhältnis c/a bei hexagonal dicht gepackten Metallen), Elektron-Phonon-Kopplung und deren Druckabhängigkeit, Tunnelspektren. Auch die verschiedensten Transportgrößen wie elektrische und thermische Leitfähigkeit, Hall-Koeffizient, deren Temperatur- und Druckabhängigkeit sowie elektronische, strukturelle und andere Phasenumwandlungen, Schmelztemperaturen und Phasendiagramme sind hier zu nennen. In Verbindungen kommen Umladungen und Bindungsverhältnisse hinzu. — Die Bandstruktur bildet zunehmend auch die Basis für das quantitative Verständnis solcher kooperativen Erscheinungen wie Supraleitung und Magnetismus. Hierbei ist es nötig, die spezifischen Probleme der Vielteilchentheorie zu behandeln. Näherungen im System der Mehrteilchen-Ausbreitungsfunktionen führen zu vereinfachten Modell-Hamilton-Operatoren (Fröhlich, BCS (= Bardeen-Cooper-Schrieffer) u. a.), die die jeweils entscheidenden Wechselwirkungen jedoch mit noch offenen Parametern enthalten. Diese (zunächst empirischen) Parameter können zunehmend aus der Bandstruktur bestimmt werden. Auch die Supraleitungssprungtemperaturen, Curie- und Neel-Temperaturen, deren Abhängigkeit vom Druck, von Verunreinigungskonzentrationen, der Zusammenhang zwischen hoher Supraleitungssprungtemperatur, Gitterinstabilität und weichen Phononenmoden sind hier zu erwähnen. Zu den Modell-Hamilton-Operatoren zählen auch das Hubbard-Modell und seine Modifikationen, mit denen die Elektronenkorrelation in schmalbandigen Systemen (Verbindungen mit d-Elektronen, wie z. B. Übergangsmetallchalkogenide) häufig in Verbindung mit magnetischen und Metall-Isolator-Phasenumwandlungen untersucht wird. — Schließlich seien die verschiedensten Störungen der idealen Kristallstruktur wie Leerstellen, Leerstellencluster (Poren), Zwischengitteratome, substitutionelle Punktdefekte, Versetzungen, Stapelfehler, Grenzflächen, reine und bedeckte Oberflächen (Korrosion, Katalyse) erwähnt mit solchen elektronischen Eigenschaften wie Relaxation des Elektronengases und des Gitters, Bildungsenergie bzw. -enthalpie, Aktivierungsenergie, Peierls-Kraft, Stapelfehlerenergie, Oberflächenenergie, Oberflächenphasenumwandlungen, Dipolbarriere, Austrittsarbeit, Wechselwirkung zwischen Adatomen (indirekt über das Substrat) u. v. a. m.

Für die Berechnung der aufgeführten Größen werden neben den Bandstrukturenergien $\varepsilon_{\boldsymbol{k},\nu}$ auch die zugehörigen Bloch-Wellenfunktionen $\varphi_{\boldsymbol{k},\nu}(\boldsymbol{r})$ zur Bildung von Greenschen Funktionen (für Dichten im Orts-, Impuls- oder Energieraum) und von Matrixelementen für Übergangswahrscheinlichkeiten, Wirkungsquerschnitte, Spektren, Responsefunktionen (die das Reagieren, das Verhalten, die Antwort von Systemen auf im allgemeinen orts- und zeitabhängige äußere Störungen beschreiben) u. ä. benötigt. Häufig kommen noch mehr oder weniger komplizierte Integrationen in der Brillouin-Zone hinzu. Darüber hinaus müssen bei thermodynamischen Problemen Zustandssummen berechnet werden.

Die gute Reproduktion zahlreicher experimenteller Daten aus (weitgehend) ersten Prinzipien bestätigt das geschilderte Konzept der (Einteilchen-) Bandstruktur im Vielteilchensystem der Bloch-Elektronen. Besondere Hervorhebung verdient, daß es in letzter Zeit gelungen ist, die Bandstruktur nicht nur nahe, sondern auch weitab von der Fermi-Energie aus winkelabhängigen Photoelektronenspektren direkt experimentell zu bestimmen. Dies deutet an, daß das Konzept der Quasiteilchen, die eigentlich nur nahe der Fermi-Energie genügend definiert (weil nur dort genügend schwach gedämpft und damit genügend langlebig) sind, offenbar weiter reicht, als ursprünglich angenommen wurde. An dieser Stelle sei auch erwähnt, daß es in letzter Zeit gelang, Fermi-Flächen mittels Positronvernichtung auch für konzentrierte Legierungen zu bestimmen, obwohl natürlich die Legierungsunordnung prinzipiell eine zusätzliche Verschmierung (oder Dämpfung) der Bandstrukturenergien, also eine gewisse Unschärfe der Fermi-Fläche, zur Folge hat.

Das empirische Material wächst sehr schnell, womit auch eine entsprechende Erweiterung des theoretischen Apparates einhergeht. Die verschiedensten Störungen der idealen Kristallstruktur sind schon genannt worden. Viel Material hat sich zu ungeordneten Legierungen angesammelt; in der Theorie hat sich hier die Näherung des kohärenten Potentials (CPA = Coherent Potential Approximation) sowohl im Konzept der festen Bindung (TB = Tight-Binding) als auch im Konzept der Vielfachstreuung (KKR-CPA) bewährt. Stark bearbeitet werden amorphe sowie flüssige Metalle. Der kombinierte Einfluß von Unordnung und Elektronenkorrelation wird zunehmend untersucht. Zusammenfassende Darstellungen zu ungeordneten Systemen finden sich in Ziman (79), Mott und Davis (79) und Lifschitz u. a. (81). Neues Material gibt es zur Elektronenlokalisierung in ungeordneten ein- und zweidimensionalen Systemen sowie in dünnen Drähten bei tiefen Temperaturen (Bernasconi u. Schneider, 81, Nagaoka u. Fukuyama, 82). Zunehmendes Interesse finden gegenwärtig Verbindungen mit gemischten Valenzen (MVC = Mixed Valence Compounds, s. Chomski, 79). Hier treten viele Erscheinungen der Metallphysik gleichzeitig auf, wie Hybridisierung breiter s-p-d-Bänder mit sehr schmalen f-Bändern (mit Bandbreiten in der Größenordnung von Phononenenergien, wobei die in [8] beschriebene adiabatische Näherung nicht möglich ist), Elektronenkorrelation in schmalen Bändern, dynamischer Jahn-Teller-Effekt, strukturelle, magnetische und Metall-Isolator-Phasenumwandlungen. Als weitere exotische Systeme sollen hier genannt werden: Quasiein- und -zweidimensionale Leiter (wie z. B. KCP, TTF-TCNQ) mit ihren Kohn-Anomalien, Peierls-Übergängen, beweglichen Ladungsdichtewellen (wie in $NbSe_3$), Spindichtewellen, inkommensurablen Phasen sowie aus Nichtmetallen bestehende metallische, z. T. sogar supraleitende Systeme (leitende Polymere wie $(SN)_x$ und $(CH)_x$), Graphit-Einlagerungs-(Interkalat-) Verbindungen (z. T. als künstliche Metalle), Carbin als metastabile Modifikation von Kohlenstoff (neben Graphit und Diamant). $(TMTSF)_2\,ClO_4$ ist der erste organische Leiter, der (nicht erst unter Druck) unterhalb 1,3 K supraleitend wird. Neues Material gibt es zur Koexistenz von Ferromagnetismus und Supraleitung sowie zur Nichtgleichgewichtssupraleitung (Buckel u. Weber, 82). Neuerdings werden bei Messungen der Tieftemperaturwärmekapazität Spinfluktuationen durch äußere Magnetfelder untersucht. Es steht die Aufgabe, die mit diesen Aufzählungen angedeutete ungeheure und ständig wachsende Vielfalt empirischer Fakten und Regeln über das makroskopische Verhalten fester Körper tiefer, d. h. aus mikroskopischen Eigenschaften, aus ersten Prinzipien einschließlich ihrer Gültigkeitsgrenzen zu verstehen. In dem Maße, wie die Untersuchung der elektronischen Struktur immer zuverlässiger und detaillierter Kenntnisse über das Verhalten fester und flüssiger Metalle (und natürlich auch von Halbleitern und Isolatoren) vermittelt, ergibt sich auch die Möglichkeit, deren Eigenschaften gezielt zu beeinflussen (und — um einige hochgespannte Wünsche zu nennen — nach dem Hochtemperatursupraleiter, nach „isolierendem Eisen", nach Stoffen, die fest, aber nicht spröde sind, nach Stoffen, die Wasserstoff leicht aufnehmen und abgeben können, zu suchen). Auf diese Weise kann in zunehmendem Maße einem dringenden Bedürfnis der sich in den letzten 30 Jahren als Disziplin formierenden Werkstoffwissenschaft entsprochen werden, deren Wurzeln in der Festkörperphysik, der Festkörperchemie, der Werkstoffkunde und anderen Disziplinen entstanden. Natürlich bestimmen die elektronischen Größen letzten Endes auch alle anderen Eigenschaften; jedoch ist völlig klar, daß sich viele Fragen der Metall- und Festkörperphysik einem elektronentheoretischen Zugang verschließen. Stoffe oder Zustände mit komplizierter Realstruktur (Versetzungsensemble, heterogene Werkstoffe wie Keramiken, Verbunde) erfordern einen theoretischen und experimentellen Zugang mit anderen Mitteln. Für ihre Beschreibung, für ihr Verständnis ist eine andere, eine komplexe Strukturebene wesentlich, deren Elemente (z. B. Versetzungen) vom Standpunkt der Elektronentheorie bereits sehr komplizierte Gebilde darstellen. Trotzdem stellt die elektronische Struktur für viele Fragen — zunehmend auch solche von unmittelbarem technischen Interesse — eine entscheidende Schlüsselgröße dar.

Nach diesen allgemeineren Betrachtungen zur Entwicklung der Elektronentheorie von Beginn an und zum Verhältnis von Einteilchen- und Vielteilchenbeschreibung, zum Konzept der Bandstruktur, zur Rolle der Elektronentheorie in Festkörperphysik und Werkstofforschung sollen im folgenden Entwicklungen der letzten 10 bis 15 Jahre zur Behandlung von sogenannten einfachen Metallen und Übergangsmetallen etwas näher betrachtet werden. Bei den einfachen Metallen (die in Wahrheit natürlich gar nicht einfach sind, daher — um dies zu betonen — auch als Nichtübergangsmetalle bezeichnet werden) werden die für die metallischen Eigenschaften entscheidenden Valenz- oder Leitungselektronen nur aus den atomaren s- und p-Niveaus gebildet. (Letzteres trifft auch auf die Halbleiter zu.) Für diese einfachen Metalle hat sich das Konzept der schwachen Pseudopotentiale bewährt; man spricht auch von Metallen mit fast freien Elektronen (NFE-Metalle). Bei den Übergangsmetallen, die in fast allen technisch bedeutsamen Werkstoffen enthalten sind, spielen die gegenüber den s- und p-Elektronen wesentlich stärker lokalisierten d-Zustände eine entscheidende Rolle. Dies verhindert eine Übertragung des Pseudopotentialkonzepts, dafür hat sich hier das Streukonzept bewährt.

Bei den einfachen Metallen hat sich herausgestellt, daß das (besonders in der Nähe der Atomkerne starke) Kristallpotential effektiv durch ein schwaches Pseudopotential ersetzt werden kann, dessen Einfluß auf das Gas der wechselwirkenden Valenzelektronen mit einer Störungsrechnung erfaßbar ist (s. [3], [7]). Es gelingt so, die rein elektronischen Eigenschaften (s. [6], [9], [10]) einschließlich des Transportverhaltens, aber auch die mit der Gesamtenergie (wie z. B. die elastischen Konstanten, die Phononenspektren oder die stabile Gitterstruktur, s. [7], [8]) zusammenhängenden Größen zu beherrschen. Wesentlich ist dabei die Abtrennung der Eigenschaften des Gases der wechselwirkenden Elektronen (beschrieben durch eine wellenzahl- und frequenzabhängige dielektrische Funktion) von denen der einzelnen Atome (beschrieben durch

„nackte", weil unabgeschirmte Pseudopotentiale) und deren geometrischer Anordnung (beschrieben durch einen Strukturfaktor). Maßgeblich für den Erfolg dieses Pseudopotentialkonzeptes waren Fortschritte in der Theorie des homogenen Elektronengases, wo es durch Lokalfeldkorrekturen (s. [1.6]) gelang, für metallische Dichten verbesserte Ausdrücke für die dielektrische Funktion (s. [1.3]) bereitzustellen.

Bei den Übergangsmetallen äußern sich die *d*-Zustände im Streuverhalten der Valenzelektronen als Resonanz. Das in diesem Zusammenhang in den letzten Jahren weiterentwickelte Konzept der Vielfachstreuung (s. [4]) ermöglicht die konsistente Berücksichtigung dieses Sachverhalts. Es gelingt dabei eine Abtrennung der Eigenschaften des Potentialverlaufs um die einzelnen Atome, d. h. ihrer Streueigenschaften (beschrieben durch quantenmechanische Streuphasen), von denen ihrer geometrischen Anordnung (beschrieben durch eine Strukturmatrix). Das mit dieser Methode behandelbare Spektrum physikalischer Probleme ist außerordentlich vielseitig. Es reicht von der Beschreibung der elektronischen Struktur ideal geordneter metallischer Systeme in einem einfachen physikalischen Bild über die Abweichungen von der Struktur des Idealkristalls, wie Punktdefekte, Oberflächen, Phononen und deren Wechselwirkung mit den Elektronen, bis zu ungeordneten kristallinen und amorphen Systemen. Dabei können sowohl fast freie als auch stark gebundene Elektronen in gleicher Weise konsistent behandelt werden. In diesem Bild findet das schwache Pseudopotential einfacher Metalle seinen Ausdruck in kleinen *s*- und *p*-Streuphasen.

Die physikalischen Vorstellungen und Ansätze gehen bei den bisher erwähnten Methoden von der Darstellung im Impulsraum aus. In zunehmendem Maße werden jedoch zur Behandlung komplizierter neuer Systeme mit Strukturbesonderheiten sowie lokaler Eigenschaften wie z. B. atomarer magnetischer Momente Darstellungen im Ortsraum benötigt, die den chemischen Aspekt der Wechselwirkung benachbarter Atome stärker berücksichtigen. Auf der Grundlage einer fundierten Kritik der aus der Quantenchemie entlehnten LCAO-Methode ist es in den letzten Jahren gelungen, praktisch alle für die Behandlung fester Körper mit dieser Methode verbundenen Mängel zu beseitigen und ihre Vorzüge hinsichtlich ihrer analytischen Verwertbarkeit voll zur Geltung zu bringen. Das trifft auch auf die Erfassung komplizierter Nachbarschaftsverhältnisse zu. Es können dabei mit relativ geringem Aufwand die Eigenschaften sowohl von schwach als auch von stark gebundenen Systemen berechnet werden (s. [5]).

Gegenwärtig steht in der deutschsprachigen Literatur eine Reihe von hervorragenden Lehrbüchern zur Theorie fester Körper wie auch zur Elektronentheorie der Metalle (Brauer, 72, Kittel, 73, Ziman, 74, Abrikossow, 76, Lifschitz u. a., 75) zur Verfügung,[1]) in denen der Zusammenhang der elektronischen Struktur mit den physikali-

[1]) Es sei auch auf Kittel (70), Madelung (72), Nemoschkalenko u. Aleschin (74), Dawydow (76), Ashcroft u. Mermin (76), Valenta u. Jäger (77), Unger u. Schneider (79), Weißmantel u. Hamann (79), Herrmann u. Prepernau (79), Harrison (80) verwiesen. — Zusätzlich zu der in [1] und [A8] genannten Literatur zum Vielelektronenproblem (in [1] Abrikossow u. a., 62, Nozières, 64, Pines u. Nozières, 66, Jones u. March, 73, Stolz, 74, Doniach u. Sondheimer, 74, Elk u. Gasser, 79, Landau u. Lifschitz, 79, Economou, 79, in [A8] Schrieffer, 64, March u. a., 67, Fetter u. Walecka, 71) seien noch genannt: Kadanoff u. Baym (62), Kirschnitz (63), Brout u. Carruthers (63), Pines (63), Schultz (64), Mattuck (67), Thouless (72), Platzman u. Wolf (73), Haken (73), Parry (73), Subarew (76), Mahan (81). — Zu der in [A1] behandelten Gruppentheorie sei auf Knox u. Gold (64), Streitwolf (67), Landau u. Lifschitz (79) verwiesen.

schen Eigenschaften und die wesentlichen Experimente zur Bestimmung der elektronischen Struktur sowie die Standardmethoden zu ihrer Berechnung ausführlich dargestellt sind, so daß es gerechtfertigt erscheint, aufbauend auf den Grundkenntnissen in Quantentheorie und Festkörperphysik, die Grundlagen der allgemeinen elektronischen Struktur nur zu streifen und sich auf konkrete Rechnungen und die Vertiefung der Methoden sowie auf aktuelle Fragestellungen zu konzentrieren, bei denen die Autoren selbst wesentliche Beiträge zur Weiterentwicklung geleistet haben. Es soll gezeigt werden, wie der allgemeine Formalismus bei konkreten Anwendungen funktioniert.

Im Teil [1] werden nochmals die wesentlichsten Ergebnisse der Theorie des wechselwirkenden Elektronengases (homogen und inhomogen) dargestellt, da diese die Grundlage für das Verständnis der Eigenschaften metallischer Systeme bildet. Dabei wird das Landausche Quasiteilchenkonzept eingeführt ([1.2]). Für den inhomogenen Fall wird der Dichte-Funktional-Formalismus entwickelt ([1.7]). [1] stellt Begriffe und Aussagen bereit, die in [2], [3], [6] bis [10] benötigt werden. Im Teil [2] wird die Konstruktion geeigneter Einteilchenpotentiale auf der Grundlage der Vielteilchentheorie untersucht. Obwohl über den prinzipiellen Wert der Einteilchentheorie gegenwärtig keine Zweifel mehr bestehen, liegen doch in der genügend genauen Berechnung dieser Potentiale gerade für komplizierte Systeme die entscheidenden praktischen Grenzen der erreichbaren Genauigkeit bei der Berechnung der elektronischen Struktur.

Teil [3] bis [5] enthalten die wichtigsten konzeptionellen und methodischen Grundlagen der Pseudopotentialtheorie, der Vielfachstreutheorie und der LCAO-Theorie. Es werden die verschiedenen Methoden der Konstruktion von Pseudopotentialen sowie deren Abschirmung im Gas der Valenzelektronen behandelt ([3]). Die Vielfachstreutheorie wird in allgemeiner Form formuliert und ist auf geordnete und ungeordnete Systeme, Systeme mit räumlich lokalisierten Störungen der kristallinen Struktur und auf Cluster von Atomen anwendbar. Es werden die Verallgemeinerungen auf nichtkugelsymmetrische Streuzentren und der relativistische Fall behandelt. Für ideale Kristalle folgen aus der Vielfachstreutheorie die bekannten KKR-Gleichungen. Zur Vermeidung numerischer Schwierigkeiten lassen sich diese in sehr transparenter Weise in ein Modell überführen, das die Wechselwirkung fast freier Elektronen mit den stark gebundenen d-Elektronen entsprechend der konkreten physikalischen Situation in Übergangsmetallen beschreibt (H-NFE-TB-Schema). Mit der LCAO-Methode aus [5] ergeben sich günstige Ansatzpunkte sowohl für die Berechnung von Responsefunktionen als auch für die Behandlung selbstkonsistenter Probleme, da die Wellenfunktion im ganzen Raum in einfach überschaubarer Form gegeben ist. Ihre besondere Bedeutung liegt in den Möglichkeiten zur Berechnung integraler physikalischer Größen wie Gesamtenergien aus der elektronischen Struktur und der Darstellung der Bloch-Wellenfunktion als Linearkombination atomähnlicher Wellenfunktionen zur Berechnung von Größen lokalen Charakters wie z. B. Wannier-Funktionen. Es besteht Grund zu der Annahme, daß die LCAO-Methode in Zukunft wieder eine größere Rolle als bisher spielen wird.

Teil [6] enthält die Anwendung der bisher entwickelten Theorie auf Meßgrößen wie den Elektronenanteil der spezifischen Wärme, dielektrische Funktionen, Elektronenenergie-Verlustfunktionen, optische Eigenschaften, die Struktur weicher Röntgen-Spektren und moderne Methoden der Photoelektronenspektroskopie. Hierbei wird der unmittelbare Zusammenhang zu den für die experimentelle Prüfung der Theorie bedeutenden Meßgrößen hergestellt. Die Anwendungen der Elektronentheorie (hauptsächlich des Pseudopotentialkonzepts) auf die Berechnung der stabilen Gitterstruktur reiner Metalle und intermetallischer Verbindungen werden in [7] dargestellt.

Von weiteren Anwendungen auf aktuelle physikalische Probleme wurden diejenigen ausgewählt, für die bereits relativ geschlossene Ergebnisse vorliegen und für die die in den letzten Jahren erzielten Fortschritte in den erwähnten Lehrbüchern nur ungenügende Berücksichtigung fanden. Diese Beispiele geben somit einen Beleg für die Bestrebungen, auf einer einheitlichen Basis ein außerordentlich weitgespanntes Spektrum von Fragen zu lösen. Erreichten in den sechziger Jahren zunächst die Bandberechnungen reiner Substanzen und die damit zusammenhängende Untersuchung von Fermi-Flächen idealer Kristalle einen Höhepunkt, ist gegenwärtig eine beträchtliche Erweiterung der Fragestellung in folgenden Hauptrichtungen festzustellen:

— Berechnung komplizierter geordneter Legierungen (Verbindungen) unter Einbeziehung von Übergangsmetallen (s. [3], [4], [5]),
— genaue selbstkonsistente Berechnung des Potentialverlaufs im Kristall unter Berücksichtigung von Vielteilcheneffekten (s. [2]),
— Untersuchung der Störungen des Idealkristalls, wie Phononen, Punktdefekte, Kristallbaufehler, Grenz- und Oberflächen (s. [8], [9], [10], [11]);
— Berechnung physikalischer Größen aus den Ergebnissen von Bandberechnungen (s. [6], [7]),
— Untersuchung der elektronischen Struktur ungeordneter Systeme (Legierungen, flüssige und amorphe Systeme).

Obwohl zum letztgenannten Problemkreis ebenfalls mit den behandelten Methoden beträchtliche Fortschritte erzielt worden sind (wie z. B. für ungeordnete Legierungen durch die Methode des kohärenten Potentials sowie durch strenge Aussagen über verbotene Gebiete des Spektrums bzw. durch Aussagen über die Lokalisierung von Zuständen für amorphe Systeme oder über den elektrischen Widerstand flüssiger Metalle), können diese hier keine Berücksichtigung finden. Bandmagnetismus[1]) und Transportgrößen (soweit letztere nicht von Punktdefekten herrühren) werden ebenfalls nicht behandelt.

Teil [8] betrifft die mikroskopische Theorie der Phononenspektren in Metallen, wobei die Theorie für einfache Metalle als fast abgeschlossen bezeichnet werden kann. Mit der Berechnung der Gitterschwingungen in Übergangsmetallen von ersten Prinzipien wird dagegen Neuland beschritten. Auf der Grundlage der Theorie der Vielfachstreu-

[1]) Seit 1976 werden auf der Grundlage des spinabhängigen Austausch- und Korrelationspotentials nach von Barth und Hedin (72) selbstkonsistente spinpolarisierte Bandberechnungen für die ferromagnetischen Metalle Fe, Co, Ni durchgeführt (Moruzzi 78, Andersen u. a. 77). Analoge Untersuchungen wurden für das antiferromagnetische Cr durchgeführt (Kübler, 80, Skriver, 81). Dabei werden die experimentell bekannten magnetischen Momente für $T = 0$ (einschl. ihrer Druckabhängigkeit) erstaunlich gut reproduziert. Spindichten können mit den magnetischen Formfaktoren der elastischen Streuung polarisierter Neutronen verglichen werden. Die Einbeziehung der Spin-Bahn-Kopplung ermöglicht einen Zugang zur Anisotropieenergie. In letzter Zeit gibt es Versuche, auch für endliche Temperaturen eine Elektronentheorie ferromagnetischer Metalle zu entwickeln; dieses Problem ist hochaktuell und befindet sich in rascher Entwicklung. Weiter gibt es Versuche, eine Elektronentheorie des Oberflächenmagnetismus zu entwickeln. Schließlich seien spinpolarisierte Rechnungen zu Punktdefekten erwähnt.

ung konnten in den letzten Jahren ebenfalls beträchtliche Fortschritte beim Verständnis der für die supraleitenden Eigenschaften wichtigen Elektron-Phonon-Wechselwirkung in Übergangsmetallen (s. [9]) erzielt werden.

Die Elektronentheorie von Metalloberflächen (s. [10]) ist noch relativ jung. Ihre Bedeutung wird jedoch in den achtziger Jahren beträchtlich zunehmen. Es sei in diesem Zusammenhang an die Bedeutung der Oberflächen für Katalyse und Korrosion, aber auch für andere Eigenschaften kompakter und schichtförmiger Werkstoffe und die zunehmende gezielte Nutzung von Grenz- und Oberflächeneffekten erinnert. Unsere Untersuchung konzentriert sich auf die ausführliche Behandlung des Kristallpotentials in der Nähe der Oberfläche sowie die Berücksichtigung der Gitterstruktur im Rahmen des Pseudopotentialmodells.

Die Anwendung der Streutheorie auf Übergangsmetalldefekte in einfachen und Übergangsmetallen erfolgt in [11]. Es ist somit möglich, deren Eigenschaften in systematischer Weise ohne Zusatzannahmen in guter Übereinstimmung mit dem Experiment zu behandeln.

Die Anhänge enthalten neben verschiedenen benötigten Details mathematischer Art eine in sich geschlossene Darstellung der in der Festkörpertheorie verwendeten Aussagen der Gruppentheorie sowie eine Zusammenstellung charakteristischer Größen elektronischer Systeme, und Ergänzungen zur Vielteilchentheorie des Elektronengases (strenge Theoreme, Störungstheorie).

Wir sehen das Anliegen des Buches als erfüllt an, wenn es nicht nur als aktueller Abriß der modernen Ergebnisse der elektronischen Struktur fester Körper auf der Basis des Pseudopotential-, des Streu- und des LCAO-Konzepts aufgefaßt wird, sondern als breite und geeignete Grundlage für die weitere Behandlung physikalisch aktueller Fragestellungen in konkreten Systemen. Natürlich ist eine Unzahl von Problemen der Metalltheorie noch offen. Wir sind aber der Meinung, daß der gegenwärtige Stand eine gute Basis für die theoretische Behandlung darstellt und daß neue interessante Anwendungen der Theorie in naher Zukunft abzusehen sind.

0.1. Literatur

Abrikossow, A. A., Einf. in die Theorie normaler Metalle, Akademie-Verlag, Berlin 1976.

Andersen, O. K., J. Madsen, U. K. Poulsen, O. Jepsen, J. Kollár, Physica **86–88B**, 249 (1977).

Ashcroft, N. W., N. D. Mermin, Solid State Physics, Holt, Rinehart and Winston, New York 1976.

Barth, U. von, L. Hedin, J. Phys. **C5**, 1629 (1972).

Bernasconi, J., T. Schneider (Hrsg.), Physics in One Dimension, Springer, Berlin 1981.

Brauer, W., Einf. in die Elektronentheorie der Metalle, Geest & Portig, Leipzig 1972.

Brout, R., P. Carruthers, Lect. on Many-Electron Problem, Wiley, New York 1963.

Buckel, W., W. Weber (Hrsg.), Superconductivity in d- and f-Band Metals 1982, Kernforschungszentrum Karlsruhe 1982.

Chomski, D. I., Usp. fiz. nauk **129**, 443 (1979).

Dawydow, A. S., Teorija twerdogo tela, Nauka, Moskau 1976.

Faulkner, J. S., Phys. Rev. **B19**, 6186 (1979).

Fletcher, G. C., The Electron Band Theory of Solids, North-Holland, Amsterdam 1971.

Gunnarson, O., M. Jonson, B. I. Lundqvist, Phys. Rev. **B20**, 3136 (1979).

Haken, H., Quantenfeldtheorie des Festkörpers, Teubner, Stuttgart 1973.
Harrison, W. A., Electronic Structure and Prop. of Solids, Freeman, San Francisco 1980.
Hedin, L., B. I. Lundqvist, J. Phys. **C4**, 2064 (1971).
Hedin, L., S. Lundqvist, Solid State Physics **23**, 1 (1969).
Herrmann, R., U. H. Prepernau, Elektronen im Kristall, Akademie-Verlag, Berlin 1979.
Jastrebow, L. I., A. A. Kaznelson, Osnowy odnoelektronnoi teorii twerdogo tela, Nauka, Moskau 1981.
Kadanoff, L. P., G. Baym, Quantum Statistical Mechanics, Benjamin, New York 1962.
Kaganow, M. I., I. M. Lifschitz, Usp. fiz. nauk **129**, 487 (1979).
Kirschnitz, D. A., Polewije metody teorii mnogich tschastiz, Gosatomisdat, Moskau 1963.
Kittel, Ch., Quantentheorie der Festkörper, Oldenburg, München 1970.
Kittel, Ch., Einführung in die Festkörperphysik, Geest & Portig, Leipzig 1973.
Knox, R. S., A. Gold, Symmetry in the Solid State, Benjamin, New York 1964 (Übers. ins Russ, Nauka, Moskau 1970).
Kübler, J., J. Magn. Magn. Mater. **20**, 277 (1980).
Landau, L. D., E. M. Lifschitz, Lehrb. d. Th. Ph., Bd. III, Akademie-V., Berlin 1979.
Lifschitz, I. M., M. J. Asbel, M. I. Kaganow, Elektronentheorie der Metalle, Akademie-Verlag, Berlin 1975.
Lifschitz, I. M., S. A. Gredeskul, L. A. Pastur, Wedenije w teoriju neuporjadotschennych sistem, Nauka, Moskau 1981.
Madelung, O., Festkörpertheorie I bis III, Springer, Berlin 1972.
Mahan, G. D., Many Particle Systems, Plenum, New York 1981.
Mattuck, R. D., A Guide to Feynman Diagrams in the Many-Body Problem, McGraw-Hill, London 1967 (Übers. ins Russ. Mir, Moskau 1969).
Moruzzi, V. L., J. F. Janak, A. R. Williams, Calculated electronic properties of metals, Pergamon, New York 1978.
Mott, N. F., E. A. Davis, Electronic Proc. in Non-cryst. Materials, Clarendon, Oxf. 1979.
Nagaoka, Y., H. Fukuyama (Hrsg.), Anderson Localization, Springer, Berlin 1982.
Nemoschkalenko, W. W., W. G. Aleschin, Teoretitscheskije osnowy rentgenowskoi emissionnoi spektroskopii, Naukowa Dumka, Kiew 1974.
Parry, W. E., The Many-Body Problem, Clarendon, Oxford 1973.
Pines, D., Elementary Excitations in Solids, Benjamin, New York 1963.
Platzman, P. M., P. A. Wolf, Waves and Interactions in Solid State Plasmas, Solid State Physics, Suppl. **13** (1973) (Übers. ins Russ., Mir, Moskau 1975).
Schultz, T. D., Qu. Field Th. and Many Body Problem, Gordon & Breach, N. Y. 1964.
Skriver, H. L., J. Phys. **F11**, 97 (1981).
Skriver, H. L., The Linear Muffin Tin Orbital Method, Springer, Berlin 1983.
Stolz, H., Einf. in die Vielelektronentheorie der Kristalle, Akademie-Verlag, Berlin 1974.
Streitwolf, H.-W., Gruppentheorie in der Festkörperphysik, Geest & Portig, Leipzig 1967.
Subarew, D. N., Statist. Thermodyn. d. Nichtgleichgewichts, Akademie-V., Berlin 1976.
Thouless, D. J., The Quantum Mechanics of Many-Body Systems, Academic Press, New York 1972 (Übers. ins Russ., Mir, Moskau 1975).
Unger, K., H. G. Schneider (Hrsg.), Festkörperphysik, Geest & Portig, Leipzig 1979.
Valenta, L., E. Jäger, Vorl. ü. Festkörperth. I, Dt. Verl. d. Wiss., Berlin, 1977.
Weißmantel, Chr., C. Hamann, Grundl. d. Festk.ph., Dt. Verl. d. Wiss., Berlin 1979.
Williams, A. R., J. Kübler, C. D. Gelatt, Phys. Rev. **B19**, 6094 (1979).
Ziman, J. M., Solid State Physics **26**, 1 (1971) (Übers. ins Russ., Mir, Moskau 1973).
Ziman, J. M., Prinzipien der Festkörpertheorie, Akademie-Verlag, Berlin 1974.
Ziman, J. M., Models of Disorder, Cambridge University Press, Cambridge 1979.

Ergänzungen zu [0.1] beim Korrekturlesen s. S. 568

1 Das Elektronengas

P. Ziesche, G. Paasch

Für viele Fragen der Metalltheorie dient das Elektronengas als Referenzsystem. — Im homogenen Fall ist es nur durch einen dimensionslosen Dichteparameter r_s charakterisiert, von dem Impulsverteilung und mittlere kinetische Energie, Paarverteilung und mittlere potentielle Energie, Gesamtenergie, Druck, chemisches Potential und Kompressibilität als typische Meßgrößen des Grundzustandes abhängen. Diese werden durch das Pauli-Hellmann-Feymann- und das Virial-Theorem miteinander verknüpft. Für große und kleine Teilchendichte entstehen als Grenzfälle das ideale Fermi-Gas bzw. das Wigner-Gitter. Zwischen der Stabilität der Fermi-Grenze auch für das wechselwirkende Fermi-Gas und der Existenz langlebiger Einteilchenanregungen (Quasiteilchen) nahe dieser Fermi-Grenze besteht ein unmittelbarer, wechselseitiger Zusammenhang. Während dieser in den Eigenschaften der Einteilchenausbreitungsfunktion enthalten ist, beschreibt die dielektrische Funktion als eine Zweiteilchenausbreitungsfunktion die Abschirmung von Störladungen sowie die Plasmawellen als kollektive Anregungen. Eng damit zusammen hängt der Strukturfaktor, er beschreibt Korrelationen räumlich-zeitlicher Dichtefluktuationen und bestimmt in Bornscher Näherung die inelastische Streuung schneller geladener Teilchen. Strukturfaktor und dielektrische Funktion werden durch das Fluktuations-Dissipations-Theorem miteinander verknüpft. Die sogenannte RPA ist die einfachste Näherung, in der Abschirmung und Plasmawellen als für die langreichweitige Coulomb-Wechselwirkung typische Eigenschaften auftreten. Verbesserungen ergeben sich durch Lokalfeldkorrekturen (Singwi u. a.). — Im inhomogenen Fall führt der Dichte-Funktional-Formalismus (Hohenberg u. Kohn) zur Thomas-Fermi-Näherung, zur Dichtegradientenentwicklung und zu effektiven Einteilchengleichungen (Kohn u. Sham).

1.1 Das homogene Elektronengas

1.1.1 Charakterisierung des Systems

Das homogene Elektronengas ist ein für viele Probleme der Festkörperphysik, insbesondere der Metallphysik, wichtiges Modell- oder Referenzsystem, dessen genähert berechenbare Eigenschaften direkt für die Theorie der elektronischen Eigenschaften einfacher Metalle einschließlich ihrer Gitterstruktur und Gitterdynamik sowie als Ausgangspunkt für eine Theorie des inhomogenen Elektronengases gebraucht werden, die ihrerseits für das Verständnis der Eigenschaften von Oberflächen, Adatomen an Oberflächen, Leerstellen, Lerrstellenclustern benötigt wird. Unter dem homogenen Elektronengas versteht man ein nichtrelativistisches Fermi-Gas (als Teilchen mit einem Spin 1/2 genügen Elektronen der Fermi-Dirac-Statistik) mit Coulomb-Wechselwirkung zwischen den Fermi-Teilchen (den Elektronen), die sich in einer gleichmäßig verschmierten positiven Untergrundladung bewegen. Die Untergrundladung kompensiert die Ladung der Elektronen und sichert die Neutralität des Gesamtsystems. Diese gedankliche Konstruktion modelliert unmittelbar die Leitungselektronen einfacher Metalle, wenn man sich die Ladung der Ionen gleichmäßig verschmiert denkt (Wigner u. Seitz, 33, 34). Vom Geleemodell spricht man, wenn die Untergrunddichte nicht fest vorgegeben („eingefroren") ist, sondern sich einstellen, der Untergrund also vibrieren kann.

Die Coulomb-Wechselwirkung zwischen den Elektronen hat zur Folge, daß die Bewegung — zusätzlich zu den Austauscheffekten des idealen Fermi-Gases — korreliert ist. Diese Elektronenkorrelation führt — in Analogie zu den Magnonen, Exzitonen, Polaronen anderer Vielteilchensysteme — zu Elementaranregungen, die für das Elektronengas typisch sind.

Das homogene Elektronengas ist nun deswegen ein wichtiger Modellfall für Vielteilchensysteme, weil an ihm auftreten und studiert werden sowohl typische Einteilcheneffekte (individuelle Elementaranregungen nahe der Fermi-Energie und ihr Einfluß z. B. auf die Wärmekapazität) als auch typische Vielteilcheneffekte (kollektive Elementaranregungen, die im System wechselwirkungsfreier Teilchen keine Entsprechung haben, wie Plasmaschwingungen, ihre Dispersion und Dämpfung).

Die Rolle des Modellfalls ergibt sich noch besonders daraus, daß für das homogene Elektronengas theoretische Methoden entwickelt wurden, die es gestatten, gleichzeitig beide Aspekte der Elektronenkorrelation zu erfassen. Erwähnung verdient, daß es neben dieser „ausgedehnten" Elektronenkorrelation ausführliche Untersuchungen zur Korrelation von Elektronen gibt, die im Festkörper an einem Atom lokalisiert sind (in schmalen Bändern auftreten). Diese hier nicht behandelte „lokalisierte" (oder Schmalband-) Elektronenkorrelation und ihre modellmäßige Untersuchung (Hubbard-Modell) ist wichtig für das Verständnis von magnetischen Phasenumwandlungen und Metall-Isolator-Übergängen (s. hierzu Elk u. Gasser, 79, Lehmann u. Elk, 78, Ihle u. a., 76).

Der vollständige Hamilton-Operator des homogenen Elektronengases (N Elektronen im Volumen $\mathcal{V}$) lautet in der Teilchenquantelung

$$H = T + V\,,$$

$$T = \sum_i \frac{\boldsymbol{p}_i^2}{2m}\,,$$

$$V = \frac{1}{2}\sum_{i \neq j} \frac{\epsilon^2}{r_{ij}} - \sum_i \int_{\mathcal{V}} \mathrm{d}^3r' \frac{\epsilon^2 n}{|\boldsymbol{r}_i - \boldsymbol{r}'|} + \frac{1}{2}\int_{\mathcal{V}} \mathrm{d}^3r \int_{\mathcal{V}} \mathrm{d}^3r' \frac{\epsilon^2 n^2}{|\boldsymbol{r} - \boldsymbol{r}'|}\,, \tag{1}$$

$$\boldsymbol{p}_i = \frac{\hbar}{i}\frac{\partial}{\partial \boldsymbol{r}_i}\,, \qquad r_{ij} = |\boldsymbol{r}_i - \boldsymbol{r}_j|\,, \qquad i, j = 1, \ldots, N\,.$$

T bedeutet die kinetische Energie; die potentielle Energie V besteht aus 3 Termen, sie beschreiben die elektrostatische Wechselwirkungsenergie der Elektronen untereinander, der Elektronen mit dem positiven Untergrund ($n = N/\mathcal{V}$) und des Untergrundes mit sich selbst, wobei

$$\epsilon^2 = \frac{e^2}{4\pi\varepsilon_0}\,, \qquad e = -1{,}602 \cdot 10^{-19}\ \mathrm{As}\,, \qquad \frac{1}{4\pi\varepsilon_0} = 8{,}988 \cdot 10^9\ \frac{\mathrm{Vm}}{\mathrm{As}}. \tag{2}$$

Werden im Grenzfall $N, V \to \infty$, $N/V = \text{const}$ Zustände mit homogener Teilchendichte $n(\boldsymbol{r}) = N/V$ betrachtet (Translations- und Rotationsinvarianz), so vereinfachen sich die letzten beiden Terme in (1) zu

$$-\frac{1}{2}\int_V \mathrm{d}^3r \int_V \mathrm{d}^3r' \frac{\epsilon^2 n^2}{|\boldsymbol{r}-\boldsymbol{r}'|}.$$

In der zu (1) äquivalenten Wellenquantelung (Besetzungszahldarstellung) lautet der Hamilton-Operator dann

$$H = T + V\,,$$
$$T = \sum_k a_k^\dagger a_k \frac{\hbar^2 k^2}{2m}\,, \qquad V = \frac{1}{2V}\sum_{q \neq 0}\sum_{k,k'} a_{k+q}^\dagger a_{k'-q}^\dagger a_{k'} a_k v_q\,, \qquad v_q = \frac{4\pi\epsilon^2}{q^2}. \tag{3}$$

Dabei bedeutet $k \mathrel{\hat{=}} (\boldsymbol{k}, s)$ und die $a_k^\dagger$, a_k erfüllen als Erzeugungs- und Vernichtungsoperatoren die Vertauschungsrelationen

$$[a_k, a_{k'}^\dagger]_+ = \delta_{kk'}\,, \qquad [a_k, a_{k'}]_+ = 0 = [a_k^\dagger, a_{k'}^\dagger]_+\,. \tag{4}$$

In (3) kommt die neutralisierende Wirkung des Untergrundes durch $\boldsymbol{q} \neq 0$ zum Ausdruck. Die potentielle Energie kann auch als

$$V = \frac{1}{2V}\sum_{\boldsymbol{q}\neq 0}(\varrho_{\boldsymbol{q}}^\dagger \varrho_{\boldsymbol{q}} - N)\, v_q\,, \tag{5}$$

dargestellt werden mit $\varrho_{\boldsymbol{q}} = \sum_k a_{k-q}^\dagger a_k$ (oder $\sum_i \mathrm{e}^{-i\boldsymbol{q}\boldsymbol{r}_i}$) als Fourier-Transformierte des Teilchendichteoperators $\varrho(\boldsymbol{r})$.

Mit (1) oder (3), (5) enthält das homogene Elektronengas, das im folgenden nur bei der Temperatur $T = 0$, also im Grundzustand, betrachtet wird, neben der mittleren Teilchendichte $n = N/V$ oder dem mittleren pro Elektron zur Verfügung stehenden Volumen $v = V/N$, das als Kugel gedacht über $v = 4\pi r_0^3/3$ eine charakteristische Länge r_0 (mittlerer Elektronenabstand) definiert, lediglich noch die Parameter $\hbar$, m, ϵ, aus denen sich z. B. die atomaren Einheiten

$$a_0 = \frac{\hbar^2}{m\epsilon^2} = 0{,}529\,18 \cdot 10^{-10}\ \mathrm{m}\,, \quad ryd = \frac{\epsilon^2}{2a_0} = \frac{m\epsilon^4}{2\hbar^2} = \frac{\hbar^2}{2ma_0^2} = 13{,}606\ \mathrm{eV} \tag{6}$$

für Länge und Energie bilden lassen. Dargestellt durch diese „natürlichen" Einheiten enthalten dann alle Meßgrößen lediglich einen dimensionslosen Parameter $r_s = r_0/a_0$. Dieser von Wigner eingeführte dimensionslose Dichteparameter (manchmal auch Wigner-Radius genannt) hat für die Leitungselektronen von Metallen unter normalen Bedingungen Werte zwischen 2 und 6 (Tab. 1.1-1).

In dem theoretischen Grenzfall $r_s \to 0$ wird die Dichte so hoch, daß gegenüber der Coulomb-Wechselwirkung ($\sim -\epsilon^2/r_0 \sim -1/r_s$) die (durch das Pauli-Prinzip bedingte und mit der Unbestimmtheitsrelation gemäß $pr_0 \sim \hbar$ abgeschätzte) kinetische Energie ($\sim p^2/2m \sim 1/r_s^2$) dominiert, so daß sich für $r_s = 0$ ein ideales Fermi-Gas im Grundzustand ergibt. Für $r_s \ll 1$ wirkt die Coulomb-Wechselwirkung offenbar als kleine Störung, die mit zunehmender (dimensionsloser) Kopplungskonstante r_s immer stärker „eingeschaltet" wird. Im entgegengesetzten Grenzfall $r_s \to \infty$ wird die Dichte so

Tabelle 1.1-1. r_s-Werte für einige metallische Elemente

Metall	r_s	Metall	r_s
Li	3,2	Ba	3,7
Na	3,9	Nb	3,1
K	4,9	Fe	2,1
Rb	5,2	Zn	2,3
Cs	5,6	Al	2,1
Cu	2,7	Sn	2,2
Be	1,9	Pb	2,3
Mg	2,7	Bi	2,2

gering, daß die Coulomb-Wechselwirkung gegenüber der kinetischen Energie dominiert. Das mittlere pro Teilchen zur Verfügung stehende Volumen wird dabei so groß, daß Quanteneffekte vernachlässigt werden können: Die Elektronen lokalisieren und kondensieren nach Wigner (34, 38) in einem Gitter klassischer Punktladungen (Wigner-Gitter). Energetisch wird ein kubisch-raumzentriertes Gitter favorisiert (Fuchs, 35) mit $\varepsilon^{\mathrm{kl}} = E^{\mathrm{kl}}/N = -(1{,}792/r_s)\, ryd$ und antiferromagnetischer Besetzung der Gitterplätze (zur Berechnung des Zahlenfaktors, der Madelung-Konstanten, s. [7.2.2]). Mit dem Übergang zu endlichen Dichten $r_s \neq \infty$ werden Quanteneffekte (Verschmierung der Gitterpunkte durch Nullpunktsbewegung entsprechend der Unbestimmtheitsrelation $\Delta p\, \Delta x \geqq \hbar/2$, ferner Austauschwechselwirkung) „eingeschaltet" (Coldwell-Horsfall u. Maradudin, 60, 63, Carr, 61, Carr u. a., 61):

$$\varepsilon = \frac{E}{N} = \left(-\frac{1{,}792}{r_s} + \frac{2{,}65}{r_s^{3/2}} - \frac{0{,}73}{r_s^2} + \dots \right) ryd\,. \tag{7}$$

(Der Einfluß eines Magnetfeldes auf das Wigner-Gitter wird z. B. von Usov und Ulinich, 79, untersucht). Bei einem kritischen Parameter r_s, dessen Zahlenwert noch unsicher ist (20 ... 50), erfolgt der Übergang Elektronengitter/Elektronenflüssigkeit als eine Phasenumwandlung bei $T = 0$, s. z. B. Nozières und Pines (58a), de Wette (64), Van Horn (67), Singwi u. a. (68), Care u. March (75), Shore u. a. (78). Neuerdings interessiert dieser Wigner-Übergang (Wigner- oder Elektronenkristallisation) besonders im zweidimensionalen Elektronengas, das sowohl in Inversionsschichten von MOSFET-Bauelementen der Mikroelektronik (Jonson u. Srinivasan, 77, Störmer u. a., 79, der Einfluß eines starken Magnetfeldes wird z. B. von Fukuyama u. a., 79, Rakhmanov, 79, betrachtet) als auch an Oberflächen von flüssigem Helium (Grimes u. a., 76) auftritt; Sammelbände (Konferenzproceedings) zu beiden Fragen sind Surface Sci. **58**, 1—650 (1976) und **73**, 1—578 (1978). Weiter wird im dreidimensionalen Elektronengas über die Wigner-Kristallisation hinaus eine mögliche Phasenumwandlung des für hohe Dichten paramagnetischen Grundzustandes in einen ferromagnetischen Grundzustand bei einem kritischen Wert $r_s = 7 \dots 19$(?) von Hedin (65), Misawa (65), Edwards (68), Osaka (67) diskutiert. Mechanische Instabilität und Phasenumwandlung eines Geleemodells werden von Wiser und Cohen (69) untersucht. Im folgenden konzentrieren sich die Betrachtungen auf den paramagnetischen Grundzustand.

1.1.2. Der Grundzustand und seine Meßgrößen

Interessiert man sich im Grundzustand $\Phi) = \rangle\!\rangle$ bzw. $(\Phi = \langle\!\langle$ für die Bestandteile der Energie $E = \langle\!\langle H \rangle\!\rangle = \langle\!\langle T \rangle\!\rangle + \langle\!\langle V \rangle\!\rangle$, so erkennt man aus (1) und (3), daß für die mittlere kinetische Energie die Impulsverteilung

$$n(k) = \langle\!\langle a_k^\dagger a_k \rangle\!\rangle \,, \quad 0 \leqq n(k) \leqq 1 \,, \quad \sum_k n(k) = N \,, \quad \sum_k n(k) \frac{(\hbar k)^2}{2m} = \langle\!\langle T \rangle\!\rangle \tag{8}$$

und für die mittlere potentielle Energie die aus der Paarverteilung $n(\boldsymbol{r}_1, \boldsymbol{r}_2) = \sum_{\sigma_1, \sigma_2} \langle\!\langle \psi_1^\dagger \psi_2^\dagger \psi_2 \psi_1 \rangle\!\rangle$, $\psi_i = \sum_k \delta_{\sigma_i, s} (1/\sqrt{V}) \exp(i\boldsymbol{k}\boldsymbol{r})\, a_k$ folgende Paarkorrelation

$$g(r_{12}) = \frac{n(\boldsymbol{r}_1, \boldsymbol{r}_2)}{n^2} \,, \quad g(r_{12}) \geqq 0 \,, \quad \int \mathrm{d}^3 r\, n[1 - g(r)] = 1 \,,$$
$$- \frac{N}{2} \int \mathrm{d}^3 r\, n[1 - g(r)] \frac{\epsilon^2}{r} = \langle\!\langle V \rangle\!\rangle \tag{9}$$

benötigt werden. $g(r)$ beschreibt das durch Pauli-Prinzip (statistische Abstoßung) und elektrostatische Abstoßung bedingte gegenseitige Verdrängen der Elektronen. Eine detailliertere Betrachtung läßt zwischen Elektronen mit parallelem und antiparallelem Spin unterscheiden (Austauschloch $g_{\uparrow\uparrow}(r)$ und Ausweichloch $g_{\uparrow\downarrow}(r)$); die entsprechenden Beiträge zu $\langle\!\langle V \rangle\!\rangle$ seien Austauschenergie $\langle\!\langle V \rangle\!\rangle_{\uparrow\uparrow}$ und Ausweichenergie $\langle\!\langle V \rangle\!\rangle_{\uparrow\downarrow}$ genannt.

Weiter seien die aus E abgeleiteten Größen Energie pro Teilchen, $\varepsilon = E/N$, chemisches und elektrochemisches Potential, $\zeta = \partial E/\partial N)_V$ und $\mu = (\partial E/\partial N)_{V,n}$ (bei letzterem wird außer V auch die Untergrunddichte n konstant gehalten) sowie Druck $p = -(\partial E/\partial V)_N$, Kompressibilität $\varkappa = -(\partial V/V \partial p)_N$ und Kompressibilitätsmodul $1/\varkappa = n\, \partial p/\partial n$ genannt. Für $T = 0$ stimmt ζ mit der 'Quasiteilchen'-Fermi-Energie $\varepsilon_F = \hbar\omega_F$ überein und es gilt $E - pV - \zeta N = 0$ sowie $\mu = \zeta - D$ mit D als Dipolbarriere (s. (10.3-2)).

Die dielektrische Funktion $\varepsilon(\boldsymbol{q}, \omega)$ und der dynamische Strukturfaktor $S(\boldsymbol{q}, \omega)$ werden in [1.3] und [1.4] behandelt.

1.1.3. Das ideale Fermi-Gas

Einen Eindruck von den in [1.1.2] eingeführten Größen bekommt man, wenn man sie für das erwähnte Referenzsystem im Hochdichtegrenzfall, das ideale Fermi-Gas mit $H \approx T\ (= H^0)$, berechnet. Dessen Einteilchenzustände $k \triangleq (\boldsymbol{k}, s)$ mit Impulsen $\boldsymbol{p} = \hbar\boldsymbol{k}$ und Energien $\varepsilon_{\boldsymbol{k}}^0 = \boldsymbol{p}^2/2m$ sind im Systemgrundzustand $\Phi^0) = \rangle$ bzw. $(\Phi^0 = \langle$ bis zum Fermi-Grenzimpuls $p_F = \hbar k_F$ jeweils doppelt (entsprechend den beiden Spineinstellungen $s = \pm 1/2$) besetzt (Fermi-Kugel, s. Abb. 1.1-1). Aus $V\, \mathrm{d}^3 k/(2\pi)^3 = 1$

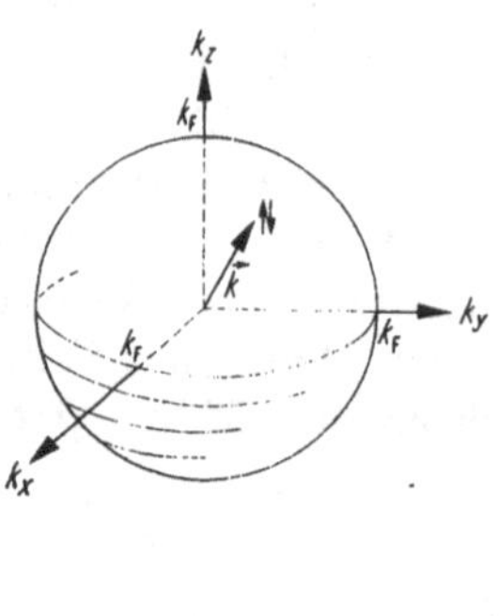

Abb. 1.1-1. Besetzung der Einteilchenzustände $k \triangleq (\boldsymbol{k}, s)$ im Grundzustand des idealen Fermi-Gases (Fermi-Kugel). Jedem möglichen Wellenzahlvektor $\boldsymbol{k}$ steht ein Volumen $\mathrm{d}^3 k = (2\pi)^3/V$ zur Verfügung. Alle $\boldsymbol{k}$ mit $|\boldsymbol{k}| < k_F$ sind entsprechend den beiden Spineinstellungen $s = \pm 1/2$ zweifach besetzt

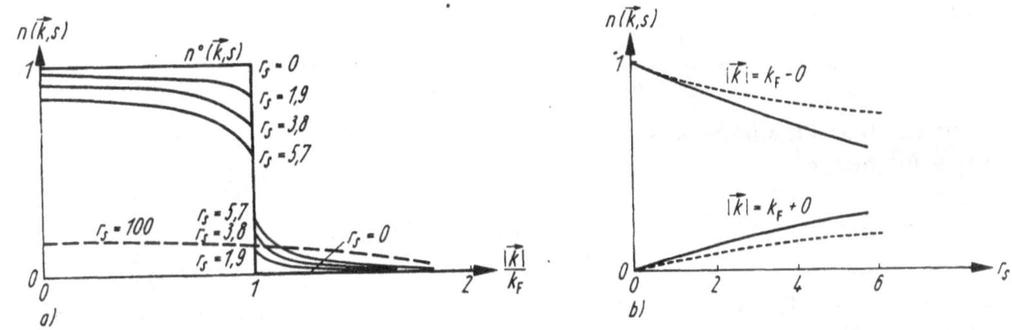

Abb. 1.1-2. a) Impulsverteilung des Elektronengases im Grundzustand mit r_s als Parameter nach Geldart u. a. (64); ähnliche Ergebnisse wurden von Daniel und Vosko (60) und Lundqvist (68) erzielt. $r_s = 0$ stellt zugleich den Fall des idealen Fermi-Gases oder der HF-Näherung dar. Die gestrichelte Kurve ergibt sich nach Diener (62) oder March und Sampanthar (62) für das Wignersche Elektronengitter in Oszillatornäherung; b) Impulsverteilung an der Fermi-Grenze in Abhängigkeit von r_s nach Geldart u. a. (64) und (punktiert) nach Lundqvist (68)

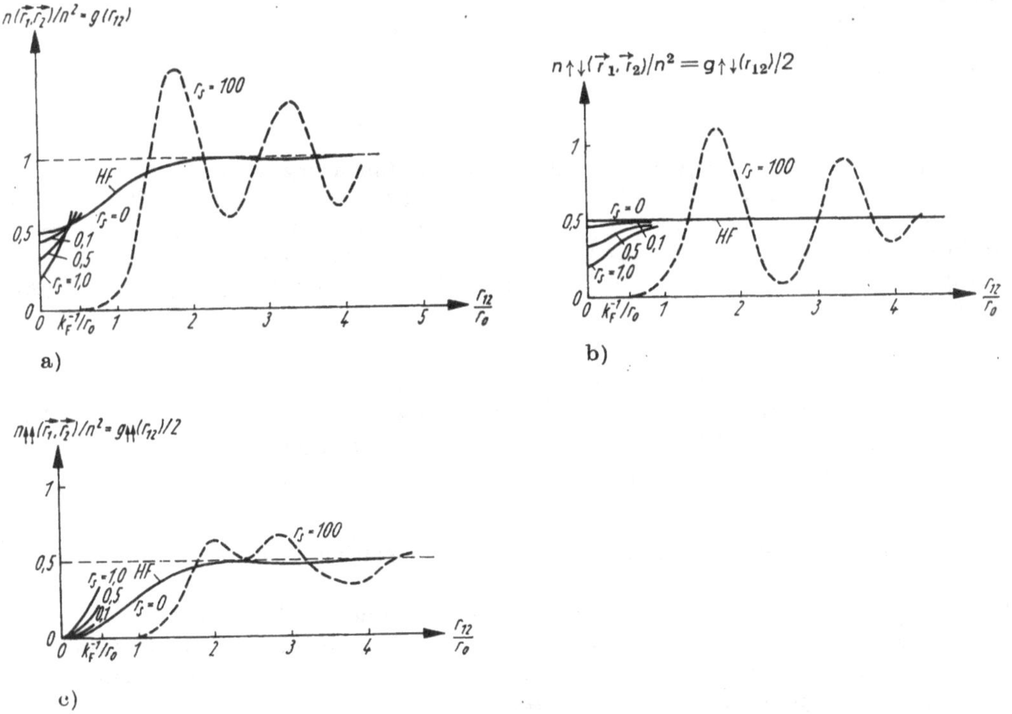

Abb. 1.1-3. Paarkorrelationen des Elektronengases im Grundzustand in Abhängigkeit vom gegenseitigen Abstand zweier Elektronen mit r_s als Parameter, berechnet nach Ueda (61). a) spinunabhängig, b), c) spinabhängig. $r_s = 0$ stellt zugleich den Fall des idealen Fermi-Gases oder der HF-Näherung dar. Die gestrichelten Kurven ergeben sich nach Diener (62) für das Wignersche (antiferromagnetische) Elektronengitter in Oszillatornäherung

ergibt sich k_F zu

$$k_F = (3\pi^2 n)^{1/3} = \frac{1}{\alpha r_s} \cdot \frac{1}{a_0}\,, \qquad \alpha = \left(\frac{4}{9\pi}\right)^{1/3} = 0{,}521\,. \tag{10}$$

Daraus entsteht für die Fermi-Energie $\varepsilon_F^0 = \hbar^2 k_F^2/2m = (1/\alpha^2 r_s^2)\, ryd$. Diese bestimmt die Gesamtenergie

$$E^0 = \langle T \rangle = N\, \frac{3}{5}\, \varepsilon_F^0 = N\, \frac{3}{5\alpha^2 r_s^2}\, ryd = N\, \frac{2{,}21}{r_s^2}\, ryd \tag{11}$$

sowie Energie pro Teilchen $\varepsilon^0 = (3/5)\, \varepsilon_F^0$, Druck $p^0 = (2/5)\, n\varepsilon_F^0$, chemisches Potential $\zeta^0 = \varepsilon_F^0$ und Kompressibilitätsmodul $1/\varkappa^0 = (2/3)\, n\varepsilon_F^0$. Für Impulsverteilung und Paarkorrelation ergibt sich

$$n^0(k) = \Theta(k_F - |\boldsymbol{k}|)\,, \qquad g^0(r) = 1 - \frac{1}{2}\left(3\, \frac{j_1(k_F r)}{k_F r}\right)^2. \tag{12}$$

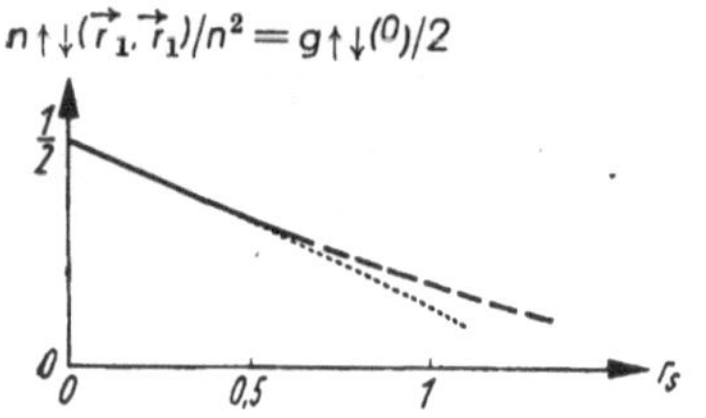

Abb. 1.1-4. Tiefe des Ausweichloches für verschwindenden gegenseitigen Abstand nach Ueda (61) und punktiert $(0{,}5 - 0{,}366\, r_s - 0{,}033\, r_s^2 \ln r_s)$ nach Kimball (76). Mit zunehmendem r_s stoßen sich auch die Elektronen mit antiparallelem Spin zunehmend stärker ab: $0 \leqq g_{\uparrow\downarrow}(0) \leqq 1$. Für das Austauschloch gilt nach dem Pauli-Prinzip $g_{\uparrow\uparrow}(0) = 0$ und damit $0 \leqq g(0) \leqq 1/2$. Mit $g(0)$ ist nach Kimball (73,75) auch $\mathrm{d}g/\mathrm{d}k_F r|_{r\to 0} = \alpha r_s g(0)$ gegeben.

Erstere hat bei $|\boldsymbol{k}| = k_F$ den typischen Sprung (Abb. 1.1-2), letztere (s. Abb. 1.1-3 u. 4) zeigt die statistische Abstoßung zwischen Elektronen mit parallelem Spin (Austauschloch), während sich Elektronen mit antiparallelem Spin unabhängig voneinander bewegen (kein Ausweichloch). Zur Definition von $j_1(z)$ s. [A 3].

1.1.4. Unabhängige Teilchen, Austausch und Korrelation

Wie in [1.1.1] erwähnt, wird im Elektronengas der Grenzfall des idealen Fermi-Gases für $r_s \to 0$ (hohe Dichte) realisiert. Umgekehrt wird mit wachsendem r_s die Coulomb-Wechselwirkung zunehmend „eingeschaltet“. Das äußert sich in zunehmenden Abweichungen aller Meßgrößen gegenüber denen des idealen Fermi-Gases. Charakteristische Parameter sind

— der abnehmende Sprung der Impulsverteilung an der Fermi-Grenze (s. Abb. 1.1-2 u. 1.2-1),
— die zunehmende Tiefe des Ausweich- und damit auch des Paarverteilungsloches für verschwindenden gegenseitigen Abstand (s. Abb. 1.1-3 u. 4).

Hinzu kommen: Austausch- und Ausweichenergie und Änderung der kinetischen Energie.

Für das Elektronengas stellen die Ausdrücke des idealen Fermi-Gases die nullte Ordnung einer Störungsreihe (mit der Coulomb-Wechselwirkung als Störung) dar. Daher kann die Energie in erster Störungsordnung sofort als $\langle V\rangle$ angegeben und mit (9) und (12) ausgewertet werden (in der Graphendarstellung (A 8-10) ist das der erste Term):

$$\langle V\rangle = -N\frac{3}{4\pi\alpha}\frac{\epsilon^2}{r_0} = -N\frac{3}{2\pi\alpha r_s}\,ryd = -N\,\frac{0{,}916}{r_s}\,ryd\,. \tag{13}$$

Die gegenseitige statistische Abstoßung der Elektronen mit parallelem Spin (Austauschloch) führt also zu einem Energiegewinn (Austauschenergie). In dieser Störungsordnung stimmen die Ergebnisse mit denen der Hartree-Fock-(HF) Näherung überein:

$$E_{\mathrm{HF}} = \langle H\rangle = N\left(\frac{2{,}21}{r_s^2} - \frac{0{,}916}{r_s}\right) ryd \tag{14}$$

(s. Abb. 1.1-5). Mit der HF-Darstellung der Gesamtwellenfunktion durch ein antisymmetrisiertes Produkt von Einteilchenwellenfunktionen wird in der Quantenmechanik das Modell unabhängiger (besser: unkorrelierter) Teilchen realisiert. Korrelationen werden dabei vernachlässigt, die Teilchen bewegen sich — abgesehen von der durch das Pauli-Prinzip bewirkten Austauschwechselwirkung, die in (14) zu dem zweiten Term führt (der erste allein entspricht der Hartree-Näherung) — unabhängig voneinander (jedes im mittleren Potential der übrigen).

Alle Korrekturen, die infolge Coulomb-Wechselwirkung an den HF-Ergebnissen anzubringen sind, haben ihre Ursache in den durch die Coulomb-Wechselwirkung hervorgerufenen Korrelationen. Die Differenz $E - E_{\mathrm{HF}} = E_c$ wird daher als Korrelationsenergie bezeichnet (Wigner u. Seitz, 33, 34). Die Korrelationsenergie pro Teilchen $\varepsilon_c = E_c/N$ oder $\varepsilon_c = \varepsilon - \varepsilon_{\mathrm{HF}}$ ist z. B. nach Hedin (65) von der Größenordnung $-0{,}1\,ryd \approx -1$ eV und führt zu einem Minimum von E bei $r_s \approx 3 \ldots 4$. Neben E_c wird häufig auch $E_{xc} = E - E^0$ als Austausch- und Korrelationsenergie sowie $\varepsilon_{xc} =$

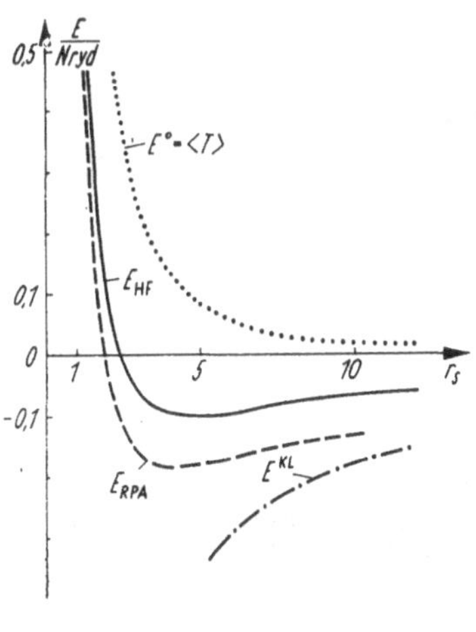

Abb. 1.1-5. Energie in Abhängigkeit von r_s

$= E_{xc}/N$, also $\varepsilon_{xc} = \varepsilon - \varepsilon^0$, benutzt (x für exchange = Austausch, c für correlation = Korrelation); in niedrigster Näherung gilt $E_{xc} \approx E_x = \langle V \rangle$, also $\varepsilon_{xc} \approx \varepsilon_x = -(0{,}916/r_s)$ *ryd.* Mit diesen Bezeichnungen gilt auch $E_{HF} = E^0 + E_x$ und $E_{xc} = E_x + E_c$ sowie entsprechendes für die Energien pro Teilchen. Weitere wichtige Korrelationsparameter sind die zu Beginn dieses Abschnitts aufgeführten Größen.

Der Versuch, die Korrelationsenergie und die anderen Korrelationsparameter durch Störungsrechnung zweiter Ordnung (in (A 8-10) ist das der zweite Term) abzuschätzen, scheitert zunächst. Verursacht durch die lange Reichweite der (nichtabgeschirmten) Coulomb-Wechselwirkung und der Entartung der besetzten und unbesetzten Zustände an der Fermi-Grenze, divergiert die Energie in zweiter Störungsordnung (Heisenberg, 47). Die Notwendigkeit, die im Elektronengas tatsächlich vorhandene Abschirmung auch in der theoretischen Behandlung von Anfang an in geeigneter Weise zu berücksichtigen, wurde zuerst von Macke (50) erkannt. Im Rahmen der Störungsrechnung erfolgt dies durch bestimmte Teilsummation der Störungsreihe bis zu unendlich hoher Ordnung (s. [1.5.2], [1.5.3] u. (A 8-11)).

1.1.5. Statische Abschirmung und Plasmaschwingungen

Zwei wichtige und charakteristische Eigenschaften des Elektronengases sind die (statische) Abschirmung einer eingetauchten (Test-) Ladung und die Möglichkeit, sogenannte Plasmaschwingungen anregen zu können.

In Thomas-Fermi-Näherung (s. [1.7.4]) ergibt sich für das gesamte Potential von Testladung Ze und induzierter Ladung

$$eu_{\text{tot}}(\boldsymbol{r}) = \frac{Z\epsilon^2}{r}\,e^{-q_{\text{TF}}r}, \qquad q_{\text{TF}}^2 = \frac{6\pi\epsilon^2 n}{\varepsilon_F^0}, \tag{15}$$

also ein abgeschirmtes Coulomb-Potential (Yukawa-Potential). (15) gilt für $r_s \ll 1$ und $r \gg r_0$.

Plasmaschwingungen sind Schwingungen der Elektronen als Ganzes gegenüber dem positiven Ionenuntergrund. Wenn durch äußeren Eingriff (konkret z. B. durch Einschuß schneller Elektronen) eine Verschiebung der Elektronen in einer Richtung vorgenommen wird, dann sorgt das entstehende mittlere Feld als rücktreibende Kraft für ein rasches Zurückschwingen und die dabei zunehmende kinetische Energie aller Elektronen für ein „Überschwappen" in der anderen Richtung usw. Aus diesem einfachen, klassischen Bild läßt sich unmittelbar die Frequenz der Plasmaschwingungen gewinnen. Es wird eine Elektronengasschicht der Dicke d betrachtet und gegenüber dem Untergrund um $x \ll d$ verschoben (s. Abb. 1.1-6). Damit bildet sich wie in einem

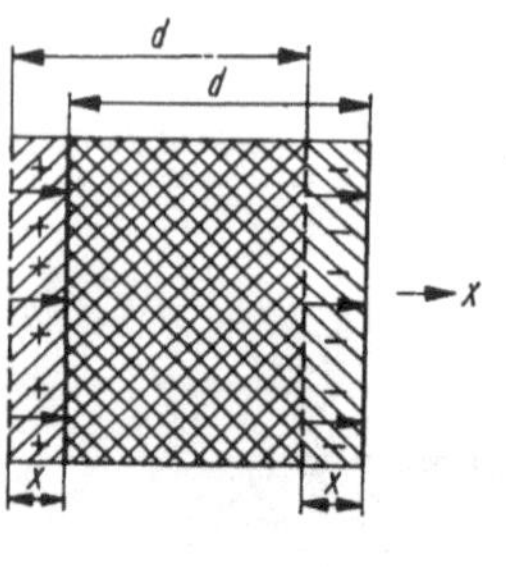

Abb. 1.1-6. Bei Plasmaschwingungen auftretende momentane Verschiebung einer Elektronengasschicht gegenüber dem Untergrund

Plattenkondensator eine Oberflächenladung $\pm |e| nx$ mit einer Feldstärke $\boldsymbol{E} = -(enx/\varepsilon_0)\, \boldsymbol{e}_x$, und für die mittlere Kollektivbewegung der Elektronen ergibt sich $m\ddot{x} = eE_x$ als Bewegungsgleichung, aus der für die Plasmafrequenz unmittelbar

$$\omega_{\text{pl}}^2 = \frac{4\pi \epsilon^2 n}{m} \tag{16}$$

folgt. Dabei wurde die ungeordnete Bewegung der Elektronen vollständig vernachlässigt, was im Grenzfall großer Wellenlängen möglich ist. Für endliche Werte der Wellenlänge oder Wellenzahl q ergibt sich eine Dispersion der Plasmawellen $\omega_{\text{pl}}(q)$ mit $\omega_{\text{pl}}(0) = \omega_{\text{pl}}$. Die Quanten dieser Plasmawellen heißen Plasmonen; ihre Energie ist $\hbar\omega_{\text{pl}}(q)$.

Die Thomas-Fermi-Abschirmlänge $\lambda_{\text{TF}} = 1/q_{\text{TF}}$ hängt mit ω_{pl} gemäß

$$\omega_{\text{pl}}\lambda_{\text{TF}} = \frac{v_{\text{F}}}{\sqrt{3}} \tag{17}$$

zusammen ($v_{\text{F}} = \hbar k_{\text{F}}/m$).

1.1.6. Ähnlichkeitstransformationen und Minimaleigenschaft der Energie

Die Minimaleigenschaft der Energie E führt zu den als Virialtheorem oder Pauli-Hellmann-Feynman-Theorem bekannten Beziehungen zwischen der Gesamtenergie E, der kinetischen Energie $\langle\!\langle T \rangle\!\rangle$ und der potentiellen Energie $\langle\!\langle V \rangle\!\rangle$

$$-\left(1 + 3\mathcal{V}\frac{\partial}{\partial \mathcal{V}}\right) E = \langle\!\langle T \rangle\!\rangle\,, \qquad \left(2 + 3\mathcal{V}\frac{\partial}{\partial \mathcal{V}}\right) E = \langle\!\langle V \rangle\!\rangle\,,$$
$$2\langle\!\langle T \rangle\!\rangle + \langle\!\langle V \rangle\!\rangle = 3\mathcal{V}p \tag{18}$$

(s. auch [A 7]). Hinzu kommt (als Minimumsbedingung)

$$\left(2 + 3\mathcal{V}\frac{\partial}{\partial \mathcal{V}}\right)\langle\!\langle T \rangle\!\rangle = -\left(1 + 3\mathcal{V}\frac{\partial}{\partial \mathcal{V}}\right)\langle\!\langle V \rangle\!\rangle \geqq 0\,. \tag{19}$$

Nach der Dimensionsanalyse von [1.1.1] können die Ableitungen nach $\mathcal{V}$ auch durch Ableitungen nach den Kopplungskonstanten $\hbar^2/m$ oder ϵ^2 ersetzt werden:

$$\frac{\hbar^2}{m}\frac{\partial E}{\partial \hbar^2/m} = \langle\!\langle T \rangle\!\rangle\,, \qquad \epsilon^2\frac{\partial E}{\partial \epsilon^2} = \langle\!\langle V \rangle\!\rangle\,, \tag{20 a, b}$$

woraus durch Integration

$$E - E^{\text{kl}} = \int\limits_0^{\hbar^2/m} \frac{\mathrm{d}\hbar^2/m}{\hbar^2/m}\langle\!\langle T \rangle\!\rangle\,, \qquad E^{\text{kl}} = E\left(\frac{\hbar^2}{m} = 0\right), \tag{21a}$$

$$E - E^0 = \int\limits_0^{\epsilon^2} \frac{\mathrm{d}\epsilon^2}{\epsilon^2}\langle\!\langle V \rangle\!\rangle\,, \qquad E^0 = E(\epsilon^2 = 0) \tag{21b}$$

entsteht. E^0 bedeutet die Grundzustandsenergie des idealen Fermi-Gases und E^{kl} die Energie des klassischen Systems (Wigner-Gitter). (21b) wurde von Sawada (57) angegeben; diese Gleichung wird manchmal auch als Aufladeformel bezeichnet. Demgegenüber beschreibt (21a) das ,,Einschalten" der Quantentheorie.

Aus (19) folgt eine qualitative Aussage über die Kopplung zwischen den Änderungen von Impuls- und Paarverteilung (Macke u. Ziesche, 64). Aus (18) und (19) folgt die Bedingung $\partial^2 r_s^2 E/\partial r_s^2 \leqq 0$ (Ferrell, 58), die zusammen mit $\langle\!\langle T \rangle\!\rangle \geqq 0$ und $\langle\!\langle V \rangle\!\rangle \leqq 0$ Einschränkungen des möglichen Kurvenverlaufs $E(r_s)$ darstellen (Macke u. Ziesche, 64). Diese können benutzt werden, um genäherte Ausdrücke für $E(r_s)$ auf ihre Gültigkeit zu überprüfen.

1.2. Einteilchenausbreitungsfunktion und Quasiteilchen

1.2.1. Einteilchenausbreitungsfunktion und Impulsverteilung

Für alle Fragen, die sich auf ein Teilchen beziehen, ist die Einteilchenausbreitungsfunktion oder Greensche Einteilchenfunktion

$$G(\boldsymbol{k}, t) = -i\langle\!\langle T a_k(t)\, a_k^\dagger(0)\rangle\!\rangle \tag{1}$$

die entscheidende Schlüsselgröße (Galitzki u. Migdal, 58, Klein u. Prange, 58, 61, Martin u. Schwinger, 59, s. auch Doniach u. Sondheimer, 74, Elk u. Gasser, 79, Economou, 79). Zum Beispiel ergibt sich die Impulsverteilung gemäß

$$n(k) = -iG(\boldsymbol{k}, -\delta) = \int\limits_C \frac{\mathrm{d}\omega}{2\pi i}\, \mathrm{e}^{i\omega\delta}\, G(\boldsymbol{k}, \omega)\,, \qquad \delta \underset{\rightarrow}{>} 0\,. \tag{2}$$

Dabei haben die $a_k(t)$ die Zeitabhängigkeit des Heisenberg-Bildes, T ist der Wicksche Zeitordnungsoperator, $G(\boldsymbol{k}, \omega)$ ist die Fourier-Transformierte von $G(\boldsymbol{k}, t)$, und C bedeutet das Schließen des Integrationsweges in der oberen ω-Halbebene.

Die fundamentale Konzeption der individuellen Elementaranregungen oder Elementaranregungen vom Einteilchencharakter zieht nun analytische Eigenschaften von $G(\boldsymbol{k}, \omega)$ nach sich, die über (2) ihren Niederschlag auch in der Impulsverteilung finden.

1.2.2. Stabilität der Fermi-Grenze und Quasiteilchen

Für das ideale Fermi-Gas mit seinen Einteilchenenergien $\varepsilon_{\boldsymbol{k}}^0 = (\hbar \boldsymbol{k})^2/2m = \hbar\omega_{\boldsymbol{k}}^0$ besteht $G^0(\boldsymbol{k}, \omega)$ gemäß

$$G^0(\boldsymbol{k}, \omega) = \frac{1}{\omega - \omega_{\boldsymbol{k}}^0 + i\gamma_{\boldsymbol{k}}^0 \operatorname{sgn}(\omega_{\boldsymbol{k}}^0 - \omega_{\mathrm{F}}^0)}\,, \qquad \gamma_{\boldsymbol{k}}^0 = \delta \underset{\rightarrow}{>} 0\,, \tag{3}$$

nur aus einem Pol erster Ordnung, wobei die Lage der Polstelle $\omega = \omega_{\boldsymbol{k}}^0 \pm i\gamma_{\boldsymbol{k}}^0$ impulsabhängig ist und mit zunehmendem Impuls $\hbar\boldsymbol{k}$ aus der oberen Halbebene (für $|\boldsymbol{k}| < k_{\mathrm{F}}$) in die untere Halbebene (für $|\boldsymbol{k}| > k_{\mathrm{F}}$) wandert, und zwar an der Stelle $\omega_{\boldsymbol{k}}^0 = \omega_{\mathrm{F}}^0$, also wegen $\omega_{\mathrm{F}}^0 = \omega_{k_{\mathrm{F}}}^0$ bei dem Impuls $\hbar k_{\mathrm{F}}$. Damit wird auch der Integrationsweg C in

(2) überquert, was sich nach dem Residuensatz in einem Sprung in der Impulsverteilung bei dem Fermi-Grenzimpuls $\hbar k_F$ bemerkbar macht: $n^0(k) = \Theta(k_F - |\boldsymbol{k}|)$.

Beim Einschalten der Teilchenwechselwirkung ergibt sich ein stetiger Übergang zu folgendem modifizierten Bild:

— Wiederum existieren Elementaranregungen vom Einteilchencharakter, allerdings mit geänderten Energien $\varepsilon_{\boldsymbol{k}} = \hbar\omega_{\boldsymbol{k}}$ und endlichen Lebensdauern $\tau_{\boldsymbol{k}} = 1/\gamma_{\boldsymbol{k}}$. Das äußert sich in einem Pol erster Ordnung von $G(\boldsymbol{k}, \omega)$ bei $\omega = \omega_{\boldsymbol{k}} \pm i\gamma_{\boldsymbol{k}}$.

— Diese Polstelle liegt für $|\boldsymbol{k}| > k_F$ in der unteren und für $|\boldsymbol{k}| < k_F$ in der oberen Halbebene; sie nähert sich für $|\boldsymbol{k}| \underset{\to}{<} k_F$ der reellen Achse von oben, überquert diese für $|\boldsymbol{k}| = k_F$ bei $\omega = \omega_F = \omega_{k_F}$ und entfernt sich für $|\boldsymbol{k}| > k_F$ wieder von der reellen Achse nach unten. Daraus folgt:

1. Wie im wechselwirkungsfreien Fall erfolgt das Überqueren für $|\boldsymbol{k}| = k_F$. Daher hat auch die Impulsverteilung des realen Fermi-Gases einen Sprung bei k_F, allerdings mit verringerter Sprunghöhe z_F, die sich aus dem Residuum des Pols für $|\boldsymbol{k}| = k_F$ ergibt.

2. In unmittelbarer Nähe der Fermi-Grenze existieren auch bei eingeschalteter Wechselwirkung beliebig langlebige Elementaranregungen vom Einteilchencharakter: $\gamma_{\boldsymbol{k}} \to 0$ für $|\boldsymbol{k}| \to k_F$. Eine Abschätzung mit Pauli-Prinzip, Impuls- und Energiesatz (s. z. B. Abrikossow, 76, S. 30) ergibt $\gamma_{\boldsymbol{k}} \sim (|\boldsymbol{k}| - k_F)^2$.

Diese Sachverhalte hängen eng miteinander zusammen, insbesondere wird der Zusammenhang zwischen der Existenz einer scharfen Fermi-Grenze auch für ein wechselwirkendes Fermi-Gas (Mott, 56) und der Existenz guter (d. h. genügend langlebiger) Elementaranregungen nahe der Fermi-Grenze hervorgehoben.

Das Konzept der Elementaranregungen oder Quasiteilchen wurde von Landau phänomenologisch zunächst für He^4 (Landau, 42), dann auch für neutrale Fermi-Flüssigkeiten wie He^3 (Landau, 56—58) eingeführt, von Silin (57—59) auch auf geladene Fermi-Flüssigkeiten übertragen und später aus der mikroskopischen Theorie begründet (Pitajewskij, 59, Bytschkow u. Gorkow, 61, Luttinger, 61, Luttinger u. Nozières, 62, Abrikossow u. a., 62). Nach Landau sollte ein wechselwirkendes Fermi-Gas auf Grund der Wechselwirkung zwischen den nackten Teilchen aus Quasiteilchen bestehen, die wiederum Fermionen sind, so daß sich ein Energie- oder Anregungsspektrum ähnlich dem eines idealen Fermi-Gases ergibt. Im vorliegenden Fall hat man sich unter einem Quasiteilchen ein „nacktes" Teilchen (Elektron) zusammen mit seiner durch die Coulomb-Wechselwirkung erzeugten Polarisationswolke vorzustellen. Zwischen diesen Quasiteilchen besteht nur noch eine schwache Restwechselwirkung. Zusammenfassende Darstellungen der Landau-Theorie der Fermi-Flüssigkeiten finden sich z. B. in Abrikossow (76), Jones und March (73), Landau und Lifschitz (79).

Nach dem Gesagten scheint das Konzept der schwach gedämpften Quasiteilchen zunächst nur nahe der Fermi-Energie sinnvoll zu sein. Tatsächlich ist es aber neuerdings möglich, mittels winkelabhängiger Röntgen-Photoelektronenemission unter Verwendung von Synchrotronstrahlung auf Symmetrielinien im $\boldsymbol{k}$-Raum die Bandstruktur, also die Quasiteilchen des Elektronengases im periodischen Gitterpotential, experimentell auch für Energien zu bestimmen, die wie die Energien des besetzten Valenzbandes merklich kleiner sind als ε_F (s. z. B. Knapp u. a., 79).

1.2.3. Selbstenergie

Ein wichtiger Begriff zur quantitativen Erfassung des Quasiteilchenkonzepts ist der Massen- oder Selbstenergieoperator, kurz Selbstenergie. Dieser wird über die Dyson-Gleichung

$$G(\boldsymbol{k}, \omega) = G^0(\boldsymbol{k}, \omega) + G^0(\boldsymbol{k}, \omega)\, \Sigma(\boldsymbol{k}, \omega)\, G(\boldsymbol{k}, \omega) \tag{4}$$

als eine von $\boldsymbol{k}$ und ω abhängige Größe $\hbar\Sigma(\boldsymbol{k}, \omega)$ eingeführt. Die Auflösung

$$G(\boldsymbol{k}, \omega) = \frac{1}{\omega - \omega_{\boldsymbol{k}}^0 - \Sigma(\boldsymbol{k}, \omega)} \tag{5}$$

zeigt, daß die Nullstellen des Nenners Energie $\hbar\omega_{\boldsymbol{k}}$ und Dämpfung $\gamma_{\boldsymbol{k}}$ der Quasiteilchen bestimmen:

$$\omega = \omega_{\boldsymbol{k}}^0 + \Sigma(\boldsymbol{k}, \omega) \curvearrowright \omega = \omega_{\boldsymbol{k}} \pm i\gamma_{\boldsymbol{k}}\,. \tag{6}$$

Die Diskussionen von [1.2.2] finden ihren quantitativen Ausdruck darin, daß $\operatorname{Im} \Sigma(\boldsymbol{k}, \omega)$ auf der reellen ω-Achse bei $\omega = \omega_{\mathrm{F}}$ sein Vorzeichen wechselt, daß nahe der Fermigrenze $\operatorname{Im} \Sigma(\boldsymbol{k}, \omega) \sim (\omega_{\boldsymbol{k}} - \omega_{\mathrm{F}})^2$ gilt (Luttinger, 61) und daß $\omega_{\mathrm{F}} - \omega_{\mathrm{F}}^0 = \Sigma(k_{\mathrm{F}}, \omega_{\mathrm{F}})$ gilt (Hugenholtz u. van Hove, 58); $\hbar\Sigma\,(k_{\mathrm{F}}, \zeta/\hbar)$ ist also zugleich der Austausch- und Korrelationsanteil des chemischen Potentials, $\zeta_{\mathrm{xc}} = \zeta - \zeta^0 = \hbar(\omega_{\mathrm{F}} - \omega_{\mathrm{F}}^0)$.

Durch Entwicklung des Nenners von $G(\boldsymbol{k}, \omega)$ um seine Nullstelle ergibt sich für das Residuum des Quasiteilchenpols an der Fermi-Grenze (Luttinger u. Ward, 60)

$$z_{\mathrm{F}} = \frac{1}{1 - \left.\dfrac{\partial \operatorname{Re} \Sigma(\boldsymbol{k}, \omega)}{\partial\omega}\right|_{\substack{|\boldsymbol{k}| = k_{\mathrm{F}} \\ \omega = \omega_{\mathrm{F}}}}}\,. \tag{7}$$

Diese Größe bestimmt — wie in [1.2.2] diskutiert — die Sprunghöhe in der Impulsverteilung. Mit zunehmendem r_s nimmt z_{F} ab (s. Abb. 1.1-2 u. 1.2-1). Falls z_{F} bei einem kritischen Wert r_s^* verschwindet, dürfte dies den Übergang zum Wigner-Gitter beschreiben, da dessen Schwingungen zu einer stetigen Impulsverteilung führen.

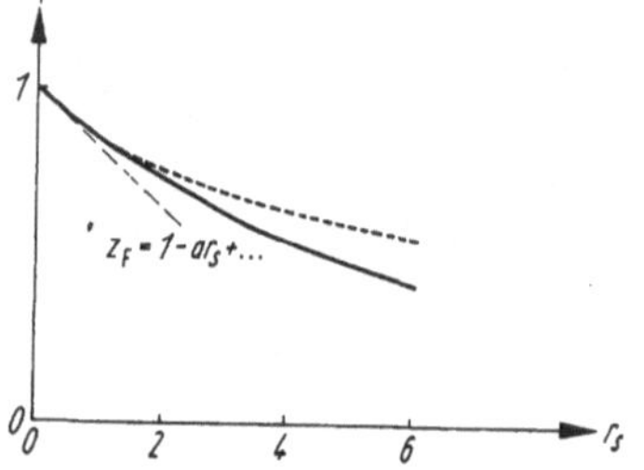

Abb. 1.2-1. Sprunghöhe der Impulsverteilung des Elektronengases an der Fermi-Grenze in Abhängigkeit vom Dichteparameter r_s nach Geldart u. a. (64) und (punktiert) nach Lundqvist (68). $a \approx 0{,}17$

1.2.4. Kinetische und potentielle Energie

Gemäß (1.1-8) und (2) ergibt sich aus $G(\boldsymbol{k}, \omega)$ auch die mittlere kinetische Energie $\langle\!\langle T \rangle\!\rangle$ als integrale Einteilchengröße

$$\langle\!\langle T \rangle\!\rangle = \sum_{\boldsymbol{k}} \int\limits_C \frac{\mathrm{d}\omega}{2\pi i}\, \mathrm{e}^{i\omega\delta}\, G(\boldsymbol{k}, \omega)\, \hbar\omega_{\boldsymbol{k}}^0\,. \tag{8}$$

Darüber hinaus folgt aber nach Galitzki und Migdal (58) auch sogar die mittlere potentielle Energie $\langle\langle V\rangle\rangle$ als integrale Zweiteilchengröße aus der Einteilchenausbreitungsfunktion $G(\boldsymbol{k}, \omega)$:

$$\langle\langle V\rangle\rangle = \frac{1}{2} \sum_k \int_C \frac{d\omega}{2\pi i} e^{i\omega\delta} G(\boldsymbol{k}, \omega) \hbar(\omega - \omega_{\boldsymbol{k}}^0) . \tag{9}$$

Schließlich wird noch die Selbstenergie $\Sigma(\boldsymbol{k}, \omega)$ benutzt, um $\langle\langle V\rangle\rangle$ darzustellen. Mit (5) kann man (9) nämlich auch schreiben als

$$\langle\langle V\rangle\rangle = \frac{1}{2} \sum_k \int_C \frac{d\omega}{2\pi i} e^{i\omega\delta} G(\boldsymbol{k}, \omega) \hbar\Sigma(\boldsymbol{k}, \omega) . \tag{10}$$

(10) kann physikalisch-anschaulich etwa so gelesen werden: Die mittlere potentielle Energie des Elektronengases ist gleich der halben mittleren Selbstenergie der Quasiteilchen, die die durch Coulomb-Wechselwirkung zwischen den nackten Teilchen sich bildenden Polarisationswolken beschreiben.

1.2.5. Wege zur Berechnung der Einteilchenausbreitungsfunktion

Nachdem in den vorangegangenen Abschnitten die prinzipiellen Zusammenhänge untersucht wurden, soll abschließend noch auf Wege zur genäherten Berechnung der Einteilchenausbreitungsfunktion hingewiesen werden. Eine Möglichkeit besteht in der Anwendung der zeitabhängigen Störungsrechnung, der Darstellung durch Verbundgraphen (s. (A 8-13 u. 14)) und der Ausführung von Teilsummationen (Hartree-Fock-Näherung = erster Term von (A 8-13), RPA = (A 8-26)). Ein anderer Zugang ergibt sich aus der Bewegungsgleichung, die $G(\boldsymbol{k}, t)$ erfüllt. Dabei entsteht beim Bilden von $\dot{G}(k, t)$ unter Verwendung von

$$a_k(t) = e^{(i/\hbar)Ht} a_k e^{-(i/\hbar)Ht} \tag{11}$$

und (1.1-3) eine Gleichung, die infolge der Teilchenwechselwirkung eine Zweiteilchenausbreitungsfunktion enthält. Deren Bewegungsgleichung wiederum enthält eine Dreiteilchenausbreitungsfunktion. So entsteht eine Hierarchie von Gleichungen. Deren geeigneter Abbruch (z. B. durch Faktorisierung höherer Ausbreitungsfunktionen) ermöglicht eine genäherte Bestimmung von $G(\boldsymbol{k}, t)$.

Im folgenden soll die erste Gleichung der erwähnten Hierarchie angegeben und gezeigt werden, wie diese mit dem Selbstenergieoperator bzw. mit der Dyson-Gleichung zusammenhängt. Mit (11), (1.1-3 u. 4) ergibt sich

$$-\frac{\hbar}{i} \dot{a}_k(t) = \hbar\omega_k^0 a_k(t) + \frac{1}{2V} \sum_{q\neq 0} \sum_{k'} (v_q - v_{k-k'+q}) a_{k'}^\dagger(t) a_{k'-q}(t) a_{k+q}(t) . \tag{12}$$

Zusammen mit

$$\dot{T} a_k(t) a_k^\dagger(0) = \delta(t) [a_k(t), a_k^\dagger(0)]_+ = \delta(t) \tag{13}$$

entsteht so

$$\left(-\frac{1}{i}\frac{d}{dt} - \omega_{\boldsymbol{k}}^0\right) G(\boldsymbol{k}, t) - \int dt' \, \Sigma(\boldsymbol{k}, t - t') G(\boldsymbol{k}, t') = \delta(t) \tag{14}$$

als Bewegungsgleichung für $G(\boldsymbol{k}, t)$. Dabei wurde die Selbstenergie Σ gemäß

$$\frac{1}{2V} \sum_{q \neq 0} \sum_{k'} (v_q - v_{k-k'+q}) \left(-\frac{i}{\hbar}\right) \langle\langle T a^\dagger_{k'}(t + 2\delta)\, a_{k'-q}(t + \delta)\, a_{k+q}(t)\, a^\dagger_k(0)\rangle\rangle$$
$$= \int \mathrm{d}t'\, \Sigma(\boldsymbol{k}, t - t')\, G(\boldsymbol{k}, t') \tag{15}$$

eingeführt; dies bringt zum Ausdruck, daß die Zweiteilchenausbreitungsfunktion die Wechselwirkung eines zum Zeitpunkt $t = 0$ injizierten Teilchens mit dem System zu allen anderen Zwischenzeiten beschreibt. Fourier-Transformation von (14) liefert schließlich

$$[\omega - \omega^0_{\boldsymbol{k}} - \Sigma(\boldsymbol{k}, \omega)]\, G(\boldsymbol{k}, \omega) = 1\,, \tag{16}$$

also (5). In (15) liefert $t = -3\delta$ und Summation über k

$$2\langle\langle V\rangle\rangle = \sum_k \int \mathrm{d}t' \left(-\frac{\hbar}{i}\right) \Sigma(\boldsymbol{k}, t - t')\, G(\boldsymbol{k}, t')|_{t=-\delta}\,, \tag{17}$$

also nach Fourier-Transformation (10). Folgendes sollte noch beachtet werden: Im allgemeineren (inhomogenen) Fall wird Σ etwas abweichend von (15) so definiert, daß in (14) oder (16) an die Stelle von $\hbar\omega^0_{\boldsymbol{k}}$ ein Einteilchen-Hamilton-Operator h tritt, der in Ortsdarstellung neben der kinetischen Energie $-(\hbar^2/2m)\, \partial^2/\partial \boldsymbol{r}^2$ und dem äußeren Potential $v(\boldsymbol{r})$ noch die zur Elektronendichte $n(\boldsymbol{r})$ gehörige elektrostatische Selbstenergie $v_{\mathrm{es}}(\boldsymbol{r})$ (= Hartree-Term) enthält; letzteres sichert, daß der zugehörige Selbstenergieoperator $\Sigma(\boldsymbol{r}, \boldsymbol{r}'; \omega)$ kurzreichweitig ist (s. [2.1.3]). Für einen homogenen ausgedehnten Untergrund wird $v_{\mathrm{H}}(\boldsymbol{r}) = v(\boldsymbol{r}) + v_{\mathrm{es}}(\boldsymbol{r})$ im Innern konstant (und geht am Untergrundrand in den höheren Außenraumwert $v_{\mathrm{H}}(\infty) = D + v_{\mathrm{H}}(0)$ mit D als Dipolbarriere über).

1.3. Dielektrische Funktion und kollektive Anregungen

1.3.1. Lineare Reaktion

Die wellenzahl- und frequenzabhängige dielektrische Funktion $\varepsilon(\boldsymbol{q}, \omega)$ tritt bei der Untersuchung folgender Frage auf: Wie reagiert das Elektronengas im Grundzustand Φ, E auf ein äußeres (externes) elektrisches Potential

$$u_{\mathrm{ext}}(\boldsymbol{r}, t) = \sum_{\boldsymbol{q}} \int \frac{\mathrm{d}\omega}{2\pi V}\, \mathrm{e}^{i(\boldsymbol{qr} - \omega t)}\, u_{\mathrm{ext}}(\boldsymbol{q}, \omega)\,, \tag{1}$$

das über die Poisson-Gleichung

$$q^2 u_{\mathrm{ext}}(\boldsymbol{q}, \omega) = \frac{1}{\varepsilon_0}\, e n_{\mathrm{ext}}(\boldsymbol{q}, \omega) \tag{2}$$

durch eine äußere Ladungsdichte en_{ext}[1]) hervorgerufen wird? Bei festgehaltenem Untergrund stellt sich statt $n = N/V$ eine Teilchendichte $n + n_{\mathrm{ind}}$ ein. Es wird also eine Ladungsdichte en_{ind} induziert, die ihrerseits ein Potential u_{ind} erzeugt. Die zugehörigen

[1]) Zur Vereinfachung werden die Argumente $\boldsymbol{r}$, t bzw. $\boldsymbol{q}$, ω oft weggelassen; das gilt auch weiter unten für den Index von v_q.

Fourier-Komponenten sind wie in (2) miteinander verknüpft. Analoges gilt für die gesamte Ladungsdichte $en_{tot} = en_{ext} + en_{ind}$ und das Gesamtpotential $u_{tot} = u_{ext} + u_{ind}$. Insgesamt gilt

$$v_{ext} = vn_{ext}\,, \qquad v_{ind} = vn_{ind}\,, \qquad v_{tot} = vn_{tot} \tag{3}$$

mit $v_q = e^2/\varepsilon_0 q^2 = 4\pi e^2/q^2$ als Coulomb-Faktor und $v = eu$ als dem jeweiligen (auf ein Elektron wirkenden) mechanischen Potential. Nun genügt es für viele Zwecke (schwache äußere Störung), die Abschirmung nur in linearer Näherung zu betrachten. Das bedeutet $n_{ind} \sim n_{ext}$ und damit auch $n_{tot} \sim n_{ext}$ sowie wegen (3) $v_{ind} \sim v_{ext}$, $v_{tot} \sim n_{ext}$ und $v_{ind} \sim v_{ext}$, $v_{tot} \sim v_{ext}$. Lineare Reaktion bedeutet, daß die Koeffizienten dieser Proportionalitäten von der äußeren Störung unabhängig, also allein durch das Elektronengas bestimmt sind. Es genügt,

$$\alpha = \frac{n_{ind}}{v_{ext}} \quad \text{und} \quad \chi = \frac{n_{ind}}{v_{tot}} \tag{4}$$

einzuführen.[1]) $\alpha(\boldsymbol{q}, \omega)$ beschreibt die Reaktion auf das „nackte“ äußere Potential $v_{ext}(\boldsymbol{q}, \omega)$, dagegen beschreibt $\chi(\boldsymbol{q}, \omega)$ die Reaktion auf das durch $n_{ind}(\boldsymbol{q}, \omega)$ abgeschirmte äußere Potential oder Gesamtpotential $v_{tot}(\boldsymbol{q}, \omega) = v_{ext}(\boldsymbol{q}, \omega) + v_{ind}(\boldsymbol{q}, \omega)$. $\alpha(\boldsymbol{q}, \omega)$ und $\chi(\boldsymbol{q}, \omega)$ bedeuten (im wesentlichen) die Polarisierbarkeit und die dielektrische Suszeptibilität des Elektronengases.[2]) Mit (3) sind auch die Darstellungen

$$v\alpha = \frac{n_{ind}}{n_{ext}} = \frac{v_{ind}}{v_{ext}} = \frac{v_{ind}}{vn_{ext}}\,, \qquad v\chi = \frac{n_{ind}}{n_{tot}} = \frac{v_{ind}}{v_{tot}} = \frac{v_{ind}}{vn_{tot}} \tag{5}$$

möglich.

Weitere charakteristische Größen sind die dielektrische Funktion (DF) $\varepsilon(\boldsymbol{q}, \omega)$ und die dynamische Leitfähigkeit $\sigma(\boldsymbol{q}, \omega)$. Gesamtes und äußeres Potential hängen gemäß

$$\begin{aligned} v_{tot} &= \left[1 + \frac{v_{ind}}{v_{ext}}\right] v_{ext} = \left[1 + v\,\frac{n_{ind}}{v_{ext}}\right] v_{ext} = [1 + v\alpha]\, v_{ext}\,, \\ v_{ext} &= \left[1 - \frac{v_{ind}}{v_{tot}}\right] v_{tot} = \left[1 - v\,\frac{n_{ind}}{v_{tot}}\right] v_{tot} = [1 - v\chi]\, v_{tot} \end{aligned} \tag{6}$$

zusammen. Führt man nun über

$$v_{tot} = \varepsilon^{-1} v_{ext} \tag{7}$$

die inverse DF ein, so ergibt der Vergleich mit (6)

$$\frac{1}{\varepsilon(\boldsymbol{q}, \omega)} = 1 + v_q\alpha(\boldsymbol{q}, \omega)\,, \qquad \varepsilon(\boldsymbol{q}, \omega) = 1 - v_q\chi(\boldsymbol{q}, \omega)\,. \tag{8}$$

[1]) In der Literatur finden sich für die hier eingeführten Größen α und χ auch andere Bezeichnungen, z. B. in Lundqvist (73) R (statt α) und P (statt χ), auch χ (statt α) und π (statt χ). Bei Vergleichen muß man sich die jeweiligen Definitionen ansehen.

[2]) Je nach Betrachtung oder Standpunkt finden sich für α auch die Benennungen Suszeptibilität oder Responsefunktion und für χ dementsprechend Polarisierbarkeit oder Polarisationsfunktion.

Aus (4) und (7) folgt $\alpha = \chi/\varepsilon$ oder $\chi = \varepsilon\alpha$, also mit (8)

$$\alpha(\boldsymbol{q}, \omega) = \frac{\chi(\boldsymbol{q}, \omega)}{1 - v_q \chi(\boldsymbol{q}, \omega)}, \qquad \chi(\boldsymbol{q}, \omega) = \frac{\alpha(\boldsymbol{q}, \omega)}{1 + v_q \alpha(\boldsymbol{q}, \omega)}. \tag{9}$$

σ verknüpft über das Ohmsche Gesetz $\boldsymbol{j}_{\text{ind}} = \sigma \boldsymbol{E}_{\text{tot}}$ die zu en_{ind} gehörige Stromdichte $\boldsymbol{j}_{\text{ind}}$ mit dem elektrischen Feld $\boldsymbol{E}_{\text{tot}}$ des Gesamtpotentials U_{tot}:

$$\sigma(\boldsymbol{q}, \omega) = i \frac{\omega e^2}{q^2} \chi(\boldsymbol{q}, \omega) . \tag{10}$$

Wegen (8), (9), (10) genügt es, eine der eingeführten Reaktions- oder Responsefunktionen zu bestimmen.

$\alpha(\boldsymbol{q}, \omega)$ läßt sich nach Kubo (54–59) mittels zeitabhängiger Störungsrechnung erster Ordnung streng durch die Zustände Φ_n, E_n des (ungestörten) Elektronengases (Hamilton-Operator H) darstellen $\left(\omega_{n0} = (E_n - E_0)/\hbar\right)$:

$$\alpha(\boldsymbol{q}, \omega) = \frac{1}{V} \sum_n |(\varrho_q^\dagger)_{n0}|^2 \frac{1}{\hbar} \left[\frac{1}{\omega - \omega_{n0} + i\delta} - \frac{1}{\omega + \omega_{n0} + i\delta} \right]. \tag{11}$$

Darstellungen der linearen Responsetheorie finden sich z. B. in Nozières (64), Pines und Nozières (66), Elk und Gasser (79).

Für $\omega \to \infty$ gilt $\alpha \to 0$. Das bringt zum Ausdruck, daß bei hohen Frequenzen infolge Trägheit der Elektronen keine Reaktion mehr möglich ist. Wie aus (10) und der Bedeutung von $\boldsymbol{j}_{\text{ind}}\boldsymbol{E}_{\text{tot}}$ als Joulesche Verlustleistungsdichte hervorgeht, führt der Imaginärteil von α, χ oder ε zu einer Stromdichte, die mit dem elektrischen Feld in Phase ist, also mit Energieübertragung von der äußeren Ladung auf das System verknüpft ist.

1.3.2. Kramers-Kronig-Beziehungen und Summenregeln

Wie unmittelbar aus (11) folgt, bestehen zwischen Real- und Imaginärteil von α die Kramers-Kronig-Beziehungen

$$\begin{aligned} \operatorname{Re} \alpha(\boldsymbol{q}, \omega) &= \frac{1}{\pi} \int d\omega' \frac{P}{\omega' - \omega} \operatorname{Im} \alpha(\boldsymbol{q}, \omega') , \\ \operatorname{Im} \alpha(\boldsymbol{q}, \omega) &= -\frac{1}{\pi} \int d\omega' \frac{P}{\omega' - \omega} \operatorname{Re} \alpha(\boldsymbol{q}, \omega') . \end{aligned} \tag{12}$$

Sie sind übrigens eine unmittelbare Folge von $\alpha(\boldsymbol{r} - \boldsymbol{r}', t - t') = 0$ für $t' > t$ als Ausdruck der Kausalität. Auf Grund ihrer analytischen Eigenschaften gelten Kramers-Kronig-Beziehungen auch für $1/\alpha$, ε und $1/\varepsilon$. (Falls $\varepsilon(\boldsymbol{q}, 0) > 0$ gilt, s. Pines u. Nozières, 66, Kap. 4, §. 1, Dolgov u. a., 81.) Diese Beziehungen sind deswegen sehr nützlich, weil bei Messungen im allgemeinen entweder nur der Realteil oder der Imaginärteil anfällt, woraus durch Kramers-Kronig-Analyse (im Prinzip) die vollständige DF folgt.

Für $\varepsilon(\boldsymbol{q}, \omega)$ gelten in Strenge Summenregeln (SR). Diese sind deswegen wichtig, weil sie es gestatten, Näherungen auf ihre Konsistenz zu testen, relative Messungen von $\varepsilon(\boldsymbol{q}, \omega)$ zu normieren und Energieverlustmessungen (s. [1.4.4] und [6.3]) und optische Messungen (s. [6.4]) von $\varepsilon(\boldsymbol{q}, \omega)$ zu analysieren und in Beziehung zu setzen. Sie lauten

(s. Pines u. Nozières, 66, von Sjölander, 74, werden sie aus Frequenzmomenten der DF und deren Zurückführung auf Vertauschungen von $\varrho_{\boldsymbol{q}}$ einheitlich abgeleitet):

$$\int \frac{d\omega}{\pi} \operatorname{Im} \frac{1}{\varepsilon(\boldsymbol{q}, \omega)} \omega = -\omega_{\mathrm{pl}}^2 \qquad f\text{-SR}, \tag{13}$$

$$\int \frac{d\omega}{\pi} \operatorname{Im} \varepsilon(\boldsymbol{q}, \omega)\, \omega = \omega_{\mathrm{pl}}^2 \qquad \text{Leitfähigkeits-SR}, \tag{14}$$

$$\lim_{\boldsymbol{q}\to 0} \int \frac{d\omega}{\pi} \operatorname{Im} \varepsilon(\boldsymbol{q}, \omega) \frac{1}{\omega} = \lim_{q\to 0} \varkappa n m \frac{\omega_{\mathrm{pl}}^2}{q^2} \qquad \text{Kompressibilitäts-SR}, \tag{15}$$

$$\lim_{\boldsymbol{q}\to 0} \int \frac{d\omega}{\pi} \operatorname{Im} \frac{1}{\varepsilon(\boldsymbol{q}, \omega)} \frac{1}{\omega} = -1 + \lim_{q\to 0} \frac{q^2}{\varkappa n m \omega_{\mathrm{pl}}^2} \qquad \text{Abschirmungs-SR}. \tag{16}$$

Zu (13) äquivalent ist die aus der Teilchenzahlerhaltung folgende Thomas-Reich-Kuhn-SR

$$\sum_n |(\varrho_{\boldsymbol{q}}^\dagger)_{n0}|^2\, \hbar\omega_{n0} = N \frac{(\hbar \boldsymbol{q})^2}{2m}. \tag{17}$$

Sie gestattet in Verbindung mit (8) und (11) eine Aussage über das Hochfrequenzverhalten von $\varepsilon(\boldsymbol{q}, \omega)$:

$$\lim_{\omega\to\infty} \frac{1}{\varepsilon(\boldsymbol{q}, \omega)} = 1 + \lim_{\omega\to\infty} \frac{\omega_{\mathrm{pl}}^2}{\omega^2}, \qquad \lim_{\omega\to\infty} \varepsilon(\boldsymbol{q}, \omega) = 1 - \lim_{\omega\to\infty} \frac{\omega_{\mathrm{pl}}^2}{\omega^2}. \tag{18}$$

(14) hängt auf Grund der analytischen Eigenschaften von $\varepsilon(\boldsymbol{q}, \omega)$ eng mit (13) zusammen und läßt sich mit (10) und $\varepsilon_0 \omega_{\mathrm{pl}}^2 = e^2 n/m$ auch in der Form

$$\int d\omega \operatorname{Re} \sigma(\boldsymbol{q}, \omega) = \pi \frac{e^2 n}{m}, \tag{19}$$

schreiben. (15) folgt aus (12) in Verbindung mit dem Kompressibilitätstheorem

$$\lim_{\boldsymbol{q}\to 0} \chi(\boldsymbol{q}, 0) = -\varkappa n^2 \quad \text{oder} \quad \lim_{\boldsymbol{q}\to 0} \varepsilon(\boldsymbol{q}, 0) = 1 + \varkappa n m \lim_{q\to 0} \frac{\omega_{\mathrm{pl}}^2}{q^2}. \tag{20}$$

Daraus und aus $\operatorname{Im} \varepsilon(\boldsymbol{q}, 0) = 0$ folgt

$$\lim_{\boldsymbol{q}\to 0} \frac{1}{\varepsilon(\boldsymbol{q}, 0)} = \lim_{q\to 0} \frac{q^2}{\varkappa n m \omega_{\mathrm{pl}}^2}. \tag{21}$$

Dies in der ersten Kramers-Kronig-Relation für $1/\varepsilon$ verwendet, ergibt (16). Wegen $v_{\mathrm{tot}} = v_{\mathrm{ext}}/\varepsilon$ bedeutet (21), daß jede beliebige langwellige Störung vollständig abgeschirmt wird. Übrigens kann die Kombination $\varkappa n m \omega_{\mathrm{pl}}^2$ nach (1.1-17) auch durch

$$\varkappa n m \omega_{\mathrm{pl}}^2 = \varkappa n m \frac{v_{\mathrm{F}}^2}{3} \frac{1}{\lambda_{\mathrm{TF}}^2} = \varkappa \frac{2}{3} n \varepsilon_{\mathrm{F}}^0 \frac{1}{\lambda_{\mathrm{TF}}^2} = \frac{\varkappa}{\varkappa^0} \frac{1}{\lambda_{\mathrm{TF}}^2} \tag{22}$$

ersetzt werden mit $\varkappa^0 = 3/2n\varepsilon_{\mathrm{F}}^0$ als Kompressibilität des idealen Fermi-Gases (s. [1:1.3]). Die Kompressibilitäts-SR erfordert also eine Renormierung der TF-Abschirmlänge durch einen Faktor $\sqrt{\varkappa^0/\varkappa}$.

1.3.3. Statische Abschirmung und Plasmawellen

Aus der Definition der DF, (7), ergibt sich, daß $\varepsilon(\boldsymbol{q}, 0)$ die lineare Abschirmung statischer Störfelder beschreibt. Im Falle einer Punktladung Ze am Ursprung ergibt sich für das Gesamtpotential und die induzierte Ladungsdichte in dieser (linearen) Näherung

$$v_{\text{tot}}(\boldsymbol{r}) = \sum_{\boldsymbol{q}} \frac{1}{V} e^{i\boldsymbol{q}\boldsymbol{r}} \frac{Zv_q}{\varepsilon(\boldsymbol{q}, 0)}, \qquad en_{\text{ind}}(\boldsymbol{r}) = \sum_{\boldsymbol{q}} \frac{1}{V} e^{i\boldsymbol{q}\boldsymbol{r}} \left[\frac{1}{\varepsilon(\boldsymbol{q}, 0)} - 1\right] Ze. \quad (23)$$

Das asymptotische Verhalten der statischen DF für $\boldsymbol{q} \to 0$, (20), führt zu einem abgeschirmten Coulomb-Potential mit einer Abschirmlänge $\lambda_{\text{TF}} \sqrt{\varkappa^0/\varkappa}$. Für kleine Abstände versagt allerdings die lineare Abschirmung. Für große Abstände treten abklingende Friedel-Oszillationen mit einer Wellenzahl $2k_{\text{F}}$ auf (s. [1.5.3]).

Aus $v_{\text{tot}} = \varepsilon^{-1} v_{\text{ext}}$ folgt, daß unter der Bedingung

$$\varepsilon(\boldsymbol{q}, \omega_{\text{pl}}(q)) = 0 \quad (24)$$

auch ohne äußeres Störfeld ($v_{\text{ext}} = 0$) von Null verschiedene, sich selbst erhaltende, resonante Schwankungen der Elektronendichte (bei festgehaltenem Untergrund) möglich sind. Diese räumlich und zeitlich periodischen Kollektivbewegungen werden als Plasmawellen (Plasmonen) bezeichnet, ihre Dispersion $\omega_{\text{pl}}(q)$ ergibt sich aus (24). Aus (24) und (18) folgt $\omega_{\text{pl}}(0) = \omega_{\text{pl}}$ in Übereinstimmung mit der Abschätzung (1.1-16). Plasmonen machen sich (s. (1.4-12)) über Im $1/\varepsilon(\boldsymbol{q}, \omega)$ im Energieverlustspektrum inelastisch gestreuter schneller Elektronen beim Durchgang durch dünne Filme (Ruthemann, 41, 42) oder bei Reflexion an Oberflächen (Rudberg, 30, 36) als Peak bemerkbar, können aber auch durch ihre Photonenstrahlung beobachtet werden (Steinmann, 60, 61, Brown u. a., 60).

1.4. Strukturfaktor und Streuung

1.4.1. Strukturfaktor, Paarkorrelation und dielektrische Funktion

Der statische Strukturfaktor (zeitunabhängige van-Hovesche Korrelationsfunktion, s. van Hove, 54)

$$S(\boldsymbol{q}) = \frac{1}{N} \langle\!\langle \varrho_{\boldsymbol{q}} \varrho_{\boldsymbol{q}}^\dagger \rangle\!\rangle = \frac{1}{N} \sum_n |(\varrho_{\boldsymbol{q}}^\dagger)_{n0}|^2 \quad (1)$$

bestimmt gemäß

$$g(\boldsymbol{q}) = \frac{1}{n} [S(\boldsymbol{q}) - 1] \quad (2)$$

die Fourier-Transformierte der Paarkorrelation $g(r_{12}) = n(\boldsymbol{r}_1, \boldsymbol{r}_2)/n^2$. Nach (1) ist $S(\boldsymbol{q})$ ein Maß für die räumlichen Korrelationen gleichzeitiger Dichteschwankungen.

Der dynamische Strukturfaktor (zeitabhängige van-Hovesche Korrelationsfunktion)

$$S(\boldsymbol{q}, t_1 - t_2) = \frac{1}{N} \langle\!\langle \varrho_{\boldsymbol{q}}(t_1)\, \varrho_{\boldsymbol{q}}^\dagger(t_2) \rangle\!\rangle = \frac{1}{N} \sum_n |(\varrho_{\boldsymbol{q}}^\dagger)_{n0}|^2 \, e^{-i\omega_{n0}(t_1 - t_2)} \quad (3)$$

beschreibt die räumlichen Korrelationen der Dichteschwankungen zu verschiedenen Zeitpunkten. Fourier-Transformation hinsichtlich der Zeit führt auf eine Funktion

$$S(\boldsymbol{q}, \omega) = 2\pi \frac{1}{N} \sum_n |(\varrho_{\boldsymbol{q}}^\dagger)_{n0}| \, \delta(\omega - \omega_{n0}) \,, \tag{4}$$

die mit $S(\boldsymbol{q})$ gemäß

$$\int \frac{\mathrm{d}\omega}{2\pi} S(\boldsymbol{q}, \omega) = S(\boldsymbol{q}) \tag{5}$$

und mit $\alpha(\boldsymbol{q}, \omega)$ gemäß

$$S(\boldsymbol{q}, |\omega|) = -\frac{\omega}{|\omega|} \frac{2\hbar}{n} \operatorname{Im} \alpha(\boldsymbol{q}, \omega) \tag{6}$$

zusammenhängt.

Aus (4) geht hervor, daß $S(\boldsymbol{q}, \omega)$ das Spektrum der Dichteschwankungen enthält. Insbesondere machen sich die in der Grenze $\boldsymbol{q} \to 0$ ungedämpften Plasmawellen nach (6) und (1.3-8, 18, 24) in $S(\boldsymbol{q}, \omega)$ in der Form

$$\lim_{\boldsymbol{q}\to 0} S(\boldsymbol{q}, \omega) \approx 2\pi \frac{\hbar q^2/2m}{\omega_{\mathrm{pl}}} \delta(\omega - \omega_{\mathrm{pl}}) \tag{7}$$

bemerkbar, was für den statischen Strukturfaktor

$$\lim_{\boldsymbol{q}\to 0} S(\boldsymbol{q}) \approx \frac{\hbar q^2/2m}{\omega_{\mathrm{pl}}} \tag{8}$$

zur Folge hat.

1.4.2. Fluktuations-Dissipations-Theorem und Gesamtenergie

Mit (5), (6) und (1.3-8) bestehen zwischen den Strukturfaktoren $S(\boldsymbol{q}, \omega)$, $S(\boldsymbol{q})$ und der DF $\varepsilon(\boldsymbol{q}, \omega)$ folgende Zusammenhänge

$$\begin{aligned} \frac{m\omega_{\mathrm{pl}}^2}{2\hbar q^2} S(\boldsymbol{q}, |\omega|) &= -\frac{\omega}{|\omega|} \operatorname{Im} \frac{1}{\varepsilon(\boldsymbol{q}, \omega)} \,, \\ \frac{m\omega_{\mathrm{pl}}^2}{q^2} S(\boldsymbol{q}) &= -\int_0^\infty \frac{\mathrm{d}\hbar\omega}{\pi} \operatorname{Im} \frac{1}{\varepsilon(\boldsymbol{q}, \omega)} \,. \end{aligned} \tag{9}$$

(9) wird auch als Fluktuations-Dissipations-Theorem (FDT) bezeichnet, da die Strukturfaktoren gemäß (1) und (3) Fluktuationen der Elektronendichte und ihre Korrelationen beschreiben und Im $1/\varepsilon$ mit Dämpfung, Energieverlust, Dissipation verknüpft ist.

Mit dem FDT (9) kann nun nach (2) auch die Paarkorrelation und nach (1.1-5) auch die mittlere potentielle Energie durch $\varepsilon(\boldsymbol{q}, \omega)$ dargestellt werden (Hubbard, 57, 58, Nozières u. Pines, 58b):

$$\langle\!\langle V \rangle\!\rangle = -\sum_{\boldsymbol{q}\neq 0} \left[\int_0^\infty \frac{\mathrm{d}\hbar\omega}{2\pi} \operatorname{Im} \frac{1}{\varepsilon(\boldsymbol{q}, \omega)} + \frac{m\omega_{\mathrm{pl}}^2}{2q^2} \right]. \tag{10}$$

Mit der „Aufladeformel“ (1.1-21b) folgt daraus auch die Gesamtenergie. Obwohl ε eingeführt wurde, um die lineare Reaktion des Elektronengases auf schwache äußere Störungen zu beschreiben, können mit ihrer Hilfe Größen (Paarverteilung, mittlere potentielle Energie, Gesamtenergie, Plasmondispersionsrelation) dargestellt werden, die nur die innere Dynamik dieses Vielteilchensystems betreffen.

1.4.3. Streuung und Energieverlust geladener Teilchen

Der dynamische Strukturfaktor tritt auch bei der Beschreibung von Streuprozessen in Bornscher Näherung auf, die auf (mit $K \gg k_F$) genügend schnell einfallende Teilchen wie z. B. Elektronen im 10 keV-Bereich zutrifft.

Ein solches mit dem Impuls $\hbar\boldsymbol{K}$ und der Energie $\hbar\omega_{\boldsymbol{K}} = (\hbar\boldsymbol{K})^2/2M$ einfallendes Teilchen wird am Elektronengas im Grundzustand gestreut und hat danach den Impuls $\hbar(\boldsymbol{K} - \boldsymbol{q})$ und die Energie $\hbar\omega_{\boldsymbol{K}-\boldsymbol{q}} = \hbar(\omega_{\boldsymbol{K}} + \omega_{\boldsymbol{K},\boldsymbol{q}})$. Der vom streuenden Teilchen auf das System übertragene Impuls und die übertragene Energie sind somit durch

$$\hbar\boldsymbol{K} - \hbar(\boldsymbol{K} - \boldsymbol{q}) = \hbar\boldsymbol{q} \quad \text{und} \quad \hbar\omega_{\boldsymbol{K}} - \hbar\omega_{\boldsymbol{K}-\boldsymbol{q}} = \hbar\omega_{\boldsymbol{K},\boldsymbol{q}} \tag{11}$$

gegeben. Die Übertragungs- oder Verlustenergie $\hbar\omega_{\boldsymbol{K},\boldsymbol{q}}$ hängt ab von $\boldsymbol{K}$ und $\boldsymbol{q}$, im allgemeinen gilt $q \ll k_F$ (oder $q \lesseqgtr k_F$), und ω ist von der Größenordnung ω_F. Die Übertragungs- oder Streuwahrscheinlichkeit für diesen Prozeß, $\gamma(\boldsymbol{q}, \omega_{\boldsymbol{K},\boldsymbol{q}})$, ist nach der „goldenen Regel“ der zeitabhängigen Störungsrechnung bis auf Faktoren durch $S(\boldsymbol{q}, \omega)$ oder Im $1/\varepsilon(\boldsymbol{q}, \omega)$ gegeben:

$$\gamma(\boldsymbol{q}, \omega) = \frac{1}{V}\frac{v_q^2}{\hbar^2}\, nS(\boldsymbol{q}, \omega) = -\frac{2}{V}\frac{v_q}{\hbar}\,\mathrm{Im}\,\frac{1}{\varepsilon(\boldsymbol{q}, \omega)} = \frac{2}{V}\frac{v_q}{\hbar}\,P(\boldsymbol{q}, \omega)\,. \tag{12}$$

Darin kommt der physikalisch plausible Zusammenhang zwischen der dynamischen Abschirmung (einer äußeren Ladung), der inelastischen Streuung einer schnell einfallenden äußeren Ladung) und den Dichteschwankungen und ihren Korrelationen innerhalb des Elektronengases einschließlich der die innere Polarisation beschreibenden Paarverteilung zum Ausdruck. $P(\boldsymbol{q}, \omega)$ — im letzten Schritt von (12) eingeführt — wird als Verlustfunktion bezeichnet.

Aus (12) ergibt sich für die Streuwahrscheinlichkeit pro Energie- und Raumwinkelintervall bzw. nur pro Raumwinkelintervall

$$\frac{\mathrm{d}^2\gamma}{\mathrm{d}\omega\,\mathrm{d}\Omega} \approx \frac{nMKv_q^2}{(2\pi\hbar)^3}\,S(\boldsymbol{q}, \omega)\,, \qquad \frac{\mathrm{d}\gamma}{\mathrm{d}\Omega} \approx \frac{nMKv_q^2}{(2\pi)^2\,\hbar^3}\,S(\boldsymbol{q})\,. \tag{13}$$

Dabei ist $q = K\vartheta$ mit ϑ als (kleinem) Ablenkwinkel. (13) gilt für nicht zu kleine $\vartheta \gtrapprox q_c/K$ mit $q_c \approx \omega_{pl}/v_F$ als Grenzwellenzahl, für die der Plasmonenzweig in das Teilchen-Loch-Paar-Kontinuum eintaucht (s. [1.5.3]). Für $\vartheta \gtrapprox q_c/K$ dominiert die Anregung von Teilchen-Loch-Paaren. Für sehr kleine $\vartheta \ll q_c/K$ machen sich die Besonderheiten der Coulomb-Wechselwirkung bemerkbar: Nach (7) und (8) erfolgt dann inelastische Streuung im wesentlichen nur durch Erzeugung von Plasmonen, und an die Stelle von (13) treten andere Ausdrücke.

1.5. Einfache Näherungen für Strukturfaktor, dielektrische Funktion und Selbstenergie

1.5.1. Strukturfaktor

Die bereits in [1.1.3 und 1.1.4] benutzte nullte Störungsordnung, die für das homogene Elektronengas mit dem Modell unabhängiger Teilchen identisch ist (s. [1.1.4] und [2.1.2]), wird hier zur illustrierenden Auswertung des dynamischen Strukturfaktors herangezogen.

Mit $\Phi_n \approx \Phi_n^0$ und $E_n \approx E_n^0$ sind die benötigten Matrixelemente $(\varrho_{\boldsymbol{q}}^\dagger)_{n0}$ überhaupt nur für solche angeregten Zustände Φ_n^0 von Null verschieden, die durch ein Teilchen (außerhalb der Fermi-Kugel) und ein Loch (innerhalb der Fermi-Kugel) mit einem Gesamtimpuls $\hbar\boldsymbol{q}$ charakterisiert sind (s. Abb. 1.5-1).

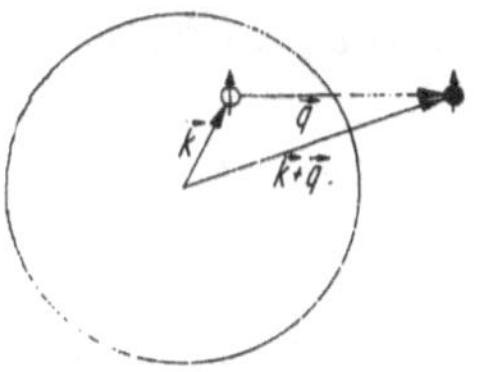

Abb. 1.5-1. Angeregter Zustand Φ_n^0 des idealen Fermi-Gases, charakterisiert durch ein Loch innerhalb der Fermi-Kugel und ein Teilchen außerhalb der Fermi-Kugel

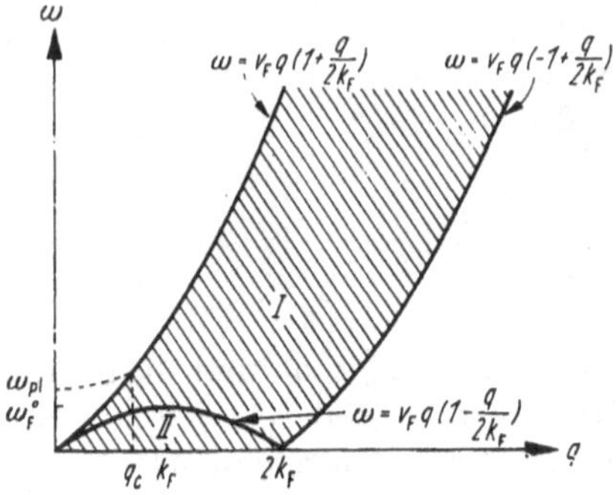

Abb. 1.5-2. Ebene der Anregungsenergien $\hbar\omega$ und Übertragungsimpulse $\hbar q$. Das Spektrum der Teilchen-Loch-Paaranregungen des idealen Fermi-Gases (s. Abb. 1.5-1) bildet nach dem Pauli-Prinzip ein Kontinuum in dem schraffierten Gebiet. Außerhalb dieses Gebietes gilt Im $\varepsilon_{\mathrm{RPA}}(\boldsymbol{q}, \omega) = 0$. Die Plasmonkurve ergibt sich aus Re $\varepsilon_{\mathrm{RPA}}(\boldsymbol{q}, \omega) = 0$

Damit ergibt sich für den dynamischen Strukturfaktor ($v_{\mathrm{F}} = \hbar k_{\mathrm{F}}/m$)

$$S^0(\boldsymbol{q}, \omega) = \begin{cases} 2\pi \dfrac{3}{4\omega_{\mathrm{F}}^0} \dfrac{k_{\mathrm{F}}}{2q} \left[1 - \left(\dfrac{\omega}{q v_{\mathrm{F}}} - \dfrac{q}{2k_{\mathrm{F}}}\right)^2\right] & \text{in I}\,, \\ 2\pi \dfrac{3}{4\omega_{\mathrm{F}}^0} \dfrac{\omega}{q v_{\mathrm{F}}} & \text{in II}\,, \\ 0 & \text{sonst.} \end{cases} \tag{1}$$

I und II bedeuten die in Abb. 1.5-2 angegebenen Gebiete.

Gemäß (1.4-5) ergibt sich daraus der statische Strukturfaktor durch Integration über ω:

$$S^0(\boldsymbol{q}) = \begin{cases} \frac{3}{2}\frac{q}{2k_\text{F}} - \frac{1}{2}\left(\frac{q}{2k_\text{F}}\right)^3 & \text{für} \quad 0 < q \leqq 2k_\text{F}\,, \\ 1 & \text{für} \quad q \geqq 2k_\text{F}\,. \end{cases} \tag{2}$$

Das Ergebnis ist in Abb. 1.5-3 dargestellt.

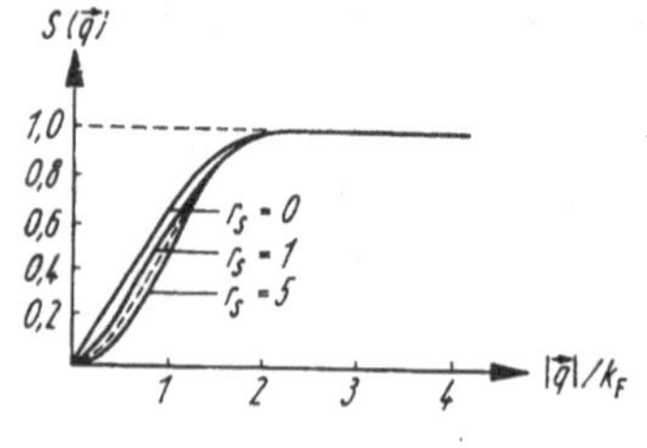

Abb. 1.5-3: Statischer Strukturfaktor des Elektronengases im Grundzustand mit r_s als Parameter, berechnet nach Bedell und Brown (78). $r_s = 0$ entspricht zugleich dem idealen Fermi-Gas oder der HF-Näherung. Gestrichelte Kurve nach Lantto (78) für $r_s = 1$

Aus (2) wiederum folgt über (1.4-2) durch Fourier-Transformation die Paarkorrelation des idealen Fermi-Gases $g^0(r_{12})$ in Übereinstimmung mit (1.1-12).

1.5.2. Lineare Abschirmung in Hartree-Näherung (RPA)

Hier wird die einfachst mögliche Näherung betrachtet, mit der die (lineare) Reaktion des homogenen Elektronengases auf eine (schwache) orts- und zeitabhängige äußere Störung $v_\text{ext}(\boldsymbol{r}, t)$ beschrieben werden kann. (In [3.4.1] wird die lineare Abschirmung einer nichtlokalen, zeitunabhängigen Störung behandelt.) Durch $v_\text{ext}(\boldsymbol{r}, t)$ wird im Vergleich zum homogenen Elektronengas mit seiner konstanten Teilchendichte $n^0(\boldsymbol{r}) = n$ ($= N/V$) eine Abschirmwolke $n_\text{ind}(\boldsymbol{r}, t)$ induziert, die ihrerseits über die Poisson-Gleichung ein Abschirmpotential

$$v_\text{ind}(\boldsymbol{r}, t) = \int \mathrm{d}^3r' \frac{\epsilon^2}{|\boldsymbol{r} - \boldsymbol{r}'|} n_\text{ind}(\boldsymbol{r}', t)$$

erzeugt. Die selbstkonsistente Behandlung der Abschirmung besteht nun darin, das entstehende abgeschirmte äußere Potential oder Gesamtpotential $v_\text{tot} = v_\text{ext} + v_\text{ind}$ als Störung zu behandeln, und zwar hier im Rahmen einer Einteilchen-(Hartree-)Beschreibung (v_ind entspricht ja dem Hartree-Term der Coulomb-Wechselwirkung, s. auch v_es in (1.7-26) oder (2.1-6)). Wegen $n_\text{ind} = \chi v_\text{tot}$ (s. (1.3-4)) entsteht so der einfachst mögliche Näherungsausdruck für χ.

Zu dessen Herleitung wird nach Ehrenreich und Cohen (59) zweckmäßig die Einteilchendichtematrix

$$\begin{aligned} n(\boldsymbol{r}, \boldsymbol{r}'; t) &= n^0(\boldsymbol{r}, \boldsymbol{r}') + n_\text{ind}(\boldsymbol{r}, \boldsymbol{r}'; t)\,, \\ n^0(\boldsymbol{r}, \boldsymbol{r}') &= 2 \sum_{|\boldsymbol{k}| < k_\text{F}} \varphi_{\boldsymbol{k}}^0(\boldsymbol{r})\, \varphi_{\boldsymbol{k}}^{0*}(\boldsymbol{r}')\,, \end{aligned} \tag{3}$$

mit ihrer von-Neumannschen Bewegungsgleichung

$$-\frac{\hbar}{i}\frac{\partial}{\partial t} n(\boldsymbol{r}, \boldsymbol{r}'; t) = (h - h')\, n(\boldsymbol{r}, \boldsymbol{r}'; t) \tag{4}$$

herangezogen, in der $h = t_r + v_{\text{tot}}(\boldsymbol{r}, t)$ der Hartreesche Einteilchen-Hamilton-Operator ist, dessen ungestörter Anteil $t_r = (\hbar^2/2m)\, \partial^2/\partial \boldsymbol{r}^2$ die Einteilchenzustände $\varphi_{\boldsymbol{k}}^0(\boldsymbol{r}) = (1/\sqrt{V}) \exp(i\boldsymbol{k}\boldsymbol{r})$, $\varepsilon_{\boldsymbol{k}}^0 = \hbar^2\boldsymbol{k}^2/2m$ als Eigenzustände hat. Linearisierung bezüglich v_{tot} und $n_{\text{ind}} \sim v_{\text{tot}}$ liefert

$$\left(t_z - t_{r'} + \frac{\hbar}{i}\frac{\partial}{\partial t}\right) n_{\text{ind}}(\boldsymbol{r}, \boldsymbol{r}'; t) = n^0(\boldsymbol{r}, \boldsymbol{r}')\, v_{\text{tot}}(\boldsymbol{r}', t) - v_{\text{tot}}(\boldsymbol{r}, t)\, n^0(\boldsymbol{r}, \boldsymbol{r}') \,. \quad (5)$$

Beim Übergang zur Wellenzahldarstellung mit

$$\begin{aligned} &n_{\text{ind}}(\boldsymbol{k}, \boldsymbol{k}'; t) = \int d^3r \int d^3r'\, \varphi_{\boldsymbol{k}}^{0*}(\boldsymbol{r})\, n_{\text{ind}}(\boldsymbol{r}, \boldsymbol{r}'; t)\, \varphi_{\boldsymbol{k}'}^0(\boldsymbol{r}') \,, \\ &n^0(\boldsymbol{k}, \boldsymbol{k}') = \delta_{\boldsymbol{k},\boldsymbol{k}'} 2n^0(k) \,, \qquad n^0(k) = \Theta(k_F - |\boldsymbol{k}|) \,, \\ &(\boldsymbol{k} + \boldsymbol{q}\, | v_{\text{tot}} |\, \boldsymbol{k}) = \frac{1}{V} v_{\text{tot}}(\boldsymbol{q}, t) \,, \qquad v_{\text{tot}}(\boldsymbol{q}, t) = \int d^3r\, e^{-i\boldsymbol{q}\boldsymbol{r}}\, v_{\text{tot}}(\boldsymbol{r}, t) \end{aligned} \quad (6)$$

entsteht

$$\left(\varepsilon_{\boldsymbol{k}+\boldsymbol{q}}^0 - \varepsilon_{\boldsymbol{k}}^0 + \frac{\hbar}{i}\frac{\partial}{\partial t}\right) n_{\text{ind}}(\boldsymbol{k} + \boldsymbol{q}, \boldsymbol{k}; t) = \frac{2}{V} [n^0(k + q) - n^0(k)]\, v_{\text{tot}}(\boldsymbol{q}, t) \,. \quad (7)$$

Fourier-Transformation der Zeit ($\exp(\delta \cdot t)$ beschreibt das quasistatische Einschalten zwischen $t \to -\infty$ und $t = 0$)

$$\begin{aligned} v_{\text{tot}}(\boldsymbol{q}, t) &= \int \frac{d\omega}{2\pi} e^{-i\omega t + \delta \cdot t}\, v_{\text{tot}}(\boldsymbol{q}, \omega) \,, \\ n_{\text{ind}}(\boldsymbol{k} + \boldsymbol{q}, \boldsymbol{k}; t) &= \int \frac{d\omega}{2\pi} e^{-i\omega t + \delta \cdot t}\, n_{\text{ind}}(\boldsymbol{k} + \boldsymbol{q}, \boldsymbol{k}; \omega) \end{aligned} \quad (8)$$

ergibt mit $\varepsilon_{\boldsymbol{k}}^0 = \hbar\omega_{\boldsymbol{k}}^0$

$$n_{\text{ind}}(\boldsymbol{k} + \boldsymbol{q}, \boldsymbol{k}; \omega) = \frac{2}{\hbar V} \frac{n^0(k + q) - n^0(k)}{\omega_{\boldsymbol{k}+\boldsymbol{q}}^0 - \omega_{\boldsymbol{k}}^0 - \omega - i\delta}\, v_{\text{tot}}(\boldsymbol{q}, \omega) \,. \quad (9)$$

Schließlich zeigt (die t- oder ω-Abhängigkeit ist hier weggelassen)

$$\begin{aligned} n_{\text{ind}}(\boldsymbol{r}) &= n_{\text{ind}}(\boldsymbol{r}, \boldsymbol{r}')|_{\boldsymbol{r}'=\boldsymbol{r}} \\ &= \sum_{\boldsymbol{k},\boldsymbol{q}} \varphi_{\boldsymbol{k}+\boldsymbol{q}}^0(\boldsymbol{r})\, n_{\text{ind}}(\boldsymbol{k} + \boldsymbol{q}, \boldsymbol{k})\, \varphi_{\boldsymbol{k}}^{0*}(\boldsymbol{r}) = \sum_{\boldsymbol{q}} \frac{1}{V} e^{i\boldsymbol{q}\boldsymbol{r}} \sum_{\boldsymbol{k}} n_{\text{ind}}(\boldsymbol{k} + \boldsymbol{q}, \boldsymbol{k}) \,, \end{aligned} \quad (10)$$

daß die Fourier-Transformierte von $n_{\text{ind}}(\boldsymbol{r})$ gemäß

$$n_{\text{ind}}(\boldsymbol{q}) = \sum_{\boldsymbol{k}} n_{\text{ind}}(\boldsymbol{k} + \boldsymbol{q}, \boldsymbol{k}) \quad (11)$$

gegeben ist. Daher führt $\sum_{\boldsymbol{k}}$ in (9) mit $n_{\text{ind}} = \chi^0 v_{\text{tot}}$ unmittelbar auf

$$\chi^0(\boldsymbol{q}, \omega) = \frac{2}{\hbar V} \sum_{\boldsymbol{k}} \frac{n^0(k + q) - n^0(k)}{\omega_{\boldsymbol{k}+\boldsymbol{q}}^0 - \omega_{\boldsymbol{k}}^0 - \omega - i\delta} \quad (12)$$

als Hartree-Näherung der linearen Abschirmung im Elektronengas.

Für die dielektrische Funktion

$$\varepsilon(\boldsymbol{q}, \omega) = \frac{v_{\text{ext}}(\boldsymbol{q}, \omega)}{v_{\text{tot}}(\boldsymbol{q}, \omega)} = 1 - \frac{v_{\text{ind}}(\boldsymbol{q}, \omega)}{v_{\text{tot}}(\boldsymbol{q}, \omega)}, \qquad v_{\text{ind}}(\boldsymbol{q}, \omega) = v_q n_{\text{ind}}(\boldsymbol{q}, \omega) \tag{13}$$

(s. auch (1.3-8)) ergibt sich in der Näherung (12)

$$\varepsilon_{\text{RPA}}(\boldsymbol{q}, \omega) = 1 - v_q \chi^0(\boldsymbol{q}, \omega) . \tag{14}$$

Die Darstellung $\varepsilon_{\text{RPA}}^{-1} = 1 + v_q\chi^0 + \ldots$, und der Vergleich mit $\varepsilon^{-1} = 1 + v_q\alpha$ (s. (1.3-8)) oder $\alpha = \chi(1 - v_q\chi)^{-1}$ (s. (1.3-9)) zeigt, daß $\alpha = n_{\text{ind}}/v_{\text{ext}}$ in dieser Näherung durch $\alpha_{\text{RPA}} = \chi^0 + v_q\chi^0 + \ldots$ gegeben ist. Andererseits würde die Kubo-Formel (1.3-11) in der auch in [1.5.1] verwendeten nullten Störungsordnung $\Phi_n \approx \Phi_n^0$, $E_n \approx E_n^0$ gerade $\alpha_{n\text{RPA}} = \chi^0$ und damit $\varepsilon_{n\text{RPA}}^{-1} = 1 + v_q\chi^0$, also nur das erste Glied in der Entwicklung von α_{RPA} bzw. die ersten Glieder in der Entwicklung von $\varepsilon_{\text{RPA}}^{-1}$, liefern. Dies zeigt andererseits, daß die selbstkonsistitente (oder Hartree)-Abschirmung (12) und (14) aus der Störungsentwicklung der Kubo-Formel (1.3-11) durch eine bestimmte Teilsummation hervorgeht. Tatsächlich entspricht diese der Graphensumme (A 8-21); der Näherung (12) entspricht in (A 8-16) der erste Term in der Störungsentwicklung von χ, also (A 8-19). — Die Näherung $\alpha \approx \alpha_{n\text{RPA}}$ oder $\varepsilon \approx \varepsilon_{n\text{RPA}}$ ist für kleine Frequenzen ω physikalisch nicht sinnvoll, da durch sie die Abschirmung der langreichweitigen Coulomb-Wechselwirkung nicht erfaßt wird. Für hohe Frequenzen (optische Übergänge) unterscheiden sich jedoch ε_{RPA} und $\varepsilon_{n\text{RPA}}$ nicht wesentlich, so daß dann auch mit dem formal einfacherem $\varepsilon_{n\text{RPA}}^{-1}$ anstelle von $\varepsilon_{\text{RPA}}^{-1}$ gerechnet werden kann.

Die Auswertung von (12) liefert nach Lindhard (54)

$$\operatorname{Re}\chi^0(\boldsymbol{q}, \omega) = -\frac{3n}{2\varepsilon_{\text{F}}^0}\left\{\frac{1}{2} + \frac{k_{\text{F}}}{4q}\left[\left(1 - \left(\frac{\omega}{qv_{\text{F}}} - \frac{q}{2k_{\text{F}}}\right)^2\right)\ln\left|\frac{\frac{\omega}{qv_{\text{F}}} - \frac{q}{2k_{\text{F}}} - 1}{\frac{\omega}{qv_{\text{F}}} - \frac{q}{2k_{\text{F}}} + 1}\right| - \left(1 - \left(\frac{\omega}{qv_{\text{F}}} + \frac{q}{2k_{\text{F}}}\right)^2\right)\ln\left|\frac{\frac{\omega}{qv_{\text{F}}} + \frac{q}{2k_{\text{F}}} - 1}{\frac{\omega}{qv_{\text{F}}} + \frac{q}{2k_{\text{F}}} + 1}\right|\right]\right\},$$

$$\operatorname{Im}\chi^0(\boldsymbol{q}, \omega) = -\frac{3n}{2\varepsilon_{\text{F}}^0}\begin{cases}\dfrac{\pi}{2}\dfrac{k_{\text{F}}}{2q}\left[1 - \left(\dfrac{\omega}{qv_{\text{F}}} - \dfrac{q}{2k_{\text{F}}}\right)^2\right] & \text{in I}, \\ \dfrac{\pi}{2}\dfrac{\omega}{qv_{\text{F}}} & \text{in II}, \\ 0 & \text{sonst}.\end{cases} \tag{15}$$

Wegen (1.4-6) und $\alpha_{n\text{RPA}} = \chi^0$ stimmt S^0 nach (1.5-2) mit $\operatorname{Im}\chi^0$ bis auf einen Faktor $-2\hbar/n$ überein. Tritt — was häufig der Fall ist — $\chi^0(\boldsymbol{q}, \omega)$ in der Form $v_q\chi^0(\boldsymbol{q}, \omega)$ auf, so kann nach (1.1-3 u. 15) der Vorfaktor gemäß $v_q 3n/2\varepsilon_F^0 = q_{TF}^2/q^2$ ersetzt werden. Einsetzen von (15) in (14) liefert Real- und Imaginärteil von ε_{RPA}. Hervorhebung verdient, daß Im ε_{RPA} außerhalb des Kontinuums der Teilchen-Loch-Paar-Anregungen des idealen Fermi-Gases verschwindet und Re ε_{RPA} in diesem Bereich für nicht zu große q eine Nullstelle hat (ungedämpfte Plasmonen). Aus (14) und (15) folgt das asymptotische Verhalten

$$\operatorname{Re} \varepsilon_{RPA}(0, \omega) = 1 - \frac{\omega_{pl}^2}{\omega^2}, \qquad \lim_{q\to 0} \operatorname{Re} \varepsilon_{RPA}(\boldsymbol{q}, 0) = 1 + \lim_{q\to 0} \frac{q_{TF}^2}{q^2}, \tag{16}$$

ersteres (für $\omega \to \infty$) in Übereinstimmung mit dem aus der f-SR folgenden strengen Ergebnis (1.3-18), letzteres im Widerspruch zu dem aus der Kompressibilitäts-SR folgenden strengen Ergebnis (1.3-20). Nach (1.3-22) fehlt vor dem Term $(q_{TF}/q)^2$ der Faktor $\varkappa/\varkappa^0$, zugleich besagend, daß die Hartree-Abschirmung um so schlechter wird, je weiter man sich vom Hochdichtegrenzfall $r_s \to 0$ mit $\varkappa \to \varkappa^0$ entfernt; ihr Anwendungsbereich ist daher $r_s \ll 1$. Er liegt also leider außerhalb des Bereichs metallischer Dichten.

Wie die folgenden Abschnitte [1.5.3] und [1.5.4] zeigen, ist die Hartree-Näherung für die dielektrischen Funktion die einfachste Näherung, in der die typischen Züge des Elektronengases mit seiner langreichweitigen Coulomb-Wechselwirkung klar auftreten, nämlich Abschirmung und Plasmawellen sowie — damit zusammenhängend — (i) das Auftreten eines Ausweichloches bei gleichzeitiger Verengung des Austauschloches, (ii) die Besetzung von Impulszuständen außerhalb der Fermi-Kugel bei deren gleichzeitiger Entvölkerung und (iii) eine endliche Korrelationsenergie. Diese Näherung wurde zuerst von Macke (50) im Rahmen der zeitunabhängigen Störungsrechnung als Teilsummation der infolge der langreichweitigen Coulomb-Wechselwirkung am stärksten divergenten Terme eingeführt (ausgehend vom idealen Fermi-Gas führt die lange Reichweite der Coulomb-Wechselwirkung zu einem drastischen Umbau in unmittelbarer Nähe der Fermi-Grenze, nämlich zu um so mehr Anregungen von Teilchen und Löchern, je kleiner deren Energie ist: Infrarotdivergenz). Später wurde diese Näherung im Rahmen der zeitabhängigen Störungsrechnung von Gell-Mann und Brueckner (57) und DuBois (59) neu formuliert, weitergehend ausgewertet und verbessert. Auf Bohm und Pines (51—53) geht die Bezeichnung RPA (= Random Phase Approximation) zurück, sie führten zur Beschreibung der Elektronenkorrelation Kollektivvariable ein. Darüber hinaus gibt es weitere Zugänge (Modell-Hamilton-Operator, Methode der Bewegungsgleichungen, kinetische Gleichung) und Zusammenhänge zwischen diesen (s. Klimontowitsch u. Silin, 52, Lindhard 54, Sawada, 57, Sawada u. a., 57, Brout, 57, Hubbard, 57, 58, Nozières u. Pines, 58).

Es erhebt sich die Frage, wieso χ^0 bzw. ε_{RPA} überhaupt geeignet sind, in einfachster Näherung die Korrelation im Elektronengas zu erfassen, obwohl diese bei der Herleitung beginnend mit (4) ausdrücklich vernachlässigt wurde. Zwar beschreibt ε_{RPA} in einfachster Näherung zunächst nur die Reaktion des homogenen Elektronengases auf eine äußere Testladung. Die der RPA oder Hartree-Näherung für ε äquivalente Teilsummation (A 8-21) zeigt aber, daß ε_{RPA} über die Abschirmung der Coulomb-Wechselwirkung gemäß $v_q/\varepsilon_{RPA}(\boldsymbol{q}, \omega)$ zumindest auch wesentliche Züge der inneren gegenseitigen Abschirmung innerhalb des homogenen Elektronengases wiedergibt.

1.5.3. RPA-Ergebnisse für statische Abschirmung, Plasmondispersion, Paarverteilung und Gesamtenergie

(12), (14) und (15) enthalten speziell — mit $l(x)$ als Lindhard-Funktion — die statische DF in RPA oder Hartree-Näherung (s. Abb. 1.5-4)

$$\varepsilon_{\mathrm{RPA}}(\boldsymbol{q}, 0) = 1 + v_q \frac{4}{\hbar V} \sum_{|\boldsymbol{k}|<k_F} \frac{1}{\omega^0_{\boldsymbol{k}+\boldsymbol{q}} - \omega^0_{\boldsymbol{k}}} = 1 + \frac{q^2_{\mathrm{TF}}}{q^2} l\left(\frac{q}{2k_F}\right),$$
$$l(x) = \frac{1}{2}\left\{1 + \frac{1}{2x}(1 - x^2) \ln \left|\frac{1+x}{1-x}\right|\right\}. \tag{17}$$

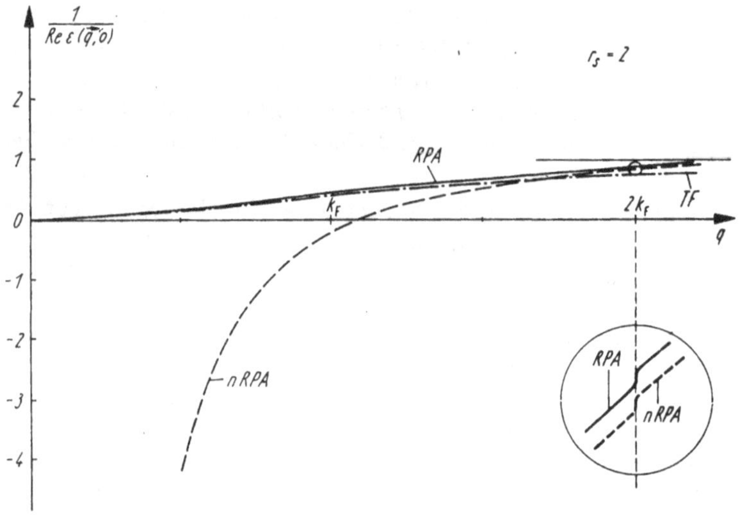

Abb. 1.5-4. Reziproke statische DF des Elektronengases im Grundzustand für $r_s = 2$ in RPA, nRPA und TF. RPA- und nRPA-Kurve haben bei $q = 2k_F$ eine sehr schwache logarithmische Singularität. — Verbesserte Kurven siehe Geldart und Taylor (70)

Deren Verwendung in (1.3-23) zeigt, daß bei der linearen Abschirmung einer Punktladung Ze in RPA gegenüber der Thomas-Fermi-Näherung (1.1-15) folgende Unterschiede auftreten (Langer u. Vosko, 59): Die induzierte Dichte $n_{\mathrm{ind}}(\boldsymbol{r})$ ist für $r \to 0$ endlich (divergiert nicht) und oszilliert für $r \to \infty$ (verschwindet nicht exponentiell).[1]

Letzteres hat seine Ursache in einer logarithmischen Singularität bei $q = 2k_F$, nämlich $\varepsilon_{\mathrm{RPA}} \sim (q - 2k_F) \ln |q - 2k_F|$, hier gilt daher $\partial\varepsilon_{\mathrm{RPA}}/\partial q = \infty$. Sie führt in der Umgebung von Störladungen zu Friedel-Oszillationen (Friedel, 58, Blandin u. a.,

[1]) Für die Abschirmung der Punktladung durch das Elektronengas reicht die lineare Abschirmung bei metallischen Dichten nicht aus, wie die selbstkonsistente Lösung der Einelektronengleichung (1.7-36) zeigt (Almbladh u. a., 76, Zaremba u. a., 76): $n_{\mathrm{ind}}(0)$ ist zu klein in der linearen Näherung, und die Phase der asymptotischen Oszillationen stimmt nicht. Eine wesentliche Verbesserung wird durch Berücksichtigung der quadratischen Polarisierbarkeit erreicht (Paasch u. Heinrich, 80).

59)

$$n_{\text{ind}}(\boldsymbol{r}) \approx -Z \frac{k_F a_0}{(1 + 2\pi k_F a_0)^2} \frac{\cos 2k_F r}{r^3}, \qquad r \gg r_0 \tag{18}$$

und im Phononenspektrum zu Migdal-Kohn-Anomalien (Migdal 58, Kohn, 59, Woll u. Kohn, 62). Erstere sind durch magnetische Kernresonanz (Rowland, 60, Kohn u. Vosko, 60), letztere durch inelastische Neutronenstreuung (Brockhouse u. a., 61, 62, Stedman u. a., 67) experimentell nachweisbar; nach Kaganow und Semenenko (66) sollten sich Migdal-Kohn-Anomalien auch in Anomalien der Ultraschallabsorption bemerkbar machen. Der tiefere Grund für diese (schwache) Singularität ist die Schärfe der Fermi-Grenze. Diese bedingt, daß der Anregungsimpuls $q = 2k_F$ zwei ganz verschiedene physikalische Situationen voneinander trennt: Für $q = 2k_F$ ist es nicht mehr möglich, durch Umlagerung eines Elektrons von einer Stelle der Fermi-Fläche zu einer anderen ein Teilchen-Loch-Paar mit verschwindender Anregungsenergie zu erzeugen; vielmehr beginnt von $q = 2k_F$ an das Anregungsspektrum bei einem endlichen Energiewert (s. Abb. 1.5-2). Abb. 1.5-5 gibt $n_{\text{ind}}(r)$ für eine positive Elementarladung $|e|$, also $Z = -1$, am Ursprung wieder.

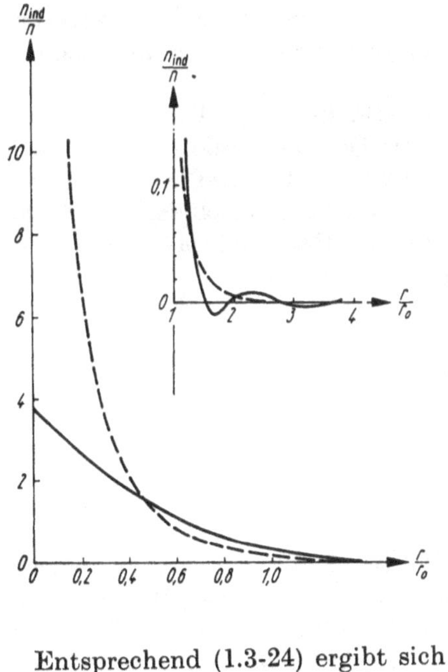

Abb. 1.5-5. Durch eine am Ursprung befindliche Störladung $|e|$ induzierte Ladungsdichte $en_{\text{ind}}(r)$, in der Näherung linearer Response und in RPA (gemäß (8) und (1.3-23)) berechnet von Langer und Vosko (59). Die gestrichelte Kurve gibt zum Vergleich die Thomas-Fermi-Näherung wieder

Entsprechend (1.3-24) ergibt sich die Dispersion ungedämpfter Plasmawellen aus $\text{Re}\,\varepsilon(\boldsymbol{q}, \omega_{\text{pl}}(q)) = 0$ und $\text{Im}\,\varepsilon(\boldsymbol{q}, \omega_{\text{pl}}(q)) = 0$. Letzteres ist in RPA in dem nichtschraffierten Teil von Abb. 1.5-2, also außerhalb des Kontinuums der Ein-Paar-Anregungen, der Fall. In diesem Bereich bestimmt sich die RPA-Plasmondispersion mit (12) aus

$$\begin{aligned} 1 &= \omega_{\text{pl}}^2 \frac{1}{N} \sum_{\boldsymbol{k}} \frac{f_{\boldsymbol{k},\boldsymbol{q}}}{\omega_{\text{pl}}^2(q) - (\omega_{\boldsymbol{k}-\boldsymbol{q}}^0 - \omega_{\boldsymbol{k}}^0)^2}, \\ f_{\boldsymbol{k},\boldsymbol{q}} &= \frac{\omega_{\boldsymbol{k}-\boldsymbol{q}}^0 - \omega_{\boldsymbol{k}}^0}{\hbar q^2/2m}\, n^0(k)\, [1 - n^0(k - q)]. \end{aligned} \tag{19}$$

Für $q \to 0$ ergibt sich

$$\omega_{\text{pl}}(q) = \omega_{\text{pl}} \left[1 + \frac{9}{10} \frac{q^2}{q_{\text{TF}}^2} + \dots \right]. \tag{20}$$

Der Faktor neben q^2 wird auch als Plasmonsteifigkeit bezeichnet. In dieser Näherung sind die Plasmonen ungedämpft, solange $\omega_{\text{pl}}(q)$ nicht in das Kontinuum der Teilchen-Loch-Paaranregungen eintaucht. Aus Abb. 1.5-2 ergibt sich nach Sawada u. a. (57) und Ferrell (57) als Kriterium $q < q_c$ mit $q_c \approx \omega_{\text{pl}}/v_F = q_{\text{TF}}/\sqrt{3}$.

Über (1.4-2, 5, 9) ergibt sich aus (14) und (15) die Paarkorrelation, zuerst numerisch ausgewertet von Glick und Ferrell (60). Die Berücksichtigung eines über RPA hinausgehenden Terms nach Ueda (61) liefert Kurven, die in Abbildung 1.1-3 und 4 enthalten sind. Auffällig ist das Auftreten eines Ausweichloches zwischen Elektronen mit antiparallelem Spin entsprechend der Coulomb-Wechselwirkung und dessen zunehmende Ausprägung mit zunehmendem r_s (s. auch Singwi u. a., 70, Yasuhura, 72, Hede u. Carbotte, 72) sowie die gleichzeitig zunehmende Veränderung des Austauschloches derart, daß die Normierung der gesamten Paarverteilung gewahrt bleibt in Verbindung mit $g_{\uparrow\uparrow}(0) = 0$ als Folge des Pauli-Prinzipis. — Ab $r_s \approx 2$ wird die Paarverteilung in RPA für kleine gegenseitige Abstände r_{12} negativ, was erneut auf die Gültigkeitsgrenze dieser Näherung hinweist.

Einsetzen von (14) und (15) in die (Fluktuations-Dissipations-) Formel für $\langle\langle V \rangle\rangle$, (1.4-10), liefert über die Aufladeformel (1.1-21b) die Gesamtenergie in RPA. Dem entspricht in der Graphensumme (A 8-24) die Näherung (A 8-18), also (A 8-11). Unter Ausnutzung der analytischen Eigenschaften von $\varepsilon_{\text{RPA}}(\boldsymbol{q}, \omega)$ ergibt sich der von Macke (50), Gell-Mann und Brueckner (57), DuBois (59) und Carr und Maradudin (64) gefundene, im Grenzfall hoher Dichten ($r_s \ll 1$) gültige Ausdruck

$$E = N \left[\frac{2{,}21}{r_s^2} - \frac{0{,}916}{r_s} + 0{,}0622 \ln r_s - 0{,}094 + 0{,}018 r_s \ln r_s - \right.$$
$$\left. - C r_s + \dots \right] ryd\,. \tag{21}$$

Der Koeffizient vor $\ln r_s$ wurde zuerst von Macke (50) angegeben, er lautet $2(1 - \ln 2)\,\pi^2$. Der Koeffizient vor $(r_s)^0$ ergibt sich in RPA zu $-0{,}142$, Berücksichtigung der Austauschenergie in zweiter Ordnung (in (A 8-10) ist das der dritte Term) liefert nach Gell-Mann und Brueckner (57) bzw. genauer nach Onsager u. a. (66) den Wert $-0{,}094$. Weitergehende Auswertungen nach DuBois (59) und Carr und Maradudin (64) führen zu den übrigen Termen (der Zahlenwert von C ist noch offen). Die logarithmischen Terme sind eine direkte Folge der langreichweitigen Coulomb-Wechselwirkung und ihrer Abschirmung; sie besagen zugleich, daß E nichtanalytisch von r_s abhängt, weswegen eine Entwicklung nach Potenzen von r_s nicht existiert. In einer (formalen) Störungsentwicklung macht sich dies nach Heisenberg (47) und Macke (50) in divergenten Termen bemerkbar. Abb. 1.1-5 gibt E_{RPA} als Funktion von r_s wieder.

1.5.4. Impulsverteilung, Selbstenergie und Quasiteilchen

Die Impulsverteilung $n(k)$ kann leicht in Näherungen berechnet werden, die denen für die Gesamtenergie E entsprechen, wenn letztere als Funktion(al) der Einteilchenenergien ε_k^0 gegeben ist. Nach dem Pauli-Hellmann-Feynman-Theorem gilt ja $n(\boldsymbol{k}) = \partial E/\partial \varepsilon_k^0$ (s. (A 7-22)). In der Graphenformulierung (s. A 8) bedeutet dies wegen (1.2-3) und (A 8-5) das sukzessive Aufschneiden von Elektron-Loch-Linien in den Energie- (oder Vakuumverbund-) Graphen (A 8-10). Auf diese Weise folgt aus den RPA-Energiegraphen (A 8-11), daß $n_{\mathrm{RPA}}(\boldsymbol{k})$ aus (1.2-2) entsteht mit $G \approx G^0 + G^0 \Sigma G^0$ und Σ gemäß (A 8-26). Abb. 1.1-2 gibt die Ergebnisse verschiedener Autoren wieder. Mit zunehmendem r_s wächst die Zahl der Teilchen außerhalb der Fermi-Grenze (Korrelationsschwanz) und damit die Zahl der Löcher in der Fermi-Kugel; der Sprung an der Fermi-Grenze nimmt gleichzeitig ab (s. auch Abb. 1.2-1).

Viele Arbeiten gehen direkt von Näherungen für die Selbstenergie $\Sigma(\boldsymbol{k}, \omega)$ aus (Hartree-Fock-Näherung = erster Term von (A 8-13), RPA = (A 8-26)) und bestimmen daraus die Impulsverteilung $n(k)$, darüber hinaus aber auch Dispersion ω_k und Dämpfung γ_k der Quasiteilchen (= nacktes Teilchen plus virtuelle Plasmonen und Teilchen-Loch-Paaranregungen), die Verschiebung des chemischen Potentials $\zeta - \zeta^0$, das dem Selbstenergieoperator entsprechende nichtlokale Potential für Teilchen an der Fermi-Fläche und andere Größen sowie die Parameter der Landau-Theorie der Fermi-Flüssigkeit. Zusammenfassende Darstellungen finden sich in Hedin (65), Hedin und Lundqvist (71), Lundqvist (73). Siehe hierzu auch Abb. 1.5-6.

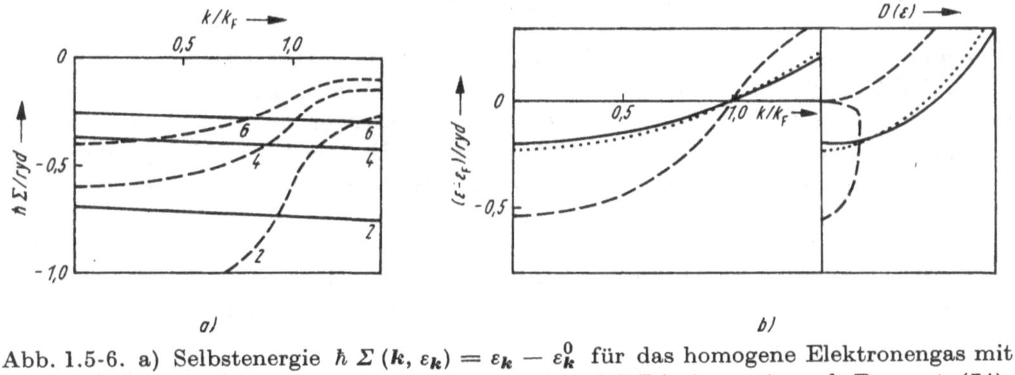

Abb. 1.5-6. a) Selbstenergie $\hbar\, \Sigma\, (\boldsymbol{k}, \varepsilon_k) = \varepsilon_k - \varepsilon_k^0$ für das homogene Elektronengas mit $r_s = 2, 4, 6$ in Hartree-Fock-Näherung (– – –) und RPA (———) nach Rennert (74); b) Quasiteilchenenergie $\varepsilon_k = \varepsilon_k^0 + \hbar\, \Sigma$ und Zustandsdichte $D(\varepsilon)$ für wechselwirkungsfreie Elektronen (·······) sowie in Hartree-Fock-Näherung (– – –) und RPA (———) für Σ, $r_s = 4$. In Hartree-Fock-Näherung geht die Zustandsdichte für $\varepsilon \to 0$ logarithmisch ($\sim 1/\ln|\varepsilon|$) gegen Null, im Widerspruch zum metallischen Verhalten

1.6. Lokalfeldkorrekturen

1.6.1. Mängel der Hartree-Abschirmung und Ausweg

Obwohl die RPA oder Hartree-Näherung für ε solche Erscheinungen wie Abschirmung und Plasmawellen überhaupt zu beschreiben gestattet, werden jedoch bestimmte Details nicht erfaßt. Das betrifft die (auch für $q \neq 0$ völlig) fehlende Plasmondämp-

fung sowie die mit r_s zunehmende Verletzung
— der Kompressibilitäts-SR und
— der Bedingung an die Paarkorrelation, für alle Abstände positiv zu sein.

Daß die Paarkorrelation für kleine Abstände negativ wird, besagt: Die RPA versagt im Grenzfall großer Wellenzahlen; gute Ergebnisse sind nur für Abstände zu erwarten, die groß gegen den mittleren Teilchenabstand sind. Die genannten Schwierigkeiten spielen auch bei der Korrelationsenergie und bei der Plasmondispersion eine wesentliche Rolle; sie machen sich auch bei der Anwendung auf einfache Metalle in der Phononendispersion bemerkbar.

Mit den sogenannten Lokalfeldkorrekturen gelingt es nun, gerade für den Bereich metallischer Dichten zuverlässigere Ausdrücke bereitzustellen. Dabei wird berücksichtigt, daß die Elektronen gar nicht, wie in RPA angenommen, das effektive oder Gesamtpotential v_{tot}, sondern ein davon durch Austausch und Korrelation abweichendes Lokalfeld $v_{\text{tot}}^{(e)}$ spüren.

1.6.2. Hubbard-Näherung

Solche Korrekturen an RPA wurden zuerst von Hubbard (57) angegeben. Durch Aufsummation bestimmter Terme (Graphen) der Störungsreihe (s. (A 8-22)) und genäherte Auswertung ergibt sich für $\varepsilon = 1 - v\chi$ durch

$$\chi \approx \frac{\chi^0}{1 + Gv\chi^0}, \qquad G(q) = \frac{1}{2}\frac{q^2}{q^2 + \xi k_F^2} \tag{1}$$

gegenüber der RPA mit $\chi \approx \chi^0$ eine Verbesserung. Für $q \to 0$ geht (1) außer für $\omega = 0$ in den RPA-Ausdruck $\chi \approx \chi^0$ über. In der ursprünglichen Fassung war $\xi = 1$, später wurde $\xi = 1 + 4/\pi k_F a_0$ oder $\xi = 3/2$ verwendet, oder es wurde ξ so gewählt, daß das Kompressibilitätstheorem (1.3-20) erfüllt ist. Diese Hubbard-Modifikation der RPA liefert zwar eine Verbesserung, jedoch ist auch hier die Paarverteilung für kleine Abstände negativ.

Es hat in den letzten Jahren eine Vielzahl von Versuchen gegeben, χ und damit ε genauer zu berechnen (Langreth, 69, Geldart u. Taylor, 70, Woo u. Jha, 71, seien als Beispiele genannt). In [7.2.4] wird die statische Lokalfeldkorrektur $G(q)$ störungstheoretisch eingeführt (s. (7.2-32)). In den folgenden Abschnitten soll das auf Singwi u. a. und auch auf Hubbard zurückgehende Verfahren genauer beschrieben werden.

1.6.3. Der physikalisch-anschauliche Inhalt der Singwi-Näherung

Wie in [1.5.2] und [1.6.1] erwähnt, bedeutet RPA mit $\chi \approx \chi^0$, daß gemäß (1.3-4), also

$$n_{\text{ind}} \approx \chi^0 v_{\text{tot}}\,, \tag{2}$$

nichtwechselwirkende Elektronen auf das Gesamtpotential $v_{\text{tot}} = v_{\text{ext}} + v_{\text{ind}}$ reagieren. Das entspricht aber gar nicht dem wahren Sachverhalt, da ja v_{tot} dasjenige Potential ist, das eine schwache, seine Umgebung nicht beeinflussende Testladung spüren würde, und da im Unterschied hierzu ein zum System gehörendes Elektron durch Austausch und Korrelation seine Umgebung stark verändert (dynamische Abschirmwolke). Am Ort eines Elektrons ist nämlich die Dichte der anderen Elektronen lokal verringert. Diese lokale Dichteverringerung kommt nach Hubbard (67) und Singwi u. a. (68) gegenüber (1.3-3), also $v_{\text{ind}} = vn_{\text{ind}}$, in

$$v_{\text{ind}}^{(e)} = (1 - G)\, v_{\text{ind}} = (1 - G)\, vn_{\text{ind}} \tag{3}$$

durch eine Funktion $G(q)$, die statische Lokalfeldkorrektur, zum Ausdruck; $v_q G(q)$ wird auch als effektive Austausch- und Korrelationswechselwirkung bezeichnet. $v_{\text{ind}}^{(e)}$ ist dabei das auf ein Elektron des Systems wirkende Potential der induzierten Ladungsdichte. Daraus ergibt sich für das gesamte, auf ein Elektron des Systems wirkende Potential

$$v_{\text{tot}}^{(e)} = v_{\text{ext}} + v_{\text{ind}}^{(e)} = v_{\text{ext}} + (1 - G)\, vn_{\text{ind}} = v_{\text{tot}} - Gvn_{\text{ind}}\,. \tag{4}$$

Auf dieses Gesamtpotential reagieren nun im Rahmen der hier beschriebenen Näherung ähnlich wie in RPA nichtwechselwirkende Elektronen gemäß

$$n_{\text{ind}} \approx \chi^0 v_{\text{tot}}^{(e)}\,. \tag{5}$$

Einsetzen von (4) und Umstellen nach n_{ind} liefert mit (1.3-4) für $\chi = n_{\text{ind}}/v_{\text{tot}}$ und $\alpha = n_{\text{ind}}/v_{\text{ext}}$

$$\chi \approx \frac{\chi^0}{1 + Gv\chi^0}\,, \qquad \alpha \approx \frac{\chi^0}{1 - (1 - G)\, v\chi^0}\,, \tag{6}$$

also für χ einen Ausdruck vom Typ (1). Einsetzen in (1.3-8) liefert die DF (zur Beschreibung des auf eine Testladung[1] wirkenden Gesamtpotentials $v_{\text{tot}} = v_{\text{ext}}/\varepsilon$) in einer Form

$$\varepsilon \approx 1 - \frac{v\chi^0}{1 + Gv\chi^0}\,, \tag{7}$$

die an die Lokalfeldkorrektur der Clausius-Mosotti- oder Lorentz-Lorenz-Formel erinnert.

Wichtig ist nun, daß — wie weiter unten gezeigt wird — die lokale Dichteverringerung um ein Elektron genähert durch die Paarkorrelation $g(r_{12}) = n(\boldsymbol{r}_1, \boldsymbol{r}_2)/n^2$ ausge-

[1] Soll im Unterschied hierzu das auf ein Elektron des Systems wirkende Gesamtpotential auch durch eine DF $\varepsilon^{(e)}$ ausgedrückt werden, so ist diese durch $v_{\text{tot}}^{(e)} = v_{\text{ext}}/\varepsilon^{(e)}$ analog zu (1.3-7) zu definieren. Mit (3), (4), (5) ergibt sich für diese Abschirmfunktion

$$\varepsilon^{(e)} = 1 - (1 - G)\, v\chi^0\,. \tag{7'}$$

Zwischen ε und $\varepsilon^{(e)}$ besteht der Zusammenhang

$$\frac{1}{\varepsilon} = 1 + \frac{v\chi^0}{\varepsilon^{(e)}} \quad \text{oder} \quad \frac{\chi}{\varepsilon} = \frac{\chi^0}{\varepsilon^{(e)}}\,. \tag{7''}$$

Während ε solche Größen wie Korrelationsenergie, Paarverteilung, Plasmondispersion und Verlustfunktion liefert und in der Theorie der Phononen und der Elektron-Phonon-Wechselwirkung auftritt (s. [8] u. [9]), bestimmt $\varepsilon^{(e)}$ z. B. das auf die Leitungselektronen einfacher Metalle wirkende und von ihnen selbst abgeschirmte Pseudopotential der Ionen. Letzteres tritt z. B. in [3], [6] und [7.2] auf. Von Kleinman (68) wird neben den DF ε und $\varepsilon^{(e)}$, die die Wirkung äußerer Potentiale auf Testteilchen bzw. Elektronen beschreiben, eine weitere, zwischen den Elektronen wirkende DF diskutiert.

drückt werden kann. Das auf ein Elektron des Systems wirkende elektrische Feld der induzierten Ladungen hat nämlich die Form (s. [1.6.4])

$$eE^{(e)}_{\text{ind}}(\boldsymbol{r}, t) = \int g(|\boldsymbol{r} - \boldsymbol{r}'|)\left(-\frac{\partial}{\partial \boldsymbol{r}}\right)\frac{\epsilon^2}{|\boldsymbol{r} - \boldsymbol{r}'|}\, n_{\text{ind}}(\boldsymbol{r}', t)\, \mathrm{d}^3 r' \,. \tag{8}$$

Das bedeutet: Die Ladung $en_{\text{ind}}(\boldsymbol{r}')\, \mathrm{d}^3 r'$ ruft bei $\boldsymbol{r}$ das Potential $en_{\text{ind}}(\boldsymbol{r}')\, \mathrm{d}^3 r'/4\pi\varepsilon_0|\boldsymbol{r} - \boldsymbol{r}'|$ hervor; das daraus bestimmte elektrische Feld wird mit der Paarkorrelation $g(|\boldsymbol{r} - \boldsymbol{r}'|)$ gewichtet. Fourier-Transformation von (8) liefert mit (3)

$$G(q) = 1 - \int \frac{\mathrm{d}^3 q'}{(2\pi)^3} \frac{\boldsymbol{q}\boldsymbol{q}'}{q'^2}\, g(\boldsymbol{q} - \boldsymbol{q}') = -\frac{1}{n}\int \frac{\mathrm{d}^3 q'}{(2\pi)^3}\frac{\boldsymbol{q}\boldsymbol{q}'}{q'^2}\,[S(\boldsymbol{q} - \boldsymbol{q}') - 1] \,. \tag{9}$$

Im zweiten Gleichheitszeichen wurde der Zusammenhang (1.4-2) zwischen dem statischen Strukturfaktor $S(\boldsymbol{q})$ und der Fourier-Transformierten $g(\boldsymbol{q})$ der Paarkorrelation verwendet; dabei wurde berücksichtigt, daß $S(\boldsymbol{q})$, wie aus (1.4-1) folgt, einen Anteil $N\delta_{\boldsymbol{q},0}$ enthält. Da nun $S(\boldsymbol{q})$ nach (1.4-9) durch $\varepsilon(\boldsymbol{q}, \omega)$ gegeben ist, entsteht zusammen mit (7) und (9) ein geschlossenes Gleichungssystem zur Bestimmung der Lokalfeld korrektur $G(q)$. Zunächst ist jedoch (8) zu begründen.

1.6.4. Das effektive Feld in der Singwi-Näherung

In der ursprünglichen Formulierung gingen Singwi u. a. (STLS) (68) von der klassischen Einteilchenverteilungsfunktion $f(\boldsymbol{r}, \boldsymbol{p}, t)$ aus. Für sie folgt aus der Liouville-Gleichung die Bewegungsgleichung

$$\left(\frac{\partial}{\partial t} + \frac{\boldsymbol{p}}{m}\frac{\partial}{\partial \boldsymbol{r}} - \frac{\partial v_{\text{ext}}(\boldsymbol{r}, t)}{\partial \boldsymbol{r}}\frac{\partial}{\partial \boldsymbol{p}}\right) f(\boldsymbol{r}, \boldsymbol{p}, t) =$$
$$= \int \mathrm{d}^3 r'\, \mathrm{d}^3 p'\, \frac{\partial \epsilon^2/|\boldsymbol{r} - \boldsymbol{r}'|}{\partial \boldsymbol{r}}\frac{\partial}{\partial \boldsymbol{p}} f(\boldsymbol{r}, \boldsymbol{p}, \boldsymbol{r}', \boldsymbol{p}', t) \,. \tag{10}$$

Durch den zu (1.1-9) analogen Ansatz

$$f(\boldsymbol{r}, \boldsymbol{p}, \boldsymbol{r}', \boldsymbol{p}', t) = f(\boldsymbol{r}, \boldsymbol{p}, t)\, f(\boldsymbol{r}', \boldsymbol{p}', t)\, g(|\boldsymbol{r} - \boldsymbol{r}'|) \tag{11}$$

wird die (BBGKY-) Hierarchie abgebrochen. Dabei ist $g(|\boldsymbol{r} - \boldsymbol{r}'|)$ die statische Paarkorrelation des Gleichgewichtes, die für große Abstände gegen Eins geht und für kleine Abstände kleiner Eins ist. Die Einteilchenverteilungsfunktion wird nun in den Gleichgewichtsanteil f_0 und eine kleine durch v_{ext} induzierte Abweichung vom Gleichgewicht f_1 aufgespaltet:

$$f(\boldsymbol{r}, \boldsymbol{p}, t) = f_0(\boldsymbol{p}) + f_1(\boldsymbol{r}, \boldsymbol{p}, t)\,, \qquad \int \mathrm{d}^3 p f_1(\boldsymbol{r}, \boldsymbol{p}, t) = n_{\text{ind}}(\boldsymbol{r}, t) \,. \tag{12}$$

Setzt man (11) und (12) in (10) ein und linearisiert bezüglich v_{ext}, so entsteht

$$\left(\frac{\partial}{\partial t} + \frac{\boldsymbol{p}}{m}\frac{\partial}{\partial \boldsymbol{r}}\right) f_1(\boldsymbol{r}, \boldsymbol{p}, t) + \left\{-\frac{\partial v_{\text{ext}}(\boldsymbol{r}, t)}{\partial \boldsymbol{r}} + \right.$$
$$\left. + \int \mathrm{d}^3 r'\, \mathrm{d}^3 p'\, g(|\boldsymbol{r} - \boldsymbol{r}'|)\left(-\frac{\partial}{\partial \boldsymbol{r}}\frac{\epsilon^2}{|\boldsymbol{r} - \boldsymbol{r}'|}\right) f_1(\boldsymbol{r}', \boldsymbol{p}', t)\right\}\frac{\partial}{\partial \boldsymbol{p}} f_0(\boldsymbol{p}) = 0 \,. \tag{13}$$

Mit (12) erkennt man, daß der zweite Term in der geschweiften Klammer gerade das bereits in (8) angegebene induzierte Feld darstellt, q.e.d.

Die Aufspaltung

$$eE_{\text{ind}}^{(e)}(\boldsymbol{r}, t) = -\frac{\partial}{\partial \boldsymbol{r}} \int d^3r' \frac{\epsilon^2}{|\boldsymbol{r} - \boldsymbol{r}'|} n_{\text{ind}}(\boldsymbol{r}', t) - \\ - \int d^3r' [g(|\boldsymbol{r} - \boldsymbol{r}'|) - 1] \frac{\partial \epsilon^2/|\boldsymbol{r} - \boldsymbol{r}'|}{\partial \boldsymbol{r}} n_{\text{ind}}(\boldsymbol{r}', t) \tag{8'}$$

zeigt, daß der erste Term das in RPA berücksichtigte mittlere Feld aller Elektronen ist, während der letzte Term die Lokalfeldkorrektur darstellt, die für $g(r) \equiv 1$ verschwindet. Beiträge zur Lokalfeldkorrektur gibt es also nur von kleinen Abständen, bei denen $g(r)$ von Eins abweicht. Singwi u. a. übernehmen nun das effektive Feld (8) auch für das Quantengas, woraus sich (9) ergibt. Eine erste Modifikation hierzu wurde von Singwi u. a. (SSTL) (70) vorgenommen, indem die Veränderung der Paarkorrelation gegenüber dem in (11) verwendeten Gleichgewichtsverlauf bei langwelligen äußeren Störungen berücksichtigt wurde. Näherungsweise ergab sich statt (9)

$$G(q) = -\frac{1}{n} \int \frac{d^3q'}{(2\pi)^3} \frac{\boldsymbol{q}\boldsymbol{q}'}{q'^2 \varepsilon(\boldsymbol{q}', 0)} [S(\boldsymbol{q} - \boldsymbol{q}') - 1] . \tag{14}$$

Gegenüber (9) ist also die darin auftretende Coulomb-Wechselwirkung $v_{q'} = 4\pi\epsilon^2/q'^2$ durch $\varepsilon(\boldsymbol{q}', 0)$ abgeschirmt. In einer weiteren Version gingen Vashishta und Singwi (VS) (72) davon aus, daß in (11) nicht die statische Paarkorrelation des Gleichgewichtes $g(|\boldsymbol{r} - \boldsymbol{r}'|)$ verwendet werden darf, da ja eine äußere Störung vorliegt. Für kleine Frequenzen und große Wellenlängen gilt

$$g(\boldsymbol{r}, \boldsymbol{r}', t) = g(|\boldsymbol{r} - \boldsymbol{r}'|) + n_{\text{ind}} \frac{\partial}{\partial n} g(|\boldsymbol{r} - \boldsymbol{r}'|) . \tag{15}$$

Für schwache äußere Störungen genügt es, in n_{ind} lineare Terme mitzunehmen. Für endliche Wellenlängen wird nun die symmetrische Form

$$g(\boldsymbol{r}, \boldsymbol{r}', t) = g(|\boldsymbol{r} - \boldsymbol{r}'|) + \frac{1}{2} [n_{\text{ind}}(\boldsymbol{r}, t) + n_{\text{ind}}(\boldsymbol{r}', t)] \frac{\partial}{\partial n} g(|\boldsymbol{r} - \boldsymbol{r}'|) \tag{15'}$$

gewählt. Damit entsteht statt (9)

$$G(q) = \left(1 + an \frac{\partial}{\partial n}\right) \left(-\frac{1}{n}\right) \int \frac{d^3q'}{(2\pi)^3} \frac{\boldsymbol{q}\boldsymbol{q}'}{q'^2} [S(\boldsymbol{q} - \boldsymbol{q}'; n) - 1] . \tag{16}$$

Für den klassischen Fall ist $a = 1/2$. Vashishta und Singwi nehmen an, daß dieses Resultat auch für das Quantengas gilt, wobei Quantenkorrekturen durch die Wahl eines einzigen Parameters a erfaßt werden sollen. Dabei wird a so gewählt, daß das Kompressibilitätstheorem (1.3-20) erfüllt ist. Im Bereich der metallischen Dichte ist das mit $a = 2/3$ sehr gut der Fall.

1.6.5. Selbstkonsistente Lösung und Paarkorrelation

In den verschiedenen Versionen der Singwi-Theorie ist die Lokalfeldkorrektur gegeben durch

$$\text{STLS:} \quad G(q) = -\frac{1}{n}\int \frac{d^3q'}{(2\pi)^3}\frac{\boldsymbol{q}\boldsymbol{q}'}{q'^2}[S(\boldsymbol{q}'-\boldsymbol{q})-1], \tag{9}$$

$$\text{SSTL:} \quad G(q) = -\frac{1}{n}\int \frac{d^3q'}{(2\pi)^3}\frac{\boldsymbol{q}\boldsymbol{q}'}{q'^2\varepsilon(\boldsymbol{q}',0)}[S(\boldsymbol{q}'-\boldsymbol{q})-1], \tag{14}$$

$$\text{VS:} \quad G(q) = \left(1+an\frac{\partial}{\partial n}\right)\left(-\frac{1}{n}\right)\int \frac{d^3q'}{(2\pi)^3}\frac{\boldsymbol{q}\boldsymbol{q}'}{q'^2}[S(\boldsymbol{q}'-\boldsymbol{q})-1], \tag{16}$$

ist also in allen Fällen durch den statischen Strukturfaktor bestimmt. Dieser wiederum hängt nach (1.4-9) mit der DF über

$$S(\boldsymbol{q}) = -\frac{1}{v_q n}\int_0^\infty \frac{d\hbar\omega}{\pi}\,\mathrm{Im}\,\frac{1}{\varepsilon(\boldsymbol{q},\omega)} \tag{17}$$

zusammen. Die DF ist nach

$$\varepsilon(\boldsymbol{q},\omega) = 1 - \frac{v_q\chi^0(\boldsymbol{q},\omega)}{1+G(q)\,v_q\chi^0(\boldsymbol{q},\omega)} \tag{7}$$

ihrerseits durch $G(q)$ bestimmt. Damit liegt also in jedem Fall ein selbstkonsistent lösbares System von Gleichungen vor. Beginnt man z. B. mit einer Näherung für den Strukturfaktor, so erhält man daraus die Lokalfeldkorrektur $G(q)$, mit ihr aus (7) die DF und aus (17) erneut den Strukturfaktor. Die selbstkonsistente Lösung wurde von Singwi und Mitarbeitern in allen drei Fällen numerisch durchgeführt (für die Näherung VS mit $a = 2/3$). Für VS wurde $G(q)$ tabellarisch angegeben. Sowohl für VS als auch für SSTL kann die Funktion $G(q)$ für $q < 2k_F$ durch

$$G(q) = A[1 - e^{-Bq^2/k_F^2}] \tag{18}$$

mit guter Genauigkeit dargestellt werden, wobei A und B Funktionen von r_s sind. Diese Werte sind in Tab. 1.6-1 angegeben. Für $q \to 0$ ist der Ausdruck (18) für bestimmte Zwecke nicht genau genug, s. [1.7.5].

Tabelle 1.6-1. Werte für A und B aus Gleichung (18) für die Lokalfeldkorrektur (für $q < 2k_F$) für verschiedene Werte von r_s; SSTL: Singwi u. a. (70), VS: Vashishta und Singwi (72)

	r_s	1	2	3	4	5	6
SSTL	A	0,7756	0,8994	0,9629	0,9959	1,0138	1,0218
	B	0,4307	0,3401	0,2924	0,2612	0,2377	0,2189
VS	A	0,70853	0,85509	0,97805	1,08482	1,17987	1,26569
	B	0,36940	0,33117	0,30440	0,28430	0,26850	0,25561

Als Ausgangspunkt für die selbstkonsistente Berechnung kann man den Strukturfaktor in HF-Näherung (1.5-2) verwenden. Dieses $S^0(\boldsymbol{q})$ läßt sich nun (zur Verwendung in (9) vorteilhafter) so schreiben:

$$S^0(\boldsymbol{q}) = \frac{2}{N} \sum_{\substack{|\boldsymbol{k}|<k_F \\ |\boldsymbol{k}+\boldsymbol{q}|>k_F}} 1 = \frac{2}{N} \Big(\sum_{|\boldsymbol{k}|<k_F} 1 - \sum_{\substack{|\boldsymbol{k}|<k_F \\ |\boldsymbol{k}+\boldsymbol{q}|<k_F}} 1 \Big)$$

$$= 1 - \frac{2}{n} \int\limits_{\substack{|\boldsymbol{k}|<k_F \\ |\boldsymbol{k}'|<k_F}} \frac{d^3k \, d^3k'}{(2\pi)^3} \delta(\boldsymbol{k} + \boldsymbol{q} - \boldsymbol{k}') \,. \tag{19}$$

Setzen wir das in (9) ein, so entsteht als erster Schritt in der Näherung STLS

$$G(q) = \frac{2}{n^2} \int \frac{d^3k \, d^3k'}{(2\pi)^6} \frac{\boldsymbol{q}(\boldsymbol{q} + \boldsymbol{k} - \boldsymbol{k}')}{|\boldsymbol{q} + \boldsymbol{k} - \boldsymbol{k}'|^2} . \tag{20}$$

Ersetzt man hier den Nenner durch $q^2 + k_F^2$, so entsteht die ursprüngliche Hubbard-Näherung

$$G(q) = \frac{1}{2} \frac{q^2}{q^2 + k_F^2} , \qquad \lim_{q \to 0} G(q) = \frac{q^2}{2k_F^2} \,. \tag{21}$$

Allerdings läßt sich (20) auch exakt auswerten. Das Ergebnis ist bei STLS (68) angegeben. Der Grenzwert

$$\lim_{q \to 0} G(q) = \gamma \, \frac{q^2}{k_F^2} \tag{22}$$

liefert in diesem Fall $\gamma = 3/8$ (Tab. 1.6-2). Die selbstkonsistente Berechnung von $G(q)$ liefert im Fall STLS für γ die in Tab. 1.6-2 angegebenen Werte. Aus (9) findet man leicht, daß γ für STLS durch

$$\text{STLS:} \quad \gamma = -\frac{1}{2k_F} \int\limits_0^\infty dq [S(\boldsymbol{q}) - 1] \tag{23a}$$

Tabelle 1.6-2. Koeffizient γ nach (22) und (23) des langwelligen Grenzfalls der Lokalfeldkorrektur und die Größe $\bar{\gamma}$ nach (27) für verschiedene Werte von r_s

r_s	1	2	3	4	5	6
γ STLS	0,4561	0,4894	0,5107	0,5261	0,5378	0,5471
γ SSTL	0,3341	0,3059	0,2816	0,2601	0,2410	0,2237
γ VS	0,2428	0,2614	0,2743	0,2841	0,2918	0,2982
$\bar{\gamma}$ VS	0,4539	0,4919	0,5168	0,5348	0,5485	0,5593

γ Hubbard genähert 1/2
γ Hubbard exakt 3/8

gegeben ist. Für SSTL ergibt sich aus (14)

$$\text{SSTL:}\quad \gamma = -\frac{1}{2k_F}\int_0^\infty dq\, \frac{S(\boldsymbol{q})-1}{\varepsilon(\boldsymbol{q},0)}\left[1-\frac{d\ln\varepsilon(\boldsymbol{q},0)}{d\ln q}\right], \tag{23b}$$

während für VS aus (16) bei Beachtung der Dichteabhängigkeit des Strukturfaktors

$$\text{VS:}\quad \gamma = -\frac{1}{2}\int_0^\infty dq\left\{\frac{1}{3}\left[S(\boldsymbol{q},r_s)-1\right]+\right.$$
$$\left.+\frac{2}{3}\left[-\frac{q}{3}\frac{\partial}{\partial q}S(\boldsymbol{q},r_s)-\frac{r_s}{3}\frac{\partial}{\partial r_s}S(\boldsymbol{q},r_s)\right]\right\} \tag{23c}$$

ist (dabei ist q in Einheiten von k_F gemessen). Die selbstkonsistent berechneten Werte für γ sind in Tab. 1.6-2 angegeben.

Wenden wir uns nun der Frage zu, wie die verschiedenen Singwi-Näherungen zu bewerten sind. Als erstes ist dabei die Paarkorrelation $g(r)$ anzuführen. Die stark negativen Werte von $g(r \to 0)$ stellten ja gerade den Mangel der RPA dar, der durch die Berücksichtigung der Lokalfeldkorrekturen abgestellt werden sollte. $g(r)$ ergibt sich nach (1.4-2) aus $[S(\boldsymbol{q}) - 1]/n$ durch Fourier-Transformation, kann also bei dem selbstkonsistenten Verfahren mit berechnet werden. In den Abb. 1.6-1 bis 3 sind die Ergebnisse von VS, SSTL und STLS zusammen mit der Hubbard-Näherung, RPA-Resultaten und mit denen von Toigo und Woodruff (71) dargestellt. Man sieht, daß die Einbeziehung der Lokalfeldkorrektur generell das unphysikalische Verhalten von

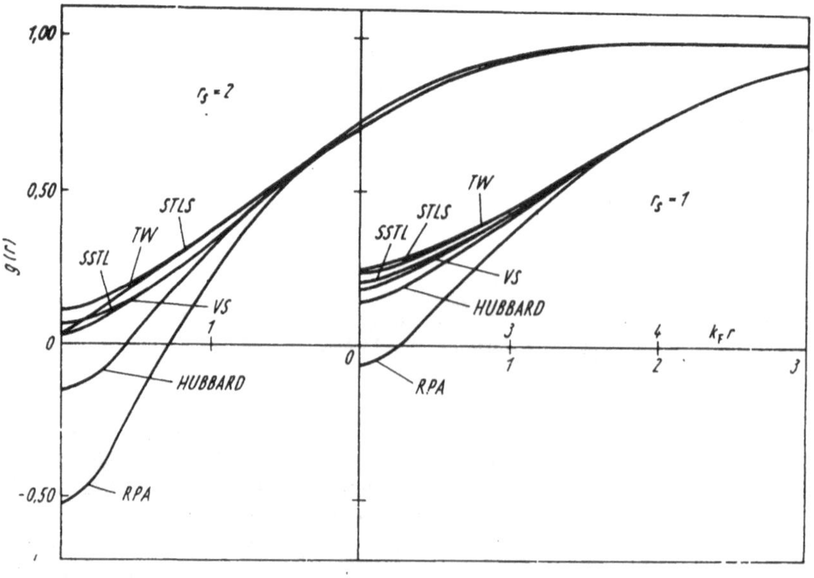

Abb. 1.6-1. Paarkorrelation $g(r)$ in Abhängigkeit von $k_F r$ für $r_s = 1$ und $r_s = 2$. Abkürzungen wie im Text, TW: Toigo und Woodruff (71). Dasselbe gilt für die folgenden Abbildungen. Nach Vashishta und Singwi (72)

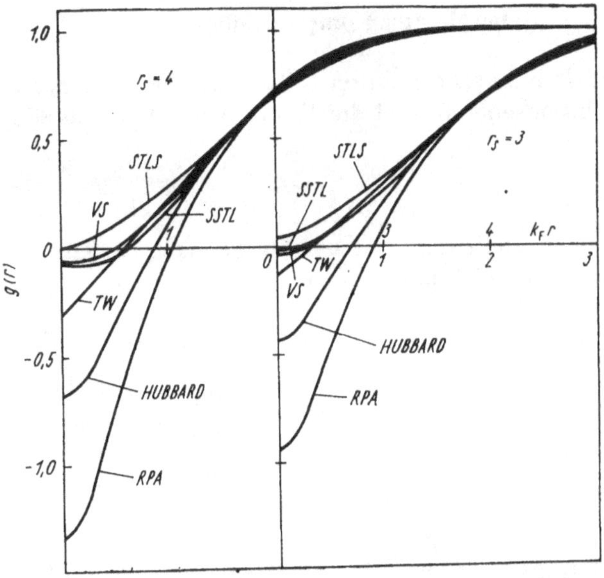

Abb. 1.6-2. Paarkorrelation $g(r)$ für $r_s = 3$ und $r_s = 4$. Nach Vashishta und Singwi (72)

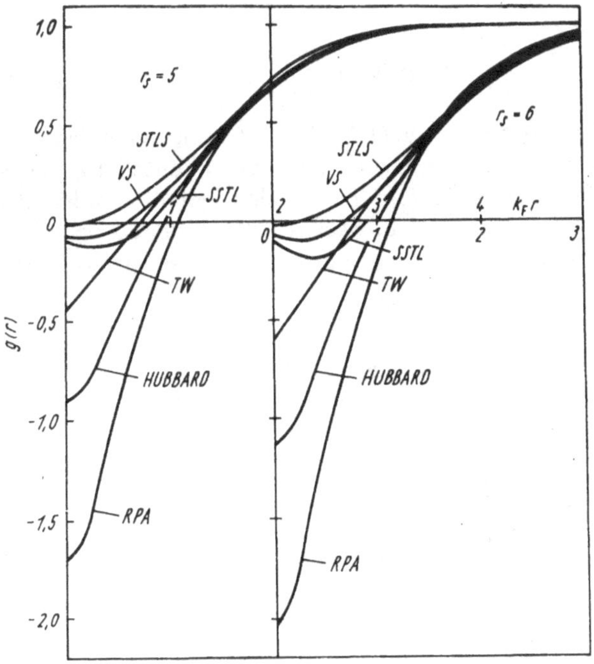

Abb. 1.6-3. Paarkorrelation $g(r)$ für $r_s = 5$ und $r_s = 6$. Nach Vashishta und Singwi (72)

$g(r)$ in der RPA verringert. Obwohl die Werte der ursprünglichen STLS-Version der Singwi-Theorie am günstigsten zu sein scheinen, ist doch insgesamt die VS-Theorie vorzuziehen, da sie auch den entgegengesetzten Grenzfall $q \to 0$ sehr gut liefert, wie im nächsten Abschnitt gezeigt werden soll.

1.6.6. Plasmondispersion, Korrelationsenergie und Kompressibilität

Nach der bereits in [1.6.5] behandelten Paarkorrelation sollen hier die Dispersionsrelation der Plasmonen, die Korrelationsenergie und die Kompressibilität behandelt werden.

A. Dispersionsrelation der Plasmonen

Die Dispersionsrelation der Plasmonen erhält man mit der DF (7) nach (1.3-24) aus $\varepsilon(\boldsymbol{q}, \omega_q) = 0$. Für $q \to 0$ erhält man in RPA (d. h. $G \equiv 0$) wegen (1.3-7 u. 11)

$$\lim_{q\to 0} \varepsilon_{\mathrm{RPA}}(\boldsymbol{q}, \omega) = 1 - \frac{\omega_{\mathrm{pl}}^2}{\omega^2}\left(1 + \frac{9}{5}\frac{q^2}{q_{\mathrm{TF}}^2}\right). \tag{24a}$$

Daraus ergibt sich mit (22) für (7)

$$\lim_{q\to 0} \varepsilon(\boldsymbol{q}, \omega) = 1 - \frac{\omega_{\mathrm{pl}}^2}{\omega^2}\left(1 + \frac{9}{5}\frac{q^2}{q_{\mathrm{TF}}^2}\right)\Big/\left(1 + \gamma\frac{q^2}{k_{\mathrm{F}}^2}\frac{\omega_{\mathrm{pl}}^2}{\omega^2}\right)$$

$$\approx 1 - \frac{\omega_{\mathrm{pl}}^2}{\omega^2}\left(1 + \frac{9}{5}\frac{q^2}{q_{\mathrm{TF}}^2} - \gamma\frac{q^2}{k_{\mathrm{F}}^2}\right) \quad \text{bei} \quad \omega \approx \omega_{\mathrm{pl}}\,. \tag{24b}$$

Damit erhält man für die Dispersionsrelation der Plasmonen

$$\omega_{\mathrm{pl}}(q) = \omega_{\mathrm{pl}}\left\{1 + \left(\frac{9}{10} - \frac{\gamma}{2}\frac{q_{\mathrm{TF}}^2}{k_{\mathrm{F}}^2}\right)\frac{q^2}{q_{\mathrm{TF}}^2}\right\} \equiv \omega_{\mathrm{pl}} + \alpha_{\mathrm{pl}}\frac{\hbar q^2}{m}. \tag{25}$$

Das Verhältnis $\alpha_{\mathrm{pl}}/\alpha_{\mathrm{pl,RPA}}$ ($\alpha_{\mathrm{pl,RPA}}$ bedeutet $\gamma \equiv 0$, s. (1.5-19)) ist für die verschiedenen Versionen der Singwi-Theorie in Abb. 1.6-4 dargestellt. Die experimentell für diese Größe ermittelten Werte sind ebenfalls angegeben. Sicher spielen jedoch Bandstruktureffekte bei den gemessenen Werten eine nicht unwesentliche Rolle, so daß von dieser Größe aus eine Bewertung der verschiedenen Lokalfeldkorrekturen kaum möglich ist.

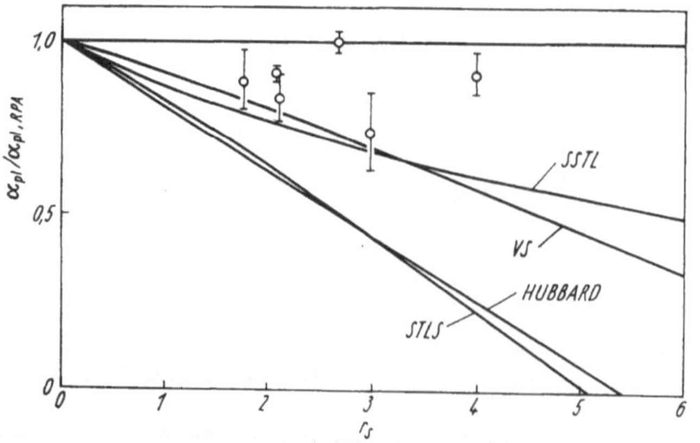

Abb. 1.6-4. Plasmonsteifigkeit α_{pl} nach (25), bezogen auf $\alpha_{\mathrm{pl,RPA}}$, über r_s aufgetragen für verschiedene Lokalfeldkorrekturen. Die experimentellen Werte gehören zu Be, Al, Sb, Mg, Li, Na (von links nach rechts). Nach Vashishta und Singwi (72)

B. Die Korrelationsenergie

Nach (1.1-5) und (1.4-1) ergibt sich für die mittlere potentielle Energie pro Teilchen

$$\frac{\langle\langle V \rangle\rangle}{N} = \frac{1}{2V} \sum_{\boldsymbol{q} \neq 0} v_q [S(\boldsymbol{q}) - 1] = \frac{\epsilon^2}{\pi} \int \mathrm{d}q [S(\boldsymbol{q}) - 1] \,. \tag{26}$$

Definiert man die Größe

$$\bar{\gamma} = -\frac{1}{2k_\mathrm{F}} \int\limits_0^\infty \mathrm{d}q [S(\boldsymbol{q}) - 1] \tag{27}$$

(für STLS ist $\bar{\gamma} = \gamma$, $\bar{\gamma}$ für VS ist in Tab. 1.6-2 mit angegeben), so kann man $\langle\langle V \rangle\rangle$ mit (1.1-10) als

$$\frac{\langle\langle V \rangle\rangle}{N} = -\frac{2\epsilon^2}{\pi} \frac{1}{\alpha r_0} \bar{\gamma}(\epsilon^2) \tag{28}$$

darstellen $\left(\alpha = (4/9\pi)^{1/3}\right)$. Andererseits ist nach der Aufladeformel (1.1-21) die Gesamtenergie pro Teilchen $\varepsilon = E/N$ durch

$$\varepsilon = \frac{2{,}21}{r_s^2} \, ryd + \int\limits_0^{\epsilon^2} \frac{\mathrm{d}\epsilon^2}{\epsilon^2} \frac{\langle\langle V \rangle\rangle}{N} \tag{29}$$

und die Korrelationsenergie pro Teilchen (s. [1.1.4]) mit ε_HF aus (1.1-14) durch

$$\varepsilon_\mathrm{c} = \varepsilon - \varepsilon_\mathrm{HF} = \int\limits_0^{\epsilon^2} \frac{\mathrm{d}\epsilon^2}{\epsilon^2} \frac{\langle\langle V \rangle\rangle}{N} + \frac{0{,}916}{r_s} \, ryd \tag{30}$$

gegeben. Hier kann man nun die Integrationsvariable durch $r_s = r_0 m \epsilon^2/\hbar^2$ ersetzen, so daß mit (28)

$$\begin{aligned} \varepsilon_\mathrm{c} &= -\frac{2}{\pi} \frac{1}{\alpha r_0} \frac{\epsilon^2}{r_s} \int\limits_0^{r_s} \mathrm{d}r_s \, \bar{\gamma}(r_s) + \frac{0{,}916}{r_s} \, ryd \\ &= \frac{1}{r_s^2} \int\limits_0^{r_s} \mathrm{d}r_s \left[-\frac{4}{\pi\alpha} \, \bar{\gamma}(r_s) + 0{,}916 \right] ryd \end{aligned} \tag{30'}$$

entsteht. Die Kenntnis des statischen Strukturfaktors aus dem oben angeführten selbstkonsistenten Verfahren liefert also in einfacher Weise auch die Korrelationsenergie. In der Tab. 1.6-3 sind die für die verschiedenen Versionen der Lokalfeldkorrektur bestimmten Werte der Korrelationsenergie angegeben. Bemerkenswert ist die Übereinstimmung der VS-Theorie mit den auf völlig andere Weise bestimmten Werten von Pines und Nozières (66). Die VS-Werte lassen sich durch

$$\varepsilon_\mathrm{c} = (-0{,}112 + 0{,}0335 \ln r_s) \, ryd \tag{31}$$

Tabelle 1.6-3. Korrelationsenergie (in *ryd*/Elektron) nach Vashishta und Singwi (72)

r_s	1	2	3	4	5	6
VS	−0,112	−0,089	−0,075	−0,067	−0,058	−0,052
STLS	−0,125	−0,097	−0,080	−0,070	−0,063	−0,057
SSTL	−0,124	−0,092	−0,075	−0,064	−0,056	−0,050
Hubbard	−0,131	−0,102	−0,086	−0,076	−0,069	−0,064
Nozières-Pines	−0,115	−0,094	−0,081	−0,072	−0,065	−0,060
RPA	−0,157	−0,124	−0,105	−0,094	−0,085	−0,078
Toigo-Woodruff,71*	−0,103	−0,083	−0,071	−0,063	−0,057	−0,052

* Durch Vashishta und Singwi (72) neu berechnet.

für $r_s = 1 \dots 6$ mit 0,5% Genauigkeit darstellen. Dieser Ausdruck hat dieselbe funktionale Abhängigkeit von r_s wie der von Pines und Nozières bestimmte und weicht von letzterem bei den metallischen Dichten nicht mehr als 15% ab. Beim Vergleich mit experimentellen Werten (der Bindungsenergie pro Teilchen z. B. der Alkali-Metalle) müßte man Bandstruktureffekte berücksichtigen.

C. Kompressibilität

Mit dem Kompressibilitätstheorem (1.3-20) liegt ein Test der DF für den langwelligen Grenzfall ($q \to 0$) bei $\omega = 0$ vor. Der Vergleich von (1.3-20 u. 22) mit dem aus (7), (1.5-16) und (22) folgenden Grenzwert

$$\lim_{q\to 0} \varepsilon(\boldsymbol{q}, 0) = 1 + \frac{q_{\mathrm{TF}}^2/q^2}{1 - \gamma\, q_{\mathrm{TF}}^2/k_{\mathrm{F}}^2} \tag{32}$$

zeigt, daß

$$\frac{\varkappa^0}{\varkappa} = 1 - \gamma \frac{q_{\mathrm{TF}}^2}{k_{\mathrm{F}}^2} \tag{33}$$

gilt. Das Kompressibilitätsverhältnis $\varkappa^0/\varkappa$ ist also ebenfalls durch γ und damit durch die Lokalfeldkorrektur bestimmt. Die auf diese Art erhaltenen Werte für $\varkappa^0/\varkappa$ sind zu vergleichen mit den Werten, die man nach $1/\varkappa = -V\, \partial p/\partial V = V\, \partial^2 E/\partial V^2$ unmittelbar aus der Gesamtenergie E erhält. Mit $E = N\varepsilon$ und $V = N 4\pi r_0^3/3$ sowie $\varkappa^0 = 3/2n\varepsilon_{\mathrm{F}}^0$ und $\varepsilon_{\mathrm{F}}^0 = ryd/\alpha^2 r_s^2$ (s. [1.1.3]) gilt

$$\frac{\varkappa^0}{\varkappa} = \frac{\alpha^2}{6} r_s^4 \left[\frac{\mathrm{d}^2\varepsilon}{\mathrm{d}r_s^2} - \frac{2}{r_s}\frac{\mathrm{d}\varepsilon}{\mathrm{d}r_s}\right]. \tag{34}$$

Spaltet man wie in B. den Anteil $\varepsilon_{\mathrm{HF}}$ ab, so entsteht

$$\frac{\varkappa^0}{\varkappa} = 1 - \frac{\alpha^3}{\pi} r_s + \frac{\alpha^3}{6} r_s^4 \left[\frac{\mathrm{d}^2\varepsilon_{\mathrm{c}}}{\mathrm{d}r_s^2} - \frac{2}{r_s}\frac{\mathrm{d}\varepsilon_{\mathrm{c}}}{\mathrm{d}r_s}\right]. \tag{35}$$

Das Verhältnis $\varkappa^0/\varkappa$ läßt sich also auch durch die Korrelationsenergie darstellen, über deren Bestimmung in B. berichtet wurde. Die mit den verschiedenen Versionen der Lokalfeldkorrektur aus (33) gewonnenen Werte für die Kompressibilität werden in

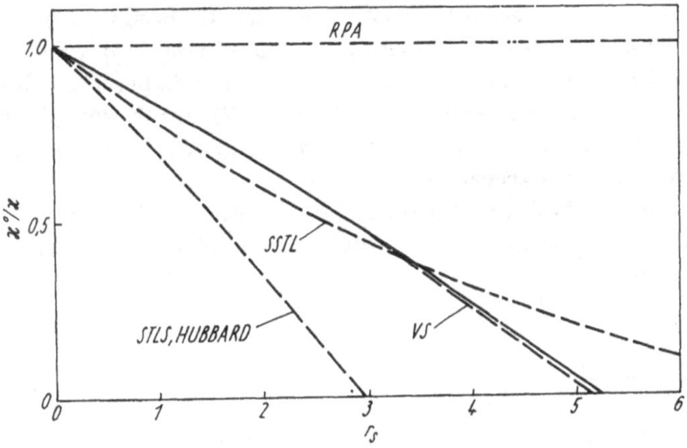

Abb. 1.6-5. Kompressibilitätsverhältnis $\varkappa^0/\varkappa$ aus (33) für verschiedene Lokalfeldkorrekturen. Die durchgezogene Kurve entsteht durch Differentiation der nach Vashishta und Singwi (72) berechneten Korrelationsenergie (35). Nach Vashishta und Singwi (72)

Abb. 1.6-5 für VS mit den durch die Differentiation der Korrelationsenergie (35) bestimmten Werten verglichen. Der in (16) auftretende Parameter a wurde dabei von VS als 2/3 gewählt.

Abschließend soll bemerkt werden, daß es über den hier ausführlich geschilderten Zugang von Singwi und Mitarbeitern hinaus viele andere Zugänge zur Bestimmung der Lokalfeldkorrektur gibt. Die allgemein übliche Einschränkung auf eine Funktion $G(q)$, die unabhängig von der Frequenz ist, stellt dabei auch nur eine Näherung dar. In letzter Zeit wurde gezeigt, daß der Grenzwert von $G(q)$ für $q \to \infty$ gleich 1/3 ist,[1]) und

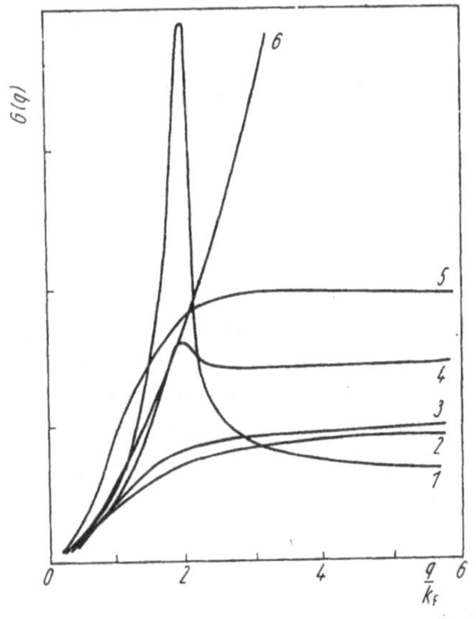

Abb. 1.6-6. Verschiedene Lokalfeldkorrekturen $G(q)$ für $r_s = 2{,}086$. 1 — Tripathy und Mandal (77), 2 — Hubbard (57) und Sham (65), 3 — Geldart und Vosko (65), 4 — Toigo und Woodruff (70), 5 — Vashishta und Singwi (72), 6 — Kleinman (67, 68) und Langreth (69). Nach Khwaja, Katsnelson und Silonov (78)

[1]) Von Holas u. a. (79) wird darauf hingewiesen, daß dies gemäß Niklasson (74) nur für $r_s \to 0$ richtig ist: $G(q \to \infty) = (2/3)\,[1 - g(0)]$. Für die Paarkorrelation bei verschwindendem Teilchenabstand gilt $0 \leqq g(0) \leqq 1/2$ und $g(0) \to 1/2$ für $r_s \to 0$.

$G(q)$ so bestimmt, daß auch dieser Grenzwert erfüllt ist (Tripathy u. Mandal, 77). In Abb. 1.6-6 ist der von verschiedenen Autoren bestimmte Verlauf von $G(q)$ wiedergegeben. Verbesserungen der Energieverlustfunktion, der Plasmondispersion, des statischen Strukturfaktors und der Paarkorrelation (s. Abb. 1.6-7) durch komplexe und dynamische Lokalfeldkorrekturen $G(q, \omega)$ werden von Holas u. a. (79) diskutiert (s. auch Devreese u. a., 80, Brosens u. Devreese, 82).

In [7.2.4] wird untersucht, wie die Lokalfeldkorrektur in die Energie-Wellenzahl-Charakteristik eingeht, die über die Gesamtenergie solche Eigenschaften wie z. B. die stabile Gitterstruktur bestimmt.

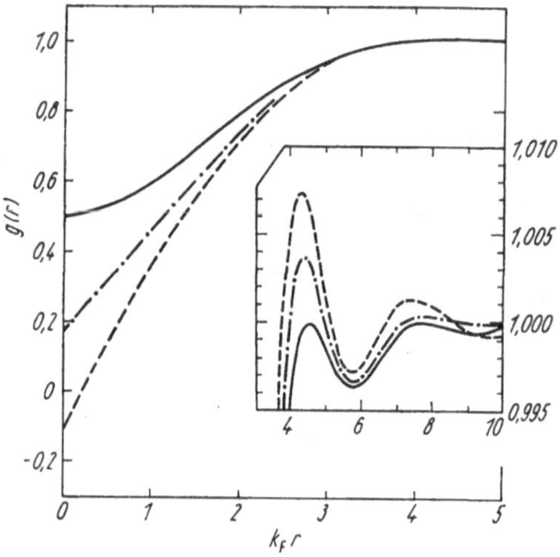

Abb. 1.6-7. Paarkorrelation $g(r)$ nach Holas u. a. (79) für $r_s = 0$ (——), $r_s = 1$ (—·—·—) und $r_s = 2$ (— — —)

1.7. Das inhomogene Elektronengas. Dichte-Funktional-Formalismus

1.7.1. Wechselwirkende Kristallelektronen

In den vorangegangenen Kapiteln wurde ausschließlich das homogene Elektronengas betrachtet. Die ausführliche Behandlung dieses Systems erfolgte aus zwei Gründen. Erstens gestattet dieses Modell, den Effekt der Elektron-Elektron-Wechselwirkung prinzipiell zu untersuchen, ohne daß dieses ohnehin schon schwierige Problem noch durch die Wirkung der räumlichen Verteilung der positiven Ladungen, also der Ionen, verkompliziert wird. Zweitens hat sich herausgestellt, daß die für das homogene Elektronengas erzielten Ergebnisse bei Anwendung auf einfache Metalle (z. T. auch Halbleiter) häufig schon Erscheinungen oder Meßgrößen recht gut beschreiben. Trotzdem ist dieses Modell zu einfach, so daß die bei dem inhomogenen Elektronengas, dem System der wechselwirkenden Elektronen unter Einwirkung eines räumlich inhomogenen äußeren Potentials, auftretenden Modifikationen zu untersuchen sind. Der erste umfassende Versuch in dieser Richtung stammt von Hubbard (58). Bereits in dieser Arbeit traten die zusätzlich entstehenden Probleme klar zutage. Als sinnvollen Ausgangspunkt für die Behandlung der Elektron-Elektron-Wechselwirkung kann man nicht mehr freie Elektronen wählen, sondern muß unabhängige Teilchen im mittleren Potential (Hartree- oder Hartree-Fock-Näherung bzw. deren vereinfachte Versionen für die Anwendung auf die Kristallelektronen) betrachten. Die unabhängigen Teilchen im Kristall sind dann durch die Bloch-Funktionen $\varphi_{\boldsymbol{k},\nu}(\boldsymbol{r})$ und die Energien $\varepsilon_{\boldsymbol{k},\nu}$ gekennzeichnet mit $\hbar\boldsymbol{k}$ als Quasiimpuls und ν als Bandindex. Diese Energien und Wellenfunktionen lassen sich für die verschiedenen Arten der Festkörper mit unterschiedlichen Methoden der Bandberechnung (s. [3], [4], [5]) mit guter Genauigkeit bestimmen. Der dazu nötige numerische Aufwand ist allerdings recht groß. Betrachten wir die für das Elektronengas resultierenden Modifikationen am Beispiel der dielektrischen Funktion. Wegen der Translationssymmetrie des homogenen Elektronengases hängt die dielektrische Funktion von der Differenz $\boldsymbol{r} - \boldsymbol{r}'$ der Ortsvariablen ab, sie hat also die Form $\varepsilon(\boldsymbol{r} - \boldsymbol{r}', t - t')$. Die Fourier-Transformierte dieser Funktion hängt deswegen von einem Wellenzahlvektor und der Frequenz ab: $\varepsilon(\boldsymbol{q}, \omega)$. Für die Kristallelektronen im periodischen Gitter erhält man nun statt des Ausdruckes (1.5-12 u. 14) für die dielektrische Funktion in RPA (Ehrenreich u. Cohen, 59, Ableitung in [6.2.6])

$$\varepsilon(\boldsymbol{q} + \boldsymbol{G}, \boldsymbol{q} + \boldsymbol{G}'; \omega) = 1 - \frac{4\pi e^2}{(\boldsymbol{q} + \boldsymbol{G})^2} \frac{2}{V} \sum_{\substack{\boldsymbol{k},\nu \\ \boldsymbol{k}',\nu'}} \frac{f^0(\varepsilon_{\boldsymbol{k}',\nu'}) - f^0(\varepsilon_{\boldsymbol{k},\nu})}{\varepsilon_{\boldsymbol{k}',\nu'} - \varepsilon_{\boldsymbol{k},\nu} - \hbar\omega - i\delta} \times$$
$$\times \langle \boldsymbol{k}, \nu | \, e^{i(\boldsymbol{q}+\boldsymbol{G})\boldsymbol{r}} \, | \boldsymbol{k}', \nu' \rangle \langle \boldsymbol{k}', \nu' | \, e^{-i(\boldsymbol{q}+\boldsymbol{G}')\boldsymbol{r}} \, | \boldsymbol{k}, \nu \rangle \, . \quad (1)$$

$f^0(\varepsilon) = \Theta(\varepsilon_F - \varepsilon)$ ist die Fermi-Dirac-Verteilungsfunktion für $T = 0$. In (1) ist $\boldsymbol{q}$ auf die erste Brillouin-Zone beschränkt, und $\boldsymbol{G}$ und $\boldsymbol{G}'$ sind reziproke Gittervektoren. Die dielektrische Funktion wird also zu einer Matrix, deren Zeilen und Spalten durch reziproke Gittervektoren gekennzeichnet sind; das folgt einfach aus der Symmetrie des Kristallgitters. (1) enthält im Nenner die Bandenergien $\varepsilon_{\boldsymbol{k},\nu}$ und in den Matrixelementen die Wellenfunktionen $\langle \boldsymbol{r} \mid \boldsymbol{k}, \nu \rangle = \varphi_{\boldsymbol{k},\nu}(\boldsymbol{r})$. Die Anwendung von (1) wird dadurch außerordentlich aufwendig (s. [6.2.10]). Durch den Matrixcharakter erhält man zum Beispiel für die Abschirmung eines äußeren Potentials statt $v_{\text{tot}}(\boldsymbol{q}, \omega) = v_{\text{ext}}(\boldsymbol{q}, \omega)/\varepsilon(\boldsymbol{q}, \omega)$ nunmehr

$$v_{\text{tot}}(\boldsymbol{q} + \boldsymbol{G}, \omega) = \sum_{\boldsymbol{G}'} [\varepsilon(\boldsymbol{q}; \omega]^{-1}_{\boldsymbol{G}\boldsymbol{G}'} \, v_{\text{ext}}(\boldsymbol{q} + \boldsymbol{G}', \omega) \, , \quad (2)$$

wobei in diese Matrixgleichung das Reziproke ε^{-1} der Matrix ε eingeht. Das Beispiel der dielektrischen Funktion zeigt die zwei Schwierigkeiten, die bei einer praktischen Anwendung der Vielteilchentheorie auf die Kristallelektronen zusätzlich auftreten. Größen wie die dielektrische Funktion oder die ungestörte Greensche Funktion werden zu Matrizen, deren Elemente von den Bloch-Zuständen und den Energien abhängen und deswegen nur mit hohem Aufwand berechnet werden können. Die für die Vielteilchentheorie charakteristischen Integralgleichungen für die Greensche Funktion, die effektive Wechselwirkung und die Selbstenergie werden auch bei Vernachlässigung der Vertexkorrekturen in der Fourier-transformierten Form keine algebraischen Gleichungen, sondern Matrixgleichungen, wie das bereits in dem einfachen Ausdruck (2) für die Abschirmung der Fall ist. Eine ausführliche Behandlung der Vielelektronentheorie der Kristalle erfolgte in dem Buch von Stolz (74).

Neben dieser formalen und sehr aufwendigen Erweiterung der Theorie des wechselwirkenden Elektronengases auf die Kristallelektronen existiert jedoch ein anderer, auf Hohenberg und Kohn (64) und Kohn und Sham (65) zurückgehender Zugang zur

Beschreibung des inhomogenen Elektronengases. Dieser sogenannte Dichte-Funktional-Formalismus hat sich als außerordentlich fruchtbringend für die Festkörpertheorie und zunehmend auch für die Atom- und Molekültheorie erwiesen. Dabei reicht das Spektrum von der Berechnung verschiedener Parameter der Elektronenstruktur kompakter Metalle über die Untersuchung von Fehlstellen, Voids und Oberflächen bis zur Behandlung sogenannter Elektron-Loch-Tröpfchen in hochangeregten Halbleitern sowie solcher Phänomene wie Ladungsdichtewellen und Metall-Isolator-Übergängen. Der Dichte-Funktional-Formalismus soll in den folgenden Abschnitten dargestellt werden. Er enthält als einfach überschaubare Näherung die Thomas-Fermi-Methode, die für inhomogene Systeme wie die Elektronen im Atom oder in der Umgebung eines Punktdefektes im Festkörper eine einfache Beschreibung darstellt. Allgemein liefert er bei gegebener Näherung für das Austausch- und Korrelationspotential Elektronendichte und Gesamtenergie für das jeweils betrachtete System.

Demgegenüber werden die Elementaranregungen der betrachteten Vielteilchensysteme wie im homogenen Fall durch das Quasiteilchenkonzept bei gegebener Näherung für den Selbstenergieoperator Σ geliefert; die Modifikation dieses Konzepts für den inhomogenen Fall wird in [2.1.3] entwickelt.

1.7.2. Die Energie als Funktional der Teilchendichte

Die folgenden Ausführungen schließen sich eng an die Arbeit von Hohenberg und Kohn (64) an. Es wird ein System von N Elektronen im Normierungsvolumen $\mathcal{V}$ unter Einwirkung eines äußeren Potentials $v(\boldsymbol{r})$ betrachtet. Der Hamilton-Operator H enthält die kinetische Energie T und die potentiellen Energien, bedingt durch das äußere Potential (V) und durch die gegenseitige Coulomb-Wechselwirkung (U) gemäß

$$\begin{aligned} H &= T + V + U\,, \\ T &= \int \mathrm{d}x\, \psi^\dagger(x) \left(-\frac{\hbar^2}{2m}\frac{\partial^2}{\partial \boldsymbol{r}^2}\right) \psi(x)\,, \qquad V = \int \mathrm{d}x\, \psi^\dagger(x)\, v(\boldsymbol{r})\, \psi(x)\,, \\ U &= \tfrac{1}{2} \int \mathrm{d}x_1 \int \mathrm{d}x_2\, \psi^\dagger(x_1)\, \psi^\dagger(x_2)\, u(|\boldsymbol{r}_1 - \boldsymbol{r}_2|)\, \psi(x_2)\, \psi(x_1)\,, \qquad u(|\boldsymbol{r}_1-\boldsymbol{r}_2|) = \frac{\epsilon^2}{|\boldsymbol{r}_1-\boldsymbol{r}_2|}\,. \end{aligned} \tag{3}$$

Dabei faßt x Orts- und Spinvariable zusammen $\left(x \mathrel{\hat{=}} (\boldsymbol{r}, \sigma), \int \mathrm{d}x = \int \mathrm{d}^3r \sum_\sigma\right)$ und $\psi^\dagger$ und ψ sind die üblichen Erzeugungs- und Vernichtungsoperatoren, deren Fourier-Transformierte $a^\dagger$ und a bereits in (1.1-3 u. 4) eingeführt wurden (s. auch [1.1.2]). Beim Vergleich mit den Bezeichnungen von [1.1.1] ist zu beachten, daß V hier nur die potentielle Energie im äußeren Feld bedeutet, entsprechend der Wechselwirkung mit dem positiven Untergrund einschließlich dessen Selbstwechselwirkung (vgl. dritten und vierten Term in (1.1-1)); überhaupt kann man sich $v(\boldsymbol{r})$ durch eine inhomogene Untergrundladung hervorgerufen denken.

Eine triviale Feststellung ist zunächst, daß im nichtentarteten Grundzustand Φ alle Erwartungswerte eindeutige Funktionale des äußeren Potentials $v(\boldsymbol{r})$ sind. Dies gilt natürlich insbesondere auch für die Teilchendichte $n(\boldsymbol{r}) = (\Phi, \varrho(\boldsymbol{r})\,\Phi)$ mit $\varrho(\boldsymbol{r}) = \sum_\sigma \psi^\dagger(x)\,\psi(x)$ als dem Operator der Teilchendichte: $n = n[v]$. Eine erste wesentliche Aussage besteht nun darin (einfachheitshalber werden zunächst nur nicht spinpolarisierte Grundzustände betrachtet, auf eine entsprechende Erweiterung wird am

Ende dieses Abschnittes hingewiesen), daß auf Grund der Minimaleigenschaft der Grundzustandsenergie $E = (\Phi, H\Phi)$ auch umgekehrt gilt: $v(\boldsymbol{r})$ ist bis auf eine additive Konstante ein eindeutiges Funktional der Teilchendichte, $v = v[n]$. Durch die Schrödinger-Gleichung überträgt sich diese funktionale Abhängigkeit auch auf Φ und E. Die Grundzustandsenergie ist also ein eindeutiges Funktional der Teilchendichte $n(\boldsymbol{r})$ allein: $E = E[n]$. Daher ist auch die gemäß

$$E[n] = \int \mathrm{d}^3r \; v(\boldsymbol{r}) \, n(\boldsymbol{r}) + F[n] \,, \quad F[n] = (\Phi, (T + U) \, \Phi) = T[n] + U[n] \quad (4)$$

definierte Größe $F[n]$ ein eindeutiges Funktional der Teilchendichte $n(\boldsymbol{r})$ allein. Diese Aussage ist deswegen bemerkenswert, weil ja zwar für den Erwartungswert von V mit Φ die Teilchendichte $n(\boldsymbol{r})$ genügt, jedoch für die Erwartungswerte von T und U die Einteilchendichtematrix $n_1(\boldsymbol{r}, \boldsymbol{r}')$ bzw. die Paarverteilung $n_2(\boldsymbol{r}_1, \boldsymbol{r}_2)$ benötigt werden. Letztere sind Funktionale der Wellenfunktion Φ und daher im Grundzustand ebenfalls eindeutige Funktionale von $n(\boldsymbol{r})$. Natürlich hängen die Dichtefunktionale $E[n]$ und $F[n]$ noch von der Kopplungskonstanten der kinetischen Energie, $\hbar^2/m$, und von der Teilchenwechselwirkung $u(|\boldsymbol{r} - \boldsymbol{r}'|)$ ab.

Eine zweite wesentliche Aussage ergibt sich, wenn man unter Verwendung des in (4) eingeführten Funktionals $F[n]$ ein weiteres Funktional $E[v, n] = \int \mathrm{d}^3r \; v(\boldsymbol{r}) \, n(\boldsymbol{r}) + F[n]$ betrachtet, das von $E[n]$ verschieden ist, da hier der für den Grundzustand existierende funktionale Zusammenhang $n = n[v]$ oder $v = v[n]$ nicht verwendet wird und $v(\boldsymbol{r})$ und $n(\boldsymbol{r})$ als voneinander unabhängig angesehen werden. Dieses Funktional $E[v, n]$ — oft auch mit $E_v[n]$ bezeichnet — hat bei festgehaltener Teilchenzahl $N = \int \mathrm{d}^3r \; n(\boldsymbol{r})$ bezüglich Variationen von $n(\boldsymbol{r})$ ein Minimum. Dieses Minimum stimmt für das jeweilige bei der Variation festgehaltene Potential $v(\boldsymbol{r})$ mit der Grundzustandsenergie, die zugehörige Teilchendichte mit der Grundzustandsteilchendichte überein. Das ist eine einfache Folge davon, daß $E = (\Phi, H\Phi)$ für den richtigen Grundzustand Φ minimal wird.

Wäre $F[n]$ bekannt (und genügend einfach), so reduzierte sich die Bestimmung der Grundzustandsenergie des inhomogenen Elektronengases und seiner Teilchendichte auf die Minimalisierung eines Funktionals der Dichte $n(\boldsymbol{r})$. Die ganze Komplexität des Vielteilchenproblems ist also in der Bestimmung des Dichtefunktionals $F[n]$ enthalten. — Wegen der langen Reichweite der Coulomb-Wechselwirkung ist es zweckmäßig, aus $U[n]$ die mittlere Coulomb-Wechselwirkung (Hartree-Term) herauszuziehen, so daß (4) die folgende Form annimmt:

$$E[n] = \int \mathrm{d}^3r \; v(\boldsymbol{r}) \, n(\boldsymbol{r}) + \frac{1}{2} \int \mathrm{d}^3r_1 \int \mathrm{d}^3r_2 \frac{\epsilon^2}{|\boldsymbol{r}_1 - \boldsymbol{r}_2|} \, n(\boldsymbol{r}_1) \, n(\boldsymbol{r}_2) + G[n] \,. \quad (5)$$

Für das homogene Elektronengas kompensieren sich die ersten beiden Terme. Das Dichtefunktional $G[n]$ enthält die durch die Einteilchen-Dichtematrix $n_1(\boldsymbol{r}, \boldsymbol{r}')$ bestimmte kinetische Energie $T[n]$ und denjenigen Anteil der Wechselwirkungsenergie, der sich durch Abspaltung der Zweiteilchen-Korrelationsfunktion $u_2(\boldsymbol{r}_1, \boldsymbol{r}_2)$ von der Paarverteilung $n_2(\boldsymbol{r}_1, \boldsymbol{r}_2)$ gemäß $n_2(\boldsymbol{r}_1, \boldsymbol{r}_2) = n(\boldsymbol{r}_1) \, n(\boldsymbol{r}_2) + u_2(\boldsymbol{r}_1, \boldsymbol{r}_2)$ ergibt. Damit ist $G[n]$ formal darstellbar als

$$\begin{aligned} G[n] &= \int \mathrm{d}^3r \; g_{\boldsymbol{r}}[n] \,, \\ g_{\boldsymbol{r}}[n] &= \frac{\hbar^2}{2m} \frac{\partial^2}{\partial \boldsymbol{r} \, \partial \boldsymbol{r}'} \, n_1(\boldsymbol{r}, \boldsymbol{r}') \bigg|_{\boldsymbol{r}' = \boldsymbol{r}} + \frac{1}{2} \int \mathrm{d}^3r_2 \frac{\epsilon^2}{|\boldsymbol{r} - \boldsymbol{r}_2|} \, u_2(\boldsymbol{r}, \boldsymbol{r}_2) \,. \end{aligned} \quad (6)$$

Da Φ ein Funktional der Dichte ist, gilt dies natürlich auch für $g_{\boldsymbol{r}}$. Während aber $G[n]$ eindeutig ist, kann $g_{\boldsymbol{r}}[n]$ um Terme $\partial \boldsymbol{f}_{\boldsymbol{r}}[n]/\partial \boldsymbol{r}$ mit beliebigem, im Unendlichen verschwindendem $\boldsymbol{f}_{\boldsymbol{r}}[n]$ erweitert werden, ohne $G[n]$ zu ändern. — Eine andere Aufspaltung von $G[n]$ ist $G[n] = T_0[n] + E_{xc}[n]$ mit $T_0[n]$ als dem im Falle wechselwirkungsfreier Elektronen, also $U = 0$, entstehenden Dichtefunktional der kinetischen Energie. Der verbleibende Term $E_{xc}[n]$ heißt Austausch- und Korrelationsenergie und besteht seinerseits aus Beiträgen zur kinetischen Energie $T[n]$ und zur Wechselwirkungsenergie $U[n]$. — Für die Anwendung der dargestellten Überlegungen ist es notwendig, geeignete Näherungen für die Dichtefunktionale $F[n]$, $G[n]$ oder $E_{xc}[n]$ zu finden.

Die Erweiterung dieser Überlegungen auf spinpolarisierte Grundzustände Φ mit $n(\boldsymbol{r}, \uparrow) \neq n(\boldsymbol{r}, \downarrow)$ bereitet keine Schwierigkeiten. Dabei ist $n(x) = (\Phi, \psi^\dagger(x)\, \psi(x)\, \Phi)$ mit $x \triangleq (\boldsymbol{r}, \sigma)$ die Dichte der Teilchen mit der Spineinstellung σ.

1.7.3. Der Fall fast konstanter Elektronendichte

Im Fall fast konstanter Elektronendichte kann man diese durch

$$n(\boldsymbol{r}) = \bar{n} + n_1(\boldsymbol{r})\,, \qquad n_1(\boldsymbol{r}) \ll \bar{n} = \frac{N}{V}\,, \qquad \int d^3r\, n_1(\boldsymbol{r}) = 0\,, \tag{7}$$

darstellen. Damit ist ein kleiner Parameter vorhanden, und man kann für das zunächst noch unbekannte Funktional $G[n]$ in (5) eine Volterra-Entwicklung nach $n_1(\boldsymbol{r})$ angeben:

$$G[n] = G[\bar{n}] + \int d^3r\, I(\boldsymbol{r})\, n_1(\boldsymbol{r}) + \int d^3r \int d^3r'\, K(\boldsymbol{r}, \boldsymbol{r}')\, n_1(\boldsymbol{r})\, n_1(\boldsymbol{r}') + \dots \tag{8}$$

Da das Funktional $G[n]$ selbst nicht explizit vom äußeren Potential abhängt, müssen die Integralkerne $I, K, \dots$ translationsinvariant sein. Zusammen mit (7) führt das auf das Verschwinden des zweiten Summanden in (8), und für den dritten Term muß gelten $K(\boldsymbol{r}, \boldsymbol{r}') = K(\boldsymbol{r} - \boldsymbol{r}')$. Aus (8) wird also bis zur zweiten Ordnung

$$G[n] = G[\bar{n}] + \int d^3r \int d^3r'\, K(\boldsymbol{r} - \boldsymbol{r}')\, n_1(\boldsymbol{r})\, n_1(\boldsymbol{r}') + \dots \tag{8'}$$

Für die in (6) eingeführte Größe $g_{\boldsymbol{r}}[n]$ ergibt sich damit

$$g_{\boldsymbol{r}}[n] = g[\bar{n}] + \int d^3r'\, K(\boldsymbol{r}')\, n_1(\boldsymbol{r} + \tfrac{1}{2}\boldsymbol{r}')\, n_1(\boldsymbol{r} - \tfrac{1}{2}\boldsymbol{r}') + \dots\,, \tag{8''}$$

wobei von $\boldsymbol{r}, \boldsymbol{r}'$ zu den neuen Variablen $\boldsymbol{r} - \boldsymbol{r}' \to \boldsymbol{r}$, $(\boldsymbol{r} + \boldsymbol{r}')/2 \to \boldsymbol{r}'$ übergegangen wurde. $G[\bar{n}]$ ist natürlich einfach die Summe aus der (kinetischen) Energie des idealen Fermi-Gases und der Austausch- und Korrelationsenergie des homogenen Elektronengases jeweils mit der Dichte $\bar{n}$. Für die Fourier-Transformierte des Kerns $K(\boldsymbol{r})$ ergibt sich $K(\boldsymbol{q}) = -\frac{1}{2}\chi(\boldsymbol{q}, 0)$. Dazu ist die Wirkung einer schwachen Störladungsdichte $en_{ext}(\boldsymbol{r})$ auf das homogene Elektronengas gemäß [1.3] zu betrachten.

Damit ist $G[n]$ als Funktional von $n(\boldsymbol{r})$ explizit gegeben, Dichte und Energie des Grundzustandes können gemäß [1.7.2] durch Variation bestimmt werden. Praktische Bedeutung hat dieses Vorgehen allerdings nicht erlangt.

1.7.4. Thomas-Fermi-Näherung und ihre Erweiterung

Das Wesen der Thomas-Fermi-Näherung und ihrer hier zu besprechenden Erweiterung besteht darin, daß in dem Energiefunktional (5) mit (6) die Größe $g_{\boldsymbol{r}}[n]$ durch die Dichte der Energie des homogenen Elektronengases am Ort $\boldsymbol{r}$ genähert wird, also durch eine Funktion $g_0(n(\boldsymbol{r}))$. Man nimmt damit an, daß das Gesamtvolumen in Teilvolumina unterteilt werden kann, die so klein sind, daß das äußere Potential und die Dichte in ihnen konstant sind, andererseits aber groß genug sind, um die in jedem Teilvolumen vorhandenen Elektronen als homogenes Elektronengas zu behandeln. Man verfährt also derart, als ob an jedem Ort $\boldsymbol{r}$ die Eigenschaften des homogenen Elektronengases der Dichte $n(\boldsymbol{r})$ vorlägen, und summiert über die Energiebeiträge der Teilvolumina. Deshalb kann man dieses Vorgehen auch als Näherung der lokalen Dichte bezeichnen.

Das Funktional (6) wird also näherungsweise durch

$$G[n] \approx \int \mathrm{d}^3r\, g_0(n(\boldsymbol{r}))\,, \qquad g_0(n) = n\left[\frac{3}{5}\,\frac{\hbar^2(3\pi^2 n)^{2/3}}{2m} + \varepsilon_{\mathrm{xc}}(n)\right], \tag{9}$$

dargestellt. Der erste Summand ist nach (1.1-11) die Energie pro Teilchen des idealen Fermi-Gases, $\varepsilon^0(n) = (3/5)\,\varepsilon_{\mathrm{F}}^0(n)$, und $\varepsilon_{\mathrm{xc}}(n)$ ist die Austausch- und Korrelationsenergie pro Teilchen des homogenen Elektronengases. Für $\varepsilon_{\mathrm{xc}}(n)$ können die in [1.1.4], [1.5.3] oder [1.6.6] besprochenen Näherungen verwendet werden. Nunmehr wird die in [1.7.2] angegebene Minimaleigenschaft des Energiefunktionals (5) bei Berücksichtigung der Nebenbedingung fester Teilchenzahl N durch einen Lagrangeschen Multiplikator als

$$\delta\{E[v, n] - \mu \int \mathrm{d}^3r\, n(\boldsymbol{r})\} = 0 \tag{10}$$

geschrieben.[1]) Hieraus ergibt sich unmittelbar

$$\frac{\hbar^2}{2m}\,[3\pi^2 n(\boldsymbol{r})]^{2/3} + v(\boldsymbol{r}) + v_{\mathrm{es}}(\boldsymbol{r}) + v_{\mathrm{xc}}(n(\boldsymbol{r})) = \mu\,, \tag{11}$$

$$v_{\mathrm{es}}(\boldsymbol{r}) = \int \mathrm{d}^3r'\,\frac{\epsilon^2}{|\boldsymbol{r} - \boldsymbol{r}'|}\,n(\boldsymbol{r}')\,, \qquad -\Delta v_{\mathrm{es}}(\boldsymbol{r}) = 4\pi\epsilon^2 n(\boldsymbol{r})\,, \tag{11a}$$

$$v_{\mathrm{xc}}(n) = \frac{\mathrm{d}}{\mathrm{d}n}\,n\varepsilon_{\mathrm{xc}}(n) = \left(1 + n\,\frac{\mathrm{d}}{\mathrm{d}n}\right)\varepsilon_{\mathrm{xc}}(n)\,. \tag{11b}$$

Der dritte Term in (11) ist das mittlere Coulomb-Potential aller Elektronen $v_{\mathrm{es}}(\boldsymbol{r})$, das der Poisson-Gleichung (11a) genügt. Das Austausch- und Korrelationspotential $v_{\mathrm{xc}}(n)$ erhält man gemäß (11b) aus $\varepsilon_{\mathrm{xc}}(n)$. Prinzipiell ist dadurch für jeden Wert μ die Dichte $n(\boldsymbol{r})$ festgelegt. Schließlich ergibt sich μ aus der Forderung $\int \mathrm{d}^3r\, n(\boldsymbol{r}) = N$, also aus der jeweiligen Teilchenzahl N.

Praktisch handhabbar sind diese Gleichungen vor allem in der eigentlichen Thomas-Fermi-Näherung, in der v_{xc} weggelassen wird. Auflösen von (11) nach n und Verwendung dieses Ausdruckes in der Poisson-Gleichung (11a) liefert die Thomas-Fermi-Gleichung, eine Differentialgleichung für das Coulomb-Potential:

$$-\Delta v_{\mathrm{es}}(\boldsymbol{r}) = \frac{8\sqrt{2}\,\epsilon^2}{3\pi}\left\{\frac{m}{\hbar^2}\,[\mu - v(\boldsymbol{r}) - v_{\mathrm{es}}(\boldsymbol{r})]\right\}^{3/2}. \tag{12}$$

[1]) μ ist das in [1.1.2] eingeführte elektrochemische Potential. Hier wird also bei festgehaltenem Untergrund variiert, dieser bleibt nach Wegnahme eines Elektrons positiv zurück. Die Größe μ hat daher die Bedeutung der Austrittsarbeit (s. auch [10.3.2]).

Aus der Lösung $v_{es}(\boldsymbol{r})$ erhält man mit (11a) auch die Dichte $n(\boldsymbol{r})$. Für Atome oder für Punktdefekte im Festkörper hat diese Näherung für eine grobe Orientierung nach wie vor ihre Bedeutung. An Metalloberflächen dagegen führt die Vernachlässigung von v_{xc} zu qualitativ falschen Aussagen. Da bei Einbeziehung von v_{xc} eine einfache Lösung nicht möglich ist, bietet sich auch eine numerische Durchführung der Variation (10) an. — Einen Überblick über die Thomas-Fermi-Näherung (sie wird auch als statistische Näherung oder statistisches Modell bezeichnet) gibt Gombas (49, 56).

Will man für den Fall der räumlich schwach variierenden Elektronendichte über die Näherung der lokalen Dichte hinausgehen, so kann hierzu die im folgenden Abschnitt dargestellte Gradientenentwicklung verwendet werden.

1.7.5. Gradientenentwicklung

Es wird hier der Fall betrachtet, daß sich die Elektronendichte $n(\boldsymbol{r})$ räumlich schwach ändert. Dabei brauchen jedoch die über große Abstände auftretenden Dichteänderungen nicht klein gegen die mittlere Dichte $\bar{n}$ zu sein. Hohenberg und Kohn (64) nehmen nun an, daß sich $g_{\boldsymbol{r}}[n]$ durch eine Entwicklung nach den Gradienten von $n(\boldsymbol{r})$ darstellen läßt:

$$g_{\boldsymbol{r}}[n] = g_0(n) + g_2^{(2)}(n)\left(\frac{\partial n}{\partial \boldsymbol{r}}\right)^2 + \dots \tag{13}$$

Dabei ist berücksichtigt, daß $g_{\boldsymbol{r}}[n]$ als von $v(\boldsymbol{r})$ unabhängiges Funktional rotationsinvariant sein muß und nur bis auf die Divergenz eines Vektorfunktionals $\boldsymbol{f}_{\boldsymbol{r}}[n]$ bestimmt ist. Die Koeffizienten in (13) sind nur noch Funktionen der Dichte: $g_0(n)$ entspricht der Näherung der lokalen Dichte von [1.7.4] (s. (9)), $g_2^{(2)}(n)$ und die höheren Koeffizienten lassen sich aus den in [1.3], [1.5] und [1.6] behandelten Responsefunktionen genähert bestimmen (der obere Index gibt die Potenz von n im danebenstehenden Faktor an).

Hierzu wird die Variation (10) mit (5), (6) und (13) durchgeführt. In Analogie zu (11) entsteht (mit $n = n(\boldsymbol{r})$) und $' = \mathrm{d}/\mathrm{d}n$)

$$v(\boldsymbol{r}) + v_{es}(\boldsymbol{r}) + g_0'(n) - g_2^{(2)'}(n)\left(\frac{\partial n}{\partial \boldsymbol{r}}\right)^2 - 2g_2^{(2)}(n)\,\Delta n = \mu\,. \tag{14}$$

Zur Bestimmung von $g_2^{(2)}(n)$ wird nun das äußere (vom inhomogenen Untergrund herrührende) Potential nach $v(\boldsymbol{r}) = v_0 + v_{ext}(\boldsymbol{r})$ in einen Anteil v_0, der einem homogenen Elektronengas der Dichte $\bar{n}$ entspricht, und einen Anteil $v_{ext}(\boldsymbol{r})$ zerlegt, der die Abweichung, die Inhomogenität beschreibt und auf den die Elektronen mit einer Dichteänderung $n_{ind}(\boldsymbol{r})$ reagieren: $n(\boldsymbol{r}) = \bar{n} + n_{ind}(\boldsymbol{r})$. Falls man sich auf die in (13) angegebenen Terme beschränkt, genügt die lineare Reaktion der Elektronen auf v_{ext}. Damit spielt der vierte Term in (14) keine Rolle, und es sind die Ersetzungen $g_0'(n) \to g_0'(\bar{n}) + g_0''(\bar{n})\,n_{ind}$ und $g_2^{(2)}(n) \to g_2^{(2)}(\bar{n})$ vorzunehmen. Fourier-Transformation (mit $-\Delta \to q^2$ sowie $v_{es}(q) = v_q n(\boldsymbol{q})$ nach (11a) und $n_{ind}(\boldsymbol{q}) = \alpha(\boldsymbol{q}, 0)\,v_{ext}(\boldsymbol{q})$ nach (1.3-4)) und Vergleich der Potenzen von v_{ext} ($\bar{v}_{es}$ ist der von $\bar{n}$ herrührende Anteil von $v_{es}(\boldsymbol{r})$ liefert

$$\mu = g_0'(\bar{n}) + v_0 + \bar{v}_{es} = \frac{\hbar^2 k_F^2(\bar{n})}{2m} + v_{xc}(\bar{n}) + v_0 + \bar{v}_{es} \tag{15}$$

(zweites Gleichheitszeichen mit (9), (11b) und (1.1-10)) sowie

$$1 + [v_q + g_0''(\bar{n}) + 2g_2^{(2)}(\bar{n})\, q^2]\, \alpha(\boldsymbol{q}, 0) = 0\,. \tag{16}$$

Während (15) lediglich besagt, daß sich das elektrochemische Potential des inhomogenen Elektronengases aus dem des homogenen Gases durch Verwendung der mittleren Elektronendichte $\bar{n}$ ergibt (s. hierzu auch [10.3.2]), verknüpft (16) die Entwicklungskoeffizienten von (13) mit der statischen linearen Polarisierbarkeit $\alpha(\boldsymbol{q}, 0)$ des homogenen Elektronengases. Wenn man letztere in der Form $-v_q\alpha(\boldsymbol{q}, 0) = 1 + C_2(\bar{n})\, q^2 + C_4(\bar{n})\, q^4 + \dots$ nach q entwickelt, ergibt sich aus (16)

$$g_0''(n) = -4\pi\epsilon^2 C_2(\bar{n})\,, \qquad g_2^{(2)}(\bar{n}) = 2\pi\epsilon^2[C_2^2(\bar{n}) + C_4(n)]\,. \tag{17}$$

So lassen sich systematisch auch die höheren Koeffizienten der Gradientenentwicklung (13) durch die (linearen, quadratischen, ...) Polarisierbarkeiten des Elektronengases darstellen.

Während die erste Gleichung (17) in Analogie zum Kompressibilitätstheorem (1.3-20) lediglich die Konsistenz des gesamten Vorgehens testet ($\alpha(\boldsymbol{q}, \omega)$ bestimmt ja sowohl C_2 als auch über ε_{xc} die linke Seite g_0''), bestimmt die zweite Gleichung $g_2^{(2)}$ aus $\alpha(\boldsymbol{q}, 0)$. Obwohl in einigen Arbeiten (Gupta u. Singwi, 77, Ma u. Sahni, 77) bereits Koeffizienten höherer Ordnung untersucht wurden, betrifft der größte Teil der publizierten Arbeiten den Koeffizienten $g_2^{(2)}(n)$, über den es trotz (17) noch eine große Unsicherheit gibt. Durch $g_2^{(2)}(n) = \epsilon^2 a_0/72n + b(n)$ trennt man mit dem ersten (zuerst von Kirschnitz (57) angegebenen) Term den Beitrag der kinetischen Energie zur Gradientenentwicklung ab (er entsteht auch durch Verwendung von α in RPA), so daß $b(n)$ den über RPA hinausgehenden Beitrag durch Austausch und Korrelation darstellt (er wird auch $g_{2,\text{xc}}^{(2)}$ genannt). Mit (9) und (13) erhält daher die (im Text nach (6) erwähnte) Austausch- und Korrelationsenergie die Form

$$E_{\text{xc}}[n] = \int \mathrm{d}^3r\; n\varepsilon_{\text{xc}}(n) + \int \mathrm{d}^3r\; b(n) \left(\frac{\partial n}{\partial \boldsymbol{r}}\right)^2 + \dots \tag{18}$$

Verwendet man nun die dielektrische Funktion (1.6-7) mit $\chi^0(\boldsymbol{q}, \omega)$ als Polarisierbarkeit freier Elektronen und $G(q)$ als Lokalfeldkorrektur, so entsteht aus (1.3-8) und (16) bzw. (17) unmittelbar (Geldart u. Vosko, 66, Geldart, Rasolt u. Taylor, 72, Paasch u. Hietschold, 75, Niklasson, Sjölander u. Singwi, 75)

$$b(n) = -\frac{\pi\epsilon^2}{12} \left.\frac{\mathrm{d}^4 G(q;n)}{\mathrm{d}q^2}\right|_{q=0}. \tag{19}$$

Geldart u. a. (72) gaben eine etwas allgemeinere Form an, nämlich

$$\frac{4\pi\epsilon^2}{q^2} G(q) = -\frac{\partial^2}{\partial n^2} n\varepsilon_{\text{xc}}(n) - 2b(n)\, q^2 - + \dots \tag{19'}$$

Die Zahlenfaktoren sind dabei gegenüber der Originalarbeit geändert entsprechend der in (13) und (18) eingeführten Bezeichnung.

Betrachten wir nun im einzelnen, welche Werte für $b(n)$ von verschiedenen Autoren angegeben wurden. Wir wollen diesen Koeffizienten in der Form $b(n) = \epsilon^2 C(r_s)/n^{4/3}$ verwenden. Ma und Brueckner (68) berechneten den reinen Korrelationsanteil für den Grenzfall hoher Dichten ($r_s \to 0$) exakt zu $C_c(r_s \to 0) = 4{,}235 \cdot 10^{-3}$. Sham (71) berechnete den Austauschanteil zu $C_s = -1{,}665 \cdot 10^{-3}$. Das Vorzeichen ist in der Arbeit selbst falsch angegeben worden, wurde z. T. auch bei Zitaten falsch übernommen. Zusammen ergibt sich

$$C(r_s \to 0) = 2{,}57 \cdot 10^{-3}\,. \tag{20}$$

(Kleinman (74) und Rajagopal und Ray (75) wiesen darauf hin, daß die exakte Behandlung des Austauschs allein zu divergenten Resultaten in der Gradientenentwicklung führt.) (20) und die weiteren Ergebnisse sind in Abb. 1.7-1 angegeben. Geldart, Rasolt und Taylor (72) berechneten $C(r_s)$ über (19′) und (1.6-7) aus der zuvor von ihnen bestimmten dielektrischen Funktion, räumten aber ein, daß die Werte ungenau sind. Wie Abb. 1.7-1 zeigt, liegen sie wesentlich unter (20). Geldart u. a. (72) untersuchten auch eine modifizierte Hubbard-Lokalfeldkorrektur $G(q) = (q^2/2)/(q^2 + \xi k_F^2)$, wobei ξ durch das Kompressibilitätstheorem bestimmt wurde. Die resultierenden Werte für $C(r_s)$ lagen mehr als doppelt so hoch wie die größten in Abb. 1.7-1 gezeigten (wahrscheinlich wegen der zu einfachen Form von $G(q)$). Für die von Singwi u. a. angegebene Lokalfeldkorrektur in der parametrisierten Form (1.6-18) erhält man

$$\frac{C(r_s)}{n^{4/3}} = \frac{AB^2/3\pi(3\pi^2)^{1/3}}{n^{4/3}} = \frac{\pi A B^2}{k_F^4}. \tag{21}$$

Die Koeffizienten $A(n)$ und $B(n)$ von SSTL und von VS sind in Tab. 1.6-1 angegeben. Rasolt, Geldart und Taylor (72) und Paasch und Hietschold (75) berechneten mit den SSTL-Werten $C(r_s)$, und Paasch und Hietschold (75) und Niklasson, Sjölander und Singwi (75) verwendeten VS. Beide Kurven $C(r_s)$ sind in Abb. 1.7-1 eingetragen und liegen im Vergleich mit anderen Werten relativ hoch. Gupta und Singwi (77) fanden, daß die Interpolation (1.6-18) der numerisch berechneten Funktion $G(q)$ für $q \to 0$ nicht genau genug ist. Da $G(q)$ mit dem Strukturfaktor $S(\boldsymbol{q})$ zusammenhängt (s. [1.6.5]), kann man (19) auch durch $S(\boldsymbol{q})$ ausdrücken, für das in der Singwi-Theorie die Konvergenz der numeri-

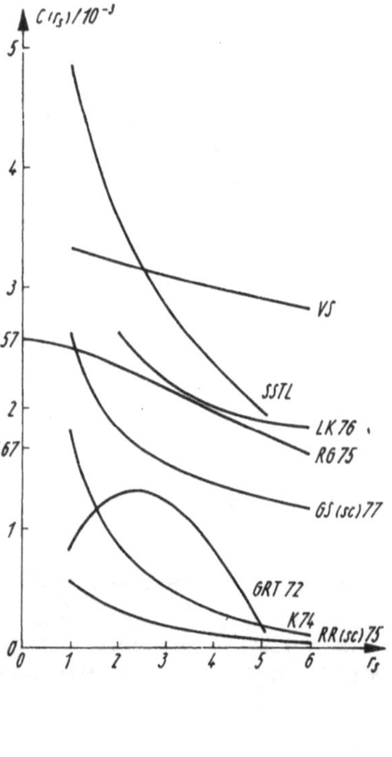

Abb. 1.7-1. Gradientenentwicklung (18) der Austausch- und Korrelationsenergie; $C(r_s)$ nach verschiedenen Autoren. VS und SSTL: (20) mit den Funktionen $A(r_s)$ und $B(r_s)$ aus der Lokalfeldkorrektur von VS bzw. SSTL; LK 76: Lau und Kohn; RG 75: Rasolt und Geldart; GRT 72: Geldart, Rasolt und Taylor; K 74: Kleinman; RR(sc) 75: Rajagopal und Ray (selbstkonsistant); GS(sc) 77: Gupta und Singwi (selbstkonsistent)

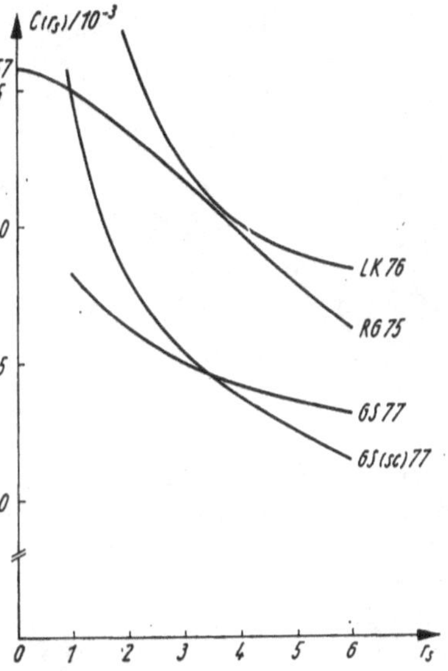

Abb. 1.7-2. $C(r_s)$ nach verschiedenen Autoren, Bezeichnungen wie in Abb. 1.7-1, zusätzlich GS 77: Gupta und Singwi (nicht selbstkonsistent)

schen Berechnung besser ist als für $G(q)$. Damit ergaben sich mit der VS-Lokalfeldkorrektur die ebenfalls in Abb. 1.7-1 gezeigten Werte. In Abb. 1.7-2 ist gezeigt, daß Gupta und Singwi mit leicht unterschiedlichen Modifikationen ihres Verfahrens verschiedene Werte erhielten; die mit sc bezeichneten Werte wurden mit dem völlig selbstkonsistenten Verfahren erzielt. Rasolt und Geldart (75) gaben $b(n)$ in (18) formal bis zu allen Ordnungen in ϵ^2 an, verwendeten eine auf der RPA basierende Auswertung für hohe Dichten (deswegen geht ihr Resultat für $r_s \to 0$ in (20) über), benutzten eine Hubbard-artige Korrektur und berücksichtigten Summenregeln. Ihr Ergebnis liegt etwa im Bereich der von Gupta und Singwi berechneten Werte. Dasselbe gilt auch für die von Lau und Kohn (76) bestimmten Werte, die auf der VS-Lokalfeldkorrektur beruhen. Ihr Resultat

$$C(r_s) = \frac{1}{2}\left(\frac{3}{4\pi}\right)^{4/3}\left(0{,}0216 + \frac{0{,}0130}{r_s} + \frac{0{,}0349}{r_s^2}\right), \qquad r_s > 2\,, \tag{22}$$

stellt allerdings eine effektive Größe dar, in die höhere Gradiententerme mit eingehen (s. Gupta u. Singwi (77), in der dortigen Abb. 1 dürfte (22) etwas ungenau angegeben sein). Die letztgenannten drei Funktionen $C(r_s)$ scheinen am zuverlässigsten zu sein und sind in Abb. 1.7-2 in einem etwas größeren Maßstab angegeben. Schließlich sind noch die Arbeiten von Kleinman (74) und Rajagopal und Ray (75) zu nennen, in denen die linearisierte Integralgleichung für die die dielektrische Funktion bestimmende Vertexfunktion bis zur zweiten Potenz der Wellenzahl gelöst und eine Größe $\Omega(k_F)$ berechnet wird, aus der sich $C(r_s)$ und $b(n)$ nach

$$C(r_s) = \frac{\Omega(k_F)}{6}\left(\frac{3}{4\pi}\right)^{1/3}\frac{1}{r_s}, \qquad b(n) = \frac{\pi^2}{k_F^3}\,\frac{\Omega(k_F)}{2}\,\epsilon^2 \tag{23}$$

ergeben. In dieser Form ist das Austauschergebnis von Sham (71) durch $\Omega_x = -7/72\,\pi k_F$ gegeben (s. auch Text vor (20)). Dieses ist mit den Resultaten von Kleinman und von Rajagopal und Ray in Abb. 1.7-3 gezeigt. Zu beachten ist, daß der metallische Dichtebereich $2 \leqq r_s \leqq 6$ nur einen engen Ausschnitt erfaßt. Für $k_F \to \infty$ muß $\Omega(k_F) \to 0$ gelten; das ist bei dem Kleinmanschen Resultat nicht der Fall. Zum Vergleich ist in Abb. 1.7-3 das selbstkonsistente Ergebnis von Gupta und Singwi in der Darstel-

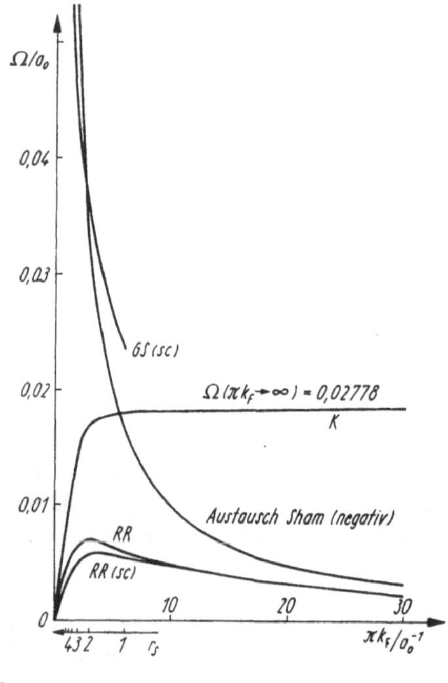

Abb. 1.7-3. Gradiententwicklung der Austausch- und Korrelationsenergie (18) in der Form (23). Angegeben ist die Funktion $\Omega(k_F)$ von verschiedenen Autoren, Bezeichnungen wie in Abb. 1.7-1, zusätzlich RR: Rajagopal und Ray (nicht selbstkonsistent). Die mit „Austausch" bezeichnete Kurve ist formelmäßig im Text im Anschluß an (23) angegeben

lung (23) mit angegeben. Ebenso sind die Ergebnisse von Kleinman und Rajagopal und Ray gemäß (23) in Abb. 1.7-2 mit gezeigt. Man sieht, daß letztere um einen Faktor zwei bis drei unter denen von Gupta und Singwi, Rasolt und Geldart und Lau und Kohn liegen.

Eine endgültige Entscheidung über die Größe des Koeffizienten $b(n)$ der Gradiententwicklung (18) kann angesichts der geschilderten Situation derzeit nicht getrofffen werden. Fest steht jedoch, daß er z. B. bei der Untersuchung von Oberflächen (s. [10]) nicht vernachlässigbar ist (Paasch u. Hietschold, 75, Lau u. Kohn, 76, Gupta u. Singwi, 77). Auch bei der Bestimmung von Potentialen für effektive Einelektronengleichungen (s. (26)) wurde die Gradiententwicklung verschiedentlich berücksichtigt (s. (2.2-7)).

1.7.6. Effektive Einteilchengleichungen

Kohn und Sham (65) benutzten den Dichte-Funktional-Formalismus zur Ableitung von Einteilchengleichungen für das inhomogene wechselwirkende Elektronengas. Hier soll nur der Grundgedanke des dazu notwendigen Vorgehens dargestellt werden. Das Zusammenspiel mit dem Quasiteilchenkonzept wird in [2.1.3] diskutiert.

Wir gehen aus von dem Energiefunktional (5) und der im Text nach (6) erwähnten Zerlegung von $G[n]$. Damit lautet die Extremalbedingung (10)

$$\int d^3r \left\{ \frac{\delta T_0[n]}{\delta n(\boldsymbol{r})} + v(\boldsymbol{r}) + v_{es}(\boldsymbol{r}) + \frac{\delta E_{xc}[n]}{\delta n(\boldsymbol{r})} - \mu \right\} \delta n(\boldsymbol{r}) = 0 \tag{24}$$

mit $v_{es}(\boldsymbol{r})$ aus (11a). Das Verschwinden der geschweiften Klammer in (24) ist die Bestimmungsgleichung für die Dichte $n(\boldsymbol{r})$. Der entscheidende Schritt besteht in der strengen Auswertung der ersten Funktionalableitung. $T_0[n]$ entsteht aus dem Dichte-

Funktional $G[n]$ durch Abschalten der Teilchenwechselwirkung. Dabei geht $G[n]$ in die kinetische Energie des wechselwirkungsfreien Systems über. Andererseits lassen sich in diesem (wechselwirkungsfreien) Fall Teilchendichte und kinetische Energie durch Einteilchenwellenfunktionen $\varphi_k^0(x) = \delta_{s,\sigma}\varphi_n^0(\boldsymbol{r})$ ausdrücken:

$$n^0(\boldsymbol{r}) = \sum_\sigma \sum_k^{\text{bes}} |\varphi_k^0(x)|^2 = 2 \sum_{n=1}^{N/2} |\varphi_n^0(\boldsymbol{r})|^2 ,$$

$$T_0 = \sum_k^{\text{bes}} (\varphi_k^0 \, |t| \, \varphi_k^0) = 2 \sum_{n=1}^{N/2} (\varphi_n^0 \, |t| \, \varphi_n^0) , \qquad t = -\frac{\hbar^2}{2m} \frac{\partial^2}{\partial \boldsymbol{r}^2} .$$

Die $\varphi_k^0(x)$ sind die orthonormierten Lösungen der Einteilchen-Schrödinger-Gleichung mit $v(\boldsymbol{r})$ als äußerem Potential. Da nach dem Hohenberg-Kohn-Theorem — angewendet auf den Grundzustand des wechselwirkungsfreien Systems — die Einteilchenwellenfunktionen $\varphi_k^0(x)$ eindeutige Funktionale der Teilchendichte sind, $\varphi_k^0 = \varphi_k^0[n^0]$, ist damit auch die kinetische Energie als eindeutiges Funktional der Teilchendichte in der Form $T_0[n^0] = \sum_k^{\text{bes}} (\varphi_k^0[n^0] \, |t| \, \varphi_k^0[n^0])$ gegeben. Auch im Falle mit Teilchen- (Coulomb-) Wechselwirkung kann die Teilchendichte ohne Verlust an Allgemeinheit formal durch Einteilchenwellenfunktionen $\varphi_k(x) = \delta_{s,\sigma}\varphi_n(\boldsymbol{r})$ im Sinne eines Variationsansatzes dargestellt werden:

$$n(\boldsymbol{r}) = \sum_\sigma \sum_k^{\text{bes}} |\varphi_k(x)|^2 = 2 \sum_{n=1}^{N/2} |\varphi_n(\boldsymbol{r})|^2 . \tag{25a}$$

Vorausgesetzt, es gibt eine Einteilchen-Schrödinger-Gleichung, zu der die $\varphi_k(x)$ orthonormierte Lösungen sind, kann dann nach dem oben Gesagten das Funktional $T_0[n]$ in der Form

$$T_0[n] = \sum_k^{\text{bes}} (\varphi_k[n] \, |t| \, \varphi_k[n]) \tag{25b}$$

geschrieben werden. Mit dieser formalen Darstellung wird natürlich nicht behauptet, daß sich die Systemwellenfunktion $\Phi(x_1, \ldots, x_N)$ wie im wechselwirkungsfreien Fall oder in der Hartree-Fock-Näherung aus Einteilchenwellenfunktionen $\varphi_k(x)$ durch Bildung einer Slater-Determinante aufbauen läßt. Wohl aber ermöglicht sie, in (24) die Variation der Teilchendichte $n(\boldsymbol{r})$ über die Variation der Einteilchenwellenfunktionen $\varphi_k(x)$ durchzuführen und dabei von der aus (25b) folgenden Beziehung

$$\frac{\delta T_0[n]}{\delta \varphi_k^*(x)} = t\varphi_k(x)$$

Gebrauch zu machen. Mit

$$\int \mathrm{d}^3r' \, \frac{\delta T_0[n]}{\delta n(\boldsymbol{r}')} \, \delta n(\boldsymbol{r}') = \int \mathrm{d}x \, \frac{\delta T_0[n]}{\delta \varphi_k^*(x)} \, \delta \varphi_k^*(x)$$

entsteht so formal ein Einteilchenschema, in dem sich die Elektronen statt in dem äußeren Potential $v(\boldsymbol{r})$ in einem effektiven Potential $v(\boldsymbol{r}) + v_{\text{es}}(\boldsymbol{r}) + \delta E_{\text{xc}}[n]/\delta n(\boldsymbol{r})$

bewegen, wobei die letzten beiden Terme mit der zu bestimmenden Teilchendichte $n(\boldsymbol{r})$ selbstkonsistent zu berechnen sind:

$$\left[-\frac{\hbar^2}{2m}\frac{\partial^2}{\partial \boldsymbol{r}^2} + v_{\text{eff}}(\boldsymbol{r})\right]\varphi_k(x) = \varepsilon_k\varphi_k(x)\,, \quad \varphi_k(x) = \delta_{s,\sigma}\varphi_k(\boldsymbol{r}) \tag{26}$$

$$v_{\text{eff}}(\boldsymbol{r}) = v(\boldsymbol{r}) + \int \mathrm{d}^3r'\,\frac{\epsilon^2}{|\boldsymbol{r}-\boldsymbol{r}'|}\,n(\boldsymbol{r}') + v_{\text{xc}}(\boldsymbol{r})\,, \tag{26a}$$

$$v_{\text{xc}}(\boldsymbol{r}) = \frac{\delta E_{\text{xc}}[n]}{\delta n(\boldsymbol{r})}, \qquad n(\boldsymbol{r}) = 2\sum_{n=1}^{N/2}|\varphi_n(\boldsymbol{r})|^2\,. \tag{26 b, c}$$

Für das Minimum der Gesamtenergie sind die Lösungen von (26) mit den N kleinsten ε_k zu verwenden. Daher ist anstelle von (26c) genauer $n(\boldsymbol{r}) = 2\sum_n |\varphi_n(\boldsymbol{r})|^2\,\Theta(\mu-\varepsilon_k)$ zu schreiben[1]). (26) ist die an eine Schrödinger-Gleichung erinnernde Euler-Gleichung zur Variationsaufgabe (10) oder (24). Es muß betont werden, daß (26) und (26a bis c) nur die Teilchendichte des Grundzustandes und damit über $E[n]$ auch die Gesamtenergie des Grundzustandes bestimmt. Die ε_k haben zunächst keine Bedeutung; jedoch läßt sich zeigen, daß man die ε_k nahe der „Kohn-Sham"-Fermi-Energie $\varepsilon_{k=N} = \mu$ als Anregungsenergien von Quasiteilchen interpretieren kann, so wie sie sich aus dem Massen- oder Selbstenergieoperator (vgl. [1.2.3] und (2.1.3]) ergeben (Sham u. Kohn, 66, Sham, 71). Das hängt damit zusammen, daß für Metalle der Selbstenergieoperator Σ von dem Kohn-Sham-Potential v_{xc} in den bisher betrachteten Näherungen nicht sehr verschieden ist (Hedin u. S. Lundquist, 69, Hedin u. B. I. Lundqvist, 71). Beim homogenen Elektronengas gilt $v_{\text{xc}} = \hbar\,\Sigma(k_{\text{F}}, \omega_{\text{F}})$ streng.

Für konkrete Berechnungen ist es erforderlich, das Kohn-Sham-Potential v_{xc} als Funktional der Teilchendichte zu kennen. In der Näherung der lokalen Dichte ist

$$E_{\text{xc}} = \int \mathrm{d}^3r\; n(\boldsymbol{r})\,\varepsilon_{\text{xc}}\big(n(\boldsymbol{r})\big)\,, \qquad v_{\text{xc}}(\boldsymbol{r}) = \left[\frac{\mathrm{d}}{\mathrm{d}n}\,n\varepsilon_{\text{xc}}(n)\right]_{n=n(\boldsymbol{r})}. \tag{27}$$

Beschränkt man sich auf $\varepsilon_{\text{xc}}(n) \approx \varepsilon_{\text{x}} = (-0{,}916/r_s)$ *ryd*, so entsteht das Kohn-Sham-Gáspár-Austauschpotential (2.2-2), das wegen $\varepsilon_{\text{x}} \sim n^{1/3}$ ebenfalls zu $n^{1/3}$ proportional ist: $v_{\text{x}}^{\text{KSG}} = (4/3)\,\varepsilon_{\text{x}}$. Bei der Untersuchung von Metalloberflächen hat sich herausgestellt, daß dort der Korrelationsanteil berücksichtigt werden muß (s. [10]). Bei Bandberechnungen geschieht dies häufig effektiv dadurch, daß man zwar das $n^{1/3}$-Austauschpotential verwendet, aber mit einem geeigneten Vorfaktor (X_α-Methode, s. [2.2.2]).

Für den Fall der fast konstanten Elektronendichte (s. [1.7.3]) ergab sich für das Dichtefunktional $G[n] = T_0[n] + E_{\text{xc}}[n]$ die Entwicklung (8′) mit $K(\boldsymbol{q}) = -1/2\chi(\boldsymbol{q}, 0)$ als Fourier-Transformierte des Kerns $K(\boldsymbol{r})$. Im wechselwirkungsfreien Fall gilt $E_{\text{xc}}[n] = 0$ und für χ ist χ^0 zu verwenden, d. h., für $T_0[n]$ gilt eine zu (8′) analoge Entwicklung mit $K_0 = -1/2\chi^0$ als Kern. Stellt man nun auch $E_{\text{xc}}[n]$ wie (8′) mit einem Kern K_{xc} dar, so ergibt sich

$$K_{\text{xc}} = \frac{1}{2}\left(\frac{1}{\chi^0} - \frac{1}{\chi}\right) = -\frac{1}{2}\,vG\,, \tag{28}$$

wobei im zweiten Schritt (1.6-6) verwendet wurde. Der Kern K_{xc} wird also durch die Lokalfeldkorrektur bestimmt. Für das Austausch- und Korrelationspotential (26b)

[1]) Falls das effektive Einteilchenpotential $v_{\text{eff}}(\boldsymbol{r})$ im Außenraum ($\boldsymbol{r} \to \infty$) nicht verschwindet, muß μ durch $\mu + v_{\text{eff}}(\infty)$ ersetzt werden.

entsteht damit

$$v_{xc}(\boldsymbol{r}) = v_{xc}(\bar{n}) + \int d^3r'\, 2K_{xc}(\boldsymbol{r} - \boldsymbol{r}')\, n_1(\boldsymbol{r}')\,. \tag{29}$$

Der erste Anteil hierin ist durch (27) mit der mittleren Dichte $\bar{n}$ gegeben. Auf den Zusammenhang (29) wiesen Geldart, Rasolt und Taylor (72) hin.

1.7.7. Erweiterungen des Dichte-Funktional-Formalismus

Der in den vorangegangenen Abschnitten kurz dargestellte Dichte-Funktional-Formalismus hat in der Festkörpertheorie breite Anwendung gefunden, wie dies auch die folgenden Teile belegen. Hier soll noch auf einige Erweiterungen kurz eingegangen werden.

Mermin (65) und Kohn und Sham (65) verallgemeinerten den Formalismus von $T = 0$ auf endliche Temperaturen. Anstelle der Energie (4) tritt dann das thermodynamische Potential

$$J[n] = \int d^3r\, v(\boldsymbol{r})\, n(\boldsymbol{r}) + \tilde{F}[n] \tag{30}$$

der großkanonischen Gesamtheit. Das für alle äußeren Potentiale und alle Teilchenzahlen gültige universelle Funktional ist hier

$$\tilde{F}[n] = \frac{1}{2} \int d^3r \int d^3r'\, \frac{\epsilon^2}{|\boldsymbol{r} - \boldsymbol{r}'|}\, n(\boldsymbol{r})\, n(\boldsymbol{r}') + \tilde{G}[n] - \mu \int d^3r\, n(\boldsymbol{r}) \tag{31}$$

mit

$$\tilde{G}[n] = T_0[n] - TS_0[n] + F_{xc}[n]\,. \tag{32}$$

Dabei ist $S_0[n]$ die Entropie eines Systems wechselwirkungsfreier Teilchen der Dichte $n(\boldsymbol{r})$, und $F_{xc}[n]$ ist der Austausch- und Korrelationsanteil der freien Energie. Es lassen sich auch zu (26) analoge Einteilchengleichungen angeben, in die dann als Dichte

$$n(\boldsymbol{r}) = 2 \sum_{n=1} \frac{|\varphi_n(\boldsymbol{r})|^2}{e^{(\varepsilon_k - \mu)/k_B T} + 1} \tag{33}$$

eingeht.

Rajagopal und Callaway (73) zeigten, daß die Energie als Funktional der Viererstromdichte dargestellt werden kann. Im nichtrelativistischen Grenzfall und für verschwindende Stromdichte entsteht dann

$$E[n, \boldsymbol{s}] = \int d^3r v(\boldsymbol{r})\, n(\boldsymbol{r}) + \frac{1}{2} \int d^3r\, \boldsymbol{B}(\boldsymbol{r})\, \boldsymbol{s}(\boldsymbol{r}) + \\ + \frac{1}{2} \int d^3r \int d^3r'\, \frac{\epsilon^2}{|\boldsymbol{r} - \boldsymbol{r}'|}\, n(\boldsymbol{r})\, n(\boldsymbol{r}') + G[n, \boldsymbol{s}] \tag{34}$$

für die Energie der wechselwirkenden Elektronen in einem äußeren Potential $v(\boldsymbol{r})$ und einem Magnetfeld $\boldsymbol{B}(\boldsymbol{r})$, $\boldsymbol{s}(\boldsymbol{r})$ ist hier die Magnetisierungsdichte, diese ist proportional zur Spindichte. Das Funktional $G[n, \boldsymbol{s}]$ ist also spinabhängig, und man erhält Einelektrongleichungen mit einem spinabhängigen Potential (s. auch von Barth u. Hedin, 72).

In jüngster Zeit erscheinen auch Arbeiten, die sich mit der für die Spektroskopie wichtigen Berechnung angeregter Zustände befaßten (Janak, 78, Theophilou, 79).

In [1.7.3] bis [1.7.5] wurde als Ausgangspunkt der Betrachtungen das System mit der konstanten Dichte $\bar{n}$ gewählt. Demgegenüber geht Röpke (73) davon aus, daß das

Funktional $g_r[n]$ in (6) für eine zu einem Potential $v_1(\boldsymbol{r})$ gehörende Dichte $n_{v_1}(\boldsymbol{r})$ bekannt sei (z. B. für ein lineares Potential; die kinetische Energie kann man hier analytisch angeben, und auch die Austauschenergie wurde für dieses Potential untersucht (El-Mamoun u. Röpke, 77)). Dann kann man für $g_r[n]$ schreiben

$$g_r[n] = g^{(0)}(n_{v_1}(\boldsymbol{r})) + g^{(1)}(n_{v_1}(\boldsymbol{r})) \frac{\partial}{\partial \boldsymbol{r}} [n_v(\boldsymbol{r}) - n_{v_1}(\boldsymbol{r})] + \dots \tag{35}$$

In dieser Entwicklung tritt also der Gradient der Differenz zwischen der tatsächlichen Dichte und der zu dem Modellsystem mit dem Potential $v_1(\boldsymbol{r})$ gehörenden Dichte auf.

1.8. Literatur

Abrikossow, A. A., Einführung in die Theorie normaler Metalle, Akademie-Verlag, Berlin 1976 (Übers. aus dem Russ., Nauka, Moskau 1972).

Abrikossow, A. A., L. P. Gorkow, I. E. Dsjaloschinski, Metody kwantowoi teorii polja w statistitscheskoi fisike, Staatsverl. f. phys.-math. Lit., Moskau 1962.

Almbladh, C. O., U. von Barth, Z. D. Popovich, M. J. Stott, Phys. Rev. **B14**, 2250 (1976).

Barth, U. von, L. Hedin, J. Phys. **C5**, 1629 (1972).

Bedell, K., G. E. Brown, Phys. Rev. **B17**, 4512 (1978).

Blandin, A., E. Daniel, J. Friedel, Phil. Mag. **4**, 180 (1959).

Bohm, D., D. Pines, Phys. Rev. **82**, 625 (1951), D. Pines, D. Bohm, Phys. Rev. **85**, 338 (1952), D. Bohm, D. Pines, Phys. Rev. **92**, 609 (1953), D. Pines, Phys. Rev. **92**, 626 (1953).

Brockhouse, B. N., T. Arase, C. Caglioti, K. R. Rao, A. D. B. Woods, Phys. Rev. **128**, 1099 (1962).

Brockhouse, B. N., K. R. Rao, A. D. B. Woods, Phys. Rev. Lett. **7**, 93 (1961).

Brosens, F., J. T. Devreese, in V. Heine (Hrsg.), Europhysics Conf. Abstracts **6A**, 416 (1982).

Brout, R., Phys. Rev. **108**, 515 (1957).

Brown, R. W., P. Wessel, E. P. Trouson, Phys. Rev. Lett. **5**, 472 (1960).

Bytschkow, J. A., L. P. Gorkow, Ž. eksper. teoret. fiz. **41**, 1592 (1961).

Care, C. M., N. H. March, Adv. Phys. **24**, 101 (1975).

Carr, W. J. (Jr.), Phys. Rev. **122**, 1437 (1961).

Carr, W. J. (Jr.), R. A. Coldwell-Horsfall, A. E. Fein, Phys. Rev. **124**, 747 (1961).

Carr, W. J. (Jr.), A. A. Maradudin, Phys. Rev. **133**, **A** 371 (1964).

Coldwell-Horsfall, R. A., A. A. Maradudin, J. Math. Phys. **1**, 395 (1960), **4**, 582 (1963).

Daniel, E., S. H. Vosko, Phys. Rev. **120**, 2041 (1960).

Devreese, J. T., F. Brosens, L. F. Lemmens, Phys. Rev. **B21**, 1349, 1363 (1980).

Diener, G., Diplomarbeit, TH Dresden, 1962.

Dolgov, O. V., D. A. Kirzhnits, E. G. Maksimov, Rev. Mod. Phys. **53**, 81 (1981).

Doniach, S., F. H. Sondheimer, Green's functions for Solid State Physicists, Benjamin, London 1974.

DuBois, D. F., Ann. Phys. (N.Y.) **7**, 174 (1959), **8**, 24 (1959).

Economou, E. N., Green's Functions in Quantum Physics, Springer, Berlin 1979.

Edwards, S. F., A. J. Hillel, J. Phys. **C1**, 61 (1968).

Ehrenreich, H., M. H. Cohen, Phys. Rev. **115**, 786 (1959).

Elk, K., W. Gasser, Die Methode der Greenschen Funktionen in der Festkörperphysik, Akademie-Verlag, Berlin 1979.

El-Mamoun, E., G. Röpke, phys. stat. sol. (b) **82**, 617 (1977).

Ferrell, R. A., Phys. Rev. **107**, 450 (1957).

Ferrell, R. A., Phys. Rev. Lett. **1**, 443 (1958).

Friedel, J., Nuovo Cim., Suppl. **7**. 287 (1958).

Fuchs, K., Proc. Roy. Soc. **A151**, 585 (1935).
Fukuyama, H., P. M. Platzman, P. W. Anderson, Phys. Rev. **B19**, 5211 (1979).
Galitzki, W. M., A. B. Migdal, Ž. eksper. teoret. fiz. **34**, 139 (1958).
Geldart, D. J. W., R. Taylor, Can. J. Phys. **48**, 155, 167 (1970).
Geldart, D. J. W., S. H. Vosko, J. Phys. Soc. Japan **70**, 20 (1965), Can. J. Phys. **44**, 2137 (1966).
Geldart, D. J. W., A. Houghton, S. H. Vosko, Can. J. Phys. **42**, 1938 (1964).
Geldart, D. J. W., M. Rasolt, R. Taylor, Solid State Comm. **10**, 279 (1972).
Gell-Mann, M., Phys. Rev. **106**, 369 (1957).
Gell-Mann, M., K. Brueckner, Phys. Rev. **106**, 364 (1957).
Glick, A. J., R. A. Ferrell, Ann. Phys. (N.Y.) **11**, 359 (1960).
Gombás, P., Die statistische Theorie des Atoms und ihre Anwendungen, Springer, Wien 1949; Statistische Behandlung des Atoms, in: S. Flügge (Hrsg.), Handbuch d. Phys., Bd. 36/2, Springer, Berlin 1956; zu weiteren Details s. auch R. Gáspár, Acta Phys. Hung. **3**, 263 (1954), W. Macke, Ann. Physik (Leipz.) **17**, 1 (1956).
Grimes, C. C., T. R. Brown, M. L. Burns, C. L. Zipfel, Phys. Rev. **B13**, 140 (1976).
Gupta, A. K., K. S. Singwi, Phys. Rev. **B15**, 1801 (1977).
Hede, B. B. J., J. P. Carbotte, Can. J. Phys. **50**, 1756 (1972).
Hedin, L., Phys. Rev. **139**, A 796 (1965).
Hedin, L., B. I. Lundqvist, J. Phys. **C4**, 2064 (1971).
Hedin, L., S. Lundqvist, Solid State Physics **23**, 1 (1969).
Heisenberg, W., Z. Naturf. **2a**, 185 (1947).
Hohenberg, P., W. Kohn, Phys. Rev. **136**, **B** 864 (1964).
Holas, A., P. K. Aravind, K. S. Singwi, Phys. Rev. **B20**, 4912 (1979) u. P. K. Aravind, A. Holas, K. S. Singwi, Phys. Rev. **B25**, 561 (1982).
Hove, L. van, Phys. Rev. **95**, 249 (1954).
Hubbard, J., Proc. Roy. Soc. **A240**, 539 (1957), **A243**, 336 (1957), **A244**, 199 (1958).
Hubbard, J., Phys. Lett. **25A**, 709 (1967).
Hugenholtz, N. M., L. van Hove, Physica **24**, 363 (1958).
Ihle, D., B. Lorenz, W. Weller, Wiss. Z. Karl-Marx-Univ. Leipzig, Math.-Naturwiss. R. **25**, 679 (1976).
Janak, J. F., Phys. Rev. **B12**, 7165 (1978).
Jones, W., N. H. March, Theoretical Solid State Physics, Bd. 1 u. 2, Wiley, London 1973.
Jonson, M., G. Srinivasan, Solid State Comm. **24**, 61 (1977).
Kaganow, M. J., A. I. Semenenko, Ž. eksper. teoret. fiz. **50**, 630 (1966).
Khwaja, F. A., A. A. Katsnelson, V. M. Silonov, phys. stat. sol. (b) **88**, 477 (1978).
Kimball, J. C., Phys. Rev. **A7**, 1648 (1973), J. Phys. **A8**, 1513 (1975), Phys. Rev. **B14**, 2371 (1976).
Kirschnitz, D. A., Ž. eksper. teoret. fiz. **32**, 115 (1957).
Klein, A., R. Prange, Phys. Rev. **112**, 994 (1958), **121**, 950, 957 (1961).
Kleinman, L., Phys. Rev. **160**, 585 (1967), **172**, 383 (1968), **B10**, 2221 (1974).
Klimontowitsch, J. L., W. P. Silin, Ž. eksper. teoret. fiz. **23**, 151 (1952).
Knapp, J. A., F. J. Himpsel, D. E. Eastman, Phys. Rev. **B19**, 4952 (1979).
Kohn, W., Phys. Rev. Lett. **2**, 393 (1959).
Kohn, W., L. J. Sham, Phys. Rev. **140**, **A** 1133 (1965).
Kohn, W., S. Vosko, Phys. Rev. **119**, 912 (1960).
Kubo, R., J. Phys. Soc. Japan **9**, 888 (1954), Can. J. Phys. **34**, 1274 (1956), J. Phys. Soc. Japan **12**, 570 (1957), **14**, 56 (1959).
Landau, L. D., Ž. eksper. teoret. fiz. **11**, 592 (1942), **30**, 1058 (1956), **32**, 59 (1957), **35**, 97 (1958).
Landau, L. D., E. M. Lifschitz, Lehrbuch der Theoretischen Physik, Bd. IX (Statistische Physik, Teil 2 von E. M. Lifschitz, L. P. Pitajewskij), Akademie-Verlag, Berlin 1979.

Langer, J., S. Vosko, J. Phys. Chem. Solids **12**, 196 (1959).
Langreth, D., Phys. Rev. **181**, 753 (1969).
Lantto, L. J., NORDITA-78/23 (1978).
Lau, K. H., W. Kohn, J. Phys. Chem. Solids. **37**, 99 (1976).
Lehmann, G., K. Elk, in: Tagungsbericht 12. Metalltagung in der DDR ,,Elektrische und thermische Leitfähigkeit", AdW d. DDR, ZFW Dresden, 1978, S. 16.
Lindhard, J., Kgl. Danske Vidensk. Selsk. Mat.-fys. Medd. **28**, 8 (1954).
Lundqvist, B. I., Physik kondens. Materie **7**, 117 (1968).
Lundqvist, S., in: Electrons in Crystalline Solids, IAEA, Wien 1973, S. 281.
Luttinger, J. M., Phys. Rev. **119**, 1153 (1960).
Luttinger, J. M., Phys. Rev. **121**, 942, 1251 (1961).
Luttinger, J. M., P. Nozières, Phys. Rev. **127**, 1423, 1431 (1962).
Luttinger, J. M., J. C. Ward, Phys. Rev. **118**, 1417 (1960).
Ma, C. Q., V. Sahni, Phys. Rev. **B16**, 4249 (1977).
Ma, S.-K., K. A. Brueckner, Phys. Rev. **165**, 18 (1968).
Macke, W., Z. Naturf. **5a**, 192 (1950).
Macke, W., P. Ziesche, Ann. Physik (Leipz.) **13**, 26 (1964).
March, N. H., S. Sampanthar, Acta Phys. Hung. **14**, 61 (1962).
Martin, P. C., J. Schwinger, Phys. Rev. **115**, 1342 (1959).
Mermin, N. D., Phys. Rev. **137**, **A** 1441 (1965).
Migdal, A. B., Ž. eksper. teoret. fiz. **34**, 1438 (1958).
Misawa, S., Phys. Rev. **140**, **A** 1645 (1965).
Mott, N. F., Nature **178**, 1205 (1956).
Niklasson, G., Phys. Rev. **B10**, 3052 (1974).
Niklasson, G., A. Sjölander, K. S. Singwi, Phys. Rev. **B11**, 113 (1975).
Nozières, P., Theory of Interacting Fermi Systems, Benjamin, New York 1964.
Nozières, P., D. Pines, Phys. Rev. **109**, 741, 762, 1062 (1958), Nuovo Cim. [X] **9**, 470 (1958), Phys. Rev. **111**, 442 (1958).
Onsager, L., L. Mittag, M. J. Stephen, Ann. Physik (Leipz.) **18**, 71 (1966).
Osaka, Y., J. Phys. Soc. Japan **22**, 1513 (1967).
Paasch, G., A. Heinrich, phys. stat. sol. (b), **102**, 323 (1980).
Paasch, G., M. Hietschold, phys. stat. sol. (b) **67**, 743 (1975).
Pines, D., Phys. Rev. **92**, 626 (1953).
Pines, D., P. Nozières, The Theory of Quantum Liquids, Benjamin, New York 1966 (Übers. ins Russ., Mir, Moskau 1967).
Pitajewski, L. P., Ž. eksper. teoret. fiz. **37**, 1794 (1959).
Rajagopal, A. K., J. Callaway, Phys. Rev. **B7**, 1912 (1973).
Rajagopal, A. K., S. Ray, Phys. Rev. **B12**, 3129 (1975).
Rakhmanov, S. Ya., Solid State Comm. **30**, 779 (1979).
Rasolt, M., D. J. W. Geldart, Phys. Rev. Lett. **35**, 1234 (1975).
Rennert, P., Acta Phys. Hung. **37**, 219 (1974).
Röpke, G., phys. stat. sol. (b) **57**, 571 (1973).
Rowland, T., Phys. Rev. **119**, 900 (1960).
Rudberg, E., Proc. Roy. Soc. **A27**, 111 (1930), Phys. Rev. **50**, 138 (1936).
Ruthemann, G., Naturwiss. **29**, 648 (1941), **30**, 142 (1942).
Sawada, K., Phys. Rev. **106**, 372 (1957).
Sawada, K., K. A. Brueckner, N. Fukuda, R. Brout, Phys. Rev. **108**, 507 (1957).
Sham L. J., Proc. Roy. Soc. **A283** 3 (1965).
Sham L. J., in: P. M. Marcus, J. F. Janak, A. F. Williams (Hrsg.), Computational Methods in Band Theory, Plenum, New York 1971, S. 458.
Sham, L. J., W. Kohn, Phys. Rev. **145**, 561 (1966).

Shore, H. B., E. Zaremba, J. H. Rose, L. Sander, Phys. Rev. **B12**, 6506 (1978).
Silin, W. P., Ž. eksper. teoret. fiz. **33**, 495, 1282 (1957), **34**, 707, 781 (1958), **35**, 1243 (1958), **37**, 273 (1959).
Singwi, K. S., M. P. Tosi, R. H. Land, A. Sjölander, Phys. Rev. **176**, 589 (1968).
Singwi, K. S., A. Sjölander, M. P. Tosi, R. H. Land, Phys. Rev. **B1**, 1044 (1970).
Sjölander, A., Nuovo Cim. **23B**, 124 (1974).
Stedman, R., L. Almquist, G. Nilsson, G. Raunio, Phys. Rev. **162**, 545 (1967).
Steinmann, W., Phys. Rev. Lett. **5**, 470 (1960), Z. Phys. **163**, 92 (1961).
Stolz, H., Einführung in die Vielelektronentheorie der Kristalle, Akademie-Verlag, Berlin 1974.
Störmer, H. L., R. Dingle, A. C. Gossard, W. Wiegmann, M. D. Sturge, Solid State Comm. **29**, 705 (1979).
Theophilou, A. K., J. Phys. **F12**, 5419 (1979).
Toigo, F., T. O. Woodruff, Phys. Rev. **B2**, 10 (1970).
Toigo, F., T. O. Woodruff, Phys. Rev. **B4**, 371 (1971).
Tripathy, D. N., S. S. Mandal, Phys. Rev. **B16**, 231 (1977).
Ueda, S., Progr. Theor. Phys. **26**, 45 (1961).
Usov, N. A., F. R. Ulinich, Solid State Comm. **30**, 783 (1979).
Van Horn, H. M., Phys. Rev. **157**, 342 (1967).
Vashishta, P., K. S. Singwi, Phys. Rev. **B6**, 875 (1972).
Wette, F. W. de, Phys. Rev. **135**, **A** 287 (1964).
Wigner, E. P., Phys. Rev. **46**, 1002 (1934).
Wigner, E. P., Trans. Farad. Soc. **34**, 678 (1938).
Wigner, E. P., F. Seitz, Phys. Rev. **43**, 804 (1933), **46**, 509 (1934).
Wiser, N., M. H. Cohen, J. Phys. **C2**, 193 (1969).
Woll, E. J. (Jr.), W. Kohn, Phys. Rev. **126**, 1693 (1962).
Woo, J. W. F., S. S. Jha, Phys. Rev. **B3**, 87 (1971).
Yasuhura, H., Solid State Comm. **11**, 1481 (1972).
Zaremba, F., L. M. Sander, H. B. Shore, J. H. Rose, J. Phys. **F7**, 2250 (1976).

Ergänzungen zu [1.8] beim Korrekturlesen siehe S. 568.

2. Kristallpotential

P. Rennert, G. Paasch

Das Vielteilchensystem der Elektronen im Festkörper wird in der Regel durch Einteilchenzustände charakterisiert. Das Modell unabhängiger Teilchen wird mit der Vielteilchentheorie der Bloch-Elektronen (Quasiteilchenkonzept, Dichte-Funktional-Formalismus) verglichen, die entsprechenden Bestimmungsgleichungen für solche Einteilchenzustände werden angegeben. Dabei treten Austausch- und Korrelationspotentiale auf, die in verschiedenen Näherungen diskutiert werden. Definition und Konstruktion des für die Berechnung von Einteilchenzuständen in Metallen besonders geeigneten Muffin-Tin-Potentials werden besprochen. Die für die Bandstrukturberechnung wesentlichen Parameter sind die logarithmischen Ableitungen der radialen Wellenfunktionen am Muffin-Tin-Radius oder die Streuphasen als Funktionen der Energie. Aus ihnen können auch direkt Schlüsse über die Lage des Bandbodens sowie über die Lage und Breite der für Übergangsmetalle charakteristischen d-Resonanzen gezogen werden.

2.1. Einteilchenzustände im Vielteilchensystem

2.1.1. Coulomb-Wechselwirkung und Vielteilchenproblem

Bei der Diskussion des Verhaltens von Elektronen in Atomen, Molekülen oder Festkörpern wird immer von Energiezuständen, charakterisiert durch Energieniveaus und zugehörige Einteilchenwellenfunktionen, gesprochen, in denen die Elektronen sich aufhalten können oder zwischen denen sie Übergänge ausführen können. Dieses Bild ist bei der Interpretation von Atomspektren entstanden und tritt bei der Lösung der Schrödinger-Gleichung für ein Teilchen in einem äußeren Potential auf, so auch bei allen Berechnungen der Bandstruktur von Festkörpern. Tatsächlich herrscht jedoch die Coulomb-Wechselwirkung zwischen den Elektronen. In der Einleitung wurde schon darauf eingegangen, wieso das einfache Einteilchenbild so erfolgreich bei der Deutung von Eigenschaften solcher Vielteilchensysteme wie Atome, Moleküle oder Festkörper verwendet werden kann. Es ist nun zu überlegen, wie das zugehörige Potential (in geordneten Festkörpern das Kristallpotential) konkret konstruiert werden kann.

Es gibt verschiedene Ansatzpunkte, in einem Vielteilchensystem Einteilchenzustände einzuführen. Allen ist gemeinsam, daß auf bestimmte Weise ein effektives Potential konstruiert wird, das als Ausgangspunkt für die Berechnung von Einteilchenzuständen dient. Von der Diskussion in der Literatur ausgehend kann man dabei das Modell unabhängiger Teilchen in Form des Hartree- bzw. Hartree-Fock-Verfahrens (s. auch [1.1.4], [1.5.1] und [1.5.2]) und die Vielteilchentheorie in Form des Dichte-Funktional-Formalismus (s. auch [1.7.2] und [1.7.6]) und des Quasiteilchenkonzepts (s. auch [1.2.2] und [1.2.3]) unterscheiden. Diese Zugänge sollen im folgenden getrennt besprochen und verglichen werden, obwohl sie sich methodisch überlappen. Ausführliche Literaturhinweise in Rennert (74), eine Diskussion des Einteilchenaspekts und dessen Beziehungen zum Vielteilchenproblem der Metallelektronen findet sich auch bei Slater (67), S. 256—279.

Die hier betrachteten Vielteilchensysteme sollen ähnlich wie in (1.7-3) durch einen Hamilton-Operator der Form

$$H = T + V + U\,,$$
$$T = \sum_{i=1}^{N} t_i\,, \qquad t_i = \frac{\boldsymbol{p}_i^2}{2m}\,, \qquad \boldsymbol{p}_i = \frac{\hbar}{i}\frac{\partial}{\partial \boldsymbol{r}_i}\,,$$
$$V = \sum_{i=1}^{N} v(\boldsymbol{r}_i)\,, \quad v(\boldsymbol{r}_i) = \sum_{l} v(r_{il})\,, \quad v(r_{il}) = -\frac{Z\epsilon^2}{r_{il}}\,, \quad r_{il} = |\boldsymbol{r}_i - \boldsymbol{R}_l|\,, \tag{1}$$
$$U = \frac{1}{2}\sum_{i\neq j}^{N}\frac{\epsilon^2}{r_{ij}}\,, \qquad r_{ij} = |\boldsymbol{r}_i - \boldsymbol{r}_j|\,,$$

charakterisiert sein. Er enthält die kinetische Energie T, die Anziehung V der Elektronen (an Orten $\boldsymbol{r}_i$) durch die Atomkerne (an Orten $\boldsymbol{R}_l$) und die Coulomb-Abstoßung U zwischen den N Elektronen. Die Kerne werden als festliegend betrachtet (vgl. hierzu die adiabatische Näherung in [8.3]), weiter wird von Korrekturen wie der Spin-Bahn-Kopplung abgesehen. Ein stationärer Zustand dieses Systems wird durch eine Wellenfunktion $\Phi(x_1, x_2, \ldots, x_N)$ beschrieben, die von den Orts- und Spinkoordinaten $x_i \mathrel{\hat{=}} (\boldsymbol{r}_i, \sigma_i)$ aller Elektronen des Systems abhängt. Sie ist eine normierbare Lösung der Schrödinger-Gleichung

$$H\Phi = E\Phi\,, \qquad (\Phi, \Phi) = 1\,, \qquad E = \frac{(\Phi, H\Phi)}{(\Phi, \Phi)}\,. \tag{2}$$

E ist die Gesamtenergie des Systems bei gegebener Lage der Atomkerne. Hinzu kommt natürlich noch die Coulomb-Wechselwirkung der Atomkerne untereinander.

2.1.2. Modell unkorrelierter Teilchen (Hartree-Fock-Verfahren)

Der Grundgedanke des Modells unkorrelierter Teilchen oder des Hartree-Fock-Verfahrens besteht darin, das gesamte Vielteilchensystem näherungsweise durch ein Schema von wechselwirkungsfreien Einteilchenzuständen zu beschreiben. Deren Einteilchenwellenfunktionen

$$\varphi_k(x) = \delta_{s,\sigma}\varphi_n(\boldsymbol{r})\,, \qquad x \mathrel{\hat{=}} (\boldsymbol{r}, \sigma)\,, \qquad k \mathrel{\hat{=}} (n, s) \tag{3}$$

setzen sich aus einem Spinanteil $\delta_{s,\sigma}$ und einem räumlichen Anteil $\varphi_n(\boldsymbol{r})$ zusammen. Dabei ist s die Quantenzahl der z-Komponente des Spins, und n bedeutet $\boldsymbol{k}$ für freie Elektronen, $(\boldsymbol{k}, \nu)$ für Bloch-Elektronen bzw. die atomaren Quantenzahlen (n, l, m) für Atomelektronen. Bei Vernachlässigung der Korrelation infolge Teilchenwechselwirkung wird die Gesamtwellenfunktion des Systemgrundzustandes durch eine Slater-Determinante

$$\Phi_{\mathrm{HF}}(x_1, \ldots, x_N) = \frac{1}{\sqrt{N!}}\det\,(\varphi_{k_i}(x_j)) \tag{4}$$

dargestellt. Der Aufbau aus Produkten von Einteilchenwellenfunktionen bringt die unkorrelierte Bewegung zum Ausdruck, die in der Determinante enthaltene Linearkombination solcher Produkte sichert die Antisymmetrie der Gesamtwellenfunktion; dies führt zur Einfachbesetzung von N verschiedenen Einteilchenzuständen k entsprechend dem Pauli-Prinzip und zu den als Austausch bezeichneten Effekten (statistisches Ausweichen von Teilchen mit parallelem Spin).

Den besten Satz von Einteilchenfunktionen $\varphi_k(x)$ erhält man durch Minimalisierung der Gesamtenergie (2) für Zustände vom Typ (4),

$$E_{\mathrm{HF}} = \sum_{k=1}^{N} (k\,|t|\,k) + \sum_{k=1}^{N} (k\,|v|\,k) + \frac{1}{2} \sum_{k,k'}^{N} \left(kk' \left| \frac{\epsilon^2}{r_{12}} \right| k'k\right) - \frac{1}{2} \sum_{k,k'}^{N} \left(kk' \left| \frac{\epsilon^2}{r_{12}} \right| kk'\right). \tag{5}$$

Dies führt unter Beachtung der Normierung der Wellenfunktion auf die Hartree-Fock-Gleichungen

$$(t + v + v_{\mathrm{es}} + v_{\mathrm{x}})\, \varphi_k = \varepsilon_k \varphi_k \tag{6}$$

für die Einteilchen wellenfunktionen φ_k. (6) beschreibt die Bewegung eines Teilchens im mittleren Potential aller übrigen Teilchen. Wie in (1.7-11a) ist v_{es} nämlich das mittlere Coulomb-Potential aller Elektronen ($\int \mathrm{d}x = \sum_\sigma \int \mathrm{d}^3r$)

$$v_{\mathrm{es}}(x_1) = \sum_{k'=1}^{N} \left(k' \left| \frac{\epsilon^2}{r_{12}} \right| k'\right) = \int \mathrm{d}x_2 \frac{\epsilon^2}{r_{12}} \sum_{k'=1}^{N} \varphi_{k'}^*(x_2)\, \varphi_{k'}(x_2)\,, \tag{7}$$

das zusammen mit dem Potential der Atomkerne v das gesamte Coulomb-Potential bildet. Hinzu kommt das nichtlokale Austauschpotential, das als Integraloperator durch

$$\begin{aligned} v_{\mathrm{x}}\varphi_k &= - \sum_{k'=1}^{N} \left(k' \left| \frac{\epsilon^2}{r_{12}} \right| k\right) \varphi_{k'}(x_1) \\ &= \left[- \sum_{k'=1}^{N} \frac{\varphi_k^*(x_1)}{|\varphi_k(x_1)|^2} \left(k' \left| \frac{\epsilon^2}{r_{12}} \right| k\right) \varphi_{k'}(x_1) \right] \varphi_k(x_1) \equiv v_{\mathrm{x}k}(x_1)\, \varphi_k(x_1) \end{aligned} \tag{8}$$

definiert ist. Wirkt dieser auf den Zustand φ_k, dann kann er für $\varphi_k(x_1) \neq 0$ durch die Zahl $v_{\mathrm{x}k}$ ersetzt werden. Die Ausführung der Spinsummation zeigt, daß zum Austauschpotential $v_{\mathrm{x}k}$ nur Zustände k' beitragen, für die $s' = s$ gilt, und daß die eckige Klammer in (8) und damit auch $v_{\mathrm{x}k}$ gar keine Spinanteile mehr enthält. Die Eigenwerte von (6)

$$\varepsilon_k = (k\,|(t + v)|\,k) + \sum_{k'=1}^{N} \left[\left(kk' \left| \frac{\epsilon^2}{r_{12}} \right| k'k\right) - \left(kk' \left| \frac{\epsilon^2}{r_{12}} \right| kk'\right) \right] \tag{9}$$

haben als Bestandteile: die kinetische Energie, die potentielle Energie im Feld der Kerne, die Coulomb-Energie des betrachteten Elektrons im Feld der Ladungswolke aller Elektronen und die Austauschenergie. Die in jedem der letzten beiden Beiträge enthaltene Selbstenergie ($k' = k$) fällt insgesamt heraus. Die Hartree-Fock-Näherung führt also auf ein Schema von Einteilchenzuständen (3) und (9). Sie sind Lösungen der Schrödinger-Gleichung (6) im Einteilchenpotential $v_{\mathrm{HF}} = v + v_{\mathrm{es}} + v_{\mathrm{x}}$.

Auf einige besondere Eigenschaften der Hartree-Fock-Näherung soll noch hingewiesen werden: (i) Die Hartree-Fock-Näherung erfüllt das Virialtheorem (s. [A 7]). (ii) Alle Teile der Energie (5) sind einzeln invariant gegen eine unitäre Transformation von Φ, die die besetzten Einteilchenzustände untereinander transformiert. Aus diesem Grunde wird auch die Selbstenergie in Coulomb- und Austauschenergie stehen gelassen, obwohl sie sich heraushebt. (iii) Die Lösungen der Hartree-Fock-Gleichung sind orthogonal zueinander, da sie Eigenlösungen desselben Hamilton-Operators sind. (iv) Die Teilchendichte ergibt sich zu $n(\boldsymbol{r}) = 2 \sum_{n=1}^{N/2} |\varphi_n(\boldsymbol{r})|^2$. (v) Die Gesamtenergie ergibt sich gemäß (5); man beachte aber, daß $\sum_k^{\mathrm{bes}} \varepsilon_k$ nicht die Gesamtenergie liefert, da in $\sum_k^{\mathrm{bes}} \varepsilon_k$ die elektrostatische oder Hartree-Energie und die Austauschenergie der Elektronen im Unterschied zu (5) doppelt gezählt werden. (vi) Nach Koopman sind für ausgedehnte Systeme die Anregungsenergien durch $\varepsilon_k - \varepsilon_{\mathrm{F}}$ gegeben.

Im homogenen System sind die Einteilchenwellenfunktionen ebene Wellen, die Teilchendichte ist daher konstant. v und v_{es} kompensieren sich. Die Quantenzahl n wird hier durch $\boldsymbol{k}$ ersetzt. Gemäß (8) ergibt sich für das hier ortsunabhängige Austauschpotential

$$v_{\mathrm{x}k} = -\frac{2\epsilon^2 k_{\mathrm{F}}}{\pi} \, l\left(\frac{k}{k_{\mathrm{F}}}\right). \tag{10}$$

$l(k/k_{\mathrm{F}})$ ist die in (1.5-17) eingeführte Lindhard-Funktion. Für die Austauschenergie pro Teilchen erhält man mit $(3/4\,\pi) \int_{|\boldsymbol{k}|<1} \mathrm{d}^3k \; l(k) = {}^3/_4$

$$\varepsilon_{\mathrm{x}} = \frac{E_{\mathrm{x}}}{N} = \frac{1}{2N} \sum_s \sum_{|\boldsymbol{k}|<k_{\mathrm{F}}} v_{\mathrm{x}k} = -\frac{3\epsilon^2 k_{\mathrm{F}}}{4\pi} = -\frac{3\epsilon^2}{4}\left(\frac{3n}{\pi}\right)^{1/3} = -\frac{0{,}916}{r_s}\,ryd\,, \tag{11}$$

letzteres in Übereinstimmung mit (1.1-13). Dabei bedeutet $n = N/V$ die homogene Teilchendichte und $k_{\mathrm{F}} = (3\pi^2 n)^{1/3}$ die Fermi-Wellenzahl. Allerdings führt die in der Lindhard-Funktion enthaltene logarithmische Singularität bei $k = k_{\mathrm{F}}$ zum Verschwinden der Zustandsdichte für ε_{F} (s. Abb. 1.5-6), im krassen Gegensatz zum experimentellen Befund. Der Grund hierfür liegt darin, daß der Ansatz (4) das gegenseitige Ausweichen der Elektronen infolge ihrer Coulomb-Abstoßung nicht berücksichtigt, wodurch die Austauschwechselwirkung stark überschätzt wird. Bei Berücksichtigung der Coulomb-Korrelation wird die Singularität von (10) kompensiert (s. Ende von [2.2.1]).

2.1.3. Vielteilchentheorie der Bloch-Elektronen

H. Eschrig

In diesem Abschnitt soll angegeben werden, wie das bereits in der Einleitung allgemein und in [1.2] für das homogene Elektronengas dargelegte Quasiteilchenkonzept im Falle der Elektronen eines Kristalls praktisch realisiert werden kann. Die Bloch-Elektronen, deren Zustände durch die Bandstruktur beschrieben werden, sind jetzt die Landauschen Quasiteilchen des wechselwirkenden Elektronengases im periodischen Gitterpotential.

Den Quasiteilchenanregungen entsprechen Polglieder in der exakten Greenschen Einteilchenfunktion (1.2-5). Einem Quasiteilchenzustand im ν-ten Band mit dem Quasiimpuls $\hbar\boldsymbol{k}$ und der Energie $\varepsilon_{\boldsymbol{k},\nu}$ entspricht demnach ein Polglied in der Greenschen Funktion in Wellenzahl-Energie-Darstellung, so daß diese in der Form (im Unterschied zu [1.2] werden hier Energien statt Frequenzen benutzt)

$$G(\boldsymbol{k}+\boldsymbol{G},\boldsymbol{k}+\boldsymbol{G}';\varepsilon)=\frac{A_\nu(\boldsymbol{k}+\boldsymbol{G},\boldsymbol{k}+\boldsymbol{G}')}{\varepsilon-\varepsilon_{\boldsymbol{k},\nu}}+g_\nu(\boldsymbol{k}+\boldsymbol{G},\boldsymbol{k}+\boldsymbol{G}';\varepsilon) \tag{12}$$

geschrieben werden kann, wobei $g_\nu(\boldsymbol{k}+\boldsymbol{G},\boldsymbol{k}+\boldsymbol{G}';\varepsilon)$ in einer Umgebung von $\varepsilon=\varepsilon_{\boldsymbol{k},\nu}$ endlich ist. Zur Bestimmung des Polgliedes setzen wir (12) in die Bewegungsgleichung (1.2-16) ein und betrachten diese für $\varepsilon\to\varepsilon_{\boldsymbol{k},\nu}$. Dann können wir alle Glieder weglassen, die den Pol nicht enthalten. Im Ergebnis entsteht, wenn wir noch zur Ortsdarstellung zurückgehen,

$$[\varepsilon_{\boldsymbol{k},\nu}-h]\,A_{\boldsymbol{k},\nu}(x,x')-\int \mathrm{d}x''\,\Sigma(x,x'';\varepsilon_{\boldsymbol{k},\nu})\,A_{\boldsymbol{k},\nu}(x'',x')=0\,. \tag{13}$$

Hier ist $h=t+v+v_{\mathrm{es}}$ der Hartree-Hamilton-Operator, und der Selbstenergieoperator $\Sigma(x,x'';\varepsilon)$ enthält gegenüber (1.2-15) noch den Beitrag $-v_{\mathrm{es}}(\boldsymbol{r})\,\delta(x-x'')$. Das Abspalten des mittleren Coulomb-Potentials (7) führt dazu, daß Σ eine kurze Reichweite besitzt $\big(\Sigma(x,x'';\varepsilon)\approx 0$, falls $|\boldsymbol{r}-\boldsymbol{r}''|$ größer als etwa der Radius des Austausch- und Korrelationslochs ist$\big)$. Σ kann zusammen mit G, der Polarisation χ (s. (1.3-4)), der effektiven Coulomb-Wechselwirkung (A 8-23) und dem Vertexteil Γ (A 8-25) aus einem System von Integralgleichungen bestimmt werden (Hedin und Lundqvist, 69, s. auch (9.1-12 bis 17)). Die Gleichung (13) enthält die Variable x' nur als Parameter in der gesuchten Funktion $A_{\boldsymbol{k},\nu}(x,x')$. Andererseits ist diese als Lösung einer homogenen linearen Gleichung bis auf einen von x unabhängigen Faktor eindeutig. Daher muß $A_{\boldsymbol{k},\nu}$ die Form

$$A_{\boldsymbol{k},\nu}(x,x')=\varphi_{\boldsymbol{k},\nu}(x)\,\chi_{\boldsymbol{k},\nu}(x') \tag{14}$$

haben, und wir erhalten die Gleichung

$$(t+v+v_{\mathrm{es}})\,\varphi_{\boldsymbol{k},\nu}(x)+\int \mathrm{d}x''\,\Sigma(x,x'';\varepsilon_{\boldsymbol{k},\nu})\,\varphi_{\boldsymbol{k},\nu}(x'')=\varepsilon_{\boldsymbol{k},\nu}\varphi_{\boldsymbol{k},\nu}(x)\,, \tag{15}$$

die sich von (6) nur dadurch unterscheidet, daß anstelle des Austauschpotentials der nichtlokale, nichthermitische und energieabhängige Selbstenergieoperator steht. Dieser hat für die Quasiteilchen die Bedeutung eines Austausch- und Korrelationspotentials $v_{\mathrm{xc}}^{\mathrm{QT}}$. Die Funktion $\chi_{\boldsymbol{k},\nu}$ ergibt sich aus einer zu (15) analogen Gleichung mit dem zu Σ adjungierten Operator. Da Σ im allgemeinen nicht selbstadjungiert ist, ist $\chi_{\boldsymbol{k},\nu}$ nicht einfach zu $\varphi_{\boldsymbol{k},\nu}$ konjugiert komplex, und die $\varepsilon_{\boldsymbol{k},\nu}$ sind komplex, wodurch die Dämpfung der Quasiteilchen infolge Elektron-Elektron-Wechselwirkung beschrieben wird. (Diese ist zu unterscheiden von der in [9] betrachteten Dämpfung durch Elektron-Phonon-Wechselwirkung.) Da diese Dämpfung wie im Falle des homogenen Elektronengases an der Fermi-Energie verschwindet (s. [1.2.2], S. 25), wird sie in den meisten Fällen vernachlässigt, und Σ in (15) wird durch seinen Realteil ersetzt.

Das Problem besteht nun in der Bestimmung von Σ. Hedin und Lundqvist (71), s. auch Hedin (65), haben dafür in Verbindung mit dem Übergang von Σ als nichtlokalem Operator zu einer lokalen Größe auch eine Näherung der lokalen Dichte analog zu der für das Kohn-Sham-Potential (s. [1.7.4 u. 1.7.6]) vorgeschlagen, die vielfach benutzt wird. Sie soll hier für den nichtmagnetischen Fall, in dem überall x durch $\boldsymbol{r}$ ersetzt werden kann, kurz erläutert werden. Für das homogene Elektronengas der Dichte n läßt sich Σ in Näherungen berechnen, die wesentlich über die Hartree-Fock-Näherung (erster Term in (A 8-13 od. 26) hinausgehen, Hedin u. Lundqvist, 69, s. (A 8-26)). Diese Größe sei in Orts- bzw. Impulsdarstellung durch

$$\Sigma(|\boldsymbol{r}-\boldsymbol{r}'|,\varepsilon;n)=\sum_{\boldsymbol{k}}\frac{1}{V}\,\mathrm{e}^{i\boldsymbol{k}(\boldsymbol{r}-\boldsymbol{r}')}\,\Sigma(|\boldsymbol{k}|,\varepsilon;n) \tag{16}$$

bezeichnet. Gleichung (15) hat für das homogene System die Lösung $\varphi_{\boldsymbol{k}}(\boldsymbol{r})\sim\exp(i\boldsymbol{k}\boldsymbol{r})$ mit der aus $\varepsilon=\hbar^2\boldsymbol{k}^2/2m+\Sigma(|\boldsymbol{k}|,\varepsilon;n)$ folgenden Quasiteilchenenergie $\varepsilon_{|\boldsymbol{k}|}(n)=$ $=\hbar^2\boldsymbol{k}^2/2m+v_{\mathrm{xc}}^{\mathrm{QT}}(|\boldsymbol{k}|,n)$.

Im Sinne einer Thomas-Fermi-Näherung wird nun für das inhomogene System

$$\Sigma(\boldsymbol{r},\boldsymbol{r}';\varepsilon)\approx\Sigma\left(|\boldsymbol{r}-\boldsymbol{r}'|,\varepsilon-v_{\mathrm{H}}\left(\frac{\boldsymbol{r}+\boldsymbol{r}'}{2}\right);n\right) \tag{17}$$

gesetzt. Hier ist erstmalig davon Gebrauch gemacht, daß Σ nach Abzug von v_{es} kurzreichweitig ist, $v_{\mathrm{H}}=v+v_{\mathrm{es}}$ ist das Hartree-Potential. Um die Integrodifferentialgleichung (15) näherungsweise in eine Differentialgleichung zu überführen, wird außerdem eine WKB-ähnliche Näherung benutzt. Dazu wird für die Lösung von (15) für das inhomogene System der Ansatz

$$\varphi_{\boldsymbol{k},\nu}(\boldsymbol{r})=a_{\boldsymbol{k},\nu}(\boldsymbol{r})\,\mathrm{e}^{i\boldsymbol{k}(\boldsymbol{r})\boldsymbol{r}},\qquad \boldsymbol{k}(\boldsymbol{r})\parallel\boldsymbol{k}, \tag{18}$$

gemacht, wobei $a_{\boldsymbol{k},\nu}(\boldsymbol{r})$ und $\boldsymbol{k}(\boldsymbol{r})$ schwach von $\boldsymbol{r}$ abhängen sollen, so daß beim Einsetzen in das Integral von (15) im Argument dieser Funktionen $\boldsymbol{r}''$ durch $\boldsymbol{r}$ ersetzt werden kann (erneuter Gebrauch der kurzen Reichweite von Σ). Im Ergebnis erhält man

$$\int \mathrm{d}^3r''\,\Sigma(\boldsymbol{r},\boldsymbol{r}'';\varepsilon_{\boldsymbol{k},\nu})\,\varphi_{\boldsymbol{k},\nu}(\boldsymbol{r}'')\approx\Sigma\big(|\boldsymbol{k}(\boldsymbol{r})|,\varepsilon_{\boldsymbol{k},\nu}-v_{\mathrm{H}}(\boldsymbol{r});n(\boldsymbol{r})\big)\,\varphi_{\boldsymbol{k},\nu}(\boldsymbol{r})\,. \tag{19}$$

In (18) wird eine Funktion $\varphi_{\boldsymbol{k},\nu}(\boldsymbol{r})$ durch zwei neue Funktionen $a_{\boldsymbol{k},\nu}(\boldsymbol{r})$ und $|\boldsymbol{k}(\boldsymbol{r})|$ dargestellt. Daher kann man eine von ihnen, z. B. $|\boldsymbol{k}(\boldsymbol{r})|$, in gewissen Grenzen frei wählen (so daß die $\boldsymbol{r}$-Abhängigkeit schwach bleibt). Hedin und Lundqvist schlugen vor, $|\boldsymbol{k}(\boldsymbol{r})|$ aus der Gleichung

$$\varepsilon_{|\boldsymbol{k}(\boldsymbol{r})|}\big(n(\boldsymbol{r})\big)-\varepsilon_{\mathrm{F}}\big(n(\boldsymbol{r})\big)=\varepsilon_{\boldsymbol{k},\nu}-\varepsilon_{\mathrm{F}} \tag{20}$$

zu bestimmen, in der $\varepsilon_{\mathrm{F}}(n)$ die Fermi-Energie des homogenen Elektronengases der Dichte n und ε_{F} die des inhomogenen Systems ist. Diese Wahl sichert, daß man bei der so berechneten Bandstruktur dieselbe Fermi-Fläche erhält wie bei der Berechnung des Grundzustandes im Dichte-Funktional-Formalismus ([1.7]).

Zur Berechnung des rechten Ausdrucks in (19) benötigt man nun noch die Dichte des Systems im Grundzustand, die mit Hilfe des Dichte-Funktional-Formalismus [1.7] selbstkonsistent berechnet werden muß. Dabei werden formale Einteilchenzustände $(\varphi_k,\varepsilon_k)$ aus der (einer Einteilchen-Schrödinger-Gleichung ähnelnden) Kohn-Sham-Gleichung mit $v_{\mathrm{eff}}=v+v_{\mathrm{es}}+\delta E_{\mathrm{xc}}/\delta n$ als effektivem Einteilchenpotential bestimmt. Eine Näherung für die Austausch- und Korrelationsenergie E_{xc} als Funktional der Teilchendichte liefert somit eine Näherung für $n(\boldsymbol{r})$.

2.2. Austausch-und Korrelationspotential

2.2.1. Lokales Austausch- und Korrelationspotential

Die in [2.1.2], [1.7.6] und [2.1.3] definierten Einteilchenpotentiale bestehen alle aus einem äußeren Potential, dem Coulomb-Potential der Elektronen (Hartree-Term) und aus einem Austausch- und Korrelationspotential. Das äußere Potential, also das Coulomb-Potential der Atomkerne, ist eine gegebene Funktion; die Gitterplätze werden hier als gegeben und festliegend vorausgesetzt. Die Berechnung des Coulomb-Potentials der Elektronen bereitet bei Kenntnis der Ladungsdichte keine wesentlichen Schwierigkeiten, praktische Details werden in [2.3] besprochen. Die Berechnung der Ladungsdichte erfolgt gegebenenfalls in einem selbstkonsistenten Verfahren, in dem in jedem Zyklus aus den Einteilchenwellenfunktionen eine verbesserte Dichteverteilung gewonnen wird. Prinzipielle Probleme und Fragen des vertretbaren numerischen Aufwandes treten bei der Bestimmung des Austausch- und Korrelationspotentials auf. Diese Probleme hängen mit der nur näherungsweisen Kenntnis von Dichtefunktional oder Selbstenergie zusammen, der numerische Aufwand steigt außerdem durch Nichtlokalität und Energieabhängigkeit stark an.

Im Hartree-Fock-Potential (6) sind Korrelationseffekte vernachlässigt worden. Trotz des nichtlokalen Austauschanteils wurden die Hartree-Fock-Gleichungen für alle Atome numerisch gelöst. Eigenwerte und Eigenfunktionen liegen tabellarisch oder in parametrisierter Form vor. Für Festkörper wurden keine vollständigen Hartree-Fock-Rechnungen durchgeführt, da der numerische Aufwand zu hoch ist. Es gibt einige stark eingeschränkte selbstkonsistente Rechnungen, bei denen die Wellenfunktionen nach einem begrenzten Satz von Funktionen entwickelt werden. Wegen dieser Schwierigkeiten — anfangs auch für die Atome zutreffend — hat man versucht, näherungsweise ein lokales Austauschpotential zu finden bzw. eine lokale-Dichte-Näherung durchzuführen. Eine Möglichkeit der Konstruktion eines lokalen Potentials besteht darin, daß man v_{xk} aus (2.1-8) über alle besetzten Zustände mittelt, wobei $|\varphi_k(x)|^2 \Big/ \sum_{k=1}^{N} |\varphi_k(x)|^2$ als Gewichtsfaktor dient. Für das homogene Elektronengas bedeutet dies eine Mittelung von (2.1-10) über die Fermi-Kugel mit dem einfachen Ergebnis

$$v_x^S(\boldsymbol{r}) = -\frac{3\epsilon^2 k_F(\boldsymbol{r})}{2\pi} = -\frac{3}{2}\epsilon^2\left(\frac{3n(\boldsymbol{r})}{\pi}\right)^{1/3} = -\frac{1{,}832}{r_s(\boldsymbol{r})}\,ryd\,. \tag{1}$$

Dies ist der sogenannte „Slater-Austausch“ (Slater, 51). In der lokalen-Dichte-Näherung übernimmt man das Ergebnis vom Elektronengas, nur wird die mittlere Dichte durch die räumlich variierende Dichte $n(\boldsymbol{r})$ ersetzt. Diese grob erscheinende Näherung hat sich bewährt (so auch in vielen Berechnungen von Gesamtenergien, Ionisierungsenergien und Ladungsdichten atomarer Systeme, s. Herman u. Skillman, 63) und — mit einer noch zu besprechenden Erweiterung — bei der Berechnung der Elektronenstruktur von Festkörpern durchgesetzt.

Berechnet man das Austauschpotential in gleicher Näherung durch Variation des Dichtefunktionals (s. (1.7-27) und Text danach), dann ergibt sich

$$v_x^{KSG}(\boldsymbol{r}) = -\epsilon^2\left(\frac{3n(\boldsymbol{r})}{\pi}\right)^{1/3} = \frac{2}{3}\,v_x^S(\boldsymbol{r})\,. \tag{2}$$

Das ist der sogenannte „Kohn-Sham-Gáspár-Austausch". Er ist um einen Faktor 2/3 kleiner als der Slater-Austausch. Während (1) den Mittelwert des nichtlokalen Austauschpotentials (2.1-10) über die Fermi-Kugel darstellt, ist (2) mit $l(1) = 1/2$ der Wert dieses Potentials an der Fermi-Energie, d. h. für $k = k_F$.

Hedin und Lundqvist (71) haben (mit verschiedenen Näherungen für die dielektrische Funktion, mit der Aufladeformel (1.1-21b) und der aus dem Fluktuations-Dissipations-Theorem folgenden Beziehung (1.4-10)) die Korrelationsenergie des freien Elektronengases bei der Auswertung von (1.7-27) einbezogen. Das Ergebnis kann in der Form

$$v_{xc}^{HL}(\boldsymbol{r}) = v_x^{KSG}(\boldsymbol{r}) + \mu_c^P(r_s) \equiv \alpha(r_s)\, v_x^S(\boldsymbol{r}) \tag{3}$$

parametrisiert werden; über $n(\boldsymbol{r})$ hängt auch r_s von $\boldsymbol{r}$ ab. Die Auswertung in RPA bzw. in STLS-Näherung (Singwi u. a., 68) führte auf

$$\begin{aligned} &\mu_c^P(r_s) = -c^P \ln(1 + r^P/r_s)\,, \\ \text{RPA:}\quad & c^P = 0{,}0504\, ryd\,, \qquad r^P = 30\,, \\ \text{STLS:}\quad & c^P = 0{,}0450\, ryd\,, \qquad r^P = 21\,. \end{aligned} \tag{4}$$

Der Faktor $\alpha(r_s)$, der beide Summanden in (3) zusammenfaßt, ist für STLS in Abb. 2.2-1 dargestellt: $\alpha(r_s) = (2/3) + 0{,}0246 r_s \ln(1 + 21/r_s)$.

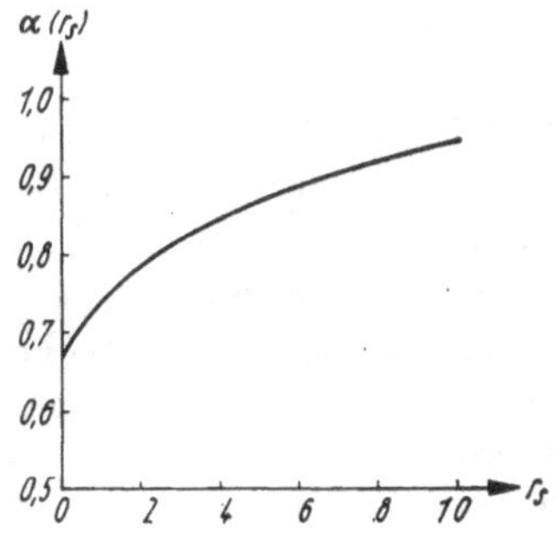

Abb. 2.2-1. Vorfaktor α im Austausch- und Korrelationspotential von Hedin und Lundquist (71) in der STLS-Näherung.

Im spinpolarisierten Fall, wenn die beiden Spinrichtungen unterschiedlich besetzt sind, wird das Austauschpotential spinabhängig, da nur zwischen Elektronen mit parallelem Spin ein Austauscheffekt besteht. In (1) und (2) einschl. r_s muß dann $n(\boldsymbol{r})/2$ durch $n(\boldsymbol{r}, \sigma)$, die Dichte der Elektronen mit der Spineinstellung σ, ersetzt werden. Barth und Hedin (72) haben (4) auf den spinpolarisierten Fall erweitert. Das Ergebnis ist

$$v_{xc}^{BH}(\boldsymbol{r}, \sigma) = v_x^{KSG}(\boldsymbol{r}, \sigma) + \mu_c^P(r_s) + \nu_c(r_s) \left[\left(\frac{n(\boldsymbol{r}, \sigma)}{n(\boldsymbol{r})/2}\right)^{1/3} - 1\right] \tag{5}$$

mit

$$\begin{aligned} &\nu_c(r_s) = \gamma(\varepsilon_c^F - \varepsilon_c^P)\,, \qquad \gamma = (4/3)\,(2^{1/3} - 1)\,, \\ &\varepsilon_c^{F,P} = -c^{F,P} F(r_s/r^{F,P})\,, \qquad F(z) = (1 + z^3)\ln(1 + 1/z) + z/2 - z^2 - 1/3\,, \\ &\text{RPA:}\quad c^F = 0{,}0254\, ryd\,, \qquad r^F = 75\,. \end{aligned} \tag{6}$$

c^P und r^P sind aus (4) zu übernehmen. Die Indizes F, P sollen an ferro- bzw. paramagnetisch erinnern.

Die bisher besprochenen Näherungen (1) und (2) gehen von dem Ergebnis für das homogene Elektronengas aus. Erfaßt man in dem Energiefunktional (1.7-4) auch die durch Dichteschwankungen bestimmten Beiträge, dann erhält das Austauschpotential in (1.7-26a) Zusatzterme (Darewych, 70)

$$v_x^D(\boldsymbol{r}) = v_x^{KSG}(\boldsymbol{r}) + \frac{\epsilon^2 \pi}{(3\pi^2)^{4/3} \left(n(\boldsymbol{r})\right)^{1/3}} \left[\frac{4}{3}\left(\frac{\nabla n(\boldsymbol{r})}{n(\boldsymbol{r})}\right)^2 - 2\frac{\Delta n(\boldsymbol{r})}{n(\boldsymbol{r})}\right] \quad (7)$$

mit Ableitungen der Dichte. Diese Inhomogenitätskorrekturen sind aber bisher wenig angewendet worden. Die vorliegenden Ergebnisse sind nicht ermutigend, so daß im allgemeinen die Inhomogenitätskorrekturen nicht berücksichtigt werden.

Wie in [2.1.3] diskutiert, wurde auch im Quasiteilchenkonzept ein lokales Austausch- und Korrelationspotential bestimmt, das für das homogene Elektronengas der Dichte n in der Form

$$v_{xc}^{QT}(|\boldsymbol{k}|, n) = \Sigma\left(|\boldsymbol{k}|, \varepsilon_{|\boldsymbol{k}|}(n); n\right) \quad (8)$$

geschrieben werden kann. Die Berücksichtigung der Korrelation in RPA im Selbstenergieoperator (s. (A 8-26)) ergab eine sehr aufschlußreiche Aussage. Während das Austauschpotential (2.1-10) allein stark zustandsabhängig ist, variiert die Summe von Austausch- und Korrelationspotential $v_{xc}^{QT}(|\boldsymbol{k}|, n)$ nur geringfügig mit $|\boldsymbol{k}|$ und unterscheidet sich nur wenig von (3). Insbesondere kompensiert der Korrelationsanteil die logarithmische Singularität an der Fermi-Energie, die zu unphysikalischen Ergebnissen im Einteilchenspektrum des Elektronengases führen würde (s. Abb. 1.5-6). Aus diesem Grunde gab man auch dem Mittelwert (1) oder (2) den Vorzug gegenüber dem — im Sinne des Hartree-Fock-Verfahrens — genaueren nichtlokalen bzw. zustandsabhängigen Potential (2.1-10). Die Berücksichtigung der Korrelation im Quasiteilchenkonzept hat die Benutzung von (1) oder (2) statt (2.1-10) nachträglich gerechtfertigt und damit auch die Frage beantwortet, warum diese einfachen Näherungen so erfolgreich angewendet werden können, und zwar sowohl zur Bestimmung der Grundzustandsdichte und -energie (mit Hilfe des Dichte-Funktional-Formalismus) als auch zur Berechnung der Bandstruktur (im Sinne des Quasiteilchenkonzepts).

2.2.2. X_α-Methode

Die bisherigen Diskussionen haben gezeigt, daß das Austausch- und Korrelationspotential sowohl in der Kohn-Sham-Gleichung als auch in der Quasiteilchengleichung in guter Näherung durch einen lokalen Ausdruck der Form

$$v_{xc}^{\alpha}(\boldsymbol{r}) = -\alpha\, \frac{3}{2}\, \epsilon^2 \left(\frac{3n(\boldsymbol{r})}{\pi}\right)^{1/3} = \alpha v_x^S(\boldsymbol{r}) \quad (10)$$

erfaßt wird. Im Slater-Austausch hat α den Wert 1, beim Kohn-Sham-Gáspár-Austausch den Wert 2/3, in (3) variiert es nach Hedin und Lundqvist je nach dem lokalen Dichtewert $n(\boldsymbol{r})$ zwischen diesen beiden Werten. Für verschiedene Meßgrößen und je nach der Art der Potentialkonstruktion (s. [2.3]) ergab sich einmal für diesen, ein andermal für jenen α-Wert eine bessere Übereinstimmung mit experimentellen Ergebnissen. Daher wird innerhalb der X_α-Methode ein Austausch- und Korrelationspotential der Form (10) mit einem geeignet zu wählenden α-Wert verwendet (Slater, 74). Die Lösungen von (2.1-6) mit v_{xc}^α statt v_x oder auch von (1.7-26) ebenfalls mit v_{xc}^α statt v_{xc} werden als X_α-Wellenfunktionen bezeichnet.

Die X_α-Methode wurde insbesondere von Slater und Mitarbeitern (69a) intensiv untersucht. Die Erweiterung des Hartree-Fock-Verfahrens zur Hyper-Hartree-Fock-Methode (nicht-ganzzahlige Besetzungszahlen, Slater u. a., 69b) erlaubte es, die für Festkörper interessanten Fälle (nicht voll besetzte Bänder) bereits am einzelnen Atom zu simulieren. Der α-Wert wird nun mit dem Ziel, die X_α-Wellenfunktionen den Hartree-Fock-Wellenfunktionen möglichst gut anzunähern, entweder über die Gesamtenergie oder über das Virialtheorem wie folgt bestimmt: Im ersten Falle wird in der X_α-Näherung in der Gesamtenergie (2.1-5) die Austauschenergie (letzter Term) durch den lokale-Dichte-Ausdruck $E_{xc}^\alpha = \int d^3r\, n(\boldsymbol{r})\, (3/4)\, v_{xc}^\alpha(\boldsymbol{r})$ ersetzt.[1]) In dem so entstehenden Ausdruck der Gesamtenergie E_{X_α} wird der Parameter α so gewählt, daß E_{X_α} mit der Hartree-Fock-Energie übereinstimmt. Im zweiten Fall wird der Erwartungswert von H gemäß (2.1-5) mit X_α-Wellenfunktionen berechnet. Da die aus X_α-Wellenfunktionen durch Determinantenbildung (2.1-4) entstehende Gesamtwellenfunktion keine Eigenfunktion von H (und natürlich auch keine Lösung des Hartree-Fock-Verfahrens) ist, ist das Virialtheorem (s. [A7]) im allgemeinen nicht erfüllt, kann aber durch spezielle Wahl von α befriedigt werden. Die so von Schwarz (72, 74) gefundenen Werte α_E und α_{VT} sind in Tab. 2.2-1 zusammengestellt. Sie unterscheiden sich fast nicht voneinander. Das bedeutet: Die X_α-Wellenfunktionen sind eine gute Annäherung an die Hartree-Fock-Wellenfunktionen, oder mit anderen Worten, die so berechneten Elektronendichten sind eine gute Annäherung an die Hartree-Fock-Dichten; man beachte aber, daß die mit dieser X_α-Methode berechneten ε_k besser sind als die entsprechenden Hartree-Fock-Werte (s. Ende von [2.2.1]).

Die in Tab. 2.2-1 angegeben α-Werte werden bei konkreten Rechnungen vielfach verwendet, daneben auch $\alpha = 1$ und $\alpha = 2/3$. Man sollte aber auch dem $\alpha(r_s)$ aus (3) stärkere Beachtung schenken. Bei der Untersuchung von Legierungen hat es sich bewährt, in verschiedenen Raumbereichen unterschiedlich α-Werte zu verwenden (s. [2.3]). So wird innerhalb der Muffin-Tin-Kugeln (s. [2.3.2]) der in Tab. 2.2-1 angegebene α-Wert des jeweiligen Atoms gewählt.

Auf zwei Erweiterungen der X_α-Methode soll noch hingewiesen werden. Im spinpolarisierten Fall können die α-Werte für Elektronen mit ‚Spin-auf‘ und ‚Spin-ab‘ differieren. Durch Minimalisierung der Gesamtenergie fanden Wilson u. a. (70) z. B. für Mn^{2+} die Werte $\alpha^\uparrow = 0{,}723$ und $\alpha^\downarrow = 0{,}706$. Auch kann man bei Übergangsmetallen mit unterschiedlichen α-Werten für s- und d-artige Bloch-Zustände arbeiten (Karsch u. Rennert, 74). Aus der geringen $\boldsymbol{k}$-Abhängigkeit des von Hedin (65) berechneten Austausch- und Korrelationspotentials kann man schließen, daß man innerhalb eines Energiebandes in guter Näherung einen α-Wert benutzt. Da in dieser Rechnung aber ein Mittelwert über alle Drehimpulsanteile gebildet wurde, läßt sie keine Schlüsse über die Variation des Austausches von Drehimpuls zu Drehimpuls zu. Der recht unterschiedlichen Form der atomaren Wellenfunktionen — etwa von $4s$- und $3d$-

[1]) Dieser Ausdruck wurde so gewählt, daß die Dichtevariation gerade wieder das X_α-Potential (10) ergibt (vgl. auch (1.7-27)). Übrigens wird dabei das Virialtheorem (s. [A7]) für beliebige Werte α erfüllt (Ross, 69, s. auch Slater, 72, 74).

Tabelle 2.2-1. Parameter α_{VT} und α_E in der X_α-Methode
a) nach Schwarz (72), b) nach Schwarz (74)

a)

Atom	α_{VT}	α_E	Atom	α_{VT}	α_E
H	0,97804		Ti	0,71648	0,71695
He	0,77236	0,77298	V	0,71506	0,71556
Li	0,78087	0,78147	Cr	0,71296	0,71352
Be	0,76756	0,76823	Mn	0,71228	0,71279
B	0,76452	0,76531	Fe	0,71094	0,71151
C	0,75847	0,75928	Co	0,70966	0,71018
N	0 75118	0,75197	Ni	0,70843	0,70896
O	0,74367	0,74447	Cu	0,70635	0,70697
F	0,73651	0,73732	Zn	0,70619	0,70673
Ne	0,72997	0,73081	Ga	0,70644	0,70690
Na	0,73044	0,73115	Ge	0,70645	0,70684
Mg	0,72850	0,72913	As	0,70630	0,70665
Al	0,72795	0,72853	Se	0,70606	0,70638
Si	0,72969	0,72751	Br	0,70576	0,70606
P	0,72569	0,72620	Kr	0,70544	0,70574
S	0,72426	0,72475	Rb	0,70525	0,70553
Cl	0,72277	0,72325	Sr	0,70480	0,70504
Ar	0,72131	0,72177	Y	0,70440	0,70465
K	0,72072	0,72117	Zr	0,70398	0,70424
Ca	0,71941	0,71984	Nb	0,70357	0,70383
Sc	0,71793	0,71841			

b)

Atom	α_{VT}	α_E	Atom	α_{VT}	α_E
Mo	0,70311	0,70341	Pr	0,69742	0,69765
Tc	0,70269	0,70299	Eu	0,69549	0,69575
Ru	0,70227	0,70253	Gd	0,69543	0,69566
Rh	0,70187	0,70217	Tb	0,69501	0,69525
Pd	0,70128	0,70158	Dy	0,69426	0,69453
Ag	0,70114	0,70145	Yb	0,69292	0,69317
Cd	0,70084	0,70114	Lu	0,69302	0,69324
In	0,70074	0,70102	Ir	0,69296	0,69310
Xe	0,69962	0,69984	Pt	0,69292	0,69306
Cs	0,69939	0,69961	Au	0,69288	0,69301
Ba	0,69906	0,69927	Hg	0,69278	0,69290
La	0,69877	0,69898	Tl	0,69280	0,69289
Ce	0,69824	0,69845	Rn	0,69245	0,69248

Zuständen — entsprechend liefert die getrennte Mittelwertbildung für die einzelnen Drehimpulse auch recht unterschiedliche α-Werte (Karsch u. Rennert, 74). Ähnlich werden auch von Liberman (68) Austauschpotentiale diskutiert, die für jeden atomaren Einteilchenzustand verschieden sind.

2.3. Konstruktion von Kristallpotentialen

2.3.1. Mattheiss-Konzept

Zur Berechnung der Eigenwerte und der Eigenfunktionen der Einteilchen-Schrödinger-Gleichung im Kristall benötigt man das gitterperiodische Potential $v(\boldsymbol{r})$. Dieses Potential kann nach den Ausführungen der vorangegangenen Kapitel als die Summe des Coulomb-Potentials aller Elektronen und der Kerne und eines geeignet gewählten Austausch- und Korrelationspotentials dargestellt werden. Die Bestimmung des Kristallpotentials hat eigentlich durch die selbstkonsistente Lösung der Schrödinger-Gleichung zu erfolgen. Obwohl derartige selbstkonsistente Berechnungen (natürlich nur im Rahmen lokaler Austausch- und Korrelationspotentiale) schon seit Jahren und in ständig steigender Zahl durchgeführt werden, (s. z. B. Moruzzi u. a., 78, Klein u. a., 78), interessieren doch auch heute noch nichtselbstkonsistent durchgeführte Rechnungen (Loucks, 67, Alder u. a., 68, Ziman, 71). In diesen Rechnungen, aber auch bei der Konstruktion eines Startpotentials für ein selbstkonsistentes Verfahren, ist es von größter Wichtigkeit, das Potential so zu bestimmen, daß es dem zu erwartenden „richtigen" Einelektronenpotential möglichst nahekommt.

Wir beginnen mit der Betrachtung von Festkörpern, die aus nur einer Sorte von Atomen aufgebaut sind. Das einfachste, in der Anwendung aber auch erfolgreichste Verfahren beruht auf der Annahme, daß jeder Baustein im Festkörper dieselbe Elektronenhülle hat wie im freien Atom, also daß sich diese Hüllen ungestört überlagern. Das gesamte Kristallpotential $v(\boldsymbol{r})$ ist dann die Überlagerung von Potentialen $v_a(\boldsymbol{r})$ neutraler Atome, die sich an Gitterplätzen $\boldsymbol{R}$ befinden (Mattheiss, 64a, b):

$$v(\boldsymbol{r}) = \sum_{\boldsymbol{R}} v_a(\boldsymbol{r} - \boldsymbol{R})\,.^{1)} \tag{1}$$

Das Potential $v_a(\boldsymbol{r})$ des neutralen Atoms fällt zwar mit wachsendem Abstand schnell ab, jedoch gibt es zumindest mit den nächsten Nachbarn im Gitter noch eine wesentliche Überlappung, die zu einer Absenkung und Glättung des Potentials im zwischenatomaren Bereich führt, wie das in Abb. 2.3-1 gezeigt ist. Bei der Überlagerung der Potentiale neutraler Atome ist die lokale Elektroneutralität gesichert, d. h., in jeder Wigner-Seitz- (WS-) Zelle befindet sich exakt die richtige Anzahl von Elektronen. Auch die diesem Bild entsprechende Elektronendichte stimmt für Metalle gut mit der experimentell (z. B. durch Beugung von Röntgen-Strahlen) ermittelten überein; sie ist jedoch natürlich nicht exakt. Die Annahme, daß das Kristallpotential durch die Überlagerung neutraler Atome konstruiert werden kann, erfährt deswegen ihre Recht-

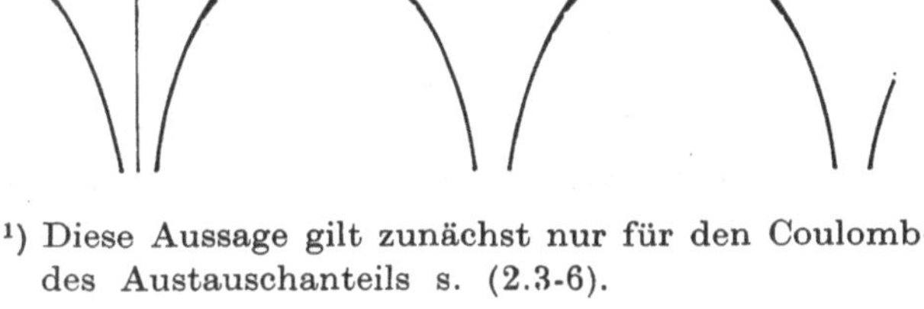

Abb. 2.3-1. Aufbau eines Kristallpotentials (— — —) durch Überlagerung von Atompotentialen (——)

[1]) Diese Aussage gilt zunächst nur für den Coulomb-Anteil (s. (2.3-4)); zur Einbeziehung des Austauschanteils s. (2.3-6).

fertigung im wesentlichen durch die Übereinstimmung, die beim Vergleich der berechneten Bandstruktur mit dem Experiment erzielt wird.

Es macht sich jedoch eine Verfeinerung dieser Vorstellung notwendig. Grundsätzlich kann das Kristallpotential (in der Näherung als lokales Potential) immer in der Form (1) geschrieben werden, sofern man unter $v_a(\boldsymbol{r})$ nicht das Potential eines freien Atoms versteht, sondern das eines neutralen, sogenannten metallischen „Pseudoatoms", das sich vom freien Atom im Verlauf der Elektronendichte unterscheiden kann (ein spezielles Beispiel findet sich in [3.8]). Das Problem besteht dann gerade darin, das Potential $v_a(\boldsymbol{r})$ so zu bestimmen, daß der Einfluß der anderen Atome im Kristall berücksichtigt wird, was letzten Endes wieder darauf führt, daß man die selbstkonsistente Lösung des Problems zu finden hat.

Es können jedoch in Festkörpern solche Veränderungen gegenüber dem freien Atom auftreten, die man von vornherein genähert berücksichtigen kann. Das wichtigste Beispiel hierfür ist die Konfiguration der Übergangsmetalle. So liegt bei der Mehrzahl der freien Atome aus der $3d$-Reihe die Konfiguration $3d^{n-2}4s^2$ vor. Bereits eine einfache Betrachtung zeigt, daß im Metall dagegen im Mittel etwa nur ein $4s$-Elektron vorhanden ist, was der Konfiguration $3d^{n-1}4s^1$ entspricht.

Sieht man nämlich von der Hybridisierung der s- und d-Bänder sowie von der Beimischung weiterer Drehimpulse ab, so kann die Bandstruktur eines Übergangsmetalls durch ein breites s-Band und fünf schmale, etwa in der Mitte des s-Bandes liegende d-Bänder näherungsweise beschrieben werden. Bei der Auffüllung dieser Zustände ergibt sich nun unter Beachtung der zweifachen Spinentartung, daß nach Auffüllung des halben s-Bandes zunächst weiter nur die d-Bänder aufgefüllt werden, was gerade auf die Konfiguration $3d^{n-1}4s^1$ führt, wenn das Atom insgesamt n s- und d-Elektronen hat.

Detaillierte experimentelle und theoretische Untersuchungen (Mattheiss u. a., 68) stützen diese Vorstellung, so daß es als sinnvoll erscheint, als neutrales „Pseudoatom" im Übergangsmetall das der Konfiguration $3d^{n-1}4s^1$ zu wählen, das als freies Atom gar nicht vorkommt (Ausnahme: Cr).

Potentiale vom Typ (1), die man also durch Überlagerung der Dichten neutraler Atome erhält, werden unmittelbar angewandt zur Bandberechnung mit der LCAO-Methode, dem OPW-Verfahren sowie zur Berechnung der auf der OPW-Methode basierenden Pseudopotentiale (s. [3]). Probleme, die sich speziell beim LCAO-Verfahren daraus ergeben, daß die Entwicklung der Bloch-Funktionen $\varphi_{\boldsymbol{k}\nu}(\boldsymbol{r})$ nach den Zuständen der einzelnen Atome bei $\varepsilon = 0$ divergiert (Ziman, 71), und eine diese Probleme vermeidende Modifikation werden in [5] behandelt. Mit dem bei der Formulierung der APW-Methode eingeführten Muffin-Tin- (MT-) Potential (Slater, 37) werden diese Probleme ebenfalls umgangen, da zur Konstruktion der Bloch-Funktionen ein anderes Funktionensystem verwendet werden kann (s. [4]).

2.3.2. Muffin-Tin-Konzept

Das MT-Potential ist in der Weise definiert, daß es innerhalb nichtüberlappender Kugeln um die Gitterplätze kugelsymmetrisch ist und konstant in dem Gebiet zwischen den Kugeln, wie es in Abb. 2.3-2 dargestellt ist. Der konstante Wert v_{MTZ} des Potentials im Zwischengebiet (MT-Flur) wird meistens als Energienullpunkt (MT-Zero) gewählt. Das „wahre" Kristallpotential weicht von der MT-Näherung durch nichtsphärische Anteile in den Kugeln und durch nichtkonstante Beiträge im Zwischengebiet ab. Diese Abweichungen werden am kleinsten, wenn man das MT-Poten-

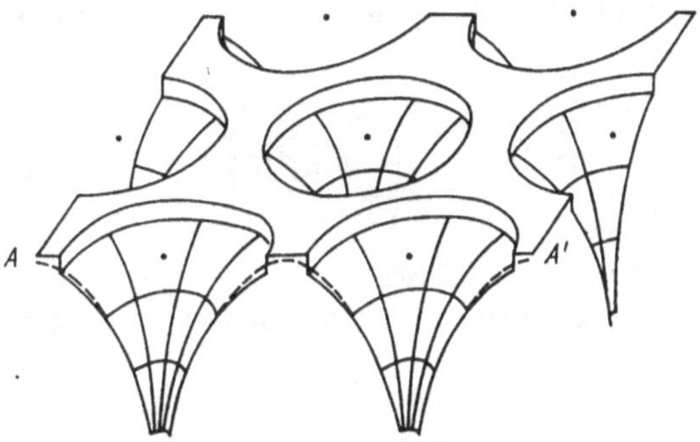

Abb. 2.3-2. MT-Potential in einer Kristallebene. Entlang der Linie $A—A'$ ist das ursprüngliche Kristallpotential gestrichelt eingezeichnet

tial aus dem Kristallpotential folgendermaßen konstruiert: In den MT-Kugeln wird das Kristallpotential jeweils über die Winkelabhängigkeit gemittelt, im Zwischengebiet wird es durch seinen Mittelwert ersetzt. Eine solche MT-Projektion führt am Radius R_{MT} der MT-Kugel zu einem Sprung im Potential. Trotzdem wird durch diese Konstruktion das Kristallpotential in den dichtgepackten reinen Metallen mit hochsymmetrischer Umgebung sehr gut angenähert.

Die Abweichungen des Kristallpotentials im Zwischengebiet von der MT-Konstanten v_{MTZ} und damit der Potentialsprung beim MT-Radius R_{MT} werden um so kleiner sein, je geringer der Volumenanteil des Zwischengebietes ist. Es hat sich herausgestellt, daß man tatsächlich die besten Ergebnisse bei einem minimalen Volumen des Zwischengebietes erhält, d. h., wenn sich die MT-Kugeln berühren. Der Volumenanteil des Zwischengebietes ist dann beim kubisch-einfachen Gitter 0,48, beim kubisch-raumzentrierten 0,32 und beim kubisch-flächenzentrierten wie auch bei der hexagonal-dichtesten Packung 0,26, während er bei der vergleichweise „offeneren" Diamantstruktur bereits 0,66 beträgt. Der Potentialsprung hat bei den in den Metallen vorkommenden dichtgepackten kubischen und hexagonalen Strukturen nur die Größe von einigen Hundertstel *ryd* (vergleichsweise beträgt die *d*-Bandbreite in Übergangsmetallen etwa 0,2 *ryd*), kann aber bei den in Halbleitern auftretenden geringeren Packungsdichten sogar von der Größe der Valenzbandbreite sein, so daß dann die Abweichungen von der MT-Konstanten im Zwischengebiet unbedingt berücksichtigt werden müssen. In der APW-Methode ist z. B. ihre Darstellung durch eine Fourier-Reihe günstig.

Bezüglich der Kugelsymmetrie innerhalb der Kugeln verhält es sich so, daß die Abweichungen des Kristallpotentials davon natürlich mit der Größe der Kugeln zunehmen, die gesamte Ungenauigkeit der Ergebnisse aber trotzdem bei sich berührenden Kugeln am geringsten ist (zur Behandlung der Abweichungen von der Kugelsymmetrie s. [4]).

2.3.3. Mattheiss-Potential

Zur Berechnung des Kristallpotentials bzw. seiner MT-Projektion benötigt man neben der Struktur nur die Dichte aller Elektronen, sofern man sich beim Austausch- und Korrelationspotential auf die $n^{1/3}$-Näherung beschränkt. Hierzu kann man — wie beschrieben — von der Überlagerung der Dichten freier Atome ausgehen. Die Atomwellenfunktionen lauten $\varphi_{nlm}(\boldsymbol{r}) = r^{-1}u_{nl}(r)\, Y_{lm}(\vartheta, \varphi)$, und das atomare

Coulomb-Potential (richtungsgemittelt, sofern nichtabgeschlossene Schalen auftreten) ist als Lösung der Poisson-Gleichung gemäß

$$v_{\mathrm{ac}}(r) = -\frac{Z\epsilon^2}{r} + \sum_{n,l,m} \left\{ \frac{\epsilon^2}{r} \int_0^r \mathrm{d}r' \, |u_{nl}(r')|^2 + \int_r^\infty \mathrm{d}r' \, \frac{\epsilon^2}{r'} \, |u_{nl}(r')|^2 \right\} \tag{2}$$

durch die Radialteile $u_{nl}(r)$ und die Kernladung Z bestimmt.

Coulomb-Anteil $v_\mathrm{c}(\boldsymbol{r})$ und Austausch- und Korrelations- (kurz Austausch-) Anteil $v_\mathrm{x}(\boldsymbol{r})$ des MT-Potentials

$$v(\boldsymbol{r}) = v_\mathrm{c}(\boldsymbol{r}) + v_\mathrm{x}(\boldsymbol{r}) \tag{3}$$

innerhalb einer WS-Zelle (ohne Beschränkung der Allgemeinheit am Gitterplatz $\boldsymbol{R} = 0$) können getrennt betrachtet werden. Innerhalb der MT-Kugel ergibt sich für den Coulomb-Anteil gemäß der Überlagerung der Dichten

$$v_\mathrm{c}(r) = v_{\mathrm{ac}}(r) + \sum_{\boldsymbol{R} \neq 0} v_{\mathrm{ac}}(r; R) \,, \tag{4}$$

wobei $v_{\mathrm{ac}}(r; R)$ den um den Gitterplatz $\boldsymbol{R} = 0$ kugelsymmetrischen Anteil des Coulomb-Potentials eines am Gitterplatz $\boldsymbol{R}$ befindlichen Atoms bedeutet. Er kann mit der sogenannten α-Entwicklung von Löwdin (56) bestimmt werden und lautet

$$v_{\mathrm{ac}}(r; R) = \frac{1}{2rR} \int_{|R-r|}^{R+r} \mathrm{d}r' \, r' v_{\mathrm{ac}}(r') \,. \tag{5}$$

Er hängt nur vom Betrag des Gittervektors ab, so daß in der Summe in (4) alle Atome einer Nachbarschaftssphäre denselben Beitrag liefern. Für den Austauschanteil in den Kugeln verfährt man analog, indem man wie in (4) und (5) aus den richtungsgemittelten Elektronendichten $n_\mathrm{a}(r)$ der Atome den in der Kugel um $\boldsymbol{R} = 0$ kugelsymmetrischen Anteil $n(r)$ der Überlagerung berechnet,

$$n(r) = n_\mathrm{a}(r) + \sum_{\boldsymbol{R} \neq 0} n_\mathrm{a}(r; R) \,, \tag{6}$$

und daraus gemäß (2.2-10) das Austauschpotential $v_\mathrm{x}(r) = -\alpha(3\epsilon^2/2)\,(3n(r)/\pi)^{1/3}$ bestimmt.

Die MT-Konstante v_{MTZ} als Mittelwert des Kristallpotentials im Gebiet zwischen den Kugeln enthält ebenfalls einen Coulomb- und einen Austauschanteil. Für den Coulomb-Anteil führen wir die Integration über das Zwischengebiet durch, indem wir vom Integral über die WS-Zelle (Volumen $\mathcal{V}_{\mathrm{WS}}$) das Integral über die MT-Kugel (Volumen $\mathcal{V}_{\mathrm{MT}}$) abziehen. In der Kugel wird das Kristallpotential durch (4) genähert, so daß

$$v_{\mathrm{MTZ,c}} = \frac{1}{\mathcal{V}_{\mathrm{WS}} - \mathcal{V}_{\mathrm{MT}}} \left\{ \int_{\mathcal{V}_{\mathrm{WS}}} \mathrm{d}^3r \, v_{\mathrm{Krist,c}}(\boldsymbol{r}) - \int_{\mathcal{V}_{\mathrm{MT}}} \mathrm{d}^3r \, v_\mathrm{c}(r) \right\} \tag{7}$$

ist. Im ersten Integral ist $v_{\mathrm{Krist,c}}$ noch die ungemittelte Überlagerung der Coulomb-Potentiale aller Atome, so daß unter Beachtung der periodischen Randbedingungen die Integration über das Normierungsvolumen $\mathcal{V}$ ausgedehnt werden kann:

$$\int\limits_{\mathcal{V}_{\mathrm{WS}}} \mathrm{d}^3r\, v_{\mathrm{Krist,c}}(\boldsymbol{r}) = \frac{1}{N} \int\limits_{\mathcal{V}} \mathrm{d}^3r \sum_{\boldsymbol{R}} v_{\mathrm{ac}}(|\boldsymbol{r} - \boldsymbol{R}|)$$

$$= \frac{1}{N} \sum_{\boldsymbol{R}} \int\limits_{\mathcal{V}} \mathrm{d}^3r\, v_{\mathrm{ac}}(|\boldsymbol{r} - \boldsymbol{R})| = \int\limits_{\mathcal{V}} \mathrm{d}^3r\, v_{\mathrm{ac}}(r)\,, \tag{8}$$

wobei N die Zahl der Gitterplätze in $\mathcal{V}$ ist (es wurde ein primitives Gitter angenommen). Damit wird (7) zu

$$v_{\mathrm{MTZ,c}} = \frac{4\pi}{\mathcal{V}_{\mathrm{WS}} - \mathcal{V}_{\mathrm{MT}}} \left\{ \int\limits_0^\infty \mathrm{d}r\, r^2 v_{\mathrm{ac}}(r) - \int\limits_0^{R_{\mathrm{MT}}} \mathrm{d}r\, r^2 v_{\mathrm{c}}(r) \right\}. \tag{9}$$

Für den Austauschanteil ist ein ähnlich einfaches Verfahren nicht möglich durch das Auftreten der Kubikwurzel der Ladungsdichte. Zwei Näherungsverfahren sind üblich. In dem einen berechnet man zunächst analog zu (7) bis (9) den Mittelwert der Dichte im Zwischengebiet und daraus das Austauschpotential. Im zweiten berechnet man die kugelsymmetrische Gesamtdichte und daraus das Austauschpotential auch zwischen R_{MT} und R_{WS}, dem Radius der zur WS-Zelle volumengleichen WS-Kugel, und mittelt dann über die Kugelschale zwischen R_{MT} und R_{WS}. Dann entsteht

$$v_{\mathrm{MTZ,x}} = \frac{4\pi}{\mathcal{V}_{\mathrm{WS}} - \mathcal{V}_{\mathrm{MT}}} \int\limits_{R_{\mathrm{MT}}}^{R_{\mathrm{WS}}} \mathrm{d}r\, r^2 v_{\mathrm{x}}(r)\,. \tag{10}$$

Die mit diesen zwei Methoden berechneten Werte v_{MTZ} unterscheiden sich für Metalle nur wenig. Besser ist es natürlich, diese Größe durch eine dreidimensionale numerische Integration über das tatsächliche Mittelungsgebiet zu berechnen. Das nach dem soeben geschilderten Verfahren gewonnene MT-Potential wird in der Literatur häufig als Mattheiss-Potential bezeichnet (Mattheiss, 64a, b). Es ist charakterisiert durch die verwendete atomare Konfiguration, die verwendeten atomaren Wellenfunktionen, die Zahl der in (4) und (6) mitgenommenen Nachbarschafts- oder Koordinatensphären und den verwendeten Austausch (den Wert von α).

2.3.4. Renormiertes Atom

Eine andere Methode zur näherungsweisen Berechnung des Kristallpotentials beruht auf der Konstruktion eines „renormierten Atoms". Man erhält dies, indem man die Wellenfunktionen des freien Atoms am Radius R_{WS} der WS-Kugel abschneidet und neu auf das Volumen dieser Kugel umnormiert (s. Hodges u. a., 72). Es wird also von vornherein das WS-Polyeder durch eine Kugel ersetzt. Die Elektronendichte ist dann

$$n(r) = \frac{1}{4\pi r^2} \sum_{n,l,m} |u_{nl}^{(r)}(r)|^2\,, \tag{11}$$

wobei sich die renormierten Radialteile $u_{nl}^{(r)}(r)$ der Wellenfunktionen aus den für das freie Atom normierten gemäß

$$u_{nl}^{(r)}(r) = \begin{cases} c_{nl}^{-1/2} u_{nl}(r) \,, & r \leqq R_{\mathrm{WS}} \,, \\ 0 \,, & r > R_{\mathrm{WS}} \,, \end{cases} \tag{12}$$

$$c_{nl} = \int_0^{R_{\mathrm{WS}}} \mathrm{d}r \, |u_{nl}(r)|^2 < 1 \,, \tag{13}$$

ergeben. Aus der Dichte $n(r)$ des renormierten Atoms erhält man unmittelbar das Coulomb- und das Austauschpotential für $r \leqq R_{\mathrm{WS}}$. Bei R_{WS} ist dabei das Coulomb-Potential Null, da das renormierte Atom insgesamt neutral ist. Aus dem so gewonnenen Potential erhält man durch Mittelung zwischen R_{MT} und R_{WS} ein MT-Potential. Die Stärke der Renormierung sei am Beispiel der ersten Langperiode erläutert. Der Faktor c_{nl} hat die Größe 0,3 ... 0,5 für die 4s-Funktionen, ist etwa 0,98 für die 3d-Funktionen und ist größer als 0,9995 für die tiefer liegenden Rumpfelektronen. Physikalisch ist die Renormierung weniger als eine Komprimierung der Elektronen eines Atoms in die WS-Kugel aufzufassen als vielmehr in dem Sinne, daß der von den Nachbaratomen herrührende Elektronenanteil sich in Kernnähe so verhält, wie die Elektronen des betrachteten Atoms selbst. Insofern beschreibt das Modell des renormierten Atoms die Elektronendichte in der Nähe der Atomkerne besser als die Mattheiss-Konstruktion. Die zu einer Schale (n, l) gehörende Elektronendichte des renormierten Atoms zeigt jedoch im Gegensatz zum Mattheiss-Potential Nullstellen, die beim tatsächlichen Kristallpotential natürlich nicht auftreten, da die zu einem Band (das den Quantenzahlen n, l entspricht) gehörenden Zustände verschiedene Energien und damit unterschiedliche Nullstellen aufweisen. Das renormierte Atom wurde weniger für Bandberechnungen verwandt (Burdick, 63) als vielmehr zur Abschätzung von Bindungsenergie, Schwerpunkt der d-Bänder und ähnlichem (Hodges u. a., 72), wobei der volle Hartree-Fock-Austausch teilweise berücksichtigt wurde.

Während hier auf die Modifikation der Konstruktion von Potentialen für die Ionenkristalle nicht weiter eingegangen werden soll (s. DeCicco, 67), wollen wir noch kurz die zusätzlichen Probleme erwähnen, die in Kristallen chemischer Verbindungen, speziell bei intermetallischen Phasen auftreten. Erstens sind die Strukturen dieser Verbindungen häufig nicht so dicht gepackt wie bei den reinen Metallen, so daß die Abweichungen von der MT-Näherung eine größere Rolle spielen werden. Zweitens kann das Prinzip der Konstruktion eines Mattheiss-Potentials zwar einfach auf den Fall mehrerer, unterschiedlicher Atome in der Elementarzelle erweitert werden, aber die Potentiale unterschiedlicher Atome haben dann im allgemeinen an den Berührungspunkten der MT-Kugeln verschiedene Werte. Dadurch kommt zum Ausdruck, daß eigentlich Elektronen von dem Atom mit dem höheren Potentialwert zu der anderen Sorte überfließen müßten, also eine Umladung stattfinden müßte. Diese Umladung kann in einfachster Näherung durch eine Umnormierung der Atomwellenfunktionen beschrieben werden. Sofern man nicht selbstkonsistent rechnet, ist man darauf angewiesen, eine bestimmte Umladung anzunehmen und zu versuchen, durch Vergleich der berechneten Bandstruktur mit Experimenten diese Annahme zu überprüfen und gegebenenfalls zu modifizieren.

2.4. Quantitative Charakterisierung von Kristallpotentialen

2.4.1. Streuphasen und Charakteristika des Leitungsbandes

Die Darlegungen des vorangegangenen Kapitels zeigen, daß eine ganze Reihe von Annahmen und Näherungen notwendig ist, um im Rahmen der Einelektronenbeschreibung Potentiale für Bandstrukturberechnungen zu gewinnen. In der lokalen Näherung für das Austauschpotential stellt die Wahl des Parameters α ein besonderes Problem dar. Für Coulomb- und Austauschpotential werden die Elektronendichten benötigt, die mit verschiedenen Methoden konstruiert werden können (Mattheiss, renormiertes Atom). Dazu benötigt man weiterhin die atomaren Wellenfunktionen, die selbst mit Näherungsmethoden gewonnen werden, und speziell im Fall der Übergangsmetalle muß man hierbei eine bestimmte Konfiguration voraussetzen. Schließlich stellt das MT-Potential nur eine Näherung für das Kristallpotential dar. Bei selbstkonsistenten Rechnungen verbleiben immer noch die Näherungen für das Austauschpotential sowie die MT-Approximation.

Um zu prüfen, inwieweit mit diesen Annahmen und Näherungen eine gute Beschreibung des Kristallpotentials gelungen ist, muß man eine Bandberechnung durchführen und die Ergebnisse mit Experimenten vergleichen. Will man untersuchen, welchen Einfluß die Variation einzelner oder mehrerer der Eingangsgrößen hat, empfiehlt sich eine Abkürzung dieses Verfahrens, indem man nur die Streuphasen (s. [4]) berechnet. Wir stellen zunächst die wichtigsten Begriffe zusammen.

Die Streuphasen $\eta_l(\varepsilon)$ hängen von der Energie $\varepsilon = (\hbar\varkappa)^2/2m$ und dem Drehimpuls l ab. Sie sind die Phasenverschiebungen der Drehimpulspartialwellen im Gebiet zwischen den MT-Kugeln, die durch ein einzelnes MT-Potential hervorgerufen werden. Das heißt, die radialen Wellenfunktionen $R_l(\varepsilon; r) = u_l(\varepsilon; r)/r$ haben im Gebiet des konstanten Potentials die Form (s. auch (4.1-6))

$$R_l(\varepsilon; r) = A_l[\cos\eta_l(\varepsilon)\, \mathrm{j}_l(\varkappa r) - \sin\eta_l(\varepsilon)\, \mathrm{n}_l(\varkappa r)]\,, \qquad \varkappa = \sqrt{2m\varepsilon}/\hbar\,, \tag{1}$$

wobei A_l eine Normierungskonstante ist und $\mathrm{j}_l(\varkappa r)$ und $\mathrm{n}_l(\varkappa r)$ die sphärischen Bessel- und Neumann-Funktionen sind, die die für $r \to 0$ regulären und singulären Lösungen der radialen Schrödinger-Gleichung im konstanten Potential ($v = 0$) darstellen (s. [4.1.1], [A 3]). Aus der Stetigkeit der logarithmischen Ableitung der Wellenfunktion beim MT-Radius ergibt sich für die Streuphasen (4.1-11')

$$\tan\eta_l(\varepsilon) = \frac{\varkappa \mathrm{j}_l'(\varkappa R_{\mathrm{MT}}) - L_l(\varepsilon)\, \mathrm{j}_l(\varkappa R_{\mathrm{MT}})}{\varkappa \mathrm{n}_l'(\varkappa R_{\mathrm{MT}}) - L_l(\varepsilon)\, \mathrm{n}_l(\varkappa R_{\mathrm{MT}})}\,, \qquad \mathrm{j}_l'(z) = \frac{\mathrm{d}}{\mathrm{d}z}\mathrm{j}_l(z)\,. \tag{2}$$

Die $L_l(\varepsilon)$ sind die logarithmischen Ableitungen der Wellenfunktionen (4.1-11)

$$L_l(\varepsilon) = \frac{1}{R_l(\varepsilon; r)} \frac{\mathrm{d}}{\mathrm{d}r} R_l(\varepsilon; r)\bigg|_{r=R_{\mathrm{MT}}}\,, \tag{3}$$

die man aus der Integration der Schrödinger-Gleichung im Inneren der MT-Kugel (z. B. nach dem Verfahren von Noumerov (23, 24)) erhält. Bei Metallen sind im Bereich des Leitungsbandes die Streuphasen für $l = 0{,}1$ klein, für $l > 2$ praktisch vernachlässigbar, während für $l = 2$ bei Übergangsmetallen eine Resonanz auftritt, d. h., $\eta_2(\varepsilon)$ ändert sich in einem engen Energiebereich von 0 auf π und durchläuft dabei den Wert $\pi/2$, so daß — in Analogie zur Breit-Wigner-Formel der Kernphysik — genähert gilt (4.2-17)

$$\tan \eta_2(\varepsilon) = \tan \eta_2'(\varepsilon) + \frac{\Gamma}{\varepsilon_d - \varepsilon}\,, \qquad \tan \eta_2'(\varepsilon) \ll 1\,, \tag{4}$$

wobei Γ und ε_d die Breite und Lage der Resonanz charakterisieren. Der Resonanz entspricht für ein einzelnes MT-Potential ein virtuell gebundener Zustand bzw. im Festkörper ein schmales Band (wegen $l = 2$ genauer fünf d-Bänder). Die Ursache für den virtuell gebundenen Zustand wird in [4.2] ausführlich diskutiert. Das effektive Potential (Abb. 4.2-1) hat für die Übergangsmetalle neben dem Minimum bei kleinen Abständen vom Kern noch unterhalb R_{WS} ein schwaches Maximum. Der Schwerpunkt der schmalen d-Bänder liegt etwas unterhalb dieses Maximums und ist recht gut durch die Lage ε_d der d-Resonanz zu charakterisieren; die Breite der d-Bänder ist durch die Resonanzbreite Γ bestimmt.

Eine neben ε_d und Γ wichtige Größe der Bandstruktur ist die bei $\boldsymbol{k} = 0$ gelegene untere Grenze des Leitungsbandes ε_0, die sich ebenfalls aus Streuphasen bzw. logarithmischen Ableitungen abschätzen läßt. Man erhält nämlich aus der KKR-Gleichung (s. [4]) in der Darstellung nach Ziman (65) für kleine Streuphasen und für $\boldsymbol{k}$-Werte, die nicht in der Nähe einer Zonengrenze liegen, den Ausdruck

$$\begin{aligned} \varepsilon(\boldsymbol{k}) &= \frac{\hbar^2}{2m}\left[\boldsymbol{k}^2 - \frac{4\pi}{V_{\mathrm{WS}}\varkappa} \sum_l (2l+1) \tan \bar{\eta}_l(\varepsilon)\right], \\ \cot \bar{\eta}_l(\varepsilon) &\equiv \cot \eta_l(\varepsilon) - \frac{\mathrm{n}_l(\varkappa R_{\mathrm{MT}})}{\mathrm{j}_l(\varkappa R_{\mathrm{MT}})}. \end{aligned} \tag{5}$$

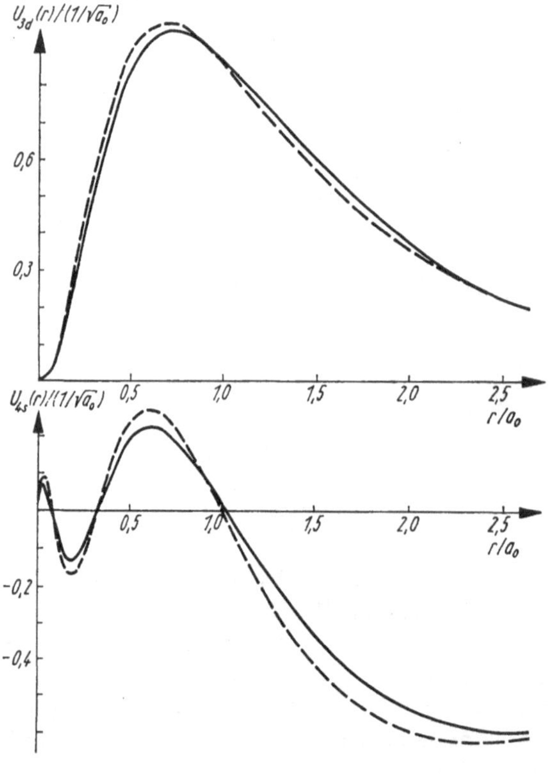

Abb. 2.4-1. Atomare Wellenfunktionen $u_{3d}(r)$ und $u_{4s}(r)$ für $Fe(3d^6 4s^2)$: HFS (— — —), HF (——)

Die zwei Voraussetzungen sind für die bei $\boldsymbol{k} = 0$ liegende untere Grenze des Leitungsbandes erfüllt. In

$$\varepsilon(\boldsymbol{k}) \approx \frac{\hbar^2}{2m}\left[\boldsymbol{k}^2 - \frac{4\pi}{V_{\mathrm{WS}}k}\sum_l (2l+1)\tan\bar{\eta}_l\left(\frac{\hbar^2}{2m}\boldsymbol{k}^2\right)\right] \tag{5'}$$

wird nur die erste Ordnung berücksichtigt. Die Streuphasen verhalten sich nach (4.2-19) für $\varepsilon \to 0$ wie $\varepsilon^{(2l+1)/2}$, so daß in (5′) für $\boldsymbol{k} \to 0$ nur noch der Beitrag von $l = 0$ übrigbleibt:

$$\varepsilon_0 \equiv \varepsilon(0) = \frac{\hbar^2}{2m}\lim_{\boldsymbol{k}\to 0}\left\{-\frac{4\pi}{V_{\mathrm{WS}}k}\tan\bar{\eta}_0\left(\frac{\hbar^2}{2m}\boldsymbol{k}^2\right)\right\} = \frac{\hbar^2}{2m}\frac{4\pi}{V_{\mathrm{WS}}}R_{\mathrm{MT}}^2 L_0(\varepsilon_0)\,. \tag{6}$$

ε_0 ist also einfach aus der logarithmischen Ableitung der Wellenfunktion für $l = 0$ am MT-Radius zu gewinnen. Der Vorteil der zweiten Darstellung besteht darin, daß sie auch für $\varepsilon_0 < 0$ gilt. Einen besseren Wert als aus (6) erhält man direkt aus den KKR-Gleichungen. Diese reduzieren sich bei kubischer Struktur für den Fall, daß man die Streuphasen für $l > 2$ vernachlässigen kann, zu der impliziten Gleichung

$$B_{00,00}(\boldsymbol{k} = 0, \varepsilon_0)\tan\eta_0(\varepsilon_0) + a\sqrt{\varepsilon_0} = 0 \tag{7}$$

für ε_0. $B_{lm,l'm'}(\boldsymbol{k}, \varepsilon_0)$ sind die KKR-Strukturkonstanten, und a ist die Gitterkonstante. Eine Lösung von (7) ist leicht möglich (z. B. graphisch), wenn die Energieabhängigkeit der Strukturkonstanten in (7) bekannt ist. Ein Vergleich von Werten für ε_0, die sich aus einer exakten Bandberechnung (APW) ergeben, mit solchen aus den Gleichungen (6) und (7) zeigt, daß die einfachste Näherung (6) schon sehr gute Werte liefert (Paasch u. Woittennek, 74); die im weiteren angegebenen Werte für ε_0 wurden deswegen mit (6) berechnet.

2.4.2. Einfluß der Potentialkonstruktion auf die Charakteristika des Leitungsbandes

Hier wird dargestellt, welchen Einfluß die wichtigsten Eingangsgrößen des MT-Potentials haben (Paasch u. Woittennek, 74).

Wir beginnen mit den Wellenfunktionen. Häufig verwendet werden die Hartree-Fock-Slater- (HFS-) Wellenfunktionen (Herman und Skillman, 63), die Hartree-Fock- (HF-) Wellenfunktionen (Watson, 60, Clementi, 65) und relativistische HFS-Wellenfunktionen (Liberman u. a., 65). Abb. 2.4-1 veranschaulicht die Unterschiede zwischen derartigen HF- und HFS-Funktionen für Fe der Konfiguration $3d^64s^2$. Tab. 2.4-1 zeigt einige mit diesen Funktionen berechnete Werte von ε_0, ε_d und Γ für Cu und Fe bei unterschiedlichen Potentialkonstruktionen. Abb. 2.4-2 zeigt Streuphasen, die mit unterschiedlichen Wellenfunktionen berechnet wurden. Die im weiteren genannten Schlußfolgerungen sind typisch für alle Übergangsmetalle. In Tab. 2.4-1 ist auch der Fall eingeschlossen, daß die $4s$-Funktion durch eine Konstante ersetzt wurde. Man sieht, daß dadurch nur eine fast gleiche Verschiebung von ε_d und ε_0 bewirkt wird, die relative Lage von s- und d-Bändern also kaum geändert wird. Das zeigt, daß der genaue Verlauf der Dichte der stark delokalisierten $4s$-Elektronen nur einen geringen Einfluß hat. Weiterhin sieht man aus Tab. 2.4-1, daß zwischen HF- und HFS-Wellenfunktionen ganz erhebliche Unterschiede auftreten können, wie

Tabelle 2.4-1. Untere Grenze des Leitungsbandes ε_0, Energie ε_d und Breite Γ der d-Resonanz für Fe (mit der Konfiguration $3d^6 4s^2$) und Cu, jeweils für verschiedene Wellenfunktionen (für HFS* wird die Dichte der $4s$-Elektronen als homogen angenommen) und Potentialkonstruktionen. Slater-Austausch $\alpha = 1$

Metall	Fe($3d^6 4s^2$)					Cu ($3d^{10} 4s^1$)	
Potential	Renormiertes Atom			Mattheiss		Mattheiss	
Wellenfunktion	HF	HFS	HFS*	HF	HFS	HF	HFS
ε_0/ryd	0,037	0,072	0,099	0,056	0,094	−0,044	−0,052
ε_d/ryd	0,163	0,534	0,560	0,123	0,461	0,453	0,483
Γ/ryd	0,002	0,036	0,038	0,001	0,022	0,020	0,022
$(\varepsilon_d - \varepsilon_0)/ryd$	0,126	0,462	0,461	0,067	0,037	0,497	0,535

beim Fe, wo sich die relative Lage von s- und d-Bändern um 0,3 ryd unterscheidet und auch die Resonanzbreiten sehr stark verschieden sind. Das liegt darin begründet, daß die atomaren $3d$-Wellenfunktionen nach HFS stärker lokalisiert sind und damit die Kernladung stärker abschirmen. Infolgedessen wird das Potentialminimum schwächer, die Energie der d-Resonanz liegt höher, und damit wird die Resonanzbreite größer. Ein weiterer Einfluß äußert sich darin, daß die charakteristischen Energien sich auch bei geringfügigen Änderungen der Wellenfunktionen der tiefer liegenden $3d$- und $3p$-Elektronen stark ändern. Die Ursache hierfür liegt darin, daß die Dichten der $3s$-, $3p$- und $3d$-Elektronen gerade dort groß sind, wo das Minimum des Effektivpotentials (Abb. 4.2-1) liegt, das durch seine Breite und Tiefe die d-Resonanz bestimmt. Hieraus ergibt sich, daß man bei selbstkonsistenten Rechnungen für Übergangsmetalle auch die $3s$- und $3p$-Elektronen in den Selbstkonsistenz-Zyklus einbeziehen muß.

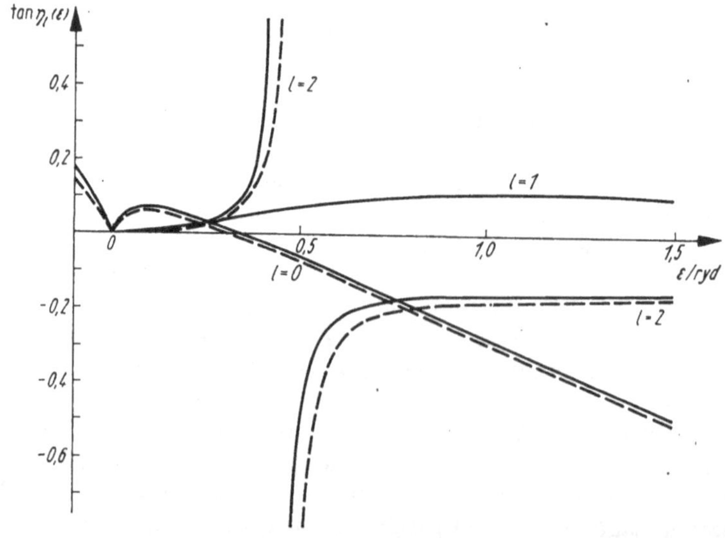

Abb. 2.4-2. tan $\eta_l(\varepsilon)$ für Cu, berechnet mit HFS- (— — —) und HF- (——) Wellenfunktionen. Renormiertes Atom mit Slater-Austausch $\alpha = 1$. tan $\eta_l(\varepsilon)$ unterscheidet sich im Maßstab dieser Abbildung nicht für die zwei Fälle. Energie ε relativ zu v_{MTZ}

Als nächstes wird der durch unterschiedliche Potentialkonstruktionen (renormiertes Atom bzw. Mattheiss) entstehende Einfluß betrachtet. Ein Zahlenbeispiel ist in Tab. 2.4-1 enthalten. Unabhängig vom Austauschparameter α, der Konfiguration und von den Wellenfunktionen hat das Potential des renormierten Atoms in der Nähe des WS-Radius R_{WS} einen größeren Anstieg, wodurch der Sprung im MT-Potential größer ist. Die Ursache für den größeren Anstieg liegt darin, daß durch die Renormierung die logarithmische Ableitung der Wellenfunktion erhalten bleibt, während bei der Überlagerung der atomaren Dichten beim Mattheiss-Potential in der Nähe des WS-Radius die Dichte eine verschwindende Ableitung hat. Das unterschiedliche Verhalten in der Umgebung von R_{WS} beeinflußt im wesentlichen die untere Grenze des Leitungsbandes ε_0. In der gesamten $3d$-Periode ist dieser Unterschied jedoch nicht größer als etwa 0,2 *ryd*. Gleichzeitig liegt die d-Resonanz beim renormierten Atom um etwa bis zu 0,2 *ryd* höher und ist breiter (Tab. 2.4-1). Insgesamt sind jedoch die Unterschiede geringer, als sie sich durch unterschiedliche Wellenfunktionen ergeben. Es sei noch erwähnt, daß der Absolutwert der MT-Konstanten v_{MTZ} für das Mattheiss-Potential etwa 0,5 ... 0,8 *ryd* tiefer liegt. Diese Größe ist jedoch relativ bedeutungslos, sofern man sich nicht für Oberflächeneffekte interessiert. Die durch das „Herausfließen" von Elektronen an der Oberfläche entstehende Dipolschicht ist beim renormierten Atom gar nicht vorhanden, während sie beim Mattheiss-Potential durch die Überlagerung der Dichten von neutralen Atomen stark übertrieben wird. Für die Metalloberfläche bedürfen also beide Betrachtungen einer Korrektur (s. [10]).

Wie bereits in [2.3] erwähnt wurde, ist die Konfiguration bei Übergangsmetallen sicher näher $3d^{n-1}4s^1$ als der atomaren $3d^{n-2}4s^2$. Bis auf Ausnahmen sind die meisten verwendeten HFS- und HF-Wellenfunktionen jedoch für die $3d^{n-2}4s^2$-Konfiguration berechnet worden. Die übliche Verwendung dieser Wellenfunktionen zur Konstruktion eines Kristallpotentials mit der angenommenen $3d^{n-1}4s^1$-Konfiguration ist an sich inkonsistent. Geht man aber so vor, so liegt für die $3d^{n-1}4s^1$-Konfiguration die d-Resonanz höher und ist breiter. Der Abstand $\varepsilon_d - \varepsilon_0$ kann sich für die zwei Konfigurationen bis zu 0,5 *ryd* unterscheiden. Das liegt daran, daß für die s^1-Konfiguration ein d-Elektron mehr vorliegt, das ja zur Ladungsdichte in der Nähe des Kerns und damit zu dessen Abschirmung beiträgt, so daß das Minimum des Effektivpotentials schwächer wird, die d-Resonanz also höher liegt.

Schließlich soll noch die Variation des Parameters α des lokalen Austauschpotentials zwischen 1 und 2/3 (s. [2.2]) betrachtet werden. Die α-Abhängigkeit der Energiewerte ist folgendermaßen einfach zu verstehen. Die gesamte Elektronendichte $n(r)$ nimmt vom Kern bis zu R_{WS} stark ab. Multipliziert man nun $n^{1/3}(r)$ mit unterschiedlichen Faktoren, so entsteht ein großer Potentialunterschied in Kernnähe, also auch in der Nähe des die d-Resonanz bestimmenden Minimums des Effektivpotentials, dagegen ein wesentlich geringerer in der Umgebung von R_{WS}, d. h. im Wert von v_{MTZ}. Der Potentialverlauf dort beeinflußt im wesentlichen die untere Bandgrenze ε_0, die sich also relativ zu v_{MTZ} nur wenig verschiebt. Wie Tab. 2.4-2 zeigt, kann der zwischen $\alpha = 1$ und $\alpha = 2/3$ entstehende Unterschied von $\varepsilon_d - \varepsilon_0$ bis zu fast einem *ryd* betragen; ferner liegt die d-Resonanz tiefer und ist schmaler für $\alpha = 1$.

Zusammenfassend kann festgestellt werden, daß man mit Hilfe der einfach zu gewinnenden Größen untere Grenze des Leitungsbandes ε_0, Lage ε_d und Breite Γ der d-Resonanz bereits recht gut die wesentlichen Einflüsse auf das Kristallpotential untersuchen kann. Wahl der Wellenfunktionen, Art der Konstruktion der Elektronendichte, Konfiguration und Austauschparameter führen zu so starken Unsicherheiten, daß es nur schwer möglich ist, aus der Übereinstimmung einer berechneten Bandstruktur mit Experimenten Rückschlüsse auf die Wahl einzelner dieser Einflußgrößen zu ziehen. Bei selbstkonsistenten Rechnungen bleibt zwar nur noch die Unsicherheit im Austausch- und Korrelationspotential und die Einschränkung durch die MT-Näherung, jedoch muß man bei Vorliegen einer Resonanz im interessierenden Energiebereich in die Selbstkonsistenz auch die am höchsten liegenden Rumpfelektronen einbeziehen. Die Erfahrungen vieler und von verschiedenen Autoren durchgeführter Bandberechnungen zeigen, daß heutzutage für reine Metalle die Bandenergien der Valenzelektronen durch selbstkonsistente Bandberechnungen und unter Verwendung des Austausch- und Korrelationspotentials nach Hedin und Lundqvist prinzipiell mit einer absoluten Genauigkeit von $\pm 10 \mathrm{m}ryd$ bestimmt werden können.

Tabelle 2.4-2. Einfluß des Austauschparameters α auf ε_0, ε_d, Γ und $\varepsilon_d - \varepsilon_0$. Mattheiss-Potentiale, Fe (Konfiguration $3d^6 4s^2$) mit HFS-Wellenfunktionen, Cu mit HF-Wellenfunktionen

Metall	$Fe(3d^6 4s^2)$		$Cu(3d^{10} 4s^1)$	
α	1	2/3	1	2/3
ε_0/ryd	0,094	0,182	−0,012	0,093
ε_d/ryd	0,461	1,200	0,451	1,469
Γ/ryd	0,022	0,213	0,017	0,269
$(\varepsilon_d - \varepsilon_0)/ryd$	0,376	1,018	0,463	1,376

2.5. Literatur

Alder, B., S. Fernbach, M. Rotenberg (Hrsg.), Methods in Computat. Physics, Vol. 8, Energy Bands of Solids, Academic Press, New York 1968.
Barth, U. von, L. Hedin, J. Phys. **C5**, 1629 (1972).
Burdick, G. A., Phys. Rev. **129**, 138 (1963).
Clementi, E., IBM-Journ. Res. Devel. **9**, Suppl., 2 (1965).
Darewych, J. W., Phys. Rev. **A2**, 545 (1970).
DeCicco, P. D., Phys. Rev. **153**, 931 (1967).
Hedin, L., Phys. Rev. **139**, A 796 (1965).
Hedin, L., B. I. Lundqvist, J. Phys. **C4**, 2064 (1971).
Hedin, L., S. Lundqvist, Solid State Physics **23**, 1 (1969).
Herman, F., S. Skillman, Atomic Structure Calculations, Prentice Hall, Englewood Cliffs (N.Y.) 1963.
Hodges, L., R. E. Watson, H. Ehrenreich, Phys. Rev. **B5**, 3953 (1972).
Hohenberg, P., W. Kohn, Phys. Rev. **136**, B 864 (1964).
Karsch, P., P. Rennert, phys. stat. sol. (b) **62**, 193 (1974).
Klein, B. M., L. L. Boyer, D. A. Papaconstantopoulos, L. F. Mattheiss, Phys. Rev. **B18**, 6411 (1978).
Kohn, W., L. J. Sham, Phys. Rev. **140**, A 1133 (1965).
Liberman, D. A., Phys. Rev. **171**, 1 (1968).
Liberman D., J. T. Waber, D. T. Cromer, Phys. Rev. **137**, A 27 (1965).
Loucks T. L., Augmented Plane Wave Method, Benjamin, New York 1967.

Löwdin, P. O., Adv. Phys. **5**, 1 (1956).
Mattheiss, L. F., Phys. Rev. **133**, A 1399 (1964a).
Mattheiss, L. F., Phys. Rev. **134**, A 970 (1964b).
Mattheiss, L. F., J. H. Wood, A. C. Switendick, in: Alder u. a. (68), S. 64.
Moruzzi, V. L., J. F. Janak, A. R. Williams, Calculated electronic properties of metals, Pergamon, New York 1978.
Noumerov, B., Publ. Observ. Astrophys. Cent. Russie **11**, Moscu (1923), Monthly Not. Roy. Astron. Soc. **84**, 592 (1924).
Paasch, G., H. Woittennek, phys. stat. sol. (b) **65**, 493 (1974).
Rennert, P., Acta Phys. Hung. **37**, 219 (1974).
Ross, M., Phys. Rev. **179**, 612 (1969).
Schwarz, K., Phys. Rev. **B5**, 2466 (1972).
Schwarz, K., Theor. Chim. Acta (Berlin) **34**, 225 (1974).
Singwi, K. S., M. P. Tosi, R. H. Land, A. S. Sjölander, Phys. Rev. **176**, 589 (1968).
Slater, J. C., Phys. Rev. **51**, 846 (1937).
Slater, J. C., Phys. Rev. **81**, 385 (1951).
Slater, J. C., J. Chem. Phys. **57**, 2389 (1972).
Slater, J. C., Quantum Theory of Molecules and Solids, Vol. 3: Insulators, Semiconductors and Metals, McGraw-Hill, New York 1967.
Slater, J. C., Quantum Theory of Molecules and Solids, Vol. 4: The self-consistent Field for Molecules and Solids, McGraw-Hill, New York 1974.
Slater, J. C., J. B. Mann, T. M. Wilson, J. H. Wood, Phys. Rev. **184**, 672 (1969a).
Slater, J. C., T. M. Wilson, J. H. Wood, Phys. Rev. **179**, 28 (1969b).
Watson, R. E., Phys. Rev. **118**, 1036 (1960); **119**, 1934 (1960).
Wilson, T. M., J. H. Wood, J. C. Slater, Phys. Rev. **A2**, 620 (1970).
Ziman, J. M., Proc. Phys. Soc. **86**, 337 (1965).
Ziman, J. M., Solid State Physics **26**, 1 (1971).

3. Pseudopotentiale und Bandstruktur einfacher Metalle

M. Taut

Für einfache Metalle kann man ein schwaches Pseudopotential angeben, das im Bereich der Valenzenergien die richtige Bandstruktur liefert. Dieses Pseudopotential kann sowohl aus atomaren Wellenfunktionen konstruiert als auch über ein geeignetes Modell an experimentelle Daten angepaßt werden. In beiden Fällen ist es günstig, nur die Potentiale der Atomrümpfe durch ein Pseudopotential zu beschreiben und die Valenzelektronen mit Hilfe der linearen Abschirmtheorie einzubeziehen. In das unabgeschirmte Gesamtpotential geht dabei das Potential der Ionenrümpfe und deren geometrische Anordnung ein. Als einzige Änderung an den Ionenrümpfen müssen in beiden Fällen die sogenannte Rumpfverschiebung und die Depletionladung zusätzlich bestimmt werden. Da das Pseudopotential schwach ist, sind die Energiebänder einfacher Metalle denen freier Elektronen ähnlich. Hier werden die Bandstruktur von reinem Beryllium und der intermetallischen Verbindung $CaAl_2$ als repräsentativ für die entsprechende Klasse verwandter Fälle genauer untersucht.

3.1. Grundgedanken der Pseudopotentialtheorie

Es ist eine experimentell gut abgesicherte Tatsache, daß sich die Energiespektren der Valenzelektronen[1]) einfacher Metalle[2]) nur geringfügig vom Fall freier Elektronen unterscheiden (was allerdings für die Wellenfunktionen keineswegs zutrifft). Diese Tatsache wirft die Frage auf: Wieso sind die Energiespektren denen freier Elektronen ähnlich, wo doch das Potential vor allem in Kernnähe keineswegs konstant ist? Die einleuchtendste Erklärung dafür liefert die Pseudopotentialtheorie.

Man kann nämlich für einfache Metalle (auf diese Substanzklasse werden wir uns in [3] beschränken) ein gegenüber dem richtigen Kristallpotential V schwaches Pseudopotential W angeben, das im Energiebereich der Valenzzustände die richtigen Energiewerte liefert. Dieses Pseudopotential ist in Bereichen um die Atomkerne herum, deren Größen durch die räumliche Ausdehnung der Rumpfzustände gegeben ist, deutlich schwächer als das richtige Potential. In dem dazwischen liegenden Bereich stimmen beide Potentiale überein (Abb. 3.1-1). Dementsprechend liefert W nur im Zwischenbereich die richtige Wellenfunktion φ. Im Rumpfbereich ist die Pseudowellenfunktion χ wesentlich glatter als die richtige. Da aber der Rumpfbereich nur einen geringen Bruchteil des gesamten Raumes einnimmt ($\approx 1/10$), ist bei vielen physikalischen Größen, bei denen Integrale über die Valenzwellenfunktion eingehen,

[1]) Valenzelektronen: Elektronen der teilweise gefüllten Schalen. Rumpfelektronen: Elektronen der vollständig gefüllten Schalen.

[2]) Einfache Metalle: Metalle ohne oder mit nur vollständig gefüllten d- und f-Schalen.

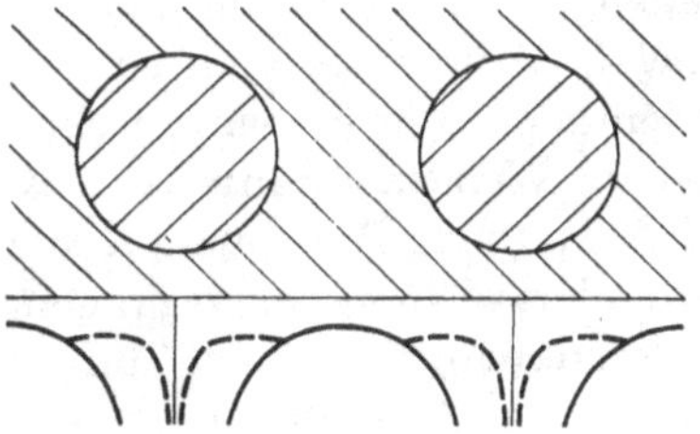

Abb. 3.1-1. Einteilung einfacher Metalle in Rumpfbereich und Zwischenbereich. Im darunterliegenden Bildteil sind für Magnesium das Potential (——) und das Pseudopotential (— — —) für Elektronen an der Fermi-Energie und mit dem Drehimpuls $l = 1$ entlang einer Schnittlinie durch die Atomkerne gezeichnet (nach Paasch u. Woittennek, 73)

der in den Pseudowellenfunktionen enthaltene Fehler vernachlässigbar. Außerdem kann man für viele Potentiale φ aus χ exakt berechnen.[1])

Der große Vorteil der Pseudopotentiale besteht darin, daß — da sie schwach sind — sowohl die Elektronenwechselwirkung in linearer Näherung für freie Elektronen (lineare Abschirmung in Hartree-Näherung, s. [1.5.2], [3.4], [6.2.10]) als auch der Einfluß des Pseudopotentials störungstheoretisch behandelt werden kann. Davon wird bei der Diskussion solcher Meßgrößen wie Röntgen-, Energieverlust- und optische Spektren [6], Gitterstruktur [7], Phononen [8], Elektron-Phonon-Kopplung [9], Eigenschaften von Oberflächen [10] und lokalisierte Defekte ausgiebig Gebrauch gemacht.

Alle bekannten Pseudopotentiale haben zur Voraussetzung, daß die Ausdehnung der Rumpfzustände so klein ist, daß im Bereich eines herausgegriffenen Atomrumpfes das Potential der Valenzelektronen und der umliegenden Rümpfe näherungsweise als konstant betrachtet werden kann („small core approximation"). Daraus folgt, daß die Rumpfwellenfunktionen des Atoms auch Eigenfunktionen im Kristall sind. Man kann also die Bloch-Funktionen der Rumpfzustände einfach als Bloch-Summe aus entsprechenden atomaren Rumpfzuständen schreiben. Für die Energiebänder des Rumpfes bedeutet dies, daß erstens keine Dispersion auftritt und daß zweitens das Spektrum der Rumpfniveaus im Kristall aus dem des Atoms durch konstante Verschiebung hervorgeht. Von einem anderen Standpunkt aus kann man die obengenannte Forderung auch so formulieren, daß beim Zusammenbau des Kristalls aus Atomen die atomaren Wellenfunktionen der Rumpfzustände nicht überlappen. Die Folgerungen daraus sind dieselben.

Exakte Pseudopotentiale haben den Nachteil, daß sie nichtlokal sind und zudem oft noch von der zu berechnenden Energie abhängen. Nichtlokal heißt, daß sie in Ortsdarstellung einen nichtdiagonalen Operator darstellen, $\langle \boldsymbol{r}| W |\boldsymbol{r}'\rangle = W(\boldsymbol{r}, \boldsymbol{r}')$, während für ein lokales Potential $\langle \boldsymbol{r} |V| \boldsymbol{r}'\rangle = V(\boldsymbol{r})\, \delta(\boldsymbol{r} - \boldsymbol{r}')$ gilt. In Impulsdarstellung hängt W nicht, wie das lokale Potential, nur von der Differenz $\boldsymbol{q}$ der beiden Impulse ab, $\langle \boldsymbol{k} + \boldsymbol{q} |V| \boldsymbol{k}\rangle = V(\boldsymbol{q})$, sondern von jedem einzeln $\langle \boldsymbol{k} + \boldsymbol{q} |W| \boldsymbol{k}\rangle = W(\boldsymbol{k}, \boldsymbol{q})$.

Zur Aufstellung konkreter Pseudopotentiale gibt es im wesentlichen drei Zugänge. Der in [3.2] beschriebene hat als Ausgangspunkt die OPW-Methode. Eine übersichtliche Darstellung dieser analytischen OPW- (oder first-principle-) Pseudopotentiale ist in Harrison (66) enthalten; hier findet man auch konkrete Anwendungen der OPW-Pseudopotentiale (Bandberechnungen). Außerdem existieren modellierte und angepaßte Pseudopotentiale, auf deren wichtigsten Vertreter in [3.3] eingegangen wird.

[1]) Dieser Sachverhalt wird in [4.2] vom Standpunkt der Streutheorie nochmals diskutiert.

Weitergehende übersichtsmäßige Darstellungen dazu geben Cohen und Heine (70) und Ziman (71). Für Metalle erfolgt die Modellbildung meist im Ortsraum, man spricht dann von Modellpseudopotentialen oder kurz Modellpotentialen. Für die empirischen Pseudopotentiale von Halbleitern erfolgt das Anpassen im Wellenzahlraum (s. z.B. Unger, 79). Man kann auch aus der KKRZ- und der APW-Methode Pseudopotentiale ableiten. Da diese von MT-Potentialen ausgehen, wird hierauf in [4] eingegangen. Die für kleine Abstände stark abstoßenden ‚hard-core'-Pseudopotentiale nach Zunger und Cohen (78, 79) sind hier noch nicht berücksichtigt; der Zusammenhang mit den schwachen Modellpotentialen wird von Hamann u. a. (79) diskutiert.

3.2. OPW-Pseudopotential und verwandte Arten

3.2.1. OPW-Pseudopotential

Historisch gesehen wurde das erste Pseudopotential aus der OPW-Methode abgeleitet Man nutzt dabei die Tatsachen aus, daß die stark lokalisierten Rumpfzustände vom Atom her als bekannt vorausgesetzt werden können und daß die Valenzbänder, die zu stark überlappenden Atomfunktionen korrespondieren und die deshalb im Bereich zwischen den Rümpfen (s. Abb. 3.1-1) eine starke Abweichung vom Fall freier Atome zeigen, im Rumpfbereich auch atomähnlich sind. Das liegt daran, daß in Kernnähe das Kristallpotential wegen des hier überwiegenden Kern- und Rumpfelektronenanteils, die beide gegenüber dem freien Atom ungeändert sind, atomähnlich ist. Im Zwischenbereich dagegen ist das Potential sehr flach. Auf die Berechnung dieser Valenzzustände konzentriert sich die Pseudopotentialtheorie.

Dementsprechend entwickelt man bei der OPW-Methode die Valenzwellenfunktionen $\varphi_k(\boldsymbol{r})$ nach sogenannten orthogonalisierten ebenen Wellen:

$$|\boldsymbol{k}\rangle = |\boldsymbol{k}) - \sum_c |\boldsymbol{k}c\rangle \langle \boldsymbol{k}c \mid \boldsymbol{k}) .^{1)} \tag{1}$$

$\boldsymbol{k}) \triangleq (1/\sqrt{V}) \exp(i\boldsymbol{kr})$ ist dabei eine ebene Welle und $|\boldsymbol{k}c\rangle = (1/\sqrt{N}) \sum_{\boldsymbol{R}} \exp(i\boldsymbol{kR}) \, |\boldsymbol{R}c)$ eine Bloch-Summe aus atomaren Rumpf (= core) Zuständen $|\boldsymbol{R}c)$ an Gitterplätzen $\boldsymbol{R}$, die in der hier gemachten Näherung auch ein Eigenzustand im Kristall ist (vgl. [5]). Die $|\boldsymbol{k}\rangle$ haben folgende Eigenschaften:

— Sie sind orthogonal zu den Rumpfzuständen, $\langle \boldsymbol{k}c \mid \boldsymbol{k}\rangle = 0$.
— Sie oszillieren in den Rumpfbereichen stark (und zeigen dort atomähnliches Verhalten) und sind im Zwischenbereich ebene Wellen (vgl. Abb. 4.1-3).

[1]) Das Zeichen $k \triangleq (\boldsymbol{k}, \nu, s)$ charakterisiert einen Bloch-Zustand der Valenzelektronen durch Wellenzahlvektor $\boldsymbol{k}$, Bandindex ν und Spineinstellung s. In den hier betrachteten Fällen kann die orts- und spinabhängige Wellenfunktion $\varphi_k(\boldsymbol{r}, \sigma)$ als Produkt aus Ortsanteil $\varphi_k(\boldsymbol{r})$ und Spinanteil $\delta_{s,\sigma}$ geschrieben werden, wobei der Ortsanteil $\varphi_k(\boldsymbol{r})$ und die Energie ε_k nicht von s abhängen. Bei Summen über k ist jedoch die Spinentartung zu beachten: $\sum_k = 2 \sum_{\boldsymbol{k}\nu}$. — Weiter wird im folgenden Text nicht scharf zwischen Zuständen $|\varphi_k\rangle$, $|\chi_k\rangle$, $|\boldsymbol{k}c\rangle$, $|\boldsymbol{R}c)$, $|k)$ als Hilbert-Vektoren und deren Darstellungen $\varphi_k(\boldsymbol{r}) = (\boldsymbol{r} \mid \varphi_k\rangle$, $\chi_k(\boldsymbol{r}) \stackrel{!}{=} (\boldsymbol{r} \mid \chi_k\rangle$, $\varphi_{\boldsymbol{k}}^c(r) = (\boldsymbol{r} \mid \boldsymbol{k}c\rangle$, $\varphi_{\boldsymbol{R}}^c(\boldsymbol{r}) = (\boldsymbol{r} \mid \boldsymbol{R}c)$, $\varphi_{\boldsymbol{k}}^0(\boldsymbol{r}) = (\boldsymbol{r} \mid \boldsymbol{k}) = (1/\sqrt{V}) \exp(i\boldsymbol{kr})$ als Wellenfunktionen unterschieden. Analoges gilt für die kinetische Energie t als Hilbert- bzw. Differentialoperator.

- Sie sind untereinander allerdings nicht orthogonal, $\langle \boldsymbol{k} \mid \boldsymbol{k}' \rangle \neq 0$ (hierbei unterscheiden sich $\boldsymbol{k}$ und $\boldsymbol{k}'$ um einen reziproken Gittervektor).
- Sie bilden im Unterraum der Valenzzustände ein übervollständiges System, d. h., man kann zwar alle Valenzzustände nach ihnen entwickeln, aber diese Entwicklung ist nicht eindeutig.

(Die Beweise der ersten drei Punkte sind trivial, wegen des letzten s. Abarenkov, 72).

Die Entwicklung der Eigenfunktionen der Valenzelektronen $\varphi_k(\boldsymbol{r})$ nach OPW's

$$|\varphi_k\rangle = \sum_{\boldsymbol{G}} |\boldsymbol{k} + \boldsymbol{G}\rangle\, C_k(\boldsymbol{G}) \tag{2}$$

kann man mit (1) auch in der Form

$$|\varphi_k\rangle = (1 - \sum_c |\boldsymbol{k}c\rangle \langle \boldsymbol{k}c|)\, |\chi_k\rangle \tag{3}$$

mit

$$|\chi_k\rangle = \sum_{\boldsymbol{G}} |\boldsymbol{k} + \boldsymbol{G})\, C_k(\boldsymbol{G}) \tag{4}$$

schreiben. (3) vermittelt eine Transformation zwischen der Pseudowellenfunktion $\chi_k(\boldsymbol{r})$ und der richtigen Wellenfunktion $\varphi_k(\boldsymbol{r})$. Aus der relativ glatten Funktion $\chi_k(\boldsymbol{r})$ werden alle Komponenten im Unterraum der Rumpffunktionen herausprojiziert, so daß das aus (3) resultierende $|\varphi_k\rangle$ für beliebiges $|\chi_k\rangle$ orthogonal zu den Rumpfzuständen ist.

Der nächste Schritt ist die Aufstellung einer Bestimmungsgleichung für $|\chi_k\rangle$ bzw. deren Entwicklungskoeffizienten $C_k(\boldsymbol{G})$. Man erhält sie, wenn die Transformation (3) in die Schrödinger-Gleichung

$$(t + V)\, |\varphi_k\rangle = \varepsilon_k\, |\varphi_k\rangle^{1)} \tag{5}$$

eingesetzt wird. Ordnet man das Ergebnis so um, daß die entstehende Gleichung wieder die Form einer Schrödinger-Gleichung hat, lautet es

$$[t + V + \sum_c (\varepsilon_k - \varepsilon_c)\, |\boldsymbol{k}c\rangle \langle \boldsymbol{k}c|]\, |\chi_k\rangle = \varepsilon_k\, |\chi_k\rangle\,. \tag{6}$$

Die in (6) neben t auftretenden Summanden interpretieren wir als OPW-Pseudopotential

$$W = V + \sum_c (\varepsilon_k - \varepsilon_c)\, |\boldsymbol{k}c\rangle \langle \boldsymbol{k}c|\,. \tag{7}$$

Welchen Vorteil hat nun (6) gegenüber (5)? (6) ist eine Schrödinger-Gleichung für die Energiewerte ε_k, wobei das darin enthaltene Pseudopotential W jedoch schwach ist, so daß die zugehörigen Eigenfunktionen gut nach ebenen Wellen entwickelt werden können. Außerdem ist für die Berechnung der ε_k und $|\chi_k\rangle$ in vielen Fällen eine Störungsrechnung ausgehend von freien Elektronen möglich. Als Preis dafür ist die Energieabhängigkeit und Nichtlokalität des Pseudopotentials zu zahlen. Der zweite Term in (7) wird auch Repulsionspotential genannt, da er im Rumpfbereich abstoßend wirkt und das anziehende Potential V teilweise kompensiert.

1) Im Unterschied zu [0], [1], [2] wird hier das Kristallpotential (als Einteilchengröße) mit einem großen Buchstaben bezeichnet, um zwischen dem Potential des Kristalls (V) und dem eines Gitterbausteins (v) unterscheiden zu können (s. auch Fußnote zu [3.3.2]).

Es sei noch erwähnt, daß die Pseudowellenfunktion $\chi_k(\boldsymbol{r})$ durch (6) keineswegs eindeutig definiert ist. Ist nämlich $|\chi_k\rangle$ eine Lösung von (6), so ist es auch

$$|\tilde{\chi}_k\rangle = |\chi_k\rangle + \sum_c \alpha_c |\boldsymbol{k}c\rangle \tag{8}$$

für beliebige Koeffizienten α_c. Des weiteren liefert $|\tilde{\chi}_k\rangle$ mit (3) auch dieselben Wellenfunktionen wie $|\chi_k\rangle$. Beides sieht man leicht durch Einsetzen von (8) in die entsprechenden Gleichungen. Insbesondere ist auch ein Rumpfzustand eine Eigenfunktion in (6) zu einer beliebigen Energie als Eigenwert. Die zuletzt genannte Lösung von (6) liefert jedoch mit (3) eine verschwindende Wellenfunktion $|\varphi_k\rangle$. Daran kann man diese eigentlich unerwünschten Lösungen erkennen.

3.2.2. Verallgemeinertes Pseudopotential

Gleichung (3) ist nicht die einzige Trànsformation, die zu einem sinnvollen Pseudopotential führt. Sie ist vielmehr nur ein Spezialfall von

$$|\varphi_k\rangle = (1 - \sum_c |\boldsymbol{k}c\rangle \langle F_c|)\, |\chi_k\rangle\,, \tag{9}$$

wobei F_c eine völlig beliebige, dem Rumpfzustand c zugeordnete Funktion ist. Setzt man (9) in (5) ein, so lautet die Schrödinger-Gleichung

$$[t + V + \sum_c (\varepsilon_k - \varepsilon_c)\, |\boldsymbol{k}c\rangle \langle F_c|]\, |\chi_k\rangle = \varepsilon_k\, |\chi_k\rangle\,, \tag{10}$$

wobei also hier das Pseudopotential die folgende Form hat:

$$W = V + \sum_c (\varepsilon_k - \varepsilon_c)\, |\boldsymbol{k}c\rangle \langle F_c|\,. \tag{11}$$

Stichpunktartig wollen wir nun einige Besonderheiten der zuletzt skizzierten, allgemeinen Pseudopotentialtheorie anführen:

— Nach (9) ist $|\varphi_k\rangle$ nicht mehr wie bei (3) für beliebige $|\chi_k\rangle$ orthogonal zu den Rumpfzuständen, sondern nur, wenn $|\chi_k\rangle$ folgende Bedingung erfüllt:

$$\langle \boldsymbol{k}c \mid \chi_k\rangle = \langle F_c \mid \chi_k\rangle\,. \tag{12}$$

Die Einhaltung von (12) wird von der Schrödinger-Gleichung (10) garantiert, d. h., alle Lösungen von (10) erfüllen (12) automatisch, wie man durch Projektion von (10) auf $\langle \boldsymbol{k}c|$ sofort sieht.

— Im allgemeinen ist W nach (11) ein nichthermitescher Operator.

— Die Lösungen von (10) sind, außer im Spezialfall $|F_c\rangle = |\boldsymbol{k}c\rangle$ eindeutig bestimmt. Dieser Spezialfall entspricht dem OPW-Pseudopotential. Für alle hermiteschen Spezialfälle, die die Form $|F_c\rangle = a\, |\boldsymbol{k}c\rangle$ haben mit $a \neq 1$ sind nur die richtigen Wellenfunktionen $|\boldsymbol{k}c\rangle$ Lösungen von (10), womit in diesem Fall das Ziel der Pseudopotentialmethode nicht erreicht werden kann. Von allen hermiteschen Pseudopotentialen der hier diskutierten allgemeinen Form (11) kann also nur der OPW-Spezialfall eine glatte Pseudowellenfunktion liefern (Beweise s. Harrison, 66, S. 11–14).

— Da man bei der Wahl der Funktion $|F_c\rangle$ freie Hand hat, kann man sie z. B. so bestimmen, daß die zu W gehörige Pseudowellenfunktion optimal glatt ist. Wählt man also F_c so, daß das aus (10) resultierende $|\chi_k\rangle$ die Bedingung

$$\int d^3r \left|\frac{\partial}{\partial r} \chi_k(\boldsymbol{r})\right|^2 \to \text{Min} \tag{13}$$

unter der Nebenbedingung

$$\langle \chi_k \mid \chi_k \rangle = 1 \tag{14}$$

erfüllt, erhält man näherungsweise (Heine, 70, S. 21—22) für W den Ausdruck

$$W = (1 - \sum_c |\boldsymbol{k}c\rangle \langle \boldsymbol{k}c|)\, V\,. \tag{15}$$

Dieses so optimierte Pseudopotential ist nichthermitesch, was mit den Aussagen des vorigen Punktes konsistent ist.

— An der optimierten Form (15) kann man anschaulich verstehen, warum W im Rumpfbereich schwächer ist als V. Wären die Rumpfzustände im Rumpfbereich ein vollständiges System, so würde W wegen der Vollständigkeitsrelation identisch verschwinden. Da sie aber nicht vollständig sind (es fehlen die darüber liegenden Bänder), kompensieren sich die beiden Terme in (15) nur teilweise.

— Für die Konvergenz der Störungsreihe der Energie bzw. die Konvergenz der Eigenwerte mit steigender Ordnung der Matrixgröße beim Variationsverfahren ist das Optimierungskriterium (13) nicht ausschlaggebend (Pendry, 68). Für nichtlokale Potentiale kann auch trotz stark oszillierender Eigenfunktion eine gute Konvergenz der Energiewerte vorliegen. Das Optimierungskriterium (13) ist aber dann wieder sinnvoll, wenn man auch die Wellenfunktion über diesen Formalismus berechnen will. Bezüglich der Verwendung des Variationsverfahrens kann man das leicht beweisen. Das zu W hermitesch konjugierte Potential

$$W^\dagger = V + \sum_c (\varepsilon_k - \varepsilon_c)\, |F_c\rangle \langle \boldsymbol{k}c|$$

muß dieselbe Konvergenz wie W zeigen. $W^\dagger$ hat aber nur die stark oszillierenden Valenzfunktionen $|\varphi_k\rangle$ als Eigenlösungen, während W auch glatte Eigenfunktionen hat.

— Natürlich kann man nach derselben Vorschrift auch allein für die Rumpfpotentiale ein Pseudopotential W^c konstruieren. Dazu wird in (11) V in einen Rumpfanteil V^c und einen Valenzanteil V^v zerlegt. So entsteht

$$W = W^c + V^v\,, \tag{16}$$

$$W^c = V^c + \sum_c (\varepsilon_k - \varepsilon_c)\, |\boldsymbol{k}c\rangle \langle F_c|\,. \tag{17}$$

V^c ist aus Rumpfwellenfunktionen konstruierbar.[1]) Damit ist auch W^c bekannt. Wenn W^c genügend schwach ist, kann das noch unbekannte V^v im Rahmen der linearen Abschirmtheorie konstruiert werden (s. [3.4]).

[1]) Im folgenden wird nur noch diese Variante diskutiert.

— Die Rumpfzustände $|kc\rangle$ sind stets Lösungen von (10) mit dem Eigenwert ε_c. Diese Eigenzustände liefern mit (9) jedoch eine verschwindende Valenzwellenfunktion. Man beweist das leicht durch Einsetzen.

Von großer praktischer Bedeutung sind die im folgenden zu besprechenden Modellpotentiale.

3.3. Modellpotentiale für Ionen

3.3.1. Freie Ionen

Aus der Vielzahl von Modellansätzen für W^c werden wir hier den am weitesten verbreiteten und erfolgreichsten herausgreifen (Abarenkov u. Heine, 65, Shaw, 68). Eine Übersicht über andere Modellansätze ist in Cohen und Heine (70) gegeben. In groben Zügen ist das Vorgehen hierbei folgendes. Die Atomrümpfe stellen praktisch Ionen dar, die sich jedoch in einer veränderten Umgebung befinden. Zunächst wird für die Ionen ein Pseudopotentialmodell aufgestellt, dessen Parameter an experimentelle Ionenspektren angepaßt werden. Der Einfluß der bisher außer acht gelassenen Valenzelektronen wird später mit Hilfe der linearen Abschirmtheorie berücksichtigt.

Ziel der Modellbildung ist es, für das lokale Ionenpotential $v^{\text{lok}}(r)$ ein Ersatzpotential w^{i} zu finden, das folgende Eigenschaften besitzt:

— Es muß die gleichen Valenzenergien liefern wie das richtige Potential.

— Es muß schwach sein, d. h., es darf insbesondere keine den Rumpfzuständen entsprechenden Energien liefern, und die Pseudowellenfunktion des tiefsten Valenzzustandes darf keine Knoten haben.

Das Geforderte kann, wie wir sehen werden, mit folgendem Ansatz erfüllt werden:

$$w^{\text{i}} = \sum_l w_l^{\text{i}}(r, \varepsilon)\, P_l\,, \tag{1}$$

$$P_l = \sum_m |Y_{lm}\rangle\langle Y_{lm}|\,. \tag{2}$$

P_l projiziert die Komponente mit der Drehimpulsquantenzahl l aus der Wellenfunktion heraus, d. h., Elektronen mit einem bestimmten l spüren das Potential $w_l^{\text{i}}(r, \varepsilon)$. Dieses wird so bestimmt, daß die radiale Schrödinger-Gleichung

$$\left[-\frac{\hbar^2}{2m}\frac{1}{r}\frac{\mathrm{d}^2}{\mathrm{d}r^2}r + \frac{\hbar^2 l(l+1)}{2mr^2} + w_l^{\text{i}}(r, \varepsilon)\right]\chi(r) = \varepsilon\chi(r) \tag{3}$$

Lösungen hat, die den anfangs gestellten Anforderungen genügen. Dabei hat man für die Festlegung von $w_l^{\text{i}}(r, \varepsilon)$ ein hohes Maß an Freiheiten. Nach Shaw (68) wird die Ortsabhängigkeit von $w_l^{\text{i}}(r, \varepsilon)$ für alle die l, zu denen es im Rumpf besetzte Zustände gibt, in folgender Weise modelliert (s. Abb. 3.3-1):

$$w_l^{\text{i}}(r, \varepsilon) = \begin{cases} -\dfrac{Z\epsilon^2}{r} & \text{für} \quad r > R_l(\varepsilon) \quad \text{und} \quad l \leqq l_0\,, \\ -A_l(\varepsilon) & \text{für} \quad r < R_l(\varepsilon) \quad \text{und} \quad l \leqq l_0\,. \end{cases} \tag{4}$$

l_0 sei der größte im Rumpf vorkommende Drehimpuls. Innerhalb des Radius $R_l(\varepsilon)$ wird das richtige Potential $v^{\text{lok}}(r)$ durch einen l- und ε-abhängigen, aber ortsunabhän-

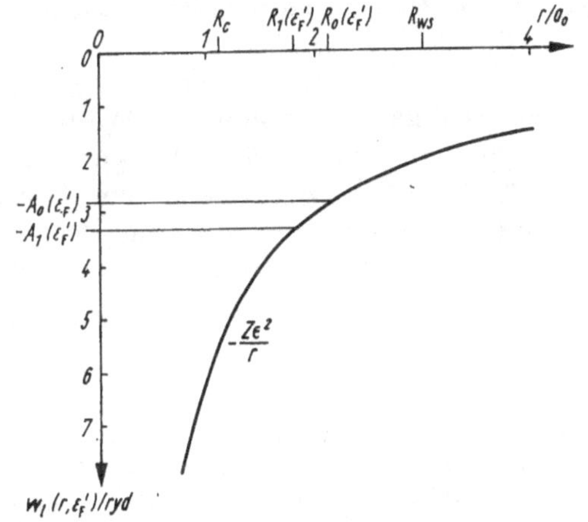

Abb. 3.3-1. Ortsabhängigkeit des Modellpotentials für einen Aluminiumrumpf für Elektronen an der Fermi-Energie. Neben den Modellradien R_0 und R_1 sind der Rumpfradius R_c und der Wigner-Seitz-Radius R_{WS} eingezeichnet. Die Ordinatenbezeichnung lautet richtig $w_l^{\text{i}}(r, \varepsilon_{\text{F}}')$

gigen Wert ersetzt. Für $l > l_0$ soll das Modellpotential $w_l^{\text{i}}(r, \varepsilon)$ mit dem richtigen Potential $v^{\text{lok}}(r)$ übereinstimmen:

$$w_l^{\text{i}}(r, \varepsilon) = v^{\text{lok}}(r) \quad \text{für} \quad l > l_0 \,. \tag{5}$$

Zur Sicherung der Stetigkeit von $w_l^{\text{i}}(r, \varepsilon)$ wird noch die Nebenbedingung

$$A_l(\varepsilon) = \frac{Z\epsilon^2}{R_l(\varepsilon)} \tag{6}$$

gefordert. Wegen (6) kann man nur noch über eine der beiden Funktionen $A_l(\varepsilon)$ und $R_l(\varepsilon)$ verfügen. Die Stetigkeitsforderung (6) ist insofern günstig, als sie das Modellpotential hinsichtlich der Glattheit der zugehörigen Wellenfunktion im Sinne von (3.2-13) optimiert (Shaw, 68). Da in der Praxis $R_l(\varepsilon)$ größer als der Rumpfradius ist, ist außerhalb von $R_l(\varepsilon)$ das richtige Rumpfpotential exakt Coulomb-förmig, was mit dem Modell übereinstimmt. Im allgemeinen wird noch

$$v^{\text{lok}}(r) \approx -\frac{Z\epsilon^2}{r} \tag{7}$$

gesetzt. Das ist im Rumpfbereich natürlich nicht exakt. Da dieser Fehler aber nur für große l gemacht wird, wo die kinetische Energie (oder das Zentrifugalpotential) für kleine r die dominierende Rolle spielt, ist die Näherung (7) gerechtfertigt. Man kann jedoch, vor allem bei hohen Genauigkeitsanforderungen und bei Elementen mit kleinem l_0 (wie Li und Be), ohne wesentliche Veränderung der Theorie auf Näherung (7) verzichten. Man braucht dann aber ein Rumpfpotential, jedoch mit geringen Genauigkeitsanforderungen.

Das hier vorgestellte Modell stimmt in seinen wesentlichen Eigenschaften mit dem OPW-Pseudopotential überein. Es ist im Rumpfbereich für $l \leqq l_0$ schwach und stimmt für $l > l_0$ mit dem richtigen Potential überein. Außerhalb der Rümpfe entsprechen Modell- und Pseudopotential dem richtigen Potential. Der Genauigkeit halber muß aber darauf hingewiesen werden, daß der Modellradius $R_l(\varepsilon)$ beim Modellpotential einzig und allein aus (6) hervorgeht und nicht genau mit dem physikalischen Rumpfradius R_c übereinstimmt. Letzterer ist so definiert, daß sich in einer Kugel mit R_c als Radius 95 (oder 99)% der Rumpfelektronenladung befinden soll.

Die wesentliche physikalische Information dieses Modells enthält die Funktion $A_l(\varepsilon)$. Diese kann man aus den beobachteten Spektren eines Leuchtelektrons im Potential des Rumpfes nur für die Termenergien $\varepsilon = \varepsilon_{l,n}$ genau bestimmen. $A_l(\varepsilon_{l,n})$ wird dabei so gewählt, daß das Modellpotential als Eigenwert genau den Wert $\varepsilon_{l,n}$ liefert. Man bekommt dabei die Funktionswerte von $A_l(\varepsilon)$ für so viele Energiewerte $\varepsilon_{l,n}$, wie experimentelle Termwerte vorliegen. Die Funktion $A_l(\varepsilon)$ erhält man dann durch im allgemeinen lineare Inter- bzw. Extrapolation auf der Grundlage der so gewonnenen Stützwerte (s. Abb. 3.3-2). Bezüglich mathematischer Einzelheiten dieser gesamten Prozedur sei auf Shaw (68) verwiesen.

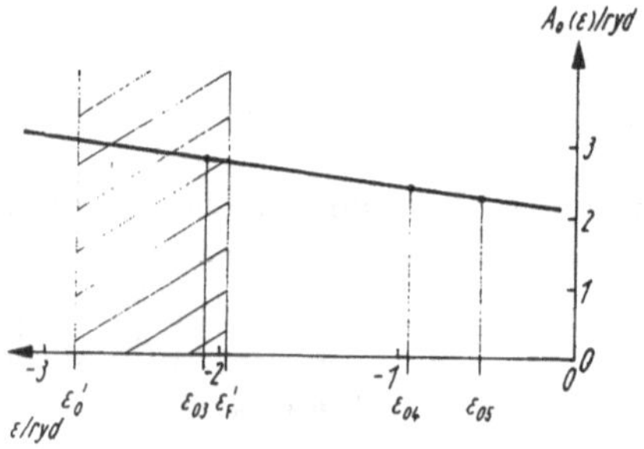

Abb. 3.3-2. Energieabhängigkeit des Parameters A_l für Aluminium und $l = 0$. Neben den Termenergien eines Elektrons im Al^{++}-Ion, $\varepsilon_{l,n}$, sind die auf die Ionenskala umgerechnete Fermi-Energie ε_F' und die Energie des Bandbodens $\varepsilon_0' = \varepsilon_F' - \hbar^2 k_F^2/2m$ eingezeichnet. Der schraffierte Bereich entspricht den Energien der besetzten Leitfähigkeitszustände

In zusammenfassender Form kann man w^i nach (1), (4) und (5) auch so schreiben

$$\begin{aligned} w^i &= v^{lok}(r) + w^{nl}\,, \\ w^{nl} &= -\sum_{l=0}^{l_0} \Theta\big(R_l(\varepsilon) - r\big)\,[A_l(\varepsilon) + v^{lok}(r)]\,P_l\,. \end{aligned} \tag{8}$$

Dabei ist eine Aufspaltung in einen lokalen und einen nichtlokalen Anteil vorgenommen worden. Für die meisten Anwendungen werden Matrixelemente von (8) mit (auf $\mathcal{V}_{at}$ normierten) ebenen Wellen benötigt: $(\boldsymbol{k} + \boldsymbol{q}\,|w^i|\,\boldsymbol{k}) = (\mathcal{V}_{at}/\mathcal{V})\; w^i(\boldsymbol{k}, \boldsymbol{q})$. Diese ergeben sich mit der Näherung (7) zu

$$w^i(\boldsymbol{k}, \boldsymbol{q}) = v^{lok}(\boldsymbol{q}) + f(\boldsymbol{k}, \boldsymbol{q})\,, \tag{9}$$

$$v^{lok}(\boldsymbol{q}) = -\frac{4\pi e^2 Z}{\mathcal{V}_{at} q^2}\,, \tag{10}$$

$$f(\boldsymbol{k}, \boldsymbol{q}) = -\frac{4\pi e^2 Z}{\mathcal{V}_{at}} \sum_{l=0}^{l_0} (2l + 1)\; P_l(\boldsymbol{e}\boldsymbol{e}')\; R_l^2 \,* \\ * \int_0^1 \mathrm{d}x \cdot x(x - 1)\; \mathrm{j}_l(kR_l x)\; \mathrm{j}_l(k' R_l x)\,. \tag{11}$$

Dabei ist $\boldsymbol{k} = \boldsymbol{e}k$, $\boldsymbol{k} + \boldsymbol{q} = \boldsymbol{e}'k'$, $R_l = R_l(\varepsilon)$, $P_l(x)$ sind die Legendreschen Polynome (s. [A 2]) und $\mathrm{j}_l(x)$ die sphärischen Bessel-Funktionen (s. [A 3]). Das Integral in (11) muß numerisch ausgewertet werden.

3.3.2. Ionen im Festkörper

Wäre das Modellpotential nicht explizit energieabhängig, so könnte man das Potential des Ionengitters im Festkörper einfach als Summe von Potentialen isolierter Ionen schreiben. So tritt aber infolge der umliegenden Ionen und der Valenzelektronen eine energetische Verschiebung des Potentials jedes einzelnen Ions auf, die bei der Festlegung der Parameterwerte des Modells berücksichtigt werden muß.

Für ein isoliertes Ion lautet die Schrödinger-Gleichung mit dem Modellpotential

$$\{t + w^{\mathrm{i}}[A_l(\varepsilon)]\} \, |\chi\rangle = \varepsilon \, |\chi\rangle \, . \tag{12}$$

Das Metallpotential hängt gemäß (8) von den $A_l(\varepsilon)$ ab. Im Festkörper dagegen lautet sie[1]:

$$(t + W) \, |\chi_k\rangle = \varepsilon_k \, |\chi_k\rangle \, , \qquad W = W^{\mathrm{c}} + V^{\mathrm{v}} \, , \qquad W^{\mathrm{c}} = \sum_{\boldsymbol{R}} w^{\mathrm{c}}_{\boldsymbol{R}} \, ,$$
$$w^{\mathrm{c}}_{\boldsymbol{R}} = v^{\mathrm{lok}}_{\boldsymbol{R}} + w^{\mathrm{nl}}_{\boldsymbol{R}} \, . \tag{13}$$

Wir greifen nun ein ganz bestimmtes Rumpfpotential w^{c}_0 am Orte $\boldsymbol{R} = 0$ heraus und bringen alle $w^{\mathrm{c}}_{\boldsymbol{R}(\neq 0)}$ und das Valenzelektronenpotential V^{v} auf die rechte Seite:

$$(t + w^{\mathrm{c}}_0) \, |\chi_k\rangle = (\varepsilon_k - \sum_{\boldsymbol{R}(\neq 0)} w^{\mathrm{c}}_{\boldsymbol{R}} - V^{\mathrm{v}}) \, |\chi_k\rangle \, . \tag{14}$$

Bei einfachen Metallen sind nun die Modellradien $R_l(\varepsilon)$ so klein, daß man $\sum_{\boldsymbol{R} \neq 0} w^{\mathrm{c}}_{\boldsymbol{R}} + V^{\mathrm{v}}$ für

$$r < R_{\mathrm{m}} \equiv \underset{(l)}{\mathrm{Maximum}} \, \{R_l\} \, ,$$

durch dessen Mittelwert, die sogenannte Rumpfverschiebung

$$\Delta = \overline{\sum_{\boldsymbol{R} \neq 0} w^{\mathrm{c}}_{\boldsymbol{R}} + V^{\mathrm{v}}}^{R_{\mathrm{m}}} \, , \tag{15}$$

ersetzen kann. (14) lautet damit im Gebiet $r < R_{\mathrm{m}}$

$$(t + w^{\mathrm{c}}_0) \, |\chi_k\rangle = (\varepsilon_k - \Delta) \, |\chi_k\rangle \, . \tag{16}$$

w^{c}_0 ist bis jetzt noch unbekannt. Aus dem Vergleich von (12) und (16) folgt aber, daß w^{c}_0 und w^{i} über folgende einfache Relation zusammenhängen (Shaw, 68):

$$w^{\mathrm{c}}_0 = w^{\mathrm{i}}[A_l(\varepsilon_k - \Delta)] \, . \tag{17}$$

w^{c}_0 und w^{i} haben qualitativ dieselbe Form, nur muß im Argument von A_l die Verschiebung Δ berücksichtigt werden. Will man also die Werte der A_l im Festkörper für die Energie ε_k haben, so kann man diese aus der für isolierte Ionen gefundenen Kurve an der Stelle $\varepsilon_k' = \varepsilon_k - \Delta$ ablesen. Für das Gebiet $r > R_{\mathrm{m}}$ gilt (17) ebenfalls, weil hier sowohl w^{i} als auch w^{c}_0 mit dem richtigen Potential übereinstimmen, das nicht energieabhängig ist. Eine Berechnung des Parameters Δ erfolgt in [3.6].

[1] Große Buchstaben V, W, F, G beschreiben das Potential des gesamten Festkörpers; die entsprechenden kleinen Buchstaben v, w, f, g gehören zu einem Gitterbaustein (s. auch [3.4.2]).

Wird die Funktion $A_l(\varepsilon_k')$, wie allgemein üblich, linear approximiert, so genügt zu ihrer Charakterisierung die Angabe eines Wertes (im allgemeinen an der verschobenen Fermi-Energie $\varepsilon_F' = \varepsilon_F - \Delta$) und der Ableitung. Bei Shaw (68) sind für die einfachen Metalle $A_l(\varepsilon_F')$ und $\partial A_l/\partial\varepsilon$ tabelliert.

3.4. Abschirmung nichtlokaler Potentiale

3.4.1. Abgeschirmtes Kristallpotential

Als nächstes steht die Aufgabe, das Potential der Valenzelektronen zu berücksichtigen. Wir bedienen uns dabei der linearen Abschirmtheorie in Hartree-Näherung (RPA), so wie sie in [1.5.2] oder [6.2.4] und [6.2.5] für den Fall lokaler (zeitabhängiger) Potentiale durchgeführt ist. Hier interessieren nichtlokale (aber zeitunabhängige) Störungen.

Zunächst berechnen wir die Teilchendichte $n(\boldsymbol{r})$ der Valenzelektronen im Pseudopotential in erster Störungsordnung. Da wir ein schwaches Pseudopotential zur Verfügung haben, ist diese Näherung gerechtfertigt. Zu beachten ist dabei jedoch, daß aus der Störungsrechnung mit dem Pseudopotential die Pseudowellenfunktion $\chi_k(\boldsymbol{r})$ folgt, die nur außerhalb der Rümpfe die richtige Dichte ergibt. Die auf den Unterschied zwischen $\chi_k(\boldsymbol{r})$ und der richtigen Wellenfunktion $\varphi_k(\boldsymbol{r})$ zurückgehende Depletiondichte[1]) $n^{\mathrm{d}}(\boldsymbol{r})$ bleibt zunächst noch unbekannt. Auf ihre Berechnung wird im nächsten Kapitel eingegangen. Man bekommt also

$$n(r) = \sum_{k}^{\text{bes}} |\chi_k(\boldsymbol{r})|^2 + n^{\mathrm{d}}(\boldsymbol{r}) \,. \tag{1}$$

In erster Störungsordnung ergibt sich nun für $|\chi_k\rangle$, ausgehend von ebenen Wellen $|\boldsymbol{k}) \mathrel{\hat{=}} (1/\sqrt{V}) \exp(i\boldsymbol{k}\boldsymbol{r})$,

$$|\chi_k\rangle = |\boldsymbol{k}) + \sum_{\boldsymbol{q}} |\boldsymbol{k} + \boldsymbol{q})\, a_k(\boldsymbol{q}) \,, \tag{2}$$

$$a_k(\boldsymbol{q}) = \frac{W(\boldsymbol{k}, \boldsymbol{q})}{\frac{\hbar^2}{2m}[\boldsymbol{k}^2 - (\boldsymbol{k} + \boldsymbol{q})^2]} \,. \tag{3}$$

Formel (3) gilt nur für $\boldsymbol{q} \neq 0$. $a_k(0)$ folgt aus der Normierungsbedingung für $\varphi_k(\boldsymbol{r})$. In $a_k(0)$ geht deshalb der vom Zustand k herrührende Anteil zur Depletiondichte ein. $a_k(0)$ wird jedoch hier nicht benötigt. Es genügt zu wissen, daß es von erster Ordnung in W ist. $W(\boldsymbol{k}, \boldsymbol{q}) \equiv (\boldsymbol{k} + \boldsymbol{q}\,|W|\,\boldsymbol{k})$ ist das gesamte Einteilchenpotential. Es enthält sowohl das nichtlokale Potential der Rümpfe $W^{\mathrm{c}}(\boldsymbol{k}, \boldsymbol{q}) \equiv (\boldsymbol{k} + \boldsymbol{q}\,|W^{\mathrm{c}}|\,\boldsymbol{k})$ als auch das lokale Valenzelektronenpotential $V^{\mathrm{v}}(\boldsymbol{q}) \equiv (\boldsymbol{k} + \boldsymbol{q}\,|V^{\mathrm{v}}|\,\boldsymbol{k})$ das gesucht ist:

$$W(\boldsymbol{k}, \boldsymbol{q}) = W^{\mathrm{c}}(\boldsymbol{k}, \boldsymbol{q}) + V^{\mathrm{v}}(\boldsymbol{q}) \,. \tag{4}$$

[1]) depletion (engl.) entspricht Entleerung.

Da V^v durch n bestimmt wird (Poisson-Gleichung) und n über (1) bis (4) V^v enthält, ist $V^v(\boldsymbol{q})$ selbstkonsistent zu bestimmen. Setzen wir (2) in (1) ein, so entsteht in erster Ordnung in $W(\boldsymbol{k}, \boldsymbol{q})$

$$n(\boldsymbol{r}) = \frac{1}{\mathcal{V}} \sum_k^{\text{bes}} [1 + 2a_k(0) + 2 \sum_{\boldsymbol{q} \neq 0} e^{i\boldsymbol{q}\boldsymbol{r}} a_k(\boldsymbol{q})] + n^d(\boldsymbol{r}) .$$

Dabei wurde $W(-\boldsymbol{k}, -\boldsymbol{q}) = W^*(\boldsymbol{k}, \boldsymbol{q})$ verwendet. Mit

$$n(\boldsymbol{q}) = \int d^3r \frac{1}{\mathcal{V}} e^{-i\boldsymbol{q}\boldsymbol{r}} n(\boldsymbol{r}) = \frac{2}{\mathcal{V}} \sum_k^{\text{bes}} a_k(\boldsymbol{q}) + n^d(\boldsymbol{q})^{1)} \tag{5}$$

bekommt man aus der Poisson-Gleichung $q^2 V^v(\boldsymbol{q}) = (e^2/\varepsilon_0)\, n(\boldsymbol{q})$ mit der Abkürzung $v_q = 4\pi\epsilon^2/q^2$ für $\boldsymbol{q} \neq 0$ das Potential der Valenzelektronen $V^v(\boldsymbol{q}) = v_q n(\boldsymbol{q})$. Mit (5) und dem zu $n^d(\boldsymbol{q})$ gehörigen Potential $V^d(\boldsymbol{q}) = v_q n^d(\boldsymbol{q})$ entsteht so

$$V^v(\boldsymbol{q}) = v_q \frac{2}{\mathcal{V}} \sum_k^{\text{bes}} \frac{W(\boldsymbol{k}, \boldsymbol{q})}{\frac{\hbar^2}{2m}[\boldsymbol{k}^2 - (\boldsymbol{k} + \boldsymbol{q})^2]} + V^d(\boldsymbol{q}) . \tag{6}$$

Setzt man (4) in (6) ein und beachtet, daß $V^v(\boldsymbol{q})$ vor die Summe gezogen werden kann, so läßt sich (6) nach $V^v(\boldsymbol{q})$ auflösen:

$$V^v(\boldsymbol{q}) = G^W(\boldsymbol{q}) + \frac{V^d(\boldsymbol{q})}{\varepsilon(\boldsymbol{q})} , \tag{7}$$

$$G^W(\boldsymbol{q}) \equiv \frac{v_q}{\varepsilon(\boldsymbol{q})} \frac{2}{\mathcal{V}} \sum_k^{\text{bes}} \frac{W^c(\boldsymbol{k}, \boldsymbol{q})}{\frac{\hbar^2}{2m}[\boldsymbol{k}^2 - (\boldsymbol{k} + \boldsymbol{q})^2]} , \tag{8}$$

$$\varepsilon(\boldsymbol{q}) \equiv 1 - v_q \frac{2}{\mathcal{V}} \sum_k^{\text{bes}} \frac{1}{\frac{\hbar^2}{2m}[\boldsymbol{k}^2 - (\boldsymbol{k} + \boldsymbol{q})^2]} . \tag{9}$$

$\varepsilon(\boldsymbol{q})$ ist die übliche statische dielektrische Funktion des freien Elektronengases in RPA (s. auch [1.5.2] u. [1.5.3], der Index ‚RPA' wird hier einfachheitshalber weggelassen). Die $\boldsymbol{k}$-Summe in (9) ist über $\mathcal{V}\, d^3k/(2\pi)^3 = 1$ in ein Integral überführbar, das analytisch mit folgendem Ergebnis gelöst werden kann (s. auch (1.5-17) und (A 6-31)):

$$\varepsilon(\boldsymbol{q}) = 1 + \frac{1}{\pi k_F a_0} \frac{1}{\eta^2} \frac{1}{2} \left(1 + \frac{1 - \eta^2}{2\eta} \ln \left|\frac{1 + \eta}{1 - \eta}\right|\right), \qquad \eta = \frac{|\boldsymbol{q}|}{2k_F} . \tag{10}$$

Das Integral in (8) muß numerisch ausgewertet werden. Das gesamte abgeschirmte Potential ergibt sich schließlich aus (7) und (4) zu

$$W(\boldsymbol{k}, \boldsymbol{q}) = W^c(\boldsymbol{k}, \boldsymbol{q}) + G^W(\boldsymbol{q}) + \frac{V^d(\boldsymbol{q})}{\varepsilon(\boldsymbol{q})} . \tag{11}$$

1) Gegenüber [1.3] und [1.5] enthalten hier $V^v(\boldsymbol{q})$ und $n(\boldsymbol{q})$ zusätzlich jeweils Faktoren $1/\mathcal{V}$ (Unterschied zwischen Matrixelement und Fourier-Transformierter).

$V^{\mathrm{d}}/\varepsilon$ ist das abgeschirmte Potential der Depletiondichte, G^W ist das Potential der durch das nichtlokale Rumpfpotential W^{c} im Gas der Valenzelektronen induzierten Teilchendichte, also das durch W^{c} induzierte Potential (was die Bezeichnung $W^{\mathrm{c}}_{\mathrm{ind}}$ nahelegen würde; hier wird aber G^W analog zur Literatur verwendet).

Im Spezialfall eines lokalen Rumpfpotentials $W^{\mathrm{c}}(\boldsymbol{q})$ gilt — wie aus (8) und (9) unmittelbar zu ersehen — natürlich $W^{\mathrm{c}} + G^W = W^{\mathrm{c}}/\varepsilon$. Beachtet man noch, daß für lokale und damit energieunabhängige Pseudopotentiale die Depletiondichte $n^{\mathrm{d}}(\boldsymbol{r})$, also auch $V^{\mathrm{d}}(\boldsymbol{r})$ verschwindet (s. (3.5-6)), so sieht man, daß die hier abgeleitete Abschirmformel (11) in die bekannte Form

$$W(\boldsymbol{q}) = \frac{W^{\mathrm{c}}(\boldsymbol{q})}{\varepsilon(\boldsymbol{q})} \tag{12}$$

übergeht.

Man kann natürlich auch, wie in (3.3-8), das Rumpfpotential in einen lokalen und einen nichtlokalen Anteil aufspalten:

$$W^{\mathrm{c}}(\boldsymbol{k}, \boldsymbol{q}) = V^{\mathrm{lok}}(\boldsymbol{q}) + F(\boldsymbol{k}, \boldsymbol{q}) . \tag{13}$$

Dann werden der lokale Anteil gemäß (12) und der nichtlokale entsprechend (11) und (8) abgeschirmt:

$$W(\boldsymbol{k}, \boldsymbol{q}) = \frac{V^{\mathrm{lok}}(\boldsymbol{q}) + V^{\mathrm{d}}(\boldsymbol{q})}{\varepsilon(\boldsymbol{q})} + F(\boldsymbol{k}, \boldsymbol{q}) + G^F(\boldsymbol{q}) . \tag{14}$$

G^F ($= F_{\mathrm{ind}}$) ist analog zu G^W ($= W^{\mathrm{c}}_{\mathrm{ind}}$) definiert, nur muß in (8) $W^{\mathrm{c}}(\boldsymbol{k}, \boldsymbol{q})$ durch $F(\boldsymbol{k}, \boldsymbol{q})$ ersetzt werden.

Hier wurde die Abschirmung zunächst nur in Hartree-Näherung (RPA) durchgeführt. Austausch- und Korrelationskorrekturen sind in Analogie zu [1.6.3] noch hinzuzufügen. Im Ergebnis ist $\varepsilon(\boldsymbol{q})$ in (7), (11), (12), (14) durch $\varepsilon^{(e)}(\boldsymbol{q})$ aus (1.6-7′) zu ersetzen und $G^W(\boldsymbol{q})$, $G^F(\boldsymbol{q})$ durch

$$G^W(\boldsymbol{q}) = [1 - G(q)] \frac{v_q}{\varepsilon^{(e)}(\boldsymbol{q})} \frac{2}{V} \sum_k^{\mathrm{bes}} \frac{W^{\mathrm{c}}(\boldsymbol{k}, \boldsymbol{q})}{\dfrac{\hbar^2}{2m}[\boldsymbol{k}^2 - (\boldsymbol{k} + \boldsymbol{q})^2]} , \tag{8′}$$

$$G^F(\boldsymbol{q}) = [1 - G(q)] \frac{v_q}{\varepsilon^{(e)}(\boldsymbol{q})} \frac{2}{V} \sum_k^{\mathrm{bes}} \frac{F(\boldsymbol{k}, \boldsymbol{q})}{\dfrac{\hbar^2}{2m}[\boldsymbol{k}^2 - (\boldsymbol{k} + \boldsymbol{q})^2]} . \tag{8″}$$

Da in diesem Teil eine andere dielektrische Funktion als $\varepsilon^{(e)}(\boldsymbol{q})$ nicht auftritt, wird der Index (e) im weiteren wieder weggelassen (wie auch in [6]).

Es soll noch ausdrücklich darauf hingewiesen werden, daß die hier abgeleitete Theorie der linearen Abschirmung sowohl für Modellpotentiale (3.3-8) als auch für verallgemeinerte Pseudopotentiale (3.2-17) verwendet werden kann.

3.4.2. Abgeschirmtes Potential eines Gitterbausteins

Alle in [3.4.1] auftauchenden Potentiale können im Ortsraum als Summe von gleichartigen atomaren Potentialen geschrieben werden, z. B.:

$$W = \sum_{\boldsymbol{R}} w_{\boldsymbol{R}} , \qquad w_{\boldsymbol{R}} = w(\boldsymbol{r} - \boldsymbol{R}, \boldsymbol{r}' - \boldsymbol{R}') . \tag{15}$$

Die Matrix-Elemente davon zerfallen deshalb wie in (7.2-2) in einen Strukturfaktor (N Elementarzellen, M Ionen pro Elementarzelle, zur einfacheren Schreibweise sei hier für Gitter mit Basis die Kennzeichnung der Ionen innerhalb einer Elementarzelle in $\boldsymbol{R}$ enthalten)

$$S(\boldsymbol{q}) \equiv \frac{1}{NM} \sum_{\boldsymbol{R}} \mathrm{e}^{-i\boldsymbol{q}\boldsymbol{R}} \tag{16}$$

und den Formfaktor ($\mathcal{V}_{\text{at}} = \mathcal{V}/NM$ ist das Volumen pro Ion)

$$w(\boldsymbol{k}, \boldsymbol{q}) \equiv \frac{1}{\mathcal{V}_{\text{at}}} \int \mathrm{d}^3r \int \mathrm{d}^3r' \; \mathrm{e}^{-i(\boldsymbol{k}+\boldsymbol{q})\boldsymbol{r}} \, w(\boldsymbol{r}, \boldsymbol{r}') \, \mathrm{e}^{i\boldsymbol{k}\boldsymbol{r}'} \tag{17}$$

gemäß

$$W(\boldsymbol{k}, \boldsymbol{q}) = S(\boldsymbol{q}) \, w(\boldsymbol{k}, \boldsymbol{q}) \, . \tag{18}$$

Analoges gilt für W^{c}, V^{v}, V^{d}, G^{W}, V^{lok}, F, G^{F}.

Da die Strukturfaktoren $S(\boldsymbol{q})$ in (4), (6) bis (8) und (11) bis (14) herausgekürzt werden können, gelten (11), (12) und (14) analog für die Potentiale eines Gitterbausteins (w, w^{c}, v^{lok}, v^{d}, g^{w}, g^{f}).

3.5. Depletionladung

3.5.1. Allgemeine Formel

Bei der Berechnung des abgeschirmten Ionenpotentials im vorigen Kapitel blieb die Depletiondichte $n^{\text{d}}(\boldsymbol{r})$ als Differenz von echter Teilchendichte und der infolge der Orthogonalisierung durch das Pseudopotential im Rumpfgebiet der Ionen hervorgerufenen Teilchendichte noch unbestimmt. Die genaue räumliche Verteilung kann im Rahmen der Pseudopotentialtheorie nicht berechnet werden, da dazu die richtigen Wellenfunktionen notwendig wären. Bestimmbar ist lediglich der Gesamtbetrag der an einem Atom lokalisierten Ladung

$$Z^{\text{d}} = \int \mathrm{d}^3r \, n^{\text{d}}(\boldsymbol{r}) = \sum_{k}^{\text{bes}} \int \mathrm{d}^3r \, [|\varphi_k(\boldsymbol{r})|^2 - |\chi_k(\boldsymbol{r})|^2] \, . \tag{1}$$

Die Pseudowellenfunktion soll dabei so normiert sein, daß $\varphi_k(\boldsymbol{r})$ und $\chi_k(\boldsymbol{r})$ außerhalb des Rumpfes genau übereinstimmen. Die Integration in (1) läuft daher über ein Rumpfgebiet. Bei den Modellpotentialen muß immer unter „Rumpfgebiet" eine Kugel mit dem Radius R_{m} verstanden werden. Braucht man, wie z. B. bei der Bestimmung des Kristallpotentials, die räumliche Verteilung der Depletionladung, so muß man dafür Annahmen machen. Geeignet sind eine punktförmige Ladungsverteilung oder eine Lorentz- oder Gauss-Verteilung, die außerhalb des Rumpfes abgeklungen sind. Da die Depletionladung pro Valenzelektron nur ungefähr $e/10$ beträgt und der Rumpf bei einfachen Metallen klein gegen eine Wigner-Seitz-Zelle ist, fällt diese Willkür bei praktischen Rechnungen nicht ins Gewicht.

Für die Berechnung von Z^{d} nach Shaw und Harrison (67) gehen wir von der Schrödinger-Gleichung für $\chi_k(\boldsymbol{r})$ aus und differenzieren diese nach der Energie:

$$[t + W(\varepsilon_k)]\, \chi_k(\boldsymbol{r}) = \varepsilon_k \chi_k(\boldsymbol{r})\,, \tag{2}$$

$$[t + W(\varepsilon_k)]\, \frac{\partial \chi_k(\boldsymbol{r})}{\partial \varepsilon_k} + \frac{\partial W}{\partial \varepsilon_k}\, \chi_k(\boldsymbol{r}) = \chi_k(\boldsymbol{r}) + \varepsilon_k\, \frac{\partial \chi_k(\boldsymbol{r})}{\partial \varepsilon_k}. \tag{3}$$

Nach Multiplikation von (3) mit $\chi_k^*(\boldsymbol{r})$ und Integration über ein Rumpfvolumen $\mathcal{V}_c$ entsteht unter Anwendung des Gaußschen Satzes und der Schrödinger-Gleichung (2)

$$\int\limits_{\mathcal{V}_c} \mathrm{d}^3r\, |\chi_k|^2 = \int\limits_{\mathcal{V}_c} \mathrm{d}^3r\, \chi_k^* \frac{\partial W}{\partial \varepsilon_k} \chi_k - \frac{\hbar^2}{2m} \int\limits_{(\mathcal{V}_c)} \mathrm{d}\boldsymbol{S} \left[\chi_k^* \frac{\partial}{\partial \boldsymbol{r}} \frac{\partial \chi_k}{\partial \varepsilon_k} - \frac{\partial \chi_k}{\partial \varepsilon_k} \frac{\partial}{\partial \boldsymbol{r}} \chi_k^*\right]. \tag{4}$$

Das Flächenintegral in (4) läuft über die Oberfläche des Rumpfgebietes. Ein ähnliches Ergebnis entsteht für $\varphi_k(\boldsymbol{r})$. Nur verschwindet hier das erste Glied auf der rechten Seite von (4), da das richtige Potential nicht energieabhängig ist:

$$\int\limits_{\mathcal{V}_c} \mathrm{d}^3r\, |\varphi_k|^2 = -\frac{\hbar^2}{2m} \int\limits_{(\mathcal{V}_c)} \mathrm{d}\boldsymbol{S} \left[\varphi_k^* \frac{\partial}{\partial \boldsymbol{r}} \frac{\partial \varphi_k}{\partial \varepsilon_k} - \frac{\partial \varphi_k}{\partial \varepsilon_k} \frac{\partial}{\partial \boldsymbol{r}} \varphi_k^*\right]. \tag{5}$$

Die beiden Oberflächenintegrale in (4) und (5) stimmen überein, da $\chi_k(\boldsymbol{r})$ und $\varphi_k(\boldsymbol{r})$ im interessierenden Energieintervall außerhalb des Rumpfes übereinstimmen. Subtrahiert man nun (4) von (5) und summiert über alle besetzten Zustände, so erhält man unter Beachtung von (1)

$$Z^{\mathrm{d}} = -\sum_k^{\mathrm{bes}} \int\limits_{\mathcal{V}_c} \mathrm{d}^3r\, \chi_k^*(\boldsymbol{r}) \frac{\partial W}{\partial \varepsilon_k}\, \chi_k(\boldsymbol{r}) \tag{6}$$

als gewünschte Endformel.

3.5.2. Spezialfälle

Da die Integration in (6) nur über ein einziges Rumpfvolumen läuft, ist W exakt durch w ersetzbar. In erster Ordnung können die χ_k in (6) weiterhin durch ebene Wellen ersetzt werden, was zu

$$Z^{\mathrm{d}} \approx -\sum_k^{\mathrm{bes}} \left(\boldsymbol{k} \left| \frac{\partial w}{\partial \varepsilon_k} \right| \boldsymbol{k}\right) \tag{7}$$

führt.

(6) gilt für jedes energieabhängige Pseudopotential, insbesondere aber auch für das OPW-Pseudopotential (3.2-7). In diesem Falle erhält man aus (6)

$$Z^{\mathrm{d}} = -\sum_k^{\mathrm{bes}} \sum_c |\langle \chi_k \mid \boldsymbol{k}c\rangle|^2\,, \tag{8}$$

was man sich auch innerhalb des OPW-Formalismus leicht überlegen kann. Werden auch hier die χ_k durch ebene Wellen angenähert, so tauchen in (8) die Fourier-Transformierten der Rumpfzustände auf.

Für das Modellpotential (3.3-8) ergibt sich mit (7) als numerisch zu integrierende Endformel (Shaw, 68)

$$Z^{\mathrm{d}} = \frac{4}{\pi} \sum_{l=0}^{l_0} (2l+1) \frac{\partial A_l}{\partial \varepsilon} \int_0^1 \mathrm{d}x \int_0^1 \mathrm{d}y \; x^2 y^2 r_l^3(x) \; \mathrm{j}_l^2(xyr_l(x)) \,, \tag{9}$$

$$r_l(x) = k_{\mathrm{F}} R_l \left(\frac{\hbar^2 k_{\mathrm{F}}^2}{2m} x^2 - \Delta \right).$$

Numerische Ergebnisse dazu wurden von Shaw (68) tabelliert.

3.6. Rumpfverschiebung und Fermi-Energie

3.6.1. Allgemeine Beziehungen für Modellpotentiale und OPW-Pseudopotentiale

In [3.3] wurde gezeigt, daß das Modellpotential von der Energie des Zustandes, den man berechnen will, in der Form $A_l(\varepsilon_k - \Delta)$ abhängt. Somit liegt im Prinzip ein selbstkonsistent zu lösendes Problem vor. Energie ε_k und Modellwellenfunktion $\chi_k(\boldsymbol{r})$ hängen vom Potential ab, das seinerseits eine Funktion der gesuchten Energie ist. Wie dieses Problem bei Bandberechnungen, die im reduzierten Zonenschema ausgeführt werden, gelöst wird, wird in [3.7] beschrieben. Bei Aufgaben, die im erweiterten Zonenschema in Angriff genommen werden, kann man wegen der geringen Energieabhängigkeit von A_l die darin enthaltene Energie von der Fermi-Energie aus gerechnet durch die freier Elektronen ersetzen:

$$\varepsilon_k = \varepsilon_{\mathrm{F}} + \frac{\hbar^2}{2m} (k^2 - k_{\mathrm{F}}^2) \,. \tag{1}$$

Mit $\varepsilon_{\mathrm{F}}' = \varepsilon_{\mathrm{F}} - \Delta$ hat das Argument von A_l die Form

$$\varepsilon_k - \Delta = \varepsilon_{\mathrm{F}}' + \frac{\hbar^2}{2m} (k^2 - k_{\mathrm{F}}^2) \,. \tag{2}$$

Mit Hilfe von (2) kann die Energieabhängigkeit in eine $\boldsymbol{k}$-Abhängigkeit umgewandelt werden. Die dazu notwendigen Parameter sind das als bekannt vorausgesetzte k_{F} und $\varepsilon_{\mathrm{F}}'$.

Die hier definierten Größen $\varepsilon_{\mathrm{F}}'$ und Δ haben auch für das OPW-Pseudopotential Bedeutung. Wie aus (3.2-7) zu sehen ist, geht dort die Energie in der Form $\varepsilon_k - \varepsilon_c$ ein. ε_c sind die Rumpfniveaus im Festkörper. Gegenüber den Niveaus isolierter Ionen ε_c' ist die energetische Absenkung Δ zu berücksichtigen:

$$\varepsilon_c = \varepsilon_c' + \Delta \,. \tag{3}$$

Unter Verwendung von (1) und (3) bekommt man endgültig

$$\varepsilon_k - \varepsilon_c = \varepsilon_{\mathrm{F}}' + \frac{\hbar^2}{2m} (k^2 - k_{\mathrm{F}}^2) - \varepsilon_c' \tag{4}$$

für die in (3.2-7) auftretende Energiedifferenz.

3.6.2. Störungstheoretische Auswertung für Modellpotentiale

Im weiteren widmen wir uns der störungstheoretischen Berechnung von ε_F' nach Taut und Paasch (72) im Modellpotential-Formalismus. Die entsprechenden Formeln für das OPW-Pseudopotential erhält man auf völlig analoge Weise. ε_F lautet in erster Störungsordnung

$$\varepsilon_F = \frac{\hbar^2}{2m} k_F^2 + W(k_F, 0) . \tag{5}$$

Wegen $S(0) = 1$ gilt $W(k_F, 0) = w(k_F, 0)$. Wir zerlegen nun das abgeschirmte Potential $W = W^c + V^v$ mit (3.4-13) in zwei Anteile:

$$W(\boldsymbol{k}, \boldsymbol{q}) = F(\boldsymbol{k}, \boldsymbol{q}) + V^C(\boldsymbol{q}) . \tag{6}$$

F ist der nichtlokale Anteil des nackten Rumpfpotentials, während $V^C = V^{lok} + V^v$ die Summe aus lokalem Anteil des nackten Rumpfpotentials V^{lok} und dem Abschirmpotential der Valenzelektronen V^v ist. Mit (6) lautet (5)

$$\varepsilon_F = \frac{\hbar^2}{2m} k_F^2 + F(k_F, 0) + V^C(0) . \tag{7}$$

Auch hier gilt $F(k_F, 0) = f(k_F, 0)$ und $V^C(0) = v^C(0)$. Die Rumpfverschiebung Δ ist nach (3.3-15) der über eine Kugel mit dem Radius R_m gemittelte Wert des Valenzelektronenpotentials V^v und des Potentials der umliegenden nackten Rümpfe:

$$\Delta = \overline{V^v + \sum_{\boldsymbol{R}(\neq 0)} w_{\boldsymbol{R}}^c}^{R_m} . \tag{8}$$

Da der nichtlokale Anteil der Rumpfpotentiale außerhalb R_m verschwindet, kann in (8) für die umliegenden Rümpfe $w_{\boldsymbol{R}}^c$ durch $v_{\boldsymbol{R}}^{lok}$ ersetzt werden. Schließt man in (8) v_0^{lok} in die Summe ein und zieht diesen Anteil am Ende wieder ab, entsteht

$$\Delta = \overline{V^C - v_0^{lok}}^{R_m} . \tag{9}$$

Mit $v_0^{lok} = -Z\epsilon^2/r$ läßt sich dessen Mittelwert leicht ermitteln:

$$\overline{v_0^{lok}}^{R_m} = \frac{1}{4\pi R_m^3/3} \int\limits_{r<R_m} d^3r \left(-\frac{Z\epsilon^2}{r}\right) = -\frac{3}{2} \frac{Z}{R_m} . \tag{10}$$

Da V^C das Abschirmpotential enthält, das nur im Wellenzahlraum eine einfache Form hat, entwickeln wir zunächst:

$$V^C = V^C(0) + \sum_{\boldsymbol{G}(\neq 0)} V^C(\boldsymbol{G}) \, e^{i\boldsymbol{G}\boldsymbol{r}} . \tag{11}$$

Aus dem Vergleich von (6) und (3.4-14) liest man für $\boldsymbol{G} \neq 0$ ab:

$$V^C(\boldsymbol{G}) = \frac{V^{lok}(\boldsymbol{G}) + V^d(\boldsymbol{G})}{\varepsilon(\boldsymbol{G})} + G^F(\boldsymbol{G}) . \tag{12}$$

Für die Berechnung des Mittelwertes von V^{C} braucht man mit (11) nur noch den Mittelwert von exp ($i\boldsymbol{Gr}$), der sich zu

$$\overline{e^{i\boldsymbol{Gr}}}^{R_\mathrm{m}} = \frac{3}{(GR_\mathrm{m})^3}\left[\sin(GR_\mathrm{m}) - (GR_\mathrm{m})\cos(GR_\mathrm{m})\right] \tag{13}$$

ergibt. Zusammengefaßt erhalten wir

$$\Delta = V^{\mathrm{C}}(0) + \sum_{\boldsymbol{G}\neq 0} V^{\mathrm{C}}(\boldsymbol{G})\,\overline{e^{i\boldsymbol{Gr}}}^{R_\mathrm{m}} + \frac{3}{2}\frac{Z}{R_\mathrm{m}}\,. \tag{14}$$

Durch Kombination von (7) und (14) erhalten wir

$$\varepsilon_\mathrm{F}' = \frac{\hbar^2}{2m}k_\mathrm{F}^2 + F(k_\mathrm{F},0) - \sum_{\boldsymbol{G}(\neq 0)} V^{\mathrm{C}}(\boldsymbol{G})\,\overline{e^{i\boldsymbol{Gr}}}^{R_\mathrm{m}} - \frac{3}{2}\frac{Z}{R_\mathrm{m}} \tag{15}$$

als gesuchten Ausdruck für ε_F'.

Alternativ zu dieser störungstheoretischen Behandlung wurde von Animalu und, Heine (65) ein semiempirisches Verfahren angegeben, das experimentelle Ionisierungsenergien und Austrittsarbeiten benutzt und außerdem noch zusätzliche Vereinfachungen macht. Die numerischen Ergebnisse beider Verfahren unterscheiden sich jedoch nicht wesentlich (Taut u. Paasch, 72).

3.7. Bandberechnungen mit Modellpotentialen

3.7.1. Methode

Für die Durchführung von Bandberechnungen gibt es eine ganze Reihe von Methoden, die auf der Grundlage eines vorgegebenen oder selbstkonsistent zu konstruierenden Potentials arbeiten, wie etwa die OPW-, APW-, KKR-, LCAO- oder die Zellenmethode. Man ist dabei nicht auf ein schwaches Modellpotential angewiesen. Trotzdem hat das vorher beschriebene Modellpotential, das allerdings nur für einfache Metalle sinnvoll angewendet werden kann, einige Vorteile:

- Die für die anderen oben genannten Bandberechnungsmethoden benötigten Kristallpotentiale müssen, sofern es sich nicht um selbstkonsistente Berechnungen handelt, aus Atomwellenfunktionen konstruiert werden. Da die Valenzelektronen im Metall gegenüber den freien Atomen stark gestört sind, muß man sie vorher ziemlich groben und willkürlichen Prozeduren unterziehen, um sie den Verhältnissen in Festkörpern anzupassen (s. [2]). Beim Modellpotential dagegen wird das Potential der Valenzelektronen störungstheoretisch ausgehend vom Fall freier Elektronen und unter Berücksichtigung des Depletionloches berechnet. Speziell für einfache Metalle scheint die zuletzt genannte Methode die genauere zu sein.
- Probleme bei der Konstruktion von Einteilchenpotentialen aus Wellenfunktionen treten für die Einbeziehung von Austausch- und Korrelationsbeiträgen auf. Dieses Problem erscheint beim Modellpotential, zumindest soweit es das Rumpfpotential betrifft, überhaupt nicht (wohl aber bei Pseudopotentialen). Durch die Anpassung an experimentelle Daten werden alle Beiträge automatisch berücksichtigt. In das Potential der Valenzelektronen kann man Austausch- und Korrelationsbeiträge

einbeziehen, indem entsprechende Korrekturen in den Abschirmfunktionen angebracht werden. Allerdings nimmt man hier an, daß sich Rumpf- und Valenzeffekte linear überlagern lassen.

— APW- und KKR-Methode liefern nichtlineare Eigenwertprobleme, deren numerische Lösung sehr aufwendig ist. Wie wir in [3.7.1] sehen werden, ist bei der Verwendung von Modellpotentialen das Problem in sehr guter Näherung linearisierbar.
— Die aus Bandberechnungen mit Modellpotentialen abgeleiteten Meßgrößen (s. [6]) liefern einen zusätzlichen und genauen Test für die verwendeten Modellpotentiale, die für andere Zwecke (s. [7], [8]) unentbehrlich sind.

Das Modellpotential hat aber auch einige Nachteile:

— Es liefert im Rumpfbereich nur Modellwellenfunktionen, aus denen die richtigen nicht exakt konstruiert werden können.
— Da nur die Valenzniveaus der Berechnung zugänglich sind, bleibt deren relative Lage gegenüber den Rumpfniveaus völlig offen. Bei den meisten Anwendungen wird diese aber gar nicht benötigt.
— Die Funktion $A_l(\varepsilon)$, die das Modellpotential bestimmt, muß bei einigen Metallen weit extrapoliert werden, was zu Unsicherheiten führt (s. [3.3.1]).
— Die hier beschriebenen Modellpotentiale sind nur auf einfache Metalle anwendbar.

Da das abgeschirmte Modellpotential genügend schwach ist, kann man zur Lösung der Schrödinger-Gleichung

$$[t + W(\varepsilon - \Delta) - \varepsilon]\,|\chi_k\rangle = 0 \tag{1}$$

für die Modellwellenfunktion $\chi_k(\boldsymbol{r})$ den Ansatz (3.2-4)

$$|\chi_k\rangle = \sum_{\boldsymbol{G}} |\boldsymbol{k} + \boldsymbol{G})\, C_k(\boldsymbol{G}) \tag{2}$$

machen und so (1) in eine Matrixgleichung der Form

$$[\boldsymbol{t} + \boldsymbol{W}(\varepsilon - \Delta) - \varepsilon \boldsymbol{I}]\,\boldsymbol{C} = 0 \tag{3}$$

überführen. Dabei ist $\boldsymbol{C}$ der Vektor der Entwicklungskoeffizienten in (2), $\boldsymbol{I} \equiv (\delta_{\boldsymbol{G},\boldsymbol{G}'})$ ist die Einheitsmatrix, und $\boldsymbol{t}$ bzw. $\boldsymbol{W}(\varepsilon - \Delta)$ sind die Matrizen für die kinetische Energie und das Modellpotential, jeweils in Wellenzahldarstellung.

Ein durch $\boldsymbol{G}$ und $\boldsymbol{G}'$ gekennzeichnetes Matrixelement von $\boldsymbol{t}$ lautet

$$t_{\boldsymbol{G},\boldsymbol{G}'} = (\boldsymbol{k} + \boldsymbol{G}|\, t\, |\boldsymbol{k} + \boldsymbol{G}') = \frac{\hbar^2}{2m} (\boldsymbol{k} + \boldsymbol{G})^2\, \delta_{\boldsymbol{G},\boldsymbol{G}'} \,. \tag{4}$$

Die Nichtdiagonalelemente von $\boldsymbol{W}$ kann man mit Hilfe von (3.4-14) konstruieren:

$$\begin{aligned} W_{\boldsymbol{G},\boldsymbol{G}'}(\varepsilon - \Delta) = (\boldsymbol{k} + \boldsymbol{G}|\, W(\varepsilon - \Delta)\, |\boldsymbol{k} + \boldsymbol{G}') &= \frac{V^{\text{lok}}(\boldsymbol{G} - \boldsymbol{G}') + V^{d}(\boldsymbol{G} - \boldsymbol{G}')}{\varepsilon(\boldsymbol{G} - \boldsymbol{G}')} \\ &\quad + F(\boldsymbol{k} + \boldsymbol{G}', \boldsymbol{G} - \boldsymbol{G}') + G^{F}(\boldsymbol{G} - \boldsymbol{G}') \,. \end{aligned} \tag{5}$$

Von den Diagonalelementen ist jedoch nur der Anteil von den nackten Rümpfen bekannt. Der Beitrag der Valenzelektronen dazu ist in linearer Abschirmtheorie prinzipiell nicht bestimmbar (s. Bemerkung nach (3.4-3)):

$$W_{\boldsymbol{G},\boldsymbol{G}}(\varepsilon - \Delta) = V^{\text{lok}}(0) + V^{\text{v}}(0) + F(\boldsymbol{k} + \boldsymbol{G}, 0) \,. \tag{6}$$

Wir spalten deshalb von den Diagonalelementen der Matrix einen Teil ab[1]):

$$\boldsymbol{W}(\varepsilon - \Delta) = \boldsymbol{W}^*(\varepsilon - \Delta) + V^{\mathrm{C}}(0)\,\boldsymbol{I}\,. \tag{7}$$

Die Bezeichnungen in (6) und (7) entsprechen denen in [3.4] und [3.6]. Denselben Anteil kann man auch von Δ abspalten, wie man an (3.6-14) sehen kann:

$$\Delta = \Delta^* + V^{\mathrm{C}}(0)\,. \tag{8}$$

Führen wir nun noch eine Verschiebung der Energieskala um den Wert $V^{\mathrm{C}}(0)$ aus,

$$\varepsilon = \varepsilon^* + V^{\mathrm{C}}(0)\,, \tag{9}$$

so fällt aus der Eigenwertgleichung (3) das unbekannte $V^{\mathrm{C}}(0)$ völlig heraus.

$$[\boldsymbol{t} + \boldsymbol{W}^*(\varepsilon^* - \Delta^*) - \varepsilon^*\boldsymbol{I}]\,\boldsymbol{C} = 0\,. \tag{10}$$

In (10) sind also alle Matrixelemente bestimmt.

Bis jetzt haben wir es aber mit einer nichtlinearen Eigenwertaufgabe zu tun, da $\boldsymbol{W}^*$ von ε^* abhängt. Diese Energieabhängigkeit ist allerdings fast linear. Wir entwickeln deshalb jedes Matrixelement in erster Ordnung an der Stelle $\varepsilon_{\mathrm{F}}' = \varepsilon_{\mathrm{F}} - \Delta$:

$$W^*_{\boldsymbol{G},\boldsymbol{G}'}(\varepsilon^* - \Delta^*) = W^*_{\boldsymbol{G},\boldsymbol{G}'}(\varepsilon_{\mathrm{F}}') + (\varepsilon^* - \Delta^* - \varepsilon_{\mathrm{F}}')\,\frac{\partial W^*_{\boldsymbol{G},\boldsymbol{G}'}}{\partial \varepsilon_{\mathrm{F}}'}\,. \tag{11}$$

Für ein exakt linear energieabhängiges Potential hängt diese Entwicklung nicht von $\varepsilon_{\mathrm{F}}'$ ab, denn es ist vollkommen gleichgültig, an welcher Stelle man eine lineare Funktion in erster Ordnung in eine Taylor-Reihe entwickelt. Ungenauigkeiten in $\varepsilon_{\mathrm{F}}'$ gehen daher nur sehr schwach in die Berechnung ein. Daß wir als Entwicklungsstelle $\varepsilon_{\mathrm{F}}'$ gewählt haben, hängt in erster Linie damit zusammen, daß für diesen Energiewert die das Potential bestimmenden Parameterwerte $A_l(\varepsilon_{\mathrm{F}}')$ und $\partial A_l/\partial\varepsilon$ bei Shaw (68) tabelliert sind. Setzen wir nun (11) in (10) ein, so erhalten wir ein lineares Eigenwertproblem

$$\left[\boldsymbol{t} + \boldsymbol{W}^*(\varepsilon_{\mathrm{F}}') - \frac{\partial \boldsymbol{W}^*}{\partial \varepsilon_{\mathrm{F}}'}\,(\varepsilon_{\mathrm{F}}' + \Delta^*) - \varepsilon^*\left(\boldsymbol{I} - \frac{\partial \boldsymbol{W}^*}{\partial \varepsilon_{\mathrm{F}}'}\right)\right]\boldsymbol{C} = 0\,, \tag{12}$$

das man vereinfacht in der Form $(\boldsymbol{A} - \varepsilon^*\boldsymbol{B})\,\boldsymbol{C} = 0$ schreiben kann. $\boldsymbol{A}$ und $\boldsymbol{B}$ sind hermitesche Matrizen. Da $\boldsymbol{B}$ nur geringfügig von einer Einheitsmatrix abweicht, ist es positiv definit. Das ermöglicht es, (12) mit algebraischen Methoden leicht in ein gewöhnliches Eigenwertproblem der Form $(\boldsymbol{A}' - \varepsilon^*\boldsymbol{I})\,\boldsymbol{C}' = 0$ zu transformieren (s. Schwarz u. a., 68).

3.7.2. Ergebnisse für reine Metalle

Da in einfachen Metallen ein schwaches Pseudopotential existiert, das die richtigen Valenzenergien liefert, müssen diese den Energien freier Elektronen ähnlich sein. Die Energiebänder im reduzierten Zonenschema weichen also relativ wenig von den Parabeln $\varepsilon_k = \hbar^2(\boldsymbol{k} + \boldsymbol{G})^2/2m$ ab.

Wir werden die vorher beschriebene Methode auf Beryllium anwenden (Taut, 72). Be hat hexagonal dichtest gepackte Struktur mit zwei Atomen pro Elementarzelle, weitere Charakteristika sind: $a = 4{,}32\,a_0$, $c/a = 1{,}57$, $\mathcal{V}_0 = 109{,}29\,a_0^3$, $\mathcal{V}_{\mathrm{at}} = \mathcal{V}_0/2$,

[1]) Das Zeichen * bedeutet hier nicht „konjugiert-komplex", sondern dient der Einführung neuer Größen.

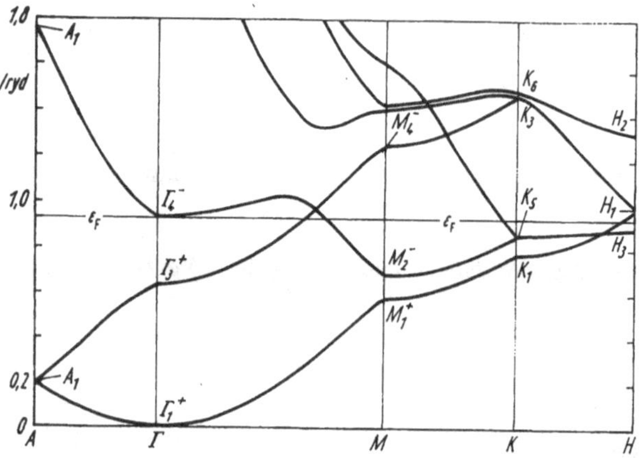

Abb. 3.7-1. Bandstruktur von Beryllium auf den Symmetrielinien der Brillouin-Zone

$r_s = 1{,}87$, $\varepsilon_F^0 = 1{,}05$ *ryd*. Bezüglich des Modellpotentials besteht die Besonderheit, daß wegen $l_0 = 0$ nur für die *s*-Komponenten der Valenzwellenfunktion ein schwaches Potential existiert. Alle Anteile mit Drehimpulsen $l \geqq 1$ spüren das richtige Potential. Dieses wird jedoch für größere l in steigendem Maße von der kinetischen Energie (Zentrifugenpotential) überspielt. Es ist deshalb vor allem bei *p*-ähnlichen Zuständen eine relativ starke Abweichung vom Verlauf freier Elektronen zu erwarten. In Abb. 3.7-1 ist die Bandstruktur und in Abb. 3.7-2 die Zustandsdichte von Be dargestellt. Besonders in Abb. 3.7-2 ist die relativ starke Abweichung von der Parabel, die für freie Elektronen zu erwarten ist, ins Auge fallend.

Die relativ starke Abweichung vom Verlauf im Fall freier Elektronen manifestiert sich auch in einer schlechten Konvergenz der Entwicklung (2), so daß um eine Konvergenzgenauigkeit von der Größenordnung m *ryd* zu erhalten, 30 Glieder berücksichtigt werden mußten. Eine weitere Besonderheit von Be ist die starke Nichtlokalität des Potentials, die sich in einer starken $\boldsymbol{k}$-Abhängigkeit der Matrixelemente $(\boldsymbol{k} + \boldsymbol{G}|W|\boldsymbol{k} + \boldsymbol{G}') = W(\boldsymbol{k} + \boldsymbol{G}', \boldsymbol{G} - \boldsymbol{G}')$ äußert. Für ein lokales Potential hängen diese überhaupt nicht von $\boldsymbol{k}$ ab. Die Ursache für die starke Nichtlokalität ist ebenfalls darin zu suchen, daß $l_0 = 0$ ist. Dadurch unterscheidet sich nämlich das schwache Potential für $l = 0$ stark vom richtigen Potential für $l \geqq 1$. Je stärker sich die Potentiale für die einzelnen Drehimpulsanteile unterscheiden, desto stärker ist die Nichtlokalität.

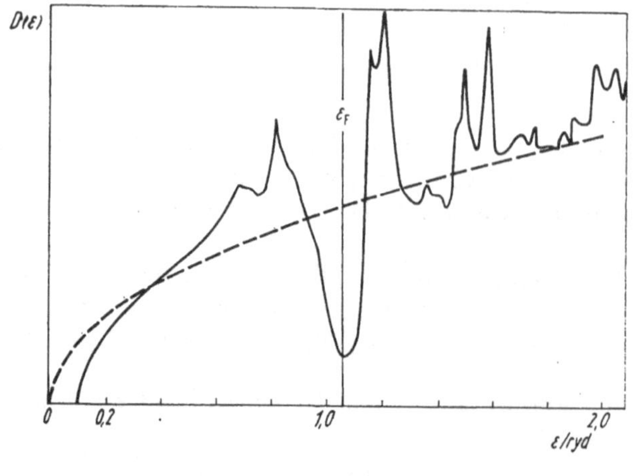

Abb. 3.7-2. Zustandsdichte von Beryllium (——) sowie die Kurve für freie Elektronen (– – –)

Be ist wie auch Li also kein ideales Pseudopotentialmetall; dennoch wurde für diesen Fall eine Bandberechnung durchgeführt, weil sich verschiedene der in [6] diskutierten Meßgrößen auf Be beziehen und weil Be für die Pseudopotentialmethode einen besonders scharfen Test darstellt.

3.7.3. Ergebnisse für intermetallische Verbindungen

Intermetallische Verbindungen sind geordnete Legierungen aus zwei oder mehreren Komponenten. Sie haben im allgemeinen eine große Elementarzelle mit größenordnungsmäßig zehn Atomen. Das hat zur Folge, daß die Brillouin-Zone sehr klein wird und dadurch sehr viele Bänder unterhalb der Fermi-Energie liegen. Das führt aber dazu, daß in der Entwicklung (2) sehr viele ebene Wellen berücksichtigt werden müssen.

Da Abweichungen der Bandstruktur vom Verlauf im Fall freier Elektronen am markantesten an Überschneidungspunkten von Bändern hervortreten, bei intermetallischen Verbindungen davon aber viele existieren, weisen die intermetallischen Verbindungen im allgemeinen eine stärkere Störung auf als reine einfache Metalle. Das ist der Fall, obwohl das Pseudopotential selbst noch als schwach anzusehen ist. Dieses stellt jedoch für die vielen dicht beeinanderliegenden Bänder eine relativ starke Störung dar, so daß in der Bandstruktur vom fast freien Verhalten der Elektronen nur wenig zu spüren ist. Der Vergleich der Zustandsdichten zeigt, daß diese bei intermetallischen Verbindungen viel stärker strukturiert ist als bei reinen einfachen Metallen. Außerdem sind die Fourier-Koeffizienten des Pseudopotentials und damit die Energielücken größer. Weiterhin scheint es zunächst notwendig zu beachten, daß die Ionenpotentiale in Verbindungen im Vergleich zum Fall reiner Metalle verändert sind. Wie jedoch bei Taut und Paasch (72) störungstheoretisch nachgewiesen wurde, ist diese Änderung tatsächlich vernachlässigbar. Wichtig ist jedoch die Änderung der Abschirmung infolge der veränderten Valenzelektronendichte.

Wir diskutieren nun speziell die Bandstruktur der Laves-Phase $CaAl_2$ (Radwan u. Taut, 76). Diese ist vom Strukturtyp $C15$ und hat sechs Atome pro Elementarzelle. Das Gitter hat dieselbe Symmetrie wie Diamant. In Abb. 3.7-3 ist die Bandstruktur

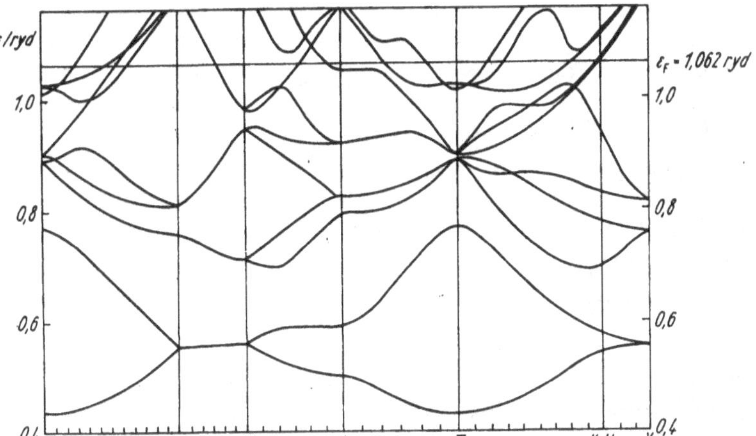

Abb. 3.7-3. Bandstruktur von $CaAl_2$ auf den Symmetrielinien der Brillouin-Zone

von $CaAl_2$ dargestellt. Hierbei wurden in (2) 61 ebene Wellen berücksichtigt, was gleichzeitig bedeutet, daß Matrixoperationen mit 61 × 61 Matrizen durchzuführen waren. Bei voller Berücksichtigung der Energieabhängigkeit des Potentials gemäß (12) hätte das einen rechentechnisch nicht vertretbaren Zeitaufwand bedeutet. In die Berechnungen wurde deshalb $\partial W^*/\partial \varepsilon_F' = 0$ gesetzt. (12) reduziert sich dann auf das gewöhnliche Eigenwertproblem

$$\{\boldsymbol{t} + \boldsymbol{W}^*(\varepsilon_F') - \varepsilon^* \boldsymbol{I}\}\, \boldsymbol{C} = 0\,. \tag{12'}$$

Die daraus folgenden Bänder weisen aber Fehler auf, die mit wachsendem Abstand von der Fermi-Energie größer werden und am Bandboden die Größenordnung 10% haben. An besonders geeigneten Punkten der Bandstruktur, so am Bandboden, kann die vernachlässigte Energieabhängigkeit störungstheoretisch einbezogen werden (Radwan u. Taut, 76). — Eine Zusammenfassung von Ergebnissen zur Laves-Phase $MgZn_2$ gibt Ziesche (77).

3.8. Pseudoatome

G. Paasch

3.8.1. Lokale Pseudopotentiale

In [2.3] wurde erläutert, daß das Kristallpotential als eine Überlagerung neutraler Pseudoatome aufgefaßt werden kann. Pseudo- oder Modellpotentiale ermöglichen in Verbindung mit der linearen Abschirmung eine einfache mathematische Beschreibung der Pseudoatome (Ziman, 67, 71, Meyer u. a., 67). Bei Beschränkung auf lokale Pseudopotentiale ist nach den Ausführungen der vorangegangenen Kapitel das nichtabgeschirmte Gesamtpotential

$$W^c = \sum_{\boldsymbol{R}} w^c_{\boldsymbol{R}} = \sum_{\boldsymbol{q}} e^{i\boldsymbol{q}\boldsymbol{r}}\, S(\boldsymbol{q})\, w^c(\boldsymbol{q}) \tag{1}$$

eine Überlagerung der an den Gitterplätzen befindlichen nackten Pseudopotentiale $w^c_{\boldsymbol{R}} = w^c(\boldsymbol{r} - \boldsymbol{R})$. Die Fourier-Komponente des linear abgeschirmten Potentials ist gemäß [3.4]

$$W(\boldsymbol{q}) = S(\boldsymbol{q})\, w(\boldsymbol{q})\,, \qquad w(\boldsymbol{q}) = \frac{w^c(\boldsymbol{q})}{\varepsilon(\boldsymbol{q})}. \tag{2}$$

In der Ortsdarstellung ist also das abgeschirmte Potential

$$W(\boldsymbol{r}) = \sum_{\boldsymbol{q}} e^{i\boldsymbol{q}\boldsymbol{r}}\, S(\boldsymbol{q})\, w(\boldsymbol{q}) = \sum_{\boldsymbol{R}} w(\boldsymbol{r} - \boldsymbol{R}) \tag{3}$$

wiederum eine Überlagerung einzelner Potentiale

$$w(\boldsymbol{r}) = \int \frac{V_{at}\, d^3q}{(2\pi)^3}\, e^{i\boldsymbol{q}\boldsymbol{r}}\, \frac{w^c(\boldsymbol{q})}{\varepsilon(\boldsymbol{q})}\,, \tag{4}$$

die von den Pseudopotentialen der nackten Ionen und den zugehörigen Abschirmwolken der Leitungselektronen herrühren, also von insgesamt neutralen Gebilden, eben den Pseudoatomen. Die Möglichkeit dieser Darstellung ist die Folge der linearen Abschirmung, durch die die Überlagerung und die Abschirmung in ihrer Reihenfolge vertauschbar sind. Als Folge der Neutralität der Pseudoatome bewirkt die Abschirmwolke, daß das Potential (4) des Pseudoatoms sich für große Abstände asymptotisch wie ein Yukawa-Potential verhält, also exponentiell abfällt. Das neutrale Pseudoatom (4) stellt in vieler Hinsicht ein starres System dar, das sich z. B. bei Gitterschwingungen als Ganzes bewegt.

3.8.2. Zustands- und energieabhängige Modellpotentiale

Diese Pseudoatomvorstellung kann mit gewissen Modifikationen auch auf zustands- und energieabhängige Modellpotentiale erweitert werden. Außerdem kann man darauf aufbauend ein MT-Potential (s. [2.3]) konstruieren, das gegenüber anderen Potentialen für Bandberechnungen den Vorteil hat, daß es aus spektroskopischen Daten der freien Atome bestimmt wurde und daß somit die Wechselwirkung zwischen den Valenz- und Rumpfelektronen auch für das Metall recht gut erfaßt ist.

Bei den weiteren Ausführungen verwenden wir ein Modellpotential der Form von (3.3-8 u. 17):

$$w_{\boldsymbol{R}}^{\mathrm{c}} = -\frac{Z\epsilon^2}{|\boldsymbol{r}-\boldsymbol{R}|} + w_{\boldsymbol{R}}^{\mathrm{nl}} . \tag{5}$$

$-Z\epsilon^2/|\boldsymbol{r}-\boldsymbol{R}|$ ist der lokale Anteil und $w_{\boldsymbol{R}}^{\mathrm{nl}}$ der nichtlokale. Das gesamte Kristallpotential besteht aus der Überlagerung solcher nackter Modellpotentiale, aus dem Coulomb-Potential der Leitungselektronen und aus deren Austausch- und Korrelationspotential $v_{\mathrm{xc}}(n(\boldsymbol{r}))$ (s. [2.2]):

$$W = \sum_{\boldsymbol{R}} w_{\boldsymbol{R}}^{\mathrm{c}} + \int \mathrm{d}^3r' \frac{\epsilon^2 n(\boldsymbol{r}')}{|\boldsymbol{r}-\boldsymbol{r}'|} + v_{\mathrm{xc}}(n(\boldsymbol{r})) . \tag{6}$$

Entsprechend den Ausführungen von [3.4] ist die Elektronendichte in erster Störungsordnung gegeben durch

$$n(\boldsymbol{r}) = n^* + n^{\mathrm{d}}(\boldsymbol{r}) + \sum_{\boldsymbol{q}\neq 0} \mathrm{e}^{i\boldsymbol{q}\boldsymbol{r}}\, n(\boldsymbol{q}) , \tag{7}$$

$$n^* = \bar{n}\frac{Z^*}{Z}, \quad Z^* = Z - Z^{\mathrm{d}} , \quad \int_{V_{\mathrm{at}}} \mathrm{d}^3r\, n^{\mathrm{d}}(\boldsymbol{r}) = Z^{\mathrm{d}} < 0 , \; \int \mathrm{d}^3r\, n(\boldsymbol{r}) = NZ , \tag{8}$$

$$n(\boldsymbol{q}) = \frac{2}{V} \sum_{k}^{\mathrm{bes}} \frac{W(\boldsymbol{k},\boldsymbol{q})}{\frac{\hbar^2}{2m}[\boldsymbol{k}^2 - (\boldsymbol{k}+\boldsymbol{q})^2]} . \tag{9}$$

Hierbei ist $\bar{n} = NZ/V$ die mittlere Elektronendichte (hier werden nur Bravais-Gitter betrachtet, also $M = 1$), $n^{\mathrm{d}}(\boldsymbol{r})$ ist die Depletionladungsdichte, die wie üblich durch punktförmige Ladungen Z^{d} genähert beschrieben wird, die Summe über k enthält die Spinsummation. Die (hier etwas anders als in (3.4-5) definierten) Fourier-Koeffizienten $n(\boldsymbol{q})$ der Dichte sind durch das gesamte abgeschirmte Potential (6) bestimmt. Fourier-Transformation des lokalen Anteils des Potentials (5) sowie des Coulomb-

Potentials der Elektronen in (6) liefert ($v_q = 4\pi\epsilon^2/q^2$)

$$W = \sum_{\boldsymbol{R}} w_{\boldsymbol{R}}^{\mathrm{nl}} - \frac{0{,}3Z^*\epsilon^2}{R_{\mathrm{WS}}} + \sum_{\boldsymbol{q}\neq 0} \mathrm{e}^{i\boldsymbol{qr}}\, S(\boldsymbol{q})\, v^*(\boldsymbol{q}) + \sum_{\boldsymbol{q}\neq 0} \mathrm{e}^{i\boldsymbol{qr}}\, v_q n(\boldsymbol{q}) + v_{\mathrm{xc}}\big(n(\boldsymbol{r})\big)\,, \tag{10}$$

$$v^*(\boldsymbol{q}) = -\frac{Z^*}{V_{\mathrm{at}}}\, v_q\,. \tag{11}$$

Der zweite Term in (10) ist der Mittelwert des Coulomb-Potentials der Elektronen und des lokalen Anteils der nackten Ionen, nach Animalu und Heine (65) berechnet in der Kugelnäherung für die Wigner-Seitz- (WS-) Zelle (der Ionenanteil ergibt einen Vorfaktor $-1{,}5$, der Elektronenanteil 1,2, insgesamt $-1{,}5 + 1{,}2 = -0{,}3$). Der dritte und vierte Term beschreiben die Abweichungen von diesem Mittelwert. Die Fourier-Komponenten des lokalen Anteils von $w_{\boldsymbol{R}}^{\mathrm{c}}$ und der Depletionladung sind durch Einführung der effektiven Ladung Z^* zusammengefaßt.

Die weitere Auswertung des dritten Terms von (10) erfolgt analog zur Abschirmung nichtlokaler Potentiale [3.4] und führt für das Potential (5) über (9) auf

$$\sum_{\boldsymbol{q}\neq 0} \mathrm{e}^{i\boldsymbol{qr}}\, v_q n(\boldsymbol{q}) = \sum_{\boldsymbol{q}\neq 0} \mathrm{e}^{i\boldsymbol{qr}}\, S(\boldsymbol{q}) \left[\frac{v^*(\boldsymbol{q})}{\varepsilon(\boldsymbol{q})} + g^f(\boldsymbol{q}) - v^*(\boldsymbol{q})\right], \tag{12}$$

wobei die dielektrische Funktion $\varepsilon(\boldsymbol{q})$ durch (3.4-10) und die Abschirmfunktion $g^f(\boldsymbol{q})$ des nichtlokalen Potentialanteils $w_{\boldsymbol{R}}^{\mathrm{nl}}$ bzw. $f(\boldsymbol{k}, \boldsymbol{q})$ durch die Bemerkung nach (3.4-18 u. 14) in Verbindung mit (3.4-8) gegeben sind. Berücksichtigt man in der dielektrischen Funktion über RPA (3.4-10) hinausgehend die Lokalfeldkorrektur (s. [1.6]), so genügt es, in dem Austausch- und Korrelationspotential $v_{\mathrm{xc}}\big(n(\boldsymbol{r})\big)$ die Elektronendichte $n(\boldsymbol{r})$ durch ihren Mittelwert $\bar{n}$ zu ersetzen.

Da die Summen über $\boldsymbol{q}$ in (10) mit (12) einzeln divergieren $\big(v^*(\boldsymbol{q})$ fällt heraus und $(v^*/\varepsilon) + g^f \to -4\pi Z^*\epsilon^2/V_{\mathrm{at}}q^2$ für $q \to \infty\big)$, werden Yukawa-Potentiale an Gitterplätzen entsprechend (A 5-9)

$$-\sum_{\boldsymbol{R}} \frac{Z^*\epsilon^2}{|\boldsymbol{r}-\boldsymbol{R}|}\, \mathrm{e}^{-\varkappa|\boldsymbol{r}-\boldsymbol{R}|} = -\sum_{\boldsymbol{q}\neq 0} \mathrm{e}^{i\boldsymbol{qr}}\, S(\boldsymbol{q})\, \frac{4\pi Z^*\epsilon^2}{V_{\mathrm{at}}(q^2+\varkappa^2)} - \frac{4\pi Z^*\epsilon^2}{V_{\mathrm{at}}\varkappa^2}\,, \tag{13}$$

in (10) mit (12) addiert und subtrahiert, so daß man erhält

$$\begin{aligned} W = {}& \sum_{\boldsymbol{R}} w_{\boldsymbol{R}}^{\mathrm{nl}} - \frac{0{,}3Z^*\epsilon^2}{R_{\mathrm{WS}}} + v_{\mathrm{xc}}(\bar{n}) - \sum_{\boldsymbol{R}} \frac{Z^*\epsilon^2}{|\boldsymbol{r}-\boldsymbol{R}|}\, \mathrm{e}^{-\varkappa|\boldsymbol{r}-\boldsymbol{R}|} + \frac{4\pi Z^*\epsilon^2}{V_{\mathrm{at}}\varkappa^2} \\ & + \sum_{\boldsymbol{q}\neq 0} \mathrm{e}^{i\boldsymbol{qr}}\, S(\boldsymbol{q}) \left[\frac{v^*(\boldsymbol{q})}{\varepsilon(\boldsymbol{q})} + g^f(\boldsymbol{q}) + \frac{4\pi Z^*\epsilon^2}{V_{\mathrm{at}}(q^2+\varkappa^2)}\right]. \end{aligned} \tag{14}$$

In diesem Ausdruck konvergiert die Summe über $\boldsymbol{q}$, und die Summe über die Gittervektoren $\boldsymbol{R}$ ist ebenfalls rasch konvergent. $\varkappa$ ist frei wählbar etwa in der Größe der Thomas-Fermi-Wellenzahl $q_{\mathrm{TF}} = 2\big((3\bar{n}/\pi)^{1/3}/a_0\big)^{1/2}$. Der Ausdruck in der Klammer kann als Formfaktor aufgefaßt werden, so daß man analog zu (3) bis (4) und nunmehr auch unter Beachtung der konstanten Potentialanteile das Gesamtpotential

$$W = -\frac{0{,}3Z^*\epsilon^2}{R_{\text{WS}}} + \frac{4\pi Z^*\epsilon^2}{V_{\text{at}}\varkappa^2} + v_{\text{xc}}(\bar{n}) + \sum_{\boldsymbol{R}}\left[w_{\boldsymbol{R}}^{\text{nl}} - \frac{Z^*\epsilon^2\,\mathrm{e}^{-\varkappa|\boldsymbol{r}-\boldsymbol{R}|}}{|\boldsymbol{r}-\boldsymbol{R}|} + \tilde{w}(\boldsymbol{r}-\boldsymbol{R})\right], \tag{15}$$

$$\tilde{w}(\boldsymbol{r}) \equiv \int \frac{V_{\text{at}}\,\mathrm{d}^3q}{(2\pi)^3}\,\mathrm{e}^{i\boldsymbol{q}\boldsymbol{r}}\left[\frac{v^*(\boldsymbol{q})}{\varepsilon(\boldsymbol{q})} + g^f(\boldsymbol{q}) + \frac{4\pi Z^*\epsilon^2}{V_{\text{at}}(q^2+\varkappa^2)}\right]$$

als eine Überlagerung von Potentialen neutraler Pseudoatome darstellen kann.

3.8.3. Muffin-Tin-Potentiale

Aus solcher Überlagerung von Pseudoatomen läßt sich nun ein MT-Potential konstruieren, indem man den um einen Gitterplatz (z. B. $\boldsymbol{R} = 0$) innerhalb der Wigner-Seitz- (WS-) Kugel kugelsymmetrischen Anteil von (14) oder (15) bestimmt. Für $r \leqq R_{\text{WS}}$ ist dieses kugelsymmetrische Potential

$$w = w_0^{\text{nl}} - \frac{0{,}3Z^*\epsilon^2}{R_{\text{WS}}} + v_{\text{xc}}(\bar{n}) + \frac{4\pi Z^*\epsilon^2}{V_{\text{at}}\varkappa^2} - L_0\left[\sum_{\boldsymbol{R}}\frac{Z^*\epsilon^2\,\mathrm{e}^{-\varkappa|\boldsymbol{r}-\boldsymbol{R}|}}{|\boldsymbol{r}-\boldsymbol{R}|}\right]$$
$$+ \sum_{\boldsymbol{q}\neq 0}\frac{\sin(\boldsymbol{q}\boldsymbol{r})}{\boldsymbol{q}\boldsymbol{r}}\,S(\boldsymbol{q})\left[\frac{v^*(\boldsymbol{q})}{\varepsilon(\boldsymbol{q})} + g^f(\boldsymbol{q}) + \frac{4\pi Z^*\epsilon^2}{V_{\text{at}}(q^2+\varkappa^2)}\right]. \tag{16}$$

Dabei wurde berücksichtigt, daß die nichtlokalen Anteile jedes Potentials nur innerhalb der jeweiligen WS-Kugeln von Null verschieden sind. Mit $L_0[\ldots]$ wird der entsprechend (2.3-4), (2.3-5) zu berechnende kugelsymmetrische Anteil der Überlagerung der Potentiale an den Gitterplätzen bezeichnet.

In Abb. 3.8-1 ist ein solches Potential für Mg gezeigt, das mit dem Shaw-Modellpotential (Shaw, 68) [3.3] berechnet wurde. Man sieht, daß dieses Potential für die Drehimpulse $l = 0$ und 1 wesentlich glatter ist als das nichtabgeschirmte (für $l > 1$ ist bei Mg der niedrigste Valenzzustand bereits knotenfrei, so daß gemäß [3.3] das Ionenpotential durch das nackte Ionenpotential genähert wird). Das nackte Modellpotential in der Abb. 3.8-1 ist gegenüber dem freien Atom um den Mittelwert $V_{\text{xc}}(\bar{n}) + 1{,}2Z\epsilon^2/R_{\text{WS}}$ des Potentials der Leitungselektronen verschoben. Der anziehende

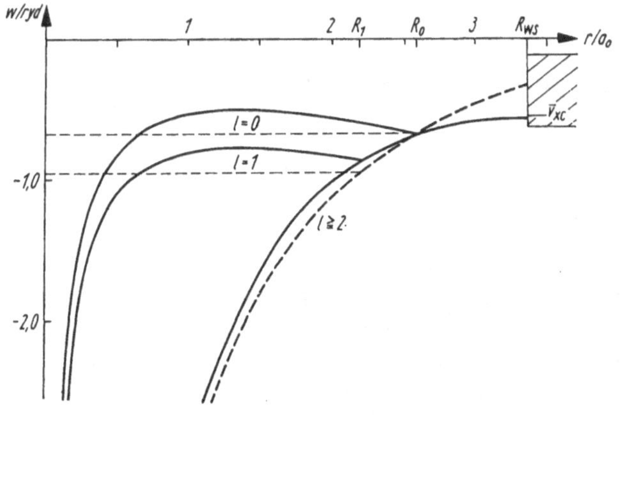

Abb. 3.8-1. Das (durch den nichtlokalen Anteil drehimpulsabhängige und für Zustände an der Fermi-Energie ε_{F}' gültige) Pseudoatompotential (16) für Mg (——) und das nackte Ionenmodellpotential (— — —). Rechts von R_{WS} ist schraffiert der besetzte Anteil des Leitungsbandes angedeutet

Potentialanteil für $r \to 0$ für $l = 0$ und 1 in der Abb. 3.8-1 rührt von der Annahme punktförmiger Depletionladungen her, hat aber nur einen geringen Einfluß, da er nur in einem kleinen Volumenanteil der WS-Kugel auftritt. In der Abb. 3.8-1 ist ebenfalls der besetzte Anteil des Leitungsbandes eingezeichnet, wie er sich in der zweiten Störungsordnung ergibt. Da das Potential am Radius der WS-Kugel R_{WS} etwa den Wert $v_{\text{xc}}(\bar{n})$ hat, stellt auch (16) praktisch ein neutrales Pseudoatom dar.

Weitere Untersuchungen von Paasch und Woittennek (73) zeigten, daß das Verhalten des abgeschirmten Pseudoatoms im wesentlichen bereits bei Berücksichtigung der konstanten Elektronendichte entsteht (dies trifft für den kugelsymmetrischen Anteil in der WS-Kugel zu, das Verhalten der einzelnen Potentiale in großen Abständen ist jedoch nicht richtig erfaßt). In dieser Näherung erhält man statt (16) (mit der Kugelnäherung zur Berechnung der Coulomb-Potentiale)

$$w \approx w_0^{\text{nl}} - \frac{Z^*\epsilon^2}{r} + v_{\text{xc}}(\bar{n}) + \frac{Z^*\epsilon^2}{R_{\text{WS}}} \frac{1}{2}\left[3 - \left(\frac{r}{R_{\text{WS}}}\right)^2\right], \qquad r \leqq R_{\text{WS}} \,. \tag{17}$$

In Abb. 3.8-1 unterscheidet sich dieses Potential von dem genaueren (16) nur im Rahmen der Zeichengenauigkeit. Der Vergleich der mit diesen Potentialen (16) und (17) berechneten Streuphasen (s. [2.4]) in Abb. 3.8-2 zeigt, daß sich tatsächlich nur

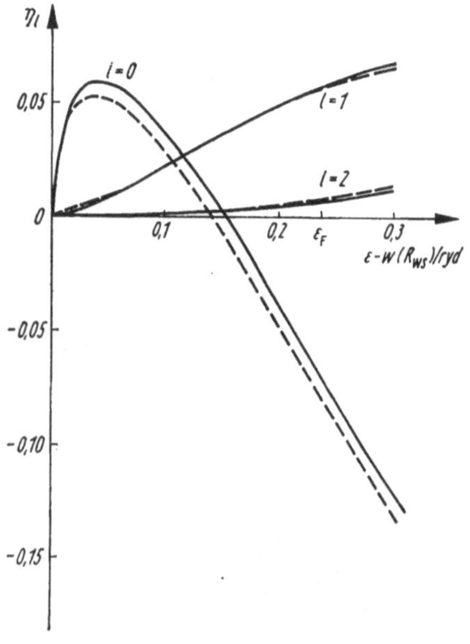

Abb. 3.8-2. Streuphasen für Na für das Potential (16) (——) und für die Näherung (17) (— — —). Die Streuphasen wurden bei R_{WS} berechnet, und das konstante Potential wurde als $w(R_{\text{WS}})$ gewählt

geringe Unterschiede ergeben, die vor allem für den Drehimpuls $l = 0$ auftreten. Dieses Ergebnis unterstreicht, daß der genaue Verlauf der Dichte der Leitungselektronen keinen allzu starken Einfluß auf das Potential hat, wie bereits in [2.4] am Beispiel der Übergangsmetalle gezeigt wurde, bei denen aber die im Bereich des Leitungsbandes liegenden d-Elektronen sehr wichtig für den genauen Potentialverlauf sind.

In der Abb. 3.8-3 werden die logarithmischen Ableitungen für das Potential (16) verglichen mit denen von Potentialen, die in [2.3] besprochen worden sind — dem Mattheiss-Potential und dem des renormierten Atoms. Diese beiden Potentiale wurden mit HFS-Wellenfunktionen (s. [2.4.2]) und dem Kohn-Sham-Gaspár-Austausch (2.2-2) berechnet. Für $l = 0$ und 1 unterscheiden sich die logarithmischen Ableitungen aller

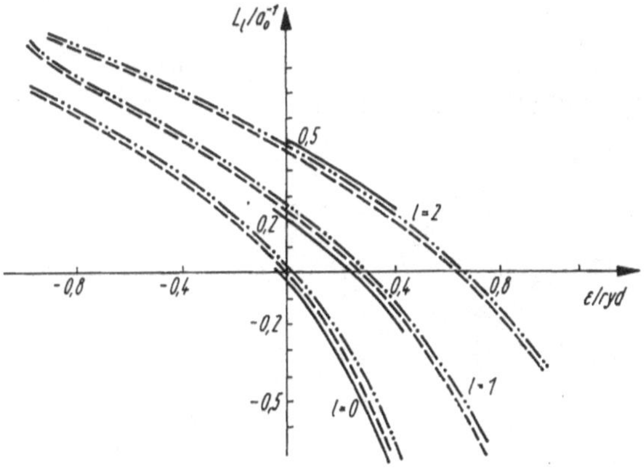

Abb. 3.8-3. Logarithmische Ableitungen der Wellenfunktionen für Na bei R_{WS} für das Potential (16) (——), für das Mattheiss-Potential (—··—) und für das renormierte Atom (— — —)

drei Potentiale lediglich durch eine Verschiebung in der Energieskala. Lediglich für $l = 2$ liegen die logarithmischen Ableitungen für das Potential (16) höher. Da hier Na betrachtet wurde, für das das Modellpotential für $l > 1$ bereits durch das nackte Ionenpotential genähert wird, ist eine solche geringe Abweichung im wesentlichen eine nachträgliche Begründung für diese Näherung (die ja darauf fußte, daß der Ionenrumpf klein ist).

3.9. Literatur

Abarenkov, I. V., phys. stat. sol. (b) **50**, 465 (1972).

Abarenkov, I. V., V. Heine, Phil. Mag. **12**, 529 (1965).

Animalu, A. O. E., V. Heine, Phil. Mag. **12**, 1249 (1965).

Cohen, M. L., V. Heine, Solid State Physics, **24**, 37 (1970).

Hamann, D. R., M. Schlüter, C. Chiang, Phys. Rev. Lett. **43**, 1494 (1979). D. R. Hamann, Phys. Rev. Lett. **43**, 662 (1979).

Harrison, W. A., Pseudopotentials, Benjamin, New York 1966 (Übers. ins Russ., Mir, Moskau 1968).

Heine, V., in: J. M. Ziman (Hrsg.), The Physics of Metals, 1. Electrons, Cambridge University Press, London, 1969, S. 1.

Heine, V., Solid State Physics, **24**, 1 (1970).

Meyer, A., C. W. Nestor, W. H. Young, Proc. Phys. Soc. **92**, 446 (1967).

Paasch, G., H. Woittennek, phys. stat. sol. (b) **55**, 537 (1973).

Pendry, I. B., J. Phys. **C1**, 1065 (1968).

Radwan, A. M., M. Taut, phys. stat. sol. (b) **76**, 605 (1976).

Schwarz, H. R., H. Rutishauser, E. Stiefel, Numerik symmetrischer Matrizen, Teubner, Leipzig 1968.

Shaw, R. W., Phys. Rev. **171**, 769 (1968).
Shaw, R. W., W. A. Harrison, Phys. Rev. **163**, 604 (1967).
Taut, M., phys. stat. sol. (b) **54**, 149 (1972).
Taut, M., G. Paasch, phys. stat. sol. (b) **51**, 295 (1972).
Unger, K., in: K. Unger, H. G. Schneider (Hrsg.), Festkörperphysik, Geest & Portig, Leipzig 1979, S. 146.
Ziesche, P., in: Intermetallische Phasen, Dt. Verl. f. Grundstoffind., Leipzig 1977, S. 115.
Ziman, J. M., Adv. Phys. **16**, 551 (1967).
Ziman, J. M., Solid State Physics **26**, 1 (1971).
Ziman, J. M., Prinzipien der Festkörpertheorie, Akademie-Verlag, Berlin 1974.
Zunger, A., M. L. Cohen, Phys. Rev. **B18**, 5449 (1978), **B20**, 4082 (1979).

4. Streukonzept und Bandstruktur von Übergangsmetallen

G. Lehmann

Die Eigenschaften der Übergangsmetalle sind durch die räumlich stark lokalisierten d-Elektronen bestimmt. Die Methode der Vielfachstreuung stellt zu deren Beschreibung, zur Berechnung ihrer elektronischen Bandstruktur und der aus der Einteilchenbeschreibung folgenden physikalischen Größen eine außerordentlich wirksame und breit anwendbare Konzeption dar. Die Eigenschaften des einzelnen Atoms werden durch seine Streueigenschaften (im äußeren konstanten Potential) — logarithmische Ableitungen der Wellenfunktion, Streuphasen bzw. im allgemeinen, nichtkugelsymmetrischen Fall die T-Matrix — gekennzeichnet. Die d-Elektronen in Übergangsmetallen zeigen dabei ein typisches Resonanzverhalten in diesen Streueigenschaften.

Systeme von Streuern werden durch die Streueigenschaften der einzelnen Atome und die von der Anordnung der Streuer abhängigen Greenschen Funktion im Gebiet konstanten Potentials zwischen ihnen beschrieben. Die Lösung der Schrödinger-Gleichung wird damit auf ein algebraisches Gleichungssystem für die Entwicklungskoeffizienten der Wellenfunktion nach Drehimpulsen in den einzelnen Streuzentren zurückgeführt. Durch die gleichen Größen sind die Streueigenschaften des Gesamtsystems und seine Zustandsdichte bestimmt. Die Anwendung auf regelmäßige Kristalle liefert die KKR-Gleichungen zur Berechnung der Bandstruktur. Die Behebung der entscheidenden Nachteile der KKR-Gleichungen — ihrer extrem nichtlinearen Energieabhängigkeit über Pole bei den Energien freier Elektronen — führt zu dem physikalisch einfach zu interpretierenden Bild mit fast freien s- und p-Elektronen sowie stark gebundenen d-Elektronen und deren Hybridisierung. Die Anwendung der Grundgleichungen auf regelmäßige Systeme mit räumlich begrenzten Störungen gestattet die konsistente Behandlung lokalisierter Defekte im Idealkristall.

4.0. Einleitende Betrachtungen

Charakteristisch für die Metalle ist die Existenz fast freier Elektronen. Eine gute Näherung für Metallelektronen stellt daher das in [1] besprochene Elektronengas dar. Die Elektronen bewegen sich in diesem Modell in einem konstanten äußeren Potential, die positiven Ladungen der Ionen werden dabei als gleichmäßig verschmiert angenommen. Bei den einfachen Metallen ([3]) stellen die diskreten Ionen eine relativ schwache Störung des konstanten Potentials dar. Bei den Übergangsmetallen mit den räumlich gut lokalisierten d-Elektronen versagen jedoch diese Vorstellungen: Der Einfluß des Potentials eines Ions kann nicht mehr als schwach angesehen werden. Trotzdem beschreibt das in [2] behandelte Muffin-Tin-(MT-) Potential die in Übergangsmetallen bestehende Situation recht gut. In der Nähe der Ionen dominiert der Potentialverlauf des freien Ions, im Zwischengebiet überlappen sich die Ionenpotentiale. Infolge der dichten Packung der Ionen in Metallen und der damit verbundenen

Symmetrie kann man das Potential in diesem Zwischengebiet in guter Näherung durch eine Konstante V_{MTZ} annähern. In die Gebiete konstanten Potentials sind dann kugelsymmetrisch verlaufende Potentialtöpfe um die Ionen gelagert, die sich nicht überschneiden. Diese Potentialkonstruktion berücksichtigt sowohl die Vorstellung sich frei ausbreitender Elektronen als auch den Einfluß der tiefen Ionenpotentiale und ist daher für die Behandlung der Übergangsmetalle und deren Verbindungen besonders geeignet. Sie stellt auch die Grundlage für die beiden in der letzten Zeit zur Berechnung der Bandstruktur von Übergangsmetallen am meisten benutzten Methoden, der KKR-Methode bzw. Methode der Greenschen Funktion (Korringa, 47, und Kohn, Rostoker, 54) und der APW-Methode (Slater, 37, Loucks, 67), dar. Abweichungen des Potential von der Kugelsymmetrie lassen sich leicht in die Betrachtung einbeziehen, wie im folgenden noch gezeigt wird. Die Berücksichtigung des tatsächlichen, nichtkonstanten Potentials im Zwischengebiet bereitet bei der KKR-Methode jedoch größere Schwierigkeiten.

Die Bewegung eines Elektrons in diesem MT-Potential läßt sich durch ebene Wellen beschreiben, die sich im Zwischengebiet ausbreiten und an den kugelförmigen Potentialtöpfen wiederholt gestreut werden (Abb. 4.1-1). Die Aufsummation dieser vielfachen Streuprozesse liefert dann die elektronische Struktur. Diese Vorstellung geht auf Rayleigh (92) zurück, der die Streuung von Schallwellen an einem Ensemble kugelförmiger Objekte untersuchte.

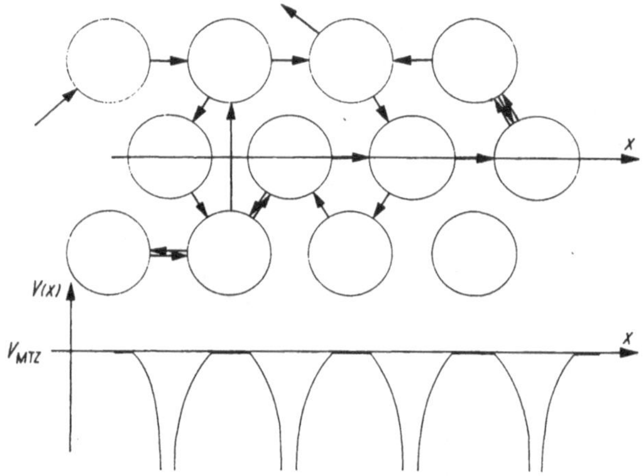

Abb. 4.1-1. Schematische Darstellung der Vielfachstreuung eines Elektrons in einem MT-Potential. Das Potential besteht aus kugelförmigen Streuzentren. Im Zwischengebiet ist das Potential konstant (V_{MTZ}). Ein Schnitt durch das Potential längs der Achse x ist im unteren Teil der Abb. angegeben. Es ist einer der möglichen Streuwege für das Elektron eingezeichnet, über die summiert werden muß

Die Vielfachstreutheorie stellt einen wirkungsvollen Formalismus zur Lösung der Einteilchen-Schrödinger-Gleichung für MT-Potentiale dar und wurde seit den Arbeiten von Korringa (47)und Lax (51) mit großem Erfolg auf kristalline und amorphe Festkörper, Defekte in ihnen, auf Moleküle, Oberflächen und Flüssigkeiten angewendet.

Hinsichtlich der Berechnung der Bandstruktur stellt diese Methode eine Alternative zur Pseudopotentialmethode ([3]) dar, sie ermöglicht aber die einheitliche Behandlung von starken und schwachen Streuern.

Ein Vorteil der Methode der Vielfachstreuung besteht darin, daß es gelingt, die Eigenschaften der einzelnen Streuer von der geometrischen Anordnung der Streuer zu trennen.

4.1 Ein Streuer im konstanten Potential

4.1.1 Lösung der radialen Schrödinger-Gleichung

Die physikalische Situation beim einzelnen Streuprozeß läßt sich nach Abb. 4.1-2 wie folgt charakterisieren: Eine ebene Welle exp $(i\boldsymbol{kr})$ fällt auf das Streuzentrum ein und erzeugt auslaufende Kugelwellen mit dem asymptotischen Verhalten r^{-1} exp(ikr), deren Stärke $f(\boldsymbol{n}, \boldsymbol{n}')$ von Einfallsrichtung $\boldsymbol{n} = \boldsymbol{k}/k$ und Beobachtungsrichtung $\boldsymbol{n}' = \boldsymbol{r}/r$ abhängt.

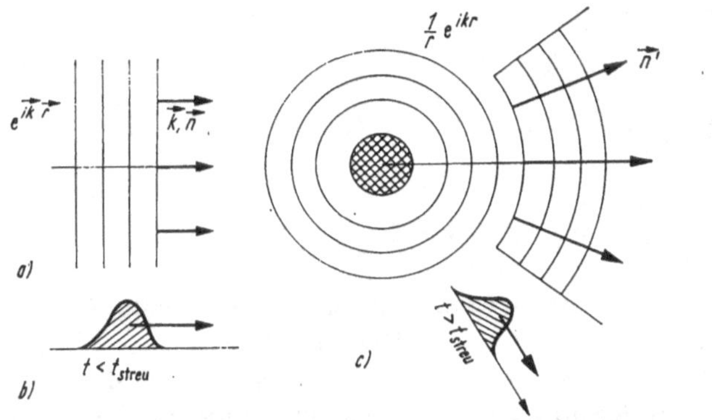

Abb. 4.1-2. Streuung einer ebenen Welle an einem beliebigen Streuzentrum: a) Von links läuft die ebene Welle exp $(i\boldsymbol{kr})$ ein. Es sind ihre zur Einfallsrichtung $\boldsymbol{n} = \boldsymbol{k}/k$ normalen Wellenfronten gezeichnet. Nach dem Passieren des Streuzentrums läuft von diesem die Kugelwelle $1/r$ exp (ikr) aus. Ihre Stärke hängt von der Beobachtungsrichtung $\boldsymbol{n}'$ ab. (Die ebene Wellenfront rechts vom Zentrum ist nicht eingezeichnet.) Durch Überlagerung ebener stationärer Wellen aus Abb. a) mit unterschiedlichen Werten von k (gleichem $\boldsymbol{n}$) entsteht für Zeiten vor dem Augenblick t_{streu} der Streuung das in Abb. b) gezeichnete, nach rechts laufende Wellenpaket. Die Situation für Zeiten $t > t_{\text{streu}}$ ist in c) dargestellt: Neben dem nicht gezeichneten nach rechts laufenden ebenen Wellenpaket tritt ein sich ringförmig ausbreitendes vom Streuzentrum weglaufendes Wellenpaket auf

Die Lösung der Schrödinger-Gleichung für ein Elektron mit der Energie ε im Potential $v(\boldsymbol{r})$

$$\left(-\frac{\partial^2}{\partial \boldsymbol{r}^2} + v(\boldsymbol{r})\right)\varphi(\boldsymbol{r}) = \varepsilon\varphi(\boldsymbol{r})\,^{1)} \tag{1}$$

muß also folgender Randbedingung genügen:

$$\varphi_{\boldsymbol{k}}(\boldsymbol{r}) \to e^{i\boldsymbol{kr}} + f(\boldsymbol{n}, \boldsymbol{n}')\,\frac{e^{ikr}}{r} \qquad \text{für} \quad \boldsymbol{r} \to \infty\,. \tag{2}$$

1) $\hbar$, $2m$, $\epsilon^2/2$ werden durch 1 ersetzt, damit werden Längen in $a_0 = \hbar^2/m\epsilon^2$, Energien in $ryd = \hbar^2/2ma_0^2 = \epsilon^2/2a_0$ usw. gemessen.

Eine Überlagerung der Wellen (2) zu Wellenpaketen gibt den in Abb. 4.1-2b) und c) dargestellten Zeitverlauf. $f(\boldsymbol{n}, \boldsymbol{n}')$ hat die Dimension einer Länge und wird als Streuamplitude bezeichnet. Der differentielle Wirkungsquerschnitt σ für die elastische Streuung in Richtung $\boldsymbol{n}'$ ergibt sich zu

$$\sigma(\boldsymbol{n}, \boldsymbol{n}') = |f(\boldsymbol{n}, \boldsymbol{n}')|^2 , \tag{3}$$

der totale elastische Wirkungsquerschnitt $\sigma_{\text{el}}(\boldsymbol{n})$ für ein in Richtung $\boldsymbol{n}$ einlaufendes Teilchen ergibt sich durch Integration über den gesamten Raumwinkel $\mathrm{d}\Omega'$:

$$\sigma_{\text{el}}(\boldsymbol{n}) = \int \mathrm{d}\Omega' \, |f(\boldsymbol{n}, \boldsymbol{n}')|^2 . \tag{3'}$$

Im Falle eines kugelsymmetrischen Potentials $v(r)$ wird die Lösung nach (reellen) Kugelfunktionen $Y_L(\boldsymbol{r}) \equiv Y_{l,m}(\boldsymbol{r}/r)$ zerlegt:

$$\varphi(\boldsymbol{r}) = \sum_L c_L Y_L(\boldsymbol{r}) \, R_l(\varkappa, r) . \tag{4}$$

Die $R_l(\varkappa, r)$ stellen dabei die im Koordinatenursprung regulären Lösungen der radialen Schrödinger-Gleichung

$$\left(-\frac{1}{r}\frac{\partial^2}{\partial r^2} r + \frac{l(l+1)}{r^2} + v(r) - \varkappa^2\right) R_l(\varkappa, r) = 0 \tag{5}$$

zur Energie $\varepsilon = \varkappa^2$ und zum Drehimpuls l dar. Die asymptotische Bedingung (2) muß durch geeignete Wahl der Koeffizienten c_L in (4) erfüllt werden. Für Potentiale endlicher Reichweite, die in der Vielfachstreutheorie durch den Radius R_{MT} der MT-Kugel gegeben ist, setzt sich die Lösung außerhalb von R_{MT} aus einer Linearkombination der beiden Fundamentallösungen der radialen Schrödinger-Gleichung im verschwindenden Potential, der sphärischen Bessel- bzw. Neumann-Funktion $\mathrm{j}_l(\varkappa r)$ bzw. $\mathrm{n}_l(\varkappa r)$ zusammen:

$$J_L(\boldsymbol{r}) \equiv J_l(r) \, Y_L(\boldsymbol{r}) = \begin{cases} R_l(\varkappa, r) \, Y_L(\boldsymbol{r}) & \text{für} \quad r \leqq R_{\text{MT}} , \\ \cos \eta_l(\varkappa) \, \mathrm{j}_L(\varkappa \boldsymbol{r}) - \sin \eta_l(\varkappa) \, \mathrm{n}_L(\varkappa \boldsymbol{r}) & \text{für} \quad r \geqq R_{\text{MT}} . \end{cases} \tag{6}$$

Dabei wurde die reelle Kugelfunktion $Y_L(\boldsymbol{r})$ in die Definition von $J_L(\boldsymbol{r})$ bzw. $\mathrm{j}_L(\varkappa \boldsymbol{r})$ und $\mathrm{n}_L(\varkappa r)$ gemäß

$$\mathrm{j}_L(\varkappa \boldsymbol{r}) = \mathrm{j}_l(\varkappa r) \, Y_L(\boldsymbol{r}) , \qquad \mathrm{n}_L(\varkappa \boldsymbol{r}) = \mathrm{n}_l(\varkappa r) \, Y_L(\boldsymbol{r}) \tag{7}$$

mit einbezogen.

Im Koordinatenursprung verhält sich $\mathrm{j}_l(x)$ regulär und $\mathrm{n}_l(x)$ singulär (A 3-21),

$$\left.\begin{aligned} \mathrm{j}_l(x) &\to \frac{2^l l!}{(2l+1)!} x^l , \\ \mathrm{n}_l(x) &\to -\frac{(2l-1)!}{2^{l-1}(l-1)!} x^{-l-1} \text{ für } l > 0 \text{ und } -x^{-1} \text{ für } l = 0 \end{aligned}\right\} \text{für} \quad x \to 0 , \tag{8}$$

für das asymptotische Verhalten gilt (s. (A 3-21))

$$\left.\begin{aligned} \mathrm{j}_l(x) &\to \frac{1}{x} \sin (x - l\pi/2) , \\ \mathrm{n}_l(x) &\to -\frac{1}{x} \cos (x - l\pi/2) \end{aligned}\right\} \quad \text{für} \quad x \to \infty . \tag{9}$$

Entsprechendes ergibt sich für die sphärischen Hankel-Funktionen, die auslaufende (einlaufende) Lösung gemäß

$$\begin{aligned} \mathrm{h}_L^{\pm}(\varkappa \boldsymbol{r}) &= \mathrm{n}_L(\varkappa \boldsymbol{r}) \mp i\mathrm{j}_L(\varkappa \boldsymbol{r})\,, \\ \mathrm{h}_l^{\pm}(x) &\to -\frac{1}{x}\, i^{\mp l}\, \mathrm{e}^{\pm ix} \quad \text{für} \quad x \to \infty\,. \end{aligned} \tag{10}$$

beschreiben.

Am MT-Radius R_{MT} müssen beide Lösungen (6) stetig und mit stetiger Tangente anschließen. Die Normierung von R_l ist dabei durch die Form der zweiten Zeile von (6) gegeben. Die Anschlußbedingung liefert mit $\mathrm{j}_l'(x) \equiv \mathrm{dj}_l(x)/\mathrm{d}x$

$$\varkappa \frac{\mathrm{j}_l'(\varkappa R_{\mathrm{MT}}) - \tan \eta_l(\varkappa)\, \mathrm{n}_l'(\varkappa R_{\mathrm{MT}})}{\mathrm{j}_l(\varkappa R_{\mathrm{MT}}) - \tan \eta_l(\varkappa)\, \mathrm{n}_l(\varkappa R_{\mathrm{MT}})} = \frac{1}{R_l(\varkappa, R_{\mathrm{MT}})} \left.\frac{\mathrm{d}R_l(\varkappa, r)}{\mathrm{d}r}\right|_{r=R_{\mathrm{MT}}} \equiv L_l(\varkappa) \tag{11}$$

bzw.

$$\tan \eta_l(\varkappa) = \frac{L_l(\varkappa)\, \mathrm{j}_l(\varkappa R_{\mathrm{MT}}) - \varkappa\, \mathrm{j}_l'(\varkappa R_{\mathrm{MT}})}{L_l(\varkappa)\, \mathrm{n}_l(\varkappa R_{\mathrm{MT}}) - \varkappa\, \mathrm{n}_l'(\varkappa R_{\mathrm{MT}})} \tag{11'}$$

als Zusammenhang zwischen energieabhängiger Streuphase $\eta_l(\varkappa)$ und logarithmischer Ableitung $L_l(\varkappa)$.

Die zu $J_L(\boldsymbol{r})$ gehörige zweite, im Koordinatenursprung singuläre Fundamentallösung $N_L(\boldsymbol{r})$ und die auslaufende (einlaufende) Wellen beschreibende Linearkombination $H_L^{\pm}(\boldsymbol{r})$ sind durch

$$\left.\begin{aligned} N_L(\boldsymbol{r}) &\equiv N_l(r)\, Y_L(\boldsymbol{r}) \\ &\equiv \sin \eta_l\, (\varkappa)\, \mathrm{j}_L(\varkappa \boldsymbol{r}) + \cos \eta_l(\varkappa)\, \mathrm{n}_L(\varkappa \boldsymbol{r}) \\ H_L^{\pm}(\boldsymbol{r}) &= N_L(\boldsymbol{r}) \mp iJ_L(\boldsymbol{r}) = \mathrm{e}^{\pm i\eta_l}\, \mathrm{h}_L^{\pm}(\boldsymbol{r}) \end{aligned}\right\} \quad \text{für} \quad r \geqq R_{\mathrm{MT}} \tag{12}$$

definiert.

Für die Erfüllung der asymptotischen Bedingung (2) wird noch die Zerlegung einer ebenen Welle nach den regulären Lösungen der radialen Schrödinger-Gleichung (A 3-31) benötigt

$$\mathrm{e}^{i\boldsymbol{k}\boldsymbol{r}} = 4\pi \sum_L i^l\, \mathrm{j}(kr)\, Y_L(\boldsymbol{k})\, Y_L(\boldsymbol{r})\,. \tag{13}$$

Mit der Zerlegung der Streulänge nach Kugelfunktionen

$$f(\boldsymbol{n}, \boldsymbol{n}') = \sum_L f_L(\boldsymbol{k})\, Y_L(\boldsymbol{r})$$

sowie mit (6), (10) und (13) liefert der Koeffizientenvergleich der ein- und auslaufenden Wellen der einzelnen Drehimpulse (beachte $k = \varkappa$)

$$c_L = 4\pi i^l\, \mathrm{e}^{i\eta_l}\, Y_L(\boldsymbol{k}) \tag{14}$$

und

$$f_L = \frac{4\pi}{k} \sin \eta_l\, \mathrm{e}^{i\eta_l}\, Y_L(\boldsymbol{k})$$

bzw.

$$f(\boldsymbol{n}, \boldsymbol{n}') = -\sum_{l=0}^{\infty} (2l + 1)\, t_l P_l(\boldsymbol{n}\boldsymbol{n}') \tag{15}$$

mit

$$t_l = -\frac{1}{\varkappa} e^{i\eta_l} \sin \eta_l \,. \tag{16}$$

Dabei wurde die Darstellung (A 2-15) der Legendreschen Polynome $P_l(\boldsymbol{n}\boldsymbol{n}')$

$$P_l(\boldsymbol{n}\boldsymbol{n}') = \frac{4\pi}{(2l+1)} \sum_m Y_{lm}(\boldsymbol{n})\, Y_{lm}(\boldsymbol{n}') \tag{17}$$

durch Kugelfunktionen benutzt. Mit (15) und (16) geht übrigens (3′) in

$$\sigma_{\text{el}} = \frac{4\pi}{\varkappa^2} \sum_{l=0}^{\infty} (2l+1) \sin^2 \eta_l \tag{3''}$$

über.

Unter der Randbedingung (2) erhalten wir schließlich

$$\begin{aligned} \varphi_{\boldsymbol{k}}(\boldsymbol{r}) &= 4\pi \sum_L i^l e^{i\eta_l} J_l(r)\, Y_L(\boldsymbol{k})\, Y_L(\boldsymbol{r}) \\ &= \sum_{l=0}^{\infty} i^l e^{i\eta_l} (2l+1)\, J_l(r)\, P_l(\boldsymbol{k}\boldsymbol{r}) \end{aligned} \tag{4'}$$

als Lösung (4) der Schrödinger-Gleichung.

4.1.2. Eigenschaften der Streuphasen

Über (6) und (9) ergibt sich das asymptotische Verhalten von $J_l(r)$ zu

$$J_l(r) \to \frac{1}{\varkappa r} \sin\left(\varkappa r - \frac{\pi l}{2} + \eta_l(\varkappa)\right). \tag{18}$$

Bis auf die Phasenverschiebung um $\eta_l(\varkappa)$ ist es mit dem der Lösung (9) $j_l(\varkappa r)$ im verschwindenden Potential identisch. Die Streueigenschaften des Potentialtopfes sind somit vollständig in den Streuphasen des auf das Streuzentrum mit dem Drehimpuls l und der Energie $\varepsilon = \varkappa^2$ einfallenden Elektrons enthalten. Die Verhältnisse sind nochmals in Abb. 4.1-3 für $l = 0$ schematisch darstellt. Es sind dabei die Wellenfunktionen im Potentialtopf und für freie Elektronen gezeichnet. Im Gebiet des Topfes

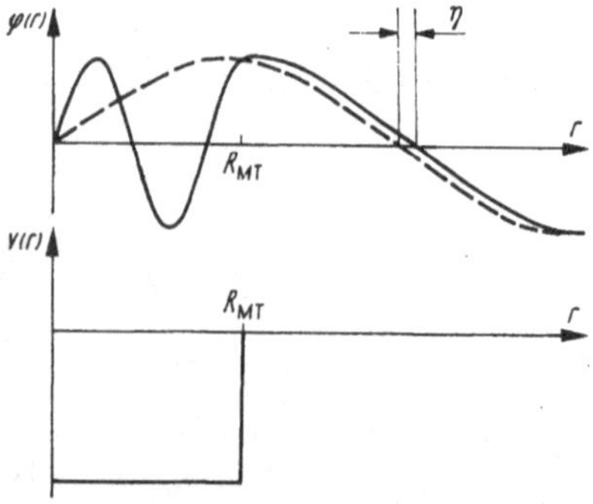

Abb. 4.1-3. Radiale Wellenfunktion $\varphi(r)$ im Potentialtopf $V(r)$ zu verschwindendem Drehimpuls. Die Wellenfunktion beginnt bei $r = 0$ linear und oszilliert im Topf stärker als außerhalb. Die Wellenfunktion bei verschwindendem Potential ist gestrichelt gezeichnet. Die Phasenverschiebung beider Wellen (zu sehen an der Lage der Knoten im Gebiet $r > R_{\text{MT}}$) beträgt $2\pi + \eta$ ($\eta < 0$). Für einfache Metalle ist η klein

unterscheiden sich beide stark, außerhalb zeigen sie beide dasselbe oszillierende Verhalten, sie sind nur durch die Phasenverschiebung $\eta_l(\varkappa)$ unterschieden.

Statt durch den Verlauf von $v(r)$ lassen sich die Streuer durch die Angabe der Funktionen $\eta_l(\varkappa)$ beschreiben. Dabei interessiert der Verlauf von $\eta_l(\varkappa)$ nur in bestimmten Energiebereichen (z. B. in der Nähe der Fermi-Energie), so daß wir uns mit der Umkehrung des Streuproblems, d. h. der Bestimmung von $v(r)$ aus dem vollständigen Verlauf der $\eta_l(\varkappa)$ und der daraus folgenden zwischen den Streuphasen zu verschiedenen Drehimpulsen bestehenden Einschränkungen nicht zu beschäftigen brauchen (s. dazu Agranowitsch u. Martschenko, 60).

Obwohl in der Definitionsgleichung der Streuphase (11) nur ihr Tangens auftaucht, ist es doch möglich, sie willkürfrei zu definieren. Dazu geht man aus von ihrem Verhalten bei sehr hohen Energien, wo das Potential nur eine sehr schwache Störung darstellt,

$$\lim_{\varkappa \to \infty} \eta_l(\varkappa) = 0 \,,$$

und ändert die Energie kontinuierlich. Da die Streuphase eine stetige Funktion der Energie darstellt, ist sie eindeutig definiert. Für $\varkappa \to 0$ ergibt sich nach (11′) das Verhalten

$$\tan \eta_l(\varkappa) = \frac{L_l(0) - l/R_{\mathrm{MT}}}{L_l(0) + (l+1)/R_{\mathrm{MT}}} \, \varkappa^{2l+1} \to 0 \,. \tag{19}$$

Die Streuphase η_l beträgt für verschwindende Energie somit ein ganzzahliges Vielfaches von π:

$$\eta_l(0) = n\pi \,. \tag{20}$$

Nach dem Levinson-Theorem (Landau u. Lifschitz, 79, § 133) ist n gleich der Anzahl der gebundenen Zustände zum Drehimpuls l im Potential $v(x)$. Das ist leicht zu verstehen: Ein gebundener Zustand genau mit der Energie $\varepsilon = -0$ muß nach (8) außerhalb von R_{MT} das Verhalten r^{-l-1}, d. h. bei R_{MT} die logarithmische Ableitung $L_l = L_l^{\mathrm{B}} = -(l+1)/R_{\mathrm{MT}}$, haben. Da L_l eine monoton fallende Funktion der Energie ist,[1]) liegt L_l für Zustände mit einer kleinen endlichen Bindungsenergie ε darunter $L_l(\varepsilon) < L_l^{\mathrm{B}}$. Verringert man nun bei festgehaltenem ε das Potential λv vom Wert Null ($\lambda = 0$) stetig auf seinen tatsächlichen Wert (für $\lambda = 1$), so nimmt $L_l(\lambda)$ monoton von seinem Anfangswert $L_l = l/R_{\mathrm{MT}}$ ab; es durchläuft dabei abwechselnd Nullstellen und Pole. Jedesmal, wenn L_l den Wert L_l^{B} unterschreitet, kommt ein gebundener Zustand hinzu. Dabei durchläuft nach (19) $\tan \eta_l$ jedesmal einen Pol. Wegen des kleinen Faktors $\varkappa^{2l+1}$ ändert sich dann η_l vom Wert $(n-1)\,\pi$ auf $n\pi$. Die Knotenzahl der Wellenfunktion erhöht sich dabei um Eins.

[1]) Unter Benutzung der radialen Schrödinger-Gleichung (5) sowie ihrer Ableitung nach der Energie ε zeigt man leicht

$$\frac{\mathrm{d}}{\mathrm{d}r}\left(\frac{\partial R_l}{\partial \varepsilon}\frac{\partial R_l}{\partial r} - R_l\,\frac{\partial^2 R_l}{\partial r\,\partial \varepsilon}\right) = R_l^2$$

und damit

$$\frac{\mathrm{d}L_l}{\mathrm{d}\varepsilon} = -\frac{1}{R_l^2(R_{\mathrm{MT}})} \int\limits_0^{R_{\mathrm{MT}}} \mathrm{d}r\; R_l^2(r) < 0 \,.$$

4.1.3. Greensche Funktion

Eine weitere Möglichkeit zur Lösung der Schrödinger-Gleichung (1) besteht mit Hilfe der Greenschen Funktion freier Elektronen

$$G^{0r}(\boldsymbol{r}, \boldsymbol{r}') = -\frac{e^{i\varkappa|\boldsymbol{r}-\boldsymbol{r}'|}}{4\pi\,|\boldsymbol{r}-\boldsymbol{r}'|} = \frac{\varkappa}{\sqrt{4\pi}}\,h_0^+(|\boldsymbol{r}-\boldsymbol{r}'|), \tag{21}$$

die der Gleichung

$$\left(\frac{\partial^2}{\partial \boldsymbol{r}^2} + \varkappa^2\right) G^{0r}(\boldsymbol{r}, \boldsymbol{r}') = \delta(\boldsymbol{r}-\boldsymbol{r}') \tag{22}$$

und der retardierten Randbedingung „vom Punkt $\boldsymbol{r}'$ auslaufende Welle" (der obere Index 0 kennzeichnet die Greensche Funktion im konstanten Potential, der Index r die retardierte Randbedingung) genügt, über die Bornsche Integralgleichung

$$\varphi_{\boldsymbol{k}}(\boldsymbol{r}) = e^{i\boldsymbol{k}\boldsymbol{r}} - \int d^3r'\, G^{0r}(\boldsymbol{r}, \boldsymbol{r}')\, v(\boldsymbol{r}')\, \varphi_{\boldsymbol{k}}(\boldsymbol{r}')\,. \tag{23}$$

Für große Abstände $r \gg r'$ (Potential begrenzter Reichweite R_{MT}) ergibt sich aus (21 mit $\boldsymbol{n}' = \boldsymbol{r}/r$

$$G^{0r}(\boldsymbol{r}, \boldsymbol{r}') = \frac{-1}{4\pi r}\, e^{ik(r-\boldsymbol{n}'\boldsymbol{r}')}$$

und aus (23) wieder (2) mit ($k^2 = \varkappa^2$)

$$f(\boldsymbol{n}, \boldsymbol{n}') = \frac{1}{4\pi}\int d^3r'\, e^{-i\varkappa\boldsymbol{n}'\boldsymbol{r}'}\, v(\boldsymbol{r}')\, \varphi_{\boldsymbol{k}}(\boldsymbol{r}')\,. \tag{24}$$

Mit dem Additionstheorem (A 3-55) läßt sich (21) nach Drehimpulsen zerlegen:

$$G^{0r}(\boldsymbol{r}, \boldsymbol{r}') = +\varkappa \sum_L j_L(\varkappa\boldsymbol{r})\, h_L^+(\varkappa\boldsymbol{r}') \quad \text{für} \quad r' > r\,. \tag{25}$$

Mit dem Ansatz (4') für $\varphi_{\boldsymbol{k}}(\boldsymbol{r})$ und mit (13) ergibt sich für kugelsymmetrische Potentiale $v(r)$ aus (23) nach der Winkelintegration die Integralgleichung für die radiale Wellenfunktion

$$J_l(r) = e^{-i\eta_l}\, j_l(\varkappa r) + \int_0^\infty dr'\, r'^2 G_l^{0r}(r, r')\, v(r')\, J_l(r') \tag{23'}$$

mit

$$G_l^{0r}(r, r') = +\varkappa \begin{cases} j_l(\varkappa r)\, h_l^+(\varkappa r') & \text{für} \quad r' > r\,, \\ h_l^+(\varkappa r)\, j_l(\varkappa r') & \text{für} \quad r' < r\,. \end{cases} \tag{25'}$$

Der Vergleich von (23') mit (6) für Werte $r \geqq R_{\mathrm{MT}}$ liefert

$$\sin\eta_l = -\varkappa \int_0^{R_{\mathrm{MT}}} dr'\, r'^2\, j_l(\varkappa r')\, v(r')\, J_l(r') \tag{26}$$

als Darstellung von $\sin\eta_l$.

Mit einer gegen (6) etwas geänderten Normierung

$$\tilde{J}_L(\boldsymbol{r}) = \tilde{J}_l(r)\ Y_L(\boldsymbol{r}) = \begin{cases} \tilde{R}_L(\varkappa, r)\ Y_L(\boldsymbol{r}) & \text{für} \quad r \leqq R_{\mathrm{MT}}\,, \\ \mathrm{j}_L(\varkappa\boldsymbol{r}) - \tan\eta_l\ \mathrm{n}_L(\varkappa\boldsymbol{r}) & \text{für} \quad r \geqq R_{\mathrm{MT}} \end{cases} \tag{6'}$$

erhält man statt (26)

$$\tan\eta_l = -\varkappa \int\limits_0^{R_{\mathrm{MT}}} \mathrm{d}r'\ r'^2\ \mathrm{j}_l(\varkappa r')\ v(r')\ \tilde{J}_l(r') \tag{26'}$$

als Darstellung von $\tan\eta_l$.

4.1.4. *T*-, *S*- und *K*-Matrix

Die Randbedingung (2) entspricht einer ganz bestimmten physikalischen Situation: Auf das Streuzentrum läuft die ebene Welle $\exp(i\boldsymbol{kr})$ oder eine Linearkombination φ^{e} solcher Wellen zu, und im Ergebnis des Streuprozesses liegen asymptotisch auslaufende Kugelwellen der Form $\varphi^+ \sim r^{-1}\exp(ikr)$ vor. Eine Zerlegung nach Drehimpulsen liefert dafür

$$\varphi^{\mathrm{e}} = \sum_L c_L\, \mathrm{j}_L(\varkappa\boldsymbol{r})\,, \qquad \varphi^+ = \sum_L c_L^+\, \mathrm{h}_L^+(\varkappa\boldsymbol{r})\,. \tag{27}$$

Der Zusammenhang zwischen den Koeffizienten c_L und c_L^+ wird im allgemeinen Falle durch die *T-Matrix* (transition = Übergang) gegeben:

$$c_L^+ = \varkappa \sum_{L'} T_{LL'} c_{L'}\,. \tag{28}$$

Im kugelsymmetrischen Falle ist die Wellenfunktion über (4) und (6) mit den Koeffizienten (14) gegeben. Die radiale Wellenfunktion zum Drehimpuls l lautet dann

$$\varphi_l(r) = \mathrm{e}^{i\eta_l}\, J_l(r) = \mathrm{j}_l(\varkappa r) + \varkappa t_l \mathrm{h}_l^+(\varkappa r)\,. \tag{29}$$

Im zweiten Gleichheitszeichen wurde dabei der Ausdruck in zwei Anteile gemäß (2) zerlegt. Wir lesen hieraus ab, daß die T-Matrix im kugelsymmetrischen Falle diagonal ist:

$$T_{LL'} = \delta_{LL'} t_l \tag{30}$$

mit t_l aus (16).

Für das Streuproblem ist auch eine symmetrische Zerlegung in ein- und auslaufende Kugelwellen h_L^- und h_L^+ mit Koeffizienten c_L^- bzw. c_L^+ interessant:

$$c_L^+ = \sum_{L'} S_{LL'} c_{L'}^-\,. \tag{31}$$

Ihr Zusammenhang wird nach (31) durch die *S-Matrix* oder Streumatrix gegeben. Die zugehörige Wellenfunktion im kugelsymmetrischen Fall erhält man mit $\mathrm{j}_l = (i/2)\,(\mathrm{h}^+ - \mathrm{h}^-)$ aus (29) nach Multiplikation mit $2i$:

$$2i\varphi_l(r) = \mathrm{h}_l^-(\varkappa r) - s_l\, \mathrm{h}_l^+(\varkappa r) \tag{32}$$

mit

$$s_l = \mathrm{e}^{2i\eta_l}\,. \tag{33}$$

Die S-Matrix ist dann natürlich gemäß

$$S_{LL'} = \delta_{LL'} s_l \tag{34}$$

ebenfalls diagonal.

Den allgemeinen Zusammenhang zwischen S und T

$$S = 1 - 2i\varkappa T \tag{35}$$

erhält man ganz analog zu (32) über Umordnung der Koeffizienten in (27).

Da es sich bei den behandelten Prozessen um elastische Streuung handelt, muß die Normierung der Wellenfunktion beim Übergang der einlaufenden in die auslaufende Welle durch den Streuvorgang erhalten, d. h. S muß unitär sein:

$$S^\dagger S = 1 \,. \tag{36}$$

In T drückt sich (36) über (35) in Form des *optischen Theorems*

$$\tfrac{1}{2}\,(T - T^\dagger) + i\varkappa T^\dagger T = 0 \tag{37}$$

aus.

Eine weitere Darstellungsmöglichkeit des Streuprozesses geht davon aus, daß bei elastischen Streuprozessen die Lösungen der Schrödinger-Gleichung reell gewählt werden können. Das ist möglich, wenn man statt ein- und auslaufender Wellen $\mathrm{h}_L^{\pm}$ stehende Wellen j_L und n_L zur Beschreibung verwendet. Die Ersetzung von h_L^{+} in (27) durch j_L und n_L liefert

$$\varphi^{\mathrm{S}} = \sum_L c_L^{\mathrm{S}}\, \mathrm{n}_L(\varkappa \boldsymbol{r}) \,. \tag{27'}$$

Der Zusammenhang der c_L^{S} mit c_L ist dann über die *Reaktanzmatrix* K,

$$c_L^{\mathrm{S}} = \sum_{L'} K_{LL'} c_{L'} \,, \tag{38}$$

gegeben. Der Vergleich der Koeffizienten vor j_L, n_L und h_L in (27) bzw. (27′) liefert

$$K = i\,\frac{S - 1}{S + 1} = \frac{\varkappa T}{1 - i\varkappa T} \tag{39}$$

als Zusammenhang zwischen K-, S- und T-Matrix. K ist hermitesch, wie leicht mit (39) und (36) zu zeigen ist:

$$K = K^\dagger \,. \tag{40}$$

Neben dem hier eingeführten K wird in der Literatur häufig auch $K' = (1/\varkappa)\,K$ als (eine etwas anders definierte) K-Matrix benutzt. Die Wellenfunktion (29) im kugelsymmetrischen Fall erhält nach Multiplikation mit $\big(\cos\eta_l \exp{(i\eta_l)}\big)^{-1}$ die gesuchte Form

$$\frac{1}{\cos\eta_l}\,\mathrm{e}^{-i\eta_l}\,\varphi_l(r) = \mathrm{j}_l(\varkappa r) + k_l\,\mathrm{n}_l(\varkappa r) \tag{41}$$

mit

$$K_{LL'} = \delta_{LL'} k_l \tag{42}$$

und

$$k_l = -\tan \eta_l \tag{43}$$

als diagonale K-Matrix und deren Eigenwerten. Für k' gilt analog $k_l' = -(1/\varkappa) \tan \eta_l$.

4.1.5. Wignersche Verweilzeit

Mit der Form (32) der Wellenfunktion kann eine nützliche Interpretation des Zeitablaufs beim Streuprozeß gegeben werden. Wir bauen dazu aus den $h_l^-(\varkappa r)$ ein einlaufendes Wellenpaket

$$g^-(r, t) = \int \mathrm{d}\varkappa\, f(\varkappa)\, \mathrm{h}_l^-(\varkappa r)\, \mathrm{e}^{-i\varkappa^2 t}$$

auf, das im $\varkappa$-Raum um $\varkappa_0$ lokalisiert sei. Für große Abstände kann der asymptotische Ausdruck (10) für h_l^- verwendet werden:

$$g^-(r, t) = \frac{-i^{-l}}{r} \int \mathrm{d}\varkappa\, f(\varkappa) \exp\left[-i\varkappa_0(r + \varkappa_0 t) - i\Delta\varkappa(r + 2\varkappa_0 t) - i(\Delta\varkappa)^2\, t\right].$$

Wir haben dabei den Exponenten um $\varkappa_0$ entwickelt. Der erste Summand in der eckigen Klammer beschreibt schnelle räumliche und zeitliche Oszillationen, die jedoch nur einen unwichtigen Phasenfaktor darstellen, der vor das Integral gezogen werden kann und den wir daher im folgenden weglassen. Der zweite Summand ergibt die interessierende Einhüllende des Wellenpakets, während der dritte Summand das zeitliche Auseinanderlaufen des Wellenpaketes beschreibt, von dem wir absehen wollen. Die Integration über $\Delta\varkappa = \varkappa - \varkappa_0$ liefert über die Fourier-Transformierte $\tilde{f}$ von f

$$g(r, t) \sim \frac{1}{r} \tilde{f}(r + 2\varkappa_0 t)$$

das Wellenpaket, das für Zeiten $t < 0$ mit der Gruppengeschwindigkeit $v = (\partial\varepsilon/\partial\varkappa)_{\varkappa_0} = 2\varkappa_0$ auf das Streuzentrum zuläuft. Der auslaufende Anteil h_l^+ liefert unter den gleichen Bedingungen

$$g^+(r, t) \sim \frac{1}{r} \tilde{f}\left(r - vt + 2\left(\frac{\mathrm{d}\eta_l}{\mathrm{d}\varepsilon}\right)_{\varkappa_0} v\right) \tag{44}$$

eine für Zeiten $t > 0$ vom Zentrum weglaufende Welle. Gegenüber dem ungestörten Fall ($\eta_l = 0$) taucht dabei noch der durch die Energieabhängigkeit der Streuphase hervorgerufene Summand $v2(\mathrm{d}\eta_l/\mathrm{d}\varepsilon)_{\varkappa_0} = vt^W$ auf, wenn man von einem geringfügigen Einfluß des die Formänderung des Wellenpakets beschreibenden Faktors $\exp\left(-i(\Delta\varkappa)^2\, t\right)$ im Integranden und der zweiten Ableitung von η_l nach $\varkappa$ absieht. Das gestreute Elektron erscheint also um die Wignersche Verweilzeit

$$t^W = 2 \left.\frac{\mathrm{d}\eta_l}{\mathrm{d}\varepsilon}\right|_{\varepsilon = \varkappa_0^2} \tag{45}$$

gegenüber einer ungestreuten Welle verzögert. Die stationäre Elektronendichte wird daher für die betreffende Energie um einen Betrag proportional zu t^W im Streuer größer sein als im konstanten Potential.

4.1.6. Nichtkugelsymmetrische Potentiale

Im nichtkugelsymmetrischen Fall interessieren Eigenfunktionen (bzw. Eigenvektoren) $A_{L\lambda}$ und Eigenwerte s_λ der S-Matrix:

$$\sum_{L'} S_{LL'} A_{L'\lambda} = A_{L\lambda} s_\lambda \,. \tag{46}$$

Wegen der Operatorrelation (36) sind die Eigenwerte der S-Matrix vom Betrage Eins:

$$s_\lambda = \mathrm{e}^{2i\eta_\lambda}$$

mit den verallgemeinerten Streuphasen η_λ. Für eine unitäre Matrix sind die Eigenvektoren orthogonal, außerdem können sie reell gewählt werden ($A^\dagger_{\lambda L} = \tilde{A}_{\lambda L} = A_{L\lambda}$):

$$\sum_L \tilde{A}_{\lambda L} A_{L\lambda'} = \delta_{\lambda\lambda'} \,. \tag{47}$$

Die Vollständigkeitsrelation (auch die trivialen Streuzustände mit $\eta_\lambda = 0$ enthaltend) lautet

$$\sum_\lambda A_{L\lambda} \tilde{A}_{\lambda L'} = \delta_{LL'} \,. \tag{48}$$

Damit läßt sich S auch schreiben als

$$S_{LL'} = \sum_\lambda A_{L\lambda}\, \mathrm{e}^{2i\eta_\lambda}\, \tilde{A}_{\lambda L'} \,. \tag{49}$$

Für T- und K-Matrix gelten analoge Beziehungen mit den gleichen Eigenfunktionen $A_{L\lambda}$ und den Eigenwerten $t_\lambda = -\varkappa^{-1} \sin \eta_\lambda\, \mathrm{e}^{i\eta_\lambda}$ bzw. $k_\lambda = -\tan \eta_\lambda$.

Der Übergang zur Eigenwert- (λ-) Darstellung in (28), (31) bzw. (38) läßt sich mit der Transformation

$$c_\lambda = \sum_L \tilde{A}_{\lambda L} C_L \tag{50}$$

realisieren.

Für die Darstellung der Wellenfunktion wählen wir die Normierung (6):

$$J_\lambda(\boldsymbol{r}) = \sum_L \left[\mathrm{j}_L(\varkappa \boldsymbol{r})\, A_{L\lambda} \cos \eta_\lambda - \mathrm{n}_L(\varkappa \boldsymbol{r})\, A_{L\lambda} \sin \eta_\lambda\right] \quad \text{für} \quad r \geqq R_{\mathrm{MT}} \,. \tag{51}$$

Die den Randbedingungen (2) angepaßte, zu (29) analoge Form der Wellenfunktion erhält man hieraus durch Multiplikation mit $\mathrm{e}^{i\eta_\lambda} \tilde{A}_{\lambda L}$ und anschließender Summation über λ:

$$\varphi_L(\boldsymbol{r}) = \mathrm{j}_L(\varkappa \boldsymbol{r}) + \sum_{L'} \mathrm{h}^+_{L'}(\varkappa \boldsymbol{r})\, \varkappa T_{L'L} \tag{52}$$

mit

$$\varkappa T_{L'L} = -\sum_\lambda A_{L'\lambda} \sin \eta_\lambda\, \mathrm{e}^{i\eta_\lambda}\, \tilde{A}_{\lambda L} \,. \tag{53}$$

Für $f(\boldsymbol{n}, \boldsymbol{n}')$ ergibt sich dann in Verallgemeinerung von (15)

$$f(\boldsymbol{n}, \boldsymbol{n}') = -4\pi \sum_{L,L'} i^{-l'+l}\, Y_{L'}(\boldsymbol{n}')\, T_{L'L} Y_L(\boldsymbol{n}) \,. \tag{15'}$$

Analog zu (3'') folgt

$$\sigma_{\mathrm{el}} = \frac{4\pi}{\varkappa^2} \sum_\lambda \sin^2 \eta_\lambda \tag{3'''}$$

für den Streuquerschnitt σ. Liegt das nichtkugelsymmetrische Streupotential entwickelt nach Drehimpulsen vor, tritt bei der Berechnung der Streueigenschaften an die Stelle von (4.1-5) ein System gekoppelter Gleichungen.

4.1.7. Praktische Berechnung der Streueigenschaften

Die praktische, numerische Berechnung der Streuphasen erfolgt nach (11′) über die logarithmische Ableitung $L_l(\varkappa)$. Dazu wird die radiale Schrödinger-Gleichung (5) nach Abtrennen des Verhaltens der regulären Lösung bei $r = 0$ über

$$R_l(\varkappa, r) = r^l u_l(\varkappa, r) \tag{54}$$

$$\left(-\frac{\mathrm{d}^2 u_l}{\mathrm{d}r^2} - \frac{2(l+1)}{r}\frac{\mathrm{d}u_l}{\mathrm{d}r} + \left(v(r) - \varkappa^2\right) u_l\right) = 0 \tag{5′}$$

mit den Anfangsbedingungen

$$u_l(\varkappa, 0) = 1 \quad \text{und} \quad \left.\frac{\mathrm{d}u_l(\varkappa, r)}{\mathrm{d}r}\right|_{r=0} = -(l+1)^{-1}$$

nach einem bekannten numerischen Verfahren, wie etwa dem Runge-Kutta- oder Noumerov-Verfahren, für einzelne Werte von $\varkappa$ berechnet.

Es ist auch möglich, die lineare Differentialgleichung (5) zweiter Ordnung für R_l in eine Riccatische Differentialgleichung für $\tilde{L}_l = u_l'/u_l = L_l - l/r$ direkt zu überführen:

$$\frac{\mathrm{d}\tilde{L}_l(\varkappa, r)}{\mathrm{d}r} + \tilde{L}_l^2 + \frac{2(l+1)}{r}\tilde{L}_l - v(r) + \varkappa^2 = 0\,, \tag{55}$$

$$\tilde{L}_l(\varkappa, 0) = -(l+1)^{-1}; \qquad L_l(\varkappa) \equiv L_l(\varkappa, R_{\mathrm{MT}})\,.$$

Man kann natürlich auch versuchen, in analoger Weise eine Differentialgleichung zur direkten Berechnung der Streuphase $\eta_l(\varkappa, r)$ aufzustellen. Wir machen dazu den Ansatz

$$R_l(\varkappa, r) = A_l(\varkappa, r)\left(\cos\eta_l(\varkappa, r)\,\mathrm{j}_l(\varkappa r) - \sin\eta_l(\varkappa, r)\,\mathrm{n}_l(\varkappa r)\right) \tag{56}$$

für die radiale Wellenfunktion R_l. Die in den beiden Funktionen A_l und η_l enthaltene Freiheit nutzen wir so aus, daß wir für $R_l' = \mathrm{d}R_l(\varkappa, r)/\mathrm{d}r$ fordern

$$R_l'(\varkappa, r) = A_l\left(\cos\eta_l\,\frac{\mathrm{d}}{\mathrm{d}r}\,\mathrm{j}_l(\varkappa r) - \sin\eta_l\,\frac{\mathrm{d}}{\mathrm{d}r}\,\mathrm{n}_l(\varkappa r)\right) \tag{57}$$

bzw.

$$\frac{\mathrm{d}A_l}{\mathrm{d}r}\left(\cos\eta_l\,\mathrm{j}_l(\varkappa r) - \sin\eta_l\,\mathrm{n}_l(\varkappa r)\right) - \frac{\mathrm{d}\eta_l}{\mathrm{d}r}A_l\left(\sin\eta_l\,\mathrm{j}_l(\varkappa r) + \cos\eta_l\,\mathrm{n}_l(\varkappa r)\right) = 0\,. \tag{57′}$$

Einsetzen der zweiten Ableitung von R_l in (5) liefert dann unter Beachtung der Tatsache, daß j_l und n_l Lösungen der radialen Schrödinger-Gleichung mit verschwindendem Potential darstellen, für η_l die nichtlineare Differentialgleichung

$$\frac{\mathrm{d}}{\mathrm{d}r}\eta_l(\varkappa, r) = -\varkappa r^2 v(r)\left(\cos\eta_l\,\mathrm{j}_l(\varkappa r) - \sin\eta_l\,\mathrm{n}_l(\varkappa r)\right)^2 \tag{58}$$

bzw. für $\tan \eta_l(\varkappa, r)$

$$\frac{d}{dr} \tan \eta_l(\varkappa, r) = -\varkappa r^2 v(r) \left(j_l(\varkappa r) - \tan \eta_l\, n_l(\varkappa r)\right)^2 . ^{1)} \qquad (58')$$

Bei der Ableitung von (58) und (58′) wurde von der Wronski-Relation (A 3-25)

$$j_l(\varkappa r) \frac{d}{dr} n_l(\varkappa r) - n_l(\varkappa r) \frac{d}{dr} j_l(\varkappa r) = (\varkappa r^2)^{-1}$$

Gebrauch gemacht.

(58) und (58′) enthalten die unwesentliche Normierungsfunktion $A_l(\varkappa, r)$ nicht. Diese läßt sich bei Kenntnis von $\eta_l(\varkappa, r)$ über (57) aus

$$\frac{d}{dr} A_l(\varkappa, r) = -\varkappa r^2 v(r)\, A_l(\varkappa, r) \left(\sin \eta_l\, j_l(\varkappa r) + \cos \eta_l\, n_l(\varkappa r)\right) *$$
$$* \left(\cos \eta_l\, j_l(\varkappa r) - \sin \eta_l\, n_l(\varkappa r)\right)$$

bestimmen.

Die Anfangsbedingungen für $\eta_l(\varkappa, r)$ und $A_l(\varkappa, r)$ lauten

$$\eta_l(\varkappa, 0) = 0 , \qquad A_l(\varkappa, 0) = 1 . \qquad (59)$$

Für $r > R_{\mathrm{MT}}$ verschwindet $v(r)$, und damit sind $\eta_l(\varkappa, r)$ und $A_l(\varkappa, r)$ konstant. Sie haben dann die Bedeutung der Streuphase bzw. der Normierung. Für beliebige Werte von r haben η_l und A_l ebenfalls diese anschauliche Bedeutung, wenn man annimmt, daß das Potential für größere r-Werte gleich Null gesetzt wird.

Eine Gleichung vom Typ (58) wurde zuerst von Drukarjow (49) sowie in einer Reihe weiterer unabhängiger Arbeiten abgeleitet (für eine Literaturübersicht siehe Babikow (76)).

Da das Vorzeichen der rechten Seite von (58) nur durch das Potential $v(r)$ bestimmt wird, sieht man sofort, daß für rein anziehende (abstoßende) Potentiale alle Streuphasen positiv (negativ) sind.

Zu (58) und (58′) analoge Gleichungen lassen sich auch für die T- bzw. S-Matrix ableiten:

$$\frac{d}{dr} \left(t_l(\varkappa, r)\right) = (\varkappa r)^2\, v(r) \left(j_l(\varkappa r) + \varkappa t_l(\varkappa, r)\, h_l^+(\varkappa r)\right)^2 \qquad (58'')$$

mit $t_l(\varkappa, 0) = 0$ bzw.

$$\frac{d}{dr} \left(s_l(\varkappa, r)\right) = \frac{i\varkappa}{2} r^2 v(r) \left(h_l^-(\varkappa r) - s_l(\varkappa, r)\, h_l^+(\varkappa r)\right)^2 \qquad (58''')$$

mit $s_l(\varkappa, 0) = 1$.

Besteht das Potential $v(r)$ aus zwei Teilen,

$$v(r) = v_0(r) + v_1(r) ,$$

wobei die reguläre und die singuläre Lösung $R_l^{\mathrm{r}}(r)$ bzw. $R_l^{\mathrm{s}}(r)$ im Potential $v_0(r)$ bekannt seien, läßt sich die Lösung $R_l(r)$ in $v(r)$ analog zu (56) darstellen:

$$R_l(r) = A_l(\varkappa, r) \left(\cos \eta_l(\varkappa, r)\, R_l^{\mathrm{r}}(r) - \sin \eta_l(\varkappa, r)\, R_l^{\mathrm{s}}(r)\right) . \qquad (56')$$

[1]) Die Formen (58), (58″) und (58‴) haben den Vorteil, daß die Wellenfunktion in der Normierung (56) bzw. η_l, t_l und s_l als Funktionen von $\varkappa^2$ regulär sind, während in (58′) Singularitäten auftreten.

Analog zu den Formeln (58) läßt sich dann ableiten

$$\frac{\mathrm{d}}{\mathrm{d}r} \tan \eta_l(\varkappa, r) = -\varkappa r^2 v_1(r) \left(R_l^{\mathrm{r}}(r) - \tan \eta_l \, R_l^{\mathrm{s}}(r)\right)^2 . \tag{60}$$

(60) ist besonders für die näherungsweise Lösung entsprechend einer Störungsentwicklung nach Potenzen von $v_1(r)$ geeignet.

Die Darstellung (56) der Lösung durch die Streuphasen ist auch sehr gut für die Berechnung der Streueigenschaften von innerhalb der MT-Kugel nichtkugelsymmetrischen Potentialen geeignet. (Zu ähnlichen Ergebnissen kommen Williams und Morgan (74).) Dabei muß man jedoch zunächst von der dreidimensionalen Schrödinger-Gleichung (1) ausgehen. Analog zu (4) kann man wieder versuchen, die allgemeine Lösung $\varphi(\boldsymbol{r})$ nach einem Satz von ausgewählten Lösungen $\varphi_L(\boldsymbol{r})$ zu entwickeln, der im Grenzfall kugelsymmetrischen Potentials genau in die radialen Lösungen $Y_L(\boldsymbol{r}) \, R_l(\varkappa, r)$ übergeht:

$$\varphi(\boldsymbol{r}) = \sum_L c_L \varphi_L(\boldsymbol{r}) . \tag{4''}$$

Da in der Nähe von $r = 0$ das Zentrifugalpotential und das kugelsymmetrische Coulomb-Potential dominieren, klassifizieren wir die Lösungen $\varphi_L(\boldsymbol{r})$ nach ihrem Verhalten an dieser Stelle und setzen in Analogie zu (56)

$$\varphi_L(\varkappa, \boldsymbol{r}) = \sum_{L'} \left(j_{L'}(\boldsymbol{r}) \, C_{L'L}(\varkappa, r) + n_{L'}(\boldsymbol{r}) \, S_{L'L}(\varkappa, r)\right) \tag{61}$$

mit

$$C_{L'L}(\varkappa, 0) = \delta_{L'L}, \quad S_{L'L}(\varkappa, 0) = 0 . \tag{62}$$

Dabei haben wir für die in (56) auftretenden Faktoren $A_l \cos \eta_l$ bzw. $A_l \sin \eta_l$ die Matrizen $C_{L'L}$ und $S_{L'L}$ gesetzt. Letztere kompensiert das in der Nähe von $r = 0$ singuläre Verhalten von $n_L(\boldsymbol{r})$, so daß dort $j_L(\boldsymbol{r})$ tatsächlich dominiert. Die in C und S enthaltenen Freiheiten nutzen wir, indem wir analog zu (57) fordern

$$\sum_{L'} \left(j_{L'}(\boldsymbol{r}) \frac{\mathrm{d}C_{L'L}(\varkappa, r)}{\mathrm{d}r} + n_{L'}(\boldsymbol{r}) \frac{\mathrm{d}S_{L'L}(\varkappa, r)}{\mathrm{d}r}\right) = 0 \tag{63}$$

bzw.

$$\frac{\partial \varphi_L}{\partial \boldsymbol{r}} = \sum_{L'} \left(\frac{\partial j_{L'}}{\partial \boldsymbol{r}} C_{L'L} + \frac{\partial n_{L'}}{\partial \boldsymbol{r}} S_{L'L}\right) . \tag{63'}$$

Einsetzen der nochmaligen Ableitung von (63') in (1) liefert unter Beachtung der Tatsache, daß j_L und n_L Lösungen der homogenen Schrödinger-Gleichung darstellen (die bei n_L auftretende $\delta(\boldsymbol{r})$-Funktion ist wegen (62) unwichtig)

$$\sum_{L'} \left(\frac{\partial j_{L'}}{\partial r} \frac{\mathrm{d}C_{L'L}}{\partial r} + \frac{\partial n_{L'}}{\partial r} \frac{\mathrm{d}S_{L'L}}{\mathrm{d}r}\right) = v(\boldsymbol{r}) \sum_{L'} (j_{L'} C_{L'L} + n_{L'} S_{L'L}) . \tag{64}$$

Multiplikation von (63) und (64) mit der Kugelfunktion $Y_{L_1}(\boldsymbol{r})$ und anschließende Integration über die Winkel $\int \mathrm{d}\Omega$ führt mit Hilfe der Wronski-Relation auf das gekoppelte Gleichungssystem

$$\frac{dC_{L'L}}{dr} = -\varkappa r^2 \int d\Omega n_{L'}(\boldsymbol{r})\, v(\boldsymbol{r}) \sum_{L''} (j_{L''}C_{L''L} + n_{L''}S_{L''L}) \,, \tag{65}$$

$$\frac{dS_{L'L}}{dr} = \varkappa r^2 \int d\Omega\, j_{L'}(\boldsymbol{r})\, v(\boldsymbol{r}) \sum_{L''} (j_{L''}C_{L''L} + n_{L''}S_{L''L}) \tag{66}$$

mit den Anfangsbedingungen (62). Durch Einführung von $K = SC^{-1}$ können (65) und (66) durch eine gewöhnliche, nichtlineare Matrixdifferentialgleichung

$$\frac{dK_{LL'}(\varkappa, r)}{dr} = -\varkappa r^2 \int d\Omega \left(\mathrm{j}_L(\boldsymbol{r}) + \sum_{L''} K_{LL''}\, \mathrm{n}_{L''}(\boldsymbol{r})\right) v(\boldsymbol{r}) * \\ * \left(\mathrm{j}_{L'}(\boldsymbol{r}) + \sum_{L'''} \mathrm{n}_{L'''}(\boldsymbol{r})\, K_{L'''L'}\right) . \tag{65'}$$

ersetzt werden. Entspr. der Fußnote auf S. 140 treten in (65') jedoch Singularitäten bzgl. der Abhängigkeit der K-Matrix von $\varkappa^2$ an den Resonanzenergien auf.

(65') ist gut geeignet, um das Verhalten der K-Matrix für kleine Energien zu berechnen. Für j_l und n_l benutzen wir dazu die Entwicklung (8). Durch Vergleich der Potenzen von $\varkappa$ in (65') erhalten wir

$$\lim_{\varkappa \to 0} K_{LL'}(\varkappa, r) \sim \varkappa^{l+l'+1} \,. \tag{67}$$

Die K-Matrix des Streuers ergibt sich aus dem Wert von $K(\varkappa, r)$ für $r = R_{\mathrm{MT}}$:

$$K_{LL'}(\varkappa) = K_{LL'}(\varkappa, R_{\mathrm{MT}}) \,. \tag{68}$$

Für die Eigenwerte der K-Matrix, $-\tan \eta_\lambda$, und damit für die verallgemeinerten Streuphasen η_λ folgt aus (67) $\eta_\lambda \sim \varkappa^{2l+1}$. Im Grenzfall kleiner Energien verhalten sich also beliebige Streupotentiale wie kugelsymmetrische Streuer.

Für Potentiale ohne Symmetrie ist (65') für Werte von l und l' bis etwa 2 zu lösen, da für höhere Drehimpulse $l > R_{\mathrm{MT}}$ wegen des starken Zentrifugalpotentials das Elektron vom Streupotential nur wenig spürt und $T_{LL'}$ entsprechend kleine Werte annimmt. L umfaßt unter dieser Annahme neun Werte. (65') ist somit ein Gleichungssystem mit 45 Variablen. Dieses vereinfacht sich beträchtlich, falls das Potential in der MT-Kugel die Kristallsymmetrie besitzt. In (65') wechselwirken dann nur Drehimpulse, die zur gleichen irreduziblen Darstellung der entsprechenden Punktgruppe gehören.

Bei kubischer Symmetrie sind das nach Tab. A 1-7 bei Beschränkung auf Werte $l \leqq 2$ die Funktionen $Y_{00}(\sim 1;\, \Gamma_1)$, $Y_{1m}(\sim x, y, z;\, \Gamma_{15})$, Y_{22}, $Y_{20}(\sim (x^2 - y^2)$, $(2z^2 - x^2 - y^2)\, 1/\sqrt{3};\, \Gamma_{12})$ Y_{21}, $Y_{2\bar{1}}$, $Y_{2\bar{2}}\, (\sim xz, yz, xy;\, \Gamma_{25'})$, wobei jede Darstellung nur einmal auftritt. Gegenüber dem kugelsymmetrischen Fall zerfällt (65') hier also in vier entkoppelte eindimensionale Differentialgleichungen, wobei die verschiedenen Funktionen α einer Darstellung die gleichen Werte $K_{\alpha\alpha}$ haben. Bei kubischer Symmetrie des Potentials spalten also die Streuphasen zu $l = 2$ in zwei Werte $\eta_{\Gamma_{12}}$ und $\eta_{\Gamma_{25'}}$ auf. Der Unterschied in (65') besteht in den über die Winkel gemittelten Potentialen

$$\Gamma_{12}\colon \quad v_{12}(r) = \int d\Omega\; Y_{22}^2(\boldsymbol{r})\, v(\boldsymbol{r}) \quad \text{bzw.}$$

$$\Gamma_{25'}\colon \quad v_{25'}(r) = \int d\Omega\; Y_{21}^2(\boldsymbol{r})\, v(\boldsymbol{r}) \,,$$

die im kugelsymmetrischen Fall gleich sind. Bei der in Abb. A 1-6 dargestellten Elementarzelle der $A15$-Struktur für Verbindungen vom Typ A_3B (dazu gehören die Supraleiter mit den höchsten bekannten kritischen Temperaturen wie z. B. Nb_3Ge, Nb_3Sn, V_3Si) haben die B-Atome eine kubische Umgebung, die A-Atome eine tetragonale (Gruppe D_{2d} mit den Elementen E; D_2; m_x, m_y; m_zD_4, $m_zD_4^{-1}$; m_zS_1, m_zS_2: S_1, S_2 Spiegelung an den Diagonalen $x = \pm y$). Die zugehörigen Charaktere der fünf irreduziblen Darstellungen sind dieselben wie für die Linie Δ (in den Elementen D_4, D_4^{-1}, S_1 und S_2 ist statt der Translation G nur die Spiegelung m_z zu verwenden) in Tab. A 1-6. Die zugehörigen Kugelfunktionen sind:

$$\begin{aligned}\Delta_1&: \; Y_{00} \text{ und } Y_{20}\,,\\ \Delta_3&: \; Y_{10} \text{ und } Y_{22}\,,\\ \Delta_4&: \; Y_{2\bar{2}}\,,\\ \Delta_5&: \; Y_{11},\, Y_{1\bar{1}} \text{ und } Y_{21},\, Y_{2\bar{1}}\,.\end{aligned}$$

Es koppeln also jeweils zwei Kugelfunktionen (außer $Y_{2\bar{2}}$) miteinander. Bei der Darstellung Δ_5 sind das Y_{11} und Y_{21} bzw. $Y_{1\bar{1}}$ und $-Y_{2\bar{1}}$. (65′) zerfällt somit in drei Differentialgleichungssysteme mit zwei Variablen und eine gewöhnliche Differentialgleichung (die beiden Fälle in Δ_5 liefern dieselbe K-Matrix).

4.2. Physikalische Vorstellungen zum Resonanzverhalten der Streuphase

4.2.1. Verhalten der Streuphase bei einfachen und Übergangsmetallen

In diesem Kapitel soll das Verhalten der Streuphase für konkrete Ionenpotentiale untersucht werden. Neben den numerischen Ergebnissen für die Energieabhängigkeit der Streuphase für typische Metallionen soll besonders der physikalische Hintergrund für dieses Verhalten betrachtet werden.

Bei den bereits in [3] mit Hilfe der Theorie der Pseudopotentiale behandelten einfachen Metallen, bei denen die Leitungselektronen von atomaren s- bzw. p-Niveaus herrühren, liegen die Streuphasen im Energiebereich der Leitungsbänder in der Nähe ganzzahliger Vielfacher $n\pi$ von π. Das bedeutet, daß wegen

$$\eta_l = n\pi + \eta_l'; \qquad \eta_l' \ll 1$$

auch

$$\tan \eta_l = \tan \eta_l' \ll 1$$

gilt. Die Elektronen passieren also die Streuzentren nahezu ungestört, obwohl das wirkende Potential durchaus nicht als klein anzusehen ist. Die Ersetzung des echten Potentials durch das Pseudopotential entspricht gerade dem Übergang $\eta_l \to \eta_l'$.

Die Wellenfunktion mit n Knoten geht dabei in die Pseudowellenfunktion ohne Knoten, aber mit derselben logarithmischen Ableitung wie erstere über. Als Beispiel für die einfachen Metalle sind in Abb. 3.8-2 die von Paasch und Woittennek (73) berechneten Streuphasen $\eta_l(\varepsilon)$ für Natrium angegeben. Besonders interessant sind die Werte bei ε_F, da sie die Form der Fermi-Fläche und die Transporteigenschaften bestimmen. Die Werte in der Nähe der Fermi-Energie ε_F übersteigen nicht 0,1. Die Streuphasen für höhere Drehimpulse $l > 2$ sind vernachlässigbar klein. Obwohl gerade in Natrium das Pseudopotential am schwächsten ist, zeigen die konkreten Rechnungen, daß auch bei anderen einfachen Metallen $\tan \eta_l$ als klein anzusehen ist.

Bei Übergangsmetallen rufen die räumlich stark lokalisierten d-Elektronen Pole in $\tan \eta_2$ hervor.

Die folgenden Überlegungen sollen der deutlichen Abtrennung dieses Effekts von der Streuung am schwachen Pseudopotential dienen. $\tan \eta_l$ läßt sich nach (4.1-26′) durch

$$\tan \eta_l = -\varkappa \int_0^{R_{\mathrm{MT}}} \mathrm{d}r\, r^2\, \mathrm{j}_l(\varkappa r)\, v(r)\, \tilde{J}_l(\varkappa, r) \tag{1}$$

darstellen. Die Normierung (4.1-6′) ist der in (4.1-6) hier vorzuziehen, da sie der bei orthogonalisierten ebenen Wellen bzw. der Darstellung der Wellenfunktion (4.1-41) durch die K-Matrix

$$\tilde{J}_l(\varkappa, r) = \mathrm{j}_l(\varkappa r) - \tan \eta_l\, \mathrm{n}_l(\varkappa r)\,, \qquad r > R_{\mathrm{MT}}\,, \tag{2}$$

besser entspricht. Bei schwachem Potential kann die Wellenfunktion in guter Näherung durch den ungestörten Anteil ersetzt werden:

$$\tilde{J}_l(\varkappa, r) \approx \mathrm{j}_l(\varkappa r)\,.$$

Falls gebundene Rumpfzustände $\tilde{\chi}_{lc}(r)$ vorliegen, ist die entsprechende orthogonalisierte ebene Welle zu berücksichtigen:

$$\tilde{J}_l(\varkappa, r) = \mathrm{j}_l(\varkappa r) - \sum_c \tilde{\chi}_{lc}(r) \int_0^{R_{\mathrm{MT}}} \mathrm{d}r'\, r'^2\, \mathrm{j}_l(\varkappa r')\, \tilde{\chi}_{lc}(r')\,. \tag{3}$$

Die Summe läuft dabei über alle besetzten Rumpfzustände c zum Drehimpuls l. Für $\tan \eta_l$ ergibt sich damit

$$\begin{aligned} \tan \eta_l &= -\varkappa \int_0^{R_{\mathrm{MT}}} \mathrm{d}r\, r^2\, \mathrm{j}_l v\, \mathrm{j}_l + \varkappa \sum_c \int_0^{R_{\mathrm{MT}}} \mathrm{d}r\, r^2\, \mathrm{j}_l v \tilde{\chi}_{lc} \int_0^{R_{\mathrm{MT}}} \mathrm{d}r'\, r'^2 \mathrm{j}_l \tilde{\chi}_{lc} \\ &= -\varkappa \int_0^{R_{\mathrm{MT}}} \mathrm{d}r\, r^2 \int_0^{R_{\mathrm{MT}}} \mathrm{d}r'\, r'^2\, \mathrm{j}_l(\varkappa r)\, U_l(r, r')\, \mathrm{j}_l(\varkappa r')\,. \end{aligned} \tag{4}$$

Dabei wurde das nichtlokale Pseudopotential

$$U_l(r, r') = \frac{\delta(r - r')\, v(r)}{r^2} - \sum_c v(r)\, \tilde{\chi}_{lc}(r)\, \tilde{\chi}_{lc}(r') \tag{5}$$

eingeführt, das infolge des zweiten Summanden, der das Repulsionspotential darstellt, schwache Matrixelemente besitzt.

Zur Behandlung der d-Zustände lehnen wir uns an das Verfahren von Kapur und Peierls (38) an. Am MT-Radius wird dabei die Funktion

$$\varphi_l(r) \equiv \tilde{J}_l(\varkappa, r) - \mathrm{j}_l(\varkappa r) \tag{6}$$

glatt an $-\tan \eta_l(\varkappa)\, \mathrm{n}_l(\varkappa r)$ angeschlossen. $\varphi_l(r)$ wird dann nach dem im Intervall $0 \ldots R_{\mathrm{MT}}$ vollständigen System χ_{ln} entwickelt, das der Schrödinger-Gleichung

$$\left[-\frac{1}{r}\frac{\mathrm{d}^2}{\mathrm{d}r^2} r + \frac{l(l+1)}{r^2} + v(r)\right] \chi_{ln} = \chi_{ln} \varepsilon_{ln} \tag{7}$$

mit der ($\varkappa$-abhängigen) Randbedingung

$$\frac{\mathrm{d}}{\mathrm{d}r} \ln \chi_{ln}|_{r=R_{\mathrm{MT}}} = \frac{\mathrm{d}}{\mathrm{d}r} \ln \mathrm{n}_l(\varkappa r)|_{r=R_{\mathrm{MT}}} \tag{8}$$

genügt. Im Intervall 0 ... R_{MT} seien die χ_{ln} orthonomiert:

$$\int_0^{R_{\mathrm{MT}}} \mathrm{d}r\, r^2 \chi_{ln}(r)\, \chi_{ln'}(r) = \delta_{nn'}\,. \tag{9}$$

Damit ergibt sich

$$\tilde{J}_l(\varkappa, r) = \mathrm{j}_l(\varkappa r) + \sum_n C_{ln}\chi_{ln}(r)\,. \tag{10}$$

Die Entwicklungskoeffizienten C_{ln} und damit die $\tan \eta_l$ ergeben sich nach Einsetzen von $\tilde{J}_l(\varkappa, r)$ in die radiale Schrödinger-Gleichung (4.1-2) und unter Benutzung von (7) und (9) zu

$$C_{ln} = (\varepsilon - \varepsilon_{ln})^{-1} \int_0^{R_{\mathrm{MT}}} \mathrm{d}r\, r^2\, \mathrm{j}_l(\varkappa r)\, v(r)\, \chi_{ln}(r) \tag{11}$$

und

$$\tan \eta_l(\varkappa) = -\varkappa \int_0^{R_{\mathrm{MT}}} \mathrm{d}r\, r^2\, \mathrm{j}_l^2(\varkappa r)\, v(r) - \varkappa \sum_n \frac{[\int \mathrm{d}r\, r^2\, \mathrm{j}_l(\varkappa r)\, v(r)\, \chi_{ln}(r)]^2}{\varepsilon - \varepsilon_{ln}}. \tag{12}$$

Rumpffunktionen $\tilde{\chi}$, die bei R_{MT} schon abgeklungen sind, stellen sehr gute Näherungen für die Lösungen χ_{ln} von (7) dar, da dann geringe Änderungen der Rumpfenergien praktisch beliebige Änderungen der logarithmischen Ableitung bei R_{MT} bewirken. Mit diesen Funktionen gilt wiederum unter Benutzung der Schrödinger-Gleichung

$$\int_0^{R_{\mathrm{MT}}} \mathrm{d}r\, r^2\, \mathrm{j}_l(\varkappa r)\, v(r)\, \tilde{\chi}_{ln}(r) = (\varepsilon_{ln} - \varepsilon) \int_0^{R_{\mathrm{MT}}} \mathrm{d}r\, r^2\, \mathrm{j}_l(\varkappa r)\, \tilde{\chi}_{ln}(r)\,, \tag{13}$$

so daß damit (1) die Form

$$\begin{aligned} \tan \eta_l = {} & -\varkappa \int_0^{R_{\mathrm{MT}}} \mathrm{d}r\, r^2 \int_0^{R_{\mathrm{MT}}} \mathrm{d}r'\, r'^2\, \mathrm{j}_l(\varkappa r)\, U_l(r, r')\, \mathrm{j}_l(\varkappa r') \\ & - \varkappa \sum_n^{\mathrm{res}} \frac{[\int \mathrm{d}r\, r^2\, \mathrm{j}_l(\varkappa r)\, v(r)\, \chi_{ln}(r)]^2}{\varepsilon - \varepsilon_{ln}} \end{aligned} \tag{14}$$

annimmt. Der erste Summand in (14) enthält wieder das Pseudopotential wie für die einfachen Metalle in (4).[1]) Die Summe im zweiten Summanden läuft über die oberhalb der Rumpfzustände liegenden restlichen Eigenzustände (res) von (7) und (8). In den Matrixelementen im Zähler kann wegen der Orthogonalität der χ_{ln} zu den Rumpfzuständen $\tilde{\chi}_{ln}$ das Potential v durch das Pseudopotential U aus (5) ersetzt werden. Der zweite Summand ist daher von zweiter Ordnung in U und erreicht nur in der Nähe der Nullstellen des Nenners (Resonanz) beträchtliche Werte.

[1]) Man muß hier allerdings beachten, daß bei $3d$-Zuständen das Pseudopotential nicht klein sein muß, da dafür keine Rumpfzustände vorhanden sind.

Bei Übergangsmetallen liegen die atomaren d-Niveaus im Energiebereich der Leitungselektronen. Wegen des in Abb. 4.2-1a) schematisch dargestellten Zwischenmaximums im Potential sind sie jedoch im wesentlichen im Bereich des Potentialminimums lokalisiert und bei R_{MT} im Gegensatz zu den s-Funktionen schon deutlich abgeklungen, wie auch die Ergebnisse konkreter Rechnungen in Abb. 4.2-1b und 4.2-2 zeigen. Die Eigenwerte von (7) werden sich daher nicht wesentlich von den atomaren Werten unterscheiden. Sie liegen aber im interessierenden Energiebereich

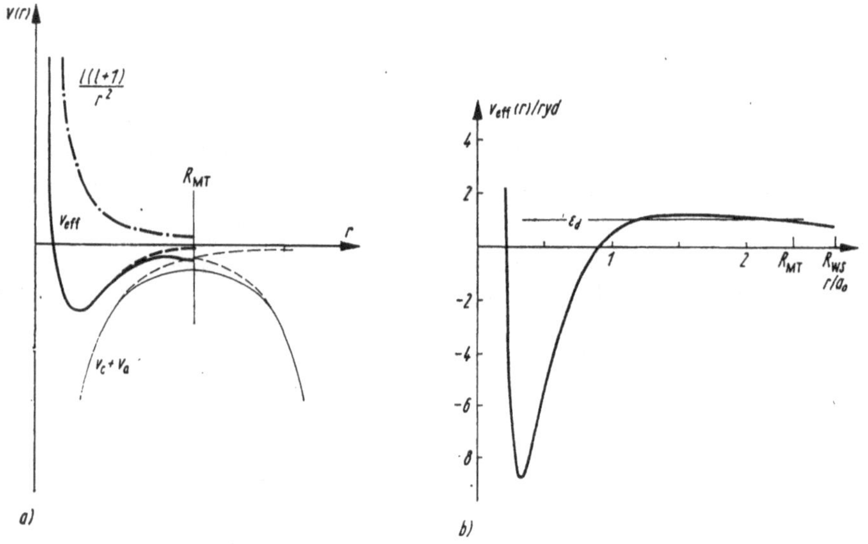

Abb. 4.2-1. a) Schematische Darstellung des Kristallpotentials v_{eff} in einer MT-Kugel. Es besteht aus der Überlagerung von Coulomb- und Austauschpotential benachbarter Zellen $v_c + v_a$ (schwache, ausgezogene Linie; gestrichelte schwache Linie: $v_c + v_a$ für ein isoliertes Atom) mit dem Zentrifugalpotential $l(l+1)/r^2$ (strichpunktiert). v_{eff} für ein einzelnes Atom ist gestrichelt gezeichnet. b) Berechnetes Effektivpotential v_{eff} für Eisen ($l = 2$, Konfiguration $3d^7 4s^1$, Slater-Austausch) nach Paasch und Woittennek (73). Die Lage der d-Resonanz ist mit ε_d bezeichnet, die Energie ist auf das Zwischengebiet des MT-Potentials bezogen. Das Potentialmaximum liegt etwa bei der Hälfte des Wigner-Seitz-Radius R_{WS}

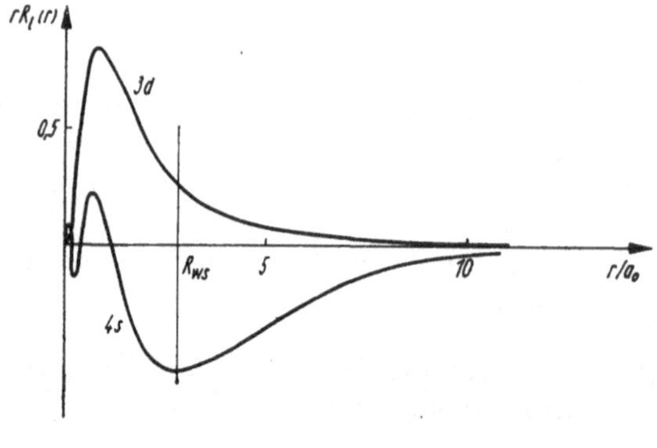

Abb. 4.2-2. Atomare radiale $4s$- und $3d$-Wellenfunktionen von Chrom nach Herman und Skillman (63)

des Bandes und rufen die Pole in (14) hervor. Wir bezeichnen die resonante Eigenfunktion mit Φ_l und erhalten mit der Abkürzung Γ_l für die Breite der Resonanz

$$\Gamma_l = \varkappa[\int_0^{R_{\mathrm{MT}}} \mathrm{d}r\, r^2\, \mathrm{j}_l(\varkappa r)\, U(r)\, \Phi_l(\varkappa, r)]^2 \tag{15}$$

und für die Streuphase

$$\tan \eta_l(\varkappa) = \tan \eta_l'(\varkappa) + \frac{\Gamma_l(\varkappa)}{\varepsilon_l - \varepsilon} \tag{16}$$

in Analogie zur Breit-Wigner-Formel der Kernphysik. $\tan \eta_l'$ ist der durch das schwache Pseudopotential hervorgerufene im allgemeinen kleine, aber energieabhängige Anteil $\tan \eta_l' \ll 1$. Resonanzbreite Γ_l und Resonanzenergie ε_l hängen ebenfalls schwach von der Energie ab. Diese Energieabhängigkeit wird jedoch oft vernachlässigt, und die dabei entstehenden Korrekturterme werden mit zu $\tan \eta_l'$ geschlagen. Γ_l ist in zweiter Ordnung in U und daher als klein zu erwarten. Nur für $l = 2$ (Übergangsmetalle) und $l = 3$ (Seltenerden) treten Resonanzen auf. Wir interessieren uns im folgenden hauptsächlich für Übergangsmetalle und schreiben da

$$\tan \eta_l(\varkappa) = \tan \eta_l'(\varkappa) + \frac{\delta_{l,2}\Gamma(\varkappa)}{\varepsilon_d(\varkappa) - \varepsilon}\,. \tag{17}$$

Für die Werte $l \geqq 3$ werden die Streuphasen zunehmend kleiner und können daher vernachlässigt werden. Das liegt daran, daß Elektronen mit höheren Drehimpulsen l bei kleinen Impulsen $\varkappa$ nur auf Abstände $a = l/\varkappa$ an das Streuzentrum herankommen können und es für $a > R_{\mathrm{MT}}$ gar nicht wahrnehmen.

Nach (10) erhalten wir in nullter Ordnung des Potentials U für die Wellenfunktion die Verallgemeinerung der OPW-Funktion

$$\tilde{J}_l(\varkappa, r) = \mathrm{j}_l(\varkappa r) - \sum_n^{\mathrm{core}} \tilde{\chi}_{ln}(r) \int \mathrm{d}r'\, r'^2\, \mathrm{j}_l(r')\, \tilde{\chi}_{ln}(r') + \sqrt{\frac{\Gamma}{\varkappa_d}}\, \frac{\Phi_d(\varkappa_d, r)}{\varepsilon - \varepsilon_d}\,. \tag{18}$$

Nach (15) läßt sich die Breite der Resonanz als Zerfallswahrscheinlichkeit des Zustandes Φ in ebene Wellen interpretieren. Für kleine Werte von $\varkappa$ zeigt $\tan \eta_l(\varkappa)$ das Verhalten (4.1-67)

$$\lim_{\varkappa \to 0} \tan \eta_l(\varkappa) \sim \varkappa^{2l+1} \sim \varkappa\, \mathrm{j}_l^2(\varkappa R_{\mathrm{MT}})\,. \tag{19}$$

Damit $\tan \eta_2'$ in (17) dasselbe Verhalten bei $\varkappa \approx 0$ wie $\tan \eta_2$ zeigt, spaltet man gewöhnlich von $\Gamma(\varkappa)$ einen Faktor wie in (19) ab:

$$\Gamma(\varkappa) = \tilde{\Gamma}(\varkappa)\, \varkappa\, \mathrm{j}_2^2(\varkappa r_2)/\varkappa_0\, \mathrm{j}_2^2(\varkappa_0 r_2) \tag{20}$$

mit geeigneten Werten von $\varkappa_0$ und r_2, die in [4.4] näher bestimmt werden. Für Rechnungen im linearisierten Schema in [4.4] setzt man $\varepsilon_d(\varkappa_d) \equiv \varepsilon_d$ und entwickelt $\tilde{\Gamma}(\varkappa)$ und $\tan \eta_2'(\varkappa)$ um die Stelle $\varkappa_0$ bis zu linearen Gliedern. (17) stellt dann eine Laurent-Entwicklung von der Ordnung $0(\varepsilon - \varepsilon_0)$ dar. Die entsprechenden Koeffizienten dieser Reihe werden an die numerische Berechnung von $\tan \eta_2(\varkappa)$ im interessierenden Energiebereich angepaßt. Eine etwas andere Parametrisierung der Streueigenschaften verwendet Andersen (75), indem er für die logarithmische Ableitung $L_l(\varepsilon)$ ansetzt

$$\left(L_l(\varepsilon) - L_l(\varepsilon_0)\right)^{-1} = -\frac{m^{-1}}{(\varepsilon - \varepsilon_0)} + a + b(\varepsilon - \varepsilon_0) \tag{21}$$

mit frei wählbaren Parametern ε_0, m, a und b, die an $L_l(\varepsilon)$ im interessierenden Energiebereich angepaßt werden.

4.2.2. Relativistischer Fall

Der wesentliche Effekt bei der relativistischen Behandlung des Streuproblems besteht in der Einführung des Spins. Im Zwischengebiet des MT-Potentials sind wir an Energien von maximal 10 eV interessiert, d. h., wir befinden uns eindeutig im nichtrelativistischen Bereich und haben einfach wie in (2.1-3) die räumlichen Wellenfunktionen mit den Eigenfunktionen der z-Komponente des Spins, $\chi_s(\sigma)$ mit $s, \sigma = \pm 1$, und die Greenschen Funktionen mit einem diagonalen Spinanteil $\delta_{s,s'}$ zu multiplizieren. Es gilt dabei für die Spinzustände

$$\sigma_z \chi_\pm = \pm \chi_\pm\,, \qquad \mathbf{s} = \tfrac{1}{2}\boldsymbol{\sigma}\,, \tag{22}$$

wobei $\mathbf{s}$ den Operator des Spindrehimpulses und $\boldsymbol{\sigma}$ die Paulischen Spinmatrizen mit den bekannten Vertauschungsrelationen bezeichnen. Statt der Wellenfunktionen $\varphi(\boldsymbol{r})$ aus (4.1-4) ohne Spin schreiben wir nun mit Spin

$$\varphi_s(\boldsymbol{r}, \sigma) = \varphi_s(\boldsymbol{r})\, \chi_s(\sigma)\,. \tag{23}$$

Die Spinvariable σ bezeichnet die beiden Komponenten der Spaltenmatrix $\chi_s(\sigma)$. (23) genügt im äußeren Magnetfeld der Pauli-Gleichung. Im Falle der Spin-Bahn-Kopplung ist in (23) eine Linearkombination zu verschiedenen s anzusetzen.

Die relativistischen Korrekturen, von denen der wichtigste Beitrag die Spin-Bahn-Wechselwirkung ist, machen sich nur im Inneren der MT-Kugeln bemerkbar und sind bei schweren Ionen (etwa mit $Z > 40$) zu berücksichtigen. Die Spin-Bahn-Wechselwirkung führt zu verschiedenen Streuphasen für unterschiedliche Spineinstellungen, während die anderen relativistischen Korrekturen wie die Berücksichtigung der geschwindigkeitsabhängigen Masse und des Darwin-Fowler-Terms spin-unabhängig sind und sich nur in einer Änderung der üblichen logarithmischen Ableitungen und Streuphasen auswirken.

Die Dirac-Gleichung zur Beschreibung des relativistischen Elektrons lautet für die Bewegung im kugelsymmetrischen Potential (s. etwa Rose, 60, od. Macke, 63; man beachte, daß auch hier Energien und Längen in Rydberg bzw. Bohrschen Radien a_0 gemessen werden)

$$H\varphi = \varepsilon^{\text{rel}}\varphi; \qquad H = v(r) + 2\alpha^{-2}\beta + 2\alpha^{-1}\tau\boldsymbol{\sigma}\boldsymbol{p} \tag{24}$$

mit der Sommerfeldschen Feinstrukturkonstante $\alpha = \epsilon^2/\hbar c$, der relativistischen Energiematrix β, der pseudoskalaren Matrix τ und der Paulischen Spinmatrix $\boldsymbol{\sigma}$. Die Zerlegung des Impulsoperators $\boldsymbol{p}$ in Radial- (in Richtung $\boldsymbol{n} = \boldsymbol{r}/r$) und Winkelanteil führt unter Berücksichtigung der Matrixeigenschaften von β und τ zu dem zweikomponentigen Gleichungssystem

$$\begin{pmatrix} (v-\varepsilon) & 2\alpha^{-1}\boldsymbol{\sigma n}\left(\frac{\mathrm{d}}{\mathrm{d}r}+\frac{K'}{r}\right) \\ -2\alpha^{-1}\boldsymbol{\sigma n}\left(\frac{\mathrm{d}}{\mathrm{d}r}+\frac{K'}{r}\right) & -4\alpha^{-2}+v-\varepsilon \end{pmatrix}\begin{pmatrix} F \\ G \end{pmatrix} = 0\,. \tag{25}$$

Dabei wurden von der relativistischen Energie $\varepsilon^{\mathrm{rel}}$ die Ruhenergie $2\alpha^{-2}$ abgespalten,

$$\varepsilon^{\mathrm{rel}} = \varepsilon + 2\alpha^{-2}\,,$$

sowie die Ausdrücke für den Radialteil des Impulsoperators

$$\boldsymbol{p}_r = \frac{1}{i}\,\frac{1}{r}\,\frac{\mathrm{d}}{\mathrm{d}r}\,r = \boldsymbol{np} + \frac{1}{ir}\,,$$

die Operatorrelationen

$$\boldsymbol{\sigma p} = \boldsymbol{\sigma n} \circ \boldsymbol{np} - \boldsymbol{\sigma}(\boldsymbol{r} \times \boldsymbol{l})/r^2 = \boldsymbol{\sigma n}(\boldsymbol{np} + i\boldsymbol{\sigma l}/r) \tag{26}$$

und der (nichtrelativistische) Spin-Bahn-Operator[1])

$$K' = -(1 + \boldsymbol{\sigma l}) \tag{27}$$

mit den in (37) gegebenen Eigenfunktionen $\tilde{\chi}_{k,m}$ und Eigenwerten

$$k = \mp(j + 1/2) = \begin{Bmatrix} -(l+1) \\ l \end{Bmatrix} \quad \text{für} \quad j = l \pm 1/2 \quad (\text{symbol.}\ \uparrow\uparrow, \uparrow\downarrow) \tag{28}$$

verwendet. Negative Werte von k entsprechen also der Parallelstellung von Bahn- und Spindrehimpuls, die positiven Werte der Antiparallelstellung, $k = 0$ tritt nicht auf. Für die so entstehenden Zustände hat sich auch die Bezeichnung l_j im Sinne der Zuordnung

k	-1	$+1$	-2	$+2$	-3
l_j	$s_{1/2}$	$p_{1/2}$	$p_{3/2}$	$d_{3/2}$	$d_{5/2}$

eingebürgert.

Das erste Gleichheitszeichen in (26) enthält die Zerlegung von $\boldsymbol{p}$ in Radial- und Winkelanteil, im zweiten wurden die Vertauschungsrelationen der Paulischen Spinmatrizen $\boldsymbol{\sigma}$ benutzt. In die Wellenfunktion wurde gleichzeitig, wie bei der Behandlung des kugelsymmetrischen Problems üblich, ein Faktor $1/r$ einbezogen:

$$\varphi = \begin{pmatrix} \frac{1}{r}F \\ \frac{i}{r}G \end{pmatrix}. \tag{29}$$

Die Elimination von G mit Hilfe der zweiten Gleichung von (25) liefert mit $[\boldsymbol{\sigma n}, K']_+ = 0$

$$\left[-\frac{\partial^2}{\partial r^2} + \frac{K'(K'+1)}{r^2} + (v-\varepsilon)\left(1 - \frac{\alpha^2(v-\varepsilon)}{4}\right) - (4\alpha^{-2} - v + \varepsilon)^{-1} \times \frac{\partial v}{\partial r}\left(\frac{\partial}{\partial r} + \frac{K'}{r}\right)\right]F = 0\,. \tag{30}$$

[1]) Sowohl der relativistische Spin-Bahn-Operator $K = K'\beta$ als auch $\boldsymbol{j}^2 = K'^2 - 1/4$ sind vertauschbar mit dem Hamilton-Operator (24). Für $\boldsymbol{l}^2$ ergibt sich $K(K+1)$.

Da im zentralsymmetrischen Feld der Hamilton-Operator in (30) mit K′ vertauschbar ist, ist der Produktansatz von Radial- und Drehimpulsanteil der Wellenfunktion $f_k(r)$ bzw. $\bar{\chi}_{k,m}$ möglich:

$$F_{k,m} = f_k(r)\, \bar{\chi}_{k,m}\,. \tag{31}$$

Damit kann K' in (27) durch seine Eigenwerte k ersetzt werden, und mit (28) geht (30) in eine Differentialgleichung für $f(r)$ über:

$$\left[\left(-\frac{\mathrm{d}^2}{\mathrm{d}r^2} + \frac{l(l+1)}{r^2} + v - \varepsilon\right) - \frac{\alpha^2}{4}(v-\varepsilon)^2 - (4\alpha^{-2} - v + \varepsilon)^{-1}\frac{\mathrm{d}v}{\mathrm{d}r}\frac{\mathrm{d}}{\mathrm{d}r} + (4\alpha^{-2} - v + \varepsilon)^{-1}\frac{\mathrm{d}v}{\mathrm{d}r}\frac{k}{r}\right] f_k(r) = 0\,. \tag{32}$$

Der erste Teil ist nichts anderes als die nichtrelativistische Schrödinger-Gleichung, der zweite und dritte Term stellen die Korrektur infolge der geschwindigkeitsabhängigen Masse sowie den Darwin-Fowler-Term dar, während der letzte Term die Spin-Bahn-Wechselwirkung repräsentiert. Dieser Anteil hängt als einziger von k und damit von der relativen Einstellung von Spin- und Bahndrehimpuls ab.

Im Gegensatz zur nichtrelativistischen Gleichung trägt auch das Potential $\sim -2Z/r$ bei kleinen r wegen der quadratischen Abhängigkeit von $v(r)$ neben dem Zentrifugalterm zum Verhalten der Wellenfunktion bei. Wir erhalten

$$f_k(r) \sim r^\beta \quad \text{mit} \quad \beta = (k^2 - Z^2\alpha^2)^{1/2} \quad \text{für} \quad r \to 0 \tag{33}$$

Dabei ist $k^2 \geqq 1$, so daß β stets reell ist, falls $Z < \alpha^{-1}$ gilt. Für höhere Ordnungszahlen tritt eine Instabilität der Lösung auf.

Für einen gegebenen k-Wert ist somit statt (4.1-5) die erweiterte radiale Schrödinger-Gleichung (32) zu lösen. Die Zusatzglieder im Potential führen zu dem anderen asymptotischen Verhalten (33) bei $r \to 0$. Bis auf diese Besonderheit kann die radiale Integration wie in [4.1] durchgeführt werden. In der Darstellung (4.1-56) übernimmt die Amplitude $A(r)$ die Besonderheit des Verhaltens bei $r \to 0$; die Randbedingung (4.1-59) muß daher entsprechend abgeändert werden. Die Randbedingung für die Streuphase η_k bleibt dagegen unverändert. Die Bestimmungsgleichung (4.1-58′) für den Tangens der Streuphase nimmt nun die Gestalt

$$\begin{aligned}\frac{\mathrm{d}}{\mathrm{d}r}\tan\eta_l(\varkappa, r) = {}& -\varkappa r^2\left\{v(r) + \left(4\alpha^{-2} - v(r) + \varepsilon\right)^{-1}\frac{\mathrm{d}v}{\mathrm{d}r}\frac{k}{r} - \frac{\alpha^2}{4}\left(v(r) - \varepsilon\right)^2\right\}\\ &\times \left(\mathrm{j}_l(\varkappa r) - \tan\eta_l(\varkappa, r)\,\mathrm{n}_l(\varkappa r)\right)^2\\ &+ \left(4\alpha^{-2} - v(r) + \varepsilon\right)^{-1}\frac{\mathrm{d}v}{\mathrm{d}r}\left(\mathrm{j}_l(\varkappa r) - \tan\eta_l(\varkappa, r)\,\mathrm{n}_l(\varkappa r)\right)\\ &\times\left(\frac{\mathrm{d}}{\mathrm{d}r}\mathrm{j}_l(\varkappa r) - \tan\eta_l(\varkappa, r)\frac{\mathrm{d}}{\mathrm{d}r}\mathrm{n}_l(\varkappa r)\right),\\ \eta_l(\varkappa, 0) = {}& 0\end{aligned} \tag{32'}$$

an.

Die durch die Quantenzahl k gekennzeichnete Lösung von (32) ist nach (28) Eigenfunktion zum Gesamtdrehimpuls j sowie zu seiner z-Komponente m und gibt über das Vorzeichen von k die Information über Parallel- oder Antiparallelstellung von Spin- und Bahndrehimpuls. Diese Lösung ist bei R_{MT} an die Lösung im Außenraum anzuschließen, die in der Form (29) als Produkt von Orts- und Spinfunktion gegeben ist, d. h. durch die Quantenzahlen des Bahndrehimpulses l, dessen z-Komponente m' und die z-Komponente des Spins s charakterisiert wird. Dazu muß man zunächst von den reellen Kugelfunktionen Y_{lm} zu den komplexen $\mathcal{Y}_{lm'}$ (die Eigenfunktionen zur Komponente m' des Drehimpulses sind) übergehen. Zwischen beiden besteht folgender Zusammenhang:

$$Y_{lm} = \begin{cases} \dfrac{1}{\sqrt{2}} (\mathcal{Y}_{l,|m|} + \mathcal{Y}_{l,-|m|}) & \text{für} \quad m > 0\,, \\ \mathcal{Y}_{l,0} & \text{für} \quad m = 0\,, \\ \dfrac{1}{\sqrt{2}i} (\mathcal{Y}_{l,|m|} - \mathcal{Y}_{l,-|m|}) & \text{für} \quad m < 0\,. \end{cases} \tag{34}$$

(34) lautet in Matrixdarstellung

$$\mathcal{Y}^{(l,|m|)} = D\, Y^{(l,|m|)} \tag{35}$$

mit

$$Y^{(l,|m|)} = \begin{pmatrix} Y_{l,|m|} \\ Y_{l,-|m|} \end{pmatrix} \quad \text{und} \quad \mathcal{Y}^{(l,|m|)} = \begin{pmatrix} \mathcal{Y}_{l,|m|} \\ \mathcal{Y}_{l,-|m|} \end{pmatrix}. \tag{36}$$

Danach erfolgt der Übergang von den $\mathcal{Y}_L \chi_s$ zu den in (31) benötigten Eigenfunktionen von K durch

$$\begin{aligned} \bar{\chi}_{l+1,m} &= \sqrt{\frac{l + 1/2 + m}{2l + 1}}\, \mathcal{Y}_{l,m-1/2} \chi_+ + \sqrt{\frac{l + 1/2 - m}{2l + 1}}\, \mathcal{Y}_{l,m+1/2} \chi_-\,, \\ \bar{\chi}_{-l,m} &= \sqrt{\frac{l + 1/2 - m}{2l + 1}}\, \mathcal{Y}_{l,m-1/2} \chi_+ - \sqrt{\frac{l + 1/2 + m}{2l + 1}}\, \mathcal{Y}_{l,m+1/2} \chi_- \end{aligned} \tag{37}$$

bzw. als Matrixgleichung

$$\bar{\chi}_{k,m}^{(l,m)} = U^{(l,m)} (\mathcal{Y}\chi)^{(l,m)} \tag{38}$$

mit

$$\bar{\chi}_{k,m}^{(l,m)} = \begin{pmatrix} \bar{\chi}_{l+1,m} \\ \bar{\chi}_{-l,m} \end{pmatrix} \quad \text{und} \quad (\mathcal{Y}\chi)^{(l,m)} = \begin{pmatrix} \mathcal{Y}_{l,m-1/2} \chi_+ \\ \mathcal{Y}_{l,m+1/2} \chi_- \end{pmatrix}. \tag{39}$$

Als Eigenwert von j_z ist m halbzahlig. Die Elemente der unitären Matrizen D und $U^{(l,m)}$ sind dabei eindeutig durch (34) und (37) gegeben.

(35) und (38) vermitteln also den gewünschten Übergang zwischen den Funktionen innerhalb und außerhalb der MT-Kugeln.

4.3. Systeme von Streuern

4.3.1. Grundgleichungen

Eine Anordnung von MT-Streuern kann selbst wieder als nichtkugelsymmetrischer Streuer aufgefaßt werden. Wir wollen annehmen, daß sich wie in Abb. 4.3-1 die MT-Streuer nicht überlappen. Am Rande jeder MT-Kugel soll sich dabei ein Gebiet der infinitesimalen Breite δ befinden, in dem das Potential schon den konstanten Wert des Zwischengebietes annimmt. Außerhalb der Kugel mit dem Radius R, die alle MT-Streuer einschließt, besitzt das Potential ebenfalls diesen konstanten Wert. Dort muß

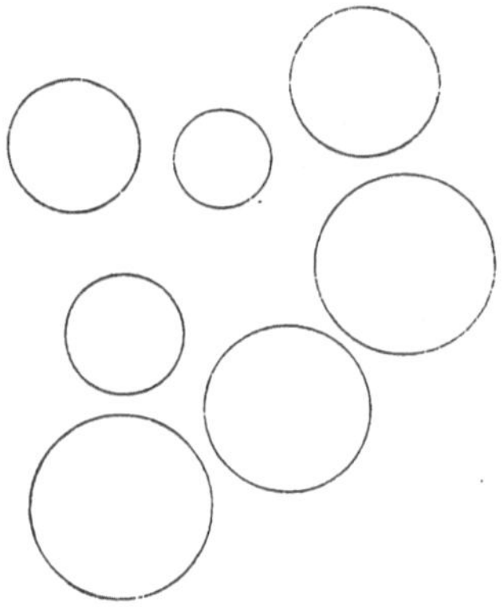

Abb. 4.3-1. Potential eines Systems von Streuern. Innerhalb der MT-Kugeln ist das Potential „atomähnlich", im Zwischengebiet konstant. Der Abstand zwischen zwei Kugeln muß mindestens δ betragen ($\delta > 0$, $\delta \ll 1$)

sich die Gesamtwellenfunktion je nach der gewählten Randbedingung aus Funktionen vom Typ (4.1-51 oder 52) zusammensetzen. Die Aufgabe besteht in der Berechnung der Streuphasen η_λ und der Matrix der Eigenwerte $A_{L\lambda}$ aus den Streuphasen und der Anordnung der Einzelstreuer (die selbst wieder nichtkugelsymmetrisch sein können). Sie wurde von Demkov und Rudakov (70) für s-Streuer ($l = 0$), von John und Ziesche (71) für kugelsymmetrische Streuer und von Ziesche (74) für allgemeine Streuer gelöst (s. auch Peterson, 77, u. Faulkner, 79). Wir wählen hier die Darstellung (4.1-52) mit der T-Matrix und auslaufenden Kugelwellen h^+, die dem Streuproblem am deutlichsten entspricht.

Das Gesamtpotential $V(\boldsymbol{r})$ setzt sich entsprechend unseren Voraussetzungen aus den Potentialen $v_i^{\mathrm{at}}(\boldsymbol{r})$ der N atomaren Streuzentren zusammen:

$$V(\boldsymbol{r}) = \sum_{i=1}^{N} v_i(\boldsymbol{r})\, \Theta_i(\boldsymbol{r}) \tag{1}$$

mit

$$v_i(\boldsymbol{r}) = v_i^{\mathrm{at}}(\boldsymbol{r} - \boldsymbol{R}_i) \tag{2}$$

und

$$\Theta_i(\boldsymbol{r}) \equiv \Theta(R_{\mathrm{MT}}^i - |\boldsymbol{r} - \boldsymbol{R}_i|)\,, \qquad \Theta(x) = \begin{cases} 1 & \text{für} \quad x \geqq 0\,, \\ 0 & \text{für} \quad x < 0\,. \end{cases} \tag{3}$$

Das Potential $v_i(\boldsymbol{r})$ ist dabei voraussetzungsgemäß wegen der Θ-Funktion nur innerhalb einer Kugel mit dem Radius R_{MT}^i um das Zentrum $\boldsymbol{R}_i$ des Streuers von Null verschieden. Dabei können die Potentiale $v_i^{\mathrm{at}}(\boldsymbol{r})$ unterschiedliche Streuer beschreiben.

Statt durch die Schrödinger-Gleichung

$$\left(-\frac{\partial^2}{\partial \boldsymbol{r}^2} + V(\boldsymbol{r})\right)\varphi(\boldsymbol{r}) = \varepsilon\varphi(\boldsymbol{r}) \tag{4}$$

beschreiben wir die Wellenfunktion durch die dazu äquivalente Bornsche Integralgleichung (4.1-23)

$$\varphi(\boldsymbol{r}) = \mathrm{e}^{i\boldsymbol{kr}} + \int \mathrm{d}^3r'\, G^{0\mathrm{r}}(\boldsymbol{r}, \boldsymbol{r}')\, V(\boldsymbol{r}')\, \varphi(\boldsymbol{r}')\,, \tag{5}$$

in der die retardierte Greensche Funktion

$$G^{0\mathrm{r}}(\boldsymbol{r}, \boldsymbol{r}') = \frac{-1}{4\pi|\boldsymbol{r} - \boldsymbol{r}'|}\, \mathrm{e}^{i\varkappa|\boldsymbol{r}-\boldsymbol{r}'|} \tag{6}$$

der Differentialgleichung (4.1-22) mit der asymptotischen Randbedingung für auslaufende, retardierte Wellen entspricht. Damit erfüllt $\varphi(\boldsymbol{r})$ ebenfalls automatisch diese Randbedingung.

(6) stellt nicht nur das asymptotische Verhalten der Greenschen Funktion dar, sondern ist gleichzeitig die Lösung von (4.1-22). Nach (4.1-7, 9 u. 10) ist $G^{0\mathrm{r}}(\boldsymbol{r} - \boldsymbol{r}')$ bis auf den Faktor $\varkappa/\sqrt{4\pi}$ gleich der sphärischen Hankel-Funktion $\mathrm{h}_L^+(\varkappa(\boldsymbol{r} - \boldsymbol{r}'))$ zum Drehimpuls $l = 0$. (Man beachte $Y_{00} = 1/\sqrt{4\pi}$.) Mit dem Additionstheorem (A 3-55) erhalten wir schließlich (4.1-25)

$$G^{0\mathrm{r}}(\boldsymbol{r}, \boldsymbol{r}') = \varkappa \sum_L \mathrm{j}_L(\varkappa\boldsymbol{r})\, \mathrm{h}_L^+(\varkappa\boldsymbol{r}')\,, \qquad r' \geqq r\,. \tag{7}$$

Für die Wellenfunktion φ_i im Gebiet des i-ten Streuers machen wir einen Ansatz aus Linearkombinationen der regulären Lösungen der Schrödinger-Gleichung vom Typ (4.1-52)

$$\varphi_i(\boldsymbol{x}) = \sum_L c_L^i \varphi_L^i(\boldsymbol{x})\,. \tag{8}$$

$\boldsymbol{x}$ bezeichnet dabei die Relativkoordinate

$$\boldsymbol{x} = \boldsymbol{r} - \boldsymbol{R}_i\,. \tag{8'}$$

Da wir das Problem eines Streuers bereits gelöst haben, interessiert uns nur die Wellenfunktion außerhalb des MT-Potentials (genauer gesagt, in der umgebenden Kugelschale der Dicke δ)

$$\varphi_L^i(\boldsymbol{x}) = \mathrm{j}_L(\varkappa\boldsymbol{x}) + \sum_{L'} \mathrm{h}_{L'}^+(\varkappa\boldsymbol{x})\, \varkappa T_{L'L}^i\,. \tag{9}$$

T-Matrix und Streueigenschaften des i-ten Streuers unterscheiden sich von denen des Gesamtsystems durch den Index i.

Das Ortsintegral in (5) spaltet wegen der Form (1) des Potentials in lauter Integrale über die einzelne MT-Kugeln i auf. Unter Benutzung von (4.1-22) und der Schrödinger-Gleichung für φ_i im Potential $v_i(\boldsymbol{r})$

$$\left(-\frac{\partial^2}{\partial \boldsymbol{r}^2} + v_i(\boldsymbol{r})\right)\varphi_i = \varepsilon\varphi_i \tag{10}$$

läßt sich ein solches Volumenintegral mit Hilfe der zweimaligen Anwendung des Gaußschen Satzes in ein Oberflächenintegral umformen:

$$I_i(\boldsymbol{r}) = \int \mathrm{d}^3r'\, G^{0\mathrm{r}}(\boldsymbol{r}, \boldsymbol{r}')\, v_i(\boldsymbol{r}')\, \varphi_i(\boldsymbol{r}')$$

$$= \oint \mathrm{d}\boldsymbol{f}' \left(G^{0\mathrm{r}}(\boldsymbol{r}, \boldsymbol{r}') \frac{\partial \varphi_i(\boldsymbol{r}')}{\partial \boldsymbol{r}'} - \varphi_i(\boldsymbol{r}') \frac{\partial G^{0\mathrm{r}}(\boldsymbol{r}, \boldsymbol{r}')}{\partial \boldsymbol{r}'} \right). \tag{11}$$

Ein in (11) noch auftretendes Volumenintegral $\int \mathrm{d}^3r'\, \delta(\boldsymbol{r} - \boldsymbol{r}')\, v_i(\boldsymbol{r}')\, \varphi_i(\boldsymbol{r}')$ verschwindet, da $\boldsymbol{r}$ außerhalb des Integrationsvolumens liegt. Das Oberflächenintegral in (11) erstreckt sich über die MT-Kugel um den Platz $\boldsymbol{R}_i$. Für die weitere Auswertung von (11) benutzen wir (7) für $|\boldsymbol{r} - \boldsymbol{R}_i| > \boldsymbol{r}'$. Das Oberflächenintegral reduziert sich auf das Integral über den Raumwinkel, multipliziert mit $(R^i_{\mathrm{MT}})^2$. Wegen der Orthogonalität der in j_L und n_L enthaltenen Kugelfunktionen ergibt sich dabei aus (11)

$$I_i(\boldsymbol{r}) = \varkappa (R^i_{\mathrm{MT}})^2 \sum_{L, L'} \mathrm{h}^+_L(\varkappa(\boldsymbol{r} - \boldsymbol{R}_i))\, \{\mathrm{j}_l, \mathrm{h}^+_l\}\, \varkappa T^i_{LL'} c^i_{L'}\,. \tag{12}$$

Die geschweifte Klammer steht dabei für den Ausdruck

$$\{A, B\} = \left[A(r) \frac{\mathrm{d}B(r)}{\mathrm{d}r} - B(r) \frac{\mathrm{d}A(r)}{\mathrm{d}r} \right]_{r = R^i_{\mathrm{MT}}}. \tag{13}$$

$\{\mathrm{j}_l, \mathrm{j}_l\}$ muß demnach verschwinden, und $\{\mathrm{j}_l, \mathrm{n}_l\}$ liefert wegen der Wronski-Relation (A 3-25) gerade den Faktor $\varkappa^{-1}(R^i_{\mathrm{MT}})^{-2}$, so daß (12) in

$$I_i(\boldsymbol{r}) = \sum_{L, L'} \mathrm{h}^+_L(\varkappa(\boldsymbol{r} - \boldsymbol{R}_i))\, \varkappa T^i_{LL'} c^i_{L'} \tag{14}$$

übergeht.

Damit liefert (5), falls $\boldsymbol{r}$ in der Oberflächenschicht der i-ten Kugel liegt (das ist nur für die linke Seite der Gleichung nötig, die rechte gilt im gesamten Raum außerhalb der MT-Kugeln, der der Bedingung (16) genügt),

$$\sum_L c^i_L \mathrm{j}_L(\varkappa \boldsymbol{x}) + \sum_{L, L'} \mathrm{h}^+_L(\varkappa \boldsymbol{x})\, \varkappa T^i_{LL'} c^i_{L'} = 4\pi\, \mathrm{e}^{i\boldsymbol{k}\boldsymbol{R}_i} \sum_L i^l\, Y_L(\boldsymbol{k})\, \mathrm{j}_L(\varkappa \boldsymbol{x})$$

$$+ \sum_{L, L'} \mathrm{h}^+_L(\varkappa \boldsymbol{x})\, \varkappa T^i_{LL'} c^i_{L'} + \sum_{j \neq i, L, L', L''} \mathrm{j}_L(\varkappa \boldsymbol{x})\, (G^{0\mathrm{r}})^{ij}_{LL'}\, \varkappa T^j_{L'L''} c^j_{L''}\,. \tag{15}$$

Dabei wurden auf der linken Seite (8) und (9), im ersten Glied der rechten Seite die Zerlegung der Exponentialfunktion exp ($i\boldsymbol{k}\boldsymbol{x}$) nach (A 3-31) sowie im letzten Glied die Zerlegung von $\mathrm{h}^+_{L'}$ nach

$$\mathrm{h}^+_{L'}(\varkappa(\boldsymbol{x} - \boldsymbol{R}_j + \boldsymbol{R}_i)) = \sum_L \mathrm{j}_L(\varkappa \boldsymbol{x})\, (G^{0\mathrm{r}})^{ij}_{LL'} \quad \text{für} \quad x < |\boldsymbol{R}_i - \boldsymbol{R}_j| \tag{16}$$

benutzt, wobei sich $(G^{0\mathrm{r}})^{ij}_{LL'}$ über das Additionstheorem (A 3-55) unter der Bedingung $x < |\boldsymbol{R}_i - \boldsymbol{R}_j|$ zu

$$(G^{0\mathrm{r}})^{ij}_{LL'} = 4\pi \sum_{L''} i^{-l'+l''+l}\, \mathrm{h}^+_{L''}(\varkappa(\boldsymbol{R}_i - \boldsymbol{R}_j))\, C_{LL'L''} \tag{17}$$

mit den Gaunt-Koeffizienten (vgl. (A 2-21))

$$C_{LL'L''} = \int \mathrm{d}\Omega\, Y_L(\boldsymbol{r})\, Y_{L'}(\boldsymbol{r})\, Y_{L''}(\boldsymbol{r}) \tag{18}$$

ergibt. Der Fall $i = j$ muß wegen der in (16) enthaltenen Bedingung ausgeschlossen werden. Er liefert den zweiten Summanden der rechten Seite von (15).

In (15) kompensieren sich die $\mathrm{h}_L^+(\varkappa \boldsymbol{x})$ enthaltenden Glieder. Die zu $\mathrm{j}_L(\boldsymbol{x})$ gehörenden Koeffizienten liefern beim Vergleich

$$c_L^i(\boldsymbol{k}) = 4\pi i^l Y_L(\boldsymbol{k})\, \mathrm{e}^{i\boldsymbol{k}\boldsymbol{R}_i} + \sum_{j\neq i,\, L',\, L''} (G^{0\mathrm{r}})_{LL'}^{ij}\, \varkappa T_{L'L''}^j c_{L''}^j(\boldsymbol{k})\,. \tag{19}$$

Wegen der $\boldsymbol{k}$-Abhängigkeit der einlaufenden Welle hängen die $c_L^i(\boldsymbol{k})$ auch von $\boldsymbol{k}$ ab. Wir entwickeln die Winkelabhängigkeit bezüglich $\boldsymbol{k}$ ebenfalls nach Drehimpulsen mit den Koeffizienten

$$C_{LL'}^i = i^{-l'}(4\pi)^{-1} \int \mathrm{d}\Omega_{\boldsymbol{k}}\, c_L^i(\boldsymbol{k})\; Y_{L'}(\boldsymbol{k})\,. \tag{20}$$

Nach Integration über $\int \mathrm{d}\Omega_{\boldsymbol{k}}\; Y_{L_1} \ldots$ geht (19) mit (22) in die inhomogene Grundgleichung

$$C_{LL'}^i = J_{LL'}^{i0} + \sum_{j\neq i,\, L_1,\, L''} (G^{0\mathrm{r}})_{LL_1}^{ij}\, \varkappa T_{L_1L''}^j C_{L''L'}^j \tag{21}$$

zur Bestimmung der Koeffizienten C der Wellenfunktion (8) über. Dabei wurde erneut die Zerlegung der Exponentialfunktion benutzt.

Bei Gültigkeit der Gleichung (19) bzw. (21) läßt sich aus der rechten Seite von (15) schließen, daß auch die linke Seite innerhalb der Kugeln um den Gitterpunkt $\boldsymbol{R}_i$ vom Radius $|\boldsymbol{R}_i - \boldsymbol{R}_j|$ gilt. Für dichtgepackte Strukturen ist in diesem Gebiet auch die zum i-ten Atom gehörige Wigner-Seitz-Zelle enthalten.

Die Abkürzungen

$$J_{LL'}^{i0} = 4\pi \sum_{L''} i^{l-l'+l''} j_{L''}(\varkappa \boldsymbol{R}_i)\, C_{LL'L''} \tag{22}$$

und

$$J_{LL'}^{0i} = 4\pi \sum_{L''} i^{l-l'+l''} j_{L''}(-\varkappa \boldsymbol{R}_i)\, C_{LL'L''} \tag{22'}$$

stellen Spezialfälle der von John und Ziesche (71) eingeführten Bezeichnungen

$$N_{LL'}^{ij} = (1-\delta^{ij})\, 4\pi \sum_{L''} i^{l-l'+l''} \mathrm{n}_{L''}(\varkappa(\boldsymbol{R}_i - \boldsymbol{R}_j))\; C_{LL'L''}\,, \tag{23}$$

$$\begin{aligned} J_{LL'}^{ij} &= 4\pi \sum_{L''} i^{l-l'+l''}\, \mathrm{j}_{L''}(\varkappa(\boldsymbol{R}_i - \boldsymbol{R}_j))\; C_{LL'L''} \\ &= i^{l-l'} \int \mathrm{d}\Omega_{\boldsymbol{k}}\; Y_L(\boldsymbol{k})\; Y_{L'}(\boldsymbol{k})\; \mathrm{e}^{i\boldsymbol{k}(\boldsymbol{R}_i - \boldsymbol{R}_j)} \end{aligned} \tag{24}$$

dar.

Für die Koeffizienten $C_{LL'}^i$ in (21) gelten bezüglich des Wertebereichs der Indizes L und L' keinerlei Einschränkungen, während $T_{LL'}^i$ gemäß [4.2] für Werte $l,l' > l_0\,(\approx 2)$ vernachlässigt werden kann. Diese Indizes mit begrenztem Wertebereich ($l \leqq l_0$) werden künftig durch eine Tilde gekennzeichnet ($T_{\tilde{L}\tilde{L}'}^i$), ein Index L im Bereich $l > l_0$ mit einem Dach ($\hat{L}$). Die Koeffizienten $(\varkappa TC)_{\tilde{L}L'}^i$ in (21) werden durch eine Matrixinversion berechnet $\big((T^{-1})_{\tilde{L}\tilde{L}'}$ ist für den begrenzten Indexbereich immer definiert$\big)$:

$$(\varkappa TC)_{\tilde{L}L'}^i = \sum_{j,\,\tilde{L}''} \big[\big((\varkappa T)^{-1} - \tilde{G}\big)^{-1}\big]_{\tilde{L}\tilde{L}''}^{ij}\, J_{\tilde{L}''L'}^{j0}\,, \tag{21'}$$

die übrigen bei Kenntnis der $(\varkappa TC)^{i}_{\tilde{L}L'}$ aus

$$C^{i}_{\hat{L}L'} = J^{i0}_{\hat{L}L'} + \sum_{j,\tilde{L}_1} \tilde{G}^{ij}_{\hat{L}\tilde{L}_1} (\varkappa TC)^{j}_{\tilde{L}_1 L'} . \tag{21''}$$

Die Fallbetrachtung $i \neq j$ bei der Summation wurde dabei durch die Definition

$$\tilde{G}^{ij}_{LL'} \equiv (1 - \delta^{ij}) (G^{0r})^{ij}_{LL'} = N^{ij}_{LL'} - iJ^{ij}_{LL'} + i\delta^{ij}\delta_{LL'} \tag{25}$$

vermieden, wobei N und J wegen (17) und (4.1-10) durch (23) und (24) gegeben sind. Das Glied $\delta^{ij}J^{ii}_{LL'}$ liefert wegen $J^{ii}_{LL'} = \delta_{LL'}$ den letzten Summanden in (25).

Im folgenden werden einige Eigenschaften der N und J abgeleitet, die später benutzt werden sollen:

1. N und J sind beide Matrizen mit reellen Elementen:

$$N^{ij}_{LL'} = (N^{ij}_{LL'})^* \quad \text{und} \quad J^{ij}_{LL'} = (J^{ij}_{LL'})^* . \tag{26}$$

Das folgt unmittelbar aus den Definitionsgleichungen (23) und (24), wenn man beachtet, daß die Gaunt-Koeffizienten $C_{LL'L''}$ nur von Null verschieden sind, wenn die Summe $(l + l' + l'')$ eine gerade Zahl ist:

$$\begin{aligned} C_{LL'L''} &= \int \mathrm{d}\Omega\; Y_L(\boldsymbol{r})\, Y_{L'}(\boldsymbol{r})\, Y_{L''}(\boldsymbol{r}) = \int \mathrm{d}\Omega\; Y_L(-\boldsymbol{r})\, Y_{L'}(-\boldsymbol{r})\, Y_{L''}(-\boldsymbol{r}) \\ &= (-1)^{l+l'+l''}\, C_{LL'L''} . \end{aligned} \tag{27}$$

Im zweiten Gleichheitszeichen wurde im Integral die Substitution $\boldsymbol{r} \to -\boldsymbol{r}$ durchgeführt und im dritten die Eigenschaft der Kugelfunktionen

$$Y_L(-\boldsymbol{r}) = (-1)^l\, Y_L(\boldsymbol{r}) \tag{28}$$

benutzt. Mit (27) tauchen in (23) und (24) also nur gerade Potenzen von i auf.

2. (28) liefert unmittelbar die Hermitezität von N und J:

$$N^{ij*}_{LL'} = N^{ji}_{L'L} \quad \text{und} \quad J^{ij*}_{LL'} = J^{ji}_{LL'} . \tag{29}$$

Mit (26) bedeutet das Symmetrie gegen Vertauschung der Indexpaare i, L und j, L':

$$N^{ij}_{LL'} = N^{ji}_{L'L} \quad \text{und} \quad J^{ij}_{LL'} = J^{ji}_{L'L} . \tag{30}$$

3. Die Zerlegung von $j_{L''}(\boldsymbol{R}_i - \boldsymbol{R}_j)$ in (24) nach dem Additionstheorem ergibt mit der aus der Vollständigkeitsrelation für die Kugelfunktionen

$$\sum_L Y_L(\boldsymbol{r})\, Y_L(\boldsymbol{r}') = \delta(\boldsymbol{r} - \boldsymbol{r}') \tag{31}$$

folgenden Beziehung (in (31) bezieht sich die δ-Funktion nur auf die Winkelanteile von $\boldsymbol{r}$)

$$\sum_{L''} C_{LL'L''} C_{L''L_1L_2} = \sum_{L''} C_{LL_1L''} C_{L''L'L_2} \tag{32}$$

die Darstellung

$$J^{ij}_{LL'} = \sum_{L''} J^{i0}_{LL''} J^{0j}_{L''L'} = \sum_{L''} J^{0j}_{LL''} J^{i0}_{L''L'} . \tag{33}$$

4. Die Eigenwerte beliebiger Untermatrizen der $J^{ij}_{LL'}$ sind alle positiv. Wir beweisen das indem wir nachweisen, daß die Erwartungswerte von J für beliebige Vektoren w^{i}_{L} immer

positiv sind:

$$\sum_{\substack{i,j\\L,L'}} w_L^i J_{LL'}^{ij} w_{L'}^j = \sum_{L''} \left|\sum_{iL} w_L^i J_{LL''}^{i0}\right|^2 \,(\geqq)\, 0 \,. \tag{34}$$

Dabei wurde (33) verwendet. Das Gleichheitszeichen gilt nur für $w_L^i = 0$. (34) bedeutet, daß das Inverse der Projektionen von J auf beliebige Unterräume immer existiert.

4.3.2. *T*-Matrix des Gesamtsystems

Für die Entwicklung der Wellenfunktion im Gebiet außerhalb der Kugel, die alle Streuzentren einschließt, gilt analog zu (8) und (9)

$$\varphi(\boldsymbol{r}) = \sum_L \mathrm{d}_L \varphi_L(\boldsymbol{r}) \quad \text{mit} \quad \varphi_L(\boldsymbol{r}) = \mathrm{j}_L(\varkappa \boldsymbol{r}) + \sum_{L'} \mathrm{h}_{L'}^+(\varkappa \boldsymbol{r})\, \varkappa T_{L'L}^{\mathrm{G}} \,. \tag{9'}$$

T^{G} ist dabei die T-Matrix des Gesamtsystems. Die Auswertung von (5) liefert für dieses Gebiet

$$\sum_L d_L \mathrm{j}_L(\varkappa \boldsymbol{r}) + \sum_{L,L'} \mathrm{h}_{L'}^+(\varkappa \boldsymbol{r})\, \varkappa T_{L'L}^{\mathrm{G}} d_L = 4\pi \sum_L i^l \mathrm{j}_L(\varkappa \boldsymbol{r})\, Y_L(\boldsymbol{k})$$
$$+ \sum_{i,\tilde{L},\tilde{L}'} \mathrm{h}_{\tilde{L}}^+ \big(\varkappa(\boldsymbol{r} - \boldsymbol{R}_i)\big)\, \varkappa T_{\tilde{L}\tilde{L}'}^i c_{\tilde{L}'}^i \,. \tag{35}$$

Bei der weiteren Behandlung von (35) muß beachtet werden, daß wegen $r > |\boldsymbol{R}_i|$ statt (16) nunmehr

$$\mathrm{h}_L^+ \big(\varkappa(\boldsymbol{r} - \boldsymbol{R}_i)\big) = \sum_{L'} \mathrm{h}_{L'}^+(\varkappa \boldsymbol{r})\, J_{LL'}^{0i} \tag{16'}$$

gilt. Der Vergleich der Koeffizienten von $\mathrm{j}_L(\varkappa \boldsymbol{r})$ und $\mathrm{h}_L^+(\varkappa \boldsymbol{r})$ in (35) ergibt

$$d_L = 4\pi i^l Y_L(\boldsymbol{k}) \tag{36}$$

und

$$4\pi\varkappa \sum_{L'} T_{LL'}^{\mathrm{G}} i^{l'} Y_{L'}(\boldsymbol{k}) = \sum_{i,\tilde{L}',\tilde{L}''} J_{L\tilde{L}'}^{0i} \varkappa T_{\tilde{L}'\tilde{L}''}^i c_{\tilde{L}''}^i(\boldsymbol{k}) \,. \tag{37}$$

Integration von (37) über $\int \mathrm{d}\Omega_{\boldsymbol{k}}\, Y_{L_1}(\boldsymbol{k})$ liefert unter Benutzung von (21′)

$$\varkappa T_{LL'}^{\mathrm{G}} = \sum_{\substack{i,j\\ \tilde{L}_1,\tilde{L}_2}} J_{L\tilde{L}_1}^{0i} \big[\big((\varkappa T)^{-1} - \tilde{G}\big)^{-1}\big]_{\tilde{L}_1\tilde{L}_2}^{ij} J_{\tilde{L}_2L'}^{j0} \tag{38}$$

für die T-Matrix des Gesamtsystems.

Um die T-Matrix durch ihre Eigenwerte entsprechend (4.1-53) darzustellen, suchen wir zunächst die Eigenwerte der Matrix

$$\big((\varkappa T)^{-1} - \tilde{G}\big)_{\tilde{L}\tilde{L}'}^{ij} = (K^{-1} - N + iJ)_{\tilde{L}\tilde{L}''}^{ij} \,. \tag{39}$$

In (39) wurde unter Benutzung von (4.1-39) $(\varkappa T)^{-1}$ über die bezüglich der Indizes i und j diagonale Matrix K^{-1} dargestellt als

$$\big((\varkappa T)^{-1}\big)_{\tilde{L}\tilde{L}'}^i = (K^{-1})_{\tilde{L}\tilde{L}'}^i + i\delta_{\tilde{L}\tilde{L}'} \,. \tag{40}$$

Die Eigenwertgleichung zur Matrix (39) lautet damit

$$\sum_{j,\tilde{L}'} (K^{-1} - N + iJ)^{ij}_{\tilde{L}\tilde{L}'}\, a^j_{\tilde{L}'\lambda} = \sum_{j,\tilde{L}'} J^{ij}_{\tilde{L}\tilde{L}'} a^j_{\tilde{L}'\lambda}(-\cot\eta_\lambda + i)\,. \tag{41}$$

$$(-\cot\eta_\lambda + i) = -\frac{e^{-i\eta_\lambda}}{\sin\eta_\lambda} = (\varkappa t^G_\lambda)^{-1}$$

sind die gesuchten Eigenwerte, die $a^i_{\tilde{L}\lambda}$ die Matrix aller Eigenvektoren. In (41) wurde die rechte Seite durch Einbeziehung von J in Form eines verallgemeinerten linearen Eigenwertproblems geschrieben und vom Eigenwert ein Summand i abgespalten, um die komplexen Anteile der Matrizen zu eliminieren.

Die Gleichung

$$\sum_{j,\tilde{L}'} \left((K^{-1})^i_{\tilde{L}\tilde{L}'}\,\delta^{ij} - N^{ij}_{\tilde{L}\tilde{L}'} + \cot\eta_\lambda\, J^{ij}_{\tilde{L}\tilde{L}'}\right) a^j_{\tilde{L}'\lambda} = 0 \tag{41'}$$

enthält wegen (4.1-40) und (30) nur reelle, symmetrische Matrizen, ihre Eigenwerte und Eigenvektoren sind daher reell. Ihre Lösungen besitzen für Systeme von Streuern eine zentrale Bedeutung, denn damit ist die Auswertung von (21) bzw. (38) leicht möglich. Mit $\cot\eta_\lambda = i$ ergeben sich für negative Energien aus (41) die gebundenen Zustände des Systems. Bei gegebenen Streueigenschaften der Einzelstreuer ($K^i_{\tilde{L}\tilde{L}}$ bzw. η^i_λ, $A^i_{\tilde{L}\lambda}$) liefert (41') die Streueigenschaften des Gesamtsystems in Form von η_λ und $a^i_{\tilde{L}\lambda}$ (oder $A^G_{L\lambda}$, s. (45)). Die Orthogonalitätsrelation für das verallgemeinerte Eigenwertproblem (41) lautet

$$\sum_{\substack{i,j\\ \tilde{L},\tilde{L}'}} \tilde{a}^i_{\lambda\tilde{L}} J^{ij}_{\tilde{L}\tilde{L}'} a^j_{\tilde{L}'\lambda'} = \delta_{\lambda\lambda'} \tag{42}$$

und die Vollständigkeitsrelation (es gibt ebensoviele λ wie Wertepaare i, $\tilde{L}$)

$$\sum_\lambda a^i_{\tilde{L}\lambda}\tilde{a}^j_{\lambda\tilde{L}'} = (J^{-1})^{ij}_{\tilde{L}\tilde{L}'}\,. \tag{43}$$

(Man beachte, daß das Inverse wegen (34) in dem durch i, L gegebenen Unterraum definiert ist).

Bei Verwendung von (41), (42) und (43) entsteht aus (38)

$$\varkappa T^G_{LL'} = \sum_\lambda A^G_{L\lambda}\varkappa t^G_\lambda \tilde{A}^G_{\lambda L'} \tag{44}$$

mit

$$A^G_{L\lambda} = \sum_{i\tilde{L}_1} J^{0i}_{L\tilde{L}_1} a^i_{\tilde{L}_1\lambda} \tag{45}$$

und

$$\varkappa t^G_\lambda = -\sin\eta_\lambda\, e^{i\eta_\lambda}\;, \tag{46}$$

wobei η_λ und $a^i_{\tilde{L}\lambda}$ mit (41) berechnet werden. Mit (42), (43) und (33) überzeugt man sich von der Gültigkeit der Vollständigkeits- und Orthogonalitätsrelation für die $A^G_{L\lambda}$

$$\sum_\lambda A^G_{L\lambda}\tilde{A}^G_{\lambda L'} = \sum_{\substack{i,\tilde{\lambda}\\ j,\tilde{\lambda}'}} J^{0i}_{L\tilde{\lambda}}(J^{-1})^{ij}_{\tilde{\lambda}\tilde{\lambda}'} J^{j0}_{\tilde{\lambda}'L'} \quad \text{bzw.} \quad \sum_L \tilde{A}^G_{\lambda L} A^G_{L\lambda'} = \delta_{\lambda\lambda'}\,. \tag{47}$$

4.3.3. Variationsprinzip, Eigenschaften der Streuphasen

Die Eigenwerte von (41′) lassen sich auch über ein Variationsprinzip darstellen:

$$\delta \cot \eta_\lambda = 0 \quad \text{mit} \quad \cot \eta_\lambda = \frac{\sum\limits_{i,j,\tilde{L},\tilde{L}'} \tilde{a}^i_{\lambda\tilde{L}} (-K^{-1} + N)^{ij}_{\tilde{L}\tilde{L}'} a^j_{\tilde{L}'\lambda}}{\sum\limits_{i,j,\tilde{L},\tilde{L}'} \tilde{a}^i_{\lambda\tilde{L}} J^{ij}_{\tilde{L}\tilde{L}'} a^j_{\tilde{L}'\lambda}} . \tag{48}$$

Die Eigenwerte sind also stationär gegenüber kleinen Änderungen der $a^i_{\tilde{L}\lambda}$ in der Nähe der Lösung von (41′). Stellt man die K-Matrix des Einzelstreuers i über ihre Eigenwerte $\tan \eta^i_{\tilde{\lambda}}$ und Eigenvektoren $A^i_{\tilde{L}\tilde{\lambda}}$ analog zu (4.1-49 od. 53) dar,

$$(K^{-1})^i_{\tilde{L}\tilde{L}'} = -\sum_{\tilde{\lambda}} A^i_{\tilde{L}\tilde{\lambda}} \cot \eta^i_{\tilde{\lambda}} \tilde{A}^i_{\tilde{\lambda}\tilde{L}'} , \tag{49}$$

kann man mit (48) zeigen, daß sich die Streuphasen des Gesamtsystems mit denen der Einzelstreuer gleichsinnig monoton ändern:

$$\frac{\partial \eta_\lambda}{\partial \eta^i_{\tilde{\lambda}}} = \frac{\sin^2 \eta_\lambda}{\sin^2 \eta^i_{\tilde{\lambda}}} \frac{\left|\sum\limits_{\tilde{L}} \tilde{A}^i_{\tilde{\lambda}\tilde{L}} a^i_{\tilde{L}\lambda}\right|^2}{\sum\limits_{\substack{\tilde{L},\tilde{L}'\\ i,j}} \tilde{a}^i_{\lambda\tilde{L}} J^{ij}_{\tilde{L}\tilde{L}'} a^j_{\tilde{L}'\lambda}} \geqq 0 . \tag{50}$$

$\tilde{\lambda}$ in (49) bezeichnet die von Null verschiedenen Streuphasen des Einzelstreuers i.

Im kugelsymmetrischen Fall gilt für die Eigenvektoren der K-Matrix

$$A^i_{\tilde{L}\tilde{\lambda}} = \delta_{\tilde{L}\tilde{\lambda}} . \tag{51}$$

Da der Nenner von (49) für die Lösungen von (41′) wegen (34) stets von Null verschieden ist und N keine Pole besitzt, kann ein η_λ nur Null sein, wenn gleichzeitig ein $\eta^i_{\tilde{\lambda}}$ verschwindet.

Vergrößert man alle Abstände $(\boldsymbol{R}_i - \boldsymbol{R}_j) \to \alpha(\boldsymbol{R}_i - \boldsymbol{R}_j)$ proportional um den Faktor α, folgt für $\alpha \to \infty$ $N^{ij}_{LL'} \to 0$ und $J^{ij}_{LL'} \to \delta^{ij}\delta_{LL'}$, und die Gesamtheit der η_λ stimmt mit den Phasen der Einzelstreuer $\eta^i_{\tilde{\lambda}}$ überein. Bei Verringerung von α können die η_λ die durch die $\eta^i_{\tilde{\lambda}}$ festgelegten Streifen

$$n\pi < \eta_\lambda < (n+1)\pi$$

nicht verlassen, da ein Überschreiten einen Pol von $\cot \eta_\lambda$ liefern würde.

4.3.4. Gültigkeitsbereich der Grundgleichung

Im folgenden soll nochmals der Gültigkeitsbereich von (15), (19) bzw. (21) betrachtet werden, da in der Literatur gelegentlich der Standpunkt vertreten wird (Ball, 72, Williams u. Morgan, 74), daß diese Gleichungen noch exakt sind, wenn auch das Potential außerhalb der MT-Kugeln ungleich Null ist, die Potentialanteile der Einzelstreuer sich aber nicht überlagern. Damit wäre eine doch recht beträchtliche Einschränkung für das verwendete Potential aufgehoben. Entscheidend für die Einschränkungen ist die Darstellung der Greenschen Funktion (7) nach Lösungen um verschiedene

Streuzentren $\boldsymbol{R}_i$ und $\boldsymbol{R}_j$

$$G^{0r}(\boldsymbol{x} + \boldsymbol{R}_i, \boldsymbol{x}' + \boldsymbol{R}_j) = \varkappa \sum_{LL'} \mathrm{j}_L(\varkappa \boldsymbol{x}) \, (G^{0r})^{ij}_{LL'} \, \mathrm{j}_{L'}(\varkappa \boldsymbol{x}') \,, \tag{52}$$

die unter Benutzung von (16), (17) und (18) durch zweimalige Anwendung des Additionstheorems für sphärische Bessel- und Neumann-Funktionen entsteht. Für die Bessel-Funktionen gelten dabei keinerlei Einschränkungen, für die Neumann- bzw. Hankel-Funktionen sind die Bedingungen in (7) und (16) zu beachten. Zerlegt man das Argument in (52) zunächst in

$(\boldsymbol{x} + \boldsymbol{R}_{ij})$ und $\boldsymbol{x}'$ und danach in

$\boldsymbol{x}$ und $\boldsymbol{R}_{ij}$ mit $\boldsymbol{R}_{ij} = \boldsymbol{R}_i - \boldsymbol{R}_j$,

müssen die Bedingungen

$$x' \leqq |\boldsymbol{x} + \boldsymbol{R}_{ij}| \quad \text{und} \quad x \leqq |\boldsymbol{R}_{ij}| \tag{53}$$

beachtet werden. Bei den Zerlegungen

$$(\boldsymbol{x} - \boldsymbol{x}' + \boldsymbol{R}_{ij}) \to \boldsymbol{x} + (-\boldsymbol{x}' + \boldsymbol{R}_{ij})$$

bzw.

$$(\boldsymbol{x} - \boldsymbol{x}' + \boldsymbol{R}_{ij}) \to (\boldsymbol{x} - \boldsymbol{x}') + R_{ij}$$

gelten

$$x \leqq |-\boldsymbol{x} + \boldsymbol{R}_{ij}| \quad \text{und} \quad x' \leqq |\boldsymbol{R}_{ij}| \tag{53'}$$

bzw.

$$|\boldsymbol{x} - \boldsymbol{x}'| \leqq |\boldsymbol{R}_{ij}| \,. \tag{53''}$$

Für ein vorgegebenes Paar von Ortsvektoren $\boldsymbol{x}$ und $\boldsymbol{x}'$, das den Bedingungen $x < |\boldsymbol{R}_{ij}|$ und $x' < |\boldsymbol{R}_{ij}|$ genügt, ist somit stets eine der Bedingungen (53) erfüllt und damit die Darstellung (52) möglich. Bei der Ausführung der Summation in (52) (und (17)) ist jedoch die durch die Art der Zerlegung des Arguments $(\boldsymbol{x} - \boldsymbol{x}' + \boldsymbol{R}_{ij})$ gegebene Reihenfolge zu beachten, da das Ergebnis der Summation davon abhängt. Das ist nur nicht der Fall, wenn die drei Bedingungen gleichzeitig gelten, d. h., falls $\boldsymbol{x}$ und $\boldsymbol{x}'$ in einander nicht schneidenden Kugeln um die Zentren $\boldsymbol{R}_i$ und $\boldsymbol{R}_j$ liegen. Dann konvergiert die Summe (52) absolut. Außerhalb dieses Gebietes treten wegen der fehlenden absoluten Konvergenz der Reihe bei der Nichteinhaltung der Summationsreihenfolge Fehler auf. Für die in Abb. 4.3-2 eingezeichneten Werte von $\boldsymbol{x}$ und $\boldsymbol{x}'$ liefert die erste Summation über L'

$$G^{0r} = \varkappa \sum_{L} \mathrm{j}_L(\boldsymbol{x}) \, \mathrm{h}^+_L\big(\varkappa(-\boldsymbol{x}' + \boldsymbol{R}_{ij})\big)$$

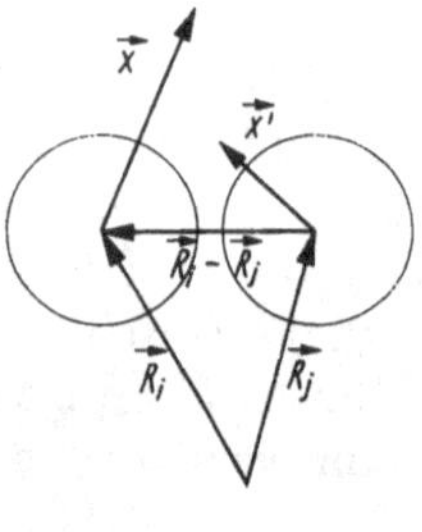

Abb. 4.3-2. Zur Erläuterung der Konvergenz der Summenzerlegung für die Greensche Funktion

im offensichtlichen Widerspruch zu dem entsprechend der Bedingung $x > |-\boldsymbol{x}' + \boldsymbol{R}_{ij}|$ geltenden korrekten Ausdruck

$$G^{0r} = \varkappa \sum_L \mathrm{h}_L^+(\varkappa \boldsymbol{x}) \, \mathrm{j}_L(\varkappa(-\boldsymbol{x}' + \boldsymbol{R}_{ij})) \,.$$

Bei fehlender absoluter Konvergenz der Reihen dürfen mit den auftretenden Matrizen wie $G_{LL'}$ keinerlei die Summationsreihenfolge verändernde Manipulationen gemacht werden oder die in diesem Abschnitt durchgeführten Beschränkungen der Summen auf die Werte $\tilde{L}$ erfolgen, denn die genaue Betrachtung zeigt, daß trotz der Kleinheit der Elemente von $T_{LL'}$ für große L die Konvergenz der Summen vom Typ $\sum_L G_{L_1L} T_{LL'}$ nicht erreicht werden kann.

Von einem mehr physikalischen Standpunkt stellt sich das Problem wie folgt dar: Außerhalb einer das Potential umschließenden Kugel (Abb. 4.3-3, Gebiet 1) gilt für die Wellenfunktion die Darstellung (9), d. h., es treten neben der anregenden Welle j_L

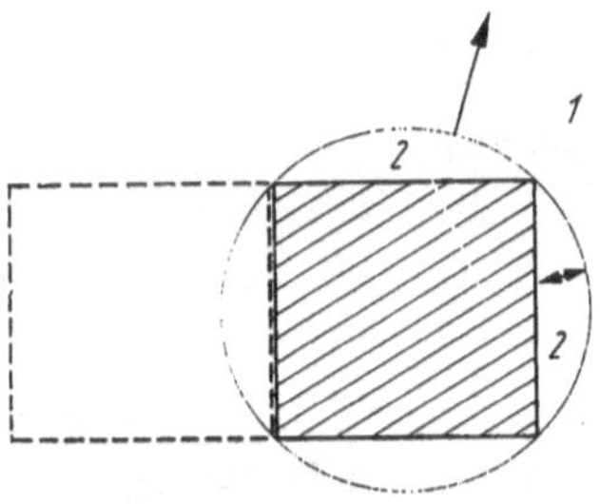

Abb. 4.3-3. Darstellung zweier benachbarter Wigner-Seitz-Zellen. Außerhalb der die schraffierte Zelle umschließenden Kugel (Gebiet 1) treten nur auslaufende Streuwellen auf (Fernfeld). Im Gebiet 2 konstanten Potentials treten aus- und einlaufende Kugelwellen auf (Nahfeld), die bei der Anregung der benachbarten Zelle (gestrichelt) getrennt zu berücksichtigen sind

nur die auslaufenden Wellen $\mathrm{h}_{L'}^+$ auf. Die Wechselwirkung mit anderen Streuzentren wird somit nur durch die T-Matrix auf der Energieschale $\varkappa$ bzw. das sogenannte „Fernfeld" beschrieben. Im Gebiet 2 treten bei der Drehimpulsdarstellung wegen der Fallunterscheidung in (7) im „Nahfeld" aus- *und* einlaufende Wellen auf, die die in Abb. 4.3-3 gestrichelt gezeichnete Nachbarzelle zusätzlich beeinflussen. Neben der Kenntnis der K-Matrix ist dazu noch die Information über die Wellenfunktion und ihre Normalableitung auf der Oberfläche des schraffierten Gebietes erforderlich. Damit entfällt der entscheidende Vorteil, der aus der Darstellung (8) der Wellenfunktion durch die die Anregung des i-ten Streuzentrums charakterisierenden wenigen Koeffizienten c_L^i und die T-Matrix entsteht. Die infolge des Nahfeldes auftretenden Korrekturen werden ausführlicher von Ziesche (74) diskutiert. Über ein zur Bornschen Integralgleichung (5) äquivalentes Variationsverfahren gelingt es, eine zu (41) analoge Gleichung mit verallgemeinerten Matrizen $\overline{N}$ abzuleiten, die das Nahfeld näherungsweise enthält. Die genaue numerische Ermittlung von $\overline{N}$ ist jedoch außerordentlich kompliziert, so daß noch keine Rechnungen dazu vorliegen. Im ausgedehnten System von Streuern würde die erfolgreiche Behandlung allgemeiner Potentiale bedeuten, daß das Ergebnis vom Wert des Potentials im Gebiet zwischen den MT-Bereichen unabhängig ist, da sich dieses Zwischengebiet beliebig reduzieren läßt und somit das Ergebnis nicht beeinflussen kann. (Im eindimensionalen Fall gilt dieses Ergebnis exakt (Lehmann, 73)). Die Streumatrix dagegen ist stark vom Wert des Bezugspotentials abhängig, so daß verschiedene Werte der Streueigenschaften dieselben Meßgrößen wie z. B. Fermi-Flächen liefern. Eine Vieldeutigkeit dieser Art ist bei der Bestimmung der Streuphasen aus den gemessenen Fermi-Flächen mehrfach empirisch festgestellt worden (Lee, 71, Andersen, 71). Dieses Ergebnis weist darauf hin, daß der Einfluß des Nahfeldes relativ gering ist. Im Falle ungeordneter binärer Legierungen läßt sich streng zeigen (Lehmann, 75b), daß das Nahfeld auf die Ausbildung verbotener Energiegebiete keinen Einfluß hat, sondern daß diese nur von den Streueigenschaften der WS-Zellen abhängen.

4.3.5. Greensche Funktion

Für die Behandlung der physikalischen Eigenschaften eines Systems von Streuern ist die Kenntnis der Greenschen Funktion des Gesamtsystems von Vorteil, da sie neben den Informationen über die Wellenfunktion auch die über die Zustandsdichte des Systems enthält. Die retardierte Greensche Funktion des Systems G^{r} ist über die zu (5) analoge Dyson-Gleichung

$$G^{\mathrm{r}}(\boldsymbol{r}, \boldsymbol{r}') = G^{0\mathrm{r}}(\boldsymbol{r}, \boldsymbol{r}') + \int \mathrm{d}^3r'' \, G^{0\mathrm{r}}(\boldsymbol{r}, \boldsymbol{r}'') \, V(\boldsymbol{r}'') \, G^{\mathrm{r}}(\boldsymbol{r}'', \boldsymbol{r}') \tag{54}$$

mit dem Potential (1) gegeben. Sie erfüllt die Differentialgleichung

$$\left(-\frac{\partial^2}{\partial \boldsymbol{r}^2} + V(\boldsymbol{r}) - E\right) G^{\mathrm{r}}(\boldsymbol{r}, \boldsymbol{r}') = \delta(\boldsymbol{r} - \boldsymbol{r}') \tag{55}$$

und dieselbe asymptotische Randbedingung (6) für auslaufende retardierte Wellen. Wir interessieren uns zunächst für die Darstellung außerhalb der das Gesamtsystem einhüllenden Kugel vom Radius R_0, wo also nur das Fernfeld vorliegt. G^{r} muß dann dieselbe Struktur wie (7) haben, wobei statt $\mathrm{j}_L(\boldsymbol{r})$ eine geeignete Linearkombination der im Innern des Systems regulären Lösungen einzusetzen ist. Wir haben dazu mehrere Möglichkeiten, etwa die Form (4.1-51)

$$J_\lambda(\boldsymbol{r}) = \begin{cases} R_\lambda(\boldsymbol{r}) \,, & r < R_0; \\ \sum\limits_L \left(\mathrm{j}_L(\varkappa \boldsymbol{r}) \cos \eta_\lambda - \mathrm{n}_L(\varkappa \boldsymbol{r}) \sin \eta_\lambda\right) A_{L\lambda} \,, & r \geqq R_0 \end{cases} \tag{56}$$

oder die Form (4.1-52) bzw. (9)

$$\varphi_L(\boldsymbol{r}) = \begin{cases} \tilde{R}_L(\boldsymbol{r}) \,, & r < R_0; \\ \mathrm{j}_L(\varkappa \boldsymbol{r}) + \sum\limits_{L'} \mathrm{h}^+_{L'}(\varkappa \boldsymbol{r}) \, \varkappa T_{L'L} \,, & r \geqq R_0 \,, \end{cases} \tag{56'}$$

die über

$$\varphi_L(\boldsymbol{r}) = \sum_\lambda J_\lambda(\boldsymbol{r}) \, \mathrm{e}^{i\eta_\lambda} \, \tilde{A}_{\lambda L} \tag{57}$$

zusammenhängen. $\mathrm{h}^+_L(\varkappa \boldsymbol{r}')$ in (7) ist durch die rein auslaufende Lösung $H^+_\lambda(\boldsymbol{r}')$ bzw. $\tilde{H}^+_L(\boldsymbol{r}')$ zu ersetzen, deren Normierung so gewählt wird, daß eine verallgemeinerte Wronskische Beziehung

$$\oint\limits_{r=R>R_0} \mathrm{d}\boldsymbol{f} \left(\frac{\partial H^+_\lambda}{\partial \boldsymbol{r}} J_{\lambda'} - H^+_\lambda \frac{\partial J_{\lambda'}}{\partial \boldsymbol{r}}\right) = \varkappa^{-1} \delta_{\lambda\lambda'} \tag{58}$$

bzw.

$$\oint\limits_{r=R>R_0} \mathrm{d}f\left(\frac{\partial \tilde{H}_L^+}{\partial r}\,\varphi_{L'} - \tilde{H}_L^+\,\frac{\partial \varphi_{L'}}{\partial r}\right) = \varkappa^{-1}\delta_{LL'} \tag{58'}$$

erfüllt wird. Das ist nötig, damit G^{r} ebenso wie (7) in (55) gerade die $\delta(\boldsymbol{r} - \boldsymbol{r}')$-Singularität liefert. Aus (58) und (58′) ergibt sich

$$H_\lambda^+(\boldsymbol{r}) = \sum_L \mathrm{h}_L^+(\varkappa \boldsymbol{r})\, A_{L\lambda}\, \mathrm{e}^{i\eta_\lambda} \quad \text{bzw.} \quad \tilde{H}_L^+(\boldsymbol{r}) = \mathrm{h}_L^+(\varkappa \boldsymbol{r})\,. \tag{59}$$

Diese Ausdrücke enthalten — wie erforderlich — nur auslaufende Wellen. Mit (56) bzw. (56′) und (59) ergibt sich für die Lösung von (54) für $r' > r$

$$G^{\mathrm{r}}(\boldsymbol{r}, \boldsymbol{r}') = \varkappa \sum_L \left(\mathrm{j}_L(\varkappa \boldsymbol{r}) + \sum_{L'} \mathrm{h}_{L'}^+(\varkappa \boldsymbol{r})\, \varkappa T_{L'L}\right) \mathrm{h}_L^+(\varkappa \boldsymbol{r}') \tag{60}$$

$$= \varkappa \sum_{L,L,\lambda} \left(\mathrm{j}_L(\varkappa \boldsymbol{r}) \cos \eta_\lambda - \mathrm{n}_L(\varkappa \boldsymbol{r}) \sin \eta_\lambda\right) A_{L\lambda}\, \mathrm{e}^{i\eta_\lambda}\, \tilde{A}_{\lambda L}\, \mathrm{h}_L^+(\varkappa \boldsymbol{r}')\,. \tag{60'}$$

(60) hat die Form

$$G^{\mathrm{r}}(\boldsymbol{r}, \boldsymbol{r}') = G^{0\mathrm{r}}(\boldsymbol{r}, \boldsymbol{r}') + \int \mathrm{d}^3 r_1\, \mathrm{d}^3 r_2\, G^0(\boldsymbol{r}, \boldsymbol{r}_1)\, \varkappa T(\boldsymbol{r}_1, \boldsymbol{r}_2)\, G^0(\boldsymbol{r}_2, \boldsymbol{r}')\,, \tag{61}$$

wenn man $r > R_0 \geqq r_1$; $r' > R_0 \geqq r_2$ und

$$T_{LL'} = \int \mathrm{d}^3 r_1\, \mathrm{d}^3 r_2\, \mathrm{j}_L(\varkappa \boldsymbol{r}_1)\, T(\boldsymbol{r}_1, \boldsymbol{r}_2)\, \mathrm{j}_{L'}(\varkappa \boldsymbol{r}_2) \tag{62}$$

als Matrixelement der allgemeinen T-Matrix auf der Energieschale beachtet[1]). Für Werte von $r < R_0$ oder $r' < R_0$ steht in (62) statt der Funktion j_L dann h_L^+, was mit der Kenntnis der T-Matrix außerhalb der Energieschale gleichbedeutend ist.

Für die Berechnung von G^{r} im Innern des Systems benötigen wir nach Lehmann (75a) die Zerlegung (52) um die Streuzentren $\boldsymbol{R}_i$ und $\boldsymbol{R}_j$ mit Relativkoordinaten $\boldsymbol{x}$ und $\boldsymbol{x}'$ gemäß (8)

$$G^{0\mathrm{r}}(\boldsymbol{x} + \boldsymbol{R}_i, \boldsymbol{x}' + \boldsymbol{R}_j) = \varkappa \sum_L \mathrm{j}_L(\varkappa \boldsymbol{x})\, \mathrm{h}_L^+(\varkappa \boldsymbol{x}')\, \delta^{ij} + \varkappa \sum_{L,L'} \mathrm{j}_L(\varkappa \boldsymbol{x})\, \tilde{G}_{LL'}^{ij}\, \mathrm{j}_{L'}(\varkappa \boldsymbol{x}') \tag{63}$$

mit $x' > x$ für $i = j$ und $\tilde{G}$ aus (25).

Innerhalb der i-ten Wigner-Seitz-Zelle hat $G^{0\mathrm{r}}$ die bekannte Form (7). Die Singularität von $\mathrm{h}_L^+(\varkappa \boldsymbol{x}')$ bei $\boldsymbol{x}' = 0$ hat wegen der Einschränkung $x' > x$ keine Bedeutung. Bezeichnen i und j unterschiedliche MT-Kugeln, können nur die regulären Lösungen auftreten, da das Argument $\boldsymbol{x} - \boldsymbol{x}' + \boldsymbol{R}_i - \boldsymbol{R}_j$ dann nirgends verschwindet.

Mit denselben Argumenten erhalten wir für G^{r}

$$G^{\mathrm{r}}(\boldsymbol{x} + \boldsymbol{R}_i, \boldsymbol{x}' + \boldsymbol{R}_j) = \varkappa \sum_{\lambda\lambda'} J_\lambda^i(\boldsymbol{x}) \left(H_\lambda^{+i}(\boldsymbol{x}')\, \delta^{ij}\delta_{\lambda\lambda'} + \mathrm{e}^{i\eta_\lambda^i}\, \mathcal{G}_{\lambda\lambda'}^{ij}\, \mathrm{e}^{i\eta_{\lambda'}^j}\, J_{\lambda'}^j(\boldsymbol{x}')\right)$$

$$= \varkappa \sum_{LL'} \varphi_L^i(\boldsymbol{x}) \left(\tilde{H}_L^{+i}(\boldsymbol{x}')\, \delta^{ij}\delta_{LL'} + \mathcal{G}_{LL'}^{ij}\, \varphi_{L'}^j(\boldsymbol{x}')\right) \tag{64}$$

mit $x \leqq x'$ für $i = j$. Der erste Summand für die i-te Zelle hat mit J_λ und H_λ^+ aus (56) und (59) die für einen Einzelstreuer bekannte Form (60′). Es tauchen in dieser

[1]) Siehe S. 570.

Zelle aber noch zusätzliche in $\boldsymbol{x}$ und $\boldsymbol{x}'$ reguläre Glieder mit Koeffizienten $\mathcal{G}^{ii}_{\lambda\lambda'}$ auf, die die Rückstreuung von Wellen durch die benachbarten Streuzentren und damit das Nahfeld des Gesamtsystems beschreiben, was gleichbedeutend damit ist, daß die Greensche Funktion in dieser Zelle nicht nur retardierte Anteile aufweist. Von Morgan (66) wird $\mathcal{G}^{ii}$ daher als „back scattering factor" bezeichnet.

Die unbekannten Koeffizienten $\mathcal{G}$ müssen aus der Dyson-Gleichung (54) bestimmt werden. Nach dem Einsetzen von (63) und (64) in (54) werden die auftretenden Integrale vom Typ

$$\int \mathrm{d}^3x \; \mathrm{j}_L(\varkappa \boldsymbol{x}) \; v_i(\boldsymbol{x}) \; J^i_\lambda(\boldsymbol{x}) = -\sin \eta^i_\lambda A^i_{L\lambda}$$

wie in (11) unter Benutzung der Tatsache, daß J^i_λ eine Lösung der Schrödinger-Gleichung im Potential v_i darstellt, in Oberflächenintegrale überführt und unter Benutzung der Wronski-Relation ausgewertet werden kann. Die Koeffizienten der entstehenden Ausdrücke bezüglich der Funktionen j_L und h^+_L mit den Argumenten $\boldsymbol{x}$ bzw. $\boldsymbol{x}'$ müssen dabei gleich sein, denn in der dünnen δ-Schicht an der Oberfläche der MT-Kugeln bilden diese Funktionen ein vollständiges Funktionensystem. Die Vergleiche der Koeffizienten von $\mathrm{j}_L(\varkappa\boldsymbol{x})\,\mathrm{j}_{L'}(\varkappa\boldsymbol{x}')$ und von $\mathrm{j}_L(\varkappa\boldsymbol{x})\,\mathrm{h}^+_{L'}(\varkappa\boldsymbol{x}')$ liefern das gleiche Ergebnis

$$\mathcal{G}^{ij} = \tilde{G}^{ij} + \sum_k \tilde{G}^{ik} \varkappa T^k \mathcal{G}^{kj} \,. \tag{65}$$

Die restlichen Koeffizientenvergleiche ergeben Identitäten. (65) stellt die gesuchte Bestimmungsgleichung für die Koeffizienten $\mathcal{G}^{ij}_{LL'}$ der Greenschen Funktion dar. In (65) stellen $\tilde{G}$, $\mathcal{G}$ und T Matrizen bezüglich der Drehimpulse L und L' dar, wobei $\mathcal{G}$ in der L- und λ-Darstellung in der bekannten Weise zusammenhängen:

$$\mathcal{G}^{ij}_{LL'} = \sum_{\lambda\lambda'} A^i_{L\lambda} \mathcal{G}^{ij}_{\lambda\lambda'} \tilde{A}^j_{\lambda' L'} \,. \tag{66}$$

Zur Lösung von (65) ist wiederum wie in (21') bzw. (38) die Matrix $\left((\varkappa T)^{-1} - \tilde{G}\right)^{ij}_{LL'}$ zu invertieren, für die Indizes gelten dabei die gleichen Einschränkungen wie in (21'):

$$(\varkappa T \mathcal{G})^{ij}_{\tilde{L}L'} = \sum_{k,\tilde{L}''} \left[\left((\varkappa T)^{-1} - \tilde{G}\right)^{-1}\right]^{ik}_{\tilde{L}\tilde{L}''} \tilde{G}^{kj}_{\tilde{L}''L'} \,. \tag{67}$$

4.3.6. Zustandsdichte

Über die Greensche Funktion $G^{\mathrm{r}}(\boldsymbol{r}, \boldsymbol{r}')$ läßt sich nach der bekannten Relation

$$n(\boldsymbol{r}, \varepsilon) = -\frac{1}{\pi} \operatorname{Im} G^{\mathrm{r}}(\boldsymbol{r}, \boldsymbol{r}) = \sum_k |\varphi_k(\boldsymbol{r})|^2 \, \delta(\varepsilon - \varepsilon_k) \tag{68}$$

die lokale Zustandsdichte $n(\boldsymbol{r}, \varepsilon)$ dieses Systems aus N MT-Streuern berechnen. Über (54) bzw. (61) ist dabei automatisch die Normierung der Wellenfunktionen mit der im ungestörten System verkoppelt. In (68) ist ein weiterer allgemeiner Ausdruck für $n(\boldsymbol{r}, \varepsilon)$ gegeben, wobei φ_k Eigenfunktionen der Schrödinger-Gleichung darstellen, die bestimmten speziellen Randbedingungen genügen. In einem großen System verursacht die spezielle Form der Randbedingungen nur eine Störung in der Nähe des Randes. Das Ergebnis ist bei großen Volumina $\mathcal{V}$ daher von dieser speziellen Form unabhängig.

$k \mathrel{\hat{=}} (n, s)$ mit s als Spinquantenzahl, n faßt die übrigen Quantenzahlen zusammen ($n \mathrel{\hat{=}} (\boldsymbol{k}, \nu)$ im Falle eines Gitters); häufig sind $\varphi_{n,s}(\boldsymbol{r})$ und $\varepsilon_{n,s}$ von s unabhängig $(\sum_s \to 2)$.

Mit (60′) und (56) erhalten wir aus (68)

$$n(\boldsymbol{r}, \varepsilon) = -\frac{\varkappa}{\pi} \sum_\lambda J_\lambda^2(\boldsymbol{r}) \tag{69}$$

als explizite Darstellung.

Die Zustandsdichte

$$\mathcal{D}(\varepsilon) = \frac{1}{\mathcal{V}} \sum_k \delta(\varepsilon - \varepsilon_k)^{1)} \tag{70}$$

des Systems erhalten wir durch Integration von (68) über das Volumen,

$$\mathcal{D}(\varepsilon) = \frac{1}{\mathcal{V}} \int\limits_{\mathcal{V}} \mathrm{d}^3r\, n(\boldsymbol{r}, \varepsilon)\,, \tag{71}$$

während sich die räumliche Dichte $n(\boldsymbol{r})$ durch Energieintegration über alle besetzten Zustände (bis zur Fermi-Energie ε_{F}) ergibt:

$$n(\boldsymbol{r}) = \int\limits_{-\infty}^{\varepsilon_{\mathrm{F}}} \mathrm{d}\varepsilon\, n(\boldsymbol{r}, \varepsilon)\,. \tag{72}$$

Den in (71) auftretenden Ausdruck $\int_{\mathcal{V}} \mathrm{d}^3r\, J_\lambda^2(\boldsymbol{r})$ werten wir für $\mathcal{V} = 4\pi R^3/3$, also für eine Kugel vom Radius $R > R_0$ aus (R_0 ist der Radius der kleinsten die Streupotentiale einhüllenden Kugel V_0). Dafür nutzen wir die Ableitung der Schrödinger-Gleichung für J_λ nach $\varkappa$

$$\left(-\frac{\partial^2}{\partial \boldsymbol{r}^2} + V(\boldsymbol{r}) - \varkappa^2\right) \dot{J}_\lambda = 2\varkappa J_\lambda \quad \text{mit} \quad \dot{J}_\lambda \equiv \frac{\partial}{\partial \varkappa} J_\lambda\,. \tag{73}$$

Mit dem Gaußschen Satz erhalten wir in der bekannten Weise

$$2\varkappa \int \mathrm{d}^3r\, J_\lambda^2(\boldsymbol{r}) = \oint\limits_R \mathrm{d}\boldsymbol{f} \left(\frac{\partial J_\lambda}{\partial \boldsymbol{r}} \dot{J}_\lambda - J_\lambda \frac{\partial \dot{J}_\lambda}{\partial \boldsymbol{r}}\right), \qquad r \leqq R\,. \tag{74}$$

In (74) wird nur noch die asymptotische Darstellung (56) von $J_\lambda(\boldsymbol{r})$ benötigt. Die einfache, jedoch etwas umfangreiche Umrechnung liefert unter Benutzung der Wronski-Relationen, der Orthogonalität der Kugelfunktionen und der Eigenschaften (4.1-47

[1]) Daneben wird bei ausgedehnten Systemen (N, $\mathcal{V} \to \infty$) häufig auch

$$D(\varepsilon) = \frac{\mathcal{V}}{N} \mathcal{D}(\varepsilon) = \frac{1}{N} \sum_k \delta(\varepsilon - \varepsilon_k) \tag{70′}$$

verwendet. Bei Gittern wird N gewöhnlich als Zahl der Elementarzellen gewählt. Wird in (68), (70), (70′) über den Spin s nicht mitsummiert, entstehen spinabhängige Größen $n_s(\boldsymbol{r}, \varepsilon)$, $\mathcal{D}_s(\varepsilon)$, $D_s(\varepsilon)$. Falls $\varepsilon_{n,s}$ nicht von s abhängt, gilt $n(\boldsymbol{r}, \varepsilon) = 2n_s(\boldsymbol{r}, \varepsilon)$, $\mathcal{D}(\varepsilon) = 2\mathcal{D}_s(\varepsilon)$, $D(\varepsilon) = 2D_s(\varepsilon)$.

u. 48) der $A_{L\lambda}$ den Ausdruck

$$\mathcal{D}(\varepsilon) = \frac{1}{2\pi V}\left[\frac{1}{\varkappa}\sum_{\lambda}\dot{\eta}_\lambda - R^2 \sum_{\lambda, L} \tilde{A}_{\lambda L} A_{L\lambda}(J_{l\lambda}J'_{l\lambda} + xJ_{l\lambda}J''_{l\lambda} - xJ'_{l\lambda}J'_{l\lambda})\right] \tag{75}$$

mit $\dot{\eta}_\lambda = \mathrm{d}\eta_\lambda/\mathrm{d}\varkappa$ und $J_{l\lambda}(x) = \mathrm{j}_l(x)\cos\eta_\lambda - \mathrm{n}_l(x)\sin\eta_\lambda$, wobei der Strich an $J_{l\lambda}$ die Ableitung nach dem Argument $x = \varkappa R$ bezeichnet. Der erste Summand in (75) hängt nur von den Eigenschaften des Streusystems und nicht von dem umgebenden Raum mit konstantem Potential (Radius R) ab, während der zweite Summand diese Abhängigkeit von den Randbedingungen zeigt. Wir bilden die Differenz von $\mathcal{D}(\varepsilon)$ und $\mathcal{D}^0(\varepsilon)$, der Zustandsdichte im ungestörten System (freie Elektronen), und werten den zweiten Summanden in (75) für große R aus, so daß für ebenfalls sehr große Drehimpulse $l_0 \ll \varkappa R$ für j und n die asymptotischen Ausdrücke (4.1-9) verwendet werden können:

$$\begin{aligned}\mathcal{D}(\varepsilon) - \mathcal{D}^0(\varepsilon) &= \frac{1}{2\pi V\varkappa}\sum_{\lambda}\dot{\eta}_\lambda \\ &\quad - \frac{1}{4\pi V\varkappa^2}\sum_{\lambda, L(<l_0)} \tilde{A}_{\lambda L}A_{L\lambda}(-1)^l\,[\sin(2\varkappa R + 2\eta_\lambda) - \sin 2\varkappa R]\,.\end{aligned} \tag{76}$$

Die Drehimpulsanteile, die nicht der Bedingung $l_0 \ll \varkappa R$ genügen, sind wegen der Kleinheit der zugehörigen Streuphasen für $R \to \infty$ zu vernachlässigen. Der zweite Summand in (76) ist zwar von der Größenordnung des ersten, oszilliert für große R aber außerordentlich rasch. Bei einer Mittelung über ein sehr kleines, aber endliches Energieintervall $\Delta\varkappa$, in dem sich η nur unwesentlich ändert, mitteln sich diese Oszillationen genähert heraus, so daß nur ein Glied $\sim R^{-1}$ übrigbleibt, das aber gegen den ersten Term in (76) vernachlässigt werden kann.

Integration von $\mathcal{D}(\varepsilon) - \mathcal{D}^0(\varepsilon)$ über die Energie und Multiplikation dieses Ausdrucks mit V liefert dann die Anzahl der im System der Streuer gegenüber dem konstanten Potential bis zur Energie ε zusätzlich auftretenden Zustände (der Faktor 2 berücksichtigt die beiden Spineinstellungen).

$$\Delta N(\varepsilon) = V[\mathcal{N}(\varepsilon) - \mathcal{N}^0(\varepsilon)] = \frac{2}{\pi}\sum_{\lambda}\eta_\lambda(\varepsilon)\,. \tag{77}$$

$\Delta N(\varepsilon_F)$ stellt daher die Zahl der durch das Hinzufügen der Streuzentren zusätzlich vorhandenen Elektronen dar. Wenden wir diese Formel auf einen Cluster an, der einen Defekt in einem sonst regelmäßigen System modelliert, dann muß $\Delta N(\varepsilon_F)$ bei Neutralität des Gesamtsystems gleich der bei dem Defekt vorhandenen positiven Ladungen ΔZ sein:

$$\Delta Z = \Delta N(\varepsilon_F) = \frac{2}{\pi}\sum_{\lambda}\eta_\lambda(\varepsilon_F)\,. \tag{77'}$$

Die Fermi-Energie ist dabei im gestörten und ungestörten System gleich, denn eine Änderung würde die Ladungsdichte im gesamten Raumgebiet und nicht nur in der Umgebung des Defekts betreffen. Eine Änderung von ε_F würde daher eine Änderung der Neutralität des Systems bedeuten.

Die Relation (77′) wird als *Friedelsche Summenregel* (Friedel, 52) bezeichnet. Sie garantiert in sehr einfacher, aber physikalisch tiefgründiger Weise die Abschirmung der Defektladung.

Für kugelsymmetrische Streuzentren enthält λ die Drehimpulsvariable l und die Quantenzahl der z-Komponente des Drehimpulses m. Die Summation über m liefern den Faktor $(2l + 1)$, und (77′) geht in

$$\Delta Z = \frac{2}{\pi} \sum_{l=0} (2l + 1)\, \eta_l(\varepsilon_F) \tag{77''}$$

über.

Die aus $\mathcal{D}(s)$ und $D(s)$ durch Integration entstehenden Ausdrücke

$$\mathcal{N}(\varepsilon) = \int_{-\infty}^{\varepsilon} d\varepsilon'\, \mathcal{D}(\varepsilon') = \frac{1}{V} \sum_k \Theta(\varepsilon - \varepsilon_k)\,, \tag{78}$$

$$N(\varepsilon) = \int_{-\infty}^{\varepsilon} d\varepsilon'\, D(\varepsilon') = \frac{1}{N} \sum_k \Theta(\varepsilon - \varepsilon_k) \tag{78'}$$

werden als integrierte Zustandsdichten bezeichnet.

(77) stellt die von John und Ziesche (71b) benutzte Verallgemeinerung des von Friedel (58) für kugelsymmetrische Einzelstreuer abgeleiteten Ergebnisses dar (s. auch Dy, 77).

(77) soll nun noch in einen Ausdruck überführt werden, der nicht die Streueigenschaften des Gesamtsystems, sondern die der Einzelstreuer und deren Anordnung enthält. Wir benutzen dazu eine Darstellung mit Matrizen bezüglich der Sätze λ oder $\tilde{L}$ (vgl. dazu die Diskussion zu (21)). η ist dabei eine diagonale Matrix. $\sum_\lambda \eta_\lambda$ läßt sich dann als Logarithmus von $\det ||e^{-i\eta}||$ darstellen:

$$\begin{aligned}\sum_\lambda \eta_\lambda &= -\mathrm{Im} \ln \det ||e^{-i\eta}|| \\ &= -\mathrm{Im} \ln \det ||\cot \eta - i|| - \mathrm{Im} \ln \det ||\sin \eta||\,.\end{aligned}$$

Im letzten Gleichheitszeichen wurde die Identität $e^{-i\eta} = \sin \eta\, (\cot \eta - i)$ und die Beziehung $\det ||AB|| = \det ||A|| \det ||B||$ für die Determinante eines Produkts von zwei Matrizen benutzt. Nach (41) stellt $(\cot \eta - i)$ gerade die Matrix der Eigenwerte von

$$-[(J^{-1}(K^{-1} - N + iJ)]^{ij}_{\tilde{L}\tilde{L}'} = -[J^{-1}((\varkappa T)^{-1} - \tilde{G})]^{ij}_{\tilde{L}\tilde{L}'}$$

dar. Im $\ln \det ||\sin \eta||$ liefert nur Beiträge für die Nullstellen von η. Diese stimmen aber — wie im Text nach (51) bewiesen wurde — genau mit denen der Matrix der Streuphasen der Einzelstreuer, η^E, die die Elemente η^i_L hat, überein, so daß in $\mathrm{Im} \ln \det ||\sin \eta||$ die Matrix η durch η^E ersetzt werden darf. Damit ergibt sich

$$\mathcal{N} - \mathcal{N}^0 = -\frac{2}{\pi V} \mathrm{Im} \ln \det ||\delta^{ij}\delta_{\tilde{L}\tilde{L}'} - (\varkappa T\tilde{G})^{ij}_{\tilde{L}\tilde{L}'}|| + \frac{2}{\pi V} \sum_{i,\tilde{\lambda}} \eta^i_{\tilde{\lambda}} \tag{79}$$

oder in λ-Darstellung

$$\mathcal{N} - \mathcal{N}^0 = -\frac{2}{\pi V} \operatorname{Im} \ln \det ||\delta^{ij}\delta_{\lambda\lambda'} \, e^{-i\eta_\lambda^i} + \sin \eta_\lambda^i \tilde{G}_{\lambda\lambda'}^{ij}||$$

$$= -\frac{2}{\pi V} \operatorname{Im} \ln \det ||\delta^{ij}\delta_{\lambda\lambda'} \cos \eta_\lambda^i + \sin \eta_\lambda^i (N_{\lambda\lambda'}^{ij} - iJ_{\lambda\lambda'}^{ij})|| \, . \qquad (79')$$

Dabei wurde berücksichtigt, daß det $||J_{\tilde{L}\tilde{L}'}^{ij}||$ gemäß (34) stets reell und positiv ist und deshalb in (79) keinen Beitrag liefert, sowie mit

$$-\operatorname{Im} \ln \det ||[(-\varkappa T)^{-1}]_{LL'}^i \, \delta^{ij}||$$

$$= \operatorname{Im} \ln \det ||-\varkappa T_{LL'}^i \delta^{ij}|| = \sum_i \operatorname{Im} \ln \det ||\sin \eta_{\tilde{\lambda}}^i \, e^{i\eta_{\tilde{\lambda}}^i}||$$

$$= \sum_i \operatorname{Im} \ln \det ||\sin \eta_{\tilde{\lambda}}^i|| + \sum_{i,\tilde{\lambda}} \eta_{\tilde{\lambda}}^i$$

$$= \operatorname{Im} \ln \det ||\sin \eta|| + \sum_{i,\tilde{\lambda}} \eta_{\tilde{\lambda}}^i$$

die Matrix $(-\varkappa T)^{-1}$ von (79) abgetrennt. Der zweite Summand in (79) stellt die integrierte Zustandsdichte der isolierten Einzelstreuer dar, während der erste Summand den Einfluß der Vielfachstreuung enthält. Beide Terme sind in (79') zusammengefaßt.

(79) bzw. (79') stellen die korrekte Modifikation der Lloyd-Formel (Lloyd, 67) dar, indem der bei Lloyd bzw. bei John und Ziesche (71b) durch Nichtbeachtung der Beiträge $\sum_{i,L} \operatorname{Im} \ln \sin \eta_L^i$ bzw. ähnlicher Ausdrücke entstandene Fehler vermieden wird. (Lloyds ursprüngliche Formel ist korrekt, falls keine Resonanzen auftreten, d. h., falls sich die Streuphasen η_l^i nur im Bereich $-\pi/2 < \eta_l^i + n\pi < \pi/2$ bewegen.)

Die in diesem Abschnitt behandelten Grundzüge der Vielfachstreutheorie an Systemen aus kugelsymmetrischen oder nichtkugelsymmetrischen MT-Potentialen haben breite Anwendung gefunden. Für die Bandstrukturberechnungen in periodischen Kristallen und für die Berechnung der elektronischen Struktur von lokalisierten Defekten in sonst idealen Kristallen werden sie in [4.4], [4.5] und [11] sowie für die Elektron-Phonon-Wechselwirkung in [9] noch näher behandelt.

Weitere grundlegende Beiträge zur Vielfachstreutheorie liegen von Beeby (64, 67), Beeby und Edwards (63), Lloyd (67) sowie von Lloyd und Smith (72) vor. Anwendungen auf die Zustandsdichte endlicher Cluster beschreiben Keller (71) und McGill und Klima (72). Mit negativen Energien $\varepsilon = -\bar{\varkappa}^2 < 0$, $\varkappa = i\bar{\varkappa}$ und der Bedingung $\cot \eta_\lambda = i$ lassen sich gebundene Zustände beschreiben. Dieser Fall ist zu einer gegenüber den Standard-LCAO-Verfahren hocheffektiven, selbstkonsistenten Methode für die Berechnung der elektronischen Struktur von Molekülen, Radikalen und Molekülkomplexen ausführlich ausgebaut worden (z. B. Johnson, 73, Slater, 74; mit der LMTO-Methode: Gunnarson u. a., 76), soll aber hier nicht weiter besprochen werden.

Zu erwähnen sind auch die Behandlung von Oberflächen (z. B. Jones u. a., 75) und der Vielfachstreuung von Neutronen an Netzebenen (Lenk u. Solbrig, 71, Solbrig, 71), wobei die Absorption der Neutronen durch das Medium mit berücksichtigt wird.

4.4. Regelmäßige Kristalle

4.4.1. Verallgemeinerte KKR-Gleichungen

Für die Berechnung von Eigenwerten ist die Randbedingung (4.1-2) zu ändern. Bei einem endlichen Cluster muß die Wellenfunktion im Unendlichen gegen Null gehen. Für einen ausgedehnten, regelmäßigen Kristall benutzen wir periodische Randbedingungen

$$\varphi(\boldsymbol{r} + N_i \boldsymbol{a}_i) = \varphi(\boldsymbol{r}) , \qquad i = 1, 2, 3 , \tag{1}$$

wobei die N_i große Zahlen sind: $N_i \gg 1$. In diesem Fall ist das Verhalten des Gesamtsystems praktisch von der speziellen Form der Randbedingung unabhängig.

In einem periodischen System ist die Wellenfunktion $\varphi(\boldsymbol{r})$ auch Eigenfunktion des Translationsoperators um einen Gittervektor $\boldsymbol{R}$, d. h., sie genügt dem Bloch-Theorem (A 1-13)

$$\varphi_{\boldsymbol{k}}(\boldsymbol{r} + \boldsymbol{R}) = \mathrm{e}^{i\boldsymbol{k}\boldsymbol{R}}\, \varphi_{\boldsymbol{k}}(\boldsymbol{r}) , \tag{2}$$

wobei $\boldsymbol{k}$ einen Vektor in der ersten Brillouinschen Zone darstellt, der nach (1) den Bedingungen

$$\boldsymbol{k}\boldsymbol{a}_i N_i = 2\pi n_i \tag{3}$$

genügt bzw. mit den Basisvektoren-des reziproken Gitters $\boldsymbol{b}_i$ sich über

$$\boldsymbol{k} = \sum_{i=1}^{3} \frac{n_i}{N_i} \boldsymbol{b}_i \tag{4}$$

darstellen läßt. Die $\boldsymbol{b}_i$ erfüllen dabei die Bedingung

$$\boldsymbol{a}_i \boldsymbol{b}_j = 2\pi \delta_{ij} . \tag{5}$$

Für die Wellenfunktion in der Darstellung (4.3-8) übernehmen die Koeffizienten c_L die Translationseigenschaft (2)

$$c_L^{i,s} = \mathrm{e}^{i\boldsymbol{k}\boldsymbol{R}_i}\, c_L^s(\boldsymbol{k}) . \tag{6}$$

Der Index s bezeichnet die verschiedenen Atome in einer Elementarzelle.

Mit der Randbedingung (1) sind statt (4.3-5 bzw. 19) nunmehr die homogenen Gleichungen

$$\varphi_{\boldsymbol{k}}(\boldsymbol{r}) = \int \mathrm{d}^3 r'\, G^{0\mathrm{r}}(\boldsymbol{r}, \boldsymbol{r}')\, V(\boldsymbol{r}')\, \varphi_{\boldsymbol{k}}(\boldsymbol{r}') \tag{7}$$

bzw.

$$c_L^s(\boldsymbol{k})\, \mathrm{e}^{i\boldsymbol{k}\boldsymbol{R}_i} = \sum_{j, \tilde{L}', \tilde{L}'', s'} \tilde{G}_{L\tilde{L}'}^{(is, js')} T_{\tilde{L}'\tilde{L}''}^{js'} c_{\tilde{L}''}^{s'}(\boldsymbol{k})\, \mathrm{e}^{i\boldsymbol{k}\boldsymbol{R}_j} \tag{7'}$$

zu lösen. $\boldsymbol{k}$ ist hier im Gegensatz zu (4.3-19) nicht mehr durch die das System anregende äußere ebene Welle, sondern durch (3) bzw. (4) gegeben.

Die einzelnen Atome werden jetzt außerdem durch den Index der Zelle i bzw. j und den des Atoms s bzw. s' in der Elementarzelle bezeichnet. Bei T^{js} kann der Index j weggelassen werden, da wegen der Translationsinvarianz T^s für alle Zellen gleich sein muß.

Mit der Fourier-Transformierten $G_{LL'}^{ss'}(\boldsymbol{k})$ kann $\tilde{G}_{LL'}^{(is,js')}$ über

$$\tilde{G}_{LL'}^{(is,js')} = \frac{1}{N} \sum_{\boldsymbol{k}\in \mathrm{BZ}} \mathrm{e}^{i\boldsymbol{k}(\boldsymbol{R}_i - \boldsymbol{R}_j)} G_{LL'}^{ss'}(\boldsymbol{k}) \tag{8}$$

dargestellt werden. $N = N_1 N_2 N_3$ bezeichnet die Zahl der Elementarzellen im Periodizitätsvolumen $\mathcal{V}$. Die Summation (bzw. Integration) erfolgt über alle Vektoren $\boldsymbol{k}$ der ersten Brillouinschen Zone (BZ). Die Rücktransformation lautet

$$G_{LL'}^{ss'}(\boldsymbol{k}) = \sum_j \tilde{G}_{LL'}^{(0s,js')} \mathrm{e}^{i\boldsymbol{k}\boldsymbol{R}_j} . \tag{8'}$$

Zur Überführung von (8) in (8') werden die für periodische Gitter gültigen Relationen (A 5-3) und (A 5-2')

$$\sum_j \mathrm{e}^{i(\boldsymbol{k}-\boldsymbol{k}')\boldsymbol{R}_j} = N \sum_n \delta_{\boldsymbol{k},\boldsymbol{k}'+\boldsymbol{G}_n} \tag{9}$$

mit $\boldsymbol{G}_n$ als reziproken Gittervektoren und

$$\sum_{\boldsymbol{k}\in \mathrm{BZ}} \mathrm{e}^{i\boldsymbol{k}(\boldsymbol{R}_i - \boldsymbol{R}_j)} = N\delta_{ij} \tag{9'}$$

benutzt. Mit (8) nimmt (7) die Form

$$c_L^s(\boldsymbol{k}) = \sum_{\tilde{L}',\tilde{L}'',s'} G_{L\tilde{L}'}^{ss'}(\boldsymbol{k})\, \varkappa T_{\tilde{L}'\tilde{L}''}^{s'} c_{\tilde{L}''}^{s'}(\boldsymbol{k}) \tag{10}$$

bzw. nach Einbeziehung von $\varkappa T$ in die Koeffizienten $c_{\tilde{L}}^s(\boldsymbol{k})$ gemäß

$$\bar{c}_{\tilde{L}}^s(\boldsymbol{k}) = \sum_{\tilde{L}'} \varkappa T_{\tilde{L}\tilde{L}'}^s c_{\tilde{L}'}^s(\boldsymbol{k}) \tag{11}$$

die Form

$$\sum_{s'\tilde{L}'} [-(\varkappa T)^{-1} + G]_{L\tilde{L}'}^{ss'} \bar{c}_{\tilde{L}'}^{s'} = 0 \tag{10'}$$

an. Bei der Lösung der Bestimmungsgleichung (4.3-65) für die Koeffizienten der Greenschen Funktion eines idealen Kristalls $\mathcal{G}_{LL'}^{(is,js')}$ tritt nach einer Fourier-Transformation entsprechend (8)

$$\mathcal{G}_{LL'}^{(is,js')} = \frac{1}{N} \sum_{\boldsymbol{k}\in \mathrm{BZ}} \mathrm{e}^{i\boldsymbol{k}(\boldsymbol{R}_i - \boldsymbol{R}_j)} \mathcal{G}_{LL'}^{ss'}(\boldsymbol{k}) \tag{8''}$$

eine zu (10) analoge, jedoch inhomogene Gleichung auf:

$$\mathcal{G}_{LL'}^{ss'}(\boldsymbol{k}) = G_{LL'}^{ss'}(\boldsymbol{k}) + \sum_{\tilde{L}_1\tilde{L}_2 s_1} G_{L\tilde{L}_1}^{ss_1}(\boldsymbol{k})\, \varkappa T_{\tilde{L}_1\tilde{L}_2}^{s_1} \mathcal{G}_{\tilde{L}_2 L'}^{s_1 s'}(\boldsymbol{k}) . \tag{12}$$

Man beachte, daß in (12) die Erweiterung von (4.3-65) für mehrere Atome s pro Elementarzelle verwendet wurde. Da das inhomogene Glied $G_{LL'}^{ss'}$ in (12) durch zwei weitere Indizes $s'L'$ gekennzeichnet ist, treten diese natürlich auch in der gesuchten Größe auf, so daß in (10) und (12) $c_L^s(\boldsymbol{k})$ und $\mathcal{G}_{LL'}^{ss'}(\boldsymbol{k})$ einander entsprechen.

Die Schreibweise wird entlastet, wenn man für den Satz $\tilde{L}\tilde{L}'$ statt $\mathcal{G}$ die Größe $\tilde{\mathcal{G}}$ verwendet:

$$\tilde{\mathcal{G}}^{ss'}_{\tilde{L}\tilde{L}'} = -\varkappa T^{s}_{\tilde{L}\tilde{L}'}\delta^{ss'} - \sum_{\tilde{L}_1\tilde{L}_2} \varkappa T^{s}_{\tilde{L}\tilde{L}_1} \mathcal{G}^{ss'}_{\tilde{L}_1\tilde{L}_2} \varkappa T^{s'}_{\tilde{L}_1\tilde{L}_2}; \tag{13}$$

(12) geht dann in

$$\sum_{s''\tilde{L}''} (-(\varkappa T)^{-1} + G)^{ss''}_{\tilde{L}\tilde{L}''} \mathcal{G}^{s''s'}_{\tilde{L}''\tilde{L}'} = \delta^{ss'}\delta_{\tilde{L}\tilde{L}'} \tag{12'}$$

über. Die Lösbarkeitsbedingung von (10') lautet

$$\det \|-(\varkappa^{-1}T^{-1})^{s}_{\tilde{L}\tilde{L}'}\delta^{ss'} + G^{ss'}_{\tilde{L}\tilde{L}'}(\boldsymbol{k})\| = 0\,. \tag{14}$$

(14) stellt nichts anderes als die auf nichtkugelsymmetrische Streuzentren verallgemeinerten KKR-Gleichungen dar. Diese wurden in der kugelsymmetrischen Form von Korringa (47) aus einer Bilanz der ein- und auslaufenden Wellenanteile an einer MT-Kugel im Ensemble der übrigen abgeleitet, während Kohn und Rostoker (54) von der (4.3-5) entsprechenden homogenen Integralgleichung (7) mit der Greenschen Funktion G^{0s}, die stehenden Wellen entspricht, ausgehen:

$$\varphi_{\boldsymbol{k}}(\boldsymbol{r}) = \int d^3r'\, G^{0s}(\boldsymbol{r}, \boldsymbol{r}')\, V(\boldsymbol{r}')\, \varphi_{\boldsymbol{k}}(\boldsymbol{r}')\,. \tag{7'}$$

Mit Hilfe des Bloch-Theorems (2) läßt sich (7) in ein Integral über die Elementarzelle $\mathcal{V}_0 = \mathcal{V}/N$ reduzieren:

$$\varphi_{\boldsymbol{k}}(\boldsymbol{r}) = \int_{\mathcal{V}_0} d^3r'\, G^{0s}(\boldsymbol{k}, \boldsymbol{r}, \boldsymbol{r}')\, V(\boldsymbol{r}')\, \varphi_{\boldsymbol{k}}(\boldsymbol{r}') \tag{15}$$

mit

$$G^{0s}(\boldsymbol{k}, \boldsymbol{r}, \boldsymbol{r}') = \sum_i G^{0s}(\boldsymbol{r}, \boldsymbol{r}' + \boldsymbol{R}_i)\, e^{i\boldsymbol{k}\boldsymbol{R}_i} = \sum_i G^{0s}(\boldsymbol{r} - \boldsymbol{r}' - \boldsymbol{R}_i)\, e^{i\boldsymbol{k}\boldsymbol{R}_i}\,. \tag{16}$$

(15) ist dem Variationsprinzip

$$\delta\Lambda_{\boldsymbol{k}} = 0 \tag{17}$$

mit

$$\Lambda_{\boldsymbol{k}} = \int_{\mathcal{V}_0} d^3\boldsymbol{r}\, \varphi^*(\boldsymbol{r})\, V(\boldsymbol{r})\, \varphi(\boldsymbol{r}) - \int_{\mathcal{V}_0} d^3\boldsymbol{r} \int_{\mathcal{V}_0} d^3\boldsymbol{r}'\, \varphi^*(\boldsymbol{r})\, V(\boldsymbol{r})\, G^{0s}(\boldsymbol{k}, \boldsymbol{r}, \boldsymbol{r}')\, V(\boldsymbol{r}')\, \varphi(\boldsymbol{r}')$$

äquivalent. Wegen der MT-Form des Potentials zerfallen die Ortsintegrale in einzelne Teilintegrale über die MT-Kugeln (beziehen sich $\boldsymbol{r}$ und $\boldsymbol{r}'$ auf dieselbe Kugel, muß das Integrationsgebiet von $\boldsymbol{r}$ das von $\boldsymbol{r}'$ völlig einschließen).

Die Volumenintegrale werden in der von (4.3-11) her bekannten Weise in Oberflächenintegrale überführt und in der Darstellung (4.3-8) der Wellenfunktion ausgewertet.

Die Variation der $c^s_L(\boldsymbol{k})$ liefert das Gleichungssystem (10) bzw. dessen Lösbarkeitsbedingung (14), wobei $G^{ss'}_{LL'}(\boldsymbol{k})$ durch $\overline{G}^{ss'}_{LL'}(\boldsymbol{k}) = G^{ss'}_{LL'}(\boldsymbol{k}) - i\delta^{ss'}\delta_{LL'}$ aus (23) oder (29) und $(\varkappa T)^{-1}$ nach (4.1-39) durch $(K^{-1} + i)$ zu ersetzen sind:

$$\sum_{s'\tilde{L}'} [-K^{-1} + \overline{G}]^{ss'}_{\tilde{L}\tilde{L}'}\, \bar{c}^{s'}_{\tilde{L}'} = 0\,. \tag{10''}$$

Für kugelsymmetrische Streuer ergibt (14) die bekannte Form

$$\det \|\cot \eta_l^s \delta^{ss'} \delta_{\tilde{L}\tilde{L}'} + \overline{G}^{ss'}_{\tilde{L}\tilde{L}'}(\boldsymbol{k})\| = 0 \qquad (14')$$

mit den KKR-Strukturkonstanten $\overline{G}^{ss'}_{LL'}(\boldsymbol{k})$ aus (23) oder (29).

Wegen der Energieabhängigkeit der Streuphasen und der Strukturkonstanten stellt (14′) bei gegebenem $\boldsymbol{k}$ eine nichtlineare Gleichung zur Bestimmung der Eigenwerte $\varepsilon_{\boldsymbol{k},\nu}$ dar. Die restlichen Koeffizienten $c^s_{\hat{L}}$ lassen sich mit (11) aus den $c^s_{\tilde{L}}$ bestimmen. Die Ableitung von (14′) über ein Variationsverfahren liefert den Vorzug, daß bei einem begrenzten Satz von Variationsparametern $c^s_L(\boldsymbol{k})$ jeweils die optimalen ausgewählt werden.

Die Formulierung mit mehreren Atomen pro Elementarzelle wurde von Segall (57) und Raychaudhuri (57) gegeben.

(16) genügt in Analogie zu (4.1-22) der Differentialgleichung

$$\left(\frac{\partial^2}{\partial \boldsymbol{r}^2} + \varkappa^2\right) G^{0s}(\boldsymbol{k}, \boldsymbol{r}, \boldsymbol{r}') = \delta(\boldsymbol{r} - \boldsymbol{r}') \qquad (18)$$

mit der Randbedingung

$$G^{0s}(\boldsymbol{k}, \boldsymbol{r}, \boldsymbol{r}' + \boldsymbol{R}_i) = \mathrm{e}^{-i\boldsymbol{k}\boldsymbol{R}_i} G^{0s}(\boldsymbol{k}, \boldsymbol{r}, \boldsymbol{r}') \qquad (19)$$

bzw.

$$G^{0s}(\boldsymbol{k}, \boldsymbol{r} + \boldsymbol{R}_i, \boldsymbol{r}') = \mathrm{e}^{i\boldsymbol{k}\boldsymbol{R}_i} G^{0s}(\boldsymbol{k}, \boldsymbol{r}, \boldsymbol{r}') \,. \qquad (19')$$

In (18) liegen $\boldsymbol{r}$ und $\boldsymbol{r}'$ in derselben Elementarzelle, sonst treten noch weitere Singularitäten vom Typ $\delta(\boldsymbol{r} - \boldsymbol{r}' - \boldsymbol{R}_j)$ auf.

G^{0r} aus (4.1-21) und G^{0s} aus (7′) unterscheiden sich nur um eine homogene Lösung $\mathrm{j}_0(\varkappa(\boldsymbol{r} - \boldsymbol{r}'))$ der Schrödinger-Gleichung im verschwindenden Potential:

$$G^{0r}(\boldsymbol{r}, \boldsymbol{r}') = \frac{\varkappa}{\sqrt{4\pi}} \mathrm{h}_0^+(\varkappa(\boldsymbol{r} - \boldsymbol{r}')); \qquad G^{0s}(\boldsymbol{r}, \boldsymbol{r}') = \frac{\varkappa}{\sqrt{4\pi}} \mathrm{n}_0(\varkappa(\boldsymbol{r} - \boldsymbol{r}')) \,.$$

Da $G^{0s}(\boldsymbol{k}, \boldsymbol{r}, \boldsymbol{r}')$ bzw. $G^{0r}(\boldsymbol{k}, \boldsymbol{r}, \boldsymbol{r}')$ durch (18) mit den Randbedingungen (19) eindeutig bestimmt ist, muß die Identität

$$\sum_i \mathrm{j}_0(\varkappa(\boldsymbol{r} - \boldsymbol{R}_i))\, \mathrm{e}^{i\boldsymbol{k}\boldsymbol{R}_i} = 0 \qquad (20)$$

gelten. Mit (A 3-31) nimmt die linke Seite von (20) die Form

$$\sum_i \int \mathrm{d}\Omega_{\boldsymbol{k}'}\, \mathrm{e}^{i\boldsymbol{k}'(\boldsymbol{r} - \boldsymbol{R}_i)}\, \mathrm{e}^{i\boldsymbol{k}\boldsymbol{R}_i} = \int \mathrm{d}\Omega_{\boldsymbol{k}'}\, \mathrm{e}^{i\boldsymbol{k}'\boldsymbol{r}'}\, N \sum_n \delta_{\boldsymbol{k}', \boldsymbol{k} + \boldsymbol{G}_n} \qquad (21)$$

an, wobei über die Winkelanteile von $\boldsymbol{k}'$ integriert wird und $|\boldsymbol{k}'| = \varkappa$ gilt. Dabei wurde (9) benutzt. (21) verschwindet tatsächlich, außer wenn der Punkt $\boldsymbol{k} + \boldsymbol{G}_n$ auf der Energieschale liegt, d. h. die zugehörige Energie der ebenen Welle $(\boldsymbol{k} + \boldsymbol{G}_n)^2$ gerade gleich $\varkappa^2$ ist. Dann sind die homogene Gleichung (18) und die Randbedingungen (19) gleichzeitig erfüllt.

4.4.2. Clusterdarstellungen bei Gittern mit Basis

Die KKR-Gleichungen (14) gelten für kristalline Strukturen, in denen sich mehrere (durch die Indizes s bzw. s' gekennzeichnete) nichtkugelsymmetrische Streuzentren in einer Elementarzelle befinden. Neben dieser Betrachtungsweise ist es natürlich auch möglich, die gesamte Elementarzelle als einziges Streuzentrum zu behandeln. Das hat den Vorteil, daß die KKR-Strukturkonstanten nur für das primitive Gitter berechnet werden müssen. Andererseits werden natürlich die Streueigenschaften der gesamten Elementarzelle komplizierter als die der Einzelstreuer sein. Die Untersuchung der dabei auftretenden Probleme ist der Gegenstand dieses Abschnitts.

Die Zerlegung von (16) nach Kugelfunktionen liefert mit der üblichen Fallunterscheidung und mit $\boldsymbol{r} = \boldsymbol{x} + \mathbf{s}$, $\boldsymbol{r}' = \boldsymbol{x}' + \mathbf{s}'$ ($\mathbf{s}$ — Orte der Atome in der Elementarzelle), $x' > x$

$$G^{0s}(\boldsymbol{k}, \boldsymbol{x} + \mathbf{s}, \boldsymbol{x}' + \mathbf{s}') = \delta^{ss'}\varkappa \sum_L \mathrm{j}_L(\varkappa \boldsymbol{x})\, \mathrm{n}_L(\varkappa \boldsymbol{x}') + \varkappa \sum_{L,\,L'} \mathrm{j}_L(\varkappa \boldsymbol{x})\, \overline{G}^{ss'}_{LL'}(\boldsymbol{k})\, \mathrm{j}_{L'}(\varkappa \boldsymbol{x}')\,. \tag{22}$$

Mit $\overline{G}^{ss'}_{LL'}(\boldsymbol{k})$ wurde analog zu (8′), (4.3-63 u. 25) der Ausdruck

$$\overline{G}^{ss'}_{LL'}(\boldsymbol{k}) = \sum_j \overline{G}^{(0s,\,js')}_{LL'}\, \mathrm{e}^{i\boldsymbol{k}\boldsymbol{R}_j}\,, \tag{23}$$

$$\overline{G}^{(is,\,js')}_{LL'} = (1 - \delta^{ij}\delta^{ss'})\, 4\pi \sum_{L''} i^{l-l'+l''} n_{L''}(\varkappa(\boldsymbol{R}_i + \mathbf{s} - \boldsymbol{R}_j - \mathbf{s}'))\, C_{LL'L''}\,,$$

bezeichnet. Dabei läßt sich nach Lehmann (70) und Faulkner (70) durch nochmalige Benutzung des Additionstheorems für $n_{L''}(\boldsymbol{R}_i + \mathbf{s} - \boldsymbol{R}_j - \mathbf{s}')$ die Abhängigkeit von ss' abtrennen, falls

$$|\mathbf{s} - \mathbf{s}'| < R_{ij} \tag{24}$$

erfüllt ist:

$$\overline{G}^{ss'}_{\tilde{L}\tilde{L}'}(\boldsymbol{k}) = \sum_{L,\,L''} \overline{G}_{\tilde{L}L''}(\boldsymbol{k})\, J^{ss'}_{L''\tilde{L}'} + N^{ss'}_{\tilde{L}\tilde{L}'} = \sum_{L_1,\,L_2} J^{s0}_{\tilde{L}L_1}\, \overline{G}_{L_1L_2}(\boldsymbol{k})\, J^{0s'}_{L_2\tilde{L}'} + N^{ss'}_{\tilde{L}\tilde{L}'}\,. \tag{23′}$$

Bedingung (24) bedeutet, daß Kugeln, die alle Streuzentren einer Elementarzelle einhüllen, sich nicht mit den entsprechenden einhüllenden Kugeln der benachbarten Elementarzellen überschneiden dürfen, sonst sind Nahfelder zwischen den Zellen zu berücksichtigen. Diese Bedingung (24) ist etwas stärker als die für das MT-Potential (4.3-1). Ist (24) erfüllt, kann man von der sL-Darstellung in (10′) bzw. (23′) mit Hilfe von (4.3-41′, 45, 33), $(K^{-1})^{ss'}_{\tilde{L}\tilde{L}'} = \cot \eta^s_{\tilde{l}}\, \delta^{ss'} \delta_{\tilde{L}\tilde{L}'}$ und $C_\lambda(\boldsymbol{k}) = \sum_{\tilde{L}''s'} \tilde{a}^{s'}_{\lambda\tilde{L}''} \bar{c}^{s'}_{\tilde{L}''}(\boldsymbol{k})$ zur λ-Darstellung für die Elementarzelle

$$\sum_{\lambda'} \Big[\sum_{\tilde{L},\,\tilde{L}'} (\tilde{A}^{\mathrm{G}}_{\lambda\tilde{L}} \overline{G}_{\tilde{L}\tilde{L}'}(\boldsymbol{k})\, A^{\mathrm{G}}_{\tilde{L}'\lambda'}) + \cot \eta_\lambda \delta_{\lambda\lambda'} \Big]\, C_{\lambda'}(\boldsymbol{k}) = 0 \tag{10‴}$$

bzw. zur L-Darstellung für die Elementarzelle

$$\sum_{\tilde{L}'} \left(G_{\tilde{L}\tilde{L}'} - (K^{-1})_{\tilde{L}\tilde{L}'}\right) C_{\tilde{L}'}(\boldsymbol{k}) = 0 \tag{10⁗}$$

übergehen. Dabei gilt

$$(K^{-1})_{\tilde{L}\tilde{L}'} = - \sum_\lambda A^{\mathrm{G}}_{\tilde{L}\lambda} \cot \eta_\lambda \tilde{A}^{\mathrm{G}}_{\lambda\tilde{L}'}\,. \tag{25}$$

Die Koeffizienten

$$C_{\tilde{L}}(\boldsymbol{k}) = \sum_{\tilde{\lambda}} A^{G}_{\tilde{L}\tilde{\lambda}} C_{\tilde{\lambda}}(\boldsymbol{k}) \tag{26}$$

enthalten in der Summe über $\tilde{\lambda}$ dabei nur die Werte, für die $\eta_{\tilde{\lambda}}$ nicht verschwindet.

Stimmt die Dimension der Indizes $\tilde{L}$ und $\tilde{\lambda}$ nicht überein, müssen aus (10'''') die durch die Vergrößerung der Dimension gegenüber (10''') zusätzlich entstandenen Lösungen durch die Bedingung

$$\sum_{\tilde{L}'} P_{\tilde{L}\tilde{L}'} C_{\tilde{L}'}(\boldsymbol{k}) = C_{\tilde{L}}(\boldsymbol{k}) \tag{27}$$

mit

$$P_{\tilde{L}\tilde{L}'} \equiv \sum_{\tilde{\lambda}} A^{G}_{\tilde{L}\tilde{\lambda}} \tilde{A}^{G}_{\tilde{\lambda}\tilde{L}'} \tag{28}$$

herausprojiziert werden (John u. a., 72).

4.4.3. Analyse der Strukturkonstanten, KKR-Ziman-Gleichungen

Einen weiteren Ausdruck für $\overline{G}^{ss'}_{LL'}(\boldsymbol{k})$ erhält man aus (16) unter Verwendung von (A 5-9) und (A 5-10):

$$G^{0s}(\boldsymbol{k}, \boldsymbol{r}, \boldsymbol{r}') = \frac{1}{V_0} \sum_n \frac{e^{i(\boldsymbol{k}-\boldsymbol{G}_n)(\boldsymbol{r}-\boldsymbol{r}')}}{\varkappa^2 - (\boldsymbol{k} - \boldsymbol{G}_n)^2} \tag{29}$$

mit $(\varkappa^2 - k^2)^{-1}$ als Fourier-Transformierter von $G^{0s}(\boldsymbol{r}) = (\varkappa/\sqrt{4\pi})\, n_0(\boldsymbol{r})$. Unter Benutzung von (A 5-4) sieht man unmittelbar, daß (29) eine Lösung von (18) darstellt. Ebenso ist die Erfüllung der Randbedingung (19) gegeben, da in (29) nur ebene Wellen enthalten sind, die ihr genügen.

Durch Vergleich von (29) mit (22) erhalten wir für die Strukturkonstanten $\overline{G}^{ss'}_{LL'}(\boldsymbol{k})$ folgende Darstellung durch ebene Wellen:

$$\overline{G}^{ss'}_{LL'}(\boldsymbol{k}) = \frac{1}{\Gamma} \sum_n \frac{\tilde{\tilde{\Phi}}^{ks}_{Ln} (\tilde{\tilde{\Phi}}^{ks'}_{L'n})^* \, i^{l-l'}}{\varkappa^2 - (\boldsymbol{k} - \boldsymbol{G}_n)^2} - \delta_{LL'} \delta^{ss'} \frac{n_l(\varkappa r^s_l)}{j_l(\varkappa r^s_l)} \tag{30}$$

mit

$$\tilde{\tilde{\Phi}}^{ks}_{Ln} = - \frac{4\pi(\Gamma/\varkappa)^{1/2}\, j_l(|\boldsymbol{k} - \boldsymbol{G}_n|\, r^s_l)\, Y_L(\boldsymbol{k} - \boldsymbol{G}_n)\, e^{i(\boldsymbol{k}-\boldsymbol{G}_n)s}}{V_0^{1/2} j_l(\varkappa r^s_l)}. \tag{31}$$

Die Entwicklung nach Kugelfunktionen ist in (29) und in (22) am Atom s für den Drehimpuls l jeweils für den Radius r^s_l vorgenommen worden. (30) darf bei exakter Rechnung nicht von diesem Parameter abhängen. Über r^s_l kann daher ebenfalls wie über den in (31) abgespalteten Faktor Γ bei praktischen Rechnungen beliebig verfügt werden.

Die KKR-Gleichung weist in der Form (14) eine vorteilhafte Trennung zwischen den Potentialeigenschaften wie Streuphasen, K- oder T-Matrix der atomaren Streuer und den geometrischen Eigenschaften des Kristalls auf, die in den $\boldsymbol{k}$- und ε-abhängigen Strukturkonstanten enthalten sind. In gewisser Weise wird diese Eigenschaft in (23') weiter fortgesetzt, da die $\overline{G}_{LL'}(\boldsymbol{k})$ nur die Struktur des Gitters charakterisieren und die $\boldsymbol{k}$-unabhängigen $J^{ss'}_{LL'}$ und $N^{ss'}_{LL'}$ die Information über die Struktur einer Elementarzelle enthalten. Dieser Vorteil wird allerdings durch die Erweiterung der Summe über L'' in (23') reduziert, so daß die Darstellung (23') erst bei einer größeren Anzahl von Atomen pro Elementarzelle vorteilhaft wird (Lehmann, 70). Nach (23) besitzt $\overline{G}_{LL'}(\boldsymbol{k})$ die Struktur

$$\overline{G}_{LL'}(\boldsymbol{k}) = \sum_{L''} C_{LL'L''} D_{L''}(\boldsymbol{k}, \varkappa) \,, \tag{32}$$

so daß die Größen $D_{L''}(\boldsymbol{k}, \varkappa)$ für unterschiedliche Parametersätze von L'', $\boldsymbol{k}$ und $\varkappa$ nur einmal berechnet und tabelliert werden müssen und dann für alle Systeme vom gleichen Gittertyp verwendet werden können. Unterschiedliche Gitterkonstanten können einfach durch einen Skalenfaktor bei $\varkappa$ berücksichtigt werden.

Die Strukturkonstanten $\overline{G}$ und auch D sind über Pole — wie in der Darstellung (30) am deutlichsten sichtbar wird — gerade in der Nähe der Energien freier Elektronen im Gitter $(\boldsymbol{k} - \boldsymbol{G}_n)^2$ extrem stark energieabhängig, so daß die Berechnung eines genügend feinen Netzes von Energiewerten und das Aufsuchen der Nullstellen der bezüglich der Energie extrem nichtlinearen Gleichung (14) einen hohen Rechenaufwand erfordert (das trifft besonders bei mehreren Atomen pro Elementarzelle zu). Aus diesem Grunde wurde eine Reihe von Versuchen unternommen (Heine, 67, Hubbard, 67, 69, Hubbard u. Dalton, 68, Hum und Wong, 69, Pettifor, 69, 72), den Nachteil zu vermeiden und gleichzeitig zu einer stärker physikalisch motivierten Darstellung der Bandstruktur zu gelangen, die z. B. bei den Übergangsmetallen der Existenz fast freier Elektronen und stark lokalisierter d-Elektronen Rechnung trägt. Dazu sind sowohl die Pole in (30) als auch das Resonanzverhalten (4.2-17) der Streuphase zu $l = 2$ genau in Betracht zu ziehen:

$$\tan \eta_2(\varepsilon) = \frac{\Gamma(\varepsilon)}{\varepsilon_d - \varepsilon} + \tan \eta_2'(\varepsilon) \,. \tag{33}$$

$\tan \eta_0$, $\tan \eta_1$ und $\tan \eta_2'$ können als klein angesehen werden. Die Grundidee der Behandlung der Pole leitete Ziman (65) aus der Analyse der Form der Matrixgleichung (10') mit $\overline{G}$ aus (30) ab

$$\left(\sigma + B - \Phi(D - \varepsilon)^{-1}\, \Phi^+\right) X = \Gamma \,, \tag{34}$$

wobei die Pole des Ausdrucks G sich als Nullstellen der Diagonalmatrix D äußern. Die Inhomogenität wurde hinzugefügt, um gleichzeitig auch (12') zu lösen. Eine einfache Matrixmanipulation ergibt, daß die erweiterte Matrixgleichung

$$\begin{pmatrix} \sigma + B & \Phi \\ \Phi^+ & D - \varepsilon \end{pmatrix} \begin{pmatrix} X \\ Y \end{pmatrix} = \Gamma \begin{pmatrix} 1 \\ 0 \end{pmatrix} \tag{35}$$

zu (34) äquivalent ist. Dazu ist die untere Zeile von (35) mit $\Phi(D - \varepsilon)^{-1}$ zu multiplizieren und von der oberen zu subtrahieren:

$$\begin{pmatrix} \sigma + B - \Phi(D - \varepsilon)^{-1}\, \Phi^+ & 0 \\ \Phi^+ & D - \varepsilon \end{pmatrix} \begin{pmatrix} X \\ Y \end{pmatrix} = \Gamma \begin{pmatrix} 1 \\ 0 \end{pmatrix}. \tag{36}$$

Die obere Zeile ist mit (34) identisch, und die untere stellt nichts anderes dar als die Definition der Hilfsgröße Y. Die Indizes der Matrix B sind die Paare sL und $s'L'$, während D durch die Vektoren $\boldsymbol{G}_n$ des reziproken Gitters indiziert ist.

(35) enthält also die aus physikalischer Sicht wünschenswerte Erweiterung um einen Satz ebener Wellen. Für praktische Rechnungen sollte dieser jedoch eine begrenzte Größe haben. Das gelingt z. B. dann, wenn die Φ in (35) bei wachsendem Index n schnell abklingen.

Hubbard und Pettifor spalten dazu von Φ in (30) und (31) einen Konvergenzfaktor ab,

$$\Phi_{Ln}^{ks} = \tilde{\tilde{\Phi}}_{Ln}^{ks} \exp\left[\left(\varepsilon - (\boldsymbol{k} - \boldsymbol{G}_n)^2\right) \delta_{l,2}\delta_{s,T}/2\beta\right]. \tag{37}$$

In der Nähe der Pole stimmen dabei Φ und $\tilde{\tilde{\Phi}}$ überein. Die Kronecker-Symbole in (37) garantieren, daß diese Aufspaltung nur an Plätzen s, wo ein Übergangsmetallatom (T) sitzt, für den resonanten Drehimpuls ($l = 2$) erfolgt. Der nach der Abspaltung eines $\Phi\Phi^*$ enthaltenden Summanden verbleibende Rest besitzt keine Pole bei $(\boldsymbol{k} - \boldsymbol{G}_n)^2$ mehr und kann unter Benutzung von (A 5-9 u. 10) in eine schnell konvergierende Gittersumme im Ortsraum überführt werden. Das soeben beschriebene Verfahren ist als Ewald-Methode zur Auswertung schlecht konvergierender Gittersummen bekannt, wobei der offene Parameter β geeignet gewählt werden kann.

Mit dieser Vorüberlegung hat (14') die Form

$$\det \|\sigma + B - \Phi(D - \varepsilon)^{-1} \Phi^+\| = 0 \tag{38}$$

mit

$$\sigma_{LL'}^{ss'} = \Gamma\left(\cot \eta_l^s - \frac{\mathrm{n}_l(\varkappa r_l^s)}{\mathrm{j}_l(\varkappa r_l^s)}\right)\delta^{ss'}\delta_{LL'} \quad \text{für} \quad l = 0, 1\,, \tag{39}$$

$$\sigma_{LL'}^{ss'} = \Gamma \cot \eta_2^s \delta^{ss'}\delta_{LL'} \quad \text{für} \quad l = 2\,, \tag{40}$$

$$B_{LL'}^{ss'} = (\delta_{l,2}\delta^{s,T} + \delta_{l',2}\delta^{s',T} - \delta_{l,2}\delta_{l',2}\delta^{s,T}\delta^{s',T}) * $$
$$* \left[-\Gamma \frac{\mathrm{n}_2(\varkappa r_2^s)}{\mathrm{j}_2(\varkappa r_2^s)}\delta^{ss'}\delta_{LL'} + \sum_j \mathrm{e}^{i\boldsymbol{k}\boldsymbol{R}_j} E_{LL'}^{ss'}(\boldsymbol{R}_j)\right], \tag{41}$$

$$E_{LL'}^{ss'}(\boldsymbol{R}_j) = \sum_{L''} i^{-l''} S(l, l', l'', |\boldsymbol{R}_j - \mathbf{s} + \mathbf{s}'|)\, Y_{L''}(\boldsymbol{R}_j - \mathbf{s} + \mathbf{s}')\, C_{LL'L''}\,, \tag{42}$$

$$S(l, l', l'', X) = \frac{8\Gamma}{\varkappa \mathrm{j}_l(\varkappa r_l^s)\, \mathrm{j}_{l'}(\varkappa r_{l'}^{s'})} \int_0^\infty \frac{\mathrm{d}k\, k^2\, \mathrm{j}_l(kr_l^s)\, \mathrm{j}_{l'}(kr_l^{s'})\, \mathrm{j}_{l''}(kX)\, \left(1 - S_{l,s}^2(k)\right)}{\varkappa^2 - k^2}, \tag{43}$$

$$S_{l,s}^2(k) = \exp\left[(\varkappa^2 - k^2)/(2 - \delta_{l,2}\delta_{s,T})\, \beta\right], \tag{44}$$

$$(D - \varepsilon)_{nn'} = \delta_{nn'}\left((\boldsymbol{k} - \boldsymbol{G}_n)^2 - \varepsilon\right). \tag{45}$$

Gegenüber (10'') bzw. (12') wurde in (34) ein Faktor i^l zum Lösungsvektor des homogenen bzw. inhomogenen Gleichungssystems hinzugeschlagen:

$$X_{\tilde{L}'} = i^{\tilde{l}'} c_{\tilde{L}'} \quad \text{bzw.} \quad X_{\tilde{L}''} = i^{\tilde{l}''} \mathscr{G}_{\tilde{L}''\tilde{L}'}\,. \tag{46}$$

Für $l = 0, 1$ wurde in (39) ein Summand n_l/j_l in die Definition von $\cot \eta_l'$ einbezogen. Der restliche Anteil $B_{LL'}^{ss'}$ der Strukturkonstanten ist wegen (37) nur von Null verschieden, wenn mindestens eines der l oder l' resonant ist. Die Anwendung von (A 5-9) und (A 5-10) liefert die Ortssumme in (41).

Sind keine resonanten Zustände vorhanden (dann ist $B = 0$) und alle Streuphasen klein, ist σ aus (39) groß. Der homogene Teil von (35) läßt sich dann ebenfalls durch die Ziman-Transformation in die Form

$$(D - \varepsilon - C^+\sigma^{-1}C)\; Y = 0 \tag{47}$$

bringen. Die Diagonalmatrix D aus (45) beschreibt die freien Elektronen und der Anteil $-C^+\sigma^{-1}C$ ein schwaches Pseudopotential V:

$$-(C^+\sigma^{-1}C)_{nn'} = V_{nn'} = -\frac{(4\pi)^2}{\varkappa V_0} \sum_{sL} \tan \eta_l'^s \, * $$
$$* \frac{j_l(|\boldsymbol{k} - \boldsymbol{G}_n|\, r_l^s)\; Y_L(\boldsymbol{k} - \boldsymbol{G}_n)\; e^{i(\boldsymbol{G}_n - \boldsymbol{G}_{n'})\boldsymbol{s}}\; j_l(|\boldsymbol{k} - \boldsymbol{G}_{n'}|\, r_l^s)\; Y_L(\boldsymbol{k} - \boldsymbol{G}_{n'})}{j_l(\varkappa r_l^s)\; j_l(\varkappa r_l^s)}\,. \tag{48}$$

(47) mit den Größen (45) und dem Ziman-Pseudopotential (48) wird als *KKR-Ziman-Gleichung* bezeichnet. Das Potential (48) hat allerdings nicht die günstigen Konvergenzeigenschaften wie das optimierte Pseudopotential aus [2].

4.4.4. H-NFE-TB-Gleichungen

Wir wollen uns nun wieder (35) zuwenden. Wegen der unterschiedlichen Ausdrücke für resonante und nichtresonante Anteile in (33), (40) bzw. (41) empfiehlt sich eine Aufspaltung von σ und B.

Mit dem Index 1 werden die nichtresonanten Anteile ($l = 0, 1, 3, \ldots$) bezeichnet, mit dem Index 2 die resonanten ($l = 2$ bei Übergangsmetallen). B und X haben nach (41) die Form

$$B = \begin{pmatrix} 0 & B_{12} \\ B_{21} & B_{22} \end{pmatrix}, \qquad X = \begin{pmatrix} X_1 \\ X_2 \end{pmatrix}. \tag{49}$$

σ ist diagonal. σ_{11} ist durch (40) gegeben und als groß anzusetzen. σ_{22} ist proportional zu $\cot \eta_2$ aus (33),

$$\sigma_{22} = \delta_{mm'}\delta^{ss'}\Gamma \cot \eta_2^s = (\varepsilon_d - \varepsilon)\left(1 + \frac{(\varepsilon_d - \varepsilon)}{\tilde{\sigma}}\right)^{-1}$$
$$\tilde{\sigma} = \Gamma \cot \eta_2'^s\,. \tag{50}$$

Der erste Faktor in (50) hat die Form von $(H - \varepsilon)$ für einen isolierten d-Zustand, zu dem die anderen Summanden in (35) die Störungen durch die benachbarten Atome im Kristall beschreiben. Der zweite Faktor in (50) läßt sich vermeiden, wenn man in (33) definiert $\tan \eta_2'^s \equiv 0$, indem man die Energieabhängigkeit in ein geeignet gewähltes $\tilde{\Gamma}(\varepsilon)$ einbezieht,

$$\tan \eta_2(\varepsilon) = \frac{\tilde{\Gamma}(\varepsilon)}{\varepsilon_d - \varepsilon}\,. \tag{33'}$$

Wir wollen jedoch einen anderen Weg wählen und die nichtlineare Abhängigkeit von $(\varepsilon_d - \varepsilon)$ in (50) durch Matrixmanipulationen streng beseitigen, indem wir $\left(1 + (\varepsilon_d - \varepsilon)/\tilde{\sigma}\right)^{-1}$ in X_2 mit einbeziehen,

$$\tilde{X}_2 = \left(1 + (\varepsilon_d - \varepsilon)/\tilde{\sigma}\right)^{-1} X_2 \,. \tag{51}$$

Die Multiplikation der zweiten Zeile von (35) mit der Einsetzung (49) mit $(1 + B_{22}/\tilde{\sigma})^{-1}$ liefert dann

$$\begin{pmatrix} \sigma_{11} & B_{12}\left(1 + (\varepsilon_d - \varepsilon)/\tilde{\sigma}\right) & \Phi_1 \\ (1 + B_{22}/\tilde{\sigma})^{-1} B_{21} & (\varepsilon_d - \varepsilon) + (1 + B_{22}/\tilde{\sigma})^{-1} B_{22} & (1 + B_{22}/\tilde{\sigma})^{-1} \Phi_2 \\ \Phi_1^+ & \Phi_2^+ \left(1 + (\varepsilon_d - \varepsilon)/\tilde{\sigma}\right) & D - \varepsilon \end{pmatrix} *$$

$$* \begin{pmatrix} X_1 \\ \tilde{X}_2 \\ Y \end{pmatrix} = \Gamma \begin{pmatrix} a \\ \tilde{b} \\ 0 \end{pmatrix} \tag{52}$$

mit $\quad a = \delta_{1,\tilde{L}'s'} \,, \qquad \tilde{b} = \tilde{\sigma}(\tilde{\sigma} + B_{22})^{-1}\, \delta_{2,\tilde{L}'s'} \,.$

Obwohl $\tilde{\sigma}^{-1}$ aus (50) meist als klein anzusehen ist, werden wir die folgenden Umformungen im Unterschied zu Pettifor (72) stets ohne Näherungsannahmen durchführen.

Die Glieder proportional zu $(\varepsilon_d - \varepsilon)/\tilde{\sigma}$ in der ersten und dritten Zeile werden durch Addition geeigneter Vielfacher der zweiten Zeile beseitigt. Es entsteht dabei ein Gleichungssystem vom Typ

$$\begin{pmatrix} \tilde{B}_{11} & \tilde{B}_{12} & \tilde{\Phi}_1 \\ \tilde{B}_{21} & (\varepsilon_d - \varepsilon) + \tilde{B}_{22} & \tilde{\Phi}_2 \\ \tilde{\Phi}_1^+ & \tilde{\Phi}_2^+ & \tilde{D} - \varepsilon \end{pmatrix} \begin{pmatrix} X_1 \\ \tilde{X}_2 \\ Y \end{pmatrix} = \begin{pmatrix} \tilde{a} \\ \tilde{b} \\ c \end{pmatrix} \Gamma \tag{53}$$

mit

$$\tilde{B}_{11} = \sigma_{11} - B_{12}(\tilde{\sigma} + B_{22})^{-1} B_{21}, \qquad \tilde{B}_{22} = \tilde{\sigma}(\tilde{\sigma} + B_{22})^{-1} B_{22} \,, \tag{54}$$

$$\tilde{B}_{12} = B_{12}(\tilde{\sigma} + B_{22})^{-1} \tilde{\sigma}, \tag{55}$$

$$\tilde{\Phi}_1 = \Phi_1 - B_{12}(\tilde{\sigma} + B_{22})^{-1} \Phi_2 \,, \qquad \tilde{\Phi}_2 = \tilde{\sigma}(\tilde{\sigma} + B_{22})^{-1} \Phi_2, \tag{56}$$

$$\tilde{D} = D - \Phi_2^+ (\tilde{\sigma} + B_{22})^{-1} \Phi_2, \tag{57}$$

$$\tilde{a} = a - B_{12}(\tilde{\sigma} + B_{22})^{-1} b \,, \qquad \tilde{b} = \tilde{\sigma}(\tilde{\sigma} + B_{22})^{-1} b \,,$$

$$\tilde{c} = -\Phi_2(\tilde{\sigma} + B_{22})^{-1} b \,. \tag{58}$$

Der Index 2 bezeichnet die resonanten d-Zustände — die letzte Zeile bzw. Spalte in (53) enthält die ebenen Wellen der fast freien Elektronen. Der Index 1 kennzeichnet die Drehimpulse 0 und 1, für die nur eine schwache Streuung auftritt, weshalb $\tilde{\sigma}_{11}$ bzw. $\tilde{B}_{11}$ als groß angesehen werden können. Deshalb wird dieser nicht signifikante Teil durch eine Ziman-Transformation entsprechend dem Übergang von (35) zu (36) entfernt:

$$\begin{pmatrix} \varepsilon_d - \varepsilon + \overline{B} & \overline{\Phi} \\ \overline{\Phi}^+ & \overline{D} - \varepsilon \end{pmatrix} \begin{pmatrix} \tilde{X}_2 \\ Y \end{pmatrix} = \Gamma \begin{pmatrix} \bar{b} \\ \tilde{c} \end{pmatrix} \tag{59}$$

$$\bar{B} = \tilde{B}_{22} - \tilde{B}_{21}\tilde{B}_{11}^{-1}\tilde{B}_{12}\,, \qquad \bar{\Phi} = \tilde{\Phi}_2 - \tilde{B}_{21}\tilde{B}_{11}^{-1}\tilde{\Phi}_1\,, \qquad \bar{b} = \tilde{b} - \tilde{B}_{21}\tilde{B}_{11}^{-1}\tilde{a} \tag{60}$$

$$\bar{D} = \tilde{D} - \tilde{\Phi}_1^+\tilde{B}_{11}^{-1}\tilde{\Phi}_1\,, \qquad \bar{c} = \tilde{c} - \tilde{\Phi}_1^+\tilde{B}_{11}^{-1}\tilde{a}\,.$$

Die erste Zeile von (53) bleibt als Bestimmungsgleichung für X_1 ungeändert.

(59) hat die angestrebte Form des Eigenwertproblems für stark gebundene d-Zustände (beschrieben durch $\varepsilon_d + \bar{B}$) und fast freie Zustände (beschrieben durch $\bar{D}$), die über $\bar{\Phi}$ hybridisieren.

Eine mit (59) identische, für die numerische Rechnung aber geeignetere Form ergibt sich, wenn man die zweite Zeile von (52) vor der Multiplikation mit $(1 + B_{22}/\tilde{\sigma})^{-1}$ nochmals hinschreibt und dabei in geeigneter Weise den Summanden $(\varepsilon_d - \varepsilon)/\tilde{\sigma}$ berücksichtigt:

$$\begin{pmatrix} \sigma_{11} & B_{12} & B_{12} & \Phi_1 \\ B_{21} & B_{22} + \tilde{\sigma} & B_{22} & \Phi_2 \\ B_{21} & B_{22} & (\varepsilon_d - \varepsilon) + B_{22} & \Phi_2 \\ \Phi_1^+ & \Phi_2^+ & \Phi_2^+ & D - \varepsilon \end{pmatrix} \begin{Bmatrix} X_1 \\ \dfrac{\varepsilon_d - \varepsilon}{\tilde{\sigma}}\tilde{X}_2 \\ \tilde{X}_2 \\ Y \end{Bmatrix} = \Gamma \begin{pmatrix} a \\ b \\ b \\ 0 \end{pmatrix}. \tag{52'}$$

Eine Ziman-Transformation für die abgetrennten 2×2-Untermatrizen ergibt genau (59) mit der Darstellung

$$\begin{pmatrix} \varepsilon_d + \bar{B} & \bar{\Phi} \\ \bar{\Phi}^+ & \bar{D} \end{pmatrix} = \begin{pmatrix} \varepsilon_d + B_{22} & \Phi_2 \\ \Phi_2^+ & D \end{pmatrix} - \begin{pmatrix} B_{21} & B_{22} \\ \Phi_1^+ & \Phi_2^+ \end{pmatrix} \begin{pmatrix} \sigma_{11} & B_{12} \\ B_{21} & B_{22} + \tilde{\sigma} \end{pmatrix}^{-1} \begin{pmatrix} B_{12} & \Phi_1 \\ B_{22} & \Phi_2 \end{pmatrix},$$

$$\begin{pmatrix} \bar{b} \\ \bar{c} \end{pmatrix} = \begin{pmatrix} b \\ c \end{pmatrix} - \begin{pmatrix} B_{21} & B_{22} \\ \Phi_1^+ & \Phi_2^+ \end{pmatrix} \begin{pmatrix} \sigma_{11} & B_{12} \\ B_{21} & B_{22} + \tilde{\sigma} \end{pmatrix}^{-1} \begin{pmatrix} a \\ b \end{pmatrix}. \tag{61}$$

Eine einfache, aber etwas umständliche Umformung zeigt die Identität von (60) und (61). Dabei ist jedoch besonders bei der Inversion in (61) der Matrixcharakter der Untermatrizen zu beachten.

Eine Begrenzung von (59) auf einen endlichen Satz freier Zustände Y_{b} (b: bevorzugt) erscheint sinnvoll, denn der Hauptanteil $\tilde{\Phi}_2$ der Hybridisierungsmatrixelemente $\bar{\Phi}$ fällt wegen des Exponentialfaktors in (37) sehr schnell ab (das ist aber nicht der Fall für den zweiten Summanden von $\bar{\Phi}$ in (60), dieser stellt jedoch nur eine Korrektur des ersten dar).

Für den restlichen Satz Y_{r} der ebenen Wellen machen wir folgende Näherungsannahmen:

$$\bar{\Phi}_{\mathrm{r}} \approx 0\,, \qquad \bar{D}_{\mathrm{br}} \approx 0\,. \tag{62}$$

Die Hybridisierung $\bar{\Phi}_{\mathrm{r}}$ und die Matrixelemente des Pseudopotentials $\bar{D}_{\mathrm{br}}$ zum restlichen Satz Y_{r} werden also vernachlässigt. Ein bestimmter Teil $Y_{\bar{\mathrm{r}}}$ des restlichen Satzes kann dabei in einfacher Weise in Form einer Löwdinschen Störungsrechnung noch berücksichtigt werden, wenn man von $D_{\bar{\mathrm{r}}\bar{\mathrm{r}}}$ nur die großen Diagonalelemente (die durch die kinetischen Energien $(\boldsymbol{k} - \boldsymbol{G}_{\bar{\mathrm{r}}})^2$ bestimmt werden) berücksichtigt und diese wiederum mit einer Ziman-Transformation „einfaltet“:

$$\begin{pmatrix} \varepsilon_\mathrm{d} - \varepsilon + \bar{\bar{B}} & \bar{\bar{\Phi}}_\mathrm{b} \\ \bar{\bar{\Phi}}_\mathrm{b}^+ & \bar{\bar{D}}_\mathrm{bb} - \varepsilon \end{pmatrix} \begin{pmatrix} \tilde{X}_2 \\ Y_\mathrm{b} \end{pmatrix} = \begin{pmatrix} \bar{\bar{b}} \\ \bar{\bar{c}}_\mathrm{b} \end{pmatrix}, \tag{63}$$

$$\begin{aligned} &\bar{\bar{B}} = B - \bar{\Phi}_\mathrm{\bar{r}}(\bar{D}_\mathrm{\bar{r}\bar{r}} - \varepsilon)^{-1}\,\bar{\Phi}_\mathrm{\bar{r}}^+\,, \qquad \bar{\bar{\Phi}}_\mathrm{b} = \bar{\Phi}_\mathrm{b} - \bar{\Phi}_\mathrm{\bar{r}}(\bar{D}_\mathrm{\bar{r}\bar{r}} - \varepsilon)^{-1}\,\bar{D}_\mathrm{\bar{r}b}\,, \\ &\bar{\bar{b}} = \bar{b} - \bar{\Phi}_\mathrm{\bar{r}}(\bar{D}_\mathrm{\bar{r}\bar{r}} - \varepsilon)^{-1}\,\bar{c}_\mathrm{\bar{r}}\,, \\ &\bar{\bar{D}}_\mathrm{bb} = \bar{D}_\mathrm{bb} - \bar{D}_\mathrm{b\bar{r}}(\bar{D}_\mathrm{\bar{r}\bar{r}} - \varepsilon)^{-1}\,\bar{D}_\mathrm{\bar{r}b}\,, \qquad \bar{\bar{c}}_\mathrm{b} = \bar{c}_\mathrm{b} - \bar{D}_\mathrm{b\bar{r}}(\bar{D}_\mathrm{\bar{r}\bar{r}} - \varepsilon)^{-1}\,\bar{c}_\mathrm{\bar{r}}\,. \end{aligned} \tag{64}$$

Die ohnehin schwache Energieabhängigkeit der Matrixelemente in (63) kann optimiert werden durch die Bedingungen

$$\frac{\partial}{\partial\varepsilon}\left(\frac{\Gamma(\varepsilon)}{\varkappa\,\mathrm{j}_2(\varkappa r_2^s)\,\mathrm{j}_l(\varkappa r_l^s)}\right) = 0 \quad \text{und} \quad \frac{|\varepsilon - \varepsilon_d|}{2\beta} \ll 1 \tag{65}$$

für die offenen Parameter r_2^s und β (Pettifor, 72). Die erste Gleichung (65) optimiert die Energieabhängigkeit der Größen $S(2, l, l'', x)$ aus (43). Man erfüllt sie meist am besten mit dem maximal möglichen Wert von r_2^s, dem MT-Radius. Die Wahl von β bestimmt die Anzahl der in Y_b einzubeziehenden ebenen Wellen. Große β reduzieren diesen Satz, führen aber dazu, daß die Ortssumme in (41) schlechter konvergiert. Günstige Werte von 2β liegen in der Größenordnung von 1 *ryd* (z. B. bei Übergangsmetallen oder *A*15-Verbindungen).

Unter den Voraussetzungen (65) ist die Energieabhängigkeit der in (63) enthaltenen Matrixelemente $\bar{\bar{B}}$, $\bar{\bar{\Phi}}_\mathrm{b}$ und $\bar{\bar{D}}_\mathrm{bb}$ nur schwach. Im interessierenden Energiebereich in der Nähe der Fermi-Energie ist daher nunmehr eine Linearisierung um einen beliebigen Energiewert ε_0 möglich. Mit der Abkürzung

$$H(\varepsilon) = \begin{pmatrix} \varepsilon_d + \bar{\bar{B}}(\varepsilon) - \varepsilon_0 & \bar{\bar{\Phi}}_\mathrm{b}(\varepsilon) \\ \bar{\bar{\Phi}}_\mathrm{b}^+(\varepsilon) & \bar{\bar{D}}_\mathrm{bb}(\varepsilon) - \varepsilon_0 \end{pmatrix} \tag{66}$$

nimmt (63) dann die Form

$$[H(\varepsilon_0) - (\varepsilon + i\delta - \varepsilon_0)\,N]\begin{pmatrix} \tilde{X}_2 \\ Y_\mathrm{b} \end{pmatrix} = \begin{pmatrix} \bar{\bar{b}} \\ \bar{\bar{c}}_\mathrm{b} \end{pmatrix} \tag{67}$$

an. Dabei ist N durch

$$N = I - \left.\frac{\partial H}{\partial\varepsilon}\right|_{\varepsilon=\varepsilon_0} \tag{68}$$

gegeben. Wie die praktischen Rechnungen zeigen, stellt $\partial H/\partial\varepsilon$ in (68) nur eine Korrektur zur Diagonalmatrix I dar, so daß N nur positive Eigenwerte hat und sein Inverses bestimmt existiert. Daß die Linearisierung eine gute Näherung darstellt, zeigt Abb. 4.4-1, wo die Energieabhängigkeit für einige Matrixelemente über einen größeren Energiebereich dargestellt ist. Bei der praktischen Berechnung von (68) führt Pettifor (72) die Differentiation der Matrixelemente bei ε_d analytisch aus; um den Aufwand nicht zu hoch zu treiben, ist er zu stärkeren Näherungen (u. a. Linearisierung in σ^{-1}) gezwungen. Ein zuerst von Hubbard (67) angegebenes Sekantenverfahren ist numerisch

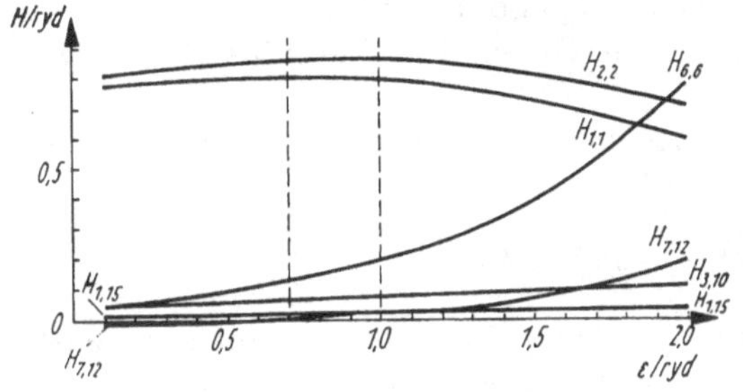

Abb. 4.4-1. Energieabhängigkeit einiger Matrixelemente im Bereich von 0 bis 2 *ryd* (nach einer Rechnung von Müller u. a., 78, für FeAl)

vorteilhafter und mit höherer Genauigkeit bei gleichem Rechenaufwand zu realisieren. (66) wird durch

$$H(\varepsilon) = H(\varepsilon_2)\,\frac{\varepsilon - \varepsilon_1}{\varepsilon_2 - \varepsilon_1} + H(\varepsilon_1)\,\frac{\varepsilon_2 - \varepsilon}{\varepsilon_2 - \varepsilon_1} \tag{69}$$

ersetzt, wobei ε_1 und ε_2 frei wählbar sind.

Der homogene Teil von (67) stellt die endgültigen H-NFE-TB-Gleichungen dar. Die stark gebundenen d-Zustände (TB = Tight Binding) sind durch die Matrix $(\varepsilon_d + \overline{\overline{B}})$ in (66) gegeben. Die einzelnen Matrixelemente sind durch s und s' (die Orte der Atome mit d-Zuständen) sowie durch m und m' (die z-Komponenten des Drehimpulses) indiziert. Die nahezu freien Elektronen (NFE) werden in (66) durch $\overline{\overline{D}}_{\mathrm{bb}}$ beschrieben, was die kinetischen Energien $(\boldsymbol{k} + \boldsymbol{G}_{\mathrm{b}})^2$ und entsprechende Matrixelemente des Pseudopotentials für den bevorzugten Satz $(\boldsymbol{k} + \boldsymbol{G}_{\mathrm{b}})$ der ebenen Wellen enthält. Die Hybridisierung (H) zwischen NFE- und TB-Zuständen ist durch die $\overline{\overline{\Phi}}_{\mathrm{b}}$ gegeben. Die Abweichungen der Normierungsmatrix N von der Einheitsmatrix I weisen darauf hin, daß die verwendeten Funktionensätze der NFE- und TB-Elektronen nicht vollständig orthonormiert sind.

Der Vorteil von (67) besteht darin, daß die Inversion der Matrix in der eckigen Klammer ein Standardeigenwertproblem ist, falls sie von rechts und von links mit $N^{-1/2}$ multipliziert wird.[1]) Fassen wir die Eigenwerte $\varepsilon_\nu(\boldsymbol{k}) = \varepsilon_{\boldsymbol{k},\nu}$ der H-NFE-TB-Gleichungen in der Diagonalmatrix $\varepsilon(\boldsymbol{k})$ und die zugehörigen Eigenvektoren in der unitären Matrix U zusammen, läßt sich das Eigenwertproblem kompakt als

$$N^{-1/2} H(\varepsilon_0)\, N^{-1/2} U = U \varepsilon(\boldsymbol{k}) \tag{70}$$

schreiben.

In (67) wurde zur Energie ε ein infinitesimal kleiner Imaginärteil $i\delta$ hinzugefügt, der das Eigenwertproblem nicht ändert, der aber sichert, daß die Lösung der inhomogenen Gleichung retardierten Randbedingungen entspricht. Mit (70) lautet die Lösung von (67)

$$\begin{pmatrix} \tilde{X}_2 \\ Y_{\mathrm{b}} \end{pmatrix} = N^{-1/2} U \bigl(\varepsilon(\boldsymbol{k}) - \varepsilon - i\delta\bigr)^{-1} U^{-1} N^{-1/2} \begin{pmatrix} \overline{\overline{b}} \\ \overline{\overline{c}}_{\mathrm{b}} \end{pmatrix}. \tag{71}$$

[1]) Der Ausdruck $N^{-1/2}$ existiert immer, da N nur positive Eigenwerte hat.

Die Koeffizienten X_1 lassen sich bei Kenntnis der X_2 und Y mit Hilfe der ersten Gleichung von (53) berechnen. Die Koeffizienten der Greenschen Funktion $\mathcal{G}_{\tilde{L}\tilde{L}'}$ folgen dann aus (46).

Für die Ausführung der Fourier-Transformation (8'') spalten wir den Faktor $(\varepsilon(\boldsymbol{k}) - \varepsilon - i\delta)^{-1}$ gemäß

$$\left(\varepsilon_n(\boldsymbol{k}) - \varepsilon - i\delta\right)^{-1} = P\left(\varepsilon_n(\boldsymbol{k}) - \varepsilon\right)^{-1} + i\pi\delta\left(\varepsilon_n(\boldsymbol{k}) - \varepsilon\right) \tag{72}$$

auf. P bezeichnet dabei den Hauptwert. Entsprechend (72) besteht $\mathcal{G}$ auch aus einer Summe $\mathcal{G}^1(\varepsilon) + i\pi\mathcal{G}^2(\varepsilon)$. Beide Teile sind über eine Kramers-Kronig-Relation

$$\mathcal{G}^1(\varepsilon) = P \int \frac{\mathrm{d}\varepsilon' \, \mathcal{G}^2(\varepsilon')}{\varepsilon' - \varepsilon} \tag{73}$$

miteinander verkoppelt. Für die Berechnung von $\mathcal{G}^2$ wird die Tetraedermethode (s. [A4]) benutzt. $\mathcal{G}^1$ folgt daraus durch die Hauptwertintegration (73).

Für primitive Gitter sind in der angegebenen Form $\tilde{\tilde{\Phi}}$ aus (31) und B aus (41) rein reelle Größen, was die numerische Lösung des Eigenwertproblems (70) natürlich stark vereinfacht. Für Gitter mit Basis *und* Inversionszentrum läßt sich diese Vereinfachung ebenfalls erreichen. Zu jedem Atomort $\boldsymbol{s}$ existiert dann ein entsprechender Ort $-\boldsymbol{s}$. Durch Bildung geeigneter Linearkombinationen der TB-Funktionen lassen sich in (31) statt der Exponentialfunktionen $\exp\left(\pm i(\boldsymbol{k} - \boldsymbol{G}_n)\,\boldsymbol{s}\right)$ reelle Sinus- bzw. Kosinusfunktionen $\sin\left((\boldsymbol{k} - \boldsymbol{G}_n)\,\boldsymbol{s}\right)$ bzw. $\cos\left((\boldsymbol{k} - \boldsymbol{G}_n)\,\boldsymbol{s}\right)$ erzeugen. Analoges ist mit derselben Transformation auch in (41) möglich.

Bei der relativistischen Rechnung ist gemäß [4.2.2] der Spin miteinzubeziehen. Der Rang des Gleichungssystems (67) ist daher doppelt so groß wie im nichtrelativistischen Fall. In der KKR-Gleichung (10'') bzw. (14') ist $\overline{G}$ durch einen spinabhängigen Anteil $\delta_{ss'}$ (s = Spinvariable: ± 1) zu erweitern. Die K-Matrix ist jedoch wegen der Spin-Bahn-Kopplung nicht mehr diagonal. Das ist erst wieder der Fall, wenn man von der Ls-Darstellung entsprechend (4.2-38) zur k-Darstellung (4.2-31) übergeht:

$$\overline{\chi}_K = \sum_{Ls} U_{K,Ls} (\mathcal{Y}\chi)_{Ls} \,. \tag{74}$$

(74) ist mit (4.2-38) identisch; zur Verdeutlichung des Überganges sind die auftretenden Größen nur etwas anders indiziert: K bedeutet analog zu $L \triangleq (l, m)$ ebenfalls eine Kurzschreibweise für $K \triangleq (k, m)$.

Der Übergang zur k-Darstellung wird in (10'') durch die Transformation

$$\overline{G}^{\mathrm{R}}_{KK'} = \sum_{LL'ss'} U_{K,Ls} \overline{G}_{LL'} \delta_{ss'} U^{+}_{L's',K'} \tag{75}$$

bewirkt. Die Matrix K^{-1} ist dann diagonal und zeigt für $k = 3$ bzw. -2 bei den Energien ε_3 bzw. ε_{-2} d-Resonanzen, die entsprechend dem Vorgehen in diesem Abschnitt behandelt werden. Der Ausdruck $B - \Phi(D - \varepsilon)^{-1} \Phi^{+}$ in (38) ist dabei nach (75) zu transformieren. Mit

$$B^{\mathrm{R}}_{KK'} = \sum_{LL'ss'} U_{K,Ls} B_{LL'} \delta_{ss'} U^{+}_{L's',K'} \,, \tag{76}$$

$$\Phi^{\mathrm{R}}_{K} = \sum_{Ls} U_{K,Ls} \Phi_L \tag{77}$$

und der um $\delta_{ss'}$ erweiterten Matrix $D^{R}_{ss'} = D\delta_{ss'}$ lassen sich dieselben zum Gleichungssystem (67) führenden Umformungen durchführen wie im nichtrelativistischen Fall. Allerdings sind die auftretenden Matrixelemente auch bei Vorliegen einer Inversionssymmetrie nunmehr komplex.

4.4.5. Verwandte Methoden

Williams u. a. (72) entwickeln eine zum H-NFE-TB-Verfahren ähnliche Methode der Bandstrukturberechnung, indem sie ebenfalls von der Form (30) der KKR-Strukturkonstanten ausgehen und von $\overline{G}(\boldsymbol{k})$ den singulären Teil $\overline{G}^1(\boldsymbol{k})$ abspalten. Sie benutzen dafür einen möglichst einfachen Ausdruck

$$\overline{G}^1_{LL'}(\boldsymbol{k}) = \beta \sum_{n}^{N_1} Y_L(\boldsymbol{k} + \boldsymbol{G}_n) \left(\varepsilon - (\boldsymbol{k} + \boldsymbol{G}_n)^2\right)^{-1} Y_{L'}(\boldsymbol{k} + \boldsymbol{G}_n) \, |\boldsymbol{k} + \boldsymbol{G}_n|^{l+l'} \tag{78}$$

mit einem beschränkten Satz N_1 ebener Wellen im interessierenden Energiebereich. Die Konstante β wird so gewählt, daß die Stärke der Pole von $\overline{G}$ und $\overline{G}^1$ übereinstimmt. Die Differenz von $\overline{G}$ und $\overline{G}^1$ ist zwar eine glatte Funktion der Energie, läßt sich aber nicht wie beim H-NFE-TB-Verfahren analytisch ausdrücken. Für die ε- und $\boldsymbol{k}$-Abhängigkeit der in (66) auftauchenden Matrixelemente $\overline{\overline{B}}$, $\overline{\overline{\Phi}}_{\mathrm{b}}$ und $\overline{\overline{D}}_{\mathrm{bb}}$ wird daher ein Ansatz der Form

$$M(\varepsilon, \boldsymbol{k}) = \sum_{n=0}^{N} R_n(\varepsilon) \sum_{m=0}^{M} P_m(\boldsymbol{k} - \boldsymbol{k}_0) \, M(n, m, \boldsymbol{k}_0) \tag{79}$$

gemacht, dessen Koeffizienten $M(n, m, \boldsymbol{k}_0)$ an KKR-Strukturkonstanten angepaßt werden, die für ein bestimmtes Netz von $\boldsymbol{k}$-Werten vorliegen müssen. $R_n(\varepsilon)$ und $P_m(\boldsymbol{k})$ stellen dabei einfache Polynome von ε und $\boldsymbol{k}$ dar. Mit $N = 4$ und $M = 9$ sowie 13 Stützpunkten $\boldsymbol{k}_0$ im irreduziblen achtundvierzigsten Teil der Brillouin-Zone wird für Kupfer ein maximaler Fehler kleiner 1 m*ryd* erreicht.

Diese Methode nutzt ebenso wie das H-NFE-TB-Verfahren die Tatsache aus, daß die Matrixelemente in (67) relativ glatt von $\boldsymbol{k}$ abhängen, während Eigenwerte und Eigenfunktionen infolge der Hybridisierung eine starke (nichtanalytische) $\boldsymbol{k}$-Abhängigkeit zeigen. Da die Methode von Williams u. a. auf KKR-Rechnungen an Stützpunkten zurückgreifen muß, ist sie als semiempirische Interpolation (mit beträchtlicher Reduzierung der Rechenzeit gegenüber einer vollen KKR-Rechnung) zu bezeichnen.

Die Verfahren zur Interpolation der Bandstruktur für Übergangs- und Edelmetalle auf der Grundlage der Hybridisierung stark gebundener und fast freier Elektronen gehen auf Mueller (67) zurück. Die TB-Elektronen werden dabei durch ε_0 und drei Überlappungsintegrale des Potentials zu den nächsten Nachbarn beschrieben, die Hybridisierungsmatrixelemente und die Überlappungsintegrale von TB- und NFE-Wellenfunktionen enthalten je zwei offene Parameter. Drei Matrixelemente des Pseudopotentials werden ebenfalls angepaßt. Mit dieser Interpolation wurde für Kupfer ein mittlerer quadratischer Fehler von etwa 5 m*ryd* erreicht.

Mit der Entwicklung und Verfeinerung der H-NFE-TB-Methode verloren diese Interpolationsverfahren jedoch an Bedeutung, da zwar die Energiewerte gut interpoliert werden, bei den Wellenfunktionen wegen z. T. unphysikalischer Annahmen bei der Parametrisierung aber größere Unsicherheiten auftreten (vgl. die Kritik der LCAO-Interpolationsverfahren in [5]) und in der Rechengeschwindigkeit keine wesentlichen Vorzüge gegenüber der H-NFE-TB-Methode bestehen.

Rechnungen von ersten Prinzipien her mit hoher Geschwindigkeit und Genauigkeit ermöglicht auch die bezüglich der Energie linearisierte Methode der Muffin-Tin-Orbitale (LMTO) von Andersen (75). Ausgangspunkt sind wieder die KKR-Gleichungen (10''). Da erfahrungsgemäß das Ergebnis einer Bandstrukturberechnung für Metalle nur sehr schwach von der Größe des Potentials V_{MTZ} im Gebiet zwischen den MT-Kugeln abhängt, wird V_{MTZ} der gesuchten Energie gleichgesetzt. Das hat den außerordentlichen Vorteil, daß die Strukturkonstanten $\overline{G}_{LL'}(\boldsymbol{k})$ in (10'') für einen Gittertyp nur einmal, und zwar nur für den Energiewert $\varepsilon = 0$, berechnet werden müssen. In der ASA (= Atomic Sphere Approximation) werden zusätzlich die Wigner-Seitz-Zellen durch Kugeln angenähert. In den Eigenwertgleichungen tauchen dann nur die logarithmischen Ableitungen $L_l(\varepsilon)$ der Wellenfunktionen am Wigner-Seitz-Radius auf. Deren Energieabhängigkeit wird gemäß (4.2-21) beschrieben. Bei Vernachlässigung der Hybridisierung ergeben sich sogenannte „kanonische“ Bänder aus

$$2(2l + 1)\,\frac{L_l(\varepsilon) + l + 1}{L_l(\varepsilon) - l} - S_l(\boldsymbol{k}) = 0\,, \tag{80}$$

wobei die $\boldsymbol{k}$-Abhängigkeit der Strukturkonstanten S_l völlig von der Energieabhängigkeit der logarithmischen Ableitung $L_l(\varepsilon)$ getrennt ist. Das bedeutet, eine einmal für einen Gittertyp berechnete Bandstruktur wird durch den speziellen Potentialverlauf in (80) nur über einen Skalenfaktor der Energie beeinflußt. Da innerhalb der gemachten Näherungen gleichzeitig der räumliche Verlauf der Wellenfunktion leicht bestimmbar ist, steht damit ein außerordentlich schnelles Näherungsverfahren für selbstkonsistente Rechnungen zur Verfügung, das gute Ausgangswerte für verfeinerte Betrachtungen liefert.

Bei Berücksichtigung der Hybridisierung von s-, p- und d-Elektronen entsteht aus (80) eine Säkulardeterminante, für die der energieabhängige Skalenfaktor durch den „Vektor der logarithmischen Ableitungen“ mit den Komponenten $L_0(\varepsilon)$, $L_1(\varepsilon)$ und $L_2(\varepsilon)$ gegeben ist.

4.5. Lokalisierte Defekte im idealen Kristall

4.5.1. Charakterisierung der Situation

Bei Abweichungen von der idealen Kristallstruktur läßt sich die Berechnung der elektronischen Struktur nicht mehr auf eine Elementarzelle reduzieren. Für einfache Metalle bedeutet das keine wesentliche Schwierigkeit, denn infolge der Kleinheit der Pseudopotentiale lassen sich die durch den Defekt verursachten Änderungen der Eigenschaften im Rahmen einer Störungsrechnung behandeln. Handelt es sich bei den Defekten um Übergangsmetallatome in einfachen Metallen, kann jedoch wegen des Resonanzverhaltens der Streueigenschaften das Pseudopotentialkonzept nicht angewendet werden. Hier ermöglicht die Betrachtungsweise von Friedel (52, 56, 58) das entscheidende qualitative Verständnis der Defekteigenschaften in einfachen Metallen und ermöglicht deren halbquantitative Berechnung. Es wird dabei von den Streueigenschaften des Defekts im Elektronengas in einem äußeren konstanten Potential ausgegangen. Als wesentlich erweist sich die Berücksichtigung der Abschirmung der eingebrachten Defektladung durch das Elektronengas, die in der Form der Friedelschen Summenregel (4.3-77′) in mathematisch einfacher und dabei physikalisch tiefgründiger Form erfolgt. Es sei noch vermerkt, daß die Matrixeigenschaften im Rahmen der Pseudopotentialmethode berücksichtigt werden können (z. B. Inglesfield, 73, Da Silva u. a., 71). Das Anderson-Modell (61) berücksichtigt die Friedelschen Vorstellungen in Form einer Wechselwirkung von freien Leitungselektronen mit den lokalisierten d-Elektronen des Defekts, ist aber darüber hinausgehend wegen der Einbeziehung der Elektronenkorrelation für die prinzipielle Behandlung von Vielteilcheneffekten geeignet.

Eine andere erfolgreiche Richtung zur Behandlung von Punktdefekten geht von der Beschreibung des Idealkristalls durch lokalisierte Wannier-Funktionen aus (Mann, 65, 66, 71, Seeger u. a., 67, Clausecker u. a., 69, Hehl u. Mann, 71). Wegen der gleichzeitigen Lokalisierung des Defektpotentials läßt sich das Problem auf die Betrachtung eines Clusters von nur wenigen Atomen beschränken. Die T-Matrix hat in Wannier-Darstellung dann ebenfalls nur wenige von Null verschiedene Matrixelemente, was zu Vereinfachungen der Rechnung und zur Möglichkeit der strengen Lösung der Boltzmann-Gleichung führt (Sondheimer, 62). Die Gültigkeit der Ergebnisse hängt jedoch beträchtlich von Annahmen über die starke Lokalisierung der Wannier-Funktionen ab, die sich (besonders für die Bänder fast freier Elektronen) ebenso wie die Beschränkung auf wenige Bänder nicht völlig rechtfertigen lassen. Außerdem lassen sich die benötigten Überlappungsintegrale nicht berechnen, sondern gehen als empirische Parameter in die Theorie ein. Eine Erklärung für die mit diesen angepaßten Werten erzielten guten Ergebnisse ist auf der Basis der verallgemeinerten LCAO-Methode (s. [5]) bzw. der Theorie der Vielfachstreuung gegeben.

Für die Behandlung von Defekten in Übergangs- und Edelmetallen verwendeten Riedinger (71), Cook und Smith (74) und Parlebas (74) ein semiempirisches H-NFE-TB-Schema (Mueller, 67). Ähnliche Ergebnisse liefert die Methode der Pseudo-Green-Funktionen (Kanamori u. a., 70, Terakura u. Kanamori, 71).

4.5.2. Streudarstellung

Der konsequenteste Versuch zur Berechnung der Greenschen Funktion des Idealkristalls und der Eigenschaften von lokalisierten Defekten beruht auf der Theorie der Vielfachstreuung (Beeby, 64, 67, Harris, 70, Lehmann, 73b, 75a, Harris u. Mulimani, 74, Holzwarth, 75, Mrosan u. Lehmann, 76, Lee u. a., 76, Lodder, 76, 77). Die Greensche Funktion enthält alle notwendigen Informationen zur Behandlung des Defektproblems in der Einteilchennäherung. Das betrifft sowohl die Transporteigenschaften als auch die de-Haas-van-Alphen(dHvA)-Lebensdauer, die zusätzliche elektronische Zustandsdichte, die Wellenfunktion (Röntgen-Emissionsspektren, Dichteoszillationen um den Defekt) und Energie der Defektzustände, die Bandstrukturbeiträge zur Bildungsenergie des Defekts und weitere Größen. In Form partieller Zustandsdichten werden die Koeffizienten der Greenschen Funktion auch für die Berechnung der Elektron-Phonon-Wechselwirkung (s. [9]) benötigt. In [11] werden die konkreten Rechnungen und numerischen Ergebnisse zu Punktdefekten genauer behandelt, während in diesem Teil die allgemeine Theorie entwickelt werden soll. Wir folgen dabei im wesentlichen der Darstellung von Lehmann (75a, 73b).

Die Wellenfunktion $\varphi^{\mathrm{r}}_{\boldsymbol{k},\nu}(\boldsymbol{r})$ für einen am lokalisierten Defekt gestreuten Bloch-Zustand, die der retardierten Randbedingung (4.3-5) genügt, kann bequem aus der Lippmann-Schwinger-Gleichung

$$\varphi^{\mathrm{r}}_{k}(\boldsymbol{r}) = \varphi^{\mathrm{c}}_{k}(\boldsymbol{r}) + \int \mathrm{d}^3r'\, G^{\mathrm{r}}(\boldsymbol{r},\boldsymbol{r}')\, \Delta v(\boldsymbol{r}')\, \varphi^{\mathrm{r}}_{k}(\boldsymbol{r}')\,, \qquad k \mathrel{\hat{=}} (\boldsymbol{k},\nu)\,, \tag{1}$$

bestimmt werden. Das Streupotential

$$\Delta v = v - v^{\mathrm{c}} \tag{2}$$

besteht aus der Differenz des Potentials v im System mit Defekt und dem Potential v^{c} des reinen periodischen Kristalls. Selbst wenn der Defekt nur aus einem Störatom besteht, wird das Potential der benachbarten Atome durch dieses gegenüber dem periodischen Kristall verändert, so daß wir zunächst annehmen, daß (2) für mehrere Atome in der Nachbarschaft des Defektatoms von Null verschieden ist. Wir setzen weiterhin voraus, daß (2) in MT-Form gegeben ist. Das stellt eine wesentlich stärkere Näherung dar als im rein periodischen System, denn dort konnte nach unserer Diskussion in [4.1] für dichtgepackte Strukturen das Potential im Gebiet zwischen den MT-Kugeln in guter Näherung als konstant angenommen werden, was für die Umgebung des Defekts nicht erfüllt ist.

$\varphi^{\mathrm{c}}_{k}(\boldsymbol{r})$ bezeichnet die Wellenfunktion des einlaufenden Bloch-Zustandes, aus dem nach dem Streuprozeß die auslaufende Welle $\varphi^{\mathrm{r}}_{k}(\boldsymbol{r})$ entsteht. Dabei sind in k symbolisch der Bandindex ν und die Wellenzahl $\boldsymbol{k}$ des Bloch-Zustandes zusammengefaßt. Der Einfachheit halber betrachten wir im folgenden nur primitive Gitter, so daß der in (4.4-6) vorhandene Index s entfällt.

Innerhalb der i-ten Elementarzelle setzen wir gemäß (4.3-8) eine Linearkombination der regulären Lösungen der Schrödinger-Gleichung $\varphi^{i\mathrm{c}}_{L}(\boldsymbol{x})$ bzw. $\varphi^{i}_{L}(\boldsymbol{x})$ nach (4.3-56′) im ungestörten bzw. gestörten Potential dieser Zelle an,

$$\begin{aligned} \varphi^{i\mathrm{c}}_{k}(\boldsymbol{x}) &= \sum_{L} c^{i\mathrm{c}}_{kL} \varphi^{i\mathrm{c}}_{L}(\boldsymbol{x})\,, \\ \varphi^{i\mathrm{r}}_{k}(\boldsymbol{x}) &= \sum_{L} c^{i\mathrm{r}}_{kL} \varphi^{i}_{L}(\boldsymbol{x})\,. \end{aligned} \tag{3}$$

Die Koeffizienten $c^{i\mathrm{c}}_{kL}$ ergeben sich aus der Bloch-Bedingung nach (4.4-2) zu

$$c^{i\mathrm{c}}_{kL} = \mathrm{e}^{i\boldsymbol{k}\boldsymbol{R}_i}\, c_L(k)\,, \tag{4}$$

wobei die $c_L(k)$ die Lösungsvektoren der KKR-Gleichungen (4.4-10′) zu den Eigenwerten $\varepsilon_{\boldsymbol{k},\nu}$ darstellen. Die $c^{i\mathrm{r}}_{kL}$ sind aus (1) zu bestimmen. Bei substitutionellen Defekten läßt sich die Form der Greenschen Funktion analog (4.3-64) mit den Ergebnissen von [4.4] für die Koeffizienten $\mathcal{G}$ direkt übernehmen, da die Lage der Streuzentren durch den Defekt nicht geändert wird:

$$G^{\mathrm{r}}(\boldsymbol{x} + \boldsymbol{R}_i, \boldsymbol{x}' + \boldsymbol{R}_j) = \varkappa \sum_{LL'} \varphi^{i\mathrm{c}}_{L}(\boldsymbol{x})\, [\tilde{H}^{+i\mathrm{c}}_{L}(\boldsymbol{x}')\, \delta^{ij}\delta_{LL'} + \mathcal{G}^{ij}_{LL'} \varphi^{j\mathrm{c}}_{L'}(\boldsymbol{x}')] \tag{5}$$

mit $x < x'$ für $i = j$.

Bei interstitiellen Defekten kommt zum ursprünglichen Gitter noch ein Streuzentrum an einem Zwischengitterplatz hinzu. Dabei gilt ebenfalls die allgemeine Form (5). Die Bestimmungsgleichungen (4.3-65) mit den Plätzen i, j, k des periodischen Gitters müssen um den Platz 0 des Defekts erweitert werden. Die zu diesem Platz gehörige Streumatrix verschwindet im idealen Kristall: $T^0 = 0$. Deswegen bleibt das vom idealen Kristall bekannte Gleichungssystem (4.3-65) zur Bestimmung der $\mathcal{G}^{ij}$ unverändert. Die zusätzlich benötigten Koeffizientenmatrizen $\mathcal{G}^{00}$ bzw. $\mathcal{G}^{0i}$ ergeben sich durch einfache Matrixmultiplikation aus den Lösungen $\mathcal{G}^{ij}$, wie die (4.3-65) entsprechenden erweiterten Gleichungen zeigen:

$$\mathcal{G}^{00} = \tilde{G}^{00} + \sum_i \tilde{G}^{0i} \varkappa T^{ic} \mathcal{G}^{i0} , \tag{6}$$

$$\mathcal{G}^{i0} = \tilde{G}^{i0} + \sum_j \tilde{G}^{ij} \varkappa T^{jc} \mathcal{G}^{j0} = \tilde{G}^{i0} + \sum_j \mathcal{G}^{ij} \varkappa T^{c} \tilde{G}^{j0} . \tag{7}$$

(7) hat bereits die gewünschte Form, aus (6) entsteht mit $\tilde{G}^{00} = 0$ nach Einsetzen von (7)

$$\mathcal{G}^{00} = \sum_i \tilde{G}^{i0} \varkappa T^{c} \tilde{G}^{i0} + \sum_{ij} \tilde{G}^{0i} \varkappa T^{c} \mathcal{G}^{ij} \varkappa T^{c} \tilde{G}^{j0} . \tag{6'}$$

Dabei wurde berücksichtigt, daß im idealen Kristall alle T-Matrizen gleich sind:

$$T^{ic} = T^{c} .$$

Die in (1) enthaltenen Volumenintegrale

$$\int_{V_i} d^3x \, \varphi_L^{ic}(\boldsymbol{x}) \, \Delta v_i(\boldsymbol{x}) \, \varphi_{L'}^{i}(\boldsymbol{x}) = \Delta T_{LL'}^{i} , \tag{8}$$

$$\Delta T_{LL'}^{i} = T_{LL'}^{i} - T_{LL'}^{ic} , \tag{8'}$$

werden in der bekannten Weise wie in (4.3-11) in Oberflächenintegrale überführt und ausgewertet. Man muß dabei nur beachten, daß φ_L^{ic} und φ_L^{i} Lösungen der Schrödinger-Gleichung im Potential v^c bzw. v darstellen und die Wronskische Beziehung (4.3-58') benutzen. Wegen (4.3-56')

$$\varphi_L^{i} = \mathrm{j}_L + \sum_{L'} \mathrm{h}_{L'}^{+} \varkappa T_{L'L}^{i} \quad \text{und} \quad \varphi_L^{ic} = \mathrm{j}_L + \sum_{L'} \mathrm{h}_{L'}^{+} \varkappa T_{L'L}^{ic} \tag{9}$$

gilt für den Zusammenhang von φ_L^{i} und φ_L^{ic}

$$\varphi_L^{i} = \varphi_L^{ic} + \sum_{L'} \tilde{H}_{L'}^{+ic} \varkappa \Delta T_{L'L}^{i} , \tag{10}$$

wobei nach (8) ΔT^i die Änderung der Streumatrix des i-ten Atoms durch den Defekt bezeichnet.

Nach Vergleich der Koeffizienten der Funktionen φ_L^{ic} und H_L^{+ic} entsteht aus (1) die Bedingung

$$c_{kL}^{ir} = c_{kL}^{ic} + \sum_{\{j\}, \tilde{L}'', \tilde{L}'} \mathcal{G}_{L\tilde{L}''}^{ij} \varkappa \Delta T_{\tilde{L}''\tilde{L}'}^{j} c_{k\tilde{L}'}^{jr} . \tag{11}$$

Die Summe läuft nur über den begrenzten Satz $\{j\}$ von den Zellen, deren Potential durch den Defekt gegenüber dem ungestörten Kristall geändert wird. Für diese

Werte stellt (11) ein zu lösendes inhomogenes Gleichungssystem vom Range N für die Koeffizienten c_{kL}^{ir} der Wellenfunktion an den Plätzen $i \in \{j\}$ und zu den Drehimpulsen $\tilde{L}$ dar, für die die T-Matrix durch den Defekt geändert wird,

$$\sum_{\{j\}\tilde{L}'} \Big(\delta^{ij}\delta_{\tilde{L}\tilde{L}'} - \sum_{\tilde{L}''} \mathscr{G}^{ij}_{\tilde{L}\tilde{L}''} \varkappa \Delta T^{j}_{\tilde{L}''\tilde{L}'}\Big) c^{jr}_{k\tilde{L}'} = c^{ic}_{k\tilde{L}} \quad \text{für} \quad i \in \{j\}\,, \tag{12}$$

während die übrigen Werte c_{kL}^{ir} über (11) mit den Lösungen von (12) durch einfache Matrixmultiplikation erhalten werden können. N ist gleich der Gesamtzahl der Streuphasen η_{λ}^{i}, die im gestörten und ungestörten Kristall verschieden sind (im Falle des interstitiellen Defekts ist der zusätzliche Platz 0 in $\{j\}$ mit einzubeziehen).

Das ist die strenge Begründung für die eingangs dieses Kapitels im Zusammenhang mit der räumlichen Lokalisierung der Wannier-Funktionen erwähnte Möglichkeit zur Beschränkung auf einen Cluster von wenigen Atomen. Dabei sind die Defekteigenschaften ΔT^{i} deutlich von den Eigenschaften $\mathscr{G}^{ij}$ bzw. c_{kL}^{ic} des idealen Gitters bzw. von den darin enthaltenen Randbedingungen abgetrennt. Es ist auch noch hervorzuheben, daß außer der MT-Näherung keine weiteren Annahmen erforderlich sind.

4.5.3. Zustandsdichte

Aus dem allgemeinen Ausdruck (4.3-79) für die integrierte Zustandsdichte $\mathscr{N}(\varepsilon)$ des Gesamtsystems läßt sich nun der entsprechende Ausdruck für den ungestörten periodischen Kristall $\mathscr{N}^{c}(\varepsilon)$ abtrennen. Mit (8′) läßt sich die Matrix in (4.3-79) formal umformen,

$$\Big(\delta^{ij}\delta_{\tilde{L}\tilde{L}'} - (\varkappa T\tilde{G})^{ij}_{\tilde{L}\tilde{L}'}\Big) = \sum_{j'\tilde{L}''} \Big(\delta^{ij'}\delta_{\tilde{L}\tilde{L}''} - \big(\varkappa \Delta T\tilde{G}(1 - \varkappa T^{c}\tilde{G})^{-1}\big)^{ij'}_{\tilde{L}\tilde{L}''} * $$
$$* \Big(\delta^{j'j}\delta_{\tilde{L}''\tilde{L}'} - (\varkappa T^{c}\tilde{G})^{j'j}_{\tilde{L}''\tilde{L}'}\Big)\,,$$

wobei wegen (4.3-65) $\tilde{G}(1 - \varkappa T^{c}\tilde{G})^{-1}$ gleich der Greenschen Funktion des idealen Kristalls $\mathscr{G}$ ist. Damit entsteht aus (4.3-79)

$$\delta\mathscr{N}(\varepsilon) = \mathscr{N}(\varepsilon) - \mathscr{N}^{c}(\varepsilon) = -\frac{2}{\pi V}\,\mathrm{Im}\,\ln\det\big\|\delta^{ij}\delta_{\tilde{L}\tilde{L}'} - (\varkappa \Delta T\mathscr{G})^{ij}_{\tilde{L}\tilde{L}'}\big\|$$
$$+ \frac{2}{\pi V}\sum_{\{j\}\tilde{\lambda}} \Delta\eta^{j}_{\tilde{\lambda}}\,. \tag{13}$$

Ähnlich wie in (4.3-77′) gilt auch hier

$$\Delta Z = V\delta\mathscr{N}(\varepsilon_{\mathrm{F}}) \tag{13'}$$

als Friedelsche Summenregel.

Die Determinante in (13) ist wie das Gleichungssystem (12) nur vom Range N. (12) und (13) haben dieselbe Form wie für einen Cluster von MT-Kugeln im äußeren konstanten Potential (vgl. dazu (4.3-21″ u. 79)). Nur die Streueigenschaften T^{i} bzw. η_{λ} und die Greensche Funktion $\tilde{G}$ müssen durch ΔT^{i}, $\Delta\eta_{\lambda}$ bzw. $\mathscr{G}$ ersetzt werden.

4.5.4. Stark lokalisierte Defekte

Ein Defekt, der nur das Potential in seiner eigenen MT-Kugel beeinflußt, wird als stark lokalisiert bezeichnet. Dieser Fall scheint wegen der starken Abschirmung durch das Elektronengas in Metallen recht gut erfüllt zu sein. (12) und (13) vereinfachen sich dann zu

$$\sum_{\tilde{L}'} (\delta_{\tilde{L}\tilde{L}'} - \sum_{\tilde{L}''} \mathcal{G}^{00}_{\tilde{L}\tilde{L}''} \varkappa \Delta T^{0}_{\tilde{L}''\tilde{L}'}) \, c^{0\mathrm{r}}_{k\tilde{L}'} = c^{0\mathrm{c}}_{k\tilde{L}} \tag{12'}$$

und

$$\delta\mathcal{N}(\varepsilon) = -\frac{2}{\pi V} \operatorname{Im} \ln \det ||\delta_{\tilde{L}\tilde{L}'} - \sum_{\tilde{L}''} \varkappa \Delta T^{0}_{\tilde{L}\tilde{L}''} \mathcal{G}^{00}_{\tilde{L}''\tilde{L}'}|| + \frac{2}{\pi V} \sum_{\tilde{\lambda}} \Delta\eta_{\tilde{\lambda}} \,. \tag{13'}$$

Die $\mathcal{G}^{00}_{\tilde{L}\tilde{L}'}$ sind dabei Funktionen der Energie. Entsprechend der Diskussion in [4.3] enthalten sie den Einfluß der umgebenden Streuzentren auf die Greensche Funktion in der Nähe des Gitterplatzes 0. Da die Greensche Funktion invariant gegen die Operationen der Punktgruppe des Kristalls ist, müssen die Übergänge zwischen verschiedenen irreduziblen Darstellungen verschwinden. Deshalb transformieren wir unsere Darstellung nach Kugelfunktionen Y_L in die nach Gitterharmonischen $K^{\alpha i}_{l\mu}(\boldsymbol{r})$, die Linearkombinationen der Kugelfunktionen zum Drehimpuls l darstellen. α bezeichnet hier die irreduzible Darstellung und μ die dazu gehörigen Funktionen. Tritt derselbe Symmetrietyp α mehrmals auf, werden die Darstellungen zusätzlich durch den Index i unterschieden. Da dieser Fall erst bei hohen l auftritt, lassen wir den Index i im folgenden wieder weg. Beschränken wir uns auf Drehimpulse $l \leqq 2$, so treten in kubischen Kristallen (vgl. [A 1]) die irreduziblen Darstellungen $\Gamma_1(l = 0)$, $\Gamma_{15}(l = 1)$, $\Gamma_{25'}$ und Γ_{12} $(l = 2)$ je einmal auf. Die T-Matrix und die Greensche Funktion sind dann jeweils diagonal,

$$\mathcal{G}^{00}_{\alpha\mu,\alpha'\mu'} = g_\alpha \delta_{\alpha\alpha'} \delta_{\mu\mu'} \,, \qquad \Delta T_{\alpha\mu,\alpha'\mu'} = \Delta t_\alpha \delta_{\alpha\alpha'} \delta_{\mu\mu'} \,,^{1)} \tag{14}$$

wobei die vier komplexen, energieabhängigen Koeffizienten $g_\alpha(\varepsilon)$ bzw. $\Delta t_\alpha(\varepsilon)$ für alle Funktionen einer irreduziblen Darstellung gleich sind. Mit der Phase $\tilde{\Phi}_\alpha$ des komplexen Ausdrucks

$$(1 - \varkappa \Delta t_\alpha g_\alpha) = B_\alpha \, \mathrm{e}^{-i\tilde{\Phi}_\alpha} \tag{15}$$

und mit

$$\Phi_\alpha = \tilde{\Phi}_\alpha + \Delta\eta_\alpha \,^{1)} \tag{16}$$

erhalten wir für die Zustandsdichte

$$\delta\mathcal{N}(\varepsilon) = \frac{2}{\pi V} \sum_{\alpha\mu} \Phi_\alpha \tag{17}$$

wieder die vom kugelsymmetrischen Einzelstreuer im konstanten äußeren Potential her bekannte alte Friedelsche Form mit den effektiven Streuphasen Φ_α.

In Anlehnung an die Normierung (4.3-56) der Wellenfunktion in der Wigner-Seitz-Zelle, die neben dem Übergang von der L- zur λ-Darstellung in (4.3-57) einen Faktor $\mathrm{e}^{i\eta_\lambda}$ enthält, benutzt man für lokalisierte Defekte auch oft die Bezeichnung

$$\mathcal{G}^{00}_{\lambda\lambda'} = \mathrm{e}^{-i\eta_\lambda} (-A_{\lambda\lambda'} + i\delta_{\lambda\lambda'}) \, \mathrm{e}^{-i\eta_{\lambda'}} \,, \qquad \lambda \mathrel{\hat{=}} (l, \alpha, \mu) \,, \qquad A_{\lambda\lambda'} = A^{\alpha}_{ll'} \delta_{\mu\mu'} \,. \tag{18}$$

[1]) Siehe S. 570.

Für $l \leqq 2$ genügt (α, μ) zur Charakterisierung von λ. Mit der Identität

$$-\varkappa \Delta t_\lambda = \sin \eta_\lambda \, e^{i\eta} - \sin \eta_\lambda^0 \, e^{i\eta_\lambda^0} = e^{i(\eta_\lambda + \eta_\lambda^0)} \sin \Delta\eta_\lambda$$

ergibt sich aus (15) und (16) der Ausdruck

$$\tan \Phi_\alpha = \frac{\operatorname{Im} A_{ll}^\alpha \tan \Delta\eta_\alpha}{1 - \operatorname{Re} A_{ll}^\alpha \tan \Delta\eta_\alpha} \tag{19}$$

(Lasseter u. Soven, 73). Zur Berechnung von $\operatorname{Im} A_{ll}^\alpha$ vgl. [9.3.2].

4.5.5. Streuwahrscheinlichkeit und T-Matrix für Bloch-Elektronen

Die Wahrscheinlichkeit $P_{kk'}$ für die durch den Defekt verursachte Streuung des Elektrons aus dem Bloch-Zustand k in den Zustand k' ergibt sich nach der allgemeinen Streutheorie (z. B. Newton, 66 § 8.1) entsprechend der ‚goldenen Regel' aus der T-Matrix des Defekts T^{D} zu

$$P_{kk'} = \frac{2\pi}{\hbar} |T_{kk'}^{\mathrm{D}}|^2 \, \delta(\varepsilon_k - \varepsilon_{k'}) \,. \tag{20}$$

Da es sich bei k und k' um Bloch-Zustände und keine Zustände des freien Elektrons wie in den bisherigen Kapiteln handelt, sind an den Formeln von [4.3] einige Modifikationen anzubringen. $T_{kk'}^{\mathrm{D}}$ ist dabei in Anlehnung an (4.3-61) über

$$\begin{aligned} G^{\mathrm{Dr}}(\boldsymbol{r}, \boldsymbol{r}') &= G^{\mathrm{r}}(\boldsymbol{r}, \boldsymbol{r}') + \int \mathrm{d}^3 r_1 \, G^{\mathrm{r}}(\boldsymbol{r}, \boldsymbol{r}_1) \, \Delta v(\boldsymbol{r}_1) \, G^{\mathrm{Dr}}(\boldsymbol{r}_1, \boldsymbol{r}') \\ &= G^{\mathrm{r}}(\boldsymbol{r}, \boldsymbol{r}') + \int \mathrm{d}^3 r_1 \, \mathrm{d}^3 r_2 \, G^{\mathrm{r}}(\boldsymbol{r}, \boldsymbol{r}_1) \, \varkappa T^{\mathrm{D}}(\boldsymbol{r}_1, \boldsymbol{r}_2) \, G^{\mathrm{r}}(\boldsymbol{r}_2, \boldsymbol{r}') \end{aligned} \tag{21}$$

definiert mit G^{Dr} und G^{r} als Greensche Funktionen im Kristall mit Defekt bzw. im idealen System. T^{D} genügt damit der (nur in symbolischer Form geschriebenen) Integralgleichung

$$T^{\mathrm{D}} = \Delta v + \Delta v G^{\mathrm{r}} T^{\mathrm{D}} \,, \tag{22}$$

wie man durch fortgesetzte Iteration der ersten Zeile von (21) sieht. Analog zu (21) läßt sich auch (1) darstellen über

$$\varphi_k^{\mathrm{r}}(\boldsymbol{r}) = \varphi_k^{\mathrm{c}}(\boldsymbol{r}) + \int \mathrm{d}^3 r_1 \, \mathrm{d}^3 r_2 \, G^{\mathrm{r}}(\boldsymbol{r}, \boldsymbol{r}_1) \, \varkappa T^{\mathrm{D}}(\boldsymbol{r}_1, \boldsymbol{r}_2) \, \varphi_k^{\mathrm{c}}(\boldsymbol{r}_2) \,. \tag{1'}$$

Mit (22) ergibt sich daraus die Beziehung

$$\varkappa T_{kk'}^{\mathrm{D}} = \int \mathrm{d}^3 r \, \mathrm{d}^3 r' \, \varphi_{k'}^{\mathrm{c}*}(\boldsymbol{r}) \, \varkappa T^{\mathrm{D}}(\boldsymbol{r}, \boldsymbol{r}') \, \varphi_k^{\mathrm{c}}(\boldsymbol{r}') = \int \mathrm{d}^3 r \, \varphi_{k'}^{\mathrm{c}*}(\boldsymbol{r}) \, \Delta v(\boldsymbol{r}) \, \varphi_k^{\mathrm{r}}(\boldsymbol{r}') \,.^{1)} \tag{23}$$

$\varphi_{k'}^{\mathrm{c}}(\boldsymbol{r})$ stellt dabei einen Bloch-Zustand mit dem Wellenvektor $\boldsymbol{k}'$ im Band ν' im Idealkristall (Potential v^{c}) dar, während $\varphi_k^{\mathrm{r}}(\boldsymbol{r})$ die sich aus dem Bloch-Zustand $k \triangleq (\boldsymbol{k}, \nu)$ nach der Streuung am Defekt entwickelnde auslaufende Welle aus (1) bezeichnet. Die Überführung von (23) in ein Oberflächenintegral unter Ausnutzung der Tatsache, daß φ_k^{c} und φ_k^{r} Lösungen der Schrödinger-Gleichung zur Energie ε im Potential v^{c} bzw. v darstellen, ergibt für die T-Matrix des Defekts T^{D}

$$\begin{aligned} T_{kk'}^{\mathrm{D}} &= \sum_{i, L, L'} c_{kL}^{ic*} \oint_{(V_i)} \mathrm{d}\boldsymbol{f} \left(\varphi_L^{ic*}(\boldsymbol{x}) \frac{\partial}{\partial \boldsymbol{x}} \varphi_{L'}^{i}(\boldsymbol{x}) - \frac{\partial \varphi_L^{ic*}(\boldsymbol{x})}{\partial \boldsymbol{x}} \varphi_{L'}^{i}(\boldsymbol{x}) \right) c_{kL'}^{ir} \\ &= \sum_{i, L, L'} c_{kL}^{ic*} [(1 + 2i\varkappa T^{ic\dagger}) \, \varkappa \Delta T^i]_{LL'} \, c_{k'L'}^{ir} \,.^{1)} \end{aligned} \tag{24}$$

[1]) Siehe S. 570

Dabei wurde von (9) und (10), den verallgemeinerten Wronskischen Beziehungen und dem optischen Theorem (4.1-37) Gebrauch gemacht. Die Eigenwertdarstellung von T^i bzw. T^{ic}

$$T^i_{LL'} = \sum_\lambda A^i_{L\lambda} t^i_\lambda \tilde{A}^i_{\lambda L'}\,, \qquad T^{ic}_{LL'} = \sum_\lambda A^{ic}_{L\lambda} t^{ic}_\lambda \tilde{A}^{ic}_{\lambda L'} \tag{25}$$

liefert für $T^{\mathrm{D}}_{kk'}$ dann endgültig

$$T^{\mathrm{D}}_{kk'} = \varkappa^{-1} \sum_{i,L,\lambda,\lambda'} c^{ic*}_{k\lambda} c^{ir}_{k'\lambda'} \tilde{A}^{ic}_{\lambda L} A^i_{L\lambda'} \sin(\eta^{ic}_\lambda - \eta^i_{\lambda'}) \tag{26}$$

mit

$$c^{ir}_{k'\lambda'} = \mathrm{e}^{i\eta_{\lambda'}} \sum_L \tilde{A}^i_{\lambda L} c^{ir}_{k'L}\,, \qquad c^{ic}_{k\lambda} = \mathrm{e}^{i\eta^c_\lambda} \sum_L \tilde{A}^{ic}_{\lambda L} c^{ic}_{kL}\,. \tag{27}$$

Die c^{ir} sind durch Lösung von (12) gegeben. Der Übergang von der L- zur λ-Darstellung, d. h. von den Funktionen φ_L in (4.3-56′) zu den reellen J_λ in (4.3-56) hat noch den Vorteil, daß bei vorhandener Inversionssymmetrie des idealen Gitters die Lösungsvektoren $c^{ic\alpha}_{kl\mu}$ der KKR-Gleichungen ebenfalls reell gewählt werden können.

Für den Fall eines stark lokalisierten Defekts in einem Kristall genügend hoher Symmetrie (wie in (14) bis (17)) nimmt mit (18) die T^{D}-Matrix folgende einfache Gestalt an:

$$T^{\mathrm{D}}_{kk'} = -\varkappa^{-1} \sum_{\alpha\mu} c^{c\alpha*}_{kl\mu} c^{c\alpha}_{k'l\mu} S_\alpha \tag{28}$$

mit

$$S_\alpha = \frac{\sin \Delta\eta_\alpha}{\cos \Delta\eta_\alpha - A^\alpha_{ll} \sin \Delta\eta_\alpha} = \frac{\sin \Phi_\alpha\, \mathrm{e}^{i\Phi_\alpha}}{\operatorname{Im} A^\alpha_{ll}}\,, \tag{29}$$

in völliger Analogie zur Streuamplitude $f(\boldsymbol{k}, \boldsymbol{k}')$ aus (4.1-15 bis 17) mit dem zusätzlichen Normierungsfaktor $\operatorname{Im} A^\alpha_{ll}$, der im Falle eines Einzelstreuers den Wert Eins annimmt. Die $c^{c\alpha}_{kl\mu}$ sind die Entwicklungskoeffizienten der Wellenfunktion (3) nach kubischen Harmonischen $K^\alpha_{l\mu}(\boldsymbol{r})$ statt nach Kugelfunktionen.

Der Ausdruck (26) ist vom Typ

$$\sum_{m=1}^{N} a_m(k)\, b_m(k')\,, \tag{30}$$

d. h., die von k und k' abhängige Funktion läßt sich als eine endliche Summe von N Produkten schreiben, deren Faktoren nur von k oder k' abhängen. N ist dabei gleich der Anzahl der Streuphasen η^i_λ, die sich im reinen und gestörten Kristall unterscheiden. Die Informationen über die Bloch-Zustände und damit die Bandstruktur sind in (26) nur über die Koeffizienten c^{ic} und c^i enthalten, die restlichen Größen enthalten nur Eigenschaften der Einzelstreuer. Dabei gilt (26) in allgemeiner Form für beliebigen Potentialverlauf innerhalb der betrachteten Wigner-Seitz-Zelle. Die Beschränkung auf MT-Potentiale ist nur für die Berechnung der c^{ic} und c^i erforderlich.

Mit $T^{\mathrm{D}}_{kk'}$ hat natürlich auch $P_{kk'}$ aus (20) die Form (30). Dabei ist N durch $N' = N^2$ zu ersetzen. Die Form (30) bedeutet, daß $P_{kk'}$ als Integralkern in der Boltzmann-Gleichung entartet ist, so daß die Boltzmannsche Integralgleichung in eine algebraische Gleichung vom Range N' übergeht. Auf diesen Sachverhalt wies zuerst Sondheimer (62) hin. Für einen Einzelstreuer im isotropen homogenen Medium (Friedel, 52, 56, 58) hat die Streuwahrscheinlichkeit P natürlich die Gestalt (30), die Summe erfolgt dabei über die nichtverschwindenden Streuphasen und ergibt für den elektrischen Widerstand ϱ die bekannte Form (11.2-43)

$$\varrho = \frac{N_i}{N_a Z} \frac{\hbar}{e^2} \frac{4\pi}{k_F} \sum_{l=0} (l+1) \sin^2 (\eta_l - \eta_{l+1}) . \tag{31}$$

mit N_i = Zahl der Defektatome und $N_a Z$ = Zahl der Leitungselektronen.

In den zitierten Arbeiten von Seeger und Mitarbeitern gelingt es ebenfalls für ein Einbandmodell, in der Wannier-Darstellung P in der Form (30) zu erhalten. Die Gültigkeit der Ergebnisse hängt jedoch stark von den Annahmen über die Lokalisierung der Wannier-Funktionen ab. Riedinger (71) erhält ebenfalls unter Verwendung eines empirischen H-NFE-TB-Schemas einen Ausdruck der Art (30), indem er alle Matrixelemente des Defektpotentials zwischen den fast freien Elektronenzuständen vernachlässigt. Das bedeutet jedoch, daß eine Streuung nur über eine Hybridisierung mit den d-Bändern erfolgt.

Der Widerstandstensor $\mathsf{\rho}$ ergibt sich aus folgendem Integral über die Fermi-Fläche:

$$\mathsf{\rho}^{-1} = \mathsf{\sigma} = \frac{1}{4\pi^3} \frac{e^2}{\hbar} \sum_{\nu} \oint_{\varepsilon_k = \varepsilon_F} \frac{dS_k}{v_k} \boldsymbol{v}_k \circ \boldsymbol{\Lambda}_k , \qquad k \mathrel{\hat{=}} (\boldsymbol{k}, \nu) , \tag{32}$$

mit $\boldsymbol{v}_k = \partial \varepsilon_k / \partial \boldsymbol{k}$ als Geschwindigkeit an der Fermi-Fläche. Die mittlere freie Weglänge $\boldsymbol{\Lambda}_k$ ergibt sich aus der Boltzmann-Gleichung (11.2-32):

$$\boldsymbol{\Lambda}_k = \tau_k [\boldsymbol{v}_k + \sum_{k'} P_{kk'} \boldsymbol{\Lambda}_k] . \tag{33}$$

Dabei folgt die Relaxationszeit τ_k aus

$$\tau_k^{-1} = \sum_{k'} P_{kk'} = -\frac{2}{\hbar} \operatorname{Im} T_{kk}^{\mathrm{D}} , \tag{34}$$

wobei im letzten Gleichheitszeichen das optische Theorem (4.1-37) benutzt wurde.

Die Vereinfachung von (33) infolge der Eigenschaft (30) soll im folgenden nur skizziert werden, für die Details sei auf die Arbeit von Mrosan und Lehmann (76) und auf [11.5.4] verwiesen. Für die Darstellung von $P_{kk'}$ ist gemäß (20) zu (30) noch die δ-Funktion hinzuzufügen:

$$P_{kk'} = \sum_{m=1}^{N'} a_m(k)\, b_m(k')\, \delta(\varepsilon_k - \varepsilon_{k'}) . \tag{30'}$$

$\boldsymbol{k}$ und $\boldsymbol{k}'$ sind daher nur auf der Energieschale $\varepsilon_k = \varepsilon_{k'}$ $(=\varepsilon_F$ wegen (33) und (32)) zu betrachten. Infolge (33) besitzt $\boldsymbol{\Lambda}_k$ dieselbe Symmetrie gegen Punkttransformationen wie $\boldsymbol{v}_k = \partial\varepsilon_k/\partial\boldsymbol{k}$, das sich wie $\boldsymbol{k}$ nach der Darstellung Γ_{15} transformiert. Wegen der Integration über $\boldsymbol{k}'$ in (33) interessieren in (30′) nur die $b_m(\boldsymbol{k}')$, die dieselbe Symmetrie besitzen. Wegen der Invarianz von P gegen die Transformationen der Punktgruppe sind die $b_m(\boldsymbol{k}')$ nur mit $a_m(\boldsymbol{k})$ von ebenderselben Symmetrie gekoppelt. Von der mit $N' = N^2$ selbst im kubischen System ($N = 9$ mit $\eta_l \neq 0$ für $l \leqq 2$) recht umfangreichen Summe benötigen wir daher nur die Projektionen auf die Darstellung Γ_{15}. Da wegen (20) die a_m und b_m in (30′) aus quadratischen Produkten der Koeffizienten $c_{k\lambda}^{ic} c_{k\lambda'}^{ir}$ bestehen, enthalten bei Beschränkung auf stark lokalisierte Defekte mit $l \leqq 2$ nur die Kronecker-Produkte $\Gamma_\lambda \otimes \Gamma_{\lambda'}$ der Kombinationen $\Gamma_1\Gamma_{15}$, $\Gamma_{12}\Gamma_{15}$ und $\Gamma_{25'}\Gamma_{15}$ Anteile der Darstellung Γ_{15}. Damit reduziert sich die Boltzmann-Gleichung (33) auf ein algebraisches Gleichungssystem vom Range 3.

4.5.6. Ladungsdichte

Abschließend soll noch die durch ein Fremdatom in seiner Umgebung verursachte Änderung der Ladungsdichte bestimmt werden. Dazu betrachten wir die Differenz der lokalen Zustandsdichten nach (4.3-68)

$$\begin{aligned}\Delta n(\boldsymbol{r}, \varepsilon) &= -\frac{1}{\pi}\left(\operatorname{Im} G^{\mathrm{Dr}}(\boldsymbol{r}, \boldsymbol{r}) - \operatorname{Im} G^{\mathrm{r}}(\boldsymbol{r}, \boldsymbol{r})\right) \\ &= -\frac{\operatorname{Im}}{\pi}\int \mathrm{d}^3r_1\, \mathrm{d}^3r_2\, G^{\mathrm{r}}(\boldsymbol{r}, \boldsymbol{r}_1)\, T^{\mathrm{D}}(\boldsymbol{r}_1, \boldsymbol{r}_2)\, G^{\mathrm{r}}(\boldsymbol{r}_2, \boldsymbol{r}), \qquad (35)\end{aligned}$$

wobei im zweiten Gleichheitszeichen (21) benutzt wurde. Wir interessieren uns für Werte von $\boldsymbol{r}$ außerhalb des Defekts (wo in (35) also immer $\boldsymbol{r} \neq \boldsymbol{r}_1$ bzw. $\boldsymbol{r} \neq \boldsymbol{r}_2$ gilt). $\boldsymbol{R}_j$ bezeichne die dazu gehörigen MT-Kugeln. Um die Schreibweise zu entlasten, beschränken wir uns auf einen stark lokalisierten Defekt am Orte 0 und auf kugelsymmetrische Streuer. Wir erhalten dann für die Zelle $\boldsymbol{R}_j$ mit $\boldsymbol{r} = \boldsymbol{x} + \boldsymbol{R}_j$

$$\Delta n^j(\boldsymbol{x}, \varepsilon) = -\frac{\varkappa^2}{\pi} \operatorname{Im} \sum_{\substack{LL'\\L_1L_2}} J_L^{jc}(\boldsymbol{x})\, \mathrm{e}^{i\eta_l^c}\, \mathcal{G}_{LL_1}^{j0}\, \mathrm{e}^{i\eta_{l_1}^c}\, T_{L_1L_2}^{\mathrm{D}00}\, \mathrm{e}^{i\eta_{l_2}^c}\, \mathcal{G}_{L_2L'}^{0j}\, \mathrm{e}^{i\eta_{l'}^c}\, J_{L'}^{jc}(\boldsymbol{x}) \qquad (36)$$

mit

$$T_{LL'}^{\mathrm{D}00} = -\varkappa^{-1} S_\alpha \delta_{L\alpha} \delta_{L'\alpha}, \qquad (37)$$

wobei S_α durch (29) gegeben ist (Mrosan u. Lehmann, 76).

Dieses Ergebnis entspricht dem von Beeby (67). Beeby untersuchte, ausgehend von der Greenschen Funktion freier Elektronen, einen Kristall mit und ohne Defekt und bildete die Differenz der $n(\boldsymbol{r}, \varepsilon)$. Der Vorteil der hier durchgeführten direkten Behandlung des Defekts besteht in der einfachen Form (37) seiner T-Matrix.

Die Abstandsabhängigkeit von (35) soll noch für den einfachsten Fall, einen Streuer im konstanten Potential ausgewertet werden. Δn kann dabei nach Drehimpulsanteilen Δn_l zerlegt werden (der Faktor 2 im Zähler folgt aus der Summe über die beiden Spinrichtungen):

$$\Delta n_l(r, \varepsilon) = \frac{2\varkappa}{4\pi^2}\left[J_l^2(\varkappa, r) - \mathrm{j}_l^2(\varkappa r)\right]. \qquad (38)$$

Für $r > R_{\mathrm{MT}}$ ergibt das

$$\Delta n_l(r, \varepsilon) = \frac{\varkappa}{2\pi^2}\left\{\left[\mathrm{n}_l^2(\varkappa r) - \mathrm{j}_l^2(\varkappa r)\right]\sin^2\eta_l - \mathrm{j}_l(\varkappa r)\,\mathrm{n}_l(\varkappa r)\sin 2\eta_l\right\}. \qquad (39)$$

Die Änderung der Ladungsdichte folgt durch Summation über alle besetzten Zustände $\varepsilon < \varepsilon_{\mathrm{F}}$:

$$\Delta n_l(r) = \int_0^{\varepsilon_{\mathrm{F}}} \mathrm{d}\varepsilon\, \Delta n_l(r, \varepsilon). \qquad (40)$$

Dieses Integral ist wegen der Abhängigkeit $\eta_l(\varkappa)$ nicht geschlossen lösbar. Wir wollen daher nur den dominierenden Anteil für große Abstände auswerten und benutzen dazu die asymptotischen Darstellungen (4.1-9) von j und n:

$$\Delta n_l(r) = \frac{1}{\pi^2 r^2} \int\limits_0^{k_F} d\varkappa \sin \eta_l \sin (2\varkappa r + \eta_l - l\pi) . \tag{41}$$

Durch wiederholte partielle Integration der trigonometrischen Funktion entsteht eine semikonvergente Reihe mit steigenden Potenzen von r^{-1}. Der erste Term ist proportional zu r^{-3},

$$\Delta n_l(r) = -\frac{1}{2\pi^2 r^3} \sin \eta_l(k_F) \cos (2k_F r + \eta_l - l\pi) . \tag{42}$$

Bei kleinen Abständen (nächste Nachbarn) ist die Verwendung der asymptotischen Ausdrücke für j und n nicht mehr gerechtfertigt, bei starker Energieabhängigkeit der Streuphase ergeben sich dabei weitere zu beachtende Korrekturen (Rennert, 72).

Die Summation über alle Drehimpulse liefert

$$\Delta n(r) = A \frac{\cos (2k_F r + \Phi)}{r^3}, \qquad A = \frac{\sqrt{a^2 + b^2}}{2\pi^2}, \qquad \tan \Phi = \frac{a}{b} \tag{43}$$

mit

$$a = \sum_l (-1)^l (2l + 1) \sin^2 \eta_l , \qquad b = \sum_l (-1)^l (2l + 1) \sin \eta_l \cos \eta_l . \tag{44}$$

Die Oszillationen (43) der Ladungsdichte werden als Friedel-Oszillationen bezeichnet. Sie sind wegen der Abhängigkeit $\sim r^{-3}$ im Gegensatz zu Abschirmeffekten in der Thomas-Fermi-Näherung relativ langreichweitig. Sie sind typisch bei Störungen im homogenen Elektronengas und treten analog auch bei Oberflächen auf. Die Periodenlänge $2\pi/k_F$ der Oszillationen ist eine reine Eigenschaft des Wirtskristalls und hängt unmittelbar mit der unstetigen Änderung der Besetzungszahl der Elektronen an der Fermi-Energie zusammen, die beim Integral (41) zu dem räumlich periodischen Verhalten führt. Auch im allgemeinen Falle (36) zeigt die Abhängigkeit von $\boldsymbol{R}_j$ dieses Verhalten. Die Periodenlänge hängt dabei allerdings von der Richtung von $\boldsymbol{R}_j$ ab.

Die Unstetigkeit des Integrals (41) wird von den Werten $\boldsymbol{k}$ auf der Fermi-Fläche bestimmt, für die die Normale auf der Fermi-Fläche mit der Richtung von $\boldsymbol{R}_j$ übereinstimmt. Die Periodenlänge der Friedel-Oszillationen wird dann von der Projektion der $\boldsymbol{k}$-Werte auf diese Richtung festgelegt.

Amplitude A und Phase Φ der Oszillationen werden analog zu (43) und (44) durch die Streueigenschaften des Fremdatoms gegeben. Für praktische Rechnungen werden die Koeffizienten der Greenschen Funktion $\mathcal{G}^{0i}$ benötigt. Diese lassen sich nach Lehmann (75) mit dem in [4.4] beschriebenen H-NFE-TB-Verfahren berechnen.

Für die Berechnung der T-Matrix des Defekts werden ebenfalls die $\mathcal{G}^{ij}$ für die Plätze, über die sich der Defekt erstreckt, benötigt. Bei stark lokalisierten Defekten sind das nur die Koeffizienten $\mathcal{G}^{00}$ aus (14). Ihr Imaginärteil hängt mit den partiellen Zustandsdichten zusammen und wird ebenfalls bei der Berechnung der effektiven Elektron-Phonon-Wechselwirkung in [9] benötigt.

Rechnungen mit Hilfe der Lösungen der KKR-Gleichungen werden von Harris (70) und Zeller und Dederichs (79) angegeben. Die Streueigenschaften von Clustern unter Berücksichtigung der Gitterdeformation werden formal von Lodder (76, 77) betrachtet. Wegen der großen Reichweite der elastischen Deformationsfelder ist das wenig sinnvoll, wenn nicht für große Abstände der Einfluß des Gitterpotentials im Sinne des bereits in den dreißiger Jahren benutzten Deformationspotentials genähert (s. Ziman, 76) berücksichtigt und das eigentliche Gleichungssystem für die Greensche Funktion bei kleineren Werten abgebrochen wird.

4.6. Ergebnisse von Bandberechnungen für Übergangs- und Edelmetalle und ihre Verbindungen

4.6.1. Besonderheiten der Bandstruktur dieser Gruppe

Wie die Ergebnisse von [4.2] zeigen, liegen bei der Fermi-Energie die Streuphasen für die s- und p-Anteile der Wellenfunktion in der Nähe von Vielfachen von π; d. h., diese Elektronen werden von den Streuzentren nur schwach beeinflußt. In den einfachen Metallen ist die Bandstruktur daher durch die Eigenschaften fast freier Elektronen unter Einwirkung eines schwachen Pseudopotentials, das zu Abweichungen vom parabelförmigen Bandverlauf in der Nähe der Zonengrenze führt, gekennzeichnet.

Bei Übergangs- und Edelmetallen ist die scharfe Resonanz der d-Elektronen mit der Breite Γ bei der Energie ε_d in der Nähe der atomaren d-Niveaus wesentlich. Die Wellenfunktionen der d-Elektronen sind dabei räumlich bedeutend stärker lokalisiert als die der s- und p-Elektronen. Beim Übergang zum Kristall hat das eine wesentlich geringere Überlappung der Wellenfunktionen benachbarter Atome und damit schmale d-Bänder zur Folge, die innerhalb des Bandes der fast freien Elektronen liegen, das aus den s- und p-Elektronen hervorgegangen ist. Diese Situation wird in anschaulicher Weise durch das in [4.4] abgeleitete H-NFE-TB-Schema der Bandberechnung berücksichtigt. Die verschiedenen Übergangs- und Edelmetalle unterscheiden sich dabei im wesentlichen durch die Lage ε_d der d-Bänder relativ zum Band der freien Elektronen, ihre Resonanzbreite Γ, die durch die verfügbare Anzahl N der Leitungselektronen gegebene Auffüllung der Bänder bis zur Fermi-Energie ε_F und ihre Gitterstruktur. Diese Besonderheiten sollen im folgenden qualitativ an Hand einiger Berechnungen mit dem H-NFE-TB-Schema diskutiert werden.

4.6.2. Reine Übergangs- und Edelmetalle

Die stabilen Tieftemperaturphasen reiner Übergangs- und Edelmetalle sind nach Tab. 7.1-1 die hexagonal dichte Packung (hdp, $N = 3, 4$), die kubisch raumzentrierte Struktur (krz, $N = 5, 6$), erneut die hdp-Struktur ($N = 7, 8$) und die kubisch flächenzentrierte Struktur (kfz, $N = 9, 10, 11$). Dabei besteht eine enge Korrelation zwischen Struktur und Anzahl der Leitungselektronen N. Ausnahmen bilden lediglich Mn, Fe und Co, wo die magnetische Wechselwirkung Abweichungen hervorruft. Für die Lanthaniden ist nicht Lanthan, sondern Lutetium wegen der abgeschlossenen f-Schale als Vertreter zu betrachten. Abb. 4.6-1 zeigt die berechnete Bandstruktur von Kupfer (Urwank u. a., 75), das im kfz Gitter kristallisiert. Man erkennt deutlich den vom Punkte Γ_1 bei 13 m*ryd* ausgehenden parabelförmigen Verlauf für das Band der fast freien Elektronen zu den Punkten X_4', L_2', bzw. K_3 (für die Bezeichnung der Symmetriepunkte siehe [A 1]) sowie die fünf schmalen, im Energiebereich von 0,25 *ryd*

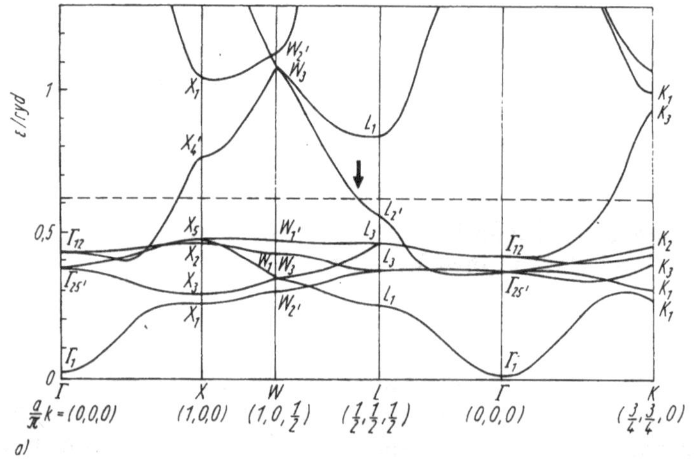

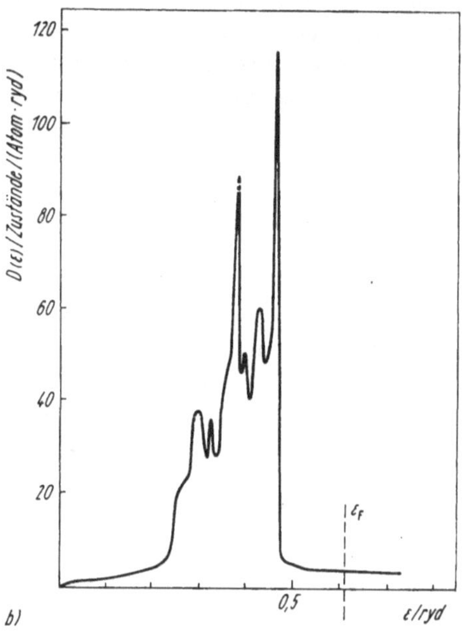

Abb. 4.6-1. a) Bandstruktur von Kupfer nach Urwank u. a. (75). Das Kristallpotential wurde mit der Mattheiss-Konstruktion, Slater-Austausch ($\alpha = 1$) und atomaren Herman-Skillman-Wellenfunktionen erhalten, Gitterkonstante $a = 6{,}83087\ a_0$; $V_{\mathrm{MTZ}} = -1{,}281 ryd$ wurde als Nullpunkt der Energieskala gewählt. Die gestrichelte Linie markiert die Fermi-Energie. b) Zustandsdichte für Kupfer, berechnet mit der Tetraedermethode [A 4]

bis 0,48 *ryd* liegenden *d*-Bänder. Im Kreuzungsbereich der Bänder treten meist keine Überschneidungen auf, d. h., beide Gruppen wechselwirken dort miteinander: sie hybridisieren. Sie wechselwirken nur dann nicht, wenn sie zu verschiedenen Symmetrietypen gehören. Dieser Fall kann nur auf Linien mit vorhandenen Symmetrien auftreten, nicht aber an beliebigen Punkten in der Brillouin-Zone. Nach (4.4-66 u. 31) wird die Stärke der Hybridisierung ebenfalls durch den Parameter Γ gegeben.

Bei den Edelmetallen sind die zehn *d*-Bänder gefüllt, so daß die Fermi-Energie oberhalb der *d*-Bänder im Band der fast freien Elektronen liegt und die Fermi-Fläche nahezu kugelförmig ist. Die markantesten Abweichungen davon treten in der Nähe des Punktes L auf der Brillouinschen Zonengrenze auf, wo der Fermi-Körper Hälse zur benachbarten Zone aufweist. Die Ursache dafür ist, daß $L_{2'}$ unterhalb ε_F

liegt, so daß die Zustände von $L_{2'}$ in Richtung des Punktes W besetzt sind (bis zu der in Abb. 4.6-1 mit einem Pfeil markierten Stelle). Die Zustandsdichte ist in Abb. 4.6-1b) dargestellt. Das d-Band zeigt eine für kfz Metalle typische Struktur mit drei Peaks. Im Bereich der Fermi-Energie ist die Zustandsdichte bereits beträchtlich abgesunken. Die Hybridisierung auf der Linie ΓX führt zu einem Gap zwischen dem ersten und zweiten Band, der sich in der Zustandsdichte als leichter Sattel zu Beginn des d-Bandes äußert. Infolge der Hybridisierung haben die Zustände an der Fermi-Fläche noch starke d-Anteile.

Die konkrete Form der Fermi-Fläche hängt natürlich vom verwendeten Kristallpotential ab. Hierin liegen auch die Unterschiede für die bisher veröffentlichten Bandstrukturberechnungen begründet; der signifikanteste liegt in der relativen Lage von d- und s-Band. Shaw u. a. (72) versuchten, die gemessene Fermi-Fläche durch Anpassung der Streuphasen η_0 bis η_3 im KKR-Schema sehr genau zu reproduzieren. Da das Ergebnis nur geringfügig von V_{MTZ} abhängt (vgl. die Diskussion in [4.3]), gibt es viele Sätze von Streuphasen, die das mit gleicher Güte gestatten. Erst die Beschreibung durch die entsprechenden logarithmischen Ableitungen L_l vermeidet diese Vieldeutigkeit. Zur Reproduktion der experimentellen Ergebnisse im Rahmen der Meßgenauigkeit erwies sich die Einbeziehung relativistischer Effekte als erforderlich.

Noch wichtiger ist deren Betrachtung für die schwereren Edelmetalle Silber und Gold. Das Ergebnis einer relativistischen H-NFE-TB-Rechnung für Gold ist in Abb. 4.6-2 dargestellt (Fleck u. a., 80, Wonn u. Fleck, 80, Ziesche u. a., 80). Die Klassifizierung der Energieniveaus erfolgt nach der in (A 1.7) behandelten Doppelgruppe. Infolge der Inversionssymmetrie des Gitters treten nur mindestens zweifach entartete Darstellungen auf [A 1.8], sie und ihre Charaktere sind für den Punkt Γ der Tab. A 1-11 zu entnehmen. Γ_1 geht im relativistischen Fall in Γ_6^+ über, $\Gamma_{25'}$ spaltet in Γ_7^+ und Γ_8^+ (vierfach entartet) auf, und aus Γ_{12} entsteht ebenfalls eine Darstellung

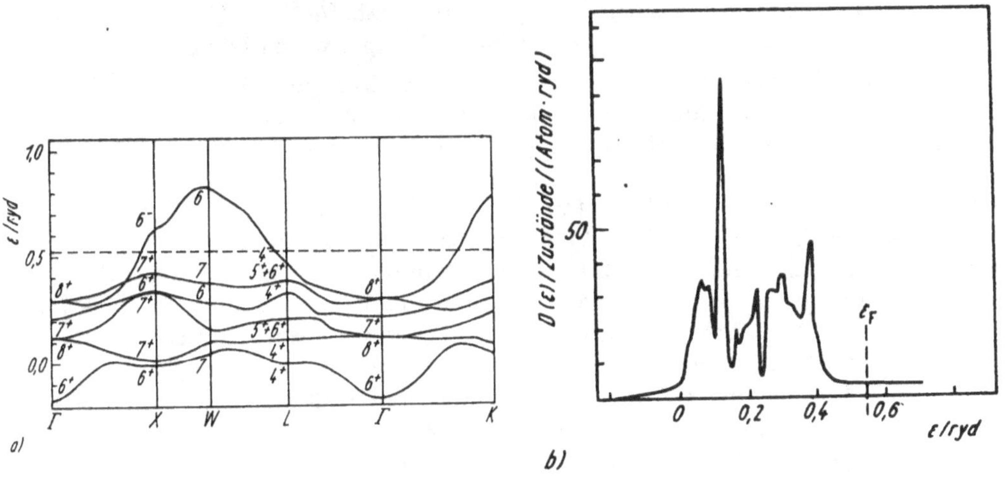

Abb. 4.6-2. a) Relativistische Bandstruktur von Gold. Das Kristallpotential wurde analog zu Kupfer berechnet (vgl. Abb. 4.6-1). Die Wellenfunktionen der freien Atome sind Lösungen der radialen Dirac-Gleichung (Liberman u. a., 65); Gitterkonstante $a = 7{,}68130\ a_0$, $V_{\mathrm{MTZ}} = -1{,}130\ ryd$, $\varepsilon_{\mathrm{F}} = 0{,}537\ ryd$ (gestrichelte Linie). b) Zustandsdichte für Gold

Γ_8^+. Das d-Band ist für Gold fast doppelt so breit wie für Kupfer, und das Minimum des s-Bandes sinkt unterhalb V_{MTZ} ab. Letzteres ist eine Folge der relativistischen Massenkorrektur und des Darwin-Fowler-Termes (4.2-32), der nur auf s-Zustände wirkt. Wie der Bandverlauf von L nach W bei ε_{F} zeigt, bleibt der Hals der Fermi-Fläche erhalten. Die in Abb. 4.6-2 angegebene Bandstruktur stimmt gut mit einer relativistischen APW-Rechnung von Christensen und Seraphin (71) überein. Die maximalen Abweichungen sind kleiner als 15 m*ryd*.

Die elektronischen Bandstrukturen der anderen kfz Übergangsmetalle Rh, Pd, Ir und Pt zeigen eine große Ähnlichkeit zu denen der Edelmetalle. Die Energie der d-Resonanz ε_d steigt mit sinkender Zahl N der Leitungselektronen, und entsprechend nimmt auch die Resonanzbreite Γ zu, da bei höheren Energien das Zwischenmaximum im Potential leichter überwunden werden kann. Durch das kleinere N kommt die Fermi-Energie in den Bereich der d-Bänder. Die Fermi-Fläche bekommt daher komplizierte Formen und besteht in der Regel aus mehreren Teilen.

Die Muffin-Tin-Potentiale liefern gute Ergebnisse für die Fermi-Flächen; die Korrekturen des Potentials im Zwischengebiet verursachen Abweichungen der Energiebänder von 5 bis 10 m*ryd*, die Korrekturen infolge Abweichungen von der Kugelsymmetrie in den MT-Kugeln sind für Pd geringer, dominieren jedoch für Nb (Dye u. a., 78). Die Anpassung der Streuphasen an experimentelle Daten der Fermi-Flächen zeigen jedoch, daß zur Erreichung der experimentellen Genauigkeit sowohl die Spin-Bahn-Kopplung als auch die Abweichungen von der Kugelsymmetrie berücksichtigt werden müssen.

Als Beispiel für krz Metalle ist in Abb. 4.6-3 die Bandstruktur von Vanadium dargestellt (Woittennek, 75). Die Zustände H_{12} und N_3, die die untere und obere Grenze des d-Bandes festlegen, sind reine, unhybridisierte d-Zustände. Das tiefe Minimum der Zustandsdichte bei 0,6 *ryd* ist typisch für die krz Metalle und spielt eine wichtige Rolle für die Bestimmung der Stabilität der krz Struktur. In Richtung ΓH ist für das Δ_1-Band eine starke Hybridisierung zu beobachten, während das Δ_5-Band nur schwach mit Zuständen fast freier Elektronen mit hoher Energie wechselwirkt.

Die meisten Bandstrukturberechnungen in dieser Gruppe wurden für Niob durchgeführt (Mattheiss, 70), für das auch sehr umfangreiche experimentelle Daten vorliegen (für eine Zusammenstellung siehe z. B. Mackintosh u. Andersen, 78). Elyashar und Koelling (77) studierten für Nb an Hand von Rechnungen mit der selbstkonsistenten relativistischen APW-Methode ausführlich den Einfluß von Korrekturen des Muffin-Tin-Potentials und der Selbstkonsistenz auf die Bandstruktur. Die relativistische Rechnung liefert ein Absenken des Bandbodens um 25 m*ryd* (s-Zustände) und eine Verringerung der Breite des d-Bandes um 10% gegenüber der nichtrelativistischen Rechnung. Die Korrekturen zum MT-Potential sowohl innerhalb als auch außerhalb der MT-Kugeln bewirken Änderungen der Energiezustände von etwa 10 bis 15 m*ryd*. Das Mattheiss-Potential (das dem Potential in der Näherung der lokalen Dichte nach Kohn und Sham sehr nahekommt) liefert unter Beachtung relativistischer Korrekturen gegenüber der selbstkonsistenten Rechnung mit $\alpha = 2/3$ bessere Übereinstimmung mit den gemessenen Parametern der Fermi-Fläche. Generell liefert die Mattheiss-Konstruktion etwa dieselben Energieeigenwerte wie eine selbstkonsistente Rechnung mit einem um 2/9 kleineren α-Wert. Dieser Kompensationseffekt gilt nicht für die Wellenfunktion.

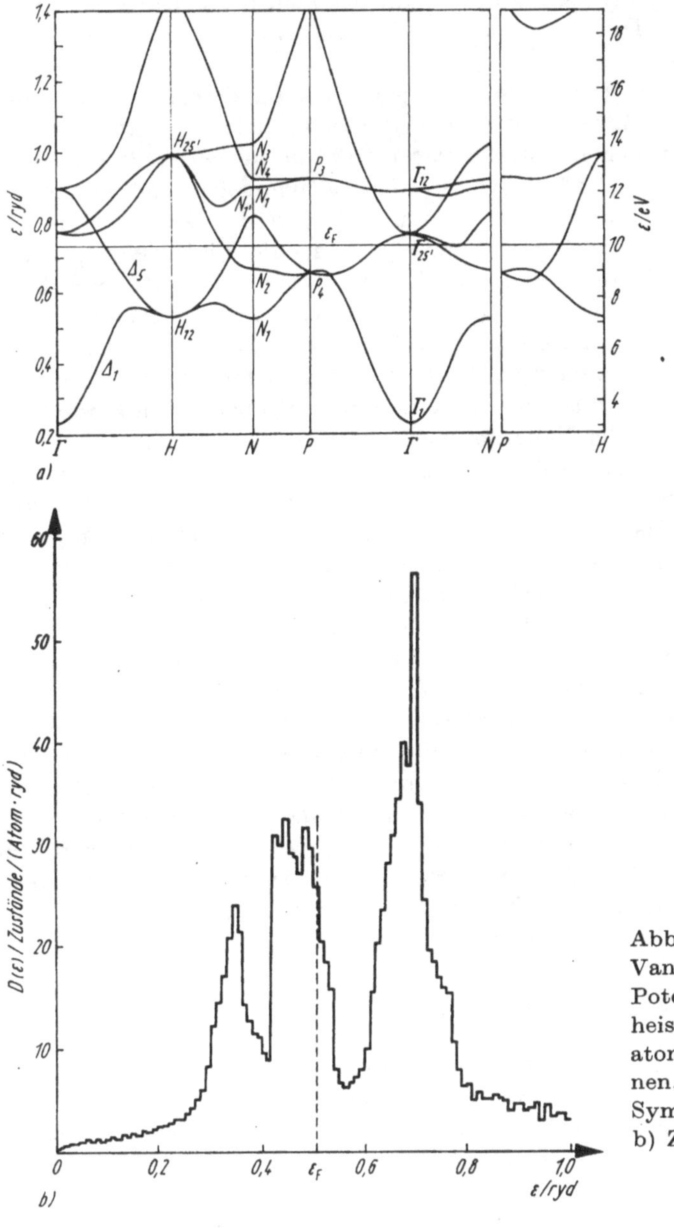

Abb. 4.6-3. a) Bandstruktur von Vanadium nach Woittennek (75), Potentialkonstruktion nach Mattheiss, Slater-Austausch ($\alpha = 1$), atomare Watson-Wellenfunktionen. Für die Bezeichnung der Symmetriepunkte s. Abb. A 1-5. b) Zustandsdichte für Vanadium

Chrom beansprucht wegen seiner antiferromagnetischen Ordnung bei tiefen Temperaturen, die die Form statischer Spindichtewellen längs der [100]-Richtung annimmt, besonderes Interesse. Dafür ist die über größere Gebiete nahezu ebene Fermi-Fläche verantwortlich.

Da hdp-Metalle zwei Atome pro Elementarzelle besitzen, zeigen sie eine kompliziertere Bandstruktur. Der wesentliche Unterschied der beiden Gruppen mit $N = 3, 4$

und $N = 7, 8$ besteht darin, daß sich ε_d und Γ mit der Zahl der Leitungselektronen verringern. Eine detaillierte Diskussion der hdp-Metalle wird von Jepsen u. a. (75) gegeben.

Das Einteilchenmodell und die sich daraus ergebenden Bandstrukturen erweisen sich für das Verständnis der Eigenschaften der Übergangsmetalle als recht erfolgreich. Die Trends der wesentlichen Potentialparameter, die in den dicht gepackten metallischen Strukturen fast unabhängig von der Kristallsymmetrie sind, können im wesentlichen auf der Basis atomarer Eigenschaften erklärt werden. Besonders für die schweren Metalle ist für eine quantitative Beschreibung die Einbeziehung relativistischer Effekte erforderlich. Der Vergleich mit dem Experiment zeigt, daß die in den meisten Rechnungen verwendete nicht-selbstkonsistente Standardvorschrift für die Berechnung des Potentials nach Mattheiss mit der Slater-Näherung für Austausch- und Korrelationseffekte eine Genauigkeit von 10 bis 20 m*ryd* liefert. Korrekturen zum MT-Potential liefern eine Änderung von etwa derselben Größenordnung wie auch selbstkonsistente Potentiale in der Näherung der lokalen Dichte. Die Hauptaspekte der Stabilität der einzelnen Kristallstrukturen (vgl. [7]) können auf dieser Basis ebenso wie die Gitterkonstanten, der Elastizitätsmodul und die magnetischen Eigenschaften von ersten Prinzipien her (Mackintosh u. Andersen, 80) verstanden werden.

Auch die mit dem Standardpotential berechneten Energiedifferenzen stimmen im allgemeinen gut mit denen aus der optischen und Ultraviolettspektroskopie innerhalb einer Genauigkeit von 10 bis 20 m*ryd* überein. Die Weiterentwicklung der in selbstkonsistenten Bandberechnungen benutzten Potentiale eröffnet eine gute Perspektive für die breite Untersuchung der Übergangsmetalle.

Nemoshkalenko u. a. (82) geben auf der Grundlage nichtselbstkonsistenter vollrelativistischer APW-Rechnungen einen Überblick zum Einfluß relativistischer Effekte auf elektronische Struktur und weiche Röntgen-Emissionsspektren aller 5d-Übergangsmetalle Lu, ... , Au. Die Bandstruktur von Aktiniden wird ausführlich von Johansson u. a. (81) untersucht (s. auch Weinberger, 82). Verschiedentlich wird die Druck- bzw. Volumenabhängigkeit der Bandstruktur untersucht, so z. B. die Spin-Bahn-Aufspaltung in Au (Christensen, 82). Für Xe ergibt sich unter Druck ein Isolator-Metall-Übergang (Christensen u. Wilkins, 81).

4.6.3. Verbindungen der Übergangsmetalle

Bei intermetallischen Verbindungen können die verschiedenen Atomsorten sowohl in geordneter Form die Gitterplätze besetzen und dabei eine Überstruktur bilden oder auch — wie bei Mischkristallen — sich statistisch ungeordnet über die Gitterplätze verteilen. Der letztere Fall ungeordneter Systeme erfordert zusätzliche Betrachtungen und wird in diesem Buch nicht weiter behandelt.

Bei Verbindungen gelten dieselben Grundprinzipien wie bei reinen Metallen, es sind jedoch einige Besonderheiten zu beachten. Die größten Probleme liegen bei der Wahl des Kristallpotentials. Durch die starken räumlichen Schwankungen der Ladungsdichte und die gegenüber reinen Metallen weniger symmetrische Umgebung wird die Potentialbestimmung wesentlich schwieriger als bei reinen Metallen. Konstruiert man das Potential nach der Mattheiss-Vorschrift, hängt der genaue Bandverlauf mehr oder weniger stark davon ab, welche atomaren Konfigurationen man benutzt, ob man Umladungseffekte berücksichtigt und welche Näherung man für das

Austausch- und Korrelationspotential verwendet. Man hat damit eine größere Anzahl freier Parameter als bei reinen Metallen. Bei intermetallischen Verbindungen muß man daher verstärkt selbstkonsistente Rechnungen fordern, weil sich diese Parameter dann (bis auf das Austauschpotential, vgl. [2]) aus der Rechnung ergeben.

Mit steigender Zahl der Atome je Elementarzelle wächst der Rechenaufwand für intermetallische Phasen so stark an, daß bald eine Grenze erreicht ist, wo die Rechnungen nicht mehr durchführbar sind bzw. der Aufwand nicht mehr vertretbar ist. Bei APW- und KKR-Rechnungen wird bei komplizierten Strukturen daher oft das Energiespektrum nur noch an einigen Symmetriepunkten berechnet, wo das Eigenwertproblem durch Symmetriebetrachtungen stark vereinfacht werden kann. Durch Interpolationsverfahren wird dann versucht, das Zwischengebiet zu beschreiben und ein genügend dichtes Netz von k-Werten für die Berechnung der Zustandsdichte (s. [A 4]) zu gewinnen. Dabei muß jedoch mit größeren Unsicherheiten gerechnet werden. Wesentlich erfolgversprechender erscheint wegen des geringeren Rechenaufwands hier die Anwendung der H-NFE-TB- oder der LMTO-Methode.

Infolge der großen Zahl von Atomen bzw. Elektronen pro Elementarzelle vergrößert sich einerseits die Gitterkonstante a, und die Ausdehnung der Brillouin-Zone $\sim a^{-1}$ verringert sich, andererseits sind wesentlich mehr besetzte Bänder als in reinen Metallen vorhanden. Die Zustandsdichte ist daher ebenfalls stärker strukturiert.

Als konkretes Beispiel soll hier die (nichtmagnetische) intermetallische Verbindung FeAl behandelt werden. Sie kristallisiert in der $B2$- oder CsCl-Struktur, die ein krz Gitter bildet. Im Mittelpunkt der Würfel sitzen die Atome der einen Sorte, die der anderen an den Würfelecken. In gewissem Sinne kann diese Struktur als einfachstes Modell dienen, das die wesentlichen Charakteristika der intermetallischen Verbindungen aufweist. Die mit der H-NFE-TB-Methode von Ziesche u. a. (78) berechnete Bandstruktur ist in Abb. 4.6-4 dargestellt. Deutlich zu erkennen ist das von Γ ausgehende NFE-Band. Der schwache Gap an der Zonengrenze liegt wegen der geringeren Größe der Brillouin-Zone im Gegensatz zu den reinen Metallen unterhalb des d-Bandes (am Punkte X bei $X_{4'}$ und X_1): am Punkt R fällt der Gap in den Bereich des d-Bandes. Γ_1 ist ein reiner s-Zustand mit Anteilen des Fe- und des Al-Atoms. Bei Γ_{12}, $M_{5'}$, $\Gamma_{25'}$, X_3 und M_2 liegen unhybridisierte d-Zustände des Eisens, bei $R_{2'}$ ein reiner s-Zustand von Aluminium vor. Die Breite der d-Bänder ist durch den Abstand der Niveaus $\Gamma_{25'}$ und X_1 gegeben. Sie nimmt in der Reihe VAl, CrAl, FeAl, CoAl, NiAl (Müller u. a., 78) entsprechend 450, 420, 340, 300, 235 m*ryd* ab. Diese Tendenz ist auch von den reinen Übergangsmetallen bekannt und rührt von der mit der Kernladungszahl Z anwachsenden Coulomb-Anziehung im Potential her, die die Resonanzenergie ε_d und damit die Resonanzbreite Γ des Übergangsmetalls verringert und zu einer stärkeren Lokalisation der d-Elektronen führt. Außerdem verringert sich die Breite des d-Bandes gegenüber den reinen Übergangsmetallen, obwohl die Resonanzbreite im reinen Metall etwas geringer ist als in der Verbindung. Dieses auf den ersten Blick überraschende Verhalten zeigt, daß die Bandbreite sowohl von der Eigenschaft des einzelnen Streuzentrums als auch vom Abstand, der Zahl und der Art der nächsten Nachbarn im Kristall abhängt. Für krz Eisen mit derselben Gitterkonstante wie FeAl ergibt sich für den Abstand der Niveaus $H_{25'}$ und H_{12} 340 m*ryd*, während in FeAl mit demselben Γ für das Eisenatom die entsprechenden Niveaus $\Gamma_{25'}$ und Γ_{12} infolge des größeren Abstandes der Eisenatome nur um 180 m*ryd* getrennt sind (Ziesche u. a., 78).

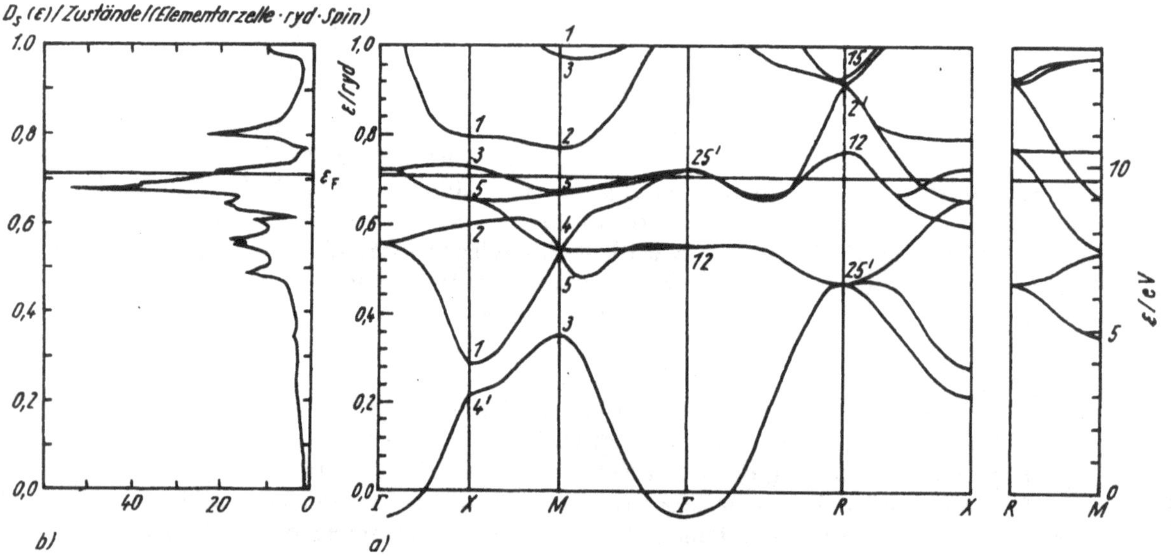

Abb. 4.6-4. a) Bandstruktur von FeAl ($B2$-Struktur) nach Ziesche u. a. (78), Potentialkonstruktion nach Mattheiss, Slater-Austausch ($\alpha = 1$), atomare Herman-Skillman-Wellenfunktionen. Für die Bezeichnung der Symmetriepunkte und der Darstellungen s. Abb. A 1-7 bzw. Tab. A 1-4. Gitterkonstante $a = 5{,}4973\ a_0$, $E_{\Gamma_1} = -0{,}052\ ryd$, Konfiguration Fe: $3d^7 4s^1$; Al: $3s^2 3p^1$, Energiewerte für die Linearisierung: $\varepsilon_1 = 0{,}61\ ryd$, $\varepsilon_2 = 0{,}71\ ryd$. b) Zustandsdichte von FeAl, berechnet mit der Tetraedermethode [A 4] bei 120 Stützpunkten in 1/48 der Brillouin-Zone

Das vom Punkte X_1 sowohl in Richtung von R als auch in Richtung von M aus verlaufende sehr flache Band gibt Anlaß zu einer scharfen Spitze in der Zustandsdichte bei etwa 0,8 *ryd*.

Bis auf die bereits diskutierte Änderung der Breite der d-Bänder bleibt die qualitative Form der Bandstruktur und der Zustandsdichte in der Reihe VAl, CrAl, FeAl, CoAl, NiAl erhalten, die Fermi-Energie wandert wegen der zunehmenden Zahl der Leitungselektronen jedoch nach höheren Werten. Sie liegt bei VAl an der linken Flanke des starken Maximums, bei CrAl etwa in seiner Mitte, bei FeAl an der rechten Flanke bei 710 *mryd*; bei CoAl im Gebiet des anschließenden tiefen Minimums und bei NiAl oberhalb des nächsten Maximums bei X_1 (obere Grenze des d-Bandes). Nach den in [7] näher erläuterten Argumenten ist die Stabilität eines Systems groß, wenn die Fermi-Energie an der oberen Grenze eines Gebietes hoher Zustandsdichte liegt. Das ist am besten für CoAl, aber auch für FeAl und NiAl erfüllt. Dieses Ergebnis korrespondiert mit den beobachteten Umwandlungstemperaturen für die homogene $B2$-Phase (FeAl: 1250 °C, CoAl: 1645 °C, NiAl: 1638 °C). Die $B2$-Phase für CrAl ist dagegen instabil.

In der Reihe TAl wurde für das Übergangsmetall T jeweils die Elektronenkonfiguration $(3d)^{N-1}\,(4s)^1$ gewählt, was durch die Auffüllung der Bänder bestätigt wird im Gegensatz zu der APW-Rechnung von Okochi (75), der für FeAl die Konfiguration $(3d)^6\,(4s)^2$ verwendete und viel zu schmale d-Bänder erhielt. Die H-NFE-TB-Bandstrukturen stimmen gut mit Messungen der Feinstruktur von Röntgen-Linien (Müller, 78) und auch für CoAl und NiAl mit Rechnungen von Moruzzi u. a. (74) und Conolly und Johnson (71) sowie für FeAl, CoAl und NiAl mit selbstkonsistenten APW-Rechnungen von Pechter u. a. (81) überein. Unter Verwendung lokaler partieller Zustandsdichten werden die Röntgen-Spektren und Umladungen in der Reihe TAl diskutiert (Müller u. Ziesche, 82, Müller u. a., 83).

Als weiteres Beispiel soll die Bandstruktur der $A15$-Phasen dargestellt werden. Mit acht Atomen pro Elementarzelle sind sie schon ziemlich kompliziert. Die mit 1 bis 6 in Abb. A 1-6 bezeichneten Gitterplätze auf den Würfelflächen der kubischen Elementarzelle (A-Plätze) sind mit Übergangsmetallatomen besetzt, die Ecken und das Zentrum mit zwei meist Nichtübergangsmetallatomen (B-Plätze). Die $A15$-Phasen sind von besonderem Interesse, da zu ihnen eine Reihe von Materialien gehört, die die höchsten bisher bekannten kritischen Temperaturen T_c für den Übergang in den supraleitenden Zustand zeigen, nämlich Nb_3Ge ($T_c = 23{,}2$ K), Nb_3Al (18,9 K), $Nb_3Al_{0,763}Ge_{0,237}$ (21,05 K), Nb_3Ga (20,3 K), Nb_3Sn (18,3 K), V_3Si (17,6 K) und V_3Ga (16,8 K). Insgesamt sind bisher 11 binäre $A15$-Phasen mit kritischen Temperaturen über 10 K bekannt. Ihre A-Atome sind ausnahmslos Nb bzw. V. Diese Verbindungen sind zum Teil ausführlich experimentell untersucht worden. Mit den hohen T_c-Werten verbunden sind Besonderheiten im Temperaturverhalten einer Reihe von Meßgrößen wie der elektrischen Leitfähigkeit, der magnetischen Suszeptibilität, der Knight-Verschiebung und der elastischen Konstanten, die mit dem Auftreten weicher Phononenmoden zusammenhängen und bei einigen Vertretern zu einer kubisch-tetragonalen Phasenumwandlung bei tiefen Temperaturen führen können. Bei V_3Si und Nb_3Sn sind diese Erscheinungen besonders stark ausgeprägt. Sie zeigen außerdem ungewöhnlich hohe Werte des elektronischen Anteils der Wärmekapazität.

Diese Eigenschaften können durch eine scharfe Spitze bzw. durch ein Gebiet scharfer Änderung der elektronischen Zustandsdichte in der Nähe der Fermi-Energie gedeutet bzw. verstanden werden (Clogston u. Jaccarino, 61, Labbé u. Friedel, 66, Cohen u. a., 67). Charakteristisch für diese Änderungen ist ein außerordentlich schmales Energiegebiet von 2 bis 4 m*ryd*. Mehrere Modelle benutzen die kettenförmige Anordnung der A-Atome, die zu einem eindimensionalen Anregungsspektrum mit den benötigten Singularitäten führt. Diese empirischen Modelle und die Berechnung der Meßgrößen sollen hier jedoch nicht besprochen werden. (Für einen Überblick zu diesen Fragen s. etwa Weger u. Goldberg, 73, oder Rennert u. Lehmann, 77). Die Parameter der einfachen Modelle und die Fermi-Energie müssen empirisch an Meßgrößen angepaßt werden. Modelle dieser Art sind daher nicht in der Lage, Trends hinsichtlich unterschiedlicher A- bzw. B-Atome zu erkennen bzw. Aussagen zu ihrer Gültigkeit zu gewinnen. Das können nur Methoden, die von ersten Prinzipien ausgehen. Wegen des hohen Rechenaufwands bei Bandstrukturberechnungen für eine so komplizierte Gitterstruktur berechnete Mattheiss (65, 75) mit der APW-Methode nur die Energieeigenwerte an vier hochsymmetrischen Punkten des k-Raumes mit einem Konvergenzfehler von 30 bzw. 3 m*ryd*. Wegen der erforderlichen Interpolation der Werte zwischen diesen Punkten sind die Aussagen über feine Details der Zustandsdichte unsicher.

In Abb. 4.6-5 sind die Ergebnisse einer H-NFE-TB-Rechnung für V_3Si von Lehmann u. a. (77, 79) dargestellt. Dabei wurden neben den 30 stark lokalisierten d-Zuständen der sechs A-Atome noch 30—40 ebene Wellen (in Abhängigkeit vom konkreten $\boldsymbol{k}$-Wert) berücksichtigt. Weitere 40 bis 50 ebene Wellen wurden gemäß (4.4-63

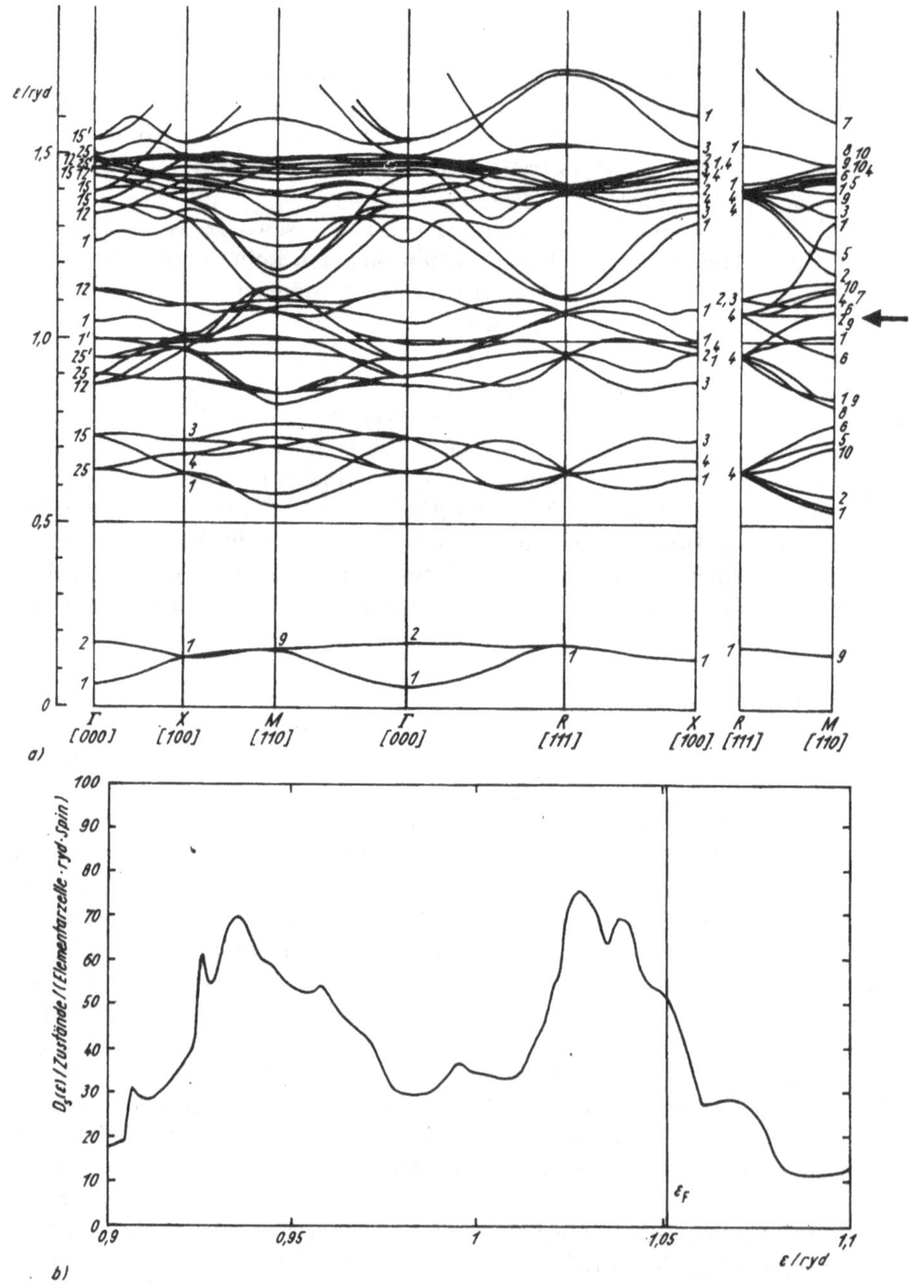

Abb. 4.6-5. a) Bandstruktur von V_3Si ($A15$-Struktur) nach Lehmann u. a. (77, 79), Potentialkonstruktion nach Mattheiss, Slater-Austausch ($\alpha = 1$), atomare Herman-Skillman-Funktion. Die Bezeichnungen der Symmetriepunkte in der Brillouin-Zone sowie der Charaktere der Darstellungen sind aus Abb. A 1-7 bzw. Tab. A 1-6, A 1-9 und 10 ersichtlich. Als Energienullpunkt wurde V_{MTZ} gewählt. $\varepsilon_F = 1{,}051$ *ryd*, Gitterkonstante $a = 8{,}923\, a_0$. b) Zustandsdichte von V_3Si nach der Tetraedermethode im Energiebereich 0,9 *ryd* bis 1,1 *ryd*

und 64) über eine Störungsrechnung einbezogen. Im Vergleich dazu wurden in den in diesem Kapitel behandelten anderen H-NFE-TB-Rechnungen jeweils fünf *d*-Zustände und im Falle der reinen Übergangsmetalle 9—13 ebene Wellen berücksichtigt. Die Tatsache, daß bei intermetallischen Verbindungen wesentlich mehr ebene Wellen als bei reinen Übergangsmetallen berücksichtigt werden müssen, wird dadurch belegt, daß selbst bei freien Elektronen die Fermi-Energie von V_3Si das 9. bis 19. Band berühren würde. Als weitere Besonderheit für kompliziertere intermetallische Verbindungen tritt bei *A*15-Phasen auf, daß infolge der starken Hybridisierung der Verlauf der NFE-Bänder nicht mehr so deutlich hervortritt wie bei reinen Übergangsmetallen bzw. bei *B*2-Verbindungen. Die erforderliche Begrenzung des Satzes der ebenen Wellen und die Linearisierung der Matrixelemente bezüglich der Energie sind neben der Wahl des Potentials die beiden einzigen Näherungen. Beschränkt man sich jedoch auf einen Energiebereich der Breite 0,2 *ryd* um ε_F, beträgt der abgeschätzte Fehler etwa 3 m*ryd*.

In Abb. 4.6-5 sind die beiden untersten Bänder der *s*-Elektronen der Si-Atome deutlich abgetrennt. Danach folgt eine Gruppe von sechs Bändern, die hauptsächlich aus den *p*-Zuständen der Si-Atome gebildet werden. Infolge der Linearisierung der Matrixelemente hinsichtlich der Energie in der Nähe von ε_F sind die Abstände dieser Bänder von ε_F mit Fehlern behaftet, die bei Linearisierung um eine kleinere Energie vermieden werden können. Über den *p*-Zuständen des Si liegen die Bänder der *d*-Elektronen des V, die mit Zuständen fast freier Elektronen und auch Anteilen der Si-Zustände vermischt sind. Die *d*-Zustände sind deutlich in eine bindende und antibindende Gruppe getrennt, wobei sich die Fermi-Energie (38 Elektronen je Elementarzelle) $\varepsilon_F \approx 1{,}052$ *ryd* an der oberen Grenze der bindenden Gruppe befindet, während die Resonanzenergie der *d*-Zustände $\varepsilon_d = 1{,}28$ *ryd* in der antibindenden Gruppe liegt. Eine starke Häufung von Bändern tritt zwischen 1,3 und 1,5 *ryd* auf. Diese prinzipielle Struktur ist für alle *A*15-Verbindungen typisch, wie weitere Rechnungen zeigen (Mattheiss, 75, Jarlborg u. Arbmann, 77, Klein u. a., 78).

Die Zustandsdichten spiegeln diese Verhältnisse wider. Man beachte dabei, daß in Abb. 4.6-5b) nur ein Ausschnitt im Energiebereich von 0,9 bis 1,1 *ryd* dargestellt ist. Beachtenswert ist, daß die Fermi-Energie in der Nähe einer Spitze der Zustandsdichte in einem Gebiet starker Änderung liegt. Innerhalb der *A*15-Verbindungen treten am stärksten die Unterschiede in Abständen und Breiten der einzelnen Bandgruppen in Erscheinung. Da bei Cr_3Si sechs Elektronen pro Elementarzelle mehr als bei V_3Si vorhanden sind, fällt ε_F in das Minimum zwischen beiden Bandgruppen. Damit läßt sich erklären, daß bei Cr_3Si bisher keine Supraleitung beobachtet wurde.

Bemerkenswert an der Bandstruktur von V_3Si ist der sehr flache Verlauf des Bandes vom Punkt R_4 zum Punkt M_9 in der Nähe der Fermi-Energie (dieses Band ist in Abb. 4.6-5a) mit einem Pfeil gekennzeichnet). Es wurde von Pietraß (78) zur Begründung für das semiempirische RM-Modell herangezogen, in dem angenommen wird, daß dieser flache Verlauf genau bei ε_F auftritt. Die hier erreichte Genauigkeit reicht für eine Begründung dieser Annahme jedoch nicht aus. Außerdem sind die Fluktuationen des Potentials im Gebiet zwischen den MT-Kugeln und die Abweichungen von der Kugelsymmetrie innerhalb der MT-Kugeln (insbesondere bei den *A*-Atomen, die eine Umgebung niederer Symmetrie haben) sicher stärker als bei den reinen Übergangsmetallen.

In der neueren Arbeit von Klein u. a. (78) werden systematische selbstkonsistente APW-Rechnungen von V_3X und Nb_3X (X = Al, Ga, Si, Ge, Sn) vorgestellt. Die Autoren finden einen sehr flachen Bandverlauf am Punkt Γ_{12} in der Nähe von ε_F. Die dadurch hervorgerufenen starken Änderungen der Zustandsdichte haben die richtige Größenordnung zur Erklärung der oben erwähnten Anomalien.

Die Ergebnisse zeigen, daß gegen die einfachen Kettenmodelle starke Einwände erhoben werden müssen. Insbesondere liegen keine Anzeichen für die hochgradige Entartung und den über weite Strecken horizontalen Verlauf der Bänder wie im Kettenmodell von Labbé und Friedel (66) vor. Bereits eine einfache Abschätzung zeigt, daß die Wechselwirkung zwischen den Ketten stark sein muß, denn die Überlappungsintegrale zu den acht drittnächsten Nachbarn unterscheiden sich nur schwach von denen zu den beiden zweitnächsten in der Kette, so daß infolge der großen Anzahl der drittnächsten Nachbarn die Wechselwirkung zwischen den Ketten überwiegen muß. Auch die Annahme von Weger und Goldberg (73), daß sich ausgewählte Bandgruppen ohne Wechselwirkung schneiden, ist falsch. Für die Beschreibung feiner Details in der Zustandsdichte, speziell logarithmischer Singularitäten, reicht die Genauigkeit jedoch nicht aus, so daß empirische Modelle in der Nähe solcher Punkte (z. B. Pietraß, 78, Lehmann u. Pietraß, 79) durchaus noch Berechtigung besitzen. Trotz der bestehenden Unsicherheiten bei der Berechnung der absoluten Werte des Kristallpotentials erscheint die Untersuchung der Trends in der Reihe A_3B mit verschiedenen A- und B-Atomen sinnvoll, da sich dabei diese Unsicherheiten stark ausgleichen. Damit werden Aussagen über den Zusammenhang von T_c mit der Gitterstruktur und über den Einfluß der elektronischen Struktur auf die Elektron-Phonon-Wechselwirkung und T_c möglich.

Mit einer zur H-NFE-TB-Methode ähnlichen Version berechneten Kulikov u. a. (78) die Bandstruktur von Nickel- und Titanhydriden sowie weiteren $3d$-Übergangsmetallhydriden (Kulikov, 78). Einen Überblick über Bandberechnungen zu intermetallischen Verbindungen gibt Sellmyer (78). Zunehmend werden auch für Verbindungen selbstkonsistente Bandberechnungen durchgeführt. Sind schwere Elemente beteiligt, werden relativistische Effekte berücksichtigt. In manchen Fällen interessiert die Druckabhängigkeit der Bandstruktur (z. B. bei Cu-Halogeniden). Mit selbstkonsistenten spinpolarisierten Bandberechnungen wird z. B. die (para-, ferro-, antiferro-)magnetische Ordnung in FeRh diskutiert. Wegen der Fülle des vorliegenden Materials kann hier nicht weiter darauf eingegangen werden.

4.7. Literatur

Agranowitsch, S. S., W. A. Martschenko, Obratnaja sadatscha teorii rassejanija, Charkow 1960.

Andersen, O. K., Phys. Rev. Lett. **27**, 1211 (1971).

Andersen, O. K., Phys. Rev. **B12**, 3060 (1975).

Anderson, P. W., Phys. Rev. **124**, 41 (1961).

Babikow, W. W., Method fasowych funkzii w kwantowoi mechanike, Nauka, Moskau 1976.

Ball, M. A., J. Phys. **C5**, L 23 (1972).

Beeby, J. L., Proc. Roy. Soc. **A279**, 82 (1964).

Beeby, J. L., Proc. Roy. Soc. **A302**, 113 (1967).

Beeby, J. L., S. F. Edwards, Proc. Roy. Soc. **A274**, 395 (1963).

Christensen, N. E., B. O. Seraphin, Phys. Rev. **B4**, 3321 (1971).
Christensen, N. E., J. W. Wilkins, NORDITA, 81/36, 1981.
Christensen, N. E., DTH Lyngby, Phys. Lab. I, Rep. No. 236, 1982.
Clausecker, K., E. Mann, A. Seeger, Phys. kondens. Materie **9**, 73 (1969).
Clogston, A. M., V. Jaccarino, Phys. Rev. **121**, 1357 (1961).
Cohen, R. N., G. D. Cody, J. J. Halloran, Phys. Rev. Lett. **19**, 840 (1967).
Conolly, J. W. D., K. H. Johnson, in: L. H. Bennett (Hrsg.), Electronic Density of States, NBS Spec. Publ. **323**, 19 (1971).
Cook, C. L., P. V. Smith, J. Phys. **F4**, 1344 (1974).
Demkow, Yu. N., W. S. Rudakow, Ž. eksper. teoret. fiz. **59**, 2035 (1970).
Drukarjow, G. F., Ž. eksper. teoret. fiz. **19**, 247 (1949).
Dy, K. S., phys. stat. sol. (b) **81**, K 111 (1977).
Dye, D. H., D. P. Karim, J. B. Ketterson, G. W. Crabtree, in: M. J. G. Lee, J. M. Perz, E. Fawcett (Hrsg.), Transition Metals, 1977, Conf. Series Nr. 39, The Institute of Physics, Bristol 1978.
Elyashar, N., D. D. Koelling, Phys. Rev. **B15**, 3620 (1977).
Faulkner, J. S., Phys. Lett. **31A** 227 (1970).
Faulkner, J. S., Phys. Rev. **B19**, 6186 (1979).
Fleck, U., H. Wonn, P. Ziesche, phys. stat. sol. (a) **61**, 447 (1980).
Friedel, J., Phil. Mag. **43**, 153 (1952).
Friedel, J., Canad. J. Phys. **34**, 1190 (1956).
Friedel, J., Nuovo Cim. Suppl. **7**, 287 (1958).
Gunnarson, O., J. Harris, R. O. Jones, J. Phys. **C9**, 2739 (1976).
Harris, R., J. Phys. **C3**, 172 (1970), Phys. Lett. **31A**, 194 (1970).
Harris, R., B. G. Mulimani, J. Phys. **F4**, 703 (1974).
Hehl, W., E. Mann, phys. stat. sol. (b) **48**, 271 (1971).
Heine, V., Phys. Rev. **153**, 673 (1967).
Herman, F., S. Skillman, Atomic Structure Calculations, Prentice Hall, Englewood Cliffs (N.Y.) 1963.
Holzwarth, N. A. W., Phys. Rev. **B11**, 3718 (1975).
Hubbard, J., Proc. Phys. Soc. **92**, 921 (1967).
Hubbard, J., J. Phys. **C2**, 1222 (1969).
Hubbard, J., N. D. Dalton, J. Phys. **C1**, 1637 (1968).
Hum, D. M., K. C. Wong, J. Phys. **C2**, 833 (1969).
Inglesfield, J., J. Phys. **F3**, 1921 (1973).
Jarlborg, T., G. Arbmann, J. Phys. **F7**, 1635 (1977).
Jepsen, O., Phys. Rev. **B12**, 2988 (1975).
Johansson, B., H. L. Skriver, O. K. Andersen, in: J. Schilling, R. N. Shelton (Hrsg.), Physics of solids under high pressure, North-Holland, Amsterdam, 1981, S. 245, s. auch B. Johansson, H. L. Skriver, Electronic structure of the actinide metals, Preprint, 1982.
John, W., P. Ziesche, phys. stat. sol. (b) **47**, 555 (1971a).
John, W., P. Ziesche, phys. stat. sol. (b) **47**, K83 (1971b).
John, W., G. Lehmann, P. Ziesche, phys. stat. sol. (b) **53**, 287 (1972).
Johnson, K. H., Adv. Quant. Chem. **7**, 143 (1973).
Jones, R. O., P. J. Jennings, G. S. Painter, Surface Sci. **53**, 409 (1975).
Kanamori, J., K. Terakura, K. Yamada, Progr. Theor. Phys. (Kyoto), Suppl. **46**, 221 (1970).
Kapur, P. L., R. E. Peierls, Proc. Roy. Soc. **A166**, 277 (1938).
Keller, J., J. Phys. **C4**, 3143, L 85 (1971).
Klein, B. M., L. L. Boyer, D. A. Papaconstantopoulos, L. F. Mattheiss, Phys. Rev. **B18**, 6411 (1978).

Kohn, W., N. Rostoker, Phys. Rev. **94**, 1111 (1954).
Korringa, J., Physica **13**, 392 (1947).
Kulikov, N. I., in: P. Ziesche (Hrsg.), Proc. 8th Symp. Electronic Structure, TU Dresden, 1978, S. 8.
Kulikov, N. I., V. N. Borzunov, A. D. Zvonkov, phys. stat. sol. (b) **86**, 83 (1978).
Labbé, J., J. Friedel, J. Physique **27**, 153, 303, 708 (1966).
Landau, L. D., E. M. Lifschitz, Lehrbuch der theoretischen Physik, Band III, Akademie-Verlag, Berlin 1979.
Lasseter, R. H., P. Soven, Phys. Rev. **B8**, 2476 (1973).
Lax, M., Rev. Mod. Phys. **23**, 287 (1951).
Lee, M. J. G., Phys. Rev. Lett. **26**, 501 (1971).
Lee, M. J. G., N. A. W. Holzwarth, P. T. Coleridge, Phys. Rev. **B13**, 3249 (1976).
Lehmann, G., phys. stat. sol. **38**, 151 (1970).
Lehmann, G., Ann. Physik (Leipz.) **30**, 62 (1973a).
Lehmann, G., phys. stat. sol. (b) **56**, K33 (1973b).
Lehmann, G., phys. stat. sol. (b) **70**, 737 (1975a).
Lehmann, G., phys. stat. sol. (b) **71**, 79 (1975b).
Lehmann, G., B. Pietraß, Europhys. Conf. Abstracts **3B**, 26 (1979).
Lehmann, G., H. Wonn, P. Ziesche, in: P. Ziesche (Hrsg.), Proc. 7th Symp. Electronic Structure, TU Dresden, 1977, S. 131.
Lenk, R., H. Solbrig, phys. stat. sol. (b) **46**, 273 (1971).
Liberman, D., T. J. Waber, D. T. Cromer, Phys. Rev. **137**, A 27 (1965).
Lloyd, P., Proc. Phys. Soc. **90**, 207 (1967).
Lloyd, P., P. V. Smith, Adv. Phys. **21**, 69 (1972).
Lodder, A., J. Phys. **F6**, 1885 (1976).
Lodder, A., J. Phys. **F7**, 139 (1977).
Loucks, T. L., Augmented Plane Wave Method, Benjamin, New York 1967.
Macke, W., Quanten und Relativität, Geest & Portig, Leipzig 1963.
Mackintosh, A. R., O. K. Andersen, in: M. Springford (Hrsg.), Electrons at the Fermi Surface, Festschrift für D. Shoenberg, Cambridge University Press, Cambridge 1980.
Mann, E., phys. stat. sol. **11**, 753, 767 (1965).
Mann, E., phys. stat. sol. **13**, 295 (1966).
Mann, E., Phys. kondens. Materie **12**, 210 (1971).
Mattheiss, L. F., Phys. Rev. **138**, A 112 (1965).
Mattheiss, L. F., Phys. Rev. **B1**, 373 (1970).
Mattheiss, L. F., Phys. Rev. **B12**, 2161 (1975).
McGill, T. C., J. Klima, Phys. Rev. **B5**, 1517 (1972).
Morgan, G. J., Proc. Phys. Soc. **89**, 365 (1966).
Moruzzi, V. L., A. R. Williams, J. F. Janak, Phys. Rev. **B10**, 4856 (1974).
Mrosan, E., G. Lehmann, phys. stat. sol. (b) **77**, 607 (1976).
Müller, Ch., H. Wonn, W. Blau, V. P. Krivitzky, in: P. Ziesche (Hrsg.), Proc. 8th Symp. Electronic Structure TU Dresden, 1978, S. 189.
Müller, Ch., P. Ziesche, phys. stat. sol. (b) **114**, 523 (1982).
Müller, Ch., W. Blau, P. Ziesche, phys. stat. sol. (b) **116**(2), ... (1983), im Druck.
Mueller, F. M., Phys. Rev. **153**, 659 (1967).
Nemoshkalenko, V. V., V. N. Antonov, Vl. N. Antonov, W. John, H. Wonn, P. Ziesche, phys. stat. sol. (b) **111**, 11 (1982).
Newton, R. G., Scattering Theory of Waves and Particles, McGraw-Hill, New York 1966.
Okochi, M., J. Phys. Soc. Japan **39**, 367 (1975).
Paasch, G., H. Woittenneck, phys. stat. sol. (b) **55**, 537 (1973).
Parlebas, J. C., J. Phys. **F4**, 1392 (1974).

Pechter, K., P. Rastl, A. Neckel, R. Eibler, K. H. Schwarz, Monatshefte für Chemie **112**, 317 (1981).
Peterson, B., Phys. Rev. **A16**, 1363 (1977).
Pettifor, D. G., J. Phys. **C2**, 1051 (1969).
Pettifor, D. G., J. Phys. **C5**, 97 (1972).
Pietraß, B., in: P. Ziesche (Hrsg.), Proc. 8th Symp. Electronic Structure, TU Dresden, 1978, S. 39.
Raychaudhuri, A., Z. Phys. **148**, 435 (1957).
Rayleigh, Lord, Phil. Mag. **23**, 481 (1892).
Rennert, P., phys. stat. sol. (b) **50**, 437 (1972).
Rennert, P., G. Lehmann, in: Intermetallische Phasen, Deutscher Verl. f. Grundstoffind., Leipzig 1977, S. 91.
Riedinger, R., J. Phys. **F1**, 392 (1971).
Rose, M. E., Relativistic Electron Theory, Wiley, New York 1960.
Seeger, A., E. Mann, K. Clausecker, phys. stat. sol. **24**, 721 (1967).
Segall, B., Phys. Rev. **105**, 108 (1957).
Shaw, J. C., J. B. Ketterson, L. R. Windmiller, Phys. Rev. **B5**, 3894 (1972).
Silva, X. A. Da, A. A. Gomes, J. Danon, Phys. Rev. **B4**, 1161 (1971).
Slater, J. C., Phys. Rev. **51**, 846 (1937).
Slater, J. C., Quantum Theory of Molecules and Solids: Vol. IV. The Self-consistent Fields for Molecules and Solids, McGraw-Hill, New York 1974.
Solbrig, H., phys. stat. sol. (b) **47**, 143 (1971).
Sondheimer, E. H., Proc. Roy. Soc. **268A**, 100 (1962).
Terakura, K., J. Kanamori, Progr. theor. Phys. Suppl. **46**, 1007 (1971).
Urwank, P., Dissertation A, TU Dresden, 1974.
Urwank, P., H. Woittennek, H. Wonn, Preprint 05-24-74, TU Dresden, 1975.
Weger, M., I. B. Goldberg, Solid State Physics **28**, 1 (1973).
Weinberger, P., in: N. M. Edelstein (Hrsg.), Actinides in Perspektive, Pergamon Press., Oxford, 1982, S. 145.
Williams, A. R., J. van W. Morgan, J. Phys. **C7**, 37 (1974).
Williams, A. R., J. F. Janak, V. L. Moruzzi, Phys. Rev. **B6**, 4509 (1972).
Woittennek, H., Dissertation A, TU Dresden, 1975, H. Wonn, H. Woittennek, in: P. Ziesche (Hrsg.), Proc. 5th Symp. Electronic Structure, TU Dresden, 1975, S. 194.
Wonn, H., U. Fleck, in: P. Ziesche (Hrsg.), Proc. 10th Symp. Electronic Structure, TU Dresden, 1980, S. 54.
Zeller, R., P. H. Dederichs, Europhysics Conf. Abstr. **3B**, 41 (1979).
Ziesche, P., J. Phys. **C7**, 1085 (1974).
Ziesche, P., W. John, phys. stat. sol. (b) **47**, 555 (1971).
Ziesche, P., H. Wonn, Ch. Müller, V. V. Nemoschkalenko, V. P. Krivitzky, phys. stat. sol. (b) **87**, 129 (1978).
Ziesche, P., H. Wonn, U. Fleck, Kristall Tech. **15**, 1399 (1980), s. auch P. Rhodes (Hrsg.), The Physics of Transition Metals 1980, Conf. Series Nr. 55, The Institute of Physics, Bristol, 1981, S. 17.
Ziman J. M., Proc. Phys. Soc. **86**, 337 (1965).
Ziman, J. M., Electrons and Phonons, Clarendon, Oxford, 1976.

Ergänzung zu [4.7] beim Korrekturlesen:

Zu Grundlagen und ausgewählten Ergebnissen von Bandberechnungen siehe A. J. Freeman, in: F. Y. Fradin (Hrsg.), Electronic Structure and Properties, Academic Press, New York, 1981, S. 1.

5. LCAO und Wannier-Funktionen

H. Eschrig

Die Methode der Darstellung der Bloch-Wellenfunktionen als Linearkombination atomarer Orbitale wird kurz beschrieben. Eine optimierte Variante dieser Methode wird dargestellt, die mit anderen modernen Bandberechnungsverfahren konkurrieren kann und in vieler Hinsicht Vorteile besitzt. Anschließend wird die Tight-Binding-Näherung ausführlicher besprochen, wobei besonders für Tight-Binding-Bänder charakteristische Zustandsdichtesingularitäten, die nicht vom van-Hove-Typ sind, behandelt werden. Der Hubbard-Hamilton-Operator wird abgeleitet. Es werden die Einband- und Mehrband-Wannier-Funktionen definiert und ihre Eigenschaften untersucht. Die Wannier-Darstellung wird benutzt, um die Rekursionsmethode zur Berechnung lokaler Zustandsdichten anzuwenden (wobei ein Vergleich zur Methode des chemischen Pseudopotentials von P. W. Anderson gezogen wird) und um den Heisenberg-Hamilton-Operator abzuleiten.

5.0. Einleitende Betrachtungen

Die Darstellung der Eigenfunktionen des Kristall-Hamilton-Operators als Linearkombination atomarer Orbitale (LCAO) ist eine der ältesten Bandberechnungsmethoden (Slater u. Koster, 54). In der Quantenchemie ist die analoge Methode zur Berechnung der Elektronenzustände von Molekülen und daraus abgeleiteter Größen (Gesamtenergie, Anregungsenergien, Gleichgewichtskonfiguration usw.) bis heute die am häufigsten verwendete und Ausgangspunkt für die Begründungen empirischer Methoden (Hückel-Theorie u. ä.). Als Bandberechnungsverfahren wurde die LCAO-Methode in ihrer ursprünglichen Form jedoch wegen ihrer gegenüber anderen Verfahren beschränkten Genauigkeit und wegen des hohen Rechenaufwands bald unpopulär und fand praktisch nur noch als Ausgangspunkt für die Näherung der starken Bindung (Tight-Binding-Näherung) und als Interpolationsschema für die Bandstruktur Beachtung (Callaway, 64, Ziman, 71, 72, Brauer, 72). In neuerer Zeit wurden jedoch effektive Variationsmethoden zur Bandberechnung entwickelt, die in enger Beziehung zur LCAO-Methode stehen (Ellis u. Painter, 70). Schließlich konnten die Ursachen für die mangelnde Genauigkeit der Methode aufgeklärt werden (Lafon u. Lin, 66, Langlinais u. Callaway, 72), und es wurde ein modifiziertes LCAO-Verfahren entwickelt, das in Bezug auf Genauigkeit und Rechenaufwand den anderen modernen Bandberechnungsmethoden nicht nachsteht (Eschrig, 77, Eschrig u. Bergert, 78). Ein wesentlicher Vorteil der LCAO-Methode ist, daß sie die Wellenfunktionen im ganzen Raum in einfacher, überschaubarer Form liefert. Insbesondere ist die Darstellung als Linearkombination atomarer Orbitale zur Berechnung von Größen lokalen Charakters, wie Dipol-Matrixelemente für optische Übergänge, Matrixelemente der Elektron-Ion-Wechselwirkung, Wannier-Funktionen, magnetische Austauschintegrale usw., besonders geeignet. Es besteht daher Grund zu der Annahme, daß die LCAO-Methode in Zukunft wieder eine größere Rolle spielen wird als bisher (Callaway, 77, Heine, 80, Bullett, 80).

Im Zusammenhang damit ist in den letzten Jahren auch die Zahl der Publikationen zum Problem der Wannier-Funktionen wieder stark angewachsen, und es wurden hierbei aussichtsreiche Ansätze gefunden. Eine gewisse Zwischenstellung zwischen der LCAO- und der Wannier-Darstellung nimmt das chemische Pseudopotential von P. W. Anderson (68, 69) ein.

5.1. Die LCAO-Methode

5.1.1. LCAO-Gleichungen

Wir geben hier eine Ableitung der LCAO-Gleichungen, die unseren Zwecken besonders angepaßt ist (Eschrig, 77, Eschrig u. Bergert, 78). Zunächst bestimmen wir die „atomaren Orbitale" (AO) als die Eigenzustände eines „atomaren Hamilton-Operators" H_0:

$$H_0 \,|0n) = (t + v_0)\,|0n) = \varepsilon_n \,|0n) \,, \qquad (0m \mid 0n) = \delta_{mn} \,. \tag{1}$$

t ist der Operator der kinetischen Energie eines Elektrons. Der Index 0 an H_0, dem Potential v_0 und in $|0n)$ soll darauf hinweisen, daß das Potential am Gitterort 0 zentriert ist. Eine zu (1) analoge Gleichung denke man sich für jeden Gitterort $\boldsymbol{R}$ betrachtet, wobei die $v_{\boldsymbol{R}}$ und $|\boldsymbol{R}n)$ durch Translationen um Gittervektoren $\boldsymbol{R}$ aus v_0 und $|0n)$ hervorgehen. Der Einfachheit halber betrachten wir im weiteren ein Bravais-Gitter. Die Erweiterungen der Formeln für ein Gitter mit Basis bereiten keinerlei Schwierigkeiten.

Von den AOs wird im weiteren nur benötigt, daß sie (an allen Gitterorten genommen) einen hinreichend vollständigen Satz bilden. Ansonsten kann das Potential v_0 in (1) ziemlich willkürlich gewählt werden und braucht insbesondere nicht mit dem eines freien Atoms übereinzustimmen. Allerdings hängt, wie wir weiter unten sehen werden, von einer zweckmäßigen Wahl von v_0 der praktische Wert der ganzen Methode entscheidend ab.

Die AOs werden nun in der üblichen Weise in Valenzzustände $|\boldsymbol{R}n)$ und Rumpfzustände $|\boldsymbol{R}c)$ eingeteilt, wobei letztere dadurch ausgezeichnet sind, daß ihre Überlappungen mit den analogen Zuständen benachbarter Gitterorte vernachlässigt werden können:

$$(\boldsymbol{R}c|\, H \,|\boldsymbol{R}'c') \approx (\boldsymbol{R}c \mid \boldsymbol{R}'c') \approx 0 \quad \text{für} \quad \boldsymbol{R} \neq \boldsymbol{R}' \,. \tag{2}$$

Dagegen sind die Valenzzustände nicht orthogonal zu den Rumpfzuständen benachbarter Gitterorte, und wir führen diese Orthogonalisierung zunächst durch:

$$|\boldsymbol{R}n\rangle = |\boldsymbol{R}n) - \sum_{\boldsymbol{R}'} \sum_{c} |\boldsymbol{R}'c)\,(\boldsymbol{R}'c \mid \boldsymbol{R}n) \,. \tag{3}$$

Mit einer spitzen Klammer sind die zu allen Rumpfzuständen $|\boldsymbol{R}'c)$ aller Gitterorte $\boldsymbol{R}'$ orthogonalen Valenzzustände bezeichnet. Aus diesen bilden wir nun in der üblichen

Weise Bloch-Zustände („Ein-LCAOs"), die wir folgendermaßen bezeichnen:

$$|\boldsymbol{k}n\rangle = \frac{1}{\sqrt{N}} \sum_{\boldsymbol{R}} e^{i\boldsymbol{k}\boldsymbol{R}} |\boldsymbol{R}n\rangle . \tag{4}$$

Für die Eigenzustände des Kristall-Hamilton-Operators zum Wellenvektor $\boldsymbol{k}$, die wir mit $|\boldsymbol{k}\nu\rangle$ (Bandindex ν) bezeichnen, setzen wir eine Linearkombination der Ein-LCAOs an:

$$\begin{aligned} |\boldsymbol{k}\nu\rangle &= \sum_n |\boldsymbol{k}n\rangle\, C_{n\nu}(\boldsymbol{k}) \\ &= \sum_n \left\{ \frac{1}{\sqrt{N}} \sum_{\boldsymbol{R}} e^{i\boldsymbol{k}\boldsymbol{R}} \left[|\boldsymbol{R}n) - \sum_{\boldsymbol{R}'} \sum_c |\boldsymbol{R}'c)\, (\boldsymbol{R}'c \mid \boldsymbol{R}n) \right] \right\} C_{n\nu}(\boldsymbol{k}) . \end{aligned} \tag{5}$$

Die Zustände (1) bilden in jedem beliebig großen endlichen Volumen ein vollständiges System. Es ist daher klar, daß die Gesamtheit aller Zustände $|\boldsymbol{R}n)$ zu allen Gitterorten $\boldsymbol{R}$ des unendlich ausgedehnten Kristalls ein übervollständiges System im Hilbert-Raum der Kristallzustände bildet. Der Ansatz (5) stellt praktisch eine Entwicklung des Bandzustandes $|\boldsymbol{k}\nu\rangle$ nach den Funktionen dieses Systems unter Berücksichtigung des Bloch-Theorems dar. Er ist deshalb hinreichend allgemein und enthält noch keine Näherung. Diese entsteht dadurch, daß man von den Zuständen (1) praktisch immer nur endlich viele verwenden kann.

In früheren LCAO-Rechnungen (z. B. Callaway u. Zhang, 70) vernachlässigte man die Orthogonalisierungskorrekturen (3) der Valenzzustände zu benachbarten Rumpfzuständen, da diese immer klein sind. Man muß jedoch beachten, daß wegen der im Vergleich zu Bandenergien betragsmäßig großen Energie der Rumpfzustände auch kleine Korrekturen in den Wellenfunktionen merkliche Energiekorrekturen bewirken können. Als man die Genauigkeit der LCAO-Rechnungen zu erhöhen trachtete, erkannte man auch die Notwendigkeit der Einbeziehung der Rumpfzustände (z. B. Langlinais u. Callaway, 72) und erweiterte die Entwicklung (5), indem man die n-Summe auch über Ein-LCAOs von Rumpfzuständen laufen ließ und die Ordnung des weiter unten betrachteten Gleichungssystems zur Bestimmung der Koeffizienten $C_{n\nu}(\boldsymbol{k})$ entsprechend erweiterte. Das ist jedoch wieder ein unnötiger numerischer Mehraufwand. Da sich die Rumpfzustände benachbarter Atome nicht überlappen, spannen die $|\boldsymbol{R}c)$ denselben Hilbert-Raum auf wie ihre Ein-LCAOs $|\boldsymbol{k}c\rangle$. Die erforderliche Orthogonalität der Valenzbandzustände $|\boldsymbol{k}\nu\rangle$ zu diesem Hilbert-Raum der Rumpfzustände wird also bereits durch (3) erreicht, ohne daß eine Notwendigkeit zur Erweiterung der Entwicklung (5) bestünde. Die n-Summe in (5) läuft also bei uns wieder nur über die Valenzzustände.

Zur Bestimmung der Koeffizienten $C_{n\nu}(\boldsymbol{k})$ und der Bandenergien $\varepsilon_{\boldsymbol{k}\nu}$ schreiben wir nun die Schrödinger-Gleichung für die Kristallzustände $|\boldsymbol{k}\nu\rangle$ auf und multiplizieren sie von links skalar mit einem Zustand (3) (H ist der Kristall-Hamilton-Operator):

$$\langle 0m|\, H\, |\boldsymbol{k}\nu\rangle = \varepsilon_{\boldsymbol{k}\nu} \langle 0m \mid \boldsymbol{k}\nu\rangle . \tag{6}$$

Einsetzen von (5), (4) und (3) in (6) liefert mit $H\,|\boldsymbol{R}c) = \varepsilon_c\,|\boldsymbol{R}c)$ die LCAO-Gleichungen in der folgenden Form:

$$\sum_n \{\sum_{\boldsymbol{R}} \langle 0m|\, H\, |\boldsymbol{R}n\rangle\, e^{i\boldsymbol{k}\boldsymbol{R}} - \varepsilon_{\boldsymbol{k}\nu} \sum_{\boldsymbol{R}} \langle 0m \mid \boldsymbol{R}n\rangle\, e^{i\boldsymbol{k}\boldsymbol{R}}\}\, C_{n\nu}(\boldsymbol{k}) = 0\,, \tag{7}$$

$$\langle 0m|\, H\, |\boldsymbol{R}n\rangle = (0m|\, H\, |\boldsymbol{R}n) - \sum_{\boldsymbol{R}'} \sum_{c} (0m \mid \boldsymbol{R}'c)\, \varepsilon_c(\boldsymbol{R}'c \mid \boldsymbol{R}n)\,, \tag{8}$$

$$\langle 0m \mid \boldsymbol{R}n\rangle = (0m \mid \boldsymbol{R}n) - \sum_{\boldsymbol{R}'} \sum_{c} (0m \mid \boldsymbol{R}'c)\, (\boldsymbol{R}'c \mid \boldsymbol{R}n)\,. \tag{9}$$

5.1.2. Wahl der Basiszustände $|0n)$

Wir kommen nun zur Diskussion der Wahl des Potentials v_0 in (1) und damit der Zustände $|0n)$. Innerhalb des Atomvolumens bei $\boldsymbol{R} = 0$ sollte v_0 auf jeden Fall gut mit dem Kristallpotential V übereinstimmen. Nur dann haben die Zustände $|0n)$ innerhalb des Atomvolumens bereits etwa das richtige Verhalten der Bandzustände $|\boldsymbol{k}\nu\rangle$, und man kann erwarten, daß man in der Entwicklung (5) mit wenigen Summanden auskommt.

Tatsächlich wurden in allen früheren LCAO-Rechnungen (für Metalle s. z. B. Lafon u. Lin (66), Callaway u. Zhang (70), Tyler, Norwood u. Fry (70), Chahey u. a. (71), Langlinais u. Callaway (72)) die Einelektronenzustände des freien Atoms für $|0n)$ verwendet, d. h., für v_0 war das Potential des freien Atoms v_{at} gewählt worden:

$$v_0 = v_{at}\,. \tag{10}$$

Damit wird zwar die oben genannte Bedingung erfüllt, aber diese Wahl bringt andererseits alle die prinzipiellen Schwierigkeiten mit sich, derentwegen die ganze Methode in Zweifel gezogen worden ist (Ziman, 71, 72). Den Grund dafür liefert das ungünstige asymptotische Verhalten des Atompotentials für große Abstände

$$v_{at} \sim r^{-1} \quad \text{für} \quad r \to \infty\,. \tag{11}$$

Dieses Verhalten hat zwei unbequeme Folgen: 1. Die Valenzzustände $|0n)$ reichen weit über die Wigner-Seitz-Zelle im Gitter hinaus. 2. Die Gesamtheit der Zustände $|0n)$ aus (1) mit (10) zerfällt in gebundene für $\varepsilon_n < 0$ und Streuzustände für $\varepsilon > 0$. Wegen (11) gibt es zwar eine unendliche Menge gebundener Zustände, aber diese bilden für sich genommen kein vollständiges System. Die zugehörigen Wellenfunktionen sind innerhalb der Wigner-Seitz-Zelle praktisch proportional zueinander.

Die erste Folge führt zu dem für diese Rechnungen charakteristischen unverhältnismäßig hohen numerischen Aufwand. Betrachtet man das Kristallpotential V als Gittersumme atomähnlicher Potentiale $\tilde{v}_{\boldsymbol{R}}$,

$$V = \sum_{\boldsymbol{R}} \tilde{v}_{\boldsymbol{R}}\,, \tag{12}$$

so ist

$$(0m|\, V\, |\boldsymbol{R}n) = \sum_{\boldsymbol{R}'} (0m|\, \tilde{v}_{\boldsymbol{R}'}\, |\boldsymbol{R}n) \tag{13}$$

eine Summe von Zweizentrenintegralen ($\boldsymbol{R}' = 0$, $\boldsymbol{R}$ bzw. $\boldsymbol{R} = 0$) und Dreizentrenintegralen ($\boldsymbol{R} \neq \boldsymbol{R}' \neq 0$), von denen wegen der großen Ausdehnung der atomaren

Wellenfunktionen eine ungeheuer große Zahl (bis zu großen Abständen $|\boldsymbol{R}|$, $|\boldsymbol{R}'|$ im Gitter) zu berechnen ist. Von Ellis und Painter (70) wurden deswegen anstelle von (13) die Matrixelemente $\langle \boldsymbol{k}m | H | \boldsymbol{k}n \rangle$ mit den Bloch-Zuständen (4) direkt durch numerische Integration über die Elementarzelle des Gitters berechnet. Diese sind aber dann $\boldsymbol{k}$-abhängig und müssen für jeden $\boldsymbol{k}$-Vektor neu berechnet werden, während (13) nur einmal zu berechnen ist. Von Langlinais und Callaway (72) werden Potential (12) und Wellenfunktionen Fourier-transformiert, wonach das Ortsintegral für das Matrixelement (13) in eine Gittersumme im reziproken Gitter übergeht. Wegen des tiefen Potentials am Gitterort und der damit verbundenen raschen Oszillationen der Wellenfunktionen ist aber über viele Tausend reziproke Gittervektoren zu summieren. Das Verhalten der „Schwänze" der Atomfunktionen $|0n)$ außerhalb des Atomvolumens

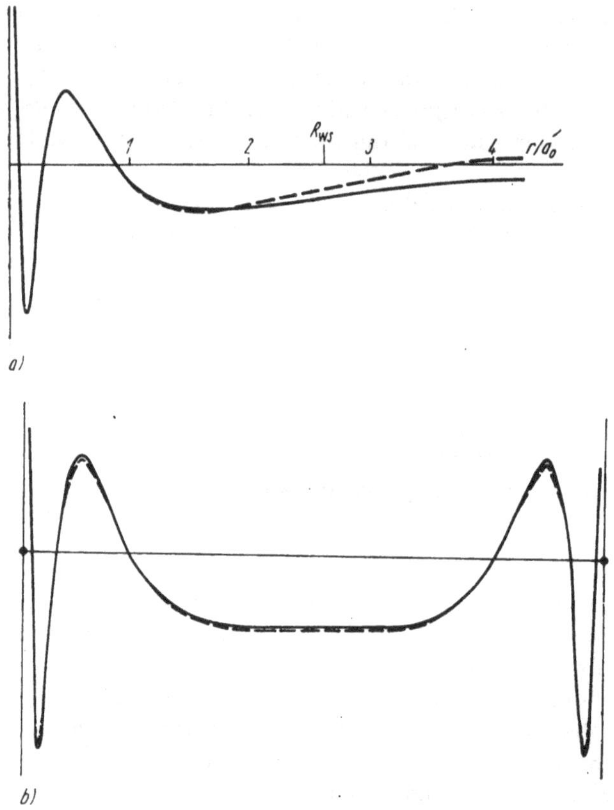

Abb. 5.1-1. a) Die 4s-Wellenfunktion (——) und die 5s-Wellenfunktion (— — —) des freien Kupferatoms (Hartree-Fock-Slater-Näherung). Zum Vergleich wurden die Wellenfunktionen so normiert, daß ihre Funktionswerte bei $r = 0$ übereinstimmen. Die zusätzliche Nullstelle der 5s-Funktion liegt bei $r \approx 3{,}8\, a_0$ (a_0 = Bohr-Radius). Zum Vergleich ist der Wigner-Seitz-Radius R_{WS} im kubisch flächenzentrierten Kupferkristall angegeben. b) Die mit den Wellenfunktionen von a) gebildeten, zu den Rumpfzuständen orthogonalisierten, normierten Blochsummen (4) für $\boldsymbol{k} = 0$. Es ist der Funktionsverlauf auf der Verbindungsgeraden zweier nächster Nachbarn im Gitter dargestellt. Zur 4s-Funktion (——) sind alle Beiträge bis zu den siebenten Nachbarn der beiden betrachteten Gitterpunkte berücksichtigt, zur 5s-Funktion (— — —) bis zum fünfzehnten Nachbarn

im Kristall hat darüber hinaus nichts mit der Lösung der Schrödinger-Gleichung (6) zu tun, da dort V wesentlich von v_0 verschieden ist. Diese Schwänze verfälschen daher den Näherungscharakter der Funktionen (4), wodurch die Konvergenz der Entwicklung (5) verschlechtert wird.

Die zweite oben genannte Folge von (10) ist von prinzipiellerem Charakter. Da die Einbeziehung von Streuzuständen in den Ansatz (5) praktisch schwierig ist, beschränkt man sich gewöhnlich auf die gebundenen Zustände in der Hoffnung, daß diese im Energiebereich der Valenzbänder bereits eine genügende Vollständigkeit liefern. Man überlegt sich jedoch leicht, daß das durchaus nicht der Fall ist. Der Energieabstand des oberen besetzten Valenzniveaus eines Atoms von der Grenze des Streukontinuums ist praktisch immer viel kleiner als die Bandbreite des Leitungsbandes. Daher treten im Leitungsband Zustände auf, die energetisch im Kontinuum des Atoms liegen und für die eine Linearkombination (5) aus den gebundenen Atomzuständen gar keine ausreichende relative Krümmung liefern kann. Anschaulich sieht man das auch daran, daß sich die Wellenfunktionen der Atomzustände zwischen dem Valenzzustand und der Kontinuumsgrenze innerhalb des Atomvolumens praktisch bis auf die Normierungskonstante nicht voneinander unterscheiden (Abb. 5.1-1a). Insbesondere liegen die hinzukommenden Knoten außerhalb des Atomradius, wo sie in der Kombination (4) von den Beiträgen der Nachbarzustände bereits völlig überdeckt werden, so daß sich in (4) beim Übergang zu höheren n die Knotenzahl nicht erhöht (Abb. 5.1-1b)). Daher stellt auch die Berechnung der Änderung der Bandenergien $\varepsilon_{\boldsymbol{k}\nu}$ beim Hinzufügen weiterer Zustände in der Summe (5) (Chahey u. a., 71) keinen echten Konvergenztest dar. Diese Änderungen müssen nach den obigen Ausführungen immer klein sein. Erst das Hinzufügen energetisch höherer Streuzustände würde eine wesentliche Korrektur der Ergebnisse bringen können.

Wie wir aus diesen Ausführungen sehen, ist zwar die Wahl (10) innerhalb des Atomvolumens günstig, führt aber wegen des asymptotischen Verhaltens (11) zu den angeführten schwerwiegenden Mängeln.

5.1.3. Optimierte LCAO-Methode

Als sehr erfolgreich erwies sich folgende Wahl von v_0 in (1) (Eschrig, 77, Eschrig u. Bergert, 78):

$$V(\boldsymbol{r}) = \sum_{\boldsymbol{R}} \tilde{v}(|\boldsymbol{r} - \boldsymbol{R}|)\,, \qquad v_0 = \tilde{v} + (r/r_0)^n\,. \tag{14}$$

Hierbei fallen alle oben genannten Nachteile weg. Wählen wir $n \geqq 2$, $r_0 \approx R_{\mathrm{WS}}$ (R_{WS} = Wigner-Seitz-Radius bzw. Atomradius), so behalten die Lösungen von (1) im Innern der Atome ihren erforderlichen Charakter atomarer Wellenfunktionen, fallen aber außerhalb der Wigner-Seitz-Zelle sehr schnell ab, so daß zur Berechnung von (13) nur wenige Zweizentrenintegrale (im allgemeinen bis zum zweiten Nachbarn) berechnet werden müssen. Dreizentrenintegrale und Orthogonalisierungskorrekturen werden sehr klein. Faßt man ihre Beiträge zu (7) darüber hinaus gemäß

$$\sum_{\boldsymbol{R}'} (0m|\,[\tilde{v}_{\boldsymbol{R}'} - \sum_{c} |\boldsymbol{R}'c)\,(\varepsilon_{\boldsymbol{k}\nu} - \varepsilon_c)\,(\boldsymbol{R}'c|]\,|\boldsymbol{R}n)$$

zusammen, so erscheinen sie als Matrixelemente eines Phillips-Kleinman-Pseudopotentials, und das Kompensationstheorem der Pseudopotentialtheorie führt auf die weitgehende Kompensation der Dreizentrenintegrale gegen die Orthogonalisierungskorrekturen, weshalb man beide zusammen oft ganz vernachlässigen kann.

Ferner besitzt das Potential v_0 aus (14) nur gebundene Zustände, die ein vollständiges System bilden. Bezieht man höhere als die den atomaren Valenzzuständen entsprechenden Zustände (1) ein, so ist $r_0 < R_{\mathrm{WS}}$ günstig, wodurch zwar die Zustände gegenüber den atomaren innerhalb des Atoms stärker deformiert werden, was aber durch die Erweiterung der Basis hinreichend ausgeglichen wird. Es sollte dabei r_0 immer so klein gewählt werden, daß im Gegensatz zu Abb. 5.1-1b) der Knotensatz für (4) gilt. Das für eine vorgegebene Größe des Basissatzes optimale r_0 kann durch Variation bestimmt werden, wobei die minimalen Werte der berechneten Bandenergien $\varepsilon_{k\nu}$ als Funktion von r_0 bestimmt werden. Damit erhält man optimale Basisfunktionen $|\boldsymbol{R}n)$.

In Abb. 5.1-2 sind Ergebnisse einer konkreten Bandberechnung dargestellt. Abb. 5.1-3 vergleicht einige Wellenfunktionen der hierbei verwendeten Zustände $|0n)$ mit denen des freien Atoms. Bei diesen Rechnungen wurden alle Radialteile der Wellenfunktionen

$$(\boldsymbol{r} \mid 0n) = (\boldsymbol{r} \mid 0lmn) = R_{nl}(r)\, Y_{lm}(\boldsymbol{r}) \tag{15}$$

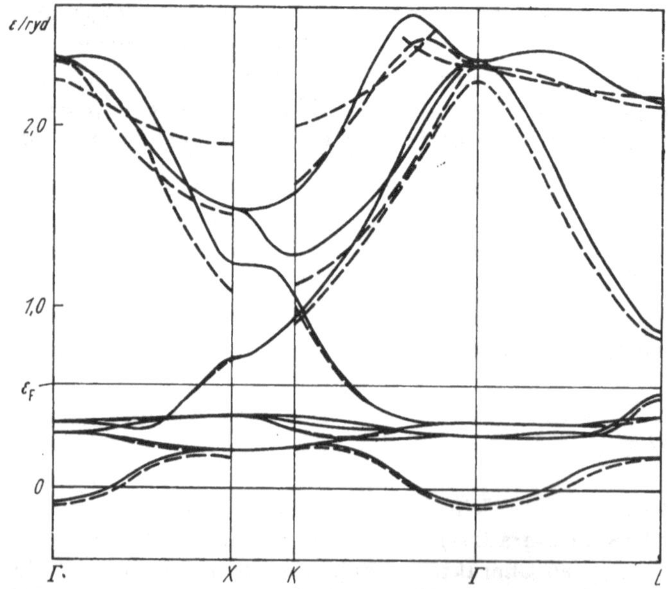

Abb. 5.1-2. Vergleich der Ergebnisse einer LCAO-Bandberechnung für Kupfer (——, Eschrig u. Bergert, 78) mit denen einer exakten APW-Rechnung (— — —, Burdick, 63) für das gleiche Kristallpotential. Für die LCAO-Rechnung wurden neun Basiszustände (3d, 4s, 4p) benutzt, die aus (1) mit dem Potential (14) berechnet wurden, wobei für $\tilde{v}$ in (14) ein „Topf“ des Muffin-Tin-Potentials der APW-Rechnung verwendet wurde und $r_0 = 1{,}4\, R_{\mathrm{WS}}$, $n = 4$ waren. Die Fermi-Energie ε_{F} ist als horizontale Linie angegeben

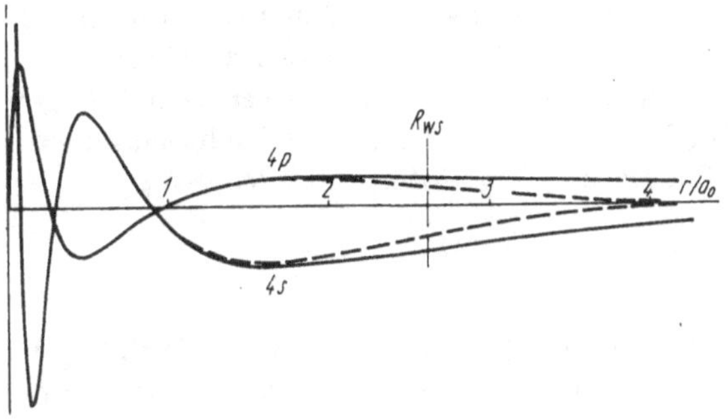

Abb. 5.1-3. Vergleich der Radialteile der $4s$- und $4p$-Wellenfunktionen des freien Kupferatoms (——) mit den entsprechenden in der LCAO-Rechnung von Abb. 5.1-2. verwendeten Basisfunktionen (— — —). Letztere wurden dazu so normiert, daß sie für $r \to 0$ mit den ersteren zusammenfallen. Man sieht, daß sich die einander entsprechenden Funktionen für $r < R_{\text{WS}}$ wenig unterscheiden. Für $r > R_{\text{WS}}$ streben die LCAO-Basisfunktionen im Gegensatz zu den Atomzuständen schnell gegen Null

und das Potential $\tilde{v}(r)$ durch Entwicklungen nach Slater-Termen dargestellt:

$$R_{nl}(r) = r^l \sum_{ij} A_{ij}^{(nl)} r^i \, \mathrm{e}^{-\alpha_j r} , \tag{16}$$

$$\tilde{v}(r) = r^{-1} \sum_{ij} V_{ij} r^i \, \mathrm{e}^{-\alpha_j r} . \tag{17}$$

Das hat den Vorteil, daß alle Zweizentrenintegrale aus $(0m|\, V \,|\boldsymbol{R}n)$ und $(0m \mid \boldsymbol{R}n)$ für beliebige Drehimpulse analytisch auswertbar sind und damit keine numerisch zu berechnenden Integrale übrigbleiben (Eschrig, 79a). Außerdem erhält man auf diese Weise die Wellenfunktionen (5) in analytischer Form, was große praktische Vorteile für selbstkonsistente Rechnungen sowie für die Berechnung von Matrixelementen für alle möglichen Meßgrößen mit sich bringt (Eschrig u. Richter, 82).

5.2. Tight-Binding-Bänder

5.2.1. Die Tight-Binding-Näherung

Wir betrachten jetzt den Übergang zwischen Rumpf- und Valenzzuständen, d. h. solche Zustände, die zwischen benachbarten Atomplätzen im Gitter nur schwach überlappen und daher schmale Bänder bilden, wie z. B. die d-Bänder in Übergangsmetallen. Zunächst einmal können wir dazu in (5.1-8) und (5.1-9) von vornherein alle Orthogonalisierungskorrekturen zu benachbarten Rumpfzuständen vernachlässigen, da die entsprechenden Überlappungen nun vernachlässigbar klein sind. Unter Benutzung von (5.1-1) schreiben wir zunächst (5.1-7) in der Form

$$\begin{aligned}\sum_n \{ (\varepsilon_m - \varepsilon_{\boldsymbol{k}\nu})\, \delta_{mn} + (0m|\, V - v_0 \,|0n) \\ + \sum_{\boldsymbol{R} \neq 0} \mathrm{e}^{i\boldsymbol{k}\boldsymbol{R}} [(\varepsilon_n - \varepsilon_{\boldsymbol{k}\nu})\, (0m \mid \boldsymbol{R}n) + (0m|\, V - v_{\boldsymbol{R}} \,|\boldsymbol{R}n]\} \, C_{n\nu}(\boldsymbol{k}) = 0 .\end{aligned} \tag{1}$$

Genauer betrachten wir jetzt solche Zustände m, für die gilt

$$Z(0m \mid \boldsymbol{R}n) \ll 1 , \qquad Z(0m|\, V - v_{\boldsymbol{R}} \,|\boldsymbol{R}n) \ll \Delta\varepsilon , \tag{2}$$
$$(0m|\, V - v_0 \,|0n) \ll \Delta\varepsilon ,$$

wobei Z die Zahl nächster Nachbarn im Gitter, $\boldsymbol{R}$ ein nächster Nachbar zu 0 und $\Delta\varepsilon$ der Energieabstand zum nächsten hier nicht betrachteten Niveau ist, während die Gruppe der betrachteten Atomzustände fast entartet sei. Unter diesen Bedingungen sind in (1) alle Nichtdiagonalelemente der Koeffizientenmatrix des Gleichungssystems klein von erster Ordnung im Sinne von (2). Daraus folgt sofort, daß $(\varepsilon_m - \varepsilon_{\boldsymbol{k}\nu}) C_{m\nu}(\boldsymbol{k})$ auch klein von erster Ordnung ist,

$$(\varepsilon_m - \varepsilon_{\boldsymbol{k}\nu}) C_{m\nu}(\boldsymbol{k}) \ll \Delta\varepsilon \,. \tag{3}$$

Hieraus ergibt sich nun, daß der vorletzte Term von (1) klein von zweiter Ordnung ist und daher vernachlässigt werden kann. Damit sind wir bei der Tight-Binding-Näherung angelangt:

$$\sum_n \left[(\varepsilon_m - \varepsilon_{\boldsymbol{k}\nu}) \delta_{mn} + \sum_{\boldsymbol{R}} (0m|\, V - v_{\boldsymbol{R}} \,|\boldsymbol{R}n)\, \mathrm{e}^{i\boldsymbol{k}\boldsymbol{R}}\right] C_{n\nu}(\boldsymbol{k}) = 0 \,. \tag{4}$$

Hierbei würde die n-Summe zunächst noch wie in (5.1-7) über alle Zustände, also auch über die hier nicht interessierenden Zustände n mit $|\varepsilon_m - \varepsilon_n| \geqq \Delta\varepsilon$ laufen. Für diese folgt jedoch aus (1) und $\varepsilon_m \approx \varepsilon_{\boldsymbol{k}\nu}$, daß $C_{n\nu}(\boldsymbol{k})$ klein von erster Ordnung ist. Daher sind die entsprechenden Beiträge in (4) von zweiter Ordnung klein und werden auch vernachlässigt. Somit stellt (4) ein abgeschlossenes Gleichungssystem für die betrachtete Bandgruppe stark gebundener Zustände dar. Für die vom Leitungsband getrennten relativ schmalen Valenzbänder in Nichtmetallen liefern die extrem einfachen Gleichungen (4) meist eine völlig ausreichende Näherung. Für die d-Bänder in Übergangsmetallen ist (4) in solchen Fällen oft ausreichend, wo der relativ kleine Bereich im $\boldsymbol{k}$-Raum, in dem Hybridisierung mit dem sp-Band auftritt, keine Rolle spielt.

Noch wesentlich einfacher gestaltet sich das Problem, wenn ein einzelnes isoliertes stark gebundenes Band (s-Band im Bravais-Gitter) anstelle einer Bandgruppe auftritt. In diesem Fall reduziert sich (4) auf eine einzige Gleichung, deren Lösung sofort aufgeschrieben werden kann:

$$\varepsilon_{\boldsymbol{k}\nu} = \varepsilon_{\boldsymbol{k}m} = \varepsilon_m + \sum_{\boldsymbol{R}} (0m|\, V - v_{\boldsymbol{R}} \,|\boldsymbol{R}m)\, \mathrm{e}^{i\boldsymbol{k}\boldsymbol{R}} \,. \tag{5}$$

Dieser Ausdruck ist offenbar der Form nach identisch mit der Fourier-Entwicklung der im reziproken Gitter periodischen Funktion $\varepsilon_{\boldsymbol{k}\nu}$. Die $\boldsymbol{R}$-Fourier-Komponente ist $(0m|\, V - v_{\boldsymbol{R}} \,|\boldsymbol{R}m)$.

Da die Energie in jedem beliebigen Band im idealen Kristall eine im reziproken Gitter periodische Funktion von $\boldsymbol{k}$ ist, kann $\varepsilon_{\boldsymbol{k}\nu}$ auch im allgemeinen Fall nicht stark gebundener Zustände als Fourier-Reihe geschrieben werden. Darüber hinaus wird sich aber im nächsten Kapitel ergeben, daß auch im allgemeinen Fall immer lokalisierte Zustände $|\boldsymbol{R}\nu\}$ existieren, für die ein zu (5) ähnlicher Zusammenhang mit den Fourier-Komponenten von $\varepsilon_{\boldsymbol{k}\nu}$ besteht. Diese Wannier-Zustände (wir bezeichnen sie zur Unterscheidung von den atomähnlichen Zuständen $|\boldsymbol{R}n)$ mit einer geschweiften Klammer, Bandnummer ν und Gittervektor $\boldsymbol{R}$) haben allerdings im Falle nicht stark gebundener Bänder eine viel kompliziertere Struktur als die atomähnlichen Zustände, und ihre Berechnung ist ein außerordentlich kompliziertes und bisher nicht befriedigend gelöstes Problem. Ohne jedoch diese Funktionen bzw. ihre Matrixelemente zu berechnen, benutzt man häufig Gleichungen der Struktur (5) bzw. (4) oder auch

(5.1-7) zur Interpolation der an wenigen $\boldsymbol{k}$-Punkten mit anderen Methoden berechneten Bandstruktur. Alle auftretenden Matrixelemente werden dabei durch Anpassung an die anderweitig berechneten Banddaten bestimmt. Man spricht von TB- oder LCAO-Interpolationsschemata. Da man jedoch, wie wir gesehen haben, um zu den Gleichungen (5.1-7) zu gelangen, von ganz unterschiedlichen Zuständen $|\boldsymbol{R}n)$ ausgehen kann, muß man sich im Falle nicht stark gebundener Bänder davor hüten, die bei der Anpassung erhaltenen Matrixelemente als Matrixelemente von Atomzuständen zu interpretieren.

5.2.2. Beispiele für Tight-Binding-Bänder

Im Falle der starken Bindung läuft die Gittersumme in (4) bzw. (5) nur über die erste Koordinationssphäre des Gitters. Daher sind die Tight-Binding-Bänder auch in ihrer $\boldsymbol{k}$-Abhängigkeit von großer Einfachheit und eignen sich insbesondere vorzüglich für alle möglichen Modellbetrachtungen. Zur Illustration geben wir die aus (5) folgenden Energieausdrücke für s-Bänder einiger konkreter Gittertypen an. Für das einfach kubische Gitter erhalten wir

$$\varepsilon_{\boldsymbol{k}s} = \varepsilon_s - B - 2\Delta(\cos x + \cos y + \cos z) \tag{6}$$

mit

$$x = k_x a\,, \qquad y = k_y a\,, \qquad z = k_z a\,, \tag{7}$$

wobei a die kubische Gitterkonstante ist. Das Matrixelement $\Delta = -(0s|\ V - v_{\boldsymbol{R}}\ |\boldsymbol{R}s)$ ist ein Maß für die Bandbreite. $B = -(0s|\ V - v_0\ |0s)$ gibt die Absenkung des Atomniveaus ε_s im Kristallfeld an. Für das kubisch flächenzentrierte Gitter (erster Gittervektor $\boldsymbol{R} = a(1, 1, 0)$ mit a aus (7)) ergibt sich

$$\varepsilon_{\boldsymbol{k}s} = \varepsilon_s - B - 4\Delta(\cos x \cos y + \cos x \cos z + \cos y \cos z) \tag{8}$$

und für das kubisch raumzentrierte Gitter $\big(\boldsymbol{R} = a(1, 1, 1)\big)$

$$\varepsilon_{\boldsymbol{k}s} = \varepsilon_s - B - 8\Delta \cos x \cos y \cos z\,. \tag{9}$$

Für die beiden gekoppelten s-Bänder im hexagonal dicht gepackten Gitter (zwei Atome pro Elementarzelle) erhalten wir aus (4)

$$\begin{aligned}\varepsilon_{\boldsymbol{k}s\pm} = \varepsilon_s - B - 2\Delta\Bigg[&2\cos\frac{x}{2}\left(\cos\frac{x}{2} + \cos\frac{\sqrt{3}}{2}y\right) - 1\\ &\pm \cos\frac{z}{2}\sqrt{4\cos\frac{x}{2}\left(\cos\frac{x}{2} + \cos\frac{\sqrt{3}}{2}y\right) + 1}\,\Bigg],\end{aligned} \tag{10}$$

wobei hier

$$x = k_x a\,, \qquad y = k_y a\,, \qquad z = k_z c\,, \qquad c = \sqrt{\frac{8}{3}}\,a \tag{11}$$

mit a und c als den hexagonalen Gitterkonstanten gilt.

Die wichtigste aus den Dispersionsbeziehungen $\varepsilon_{\boldsymbol{k}\nu}$ abgeleitete Größe ist die Zustandsdichte

$$D(\varepsilon) = \frac{2}{N} \sum_{\nu, \boldsymbol{k} \in \mathrm{BZ}} \delta(\varepsilon - \varepsilon_{\boldsymbol{k}\nu}) = \frac{2V_0}{(2\pi)^3} \sum_{\nu} \int_{\varepsilon_{\boldsymbol{k}\nu} = \varepsilon} \frac{\mathrm{d}S_{\boldsymbol{k}}}{|\partial\varepsilon_{\boldsymbol{k}\nu}/\partial\boldsymbol{k}|} \,. \tag{12}$$

Bei konkreten Auswertungen wird oft

$$D(\varepsilon) = \frac{\mathrm{d}}{\mathrm{d}\varepsilon} \frac{2}{N} \sum_{\nu, \boldsymbol{k} \in \mathrm{Bz}} \Theta(\varepsilon - \varepsilon_{\boldsymbol{k}\nu}) \tag{12'}$$

verwendet. Für das Band (6) erhält man für $D(\varepsilon)$ die bekannte symmetrische Kurvenform mit allen vier Typen von van-Hove-Singularitäten, die in vielen Modellbetrachtungen verwendet wird (Abb. 5.2-1). Eine charakteristische Besonderheit von Tight-Binding-Zustandsdichten, die auch praktische Bedeutung hat, ist jedoch das Auftreten von stärkeren Singularitäten (Eschrig, 74). Diese rühren daher, daß z. B. in den Bändern (8) bis (10) kritische Punkte auftreten (Punkte im $\boldsymbol{k}$-Raum, an denen $\partial\varepsilon_{\boldsymbol{k}\nu}/\partial\boldsymbol{k} = 0$ gilt), in denen auch noch einige der zweiten Taylor-Koeffizienten in der Taylor-Entwicklung von $\varepsilon_{\boldsymbol{k}\nu}$ an dieser Stelle verschwinden. So hat z. B. die zu (8) gehörige Zustandsdichte im kfz Gitter die in Abb. 5.2-2 gezeigte Form mit einer logarithmischen Singularität an der oberen Bandkante. Diese rührt von der Umgebung des Punktes X der Brillouin-Zone her, wo sich das Band (8) wie

$$\varepsilon_{\boldsymbol{k}s} \sim (x - \pi)^2 + y^2 z^2/4 \tag{13}$$

verhält. Die Form der hierzu gehörigen Isoenergieflächen ist in Abb. 5.2-3 dargestellt. Aus (13) und dem letzten Ausdruck (12) erhält man nach elementarer Rechnung die logarithmische Singularität. Es kann allgemein gezeigt werden (Ducastelle u. Cyrot-Lackmann, 70), daß die Tight-Binding-Zustandsdichten der verschiedenen dicht ge-

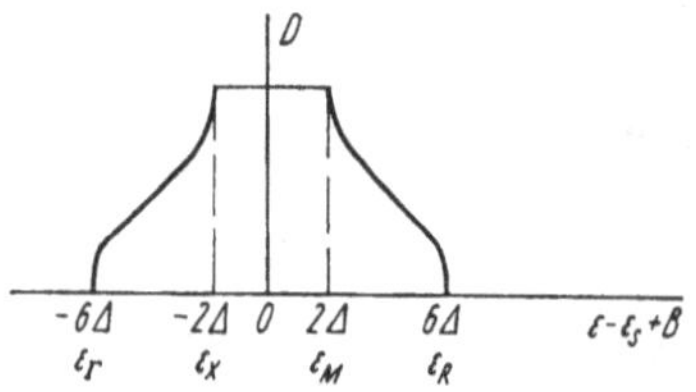

Abb. 5.2-1

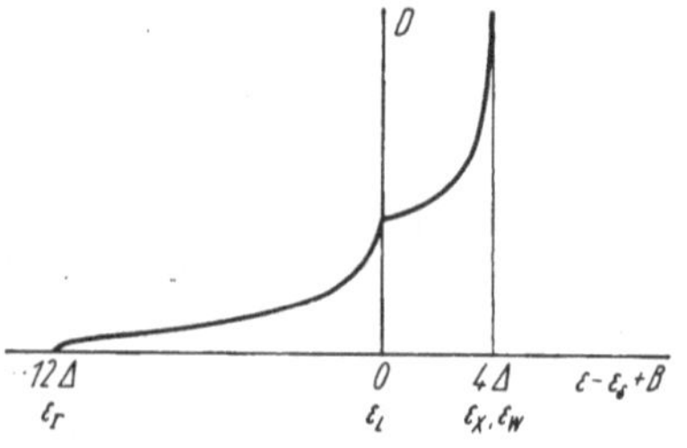

Abb. 5.2-2

Abb. 5.2-1. Zustandsdichte des Bandes (6) im einfach kubischen Gitter. Die van-Hove-Singularitäten rühren von den kritischen Punkten Γ (Zentrum), X (Mittelpunkt der Würfelfläche), M (Mittelpunkt der Würfelkante) und R (Würfelecke) der würfelförmigen Brillouin-Zone her

Abb. 5.2-2. Zustandsdichte des Bandes (8) im kubisch flächenzentrierten Gitter. Die van-Hove-Singularitäten rühren von den kritischen Punkten Γ (Zentrum), L (Mittelpunkt der Sechseckfläche), X (Mittelpunkt der Quadratfläche) und W (Eckpunkt) der Brillouin-Zone her

packten Strukturen identisch sind. Daher stimmt die Zustandsdichte von (10) mit der von (8) überein. Das in Abb. 5.2-3 gezeigte Bandverhalten (13) tritt hier am Punkt M im oberen Band (10) auf, wobei den Achsen y und z von Abb. 5.2-3 die zwei sich (schiefwinklig) kreuzenden Geraden M-M (Abb. 5.2-4) entsprechen. Aber auch das obere Tight-Binding-d-Band der kfz Struktur hat bei X das Verhalten (13). Der entsprechende Zustandsdichtepeak liegt beim Nickel ganz in der Nähe der Fermi-Energie und spielt bei der Erklärung des Ferromagnetismus von Ni eine wichtige Rolle (Gautier, 62, Callaway u. Zhang, 70). Eine logarithmische Zustandsdichte-Singularität $\sim(\ln|\varepsilon|)^2$ tritt auch in der Mitte des Bandes (9) auf (Abb. 5.2-5).

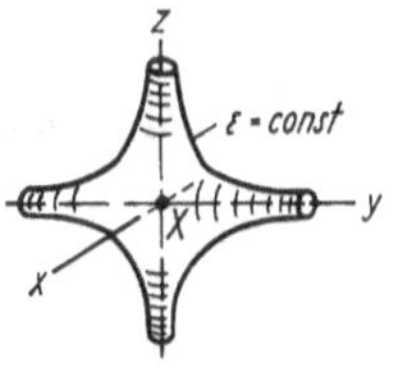

Abb. 5.2-3

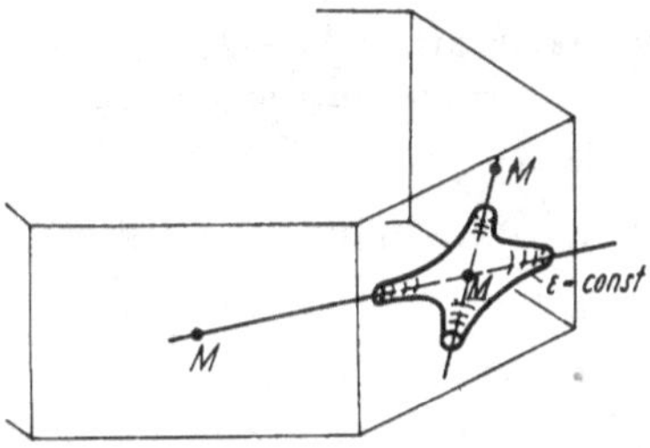

Abb. 5.2-4

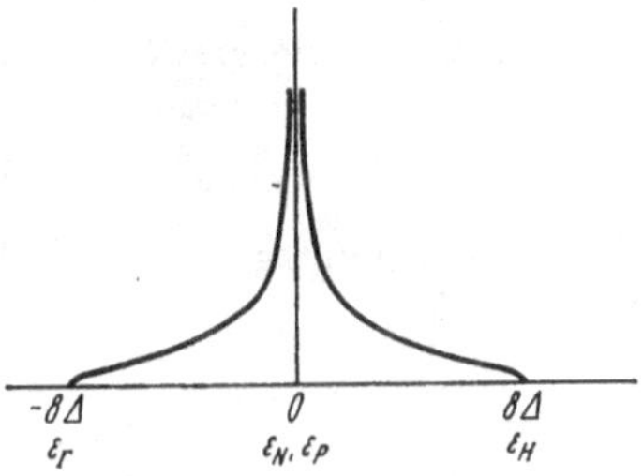

Abb. 5.2-5

Abb. 5.2-3. Isoenergiefläche des Bandes (8) in der Umgebung des Punktes X (Mittelpunkt der Quadratfläche) der Brillouin-Zone des kubisch flächenzentrierten Gitters

Abb. 5.2-4. Isoenergiefläche des Bandes (10) mit der Brillouin-Zone des hexagonalen Gitters

Abb. 5.2-5. Zustandsdichte des Bandes (9) im kubisch raumzentrierten Gitter. Die van-Hove-Singularitäten rühren von den kritischen Punkten Γ (Zentrum), N (Mittelpunkt der Rhombusfläche), P (dreizähliger Eckpunkt) und H (vierzähliger Eckpunkt) der Brillouin-Zone her

Sie rührt von der Umgebung des Punktes P der Brillouin-Zone her, wo sich das Band wie

$$\varepsilon_{ks} \sim xyz \tag{14}$$

verhält (Abb. 5.2-6). Eine Anzahl weiterer solcher Singularitäten tritt in d-Bändern auf. So verhält sich z. B. ein d-Band der krz Struktur bei $\boldsymbol{k} = 0$ unter Berücksichtigung der Spin-Bahn-Wechselwirkung wie

$$\varepsilon_{kd} \sim x^2y^2 + x^2z^2 + y^2z^2 , \tag{15}$$

woraus sich eine Singularität der Form $\varepsilon^{-1/4}\Theta(\varepsilon)$ mit Θ als der Sprungfunktion ergibt (Abb. 5.2-7, 8). In der Nähe dieser Singularität liegt die Fermi-Energie in den fünfwertigen Übergangsmetallen V, Nb, Ta.

Eine wichtige Rolle bei der Erklärung der physikalischen Eigenschaften spielen Tight-Binding-Bandstrukturmodelle für die intermetallischen Verbindungen vom β-Wolfram-Typ (A 15-Struktur), wobei wieder starke Zustandsdichtesingularitäten in der Nähe der Fermi-Energie eine zentrale Bedeutung haben (Weger u. Goldberg, 73). Nach neueren Untersuchungen rühren sie wahrscheinlich von der Umgebung der Linie R-M (Würfelkante) der würfelförmigen Brillouin-Zone her (Pietraß, 77, 78, s. aber Weber u. Mattheiss, 81, 82, Mattheiss u. Weber, 82).

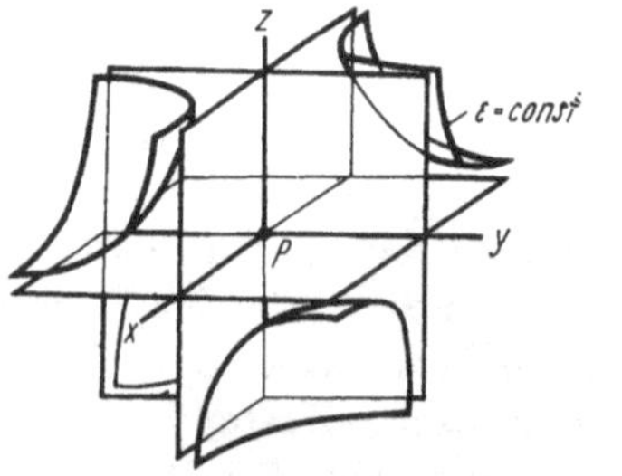

Abb. 5.2-6

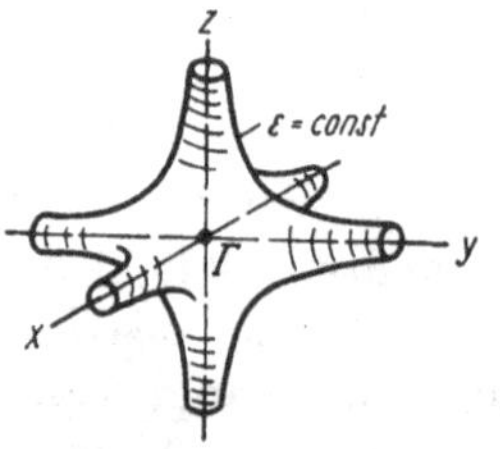

Abb. 5.2-7

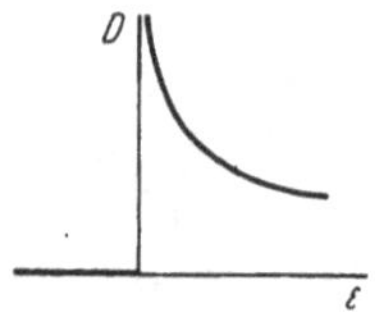

Abb. 5.2-8

Abb. 5.2-6. Isoenergiefläche des Bandes (9) in der Umgebung des Punktes P (dreizähliger Eckpunkt) der Brillouin-Zone des kubisch raumzentrierten Gitters

Abb. 5.2-7. Isoenergiefläche des Bandes (15)

Abb. 5.2-8. Beitrag von der Umgebung des Punktes $\Gamma(\boldsymbol{k} = 0)$ zur Zustandsdichte des Bandes (15)

5.2.3. Tight-Binding-Hamilton-Operatoren

Dem Energieausdruck (5) entspricht der Modell-Hamilton-Operator

$$H = \varepsilon_n - B + \sum_{\boldsymbol{R}\boldsymbol{R}'} |\boldsymbol{R}m)\, t_{\boldsymbol{R}\boldsymbol{R}'} (\boldsymbol{R}'m| \tag{16}$$

mit

$$t_{\boldsymbol{R}\boldsymbol{R}} = 0 \tag{17}$$

und

$$t_{\boldsymbol{R}\boldsymbol{R}'} = \begin{cases} -\Delta & \text{für } \boldsymbol{R}, \boldsymbol{R}' \text{ nächste Nachbarn}\,, \\ 0 & \text{für } \boldsymbol{R}, \boldsymbol{R}' \text{ fernere Nachbarn}\,. \end{cases} \tag{18}$$

B und Δ sind dieselben Matrixelemente wie in (6) bis (10). Tatsächlich erhält man beim Einsetzen von

$$|\boldsymbol{k}m) = \frac{1}{\sqrt{N}} \sum_{\boldsymbol{R}} |\boldsymbol{R}m)\, \mathrm{e}^{i\boldsymbol{k}\boldsymbol{R}} \Big/ [\sum_{\boldsymbol{R}'} (0m \mid \boldsymbol{R}'m)\, \mathrm{e}^{i\boldsymbol{k}\boldsymbol{R}'}]^{1/2} \tag{19}$$

in

$$\varepsilon_{\boldsymbol{k}m} = (\boldsymbol{k}m|\, H\, |\boldsymbol{k}m) \tag{20}$$

unter Berücksichtigung von (16) bis (18) und der Bedeutung von B und Δ wieder (5), wenn man alle von zweiter Ordnung kleinen Glieder im Sinne von (2) fortläßt.

In schmalbandigen Systemen, für die die Tight-Binding-Näherung zutrifft, spielen starke Korrelationseffekte infolge der Elektron-Elektron-Wechselwirkung eine bedeutende Rolle. Da diese Wechselwirkung räumlich lokalisiert stattfindet (infolge der Abschirmwirkung der übrigen vorhandenen Elektronen fällt sie in Metallen innerhalb des Thomas-Fermi-Radius von der Größenordnung des Atomradius praktisch auf Null ab), ist für ihre Beschreibung das LCAO-Schema besonders geeignet. Zur

Angabe der Matrixelemente dieser Zweiteilchenwechselwirkung definieren wir Zweiteilchenzustände von Atomorbitalen gemäß

$$(\boldsymbol{r}_1, \boldsymbol{r}_2 \mid \boldsymbol{R}s_1m, \boldsymbol{R}'s_2n) = (\boldsymbol{R}s_1m, \boldsymbol{R}'s_2n \mid \boldsymbol{r}_1, \boldsymbol{r}_2)^* = (\boldsymbol{r}_1 \mid \boldsymbol{R}s_1m)\,(\boldsymbol{r}_2 \mid \boldsymbol{R}'s_2n)\,. \quad (21)$$

s_1 und s_2 sind dabei Spineigenwerte, die wir hier zusätzlich einführen, um den Austauschbeitrag der Wechselwirkung erfassen zu können. $|\boldsymbol{R}sm)$ ist demnach das Produkt aus dem Ortszustand $|\boldsymbol{R}m)$ und dem Spineigenzustand (Spinor) zum Eigenwert s. Bilden wir nun aus den Wellenfunktionen unserer Kristallzustände (19) Slater-Determinanten, so treten in der Ein-Band-Näherung wie üblich Wechselwirkungsmatrixelemente der folgenden Form auf:

$$(\boldsymbol{R}s_1m, \boldsymbol{R}'s_2m|\; V_{ee}\; |\boldsymbol{R}s_1m, \boldsymbol{R}'s_2m) - (\boldsymbol{R}s_1m, \boldsymbol{R}'s_2m|\; V_{ee}\; |\boldsymbol{R}'s_2m, \boldsymbol{R}s_1m)\,. \quad (22)$$

V_{ee} ist der Operator der Elektron-Elektron-Wechselwirkung. Da, wie bereits gesagt wurde, die Wechselwirkung V_{ee} in Metallen kurzreichweitig ist, ist klar, daß von den Ausdrücken (22) derjenige mit $\boldsymbol{R} = \boldsymbol{R}'$ dominiert. Es liegt daher nahe, im einfachsten Modell nur diesen Beitrag zu berücksichtigen und alle übrigen zu vernachlässigen. Des weiteren ist der zweite Summand in (22) nur für $s_1 = s_2$ von Null verschieden, da V_{ee} nicht auf die Spinvariablen operiert. Im interessierenden Falle $\boldsymbol{R} = \boldsymbol{R}'$ kompensiert der zweite Term in (22) für $s_1 = s_2$ gerade den ersten, so daß (22) nur für $s_1 \neq s_2$ von Null verschieden ist. Hierin kommt die vollständige Berücksichtigung des Pauli-Prinzips zum Ausdruck, nach dem sich im Ortszustand m am selben Atom bei $\boldsymbol{R}$ zwei Elektronen nur mit antiparallelem Spin $s_1 \neq s_2$ aufhalten können und folglich auch nur diese wechselwirken können. Die Beiträge (22) sind in dem diagonalen Matrixelement $(\Phi|\; \sum V_{ee}\; |\Phi)$ enthalten, wo $|\Phi)$ ein Zustand ist, der einer Slater-Determinante von Einteilchenwellenfunktionen entspricht. Der tatsächliche stationäre Zustand bei Berücksichtigung der Elektron-Elektron-Wechselwirkung entspricht einer Linearkombination $\alpha|\Phi) + \beta|\Phi') + \ldots$ von solchen Slater-Determinanten, die aus verschiedenen Sätzen von Einteilchenwellenfunktionen gebildet sind (Konfigurationsmischung). Dabei treten in den Nichtdiagonalelementen $(\Phi|\; \sum V_{ee}\; |\Phi')$ neben (22) noch allgemeinere Beiträge

$$(\boldsymbol{R}s_1m, \boldsymbol{R}'s_2m|\; V_{ee}\; |\boldsymbol{R}''s_3m, \boldsymbol{R}'''s_4m) \quad (22\text{a})$$

auf, die wir hier nicht berücksichtigen.

Setzen wir nun

$$U = (\boldsymbol{R}sm, \boldsymbol{R} - sm|\; V_{ee}\; |\boldsymbol{R}sm, \boldsymbol{R} - sm)\,, \quad (23)$$

so ergibt sich aus unseren Überlegungen der bekannte Hubbard-Hamilton-Operator

$$H = \sum_{\boldsymbol{R}\boldsymbol{R}'} |\boldsymbol{R}m)\, t_{\boldsymbol{R}\boldsymbol{R}'} (\boldsymbol{R}'m| + \tfrac{1}{2} \sum_{\boldsymbol{R}s} |\boldsymbol{R}sm, \boldsymbol{R} - sm)\; U (\boldsymbol{R}sm, \boldsymbol{R} - sm| \quad (24)$$

als einfachster Modell-Hamilton-Operator zur Beschreibung der Elektronenkorrelation im geordneten Festkörper (Hubbard, 63). Der Faktor 1/2 ist nötig, damit man bei der Berechnung des Erwartungswertes von (24) mit der Slater-Determinante der beiden Spinzustände die Wechselwirkungsenergie des Elektronenpaares nur einmal erhält. Führen wir gemäß

$$|\boldsymbol{R}sm) = a^\dagger_{\boldsymbol{R}s}|0)\,, \qquad (\boldsymbol{R}sm| = (0|\, a_{\boldsymbol{R}s}\,, \tag{25}$$

$$a^\dagger_{\boldsymbol{R}s} a_{\boldsymbol{R}s} = n_{\boldsymbol{R}s} \tag{26}$$

Operatoren der Besetzungszahldarstellung ein (dabei ist $|0)$ der Vakuumzustand, $a^\dagger$ Erzeugungs-, a Vernichtungs- und n Teilchenzahloperator), so erhalten wir (24) in der üblichen Form

$$H = \sum_{\boldsymbol{R}\boldsymbol{R}'s} t_{\boldsymbol{R}\boldsymbol{R}'} a^\dagger_{\boldsymbol{R}s} a_{\boldsymbol{R}'s} + \tfrac{1}{2} U \sum_{\boldsymbol{R}s} n_{\boldsymbol{R}s} n_{\boldsymbol{R},-s}\,. \tag{27}$$

Obwohl bei der Ableitung von (24) bzw. (27) weitestgehende Vereinfachungen durchgeführt wurden, ist dieses Modell leider immer noch außerordentlich kompliziert.

Es wäre nun naheliegend, diese Überlegungen zu erweitern und von (22) auch Glieder mit $\boldsymbol{R} \neq \boldsymbol{R}'$ einzubeziehen, um z. B. die magnetische Austauschwechselwirkung zu erhalten. Dabei stellt sich jedoch heraus, daß ein solches Vorgehen wegen der Nichtorthogonalität benachbarter AOs $\big((\boldsymbol{R}m \mid \boldsymbol{R}'m) \neq 0\big)$ auf prinzipielle Schwierigkeiten stößt (Mattis, 65). Wir verschieben daher diese Betrachtung auf das nächste Kapitel, wo eine Darstellung eingeführt wird, in der die eben genannte Nichtorthogonalität nicht auftritt.

5.3. Wannier-Funktionen

5.3.1. Definition und Eigenschaften der Einband-Wannier-Funktionen

Wir führen mit den Bloch-Zuständen $|\boldsymbol{k}\nu\rangle$ des ν-ten Bandes die folgende unitäre Transformation auf Wannier-Zustände (Wannier, 37) durch:

$$|\boldsymbol{R}\nu\} = \frac{1}{\sqrt{N}} \sum_{\boldsymbol{k}\in\mathrm{BZ}} |\boldsymbol{k}\nu\rangle\, \mathrm{e}^{-i\boldsymbol{k}\boldsymbol{R} - i\alpha_\nu(\boldsymbol{k})} \tag{1}$$

oder ausführlicher

$$\begin{aligned}(\boldsymbol{r}\,|\boldsymbol{R}\nu\} &= (\boldsymbol{r} - \boldsymbol{R}\,|\nu 0\} = \varphi_\nu(\boldsymbol{r} - \boldsymbol{R})\\ &= \frac{1}{\sqrt{N}} \frac{NV_0}{(2\pi)^3} \int\limits_{\mathrm{BZ}} \mathrm{d}^3k\, \varphi_{\boldsymbol{k}\nu}(\boldsymbol{r})\, \mathrm{e}^{-i\boldsymbol{k}\boldsymbol{R} - i\alpha_\nu(\boldsymbol{k})}\,,\end{aligned} \tag{2}$$

$$\varphi_{\boldsymbol{k}\nu}(\boldsymbol{r}) = (\boldsymbol{r}\,|\boldsymbol{k}\nu\rangle\,.$$

Die inverse Transformation ist

$$|\boldsymbol{k}\nu\rangle = \mathrm{e}^{i\alpha_\nu(\boldsymbol{k})} \frac{1}{\sqrt{N}} \sum_{\boldsymbol{R}} |\boldsymbol{R}\nu\}\, \mathrm{e}^{i\boldsymbol{k}\boldsymbol{R}}\,, \tag{3}$$

was man sofort durch Einsetzen in (1) beweist. Weiter beweist man mit (1) und (3) ebenso einfach die Äquivalenz der Orthonormierungen

$$\langle \boldsymbol{k}\mu \mid \boldsymbol{k}'\nu\rangle = \delta_{\mu\nu}\delta_{\boldsymbol{k}\boldsymbol{k}'} \left(\to \delta_{\mu\nu} \frac{(2\pi)^3}{NV_0}\, \delta(\boldsymbol{k} - \boldsymbol{k}')\right) \tag{4}$$

und

$$\{\boldsymbol{R}\mu \mid \boldsymbol{R}'\nu\} = \delta_{\mu\nu}\delta_{\boldsymbol{R}\boldsymbol{R}'} , \tag{5}$$

d. h. die Unitarität der Transformationen (1) und (3). Dem Wesen nach ist es eine Fourier-Transformation im Gitter. Wir führen noch die entsprechende Fourier-Entwicklung von $\varepsilon_{\boldsymbol{k}\nu}$ (als Funktion von $\boldsymbol{k}$) durch:

$$\varepsilon_{\boldsymbol{k}\nu} = \sum_{\boldsymbol{R}} \mathrm{e}^{-i\boldsymbol{k}\boldsymbol{R}}\, \varepsilon_{\boldsymbol{R}\nu} , \qquad \varepsilon_{\boldsymbol{R}\nu} = \frac{1}{N} \sum_{\boldsymbol{k}\in \mathrm{BZ}} \mathrm{e}^{i\boldsymbol{k}\boldsymbol{R}}\, \varepsilon_{\boldsymbol{k}\nu} . \tag{6}$$

Wenden wir nun auf (1) für $\boldsymbol{R} = 0$ den Kristall-Hamilton-Operator an und setzen im Ergebnis die erste Beziehung (6) ein, so erhalten wir die der Schrödinger-Gleichung entsprechende Gleichung für die Wannier-Zustände:

$$H\, |0\nu\} = \sum_{\boldsymbol{R}} |\boldsymbol{R}\nu\}\, \varepsilon_{\boldsymbol{R}\nu} \tag{7}$$

oder nach Projektion mit (5)

$$\{\boldsymbol{R}\mu|\, H\, |0\nu\} = \delta_{\mu\nu}\varepsilon_{\boldsymbol{R}\nu} . \tag{8}$$

In Ortsdarstellung ausführlich geschrieben, lautet (7)

$$\left[-\frac{\hbar^2}{2m}\frac{\partial^2}{\partial \boldsymbol{r}^2} + V(\boldsymbol{r})\right]\varphi_\nu(\boldsymbol{r}) = \sum_{\boldsymbol{R}} \varphi_\nu(\boldsymbol{r} - \boldsymbol{R})\, \varepsilon_{\boldsymbol{R}\nu} , \tag{9}$$

d. h., es handelt sich (bei als bekannt vorausgesetzten $\varepsilon_{\boldsymbol{R}\nu}$) um eine Differenzen-Differentialgleichung für $\varphi_\nu(\boldsymbol{r}) = (\boldsymbol{r} \mid 0\nu\}$.

Hier sind nun zunächst einige Bemerkungen über die Nichteindeutigkeit der Wannier-Funktionen am Platze. Bekanntlich erhält man aus der Schrödinger-Gleichung in Verbindung mit der Normierungsbedingung (4) die Lösungen $(\boldsymbol{r}\, |\boldsymbol{k}\nu\rangle$ bis auf einen willkürlichen konstanten Phasenfaktor (der in (1) als Faktor $\exp\left(-i\alpha_\nu(\boldsymbol{k})\right)$ explizit eingeführt wurde) eindeutig. In keiner Weise erhält man aus (7) in Verbindung mit (5) eine ähnliche Eindeutigkeit für $|\boldsymbol{R}n\}$. Alle Zustände (1) für ein gegebenes Band n mit beliebigen Faktoren $\exp\left(-i\alpha_n(\boldsymbol{k})\right)$ sind Lösungen von (7) und (5) (aber nicht beliebige Linearkombinationen solcher Zustände, diese erfüllen im allgemeinen (5) nicht; das ist nur der Fall, wenn sie sich genau in der Form (1) darstellen lassen). Diese Zustände können sehr verschiedene Symmetrieeigenschaften haben (bei willkürlicher Wahl von $\alpha_n(\boldsymbol{k})$ besitzen sie gar keine Symmetrie) und verschieden stark lokalisiert sein. Des weiteren ist die Gesamtheit der Zustände, die ein Band (das n-te) bilden, im allgemeinen nicht von selbst gegeben, sondern muß definiert werden. Am häufigsten geht man so vor, daß man für jedes $\boldsymbol{k}$ die Energien vom kleinsten Wert aufwärts durchnumeriert und damit den Bandindex festgelegt. Eine Unbestimmtheit tritt dabei nur im Falle von Entartung auf. Im Falle der Hybridisierung eines breiten Bandes mit einem schmalen (Abb. 5.3-1) besteht dann das erste Band teilweise aus dem ursprünglichen breiten und dem ursprünglichen schmalen. Es ist jedoch oft zweckmäßig, das schmale Band (in Abb. 5.3-1 mit a bezeichnet) für sich zu betrachten und von der kleinen durch die Hybridisierung bedingten Unstetigkeit abzusehen. In beiden Fällen erhält man natürlich ganz verschiedene Sätze in (6) und verschiedene Wannier-Funktionen.

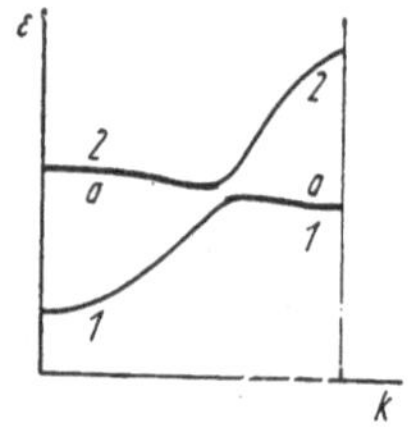

Abb. 5.3-1. Verschiedene Möglichkeiten der Zählung der Bänder in einer hybridisierten Bandstruktur

Um eine Vorstellung von den Eigenschaften der Wannier-Funktionen zu erhalten, betrachten wir zunächst die formale Übereinstimmung der Gleichungen (3) und (5.1-4) (für $\alpha_n(\boldsymbol{k}) = 0$). Nun ist im Fall vernachlässigbarer Überlappung der Atomzustände an benachbarten Gitterorten (5.1-4) eine Näherungslösung der Schrödinger-Gleichung im Kristall für ein schmales Tight-Binding-Band mit $\varepsilon_{0\nu} = \varepsilon_\nu$, $\varepsilon_{\boldsymbol{R}\nu} \approx 0$. Mit anderen Worten können stark gebundene Atomzustände (evtl. noch nach einer Löwdin-Orthogonalisierung (Löwdin, 50)) als Näherung für Wannier-Zustände betrachtet werden. Wenden wir uns nun dem entgegengesetzten Grenzfall freier Elektronen zu (erstes Band):

$$(\boldsymbol{r}\,|\boldsymbol{k}1\rangle = \frac{1}{\sqrt{V}}\,\mathrm{e}^{i\boldsymbol{k}\boldsymbol{r}}\,. \tag{10}$$

Wir wählen wieder $\alpha_1(\boldsymbol{k}) = 0$ und haben

$$(\boldsymbol{r}\,|0, 1\} = \varphi_1(\boldsymbol{r}) = \frac{\sqrt{V_0}}{(2\pi)^3}\int\limits_{\mathrm{BZ}} \mathrm{d}^3k\,\mathrm{e}^{i\boldsymbol{k}\boldsymbol{r}}\,. \tag{11}$$

Um zu einer qualitativen Aussage zu kommen, setzen wir ein kfz Gitter voraus und nähern die sehr kompakte Brillouin-Zone dieses Gitters durch eine Kugel vom Radius $G/2$ (G von der Größenordnung des ersten reziproken Gittervektors) an. Wir erhalten

$$\begin{aligned}\varphi_1(\boldsymbol{r}) &= \frac{\sqrt{V_0}}{8\pi^2}\,\frac{G^2}{r}\,\mathrm{j}_1(Gr/2)\\ &= \frac{\sqrt{V_0}}{4\pi^2}\left[\frac{2}{r^3}\sin(Gr/2) - \frac{G}{r^2}\cos(Gr/2)\right].\end{aligned} \tag{12}$$

j_1 ist eine sphärische Bessel-Funktion. Die Funktion φ_1 ist in Abb. 5.3-2 dargestellt. Für ein schwaches Kristallpotential ist (10) nur weit im Innern der Brillouin-Zone annähernd richtig. Am Rande der Brillouin-Zone sind Anteile $\exp[i(\boldsymbol{k} + \boldsymbol{G}_j)\,\boldsymbol{r}]$ hinzuzufügen, wobei $\boldsymbol{G}_j$ ein solcher reziproker Gittervektor ist, daß $\boldsymbol{k} + \boldsymbol{G}_j$ nicht weit

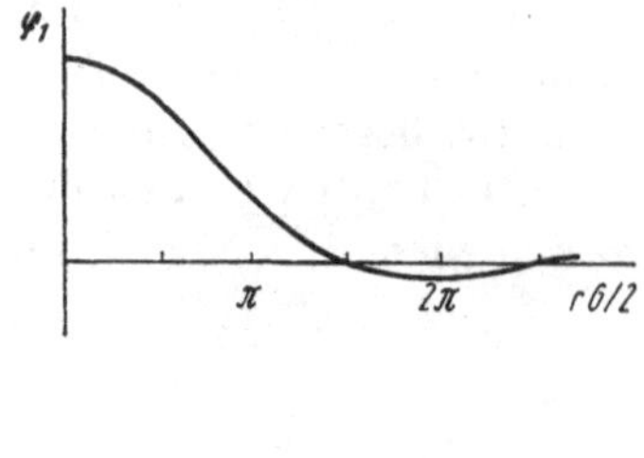

Abb. 5.3-2. Verlauf der Funktion φ_1 aus (12)

außerhalb der Brillouin-Zone liegt. Zum Integral (11) sind dann Beiträge mit $|\boldsymbol{k}| > G/2$ mit nach außen abfallender Amplitude hinzuzufügen. Qualitativ erreicht man das, wenn man (11) als ein Integral über den ganzen $\boldsymbol{k}$-Raum mit dem Integranden $\exp(i\boldsymbol{kr})\,\Theta(G/2 - |\boldsymbol{k}|)$ schreibt und die Sprungfunktion $\Theta(\ldots)$ mit einer Gauß-Funktion $(\delta\sqrt{2\pi})^{-3} \exp(-\boldsymbol{k}^2/2\delta^2)$ faltet,

$$\Theta(G/2 - k) \to \int_{-\infty}^{\infty} \mathrm{d}^3\varkappa \, \frac{\Theta(G/2 - \varkappa)}{(\delta\sqrt{2\pi})^3} \, \mathrm{e}^{-(\boldsymbol{k}-\boldsymbol{\varkappa})^2/2\delta^2} \,. \tag{13}$$

Damit erhält man

$$\varphi_1(\boldsymbol{r}) \to \varphi_1(\boldsymbol{r}) \, \mathrm{e}^{-(r\delta)^2/2} \,. \tag{14}$$

δ ist die Breite des Gebietes im $\boldsymbol{k}$-Raum um die Brillouin-Zonengrenze herum, in dem eine wesentliche Mischung von ebenen Wellen stattfindet (Abb. 5.3-3).

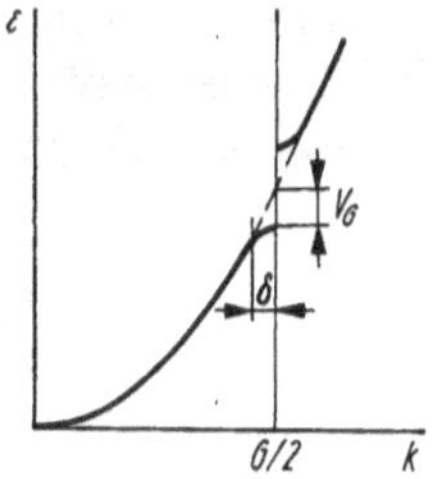

Abb. 5.3-3. Bandstruktur fast freier Elektronen an der Brillouin-Zonengrenze. In einem Gebiet der Breite $\delta \sim V_G/G$ findet eine wesentliche Mischung von ebenen Wellen mit den Wellenvektoren $\boldsymbol{k}$ und $\boldsymbol{k} - \boldsymbol{G}$ statt, wobei $||\boldsymbol{k}| - |\boldsymbol{k} - \boldsymbol{G}|| \lesssim \delta$

Es ist

$$\delta \sim \frac{V_G}{G} \,, \qquad V_G = \langle \boldsymbol{k}| \, V \, |\boldsymbol{k} + \boldsymbol{G}\rangle \,. \tag{15}$$

Im Falle fast freier Elektronen ist V_G ein typisches Pseudopotential-Matrixelement und

$$V_G \approx \frac{\varepsilon_\mathrm{F}}{5} \approx \frac{1}{10}\left(\frac{G}{2}\right)^2, \quad \text{d. h.,} \quad \delta \approx G/40 \,.$$

Aus (14) ergibt sich dann, daß die Wannier-Funktion im wesentlichen im Gebiet

$$r \leqq \frac{1}{\delta} \approx \frac{20}{G} \approx 3R$$

lokalisiert ist, wo $R \approx 2\pi/G$ der Betrag des kleinsten Gittervektors ist. Überträgt man diese Überlegung grobqualitativ auf den Tight-Binding-Fall

$$V_G > \varepsilon_\mathrm{F} \approx G^2/8 \,,$$

so erhält man wieder, daß die Wannier-Funktion im Gebiet

$$r < R \,,$$

d. h. im Atomvolumen lokalisiert ist wie die Atomfunktion in diesem Fall. Eine mathematisch strengere Formulierung dieses Sachverhalts enthält das Theorem von Kohn

(59), das die exponentielle Abfallkonstante der Wannier-Funktion mit dem Verzweigungspunkt $\boldsymbol{k}_0$ der komplexen Bandstruktur verknüpft.

Über das asymptotische Verhalten der Wannier-Funktion und damit ihre Lokalisierung erhält man auf einfache Weise auch Aussagen, wenn man direkt von (8) ausgeht. Aus dem Verhalten von $\varepsilon_{\boldsymbol{k}\nu}$ als Funktion von $\boldsymbol{k}$ folgt das Verhalten ihrer Fourier-Komponenten $\varepsilon_{\boldsymbol{R}\nu}$ für große $|\boldsymbol{R}|$. Ist $\varepsilon_{\boldsymbol{k}\nu}$ eine analytische Funktion von $\boldsymbol{k}$ (was für ein isoliertes Band stets der Fall ist (z. B. Brauer, 72, Eschrig, 74)), so fallen die $\varepsilon_{\boldsymbol{R}\nu}$ schneller als jede Potenz von $1/|\boldsymbol{R}|$ ab. Multipliziert man nämlich $\varepsilon_{\boldsymbol{R}\nu}$ aus (6) mit einer beliebigen Potenz

$$(\boldsymbol{R})^m = \mathrm{e}^{-i\boldsymbol{k}\boldsymbol{R}} \left(-i \frac{\partial}{\partial \boldsymbol{k}}\right)^m \mathrm{e}^{i\boldsymbol{k}\boldsymbol{R}} ,$$

wendet dann wiederholt den Gaußschen Satz an und beachtet, daß wegen der Analytizität alle Ableitungen von $\varepsilon_{\boldsymbol{k}\nu}$ beschränkte periodische Funktionen von $\boldsymbol{k}$ sind, so erhält man, daß $(\boldsymbol{R})^m \varepsilon_{\boldsymbol{R}\nu}$ als Funktion von $\boldsymbol{R}$ ebenfalls beschränkt ist. Hat $\varepsilon_{\boldsymbol{k}\nu}$ auf einer geschlossenen Fläche im $\boldsymbol{k}$-Raum einen Sprung (wie z. B. das schmale hybridisierte Band a in Abb. 5.3-1), so gilt asymptotisch $\varepsilon_{\boldsymbol{R}\nu} \sim |\boldsymbol{R}|^{-2}$, im Falle eines Knicks (wie das zu (10) bis (12) gehörige erste Band freier Elektronen auf der Brillouin-Zonengrenze) gilt $\varepsilon_{\boldsymbol{R}\nu} \sim |\boldsymbol{R}|^{-3}$ usw. Es sei nun

$$\varepsilon_{\boldsymbol{R}\nu} \sim |\boldsymbol{R}|^{-m} \quad \text{für} \quad |\boldsymbol{R}| \to \infty , \tag{16}$$

und die zugehörige Wannier-Funktion enthalte asymptotisch einen Faktor

$$(\boldsymbol{r}\,|0\nu\} \sim r^{-n} \quad \text{für} \quad r \to \infty . \tag{17}$$

Die Maßstabstransformation $r \to \alpha r$ liefert dann für das Matrixelement

$$\{0\nu|\, H\, |\boldsymbol{R}\nu\} \sim \{0\nu|\, t\, |\boldsymbol{R}\nu\} \sim \alpha^3\alpha^{-2}\alpha^{-2n} , \qquad \varepsilon_{\boldsymbol{R}\nu} \sim \alpha^{-m} , \tag{18}$$

und aus (8) folgt

$$n = (m + 1)/2 . \tag{19}$$

Für ein isoliertes Band fällt also (in Übereinstimmung mit (14)) mit $\varepsilon_{\boldsymbol{R}\nu}$ auch die Wannier-Funktion exponentiell ab, während man aus (19) für das erste Band freier Elektronen ($m = 3$, s. oben) in Übereinstimmung mit (12) einen $1/r^2$-Abfall erhält. Für das Band a in Abb. 5.3-1 ($m = 2$, s. oben) würde man aus (19) $n = 3/2$ erhalten, d. h., die zugehörige Wannier-Funktion wäre im unendlich ausgedehnten Kristall nicht normierbar.

5.3.2. Mehrband-Wannier-Funktionen

Die eben durchgeführten Überlegungen zeigen auf einfache Weise, daß man für ein isoliertes Band die Existenz gut lokalisierter Wannier-Funktionen voraussetzen kann, daß diese dagegen für sich überlappende Bänder mit Entartungspunkten (singuläre Stellen in $\varepsilon_{\boldsymbol{k}\nu}$) im allgemeinen ziemlich ausgebreitet und unter Umständen gar nicht normierbar sind, d. h., die Transformation (1) ist für $N = \infty$ unter Umständen nicht unitär. Für gittersymmetrisch gewählte Wannier-Funktionen trat diese Schwierigkeit schon bei Des Cloizeaux (63) in Form einer Nichtvollständigkeit der Wannier-Funktionen auf. Später wurde sie von Lix (71) und Krüger (72) untersucht. Lix (71) schreibt zwar, daß sich diese Schwierigkeit durch eine beliebig kleine Änderung der Bandzustände an den singulären Stellen vermeiden läßt, aus obigem ist aber klar, daß dabei die Wannier-Zustände nur eine „beliebig große" exponentielle Abklinglänge erhalten.

Ein Ausweg aus dieser Situation wurde schon von Des Cloizeaux (63, 64) ausführlich diskutiert und in neuerer Zeit wieder aufgegriffen (z. B. Krüger, 72, Kohn, 73): (1) bzw. (3) wird anstelle des Phasenfaktors um noch eine unitäre ($\boldsymbol{k}$-abhängige) Transformation $f_{\mu\nu}(\boldsymbol{k})$ (d. h. mit $f^{-1} = f^{+}$) erweitert zu

$$|\boldsymbol{R}\mu\} = \frac{1}{\sqrt{N}} \sum_{\boldsymbol{k}\in \mathrm{BZ}} \sum_{\nu} |\boldsymbol{k}\nu\rangle \, f_{\nu\mu}(\boldsymbol{k}) \, \mathrm{e}^{-i\boldsymbol{k}\boldsymbol{R}} \,, \tag{20}$$

$$|\boldsymbol{k}\nu\rangle = \frac{1}{\sqrt{N}} \sum_{\boldsymbol{R}} \sum_{\mu} |\boldsymbol{R}\mu\} \, f^{*}_{\nu\mu}(\boldsymbol{k}) \, \mathrm{e}^{i\boldsymbol{k}\boldsymbol{R}} \,. \tag{21}$$

Die Summen über ν bzw. μ durchlaufen alle Werte des Bandindex in einer Gruppe überlappender Bänder. Man zeigt leicht wie früher aus (20) und (21) die Äquivalenz von (4) und (5). Anstelle von (8) erhält man jetzt

$$H\,|0\nu\} = \sum_{\boldsymbol{R}} \sum_{\mu} |\boldsymbol{R}\mu\} \, \varepsilon_{\boldsymbol{R},\mu\nu} \quad \text{bzw.} \quad \{\boldsymbol{R}\mu|\, H \,|0\nu\} = \varepsilon_{\boldsymbol{R},\mu\nu} \tag{22}$$

mit

$$\begin{aligned} \delta_{\mu\nu}\varepsilon_{\boldsymbol{k}\nu} &= \sum_{\boldsymbol{R}} \mathrm{e}^{-i\boldsymbol{k}\boldsymbol{R}} \sum_{\sigma\tau} f_{\mu\sigma}(\boldsymbol{k}) \, \varepsilon_{\boldsymbol{R},\sigma\tau} f^{*}_{\nu\tau}(\boldsymbol{k}) \,, \\ \varepsilon_{\boldsymbol{R},\sigma\tau} &= \frac{1}{N} \sum_{\boldsymbol{k}\in \mathrm{BZ}} \mathrm{e}^{i\boldsymbol{k}\boldsymbol{R}} \sum_{\nu} f^{*}_{\nu\sigma}(\boldsymbol{k}) \, \varepsilon_{\boldsymbol{k}\nu} f_{\nu\tau}(\boldsymbol{k}) \,. \end{aligned} \tag{23}$$

Wenn die betrachtete Bandgruppe von der restlichen Bandstruktur isoliert ist, so kann man formal zeigen (des Cloizeaux, 64), daß die Zustände (20) wieder in Ortsdarstellung exponentiell abfallen. Das hängt damit zusammen, daß die nicht geordnete Menge $\{\varepsilon_{\boldsymbol{k}\nu}/\nu \in \text{Bandgruppe}\}$ immer eine analytische Funktion von $\boldsymbol{k}$ ist (Eschrig, 74). Damit läßt sich eine unitäre Transformation f finden, so daß die Größen

$$\varepsilon_{\boldsymbol{k},\sigma\tau} = \sum_{\nu} f^{*}_{\nu\sigma}(\boldsymbol{k}) \, \varepsilon_{\boldsymbol{k}\nu} f_{\nu\tau}(\boldsymbol{k}) \tag{24}$$

einzeln analytisch von $\boldsymbol{k}$ abhängen, so daß ihre Fourier-Koeffizienten (23) exponentiell abklingen. Eine quantitative Aussage über die Abklinglänge kann aber nicht getroffen werden. Die Matrixelemente von f haben dabei als Funktionen von $\boldsymbol{k}$ Singularitäten an denselben Entartungspunkten wie die Bandenergien $\varepsilon_{\boldsymbol{k}\nu}$.

Aus dem Dargelegten geht hervor, daß Wannier-Funktionen, wenn man von dem einfachen Sonderfall eines stark gebundenen isolierten s-Bandes absieht, außerordentlich komplizierte Gebilde sind. Ein Versuch zu ihrer Berechnung aus den Bloch-Funktionen gemäß (1) wurde von Callaway und Hughes (67) unternommen und erschien nicht sehr aussichtsreich. Interessant erscheint die Methode von Chadi und Cohen (73). Die Wannier-Funktionen genügen einem Variationsprinzip, das schon von Koster (53) und Parzen (53) angegeben wurde und das von Kohn (73) zu einem interessanten praktischen Berechnungsverfahren herangezogen wurde. Die Bandstrukturenergie einer Bandgruppe

$$E = \sum_{k\nu} \varepsilon_{k\nu} = \sum_{k} \mathrm{Sp}(\delta_{\mu\nu}\varepsilon_{k\nu}) \tag{25}$$

hat (als Grundzustandsenergie eines Systems nicht wechselwirkender Elektronen im Kristallpotential, die gerade diese Bänder füllen) einen stationären Wert gegenüber Variationen der Zustände $|\boldsymbol{k}\nu\rangle$ unter den Nebenbedingungen (4). Mit (22), (23) und unter Benutzung der Unitarität von f erhalten wir nun

$$E = \sum_{\boldsymbol{R}} \sum_{\boldsymbol{k}} \mathrm{e}^{-i\boldsymbol{k}\boldsymbol{R}}\, \mathrm{Sp}\, \varepsilon_{\boldsymbol{R},\sigma\tau} = \mathrm{Sp}\, \varepsilon_{0,\sigma\tau} = \sum_{\mu} \{0\mu|\, H\, |0\mu\} \tag{26}$$

und damit das Variationsprinzip

$$\delta \sum_{\mu} \{0\mu|\, H\, |0\mu\} = 0\,, \qquad \{\boldsymbol{R}\mu \mid \boldsymbol{R}'\nu\} = \delta_{\mu\nu}\delta_{\boldsymbol{R}\boldsymbol{R}'}\,. \tag{27}$$

Die zu (4) äquivalenten Nebenbedingungen (5) sind natürlich wieder hinzuzufügen. (Die Variation von (27) führt sofort wieder auf (22) mit den Lagrangeschen Parametern $\varepsilon_{\boldsymbol{R},\mu\nu}$). Die Schwierigkeit besteht im allgemeinen darin, daß nicht bekannt ist, welche Transformation f in (20) auf gut lokalisierte Wannier-Funktionen führt. Davon hängt die Wahl der Test-Funktionen zur Variation ab. In einigen einfachen Fällen kann diese Schwierigkeit überwunden werden (Kohn, 73, s. auch Krüger, 72). Die Form der Nebenbedingungen macht das Problem (27) außerdem kompliziert. Kohn (73) schlägt dazu vor, geeignete von Variationsparametern abhängige gut lokalisierte Basisfunktionen $|\boldsymbol{R}n\rangle$ zu wählen (z. B. ähnlich Atomzuständen), aus diesen orthonormierte Bloch-Summen zu bilden und gemäß (1) daraus orthonormierte Test-Wannier-Funktionen zur Variation zu erhalten. Von Andreoni (76) wurde das Verfahren praktisch durchgeführt.

Im Sinne dieses Zugangs ergeben sich die Wannier-Funktionen automatisch aus dem optimierten LCAO-Schema (5.1-14), s. Eschrig (79b). Wie die in [5.1] angeführten Ergebnisse einer Bandberechnung zeigen, sind die dort verwendeten atomähnlichen Zustände ausgezeichnete Näherungen für Wannier-Zustände, wenn man sie im Kohnschen Sinne orthonormiert. Mit den Bezeichnungen aus [5.1] bedeutet das, daß man (5.1-5) als

$$|\boldsymbol{k}\nu\rangle = \sum_{mn} |\boldsymbol{k}n\rangle\, [B^{-1/2}(\boldsymbol{k})]_{nm}\, f_{m\nu}(\boldsymbol{k}) \tag{28}$$

mit

$$B_{mn}(\boldsymbol{k}) = \langle \boldsymbol{k}m \mid \boldsymbol{k}n\rangle = \sum_{\boldsymbol{R}} \mathrm{e}^{i\boldsymbol{k}\boldsymbol{R}} \langle 0m \mid \boldsymbol{R}n\rangle \tag{29}$$

schreibt und die Wannier-Funktionen gemäß

$$|\boldsymbol{R}m\} = \frac{1}{\sqrt{N}} \sum_{\boldsymbol{k}\in \mathrm{BZ}} |\boldsymbol{k}n\rangle\, [B^{-1/2}(\boldsymbol{k})]_{nm}\, \mathrm{e}^{-i\boldsymbol{k}\boldsymbol{R}} \tag{30}$$

bestimmt. Mit (5.1-4) erhält man aus (30)

$$|0m\} = \sum_{\boldsymbol{R}} \sum_{n} |\boldsymbol{R}n\rangle\, \alpha_{nm}^{(\boldsymbol{R})} \tag{31}$$

mit

$$\alpha_{nm}^{(\boldsymbol{R})} = \frac{1}{N} \sum_{\boldsymbol{k} \in \mathrm{BZ}} \mathrm{e}^{i\boldsymbol{k}\boldsymbol{R}} \, [B^{-1/2}(\boldsymbol{k})]_{nm} \, . \tag{32}$$

Die unitäre Matrix f aus (20) erhält man aus dem Vergleich von (28) und (5.1-5) als

$$f_{m\nu}(\boldsymbol{k}) = \sum_n \, [B^{1/2}(\boldsymbol{k})]_{mn} \, C_{n\nu}(\boldsymbol{k}) \, . \tag{33}$$

Eine alternative Auswertung von (27) für Diamantstruktur mit einer anderen Behandlung der Orthonormierungsbedingung wurde von Kane und Kane (78) durchgeführt.

Es erhebt sich natürlich hier die Frage, inwieweit es überhaupt einen Vorteil bringt, die lineare Transformation C von (5.1-5) gemäß (28) in eine unitäre Transformation f und eine andere lineare Transformation $B^{-1/2}$ aufzuspalten, d. h. mit orthonormalen Wannier-Funktionen $|\boldsymbol{R}\nu\}$ anstatt mit nicht orthonormalen Atomfunktionen $|\boldsymbol{R}n\rangle$ zu arbeiten. Für Anwendungen im Rahmen der Einteilchennäherung (Quasiteilchennäherung) bringt eine solche Aufspaltung in der Tat selten Vorteile, und man kann ebensogut die LCAO-Darstellung (5.1-5) benutzen. Sollen jedoch Vielteilcheneffekte infolge der Wechselwirkung der Bloch-Elektronen untereinander untersucht werden, so hat die Wannier-Darstellung wegen der Orthonormierung (5) enorme Vorteile. Wegen (5) gelten nämlich dann für die Erzeugungs- und Vernichtungsoperatoren der Wannier-Zustände im Besetzungszahlformalismus die üblichen Fermi-Vertauschungsrelationen.

5.3.3. Rekursionsmethode zur Berechnung lokaler Zustandsdichten

Eine spezielle Anwendung im Rahmen der Einteilchennäherung, bei der die Verwendung von Wannier-Zuständen auch entscheidende Vorteile bringt, ist die Rekursionsmethode von Haydock u. a. (75) zur Berechnung lokaler Zustandsdichten. Es seien $|\boldsymbol{R}\}$ die Wannier-Funktionen eines Bandes, die an Orten $\boldsymbol{R}$ lokalisiert sind. Als zugehörige lokale Zustandsdichte bei $\boldsymbol{R}$ definieren wir die Größe

$$D_{\boldsymbol{R}}(\varepsilon) = -\frac{1}{\pi} \operatorname{Im} \left\{ \boldsymbol{R} \left| \frac{1}{\varepsilon^+ - H} \right| \boldsymbol{R} \right\}, \qquad \varepsilon^+ = \varepsilon + i\delta \, , \qquad \delta \gtrsim 0 \, . \tag{34}$$

Zur Berechnung von (34) wird die Methode der Padé-Approximante angewandt: Zunächst gehen wir von den Zuständen $|\boldsymbol{R}\}$ zu einer neuen Darstellung über, in der die Matrix des Hamilton-Operators und damit die Matrix von ε^+-H tridiagonal wird. Die orthogonalen Zustände $|i\rangle$ dieser neuen Darstellung werden durch die Rekursionsformeln

$$\begin{aligned} &|0\rangle = |0\} \, , \qquad b_0 = 0 \, , \qquad a_i = \langle i| \, H \, |i\rangle \, , \\ &b_{i+1} \, |i+1\rangle = H \, |i\rangle - a_i \, |i\rangle - b_i^* \, |i-1\rangle \end{aligned} \tag{35}$$

bestimmt. b_{i+1} muß aus der Normierungsforderung für den Zustand $|i+1\rangle$ berechnet werden. Damit erhält die Matrix von $\varepsilon^+ - H$ die Form

$$(\langle i|\,\varepsilon^+ - H\,|j\rangle) = \begin{pmatrix} \varepsilon^+ - a_0 & -b_1^* & 0 & 0 & \cdots \\ -b_1 & \varepsilon^+ - a_1 & -b_2^* & 0 & \cdots \\ 0 & -b_2 & \varepsilon^+ - a_2 & -b_3^* & \cdots \\ 0 & 0 & -b_3 & \varepsilon^+ - a_3 & \cdots \\ \vdots & \vdots & \vdots & \vdots & \ddots \end{pmatrix} . \tag{36}$$

Definiert man nun die Determinanten

$$D = \det\,(\varepsilon^+ - H)\,, \qquad D_l = \det\,(\langle i|\,\varepsilon^+ - H\,|j\rangle)_{i,j>l}\,, \tag{37}$$

so entsteht bei der Inversion der Matrix (36) für das Diagonalelement $i = j = 0$

$$\left\langle 0\left|\frac{1}{\varepsilon^+ - H}\right|0\right\rangle = D_0/D = \frac{1}{\varepsilon^+ - a_0 - |b_1|^2\,D_1/D_0} = \cdots$$
$$= \cfrac{1}{\varepsilon^+ - a_0 - \cfrac{|b_1|^2}{\varepsilon^+ - a_1 - \cfrac{|b_2|^2}{\varepsilon^+ - a_2 - \cdots}}}\,, \tag{38}$$

wobei die Unterdeterminanten rekursiv berechnet werden. Ein Abbruch des Kettenbruches (38) nach endlich vielen Gliedern liefert Singularitäten in der Zustandsdichte. Da aber die Koeffizienten a_i und b_i für große Werte $i > n$ nur einen geringfügigen Einfluß auf das Ergebnis haben, setzt man für $i > n$ physikalisch vernünftige asymptotische Werte ein.

Die n-te Näherung erhält man im einfachsten Fall, indem man setzt

$$a_i = a_n\,, \qquad b_{i+1} = b_{n+1} \quad \text{für} \quad i > n\,. \tag{39}$$

Es ist dann

$$\cfrac{1}{\varepsilon^+ - a_n - \cfrac{|b_{n+1}|^2}{\varepsilon^+ - a_{n+1} - \cfrac{|b_{n+2}|^2}{\varepsilon^+ - a_{n+2} - \cdots}}}$$
$$= t(\varepsilon^+) = \frac{1}{\varepsilon^+ - a_n - |b_{n+1}|^2\,t(\varepsilon^+)}\,, \tag{40}$$

und daraus

$$t(\varepsilon) = \frac{1}{2|b_{n+1}|^2}\left(\varepsilon - a_n - \sqrt{(\varepsilon - a_n)^2 - 4|b_{n+1}|^2}\right). \tag{41}$$

Setzt man das in (38) ein, und bildet den Imaginärteil des entstehenden Ausdrucks, so erhält man die n-te Näherung für die lokale Zustandsdichte (34). Andere mögliche Näherungsauswertungen von (38) werden bei Haydock u. a. (75) und Haydock (80) diskutiert. Es lassen sich hiermit Clusterzustandsdichten, Oberflächenzustandsdichten und vieles andere mehr auf sehr effektive Weise berechnen (Kelly, 80). Die Verwendung von Wannier-Zuständen $|\boldsymbol{R}\rangle$ hat hier den entscheidenden Vorteil, daß die Anwendung des Hamilton-Operators in der Rekursion (35) nicht aus dem Raum der Zustände desselben Bandes herausführt. Andernfalls wird die rekursive Berechnung der Matrixelemente a_i und b_i sehr aufwendig.

5.3.4. Chemisches Pseudopotential

Eine Zwischenstellung zwischen der gewöhnlichen LCAO-Darstellung und der Wannier-Darstellung nimmt die Methode des chemischen Pseudopotentials von P. W. Anderson (68, 69) ein. Die Pseudowellenfunktionen sind zwar nicht orthonormal, aber für die Bandenergien erhält man trotzdem ein gewöhnliches Eigenwertproblem $(D - \varepsilon I)\, C = 0$ (I-Einheitsmatrix) anstelle des verallgemeinerten Eigenwertproblems $(H - \varepsilon S)\, C = 0$ in (5.1-7), allerdings ist die Matrix D nichthermitesch. Bei geeigneter Wahl des chemischen Pseudopotentials sind die Zustände darüber hinaus stärker lokalisiert als die Wannier-Zustände (Anderson, 68). Man geht von der Pseudopotentialgleichung für jeden Gitterort $\boldsymbol{R}$

$$(t + v_{\boldsymbol{R}})\, |\boldsymbol{R}m\rangle + [v'_{\boldsymbol{R}} - \sum_{\boldsymbol{R}'(\neq \boldsymbol{R})} \sum_{n} |\boldsymbol{R}'n\rangle \langle \boldsymbol{R}'n|\, O_{\boldsymbol{R}}]\, |\boldsymbol{R}m\rangle = \varepsilon_m\, |\boldsymbol{R}m\rangle \tag{42}$$

mit

$$v'_{\boldsymbol{R}} = V - v_{\boldsymbol{R}} \tag{43}$$

aus. V ist das Kristallpotential und der Ausdruck in den eckigen Klammern von (42) ist das chemische Pseudopotential. $O_{\boldsymbol{R}}$ ist ein willkürlicher Operator. Praktisch verwendet wurde bisher nur ein Pseudopotential mit $O_{\boldsymbol{R}} = v'_{\boldsymbol{R}}$. $|\boldsymbol{R}m\rangle$ ist der m-te am Gitterort $\boldsymbol{R}$ lokalisierte Pseudozustand. (42) muß selbstkonsistent gelöst werden, da das Pseudopotential die Pseudozustände wieder enthält. Eine störungstheoretische Behandlung, ausgehend von Atomzuständen, ist bei Anderson (69) angegeben. Die Anwendung des Kristall-Hamilton-Operators $H = t + V$ auf den Pseudozustand liefert mit (42) und (43)

$$\begin{aligned} H\, |\boldsymbol{R}m\rangle &= \varepsilon_m\, |\boldsymbol{R}m\rangle + \sum_{\boldsymbol{R}'(\neq \boldsymbol{R})} \sum_{n} |\boldsymbol{R}'n\rangle \langle \boldsymbol{R}'n|\, O_{\boldsymbol{R}}\, |\boldsymbol{R}m\rangle \\ &= \sum_{\boldsymbol{R}'} \sum_{n} |\boldsymbol{R}'n\rangle\, D_{\boldsymbol{R}'n, \boldsymbol{R}m}\,, \end{aligned} \tag{44}$$

wodurch die nichthermitesche Matrix D definiert wird. Macht man nun für den Bandzustand den Ansatz

$$|\boldsymbol{k}\nu\rangle = \frac{1}{\sqrt{N}} \sum_{\boldsymbol{R}} \sum_{m} |\boldsymbol{R}m\rangle\, C_{m\nu}(\boldsymbol{k})\, \mathrm{e}^{i\boldsymbol{k}\boldsymbol{R}}\,, \tag{45}$$

so erhält man aus der Schrödinger-Gleichung für diesen Zustand mit (44)

$$(H - \varepsilon_{\boldsymbol{k}\nu})\, |\boldsymbol{k}\nu\rangle = \frac{1}{\sqrt{N}} \sum_{mn} (\sum_{\boldsymbol{R}'} |\boldsymbol{R}'n\rangle\, \mathrm{e}^{i\boldsymbol{k}\boldsymbol{R}'})\, (D_{nm}(\boldsymbol{k}) - \varepsilon_{\boldsymbol{k}\nu}\delta_{nm})\, C_{m\nu}(\boldsymbol{k}) = 0 \tag{46}$$

mit

$$D_{nm}(\boldsymbol{k}) = \sum_{\boldsymbol{R}} e^{i\boldsymbol{k}\boldsymbol{R}} D_{0n,\boldsymbol{R}m} \,. \tag{47}$$

Wegen der linearen Unabhängigkeit der Zustände $\sum_{\boldsymbol{R}'} |\boldsymbol{R}'n\rangle \exp(i\boldsymbol{k}\boldsymbol{R}')$ folgt aus (46)

$$\sum_m \left(D_{nm}(\boldsymbol{k}) - \varepsilon_{\boldsymbol{k}\nu}\delta_{nm}\right) C_{m\nu}(\boldsymbol{k}) = 0 \tag{48}$$

für jedes n. Das ist das angekündigte gewöhnliche Eigenwertproblem mit der nicht-hermiteschen Matrix D. Von Anderson wurde es zur Begründung der Hückel-Theorie für organische Molekülketten mit π-Bindungen benutzt. Da das chemische Pseudopotential bei der Wahl $O_{\boldsymbol{R}} = v'_{\boldsymbol{R}}$ schwach ist, können in nullter Näherung für die Pseudozustände Atomzustände verwendet werden. Von Bullett (75, 76) wurden in einer solchen Näherung sehr erfolgreich die Valenzbänder kovalenter Festkörper berechnet. Wie man aus (44) sieht, führt die Anwendung des Kristall-Hamilton-Operators auf einen Pseudozustand nicht aus dem Raum dieser Zustände hinaus, weshalb die oben geschilderte Rekursionsmethode zur Berechnung der Zustandsdichte ebenso einfach anwendbar ist wie im Falle von Wannier-Funktionen (Kelly u. Bullett, 76). Neuerdings wurde in diesem Rahmen von Bullett und Cohen (77) die Chemosorption von Atomen und Molekülen auf Übergangsmetalloberflächen behandelt.

5.3.5. Der Heisenberg-Hamilton-Operator

Analog zu (5.2-16) erhalten wir in Wannier-Darstellung entsprechend (22) den Hamilton-Operator

$$H = \sum_{\mu,\nu} \sum_{\boldsymbol{R},\boldsymbol{R}'} |\boldsymbol{R}\mu\} \, \varepsilon_{\boldsymbol{R}-\boldsymbol{R}',\mu\nu} \, \{\boldsymbol{R}'\nu| \,. \tag{49}$$

Im Gegensatz zu (5.2-16) ist (49) exakt. Schalten wir nun wieder die Elektron-Elektron-Wechselwirkung ein, so treten Matrixelemente analog zu (5.2-22a) auf. Wir interessieren uns jetzt nur für die Austauschterme und lassen alle Beiträge von der Konfigurationsmischung der *Bahn*zustände (nichtdiagonaler Austausch), d. h. alle Beiträge (5.2-22a) mit $\boldsymbol{R} \neq \boldsymbol{R}'''$ und $\boldsymbol{R}' \neq \boldsymbol{R}''$ weg. Bei Beachtung der Spinunabhängigkeit von V_{ee} bleiben dann die Glieder

$$\{\boldsymbol{R}s_1\mu, \boldsymbol{R}'s_2\nu| \, V_{ee} \, |\boldsymbol{R}'s_1\nu, \boldsymbol{R}s_2\mu\} = J_{\mu\nu}(\boldsymbol{R} - \boldsymbol{R}') \tag{50}$$

übrig. (Die Konfigurationsmischung der *Spin*zustände wurde beibehalten, deshalb stehen in (50) die Spinzustände in anderer Reihenfolge als im zweiten Matrixelement (5.2-22), das ja für $s_1 \neq s_2$ Null ist, für $s_1 = s_2$ aber mit (50) zusammenfällt.) Analog zu (5.2-23 bis 27) liefern sie in Besetzungszahldarstellung einen Beitrag

$$-\frac{1}{2} \sum_{\mu,\nu} \sum_{\boldsymbol{R},\boldsymbol{R}'} \sum_{s_1,s_2} J_{\mu\nu}(\boldsymbol{R} - \boldsymbol{R}') \, a^\dagger_{\boldsymbol{R}s_1\mu} a_{\boldsymbol{R}s_2\mu} a^\dagger_{\boldsymbol{R}'s_2\nu} a_{\boldsymbol{R}'s_1\nu} \tag{51}$$

zum Hamilton-Operator. a und $a^\dagger$ sind jetzt die Erzeugungs- und Vernichtungsoperatoren der Wannier-Zustände.

Im isolierten Atom ist nach der Hundschen Regel der Grundzustand derjenige mit maximalem Gesamtspin, das ist derjenige, bei dem eine Maximalzahl von Bahnzuständen mit nur einem Elektron besetzt ist. Im Tight-Binding-Fall kann man erwarten, daß das auch noch im Kristall gilt (in breiten Bändern jedoch überwiegt die Bandstrukturenergie die Austauschenergie, und die Hundsche Regel wird aufgehoben). Dann interessieren von (51) nur Matrixelemente, bei denen jeder Bahnzustand $|\boldsymbol{R}\mu\}$ mit einem Elektron besetzt ist. Es ist leicht zu zeigen (z. B. White, 70), daß (51) unter dieser Einschränkung gemäß

$$-\tfrac{1}{4}\sum_{\mu,\nu}\sum_{\boldsymbol{R},\boldsymbol{R}'} J_{\mu\nu}(\boldsymbol{R}-\boldsymbol{R}')\,[1+\sigma_{\boldsymbol{R}}\sigma_{\boldsymbol{R}'}] \tag{52}$$

durch die Paulischen Spinmatritzen ausgedrückt werden kann. (52) ist der Heisenberg-Hamilton-Operator für starken Magnetismus in Tight-Binding-Systemen.

Wie bereits am Ende von [5.2] erwähnt, ist es sehr wesentlich, daß die Austauschintegrale (50) mit Wannier-Zuständen und nicht mit Atomzuständen berechnet werden. Da in das Integral (50) nur das Überlappungsgebiet benachbarter Wellenfunktionen eingeht, kann man in beiden Fällen sehr verschiedene Ergebnisse erhalten. Andererseits sind die Wannier-Funktionen nicht eindeutig, und es erhebt sich die Frage, wie sich diese Nichteindeutigkeit auf (50) auswirkt. Wie wir gesehen haben, erhält man den Heisenberg-Hamilton-Operator (52) im Ergebnis einer Reihe von Näherungen, die alle um so mehr berechtigt sind, je besser lokalisiert die Wannier-Zustände sind. Man wird also in (50) die optimal lokalisierten Wannier-Funktionen verwenden müssen.

5.4. Literatur

Anderson, P. W., Phys. Rev. Lett. **21**, 13 (1968).
Anderson, P. W., Phys. Rev. **181**, 25 (1969).
Andreoni, W., Phys. Rev. **B14**, 4247 (1976).
Brauer, W., Einführung in die Elektronentheorie der Metalle, 2. Aufl., Geest & Portig, Leipzig 1972.
Bullett, D. W., J. Phys. **C8**, 2695, 2707 (1975); Phil. Mag. **32**, 1063 (1975); Phys. Rev. **B14**, 1683 (1976).
Bullett, D. W., Solid State Physics **35**, 129 (1980).
Bullett, D. W., M. L. Cohen, J. Phys. **C10**, 2083, 2101 (1977).
Burdick, G. A., Phys. Rev. **129**, 138 (1963).
Callaway, J., Energy Band Theory, Academic Press, New York 1964 (Übers. ins Russ., Mir, Moskau 1969).
Callaway, J., in: P. Phariseau, L. Scheire (Hrsg.), Electrons in Finite and Infinite Structures, Plenum ,New York 1977, S. 321.
Callaway, J., A. J. Hughes, Phys. Rev. **156**, 860 (1967).
Callaway, J., H. M. Zhang, Phys. Rev. **B1**, 305 (1970).
Chadi, D. J., M. L. Cohen, Solid State Comm. **13**, 1007 (1973).
Chahey, R. C., C. C. Lin, E. E. Lafon, Phys. Rev. **B3**, 459 (1971).
Cloizeaux, J. des, Phys. Rev. **129**, 554 (1963).
Cloizeaux, J. des, Phys. Rev. **135**, A 685, A 698 (1964).
Ducastelle, F., F. Cyrot-Lackmann, J. Phys. Chem. Solids **31**, 1295 (1970).
Ellis, D. E., G. S. Painter, Phys. Rev. **B2**, 2887 (1970).
Eschrig, H., in: P. Ziesche (Hrsg.), Proc. 4th Symp. Electronic Structure, TU Dresden, 1974, S. 17.

Eschrig, H., in: P. Ziesche (Hrsg.), Proc. 7th Symp. Electronic Structure, TU Dresden, 1977, S. 147.

Eschrig, H., phys. stat. sol. (b) **96**, 329 (1979a).

Eschrig, H., in: P. Ziesche (Hrsg.), Proc. 9th Symp. Electronic Structure, TU Dresden, 1979b, S. 17.

Eschrig, H., I. Bergert, phys. stat. sol. (b) **90**, 621 (1978).

Eschrig, H., R. Richter, in: P. Ziesche (Hrsg.), Proc. 12th Symp. Electronic Structure, TU Dresden, 1982, S. 7.

Gautier, F., J. Physique **23**, 738 (1962).

Haydock, R., Solid State Physics **35**, 216 (1980).

Haydock, R., V. Heine, M. J. Kelly, J. Phys. **C8**, 2591 (1975).

Heine, V., Solid State Physics **35**, 1 (1980).

Hubbard, J., Proc. Roy. Soc. **276A**, 238 (1963).

Kane, E. O., A. B. Kane, Phys. Rev. **B17**, 2691 (1978).

Kelly, M. J., Solid State Physics **35**, 296 (1980).

Kelly, M. J., D. W. Bullett, Solid State Comm. **18**, 593 (1976).

Kohn, W., Phys. Rev. **115**, 809 (1959).

Kohn, W., Phys. Rev. **B7**, 4388 (1973).

Koster, G. F., Phys. Rev. **89**, 67 (1953).

Krüger, E., phys. stat. sol. (b) **52**, 215, 512 (1972).

Lafon, E. E., C. C. Lin, Phys. Rev. **152**, 579 (1966).

Langlinais, J., J. Callaway, Phys. Rev. **B5**, 124 (1972).

Lix, B., phys. stat. sol. (b) **44**, 411 (1971).

Löwdin, P. O., J. Chem. Phys. **18**, 365 (1950).

Mattheiss, L. F., W. Weber, Phys. Rev. **B25**, 2248 (1982).

Mattis, D. C., The Theory of Magnetism, Harper & Row, New York, 1965 (Übers. ins Russ., Mir, Moskau 1967).

Parzen, G., Phys. Rev. **89**, 237 (1953).

Pietraß, B., in: P. Ziesche (Hrsg.), Proc. 7th Symp. Electronic Structure, TU Dresden, 1977, S. 140; in: P. Ziesche (Hrsg.), Proc. 8th Symp. Electronic Structure, TU Dresden, 1978, S. 39.

Slater, J. C., G. F. Koster, Phys. Rev. **94**, 1498 (1954).

Tyler, J. M., T. E. Norwood, J. L. Fry, Phys. Rev. **B1**, 297 (1970).

Wannier, H. G., Phys. Rev. **52**, 191 (1937).

Weber, W., L. F. Mattheiss, Physica **107B**, 263 (1981) u. Phys. Rev. **B25**, 2270 (1982).

Weger, M., I. B. Goldberg, Solid State Physics **28**, 1 (1973).

White, R. M., Quantum Theory of Magnetism, McGraw-Hill, New York 1970 (Übers. ins Russ., Mir, Moskau 1972).

Ziman, J. M., Solid State Physics **26**, 1 (1971) (Übers. ins Russ., Mir, Moskau 1973).

Ziman, J. M., Principles of the Theory of Solids, 2nd Ed., Cambridge University Press, London 1972 (Übers. ins Deutsche, Akademie-Verlag, Berlin 1974).

6. Meßgrößen und Bandstruktur

M. Taut

In diesem Teil werden einige Experimente besprochen, mit deren Hilfe Aussagen über die Bandstruktur von Festkörpern überprüft werden können. Durch einen tabellenartigen Überblick über die verschiedenen Meßmethoden finden die hauptsächlich betrachteten spektroskopischen Meßgrößen ihre Einordnung. — Der Elektronenanteil der spezifischen Wärme bei tiefen Temperaturen ist proportional zur Elektronen-Zustandsdichte an der Fermi-Grenze. Neben der Zustandsdichte ist die longitudinale dielektrische Matrix eine weitere wichtige Hilfsgröße, für deren Berechnung verschiedene Näherungen diskutiert werden. Die Verlustwahrscheinlichkeit ist sowohl für Elektronen- als auch für Photonenstreuung proportional zum Imaginärteil des Diagonalelementes der inversen, longitudinalen dielektrischen Matrix. Im Grenzfall großer Impulsübertragung kann die Verlustwahrscheinlichkeit allein durch die Impulsverteilung ausgedrückt werden. In die optischen Eigenschaften, insbesondere das hier betrachtete Reflexionsvermögen, gehen Real- und Imaginärteil der makroskopischen dielektrischen Konstanten mit $q = 0$ ein. Weiche Röntgen-Spektren und Röntgen-Photoemissionsspektren können grob mit Hilfe der Zustandsdichte interpretiert werden. Bei genauerer Betrachtung müssen jedoch auch hier die Wellenfunktionen berücksichtigt werden.

6.0. Meßmethoden zur experimentellen Bestimmung der Elektronenstruktur

I. Mertig

Nachfolgend sind einige der wichtigsten experimentellen Untersuchungsmethoden der Elektronenstruktur metallischer Festkörper zusammengestellt. Im Rahmen einer Übersicht werden die wesentlichen Meßmethoden und die damit gewonnenen physikalischen Größen aufgeführt. Einige der in der Tabelle enthaltenen Meßgrößen werden in dieser Monographie detaillierter diskutiert; an den betreffenden Stellen der Tabelle finden sich Hinweise auf die entsprechenden Kapitel, Abbildungen oder Formeln. In [6] liegt der Schwerpunkt auf spektroskopischen Meßgrößen, in die Energien und Wellenfunktionen auch außerhalb der Fermi-Fläche eingehen; ausgeklammert (und nur in der Tabelle erwähnt) sind jene Methoden, die in erster Linie zur Ausmessung der Geometrie von Fermi-Flächen dienen, da sie z. B. in solchen Lehrbüchern wie Abrikossow (76), Brauer (72), Lifschitz, Asbel, Kaganow (75) und Ziman (74) ausführlich behandelt werden. Der de Haas-van Alphen-Effekt wird in [11] besprochen. — Phononen kommen in [8], die Elektron-Phonon-Kopplung in [9] zur Sprache. — Einige Größen, die sich auf Defekte beziehen, werden in [10] und [11] untersucht.

Verfahren	Informationsgehalt
optische Reflexionsmessung [6.4]	— dielektrische Funktion $\varepsilon(\boldsymbol{q} = 0, \omega)$ [1.3], [6.2]
Röntgen-Diffraktometrie	— Elektronendichten — Debye-Waller-Faktor (8.7-9)
Neutronen-Diffraktometrie	— Spindichten, magnetische Momente
Röntgen-Emissions (Absorptions)-Spektroskopie [6.5], Abb. 6.5-1	— partielle lokale Zustandsdichten unterhalb (oberhalb) der Fermi-Energie
Photoelektronenspektroskopie (XPS = X-ray photoelectron spectroscopy, UPS = ultra-violet photoelectron spectroscopy) [6.6], Abb. 6.6-1	— Zustandsdichten
winkelabhängige Photoelektronenspektroskopie	— Elektronendispersionsrelation, „experimentelle Bandstruktur“
Compton-Spektroskopie	— Impulsverteilung (1.1-8)
Positronenvernichtung	— Impulsverteilung (1.1-8)
Elektronenenergieverlustspektroskopie [6.3]	— dielektrische Funktion $\varepsilon(\boldsymbol{q}, \omega)$, Plasmonenanregungen
Inelastische Neutronenstreuung [8.7]	— Phononen- und Magnonen-Dispersionsrelationen, Kohn-Anomalien [8.4] — Kristallfeldaufspaltungen
Spezifische Wärme [6.1]	— Zustandsdichte an der Fermi-Energie — Elektron-Phonon-Kopplungskonstante [9.0] — Debye-Temperatur
Mössbauer-Spektroskopie, kernmagnetische Resonanz	— partielle lokale Zustandsdichten an der Fermi-Energie
Tunnelspektroskopie	— Größen der Elektron-Phonon-Wechselwirkung [9.0] — Energielücke der Supraleitung
de Haas-van Alphen-Effekt [11.3]	— Extremalquerschnitte des Fermi-Körpers
Magnetowiderstand, Schubnikow-de Haas-Effekt	— Topologie der Fermi-Fläche
Zyklotronresonanz	— Fermi-Geschwindigkeiten, Zyklotronmasse, Topologie der Fermi-Fläche
Anomaler Skineffekt	— Krümmung der Fermi-Fläche
Magnetoakustische Effekte, Größeneffekte	— extremale Durchmesser des Fermi-Körpers

Bei Halbmetallen liefern magneto-optische Effekte (optische Reflexion im Magnetfeld) Aussagen über die Parameter der Fermi-Fläche (Krümmung, effektive Masse).

Bei Berücksichtigung der Realstruktur (Punktdefekte, Versetzungen, Oberflächen u. ä.) liefern die aufgeführten Meßverfahren weitere Aussagen über die elektronischen Eigenschaften dieser Defekte (z. B. Elektronendichten aus Positronvernichtungsmessungen, Dingle-Temperaturen des de Haas-van Alphen-Effekts, Austrittsarbeit), außerdem kommen weitere Verfahren hinzu (z. B. Restwiderstandsmessung, LEED, Auger-Elektronenspektroskopie, Raman-Spektroskopie an Adsorbaten auf Metalloberflächen u. a. m.). An dünnen Folien ermöglicht die Elektronenenergieverlustspektroskopie Aussagen über Phononenanregungen und Oberflächenzustände.

6.1. Zustandsdichte und Elektronenanteil der spezifischen Wärme

Als Zustandsdichte $D(\varepsilon)$ bezeichnet man die Anzahl der Elektronenzustände pro Energieintervall und Elementarzelle (s. (4.3-70′)). Wenn $\varepsilon_{\boldsymbol{k}\nu}$ die Energie des durch Bloch-Vektor $\boldsymbol{k}$ und Bandindex ν klassifizierten Eigenzustandes und N die Zahl der Elementarzellen ist, gilt (2 berücksichtigt die Spineinstellungen)

$$D(\varepsilon) = \frac{2}{N} \sum_{\nu} \sum_{\boldsymbol{k} \in \mathrm{BZ}} \delta(\varepsilon - \varepsilon_{\boldsymbol{k}\nu}) \,. \tag{1}$$

Für genügend großes Kristallvolumen $\mathcal{V}$ kann man mit $\mathcal{V}\,\mathrm{d}^3k/(2\pi)^3 = 1$ und $\mathcal{V}_0 = \mathcal{V}/N$ in (1) bezüglich $\boldsymbol{k}$ zum Integral übergehen:

$$D(\varepsilon) = \frac{2\mathcal{V}_0}{(2\pi)^3} \sum_{\nu} \int\limits_{\mathrm{BZ}} \mathrm{d}^3k \; \delta(\varepsilon - \varepsilon_{\boldsymbol{k}\nu}) \,. \tag{2}$$

In [A 4] ist eine Methode zur numerischen Berechnung von Integralen dieser Art beschrieben.

Der Elektronenanteil der spezifischen Wärmekapazität bei tiefen Temperaturen ist die Meßgröße, die die Zustandsdichte an der Fermi-Energie $D(\varepsilon_{\mathrm{F}})$ am genauesten zu messen gestattet. Bei nichtmagnetischen Kristallen und im Rahmen eines Modells nichtwechselwirkender Elektronen und Phononen besteht die spezifische Wärme aus zwei Anteilen, die bei Temperaturen, die klein gegen die Debye-Temperatur sind, folgende Temperaturabhängigkeit haben:

$$C_{\mathcal{V}}(T) = \gamma T + A T^3 \,. \tag{3}$$

Der erste Term ist der schon erwähnte Elektronenanteil, der auf Quasiteilchenanregungen des Elektronengases zurückzuführen ist, während der zweite Teil von Phononenanregungen herrührt. Man kann die beiden Konstanten γ und A einzeln aus dem Experiment extrahieren, wenn man das gemessene $C_{\mathcal{V}}(T)/T$ gegenüber T^2 aufträgt. Der Ordinatenabschnitt der entstehenden Geraden ist γ, während der Anstieg mit A identisch ist.

Wir wollen nun die Berechnung des Elektronenanteils skizzieren. Die spezifische Wärme kann aus der inneren Energie des Elektronengases, $U_{\mathrm{el}}(T)$, bestimmt werden:

$$C_{\mathrm{el}}(T) = \frac{\partial}{\partial T} U_{\mathrm{el}}(T) = \frac{\partial}{\partial T} \int\limits_{-\infty}^{\infty} \mathrm{d}\varepsilon \; D(\varepsilon) f(\varepsilon, T)\, \varepsilon \,. \tag{4}$$

Dabei ist

$$f(\varepsilon, T) = [e^{(\varepsilon-\zeta)/k_B T} + 1]^{-1} \tag{5}$$

die Fermi-Dirac-Funktion, in der das chemische Potential ζ enthalten ist. Für tiefe Temperaturen ist $\partial f(\varepsilon, T)/\partial T$ im wesentlichen nur in der Umgebung von $\varepsilon = \zeta$ mit der Breite $k_B T$ von Null verschieden (und zwar $\gtrless 0$ für $\varepsilon \gtrless \zeta$). Man kann deshalb in (4) $D(\zeta)$ aus dem Integral herausziehen. Des weiteren kann man das eigentlich temperaturabhängige chemische Potential für tiefe Temperaturen durch die Fermi-Energie ε_F ersetzen:

$$C_{el}(T) = D(\varepsilon_F) \int_{-\infty}^{\infty} d\varepsilon \frac{\partial}{\partial T} f(\varepsilon, T)\, \varepsilon \tag{6}$$

$$= D(\varepsilon_F) \int_{-\infty}^{\infty} d\varepsilon \frac{\partial}{\partial T} f(\varepsilon, T)\, (\varepsilon - \varepsilon_F)\,. \tag{7}$$

Der in (7) zugefügte Zusatzterm verschwindet wegen

$$\int d\varepsilon\, \partial f(\varepsilon, T)/\partial T \approx 0$$

für $T \to 0$. Setzt man (5) in (7) ein und substituiert $x \equiv (\varepsilon - \varepsilon_F)/k_B T$, so erhält man

$$C_{el}(T) = D(\varepsilon_F)\, k_B^2 T \int_{-\infty}^{\infty} dx\, x^2 \frac{e^x}{(e^x + 1)^2}\,. \tag{8}$$

Nach Ausführung des Integrals, das den Wert $\pi^2/3$ liefert, erhalten wir das Endergebnis

$$C_{el}(T) = \frac{\pi^2}{3} k_B D(\varepsilon_F)\, T \equiv \gamma T\,. \tag{9}$$

Der in (9) eingeführte Parameter γ ist also proportional zur Zustandsdichte an der Fermi-Grenze. Daß für tiefe Temperaturen nur die Zustandsdichte an der Fermi-Grenze eingeht, ist eine Folge des Pauli-Prinzips.

Es sei noch darauf hingewiesen, daß die hier nicht völlig streng abgeleitete Formel (9) das erste Glied einer exakten Reihenentwicklung von $C_{el}(T)$ nach T darstellt. Man entwickelt dabei $D(\varepsilon)$ in (4) um $\varepsilon = \zeta$ in eine Taylor-Reihe und integriert die einzelnen Glieder analytisch. Danach wird das Ergebnis nach Potenzen von T geordnet. Das nächste dabei auftretende Glied, das proportional T^3 ist, enthält neben $D(\varepsilon_F)$ auch die erste und zweite Ableitung der Zustandsdichte an der Fermi-Grenze. Es hat also dieselbe Temperaturabhängigkeit wie der Phononenanteil, ist aber bei niedrigen Temperaturen klein gegen diesen.

Eine weitere Bemerkung betrifft $D(\varepsilon_F)$. In erster Näherung kann man dafür den aus einer Bandberechnung folgenden Wert einsetzen. Dabei ist aber die Wirkung der Gitterschwingungen auf die Elektronenzustände vernachlässigt. Die Elektron-Phonon-Wechselwirkung kann man im Rahmen des Quasiteilchenkonzepts teilweise berücksichtigen, indem man zu renormierten Elektronenenergien übergeht. Dann bleiben (3) und (9) gültig, $D(\varepsilon_F)$ ist aber durch die Zustandsdichte der renormierten Bandstruktur zu ersetzen, die man mit Hilfe des Elektron-Phonon-Kopplungsparameters λ

aus dem Bandstrukturwert $D(\varepsilon_F)$ errechnen kann (s. (9.2-39)):

$$D^*(\varepsilon_F) = (1 + \lambda)\, D(\varepsilon_F)\,. \tag{10}$$

Für Beryllium zum Beispiel erhält man $D/D^0 = 0{,}264$. D^0 ist dabei der Wert für das freie Elektronengas. Mit Hilfe von (6) und dem halbempirischen Wert $\lambda = 0{,}23$ ergibt sich daraus $D^*/D^0 = 0{,}325$. Aus Messungen der spezifischen Wärme folgt $D^*/D^0 = 0{,}34$, was diese Theorie bestätigt.

6.2. Dielektrische Funktionen

In der dielektrischen Theorie unterscheidet man zwischen makroskopischer dielektrischer Funktion $\varepsilon(\boldsymbol{q}, \omega)$ und mikroskopischer dielektrischer Matrix $\varepsilon(\boldsymbol{k} + \boldsymbol{G},\ \boldsymbol{k} + \boldsymbol{G}'; \omega)$. $\varepsilon(\boldsymbol{q}, \omega)$ erhält man aus dem $\boldsymbol{G} = \boldsymbol{G}' = 0$-Element der inversen mikroskopischen dielektrischen Matrix gemäß $\varepsilon(\boldsymbol{k}, \omega) = [\varepsilon^{-1}(\boldsymbol{k}, \boldsymbol{k}; \omega)]^{-1}$. Der longitudinale Anteil der dielektrischen Matrix ergibt sich aus der von einer kleinen äußeren Störung im System induzierten Ladungsdichte. Auf diesem Wege werden für ε ein exakter Ausdruck und ein Ausdruck im Einteilchenbild (RPA) bestimmt. Im Grenzfall freier Elektronen ist die dielektrische Matrix diagonal und vollständig analytisch angebbar. Ausgehend davon kann ein schwaches Potential störungstheoretisch in erster Ordnung noch im Rahmen einer analytischen Beschreibung einbezogen werden. Die makroskopische dielektrische Funktion dazu ist ebenfalls in erster Ordnung im Potential explizit angebbar. Im Grenzfall starker Bindung der Elektronen ist eine Wannier-Darstellung der Wellenfunktion vorteilhaft, was zur numerischen Vereinfachung der Inversion von ε führt.

Ähnlich wie in [3] müßte man eigentlich bei den in diesem Teil auftretenden dielektrischen Funktionen die über RPA hinausgehenden Austausch- und Korrelationskorrekturen berücksichtigen. Da diese jedoch für frequenzabhängige dielektrische Funktionen noch ungenügend untersucht sind, wird in dieser Darstellung darauf verzichtet und immer nur die dielektrische Funktion in RPA benutzt. Damit entfällt auch die in [1.6.3] eingeführte Unterscheidung zwischen ε und $\varepsilon^{(e)}$.

6.2.1. Mikroskopische und makroskopische Größen

Für das Weitere ist es wichtig, sauber zwischen mikroskopischen und makroskopischen elektrodynamischen Größen zu unterscheiden. Die *mikroskopischen Größen* $\boldsymbol{e}(\boldsymbol{r}, t)$, $\boldsymbol{b}(\boldsymbol{r}, t)$, $\varrho_{\text{mik}}(\boldsymbol{r}, t)$ und $\boldsymbol{j}_{\text{mik}}(\boldsymbol{r}, t)$ werden von allen Elementarladungen des Festkörpers hervorgerufen. Sie variieren in atomaren Dimensionen. Die Maxwellschen Gleichungen für die mikroskopischen Größen lauten:

$$\frac{\partial}{\partial \boldsymbol{r}}\boldsymbol{e} = \frac{1}{\varepsilon_0}\varrho_{\text{mik}}\,, \qquad \frac{\partial}{\partial \boldsymbol{r}} \times \boldsymbol{b} = \varepsilon_0\mu_0 \frac{\partial}{\partial t}\boldsymbol{e} + \mu_0 \boldsymbol{j}_{\text{mik}}\,. \tag{1), (4}$$

$$\frac{\partial}{\partial \boldsymbol{r}} \times \boldsymbol{e} = -\frac{\partial}{\partial t}\boldsymbol{b}\,, \qquad \frac{\partial}{\partial \boldsymbol{r}}\boldsymbol{b} = 0\,, \tag{3), (2}$$

Vom Standpunkt der Elektrodynamik aus ist das Arbeiten mit mikroskopischen Größen wegen der großen Zahl der Ladungsträger unhandlich und auch unnötig. Durch Mittelung aller Größen über Bereiche, die die Größe von Elementarzellen haben, kommt man zu den *makroskopischen Größen*:

$$\varrho = \langle \varrho_{\text{mik}} \rangle\,, \qquad \boldsymbol{j} = \langle \boldsymbol{j}_{\text{mik}} \rangle\,; \qquad \boldsymbol{E} = \langle \boldsymbol{e} \rangle\,, \qquad \boldsymbol{B} = \langle \boldsymbol{b} \rangle\,.$$

Die makroskopischen Größen variieren nur noch in Bereichen, die groß gegen die Elementarzellen sind. Die Felder äußerer Störungen, wie z. B. bei den optischen Eigenschaften (s. [6.4]), sind im allgemeinen makroskopischer Natur. Die Maxwellschen Gleichungen behalten für die entsprechenden makroskopischen Größen die Gestalt von (1) bis (4).[1]

Die makroskopischen Ladungs- und Stromdichten setzen sich aus äußeren und induzierten Anteilen zusammen. Die äußeren Anteile sind als vorgegeben zu betrachten, die induzierten sind noch unbekannt und vom Material abhängig. Durch Einführung der Felder $\boldsymbol{P}$ und $\boldsymbol{M}$ können gemäß

$$\varrho = \varrho^{\text{ext}} + \varrho^{\text{ind}} = \varrho^{\text{ext}} - \frac{\partial}{\partial \boldsymbol{r}} \boldsymbol{P}\,, \tag{6}$$

$$\boldsymbol{j} = \boldsymbol{j}^{\text{ext}} + \boldsymbol{j}^{\text{ind}} = \boldsymbol{j}^{\text{ext}} + \frac{\partial}{\partial t} \boldsymbol{P} + \frac{\partial}{\partial \boldsymbol{r}} \times \boldsymbol{M} \tag{5}$$

die induzierten Dichten durch $\boldsymbol{P}$ und $\boldsymbol{M}$ ersetzt werden, wobei durch die Definition neuer, makroskopischer Felder

$$\boldsymbol{D} = \varepsilon_0 \boldsymbol{E} + \boldsymbol{P}\,, \qquad \boldsymbol{H} = \frac{1}{\mu_0} \boldsymbol{B} - \boldsymbol{M} \tag{7), (8}$$

die Maxwellschen Gleichungen eine Form erhalten, die nur noch die bekannten äußeren Dichten ϱ^{ext} und $\boldsymbol{j}^{\text{ext}}$ enthält:

$$\frac{\partial}{\partial \boldsymbol{r}} \boldsymbol{D} = \varrho^{\text{ext}}\,, \qquad \frac{\partial}{\partial \boldsymbol{r}} \times \boldsymbol{H} = \frac{\partial}{\partial t} \boldsymbol{D} + \boldsymbol{j}^{\text{ext}}\,, \tag{9), (12}$$

$$\frac{\partial}{\partial \boldsymbol{r}} \times \boldsymbol{E} = -\frac{\partial}{\partial t} \boldsymbol{B}\,, \qquad \frac{\partial}{\partial \boldsymbol{r}} \boldsymbol{B} = 0\,. \tag{11), (10}$$

Das ist gegenüber der ursprünglichen Form aber nur ein formaler Schritt, da das Gleichungssystem immer noch unterbestimmt ist.

Für schwache Felder und unter Vernachlässigung von Ferromagnetismus besteht jedoch ein linearer Zusammenhang zwischen $\boldsymbol{E}$ und $\boldsymbol{D}$ bzw. $\boldsymbol{B}$ und $\boldsymbol{H}$. Da sich die mikroskopischen und makroskopischen Felder wesentlich unterscheiden, müssen diese Relationen für beide getrennt formuliert werden. Im weiteren werden nur die elektrischen Größen behandelt, für die magnetischen erfolgen die Definitionen analog:

$$\boldsymbol{E}(\boldsymbol{r}, t) = \varepsilon_0^{-1} \int \mathrm{d}^3 r' \int \mathrm{d}t'\, \boldsymbol{\varepsilon}_{\text{mak}}^{-1}(\boldsymbol{r} - \boldsymbol{r}'; t - t')\, \boldsymbol{D}(\boldsymbol{r}', t')\,, \tag{13}$$

$$\boldsymbol{e}(\boldsymbol{r}, t) = \varepsilon_0^{-1} \int \mathrm{d}^3 r' \int \mathrm{d}t'\, \boldsymbol{\varepsilon}_{\text{mik}}^{-1}(\boldsymbol{r}, \boldsymbol{r}'; t - t')\, \boldsymbol{D}(\boldsymbol{r}', t')\,.\text{[2]} \tag{14}$$

[1]) Die für den Beweis benötigte Relation

$$\langle \partial f(\boldsymbol{r}) / \partial \boldsymbol{r} \rangle = \partial \langle f(\boldsymbol{r}) \rangle / \partial \boldsymbol{r}$$

kann mit den Ergebnissen von [6.2.2] leicht selbst bewiesen bzw. bei Wiser (63) nachgelesen werden.

[2]) In (13) und (14) ist $\boldsymbol{\varepsilon}_{\text{mak, mik}}^{-1}$ das Inverse sowohl bezüglich des Tensorcharakters als auch der nichtlokalen Ortsabhängigkeit von $\boldsymbol{\varepsilon}_{\text{mak, mik}}$. Im Hauptachsensystem ist der Tensor diagonal, so daß sich dessen Inversion auf die Inversion der Diagonalelemente reduziert.

Sowohl der mikroskopische dielektrische Tensor $\boldsymbol{\varepsilon}_{\text{mik}}$ als auch der makroskopische $\boldsymbol{\varepsilon}_{\text{mak}}$ hängen wegen der Homogenität der Zeit nur von $t - t'$ ab. Das Kausalitätsprinzip fordert außerdem, daß $\boldsymbol{\varepsilon}(t - t' < 0) = 0$ ist. Das heißt in Worten, daß die Wirkung (induziertes Feld $\boldsymbol{E}^{\text{ind}}$) nach der Ursache (äußere Störung ϱ^{ext} bzw. $\boldsymbol{D}$) auftreten muß. Die zuletzt genannte Eigenschaft führt zu den Kramers-Kronig-Relationen (s. auch [1.3.2] und [6.2.8]).

Vom makroskopischen Standpunkt aus ist das Medium homogen. Daraus folgt die Abhängigkeit von $\boldsymbol{\varepsilon}_{\text{mak}}$ nur von $\boldsymbol{r} - \boldsymbol{r}'$. (13) hat damit die Form eines Faltungsintegrals, und die Fourier-Transformierte davon lautet

$$\boldsymbol{E}(\boldsymbol{q}, \omega) = \varepsilon_0^{-1} \boldsymbol{\varepsilon}_{\text{mak}}^{-1}(\boldsymbol{q}, \omega)\, \boldsymbol{D}(\boldsymbol{q}, \omega) \,. \tag{15}$$

Dabei ist

$$\boldsymbol{\varepsilon}_{\text{mak}}(\boldsymbol{q}, \omega) \equiv \int \mathrm{d}t \int \mathrm{d}^3r\, \mathrm{e}^{-i\{\boldsymbol{qr} - \omega t\}}\, \boldsymbol{\varepsilon}_{\text{mak}}(\boldsymbol{r}, t)$$

die Fourier-Transformierte von $\boldsymbol{\varepsilon}_{\text{mak}}(\boldsymbol{r}, t)$.

Der mikroskopische dielektrische Tensor ist dagegen nur gitterperiodisch:

$$\boldsymbol{\varepsilon}_{\text{mik}}(\boldsymbol{r} + \boldsymbol{R}, \boldsymbol{r}' + \boldsymbol{R}; t - t') = \boldsymbol{\varepsilon}_{\text{mik}}(\boldsymbol{r}, \boldsymbol{r}'; t - t') \,. \tag{16}$$

$\boldsymbol{R}$ ist irgendein Gittervektor des Kristalls. Die Eigenschaft (16) schlägt sich in der räumlichen Fourier-Transformation

$$\boldsymbol{\varepsilon}_{\text{mik}}(\boldsymbol{q}, \boldsymbol{q}'; \omega) \equiv \int \mathrm{d}^3r \int \mathrm{d}^3r'\, \mathrm{e}^{-i\boldsymbol{qr}}\, \boldsymbol{\varepsilon}_{\text{mik}}(\boldsymbol{r}, \boldsymbol{r}'; \omega)\, \mathrm{e}^{i\boldsymbol{q}'\boldsymbol{r}'} \tag{17}$$

nieder. Unter Verwendung von (16) gilt nämlich

$$\boldsymbol{\varepsilon}_{\text{mik}}(\boldsymbol{q}, \boldsymbol{q}'; \omega) = \mathrm{e}^{i(\boldsymbol{q} - \boldsymbol{q}')\boldsymbol{R}}\, \boldsymbol{\varepsilon}_{\text{mik}}(\boldsymbol{q}, \boldsymbol{q}'; \omega) \,.$$

Daraus folgt, daß sich $\boldsymbol{q}$ und $\boldsymbol{q}'$ nur um einen reziproken Gittervektor $\boldsymbol{G}$ unterscheiden dürfen. Andernfalls verschwindet $\boldsymbol{\varepsilon}_{\text{mik}}$. Durch Einführung einer neuen Bezeichnungsweise kann man die verschwindenden Elemente von $\boldsymbol{\varepsilon}_{\text{mik}}$ eliminieren. $\boldsymbol{q}$ und $\boldsymbol{q}'$ werden zerlegt in einen Anteil $\boldsymbol{k}$, der innerhalb der ersten Brillouin-Zone liegt, und einen reziproken Gittervektor:

$$\boldsymbol{q} = \boldsymbol{k} + \boldsymbol{G} \,, \qquad \boldsymbol{q}' = \boldsymbol{k} + \boldsymbol{G}' \,.$$

Die Fourier-Transformierte von (14) lautet damit

$$\boldsymbol{e}(\boldsymbol{k} + \boldsymbol{G}, \omega) = \varepsilon_0^{-1} \sum_{\boldsymbol{G}'} \boldsymbol{\varepsilon}_{\text{mik}}^{-1}(\boldsymbol{k} + \boldsymbol{G}, \boldsymbol{k} + \boldsymbol{G}'; \omega)\, \boldsymbol{D}(\boldsymbol{k} + \boldsymbol{G}', \omega) \,. \tag{18}$$

$\boldsymbol{\varepsilon}_{\text{mik}}^{-1}$ (und damit auch $\boldsymbol{\varepsilon}_{\text{mik}}$) kann man auf Grund von (18) als Matrix mit den Indizes $\boldsymbol{G}$, $\boldsymbol{G}'$ betrachten. Jedes Element der Matrix ist aber ein Tensor im 3-dimensionalen Raum.

Legen wir an den Festkörper eine Störung $\boldsymbol{D}$ in Form einer ebenen Welle an (d. h., $\boldsymbol{D}$ hat nur eine Fourier-Komponente), so hat nach (18) das gesamte mikroskopische Feld $\boldsymbol{e}$ zwar die gleiche Frequenz, aber nicht dieselbe Wellenlänge. Neben der angelegten Wellenlänge treten in $\boldsymbol{e}$ noch solche von der Größenordnung der Länge der Elementarzelle auf. Diese von $\boldsymbol{G} \neq \boldsymbol{G}'$ herrührenden Beiträge nennt man *Lokalfeldkorrekturen*[1]). Die Lokalfeldkorrekturen verschwinden, wenn die Matrix $\boldsymbol{\varepsilon}_{\text{mik}}(\boldsymbol{k} + \boldsymbol{G}, \boldsymbol{k} + \boldsymbol{G}'; \omega)$ diagonal ist.

[1]) In der Theorie des homogenen Elektronengases [1.6] treten auch Lokalfeldkorrekturen auf, die von den hier eingeführten zu unterscheiden sind und den in linearer Hartree-Abschirmung (RPA) zunächst vernachlässigten Einfluß von Austausch und Korrelation berücksichtigen.

Da man $\boldsymbol{\varepsilon}_{\text{mik}}$ und $\boldsymbol{\varepsilon}_{\text{mak}}$ anhand der Anzahl der Variablen unterscheiden kann, werden im weiteren die Indizes „mik" und „mak" weggelassen.

In Analogie zu (15) und (18) wird noch der Tensor der magnetischen Permeabilität $\boldsymbol{\mu}$ definiert:

$$\boldsymbol{B}(\boldsymbol{q}, \omega) = \mu_0 \boldsymbol{\mu}(\boldsymbol{q}, \omega)\, \boldsymbol{H}(\boldsymbol{q}, \omega)\,, \tag{19}$$

$$\boldsymbol{b}(\boldsymbol{k} + \boldsymbol{G}, \omega) = \mu_0 \sum_{\boldsymbol{G}'} \boldsymbol{\mu}(\boldsymbol{k} + \boldsymbol{G}, \boldsymbol{k} + \boldsymbol{G}'; \omega)\, \boldsymbol{H}(\boldsymbol{k} + \boldsymbol{G}', \omega)\,. \tag{20}$$

Zu beachten ist, daß $\mu_0\boldsymbol{\mu}$ (und nicht $\mu_0^{-1}\boldsymbol{\mu}^{-1}$) an die Stelle von $\varepsilon_0^{-1}\boldsymbol{\varepsilon}^{-1}$ tritt.

6.2.2. Berechnung der makroskopischen Größen aus den mikroskopischen

Zunächst wird der schon im vorigen Abschnitt erwähnte Mittelungsprozeß, der von den mikroskopischen zu den makroskopischen Größen führt, am Beispiel des elektrischen Feldes präzise formuliert (die Zeitabhängigkeit der Felder wird dabei vorübergehend nicht explizit angegeben):

$$\boldsymbol{E}(\boldsymbol{R}) = \frac{1}{\mathcal{V}_0} \int\limits_{\mathcal{V}_0(\boldsymbol{R})} \mathrm{d}^3r\, \boldsymbol{e}(\boldsymbol{r})\,. \tag{21}$$

$\mathcal{V}_0(\boldsymbol{R})$ ist das Volumen der am Gitterort $\boldsymbol{R}$ befindlichen Elementarzelle (Wiser, 63). Die räumliche Fourier-Transformation der mikroskopischen Größe $\boldsymbol{e}$ schreiben wir in folgender Form:

$$\boldsymbol{e}(\boldsymbol{r}) = \sum_{\boldsymbol{G}} \int\limits_{\mathrm{BZ}} \frac{\mathrm{d}^3k}{(2\pi)^3}\, \mathrm{e}^{i(\boldsymbol{k}+\boldsymbol{G})\boldsymbol{r}}\, \boldsymbol{e}(\boldsymbol{k} + \boldsymbol{G})\,. \tag{22}$$

(22) in (21) eingesetzt, ergibt

$$\boldsymbol{E}(\boldsymbol{R}) = \sum_{\boldsymbol{G}} \int\limits_{\mathrm{BZ}} \frac{\mathrm{d}^3k}{(2\pi)^3}\, \boldsymbol{e}(\boldsymbol{k} + \boldsymbol{G})\, \frac{1}{\mathcal{V}_0} \int\limits_{\mathcal{V}_0(\boldsymbol{R})} \mathrm{d}^3r\, \mathrm{e}^{i(\boldsymbol{k}+\boldsymbol{G})\boldsymbol{r}}\,.$$

Für makroskopische äußere Störungen ist $\boldsymbol{e}(\boldsymbol{k} + \boldsymbol{G})$ nur für $k \ll G\ (\neq 0)$ wesentlich von Null verschieden. (Im Gleichgewichtsfall, d. h. ohne äußere Störungen, ist $\boldsymbol{e}$ natürlich gitterperiodisch und $\boldsymbol{e}(\boldsymbol{k} + \boldsymbol{G}) = 0$ für alle $\boldsymbol{k} \neq 0$). $\exp(i\boldsymbol{k}\boldsymbol{r})$ variiert deshalb für alle die $\boldsymbol{k}$, die wesentliche Beiträge zu (22) liefern, innerhalb der Elementarzelle nur schwach, und man kann $\exp(i\boldsymbol{k}\boldsymbol{R})$ näherungsweise aus dem Ortsraum-Integral herausziehen. Man hat deshalb (s. (A5-2))

$$\frac{1}{\mathcal{V}_0} \int\limits_{\mathcal{V}_0(\boldsymbol{R})} \mathrm{d}^3r\, \mathrm{e}^{i(\boldsymbol{k}+\boldsymbol{G})\boldsymbol{r}} \approx \mathrm{e}^{i\boldsymbol{k}\boldsymbol{R}}\, \frac{1}{\mathcal{V}_0} \int\limits_{\mathcal{V}_0(\boldsymbol{R})} \mathrm{d}^3r\, \mathrm{e}^{i\boldsymbol{G}\boldsymbol{r}} = \mathrm{e}^{i\boldsymbol{k}\boldsymbol{R}}\, \delta_{\boldsymbol{G},0}\,.$$

Damit erhalten wir

$$\boldsymbol{E}(\boldsymbol{R}) = \int\limits_{\mathrm{BZ}} \frac{\mathrm{d}^3k}{(2\pi)^3}\, \mathrm{e}^{i\boldsymbol{k}\boldsymbol{R}}\, \boldsymbol{e}(\boldsymbol{k})\,. \tag{23}$$

Durch Vergleich von (23) mit einer Fourier-Entwicklung von $\boldsymbol{E}(\boldsymbol{R})$ analog zu (22)

$$\boldsymbol{E}(\boldsymbol{R}) = \sum_{\boldsymbol{G}} \int\limits_{\mathrm{BZ}} \frac{\mathrm{d}^3k}{(2\pi)^3}\, \mathrm{e}^{i(\boldsymbol{k}+\boldsymbol{G})\boldsymbol{R}}\, \boldsymbol{E}(\boldsymbol{k} + \boldsymbol{G}) \tag{24}$$

sieht man, daß die makroskopischen Felder nur Fourier-Komponenten zu Wellenvektoren innerhalb der (ersten) Brillouin-Zone haben:

$$\boldsymbol{E}(\boldsymbol{k} + \boldsymbol{G}) = \boldsymbol{e}(\boldsymbol{k})\, \delta_{\boldsymbol{G},0} \,. \tag{25}$$

Da $\boldsymbol{D}$ stets ein makroskopisches Feld ist, gilt dafür ebenfalls

$$\boldsymbol{D}(\boldsymbol{k} + \boldsymbol{G}) = \boldsymbol{D}(\boldsymbol{k})\, \delta_{\boldsymbol{G},0} \,. \tag{26}$$

Aus (25), (26) und (18) bekommt man

$$\boldsymbol{E}(\boldsymbol{k}, \omega) = \varepsilon_0^{-1} \boldsymbol{\varepsilon}^{-1}(\boldsymbol{k}, \boldsymbol{k}; \omega)\, \boldsymbol{D}(\boldsymbol{k}, \omega) \,. \tag{27}$$

Der Vergleich von (27) mit (15) liefert folgendes wichtige Resultat (Wiser, 63, Adler, 62):

$$\boldsymbol{\varepsilon}^{-1}(\boldsymbol{k}, \omega) = \boldsymbol{\varepsilon}^{-1}(\boldsymbol{k}, \boldsymbol{k}; \omega) \,. \tag{28}$$

Anders geschrieben lautet dieses

$$\boldsymbol{\varepsilon}(\boldsymbol{k}, \omega) = [\boldsymbol{\varepsilon}^{-1}(\boldsymbol{k}, \boldsymbol{k}; \omega)]^{-1} \,. \tag{29}$$

Den makroskopischen dielektrischen Tensor erhält man also aus dem $\boldsymbol{G} = \boldsymbol{G}' = 0$-Element der inversen mikroskopischen dielektrischen Matrix, indem man dieses invertiert. Der prinzipielle Rechengang zur Berechnung des makroskopischen dielektrischen Tensors $\boldsymbol{\varepsilon}(\boldsymbol{k}, \omega)$ zerfällt in folgende Schritte:

— Berechnung der Matrix $\boldsymbol{\varepsilon}(\boldsymbol{k} + \boldsymbol{G}, \boldsymbol{k} + \boldsymbol{G}'; \omega)$ aus den Gleichgewichtseigenschaften des Festkörpers auf quantenmechanischer Grundlage (s. [6.2.6]).

— Bestimmung des 0-0-Elementes der inversen Matrix (s. [6.2.10] u. [6.2.11]).

Nur unter völliger Vernachlässigung der durch $\boldsymbol{G} \neq \boldsymbol{G}'$ gekennzeichneten nichtdiagonalen Matrixelemente gilt

$$\boldsymbol{\varepsilon}(\boldsymbol{k}, \omega) = \boldsymbol{\varepsilon}(\boldsymbol{k}, \boldsymbol{k}; \omega) \,. \tag{30}$$

Bei einfachen Metallen ist (30) aber eine durchaus brauchbare Näherung (s. [6.2.10] u. Abb. 6.2-3).

6.2.3. Longitudinale und transversale Tensoren

Als nächstes sollen longitudinale und transversale Anteile von Feldern und makroskopischen Materialtensoren definiert werden. Diese Auftrennung ist sinnvoll, weil für die verschiedenen Komponenten unterschiedliche Berechnungsverfahren und Anwendungen existieren. Wir gehen dabei vom Fourier-Raum aus. Unter Verwendung des longitudinalen und transversalen Projektionsoperators ($\boldsymbol{e}_{\boldsymbol{q}}$ ist der Einheitsvektor in $\boldsymbol{q}$-Richtung)

$$\mathbf{L}(\boldsymbol{q}) = \boldsymbol{e}_{\boldsymbol{q}} \circ \boldsymbol{e}_{\boldsymbol{q}}, \qquad \mathbf{T}(\boldsymbol{q}) = \mathbf{1} - \boldsymbol{e}_{\boldsymbol{q}} \circ \boldsymbol{e}_{\boldsymbol{q}} = -\boldsymbol{e}_{\boldsymbol{q}} \times (\boldsymbol{e}_{\boldsymbol{q}} \times \ldots) \,, \tag{31}$$

und wegen $\mathbf{L} + \mathbf{T} = \mathbf{1}$ kann man jedes Feld in einen bezüglich $\boldsymbol{q}$ longitudinalen und einen transversalen Anteil zerlegen:

$$\boldsymbol{E}(\boldsymbol{q}, \omega) = \{\mathbf{L}(\boldsymbol{q}) + \mathbf{T}(\boldsymbol{q})\}\, \boldsymbol{E}(\boldsymbol{q}, \omega) = \boldsymbol{E}_{\mathrm{l}}(\boldsymbol{q}, \omega) + \boldsymbol{E}_{\mathrm{t}}(\boldsymbol{q}, \omega) \,. \tag{32}$$

Transformiert man $\boldsymbol{E}_{\mathrm{l}}(\boldsymbol{q}, \omega)$ und $\boldsymbol{E}_{\mathrm{t}}(\boldsymbol{q}, \omega)$ zurück in den Ortsraum, so sieht man leicht, daß

$$\frac{\partial}{\partial \boldsymbol{r}} \times \boldsymbol{E}_{\mathrm{l}}(\boldsymbol{r}, t) = 0 \,, \qquad \frac{\partial}{\partial \boldsymbol{r}} \boldsymbol{E}_{\mathrm{t}}(\boldsymbol{r}, t) = 0 \tag{33}$$

gilt. Die Zerlegung (32) entspricht also im Ortsraum einer Zerlegung in rotations- und divergenzfreie Komponenten. Bei den Materialtensoren wird die Zerlegung analog definiert:

$$\begin{aligned}\boldsymbol{\varepsilon}(\boldsymbol{q}, \omega) &= \{\mathbf{L}(\boldsymbol{q}) + \mathbf{T}(\boldsymbol{q})\}\, \boldsymbol{\varepsilon}(\boldsymbol{q}, \omega)\, \{\mathbf{L}(\boldsymbol{k}) + \mathbf{T}(\boldsymbol{q})\} \\ &= \mathbf{L}\boldsymbol{\varepsilon}\mathbf{L} + \mathbf{L}\boldsymbol{\varepsilon}\mathbf{T} + \mathbf{T}\boldsymbol{\varepsilon}\mathbf{L} + \mathbf{T}\boldsymbol{\varepsilon}\mathbf{T} \\ &= \boldsymbol{\varepsilon}_{\mathrm{ll}}(\boldsymbol{q}, \omega) + \boldsymbol{\varepsilon}_{\mathrm{lt}}(\boldsymbol{q}, \omega) + \boldsymbol{\varepsilon}_{\mathrm{tl}}(\boldsymbol{q}, \omega) + \boldsymbol{\varepsilon}_{\mathrm{tt}}(\boldsymbol{q}, \omega)\,. \end{aligned} \tag{34}$$

Der Tensor $\boldsymbol{\varepsilon}$ vermittelt gemäß $\boldsymbol{D} = \boldsymbol{\varepsilon}\boldsymbol{E}$ eine lineare Transformation zwischen zwei Vektorfeldern. $\boldsymbol{\varepsilon}_{\mathrm{ll}}$ bestimmt nach (34) die Verknüpfung der longitudinalen Anteile der entsprechenden Felder, während $\boldsymbol{\varepsilon}_{\mathrm{lt}}$ den Beitrag von $\boldsymbol{E}_{\mathrm{t}}$ zu $\boldsymbol{D}_{\mathrm{l}}$ ergibt usw. Es sei noch darauf hingewiesen, daß die gemischten Anteile $\boldsymbol{\varepsilon}_{\mathrm{lt}}$ und $\boldsymbol{\varepsilon}_{\mathrm{tl}}$ verschwinden, wenn $\boldsymbol{q}$ in Hauptachsenrichtung zeigt. Daraus folgt, daß in Kristallen mit kubischer Symmetrie, wo die Tensorfläche von $\boldsymbol{\varepsilon}$ eine Kugel und deshalb die Hauptachsenlage völlig beliebig ist, die gemischten Anteile stets verschwinden. Für hexagonale Kristalle trifft das für alle $\boldsymbol{q}$ parallel und senkrecht zur hexagonalen Achse zu.

Außer $\boldsymbol{\varepsilon}$ und $\boldsymbol{\mu}$ ist noch der Tensor der Leitfähigkeit $\boldsymbol{\sigma}$ häufig in Verwendung:

$$\boldsymbol{j}^{\mathrm{ind}}(\boldsymbol{q}, \omega) = \boldsymbol{\sigma}(\boldsymbol{q}, \omega)\, \boldsymbol{E}(\boldsymbol{q}, \omega)\,. \tag{35}$$

Die angeführten Materialtensoren sind jedoch nicht unabhängig voneinander. Insbesondere ergibt sich $\boldsymbol{\sigma}$ völlig aus $\boldsymbol{\mu}$ und $\boldsymbol{\varepsilon}$. Durch Einsetzen von (7) und (8) in (5) sowie unter Verwendung von (11), (15), (19) erhält man $\boldsymbol{j}^{\mathrm{ind}}$ in Abhängigkeit von $\boldsymbol{E}$. Durch Vergleich mit (35) liest man daraus ab (Puff, 69)

$$\boldsymbol{\sigma}(\boldsymbol{q}, \omega) = -i\omega\varepsilon_0[\boldsymbol{\varepsilon}(\boldsymbol{q}, \omega) - \mathbf{1}] + \frac{i}{\omega\mu_0}\, \boldsymbol{q} \times \{[\mathbf{1} - \boldsymbol{\mu}^{-1}(\boldsymbol{q}, \omega)]\, (\boldsymbol{q} \times \ldots)\}\,. \tag{36}$$

Speziell für den longitudinalen Anteil von $\boldsymbol{\sigma}$ ergibt sich aus (36), daß dieser allein durch den entsprechenden Anteil von $\boldsymbol{\varepsilon}$ bestimmt ist (s. auch (1.3-10)):

$$\boldsymbol{\sigma}_{\mathrm{ll}}(\boldsymbol{q}, \omega) = -i\omega\varepsilon_0[\boldsymbol{\varepsilon}_{\mathrm{ll}}(\boldsymbol{q}, \omega) - 1]\,. \tag{37}$$

Das gleiche gilt auch für alle gemischten Anteile. Andererseits reicht $\boldsymbol{\sigma}(\boldsymbol{q}, \omega)$ zur Charakterisierung der Systemeigenschaften völlig aus. Man sieht das daran, daß die makroskopischen Versionen von (1) bis (4) unter Verwendung von (35) und der Kontinuitätsgleichung schon ein abgeschlossenes Gleichungssystem für $\boldsymbol{E}$ und $\boldsymbol{B}$ sind. $\boldsymbol{\varepsilon}$ *oder* $\boldsymbol{\mu}$ nach den Definitionen (15) und (19) erfüllen diesen Zweck jedoch nicht. Mitunter wird eine verallgemeinerte dielektrische Funktion $\tilde{\boldsymbol{\varepsilon}}(\boldsymbol{q}, \omega)$ definiert, die ebenfalls alle Systeminformationen in sich birgt:

$$\boldsymbol{\sigma}(\boldsymbol{q}, \omega) \equiv -i\omega\varepsilon_0[\tilde{\boldsymbol{\varepsilon}}(\boldsymbol{q}, \omega) - 1]\,. \tag{38}$$

$\tilde{\boldsymbol{\varepsilon}}$ kann also als Ersatz für $\boldsymbol{\varepsilon}$ und $\boldsymbol{\mu}$ zusammen verwendet werden. Durch Vergleich von (36) mit (38) sieht man, daß der rein longitudinale Anteil und die gemischten Anteile von $\tilde{\boldsymbol{\varepsilon}}$ und $\boldsymbol{\varepsilon}$ übereinstimmen. Da wir uns in den späteren Kapiteln nur noch mit dem longitudinalen Anteil beschäftigen, $\tilde{\boldsymbol{\varepsilon}}$ diesbezüglich aber nichts Neues bietet, werden wir $\tilde{\boldsymbol{\varepsilon}}$ nicht weiter verwenden.

6.2.4. Bestimmung der longitudinalen dielektrischen Funktion aus der induzierten Ladungsdichte

Wir legen am Festkörper eine äußere Störung in Form eines skalaren Potentials U^{ext} an. Das zur Störung gehörige Vektorpotential $\boldsymbol{A}^{\mathrm{ext}}$ wird Null gesetzt. Das bedeutet, daß die zur Störung gehörende Ladungsdichte ϱ^{ext} zwar ein elektrisches Feld erzeugt, aber kein magnetisches. Diese Näherung ist für langsam veränderliche Störungen vernünftig, wenn die Geschwindigkeiten der Ladungsträger von ϱ^{ext} klein gegen die Lichtgeschwindigkeit sind.

Die hier berechnete dielektrische Funktion ist nur der longitudinale Anteil, der für die in diesem Teil besprochenen Anwendungen ausreicht. Das hängt damit zusammen, daß das elektrische Feld, das aus $\boldsymbol{E}^{\text{ext}} = -(\partial/\partial \boldsymbol{r})\, U^{\text{ext}}$ folgt, rein longitudinal ist. Fungieren elektromagnetische Wellen (bzw. schnelle bewegte Ladungsträger) als Störungen, kann $\boldsymbol{A}^{\text{ext}} = 0$ nicht aufrechterhalten werden, und das elektrische Feld hat dann transversale Komponenten. Bei solchen Untersuchungen gehen dann auch die transversalen Komponenten von $\boldsymbol{\varepsilon}$ in die Betrachtungen ein (s. z. B. Geiger, 68). Eine Berechnung des gesamten Tensors (einschließlich der transversalen Komponenten, aber ohne Lokalfeldkorrekturen) ist bei Adler (62) zu finden.

U^{ext} induziert im System eine Ladungsdichte $\varrho^{\text{ind}}_{\text{mik}}$. Ist letztere bekannt, kann man daraus die dielektrische Matrix bestimmen. Drückt man in Analogie zu (18) $\boldsymbol{D}$ mit Hilfe von $\boldsymbol{\varepsilon}$ durch $\boldsymbol{e}$ aus, multipliziert beide Seiten mit $\boldsymbol{k} + \boldsymbol{G}$ und ersetzt $\boldsymbol{D}$ und $\boldsymbol{e}$ mit Hilfe der Fourier-Transformierten von (9), (1) und (3), so entsteht unter Beachtung von $\boldsymbol{b} = 0$:

$$\varrho^{\text{ext}}(\boldsymbol{k} + \boldsymbol{G}, \omega) = \sum_{\boldsymbol{G}'} (\boldsymbol{k} + \boldsymbol{G})\, \boldsymbol{\varepsilon}\, (\boldsymbol{k} + \boldsymbol{G}, \boldsymbol{k} + \boldsymbol{G}'; \omega)\, (\boldsymbol{k} + \boldsymbol{G}') * \\ * \frac{\varrho^{\text{ext}}(\boldsymbol{k} + \boldsymbol{G}', \omega) + \varrho^{\text{ind}}_{\text{mik}}(\boldsymbol{k} + \boldsymbol{G}', \omega)}{(\boldsymbol{k} + \boldsymbol{G}')^2}\,. \tag{39}$$

In (39) geht nur die longitudinale dielektrische Funktion

$$\boldsymbol{e}_{\boldsymbol{k}+\boldsymbol{G}}\boldsymbol{\varepsilon}(\boldsymbol{k} + \boldsymbol{G}, \boldsymbol{k} + \boldsymbol{G}'; \omega)\, \boldsymbol{e}_{\boldsymbol{k}+\boldsymbol{G}'} \equiv \varepsilon(\boldsymbol{k} + \boldsymbol{G}, \boldsymbol{k} + \boldsymbol{G}'; \omega)$$

ein. Die im vorigen Abschnitt eingeführte Indizierung „ll" wird hier und im weiteren weggelassen. $\boldsymbol{e}_{\boldsymbol{k}+\boldsymbol{G}}$ ist der Einheitsvektor in Richtung $\boldsymbol{k} + \boldsymbol{G}$. Auflösen von (39) unter Verwendung von ε^{-1} nach $\varrho^{\text{ind}}_{\text{mik}}$ und Ersetzen von ϱ^{ext} mit Hilfe der Poisson-Gleichung $\varrho^{\text{ext}}(\boldsymbol{k} + \boldsymbol{G}) = \varepsilon_0(\boldsymbol{k} + \boldsymbol{G})^2\, U^{\text{ext}}(\boldsymbol{k} + \boldsymbol{G})$ durch U^{ext} ergibt

$$\varepsilon_0 \sum_{\boldsymbol{G}'} [\varepsilon^{-1}(\boldsymbol{k} + \boldsymbol{G}, \boldsymbol{k} + \boldsymbol{G}'; \omega) - \delta_{\boldsymbol{G}\boldsymbol{G}'}]\, |\boldsymbol{k} + \boldsymbol{G}|\, |\boldsymbol{k} + \boldsymbol{G}'|\, U^{\text{ext}}(\boldsymbol{k} + \boldsymbol{G}') \\ = \varrho^{\text{ind}}_{\text{mik}}(\boldsymbol{k} + \boldsymbol{G})\,.$$

Durch Ableitung nach einer Fourier-Komponente von U^{ext} kann man ε^{-1} direkt angeben:

$$\varepsilon^{-1}(\boldsymbol{k} + \boldsymbol{G}, \boldsymbol{k} + \boldsymbol{G}'; \omega) = \delta_{\boldsymbol{G},\boldsymbol{G}'} + \frac{\varepsilon_0^{-1}}{|\boldsymbol{k} + \boldsymbol{G}|\, |\boldsymbol{k} + \boldsymbol{G}'|} \frac{\partial \varrho^{\text{ind}}_{\text{mik}}(\boldsymbol{k} + \boldsymbol{G}, \omega)}{\partial U^{\text{ext}}(\boldsymbol{k} + \boldsymbol{G}', \omega)}\,. \tag{40}$$

Die longitudinale makroskopische dielektrische Funktion bekommt man daraus mit Hilfe von (29).

Auf analoge Weise kann man eine Formel für ε ableiten, bei der $\varrho^{\text{ind}}_{\text{mik}}$ nach dem abgeschirmten äußeren Potential u abgeleitet wird. Man erhält:

$$\varepsilon(\boldsymbol{k} + \boldsymbol{G}, \boldsymbol{k} + \boldsymbol{G}'; \omega) = \delta_{\boldsymbol{G},\boldsymbol{G}'} - \frac{\varepsilon_0^{-1}}{|\boldsymbol{k} + \boldsymbol{G}|\, |\boldsymbol{k} + \boldsymbol{G}'|} \frac{\partial \varrho^{\text{ind}}_{\text{mik}}(\boldsymbol{k} + \boldsymbol{G}, \omega)}{\partial u(\boldsymbol{k} + \boldsymbol{G}', \omega)}\,. \tag{41}$$

Man geht dafür von (9) aus und ersetzt hier $\boldsymbol{D}$ mit Hilfe der invertierten Form von (18) durch $\boldsymbol{e}$. Danach wird $\boldsymbol{e}$ mit (1) durch ϱ_{mik} ersetzt. Aus dem Resultat ist noch $\varrho^{\text{ext}} = \varrho_{\text{mik}} - \varrho_{\text{mik}}^{\text{ind}}$ zu eliminieren und ϱ_{mik} mit Hilfe der Poisson-Gleichung durch u zu ersetzen.

(40) und (41) haben ihre Entsprechung beim homogenen Elektronengas in (1.3-8 und 4). Wie dort sind auch hier die Ableitungen in (40) und (41) in linearer Näherung unabhängig von der äußeren Störung, sie sind nur durch die Eigenschaften des ungestörten Systems bestimmt.

6.2.5. Berechnung der induzierten Ladungsdichte

Ziel dieses Abschnittes ist es zunächst, die von einem äußeren Potential U^{ext} im System induzierte Ladungsdichte $\varrho_{\text{mik}}^{\text{ind}}$ in linearer Näherung zu berechnen. Daraus bekommt man mit Hilfe von (40) bzw. (41) die longitudinale dielektrische Matrix. Der hier verwendete Formalismus entspricht dem von Pines und Nozières (66). Weitere zusammenfassende Arbeiten zu diesem Thema sind von Puff (69) und Stolz (74).

Das äußere Potential erzeugt zum Hamilton-Operator des Systems einen Störterm folgender Form:

$$H_1 = \mathrm{e}^{\delta \cdot t} \sum_i e U^{\text{ext}}(\boldsymbol{r}_i, t) , \qquad \delta \underset{\to}{\geq} 0 . \tag{42}$$

Der Faktor $\exp(\delta \cdot t)$ sorgt mit $\delta \underset{\to}{\geq} 0$ für ein quasistatisches Einschalten der Störung $(-\infty < t \leqq 0)$. Die Elektronen (Ladung e) befinden sich an den Orten $\boldsymbol{r}_i$. Unter Verwendung des Operators der Ladungsdichte $\varrho(\boldsymbol{r}) = e \sum\limits_i \delta(\boldsymbol{r} - \boldsymbol{r}_i)$ sowie dessen Fourier-Transformation[1])

$$\varrho_{\boldsymbol{q}} = e \sum_i \mathrm{e}^{-i\boldsymbol{q}\boldsymbol{r}_i} \tag{43}$$

und nach zeitlicher und räumlicher Fourier-Transformation von U^{ext} bekommt (42) die Form

$$H_1 = \frac{1}{V} \sum_{\boldsymbol{q}} \int \frac{\mathrm{d}\omega}{2\pi} U^{\text{ext}}(\boldsymbol{q}, \omega) \, \varrho_{\boldsymbol{q}}^{\dagger} \, \mathrm{e}^{-i\omega^+ t} . \tag{44}$$

Dabei wurde außerdem $\omega^+ \equiv \omega + i\delta$ definiert. Da sowohl die Ladungsdichte als auch das Störpotential im Orts-Zeit-Raum reell sein müssen, folgt

$$\varrho_{-\boldsymbol{q}} = \varrho_{\boldsymbol{q}}^{\dagger} , \tag{45}$$

$$U^{\text{ext}}(-\boldsymbol{q}, -\omega) = U^{\text{ext}}(\boldsymbol{q}, \omega)^* . \tag{46}$$

Durch (45) und (46) ist garantiert, daß H_1 hermitesch ist.

Als nächstes wird die Gesamtwellenfunktion $\Psi(t)$ aller Elektronen des Systems unter Einfluß von H_1 berechnet. Wir entwickeln $\Psi(t)$ nach den stationären Eigenlösungen $|n\rangle$, E_n des ungestörten Systems:

$$\Psi(t) = \sum_n a_n(t) \, \mathrm{e}^{-(i/\hbar) E_n t} \, |n\rangle . \tag{47}$$

[1]) Im Unterschied zu [1.1.1], [1.7.2] und [9.1.1] enthält hier $\varrho(\boldsymbol{r})$ und $\varrho_{\boldsymbol{q}}$ noch einen Faktor e, der sich aber an vielen Stellen wegkürzt (s. z. B. (51)).

Zeitabhängige Störungsrechnung erster Ordnung in H_1 liefert für $n \neq 0$

$$a_n(t) = -\frac{i}{\hbar} \int_{-\infty}^{t} dt' \, e^{i\omega_{n0}t'} \langle n| H_1(t') |0\rangle \,, \tag{48}$$

wobei die Abkürzung $\hbar\omega_{n0} \equiv E_n - E_0$ eingeführt wurde. Setzen wir noch (44) in (48) ein, erhalten wir

$$a_n(t) = -\frac{1}{\hbar V} \sum_{q'} \int \frac{d\omega'}{2\pi} U^{ext}(\boldsymbol{q}', \omega')(\varrho^\dagger_{\boldsymbol{q}'})_{n0} \frac{e^{i(\omega_{n0}-\omega^+)t}}{\omega_{n0} - \omega^+} \,, \tag{49}$$

wobei $(\varrho^\dagger_{\boldsymbol{q}})_{n0} \equiv \langle n| \varrho^\dagger_{\boldsymbol{q}} |0\rangle$ ist. Die induzierte Ladungsdichte

$$\varrho^{ind}_{mik}(\boldsymbol{r}, t) = \langle \Psi(t)| \varrho(\boldsymbol{r}) |\Psi(t)\rangle - \langle 0| \varrho(\boldsymbol{r}) |0\rangle$$

lautet mit (47) unter Vernachlässigung der quadratischen Glieder in $a_n(t)$

$$\varrho^{ind}_{mik}(\boldsymbol{r}, t) = \sum_{n \neq 0} [a_n(t) \langle 0| \varrho(\boldsymbol{r}) |n\rangle e^{-i\omega_{n0}t} + a^*_n(t) \langle n| \varrho(\boldsymbol{r}) |0\rangle e^{i\omega_{n0}t}] \,.$$

Fourier-Transformation, Einsetzen von (49) sowie Ausführung elementarer Umformungen liefert

$$\varrho^{ind}_{mik}(\boldsymbol{q}, \omega) = -\sum_n \frac{1}{\hbar V} \sum_{q'} (\varrho_{\boldsymbol{q}})_{0n} (\varrho_{\boldsymbol{q}'})^*_{0n} \left[\frac{1}{\omega_{n0} - \omega^+} + \frac{1}{\omega_{n0} + \omega^+}\right] U^{ext}(\boldsymbol{q}', \omega) \,. \tag{50}$$

Da $(\varrho(\boldsymbol{r}))_{0n} \equiv \langle 0| \varrho(\boldsymbol{r}) |n\rangle$ gitterperiodisch ist, folgt $(\varrho(\boldsymbol{r} + \boldsymbol{R}))_{0n} (\varrho(\boldsymbol{r}' + \boldsymbol{R}))^*_{0n} = (\varrho(\boldsymbol{r}))_{0n} (\varrho(\boldsymbol{r}'))^*_{0n}$. Diese Eigenschaft korrespondiert mit der des mikroskopischen dielektrischen Tensors $\boldsymbol{\varepsilon}_{mik}(\boldsymbol{r}, \boldsymbol{r}'; t - t')$. Wie in [6.2.1] bewiesen, können sich daraufhin die Wellenvektoren $\boldsymbol{q}$ und $\boldsymbol{q}'$ der Fourier-Transformierten nur um einen reziproken Gittervektor unterscheiden. In (50) braucht die Summe über $\boldsymbol{q}'$ deshalb nur über reziproke Gittervektoren $\boldsymbol{G}'$ zu laufen. Auch hier wird daraufhin $\boldsymbol{q} \equiv \boldsymbol{k} + \boldsymbol{G}$, $\boldsymbol{q}' = \boldsymbol{k} + \boldsymbol{G}'$ gesetzt, wobei $\boldsymbol{k}$ innerhalb der ersten Brillouin-Zone liegt.

Definiert man

$$\alpha(\boldsymbol{k} + \boldsymbol{G}, \boldsymbol{k} + \boldsymbol{G}'; \omega) \equiv -\frac{1}{\hbar V e^2} \sum_n (\varrho_{\boldsymbol{k}+\boldsymbol{G}})_{0n} (\varrho_{\boldsymbol{k}+\boldsymbol{G}'})^*_{0n} \left[\frac{1}{\omega_{n0} - \omega^+} + \frac{1}{\omega_{n0} + \omega^+}\right], \tag{51}$$

so erhalten wir

$$\varrho^{ind}_{mik}(\boldsymbol{k} + \boldsymbol{G}; \omega) = e^2 \sum_{G'} \alpha(\boldsymbol{k} + \boldsymbol{G}, \boldsymbol{k} + \boldsymbol{G}'; \omega) \, U^{ext}(\boldsymbol{k} + \boldsymbol{G}', \omega) \,. \tag{52}$$

(40) liefert dann mit (52) unmittelbar die inverse, mikroskopische, longitudinale dielektrische Matrix

$$\varepsilon^{-1}(\boldsymbol{k} + \boldsymbol{G}, \boldsymbol{k} + \boldsymbol{G}'; \omega) = \delta_{\boldsymbol{G}\boldsymbol{G}'} + \frac{4\pi e^2}{|\boldsymbol{k} + \boldsymbol{G}| \, |\boldsymbol{k} + \boldsymbol{G}'|} \alpha(\boldsymbol{k} + \boldsymbol{G}, \boldsymbol{k} + \boldsymbol{G}'; \omega) \,. \tag{53}$$

Die Summe in (51) entspricht praktisch einem Integral, da die angeregten Energieniveaus unendlich dicht liegen. Die hier abgeleiteten Formeln (51) und (53) sind exakt für $T = 0$. Für endliche Temperaturen kann ein Vielteilchensystem nicht durch eine Wellenfunktion beschrieben werden. Es ist dann eine statistische Mittelung nötig. Beim Übergang zum homogenen Elektronengas geht (51) in (1.3-11) über, (53) in die erste Gleichung von (1.3-8).

Da für das Weitere von Bedeutung, schreiben wir noch den Imaginärteil von ε^{-1} explizit auf. Mit der Dirac-Formel

$$\frac{1}{x \pm i\delta} = \mathrm{P}\frac{1}{x} \mp i\pi\delta(x)\,, \qquad \delta \underset{\rightarrow}{>} 0\,, \tag{54}$$

wobei P den Hauptwert des entsprechenden Integrals und $\delta(x)$ die Diracsche δ-Funktion bedeuten, bekommen wir

$$\operatorname{Im} \varepsilon^{-1}(\boldsymbol{k} + \boldsymbol{G}, \boldsymbol{k} + \boldsymbol{G}'; \omega) =$$
$$= -\frac{4\pi\epsilon^2}{|\boldsymbol{k} + \boldsymbol{G}|\,|\boldsymbol{k} + \boldsymbol{G}'|}\frac{\pi}{\hbar V e^2}\sum_n (\varrho_{\boldsymbol{k}+\boldsymbol{G}})_{0n}\,(\varrho_{\boldsymbol{k}+\boldsymbol{G}'})^*_{0n}[\delta(\omega_{n0} - \omega) - \delta(\omega_{n0} + \omega)]\,. \tag{55}$$

Für $\omega > 0$ fällt wegen $\omega_{n0} > 0$ die zweite δ-Funktion weg.

Es muß noch darauf hingewiesen werden, daß die hier mit $\operatorname{Im} \varepsilon^{-1}$ bezeichnete Größe für $\boldsymbol{G} \neq \boldsymbol{G}'$ nur bei Existenz eines Inversionszentrums im Kristall wirklich reell ist, was wir hier und im weiteren voraussetzen wollen (s. auch [6.2.8]).

Ersetzen wir in (42) U^{ext} durch das abgeschirmte Störpotential u, so ist in (50) nur U^{ext} durch u zu ersetzen. Unter Verwendung von (41) erhält man dann

$$\varepsilon(\boldsymbol{k} + \boldsymbol{G}, \boldsymbol{k} + \boldsymbol{G}'; \omega) = \delta_{\boldsymbol{G}\boldsymbol{G}'} - \frac{4\pi\epsilon^2}{|\boldsymbol{k} + \boldsymbol{G}|\,|\boldsymbol{k} + \boldsymbol{G}'|}\alpha(\boldsymbol{k} + \boldsymbol{G}, \boldsymbol{k} + \boldsymbol{G}'; \omega)\,. \tag{56}$$

Das Ersetzen von U^{ext} durch u in (42) ist natürlich nicht ohne weiteres gerechtfertigt. Von den beiden sich unterscheidenden Formeln (53) und (56) ist deshalb erstere die exakte. Führt man jedoch ähnlich wie in [1.5.2] die lineare Abschirmung in Hartree-Näherung (RPA) durch, so liefert der dementsprechende Näherungsausdruck für α (wechselwirkungsfreie Teilchen), eingesetzt in (56), für ε eine bessere, weil physikalisch sinnvollere Näherung als (53). Dadurch, daß das wechselwirkungsfreie System auf die *abgeschirmte* äußere Störung reagiert, ist nämlich die Elektron-Elektron-Wechselwirkung zum Teil berücksichtigt. Das im abgeschirmten Potential enthaltene Abschirmpotential stammt ja gerade von den anderen Elektronen.

Die Verwendung von u anstelle von U^{ext} entspricht einer selbstkonsistenten Bestimmung von ε. In diesem Falle beinhaltet nämlich die Störung

$$|\boldsymbol{k} + \boldsymbol{G}|\, u(\boldsymbol{k} + \boldsymbol{G}, \omega) = \sum_{\boldsymbol{G}'} \varepsilon^{-1}(\boldsymbol{k} + \boldsymbol{G}, \boldsymbol{k} + \boldsymbol{G}'; \omega)\, |\boldsymbol{k} + \boldsymbol{G}'|\, U^{\text{ext}}(\boldsymbol{k} + \boldsymbol{G}', \omega)$$

das gesuchte ε in sich. Die Verwendung von (40) zur Bestimmung von ε ist auch hier möglich, führt jedoch zu einer impliziten Gleichung für ε^{-1}, die allerdings analytisch lösbar ist und ebenfalls auf (56) führt. Auf diese Weise wird klar, warum die (56) zugrundeliegende Näherung in [6.2.6] auch selbstkonsistent genannt wird.

In früheren Arbeiten (Adler, 62, Wiser, 63) wurde die longitudinale dielektrische Matrix ε_{mik} nicht durch die Gleichungen (14) oder (18) über die Felder $\boldsymbol{D}$ und $\boldsymbol{e}$, sondern über das externe Potential U^{ext} und das abgeschirmte äußere Potential u definiert:

$$u(\boldsymbol{k} + \boldsymbol{G}, \omega) = \sum_{\boldsymbol{G}'} \varepsilon'^{-1}_{\text{mik}}(\boldsymbol{k} + \boldsymbol{G}, \boldsymbol{k} + \boldsymbol{G}'; \omega) \quad U^{\text{ext}}(\boldsymbol{k} + \boldsymbol{G}', \omega) .$$

Das so definierte $\varepsilon'^{-1}_{\text{mik}}$ ergibt sich aus dem in (51) definierten α mit Hilfe von

$$\varepsilon'^{-1}_{\text{mik}}(\boldsymbol{k} + \boldsymbol{G}, \boldsymbol{k} + \boldsymbol{G}'; \omega) = \delta_{\boldsymbol{G}\boldsymbol{G}'} + \frac{4\pi e^2}{(\boldsymbol{k} + \boldsymbol{G})^2} \alpha(\boldsymbol{k} + \boldsymbol{G}, \boldsymbol{k} + \boldsymbol{G}'; \omega) .$$

Diese Definition von ε' hat aber folgende Nachteile:

- Die Matrix $\varepsilon'_{\text{mik}}$ ist nicht symmetrisch bezüglich Vertauschung $\boldsymbol{G} \leftrightarrow \boldsymbol{G}'$; insbesondere ist das analytische Verhalten für $\boldsymbol{k} \to 0$ oberhalb und unterhalb der Diagonalen unterschiedlich. $\varepsilon'_{\text{mik}}$ hat für $\boldsymbol{G} = 0$ und $\boldsymbol{G}' \neq 0$ einen Pol und für $\boldsymbol{G}' = 0$ und $\boldsymbol{G} \neq 0$ eine Nullstelle für alle ω (s. [6.2.7]).
- Formeln für die Gesamtenergie und die dynamische Matrix sind durch ε_{mik} einfacher ausdrückbar als durch $\varepsilon'_{\text{mik}}$ (s. Falk, 60, Hanke, 73).

Da die Diagonalelemente von ε_{mik} und $\varepsilon'_{\text{mik}}$ sowie von $\varepsilon^{-1}_{\text{mik}}$ und $\varepsilon'^{-1}_{\text{mik}}$ übereinstimmen, erhält man aus beiden Definitionen dieselbe makroskopische dielektrische Funktion ε_{mak}.

6.2.6. Näherung unabhängiger Teilchen

Wir werden nun einen direkt numerisch auswertbaren Ausdruck für die longitudinale dielektrische Matrix angeben. Wir verwenden die Hartree-Näherung, in der die Gesamtwellenfunktion ein Produkt aus Bloch-Funktionen $|k\rangle$ ist. $k \triangleq (\boldsymbol{k}, \nu, s)$ wird als zusammenfassendes Symbol für Bloch-Vektor $\boldsymbol{k}$, Bandindex ν (einschl. Rumpfzustände) und Spineinstellung s benutzt. $\sum_k = 2 \sum_{\boldsymbol{k}, \nu}$ beinhaltet also einen Spinfaktor. Von den angregten Zuständen tragen nur Zustände mit einem Teilchen über und einem Loch unter der Fermi-Energie bei. Ein Elektron sei aus dem Zustand k' in k'' angeregt.

Die Gesamtenergie ist in diesem Modell eine Summe aus Einteilchenenergien, so daß

$$\hbar\omega^0_{n0} = E^0_n - E^0_0 \equiv \varepsilon_{k''} - \varepsilon_{k'} \equiv \hbar\omega_{k''k'} \tag{57}$$

gilt. Außerdem kann man $\sum_n$ durch $\sum_{k'k''} f^0_{k'}(1 - f^0_{k''})$ ersetzen. $f^0_k = f(\varepsilon_k, 0)$ ist die Fermi-Verteilungsfunktion für $T = 0$ (s. (6.1-5)). Bei den Matrixelementen

$$(\varrho_{\boldsymbol{q}})^0_{0n} = e \sum_i \langle 0 | \, \mathrm{e}^{-i\boldsymbol{q}\boldsymbol{r}_i} \, |n\rangle$$

bleibt nur der Term übrig, der zum angeregten Elektron gehört. Alle anderen verschwinden, weil in ihnen der Faktor $\langle k' \mid k''\rangle$ auftaucht, der wegen der Orthogonalität der Bloch-Funktionen verschwindet. Wir bekommen also

$$(\varrho_{\boldsymbol{q}})^0_{0n} = e\langle k' | \, \mathrm{e}^{-i\boldsymbol{q}\boldsymbol{r}} \, |k''\rangle \equiv (\varrho_{\boldsymbol{q}})_{k'k''} . \tag{58}$$

Einsetzen von (57) und (58) in (51) ergibt zunächst noch einen unhandlichen Ausdruck:

$$\alpha^0(\boldsymbol{k} + \boldsymbol{G}, \boldsymbol{k} + \boldsymbol{G}'; \omega) = - \frac{1}{\hbar V e^2} \sum_{k'k''} f^0_{k'}(1 - f^0_{k''}) \, *$$
$$* \, (\varrho_{\boldsymbol{k}+\boldsymbol{G}})_{k'k''} \, (\varrho_{\boldsymbol{k}+\boldsymbol{G}'})^*_{k'k''} \left[\frac{1}{\omega_{k''k'} - \omega^+} + \frac{1}{\omega_{k''k'} + \omega^+}\right].$$

Zur Vereinfachung betrachten wir die durch Auflösung der Klammer entstehenden beiden Terme getrennt. Durch Umbenennung $k'' \leftrightarrow k'$ im zweiten Term kann man die beiden Energienenner zur Übereinstimmung bringen. Da neben φ_k^0 auch φ_k^{0*} Eigenfunktion zum selben Eigenwert ist, kann in der zweiten Summe dann $(\varrho_{\boldsymbol{k}+\boldsymbol{G}})_{k''k'}$ durch $(\varrho_{\boldsymbol{k}+\boldsymbol{G}})_{k'k''}$ ersetzt werden. Damit stimmen auch die Matrixelemente beider Summanden überein. Man erhält dann (Adler, 62, Wiser, 63)

$$\alpha^0(\boldsymbol{k} + \boldsymbol{G}, \boldsymbol{k} + \boldsymbol{G}'; \omega) = \frac{1}{\hbar V e^2} \sum_{k'k''} (f_{k''}^0 - f_{k'}^0) \frac{(\varrho_{\boldsymbol{k}+\boldsymbol{G}})_{k'k''} (\varrho_{\boldsymbol{k}+\boldsymbol{G}'})_{k'k''}^*}{(\omega_{k''k'} - \omega^+)} . \tag{59}$$

Dem entspricht im homogenen Elektronengas (1.5-12).

Für den langwelligen Grenzfall im folgenden Abschnitt ist eine identische Umformung von (59) ratsam. Das Ziel ist dabei, das zweimalige Auftreten von f_k^0 zu beseitigen. Das erreicht man durch Auftrennung der Summe in (59) in zwei unabhängige Summen, wobei in der ersten die Umbenennung $k'' \leftrightarrow k'$ durchgeführt wird:

$$\alpha^0(\boldsymbol{k} + \boldsymbol{G}, \boldsymbol{k} + \boldsymbol{G}'; \omega)$$
$$= -\frac{1}{\hbar V e^2} \sum_{k'k''} f_{k'}^0 (\varrho_{\boldsymbol{k}+\boldsymbol{G}})_{k'k''} (\varrho_{\boldsymbol{k}+\boldsymbol{G}'})_{k'k''}^* \left[\frac{1}{\omega_{k''k'} + \omega^+} + \frac{1}{\omega_{k''k'} - \omega^+}\right] . \tag{60}$$

Unter Verwendung des Bloch-Theorems kann man beweisen, daß das Matrixelement $(\varrho_{\boldsymbol{k}+\boldsymbol{G}})_{k'k''}$ nur für $\boldsymbol{k}'' = \boldsymbol{k}' + \boldsymbol{k}$ von Null verschieden ist.

$$(\varrho_{\boldsymbol{k}+\boldsymbol{G}})_{\boldsymbol{k}'\nu', \boldsymbol{k}''\nu''} = \delta_{\boldsymbol{k}'', \boldsymbol{k}'+\boldsymbol{k}} (\varrho_{\boldsymbol{k}+\boldsymbol{G}})_{\boldsymbol{k}'\nu', \boldsymbol{k}''\nu''} . \tag{61}$$

Damit kann die $\boldsymbol{k}''$-Summe in (60) beseitigt werden. Zugunsten einer einfachereren Schreibweise wollen wir davon aber nur manchmal Gebrauch machen.

Das in (59) und (60) berechnete α^0 kann sowohl in Verbindung mit (56) für das selbstkonsistente ε_{sc} (oder ε_{RPA}) als auch mit (53) für das nichtselbstkonsistente ε_{nsc} (oder $\varepsilon_{\text{nRPA}}$) verwendet werden (vgl. auch (1.5-14) und Text danach und beachte dabei $\alpha^0 = \chi^0$):

$$\varepsilon_{\text{sc}}(\boldsymbol{k} + \boldsymbol{G}, \boldsymbol{k} + \boldsymbol{G}'; \omega) = \delta_{\boldsymbol{G}\boldsymbol{G}'} - \frac{4\pi e^2}{|\boldsymbol{k} + \boldsymbol{G}|\,|\boldsymbol{k} + \boldsymbol{G}'|} \alpha^0(\boldsymbol{k} + \boldsymbol{G}, \boldsymbol{k} + \boldsymbol{G}'; \omega) , \tag{62}$$

$$\varepsilon_{\text{nsc}}(\boldsymbol{k} + \boldsymbol{G}, \boldsymbol{k} + \boldsymbol{G}'; \omega) = 2\delta_{\boldsymbol{G}\boldsymbol{G}'} - \varepsilon_{\text{sc}}^{-1}(\boldsymbol{k} + \boldsymbol{G}, \boldsymbol{k} + \boldsymbol{G}'; \omega) . \tag{63}$$

Im weiteren wird, falls nicht ausdrücklich anders betont, mit ε stets das selbstkonsistente ε_{sc} gemeint sein.

(59) und (60) gelten auch für $T \neq 0$, nur muß dann $f_k^0 = f(\varepsilon_k, 0)$ durch $f_k = f(\varepsilon_k, T)$ ersetzt werden (Adler, 62, Wiser, 63).

6.2.7. Langwelliger Grenzfall

Für optische Eigenschaften im sichtbaren Bereich, wo die Wellenzahl k klein gegen die lineare Ausdehnung der Brillouin-Zone ist, ist der Grenzfall $k = 0$ mit hinreichender Genauigkeit anwendbar. Setzt man in (59) und (60) $k = 0$, so bekommt man manchmal unbestimmte Ausdrücke vom Typ $0 \cdot \infty$. Man muß deshalb eine sorgfältige Grenzwertuntersuchung durchführen. Dazu werden der Intrabandanteil, der die Terme mit $\nu' = \nu''$ umfaßt, und der Interbandanteil mit $\nu' \neq \nu''$ getrennt behandelt.

Die Namen kommen dadurch zustande, daß der Intrabandanteil auf Anregungen innerhalb eines Bandes zurückgeht, während im Interbandanteil Anregungen zwischen verschiedenen Bändern enthalten sind.

Intrabandanteil

Wir behandeln zunächst den *Realteil* $\varepsilon_1 = \operatorname{Re} \varepsilon$, der mit Hilfe von (60) und (62) sowie unter Weglassung der überflüssigen Summation gemäß (61) folgende Form hat:

$$\varepsilon_1^{\text{intra}}(\boldsymbol{G}, \boldsymbol{G}'; \omega) = \delta_{\boldsymbol{G}\boldsymbol{G}'} + \lim_{k\to 0} \frac{4\pi\epsilon^2}{|\boldsymbol{k}+\boldsymbol{G}|\,|\boldsymbol{k}+\boldsymbol{G}'|} \frac{2}{\hbar V e^2} \sum_{\boldsymbol{k}'\nu'} f^0_{\boldsymbol{k}'\nu'} \,*$$
$$*\; (\varrho_{\boldsymbol{k}+\boldsymbol{G}})_{\boldsymbol{k}'+\boldsymbol{k},\nu';\boldsymbol{k}'\nu'} \; (\varrho_{\boldsymbol{k}+\boldsymbol{G}'})^*_{\boldsymbol{k}'+\boldsymbol{k},\nu';\boldsymbol{k}'\nu'} \left[\frac{1}{\omega_{\boldsymbol{k}'+\boldsymbol{k},\nu';\boldsymbol{k}'\nu'} + \omega} + \frac{1}{\omega_{\boldsymbol{k}'+\boldsymbol{k},\nu';\boldsymbol{k}'\nu'} - \omega}\right]. \tag{64}$$

Wenn wenigstens eines der $\boldsymbol{G}$ und $\boldsymbol{G}'$ der Nullvektor ist, so entsteht bei $\boldsymbol{k} = 0$ ein unbestimmter Ausdruck, weil auch der Ausdruck in der Klammer verschwindet. Eine Reihenentwicklung der Matrixelemente nach $\boldsymbol{k}$ liefert einen endlichen Grenzwert, wie sofort zu sehen ist. Daß das nächste Glied höchstens von der Ordnung k^2 ist, kann störungstheoretisch bewiesen werden (Wooten, 72):

$$\begin{aligned}(\varrho_{\boldsymbol{k}+\boldsymbol{G}})_{\boldsymbol{k}'+\boldsymbol{k},\nu';\boldsymbol{k}'\nu'} &\equiv e\langle \boldsymbol{k}' + \boldsymbol{k}, \nu'|\, \mathrm{e}^{-i(\boldsymbol{k}+\boldsymbol{G})\boldsymbol{r}}\, |\boldsymbol{k}'\nu'\rangle \\ &= e\langle \boldsymbol{k}'\nu'|\, \mathrm{e}^{-i\boldsymbol{G}\boldsymbol{r}}\, |\boldsymbol{k}'\nu'\rangle + O(k^2) \\ &\equiv (\varrho_{\boldsymbol{G}})_{\boldsymbol{k}'\nu',\boldsymbol{k}'\nu'} + O(k^2)\,.\end{aligned} \tag{65}$$

Mit

$$\hbar\omega_{\boldsymbol{k}'+\boldsymbol{k},\nu';\boldsymbol{k}'\nu'} \equiv \varepsilon_{\boldsymbol{k}'+\boldsymbol{k},\nu'} - \varepsilon_{\boldsymbol{k}'\nu} = \boldsymbol{k}\frac{\partial}{\partial \boldsymbol{k}'}\varepsilon_{\boldsymbol{k}'\nu'} + \frac{1}{2}\left(\boldsymbol{k}\frac{\partial}{\partial \boldsymbol{k}'}\right)^2 \varepsilon_{\boldsymbol{k}'\nu'} + O(k^3)$$

erhält man für die Klammer in (64)

$$\hbar[\ldots] = -\frac{2}{\omega^2}\left[\boldsymbol{k}\frac{\partial}{\partial \boldsymbol{k}'}\varepsilon_{\boldsymbol{k}'\nu'} + \frac{1}{2}\left(\boldsymbol{k}\frac{\partial}{\partial \boldsymbol{k}'}\right)^2 \varepsilon_{\boldsymbol{k}'\nu'} + O(k^3)\right]. \tag{66}$$

Setzt man (65) und (66) in (64) ein, entsteht

$$\varepsilon_1^{\text{intra}}(\boldsymbol{G}, \boldsymbol{G}'; \omega) = \delta_{\boldsymbol{G}\boldsymbol{G}'} - \lim_{k\to 0} \frac{4\pi\epsilon^2}{|\boldsymbol{k}+\boldsymbol{G}|\,|\boldsymbol{k}+\boldsymbol{G}'|} \frac{1}{\hbar^2 V e^2} \sum_{k'} f^0_{k'} \,*$$
$$*\; (\varrho_{\boldsymbol{G}})_{k'',k}(\varrho_{\boldsymbol{G}'})^*_{k',k'} \frac{2}{\omega^2}\left[\boldsymbol{k}\frac{\partial}{\partial \boldsymbol{k}'}\varepsilon_{k'} + \frac{1}{2}\left(\boldsymbol{k}\frac{\partial}{\partial \boldsymbol{k}'}\right)^2 \varepsilon_{k'} + O(k^3)\right].$$

Der Beitrag vom ersten Term in der Klammer verschwindet wegen der Antisymmetrie des Integranden. Am verbleibenden Rest sieht man, daß von allen Matrixelementen außer dem $\boldsymbol{G} = \boldsymbol{G}' = 0$-Element nur das Kronecker-Symbol $\delta_{\boldsymbol{G}\boldsymbol{G}'}$ übrigbleibt. Da $(\varrho_0)_{k',k'} = e$ gilt, lautet unter Einführung der effektiven Plasmafrequenz ω^*_{pl} bzw. der optischen effektiven Masse m^*_{opt}

$$\omega^{*2}_{\text{pl}} \equiv \frac{4\pi\epsilon^2}{\hbar^2 V} \sum_{k'} f^0_{k'} \boldsymbol{e}_{\boldsymbol{k}} \frac{\partial}{\partial \boldsymbol{k}'} \circ \boldsymbol{e}_{\boldsymbol{k}} \frac{\partial}{\partial \boldsymbol{k}'} \varepsilon_{k'} \equiv \frac{m}{m^*_{\text{opt}}}\,\omega^2_{\text{pl}} \tag{67}$$

das $\boldsymbol{G} = \boldsymbol{G}' = 0$-Element in Analogie zu (1.3-18)

$$\varepsilon_1^{\text{intra}}(0, 0; \omega) = 1 - \frac{\omega^{*2}_{\text{pl}}}{\omega^2}\,. \tag{68}$$

Dabei ist $\boldsymbol{e}_{\boldsymbol{k}}$ der Einheitsvektor in $\boldsymbol{k}$-Richtung, $\omega^2_{\text{pl}} = 4\pi\epsilon^2 n/m$ die Plasmafrequenz des freien Elektronengases und n die Elektronendichte.

Der *Imaginärteil* $\varepsilon_2 = \operatorname{Im} \varepsilon$ des Intrabandanteils von (62) mit (60) lautet

$$\varepsilon_2^{\text{intra}}(\boldsymbol{G}, \boldsymbol{G}'; \omega) = \lim_{k\to 0} \pi \frac{4\pi e^2}{|\boldsymbol{k}+\boldsymbol{G}|\,|\boldsymbol{k}+\boldsymbol{G}'|} \frac{2}{\hbar V e^2} \sum_{\boldsymbol{k}'\nu'} f^0_{\boldsymbol{k}'\nu'} (\varrho_{\boldsymbol{k}+\boldsymbol{G}})_{\boldsymbol{k}'+\boldsymbol{k},\nu';\boldsymbol{k}'\nu'} *$$
$$* (\varrho_{\boldsymbol{k}+\boldsymbol{G}'})^*_{\boldsymbol{k}'+\boldsymbol{k},\nu';\boldsymbol{k}'\nu'} [\delta(\omega_{\boldsymbol{k}'+\boldsymbol{k},\nu';\boldsymbol{k}'\nu'} - \omega) - \delta(\omega_{\boldsymbol{k}'+\boldsymbol{k},\nu';\boldsymbol{k}'\nu'} + \omega)] .$$

Die Reihenentwicklung der Klammer nach $\boldsymbol{k}$ ergibt

$$[\dots] =' -\frac{2}{\hbar}\left[\boldsymbol{k}\frac{\partial}{\partial \boldsymbol{k}'}\varepsilon_{k'} + \frac{1}{2}\left(\boldsymbol{k}\frac{\partial}{\partial \boldsymbol{k}'}\right)^2 \varepsilon_{k'} + O(k^3)\right]\frac{\partial}{\partial\omega}\delta(\omega) .$$

Mit (65) erhält man dann

$$\varepsilon_2^{\text{intra}}(\boldsymbol{G}, \boldsymbol{G}'; \omega) = -\lim_{k\to 0} \pi \frac{4\pi e^2}{|\boldsymbol{k}+\boldsymbol{G}|\,|\boldsymbol{k}+\boldsymbol{G}'|} \frac{1}{\hbar^2 V e^2} \sum_{k'} f^0_{k'} *$$
$$* (\varrho_{\boldsymbol{G}})_{k'k'} (\varrho_{\boldsymbol{G}'})^*_{k'k'}\, 2\left[\boldsymbol{k}\frac{\partial}{\partial \boldsymbol{k}'}\varepsilon_{k'} + \frac{1}{2}\left(\boldsymbol{k}\frac{\partial}{\partial \boldsymbol{k}'}\right)^2 \varepsilon_{k'} + O(k^3)\right]\frac{\partial}{\partial\omega}\delta(\omega) .$$

Der erste Term der Klammer gibt wie vorher keinen Beitrag. Auch hier sieht man sofort, daß alle Matrixelemente außer dem zu $\boldsymbol{G} = \boldsymbol{G}' = 0$ exakt verschwinden. Mit (67) lautet dann das $\boldsymbol{G} = \boldsymbol{G}' = 0$-Element

$$\varepsilon_2^{\text{intra}}(0, 0, \omega) = -\pi\omega_{\text{pl}}^{*2} \frac{\partial}{\partial\omega}\delta(\omega) . \tag{69}$$

Der Imaginärteil von $\varepsilon^{\text{intra}}$ verschwindet also außer bei $\omega = 0$, wo er singulären Charakter hat. Erst durch Einführung der Dämpfung kann dieses unphysikalische Verhalten beseitigt werden.

Faßt man das Ergebnis des Intrabandanteils in einer Formel zusammen, erhält man

$$\varepsilon^{\text{intra}}(\boldsymbol{G}, \boldsymbol{G}'; \omega) = \begin{cases} 1 + \omega_{\text{pl}}^{*2}\dfrac{\partial}{\partial\omega}\left[\dfrac{1}{\omega} - i\pi\delta(\omega)\right] & \text{für} \quad \boldsymbol{G} = \boldsymbol{G}' = 0 , \\ \delta_{\boldsymbol{G}\boldsymbol{G}'} & \text{sonst} . \end{cases} \tag{70}$$

Aus (70) ist das wichtige Resultat ersichtlich, daß der Intrabandanteil der longitudinalen dielektrischen Matrix exakt Diagonalform hat und daß deshalb dieser Beitrag keine Lokalfeldkorrekturen beinhaltet. Für diesen Anteil sind also mikroskopische und makroskopische dielektrische Funktion identisch (Wiser, 62).

Interbandanteil

Auch beim Interbandanteil von (62) entsteht mit (59) ein unbestimmter Ausdruck $0 \cdot \infty$, wenn wenigstens einer der Vektoren $\boldsymbol{G}$ und $\boldsymbol{G}'$ der Nullvektor ist. Das ist darauf zurückzuführen, daß $(\varrho_0)_{k'k''} = 0$ ist für $\nu' \neq \nu''$. Wenn man eine aufwendige Reihenentwicklung nach $\boldsymbol{k}$ vermeiden will, kann das Problem durch identische Umformung des Matrixelementes gelöst werden. Ausgangspunkt ist folgende Vertauschung:

$$[\mathrm{e}^{-i\boldsymbol{q}\boldsymbol{r}}, H] = \frac{\hbar}{m}\boldsymbol{q}\boldsymbol{p}\,\mathrm{e}^{-i\boldsymbol{q}\boldsymbol{r}} + \frac{\hbar^2}{2m}q^2\,\mathrm{e}^{-i\boldsymbol{q}\boldsymbol{r}} ,$$

wobei $\boldsymbol{p}$ der Impulsoperator ist. Bildet man von beiden Seiten Matrixelemente

$$\langle k''|\,\mathrm{e}^{-i\boldsymbol{q}\boldsymbol{r}}\varepsilon_{k'} - \varepsilon_{k''}\mathrm{e}^{-i\boldsymbol{q}\boldsymbol{r}}\,|k'\rangle = \frac{\hbar}{m}\boldsymbol{q}\langle k''|\,\boldsymbol{p}\,\mathrm{e}^{-i\boldsymbol{q}\boldsymbol{r}}\,|k'\rangle + \frac{\hbar^2}{2m}q^2\langle k''|\,\mathrm{e}^{-i\boldsymbol{q}\boldsymbol{r}}\,|k'\rangle$$

und löst nach $\langle k''|\,\mathrm{e}^{-iqr}\,|k'\rangle$ auf, erhält man

$$\langle k''|\,\mathrm{e}^{-iqr}\,|k'\rangle = -\frac{\hbar}{m}\,\frac{q\,\langle k''|\,p\,\mathrm{e}^{-iqr}\,|k'\rangle}{\varepsilon_{k''}-\varepsilon_{k'}+\dfrac{\hbar^2}{2m}q^2}\,. \tag{71}$$

Der Interbandanteil von (62) und (59) erhält mit (71) die endgültige Form

$$\delta\varepsilon^{\text{inter}}(G, G'; \omega) = -\frac{4\pi e^2}{m^2\hbar V}\sum_{\substack{k'k''\\(\nu'\neq\nu'',\,k'=k'')}}\frac{f^0_{k''}-f^0_{k'}}{\omega_{k''k'}-\omega^+}\,*$$

$$*\,e^0_{k+G}\,\frac{\langle k''|\,p\,\mathrm{e}^{-iGr}\,|k'\rangle}{\omega_{k''k'}+\dfrac{\hbar}{2m}G^2}\circ\frac{\langle k''|\,p\,\mathrm{e}^{-iG'r}\,|k'\rangle^*}{\omega_{k''k'}+\dfrac{\hbar}{2m}G'^2}\,e^0_{k+G'}\,. \tag{72}$$

Dabei ist $e^0_{k+G} \equiv \lim\limits_{k\to 0}(k+G)/|k+G|$ ein Einheitsvektor. Da in Formel (72) keine unbestimmten Terme mehr auftreten, kann sie direkt numerisch ausgewertet werden.

Die gesamte dielektrische Funktion ist die Summe aus beiden Anteilen:

$$\varepsilon = \varepsilon^{\text{intra}} + \delta\varepsilon^{\text{inter}}\,. \tag{73}$$

Das Kronecker-Symbol wurde hier wie üblich dem Intrabandanteil zugerechnet.

Es sei darauf hingewiesen, daß die longitudinale dielektrische Matrix und damit auch die makroskopische dielektrische Funktion für $k \to 0$ neben ω noch von e_k abhängt, was für $k \neq 0$ die anschauliche Bedeutung der Ausbreitungsrichtung der Wellen hat, die durch $\varepsilon(k, \omega)$ in Beziehung gesetzt werden. Für eine longitudinale Welle stimmt e_k mit der Richtung des elektrischen Feldes e_E überein. Im Grenzfall $k \to 0$, wo keine Ausbreitung mehr stattfindet und deshalb auch eine Ausbreitungsrichtung sinnlos ist, muß man e_k mit e_E identifizieren, weil letzteres seine physikalische Bedeutung behält.

6.2.8. Kramers-Kronig-Relationen und Summenregeln

Wir beschränken uns hier auf Aussagen über die dielektrischen Funktionen im Rahmen der im weiteren ausschließlich verwendeten selbstkonsistenten Einteilchennäherung (RPA). Die *Kramers-Kronig-Relationen* für die dielektrische Matrix bringen für ein inversionssymmetrisches System (worauf wir uns hier beschränken wollen) Real- und Imaginärteil miteinander in Beziehung. Sie lauten (vgl. auch [1.3.2])

$$\varepsilon_1(k+G, k+G'; \omega) = \delta_{GG'} + \frac{1}{\pi}\,\mathrm{P}\int\limits_{-\infty}^{\infty} \mathrm{d}\omega'\,\frac{\varepsilon_2(k+G, k+G'; \omega')}{\omega'-\omega}\,, \tag{74}$$

$$\varepsilon_2(k+G, k+G'; \omega) = -\frac{1}{\pi}\,\mathrm{P}\int\limits_{-\infty}^{\infty} \mathrm{d}\omega'\,\frac{\varepsilon_1(k+G, k+G'; \omega')-\delta_{GG'}}{\omega'-\omega}\,. \tag{75}$$

Für die Diagonalelemente $G = G'$ bestehen für die Gültigkeit von (74) und (75) keine Einschränkungen. In Systemen ohne Inversionszentrum existieren ähnliche Relationen, wobei jedoch ε_1 und ε_2 durch komplexe Funktionen anderer Bedeutung zu ersetzen sind (Johnson, 74). Vollkommen analoge Beziehungen gelten auch für $\varepsilon^{-1}(k+G, k+G'; \omega)$ und für die makroskopischen dielektrischen Funktionen $\varepsilon(0, \omega)$ und

$1/\varepsilon(0, \omega)$. Wegen des Zusammenhangs der Kramers-Kronig-Relationen für die inversen Funktionen mit dem Kausalitätsprinzip siehe Landau und Lifschitz (79) oder Lenk (76).

Da $\varepsilon(\omega)$ die Fourier-Transformierte einer reellen Funktion ist, gilt $\varepsilon(-\omega) = \varepsilon^*(\omega)$, woraus weiter $\varepsilon_1(-\omega) = \varepsilon_1(\omega)$ und $\varepsilon_2(-\omega) = -\varepsilon_2(\omega)$ folgt. Damit können die Integrale in (74) und (75) leicht auf positive Frequenzen beschränkt werden,

$$\varepsilon_1(\boldsymbol{k} + \boldsymbol{G}, \boldsymbol{k} + \boldsymbol{G}'; \omega) = \delta_{\boldsymbol{G}, \boldsymbol{G}'} + \frac{2}{\pi} \mathrm{P} \int_0^\infty \mathrm{d}\omega' \, \frac{\omega' \varepsilon_2(\boldsymbol{k} + \boldsymbol{G}, \boldsymbol{k} + \boldsymbol{G}'; \omega')}{\omega'^2 - \omega^2},$$

$$\varepsilon_2(\boldsymbol{k} + \boldsymbol{G}, \boldsymbol{k} + \boldsymbol{G}'; \omega) = -\omega \, \frac{2}{\pi} \mathrm{P} \int_0^\infty \mathrm{d}\omega' \, \frac{\varepsilon_1(\boldsymbol{k} + \boldsymbol{G}, \boldsymbol{k} + \boldsymbol{G}'; \omega') - \delta_{\boldsymbol{G}, \boldsymbol{G}'}}{\omega'^2 - \omega^2}.$$

Was den expliziten Beweis von (74) und (75) betrifft, beschränken wir uns hier auf den Hinweis, daß Real- und Imaginärteil von (62) mit (59) die Gleichungen (74) und (75) erfüllen, was man durch Einsetzen leicht sehen kann. Die einzige Schwierigkeit besteht dabei in dem Beweis, daß das Produkt der Matrixelemente $(\varrho_{\boldsymbol{k}+\boldsymbol{G}})_{k''k'} (\varrho_{\boldsymbol{k}+\boldsymbol{G}'})^*_{k''k'}$ reell ist. Für $\boldsymbol{G} = \boldsymbol{G}'$ ist das trivial. Existiert im Kristallpotential ein Inversionszentrum, kann das auch für beliebige $\boldsymbol{G}$, $\boldsymbol{G}'$ leicht bewiesen werden. Aus der Existenz des Inversionszentrums folgt, daß die Bloch-Funktionen entweder symmetrisch oder antisymmetrisch bezüglich Inversion gewählt werden können. Daraus folgt, daß ein Matrixelement $(\varrho_{\boldsymbol{k}+\boldsymbol{G}})_{k''k'}$ entweder reell oder rein imaginär ist. In beiden Fällen ist das Produkt aber reell. Außerdem sei noch auf die Darstellung der δ-Distribution

$$\delta(\omega_1 - \omega_2) = \frac{1}{\pi^2} \mathrm{P} \int_{-\infty}^{\infty} \mathrm{d}\omega \, \frac{1}{(\omega - \omega_1)(\omega - \omega_2)}$$

hingewiesen (Hilbert-Relation).

Die für unsere Anwendungen wichtigste *Summenregel* für die dielektrische Matrix beim Vorhandensein eines Inversionszentrums lautet (Johnson, 74)

$$\int_0^\infty \mathrm{d}\omega \, \omega \varepsilon_2(\boldsymbol{k} + \boldsymbol{G}, \boldsymbol{k} + \boldsymbol{G}'; \omega) = \frac{\pi}{2} \omega_{\mathrm{pl}}^2 f(\boldsymbol{G} - \boldsymbol{G}') \, \boldsymbol{e}_{\boldsymbol{k}+\boldsymbol{G}} \boldsymbol{e}_{\boldsymbol{k}+\boldsymbol{G}'}, \tag{76a}$$

wobei in $\omega_{\mathrm{pl}}^2 = 4\pi e^2 n/m$ hier n die Dichte der Valenz- und Rumpfelektronen ist und

$$f(\boldsymbol{G}) = \frac{1}{N} \sum_{\boldsymbol{k}} f_k^0 \langle k | \, \mathrm{e}^{i\boldsymbol{G}\boldsymbol{r}} \, | k \rangle$$

proportional zur Fourier-Transformierten der Ladungsdichte ist (N = Zahl der Elektronen, $f(0) = 1$). Für die Diagonalelemente $\boldsymbol{G} = \boldsymbol{G}'$ reduziert sich (76a) auf (vgl. auch (1.3-14))

$$\int_0^\infty \mathrm{d}\omega \, \omega \varepsilon_2(\boldsymbol{q}, \boldsymbol{q}; \omega) = \frac{\pi}{2} \omega_{\mathrm{pl}}^2 \,. \tag{76b}$$

(76b) gilt auch für die makroskopische dielektrische Funktion $\varepsilon(0, \omega)$. Für die entsprechenden Inversen von ε_2 ändert sich in (76a u. b) auf der rechten Seite nur das Vorzeichen, z. B. (vgl. auch (1.3-13))

$$\int\limits_0^\infty d\omega\, \omega \operatorname{Im} \varepsilon^{-1}(\boldsymbol{q}, \boldsymbol{q}; \omega) = -\frac{\pi}{2}\omega_{\mathrm{pl}}^2 . \tag{77}$$

Aus (76a) und (76b) kann man zwei wichtige Schlußfolgerungen ziehen:

— Die Integrale über die Nichtdiagonalelemente sind um so größer und damit die Lokalfeldkorrekturen um so wichtiger, je inhomogener das System ist.

— Schreiben wir die makroskopische dielektrische Funktion als $\varepsilon(0, \omega) = \varepsilon(0, 0; \omega) + \delta\varepsilon(0, \omega)$, wobei $\delta\varepsilon(0, \omega)$ die Lokalfeldkorrektur ist, so gilt offenbar

$$\int\limits_0^\infty d\omega\, \omega\, \delta\varepsilon_2(0, \omega) = 0 ,$$

was als weitere Summenregel betrachtet werden kann.

Als exemplarischen Beweis wollen wir uns hier darauf beschränken zu zeigen, daß die Diagonalelemente der dielektrischen Matrix Gleichung (76b) erfüllen. Die anderen Beweise sind in Johnson (74) bzw. Dolgov u. a. (81) zu finden. Dazu setzen wir den Imaginärteil des Diagonalelementes von (62) mit (59) in das Integral ein:

$$\begin{aligned} I &\equiv \int\limits_0^\infty d\omega\, \omega\varepsilon_2(\boldsymbol{q}, \boldsymbol{q}; \omega) = \frac{1}{2}\int\limits_{-\infty}^\infty d\omega\, \omega\varepsilon_2(\boldsymbol{q}, \boldsymbol{q}; \omega) \\ &= -\frac{\pi}{2}\frac{4\pi e^2}{q^2}\frac{1}{\hbar V e^2}\sum_{k'k''}(f^0_{k''} - f^0_{k'})\,|(\varrho_{\boldsymbol{q}})_{k''k'}|^2 \int\limits_{-\infty}^\infty d\omega\, \omega\delta(\omega_{k''k'} - \omega) \\ &= -\frac{\pi}{2}\frac{4\pi e^2}{q^2}\frac{1}{\hbar^2 V}\sum_{k''k'}(f^0_{k''} - f^0_{k'})\,(\varepsilon_{k''} - \varepsilon_{k'})\,\langle k'|\, e^{i\boldsymbol{q}\boldsymbol{r}}\,|k''\rangle\,\langle k''|\, e^{-i\boldsymbol{q}\boldsymbol{r}}\,|k'\rangle . \end{aligned} \tag{78}$$

Wir beachten nun, daß

$$H\,|k\rangle = \varepsilon_k\,|k\rangle , \tag{79}$$

$$f^0(H)\,|k\rangle = f^0_k\,|k\rangle \tag{80}$$

gilt. $f^0(H)$ ist der Einteilchen-Dichteoperator des wechselwirkungsfreien Fermi-Gases. Mit (79) und (80) kann man in (78) ε_k bzw. f^0_k durch H bzw. $f^0(H)$ ersetzen. Unter Verwendung der Vollständigkeitsrelation

$$\sum_{k''}|k''\rangle\,\langle k''| = 1 \tag{81}$$

führt das auf

$$I = -\frac{\pi}{2}\frac{4\pi e^2}{q^2}\frac{1}{\hbar^2 V}\sum_{k'}\langle k'|\,[[H, e^{-i\boldsymbol{q}\boldsymbol{r}}], e^{i\boldsymbol{q}\boldsymbol{r}}]\,f^0(H)\,|k'\rangle . \tag{82}$$

Die in (82) enthaltene Doppelvertauschung hat, wenn man in $H = (p^2/2m) + V(\boldsymbol{r})$ ein lokales Kristallpotential $V(\boldsymbol{r})$ annimmt, folgenden Wert:

$$[[H, e^{-i\boldsymbol{q}\boldsymbol{r}}], e^{i\boldsymbol{q}\boldsymbol{r}}] = -\frac{\hbar^2}{m}q^2 . \tag{83}$$

Bei nochmaliger Verwendung von (80) sowie von $\sum_k f_k^0 = N$ haben wir (76) bestätigt:

$$I = \frac{\pi}{2} \frac{4\pi e^2 n}{m} = \frac{\pi}{2} \omega_{\mathrm{pl}}^2 \,. \tag{84}$$

Anhand der Ableitung ist ersichtlich, daß (76) auch dann exakt gilt, wenn man in ε_2 die Wellenfunktion durch normierte Pseudowellenfunktionen annähert und nur Übergänge zwischen Valenzzuständen berücksichtigt. n in $\omega_{\mathrm{pl}}^2 = 4\pi e^2 n/m$ ist dann durch die Valenzelektronendichte n^{val} zu ersetzen. Voraussetzung dafür ist allerdings, daß das zugehörige Pseudopotential lokal ist, weil nur dann die für den Beweis bedeutsame Beziehung (83) gilt. Für ein nichtlokales Pseudopotential treten in (83) Zusatzglieder auf, die den nichtlokalen Anteil des Potentials enthalten. Außerdem verliert (81) seine Gültigkeit. Für $q = 0$ und in erster Ordnung im nichtlokalen Anteil erhält man dann anstelle von (76) (s. Taut, 75)

$$\int_0^\infty \mathrm{d}\omega\, \omega \varepsilon_2^{\mathrm{pseudo}}(0, 0; \omega) = \frac{\pi}{2} \frac{4\pi e^2 n^{\mathrm{val}}}{m^*(k_{\mathrm{F}})} \,, \tag{85}$$

$$\frac{m^*(|\boldsymbol{k}|)}{m} \equiv \frac{1 - \left(\boldsymbol{k} \left| \frac{\partial W}{\partial \varepsilon} \right| \boldsymbol{k}\right)}{1 + \frac{m}{\hbar^2} \frac{1}{|\boldsymbol{k}|} \frac{\partial}{\partial |\boldsymbol{k}|} (\boldsymbol{k}|\, W \,|\boldsymbol{k})} \,. \tag{86}$$

$|\boldsymbol{k})$ in (86) ist eine ebene Welle und W das Pseudopotential. $m^*(|\boldsymbol{k}|)$ nennt man die Zustandsdichte-effektive-Masse (Shaw, 69). Obwohl sich (85) nicht auf die richtige dielektrische Funktion ε_2, sondern auf die mit Pseudowellenfunktionen berechnete $\varepsilon_2^{\mathrm{pseudo}}$ bezieht, kann (85) z. B. zur exakten Bestimmung der optischen effektiven Masse verwendet werden (s. (113)).

6.2.9. Dämpfung

Bisher wurde die dielektrische Funktion in einem Modell unabhängiger Teilchen behandelt, in dem die Bloch-Zustände unendliche Lebensdauer haben. Durch Stöße der Bloch-Elektronen untereinander sowie mit Gitterstörungen (Fehlstellen und Phononen) entsteht eine endliche mittlere Lebensdauer τ, die wiederum über die Unschärferelation zu einer endlichen Breite der Energieniveaus führt. Die Berücksichtigung dieser zusätzlichen Wechselwirkungen von ersten Prinzipien her ist sehr kompliziert. Wir werden deshalb hier ein einfaches, phänomenologisch begründetes Verfahren anwenden, bei dem τ als Anpaßparameter eingeht. Das Kristallpotential wird zunächst völlig vernachlässigt. Die Erweiterung der Dämpfungsprozedur auf inhomogene Systeme unter Berücksichtigung von Lokalfeldkorrekturen wurde von Garik und Ashcroft (80) durchgeführt.

Die rechnerische Behandlung der Dämpfung werden wir im weiteren nur skizzieren (Näheres s. Mermin, 70). Ausgangspunkt ist die Bewegungsgleichung für die Einteilchen-Dichtematrix f

$$\frac{\partial}{\partial t} f - \frac{i}{\hbar} [f, H] = \frac{\partial}{\partial t} f_{\mathrm{Stoß}} \,. \tag{87}$$

Der Hamilton-Operator H besteht aus dem des ungestörten Bloch-Elektronensystems (freie Teilchen) H_0 und der äußeren Störung H_1. Die zusätzlich zu berücksichtigenden Wechselwirkungen sind im Stoßglied enthalten, für das folgender Stoßzeitansatz gemacht wird:

$$\frac{\partial}{\partial t} f_{\text{Stoß}} = -\frac{1}{\tau}(f - f_0)\,. \tag{88}$$

f_0 ist dabei die zu einem lokalen Gleichgewichtszustand gehörende Dichtematrix

$$f_0 = [e^{\beta(H_0 - \zeta_0 - \delta\zeta)} + 1]^{-1}\,. \tag{89}$$

Das chemische Potential in (89) setzt sich aus einem konstanten Anteil ζ_0, der dem Gleichgewichtszustand ohne äußere Störung entspricht, und einem orts- und zeitabhängigen Anteil $\delta\zeta$ zusammen. $\delta\zeta$ wird so bestimmt, daß die aus f mit Hilfe von (87) berechnete Ladungs- und Stromdichte die Kontinuitätsgleichung und damit die lokale Ladungserhaltung in linearer Näherung erfüllen. Man erhält auf diesem Wege

$$\delta\zeta(\boldsymbol{q}, \omega) = -eu(\boldsymbol{q}, \omega)\,\frac{\chi^0(\boldsymbol{q}, \omega)}{\chi^0(\boldsymbol{q}, 0)}\,, \tag{90}$$

wobei u das linear abgeschirmte äußere Potential und $\chi^0(\boldsymbol{q}, \omega)$ gemäß (1.5-12) definiert ist. Für $\omega = 0$ ist dieses Ergebnis anschaulich verständlich. In den Potentialmulden des äußeren Potentials sammeln sich Elektronen an, was zu einer Erhöhung der lokalen Dichte und damit des lokalen chemischen Potentials führt. Hat man aus (87), (88), (89) in linearer Näherung $f - f_0$ berechnet, bekommt man daraus die induzierte Ladungsdichte ϱ^{ind} und daraus wiederum folgende dielektrische Funktion

$$\varepsilon^{\text{d}}(\boldsymbol{q}, \omega) = 1 + \frac{\left(1 + \dfrac{i}{\omega\tau}\right)[\varepsilon(\boldsymbol{q}, \omega + i/\tau) - 1]}{1 + \left(\dfrac{i}{\omega\tau}\right)\dfrac{\varepsilon(\boldsymbol{q}, \omega + i/\tau) - 1}{\varepsilon(\boldsymbol{q}, 0) - 1}}\,. \tag{91}$$

$\varepsilon(\boldsymbol{q}, \omega)$ ist dabei die dielektrische Funktion ohne Berücksichtigung der Dämpfung. Man sieht an (91) sofort, daß sich $\varepsilon^{\text{d}}(\boldsymbol{q}, \omega)$ im Falle $\omega \gg 1/\tau$ auf $\varepsilon(\boldsymbol{q}, \omega + i/\tau)$ reduziert:

$$\varepsilon^{\text{d}}(\boldsymbol{q}, \omega) \xrightarrow[\omega \gg 1/\tau]{} \varepsilon(\boldsymbol{q}, \omega + i/\tau)\,. \tag{92}$$

Formel (92) wurde bereits von Lindhard angegeben. Sie hat den offensichtlichen Nachteil, daß das damit berechnete ε^{d} über (37) zu einer verschwindenden Gleichstromleitfähigkeit führt. (92) hätte man auch mit $\delta\zeta = 0$ in (89) auf dem vorgezeichneten Wege direkt erhalten.

Formel (91) wurde eigentlich unter der Annahme freier Elektronen abgeleitet. Im Falle eines schwachen Kristallpotentials, bei dem die Nichtdiagonalelemente der dielektrischen Matrix vernachlässigbar sind (s. [6.2.10]), ist ein Vorgehen in folgenden zwei Schritten gerechtfertigt:

1. Berechnung der ungedämpften dielektrischen Funktion unter voller Berücksichtigung des Kristallpotentials. Bandstruktureffekte liefern wesentliche Strukturen in der dielektrischen Funktion.

2. Berücksichtigung der Dämpfung mit Hilfe von (91), wobei der Einfluß des Kristallpotentials am Dämpfungseffekt vernachlässigt ist. Dieses Vorgehen ist vor allem deshalb gerechtfertigt, weil die Wirkung der Dämpfung nur zu einer Verschmie-

rung der durch den Elektronengascharakter und die Bandstruktur gegebenen Strukturen führt.

Rechnerisch gesehen wird zunächst $\varepsilon(\boldsymbol{q}, \omega + i/\tau)$ bestimmt, woraus mit (91) dann ε^{d} folgt. Anhand von (62) und (60) kann man beweisen, daß sich der Imaginärteil $\varepsilon_2(\boldsymbol{q}, \omega + i/\tau)$ aus dem Imaginärteil der ungedämpften Funktion $\varepsilon_2(\boldsymbol{q}, \omega)$ durch Faltung mit einer Lorentz-Funktion ergibt (analytische Fortsetzung):

$$\varepsilon_2\left(\boldsymbol{q}, \omega + \frac{i}{\tau}\right) = \frac{1}{\pi} \int_{-\infty}^{\infty} \mathrm{d}\omega' \frac{1/\tau}{(\omega' - \omega)^2 + 1/\tau^2} \varepsilon_2(\boldsymbol{q}, \omega') \,. \tag{93}$$

$\varepsilon_1(\boldsymbol{q}, \omega + i/\tau)$ bestimmt man entweder aus $\varepsilon_2(\boldsymbol{q}, \omega + i/\tau)$ mit Hilfe der Kramers-Kronig-Relation (74) oder direkt aus $\varepsilon_2(\boldsymbol{q}, \omega)$ mit Hilfe von

$$\varepsilon_1\left(\boldsymbol{q}, \omega + \frac{i}{\tau}\right) = 1 + \frac{1}{\pi} \int_{-\infty}^{\infty} \mathrm{d}\omega' \frac{\omega' - \omega}{(\omega' - \omega)^2 + 1/\tau^2} \varepsilon_2(\boldsymbol{q}, \omega') \,. \tag{94}$$

(94) geht übrigens für $\tau \to \infty$ in die übliche Kramers-Kronig-Relation über. Unter Berücksichtigung von $\varepsilon_2(\boldsymbol{q}, -\omega) = -\varepsilon_2(\boldsymbol{q}, \omega)$ können die Integrale in (93) und (94) auf das Intervall $0 \leqq \omega < \infty$ reduziert werden.

Im Grenzfall $q \to 0$ hat der Intrabandanteil (70) singulären Charakter. Für ihn können (93) und (94) aber analytisch ausgeführt werden, was auf

$$\varepsilon^{\mathrm{intra}}\left(\omega + \frac{i}{\tau}\right) = 1 - \frac{\omega_{\mathrm{pl}}^{*2}}{\left(\omega + \frac{i}{\tau}\right)^2} \tag{95}$$

führt. (95) erhält man auch direkt aus (70). Für den Interbandanteil müssen (93) und (94) bzw. (74) im allgemeinen numerisch ausgewertet werden. Im Grenzfall $q \to 0$ und für den Intrabandanteil kann ε^{d} analytisch angegeben werden. Aus (95) und (91) folgt

$$\varepsilon^{\mathrm{d,\,intra}}(\omega) = 1 - \frac{\omega_{\mathrm{pl}}^{*2}}{\omega\left(\omega + \frac{i}{\tau}\right)} \,. \tag{96}$$

(96) ist die sogenannte Drude-Funktion.

Der Vergleich des Intrabandanteils mit optischen Experimenten zeigt, daß die hier gemachte Annahme einer konstanten Relaxationszeit nicht gerechtfertigt ist. Als phänomenologischer Ansatz kann $\tau^{-1}(\omega) = \tau_0^{-1} + a\omega^2$ mit $a > 0$ die Diskrepanzen beseitigen, wobei τ_0 und a angepaßt werden. τ_0 folgt auch direkt aus der statischen Leitfähigkeit. Eine theoretische Begründung dieses Ansatzes im Sinne einer Reihenentwicklung nach ω ist in Smith und Ehrenreich (82) und implizit in Helman und Baltensperger (78) enthalten. Dort wird auch eine Methode zur Berechnung der Frequenzabhängigkeit aus ersten Prinzipien angegeben.

Zusammenfassend ist zur Berechnung einer mit dem Experiment vergleichbaren dielektrischen Funktion folgendermaßen vorzugehen: Bandberechnung und a) für Verlustfunktion (s. [6.3]) Berechnung von $\mathrm{Im}\,\varepsilon_{\mathrm{sc}}(\boldsymbol{q}, \boldsymbol{q}'; \omega)$ nach (59) und (62), daraus Bestimmung von $\varepsilon_{\mathrm{sc}}(\boldsymbol{q}, \boldsymbol{q}'; \omega + i/\tau)$ nach (93) und (94), $\varepsilon_{\mathrm{sc}}^{\mathrm{d}}(\boldsymbol{q}, \boldsymbol{q}'; \omega)$ nach (91) und schließlich von $\varepsilon_{sc}^{d,-1}(\boldsymbol{q}, \boldsymbol{q}; \omega)$, oder b) für optische Eigenschaften (s. [6.4]) Berechnung von $\varepsilon_{sc}(\boldsymbol{G}, \boldsymbol{G}'; \omega)$ nach (67), (70), (72), (73) und weitere Umformung nach (93), (94), (91), (29).

6.2.10. Grenzfall freier Elektronen und störungstheoretische Behandlung

Wie in [3] beschrieben, kann man bei den sogenannten einfachen Metallen für die Berechnung der Valenzzustände das Kristallpotential durch ein schwaches Pseudopotential ersetzen. Das Modell eines völlig verschwindenden Potentials ist deshalb für diese Substanzklasse eine brauchbare Näherung. Im Rahmen dieses Modells freier Elektronen haben Einteilchen-Energien $\varepsilon_{\boldsymbol{k}}^0$ und Wellenfunktionen $|\boldsymbol{k})$ im erweiterten Zonenschema folgende Gestalt:

$$\varepsilon_{\boldsymbol{k}}^0 = \frac{\hbar^2}{2m} \boldsymbol{k}^2 , \qquad |\boldsymbol{k}) = \frac{1}{\sqrt{V}} e^{i\boldsymbol{kr}} . \tag{97), (98}$$

Schreibt man die in (59) enthaltenen Matrixelemente für das erweiterte Zonenschema auf und beachtet (98), erhält man

$$(\varrho_{\boldsymbol{k}+\boldsymbol{G}})_{\boldsymbol{k}'\boldsymbol{k}''} = e(\boldsymbol{k}'|\, e^{-i(\boldsymbol{k}+\boldsymbol{G})\boldsymbol{r}}\, |\boldsymbol{k}'') = e\delta_{\boldsymbol{k}'',\boldsymbol{k}'+\boldsymbol{k}+\boldsymbol{G}} , \tag{99}$$

$$(\varrho_{\boldsymbol{k}+\boldsymbol{G}'})^*_{\boldsymbol{k}',\boldsymbol{k}''} = e\delta_{\boldsymbol{k}'',\boldsymbol{k}'+\boldsymbol{k}+\boldsymbol{G}'} . \tag{100}$$

Aus dem Vergleich von (99) und (100) folgt, daß für freie Elektronen die Nichtdiagonalelemente von ε verschwinden. Es gibt also keine Lokalfeldkorrekturen, und für die makroskopische dielektrische Funktion bekommt man aus (59) und (62) mit (99)

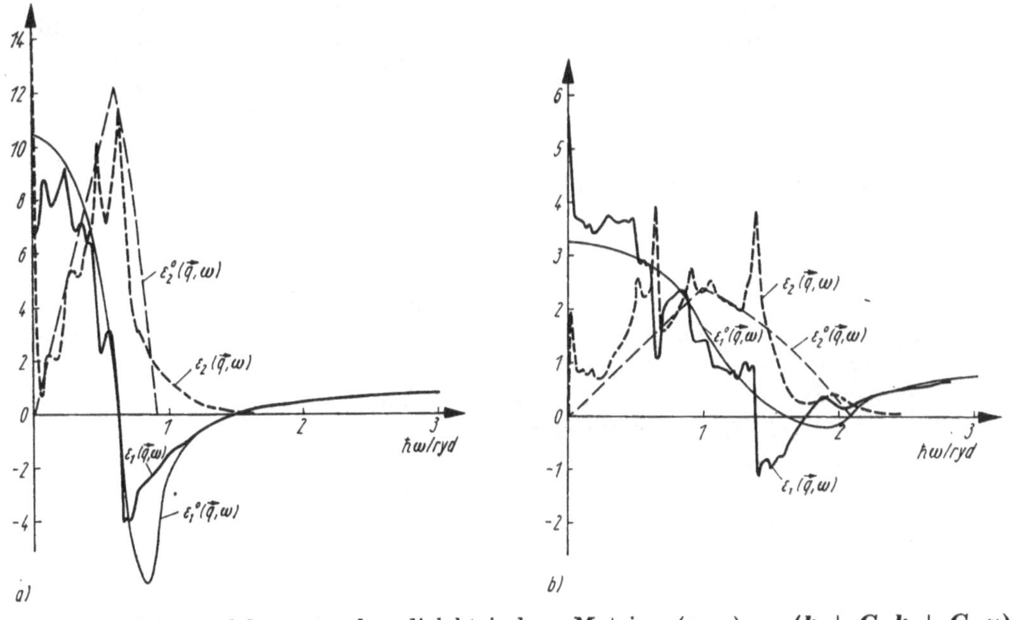

Abb. 6.2-1. Diagonalelemente der dielektrischen Matrix $\varepsilon(\boldsymbol{q}, \omega) \equiv \varepsilon(\boldsymbol{k} + \boldsymbol{G}, \boldsymbol{k} + \boldsymbol{G}, \omega)$ von Beryllium nach Taut u. Hanke (76) zusammen mit der Näherung für freie Elektronen $\varepsilon^0(\boldsymbol{q}, \omega)$: a) $q = 0{,}4\ (2\pi/c)$, b) $0{,}8\ (2\pi/c)$ (c ist die Gitterkonstante in Richtung der hexagonalen Achse). Analoge Ergebnisse für Mg s. Taut u. Ziesche, 76.

und (100) den zuerst von Lindhard angegebenen Ausdruck

$$\varepsilon^0(\boldsymbol{q}, \omega) \equiv \varepsilon(\boldsymbol{k} + \boldsymbol{G}, \boldsymbol{k} + \boldsymbol{G}; \omega) = 1 - \frac{4\pi e^2}{q^2} \frac{2}{V} \sum_{\boldsymbol{k}'} \frac{f^0_{\boldsymbol{k}'+\boldsymbol{q}} - f^0_{\boldsymbol{k}'}}{\varepsilon^0_{\boldsymbol{k}'+\boldsymbol{q}} - \varepsilon^0_{\boldsymbol{k}'} - \hbar\omega^+} . \tag{101}$$

(Dem entspricht (1.5-12 u. 14) mit $\varepsilon^0(\boldsymbol{q}, \omega) = \varepsilon_{\mathrm{RPA}}(\boldsymbol{q}, \omega)$.) Nach Zerlegung in Real- und Imaginärteil läßt sich (101) analytisch integrieren mit folgendem Ergebnis (s. auch (1.5-15)):

$$\varepsilon_1^0(\boldsymbol{q}, \omega) = 1 + \frac{q_{\mathrm{TF}}^2}{q^2} \left\{ \frac{1}{2} + \frac{k_{\mathrm{F}}}{4q} \left[1 - \left(\frac{q}{2k_{\mathrm{F}}} + \frac{\omega}{qv_{\mathrm{F}}} \right)^2 \right] \ln \left| \frac{\frac{q}{2k_{\mathrm{F}}} + \frac{\omega}{qv_{\mathrm{F}}} + 1}{\frac{q}{2k_{\mathrm{F}}} + \frac{\omega}{qv_{\mathrm{F}}} - 1} \right| + \frac{k_{\mathrm{F}}}{4q} \left[1 - \left(\frac{q}{2k_{\mathrm{F}}} - \frac{\omega}{qv_{\mathrm{F}}} \right)^2 \right] \ln \left| \frac{\frac{q}{2k_{\mathrm{F}}} - \frac{\omega}{qv_{\mathrm{F}}} + 1}{\frac{q}{2k_{\mathrm{F}}} - \frac{\omega}{qv_{\mathrm{F}}} - 1} \right| \right\}, \tag{102}$$

$$\varepsilon_2^0(\boldsymbol{q}, \omega) = \begin{cases} 0 \quad \text{für} \quad \begin{cases} \omega > v_{\mathrm{F}} q \left(1 + \frac{q}{2k_{\mathrm{F}}} \right) \quad \text{oder} \\ \omega < v_{\mathrm{F}} q \left(\frac{q}{2k_{\mathrm{F}}} - 1 \right), \end{cases} \\ \frac{\pi}{2} \frac{q_{\mathrm{TF}}^2}{q^2} \frac{\omega}{qv_{\mathrm{F}}} \quad \text{für} \quad \omega < v_{\mathrm{F}} q \left(1 - \frac{q}{2k_{\mathrm{F}}} \right), \\ \frac{\pi}{2} \frac{q_{\mathrm{TF}}^2}{q^2} \frac{k_{\mathrm{F}}}{2q} \left[1 - \left(\frac{q}{2k_{\mathrm{F}}} - \frac{\omega}{qv_{\mathrm{F}}} \right)^2 \right] \quad \text{für} \quad \begin{cases} \omega < v_{\mathrm{F}} q \left(1 + \frac{q}{2v_{\mathrm{F}}} \right) \quad \text{und} \\ \omega > v_{\mathrm{F}} q \left| 1 - \frac{q}{2v_{\mathrm{F}}} \right| . \end{cases} \end{cases} \tag{103}$$

Dabei wurden die Fermi-Geschwindigkeit v_{F} und die Thomas-Fermi-Wellenzahl q_{TF} eingeführt, die folgendermaßen definiert sind:

$$v_{\mathrm{F}} = \frac{\hbar k_{\mathrm{F}}}{m}, \qquad q_{\mathrm{TF}}^2 = \frac{4}{\pi} \frac{k_{\mathrm{F}}}{a_0} .$$

Während also ε_1^0 einen komplizierten analytischen Ausdruck darstellt, besteht ε_2^0 als Funktion von ω für $q < 2k_{\mathrm{F}}$ stückweise aus einem linearen, quadratischen und verschwindenden Anteil, während ε_2^0 für $q > 2k_{\mathrm{F}}$ entweder quadratischen Verlauf hat oder verschwindet. In Abb. 6.2-1 ist $\varepsilon^0(\boldsymbol{q}, \omega)$ für Beryllium als Funktion von ω für zwei Werte von $q(< 2k_{\mathrm{F}})$ graphisch dargestellt.

Für die Untersuchung des Grenzfalls $q = 0$ verwenden wir [6.2.7]. Da ein Impulsmatrixelement $\langle \boldsymbol{k}'' | \boldsymbol{p} | \boldsymbol{k}' \rangle$ mit verschiedenen ebenen Wellen verschwindet, ist der Interbandanteil (72) gleich Null. Es bleibt also nur der Intrabandanteil (70) mit $m^*_{\mathrm{opt}} = m$ übrig. Für $q = 0$ bekommen wir also das Ergebnis

$$\varepsilon_1^0(\omega) = 1 - \frac{\omega_{\mathrm{pl}}^2}{\omega^2}, \tag{104}$$

$$\varepsilon_2^0(\omega) = -\pi \omega_{\mathrm{pl}}^2 \frac{\mathrm{d}}{\mathrm{d}\omega} \delta(\omega) . \tag{105}$$

Ausgehend vom Modell freier Elektronen kann man schwache Pseudopotentiale störungstheoretisch einbeziehen (s. auch den Übersichtsartikel von Sturm, 82). Wir wollen uns dabei auf den Grenzfall $q = 0$ beschränken. Komplizierend für die störungstheoretische Behandlung der Wellenfunktionen und Bandenergien wirken sich Entartungen des ungestörten Spektrums aus. Bei den Alkalimetallen ist der Fermi-Körper nahezu kugelförmig, und er liegt ausreichend weit weg von den Brillouin-Zonenrändern. Für die Berechnung optischer Übergänge mit $q = 0$ sind gemäß Abb. 6.2-2 nur Wellenfunktionen und Bandenergien aus dem Gebiet des Fermi-Körpers notwendig. Für geringe Anregungsenergien (kleine ω) kann man deshalb die Entartung vernachlässigen.

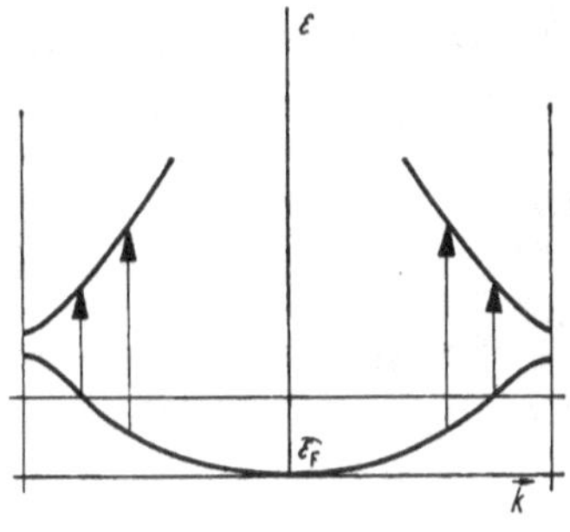

Abb. 6.2-2. Prinzipieller Verlauf der Bandstruktur in den Alkalimetallen und mögliche Quasiteilchenanregungen (durch Pfeile angedeutet). Die horizontale Linie markiert die Fermi-Energie (ε_F müßte höher stehen). Die Abszissenbezeichnung muß richtig $|\boldsymbol{k}|$ lauten

Für die Wellenfunktionen und Bandenergien verwenden wir im erweiterten Zonenschema folgende Ausdrücke in erster Störungsordnung:

$$|\boldsymbol{k}\rangle = |\boldsymbol{k}) + \sum_{\boldsymbol{G}' \neq 0} \frac{W_{\boldsymbol{G}'}}{\varepsilon_{\boldsymbol{k}}^0 - \varepsilon_{\boldsymbol{k}+\boldsymbol{G}'}^0} |\boldsymbol{k} + \boldsymbol{G}') , \tag{106}$$

$$\varepsilon_{\boldsymbol{k}} = \varepsilon_{\boldsymbol{k}}^0 + W_0 . \tag{107}$$

$W_{\boldsymbol{G}}$ ist die zum reziproken Gittervektor $\boldsymbol{G}$ gehörige Fourier-Komponente des lokal angenommenen Pseudopotentials. Das in (106) definierte $|\boldsymbol{k}\rangle$ ist streng genommen eine Pseudowellenfunktion. Da in die dielektrische Funktion nur Energiedifferenzen eingehen, ist die konstante Verschiebung W_0 des ungestörten Spektrums $\varepsilon_{\boldsymbol{k}}^0$ bedeutungslos.

Im weiteren wird nur der Imaginärteil direkt berechnet. Den Realteil bekommt man einfach unter Verwendung der Kramers-Kronig-Relation (74).

Zunächst wird das *Diagonalelement* mit $\boldsymbol{G} = \boldsymbol{G}' = 0$ behandelt. Für die Berechnung des Interbandanteils mit Hilfe von (72) untersuchen wir zuerst die darin auftretenden Matrixelemente im erweiterten Zonenschema

$$\langle \boldsymbol{k}''| \boldsymbol{p} |\boldsymbol{k}'\rangle = \langle \boldsymbol{k}''| \boldsymbol{p} |\boldsymbol{k}'\rangle \sum_{\boldsymbol{G}} \delta_{\boldsymbol{k}'', \boldsymbol{k}'+\boldsymbol{G}} . \tag{108}$$

$\boldsymbol{k}''$ und $\boldsymbol{k}'$ dürfen sich also nur um einen beliebigen reziproken Gittervektor $\boldsymbol{G}$ unterscheiden. Für den Interbandanteil muß außerdem $\boldsymbol{G} \neq 0$ sein. Der Imaginärteil von

(72) lautet dann im erweiterten Zonenschema

$$\delta\varepsilon_2^{\text{inter}}(0, 0; \omega) = -\frac{4\pi^2 e^2}{\hbar m^2 V} 2 \sum_{\boldsymbol{k}', \boldsymbol{G}'(\neq 0)} (f^0_{\boldsymbol{k}'+\boldsymbol{G}'} - f^0_{\boldsymbol{k}'}) * \\ * \frac{|\langle \boldsymbol{k}' + \boldsymbol{G}' | \, \boldsymbol{e_k p} \, | \boldsymbol{k}' \rangle|^2}{(\omega_{\boldsymbol{k}'+\boldsymbol{G}', \boldsymbol{k}'})^2} \delta(\omega_{\boldsymbol{k}'+\boldsymbol{G}', \boldsymbol{k}'} - \omega) \,. \tag{109}$$

Wegen der δ-Funktion kann $\omega_{\boldsymbol{k}'+\boldsymbol{G}', \boldsymbol{k}'}$ im Nenner durch ω ersetzt werden. $\boldsymbol{e_k} = \boldsymbol{e_E}$ gibt die Richtung des elektrischen Feldes an. Das in (109) enthaltene Matrixelement lautet nach Einsetzen von (106) und einigen Umformungen

$$\langle \boldsymbol{k}' + \boldsymbol{G}' \mid \boldsymbol{e_k p} \mid \boldsymbol{k}' \rangle = \hbar \boldsymbol{e_k k}' \delta_{\boldsymbol{G}', 0} - (1 - \delta_{\boldsymbol{G}', 0}) \frac{\hbar \boldsymbol{e_k G}' W_{\boldsymbol{G}'}}{\varepsilon^0_{\boldsymbol{k}'+\boldsymbol{G}'} - \varepsilon^0_{\boldsymbol{k}'}} + 0(W^2_{\boldsymbol{G}'}) \,. \tag{110}$$

Der erste Term von (110) fällt nach Einsetzen in (109) weg. Der zweite liefert unter Berücksichtigung von (101) folgendes Endresultat:

$$\delta\varepsilon_2^{\text{inter}}(0, 0; \omega) = \frac{1}{m^2\omega^4} \sum_{\boldsymbol{G} \neq 0} (\boldsymbol{e_k e_G})^2 \, G^4 |W_{\boldsymbol{G}}|^2 \, \varepsilon_2^0(\boldsymbol{G}, \omega) \,. \tag{111}$$

Dabei ist $\boldsymbol{e_G} \equiv \boldsymbol{G}/|\boldsymbol{G}|$.

Der Intrabandbeitrag $\varepsilon_2^{\text{intra}}(0, 0; \omega)$ ist gemäß (96) und (67) durch die optische effektive Masse m^*_{opt} vollkommen bestimmt. Letztere gilt es also zu ermitteln. Wir verwenden dazu die Summenregel (85)

$$\int_0^\infty d\omega \, \omega \varepsilon_2^{\text{intra}}(0, 0; \omega) + \int_0^\infty d\omega \, \omega \, \delta\varepsilon_2^{\text{inter}}(0, 0; \omega) = \frac{\pi}{2} \omega^2_{\text{pl}} \,. \tag{112}$$

Nach Einsetzen von $\varepsilon_2^{\text{intra}}(0, 0; \omega)$ aus (96) lautet das erste Integral

$$I^{\text{intra}} = \int_0^\infty d\omega \, \omega \frac{m}{m^*_{\text{opt}}} \frac{\omega^2_{\text{pl}}}{\omega\tau \left[\omega^2 + \left(\frac{1}{\tau}\right)^2\right]} = \frac{\pi}{2} \frac{m}{m^*_{\text{opt}}} \omega^2_{\text{pl}} \,.$$

Das zweite Integral

$$I^{\text{inter}} = \int_0^\infty d\omega \, \omega \, \delta\varepsilon_2^{\text{inter}}(0, 0; \omega)$$

wird am besten numerisch ausgewertet. Löst man (112) nach m/m^*_{opt} auf, erhält man

$$\frac{m}{m^*_{\text{opt}}} = 1 - \frac{2}{\pi\omega^2_{\text{pl}}} I^{\text{inter}} \,. \tag{113}$$

Von den *Nichtdiagonalelementen* sind, wie weiter unten ersichtlich sein wird, diejenigen mit $\boldsymbol{G} = 0$, $\boldsymbol{G}' \neq 0$ (bzw. $\boldsymbol{G} \neq 0$, $\boldsymbol{G}' = 0$) besonders wichtig. Analog zur Ableitung von (111) erhält man für sie

$$\delta\varepsilon_2^{\text{inter}}(\boldsymbol{G}, 0; \omega) = \delta\varepsilon_2^{\text{inter}}(0, \boldsymbol{G}; \omega) = -\frac{\hbar}{m^2} \frac{(\boldsymbol{e_k e_G}) \, G^4 W_{\boldsymbol{G}}}{\omega^2 \left(\omega + \frac{\hbar}{2m} G^2\right)} \varepsilon_2^0(\boldsymbol{G}, \omega) \,. \tag{114}$$

W_G wurde dabei als reell vorausgesetzt, was bei Vorhandensein eines Inversionszentrums garantiert werden kann. Es sei noch daran erinnert, daß der Intrabandanteil der Nichtdiagonalelemente exakt verschwindet.

Ohne Beweis sei hinzugefügt, daß *alle* Diagonalelemente von ε_2 von nullter, alle Nichtdiagonalelemente aber von erster Ordnung in W_G sind.

Damit sind störungstheoretische Formeln für die wesentlichen Elemente der mikroskopischen dielektrischen Matrix angegeben. Der letzte Schritt auf dem Wege zur makroskopischen dielektrischen Funktion ist die Bestimmung von $\varepsilon^{-1}(0, 0; \omega)$. Für die in diesem Abschnitt auszuführenden algebraischen Matrixoperationen führen wir die Bezeichnung $\varepsilon_{GG'} \equiv \varepsilon(\boldsymbol{G}, \boldsymbol{G}'; \omega)$ ein.

Nach den Regeln der linearen Algebra gilt folgendes noch exakt:

$$(\varepsilon^{-1})_{00} = \frac{\varepsilon^{00}}{\det\{\varepsilon\}} = \frac{\varepsilon^{00}}{\varepsilon_{00}\varepsilon^{00} + \sum\limits_{G \neq 0} \varepsilon_{G0}\varepsilon^{G0}},$$

$$[(\varepsilon^{-1})_{00}]^{-1} = \varepsilon_{00} + \frac{\sum\limits_{G \neq 0} \varepsilon_{G0}\varepsilon^{G0}}{\varepsilon^{00}}. \tag{115}$$

$\varepsilon^{GG'}$ ist dabei die Adjunkte der dielektrischen Matrix zum Element $\varepsilon_{GG'}$, bei der die $\boldsymbol{G}$-te Zeile und die $\boldsymbol{G}'$-te Spalte gestrichen sind. Der zweite Term auf der rechten Seite von (115) stellt einen exakten, aber nicht unmittelbar auswertbaren Ausdruck für die Lokalfeldkorrekturen dar. Eine Auswertung der in (115) enthaltenen Adjunkten unter Vernachlässigung quadratischer Glieder in den Nichtdiagonalelementen (und damit in W_G) liefert

$$\varepsilon^{00} = \prod_{G' \neq 0} \varepsilon_{G'G'} + O(W_G^2),$$

$$\varepsilon^{G0} = -\varepsilon_{0G} \prod_{G'(\neq 0, \neq G)} \varepsilon_{G'G'} + O(W_G^2).$$

Damit lautet (115)

$$[(\varepsilon^{-1})_{00}]^{-1} = \varepsilon_{00} - \sum_{G(\neq 0)} \frac{\varepsilon_{G0}\varepsilon_{0G}}{\varepsilon_{GG}} + O(W_G^3). \tag{116}$$

In dieser Ordnung können die Bandstrukturkorrekturen zu $\varepsilon_{GG'}$ im Nenner von (116) noch vernachlässigt werden, so daß man für die makroskopische dielektrische Funktion in zweiter Ordnung in W_G

$$\varepsilon(\omega) = \varepsilon_{00}(\omega) - \sum_{G \neq 0} \frac{\varepsilon_{G0}(\omega)\, \varepsilon_{0G}(\omega)}{\varepsilon^0(\boldsymbol{G}, \omega)} \tag{117}$$

erhält (Wiser, 63). Für die Berechnung von (117) werden nur die Elemente benötigt, die vorher formelmäßig angegeben wurden.

Der zweite Term in (117) beinhaltet die Lokalfeldkorrekturen in dieser Näherung. In Abb. 6.2-3 ist der Interbandanteil der makroskopischen dielektrischen Funktion eines Alkalimetalls angegeben. Die dafür benötigten Matrixelemente von $\varepsilon_{GG'}$ wurden wie hier angegeben in Störungsrechnung bestimmt. Wie zu sehen ist, spielen die Lokalfeldkorrekturen bei dieser Substanzklasse eine untergeordnete Rolle. Wesentlich wichtiger bei den Alkalimetallen sind die Orthogonalisierungskorrekturen (Verwendung von OPW's statt ebener Wellen in (106), s. Bennett u. Vosko, 72). Wie die

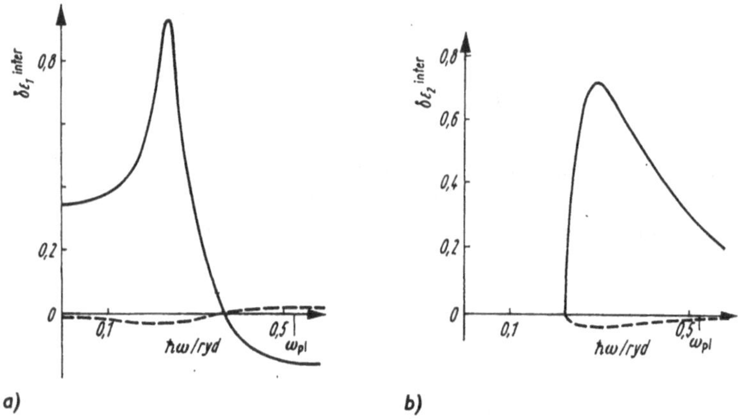

Abb. 6.2-3. Interbandanteil der makroskopischen dielektrischen Funktion von Lithium nach Paasch (70): a) Realteil (———) und Lokalfeldkorrektur zum Realteil (– – –), b) Imaginärteil (———) und Lokalfeldkorrektur zum Imaginärteil (– – –)

Berechnung von $\varepsilon_{GG'}(\omega)$ (ohne Lokalfeldkorrekturen) für Kalium auf der Grundlage von Energien und Wellenfunktionen aus einer Bandberechnung zeigt, gibt das störungstheoretische Ergebnis die Realität nur bis zu einigen eV über der Einsatzfrequenz des Interbandanteils richtig wieder. Übergänge zu höheren Bändern liefern bei höheren Frequenzen einen zweiten Peak (Ching u. Callaway, 73).

6.2.11. Grenzfall starker Bindung und Wannier-Darstellung

Neben dem im vorigen Abschnitt behandelten Grenzfall freier oder fast freier Elektronen ist auch das Gegenteil, nämlich der Fall stark gebundener Elektronen von Interesse. Diese Verhältnisse sind am ehesten in Nichtleitern und Halbleitern verwirklicht. Bei Übergangsmetallen kann die Berechnung der d-Elektronen von diesem Grenzfall aus in Angriff genommen werden. Da aber im gleichen Energiebereich auch s-Elektronen liegen, die mit den d-Elektronen hybridisieren, ist bei den Übergangsmetallen eine Kombination der hier beschriebenen mit den in [6.2.10] behandelten Methoden möglich (Hanke, 73).

Wir führen zunächst eine exakte Umformung der Formel für die dielektrische Matrix auf eine Form aus, in der sie sich im Grenzfall starker Bindung leichter invertieren läßt. Wir gehen dabei von den in (59) enthaltenen Bloch-Funktionen $|\boldsymbol{k}\nu\rangle$ zu Wannier-Funktionen $|\boldsymbol{R}\nu\rangle$ über:

$$|\boldsymbol{k}\nu\rangle = \frac{1}{\sqrt{N}} \sum_{\boldsymbol{R}} \mathrm{e}^{i\boldsymbol{k}\boldsymbol{R}}\, |\boldsymbol{R}\nu\rangle\,. \tag{118}$$

Durch Einsetzen von (118) in das Matrixelement (58) erhält man zunächst

$$(\varrho_{\boldsymbol{k}+\boldsymbol{G}})_{\boldsymbol{k}'\nu';\,\boldsymbol{k}'+\boldsymbol{k},\nu''} = e|\boldsymbol{k}+\boldsymbol{G}| \sum_{\boldsymbol{R}'} \mathrm{e}^{-i\boldsymbol{k}'\boldsymbol{R}'}\, A^{\boldsymbol{R}'}_{\nu'\nu''}(\boldsymbol{k}+\boldsymbol{G})\,, \tag{119}$$

$$A^{\boldsymbol{R}'}_{\nu'\nu''}(\boldsymbol{k}+\boldsymbol{G}) \equiv \frac{\langle \boldsymbol{R}'\nu'|\, \mathrm{e}^{-i(\boldsymbol{k}+\boldsymbol{G})\boldsymbol{r}}\, |0\nu''\rangle}{|\boldsymbol{k}+\boldsymbol{G}|}\,. \tag{120}$$

Setzt man (119) in (62) und (59) ein, erhält die dielektrische Matrix folgende Form:

$$\begin{aligned}&\varepsilon(\boldsymbol{k}+\boldsymbol{G},\boldsymbol{k}+\boldsymbol{G}';\omega)\\&=\delta_{\boldsymbol{G}\boldsymbol{G}'}-\sum_{\nu',\nu''}\sum_{\boldsymbol{R}',\boldsymbol{R}''}A^{\boldsymbol{R}'}_{\nu'\nu''}(\boldsymbol{k}+\boldsymbol{G})\,N^{\boldsymbol{R}'\boldsymbol{R}''}_{\nu'\nu''}(\boldsymbol{k},\omega)\,A^{\boldsymbol{R}''*}_{\nu'\nu''}(\boldsymbol{k}+\boldsymbol{G}')\,,\end{aligned} \tag{121}$$

$$N^{\boldsymbol{R}'\boldsymbol{R}''}_{\nu'\nu''}(\boldsymbol{k},\omega)\equiv\frac{4\pi e^2}{\hbar}\frac{2}{V}\sum_{\boldsymbol{k}'}\frac{f_{\boldsymbol{k}'+\boldsymbol{k},\nu''}-f_{\boldsymbol{k}'\nu'}}{\omega_{\boldsymbol{k}'+\boldsymbol{k},\nu'';\boldsymbol{k}'\nu'}-\omega^+}\,\mathrm{e}^{-i\boldsymbol{k}'(\boldsymbol{R}'-\boldsymbol{R}'')}\,. \tag{122}$$

Das Bemerkenswerte an (121) ist die eingetretene Faktorisierung. Der Anteil $N^{\boldsymbol{R}'\boldsymbol{R}''}_{\nu'\nu''}$ hängt nicht von $\boldsymbol{G}$ oder $\boldsymbol{G}'$ ab; er muß also für jedes $\boldsymbol{k}$ und ω nur einmal berechnet werden. Der verbleibende Rest muß zwar für jede Zeile und Spalte der dielektrischen Matrix einzeln bestimmt werden, seine numerische Berechnung ist aber bei einmal vorliegenden Wannier-Funktionen leicht. Wesentlich ist außerdem, daß $\boldsymbol{G}$ und $\boldsymbol{G}'$ nur getrennt in verschiedenen Faktoren auftreten. Man kann (121) durch Übergang zur Matrixschreibweise wesentlich übersichtlicher gestalten. Wir führen einen Zeilenvektor $\mathcal{A}_{\boldsymbol{G}}$ ein, dessen Komponenten gleich $A^{\boldsymbol{R}'}_{\nu'\nu''}(\boldsymbol{k}+\boldsymbol{G})$ sind und die sich durch die Indizes ν', ν'', $\boldsymbol{R}'$ unterscheiden. Die Matrix $\mathcal{N}$ ist blockdiagonal. Die einzelnen Blöcke auf der Diagonalen unterscheiden sich durch verschiedene ν' und ν''. Die Elemente innerhalb eines Blocks werden von $N^{\boldsymbol{R}'\boldsymbol{R}''}_{\nu'\nu''}$ bei festem $\nu'\nu''$ gebildet. Jedes Element der dielektrischen Matrix, die hier mit $\varepsilon_{\boldsymbol{G}\boldsymbol{G}'}$ symbolisiert wird, ist also seinerseits als Matrizenprodukt (mit Vektoren als Spezialfall von Matrizen) folgendermaßen darstellbar:

$$\varepsilon_{\boldsymbol{G}\boldsymbol{G}'}=\delta_{\boldsymbol{G}\boldsymbol{G}'}-\mathcal{A}_{\boldsymbol{G}}\mathcal{N}\mathcal{A}^+_{\boldsymbol{G}'}\,. \tag{123}$$

Die letzte zu lösende Aufgabe ist die *Inversion* von (123) bezüglich der Matrixindizes $\boldsymbol{G}$, $\boldsymbol{G}'$. Durch Reihenentwicklung erhält man

$$\begin{aligned}\varepsilon^{-1}_{\boldsymbol{G}\boldsymbol{G}'}&\equiv\delta_{\boldsymbol{G}\boldsymbol{G}'}+\mathcal{A}_{\boldsymbol{G}}\mathcal{N}\mathcal{A}^+_{\boldsymbol{G}'}+\sum_{\boldsymbol{G}''}\mathcal{A}_{\boldsymbol{G}}\mathcal{N}\mathcal{A}^+_{\boldsymbol{G}''}\mathcal{A}_{\boldsymbol{G}''}\mathcal{N}\mathcal{A}^+_{\boldsymbol{G}'}+\dots\\&\equiv\delta_{\boldsymbol{G}\boldsymbol{G}'}+\mathcal{A}_{\boldsymbol{G}}\mathcal{N}\Big[1+\sum_{\boldsymbol{G}''}\mathcal{A}^+_{\boldsymbol{G}''}\mathcal{A}_{\boldsymbol{G}''}\mathcal{N}+\dots\Big]\mathcal{A}^+_{\boldsymbol{G}'}\\&\equiv\delta_{\boldsymbol{G}\boldsymbol{G}'}+\mathcal{A}_{\boldsymbol{G}}\mathcal{N}\Big[1-\sum_{\boldsymbol{G}''}\mathcal{A}^+_{\boldsymbol{G}''}\mathcal{A}_{\boldsymbol{G}''}\mathcal{N}\Big]^{-1}\mathcal{A}^+_{\boldsymbol{G}''}\,,\end{aligned}$$

$$\varepsilon^{-1}_{\boldsymbol{G}\boldsymbol{G}'}=\delta_{\boldsymbol{G}\boldsymbol{G}'}+\mathcal{A}_{\boldsymbol{G}}\Big[\mathcal{N}^{-1}-\sum_{\boldsymbol{G}''}\mathcal{A}^+_{\boldsymbol{G}''}\mathcal{A}_{\boldsymbol{G}''}\Big]^{-1}\mathcal{A}^+_{\boldsymbol{G}'}\,. \tag{124}$$

Das Problem der Inversion von ε ist also zurückgeführt auf die Inversion von $\mathcal{N}$ und $\mathcal{N}^{-1}-\sum_{\boldsymbol{G}''}\mathcal{A}^+_{\boldsymbol{G}''}\mathcal{A}_{\boldsymbol{G}''}$. Einen Fortschritt stellt (124) insofern dar, als bei praktischen Rechnungen mit endlicher Genauigkeit im hier betrachteten Grenzfall die Dimension der Matrix $\mathcal{N}$ kleiner ist als die von ε.

Mit Hilfe von (118) haben wir eine Transformation auf Wannier-Funktionen durchgeführt. Bei sich kreuzenden Bändern, wie sie bei Halbleitern und Übergangsmetallen auftreten, fallen diese Wannier-Funktionen im Ortsraum nur schwach ab. Das führt dazu, daß der hier beschriebene Formalismus nicht mehr praktikabel ist. Durch Einführung von Mehrband-Wannier-Funktionen $|\boldsymbol{R}\mu\}$ für den gesamten sich überschneidenden Bandkomplex (s. auch (5.3-21)) gemäß

$$|\boldsymbol{k}\nu\rangle=\frac{1}{\sqrt{N}}\sum_{\boldsymbol{R}}\sum_{\mu}|\boldsymbol{R}\mu\}\,f^*_{\nu\mu}(\boldsymbol{k})\,\mathrm{e}^{i\boldsymbol{k}\boldsymbol{R}} \tag{125}$$

kann dieses Hindernis überwunden werden. Wegen der dabei auftretenden unübersichtlichen Formeln wird auf eine Durchrechnung dieses verallgemeinerten Falles hier verzichtet (s. Hanke, 73). Die Grundgedanken, insbesondere die in (123) auftretende Faktorisierung, sind jedoch dieselben. Allerdings verliert $\mathcal{N}$ die Eigenschaft der Blockdiagonalität, die aber vorn absichtlich auch nicht verwendet worden ist.

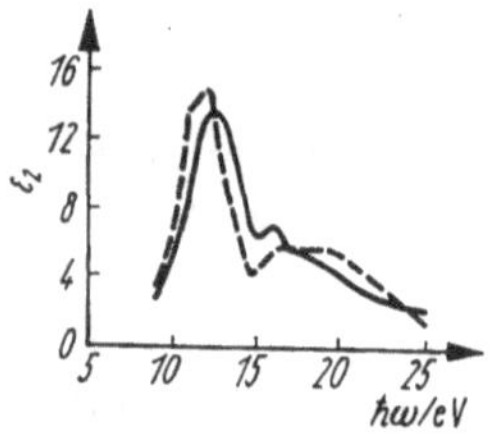

Abb. 6.2-4. Imaginärteil der makroskopischen dielektrischen Funktion für Diamant nach Turner u. Inkson (76) mit Lokalfeldkorrektur (———) und ohne (– – –)

In Abb. 6.2-4 sind die numerischen Ergebnisse der verallgemeinerten Theorie für die makroskopische dielektrische Funktion von Diamant zu sehen. Offensichtlich spielen die Lokalfeldkorrekturen hier keine allzugroße Rolle. Trotzdem werden sowohl die Höhen als auch die Lagen der Peaks merklich verändert. Bei Übergangsmetallen ist der Einfluß der Lokalfeldkorrektur auf die makroskopische dielektrische Funktion noch nicht untersucht.

6.3. Verlustfunktion

6.3.1. Streuung von Elektronen

Bei Energieverlustmessungen (s. auch [1.4.3.]) handelt es sich um folgendes Experiment: Von außen werden Elektronen in einen Festkörper eingeschossen. Diese werden unter Energie- und Impulsänderung gestreut (s. Abb. 6.3-1). Die zentrale Größe für die Beschreibung des Experiments ist die Verlustwahrscheinlichkeit $\gamma(\boldsymbol{q}, \omega)$. Sie gibt die Wahrscheinlichkeit pro Zeit an, daß das gestreute Teilchen den Energieverlust $\hbar\omega$ und den Impulsverlust $\hbar\boldsymbol{q}$ erleidet.

Unter Vernachlässigung relativistischer Effekte kann die Störung am Hamilton-Operator des Gesamtsystems, die durch das eingeschossene Elektron hervorgerufen wird, durch folgende elektrostatische Wechselwirkungsenergie beschrieben werden:

$$H_1 = \sum_i \frac{\epsilon^2}{|\boldsymbol{R}(t) - \boldsymbol{r}_i|}. \tag{1}$$

Dabei ist $\boldsymbol{R}(t)$ der Ort der Sonde, und $\boldsymbol{r}_i$ sind die Koordinaten der Elektronen der Probe. Durch Fourier-Transformation des Coulomb-Potentials und unter Verwendung von (6.2-43) bekommt man

$$H_1 = \sum_i \frac{1}{V} \sum_{\boldsymbol{q}'} \frac{4\pi\epsilon^2}{q'^2} e^{i\boldsymbol{q}'[\boldsymbol{R}(t) - \boldsymbol{r}_i]} \tag{2}$$

$$= \frac{1}{Ve} \sum_{\boldsymbol{q}'} \frac{4\pi\epsilon^2}{q'^2} \varrho^{\dagger}_{\boldsymbol{q}'} e^{i\boldsymbol{q}'\boldsymbol{R}(t)}. \tag{3}$$

Die Übergangswahrscheinlichkeit, d. h. die Wahrscheinlichkeit pro Zeit, daß die Probe unter Wirkung der äußeren Störung aus dem Grundzustand $|0\rangle$, E_0 in den angeregten Zustand $|n\rangle$, E_n übergeht und daß die Sonde die Energie $\hbar\omega$ und den Impuls $\hbar\boldsymbol{q}$ verliert, sei $\gamma_{0n}(\boldsymbol{q}, \omega)$. Die Sonde geht dabei aus dem Zustand $|\boldsymbol{k}_0) = (1/\sqrt{V}) \exp(i\boldsymbol{kR})$ in $|\boldsymbol{k}_0 - \boldsymbol{q})$ über. Entsprechend der 'goldenen Regel' gilt

$$\gamma_{0n}(\boldsymbol{q}, \omega) = \frac{2\pi}{\hbar^2} |\langle n| (\boldsymbol{k}_0 - \boldsymbol{q} |H_1| \boldsymbol{k}_0) |0\rangle|^2 \, \delta(\omega - \omega_{n0}) \,. \tag{4}$$

In (4) wurde außerdem vorausgesetzt, daß das Elektron der Sonde von den Elektronen der Probe unterscheidbar ist. Nur dann ist eine Faktorisierung der Wellenfunktionen möglich. Bei den gängigen Experimenten ist diese Bedingung aber gut erfüllt, da die Sonde eine viel größere Energie (ca. 10 bis 50 keV) hat als die Elektronen der Probe.

$\gamma(\boldsymbol{q}, \omega)$ bekommt man aus $\gamma_{0n}(\boldsymbol{q}, \omega)$ durch Summation über alle möglichen Endzustände der Probe:

$$\gamma(\boldsymbol{q}, \omega) = \sum_{n \neq 0} \gamma_{0n}(\boldsymbol{q}, \omega) \,. \tag{5}$$

Setzt man (3) und (4) in (5) ein, erhält man

$$\begin{aligned} \gamma(\boldsymbol{q}, \omega) &= \frac{2\pi}{\hbar^2} \sum_{n \neq 0} \left| \frac{1}{Ve} \sum_{\boldsymbol{q}'} \frac{4\pi e^2}{q'^2} \langle n| \varrho^\dagger_{\boldsymbol{q}'} |0\rangle \, \delta_{\boldsymbol{q}', -\boldsymbol{q}} \right|^2 \delta(\omega - \omega_{n0}) \,, \\ &= 2\pi \left(\frac{1}{e\hbar V} \frac{4\pi e^2}{q^2} \right)^2 \sum_{n \neq 0} |\langle n| \varrho^\dagger_{-\boldsymbol{q}} |0\rangle|^2 \, \delta(\omega - \omega_{n0}) \,. \end{aligned}$$

Mit (6.2-45) wird daraus

$$\gamma(\boldsymbol{q}, \omega) = 2\pi \left(\frac{1}{e\hbar V} \frac{4\pi e^2}{q^2} \right)^2 \sum_{n \neq 0} |\langle 0| \varrho^\dagger_{\boldsymbol{q}} |n\rangle|^2 \, \delta(\omega - \omega_{n0}) \,. \tag{6}$$

Mit der Zuordnung $\boldsymbol{q} = \boldsymbol{k} + \boldsymbol{G}$ und nach Vergleich mit (6.2-55) erhält man

$$\gamma(\boldsymbol{q}, \omega) = -\frac{2}{\hbar V} \frac{4\pi e^2}{q^2} \operatorname{Im} [\varepsilon^{-1}(\boldsymbol{q}, \boldsymbol{q}; \omega)] \,. \tag{7}$$

$\gamma(\boldsymbol{q}, \omega)$ ist somit proportional zum Imaginärteil des entsprechenden Diagonalelementes der inversen, longitudinalen dielektrischen Matrix (vgl. auch (1.4-12)). Man nennt $P(\boldsymbol{q}, \omega) \equiv -\operatorname{Im} [\varepsilon^{-1}(\boldsymbol{q}, \boldsymbol{q}; \omega)]$ Verlustfunktion. Aus (7) ist ersichtlich, daß wegen des Faktors $1/q^2$ die Verlustwahrscheinlichkeit mit wachsenden Impulswerten schnell abnimmt. Elektronenstreuexperimente sind deshalb nur für kleine Streuwinkel genau durchführbar.

Das Ergebnis (7) ist übrigens auch auf rein elektrodynamischen Wege ableitbar (s. Saslow u. Reiter, 73). Man erhält es sogar dann, wenn man nur mit den makroskopischen Größen arbeitet und Lokalfeldkorrekturen bei der Ableitung außer acht läßt (s. z. B. Landau u. Lifschitz, 80, oder Geiger, 68).

6.3.2. Streuung von Photonen

Wir beschreiben hier die Wechselwirkung von Photonen mit dem Festkörper. Das Photonenfeld wird durch das Vektorpotential $\boldsymbol{A}$ beschrieben, dessen Quantisierung weiter unten erfolgt. Die Eichung wird so gewählt, daß das skalare Potential verschwindet: $U = 0$.

Der Hamilton-Operator des Gesamtsystems einschließlich der Wechselwirkung der Photonen mit den Elektronen lautet

$$H = \sum_i \frac{1}{2m} [\boldsymbol{p}_i - e\boldsymbol{A}(\boldsymbol{r}_i, t)]^2 + H_{\text{Coul}} + H_{\text{Feld}} . \tag{8}$$

$\boldsymbol{p}_i$ und $\boldsymbol{r}_i$ sind die Elektronenimpulse bzw. -orte, H_{Coul} steht für die gesamte Wechselwirkungsenergie der Elektronen untereinander und mit den Kernen, und H_{Feld} ist die Feldenergie der Photonen. Der Stör-Hamilton-Operator, der die Kopplung zwischen Elektronen und Photonen vermittelt, besteht somit aus zwei Termen:

$$H_1 = -\frac{e}{2m} \sum_i [\boldsymbol{p}_i \boldsymbol{A}(\boldsymbol{r}_i, t) + \boldsymbol{A}(\boldsymbol{r}_i, t) \boldsymbol{p}_i] , \tag{9}$$

$$H_2 = \frac{e^2}{2m} \sum_i \boldsymbol{A}^2(\boldsymbol{r}_i, t) . \tag{10}$$

Die Quantelung besteht in der Überführung von $\boldsymbol{r}_i$, $\boldsymbol{p}_i$ und $\boldsymbol{A}$ in Operatoren. Für das Vektorpotential wählen wir eine Erzeugungs-Vernichtungsoperator-Darstellung (Schiff, 55, Kap. XIV):

$$\boldsymbol{A}(\boldsymbol{r}, t) = \sum_k \sqrt{\frac{\hbar}{2\varepsilon_0 \omega_k V}} \, (A_k \,\mathrm{e}^{-i\omega_k t} + A^\dagger_{-k} \,\mathrm{e}^{i\omega_k t}) \,\mathrm{e}^{i\boldsymbol{k}\boldsymbol{r}} \, \boldsymbol{\eta}_k . \tag{11}$$

$A_k^\dagger$ (bzw. A_k) erzeugt (bzw. vernichtet) ein Photon im Zustand k. $k \equiv (\boldsymbol{k}, \mu)$ ist gekennzeichnet durch den Wellenzahlvektor $\boldsymbol{k}$ und die (lineare) Polarisation μ $(= 1, 2)$. Die Frequenz ist $\omega_k = c|\boldsymbol{k}|$ und die Polarisationsvektoren $\boldsymbol{\eta}_k$ stehen senkrecht auf $\boldsymbol{k}$. Die einzige nicht verschwindende Vertauschung zwischen Operatoren A und $A^\dagger$ lautet

$$[A_k, A_{k'}^\dagger] = \delta_{kk'} \equiv \delta_{\boldsymbol{k}\boldsymbol{k}'} \delta_{\mu\mu'} . \tag{12}$$

Mit A_{-k} ist $A_{-\boldsymbol{k}\mu}$ gemeint. Außerdem werde $\boldsymbol{\eta}_{-\boldsymbol{k}\mu} = \boldsymbol{\eta}_{\boldsymbol{k}\mu}$ festgelegt. Setzen wir (11) in (9) und (10) ein, erhalten wir

$$H_1 = -\sqrt{\frac{\hbar}{2\varepsilon_0 m^2 V}} \sum_k \frac{1}{\sqrt{\omega_k}} \boldsymbol{\eta}_k \boldsymbol{j}_{\boldsymbol{k}}^\dagger (A_k \,\mathrm{e}^{-i\omega_k t} + A^\dagger_{-k} \,\mathrm{e}^{i\omega_k t}) , \tag{13}$$

$$H_2 = \frac{e\hbar}{4m\varepsilon_0 V} \sum_{kk'} \frac{1}{\sqrt{\omega_k \omega_{k'}}} \boldsymbol{\eta}_k \boldsymbol{\eta}_{k'} \varrho^\dagger_{\boldsymbol{k}+\boldsymbol{k}'} \, * \\ * \, (A_k \,\mathrm{e}^{-i\omega_k t} + A^\dagger_{-k} \,\mathrm{e}^{i\omega_k t}) \, (A_{k'} \,\mathrm{e}^{-i\omega_{k'} t} + A^\dagger_{-k'} \,\mathrm{e}^{i\omega_{k'} t}) . \tag{14}$$

$\varrho_{\boldsymbol{q}}$ ist in (6.2-43) definiert, während der Operator der Stromdichte

$$\boldsymbol{j}(\boldsymbol{r}) = \frac{e}{2} \sum_i [\boldsymbol{p}_i \delta(\boldsymbol{r} - \boldsymbol{r}_i) + \delta(\boldsymbol{r} - \boldsymbol{r}_i) \boldsymbol{p}_i]$$

nach Fourier-Transformation folgendes Aussehen hat:

$$\boldsymbol{j}_{\boldsymbol{q}} = \frac{e}{2} \sum_i [\boldsymbol{p}_i \,\mathrm{e}^{-i\boldsymbol{q}\boldsymbol{r}_i} + \mathrm{e}^{-i\boldsymbol{q}\boldsymbol{r}_i} \boldsymbol{p}_i] . \tag{15}$$

Man sieht, daß in H_1 nur Terme auftauchen, die der Erzeugung oder Vernichtung eines Photons entsprechen. H_1 beschreibt also die Absorption oder Emmission von Photonen. Von Interesse sind aber hier die durch H_2 beschriebenen Zwei-Photonen-

Prozesse, bei denen ein Photon absorbiert und eines mit anderen Parametern emittiert wird. H_1 liefert in zweiter Störungsordnung einen ähnlichen Beitrag, der aber im Vergleich zu H_2 in erster Störungsordnung klein ist (siehe Platzmann u. Wolf, 73).

Die Übergangswahrscheinlichkeit, d. h. die Wahrscheinlichkeit pro Zeiteinheit, daß die Probe unter Einwirkung der äußeren Störung aus dem Grundzustand $|0\rangle$ in den angeregten Zustand $|n\rangle$ übergeht und dabei ein Photon aus dem Zustand $k_0 \equiv (\boldsymbol{k}_0, \mu_0)$ in $k_1 \equiv (\boldsymbol{k}_0 - \boldsymbol{q}, \mu_1)$ streut, ist in Bornscher Näherung in Analogie zu (4) und (5)

$$\gamma_{\mu_0\mu_1}(\boldsymbol{q}, \omega) = \frac{2\pi}{\hbar^2} \sum_n |\langle n| \, (k_1| \, H_2 \, |k_0) \, |0\rangle|^2 \, \delta(\omega - \omega_{n0}) \, . \tag{16}$$

$|k)$ kennzeichnet dabei den Photonenzustand. Setzen wir (14) in (16) ein, erhalten wir

$$\gamma_{\mu_0\mu_1}(\boldsymbol{q}, \omega) = \frac{\pi e^2}{8m^2\varepsilon_0^2 V^2} \sum_n \delta(\omega - \omega_{n0}) \left| \sum_{kk'} \frac{\boldsymbol{\eta}_k \boldsymbol{\eta}_{k'}}{\sqrt{\omega_k \omega_{k'}}} \langle n| \, \varrho^\dagger_{\boldsymbol{k}+\boldsymbol{k}'} \, |0\rangle \, * \right.$$
$$\left. * \, (k_1| \, (A_k \, \mathrm{e}^{-i\omega_k t} + A^\dagger_{-k} \, \mathrm{e}^{i\omega_k t}) \, (A_{k'} \, \mathrm{e}^{-i\omega_{k'} t} + A^\dagger_{-k'} \, \mathrm{e}^{i\omega_{k'} t}) \, |k_0) \right|^2 . \tag{17}$$

Das Matrixelement bezüglich der Photonenkoordinaten kann ersetzt werden durch

$$(k_1| \, A_k A^\dagger_{-k'} \, \mathrm{e}^{-i(\omega_k - \omega_{k'})t} + A^\dagger_{-k} A_{k'} \, \mathrm{e}^{i(\omega_k - \omega_{k'})t} \, |k_0) \, ,$$

da die übrigen Terme wegen des Vorhandenseins von je zwei Erzeugungs- und Vernichtungsoperatoren verschwinden. Wegen der Orthonormalität der Photonenzustände wird daraus

$$\delta_{kk_0} \delta_{-k'k_1} + \delta_{k'k_0} \delta_{-kk_1} \, .$$

Damit vereinfacht sich (17) zu

$$\gamma_{\mu_0\mu_1}(\boldsymbol{q}, \omega) = \frac{\pi e^2}{2m^2\varepsilon_0^2 V^2} \frac{(\boldsymbol{\eta}_0\boldsymbol{\eta}_1)^2}{\omega_0\omega_1} \sum_n |\langle n| \, \varrho^\dagger_q \, |0\rangle|^2 \, \delta(\omega - \omega_{n0}) \, . \tag{18}$$

Unter Berücksichtigung von (6.2-55) kann man mit $\boldsymbol{q} \equiv \boldsymbol{k} + \boldsymbol{G}$ (18) folgendermaßen schreiben:

$$\gamma_{\mu_0\mu_1}(\boldsymbol{q}, \omega) = -\frac{2\pi\epsilon^2\hbar}{m^2 V} \frac{(\boldsymbol{\eta}_0\boldsymbol{\eta}_1)^2}{\omega_0\omega_1} q^2 \, \mathrm{Im} \, \varepsilon^{-1}(\boldsymbol{q}, \boldsymbol{q}; \omega) \, . \tag{19}$$

Wegen des in (19) enthaltenen Faktors q^2 ist verständlich, daß Photonenstreuexperimente für große q besonders genau sind. Bei der Elektronenstreuung war das genau umgekehrt. Elektronen- und Photonenstreuung ergänzen sich somit in sinnvoller Weise.

Falls unpolarisierte Strahlung verwendet und die gestreute Strahlung nicht auf ihre Polarisation hin unterschieden wird, muß in (19) über beide möglichen Polarisationen der auslaufenden Strahlung summiert und über die Polarisation der einfallenden Strahlung gemittelt werden. Wir legen die Einheitsvektoren $\boldsymbol{\eta}_{0\|}$, $\boldsymbol{\eta}_{0\perp}$, $\boldsymbol{\eta}_{1\|}$, $\boldsymbol{\eta}_{1\perp}$ der Polarisationsrichtungen, wie in Abb. 6.3-1 gezeigt, fest. Ist $\boldsymbol{\eta}_1 = \boldsymbol{\eta}_{1\perp}$, so entsteht nur dann ein nicht verschwindender Beitrag, wenn $\boldsymbol{\eta}_0 = \boldsymbol{\eta}_{0\perp}$ war. Letzteres ist mit der Wahrscheinlichkeit $1/2$ der Fall. Analoges gilt für $\boldsymbol{\eta}_1 = \boldsymbol{\eta}_{1\|}$. Der in (19) enthaltene Faktor $(\boldsymbol{\eta}_0 \, \boldsymbol{\eta}_1)^2$ muß also bei

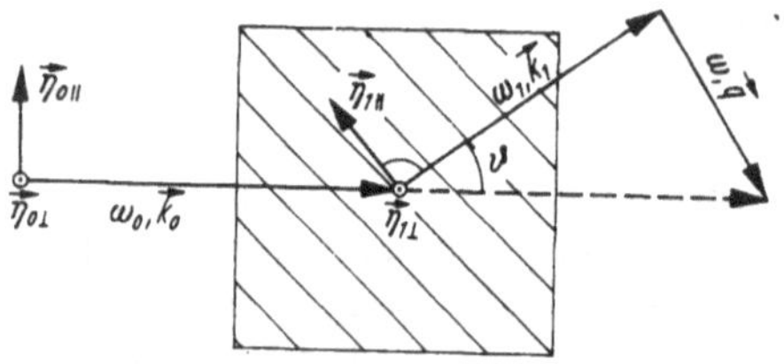

Abb. 6.3-1. Geometrie der Streuung von Elektronen und Photonen am Festkörper. $\boldsymbol{k}_0$ und $\boldsymbol{k}_1$ (bzw. ω_0 und ω_1) sind die Wellenzahlen (bzw. Frequenzen) vor und nach der Streuung. Die Polarisationsvektoren $\boldsymbol{\eta}$ beziehen sich nur auf Photonenstreuung

unpolarisierter Strahlung ersetzt werden durch

$$\overline{(\boldsymbol{\eta}_0\boldsymbol{\eta}_1)^2} = \frac{1}{2}(\boldsymbol{\eta}_{0\perp}\boldsymbol{\eta}_{1\perp})^2 + \frac{1}{2}(\boldsymbol{\eta}_{0\parallel}\boldsymbol{\eta}_{1\parallel})^2 .$$

Beachtet man noch $\boldsymbol{\eta}_{0\parallel}\boldsymbol{\eta}_{1\parallel} = \cos\vartheta$, $\boldsymbol{\eta}_{0\perp}\,\boldsymbol{\eta}_{1\perp} = 1$, so erhält man

$$\overline{(\boldsymbol{\eta}_0\boldsymbol{\eta}_1)^2} = \frac{1}{2}(1 + \cos^2\vartheta) . \tag{20}$$

6.3.3. Verlustfunktion für fast freie Elektronen

In [6.3.1 und 6.3.2] sahen wir, daß die Streuung von Elektronen und Photonen im wesentlichen durch die Verlustfunktion

$$P(\boldsymbol{q}, \omega) = -\mathrm{Im}\,\varepsilon^{-1}(\boldsymbol{q}, \boldsymbol{q}; \omega) \tag{21}$$

bestimmt wird. Sie enthält alle den Streuprozeß bestimmenden systemspezifischen Eigenschaften.

Wie in [6.2.10] bewiesen, verschwinden bei *freien Elektronen* die Nichtdiagonalelemente der dielektrischen Matrix exakt. Die Diagonalelemente von ε^{-1} sind dann gleich dem reziproken Wert der Diagonalelemente von ε, und man erhält

$$P^0(\boldsymbol{q}, \omega) = -\mathrm{Im}\left[\frac{1}{\varepsilon^0(\boldsymbol{q}, \omega)}\right] = \frac{\varepsilon_2^0(\boldsymbol{q}, \omega)}{[\varepsilon_1^0(\boldsymbol{q}, \omega)]^2 + [\varepsilon_2^0(\boldsymbol{q}, \omega)]^2} . \tag{22}$$

Wir wollen nun anhand des Verlaufes von ε_1^0 und ε_2^0 das prinzipielle Aussehen von P^0 diskutieren. Zunächst behandeln wir den Fall ohne Dämpfung. Für $q = 0$ ist $\varepsilon_2^0(0, \omega > 0) = 0$. Da ε_1^0 im Nenner von (22) quadratisch eingeht, hat P^0 bei ω_{pl}, wo $\varepsilon_1^0(0, \omega_{\mathrm{pl}}) = 0$ ist, einen δ-funktionsförmigen Peak. Für $0 < q < q_c$ ist an der zweiten Nullstelle $\omega_{\mathrm{pl}}(q)$ von ε_1^0 auch weiterhin $\varepsilon_2^0 = 0$ (s. auch Abb. 1.5-2). Der erwähnte Peak bleibt deshalb bestehen, verschiebt sich jedoch etwas zu höheren Frequenzen hin. Hinzu kommt aber ein zweiter Peak endlicher Höhe in dem ω-Bereich, wo $\varepsilon_2 \neq 0$ ist. Für $q > q_c$ verschwindet der δ-funktionsartige Peak, da es kein ω mehr gibt, für das ε_1^0 und ε_2^0 gleichzeitig verschwinden. Man nennt q_c deshalb kritische Wellenzahl.

Die beiden bei $0 < q < q_c$ existierenden Peaks gehören zu unterschiedlichen Anregungsformen der Probe. Der im niederfrequenten Bereich liegende entspricht Teilchen-Loch-Paaranregungen der Probe, d. h., die von der Sonde abgegebene Energie $\hbar\omega$ wird von nur einem Elektron der Probe aufgenommen. Bei dem δ-funktionsartigen Peak dagegen wird das Elektronensystem als Ganzes angeregt. Die zuletzt genannte kollektive Anregung nennt man Plasmon und $\omega_{pl}(q)$ Plasmafrequenz. Für $q \ll q_c$ spielen die Teilchen-Loch-Paaranregungen eine untergeordnete Rolle, während für $q > q_c$ das Plasmon nicht mehr als beständige Elementaranregung existiert.

Bei Berücksichtigung der Dämpfung ändert sich ε_1 nur geringfügig und nur quantitativ. ε_2 dagegen wird über die gesamte ω-Skala verschmiert. Dadurch erhält der Plasmon-Peak in der Verlustfunktion eine endliche Breite. Bandstruktureffekte haben qualitativ gesehen denselben Einfluß auf die Verlustfunktion wie die Dämpfung. Dazu kommen allerdings unter Umständen noch zusätzliche Strukturen. Die experimentell beobachtete Halbwertsbreite des Plasmon-Peaks ist also teilweise im Bild unabhängiger Teilchen durch Bandstruktureffekte erklärbar, zum Teil aber auch durch in diesem Bild nicht vorhandene Dämpfungseffekte.

Bei den *einfachen Metallen* sind die Nichtdiagonalelemente der dielektrischen Matrix vernachlässigbar, nicht aber die Bandstruktureffekte in den Diagonalelementen $\varepsilon(\boldsymbol{q}, \boldsymbol{q}; \omega) \equiv \varepsilon(\boldsymbol{q}, \omega)$. Für P^{NFE} existiert deshalb eine Formel analog zu (22):

$$P^{\text{NFE}}(\boldsymbol{q}, \omega) = \frac{\varepsilon_2(\boldsymbol{q}, \omega)}{[\varepsilon_1(\boldsymbol{q}, \omega)]^2 + [\varepsilon_2(\boldsymbol{q}, \omega)]^2}. \tag{23}$$

Speziell bei den Alkalimetallen kann die Bandstruktur störungstheoretisch einbezogen werden (s. [6.2.10]). Da sich bei $q = 0$ der Verlauf der Verlustfunktion nicht qualitativ vom Verhalten bei freien Elektronen mit Dämpfung unterscheidet, reicht die Halbwertsbreite des Plasmonpeaks zur Charakterisierung aus. Die Berechnungen von Paasch (70) in Tab. 6.3-1 und Sturm (76) zeigen, daß Bandstruktureffekte einen wesentlichen Beitrag zur beobachteten Halbwertsbreite liefern. Weitere Beiträge zur Dämpfung entstehen, wenn man über die hier betrachtete selbstkonsistente Hartree-Näherung ($\triangleq$ RPA) hinausgeht (s. [1.6].).

Tabelle 6.3-1. Halbwertsbreite des Plasmonpeaks der Alkalimetalle für $q = 0$ nach Paasch (70)

Metall	ΔE/eV	
	experimentell	theoretisch
Li	2,5	2,55
Na	0,4	0,1
K	0,26	0,15
Rb	0,6	0,64
Cs	1,2	0,96

Von den übrigen einfachen Metallen zeigt Beryllium die interessantesten Bandstruktureffekte. In Abb. 6.3-2 ist die berechnete Verlustfunktion mit angepaßten Dämpfungsparametern nach Taut u. Hanke (76) gezeigt. Für $q \geqq q_c$ hat P^{NFE} eine Doppelpeakstruktur, die auch experimentell beobachtet wird. Ebenfalls auf die Bandstruktur zurückzuführen ist das in Abb. 6.3-3 ersichtliche Minimum der Halbwertsbreite des Plasmonpeaks, das ebenfalls experimentell belegt ist.

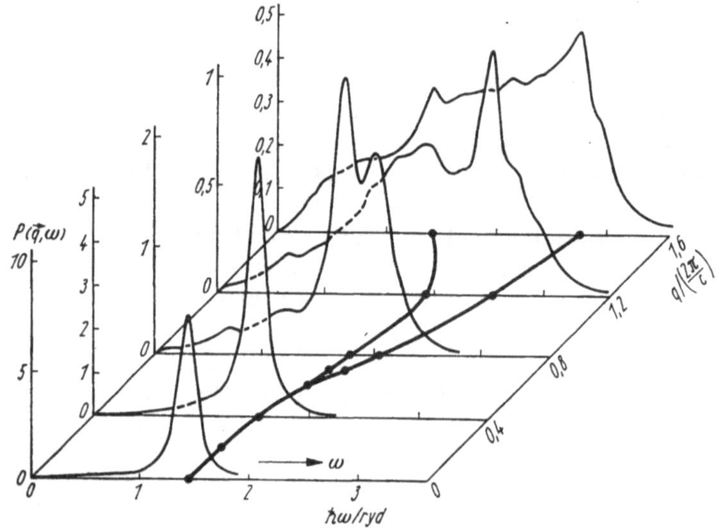

Abb. 6.3-2. Verlustfunktion $P(\boldsymbol{q}, \omega)$ von Beryllium mit angepaßtem Dämpfungsparameter nach Taut u. Hanke (76). Die dicke Linie in der Grundfläche zeigt die Peaklagen an

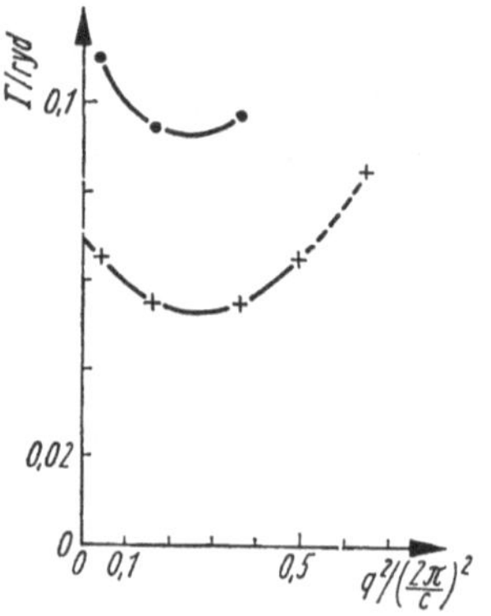

Abb. 6.3-3 Halbwertsbreite des Plasmonpeaks von Beryllium: —— ohne Dämpfung, —— mit demselben Dämpfungsparameter wie in Abb. 6.3-2

6.3.4. Verlustfunktion in Hochimpulsnäherung

Im Grenzfall großer Impulsübertragung an die Probe kann die Formel für die Verlustfunktion wesentlich vereinfacht werden. Da wir hier primär an Bandstruktureffekten interessiert sind, beschränken wir uns von vornherein auf Einteilchennäherungen. In nichtselbstkonsistenter Einteilchennäherung bekommen wir

$$P(\boldsymbol{q}, \omega) = -\text{Im}\, \varepsilon_{\text{nsc}}^{-1}(\boldsymbol{q}, \boldsymbol{q}; \omega) = \text{Im}\, \varepsilon_{\text{sc}}(\boldsymbol{q}, \boldsymbol{q}; \omega) \equiv \varepsilon_2(\boldsymbol{q}, \omega)\,. \tag{24}$$

Die Gültigkeit des zweiten Gleichheitszeichens wurde in (6.2-63) bewiesen. Dasselbe Ergebnis erhalten wir in der selbstkonsistenten Näherung unter Vernachlässigung der Nichtdiagonalelemente der dielektrischen Matrix und unter Beachtung der für $q \gg k_{\text{F}}$ geltenden Relation $\varepsilon_2(\boldsymbol{q}, \omega) \ll \varepsilon_1(\boldsymbol{q}, \omega) \approx 1$. Setzt man ε_2 aus (6.2-62 u. 59) in

(24) ein und schreibt die angeregten Zustände $k' \equiv (\boldsymbol{k}+\boldsymbol{q}, \nu', s')$ im erweiterten Zonenschema, erhält man

$$P(\boldsymbol{q}, \omega) = -\pi \frac{4\pi e^2}{q^2} \frac{2}{V} \sum_{\boldsymbol{G}} \sum_{\boldsymbol{k} \in \mathrm{BZ}} \sum_{\nu} (f^0_{\boldsymbol{k}+\boldsymbol{q}+\boldsymbol{G}} - f^0_{\boldsymbol{k}\nu}) \, |\langle \boldsymbol{k}+\boldsymbol{q}+\boldsymbol{G}| \, e^{i\boldsymbol{q}\boldsymbol{r}} \, |\boldsymbol{k}\nu\rangle|^2 * \\ * \, \delta(\varepsilon_{\boldsymbol{k}+\boldsymbol{q}+\boldsymbol{G}} - \varepsilon_{\boldsymbol{k}\nu} - \hbar\omega) \,. \tag{25}$$

Zustände mit $k \gg k_{\mathrm{F}}$ kann man gut durch freie Elektronen approximieren:

$$\langle \boldsymbol{k}+\boldsymbol{q}+\boldsymbol{G}| = (\boldsymbol{k}+\boldsymbol{q}+\boldsymbol{G}| \,, \tag{26}$$

$$\varepsilon_{\boldsymbol{k}+\boldsymbol{q}+\boldsymbol{G}} - \varepsilon_{\boldsymbol{k}\nu} = \frac{\hbar^2}{2m} (\boldsymbol{k}+\boldsymbol{q}+\boldsymbol{G})^2 - \varepsilon_{\boldsymbol{k}\nu} = \frac{\hbar^2}{2m} \left[\boldsymbol{q}(\boldsymbol{k}+\boldsymbol{G}) + \frac{q^2}{2} \right]. \tag{27}$$

Auf der rechten Seite von (27) wurden alle Glieder, die $\boldsymbol{q}$ nicht enthalten, vernachlässigt. Da in (25) $\boldsymbol{k}$ in der ersten Brillouin-Zone liegt, ist $\boldsymbol{k}+\boldsymbol{q}+\boldsymbol{G}$ für große $\boldsymbol{q}$ unbesetzt:

$$f^0_{\boldsymbol{k}+\boldsymbol{q}+\boldsymbol{G}} = 0 \,. \tag{28}$$

(26), (27) und (28) in (25) eingesetzt, ergibt

$$P(\boldsymbol{q}, \omega) = \pi \frac{4\pi e^2}{q^2} \frac{m}{\hbar^2} \frac{2}{V} \sum_{\boldsymbol{G}} \sum_{\boldsymbol{k} \in \mathrm{BZ}} \sum_{\nu} f^0_{\boldsymbol{k}\nu} |(\boldsymbol{k}+\boldsymbol{G}| \, \boldsymbol{k}\nu\rangle|^2 * \\ * \, \delta\left(\boldsymbol{q}(\boldsymbol{k}+\boldsymbol{G}) + \frac{q^2}{2} - \frac{m}{\hbar}\omega\right). \tag{29}$$

Mit der Substitution $\boldsymbol{k}+\boldsymbol{G} \equiv \boldsymbol{p}$ und wegen $(\boldsymbol{p}\,|\boldsymbol{k}\nu\rangle \sim \sum_{\boldsymbol{G}} \delta(\boldsymbol{p}-\boldsymbol{k}-\boldsymbol{G})$ kann $\sum_{\boldsymbol{G}}$ durch die quasikontinuierliche Summe $\sum_{\boldsymbol{p}}$ ersetzt werden. Das führt auf

$$P(\boldsymbol{q}, \omega) = \pi \frac{4\pi e^2}{q^2} \frac{m}{\hbar^2} \frac{2}{V} \sum_{\boldsymbol{p}} \sum_{\boldsymbol{k} \in \mathrm{BZ}} \sum_{\nu} f^0_{\boldsymbol{k}\nu} |(\boldsymbol{p} \mid \boldsymbol{k}\nu\rangle|^2 \, \delta\left(\boldsymbol{p}\boldsymbol{q} + \frac{q^2}{2} - \frac{m}{\hbar}\omega\right). \tag{30}$$

Wir definieren nun die Impulsverteilung

$$n(\boldsymbol{p}) = 2 \sum_{\boldsymbol{k} \in \mathrm{BZ}} \sum_{\nu} f^0_{\boldsymbol{k}\nu} |(\boldsymbol{p} \mid \boldsymbol{k}\nu\rangle|^2 \,. \tag{31}$$

$(\boldsymbol{p} \mid \boldsymbol{k}\nu\rangle$ in (31) ist die Fourier-Transformierte der Bloch-Funktion $|\boldsymbol{k}\nu\rangle$, und $|(\boldsymbol{p} \mid \boldsymbol{k}\nu\rangle|^2$ ist die Wahrscheinlichkeit dafür, daß im Zustand $|\boldsymbol{k}\nu\rangle$ der Impuls $\boldsymbol{p}$ gemessen wird.

Wir schreiben außerdem $\boldsymbol{q} = q\boldsymbol{e}$ und ziehen den Faktor q aus der δ-Funktion heraus. Außerdem wird die Summe über $\boldsymbol{p}$ in ein Integral übergeführt. Dann lautet (29)

$$P(\boldsymbol{q}, \omega) = \pi \frac{4\pi e^2}{q^2} \frac{m}{\hbar^2} \frac{1}{q} \frac{1}{4\pi^3} \int \mathrm{d}^3p \; n(\boldsymbol{p}) \, \delta\left(\boldsymbol{e}\boldsymbol{p} + \frac{q}{2} - \frac{m}{\hbar} \frac{\omega}{q}\right). \tag{32}$$

Wegen der δ-Funktion ist (32) ein Flächenintegral über die Ebene

$$\boldsymbol{p}\boldsymbol{e} = \frac{m}{\hbar} \frac{\omega}{q} - \frac{q}{2} \equiv a \,. \tag{33}$$

a ist der Abstand der Ebene vom Zentrum der Brillouin-Zone. P ist also proportional zur Anzahl der Elektronen, deren Impuls auf einer Ebene im $\boldsymbol{p}$-Raum liegt. Diese Anzahl als Funktion von a nennen wir Compton-Profil:

$$I(a, \boldsymbol{e}) \equiv \int \mathrm{d}^3p \; n(\boldsymbol{p}) \, \delta(\boldsymbol{e}\boldsymbol{p} - a) \,. \tag{34}$$

Die Impulsverteilung kann in die Beiträge der einzelnen Bänder (einschl. der Rumpfbänder) zerlegt werden. Für die Valenzelektronen einfacher Metalle ist das

Modell freier Elektronen eine brauchbare erste Näherung. Dann ergibt sich für $T = 0$ aus (31)

$$n^0(\boldsymbol{p}) = \sum_{\boldsymbol{k}} \Theta(k_F - k)\, \delta_{\boldsymbol{k},\boldsymbol{p}} = \Theta(k_F - p)\,. \tag{35}$$

Damit lautet (34)

$$\begin{aligned} I^0(a) &= \int d^3p\, \Theta(k_F - p)\, \delta(\boldsymbol{e}\boldsymbol{p} - a) \\ &= \begin{cases} \pi(k_F^2 - a^2) & \text{für } a < k_F\,, \\ 0 & \text{für } a > k_F\,. \end{cases} \end{aligned} \tag{36}$$

Für $a < k_F$ hat $I^0(a)$ die Form einer nach unten offenen Parabel.

Den Beitrag der Rumpfzustände kann man in guter Näherung ebenfalls analytisch berechnen. Man nähert dazu die Bloch-Funktionen durch Bloch-Summen aus atomaren Wellenfunktionen $R_{nl}(r)\, \mathcal{Y}_{lm}(\boldsymbol{r})$ an. Damit erhält man dann für ein Band

$$n^c(\boldsymbol{p}) = N^2 |(\boldsymbol{p}\, | R_{nl}(r)\, \mathcal{Y}_{lm}(\boldsymbol{r}) \rangle|^2\,. \tag{37}$$

N ist die Anzahl der Elementarzellen. Der Beitrag zur Impulsverteilung ist also direkt proportional zur Fourier-Transformierten der Rumpfwellenfunktion. Entwickelt man außerdem noch den Radialteil R in eine Reihe nach Slater-Funktionen vom Typ $r^n \exp(-\zeta r)$, so sind alle in (37) auftretenden Integrale analytisch lösbar. Da die Rumpfzustände im Ortsraum stark lokalisiert sind, ist die Fourier-Transformierte davon weit ausgebreitet. Deshalb ist auch I als Funktion von a über einen breiten Bereich verteilt. Dieser Anteil der Rumpfelektronen ist dem der Valenzelektronen überlagert. Bei schweren Elementen mit vielen Rumpfzuständen wird dadurch die Extraktion der Information über die Valenzzustände aus den experimentellen Profilen erschwert.

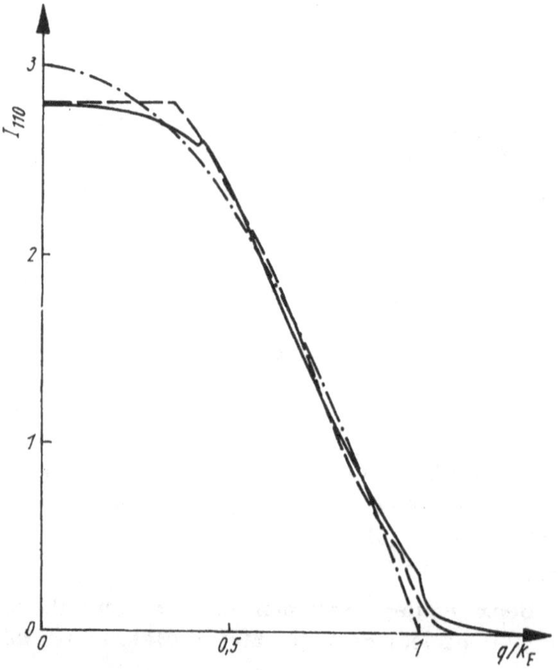

Abb. 6.3-4. Compton-Profil für Beryllium nach Rennert u. a. (78). $\boldsymbol{q}$ Liegt in Richtung ΓK. —·—·— Rechnung für freie Elektronen gemäß Formel (36), – – – Rechnung für freie Elektronen, wobei aber die Fermi-Kugel durch die ersten beiden Brillouin-Zonen im erweiterten Zonenschema ersetzt ist, ——— exakte Rechnung nach Formel (34). Die Koordinatenbezeichnungen müssen richtig $I_{110}k_F$ und a/k_F lauten. I ist hier so normiert, daß $\int da\, I(a, \boldsymbol{e}) = 4$ ist und nicht $4\pi k_F^3/3$, wie aus (34) folgt.

In Abb. 6.3-4 ist das Compton-Profil der Valenzelektronen von Beryllium nach Rennert u. a. (78) in verschiedenen Näherungen gezeigt. Wir entnehmen daraus, daß ein großer Teil der Abweichung vom Verlauf bei freien Elektronen von der Änderung des Fermi-Körpers unter Einfluß des Kristallpotentials stammt. Der auslaufende Schwanz in der exakten Kurve ist eine Folge der Hochimpulskomponenten in den Wellenfunktionen.

6.4. Optische Eigenschaften

6.4.1. Transversale dielektrische Funktion

Unter optischen Eigenschaften wollen wir hier die Eigenschaften von Metallen bei Bestrahlung mit elektromagnetischen Wellen der Frequenz des sichtbaren Lichtes und angrenzender Frequenzbereiche verstehen. In diesem Gebiet werden die Eigenschaften in erster Linie durch Elektronenübergänge zwischen besetzten und unbesetzten Valenzzuständen bestimmt. Da sowohl die Wellenlänge als auch die Dämpfungslänge des Lichtes (beide $\approx 10^{-6}$ m) groß gegen die atomaren Dimensionen ($\approx 10^{-10}$ m) sind, kann in den Materialtensoren der Grenzfall $q \to 0$ (d. h. $\lambda \to \infty$) verwendet werden. Die Definitionsgleichung für das hier verwendete makroskopische $\boldsymbol{\varepsilon}$ ist dann ein Spezialfall von (6.2-13):

$$\boldsymbol{D}(\boldsymbol{r}, t) = \varepsilon_0 \int \mathrm{d}t' \, \boldsymbol{\varepsilon}(t - t') \, \boldsymbol{E}(\boldsymbol{r}, t') \, . \tag{1}$$

Die Fourier-Transformation davon lautet

$$\boldsymbol{D}(\boldsymbol{q}, \omega) = \varepsilon_0 \boldsymbol{\varepsilon}(\omega) \, \boldsymbol{E}(\boldsymbol{q}, \omega) \, . \tag{2}$$

Analog folgen die Definitionen für $\boldsymbol{\mu}(\omega)$ und $\boldsymbol{\sigma}(\omega)$ aus (6.2-19 u. 35). Um Mißverständnissen vorzubeugen, soll ausdrücklich betont werden, daß das Licht als elektromagnetische Welle durch ein $\boldsymbol{D}$- und $\boldsymbol{E}$-Feld proportional zu $\exp\,[i(\boldsymbol{qr} - \omega t)]$ mit endlichem $\boldsymbol{q}$ beschrieben wird. Nur die Materialkonstante, die beide Felder miteinander verknüpft, wird dem Grenzfall $q \to 0$ entlehnt.

Als nächstes wollen wir einen Zusammenhang zwischen dem in (2) definierten $\boldsymbol{\varepsilon}$ und verwandten Tensoren in [6.2] herstellen. In [6.2.7] wurde ein Ausdruck für die longitudinale dielektrische Funktion im Grenzfall $\boldsymbol{q} \to 0$ abgeleitet. Diese hängt neben ω noch von der Polarisationsrichtung $\boldsymbol{e}_E$ des elektrischen Feldes ab,

$$\varepsilon(\boldsymbol{e}_E, \omega) \equiv \boldsymbol{e}_E \boldsymbol{\varepsilon}(\omega) \, \boldsymbol{e}_E \, . \tag{3}$$

Wenn wir mit Hilfe von (3) den gesamten für die Beschreibung optischer Phänomene zuständigen Tensor $\boldsymbol{\varepsilon}(\omega)$ ermitteln wollen, muß $\varepsilon(\boldsymbol{e}_E, \omega)$ für die durch die Kristallsymmetrie festgelegten Hauptachsenrichtungen $\boldsymbol{e}_i$ ($i = 1, 2, 3$) bestimmt werden,

$$\varepsilon(\boldsymbol{e}_i, \omega) = \boldsymbol{e}_i \, \boldsymbol{\varepsilon}(\omega) \, \boldsymbol{e}_i \, . \tag{4}$$

Daraus folgt dann

$$\boldsymbol{\varepsilon}(\omega) = \sum_i \varepsilon(\boldsymbol{e}_i, \omega) \, \boldsymbol{e}_i \circ \boldsymbol{e}_i \, .$$

Für $q = 0$ kann man also aus den longitudinalen dielektrischen Funktionen für drei Polarisationsrichtungen den gesamten Tensor konstruieren, da physikalisch kein Unterschied zwischen longitudinalen und transversalen Wellen besteht.

Im weiteren werden wir uns mit optisch isotropen, also kubischen, Kristallen, bei denen die Materialtensoren durch Funktionen ersetzt werden können, beschäftigen.

Dazu gehört die Mehrzahl aller Metalle. Bei den optisch einachsigen Kristallen, wozu die hexagonalen Metalle zählen, werden die Materialtensoren durch zwei unabhängige Funktionen bestimmt. Diese beiden Funktionen enthalten alle verfügbaren Informationen über die Bandstruktur. Durch die Wahl entsprechender Versuchsbedingungen kann man diese beiden Funktionen mit den mathematischen Auswerteverfahren für isotrope Kristalle erhalten. Wir werden darauf in [6.4.3] kurz eingehen.

6.4.2. Komplexer Brechungsindex

Zunächst stellen wir die Wellengleichung für das Feld $\boldsymbol{E}$ in einer Substanz unter der Bedingung $\varrho^{\text{ext}} = 0$, $\boldsymbol{j}^{\text{ext}} = 0$ auf. Wir bilden dafür die Rotation von (6.2-11) und die Zeitableitung von (6.2-4), wobei in der letztgenannten Gleichung vorher zu den makroskopischen Feldern übergegangen wurde. Beachtet man noch, daß wegen (1) und $\partial\boldsymbol{D}/\partial\boldsymbol{r} = 0$ im hier betrachteten Spezialfall (Isotropie) auch $\partial\boldsymbol{E}/\partial\boldsymbol{r} = 0$ ist, so entsteht nach Elimination von $\boldsymbol{B}$ die Wellengleichung

$$\left[\frac{1}{c^2}\frac{\partial^2}{\partial t^2} - \Delta\right]\boldsymbol{E}(\boldsymbol{r}, t) = -\mu_0 \frac{\partial}{\partial t}\boldsymbol{j}^{\text{ind}}(\boldsymbol{r}, t)\,. \tag{5}$$

Nach zeitlicher Fourier-Transformation und unter Beachtung von

$$\boldsymbol{j}^{\text{ind}}(\boldsymbol{r}, \omega) = \sigma(\omega)\,\boldsymbol{E}(\boldsymbol{r}, \omega) \tag{6}$$

entsteht daraus

$$\left[-\frac{\omega^2}{c^2} - \Delta\right]\boldsymbol{E}(\boldsymbol{r}, \omega) = i\omega\mu_0\,\sigma(\omega)\,\boldsymbol{E}(\boldsymbol{r}, \omega)\,. \tag{7}$$

Für die Ortsabhängigkeit von $\boldsymbol{E}$ machen wir nun folgenden Ansatz:

$$\boldsymbol{E}(\boldsymbol{r}, \omega) = \boldsymbol{E}_0\,\mathrm{e}^{i\boldsymbol{K}\boldsymbol{r}}\,. \tag{8}$$

Dann hat $\boldsymbol{E}(\boldsymbol{r}, t)$ die allgemeine Form

$$\boldsymbol{E}(\boldsymbol{r}, t) = \int \frac{\mathrm{d}\omega}{2\pi}\,\boldsymbol{E}_0\,\mathrm{e}^{i(\boldsymbol{K}\boldsymbol{r} - \omega t)}\,. \tag{9}$$

$\boldsymbol{E}_0$ und $\boldsymbol{K}$ sind Funktionen von ω. Man muß sich überall dort, wo $\boldsymbol{E}$ komplex ist, das Zeichen für Realteil davorgeschrieben denken. Wird (8) in (7) eingesetzt, entsteht als Nebenbedingung für (9) die *Dispersionsrelation*

$$K^2 = \left(\frac{\omega}{c}\right)^2\left[1 + i\,\frac{\sigma(\omega)}{\varepsilon_0\omega}\right] = \left(\frac{\omega}{c}\right)^2 \varepsilon(\omega)\,\mu(\omega) = \left(\frac{\omega}{c}\right)^2 \tilde{\varepsilon}(\omega)\,. \tag{10}$$

Das zweite Gleichheitszeichen entsteht unter Beachtung von (6.2-36) und das dritte mit (6.2-38). Definieren wir nun den komplexen Brechungsindex $N = n_1 + in_2$ durch

$$K^2 = \left(\frac{\omega}{c}\right)^2 N^2 \tag{11}$$

und nähern $\mu(\omega) = 1$, was für nichtferromagnetische Metalle in diesem Frequenzbereich gut ist, so kann man N allein durch ε ausdrücken:

$$N^2 = \varepsilon\,. \tag{12}$$

Zerlegen in Real- und Imaginärteil liefert

$$\varepsilon_1 = n_1^2 - n_2^2\,, \tag{13}$$

$$\varepsilon_2 = 2n_1n_2\,. \tag{14}$$

Löst man (13) und (14) nach n_1 und n_2 auf, erhält man

$$n_1^2 = \tfrac{1}{2}\left[\varepsilon_1 + \sqrt{\varepsilon_1^2 + \varepsilon_2^2}\right], \tag{15}$$

$$n_2^2 = \tfrac{1}{2}\left[-\varepsilon_1 + \sqrt{\varepsilon_1^2 + \varepsilon_2^2}\right]. \tag{16}$$

Anschaulich bestimmen n_1 und n_2 die Brechung des Lichtes an einer Grenzfläche zum Vakuum sowie die Absorption des Lichtes im Material. Beide Größen sind in Metallen aber experimentell nicht direkt zugänglich. In der Praxis mißt man das Reflexionsvermögen R und bestimmt daraus ε_1 und ε_2 (s. [6.4.3]).

Für das magnetische Feld $\boldsymbol{H}$ kann man ebenso eine Wellengleichung aufstellen, die Lösungen analog zu (9) hat. Die darin enthaltenen $\boldsymbol{E}_0$ und $\boldsymbol{H}_0$ sind jedoch über die Maxwell-Gleichungen miteinander gekoppelt. Aus (6.2-11) entsteht mit (8), einem analogen Ansatz für $\boldsymbol{H}$ sowie $\mu(\omega) = 1$

$$\boldsymbol{H}_0 = \frac{1}{\mu_0\omega}\boldsymbol{K} \times \boldsymbol{E}_0\,. \tag{17}$$

6.4.3. Reflexionsvermögen

Bei der Berechnung des Reflexionsvermögens beschränken wir uns auf den Spezialfall senkrechter Inzidenz. Dieser ist experimentell nicht exakt zu realisieren. Bei kleinen Einfallswinkeln ändert sich aber das Reflexionsvermögen gegenüber dem senkrechten Einfall nur geringfügig.

Für das elektrische Feld im Vakuum machen wir einen Ansatz, der aus einer einfallenden und einer reflektierten ebenen Welle besteht ($\boldsymbol{e}$ ist der Einheitsvektor in Einfallsrichtung):

$$\boldsymbol{E}^{\mathrm{v}} = \boldsymbol{E}_{\mathrm{e}}\, \mathrm{e}^{i(\omega/c)\,(\boldsymbol{er} - ct)} + \boldsymbol{E}_{\mathrm{r}}\, \mathrm{e}^{i(\omega/c)\,(-\boldsymbol{er} - ct)}\,. \tag{18}$$

Im Medium existiert nur die durchgehende Welle:

$$\boldsymbol{E}^{\mathrm{m}} = \boldsymbol{E}_{\mathrm{d}}\, \mathrm{e}^{i(\omega/c)\,(N\boldsymbol{er} - ct)}\,. \tag{19}$$

Analoge Ansätze gelten für das magnetische Feld $\boldsymbol{H}$. An einer Grenzfläche zwischen zwei homogenen Medien gehen die Tangentialkomponenten von $\boldsymbol{E}$ und $\boldsymbol{H}$ stetig über. Da $\boldsymbol{E}$ und $\boldsymbol{H}$ im isotropen Medium rein transversal sind, folgt

$$\boldsymbol{E}_{\mathrm{e}} + \boldsymbol{E}_{\mathrm{r}} = \boldsymbol{E}_{\mathrm{d}}\,, \tag{20}$$

$$\boldsymbol{H}_{\mathrm{e}} + \boldsymbol{H}_{\mathrm{r}} = \boldsymbol{H}_{\mathrm{d}}\,. \tag{21}$$

Ersetzt man in (21) mit Hilfe von (17) $\boldsymbol{H}$ durch $\boldsymbol{E}$, entsteht

$$\boldsymbol{E}_{\mathrm{e}} - \boldsymbol{E}_{\mathrm{r}} = N\boldsymbol{E}_{\mathrm{d}}\,. \tag{22}$$

(20) und (22) nach $\boldsymbol{E}_{\mathrm{e}}$ und $\boldsymbol{E}_{\mathrm{r}}$ aufgelöst, ergibt

$$\boldsymbol{E}_{\mathrm{e}} = \tfrac{1}{2}\,(1 + N)\,\boldsymbol{E}_{\mathrm{d}}\,, \tag{23}$$

$$\boldsymbol{E}_{\mathrm{r}} = \tfrac{1}{2}\,(1 - N)\,\boldsymbol{E}_{\mathrm{d}}\,. \tag{24}$$

Das Reflexionsvermögen R ist definiert als Quotient aus reflektierter und eingestrahlter mittlerer Energiestromdichte $\overline{S}$. Im Vakuum erhält man $\overline{S}$ für eine ebene Welle aus

$$\overline{S}_0 = \overline{|\boldsymbol{E} \times \boldsymbol{H}|} = \tfrac{1}{2}\, \varepsilon_0 c |E_0|^2 \,. \tag{25}$$

E_0 ist die Länge des in (8) auftretenden Vektors $\boldsymbol{E}_0$. Dieser ist als komplex anzunehmen. $|E_0|$ ist der Absolutbetrag dieser komplexen Zahl. Für R erhält man mit (23) und (24)

$$R = \frac{\overline{S}_{\mathrm{r}}}{\overline{S}_{\mathrm{e}}} = \left|\frac{E_{\mathrm{r}}}{E_{\mathrm{e}}}\right|^2 = \left|\frac{1-N}{1+N}\right|^2 = \frac{(1-n_1)^2 + n_2^2}{(1+n_1)^2 + n_2^2} \,. \tag{26}$$

R ist also durch ε_1 und ε_2 vollständig bestimmt. Man kann aber zunächst nicht ε_1 und ε_2 aus R allein bestimmen. Dazu muß man noch die Kramers-Kronig-Relation (6.2-74 oder 75) als Beziehung zwischen ε_1 und ε_2 hinzunehmen. Das setzt jedoch voraus, daß R über den gesamten Frequenzbereich (aus Messungen in Verbindung mit der Eigenschaft $R \to 0$ für $\omega \to \infty$) bekannt ist.

Bei der experimentellen Bestimmung von R an hexagonalen Kristallen schneidet man die Oberfläche so, daß sie in der optischen Achse liegt. Die Polarisation des Lichtes kann dann sowohl parallel als auch senkrecht zur optischen Achse gelegt werden. Durch Auswertung dieser beiden Meßreihen erhält man die beiden den dielektrischen Tensor bestimmenden Eigenwerte.

6.4.4. Reflexionsvermögen einfacher Metalle

Die optischen Eigenschaften einfacher Metalle sind in ihren wesentlichen Charakterzügen schon im Modell freier Elektronen erklärbar. Die Bandstruktur liefert nur für Photonenenergien von einigen eV Abweichungen von diesem Verlauf.

Wir betrachten zunächst den Fall freier Elektronen ohne Dämpfung. Die zugehörige dielektrische Funktion ist in (6.2-104 u. 105) angegeben:

$$\varepsilon_1(\omega) = 1 - \left(\frac{\omega_{\mathrm{pl}}}{\omega}\right)^2, \qquad \varepsilon_2(\omega) = -\pi\omega_{\mathrm{pl}}^2 \frac{\mathrm{d}}{\mathrm{d}\omega}\,\delta(\omega) \,. \tag{27}$$

Für $\omega > 0$ verschwindet ε_2. Aus (15) und (16) folgt der komplexe Brechungsindex

$$n_1 = \begin{cases} 0 \\ \sqrt{\varepsilon_1} \end{cases}, \qquad n_2 = \begin{cases} \sqrt{|\varepsilon_1|} & \text{für} \quad 0 < \omega \leqq \omega_{\mathrm{pl}} \,, \\ 0 & \text{für} \quad \omega \geqq \omega_{\mathrm{pl}} \,. \end{cases} \tag{28}$$

Bei $\omega = 0$ haben beide Konstanten eine Singularität der Form $(\mathrm{d}/\mathrm{d}\omega)\,\delta(\omega)$. Für das Reflexionsvermögen folgt aus (26)

$$R = \begin{cases} 1 & \text{für} \quad \omega \leqq \omega_{\mathrm{pl}} \,, \\ \left(\dfrac{1-\sqrt{\varepsilon_1}}{1+\sqrt{\varepsilon_1}}\right)^2 & \text{für} \quad \omega \geqq \omega_{\mathrm{pl}} \,. \end{cases} \tag{29}$$

Formel (29) schließt den Wert für $\omega = 0$ ein. In Abb. 6.4-1 sind n_1, n_2 und R gemäß (28) und (29) gezeichnet.

Interessant ist die Tatsache, daß in einem freien, ungedämpften Elektronengas keine Absorption stattfindet. Das ist darauf zurückzuführen, daß wegen des Verschwindens der Interbandmatrixelemente (s. [6.2.10]) von elektromagnetischer Strah-

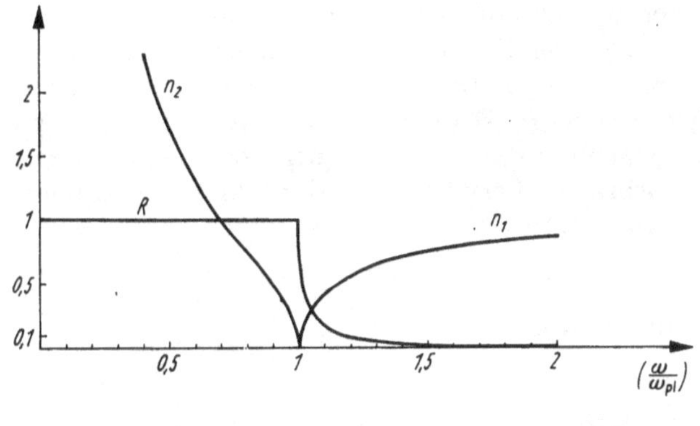

Abb. 6.4-1. Optische Eigenschaften des freien Elektronengases ohne Dämpfung. Reflexionsvermögen R, komplexer Brechungsindex $n_1 + in_2$

lung keine Interbandübergänge erzeugt werden können. Für $\omega < \omega_{pl}$ tritt wegen $n_1 = 0$ (schon bei senkrechtem Einfall) Totalreflexion ein, während sich für $\omega > \omega_{pl}$ das freie Elektronengas in optischer Hinsicht wie ein idealer Isolator verhält. Letzteres bedeutet, daß ein Teil der auftreffenden Strahlung reflektiert wird, während sich der Rest wegen $n_2 = 0$ ohne Absorption durch das Medium ausbreitet. Die guten Reflexionseigenschaften der Metalle im sichtbaren Bereich sind neben der Existenz quasifreier Elektronen darauf zurückzuführen, daß dieser Bereich stets unterhalb ω_{pl} liegt, wo im Modell freier Elektronen $R = 1$ ist.

Die Dämpfung wird durch Übergang von (27) zur Drude-Funktion (6.2-96) berücksichtigt, wobei für freie Elektronen $\omega_{pl}^* = \omega_{pl}$ zu setzen ist:

$$\varepsilon_1(\omega) = 1 - \frac{\omega_{pl}^2}{\omega^2 + \left(\frac{1}{\tau}\right)^2}, \qquad \varepsilon_2(\omega) = \frac{\omega_{pl}^2/\tau}{\omega\left[\omega^2 + \left(\frac{1}{\tau}\right)^2\right]}. \tag{30}$$

ε_1 in (30) unterscheidet sich gegenüber (27) nicht wesentlich. Bei ε_2 ist jedoch die $d\delta(\omega)/d\omega$-förmige Singularität auf endliche Breite verschmiert. Den gleichen Einfluß hat die Dämpfung auf die Singularitäten in n_1 und n_2. In R führt die Dämpfung lediglich zu einer Verschmierung der scharfen Ecke bei $\omega = \omega_{pl}$. Die Verschmierung ist um so größer, je kleiner τ ist.

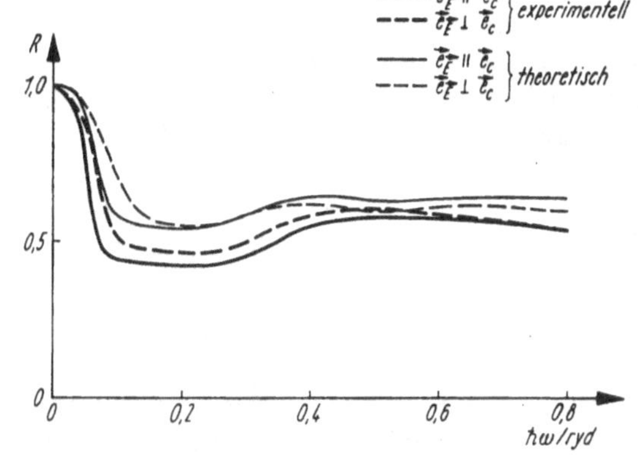

Abb. 6.4-2. Reflexionsvermögen von Beryllium mit angepaßtem Dämpfungsparameter aus Taut u. Hanke (76) für Polarisation $\boldsymbol{e}_E$ parallel und senkrecht zur hexagonalen Achse $\boldsymbol{e}_c$

Bandstruktureffekte wollen wir hier anhand von Beryllium, bei dem sie allerdings für die Verhältnisse in einfachen Metallen relativ groß sind, demonstrieren. Die in Abb. 6.4-2 gezeigte Rechnung basiert auf der in [3.7] beschriebenen Bandstruktur. Die Dämpfung ist gemäß [6.2.9] berücksichtigt. Beim Vergleich von Abb. 6.4-1 und Abb. 6.4-2 ist zu beachten, daß bei Beryllium die Plasmafrequenz bei 1,36 *ryd* liegt. Die Abweichung von R vom Wert Eins bei Beryllium im abgebildeten Frequenzbereich ist deshalb ein reiner Bandstruktureffekt.

6.5. Weiche Röntgen-Emissionsspektren

6.5.1. Einteilchentheorie

Experimentelle Voraussetzung für die Erzeugung weicher Röntgen-Emissionsspektren ist die Herstellung unbesetzter Rumpfzustände. Das erreicht man durch Anregung der Rumpfelektronen mittels primärer Elektronen oder Röntgen-Strahlen. Die so erzeugten Löcher werden durch spontan nachspringende Elektronen aus darüberliegenden Zuständen wieder aufgefüllt, wobei Photonen im Bereich der weichen Röntgen-Strahlung emittiert werden (s. Abb. 6.5-1). Experimentelle Aspekte

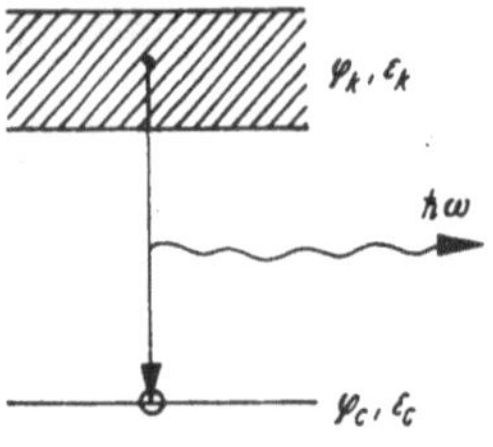

Abb. 6.5-1. Schematische Darstellung der Erzeugung weicher Röntgen-Spektren

werden von Meisel u. a. (77) ausführlicher behandelt. Im Rahmen der Einteilchentheorie beträgt die Übergangswahrscheinlichkeit für den spontanen Übergang $\varphi_k \to \varphi_c$ (Schiff, 55)

$$\gamma_{ck} \sim \omega |\langle c| \, e^{i\boldsymbol{q}\boldsymbol{r}} \, \boldsymbol{\eta}\boldsymbol{p} |k\rangle|^2 \, \delta(\varepsilon_k - \varepsilon_c - \hbar\omega) \,. \tag{1}$$

$\boldsymbol{p}$ ist der Impulsoperator, $\boldsymbol{q}$ der Wellenzahlvektor der emitterten Welle, ω deren Frequenz und $\boldsymbol{\eta}$ deren Polarisation. $k = (\boldsymbol{k}, \nu, s)$ symbolisiert wieder die Gesamtheit von Bloch-Vektor, Bandindex und Spinorientierung. Konstante Vorfaktoren interessieren in diesem Abschnitt nicht, da die zugehörigen Messungen nur Relativmessungen sind. In der im weiteren verwendeten Dipolnäherung wird die Reihenentwicklung $\exp(i\boldsymbol{q}\boldsymbol{r}) = 1 + i\boldsymbol{q}\boldsymbol{r} + \ldots$ nach dem ersten Glied abgebrochen. Der dadurch entstehende Fehler ist von der Größenordnung $qa \approx 10^{-2} \ldots 10^{-1}$, wobei a der Rumpfradius ist.

Beim Vorhandensein vieler Rumpflöcher in verschiedenen Niveaus erhält man die mittlere Anzahl der pro Zeit und Frequenzintervall emittierten Photonen $I(\omega)$ aus (1) durch Summation über alle c und besetzten k:

$$I(\omega) \sim \omega \sum_c f^0(\varepsilon_c + \hbar\omega) \sum_k |\langle c| \, \boldsymbol{\eta}\boldsymbol{p} \, |k\rangle|^2 \, \delta(\varepsilon_k - \varepsilon_c - \hbar\omega) \,. \tag{2}$$

$f^0(\varepsilon)$ ist wieder die Fermi-Verteilungsfunktion. Die Spektren von energetisch weit genug entfernt liegenden Rumpfniveaus überlappen sich nicht, so daß man diese

Teilspektren einzeln untersuchen kann. Man benennt die einzelnen Spektrenteile nach der Schale, in die die Übergänge stattfinden, als K-, L- usw. Spektren.

Man kann die in (2) enthaltenen Matrixelemente des Impulsoperators $\boldsymbol{p}$ durch solche mit dem Ortsoperator $\boldsymbol{r}$ ersetzen. Ausgangspunkt dafür ist die für ein beliebiges lokales Potential geltende Vertauschung

$$[H, \boldsymbol{r}] = \left[\frac{\boldsymbol{p}^2}{2m}, \boldsymbol{r}\right] = \frac{\hbar}{i}\frac{\boldsymbol{p}}{m}\,. \tag{3}$$

Bildet man mit beiden Seiten von (3) Matrixelemente und beachtet, daß $|c\rangle$ und $|k\rangle$ Eigenfunktionen von H sind, erhält man

$$(\varepsilon_c - \varepsilon_k)\,\langle c|\,\boldsymbol{r}\,|k\rangle = \langle c|\,H\boldsymbol{r} - \boldsymbol{r}H\,|k\rangle = \frac{\hbar}{i}\left\langle c\left|\frac{\boldsymbol{p}}{m}\right|k\right\rangle.$$

Der folgende Ausdruck ist deshalb vollkommen äquivalent zu (2):

$$I(\omega) \sim \omega^3 \sum_c f^0(\varepsilon_c + \hbar\omega) \sum_k |\langle c|\,\boldsymbol{\eta r}\,|k\rangle|^2\,\delta(\varepsilon_k - \varepsilon_c - \hbar\omega)\,. \tag{4}$$

Die Äquivalenz gilt allerdings streng nur für die exakten Wellenfunktionen, bei Näherungen können sich (2) und (4) in ihren Ergebnissen unterscheiden.

Wird die emittierte Röntgen-Strahlung nicht auf ihre Polarisation hin untersucht, muß noch über die Polarisationen summiert werden. In (4) ist dann $|\langle c|\,\boldsymbol{\eta r}\,|k\rangle|^2$ durch $\sum_i |\langle c|\,x_i\,|k\rangle|^2$ zu ersetzen. Analoges gilt für (2).

6.5.2. Dämpfung

Die in [6.5.1] dargelegte Einteilchentheorie gibt nur die von der Bandstruktur bedingten Charakteristika der Spektren wieder. Nicht beachtet wurde bisher, daß sowohl der an einem bestimmten Übergang beteiligte Rumpf- als auch der Valenzzustand eine endliche Lebensdauer τ und damit energetische Halbwertsbreite Γ haben. Diese endliche Breite führt zur Verschmierung der von der Bandstruktur herrührenden Strukturen. Unter Zugrundelegung einer Lorentz-Verteilung der einzelnen Niveaus bekommt man das verbreiterte Spektrum I^{b} aus dem unverbreiterten I durch Faltung mit einer Lorentz-Funktion,

$$I^{\mathrm{b}}(\omega) = \int \mathrm{d}\omega'\,\frac{1}{\pi}\,\frac{\Gamma(\omega')}{[\omega - \omega']^2 + [\Gamma(\omega')]^2}\,I(\omega')\,. \tag{5}$$

$\Gamma(\omega')$ setzt sich aus den Halbwertsbreiten des Rumpf- und des Valenzniveaus zusammen,

$$\Gamma(\omega') = \Gamma_c + \Gamma_{\mathrm{v}}(\omega')\,. \tag{6}$$

Wie schon bei der dielektrischen Funktion existiert auch hier keine zuverlässige Theorie zur Berechnung der Halbwertsbreiten. Γ_c kann aber Röntgen-spektroskopisch bestimmt werden. Die Breite der Rumpfniveaus steigt mit steigender Ordnungszahl bzw. mit wachsender energetischer Tiefe des Niveaus schnell an. Wegen des damit verbundenen ansteigenden Verschmierungseffektes sind die zu hochliegenden Niveaus gehörenden Spektren leichter Elemente am aussagekräftigsten.

Die Lebensdauer der Valenzlöcher ist in erster Linie auf Auger-Übergänge zurückzuführen. Deshalb muß Γ_{v} an der Fermi-Kante verschwinden und am Bandboden maximal sein. Folgender empirische Ansatz erfüllt diese Bedingung:

$$\Gamma_v(\omega') = \Gamma_v(0) \left[\frac{\varepsilon_F - \varepsilon_c - \hbar\omega'}{\varepsilon_F - \varepsilon_0} \right]^2 . \tag{7}$$

ε_0 ist dabei die Energie des Bandbodens. Bei praktischen Rechnungen wird $\Gamma_v(0)$ angepaßt. Eine physikalisch besser fundierte Möglichkeit der Parametrisierung von $\Gamma_v(\omega')$ wird von Klein u. a. (78) verwendet.

6.5.3. Freie Elektronen, einfache Metalle

Voraussetzung für die Äquivalenz von (2) und (4) war, daß das Einteilchenpotential lokal ist und daß $|c\rangle$ und $|k\rangle$ Eigenfunktionen zum selben Hamilton-Operator sind. Nähern wir aber die Valenzzustände durch freie Elektronen,

$$|k\rangle = \frac{1}{\sqrt{V}} e^{i\boldsymbol{kr}} , \quad \varepsilon_k = \frac{\hbar^2}{2m} k^2 , \tag{8}$$

und die Rumpfzustände durch atomare Funktionen an,

$$|c\rangle = \mathcal{Y}_L(\boldsymbol{r})\, R_{ln}(r) , \quad \varepsilon_c = \varepsilon_{ln} , \quad L \triangleq (l, m) , \tag{9}$$

so ist diese Äquivalenz verletzt. Man bekommt dann mit (2) und (4) sogar qualitativ abweichende Ergebnisse.

Setzt man in (2) und (4) die ebene Welle in der Form (A 3-31)

$$e^{i\boldsymbol{kr}} = 4\pi \sum_{L'} i^{l'} \mathcal{Y}^*_{L'}(\boldsymbol{k})\, \mathcal{Y}_{L'}(\boldsymbol{r})\, j_{l'}(kr) \tag{10}$$

ein, ersetzt die Bessel-Funktion $j_l(x)$ durch ihr Verhalten für kleine x und beachtet bei (4) Formel (19), so können (2) und (4) analytisch integriert werden mit dem in Tab. 6.5-1 enthaltenen Ergebnis. ε ist dabei die Energie vom Bandboden aus gerechnet, d. h., $\hbar\omega = \varepsilon_0 + \varepsilon$. Offensichtlich zeigen bei Verwendung des Ortsoperators schon in der ebene-Welle-Näherung die Spektren das qualitativ richtige Verhalten, mit dem Impulsoperator jedoch erst bei Verwendung orthogonalisierter ebener Wellen. Daß die ebene Welle als Valenzzustand für die weichen Röntgen-Spektren eine gute Näherung ist, ist nicht selbstverständlich. Die ebene Welle ist zwar im

Tabelle 6.5-1. Grobverlauf der weichen Röntgen-Spektren in der Nähe der niederfrequenten Kante für einfache Metalle

Valenzwellenfunktion	Übergangsoperator	Spektrum	
		K	L
$\|k\rangle = \|k)$ ebene Welle	$\boldsymbol{p}$	$\sim \varepsilon^{3/2}$	$\sim \varepsilon^{5/2}$
	$\boldsymbol{r}$	$\sim \varepsilon^{3/2}$	$\sim \varepsilon^{1/2}$
$\|k\rangle = \|k) - \sum_c \|c\rangle \langle c \mid k)$ orthogonalisierte ebene Welle	$\boldsymbol{p}$ oder $\boldsymbol{r}$	$\sim \varepsilon^{3/2}$	$\sim \varepsilon^{1/2}$
experimentell		$\sim \varepsilon^{3/2}$	$\sim \varepsilon^{1/2}$

zwischenatomaren Bereich eine brauchbare Näherung, sie ist jedoch im Rumpfbereich völlig falsch. Gerade auf den Rumpfbereich kommt es aber bei der Berechnung der Matrixelemente an.

Aus den mit ebenen Wellen gewonnenen Erfahrungen kann man vermuten, daß Matrixelemente mit Pseudowellenfunktionen für eine qualitativ richtige Beschreibung der Spektren ausreichen, wenn Formel (4) verwendet wird. Alle wesentlichen Bandstruktureffekte, insbesondere aber die Symmetrie der Wellenfunktionen und damit

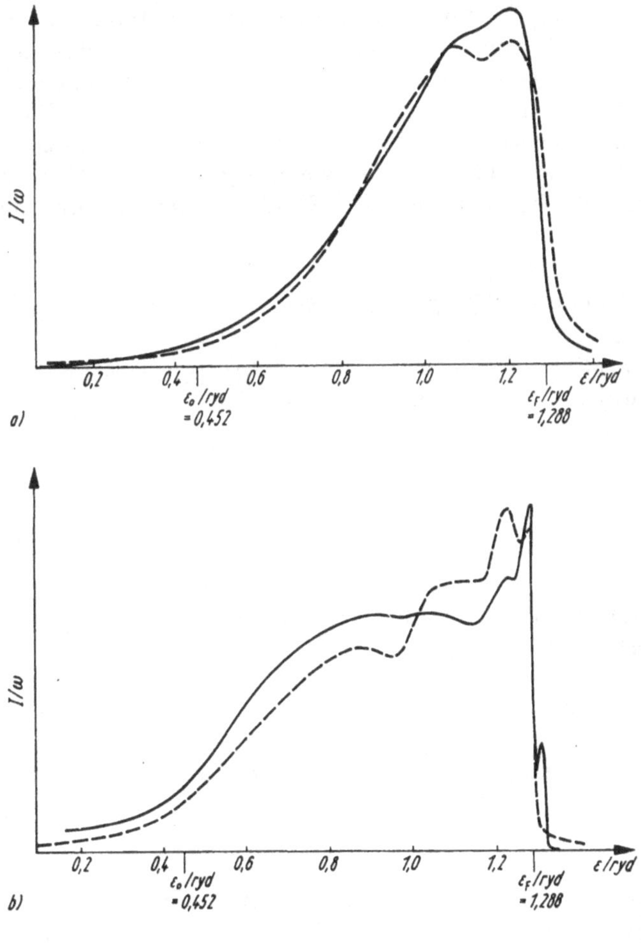

Abb. 6.5-2. Weiche Röntgen-Spektren (Summe über alle Polarisationen) von Aluminium aus Pseudowellenfunktionen nach Taut u. Radwan (77): ——— experimentell, – – – theo-retisch, a) K-Spektrum, b) L-Spektrum

die Auswahlregeln, sind damit erfaßt. Die in Abb. 6.5-2 gezeigten Spektren von Aluminium bestätigen das. Der im experimentellen L-Spektrum enthaltene scharfe Peak an der hochfrequenten Kante geht teilweise auf Vielteilcheneffekte zurück, die in der hier behandelten Theorie nicht enthalten sind. Zusammenfassende Arbeiten neueren Datums zu dieser Problematik sind Citrin u. a. (79), Mahan (80). Der zusätzliche Peak oberhalb ε_F im experimentellen L-Spektrum ist eine Folge der in der Rechnung vernachlässigten Aufspaltung des $2p$-Rumpfniveaus durch Spin-Bahn-Wechselwirkung. Für Aluminium existiert auch eine Berechnung der Spektren mit

Wellenfunktionen aus der APW-Methode (Smrčka, 71), die eine sehr gute Übereinstimmung mit dem Experiment zeigt und die einen Teil der in Abb. 6.5-2 wegen Vernachlässigung der Orthogonalisierungskorrekturen zu den Wellenfunktionen bestehenden Diskrepanzen beseitigt.

6.5.4. Partielle Zustandsdichten, Übergangsmetalle

So wie bei den einfachen Metallen die Verwendung von Pseudowellenfunktionen eine brauchbare Näherung darstellt, können die Spektren der Übergangsmetalle mit den partiellen Zustandsdichten $D_l(\varepsilon)$ qualitativ interpretiert werden. Wir definieren hier $D_l(\varepsilon)$ als den Beitrag zur gesamten Zustandsdichte, der von den Anteilen mit dem Drehimpuls l in den einzelnen Zuständen herrührt. Da in die weichen Röntgen-Spektren die Valenzwellenfunktionen praktisch nur im Bereich der Muffin-Tin-Kugel (s. [2]) eingehen (außerhalb sind die Rumpfwellenfunktionen abgeklungen), braucht für diese Zwecke die Zerlegung der Zustandsdichte in Drehimpulsanteile nur für $r < R_{\mathrm{MT}}$ durchgeführt zu werden:

$$D_l(\varepsilon) = \sum_k \sum_m \int_0^{R_{\mathrm{MT}}} \mathrm{d}r\, r^2 \left| \int \mathrm{d}\Omega\, \varphi_k^*(\boldsymbol{r})\, \mathcal{Y}_L(\boldsymbol{r}) \right|^2 \delta(\varepsilon - \varepsilon_k)\,. \tag{11}$$

Dabei werden Kugelkoordinaten mit $r = |\boldsymbol{r}|$ und Ω verwendet. Entwickelt man die Valenzzustände innerhalb der Muffin-Tin-Kugel in der Form

$$\varphi_k(\boldsymbol{r}) = \sum_{L'} c_{L'}(k)\, \mathcal{Y}_{L'}(\boldsymbol{r})\, R_{l'}(r, \varepsilon_k)\,, \tag{12}$$

so bekommen wir

$$D_l(\varepsilon) = \sum_k \sum_m |c_L(k)|^2\, \delta(\varepsilon - \varepsilon_k)\,. \tag{13}$$

Vorausgesetzt wurde hierbei, daß die Lösungen der radialen Schrödinger-Gleichung $R_l(r, \varepsilon)$ folgendermaßen normiert sind:

$$\int_0^{R_{\mathrm{MT}}} \mathrm{d}r\, r^2 R_l^2(r, \varepsilon) = 1\,. \tag{14}$$

Für die Berechnung der Spektren nehmen wir an, daß die Rumpfzustände

$$|c\rangle = |Ln\rangle = \mathcal{Y}_L(\boldsymbol{r})\, R_{ln}(r) \tag{15}$$

bezüglich m entartet sind. Man kann dann die zu verschiedenen m gehörigen Spektren experimentell nicht voneinander abtrennen. In unserer Ausgangsformel (4) wird deshalb über alle m summiert. Außerdem summieren wir alle Polarisationen. (4) lautet dann

$$I_{ln}(\omega) \sim \omega^3 f(\varepsilon_{ln} + \hbar\omega) \sum_k \sum_m \langle k|\, \boldsymbol{r}\, |Ln\rangle \langle Ln|\, \boldsymbol{r}\, |k\rangle\, \delta(\varepsilon_k - \varepsilon_{ln} - \hbar\omega)\,. \tag{16}$$

Im weiteren werden (12) und (15) in (16) eingesetzt und das Ergebnis mit Hilfe von (13) durch D_l sowie

$$B_{ln,l'}(\varepsilon) \equiv \int_0^{R_{\mathrm{MT}}} \mathrm{d}r\, r^3 R_{ln}(r)\, R_{l'}(r, \varepsilon) \tag{17}$$

ausgedrückt. Man erhält

$$I_{ln}(\omega) \sim \omega^3 f(\varepsilon_{ln} + \hbar\omega) \left\{ \frac{(l+1)}{(2l+3)} [B_{ln,\,l+1}(\varepsilon_{ln} + \hbar\omega)]^2 D_{l+1}(\varepsilon_{ln} + \hbar\omega) + \frac{l}{(2l-1)} [B_{ln,\,l-1}(\varepsilon_{ln} + \hbar\omega)]^2 D_{l-1}(\varepsilon_{ln} + \hbar\omega) \right\} \quad (18)$$

(Smrčka, 71).

Die zur Ableitung von (18) gehörenden Zwischenformeln sind ziemlich voluminös. Mit Hilfe der grundlegenden Hilfsformel

$$\sum_m \frac{\boldsymbol{r}}{|\boldsymbol{r}|} \frac{\boldsymbol{r}'}{|\boldsymbol{r}'|} \mathcal{Y}_L(\boldsymbol{r})\, \mathcal{Y}_L(\boldsymbol{r}') = \frac{(l+1)}{(2l+3)} \sum_m \mathcal{Y}_{l+1,\,m}(\boldsymbol{r})\, \mathcal{Y}^*_{l+1,\,m}(\boldsymbol{r}') + \frac{l}{(2l-1)} \sum_m \mathcal{Y}_{l-1,\,m}(\boldsymbol{r})\, \mathcal{Y}^*_{l-1,\,m}(\boldsymbol{r}')\,, \quad (19)$$

die man mit Hilfe von (A 2-15 u. 6) beweisen kann, ist die Rechnung aber elementar.

Wie auf Grund der Auswahlregeln zu erwarten, finden Übergänge in einen Rumpfzustand mit dem Drehimpuls l nur von Valenzzuständen aus statt, die Drehimpulsanteile mit $l \pm 1$ haben. Für die qualitative Interpretation der Peaks in den Spektren reicht die Verwendung der partiellen Zustandsdichten oft aus, da die $B_{nl,\,l'}(\varepsilon)$ glatte Funktionen sind.

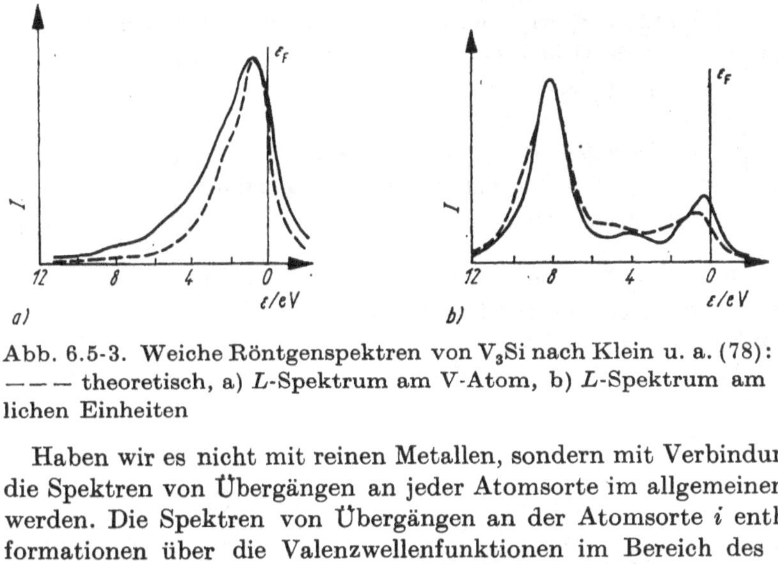

Abb. 6.5-3. Weiche Röntgenspektren von V_3Si nach Klein u. a. (78): ——— experimentell, – – – theoretisch, a) L-Spektrum am V-Atom, b) L-Spektrum am Si-Atom, in willkürlichen Einheiten

Haben wir es nicht mit reinen Metallen, sondern mit Verbindungen zu tun, können die Spektren von Übergängen an jeder Atomsorte im allgemeinen einzeln beobachtet werden. Die Spektren von Übergängen an der Atomsorte i enthalten dann nur Informationen über die Valenzwellenfunktionen im Bereich des i-ten Rumpfes. Die partielle Zustandsdichte $D_l(\varepsilon)$ in (11) hängt dann noch von der Atomsorte ab, da die Integration in (11) über die Muffin-Tin-Kugel der Sorte i erstreckt wird. Die Formeln (14), (17) und (18) bleiben gültig, wenn alle potentialabhängigen Größen einen zusätzlichen Index i bekommen. In Abb. 6.5-3 sind die L-Spektren von V_3Si für die V- und Si-Plätze gezeigt. Interessant ist die starke Abhängigkeit der Spektren vom Gitterplatz.

Bei der Berechnung der Röntgen-Spektren schwerer Elemente müssen relativistische Effekte berücksichtigt werden. Dabei ergibt sich für die Intensität nichtpolarisierter Röntgen-Strahlung eine zu (18) analoge Beziehung (Nemoshkalenko u. a., 82). Jedoch tragen zu Übergängen in einen Rumpfzustand mit dem Gesamtdrehimpuls j alle Valenzzustände bei, die Drehimpulsanteile mit j und $j \pm 1$ enthalten.

6.6. Photoelektronenspektroskopie

P. Rennert

6.6.1. Problemstellung

Bei der Photoelektronenspektroskopie (Siegbahn, 77, Shirley, 72, Nemoschkalenko u. Aleschin, 76, Veal, 81) wird eine Probe mit Photonen bestrahlt. Durch Absorption von Photonen werden Elektronen angeregt. Erfolgt die Anregung mit Röntgen-Strahlung (XPS), dann können Elektronen sowohl aus den Rumpfzuständen wie auch aus den Valenzbändern angehoben werden. Bei der Anregung mit UV-Licht (UPS) kann dagegen nur das Valenzband untersucht werden. Durch Nutzung der Synchrotronstrahlung mit ihrer hohen Intensität und kontinuierlich variierenden Photonenenergie (bisher aber nur im UPS-Bereich monochromatisierbar) lassen sich UPS-Messungen durchführen, aus denen viele Details der Elektronenstruktur der Valenzbänder entnommen werden können. XPS-Messungen erfolgen mit Photonenenergien, die den charakteristischen Röntgen-Linien entsprechen. Aus den XPS-Messungen der Rumpfzustände kann auf die Energieverschiebung der Rumpfniveaus und damit auf die chemische Umgebung der betrachteten Atomsorte geschlossen werden (Meisel u. a., 77).

Man beschreibt den ablaufenden Prozeß im „Dreistufenmodell", das sich auch bei einer komplexen Beschreibung [6.6.2] erkennen läßt. In Abb. 6.6-1 kennzeichnet die Stufe 1 die Absorption des Photons. Ein Elektron im Anfangszustand

$$|i\rangle = \varphi_{\boldsymbol{k},\nu}(\boldsymbol{r}) = \sum_{\boldsymbol{G}} a_\nu(\boldsymbol{k}, \boldsymbol{G})\, \mathrm{e}^{i(\boldsymbol{k}+\boldsymbol{G})\,\boldsymbol{r}} \tag{1}$$

mit der Energie $\varepsilon_i = \varepsilon_i(\boldsymbol{k}, \nu)$ absorbiert ein Photon der Energie $\hbar\omega$, mit dem Impuls $\boldsymbol{p}_{\mathrm{ph}} = \hbar\boldsymbol{k}_{\mathrm{ph}}$ und mit der Polarisation $\boldsymbol{\eta}$. Es geht in den Bloch-Zustand

$$|f\rangle = \varphi_{\boldsymbol{K}}(\boldsymbol{r}) = \sum_{\boldsymbol{G}} a(\boldsymbol{K}, \boldsymbol{G})\, \mathrm{e}^{i(\boldsymbol{K}+\boldsymbol{G})\,\boldsymbol{r}} \tag{2}$$

über, dessen Energie mit $\varepsilon_f = \varepsilon_f(\boldsymbol{K})$ bezeichnet wird. Da wir uns in der Diskussion auf XPS (Photoelektronenspektroskopie mit Röntgen-Quanten) konzentrieren wollen, ist es zweckmäßig, den Endzustand (2) im erweiterten Zonenschema mit $\boldsymbol{K} = \boldsymbol{k} + \boldsymbol{G}$ darzustellen, während für den Anfangszustand (1) das reduzierte bzw. wiederholte Zonenschema verwendet wird.

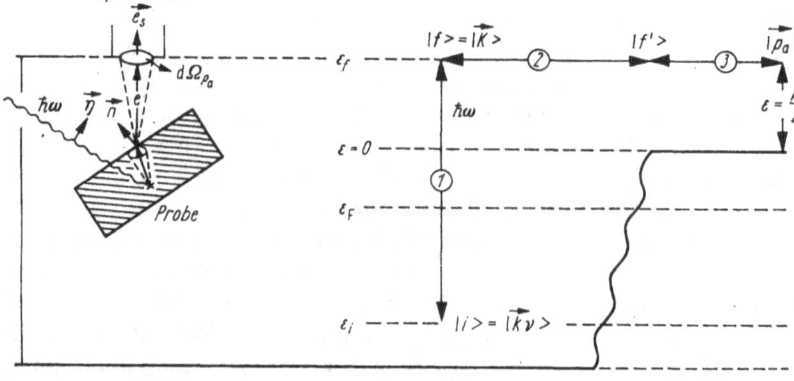

Abb. 6.6-1. Photoelektronenanregung im Dreistufenmodell

Stufe 2 in Abb. 6.6-1 beschreibt den Transport zur Oberfläche. Das Elektron kann aus dem Bloch-Zustand $|f\rangle$ in einen Zustand $|f'\rangle$ gestreut werden. Da die mittlere freie Weglänge der Elektronen, Λ, bei Energien über 1000 eV für die interessierenden Substanzen in der Größenordnung von 5 .. 10 nm liegt, sehen wir von dieser Streuung ab. Bei XPS dominieren die Volumenbeiträge (obwohl auch hier unreine Oberflächen die Spektren wesentlich verändern können). Bei der UPS mit Elektronenenergien im Bereich von 10 bis 50 eV erhält man dagegen wegen $\Lambda \approx 0{,}4$ bis 1 nm nur Informationen über die Oberflächenschichten.

In Stufe 3 wird der Austritt aus der Oberfläche beschrieben. Hier kann das Elektron gebrochen und gebeugt werden.

Bei der winkelabhängigen Photoelektronenspektroskopie mißt man die Energieverteilung der in Richtung des Spektrometers $\boldsymbol{e}_s$ austretenden Elektronen, deren Energie und Impuls mit ε bzw. $\boldsymbol{p}_a = \sqrt{2m\varepsilon}\, \boldsymbol{e}_s$ bezeichnet werden sollen. Bei der Messung an Einkristallen wird das Meßergebnis durch die Orientierung der Basisvektoren des reziproken Gitters $\boldsymbol{b}_i$ und durch die Normalenrichtung der Oberflächen $\boldsymbol{n}$ des Kristalls mitbestimmt.

6.6.2. Streuamplitude

Die zeitabhängige Störungsrechnung liefert bei periodischer Störung für den angeregten Zustand

$$\psi_i(\boldsymbol{r}) = \int d^3r'\, G(\boldsymbol{r}, \boldsymbol{r}', \varepsilon_i + \hbar\omega)\, W(\boldsymbol{r}')\, \varphi_i(\boldsymbol{r}') \,. \tag{3}$$

Um hierin das Matrixelement der Störung W (s. [7]) mit einem Endzustand φ erkennen zu können, ist es zweckmäßig (Rennert u. Chassé, 80), die Dyson-Gleichung

$$G(\boldsymbol{r}, \boldsymbol{r}', \varepsilon) = G^0(\boldsymbol{r}, \boldsymbol{r}', \varepsilon) + \frac{2m}{\hbar^2} \int d^3r''\, G^0(\boldsymbol{r}, \boldsymbol{r}'', \varepsilon)\, V(\boldsymbol{r}'')\, G(\boldsymbol{r}'', \boldsymbol{r}', \varepsilon) \tag{4}$$

für die Greensche Funktion zu verwenden. Für Punkte $\boldsymbol{r}$ weit entfernt von der Probe und $\boldsymbol{r}'$ innerhalb der Probe erhält man die asymptotische Form (mit $G^0(\boldsymbol{r}, \boldsymbol{r}', \varepsilon) = -(1/4\pi\, |\boldsymbol{r} - \boldsymbol{r}'|) \exp(iK_a |\boldsymbol{r} - \boldsymbol{r}'|)$ wie in (4.1-21))

$$G(\boldsymbol{r}, \boldsymbol{r}', \varepsilon) \to -\frac{e^{iK_a r}}{4\pi r} \left[e^{-i\boldsymbol{K}_a \boldsymbol{r}'} + \frac{2m}{\hbar^2} \int d^3r''\, e^{-i\boldsymbol{K}_a \boldsymbol{r}''}\, V(\boldsymbol{r}'')\, G(\boldsymbol{r}'', \boldsymbol{r}', \varepsilon) \right]$$

$$\equiv -\frac{e^{iK_a r}}{4\pi r} \varphi_f^*(\boldsymbol{r}') \,, \tag{5}$$

über die ein zu $\boldsymbol{p}_a = \hbar \boldsymbol{K}_a = \hbar K_a\, \boldsymbol{r}/r$ gehöriger Endzustand φ_f eingeführt werden kann. Vernachlässigt man den Einfluß des Kristallpotentials $V(\boldsymbol{r})$, dann ist φ_f eine ebene Welle. Über V und die Greensche Funktion G werden der Bloch-Charakter und der Einfluß der Oberfläche erfaßt.

Der Endzustand φ_f in (5) ist eine Streuwelle, wie sie bei LEED auftritt. Die dortigen Berechnungsmethoden können daher übernommen werden. In einer MT-Form des Potentials wird der Kristall dabei durch die Streuphasen bei der Energie des angeregten Zustandes und durch Strukturkonstanten charakterisiert. Die Rechnung ist jedoch wesentlich komplizierter als bei LEED, da hier — zur Auswertung des Matrixelementes — die Wellenfunktion auch im Innern der atomaren Potentialtöpfe benötigt wird und da bei Energien um 1000 eV die Streuphasen bis etwa zu $l = 30$ bekannt sein müssen. Im folgenden wird — ausgehend von dem störungstheoretischen Ausdruck (3) für den angeregten Zustand $\psi_i(\boldsymbol{r})$ — diskutiert, wie sich Bloch-Charakter der Wellenfunktion im periodischen Potential und Oberfläche auf die Energie- und Winkelabhängigkeit der Intensität der Photoelektronen auswirken. Es wird weiterhin erläutert, daß sich der Öffnungswinkel des Spektrometers und die Temperaturbewegung der Atome sehr unterschiedlich auf XPS und UPS auswirken.

Statt einer Entwicklung nach Drehimpulsen kann man auch eine Entwicklung nach ebenen Wellen für den Endzustand betrachten, in der die Bloch-Zustände (2) auftreten. Dazu wird die Greensche Funktion des Kristalls mit Oberfläche G in (3) mittels der Anschlußmethode von Inglesfield (71) aus der Greenschen Funktion des Vakuums und der Greenschen Funktion des unendlich ausgedehnten Kristalls aufgebaut. Das Ergebnis ist (Paasch, 78)

$$G(\boldsymbol{r}, \boldsymbol{r}', \varepsilon) = -\int \frac{\mathrm{d}^2 K_\mathrm{s}}{(2\pi)^2} \mathrm{e}^{i\boldsymbol{K}_\mathrm{a}\boldsymbol{r}} \sum_{\boldsymbol{G}_\mathrm{s}} \sum_{\boldsymbol{G}} \sum_{\boldsymbol{G}'} \mathrm{e}^{-i(\boldsymbol{K}_f+\boldsymbol{G})\boldsymbol{r}'} \, T(\boldsymbol{K}_\mathrm{s}, \boldsymbol{K}_\mathrm{s} + \boldsymbol{G}_\mathrm{s}) * \\ * \frac{i}{\hbar} \frac{1}{v_z(\boldsymbol{K}_f)} a(\boldsymbol{K}_f, \boldsymbol{G}') \, a^*(\boldsymbol{K}_f, \boldsymbol{G}) \, ,$$

$$\boldsymbol{K}_\mathrm{a} = \boldsymbol{K}_\mathrm{s} - \boldsymbol{e}_z K_{\mathrm{a}z}(\boldsymbol{K}_\mathrm{s}) \, , \qquad K_{\mathrm{a}z} = \sqrt{\frac{2m}{\hbar} \varepsilon - K_\mathrm{s}^2} \, , \tag{6}$$

$$\boldsymbol{K}_f = \boldsymbol{K}_\mathrm{s} + \boldsymbol{e}_z K_{fz} + \boldsymbol{G}_\mathrm{s} - \boldsymbol{G}' \, , \qquad \varepsilon_f(\boldsymbol{K}_f) = \varepsilon \, .$$

Eine auslaufende Welle (Variable $\boldsymbol{r}$) ist mit verschiedenen ebenen Wellen im Innern des Kristalls (Variable $\boldsymbol{r}'$) gekoppelt. Die Transmissionsmatrix T bringt zum Ausdruck, daß der Impuls des Elektrons an der Oberfläche um einen Vektor des reziproken Gitters der Oberfläche $\boldsymbol{G}_\mathrm{s}$ geändert werden kann. Die z-Komponente des Impulses kann sich an der Oberfläche um einen beliebigen Wert verändern (keine Translationssymmetrie), der sich einstellende Wert wird durch die Energie-Wellenzahlbeziehungen festgelegt. Weiterhin können sich die Impulse der Elektronen innerhalb und außerhalb des Kristalls um einen Vektor des reziproken Gitters des Kristalls $\boldsymbol{G}' - \boldsymbol{G}$ unterscheiden. Diese Beiträge treten nur dann nicht auf, wenn die Eigenfunktion (2) des Kristalls zur Energie ε eine ebene Welle ist, d. h., wenn $a(\boldsymbol{K}, \boldsymbol{G}) \sim \delta_{\boldsymbol{G},0}$ nur für $\boldsymbol{G} = 0$ von Null verschieden ist.

Da bei den zu (6) führenden Betrachtungen von inelastischen Prozessen abgesehen wurde, sind nur die Schritte 1 und 3 des Dreistufenmodells (Abb. 6.6-1) erkennbar.

6.6.3. Photoabsorption

Unter dem Einfluß des Feldes eines Photons

$$H'(t) = -\boldsymbol{e}\boldsymbol{A}\boldsymbol{p}/m \equiv W \, \mathrm{e}^{-i\omega t} + W^+ \, \mathrm{e}^{i\omega t} \, ,$$

$$\boldsymbol{A}(\boldsymbol{r}, t) = \sqrt{\frac{\hbar}{2\varepsilon_0 V\omega}} \, \boldsymbol{\eta} \, [\mathrm{e}^{i(\boldsymbol{kr}-\omega t)} + \mathrm{e}^{-i(\boldsymbol{kr}-\omega t)}] \tag{7}$$

(vgl. auch (6.3-9), nur ist hier $\boldsymbol{A}(\boldsymbol{r}, t)$ als äußeres Feld nicht gequantelt) ist die Übergangswahrscheinlichkeit für die Absorption eines Photons

$$\gamma_{i \to f} = \frac{2\pi}{\hbar} |\langle i| \, W \, |f\rangle|^2 \, \delta(\varepsilon_f - \varepsilon_i - \hbar\omega) \, . \tag{8}$$

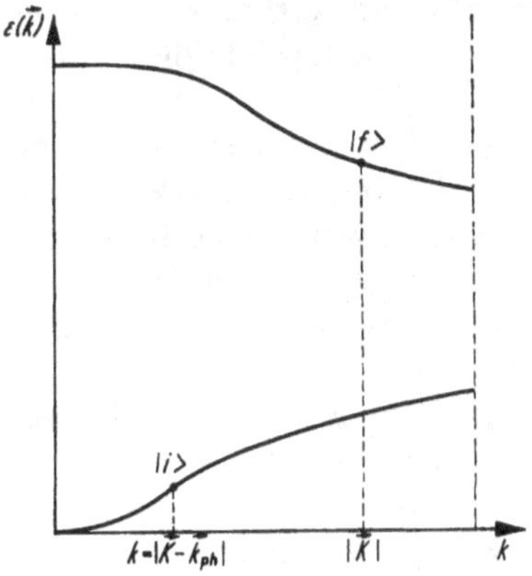

Abb. 6.6-2. Bei XPS unterscheiden sich die Quasiimpulse von Anfangs- und Endzustand wesentlich

Die Deltafunktion enthält den Energiesatz. Das Matrixelement liefert eine Aussage zur Impulsbilanz. Man muß dabei beachten, daß der Impuls von Röntgen-Quanten (bei der häufig verwendeten Al-K_α-Strahlung ist $\hbar\omega = 1486{,}6$ eV) in der Größenordnung von 0,4 $\hbar/a_0$ liegt. Im Vergleich dazu beträgt der Durchmesser der Brillouin-Zone größenordnungsmäßig $1/a_0$. Man hat bei der Absorption von Röntgen-Quanten also einen nicht vernachlässigbaren Unterschied in den Quasiimpulsen von Anfangs- und Endzustand, wie Abb. 6.6-2 veranschaulicht, während bei der Absorption im optischen Bereich und auch noch bei UPS praktisch „senkrechte" Übergänge auftreten.

6.6.4. Energie- und Impulsbilanz

Energie- und Impulsbilanz werden durch die Form der Greenschen Funktion (6) und durch das Matrixelement (8) bestimmt. Wir diskutieren zunächst die Aussagen des

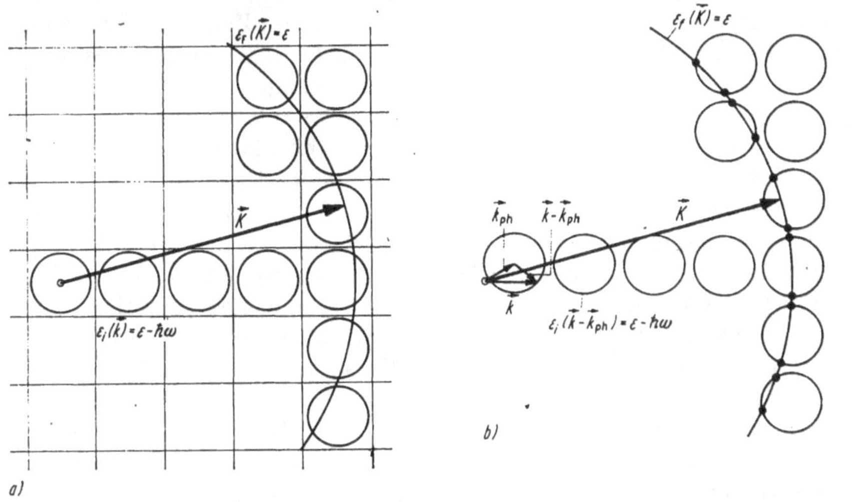

Abb. 6.6-3. a) Flächen konstanter Energie ε_i bzw. ε_f. Zur zeichnerischen Vereinfachung wurde der Endzustand durch eine Kugel dargestellt. b) Unter Berücksichtigung des Photonenimpulses sind für die eingezeichneten Punkte Energie- und Impulsbilanz erfüllt

Matrixelementes, wobei $|f\rangle$ ein Bloch-Zustand der Form (2) sein soll, d. h., der Einfluß der Oberfläche wird zunächst außer Betracht gelassen. Das entspricht der Stufe 1 des Dreistufenmodells.

Wir betrachten die Endzustände einer gegebenen Energie $\varepsilon_f(\boldsymbol{K}) = \varepsilon$. Diese Zustände liegen auf einer Fläche im Wellenzahlraum, die in Abb. 6.6-3a) im erweiterten Zonenschema dargestellt ist. Zur zeichnerischen Vereinfachung wurde eine Kugel gewählt. Eine kompliziertere Fläche würde für die folgende Diskussion zu keinen prinzipiellen Änderungen führen. Infolge der Energiebilanz muß der Anfangszustand (1) auf der Fläche $\varepsilon_i(\boldsymbol{k}) = \varepsilon - \hbar\omega$ liegen. Diese Fläche wurde in Abb. 6.6-3a) im wiederholten Zonenschema dargestellt. Bei senkrechten Übergängen (d. h. ohne Beachtung des Photonenimpulses) würden die Schnittlinien beider Flächen (in der zweidimensionalen Darstellung: die Schnittpunkte) die Zustände angeben, zwischen denen ein Übergang durch Absorption eines Quants der Energie erfolgen kann.

Bei Berücksichtigung des Photonenimpulses unterscheiden sich Quasiimpuls von Anfangs- und Endzustand $\boldsymbol{K} = \boldsymbol{k} + \boldsymbol{G} + \boldsymbol{k}_{\text{ph}}$. Mögliche Übergänge sind durch die Schnittpunkte der Flächen

$$\varepsilon_i(\boldsymbol{k} - \boldsymbol{k}_{\text{ph}}) = \varepsilon - \hbar\omega\,, \qquad \varepsilon_f(\boldsymbol{K}) = \varepsilon \tag{9}$$

gegeben. Für die Energieflächen aus Abb. 6.6-3a) sind diese Schnittpunkte in Abb. 6.6-3b) dargestellt. Der Photonenimpuls beeinflußt also die Lage der $\boldsymbol{k}$-Punkte, über die man bei einer Messung Informationen erhält. Die später zu diskutierende Mannigfaltigkeit der $\boldsymbol{k}$-Punkte, die bei einer Messung erfaßt werden, wird dadurch nicht verändert.

Diese aus dem Matrixelement gewonnenen Aussagen sind nun durch den Einfluß der Oberfläche auf die Energie- und Impulsbilanz zu ergänzen. Die Brechung an der Schwelle der Oberfläche kann man bei XPS vernachlässigen. Bei einer Elektronenenergie von über 1000 eV und einer Schwellhöhe von 10 eV ist die Änderung des Impulses durch Brechung klein gegen die Ausdehnung der Brillouin-Zone. Der Brechungswinkel von maximal 1° ist kleiner als der Öffnungswinkel des Spektrometers und in der Größenordnung der Genauigkeit der Kristallorientierung. Die Oberfläche stellt jedoch deswegen eine wesentliche Störung der Translationssymmetrie dar, weil die starken atomaren Potentiale, aus denen sich das Kristallpotential aufbaut, im Außenraum fehlen. Parallel zur Oberfläche bleibt eine bestimmte Translationssymmetrie erhalten, die von der kristallographischen Orientierung der Oberfläche abhängt. Parallel zur Oberfläche kann daher nur ein reziproker Gittervektor der Oberfläche $\boldsymbol{G}_s$ übertragen werden. Senkrecht zur Oberfläche (z-Richtung) besteht keine Translationssymmetrie mehr, daher kann die Oberfläche einen beliebigen Impuls in dieser Richtung übertragen. Insgesamt erhält man den in (6) angegebenen Zusammenhang zwischen $\boldsymbol{K}_a$ und $\boldsymbol{K}_f$. Da die Impulsbilanz keine Forderung an die z-Komponente stellt, kann der Energiesatz erfüllt werden. Daher erhält man zu jedem $\boldsymbol{G}_s$ einen möglichen Wert $\boldsymbol{K}_s$. Das entspricht den verschiedenen Reflexen, die man bei LEED beobachtet. In Abb. 6.6-4 wurden die so folgenden $\boldsymbol{K}$-Werte konstruiert. Dabei wurde angenommen, daß $\varepsilon_f(\boldsymbol{K}_f)$ mit der Parabel freier Elektronen übereinstimmt. Auch wurde nur der Fall $\boldsymbol{G}' = 0$ betrachtet.

Die Auswahl dieser $\boldsymbol{K}$-Punkte ergibt sich natürlich unmittelbar aus der allgemeinen Form der Greenschen Funktion (6). Darüber hinaus enthält G die Stärke, mit der die

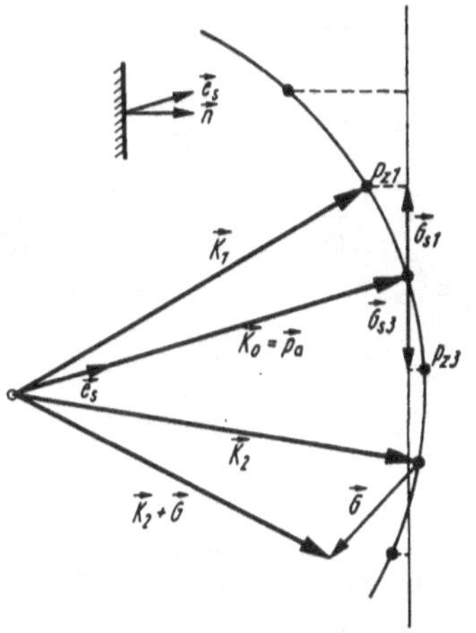

Abb. 6.6-4

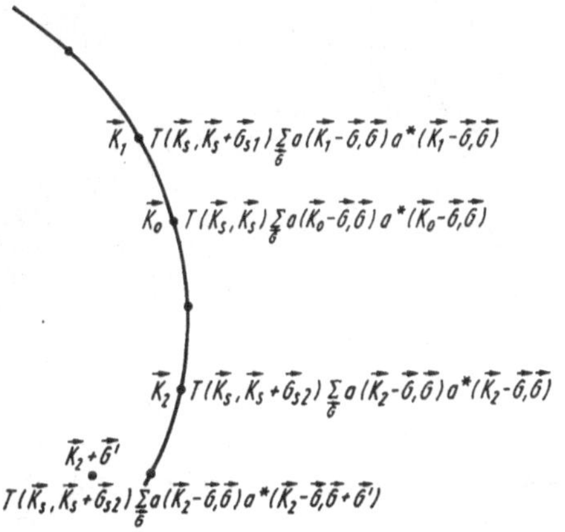

Abb. 6.6-5

Abb. 6.6-4. Durch die Beugung an der Oberfläche kann eine ebene Welle $\boldsymbol{p}_a$ mit verschiedenen Bloch-Zuständen $\boldsymbol{K}_f = \boldsymbol{K}_0, \boldsymbol{K}_1, \boldsymbol{K}_2, \ldots$ verknüpft sein. Ein Elektron im Zustand $\boldsymbol{K}_2$ besitzt mit einer gewissen Wahrscheinlichkeit auch den Impuls $\boldsymbol{K}_2 + \boldsymbol{G}$. In Abb. 6.6-5 wird statt $\boldsymbol{G}$ die Bezeichnung $\boldsymbol{G}'$ verwendet.

Abb. 6.6-5. Die Gewichtsfaktoren der gebeugten Strahlen. $a(\boldsymbol{K}, \boldsymbol{G})$ bezeichnet die Koeffizienten des Endzustandes (2)

einzelnen, zu den Gittervektoren $\boldsymbol{G}_s$ gehörenden Beiträge eingehen. Als wesentlicher Faktor tritt darin die Transmissionsmatrix $T(\boldsymbol{K}_s, \boldsymbol{K}_s + \boldsymbol{G}_s)$ auf, die von zwei parallel zur Oberfläche liegenden Vektoren abhängt. In Abb. 6.6-5 ist für einzelne Beispiele eingetragen worden, mit welcher Amplitude Endzustände $\boldsymbol{K}_f$ zur gemessenen Intensität beitragen. $\boldsymbol{K}_s$ bezeichnet dabei die Komponente von $\boldsymbol{p}_a$ parallel zur Oberfläche.

Zu jedem Zustand $\boldsymbol{K}_f$ der Energiefläche gehört dabei eine Bloch-Funktion, so daß der Impuls des Elektrons im Kristall sich von $\boldsymbol{K}_f$ um einen Vektor des reziproken Gitters $\boldsymbol{G}'$ unterscheiden kann. Diese Impulswerte sind für $\boldsymbol{K}_2$ in Abb. 6.6-5 getrennt aufgeführt worden, sie haben den entsprechenden Koeffizienten der Bloch-Funktion als Gewichtsfaktor. Wählt man eine ebene Welle als Endzustand, dann tragen nur die auf der Energiefläche liegenden Impulse bei.

6.6.5. Auswirkungen des Öffnungswinkels

Bei einer Messung werden alle Elektronen erfaßt, die innerhalb des Öffnungswinkels des Spektrometers (etwa 3°) und innerhalb der Energieauflösung (etwa 0,5 eV) liegen. Diese Elektronen haben verschiedene Impulse $\boldsymbol{p}_a$, die sich in Länge und Richtung unterscheiden. Die durch die 0,5 eV bedingte Variation des Betrages Δp ist klein gegen die Ausdehnung der Brillouin-Zone (Rennert u. Hung, 78). Der Wert von $\Delta p_\perp$ (s. Abb. 6.6-6) liegt bei XPS jedoch in der Größe der Ausdehnung der Brillouin-Zone. Dies ist durch die große Länge von $\boldsymbol{p}_a$ bedingt und trifft für UPS nicht zu. Das bedeutet, daß man bei XPS Beiträge von Scheiben von $\boldsymbol{K}$-Punkten mißt, jeder $\boldsymbol{K}$-Punkt aus Abb. 6.6-5 muß zu einer Scheibe etwa von der Ausdehnung der Brillouin-Zone erweitert werden. Bei UPS ist es dagegen möglich, unter bestimmten Bedin-

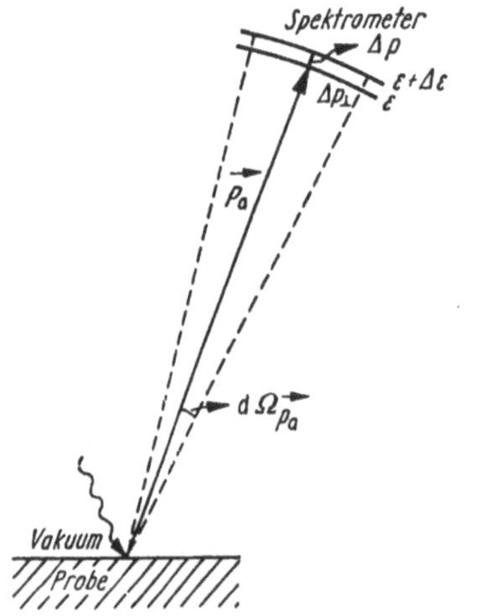

Abb. 6.6-6. Zerlegung des vom Spektrometer erfaßten Impulsbereiches nach Δp und $\Delta p_\perp$

gungen Beiträge von einem in der Brillouin-Zone lokalisierten Bereich zu erfassen d. h. direkt die Bandstruktur $\varepsilon_{k\nu}$ auszumessen (Knapp u. a., 79).

Fragt man nach den Anfangszuständen, die zu einem Meßwert beitragen, dann muß man die in Abb. 6.6-3b) und 6.6-5 enthaltenen Auswahlregeln kombinieren. Da die Schnittpunkte von Abb. 6.6-3b) und 6.6-5 im allgemeinen nicht zusammenfallen, erhält man bei sehr kleinem $\Delta p_\perp$, d. h. bei UPS, überhaupt keinen Beitrag. (Das entspricht der Aussage, daß man bei der Streuung von monochromatischem Rönten-Licht an Einkristallen keine Beugungsreflexe beobachtet, man muß den Kristall drehen oder polychromatisches Licht verwenden.) Bei UPS erhält man bei Drehung des Kristalls oder bei Variation der Energie daher deltafunktionsartige Beiträge, die natürlich gefaltet sind. Die Lage der Spitzen läßt sich aus direkten Übergängen zwischen verschiedenen Bändern erklären (Ilver u. Nilsson, 76, Moruzzi u. a., 77, Paasch u. Gläser, 78). In einzelnen Fällen läßt sich die Bandstruktur $\varepsilon(\boldsymbol{k}, \nu)$ experimentell gewinnen (Heimann u. a., 79, Rosei u. a., 80, Eastman, 81, Christensen, 81).

Die Kombination von Abb. 6.6-3b) und 6.6-5 bei XPS zeigt Abb. 6.6-7. Beiträge ergeben sich von den $\boldsymbol{K}$-Punkten, die erstens auf den durch die Öffnungswinkel bestimmten Scheiben auf der Fläche der Endzustände und die zweitens auf der Fläche

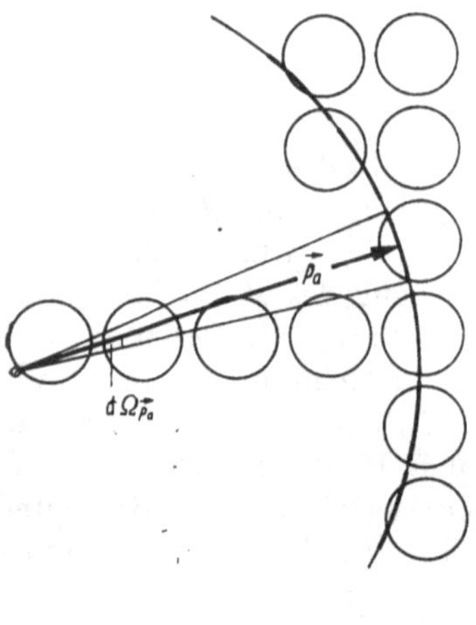

Abb. 6.6-7. Die Impulse der Elektronen, die innerhalb des Öffnungswinkels beobachtet werden. Die verschiedenen Disken gehören zu den Werten $\boldsymbol{K}_n$ aus Abb. 6.6-4

Die zu verschiedenen $\boldsymbol{G}_s$ gehörenden Ebenen schneiden die Flächen konstanter Energie auf verschiedenen Linien. Da es sehr viele solcher Ebenen bzw. $\boldsymbol{G}_s$-Werte gibt, erhält man anscheinend Beiträge von fast der gesamten Energiefläche. Die Beiträge verschiedener Ebenen haben jedoch unterschiedliche Gewichtsfaktoren $T(\boldsymbol{K}_s, \boldsymbol{K}_s + \boldsymbol{G}_s)$, Abb. 6.6-5. Die beiden in der Literatur vorhandenen, entgegengesetzten Auffassungen über die Berechnung der XPS-Intensitäten lassen sich hier so charakterisieren, daß entweder alle Durchlaßkoeffizienten T gleichgesetzt werden (McFeely u. a., 76, Apai u. a., 77) oder nur einer als von Null verschieden angenommen wird (Wagner u. a., 77, Rennert u. Paasch, 78). Berechnungen dieser Koeffizienten im Energiebereich um 1 keV liegen noch nicht vor. Im für LEED typischen Bereich von 100 eV tragen viele Koeffizienten mit gleicher Größenordnung bei, bei der Elektronenbeugung mit Energien um 30 keV ist die Intensität der Beugungspunkte klein gegen die Intensität des ungebeugten Strahles.

Eine experimentelle Unterscheidung beider Grenzfälle wäre durch Variation der Photonenenergie möglich; dies wird realisierbar, sobald die Synchrotronstrahlung auch in diesem Energiebereich für die Photoelektronenspektroskopie genutzt werden kann. Der Mittelwert über die gesamte Energiefläche wäre unabhängig von der Photonenenergie, während die Lage einer einzelnen Schnittebene durch die Photonenenergie bestimmt ist und bei Variation der Photonenenergie um 200 bis 300 eV durch die gesamte Brillouin-Zone wandert.

Auch mit Phononenprozessen begleitete Übergänge führen bei XPS zu einer Verschmierung des Impulses über die gesamte Brillouin-Zone (Shevchik, 77, Williams u. a., 77). Die Stärke dieses Beitrages ist temperaturabhängig. Die Messungen (Hussain u. a., 80) zeigen, daß man die Intensitäten gut als gewichtete Summe

$$I = DI_{\text{dir}} + (1 - D)\, I_{\text{BZ}} \tag{10}$$

aus direktem Anteil (Beitrag von einer Ebene) und Brillouin-Zonenmittelwert (durch Phononenprozesse entstandener Beitrag) schreiben kann. D in (10) ist der Debye-Waller-Faktor (8.7-9).

6.6.6. Ebene Zustandsdichte

Entsprechend den Ausführungen in [6.6.5] müssen bei XPS die Beiträge einzelner Ebenen mit Gewichtsfaktoren multipliziert und addiert werden, um die Intensität zu erhalten. Hier soll die Berechnung des Beitrages einer Ebene diskutiert werden. Die Integration über den durch das Auflösungsvermögen des Spektrometers bestimmten $\boldsymbol{k}$-Bereich läßt sich in eine Integration über die Brillouin-Zone überführen,

$$\int\limits_{\Delta p} \mathrm{d}^3 p = \Delta p \int\limits_{\text{Kreis}} \mathrm{d}^2 p \sim \Delta E \int \mathrm{d}^3 k\, \delta(q - \boldsymbol{e}\boldsymbol{k})\,, \tag{11}$$

wobei sich die Integration über die durch die Deltafunktion $\delta(q - \boldsymbol{e}\boldsymbol{k})$ bestimmte Ebene nur über eine Kreisfläche erstreckt, deren Radius durch $\Delta p_\perp$ aus Abb. 6.6-6 gegeben ist. Sieht man in

$$I(\varepsilon, q, \boldsymbol{e}) = \sum_\nu \int \frac{\mathrm{d}^2 k}{(2\pi)^3}\, \delta(\varepsilon - \varepsilon_i - \hbar\omega)\, \delta(q - \boldsymbol{e}\boldsymbol{k})\, M(\boldsymbol{k}) \tag{12}$$

von der $\boldsymbol{k}$-Abhängigkeit des Matrixelementes ab, dann enthält diese Intensität die „ebene Zustandsdichte“

$$D(\varepsilon, q, \boldsymbol{e}) = \int \mathrm{d}^3 k\, \delta(\varepsilon - \varepsilon_i - \hbar\omega)\, \delta(q - \boldsymbol{e}\boldsymbol{k})\,. \tag{13}$$

Sie enthält als Parameter die Normalenrichtung $\boldsymbol{e}$ und den Abstand q der Ebene vom Punkt Γ.

Für den Fall, daß man die Integration statt über einen Kreis über den gesamten Brillouin-Zonenquerschnitt führt, sind in Abb. 6.6-8 die Ergebnisse für die $\langle 100 \rangle$-Richtung von Kupfer angegeben. Es wurden die Abstände $q_n = (\Gamma X/16)\, n$ bzw. $\Gamma X - q_n$ betrachtet. Die Beiträge von den Brillouin-Zonenquerschnitten zu q_n und

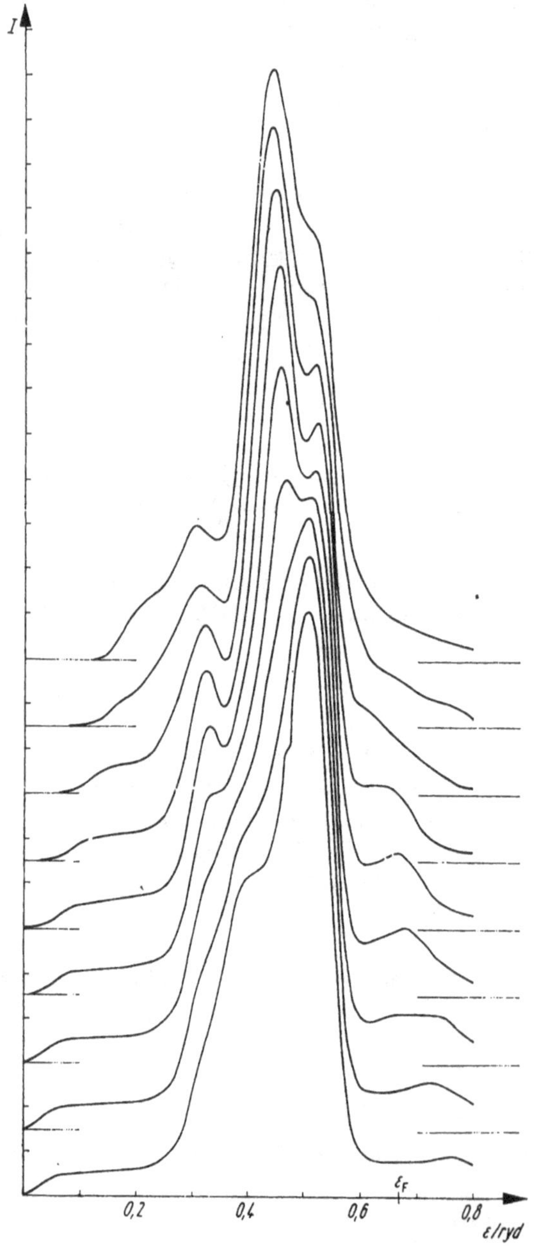

Abb. 6.6-8. Ebene Zustandsdichte von Cu für $\langle 100 \rangle$-Ebenen in verschiedenem Abstand $q = (2\pi/a)\, n/16$ von Γ in willkürlichen Einheiten. Die unterste Kurve gehört zu $n = 0$, die oberste zu $n = 8$. Entsprechend der besonderen Anordnung der Brillouin-Zonen wurde jeweils die Summe der Beiträge von q und $(2\pi/a) - q$ gebildet

(5) der Anfangszustände liegen. Das sind Schnittlinien, die sich praktisch aus dem Schnitt einer Fläche konstanter Energie mit einer Ebene ergeben.
$\Gamma X - q_n$ wurden wegen der besonderen Gestalt der Brillouin-Zone addiert und für $n = 0, 1, \dots, 8$ angegeben. Da die Summierung über die Beiträge aller Ebenen zur Zustandsdichte $D(E)$ führt, erkennt man auch in den Beiträgen der Ebenen deren charakteristische Züge. Insbesondere erkennt man, daß je nach Lage der Ebene die Elektronen des einen oder anderen Hauptmaximums der Zustandsdichte stärker beitragen.

6.7. Literatur

Abrikossow, A. A., Einführung in die Theorie normaler Metalle, Akademie-Verlag, Berlin 1976.

Adler, S. L., Phys. Rev. **126**, 413 (1962).

Apai, G., J. Stöhr, R. S. Williams, V. L. Moruzzi, Phys. Rev. **B15**, 584 (1977).

Bennett, B. I., S. H. Vosko, Phys. Rev. **B6**, 2119 (1972).

Brauer, W., Einführung in die Elektronentheorie der Metalle, Geest & Portig, Leipzig 1972.

Ching, W. Y., I. Callaway, Phys. Rev. Lett. **30**, 441 (1973).

Christensen, N. E., in: P. Ziesche (Hrsg.), Proc. 11th Symp. Electronic Structure, TU Dresden, 1981, S. 77

Citrin, P. H., G. K. Wertheim, M. Schlüter, Phys. Rev. **B20**, 3067 (1979).

Dolgov, O. V., D. A. Kirzhnits, E. G. Maksimov, Rev. Mod. Phys. **53**, 81 (1981).

Eastman, D. E., F. J. Himpsel, in: P. Rhode (Hrsg.), The Physics of Transition Metals 1980, Conf. Series Nr. 55, The Institute of Physics, Bristol, 1981, S. 115.

Falk, D. S., Phys. Rev. **118**, 105 (1960).

Garik, P., N. W. Ashcroft, Phys. Rev. **B21**, 391 (1980).

Geiger, J., Elektronen und Festkörper, Vieweg, Braunschweig 1968.

Hanke, W., Phys. Rev. **B8**, 4585, 4591 (1973).

Heimann, P., H. Miosga and H. Neddermeyer, Sol. State Comm. **29**, 463 (1979).

Helman, J. S., W. Baltensperger, Phys. Rev. **B17**, 2427 (1978).

Hussain, Z., S. Kono, R. E. Conolly, C. S. Fadley, Phys. Rev. Lett. **44**, 895 (1980).

Ilver, L., P. O. Nilsson, Sol. Stat. Comm. **18**, 677 (1976).

Inglesfield, J., J. Phys. **C4**, L 14 (1971).

Johnson, D. L., Phys. Rev. **B9**, 4475 (1974).

Klein, B. M., L. L. Boyer, D. A. Papaconstantopoulos, L. F. Mattheis, Phys. Rev. **B18**, 6411 (1978).

Knapp, J. A., F. J. Himpsel, D. E. Eastman, Phys. Rev. **B19**, 4952 (1979).

Landau, L. D., E. M. Lifschitz, Lehrbuch der Theoretischen Physik, Band VIII, Akademie-Verlag, Berlin 1980, § 84.

Landau, L. D., E. M. Lifschitz, Lehrbuch der Theoretischen Physik, Band V, Akademie-Verlag, Berlin 1979, § 123.

Lee, M. J. G., J. M. Perz, E. Fawcett (Hrsg.), Transition Metals 1977, Conf. Series Nr. 39, The Institute of Physics, Bristol 1978.

Lenk, R., Theorie elektromagnetischer Felder, Deutscher Verl. d. Wissenschaften, Berlin 1976.

Lifschitz, I. M., M. J. Asbel, M. I. Kaganow, Elektronentheorie der Metalle, Akademie-Verlag, Berlin 1975.

Mahan, G. D., Phys. Rev. **B21**, 1421 (1980).

McFeely, F. R., J. Stöhr, G. Apai, P. S. Wehner, D. A. Shirley, Phys. Rev. **B14**, 3273 (1976).

Meisel, A., G. Leonhardt, R. Szargan, Röntgenspektren und chemische Bindung, Geest & Portig, Leipzig 1977.

Mermin, N. D., Phys. Rev. **B1**, 2362 (1970).

Moruzzi, V. L., P. M. Marcus, J. A. Knapp, in: Lee u. a., 78, S. 234.

Nemoschkalenko, W. W., W. G. Aleschin, Elektronnaja spektroskopija kristallow, Nakowa Dumka, Kiew 1976.

Nemoshkalenko, V. V., V. N. Antonov, Vl. N. Antonov, W. John, H. Wonn, P. Ziesche, phys. stat. sol. (b) **111**, 11 (1982).

Paasch, G., Dissertation A, TU Dresden, 1970, phys. stat. sol. **38**, K123 (1970).

Paasch, G., phys. stat. sol. (b) **87**, 191 (1978).

Paasch, G., Ch. Gläser, Exp. Techn. Phys. **26**, 457 (1978).

Pines, D., P. Nozières, The Theory of Quantum Liquids, Benjamin, New York 1966 (Übers. ins Russ., Mir, Moskau 1967).

Platzman, P. M., P. A. Wolf, Solid State Plasmas, in: Sol. State Physics, Suppl. **13**, 1 (1973).

Puff, H., Einführung in die allgemeine Theorie der optischen Eigenschaften von Festkörpern, Institutsdruck des ZIE, Berlin 1969.

Rennert, P., A. Chassé, in: P. Ziesche (Hrsg.), Proc. 10th Symp. Electronic Structure, TU Dresden, 1980, S. 87.

Rennert, P., A. Chassé, Proc. 10th Symp. Electronic Structure, TU Dresden, 1980, S. 87.

Rennert, P., N. V. Hung, Exp. Techn. Phys. **26**, 151 (1978).

Rennert, P., G. Paasch, in: P. Ziesche (Hrsg.), Proc. 8th Symp. Electronic Structure, TU Dresden, 1978, S. 205.

Rennert, P., Th. Dörre, U. Gläser, phys. stat. sol. (b) **87**, 221 (1978).

Rosei, R., R. Lässer, N. V. Smith, R. L. Benbow, Sol. State Comm. **35**, 979 (1980).

Saslow, W. M., G. F. Reiter, Phys. Rev. **B7**, 2995 (1973).

Schiff, L., Quantum Mechanics, McGraw-Hill, New York 1955, S. 261.

Shaw, R. W., J. Phys. **C2**, 2350 (1969).

Shevchik, N. J., Phys. Rev. **B16**, 3428 (1977).

Shirley, D. A., (Hrsg.), Electron Spectroscopy, North-Holland, Amsterdam 1972.

Siegbahn, H., Principles and applications of electron spectroscopy, in: Interaction of Radiation with Condensed Matter, Vol. II, IAEA, Wien 1977.

Smith, I. B., H. Ehrenreich, Phys. Rev. **B 25**, 923 (1982).

Šmrčka, L., Czech. J. Phys. **B21**, 683 (1971).

Stolz, H., Einf. in die Vielelektronentheorie der Kristalle, Akademie-Verlag, Berlin 1974.

Sturm, K., Z. Phys. **B25**, 247 (1976).

Sturm, K., Adv. Phys. **31**, 1 (1982).

Taut, M., phys. stat. sol. (b) **72**, K113 (1975).

Taut, M., W. Hanke, phys. stat. sol. (b) **77**, 543 (1976).

Taut, M., A. M. Radwan, phys. stat. sol. (b) **82**, 507 (1977).

Taut, M., P. Ziesche, phys. stat. sol. (b) **78**, 169 (1976).

Turner, R. D., J. C. Inkson, J. Phys. **C9**, 3583 (1976).

Veal, B. W., in: F. Y. Fradin (Hrsg.), Electronic Structure and Properties, Academic Press, New York, 1981, S. 99.

Wagner, L. F., Z. Hussain, C. S. Fadley, R. J. Baird, Sol. Stat. Comm. **21**, 453 (1977).

Williams, R. S., P. S. Wehner, J. Stöhr, D. A. Shirley, Phys. Rev. Lett. **39**, 302 (1977).

Wiser, N., Phys. Rev. **129**, 62 (1963).

Wooten, F., Optical Properties of Solids, Academic Press, New York 1972.

Ziman, J. M., Prinzipien der Festkörpertheorie, Akademie-Verlag, Berlin 1974.

7. Theorie der Gitterstrukturen

P. Rennert

Bei den reinen Metallen treten die Strukturen krz, kfz und hdp bevorzugt auf. Auch bei intermetallischen Verbindungen wird bei einigen Strukturen eine hohe Anzahl von Vertretern beobachtet. Diese im wesentlichen durch die mittlere Valenzelektronenzahl bestimmten Strukturen lassen sich aus der Elektronenstruktur erklären. Dazu wird die Strukturenergie betrachtet, die aus dem elektrostatischen Anteil – der Madelung- oder Ewald-Energie – und der Bandstrukturenergie besteht. Die Ewald-Methode zur Berechnung der Madelung-Energie wird erläutert. Für Nichtübergangsmetalle kann die Bandstrukturenergie in niedriger Ordnung der Störungstheorie aus dem zum Pseudopotential gehörigen Formfaktor bestimmt werden. In diese Diskussionen werden auch Lokalfeldkorrekturen der Elektronenkorrelation einbezogen. Die Ergebnisse werden an ausgewählten Beispielen veranschaulicht.

7.1. Übersicht über die beobachteten Strukturen

7.1.1. Reine Metalle

In Tab. 7.1-1 sind die Gitterstrukturen der reinen Metalle eingetragen. Man erkennt daß die dichtegepackten Strukturen kfz (= kubisch flächenzentriert), krz (= kubisch raumzentriert) und hdp (= hexagonal dichtgepackt) vorherrschen. Die Angaben entsprechen den bei Zimmertemperatur beobachteten Strukturen, die im allgemeinen auch bei Temperaturen $T \to 0$ stabil sind. In einigen Fällen (z. B. Li, Na) wurde noch eine (strukturelle) Phasenumwandlung krz $\to$ hdp beim Übergang zu tiefen Temperaturen beobachtet (Martin, 60). Die dabei auftretende Struktur (hdp mit $c/a = 1{,}637$ für Li und 1,633 für Na) steht jeweils über der zur Zimmertemperatur gehörenden (krz). Die für $T \to 0$ auftretenden Strukturen sind bei der theoretischen Berechnung ins Auge zu fassen, da nur am absoluten Nullpunkt die Stabilitätsbedingung durch das Minimum allein der Gesamtenergie (und nur diese wird hier betrachtet) gegeben ist.

Hervorzuheben ist die in den verschiedenen Perioden auftretende gleiche Systematik. Die Alkalimetalle sind hexagonal dichtgepackt. Es bleibt abzuwarten, ob für K, Rb und Cs auch hdp-Tieftemperaturphasen beobachtet werden. Die Umwandlung von hdp in krz bei schon tiefen Temperaturen zeigt, daß die Bindungsenergie beider Phasen nur wenig differiert, was durch die numerischen Rechnungen (Pettifor, 70) auch bestätigt wird. In allen drei Reihen der Übergangsmetalle wird die Strukturfolge hdp, krz, hdp, kfz beobachtet. Nur die Elemente mit besonderen magnetischen Eigenschaften (Mn, Fe) zeigen hiervon Abweichungen. Den Edelmetallen schließen sich zweiwertige Metalle mit hdp-Struktur an, wobei hier relativ starke Abweichungen vom idealen c/a-Verhältnis auftreten.

Tabelle 7-1.1. Gitterstrukturen der Elemente (Kittel 73)

1 H hdp																	2 He hdp
3 Li hdp krz												4 Be hdp	5 B rhomb	6 C Diamant-struktur	7 N kubisch	8 O komplex	9 F	10 Ne kfz
11 Na hdp krz												12 Mg hdp	13 Al kfz	14 Si Diamant-struktur	15 P komplex	16 S komplex	17 Cl komplex	18 Ar kfz
19 K krz	20 Ca kfz	21 Sc hdp	22 Ti hdp	23 V krz	24 Cr krz	25 Mn kubisch	26 Fe krz	27 Co hdp	28 Ni kfz	29 Cu kfz	30 Zn hdp	31 Ga komplex	32 Ge Diamant-struktur	33 As rhomb	34 Se hex	35 Br komplex	36 Kr kfz
37 Rb krz	38 Sr krz	39 Y hdp	40 Zr hdp	41 Nb krz	42 Mo krz	43 Tc hdp	44 Ru hdp	45 Rh kfz	46 Pd kfz	47 Ag kfz	48 Cd hdp	49 In tetr	50 Sn(α) Diamant-struktur	51 Sb rhomb	52 Te hex	53 J komplex	54 Xe kfz
55 Cs krz	56 Ba krz	57 La hex	72 Hf hdp	73 Ta krz	74 W krz	75 Re hdp	76 Os hdp	77 Ir kfz	78 Pt kfz	79 Au kfz	80 Hg rhomb	81 Tl hdp	82 Pb kfz	83 Bi rhomb	84 Pb kubisch primitiv	85 At	86 Rn
87 Fr	88 Ra	89 Ac kfz															

58 Ce kfz	59 Pr hex	60 Nd hex	61 Pm	62 Sm komplex	63 Eu kfz	64 Gd hdp	65 Tb hdp	66 Dy hdp	67 Ho hdp	68 Er hdp	69 Tm hdp	70 Yb kfz	71 Lu hdp
90 Th kfz	91 Pa tetr	92 U komplex	93 Np komplex	94 Pu komplex	95 Am hex	96 Cm	97 Bk	98 Cf	99 Es	100 Fm	101 Md	102 No	103 Lw

Diese Systematik über die verschiedenen Perioden hinweg zeigt, daß die Valenzelektronenkonzentration ein maßgeblicher Parameter ist, und es sollte eine wesentliche Aufgabe der Elektronentheorie sein, diese Tendenz zu erklären.

7.1.2. Intermetallische Verbindungen

Bei intermetallischen Verbindungen (oder Phasen) tritt eine sehr große Vielfalt von Strukturen auf (Schulze, 67). Es gibt jedoch einige Strukturen, die durch ihre große Anzahl von Vertretern auffallen. An der Spitze stehen die Laves-Phasen. Auch die Strukturen mit NaCl- (*B*1-) Struktur, CsCl- (*B*2-) Struktur und *β*-W- (*A*15-) Struktur haben eine große Anzahl von Vertretern.

Intermetallische Verbindungen mit *B*2-Struktur haben nur zwei Atome pro Elementarzelle und sind von kubischer Symmetrie. Sie bereiten daher theoretisch nicht viel mehr Schwierigkeiten als reine Metalle mit hdp-Struktur. Darauf ist es zurückzuführen, daß für die *B*2-Struktur die meisten Berechnungen der Elektronenstruktur erfolgt sind, auf deren Grundlage Diskussionen der Gesamtenergie möglich sind.

Intermetallische Verbindungen mit *B*1-Struktur bereiten bei der numerischen Auswertung auch keine größeren Schwierigkeiten, für mehr als zehn Vertreter liegen Bandberechnungen vor. Diese Verbindungen sind durch ihre technischen Eigenschaften von Interesse. Die Hartmetalle (Übergangsmetallkarbide und -nitride) besitzen diese Struktur, ebenso eine Reihe von Übergangsmetalloxiden, bei denen der sprunghafte Übergang vom Halbleiter zum Leiter mit einer Änderung der Leitfähigkeit um einige Größenordnungen beobachtet wird (Metall-Isolator-Übergang).

Großes Interesse beanspruchen die *A*15-Strukturen, da intermetallische Verbindungen dieser Struktur die höchsten beobachteten Sprungtemperaturen vom supraleitenden in den normalleitenden Zustand besitzen (ca. 20 K). Jedoch ist diese Struk-

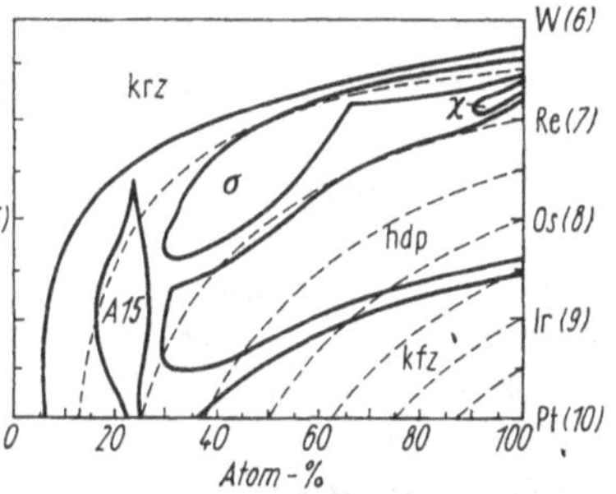

Abb. 7.1-1. Veranschaulichung der Abhängigkeit der Gitterstruktur intermetallischer Verbindungen von der Valenzelektronenkonzentration am Beispiel binärer und ternärer Legierungen von Cr (Brewer, 65). In Klammern steht jeweils die Valenzelektronenzahl Bei binären Legierungen, z. B. Cr—Ir, kann die Gitterstruktur in Abhängiglkeit von der Ir-Konzentration (Abszisse) aus der Horizontalen durch Ir (9) abgelesen werden. Bei ternären Legierungen, z. B. Cr—Pt—Ir, ist die Horizontale durch den Punkt zwischen Pt (10) und Ir (9) zu legen, der der relativen Konzentration von Pt und Ir entspricht Kurven konstanter Valenzelektronenkonzentration sind gestrichelt eingetragen

tur mit acht Atomen pro Elementarzelle recht kompliziert, doch wurde auch hierfür eine Reihe von Bandberechnungen durchgeführt.

Die Laves-Phasen bilden eine sehr große Gruppe intermetallischer Verbindungen mit teilweise interessanten technischen Eigenschaften (Härte, magnetische Eigenschaften). Sie sind auch dadurch interessant, daß sie elektronische Phasen darstellen. Dabei wird die stabile Gitterstruktur durch die mittlere Zahl der Valenzelektronen bestimmt (Hume-Rothery-Regel, s. z. B. Rennert, 73). Jedoch besitzen sie (nämlich $C14$, $C15$, $C36$) jeweils 12, 6 bzw. 24 Atome pro Elementarzelle, so daß die Berechnung der Elektronenstruktur sehr aufwendig wird. Für einige Verbindungen liegen aber Berechnungen vor.

Es gibt noch einige andere Strukturen, die ebenfalls elektronische Phasen darstellen. So zeigt die Abb. 7.1-1, daß die σ-Phase nur bei einer ganz bestimmten Valenzelektronenkonzentration auftritt, allgemein haben die Kurven konstanter Valenzelektronenkonzentration (gestrichelt eingetragen) eine starke Korrelation mit den Phasengrenzen zwischen unterschiedlichen Gitterstrukturen.

7.2. Strukturenergie einfacher Metalle

7.2.1. Strukturabhängiger Energieanteil

Es gab schon zeitig Versuche, die Gesamtenergie mit dem Ziel zu berechnen, bei gegebener Gitterstruktur die Gleichgewichtsdichte zu bestimmen. Bei einfachen Betrachtungen im Rahmen der Zellenmethode gab es auch einige Erfolge. Genauere Berechnungen erweisen sich jedoch deshalb als sehr kompliziert, weil mehrere relativ große, sich aber fast kompensierende Beiträge auftreten. Dadurch wird eine hohe Rechengenauigkeit erforderlich, der aber z. B. durch die ungenaue Kenntnis der Korrelationseffekte Grenzen gesetzt sind.

Es ist jedoch möglich, bei gegebener Dichte die Gesamtenergie mehrerer (hypothetischer) Strukturen einer Substanz zu vergleichen und die energetisch günstigste zu bestimmen. Diese sollte natürlich mit der experimentell beobachteten übereinstimmen. Geht man von einer gegebenen Dichte der Substanz (im allgemeinen von der experimentell beobachteten Dichte) aus, dann sind für die zu vergleichenden Systeme die nur durch die mittlere Elektronendichte bestimmten Beiträge gleich, sie kürzen sich heraus. Es verbleibt nur die Differenz der Beiträge, die durch die spezielle Anordnung der Atome bestimmt sind. Man sagt, die Gesamtenergie wird in einen Volumenterm und einen strukturabhängigen Anteil aufgespalten. Nur der letztere wird im folgenden diskutiert. Des weiteren konzentrieren sich die folgenden Betrachtungen auf Nichtübergangs- oder einfache Metalle, was die Verwendung schwacher Pseudopotentiale und damit die Bestimmung der Gesamtenergie mittels Störungsrechnung erlaubt.

Die Anordnung der Atome wird durch den Strukturfaktor charakterisiert. Betrachten wir nämlich ein Potential, das sich ähnlich wie in (2.1-3) als Summe atomarer Beiträge ergibt, wobei sich die Atome an Orten $\boldsymbol{R} + \boldsymbol{s}$ befinden sollen (s. Abb. 7.2-2),

$$W^0(\boldsymbol{r}, \boldsymbol{r}') = \sum_{\boldsymbol{R}, \boldsymbol{s}} w^0(\boldsymbol{r} - (\boldsymbol{R} + \boldsymbol{s}), \boldsymbol{r}' - (\boldsymbol{R} + \boldsymbol{s})) \,, \tag{1}$$

dann läßt sich das (in der Störungsrechnung benötigte) Matrixelement dieses Potentials zwischen zwei ebenen Wellen entsprechend

$$\begin{aligned} W^0(\boldsymbol{k}, \boldsymbol{q}) &= \sum_{\boldsymbol{R}, \boldsymbol{s}} \frac{1}{V} \int \mathrm{d}^3 r \int \mathrm{d}^3 r' \, \mathrm{e}^{-i(\boldsymbol{k}+\boldsymbol{q})\boldsymbol{r}} \, W^0\big(\boldsymbol{r} - (\boldsymbol{R} + \boldsymbol{s}), \boldsymbol{r}' - (\boldsymbol{R} + \boldsymbol{s})\big) \, \mathrm{e}^{i\boldsymbol{k}\boldsymbol{r}'} \\ &= \frac{1}{MN} \sum_{\boldsymbol{R}, \boldsymbol{s}} \mathrm{e}^{-i\boldsymbol{q}(\boldsymbol{R}+\boldsymbol{s})} \frac{1}{V_{\mathrm{at}}} \int \mathrm{d}^3 r \int \mathrm{d}^3 r' \, \mathrm{e}^{-i(\boldsymbol{k}+\boldsymbol{q})\boldsymbol{r}} \, w^0(\boldsymbol{r}, \boldsymbol{r}') \, \mathrm{e}^{i\boldsymbol{k}\boldsymbol{r}'} \\ &= S(\boldsymbol{q}) \, w^0(\boldsymbol{k}, \boldsymbol{q}) \end{aligned} \tag{2}$$

in zwei Faktoren aufspalten. Im Unterschied zu [3] wird das Pseudopotential nichtabgeschirmter Ionenrümpfe hier mit w^0 (statt w^c) bezeichnet. Bei N Elementarzellen und M Ionen pro Elementarzelle ist $V_{\mathrm{at}} = V/MN$ das Volumen pro Ion. In (2) ist

$$w^0(\boldsymbol{k}, \boldsymbol{q}) = \frac{1}{V_{\mathrm{at}}} \int \mathrm{d}^3 r \int \mathrm{d}^3 r' \, \mathrm{e}^{-i(\boldsymbol{k}+\boldsymbol{q})\boldsymbol{r}} \, w^0(\boldsymbol{r}, \boldsymbol{r}') \, \mathrm{e}^{i\boldsymbol{k}\boldsymbol{r}'} \tag{3a}$$

der Formfaktor (für ein lokales Potential $w^0(\boldsymbol{r}, \boldsymbol{r}') = \delta(\boldsymbol{r} - \boldsymbol{r}') \, w^0(\boldsymbol{r})$ wird er unabhängig von $\boldsymbol{k}$: $w^0(\boldsymbol{q})$), und $S(\boldsymbol{q})$ ist der Strukturfaktor

$$S(\boldsymbol{q}) = \frac{1}{NM} \sum_{\boldsymbol{R}, \boldsymbol{s}} \mathrm{e}^{-i\boldsymbol{q}(\boldsymbol{R}+\boldsymbol{s})} = \frac{1}{N} \sum_{\boldsymbol{R}} \mathrm{e}^{-i\boldsymbol{q}\boldsymbol{R}} \frac{1}{M} \sum_{\boldsymbol{s}} \mathrm{e}^{-i\boldsymbol{q}\boldsymbol{s}} = \sum_{\boldsymbol{G}} \delta_{\boldsymbol{q}, \boldsymbol{G}} \frac{1}{M} \sum_{\boldsymbol{s}} \mathrm{e}^{-i\boldsymbol{q}\boldsymbol{s}} . \tag{3b}$$

Bei geordneten Systemen führt die Summation über die Gittervektoren $\boldsymbol{R}$ zu der Aussage, daß der Strukturfaktor nur für die Vektoren des reziproken Gitters $\boldsymbol{G}$ von Null verschieden ist. Es braucht dann nur noch die Summe über die Ionen in einer Elementarzelle ausgeführt zu werden.

Über diesen Strukturfaktor geht die Anordnung der Atome in den strukturabhängigen Anteil der Energie ein. Für einfache Metalle ist dieser Anteil leicht angebbar. Der Verlauf der Wellenfunktion außerhalb der Ionenrümpfe kann durch ein schwaches Pseudopotential beschrieben werden (s. [3]), so daß für die Energieberechnung eine Störungrsechnung bis zu niedrigen Ordnungen ausreichend ist. In diesem Bild gewinnt man die Strukturenergie als Summe

$$E_{\mathrm{s}} = E_{\mathrm{es}} + E_{\mathrm{bs}} \tag{4}$$

von elektrostatischer Energie und Bandstrukturenergie.

Die elektrostatische Energie, auch Madelung- oder Ewald-Energie genannt, ist die Coulomb-Energie des Systems der Ionen und des homogenen Elektronengases. Diese Energie ist von der Anordnung der Ionen im Elektronengas abhängig (s. [7.2.2]).

Die Bandstrukturenergie ist ein strukturabhängiger Anteil von kinetischer und potentieller Energie der Valenzelektronen (die Rumpfelektronen liefern keinen Beitrag). Mit den Abweichungen der Bandstruktur des Metalls von der freier Elektronen sind ja auch Abweichungen der Valenzelektronendichte von der freier Elektronen verbunden. Diese Inhomogenitäten beschreiben die Abschirmung der Ionenpotentiale durch die Elektronen. Einerseits bringt nun diese Abschirmung, also die Anhäufung der Ladungsdichte um die positiven Ionen herum (hier sind nicht Rumpfbereich und Einführung der Depletionsladung [3.5] gemeint), einen Gewinn an elektrostatischer Energie mit sich, der in der Madelung-Energie noch nicht erfaßt ist. Andererseits erhöhen diese Inhomogenitäten natürlich die kinetische Energie des Elektronengases.

Die im Gleichgewicht entstehende Elektronendichte ergibt sich aus einer Balance beider Tendenzen. Ausführlicher wird die Bandstrukturenergie in [7.2.3] behandelt.

Streng genommen ist zu beachten, daß die Gitterionen auch bei $T = 0$ nicht in den Gleichgewichtslagen ruhen. Der entstehende strukturabhängige Anteil der Nullpunktschwingungen des Phononensystems ist meist vernachlässigbar; er muß nur in speziellen kritischen Fällen berücksichtigt werden (z. B. Kagan u. a., 77).

7.2.2. Madelung-Energie

Hier soll die Energie des neutralen Systems, bestehend aus dem homogenen Elektronengas und positiven, die Ladung $Z|e|$ tragenden Ionen, berechnet werden (Fuchs, 35, Ewald, 21). Diese Energie wird in der Form

$$\frac{E_{\text{es}}}{MN} = -\alpha \frac{1}{2} \frac{(Z\epsilon)^2}{R_{\text{at}}}, \qquad \frac{V}{MN} = V_{\text{at}} = \frac{4\pi}{3} R_{\text{at}}^3, \qquad \epsilon^2 = \frac{e^2}{4\pi\varepsilon_0} \tag{5}$$

geschrieben, α wird als Madelung-Konstante (oder Ewald-Konstante) bezeichnet.

Eine einfache Abschätzung (wir betrachten hier den Fall $M = 1$) liefert eine Schranke für die Madelung-Energie. Da das Kristallgitter nach außen hin ein neutrales Gebilde darstellt, kann man es sich aus N neutralen Zellen aufgebaut denken. Zur Abschätzung werden elektrische Momente der Zellen vernachlässigt. Jede Zelle wird durch eine Kugel mit dem Volumen V_{at} ersetzt, wie Abb. 7.2-1 zeigt. Im Mittelpunkt

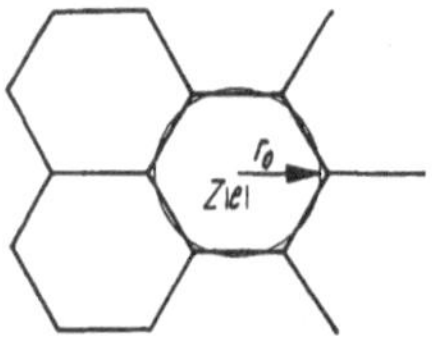

Abb. 7.2-1. Abschätzung der Madelung-Konstanten durch Ersetzen einer Wigner-Seitz-Zelle durch eine Wigner-Seitz-Kugel

befindet sich das Ion der Ladung $Z|e|$, das homogene Elektronengas füllt die Kugel aus. Für die elektrostatische Energie erhält man

$$\frac{E_{\text{es}}}{MN} = E_{+-} + E_{--} = -\frac{3}{2}\frac{(Z\epsilon)^2}{R_{\text{at}}} + \frac{3}{5}\frac{(Z\epsilon)^2}{R_{\text{at}}} = -\frac{9}{10}\frac{(Z\epsilon)^2}{R_{\text{at}}}. \tag{6}$$

Hier ergibt sich also $\alpha = 1{,}8$. Tab. 7.2-1 zeigt, daß die Madelung-Konstanten der Strukturen kfz, krz und hdp diesem Wert sehr nahe kommen. Das ist auch ein Grund dafür, warum man diese Strukturen dichtgepackt nennt.

Nun soll darauf eingegangen werden, wie man die Madelung-Energie für einen Kristall mit M Ionen gleicher Ladung in der Elementarzelle unter Berücksichtigung aller höheren Momente berechnet. Eine zellenweise Behandlung ist nicht zweckmäßig. Die Coulomb-Energie setzt sich aus der Energie des Elektronengases E_{--}, der Wechselwirkungsenergie der Elektronen mit den Ionen E_{+-} und der Wechselwirkungsenergie der Ionen untereinander E_{++} zusammen: $E_{\text{es}} = E_{++} + E_{+-} + E_{--}$. Die einzelnen Anteile divergieren wegen der langen Reichweite des Coulomb-Potentials $u_{\text{C}}(\boldsymbol{r}) = Z\epsilon^2/r$, die in der Divergenz der Fourier-Transformierten

$$\tilde{u}_{\text{C}}(\boldsymbol{q}) = \frac{1}{V_{\text{at}}}\int \mathrm{d}^3r \, \frac{(Z\epsilon)^2}{r} \, \mathrm{e}^{-i\boldsymbol{q}\boldsymbol{r}} = \frac{1}{V_{\text{at}}} \frac{4\pi(Z\epsilon)^2}{q^2} \tag{7}$$

für kleine q zum Ausdruck kommt. Diese Divergenzen treten nur durch die Auftrennung von E auf. Sie haben keine physikalische Bedeutung und heben sich wegen der Neutralität weg.

Alle hier betrachteten Strukturen bestehen aus neutralen Elementarzellen mit Inversionszentrum. Das Potential einer Elementarzelle fällt daher schneller als $1/r^2$ ab, und es hat keinen Einfluß auf die Gesamtenergie, wenn das Coulomb-Potential in sehr großem Abstand „abgeschnitten" wird. Bei dieser Abschneideprozedur wird aber $\tilde{u}_C(q)$ für $q = 0$ endlich, so daß formal mit $\tilde{u}_C(0)$ gerechnet werden darf. Am Ende fällt $\tilde{u}_C(0)$ aus der Rechnung heraus, d. h., das Ergebnis ist nicht von der konkreten Abschneideprozedur abhängig und gilt daher, wie es sein muß, auch für das nichtabgeschnittene Potential (7). In Ionenkristallen ohne Inversionssymmetrie (piezoelektrische Kristalle) fällt das Potential der Elementarzelle in großem Abstand im allgemeinen nur wie $1/r^2$ ab (Dipolpotential), und die hier durchgeführten Betrachtungen sind nicht ohne weiteres anwendbar.

E_{--} und E_{+-} sind leicht angebbar:

$$\begin{aligned} E_{--} &= \frac{1}{2}\int d^3r \int d^3r' \, \frac{\varrho_-(\boldsymbol{r})\,\varrho_-(\boldsymbol{r}')}{4\pi\varepsilon_0\,|\boldsymbol{r}-\boldsymbol{r}'|} = \frac{1}{2} MN\tilde{u}_C(0)\,, \\ E_{+-} &= \int d^3r \int d^3r' \, \frac{\varrho_+(\boldsymbol{r})\,\varrho_-(\boldsymbol{r}')}{4\pi\varepsilon_0\,|\boldsymbol{r}-\boldsymbol{r}'|} = -MN\tilde{u}_C(0)\,. \end{aligned} \tag{8}$$

Sie hängen nicht von der Anordnung der Ionen ab.

Die Berechnung von E_{++} birgt einige Schwierigkeiten in sich:

$$E_{++} = \frac{1}{2}\sum_i \sum_{j(\neq i)} u_C(\boldsymbol{r}_i - \boldsymbol{r}_j)\,, \qquad u_C(\boldsymbol{r}) = \frac{(Z\epsilon)^2}{r}\,. \tag{9}$$

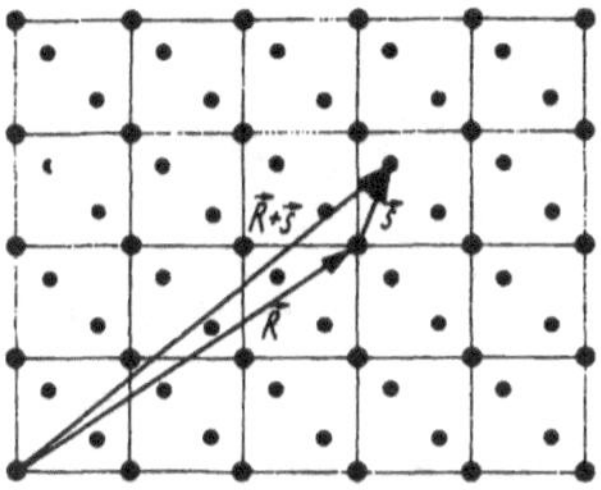

Abb. 7.2-2. Lage der Atome in den Elementarzellen

Entsprechend Abb. 7.2-2 bedeutet $\boldsymbol{r}_i = \boldsymbol{R} + \boldsymbol{s}$; $\boldsymbol{R}$ ist ein Gittervektor, $\boldsymbol{s}$ der Vektor vom Punkt $\boldsymbol{R} = 0$ zu einem Ion der nullten Elementarzelle. E_{++} muß so umgeformt werden, daß die divergierenden Anteile sich gegen (8) kompensieren. Bei dem Vorgehen nach Ewald (21) werden gaußförmige Ladungsverteilungen mit dem Potential

$$\begin{aligned} u_G(\boldsymbol{r}) &= \frac{(Z\epsilon)^2}{r}\frac{2}{\sqrt{\pi}}\int_0^{\sqrt{\lambda}r} dx\, e^{-x^2}\,, \\ \tilde{u}_G(\boldsymbol{q}) &= \frac{1}{V_{at}}\int d^3r\, u_G(\boldsymbol{r})\, e^{-i\boldsymbol{q}\boldsymbol{r}} = \frac{1}{V_{at}}\frac{4\pi(Z\epsilon)^2}{q^2}\, e^{-q^2/4\lambda}\,, \end{aligned} \tag{10}$$

hinzugefügt und wiederum abgezogen. λ ist ein Parameter, der die Ausdehnung der Gauß-Verteilung bestimmt. Wegen

$$\frac{2}{\sqrt{\pi}} \int\limits_0^{\sqrt{\lambda} r} dx\, e^{-x^2} \xrightarrow[r \to \infty]{} \frac{2}{\sqrt{\pi}} \int\limits_0^{\infty} dx\, e^{-x^2} = 1 \tag{11}$$

geht das Potential $u_G(\boldsymbol{r})$ für große r asymptotisch in das Potantial $u_C(\boldsymbol{r})$ in (9) über, wobei das asymptotische Verhalten für $r^2 \gg 1/\lambda$ erreicht wird. Entsprechend ist für $q \to 0$ $(q^2 \ll 4\lambda)$

$$\tilde{u}_G(\boldsymbol{q}) = \frac{1}{V_{at}} \frac{4\pi(Z\epsilon)^2}{q^2} \left(1 - \frac{q^2}{4\lambda} + \dots\right) \to \tilde{u}_C(\boldsymbol{q}) - \frac{\pi(Z\epsilon)^2}{V_{at}\lambda}. \tag{12}$$

Das erste Glied in

$$\sum_{j(\neq i)} u_C(\boldsymbol{r}_i - \boldsymbol{r}_j) = \sum_j u_G(\boldsymbol{r}_i - \boldsymbol{r}_j) - u_G(0) + \sum_{j(\neq i)} [u_C(\boldsymbol{r}_i - \boldsymbol{r}_j) - u_G(\boldsymbol{r}_i - \boldsymbol{r}_j)] \tag{13}$$

enthält jetzt eine uneingeschränkte Summation (in $\sum_j$ ist $j = i$ nicht ausgeschlossen), die mit den Gittersummenregeln auswertbar ist und in eine rasch konvergierende Summe über Vektoren des reziproken Gitters überführt wird. Die Summanden des dritten Gliedes enthalten die kurzreichweitige Wechselwirkung $u_C - u_G$ (s. (11)), daher konvergiert diese Summe bei Berücksichtigung weniger Nachbarn im Ortsraum. Aus den drei Summanden von (13) ergeben sich für E_{++} die drei Terme

$$\begin{aligned} E_{++} = {} & \frac{1}{2} MN \sum_{\boldsymbol{G} \neq 0} \tilde{u}_G(\boldsymbol{G})\, |S(\boldsymbol{G})|^2 + \frac{1}{2} MN \tilde{u}_G(0) \\ & - \frac{1}{2} NM(Z\epsilon)^2\, 2 \sqrt{\frac{\lambda}{\pi}} \\ & + \frac{1}{2} N \sum_{\boldsymbol{s}} \sum_{\substack{\boldsymbol{R}', \boldsymbol{s}' \\ (\boldsymbol{s}' \neq \boldsymbol{s} \text{ für } \boldsymbol{R}' = 0)}} [u_C(\boldsymbol{s} - \boldsymbol{s}' - \boldsymbol{R}') - u_G(\boldsymbol{s} - \boldsymbol{s}' - \boldsymbol{R}')]\,. \end{aligned} \tag{14}$$

Im ersten Term ist der Summand $\boldsymbol{G} = 0$ getrennt geschrieben worden. Der divergente Ausdruck $\tilde{u}_G(0)$ wird mit (8) zusammangefaßt und ergibt einen endlichen Restterm. Aus (5), (7), (8), (10) und (14) berechnet sich α zu

$$\begin{aligned} \alpha = -R_{at} \Bigg\{ & \sum_{\boldsymbol{G} \neq 0} \frac{4\pi}{V_{at} G^2} e^{-G^2/4\lambda} |S(\boldsymbol{G})|^2 - 2\sqrt{\frac{\lambda}{\pi}} - \frac{\pi}{V_{at}\lambda} \\ & + \frac{1}{M} \sum_{\boldsymbol{s}} \sum_{\substack{\boldsymbol{R}', \boldsymbol{s}' \\ (\boldsymbol{s}' \neq \boldsymbol{s} \text{ für } \boldsymbol{R}' = 0)}} \frac{1}{|\boldsymbol{s} - \boldsymbol{s}' - \boldsymbol{R}'|} \sqrt{\frac{2}{\pi}} \int\limits_{\sqrt{\lambda}\, |\boldsymbol{s} - \boldsymbol{s}' - \boldsymbol{R}'|}^{\infty} dx\, e^{-x^2} \Bigg\}. \end{aligned} \tag{15}$$

Für Gitterstrukturen mit nur einem Atom pro Elementarzelle vereinfacht sich der letzte Term in (15) zu einer Summe, die nur über die Gittervektoren ($\boldsymbol{R}'$) läuft. Zur Auswertung muß λ so gewählt werden, daß die einzelnen Summanden gut konvergieren. Ein brauchbarer Wert für $1/\sqrt{\lambda}$ ist der halbe Abstand zweier benachbarter Ionen. Unter bestimmten Umständen (s. z. B. [7.2.3]) kann aber auch eine andere Wahl von λ zweckmäßig sein.

(8) läßt sich leicht auf intermetallische Verbindungen (z. B. mit zwei verschiedenen Ionensorten) verallgemeinern. Die Summen über die einzelnen Ionensorten sind getrennt auszuführen, so daß die Energie die Form

$$\frac{E_{es}}{MN} = -\frac{1}{2}\frac{\epsilon^2}{R_{at}}\left[Z_1^2\alpha_1 + Z_1Z_2\alpha_{12} + Z_2^2\alpha_2\right] \tag{16}$$

erhält. Tragen die verschiedenen Ionensorten die gleiche Ladung, dann ist diese Aufspaltung natürlich nicht erforderlich.

Tabelle 7.2-1. Madelung-Konstante einiger Gitterstrukturen

Struktur	α
krz	1,791861
kfz	1,79174723
hdp[1]	1,79167624
hdp[2]	1,79167690
einf. hex.[3]	1,774643

[1] für $(c/a)_{ideal} = \sqrt{8/3} \approx 1{,}633$, [2] für $(c/a)_{min} = 1{,}6356$, [3] für $(c/a)_{min} = 0{,}928$

Tab. 7.2-1 enthält die Madelung-Konstante einfacher Strukturen. Die elektrostatische Energie der Strukturen krz, hdp und kfz unterscheidet sich kaum, die Abweichungen sind von der Größe 10^{-5}. Die krz-Struktur liefert den größten Gewinn an elektrostatischer Energie. Die hdp-Struktur hat ihr Minimum nicht beim idealen Achsenverhältnis $c/a = \sqrt{8/3} = 1{,}6330$, sondern bei $c/a = 1{,}6356$. Die einfache hexagonale Struktur ist nicht dichtgepackt. Minimale elektrostatische Energie tritt bei $c/a = 0{,}928$ auf.

Tabelle 7.2-2. Madelung-Konstante der Laves-Phasen bei idealer Struktur

Struktur	α (Rennert u. Radwan, 76)	α (Hafner, 77)
$C14$	1,771518	1,771515
$C15$	1,772316	1,772313
$C36$	1,771919	1,771916

In Tab. 7.2-2 sind die Madelung-Konstanten für die Laves-Phasen $C14$, $C15$ und $C36$ angegeben. Sie besitzen 12, 6 bzw. 24 Ionen pro Elementarzelle, so daß die Berechnung aufwendiger wird (Rennert u. Radwan, 76, Hafner, 77). Es soll auf die etwa zehnmal größeren Unterschiede in den Madelung-Konstanten der Laves-Phasen im Vergleich zu den Unterschieden zwischen den dichtgepackten Strukturen von Tab. 7.2-1 aufmerksam gemacht werden. Die Laves-Phasen sind auch dichtgepackte Strukturen, aber nur in einem geometrischen Sinne. Sie entstehen als dichteste Packung zweier Kugelsorten mit dem Radienverhältnis $\sqrt{3/2}$. Von der Coulomb-

Energie her gesehen, sind sie jedoch nicht dichtgepackt. Das erkennt man schon an dem großen Unterschied zwischen ihrer Madelung-Konstanten und dem Wert 1,8. Anschaulich lassen sich die größeren Unterschiede dadurch verstehen, daß bei der Umordnung der Ionen von der kfz- zur hdp-Struktur neutrale Zellen verschoben werden müssen, bei der Umordnung von $C14$ nach $C15$ jedoch geladene. Der eben diskutierte Unterschied in der Madelung-Konstante ist für die Diskussion der Gitterstruktur bedeutsam. In [7.3.2] kommen wir noch einmal darauf zurück.

7.2.3. Bandstrukturenergie

Der strukturabhängige Anteil der Energie, der davon herrührt, daß die Elektronenzustände von denen freier Elektronen abweichen, ist in niedristger Ordnung dem Quadrat des Ionenpotentials und damit dem Quadrat des Strukturfaktors proportional. Ein zum Strukturfaktor linearer Term tritt nicht auf, da im Erwartungswert eines Potentials von der Form (1) bezüglich eines Zustandes freier Elektronen jeder Summand den gleichen Beitrag liefert. Das Ergebnis der Störungsrechnung zweiter Ordnung läßt sich in der Form

$$\frac{E_{\text{bs}}}{MN} = \mathcal{V}_{\text{at}} \sum_{\boldsymbol{q} \neq 0} |S(\boldsymbol{q})|^2 \, F(q) \tag{17}$$

schreiben (s. Harrison, 66). $F(q)$ wird als Energie-Wellenzahl-Charakteristik bezeichnet. Ihre genaue Form wird in [7.2.4] abgeleitet, sie ist proportional zum Quadrat des Pseudopotentials der Ionen und enthält den abschirmenden Einfluß des Elektronengases.

Denkt man sich (17) in den Ortsraum transformiert, dann geht $|S(\boldsymbol{q})|^2$ in die Paarkorrelation über, und die Bandstrukturenergie wird eine Summe über die indirekten Anteile der effektiven Ion-Ion-Wechselwirkung (r = Ionenabstand)

$$v(r) = \frac{\mathcal{V}_{\text{at}}^2}{\pi^2} \int\limits_0^\infty \mathrm{d}q \, q^2 F(q) \, \frac{\sin qr}{qr}\,, \tag{18}$$

summiert über alle Paare von Ionen. (Als direkte Anteile ist die Coulomb-Wechselwirkung in der Madelung-Energie erfaßt.) In einer Störungsrechnung zweiter Ordnung kann man also die Gesamtenergie immer ausgehend von einer effektiven Wechselwirkung zwischen zwei Ionen (im Elektronengas) beschreiben.

Erst in höherer Störungsrechnung treten effektive Mehrionenwechselwirkungskräfte auf (die sich nicht auf eine Summe zentraler Paarwechselwirkungen reduzieren lassen). Brovman und Kagan (67) schlossen z.B. aus der relativen Lage der gemessenen Phononenfrequenzen im Punkt K der Brillouin-Zone des hdp-Gitters zueinander direkt auf die Existenz solcher Mehrionenkräfte (s. auch [8.5]). Ein expliziter Ausdruck für die Beiträge dritter Störungsordnung zur Strukturenergie wurde zuerst von Lloyd und Sholl (68) angegeben. Harrison (73) bestimmte das asymptotische Verhalten der Wechselwirkungskräfte in beliebig hohen Störungsordnungen für große Abstände aller beteiligten Ionen. Eine geeignete Behandlung nichtlokaler Pseudopotentiale in höheren Störungsordnungen wurde von Bertoni u. a. (74) angegeben. Theoretische Strukturuntersuchungen für hypothetischen metallischen Wasserstoff (er sollte unter einem Druck von ca. $3 \cdot 10^{11}$ Pa existieren) von Brovman u. a. (71) zeigten, daß seine Struktur praktisch durch die Beiträge dritter Störungsordnung bestimmt wird. Von der vierten Störungsordnung an kann die Störungsrechnung für $T = 0$ nicht mehr angewendet werden, wie unabhängig voneinander Brovman und Kagan (74) und Hammerberg und Ashcroft (74) zeigten, und es muß die thermodynamische Störungsrechnung verwendet werden. Die sehr komplexen expliziten Ausdrücke für höhere Störungsordnungen wurden von Brovman und Holas (74) angegeben.

Unter der Annahme eines lokalen Pseudopotentials der Ionen, also $w^0(\boldsymbol{k}, \boldsymbol{q}) \approx w^0(\boldsymbol{q})$ nimmt $F(q)$ die einfache Gestalt

$$F(q) = \frac{1}{2}\,\chi^0(\boldsymbol{q})\,w^0(-\boldsymbol{q})\,w(\boldsymbol{q}) = \frac{1}{2}\,\frac{\chi(\boldsymbol{q})}{\varepsilon(\boldsymbol{q})}\,|w^0(\boldsymbol{q})|^2 \tag{19}$$

an. Dabei bedeutet $\varepsilon(\boldsymbol{q}) = 1 - v_q\chi(\boldsymbol{q})$ die statische dielektrische Funktion des Elektronengases (1.3-8). Die prinzipielle Form ist für ein nichtlokales Potential $w^0(\boldsymbol{k}, \boldsymbol{q})$ dieselbe, sie läßt sich aber für ein lokales Potential $w^0(\boldsymbol{q})$ leichter anschaulich diskutieren. (19) besteht im wesentlichen aus dem unabgeschirmten Ionenpotential w^0, dem abgeschirmten Ionenpotential $w = w^0/\varepsilon^{(e)}$ mit $\varepsilon^{(e)}(\boldsymbol{q})$ als statischer Abschirmfunktion (1.6-7′) und einem durch Integration über den Energienenner herrührenden Term χ^0 $\left(= \alpha^0\text{, s. (1.5-3)}\right)$. Ein Ausdruck dieser Art ist in zweiter Störungsordnung zu erwarten. Er ist ja durch $E_s^{(2)} = (\Phi, W^0\Phi^{(1)})$ gegeben mit Φ als ungestörter Wellenfunktion und $\Phi^{(1)}$ als in erster Ordnung gestörter Wellenfunktion. Es tritt also erst einmal ein Faktor w^0 auf. Weiter ist $\Phi^{(1)}$ proportional zum Potential und enthält die Abschirmung durch das Elektronengas, dies führt zu dem Faktor $w = w^0/\varepsilon^{(e)}$. Schließlich enthält $\Phi^{(1)}$ einen Energienenner, dieser liefert den Faktor χ^0. In (19) wurde $\chi_0/\varepsilon^{(e)} = \chi/\varepsilon$ entsprechend (1.6-7′′) verwendet.

Um die beiden strukturabhängigen Anteile, Madelung-Energie (5) und (15) und Bandstrukturenergie (17) einfach zusammenfassen zu können, führt man die normierte Energie-Wellenzahl-Charakteristik

$$F_n(q) = -\frac{q^2 V_{\text{at}}^2}{2\pi(Z\epsilon)^2}\,F(q) \tag{20}$$

ein. Damit erhält die gesamte Strukturenergie die Form

$$\frac{E_s}{MN} = \frac{(Z\epsilon)^2}{2}\left\{\frac{4\pi}{V_{\text{at}}}\sum_{\boldsymbol{q}\neq 0}\frac{1}{q^2}\left[-F_n(q) + e^{-q^2/4\lambda}\right]|S(\boldsymbol{q})|^2 - 2\sqrt{\frac{\lambda}{\pi}} - \frac{\pi}{V_{\text{at}}\lambda}\right.$$
$$\left. + \frac{1}{M}\sum_{\boldsymbol{s}}\sum_{\substack{\boldsymbol{R}',\boldsymbol{s}'\\ (\boldsymbol{s}'\neq\boldsymbol{s}\text{ f. }\boldsymbol{R}'=0)}}\frac{1}{|\boldsymbol{s}-\boldsymbol{s}'-\boldsymbol{R}'|}\sqrt{\frac{2}{\pi}}\int\limits_{\sqrt{\lambda}|\boldsymbol{s}-\boldsymbol{s}'-\boldsymbol{R}'|}^{\infty}\mathrm{d}x\,e^{-x^2}\right\}. \tag{21}$$

Für die numerische Auswertung ist zu beachten, daß der Ausdruck für die Bandstrukturenergie nicht rasch konvergiert, die q-Summation muß bis zu Werten $q/2k_F \approx 3$ laufen. Dadurch ist es auch nicht erforderlich, den für die Berechnung der Madelung-Energie günstigsten λ-Wert zu wählen. Im Gegenteil, man kann λ so wählen, daß die Summation im Ortsraum überhaupt keinen Beitrag mehr liefert. Es ist dann insgesamt nur die Summation über die Vektoren des reziproken Gitters auszuführen.

7.2.4. Energie-Wellenzahl-Charakteristik

H. Eschrig

Der Zahlenwert der in (17) angegebenen Bandstrukturenergie hängt sehr empfindlich von zwei Faktoren ab, von der genauen Form des Pseudopotentials und von Austausch- und Korrelationseffekten im Valenzelektronensystem infolge der Coulomb-Wechselwirkung der Elektronen untereinander. Deshalb wird in diesem Abschnitt der allgemeinste Ausdruck für die Energie-Wellenzahl-Charakteristik für ein nichtlokales Pseudopotential und mit Austausch- und Korrelationskorrekturen angegeben. Das ist der Beitrag zur Gesamtenergie des Systems, der das Pseudopotential in zweiter Störungsordnung und die Coulomb-Wechselwirkung der Elektronen untereinander in allen Ordnungen enthält (ausgehend vom homogenen Elektronengas als nullter Ordnung). Zur Berechnung dieses Ausdrucks ist der Apparat der Vielteilchenstörungstheorie erforderlich (s. [A8] und dort angegebene Literatur). Der Leser, der mit diesem Formalismus nicht vertraut ist, mag das Ergebnis (42) bis (47) zur Kenntnis nehmen und sich mit den in [7.2.3] gegebenen plausiblen Erläuterungen begnügen.

Wir benutzen im weiteren die in [A8] eingeführte Graphentechnik. Wie dort erwähnt, ergibt sich die Gesamtenergie des Systems aus der Summe aller Vakuumverbundgraphen. Der hier interessierende Beitrag (in zweiter Ordnung bezüglich des Pseudopotentials) ist durch Graphen des Typs (A 8-12) gegeben. Sie enthalten im schraffierten Teil beliebig viele Elektron-Loch- und Wechselwirkungslinien. Für sich genommen ist dieser Teil eine Zweiteilchen-Ausbreitungsfunktion

$$-\frac{\hbar}{i} V\mathcal{F}(q, k_1, k_2) =$$ 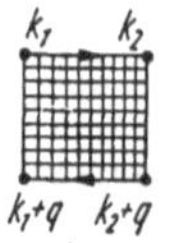

. (22)

Dabei ist $k_{1,2} = (\boldsymbol{k}_{1,2}, \omega_{1,2})$. Da das Pseusopotential zeitunabhängig ist, wird in (A 8-12) bzw. (17) $\mathcal{F}(q, k_1, k_2)$ nur für $\omega = 0$ benötigt: $q = (\boldsymbol{q}, 0)$, daher ist im folgenden q mit $\boldsymbol{q}$ gleichwertig. Ähnlich wie in (A 8-14, 17 u. 23) wird $\mathcal{F}(q, k_1, k_2)$ mit $v_q = 4\pi\epsilon^2/q^2$ gemäß

$$\mathcal{F} = \mathcal{P} + \mathcal{P}v_q\mathcal{F} = \mathcal{P} + \mathcal{P}v_q\mathcal{P} + \mathcal{P}v_q\mathcal{P}v_q\mathcal{P} + \dots \tag{23}$$

aus irreduziblen Bestandteilen

$$-\frac{\hbar}{i} V\mathcal{P}(q, k_1, k_2) =$$ 

(24)

aufgebaut, die beim Zerschneiden einer Wechselwirkungslinie nicht in einen linken und einen rechten Teil zerfallen:

(25)

In Ergänzung zu den in [A 8] eingeführten Graphenregeln muß für solche Graphen, die — wie in der Summe (25) die ersten drei Graphen — aus zwei nicht miteinander verbundenen Elektron-Loch-Linien bestehen, ein zusätzlicher Faktor $\delta_{k_1,k_2} = \delta_{\boldsymbol{k}_1,\boldsymbol{k}_2} 2\pi\, \delta(\omega_1 - \omega_2)$ vereinbart werden (insgesamt bilden diese Graphen einen Anteil $G(k_1)\, G(k_1 + q)$). Ferner entsprechen in (23) dem Zusammenziehen der beiden rechten bzw. linken Endpunkte an den in (23) auftretenden Bauelementen (22) und (24) jeweils Integrationen $\int \mathrm{d}k_{1,2} = \sum\limits_{\boldsymbol{k}_{1,2}} \int \mathrm{d}\omega_{1,2}/2\pi$ über die „inneren" Variablen. Die in (23) wie auch in (29) enthaltenen Formeln stellen symbolisch geschrieben Integralgleichungen dar (einfachheitshalber wurden die darin enthaltenen Integrationen nicht mit angegeben).

Beim paarweisen Zusammenziehen jeweils der rechten und linken Punkte von $\mathcal{F}$, $\mathcal{P}$ und weiter unten auch $\mathcal{P}^0$ entstehen zusätzliche geschlossene Elektronenlinien, die nach [A 8] zu zusätzlichen Faktoren -1 und 2 führen (letzteres als Summe über die beiden Spineinstellungen). Um die weiteren Betrachtungen nicht unnötig zu verkomplizieren, sollen diese Faktoren bereits in die Definition der Graphen von $\mathcal{F}$, $\mathcal{P}$, $\mathcal{P}^0$ mit 4 (nichtzusammengezogenen) Enden aufgenommen sein.

Führt man dieses Punktezusammenziehen an $\mathcal{P}$ allein durch, so entsteht die in (1.3-4) bzw. (A 8-16) eingeführte und in (23) ebenfalls auftretende (wegen $\omega = 0$ statische) Suszeptibilität:

$$-\frac{\hbar}{i} V\chi(q) = -\frac{\hbar}{i} V \int \mathrm{d}k_1 \int \mathrm{d}k_2\, \mathcal{P}(q, k_1, k_2)$$

$=$  . (26)

Der Term nullter Ordnung (bezüglich der Coulomb-Wechselwirkung) in (25), $\mathcal{P}^0 = \delta \cdot G^0 \cdot G^0$, führt in (26) auf die (statistische) Lindhard-Funktion (1.5-3 u. 4)

$$-\frac{\hbar}{i} V\chi^0(q) = -\frac{\hbar}{i} V \int \mathrm{d}k_1 \int \mathrm{d}k_2\, \mathcal{P}^0(q, k_1, k_2) = \qquad (27)$$

 ,

die in Übereinstimmung mit (1.5-8)

$$\chi^0(q) = -\frac{q_{\mathrm{TF}}^2}{4\pi e^2}\, l\left(\frac{q}{2k_{\mathrm{F}}}\right), \qquad l(x) = \frac{1}{2}\left[1 + \frac{1 - x^2}{2x} \ln\left|\frac{1 + x}{1 - x}\right|\right] \qquad (28)$$

liefert ($q_{\mathrm{TF}}^2 = 4k_{\mathrm{F}}/\pi a_0$).

Spaltet man von $\mathcal{P}$ (und zwar von allen Graphen) den erwähnten Anteil $\mathcal{P}^0$ ab, so wird gemäß

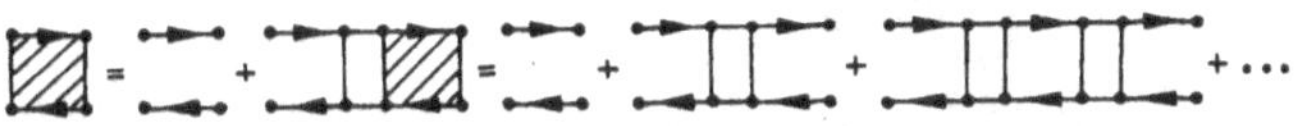

$$\mathcal{P} = \mathcal{P}^0 + \mathcal{P}^0 J \mathcal{P} = \mathcal{P}^0 + \mathcal{P}^0 J \mathcal{P}^0 + \mathcal{P}^0 J \mathcal{P}^0 J \mathcal{P}^0 + \ldots \qquad (29)$$

eine effektive Wechselwirkung

$$-iJ(q, k_1, k_2) = \qquad (30)$$

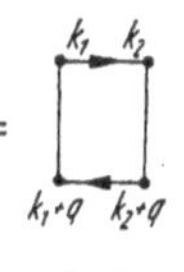

eingeführt, deren Graphen beim Zerschneiden einer Wechselwirkungslinie oder zweier Elektron-Loch-Linien nicht in einen linken und einen rechten Teil zerfallen. Hierzu

gehören

 , … . (31)

(29) stellt eine Gleichung vom Bethe-Salpether-Typ dar (s. z. B. Stolz, 74, Gl. (6.37)).

Es ist nun üblich geworden (Singwi u. a., 68), einen Integralmittelwert von J gemäß

$$(\mathcal{P}^0 J \mathcal{P})_q = -v_q G(q)\,(\mathcal{P}^0)_q\,(\mathcal{P})_q = -v_q G(q)\,\chi^0(q)\,\chi(q) \tag{32}$$

mit $-v_q G(q)$ zu bezeichnen; $(\ldots)_q$ soll die Integrationen über die Variablen $k_{1,2}$ andeuten. Mit (26), (27) und (29) erhält man aus (32) sofort

$$\chi(q) = \frac{\chi^0(q)}{1 + v_q G(q)\,\chi^0(q)} \tag{33}$$

in Übereinstimmung mit (1.6-1 u. 6). Wie in [1.6] besprochen, wurden für statische Lokalfeldkorrekturen $G(q) = G(\boldsymbol{q}, 0)$ auf verschiedenen Wegen eine Reihe von Näherungsausdrücken abgeleitet (z. B. Singwi u. a., 68, 70, Geldart u. Taylor, 70, Vashista u. Singwi, 72).

Für die Energie-Wellenzahl-Charakteristik erhält man zunächst aus (17), (A 8-12) und (23)

$$2F(q) = -(w^0 \mathcal{F} w^0)_q = -[(w^0 \mathcal{P} w^0)_q + (w^0 \mathcal{P})_q\, v_q (\mathcal{F} w^0)_q]\,. \tag{34}$$

Der Faktor 2 tritt wegen der Symmetrie der Graphen (A 8-12) auf. Aus Gründen der Impulserhaltung hat der linke Faktor w^0 das Argument $-\boldsymbol{q}$ (statt $+\boldsymbol{q}$); dies gilt auch für (36), (37), (41), (45) sowie für den Strukturfaktor in (17), was dort mit $S(-\boldsymbol{q}) = S^*(\boldsymbol{q})$ zu $|S(\boldsymbol{q})|^2$ führt. Unter nochmaliger Verwendung von (23) und mit (26) ist

$$(\mathcal{F} w^0)_q = (\mathcal{P} w^0)_q + \chi(q)\, v_q (\mathcal{F} w^0)_q\,. \tag{35}$$

Aus (34) und (35) erhalten wir schließlich

$$2F(q) = -(w^0 \mathcal{P} w^0)_q - (w^0 \mathcal{P})_q \frac{v_q}{1 - v_q \chi(q)} (\mathcal{P} w^0)_q \tag{36}$$

als exaktes Ergebnis für die Energie-Wellenzahl-Charakteristik.

Im Falle eines lokalen Pseudopotentials, wenn also $w^0(\boldsymbol{k}, \boldsymbol{q})$ nicht von $\boldsymbol{k}$ abhängt, gilt

$$-(w^0 \mathcal{P} w^0)_q = -w^0(-\boldsymbol{q})\,(\mathcal{P})_q\, w^0(\boldsymbol{q}) = |w^0(\boldsymbol{q})|^2\, \chi(q) \tag{37}$$

sowie

$$-(w^0 \mathcal{P})_q = w^0(-\boldsymbol{q})\,\chi(q), \quad -(\mathcal{P} w^0)_q = \chi(q)\, w^0(\boldsymbol{q})\,.$$

Damit wird aus (36)

$$2F(q) = |w^0(\boldsymbol{q})|^2 \left[\chi(q) + \chi(q) \frac{v_q}{1 - v_q \chi(q)} \chi(q)\right] = |w^0(\boldsymbol{q})|^2 \frac{\chi(q)}{1 - v_q \chi(q)}\,. \tag{38}$$

Mit

$$\varepsilon(q) = 1 - v_q \chi(q) \quad \text{und} \quad \frac{\chi^0(q)}{\varepsilon(q)} = \frac{\chi(q)}{1 - v_q \chi(q)} \tag{39}$$

gemäß (1.3-8) und (1.6-7″) ergibt sich schließlich unmittelbar (19).

Im Falle eines nichtlokalen Pseudopotentials läßt sich (36) ohne zusätzliche Näherungen nicht weiter auswerten, da $\mathcal{P}$ nicht bekannt ist. Wir setzen näherungsweise

$$\int \mathrm{d}k \int \mathrm{d}k' \, \mathcal{P}^0(q, k_1, k) \, J(q, k, k') \, \mathcal{P}(q, k', k_2)$$
$$\approx - \int \mathrm{d}k \, \mathcal{P}^0(q, k_1, k) \, v_q G(q) \int \mathrm{d}k' \, \mathcal{P}(q, k', k_2) \,. \tag{40}$$

(Man beachte, daß (40) im Gegensatz zu Gleichung (32), die lediglich die Größe $v_q G(q)$ definiert, die einschneidende Näherung $J(q, k, k') \approx v_q G(q)$ impliziert: Gegenüber (32) fehlen in (40) die äußeren beiden k-Integrationen über k_1 und k_2.) Dann erhält man aus (29) durch eine zu (34) bis (36) völlig analoge Rechnung

$$2F(q) \approx -(w^0 \mathcal{P}^0 w^0)_q + (w^0 \mathcal{P})_q \frac{v_q[1 - G(q)]}{\varepsilon^{(e)}(q)} (\mathcal{P}^0 w^0)_q \,. \tag{41}$$

Durch

$$w^0(\boldsymbol{k}, \boldsymbol{q}) = v_l(\boldsymbol{q}) + f(\boldsymbol{k}, \boldsymbol{q}) \tag{42}$$

wird nun $w^0(\boldsymbol{k}, \boldsymbol{q})$ in einen lokalen Anteil $v_l(\boldsymbol{q})$ $\left(= v^{\text{lok}}(\boldsymbol{q})\right.$ entsprechend der Bezeichnung in [3]$\left.\right)$ und einen nichtlokalen Anteil $f(\boldsymbol{k}, \boldsymbol{q})$ zerlegt (s. [3.3.1]). Damit ergibt sich

$$-(\mathcal{P}^0 w^0)_q = \chi^0(q) \, v_l(\boldsymbol{q}) + \frac{\varepsilon^{(e)}(q)}{v_q} g(q) \tag{43}$$

mit

$$g(q) = \frac{v_q}{\pi^3 \varepsilon^{(e)}(q)} \int\limits_{|\boldsymbol{k}| \leq k_F} \mathrm{d}^3k \, \frac{f(\boldsymbol{k}, \boldsymbol{q})}{\dfrac{\hbar^2}{m} [\boldsymbol{k}^2 - (\boldsymbol{k} + \boldsymbol{q})^2]} \tag{44}$$

als Abkürzung $\left(\text{dem entspricht in [3] } g^F(\boldsymbol{q})\right)$. Für $-(w^0 \mathcal{P}^0)_q$ ergibt sich derselbe Ausdruck (43). Mit

$$-(w^0 \mathcal{P}^0 w^0)_q = \chi^0(q) v_l^2(\boldsymbol{q}) + 2 v_l(\boldsymbol{q}) \frac{\varepsilon^{(e)}(\boldsymbol{q})}{v_q} g(q) + \frac{h(q)}{v_q} \,, \tag{45}$$

wobei als Abkürzung

$$h(q) = \frac{v_q}{\pi^3} \int\limits_{|\boldsymbol{k}| \leq k_F} \mathrm{d}^3k \, \frac{f^2(\boldsymbol{k}, \boldsymbol{q})}{\dfrac{\hbar^2}{m} [k^2 - (\boldsymbol{k} + \boldsymbol{q})^2]} \tag{46}$$

eingeführt wurde, erhält man schließlich aus (41) den üblichen Ausdruck (Shaw, 70)

$$F(q) = \frac{q^2}{8\pi\epsilon^2} \left[v_q \frac{\chi^0(q)}{\varepsilon^{(e)}(q)} v_l^2(\boldsymbol{q}) + 2 v_l(\boldsymbol{q}) \, g(q) + \left(1 - G(q)\right) \varepsilon^{(e)}(q) \, g^2(q) + h(q) \right] \tag{47}$$

für die Energie-Wellenzahl-Charakteristik.

Die Näherung (40) ist problematisch. Wie schon gesagt, impliziert sie die Unabhängigkeit der effektiven Wechselwirkung von k_1 und k_2. Die ersten Glieder in (31) liefern aber

$$J(q, k_1, k_2) = \delta_{k_1, k_2} \int \mathrm{d}k \, G^0(k) \, \{ v_{k_1 - k} [G^0(k_1 + q)]^{-1} + v_{k_1 - k - q} [G^0(k_1)]^{-1} \} + \dots \,, \tag{48}$$

was eher die Näherung

$$J(q, k_1, k_2) \approx J(q, k_1)\, \delta_{k_1, k_2} \tag{49}$$

und in diesem Sinne

$$(\mathcal{P}^0 J \mathcal{P})_q \approx v_q G(q)\, \chi^0(q)\, \mathcal{P} \tag{50}$$

nahelegt. Im Gegensatz zu (41) und (47) würde man in diesem Falle

$$F(q) = \frac{q^2}{8\pi e^2} \left[v_q \frac{\chi^0(q)}{\varepsilon^{(e)}(q)} v_1^2(\boldsymbol{q}) + 2 v_1(\boldsymbol{q})\, g(q) + \frac{\varepsilon^{(e)}(q)\, g^2(q) + h(q)}{1 + v_q G(q)\, \chi^0(q)} \right] \tag{51}$$

erhalten. Für ein lokales Pseudopotential stimmen sowohl (47) als auch (51) mit (19) überein. Bei starker Nichtlokalität können aber (47) und (51) wesentlich verschieden sein. Da die Wahrheit irgendwo zwischen (40) und (50) liegt, kann man durch Berechnung von (47) und (51) die Größe des Fehlers abschätzen, der dadurch entsteht, daß man von $J(q, k_1, k_2)$ nur den Integralmittelwert (32) kennt. Die Berechnung von (47) und (51) für das Shaw-Pseudopotential (Shaw, 68) wurde für verschiedene Metalle durchgeführt und ergab, daß die Differenz der beiden Ausdrücke geringer ist als die Ungenauigkeit, die durch die ungenaue Kenntnis von $G(q)$ aus (32) entsteht (Eschrig, 75, nicht veröffentlicht). Mit (47) und (51) berechnete Phononenfrequenzen (s. [8.2]) unterschieden sich um nicht mehr als 3% voneinander.

7.3. Ergebnisse

7.3.1. Einfache Metalle

Bei reinen Metallen sind kfz, krz und hdp die konkurrierenden Strukturen. Diese dichtgepackten Strukturen zeichnen sich durch einen hohen Gewinn an elektrostatischer Energie gegenüber anderen Strukturen aus. Die Unterschiede in den elektro-

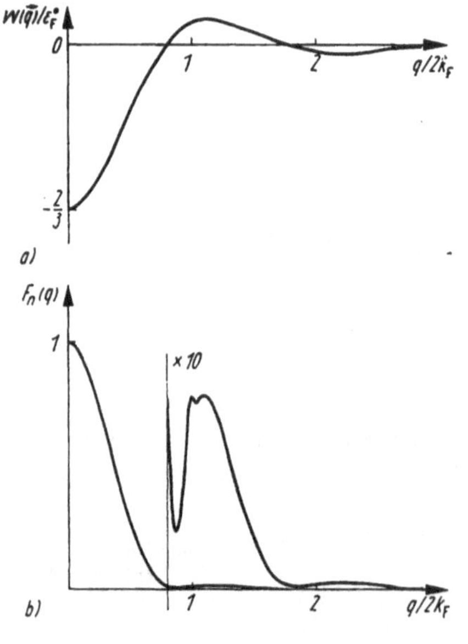

Abb. 7.3-1. Qualitativer Verlauf a) eines lokalen abgeschirmten Formfaktors und b) der normierten Energie-Wellenzahl-Charakteristik eines nichtlokalen Formfaktors. Für einen lokalen Formfaktor sinkt $F_n(q)$ an dessen Nullstellen bis auf Null ab

statischen Energien dieser drei Strukturen sind jedoch so klein, daß sie gegenüber den Unterschieden in den Bandstrukturenergien vernachlässigt werden können. Die Auswahl der stabilen Struktur unter diesen drei Möglichkeiten wird also allein durch die Bandstrukturenergie bestimmt. Die Gesichtspunkte, die zur Bevorzugung einer Struktur führen, lassen sich qualitativ anschaulich für ein lokales Pseudopotential diskutieren. Abb. 7.3-1 zeigt den qualitativen Verlauf eines abgeschirmten lokalen Formfaktors $w = w^0/\varepsilon^{(e)}$ und der normierten Energie-Wellenzahl-Charakteristik $F_n(q)$, die nach (7.2-19 u. 20) zu einem lokalen Formfaktor gehört. Zur qualitativen Diskussion kann man annehmen, daß in der Summe für die Bandstrukturenergie (7.2-12) nur die ersten Summanden, also nur die kleinen Vektoren des reziproken Gitters, beitragen, weil die Energie-Wellenzahl-Charakteristik (EWC) mit wachsendem q rasch abfällt. (Es soll hier schon vermerkt werden, daß sich diese Annahme bei der konkreten numerischen Rechnung oft als berechtigt erweist.) Abb. 7.3-2 zeigt die

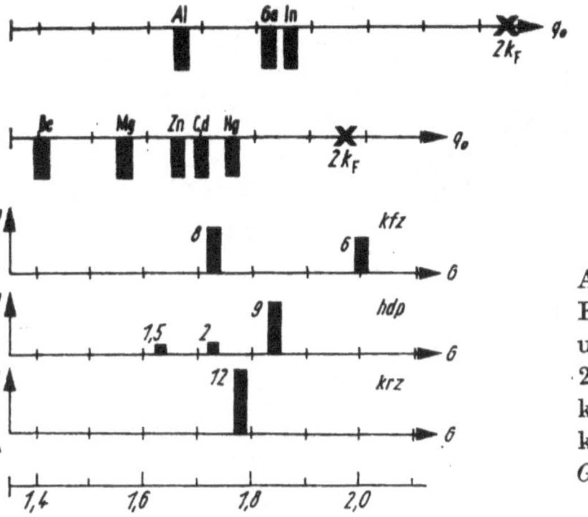

Abb. 7.3-2. Lage der Nullstelle q_0 des Formfaktors von Abb. 7.3-1 a) für zwei- und dreiwertige Metalle, verglichen mit $2k_F$, und die Strukturgewichte $W(G)$ für kfz-, hdp- (ideales c/a-Verhältnis) und krz-Strukturen. Die Einheit von q_0 und G ist $2\pi/a_0$ (Heine, 66)

Lage der Vektoren des reziproken Gitters und ihre Gewichte, d. h. den Faktor vor der EWC in (7.2-17), der sich als Summe über äquivalente Vektoren $W(G) = \sum_{|\boldsymbol{G}|=G} |S(\boldsymbol{G})|^2$ ergibt.

Der größte Beitrag zur Bandstrukturenergie wird von dem kleinsten Vektor kommen, weil hier die EWC noch relativ große Werte besitzt. Dieser Gesichtspunkt könnte jedoch nicht zur Geltung kommen, wenn dieser Vektor in dem ersten Minimum der EWC liegt, also in der Gegend, wo der Formfaktor die erste Nullstelle hat. Es wird also diejenige Struktur bevorzugt werden, für die die Fourier-Komponenten des Kristallpotentials für die ersten, mit großem Gewicht eingehenden Vektoren des reziproken Gitters relativ große Werte besitzen.

Liegt ein Summand mit großem Gewicht direkt im Minimum der EWC, dann kann eine mit einer Symmetrieminderung verbundene Verformung der Struktur, z. B. eine tetragonale Verformung bei kubischer Struktur zu einem Energiegewinn führen (Jahn-Teller-Effekt). Durch die Verformung spalten Vektoren des reziproken Gitters gleicher Länge in zwei oder mehrere Gruppen verschiedener Länge auf, die dann aus dem Minimum herausgerückt liegen. Eine Veränderung des Achsenverhältnisses bei der hdp-Struktur verschiebt die relative Lage der Vektoren des reziproken Gitters zueinander, wie Abb. 7.3-3 zeigt. Dadurch kann gegebenenfalls auch ein Energiegewinn erzielt werden, auch wenn hier keine Verminderung der Symmetrie vorliegt. Diese Gesichtspunkte sind dafür maßgeblich, daß Hg, In oder Ga relativ komplizierte Strukturen haben und daß beim Be, Zn und Cd relativ große Abweichungen vom idealen c/a-Verhältnis auftreten.

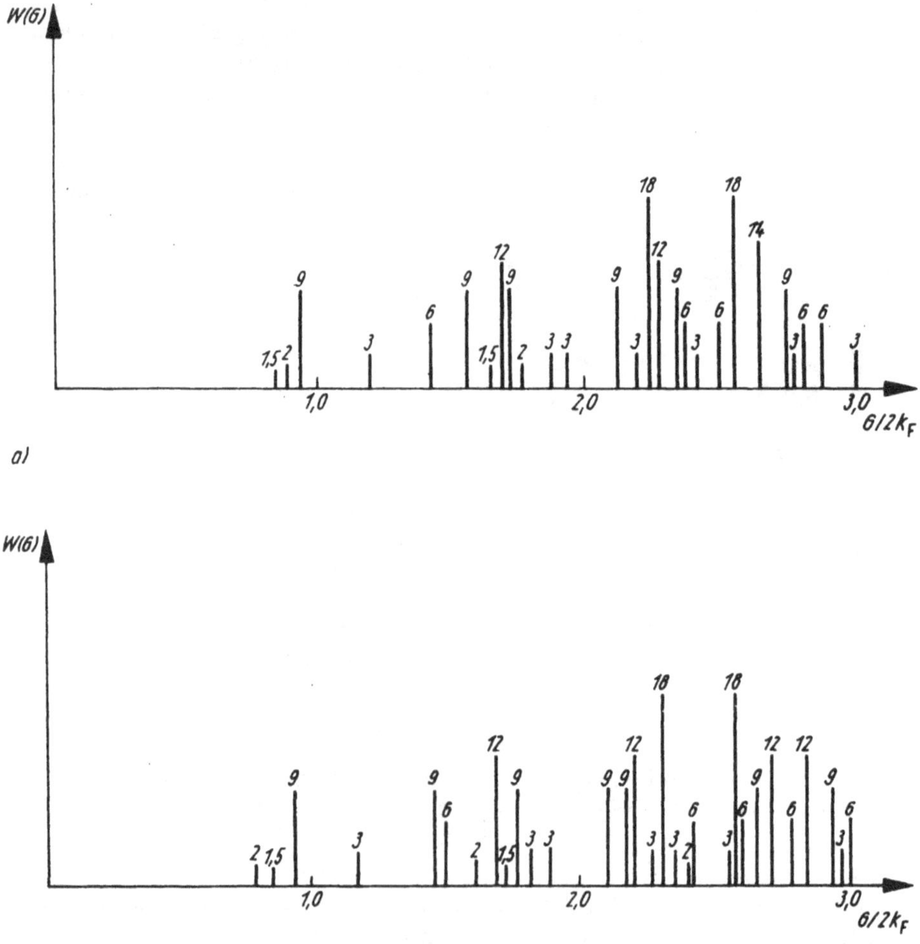

Abb. 7.3-3. Lage der reziproken Gittervektoren mit Strukturgewichten bei der hdp-Struktur a) mit $(c/a)_{\text{ideal}} = 1{,}633$, b) mit $c/a = 1{,}856$ (Zn)

Die Energieunterschiede der miteinander konkurrierenden Strukturen sind aber teilweise so gering, daß nur eine quantitative Rechnung mit nichtlokalem Pseudopotential zu endgültigen Aussagen führen kann. Auch ist die Summation bis etwa $q/2k_F = 3$ zu führen. Abb. 7.3-4 zeigt an einem Beispiel, wie die Bandstrukturenergie konvergiert. Man sieht, daß sich falsche Aussagen über die stabile Struktur ergäben, wenn man nicht genügend Summanden berücksichtigen würde.

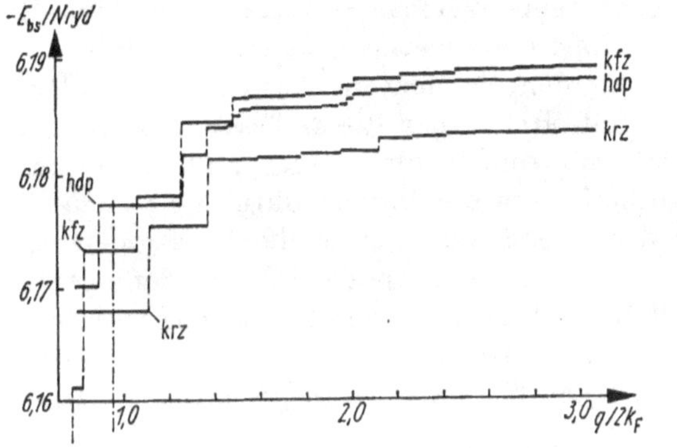

Abb. 7.3-4. Bandstrukturenergie pro Ion ($M = 1$) in Abhängigkeit von $q/2k_F$ für Al (Felber, 71, Paasch u. a., 72). Summiert man z. B. nur bis zu dem durch die strichpunktierte Linie markierten Wert von q, so hat die hdp-Struktur die geringste Energie. Erst für größere q wird die kfz-Struktur favorisiert

Die Untersuchungen sind heute so weit gediehen, daß für alle reinen Metalle (hier sind zunächst nur die einfachen Metalle gemeint) die experimentell beobachtete Struktur auch als stabilste berechnet werden kann. Dies ist durch unabhängige Rechnungen verschiedener Autoren bestätigt. Einige Zeit lang gab es Schwierigkeiten, die Struktur einiger Elemente zu erklären, dies lag aber im wesentlichen daran, daß man die Austausch- und Korrelationskorrekturen in der Abschirmung nicht genügend genau erfassen konnte. Aber mit den jetzt vorhandenen besser begründeten, in [1.6] und [7.2.4] diskutierten Näherungen für die Beiträge von Austausch und Korrelation (Singwi u. a., 70) erhält man die richtigen Strukturen.

Als Beispiel wird in Abb. 7.3-5 die Strukturenergie von Mg betrachtet. Die EWC wurde mit dem Shaw-Potential

$$A_0 = 0{,}776\,, \quad \frac{\partial A_0}{\partial E} = -0{,}286\,, \quad A_1 = 0{,}912\,, \quad \frac{\partial A_1}{\partial E} = -0{,}058\,, \tag{1}$$

berechnet. Unter den Strukturen *ABCABC* (kfz), *ABCACB*, *ABACAC* und *ABABAB* (hdp) erhält man die experimentell beobachtete als stabilste. Für diese wurde das c/a-Verhältnis variiert. Das Minimum der Strukturenergie liegt bei c/a

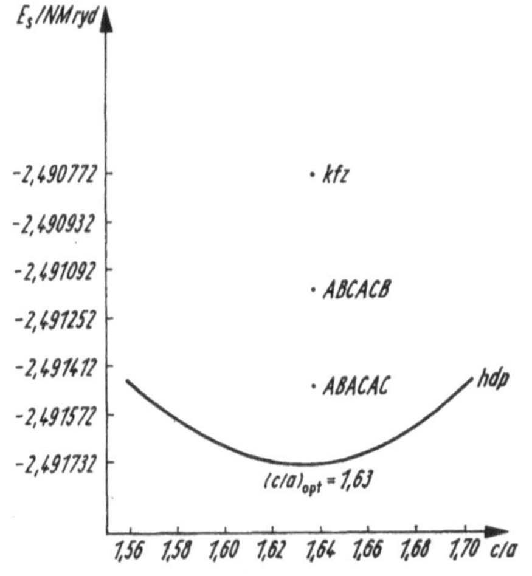

Abb. 7.3-5. Strukturenergie von Mg für verschiedene Stapelfolgen, für hdp auch in Abhängigkeit von c/a. Die Berechnung erfolgte mit einem Shaw-Potential (Radwan, 76)

$= 1{,}63$, nahe bei dem experimentell beobachteten Wert $c/a = 1{,}624$. Mg ist eines der Metalle, die sich sehr gut durch die Pseudopotentialmethode beschreiben lassen.

Als weiteres Beispiel soll Zn diskutiert werden, bei dem die Anwendung der Pseudopotentialmethode Schwierigkeiten bereitet. Hier liegen die d-Elektronen, die man bei der Berechnung des Pseudopotentials mit zum Rumpf zählen muß, energetisch gesehen am Boden des s-Bandes. Sie beeinflussen die Bandstruktur und damit die Strukturenergie durch Hybridisierung der s- und d-artigen Wellenfunktionen noch merklich. Bei der Berechnung der Parameter des Pseudopotentials aus den spektroskopischen Daten des Zn-Ions macht sich das dahingehend bemerkbar, daß für A_2 eine unsichere Extrapolation durchzuführen ist. Es ist daher erforderlich eine weitere experimentelle Größe heranzuziehen, um A_2 zu bestimmen. Ausgehend von den von Evans berechneten Parametern

$$A_0 = 1{,}0\,, \quad \frac{\partial A_0}{\partial E} = -0{,}3\,, \quad A_1 = 1{,}38\,, \quad \frac{\partial A_1}{\partial E} = -0{,}4 \tag{2}$$

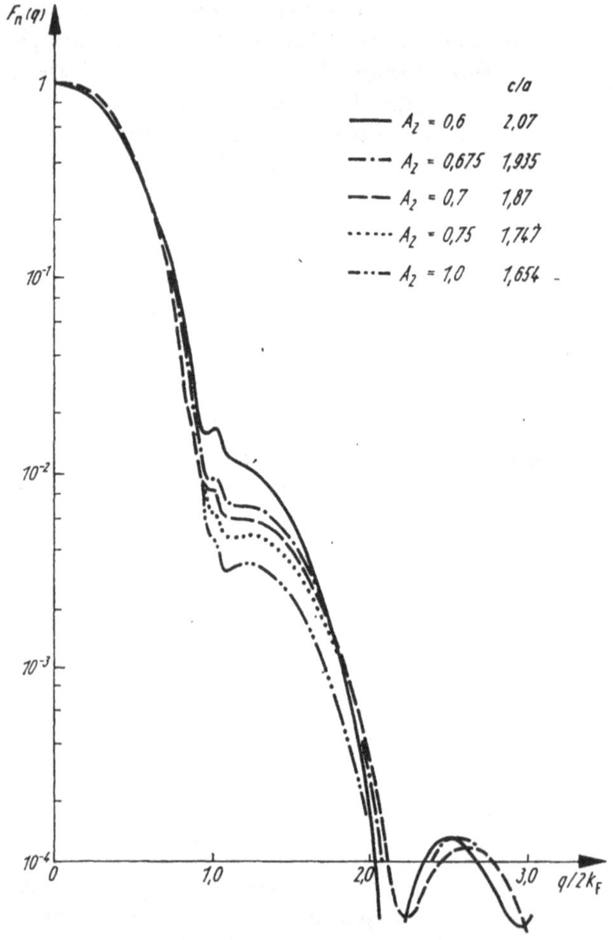

Abb. 7.3-6. Normierte EWC von Zn mit verschiedenen A_2-Parametern für $\partial A_2/\partial E = 0$. Die optimalen c/a-Verhältnisse werden mit angegeben (Radwan u. Rennert, 75)

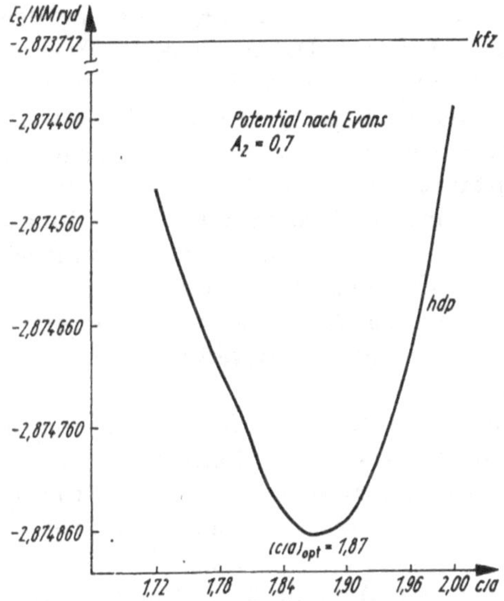

Abb. 7.3-7. Strukturenergie E_s von Zn in Abhängigkeit von c/a (Radwan u. Rennert, 75). Zum Vergleich ist E_s auch für die kfz-Struktur angegeben

wurde A_2 variiert. Abb. 7.3-6 zeigt die normierte EWC für verschiedene A_2. Für weitere Berechnungen wurde der Wert ausgewählt, für den sich das experimentell beobachtete, stark vom idealen Wert abweichende c/a-Verhältnis ergibt: $c/a = 1{,}856$. Das ist der Wert $A_2 = 0{,}7$. Abb. 7.3-7 zeigt die Bandstrukturenergie für diesen Wert. Es werden kfz-Struktur und hdp-Strukturen für verschiedene c/a-Werte verglichen. Dieser Wert von A_2 liefert aber schlechte Ergebnisse für die Phononen. Neuere Untersuchungen legen nahe, daß hier die dritte Störungsordnung entscheidend ist, deren Beiträge genau beim experimentellen Wert von c/a eine Singularität als Funktion von c/a besitzen (Eschrig, 79, unveröffentlicht).

Ein Beispiel für eine rein theoretische Vorhersage der Struktur auf der Grundlage der hier dargestellten Theorie (unter Berücksichtigung weiterer Korrekturterme) stellt die Untersuchung des bereits in [7.2.3] erwähnten hypothetischen metallischen Wasserstoffs dar. Eine ausgezeichnete Betrachtung hierzu stammt bereits aus dem Jahre 1935 (Wigner u. Huntington, 35). Eine vollständige Behandlung geben Kagan u. a. (77).

Die Gitterstruktur der Erdalkalimetalle einschl. Yb und Eu auf der Grundlage selbstkonsistenter LMTO-Bandberechnungen wird von Skriver und Johansson (82) diskutiert.

7.3.2. Intermetallische Verbindungen

Die Diskussion soll hier auf die Laves-Phasen $C14$, $C15$, und $C36$ beschränkt werden. Diese Strukturen besitzen — wie kfz und hdp — ähnliche Nachbarschaftsverhältnisse, sie können auch als verschiedene Stapelfolgen von Ebenen aufgefaßt werden. Es ist zu erwarten, daß es „elektronische Phasen" sind, bei denen die stabile Struktur durch die Valenzelektronenkonzentration charakterisierbar ist.

Es erhebt sich natürlich die Frage, ob es möglich ist, die für reine Metalle so erfolgreiche Pseudopotentialmethode auch auf intermetallische Verbindungen (IMV) auszudehnen. Es treten ja einige Gesichtspunkte auf, die die Anwendung dieser

Methode weniger geeignet erscheinen lassen. Bei IMV treten wegen der großen Elementarzelle kleine Vektoren des reziproken Gitters auf. Die zugehörigen Fourier-Komponenten sind nicht mehr klein gegen die Fermi-Energie, so daß eine Beschränkung auf die zweite Ordnung der Störungsrechnung nicht gerechtfertigt sein mag. In einer IMV mit ihren verschiedenen Ionensorten treten größere Abweichungen der Ladungsdichte der Valenzelektronen vom konstanten Wert auf. Dies kann eventuell durch die lineare Abschirmung nicht erfaßt werden, man muß einen stärkeren Ladungsaustausch zwischen den Ionen berücksichtigen. Die Situation wird weiterhin dadurch kompliziert, daß die Unterschiede in der Madelung-Energie von der Größe der in der Bandstrukturenergie auftretenden Unterschiede werden. Im Gegensatz dazu spielte bei den reinen Metallen die Madelung-Energie beim Stabilitätsvergleich zwischen kfz, krz und hdp keine Rolle.

Es ist daher von Interesse zu versuchen, inwieweit das für reine Metalle angewandte Schema auf IMV übertragen werden kann. Wir wollen dazu als Beispiel die Laves-Phase $MgZn_2$ betrachten, deren Elektronenstruktur am intensivsten untersucht wurde.

Die formale Erweiterung der Strukturenergie auf binäre Verbindungen bereitet keine Schwierigkeiten (Rennert u. Radwan, 77, s. auch Mrosan u. a., 72). Es treten jetzt drei Strukturfaktoren für die Kombinationen AA, AB und BB auf und entsprechend drei Energie-Wellenzahl-Charakteristiken, die sich darin unterscheiden, daß die Pseudopotentiale der beiden Komponenten in den angegebenen Kombinationen auftreten. Die Auswertung wurde für die in (7.3-1 u. 2) angegebenen Potentialparameter durchgeführt, die für die beiden reinen Metalle auf die richtigen stabilen Strukturen führen.

Abb. 7.3-8 zeigt die Differenzen der Strukturenergien. Neben $C14$, $C15$ und $C36$ wurden dabei noch andere Stapelfolgen in die Betrachtungen einbezogen. In der Abbildung liegt die stabilste Struktur oben. Man sieht, daß die experimentell beobachtete Struktur $C14$ als instabilste erscheint. Aus diesem Grunde wurde der Parameter A_2 variiert, der ja an Eigenschaften des reinen Zinks angepaßt wurde und für das $MgZn_2$ eventuell einen anderen Wert haben könnte. Aber diese Variation bleibt ohne Einfluß,

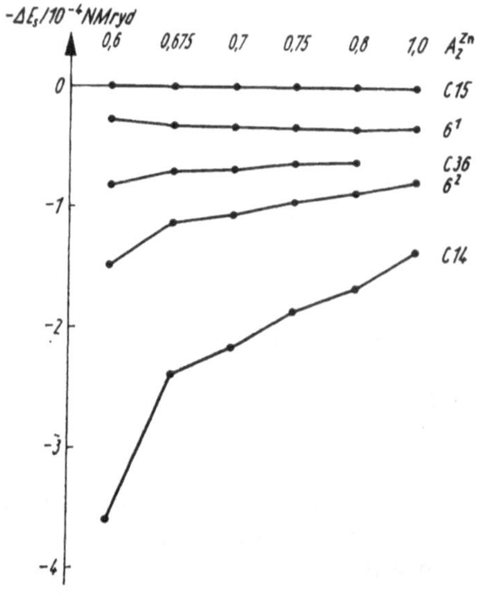

Abb. 7.3-8. Strukturenergie von $C14$, $C36$ relativ zu $C15$ für verschiedene Parameterwerte A_2 (Rennert u. Radwan, 77)

Tabelle 7.3-1. Vergleich der Anteile E_{bs} und E_{es} der Strukturenergie E_s für die Laves-Phasen (Rennert u. Radwan, 77)

Struktur	$-E_{bs}/NM$ *ryd*			$-E_{es}/NM$ *ryd*
	$A_2 = 0{,}6$	$A_2 = 0{,}7$	$A_2 = 0{,}8$	
*C*14	0,078288	0,066850	0,063592	2,7441016
*C*36	0,078270	0,066578	0,063236	2,7446690
*C*15	0,077876	0,066152	0,062794	2,7452330
6¹	0,078192	0,066458	0,063102	2,7448562
6²	0,078330	0,066690	0,063368	2,7444790

immer erscheint *C*15 am stabilsten. Tab. 7.3-1 zeigt, daß die Ursache dafür in den großen Unterschieden der Madelung-Energie liegt. Für $A_2 = 0{,}7$ oder $A_2 = 0{,}8$ bevorzugt die Bandstrukturenergie die *C*14-Struktur. Die elektrostatische Energie wirft aber die Reihenfolge um.

Eine Möglichkeit, die man in Betracht ziehen muß, besteht in folgendem. Der hier nicht diskutierte Volumenterm könnte zu einer vom experimentellen Wert abweichenden Gleichgewichtsdichte führen. Für diese könnte die Strukturenergie dann die richtige, die *C*14-Struktur bevorzugen. Entsprechende Rechnungen zeigten, daß das nicht der Fall ist.

In den Rechnungen ist offenbar ein Fakt ungenügend berücksichtigt, der die großen Differenzen in den elektrostatischen Energien betrifft. Nach dem einleitend Gesagten ist es naheliegend anzunehmen, daß die lineare Abschirmung die stärkere Abschirmung des Zn gegenüber dem Mg nicht ausreichend erfaßt. Bei der Überlagerung atomarer *s*-Elektronendichten entsprechend der Mattheiss-Konstruktion ist die Elektronendichte in der Umgebung des Zn um 18% höher als die in der Umgebung des Mg. In

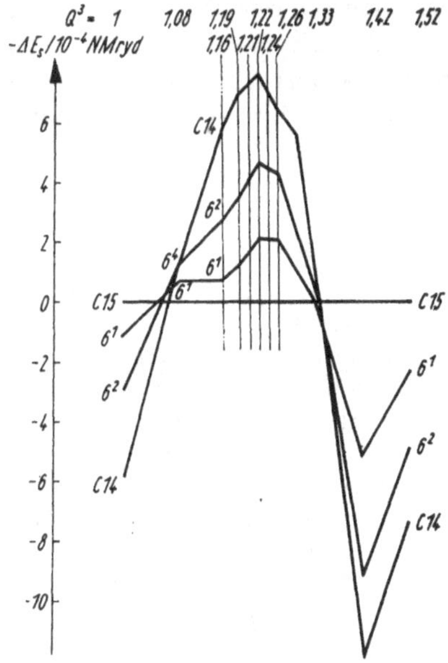

Abb. 7.3-9. Strukturenergie von $MgZn_2$ bei stärker abgeschirmten Zn-Atomen (Rennert u. Radwan, 77)

den reinen Metallen tritt diese Frage gar nicht auf, weil es nur eine Sorte von Atomen gibt.

Diesen Ladungsaustausch (vom homogenen System ausgehend betrachtet) erfassen wir näherungsweise, indem wir bei der Berechnung der EWC die Zn- bzw. Mg-Potentiale mit unterschiedlichen mittleren Ladungsdichten n_{Zn} bzw. n_{Mg} abschirmen. Der Unterschied wird durch einen Parameter Q beschrieben, der über $n_{Zn} = Q^3 n$ definiert ist. Abb. 7.3-9 zeigt die Ergebnisse für die Differenzen der Strukturenergie für verschiedene Q-Werte. In einem bestimmten Q-Bereich ist die $C14$-Struktur am stabilsten. Bei $Q^3 = 1{,}21$, also ganz in der Nähe des der Mattheiss-Konstruktion entsprechenden Wertes, ist die Differenz zur $C15$-Strukturenergie am größten.

Das $MgZn_2$ ist aus den genannten Gründen also ein etwas ungünstiges Beispiel für die Anwendung der Pseudopotentialmethode. Die zweite Ordnung der Störungsrechnung ist noch ausreichend, aber die lineare Abschirmung muß durch Umladungseffekte ergänzt werden. Es gibt weitere Pseudopotentialrechnungen für Laves-Phasen aus Alkalimetallen (Hafner, 77). Hier sind diese störenden Einflüsse nicht so groß, die Strukturen können richtig bestimmt werden.

7.3.3. Betrachtungen zu Übergangsmetallen, Bindungsenergien und Defekten

Bisher wurde ausschließlich über Strukturuntersuchungen an einfachen Metallen und deren Verbindungen berichtet. Das ist dadurch bedingt, daß die Pseudopotentialmethode nur auf diese Gruppe anwendbar ist. Die Analyse der experimentell beobachteten Strukturen in [7.1.1] hatte aber gezeigt, daß auch bei den Übergangsmetallen eine Systematik zu beobachten ist.

Es ist gelungen, den Trend der Strukturen in der $3d$-, $4d$- bzw. $5d$-Reihe zu erklären (Pettifor, 70). Beim Vergleich der kfz-, krz- und hdp-Struktur spielt auch hier die elektrostatische Energie keine Rolle, es ist nur die Bandstrukturenergie zu betrachten. Pettifor hat diese näherungsweise berechnet und dabei die beobachtete Folge von Strukturen als stabilste ausweisen können. Für die Auswahl der Struktur ist die Valenzelektronenkonzentration maßgeblich, da bei der Auffüllung der d-Bänder durch die typische Form der Zustandsdichte dieser drei Strukturen Unterschiede in der Bandstrukturenergie entstehen. Diese erklären gerade die beobachtete Tendenz in der

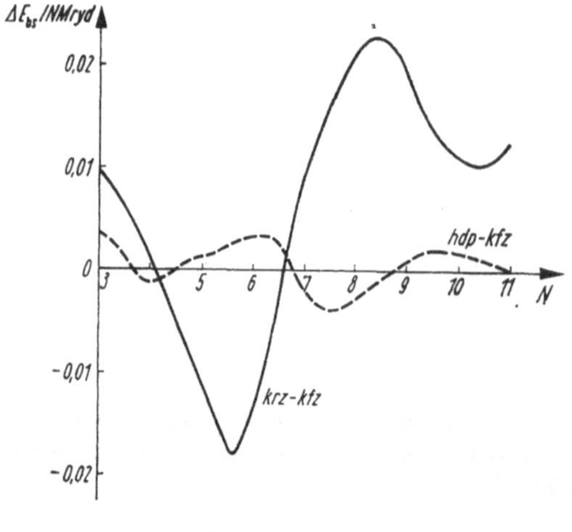

Abb. 7.3-10. Vergleich der Summe der Einteilchenenergien für verschiedene Gitterstrukturen von Übergangsmetallen in Abhängigkeit von der Auffüllung der d-Bänder (Pettifor, 70). Dabei wird vereinfachend die gesamte d-Reihe mit einheitlichen Parametern der Bandstruktur (Lage und Breite der d-Resonanz) beschrieben, was in Einzelfällen zu Abweichungen von der beobachteten Struktur führt. Zu $N = 11$ gehört Cu, Ag, Au (10 d-Elektronen und ein s-Elektron)

Bandstrukturenergie (s. Abb. 7.3-10). In ähnlicher Weise konnte für die Seltenerden (Lanthaniden) die mit zunehmender Ordnungszahl beobachtete Strukturfolge kfz → doppel-hdp → Sm-Struktur → hdp (unter zunehmendem Druck wird sie in umgekehrter Reihenfolge durchlaufen) elektronentheoretisch gedeutet werden (Duthie u. Pettifor, 77). Die Gitterstruktur der Aktiniden ist theoretisch bislang noch nicht untersucht.

Nicht nur die Gitterstruktur wurde theoretisch untersucht, es gelang auch, die beobachteten Zahlenwerte für Bindungsenergien, Wigner-Seitz-Radien und Kompressibilitäten aus ersten Prinzipien im Rahmen der lokalen-Dichte-Näherung des Dichte-Funktional-Formalismus erstaunlich gut zu reproduzieren: Von Moruzzi u. a. (77) wurden die genannten Größen für die ersten 32 Metalle des Periodischen Systems vom hypothetischen kfz-H bis In, also sowohl für einfache wie für Übergangsmetalle, berechnet. Diese Rechnungen beruhen auf selbstkonsistenten KKR-Bandberechnungen mit Austausch und Korrelation nach Hedin und Lundqvist bzw. von-Barth und Hedin. Analoge Untersuchungen wurden von Brooks (82) und Skriver u. a. (82) auf der Grundlage vollrelativistischer Bandberechnungen (LMTO) für die Aktiniden durchgeführt. Auf der Grundlage spinpolarisierter Bandberechnungen für Fe, Co, Ni erhält man für die ferromagnetische Ordnung im Vergleich zum paramagnetischen Zustand eine niedrigere Gesamtenergie (s. Moruzzi u. a. 78). Zu Bindungs- und magnetischen Eigenschaften s. auch Mackintosh und Andersen (80), Freeman (81).

Für Laves-Phasen, deren beide Komponenten Übergangsmetalle sind, gibt es abschätzende Betrachtungen. Diese laufen analog zu denen von Pettifor, nur daß die Zustandsdichten in sehr vereinfachter Weise bestimmt werden (Haydock u. Johannes, 75, Duthie u. Pettifor, 77). Die Ergebnisse bestätigen aber, daß die Laves-Phasen als elektronische Phasen aufzufassen sind.

Auch für metallische und kovalente Verbindungen und für Legierungen wurden mittels des lokalen-Dichte-Formalismus erfolgreich Gesamtenergien, Gitterparameter, Lösungswärmen u. ä. berechnet (Zunger u. Freeman, 78, Williams u. a., 79, 80, Gelatt u. a., 81). Die Energie von Gitterfehlern, wie Leerstellenenergie, Stapelfehlerenergie u. ä. wurde für einfache Metalle mittels der Pseudopotentialtheorie seit längerer Zeit erfolgreich bestimmt (Harrison, 66). Der lokale-Dichte-Formalismus erlaubt die Erweiterung dieser Betrachtungen auf beliebige Konstituenten. Zu Oberflächen s. [10].

7.4. Literatur

Bertoni, C., V. Bortolani, C. Calandra und F. Nizzoli, J. Phys. **F4**, 19 (1974).

Brewer, L., Prediction of High Temperature Metallic Phase Diagrams, in: V. F. Zackay (Hrsg.), High-Strength Materials, Wiley, New York 1965.

Brooks, M. S. S., in V. Heine (Hrsg.), Europhysics Conference Abstracts **6A**, 402 (1982).

Brovman, E. G., A. Holas, Ž. eksper. teoret. fiz. **66**, 1877 (1974).

Brovman, E. G., J. Kagan, Ž. eksper. teoret. fiz. **52**, 557 (1967).

Brovman, E. G., J. Kagan, in: G. K. Horton, A. A. Maradudin (Hrsg.), Dynamical Properties of Solids, Bd. 1, North-Holland, Amsterdam 1974, S. 191.

Brovman, E. G., J. Kagan, A. Holas, Ž. eksper. teoret. fiz. **61**, 2429 (1971).

Duthie, J. C.,D. G. Pettifor, Phys. Rev. Lett. **38**, 564 (1977).

Ewald, P. P., Ann. Physik (Leipz.) **64**, 253 (1921).

Felber, B., Diplomarbeit, TU Dresden, 1971.

Freeman, A. J., in: F. Y. Fradin (Hrsg.), Electronic Structure and Properties, Academic Press, 1981, S. 36.
Fuchs, K., Proc. Roy. Soc. **A151**, 585 (1935).
Gelatt, C. D., Jr., A. R. Williams, V. L. Moruzzi, in: P. Rhodes (Hrsg.), The Physics of Transition Metals 1980, Conf. Series Nr. 55, The Institute of Physics, Bristol, 1981, S. 392.
Geldart, D. J. W., R. Taylor, Can. J. Phys. **48**, 167 (1970).
Hafner, J., Phys. Rev. **B15**, 617 (1977).
Hammerberg, J., N. W. Ashcroft, Phys. Rev. **B9**, 409 (1974).
Harrison, W. A., Pseudopotentials in the Theory of Metals, Benjamin, New York 1966.
Harrison, W. A., Phys. Rev. **B7**, 2408 (1973).
Haydock, R., R. L. Johannes, J. Phys. **F5**, 2055 (1975).
Heine, V., D. Weaire, Phys. Rev. **152**, 603 (1966).
Kagan, J. M., W. W. Puschkarew, A. Holas, Ž. eksper. teoret. fiz. **73**, 967 (1977).
Kittel, Ch., Einführung in die Festkörperphysik, Geest & Portig, Leipzig 1973.
Lloyd, P., C. A. Sholl, J. Phys. **C1**, 1620 (1968).
Mackintosh, A. R., O. K. Andersen, in: M. Springford (Hrsg.), Electrons at the Fermi surface, Cambridge University Press, Cambridge, 1980, S. 189 u. 194.
Martin, D. L., Proc. Roy. Soc. **A254**, 433 (1960).
Moruzzi, V. L., A. R. Williams, J. F. Janak, Phys. Rev. **B15**, 2854 (1977).
Moruzzi, V. L., J. F. Janak, A. R. Williams, Calculated Electronic Properties of Metals, Pergamon Press, New York, 1978.
Mrosan, E., W. John, H. Eschrig, phys. stat. sol. (b) **51**, 283 (1972).
Paasch, G., B. Felber, H. Eschrig, phys. stat. sol. (b) **54**, K51 (1972).
Pettifor, D. G., J. Phys. **C3**, 367 (1970).
Radwan, A., Dissertation A, TU Dresden, 1976.
Radwan, A., P. Rennert, Kristall Tech. **10**, 865 (1975).
Rennert, P., in: Grundlagen passiver elektronischer Bauelemente, Dt. Verl. f. Grundstoffind., Leipzig 1973, S. 90.
Rennert, P., A. Radwan, phys. stat. sol. (b) **77**, 615 (1976).
Rennert, P., A. Radwan, phys. stat. sol. (b) **79**, 167 (1977).
Schulze, G. E. R., Metallphysik, Akademie-Verlag, Berlin 1967.
Shaw, R. W., Jr., Phys. Rev. **174**, 769 (1968).
Shaw, R. W., Jr., J. Phys. **C3**, 1140 (1970).
Singwi, K. S., M. P. Tosi, R. H. Land, A. Sjölander, Phys. Rev. **176**, 589 (1968).
Singwi, K. S., A. Sjölander, M. P. Tosi, R. H. Land, Phys. Rev. **B1**, 1044 (1970).
Skriver, H. L., B. Johansson, private Mitteilung, 1982 (wird in Phys. Rev. Lett. veröffentlicht).
Skriver, H. L., B. Johansson, O. K. Andersen, in: V. Heine (Hrsg.), Europhysics Conference Abstracts **6A**, 44 (1982).
Stolz, H., Einführung in die Vielelektronentheorie der Kristalle, Akademie-Verlag, Berlin 1974.
Vashista, P., K. S. Singwi, Phys. Rev. **B6**, 875 (1972).
Wigner, E., H. B. Huntington, J. Chem. Phys. **3**, 764 (1935).
Williams, A. R., C. D. Gelatt, Jr., J. F. Janak, in L. Bennett (Hrsg.), Proc. Symp. on Theory of Alloy Phase Formation, AIME, New York, 1979.
Williams, A. R., C. D. Gelatt, Jr., V. L. Moruzzi, Phys. Rev. Lett. **44**, 429 (1980).

8. Phononen

H. Eschrig

In diesem Teil wird die Gitterdynamik des metallischen Idealkristalls in adiabatischer und harmonischer Näherung betrachtet. Dabei konzentriert sich die Darstellung auf die mikroskopische Theorie, auf die große Vielfalt der in der Literatur vorkommenden rein phänomenologischen Modelle wird nicht eingegangen.

In [8.1] wird die phänomenologische Gitterdynamik in harmonischer Näherung abgehandelt, die die Grundlage für alles Weitere bildet. Es werden die allgemeinen Eigenschaften der atomaren Kraftkonstanten besprochen und die Phononen als gequantelte Anregungszustände des harmonischen Kristalls, die insbesondere seine thermodynamischen Eigenschaften bedingen, eingeführt. In [8.2] wird der Zusammenhang der Kraftkonstanten mit den elastischen Eigenschaften des Kristalls hergestellt, und in [8.3] werden die adiabatische Näherung begründet und die sich daraus ergebenden besonderen Aspekte einer Vielteilchentheorie des Elektron-Phonon-Systems besprochen. In [8.4] wird schließlich das Problem der harmonischen Gitterdynamik auf das Problem der dielektrischen Reaktion des Kristalls zurückgeführt. Dieses Kapitel liefert die allgemeine Grundlage für eine mikroskopische Theorie der Gitterdynamik und gibt eine zwanglose allgemeine Erklärung der sogenannten Migdal-Kohn-Anomalien in den Phononendispersionsrelationen. In [8.5] wird schließlich ein Abriß der Pseudopotentialtheorie der Phononen gegeben und in [8.6] die gegenwärtige Problematik bei den Übergangsmetallen dargestellt. Der Teil schließt in [8.7] mit einem kurzen Abriß der Theorie der Neutronenstreuung am Kristall.

8.0. Einleitende Betrachtungen

Die phänomenologische Theorie der Gitterdynamik von Kristallen auf quantenmechanischem Niveau, die von den interatomaren Kraftkonstanten als phänomenologischen Parametern ausgeht, wurde in ihren wesentlichen Teilen seit den zwanziger Jahren von Born geschaffen (s. Born u. Huang, 54). Die OPW- und Pseudopotentialtheorie der Elektronenstruktur einfacher Metalle eröffnete seit Ende der fünfziger Jahre erstmals die Möglichkeit einer systematischen Berechnung der atomaren Kraftkonstanten aus der Elektronenstruktur und damit der Schaffung einer konsequenten mikroskopischen Theorie der Gitterschwingungen in einfachen Metallen (Toja, 58, Cochran, 63, Sham, 65, Vosko u. a., 65).

Seit Ende der sechziger Jahre setzte eine stürmische Entwicklung in der Pseudopotentialtheorie der Phononen ein, die noch durch die kurz vorher beginnende aktive Entwicklung auf dem Gebiet der inelastischen Neutronenstreuung stimuliert wurde. Heute liegt die mikroskopische Theorie der Phononen in einfachen Metallen praktisch abgeschlossen vor.

Anders ist die Situation in Übergangsmetallen. Die für die einfachen Metalle charakteristische Störungstheorie ist hier nicht anwendbar, da das Elektron-Ion-Potential prinzipiell nicht schwach ist. Hier wie auch bei den Nichtmetallen steht eine vergleichbare mikroskopische Theorie der Gitterschwingungen noch am Anfang ihrer Entwicklung.

Ein typisches formales Charakteristikum insbesondere der phänomenologischen Theorie der Gitterdynamik ist eine gewisse „leibliche Fülle" der Formeln. Es wurde überall versucht, nur die zum Verständnis nötigen Indizes und Funktionsargumente auszuschreiben und eine konsequente Systematik in der Bezeichnungsweise anzuwenden, um die Darstellung möglichst klar zu halten. Andererseits wird überall der allgemeine Fall eines Gitters mit Basis behandelt, um den Praktiker mit einem vielseitig anwendbaren Formelapparat zu versorgen .Die Vorkenntnis einer elementaren Einführung, wie sie etwa in einschlägigen Lehrbüchern der Festkörpertheorie (z. B. Ziman, 74) zu finden ist, wird beim Leser vorausgesetzt.

Durchweg werden — außer im letzten Kapitel — Faktoren $\hbar$, m, ϵ weggelassen (durch 1 ersetzt). Beim zahlenmäßigen Auswerten der Formeln sind Längen in Einheiten $a_0 = \hbar^2/m\epsilon^2$, Energien in $2ryd = \epsilon^2/a_0$, Frequenzen in $\epsilon^2/\hbar a_0$ usw. einzusetzen, und die Ergebnisse fallen in entsprechenden Einheiten an. Die Elementarzellen werden mit lateinischen Indizes $l, m, n, \ldots$ bezeichnet und die Atome in der Elementarzelle (ihre Anzahl ist M) mit griechischen Indizes $\lambda, \mu, \nu, \ldots$. Die Komponenten eines 3dimensionalen Vektors werden durch griechische Indizes $\alpha, \beta, \gamma, \ldots$ bezeichnet. Häufig wird auch eine $3M$-dimensionale Vektorschreibweise in dem Sinne

$$(u_{n\nu\alpha}) = (\boldsymbol{u}_{n\nu}) = \boldsymbol{u}_n$$

benutzt. $\boldsymbol{u}_n$ ist ein $3M$-dimensionaler Vektor mit den Komponenten $u_{n\nu\alpha}$. Entsprechend ist $\boldsymbol{u}_{n\nu}$ ein 3dimensionaler Vektor. Die Schreibweise ergibt sich überall eindeutig aus dem Zusammenhang.

Die Massen der Ionen einer Sorte werden überall als gleich angenommen. Auf Effekte des Massenunterschieds eines Isotopengemisches wird nirgends eingegangen.

8.1. Der harmonische Kristall

8.1.1. Atomare Kraftkonstanten

Wir betrachten einen Kristall, in dem sich die Ionen in der Nähe gewisser Mittellagen bewegen, die ein regelmäßiges Gitter bilden. Die Gittervektoren seien $\boldsymbol{R}_n = n_1\boldsymbol{a}_1 + n_2\boldsymbol{a}_2 + n_3\boldsymbol{a}_3$. Die Mittellage des Ions der Sorte ν (mit der Masse M_ν) innerhalb der Elementarzelle des Gitters sei $\boldsymbol{s}_\nu$. Die Gesamtheit der Mittellagen ist also durch die Vektoren

$$\boldsymbol{R}_{n\nu} = \boldsymbol{R}_n + \boldsymbol{s}_\nu \tag{1}$$

gegeben. Die Ionenorte selbst werden durch die Vektoren

$$\boldsymbol{R}_{n\nu} + \boldsymbol{u}_{n\nu} \tag{2}$$

mit den Auslenkungen $\boldsymbol{u}_{n\nu}$ aus den Mittellagen gegeben. In diesem Kapitel benutzten wir die Näherungsannahme, daß die potentielle Energie U des Kristalls eine eindeutige Funktion der Ionenorte (2) allein ist (und nicht noch von den inneren Freiheitsgraden der Ionen und von denen der Leitungselektronen abhängt). Die Rechtfertigung dieser *adiabatischen Näherung* wird in [8.3] gegeben.

Die Taylor-Entwicklung der potentirllen Energie an den Orten (1) hat die Form

$$U = U_0 + \sum_{n\nu\alpha} \Phi_{n\nu\alpha} u_{n\nu\alpha}$$
$$+ \frac{1}{2!} \sum_{m\mu\alpha} \sum_{n\nu\beta} \Phi_{m\mu\alpha;\, n\nu\beta} u_{m\mu\alpha} u_{n\nu\beta}$$
$$+ \frac{1}{3!} \sum_{l\lambda\alpha} \sum_{m\mu\beta} \sum_{n\nu\gamma} \Phi_{l\lambda\alpha;\, m\mu\beta;\, n\nu\gamma} u_{l\lambda\alpha} u_{m\mu\beta} u_{n\nu\gamma} + \dots \tag{3}$$

Hierbei wurden die kartesischen Indizes $\alpha, \beta, \gamma, \dots$ eingeführt. Es ist

$$\Phi_{n\nu\alpha} = \left[\frac{\partial U}{\partial u_{n\nu\alpha}}\right]_0 ,$$
$$\Phi_{m\mu\alpha;\, n\nu\beta} = \left[\frac{\partial^2 U}{\partial u_{m\mu\alpha}\, \partial u_{n\nu\beta}}\right]_0 , \dots , \tag{4}$$

wobei die Ableitungen bei der Konfiguration mit den Ionenorten (1) genommen werden, bei der alle $\boldsymbol{u}_{n\nu} = 0$ sind.

Die „atomaren Kraftkonstanten erster, zweiter usw. Ordnung“ (4) sind nicht alle unabhängig voneinander. Zunächst sind sie gemäß ihrer Definition symmetrisch in ihren Indexgruppen:

$$\Phi_{m\mu\alpha;\, n\nu\beta} = \Phi_{n\nu\beta;\, m\mu\alpha}, \dots \tag{5}$$

Weiter darf eine beliebige starre Verschiebung

$$\boldsymbol{u}_{n\nu} \to \boldsymbol{u}_{n\nu} + \boldsymbol{u} \tag{6}$$

bzw. Drehung

$$\boldsymbol{u}_{n\nu} \to \boldsymbol{u}_{n\nu} + \boldsymbol{\varphi} \times (\boldsymbol{R}_{n\nu} + \boldsymbol{u}_{n\nu}) \tag{7}$$

des Kristalls zu keiner Änderung des Zahlenwerts der potentiellen Energie (3) führen. Beim Einsetzen von (6) bzw. (7) in (3) müssen daher die Koeffizienten der entstehenden Polynome in den Komponenten von $\boldsymbol{u}$ bzw. $\boldsymbol{\varphi}$ einzeln verschwinden. Daraus erhält man die Beziehungen

$$\sum_{n\nu} \Phi_{n\nu\alpha} = 0 ,$$
$$\sum_{n\nu} \Phi_{m\mu\alpha;\, n\nu\beta} = 0, \dots \tag{8}$$

und

$$\sum_{n\nu} [\Phi_{n\nu\alpha} R_{n\nu\beta} - \Phi_{n\nu\beta} R_{n\nu\alpha}] = 0 ,$$
$$\sum_{n\nu} [\Phi_{m\mu\alpha;\, n\nu\beta} R_{n\nu\gamma} - \Phi_{m\mu\alpha;\, n\nu\gamma} R_{n\nu\beta}] - \delta_{\alpha\beta} \Phi_{m\mu\gamma} + \delta_{\alpha\gamma} \Phi_{m\mu\beta} = 0, \dots . \tag{9}$$

Darüber hinaus müssen die Kraftkonstanten im Falle eines unendlich ausgedehnten Kristalls noch eine Vielzahl von Symmetrierelationen erfüllen, die alle aus der Kristallsymmetrie folgen. Von diesen interessiert uns hier nur, daß wegen der diskreten Translationssymmetrie des Kristalls natürlich

$$\Phi_{n\nu\alpha} = \Phi_{n-l,\, \nu\alpha} = \Phi_{0\nu\alpha} ,$$
$$\Phi_{m\mu\alpha;\, n\nu\beta} = \Phi_{m-l,\, \mu\alpha;\, n-l,\, \nu\beta} = \Phi_{0\mu\alpha;\, n-m,\, \nu\beta}, \dots \tag{10}$$

ist. Hier und im weiteren benutzen wir „Indexdifferenzen" wie $n - l$ in der Bedeutung von

$$\boldsymbol{R}_{n-l} = \boldsymbol{R}_n - \boldsymbol{R}_l \,. \tag{11}$$

Wechselwirken die Ionen des Gitters nur über zentrale Paarkräfte mit den Potentialen $\varphi_{\mu\nu}(|\boldsymbol{r}|)$, d. h.,

$$u_0 = \frac{1}{2} \sum_{m\mu \neq n\nu} \varphi_{\mu\nu}(|\boldsymbol{R}_{m\mu} - \boldsymbol{R}_{n\nu}|) \,, \tag{12}$$

so erhält man (mit (8))

$$\Phi_{n\nu\alpha} = \sum_{m\mu(\neq n\nu)} \left[\frac{\partial}{\partial x_\alpha} \varphi_{\mu\nu}(r)\right]_{r=|\boldsymbol{R}_{m\mu-n\nu}|} \,, \tag{13}$$

$$\Phi_{m\mu\alpha;\, n\nu\beta} = \begin{cases} -\left[\dfrac{\partial^2}{\partial x_\alpha\, \partial x_\beta} \varphi_{\mu\nu}(r)\right]_{r=|\boldsymbol{R}_{m\mu-n\nu}|} & \text{für} \quad m\mu \neq n\nu, \dots, \\ \sum\limits_{l\lambda(\neq n\nu)} \left[\dfrac{\partial^2}{\partial x_\alpha\, \partial x_\beta} \varphi_{\mu\nu}(r)\right]_{r=|\boldsymbol{R}_{l\lambda-n\nu}|} & \text{für} \quad m\mu = n\nu, \dots, \end{cases} \tag{14}$$

wobei analog zu (11) die Bezeichnung

$$\boldsymbol{R}_{m\mu-n\nu} = \boldsymbol{R}_m + \boldsymbol{s}_\mu - \boldsymbol{R}_n - \boldsymbol{s}_\nu \tag{15}$$

eingeführt wurde.

Auf der rechten Seite von (3) ist die gesamte potentielle Energie des Kristalls durch Gittersummen ausgedrückt. Das darf nicht zu dem Trugschluß verleiten, man könne hieraus einen allgemeingültigen Ausdruck für die Energiedichte in dem Sinne gewinnen, daß die Summationen auf der rechten Seite von (3) über ein (makroskopisches) Teilvolumen des Kristalls die in diesem Teilvolumen gespeicherte potentielle Energie liefern. Im Falle eines nichtmetallischen Kristalls ist das schon deshalb nicht möglich, weil eine solche Energiedichte im Rahmen unserer Betrachtungsweise gar nicht existiert: Die Verschiebung der Ionen ist stets mit Ladungsverschiebungen verbunden und führt daher zum Auftreten von elektrischen Feldern, die im Falle eines Nichtmetalls nicht vollständig abgeschirmt werden und deren Werte an einem herausgegriffenen Ort daher von den Auslenkungen an allen Orten des Kristalls und insbesondere auch von seiner äußeren Form abhängen. Nur wenn man diese makroskopischen elektrischen Felder explizit als zusätzliche Freiheitsgrade einführt, kann man eine Energiedichte des Kristalls definieren (die dann neben den Auslenkungen $\boldsymbol{u}_{n\nu}$ in der Nähe des betrachteten Ortes noch vom Wert der Feldstärke dort abhängt; zur phänomenologischen Gitterdynamik in Nichtmetallen s. z. B. Born u. Huang, 54, Maradudin, 74). Jedoch auch in Metallen, wo die langreichweitigen Kräfte zwischen den Ionen vollständig abgeschirmt sind, liefert (3) keinen Ausdruck für die Energiedichte. Davon überzeugt man sich auf folgende Weise: Wir betrachten eine beliebige homogene Deformation des Kristalls

$$u_{n\nu\alpha} = \sum_\beta \varepsilon_{\alpha\beta} R_{n\nu\beta} \,, \tag{16}$$

die durch den konstanten Deformationstensor $\varepsilon_{\alpha\beta}$ charakterisiert ist. Der entsprechende Beitrag n-ter Ordnung zu (3) enthält einen Faktor R^n, während die zu (16) gehörige

Energiedichte im ganzen Kristall konstant ist. Im Falle eines unendlich ausgedehnten Kristalls verliert (3) für eine homogene Deformation (16) überhaupt seinen Sinn, da beliebig große Auslenkungen auftreten.

8.1.2. Die harmonische Näherung

Wir nehmen jetzt an, (1) seien die Gleichgewichtsorte der Ionen, die einem Minimum der potentiellen Energie U entsprechen. Dann verschwinden alle Glieder erster Ordnung in (3):

$$\Phi_{n\nu\alpha} = 0 . \tag{17}$$

Im Falle eines unendlich ausgedehnten Kristalls ist die Bedingung (17) jedoch noch nicht hinreichend. U muß auch einen Minimalwert bezüglich homogener Deformationen (16) haben, was durch (17) noch nicht gewährleistet ist, da die zugehörigen Energieänderungen nicht durch (3) ausdrückbar sind. Wir werden in [8.2.2] sehen, daß die Bedingung, daß kein homogener Deformationszustand vorliegt (d. h., daß keine äußeren Spannungen anliegen), teilweise durch Symmetrieeigenschaften der Kraftkonstanten zweiter Ordnung ausgedrückt werden kann. Vorläufig bemerken wir nur, daß z. B. in einem Bravais-Gitter jeder Gitterplatz ein Inversionszentrum des Kristalls ist und daher (17) hier bereits aus Symmetriegründen gilt. Ein homogen deformiertes Bravais-Gitter ist aber wieder ein Bravais-Gitter, so daß (17) in einem beliebigen homogenen Deformationszustand erfüllt ist. Sind weiter die Paarkräfte (12) rein harmonisch (Federmodell), d. h.,

$$\varphi_{\mu\nu}(r) = k_{\mu\nu} r^2 , \tag{18}$$

so überlegt man sich leicht, daß die Kraftkonstanten (14) sich bei einer homogenen isotropen Deformation $\boldsymbol{R}_{n\nu} \to (1 + \varepsilon)\,\boldsymbol{R}_{n\nu}$ überhaupt nicht ändern und höhere Kraftkonstanten nicht auftreten. Mit anderen Worten steht in einem unendlichen Bravais-Gitter mit harmonischen Paarkräften (18) ein hydrostatischer Deformationszustand in gar keiner Beziehung zu den Kraftkonstanten. Unten sehen wir, daß das auch im allgemeinen Fall eines beliebigen Kristalls gilt. Die Gleichgewichtsbedingung, daß der Kristall nicht unter äußerem hydrostatischen Druck steht, hat mit den Kraftkonstanten (4) nichts zu tun.

Bei Temperaturen in der Nähe des absoluten Nullpunkts führen die Ionen nun Schwingungen mit kleinen Amplituden $\boldsymbol{u}_{n\nu}$ um die Gleichgewichtsorte aus, so daß wir uns in (3) auf die Glieder zweiter Ordnung beschränken können. Fügen wir noch den Operator der kinetischen Energie hinzu und setzen die physikalisch irrelevante Potentialkonstante U_0 gleich Null, so erhalten wir den Hamilton-Operator der harmonischen Näherung

$$H_{\mathrm{h}} = -\sum_{n\nu\alpha} \frac{1}{2M_\nu} \frac{\partial^2}{\partial u_{n\nu\alpha}^2} + \frac{1}{2} \sum_{m\mu\alpha} \sum_{n\nu\beta} \Phi_{m\mu\alpha;\, n\nu\beta}\, u_{m\mu\alpha} u_{n\nu\beta} . \tag{19}$$

Die Glieder höherer Ordnung in (3) liefern die anharmonischen Korrekturen hierzu, die bei anwachsenden Temperaturen wesentlich werden, insbesondere bei Gitterumwandlungen (weiche Moden). Allerdings haben die Bewegungen der Ionen im Kristall auch bei höheren Temperaturen (aber noch genügend weit unterhalb des Schmelzpunktes) den Charakter kleiner Schwingungen um gewisse von den Gleichgewichtslagen verschiedene temperaturabhängige Mittellagen (thermische Ausdehnung).

In einer vielfach angewendeten quasiharmonischen Näherung (z. B. Barron u. Klein, 74) benutzt man weiterhin einen Hamilton-Operator der Form (19), wobei aber jetzt die Auslenkungen $\boldsymbol{u}_{n\nu}$ von diesen Mittellagen aus gemessen werden und die Kraftkonstanten sich aus den Ableitungen (4) an diesen Mittellagen anstelle der Gleichgewichtslagen ergeben. An diesen neuen Mittellagen können unter Umständen auch die Kraftkonstanten (17) von Null verschieden sein, so daß jetzt die weiteren anharmonischen Korrekturn in den Termen *erster*, dritter und höherer Ordnung von (3) (bezogen auf die neuen Mittellagen) bestehen.

Der Hamilton-Operator (19) beschreibt ein gekoppeltes System harmonischer Oszillatoren, das zunächst wie in der klassischen Mechanik durch Übergang zu Normalkoordinaten entkoppelt werden kann. Dazu ist eine orthogonale Transformation L der Koordinaten $u_{n\nu\alpha}$ auf die neuen (reellen) Normalkoordinaten $Q_{q\lambda}$

$$u_{n\nu\alpha} = \sum_{q\lambda} L_{n\nu\alpha;\, q\lambda} Q_{q\lambda}\,, \qquad LL^{\mathrm{T}} = \mathcal{M}^{-1} \tag{20}$$

derart zu suchen (T bedeutet ‚transponiert'), daß

$$\sum_{m\mu\alpha} \sum_{n\nu\beta} u_{m\mu\alpha} \Phi_{m\mu\alpha;\, n\nu\beta} u_{n\nu\beta} = \sum_{q\lambda} Q_{q\lambda} \omega_{q\lambda}^2 Q_{q\lambda} \tag{21}$$

gilt, d. h., daß die Kraftkonstantenmatrix Φ diagonalisiert wird mit den Diagonalelementen $\omega_{q\lambda}^2$ (auf die Bedeutung der neuen Indizes kommen wir gleich). Die Matrix $\mathcal{M}$ auf der rechten Seite der zweiten Gleichung (20) ist eine Diagonalmatrix, deren Diagonalelemente die Ionenmassen M_ν sind. Das ist notwendig, damit zusammen mit (21) auch gleichzeitig die kinetische Energie in (19) (die als $-(1/2)\,(\partial/\partial \boldsymbol{u})^{\mathrm{T}}\, \mathcal{M}^{-1}\, (\partial/\partial \boldsymbol{u})$ geschrieben werden kann) diagonal in den neuen Koordinaten ist. Tatsächlich folgt aus der ersten Gleichung (20)

$$\frac{\partial}{\partial \boldsymbol{Q}} = \frac{\partial \boldsymbol{u}^{\mathrm{T}}}{\partial \boldsymbol{Q}} \frac{\partial}{\partial \boldsymbol{u}} = L^{\mathrm{T}} \frac{\partial}{\partial \boldsymbol{u}} \tag{22}$$

und daher

$$-\frac{1}{2}\left(\frac{\partial}{\partial \boldsymbol{u}}\right)^{\mathrm{T}} \mathcal{M}^{-1} \frac{\partial}{\partial \boldsymbol{u}} = -\frac{1}{2}\left(\frac{\partial}{\partial \boldsymbol{Q}}\right)^{\mathrm{T}} \frac{\partial}{\partial \boldsymbol{Q}} = -\frac{1}{2} \sum_{q\lambda} \frac{\partial^2}{\partial Q_{q\lambda}^2}\,.$$

Damit erhält der Hamilton-Operator (19) die diagonale Form

$$H_{\mathrm{h}} = \sum_{q\lambda} \left(-\frac{1}{2} \frac{\partial^2}{\partial Q_{q\lambda}^2} + \frac{1}{2} \omega_{q\lambda}^2 Q_{q\lambda}^2\right) \tag{23}$$

für ein System entkoppelter harmonischer Oszillatoren mit den Frequenzen $\omega_{q\lambda}$. Die oben erwähnten anharmonischen Korrekturen führen wieder zu einer Kopplung der Oszillatoren (Phonon-Phonon-Wechselwirkung).

8.1.3. Dynamische Matrix und Eigenschwingungsmoden des Gitters

Das Problem der Bestimmung der Anregungszustände des Hamilton-Operators (19) reduziert sich also auf das Problem der Bestimmung der Transformation (20) auf die Normalkoordinaten $Q_{q\lambda}$. Zunächst ist wegen der diskreten Translationssymmetrie (10) klar, daß die Elementaranregungen Bloch-Charakter haben müssen. Daher setzen wir

$$u_{n\nu\alpha} = \sum_{q\lambda} \left(\frac{e_{\nu\alpha;\,\lambda}(\boldsymbol{q})}{\sqrt{2NM_\nu}}\, e^{i\boldsymbol{q}\boldsymbol{R}_{n\nu}} + \text{konj. kompl.}\right) Q_{q\lambda}\,, \tag{24}$$

wobei die Matrix $\mathscr{E}(\boldsymbol{q})$ mit den Elementen $e_{\nu\alpha;\lambda}(\boldsymbol{q})$ wegen der zweiten Gleichung (20) eine unitäre Matrix ist,

$$\sum_{\nu\alpha} e^*_{\nu\alpha;\lambda} e_{\nu\alpha;\lambda'} = \delta_{\lambda\lambda'}, \qquad \sum_{\lambda} e^*_{\mu\alpha;\lambda} e_{\nu\beta;\lambda} = \delta_{\mu\nu}\delta_{\alpha\beta}. \tag{25}$$

(Aus der zweiten Gleichung (20) folgt nach Multiplikation von rechts mit $\mathscr{M}L$ noch $L^{\mathrm{T}}\mathscr{M}L = 1$.) Es ist also $\boldsymbol{q}$ der Wellenvektor und λ der Polarisationsindex einer Eigenschwingungsmode des Gitters mit der Frequenz $\omega_{\boldsymbol{q}\lambda}$. Der $3M$-dimensionale (M = Anzahl der Ionen in der Elementarzelle) komplexe Polarisationsvektor $\boldsymbol{e}_\lambda(\boldsymbol{q}) = (e_{\nu\alpha;\lambda}(\boldsymbol{q}))$ beschreibt die Amplitudenvektoren und die „Relativphasen" gegenüber der ebenen Welle $\exp(i\boldsymbol{q}\boldsymbol{R}_{n\nu})$ der Ionen in dieser Eigenschwingungsmode.

Einsetzen von (24) in (21) und Beachtung von (10) liefert schließlich nach einer Umformung mit (25) das Eigenwertproblem

$$\sum_{\nu\beta} [D_{\mu\alpha;\nu\beta}(\boldsymbol{q}) - \omega^2_{\boldsymbol{q}\lambda}\delta_{\mu\nu}\delta_{\alpha\beta}]\, e_{\nu\beta;\lambda}(\boldsymbol{q}) = 0 \tag{26}$$

mit der *dynamischen Matrix*

$$D_{\mu\alpha;\nu\beta}(\boldsymbol{q}) = \sum_n \frac{\mathrm{e}^{-i\boldsymbol{q}(\boldsymbol{s}_\mu - \boldsymbol{R}_{n\nu})}}{\sqrt{M_\mu M_\nu}}\, \Phi_{0\mu\alpha;n\nu\beta} \tag{27}$$

zur Bestimmung der $3M$ Eigenschwingungsfrequenzen $\omega_{\boldsymbol{q}\lambda}$ und Polarisationsvektoren $e_{\nu\beta;\lambda}(\boldsymbol{q})$ der Eigenschwingungsmoden für jeden Wert des Wellenvektors $\boldsymbol{q}$ in der Brillouin-Zone, die sich im Spezialfall, wenn $\boldsymbol{q}$ in einer kristallographischen Symmetrierichtung liegt, manchmal in longitudinale und transversale einteilen lassen.

Aus der Symmetrie (4) der Matrix Φ und (10) folgt sofort die Hermitizität von D

$$D_{\mu\alpha;\nu\beta}(\boldsymbol{q}) = D^*_{\nu\beta;\mu\alpha}(\boldsymbol{q}) \tag{28}$$

und damit die Realität der $\omega^2_{\boldsymbol{q}\lambda}$. Die Stabilitätsbedingung für das Gitter, daß nämlich die $\omega^2_{\boldsymbol{q}\lambda}$ auch alle positiv sind, läßt sich dagegen nicht auf einfachere Weise durch die Kraftkonstanten Φ ausdrücken. Aus (27) folgt aber sofort noch

$$D_{\mu\alpha;\nu\beta}(-\boldsymbol{q}) = D_{\nu\beta;\mu\alpha}(\boldsymbol{q})$$

und daher, wegen (28),

$$D(-\boldsymbol{q}) = D^*(\boldsymbol{q}), \tag{29}$$

womit auch $\omega^2_{-\boldsymbol{q}\lambda} = (\omega^2_{\boldsymbol{q}\lambda})^*$ ist und wegen der Realität der $\omega^2_{\boldsymbol{q}\lambda}$

$$\omega_{-\boldsymbol{q}\lambda} = \omega_{\boldsymbol{q}\lambda}. \tag{30}$$

Diese Beziehung gilt wie im Falle der Elektronenenergien im Kristall unabhängig davon, ob das Kristallgitter Inversionssymmetrie besitzt oder nicht. In Verbindung mit der physikalischen Bedeutung des Wellenvektors $\boldsymbol{q}$ ist sie wie dort Ausdruck der Zeitumkehrsymmetrie.

Aus (8) und (27) erhält man (mit (10))

$$\sum_\nu \sqrt{M_\nu}\, D_{\mu\alpha;\nu\beta}(0) = 0. \tag{31}$$

Damit kann man für $\boldsymbol{q} = 0$ sofort drei linear unabhängige Lösungen von (26) angeben. Wenn nämlich $\boldsymbol{e}_{\nu;\lambda}(0)/\sqrt{M_\nu}$ ein konstanter (von ν unabhängiger) Vektor ist, folgt aus (26) mit (31) sofort $\omega_{0\lambda} = 0$. Die drei unabhängigen derartigen Lösungen entsprechen drei beliebig gewählten orthogonalen Vektoren für $\boldsymbol{e}_{\nu;\lambda}(0)/\sqrt{M_\nu}$. Dieses Ergebnis ist trivial. Die diesen Lösungen entsprechenden Auslenkungen beschreiben nämlich gerade eine starre Verschiebung des Kristalls als Ganzes, und die zugehörige Änderung der potentiellen Energie $(1/2) \sum M_\nu \omega^2 \boldsymbol{u}_{n\nu}^2$ muß Null sein, was uns auch gerade auf (8) führte. Da die Gittersumme in (27) stets absolut konvergiert (im Falle eines Nichtmetalls nach Elimination des makroskopischen elektrischen Feldes), sind $D(\boldsymbol{q})$ und damit die $\omega_{\boldsymbol{q}\lambda}$ stetige Funktionen von $\boldsymbol{q}$. Es muß daher unter den letzteren insbesondere drei geben, die für $\boldsymbol{q} \to 0$ gegen Null streben. Diese entsprechen für große Wellenlängen (kleine q) den gewöhnlichen Schallwellen und heißen daher *akustische* Zweige des Schwingungsspektrums. Die übrigen $3M-3$ heißen *optische*, da die mit ihnen verbundenen Ladungsschwingungen die optischen Eigenschaften des Festkörpers wesentlich mitbedingen.

Weiter lassen sich die Eigenschwingungsmoden nach Symmetrietypen entsprechend der Symmetrie des Kristallgitters klassifizieren, womit das Eigenwertproblem (26) in der üblichen Weise reduziert werden kann. Zu den damit zusammenhängenden Fragen sind die ausgezeichneten Darstellungen von Maradudin und Vosko (68) und Warren (68) zu empfehlen.

8.1.4. Statistik der Phononen

Wir kehren nun zu unserem diagonalisierten Hamilton-Operator (23) zurück. Wie bereits gesagt, beschreibt er ein System nicht gekoppelter harmonischer Oszillatoren, und die Lösungen der zugehörigen Schrödinger-Gleichung

$$H_{\mathrm{h}}\chi = E\chi \tag{32}$$

mit der Wellenfunktion $\chi(\boldsymbol{Q})$ ließen sich sofort aufschreiben. Da aber praktisch alle Anwendungen dieser Ergebnisse quantenstatistischen Charakter haben, führen wir statt dessen die Besetzungszahldarstellung ein. Dazu drücken wir Orts- und Impulsoperator eines harmonischen Oszillators durch die Erzeugungs- und Vernichtungsoperatoren (s. z. B. Macke, 65, Dawydow, 67) gemäß

$$\begin{aligned} Q_{\boldsymbol{q}\lambda} &= \frac{1}{\sqrt{2\omega_{\boldsymbol{q}\lambda}}}(b_{\boldsymbol{q}\lambda} + b_{\boldsymbol{q}\lambda}^+)\,, \\ \frac{\partial}{\partial Q_{\boldsymbol{q}\lambda}} &= \sqrt{\frac{\omega_{\boldsymbol{q}\lambda}}{2}}\,(b_{\boldsymbol{q}\lambda} - b_{\boldsymbol{q}\lambda}^+) \end{aligned} \tag{33}$$

aus mit den Vertauschungsrelationen

$$[b_{\boldsymbol{q}\lambda}, b_{\boldsymbol{q}'\lambda'}^+] = b_{\boldsymbol{q}\lambda}b_{\boldsymbol{q}'\lambda'}^+ - b_{\boldsymbol{q}'\lambda'}^+ b_{\boldsymbol{q}\lambda} = \delta_{\boldsymbol{q}\boldsymbol{q}'}\,\delta_{\lambda\lambda'} \tag{34}$$

und den üblichen weiteren Eigenschaften von Bose-Operatoren.

Mit (33) und (34) erhält man aus (23) sofort

$$H_{\mathrm{h}} = \sum_{\boldsymbol{q}\lambda} \frac{\omega_{\boldsymbol{q}\lambda}}{2}(b_{\boldsymbol{q}\lambda}b_{\boldsymbol{q}\lambda}^+ + b_{\boldsymbol{q}\lambda}^+ b_{\boldsymbol{q}\lambda}) = \sum_{\boldsymbol{q}\lambda} \omega_{\boldsymbol{q}\lambda}\left(b_{\boldsymbol{q}\lambda}^+ b_{\boldsymbol{q}\lambda} + \frac{1}{2}\right). \tag{35}$$

Infolge der Vertauschungsrelation (34) sind die Energieniveaus der Oszillatoren gequantelt und nehmen die Werte $\omega_{\boldsymbol{q}\lambda}(n_{\boldsymbol{q}\lambda} + 1/2)$ mit nichtnegativen ganzen Zahlen

$n_{\boldsymbol{q}\lambda}$ (= Besetzungszahlen) an. Der Operator $b_{\boldsymbol{q}\lambda}^+$ bewirkt einen Übergang vom Zustand $|n_{\boldsymbol{q}\lambda}\rangle$ zum Anregungszustand $|n_{\boldsymbol{q}\lambda} + 1\rangle$ des Oszillators oder, wie man statt dessen sagt, erzeugt ein *Phonon* mit dem Wellenvektor (Quasiimpuls) $\boldsymbol{q}$, der Polarisation $\boldsymbol{e}_{\nu;\lambda}$ und der Energie $\omega_{\boldsymbol{q}\lambda}$ als Energiedifferenz der Zustände $|n_{\boldsymbol{q}\lambda}\rangle$ und $|n_{\boldsymbol{q}\lambda} + 1\rangle$:

$$b_{\boldsymbol{q}\lambda}^+ \, |n_{\boldsymbol{q}\lambda}\rangle = \sqrt{n_{\boldsymbol{q}\lambda} + 1} \, |n_{\boldsymbol{q}\lambda} + 1\rangle \, . \tag{36}$$

Analog vernichtet der Operator $b_{\boldsymbol{q}\lambda}$ ein solches Phonon:

$$b_{\boldsymbol{q}\lambda} \, |n_{\boldsymbol{q}\lambda}\rangle = \sqrt{n_{\boldsymbol{q}\lambda}} \, |n_{\boldsymbol{q}\lambda} - 1\rangle \, . \tag{37}$$

Die Energie des Kristalls, in dem $n_{\boldsymbol{q}\lambda}$ Phononen der Sorten $\boldsymbol{q}\lambda$ ($n_{\boldsymbol{q}\lambda}$ ist der Eigenwert des Teilchenzahloperators $b_{\boldsymbol{q}\lambda}^+ b_{\boldsymbol{q}\lambda}$) vorhanden sind, ist

$$E = \langle \dots n_{\boldsymbol{q}\lambda} \dots | \, H_\mathrm{h} \, | \dots n_{\boldsymbol{q}\lambda} \dots \rangle = \sum_{\boldsymbol{q}\lambda} \omega_{\boldsymbol{q}\lambda} (n_{\boldsymbol{q}\lambda} + \tfrac{1}{2}) \, . \tag{38}$$

Die (strukturabhängige) Grundzustandsenergie des Kristalls ist

$$E_0 = \langle 0 | \, H_\mathrm{h} \, | 0 \rangle = \sum_{\boldsymbol{q}\lambda} \frac{\omega_{\boldsymbol{q}\lambda}}{2} \, . \tag{39}$$

Mit (38) ist es sofort möglich, die thermodynamischen Zustandsgrößen des harmonischen Kristalls zu bestimmen. Für die Zustandssumme erhält man

$$\begin{aligned} Z &= \mathrm{Sp} \, \mathrm{e}^{-H_\mathrm{h}/k_\mathrm{B}T} = \sum \dots \sum_{n_{\boldsymbol{q}\lambda}=0}^{\infty} \dots \sum \exp\left[-\frac{1}{k_\mathrm{B}T} \sum_{\boldsymbol{q}\lambda} \omega_{\boldsymbol{q}\lambda} \left(n_{\boldsymbol{q}\lambda} + \frac{1}{2}\right)\right] \\ &= \prod_{\boldsymbol{q}\lambda} \mathrm{e}^{-\omega_{\boldsymbol{q}\lambda}/2k_\mathrm{B}T} / (1 - \mathrm{e}^{-\omega_{\boldsymbol{q}\lambda}/k_\mathrm{B}T}) \, . \end{aligned} \tag{40}$$

Daraus erhält man die freie Energie

$$F = -k_\mathrm{B}T \ln Z = k_\mathrm{B}T \sum_{\boldsymbol{q}\lambda} \ln \left[2 \sinh \left(\omega_{\boldsymbol{q}\lambda}/2k_\mathrm{B}T\right)\right] \tag{41}$$

und die innere Energie

$$E = F - T \left(\frac{\partial F}{\partial T}\right)_V = \frac{1}{2} \sum_{\boldsymbol{q}\lambda} \omega_{\boldsymbol{q}\lambda} \coth \left(\omega_{\boldsymbol{q}\lambda}/2k_\mathrm{B}T\right) . \tag{42}$$

Die Wärmekapazität ist

$$C_V = \left(\frac{\partial E}{\partial T}\right)_V = k_\mathrm{B} \sum_{\boldsymbol{q}\lambda} \left(\omega_{\boldsymbol{q}\lambda}/2k_\mathrm{B}T\right)^2 \sinh^{-2} \left(\omega_{\boldsymbol{q}\lambda}/2k_B T\right) . \tag{43}$$

Die innere Energie kann man natürlich auch als thermodynamischen Mittelwert des Hamilton-Operators (35) schreiben,

$$E = \langle H_\mathrm{h} \rangle = \sum_{\boldsymbol{q}\lambda} \omega_{\boldsymbol{q}\lambda} (\bar{n}_{\boldsymbol{q}\lambda} + \tfrac{1}{2}) \, , \quad \bar{n}_{\boldsymbol{q}\lambda} = \langle b_{\boldsymbol{q}\lambda}^+ b_{\boldsymbol{q}\lambda} \rangle \, . \tag{44}$$

Aus dem Vergleich mit (42) erhält man sofort, wie es sein muß, die Bose-Verteilung

$$\bar{n}_{\boldsymbol{q}\lambda} = \frac{1}{\mathrm{e}^{\omega_{\boldsymbol{q}\lambda}/k_\mathrm{B}T} - 1} \tag{45}$$

für die Phononen. Führen wir noch die normierte Phononenzustandsdichte gemäß

$$g(\omega) = \frac{1}{3MN} \sum_{q\lambda} \delta(\omega - \omega_{q\lambda}) = \frac{1}{3M} \sum_{\lambda} \frac{V_0}{(2\pi)^3} \int d^3q\, \delta(\omega - \omega_{q\lambda}) \,,$$
$$\int_0^\infty d\omega\, g(\omega) = 1 \tag{46}$$

ein, so schreibt sich die Grundzustandsenergie (39) als

$$E_0 = 3MN \int_0^\infty d\omega\, g(\omega) \frac{\omega}{2} \,, \tag{47}$$

die freie Energie (41) als

$$F = E_0 - 3k_B TMN \int_0^\infty d\omega\, g(\omega) \ln [\bar{n}(\omega) + 1] \,, \tag{48}$$

die innere Energie (44) als

$$E = E_0 + 3MN \int_0^\infty d\omega\, g(\omega)\, \omega \bar{n}(\omega) \tag{49}$$

und die Wärmekapazität (43) als

$$C_V = 3MNk_B \int_0^\infty d\omega\, g(\omega) \left(\frac{\omega \bar{n}(\omega)}{k_B T}\right)^2 e^{\omega/k_B T} \,. \tag{50}$$

Setzt man hier die normierte Zustandsdichte des Debye-Modells

$$g_D(\omega) = \begin{cases} \dfrac{3\omega^2}{\omega_D^3} & \text{für} \quad \omega < \omega_D \,, \quad \omega_D = k_B \Theta_D, \\ 0 & \text{für} \quad \omega > \omega_D \end{cases} \tag{51}$$

ein und vergleicht das Ergebnis mit dem exakten Wert (50), so erhält man die implizite Definition der *kalorischen Debye-Temperatur* $\Theta_D(T)$ gemäß

$$\int_0^{k_B \Theta_D(T)} \frac{d\omega\, 3\omega^2}{(k_B \Theta_D(T))^3} \left(\frac{\omega \bar{n}(\omega)}{k_B T}\right)^2 e^{\omega/k_B T} = \int_0^\infty d\omega\, g(\omega) \left(\frac{\omega \bar{n}(\omega)}{k_B T}\right)^2 e^{\omega/k_B T} \,. \tag{52}$$

Bezüglich einer ausführlichen Diskussion insbesondere der Grenzfälle sehr tiefer und sehr hoher Temperaturen in diesen Formeln verweisen wir auf entsprechende Lehrbücher (s. z. B. Ziman, 74).

Am Schluß dieses Kapitels wollen wir noch eine thermodynamische Beziehung ableiten, die für alle spektroskopischen Untersuchungen von großer Wichtigkeit ist (s. z. B. Maradudin, 74). Aus (36) und (37) folgen die Beziehungen (wir verzichten der Einfachheit halber auf die Indizes)

$$\langle n' |\, (b^+)^m \,| n \rangle = \delta_{n', n+m} \sqrt{\frac{(n+m)!}{n!}} \,, \quad \langle n' |\, b^m \,| n \rangle = \delta_{n', n-m} \sqrt{\frac{n!}{(n-m)!}} \,. \tag{53}$$

Damit haben wir

$$\langle n|\, e^{\alpha b}\, e^{\beta b^+}\, |n\rangle = \sum_{m=0}^{\infty} \frac{(\alpha\beta)^m}{(m!)^2} \frac{(n+m)!}{n!}. \tag{54}$$

Für den thermodynamischen Mittelwert von $e^{\alpha b}\, e^{\beta b^+}$ ergibt sich hiermit sofort

$$\begin{aligned} \langle e^{\alpha b}\, e^{\beta b^+}\rangle &= \sum_n \sum_m \frac{(\alpha\beta)^m}{m!} \binom{n+m}{n} (1 - e^{-\omega/k_B T})\, e^{-n\omega/k_B T} \\ &= \sum_m \frac{(\alpha\beta)^m}{m!} \left(\frac{1}{1 - e^{-\omega/k_B T}}\right)^m = e^{\alpha\beta(\bar{n}+1)}. \end{aligned} \tag{55}$$

Hierbei wurde im zweiten Gleichheitszeichen

$$\sum_n \binom{n+m}{n} a^n = \sum_n \binom{-m-1}{n} (-a)^n = (1-a)^{-m-1} \tag{56}$$

benutzt. Beachten wir noch, daß für zwei Operatoren A und B, die mit ihrem Kommutator $[A, B]$ vertauschbar sind, die Beziehung

$$e^{A+B} = e^A\, e^B\, e^{-[A,B]/2} \tag{57}$$

gilt, so haben wir schließlich mit (55)

$$\langle e^{i\alpha(b+b^+)}\rangle = \langle e^{i\alpha b}\, e^{i\alpha b^+}\rangle\, e^{\alpha^2/2} = e^{-\alpha^2(\bar{n}+1)}\, e^{\alpha^2/2} = e^{-\alpha^2\langle(b+b^+)^2\rangle/2}, \tag{58}$$

wobei zuletzt die leicht beweisbare Beziehung $\langle(b+b^+)^2\rangle = 2\bar{n}+1$ benutzt wurde. Nun erinnern wir uns, daß für die Auslenkungsvektoren der Ionen im Kristall gemäß (24) und (33)

$$\boldsymbol{u}_{n\nu} = \sum_{\boldsymbol{q}\lambda} \boldsymbol{V}_{n\nu;\,\boldsymbol{q}\lambda}\, (b_{\boldsymbol{q}\lambda} + b^+_{\boldsymbol{q}\lambda}) \tag{59}$$

mit gewissen Koeffizienten $\boldsymbol{V}_{n\nu;\,\boldsymbol{q}\lambda}$ gilt. Setzen wir in (58) $\alpha = \boldsymbol{q}\boldsymbol{V}_{n\nu;\,\boldsymbol{q}\lambda}$ und summieren im Exponenten über $\boldsymbol{q}\lambda$, so erhalten wir unter Beachtung der statistischen Unabhängigkeit der Moden $\boldsymbol{q}\lambda$ (da sie miteinander nicht wechselwirken) die gesuchte Beziehung

$$\langle e^{i\boldsymbol{q}\boldsymbol{u}_{n\nu}}\rangle = e^{-\langle(\boldsymbol{q}\boldsymbol{u}_{n\nu})^2\rangle/2}, \tag{60}$$

die wir insbesondere im letzten Kapitel dieses Teils für den Debye-Waller-Faktor benötigen werden.

8.2. Die elastischen Eigenschaften des harmonischen Kristalls

8.2.1. Der Grenzfall großer Wellenlängen

In diesem Kapitel betrachten wir die akustischen Schwingungsmoden im Grenzfall, in dem die Wellenlänge groß im Vergleich zu den Abmessungen der Elementarzelle des Kristalls ist. Dabei zeigt sich, daß die Auslenkungsvektoren $\boldsymbol{u}_{n\nu}$ in der n-ten Elementarzelle praktisch alle gleich sind und sich nur über viele Elementarzellen hinweg merklich ändern. Dann wird aber die atomistische Struktur des Kristalls für die diesbezüglichen Eigenschaften unwichtig, und er kann als elastisches Kontinuum betrachtet werden. Auf diese Weise erhält man die Zusammenhänge zwischen den elastischen Eigenschaften des Kristalls und den atomaren Kraftkonstanten. Wir skizzieren hier diese Betrachtungen für Metalle und geben die Ergebnisse an. Bezüglich einer ausführlicheren Behandlung, auch für Nichtmetalle, s. z. B. Born und Huang (54) oder Maradudin (74).

Zunächst sind also die akustischen Eigenschwingungen für $\boldsymbol{q} \to 0$ aufzusuchen. Das geschieht durch Entwicklung der Eigenwertgleichungen (8.1-26) nach Potenzen von $\boldsymbol{q}$ (Born, 23). Hierbei muß man aber beachten, daß wegen der dreifachen Entartung der uns interessierenden Lösungen bei $\boldsymbol{q} = 0$ diese einzeln auch dann nicht analytisch vom Wellenvektor $\boldsymbol{q}$ abhängen, wenn die Elemente der dynamischen Matrix analytische Funktionen von $\boldsymbol{q}$ sind. Sie hängen in diesem Fall nur analytisch vom Betrag von $\boldsymbol{q}$ ab, wenn man die Richtung des Wellenvektors vorgibt (Kato, 66, s. auch die ganz analoge Diskussion für Elektronenzustände bei Eschrig, 74).

Wir fixieren also die Richtung von $\boldsymbol{q}$, setzen

$$|\boldsymbol{q}| = \varepsilon \tag{1}$$

und entwickeln

$$D(\boldsymbol{q}) = D(0) + iD^{(1)} + \tfrac{1}{2} D^{(2)} + \dots , \tag{2}$$

$$\boldsymbol{e}_\lambda(\boldsymbol{q}) = \boldsymbol{e}_\lambda(0) + i\boldsymbol{e}_\lambda^{(1)} + \tfrac{1}{2} \boldsymbol{e}_\lambda^{(2)} + \dots , \tag{3}$$

$$\omega_{\boldsymbol{q}\lambda}^2 = (\omega_\lambda^2)^{(2)} + \dots , \tag{4}$$

wobei die hochgestellten Indizes die Ordnung in ε angeben. Nach (8.1-27) ist

$$D_{\mu\alpha;\nu\beta}(0) = \frac{1}{\sqrt{M_\mu M_\nu}} \sum_n \Phi_{0\mu\alpha;n\nu\beta} , \tag{5}$$

$$D_{\mu\alpha;\nu\beta}^{(1)} = -\frac{1}{\sqrt{M_\mu M_\nu}} \sum_{n\gamma} \Phi_{0\mu\alpha;n\nu\beta} R_{0\mu-n\nu,\gamma} q_\gamma , \tag{6}$$

$$D_{\mu\alpha;\nu\beta}^{(2)} = -\frac{1}{\sqrt{M_\mu M_\nu}} \sum_{n\gamma\delta} \Phi_{0\mu\alpha;n\nu\beta} R_{0\mu-n\nu,\gamma} R_{0\mu-n\nu,\delta} q_\gamma q_\delta , \dots , \tag{7}$$

wobei wieder die Bezeichnungen (8.1-15) benutzt wurden. In (4) haben wir berücksichtigt, daß $\omega_{0\lambda}^2 = 0$ für die uns interessierenden Lösungen gilt und wegen (8.1-30) auch das in ε lineare Glied von $\omega_{\boldsymbol{q}\lambda}^2$ verschwinden muß. Infolge des Ansatzes (4) sondert unsere Störungsrechnung nach Potenzen von ε gerade die akustischen Lösungen des Eigenwertproblems (8.1-26) aus. Für das letztere erhält man nun in den einzelnen Ordnungen

$$D(0)\, \boldsymbol{e}_\lambda(0) = 0 , \tag{8}$$

$$D(0)\, \boldsymbol{e}_\lambda^{(1)} = -D^{(1)}\, \boldsymbol{e}_\lambda(0) , \tag{9}$$

$$D(0)\, \boldsymbol{e}_\lambda^{(2)} = 2(\omega_\lambda^2)^{(2)}\, \boldsymbol{e}_\lambda(0) - D^{(2)} \boldsymbol{e}_\lambda(0) + 2D^{(1)} \boldsymbol{e}_\lambda^{(1)} , \dots . \tag{10}$$

Die Gleichung (8) stellt gerade das Problem (8.1-26) für $\boldsymbol{q} = 0$ dar, wobei bereits für den Eigenwert $\omega_{0\lambda} = 0$ eingesetzt ist. Die zugehörigen Lösungen $\boldsymbol{e}_\lambda(0)$ wurden im Anschluß an (8.1-31) diskutiert. Sie können als

$$e_{\nu\alpha;\lambda}(0) = \sqrt{M_\nu}\, u_{\alpha\lambda} , \quad \lambda = 1, 2, 3, \tag{11}$$

mit drei konstanten (ν-unabhängigen) Auslenkungsvektoren $\boldsymbol{u}_\lambda$ in drei aufeinander senkrechten Richtungen gewählt werden.

Nachdem die Lösungen (11) von (8) bekannt sind, stellt (9) ein inhomogenes lineares Gleichungssystem für die $\boldsymbol{e}_\lambda^{(1)}$ dar. Die reelle symmetrische Koeffizientenmatrix ist dieselbe wie in (8). Wegen $\boldsymbol{e}_{\lambda'}(0)\,D(0) = D(0)\,\boldsymbol{e}_{\lambda'}(0) = 0$ muß $\boldsymbol{e}_{\lambda'}(0)\,D^{(1)}\boldsymbol{e}_\lambda(0) = 0$ sein, damit (9) lösbar ist. Man kann zeigen (Born u. Huang, 54), daß diese Bedingung tatsächlich identisch erfüllt ist. Die Lösung $\boldsymbol{e}_\lambda^{(1)}$ von (9) ist jedoch nicht eindeutig, da die zugehörige homogene Gleichung (8) drei nichttriviale Lösungen hat. Diese können dazu benutzt werden, die ersten drei Komponenten von $\boldsymbol{e}_\lambda^{(1)}$ zu Null zu machen:

$$e_{1\alpha;\lambda}^{(1)} = 0\,, \quad \alpha = 1, 2, 3\,. \tag{12}$$

Nach Streichen der ersten drei Zeilen und Spalten von $D(0)$ (die zum ersten Ion in der Elementarzelle gehören) bleibt eine reguläre Matrix $D'(0)$ übrig, die invertiert werden kann:

$$[D'(0)]^{-1} = \Gamma'\,. \tag{13}$$

Zur inversen Matrix Γ' fügen wir wieder links und oben drei Zeilen Nullen hinzu und erhalten die $3n \times 3n$-Matrix Γ, mit der die Lösung von (9) als

$$\boldsymbol{e}_\lambda^{(1)} = -\Gamma D^{(1)}\boldsymbol{e}_\lambda(0) \tag{14}$$

geschrieben werden kann. (In einem Bravais-Gitter ist bei der Wahl (12) $\boldsymbol{e}_\lambda^{(1)} = 0$ und auch $\Gamma = 0$; andererseits ist dort $D^{(1)} = 0$, und (9) fällt mit (8) zusammen.)

Eine völlig analoge Überlegung wie am Anfang des vorhergehenden Absatzes führt auf die Lösbarkeitsbedingung von (10):

$$(\omega_\lambda^2)^{(2)}\,\boldsymbol{e}_{\lambda'}(0)\,\boldsymbol{e}_\lambda(0) - \tfrac{1}{2}\,\boldsymbol{e}_{\lambda'}(0)\,D^{(2)}\boldsymbol{e}_\lambda(0) + \boldsymbol{e}_{\lambda'}(0)\,D^{(1)}\boldsymbol{e}_\lambda^{(1)} = 0\,, \tag{15}$$

die jetzt die Eigenwerte $(\omega_\lambda^2)^{(2)}$ liefert. Mit (5) bis (7), (11), (14) und (8.1-27) schreiben wir (15) als

$$\Big(\sum_\nu M_\nu/V_0\Big)\,\omega_\lambda^2 u_{\alpha\lambda} = \sum_{\beta\gamma\delta} \{[\alpha\beta, \gamma\delta] + (\alpha\gamma, \beta\delta)\}\, q_\gamma q_\delta u_{\beta\lambda} \tag{16}$$

mit den Bornschen Klammersymbolen

$$[\alpha\beta, \gamma\delta] = -\frac{1}{2V_0} \sum_{\substack{\mu\nu\\ n}} \Phi_{0\mu\alpha;\, n\nu\beta} R_{0\mu-n\nu,\,\gamma} R_{0\mu-n\nu,\,\delta}\,, \tag{17}$$

$$(\alpha\gamma, \beta\delta) = -\frac{1}{V_0} \sum_{\mu\nu} \sum_{\xi\eta} \Big(\sum_{n\nu'} \Phi_{0\mu\xi;\, n\nu'\alpha} R_{0\mu-n\nu',\,\gamma}\Big) * \\ * \frac{\Gamma_{\mu\xi;\,\nu\eta}}{\sqrt{M_\mu M_\nu}} \Big(\sum_{n\nu'} \Phi_{0\nu\eta;\, n\nu'\beta} R_{0\nu-n\nu',\,\delta}\Big)\,. \tag{18}$$

In (16) wurde noch der Index (2) bei ω_λ^2 weggelassen, da bis zu der von uns betrachteten Näherung $\omega_{\boldsymbol{q}\lambda}^2 = (\omega_\lambda^2)^{(2)}$ ist. Außerdem wurde die Vollständigkeit der $u_{\alpha\lambda'}$ benutzt.

Mit den Symmetrieeigenschaften (8.1-5, 10) und der Symmetrie von Γ als Inverses einer symmetrischen Matrix erhalten wir aus den Definitionen (17) und (18) sofort die Symmetriebeziehungen

$$\begin{aligned} [\alpha\beta, \gamma\delta] &= [\beta\alpha, \gamma\delta] = [\alpha\beta, \delta\gamma]\,, \\ (\alpha\beta, \gamma\delta) &= (\beta\alpha, \gamma\delta) = (\alpha\beta, \delta\gamma)\,. \end{aligned} \tag{19}$$

8.2.2. Elastische Konstanten

Die erhaltenen Gleichungen (16) für die Eigenschwingungsfrequenzen für $\boldsymbol{q} \to 0$ können nun direkt mit denen des elastischen Kontinuums verglichen werden (Huang, 50). Für dieses gilt die Bewegungsgleichung

$$\varrho \ddot{u}_\alpha = \sum_{\beta\gamma\delta} C_{\alpha\gamma,\beta\delta} \frac{\partial^2 u_\beta}{\partial x_\gamma \, \partial x_\delta} \tag{20}$$

mit der Massendichte $\varrho(= \sum_\nu M_\nu/V_0)$, dem Verschiebungsfeld $\boldsymbol{u}(\boldsymbol{r})$ und den elastischen Konstanten (s. z. B. Schulze, 74)

$$C_{\alpha\gamma,\beta\delta} = C_{\beta\delta,\alpha\gamma} = C_{\gamma\alpha,\beta\delta} \,. \tag{21}$$

Für eine ebene Welle

$$\boldsymbol{u}(\boldsymbol{r}) = \boldsymbol{u} \, e^{i\boldsymbol{q}\boldsymbol{r} - i\omega t} \tag{22}$$

erhält man hieraus

$$\varrho\omega^2 u_\alpha = \sum_{\beta\gamma\delta} C_{\alpha\gamma,\beta\delta} q_\gamma q_\delta u_\beta \,. \tag{23}$$

Der Vergleich mit (16) liefert

$$C_{\alpha\gamma,\beta\delta} + C_{\alpha\delta,\beta\gamma} = 2[\alpha\beta, \gamma\delta] + (\alpha\gamma, \beta\delta) + (\alpha\delta, \beta\gamma) \,. \tag{24}$$

Unter Benutzung der Symmetrierelationen (21) und (19) kann man hieraus zunächst schließen (Huang, 50), daß die Bornschen Klammern noch die *Huang-Bedingungen*

$$[\alpha\beta, \gamma\delta] = [\gamma\delta, \alpha\beta] \tag{25}$$

erfüllen müssen. Für die elastischen Konstanten erhält man dann unter diesen Bedingungen

$$C_{\alpha\gamma,\beta\delta} = [\alpha\beta, \gamma\delta] + [\beta\gamma, \alpha\delta] - [\beta\delta, \alpha\gamma] + (\alpha\gamma, \beta\delta) \,. \tag{26}$$

Wegen der Symmetrieeigenschaften (19) gibt es für jedes der zwei Indexpaare in den Bornschen Klammern sechs unabhängige Kombinationen. Daher ist (25) die Symmetrieforderung für eine 6×6-Matrix und enthält 15 unabhängige Bedingungen. Da die Betrachtungen, die zu (25) führten, völlig allgemein waren, müssen diese 15 Bedingungen offenbar unabhängig von jeder konkreten Kristallsymmetrie gelten. Von den allgemeinen Eigenschaften der atomaren Kraftkonstanten wurden (8.1-5) und (8.1-10) bereits in (19) benutzt. Es bleiben noch die jeweils zweiten Gleichungen (8.1-8) und (8.1-9) übrig (über μ summiert, um Ausdrücke zu erhalten, die wie die Bornschen Klammern nur von kartesischen Indizes abhängen). Diese liefern zehn unabhängige Bedingungen. Durch Vergleich mit den Bewegungsgleichungen des elastischen Kontinuums unter äußeren Spannungen (die die gleiche Form wie (20) bzw. (23) haben, nur daß die $C_{\alpha\gamma,\beta\delta}$ nicht die elastischen Konstanten sind und deshalb auch nicht die Symmetrie (21) haben) konnte Huang (50) zeigen, daß die restlichen fünf Bedingungen aus (25) das Verschwinden der anisotropen Spannungskomponenten $\sigma_{xx} - \sigma_{yy}$, $\sigma_{xx} - \sigma_{zz}$, σ_{xy}, σ_{xz}, σ_{yz} sichern. Damit ist die Natur der Huang-Bedingungen (25) völlig aufgeklärt. Wie bereits im vorigen Kapitel erwähnt, findet die Bedingung des Verschwindens isotroper (hydrostatischer) Spannungen keinen Ausdruck in den Kraftkonstanten.

Betrachten wir nun zum Schluß einen Kristall, in dem alle Ionenorte Inversionszentren des Kristallgitters sind. Dann folgt aus (6) sofort $D^{(1)} = 0$, denn die unendliche Summe läuft über einen antisymmetrischen Ausdruck. Damit verschwinden die runden Klammern (18). Wechselwirken weiter die Ionen über zentrale Paarkräfte, so erhält man aus (17) und (8.1-14)

$$[\alpha\beta, \gamma\delta] = \frac{1}{2V_0} \sum_{\substack{\mu\nu \\ n}}' \left\{ x_\alpha x_\beta x_\gamma x_\delta \left[\frac{1}{r^2} \varphi''_{\mu\nu}(r) - \frac{1}{r^3} \varphi'_{\mu\nu}(r) \right] + \delta_{\alpha\beta} x_\gamma x_\delta \frac{1}{r} \varphi'_{\mu\nu}(r) \right\}_{\boldsymbol{r} = \boldsymbol{R}_{0\mu - n\nu}} . \tag{27}$$

Hierbei bedeutet der Strich bei φ die Ableitung nach r, und x_α sind die Komponenten von $\boldsymbol{r}$. Zu summieren ist über alle auftretenden Glieder mit $r \neq 0$. Nun ist die Änderung von U_0 aus (8.1-12) bei einer homogenen Deformation

$$\delta R_{0\mu - n\nu, \alpha} = \sum_\beta \varepsilon_{\alpha\beta} R_{0\mu - n\nu, \beta} \tag{28}$$

gerade

$$\delta U_0 = \frac{N}{2} \sum_{\substack{\mu\nu \\ n}}' \sum_\beta \varepsilon_{\alpha\beta} \left\{ x_\beta x_\alpha \frac{1}{r} \varphi'_{\mu\nu}(r) \right\}_{\boldsymbol{r} = \boldsymbol{R}_{0\mu - n\nu}} . \tag{29}$$

Im spannungsfreien Zustand muß dieser Ausdruck bei beliebigem $\varepsilon_{\alpha\beta}$ verschwinden. (Da wir jetzt ein konkretes Modell haben, enthält (29) auch die Änderung von U_0 bei isotropen Deformationen $\varepsilon_{\alpha\beta} = \varepsilon\delta_{\alpha\beta}$; es würde hier nach den Änderungen der Ionen*abstände* (28) und nicht der absoluten Ionenorte entwickelt.) Damit fällt der letzte Term in (27) weg, und $[\alpha\beta, \gamma\delta]$ wird voll symmetrisch in allen vier Indizes. Aus (26) erhalten wir unter diesen Umständen für die elastischen Konstanten

$$C_{\alpha\gamma, \beta\delta} = \frac{1}{2V_0} \sum_{\substack{\mu\nu \\ n}}' \left\{ x_\alpha x_\beta x_\gamma x_\delta \left[\frac{\varphi''_{\mu\nu}}{r^2} - \frac{\varphi'_{\mu\nu}}{r^3} \right] \right\}_{\boldsymbol{r} = \boldsymbol{R}_{0\mu - n\nu}} , \tag{30}$$

was ebenfalls symmetrisch in allen vier Indizes ist. Zusätzlich zu den allgemeingültigen Symmetriebeziehungen (21) der elastischen Konstanten bedeutet das noch die Erfüllung der als *Cauchy-Relationen* bekannten Beziehungen

$$C_{\alpha\gamma, \beta\delta} = C_{\alpha\beta, \gamma\delta} \tag{31}$$

oder in Voigtscher Notierung (Born u. Huang, 54, § 11)

$$\begin{aligned} &C_{23} = C_{44} , \quad C_{31} = C_{55} , \quad C_{12} = C_{66} , \\ &C_{14} = C_{56} , \quad C_{25} = C_{64} , \quad C_{36} = C_{45} . \end{aligned} \tag{32}$$

Diese Beziehungen sind also nur erfüllt, wenn i) jeder Gitterpunkt ein Inversionszentrum des Kristallgitters ist und ii) die Ionen über zentrale Paarkräfte wechselwirken.

In Metallen sind die Cauchy-Relationen in keinem Falle erfüllt. Dafür gibt es zwei Ursachen (Brovman u. Kagan, 69, 74). Einmal spielen in vielen Metallen Mehrkörperkräfte zwischen den Ionen eine bedeutende Rolle. Aber auch in den leichten Alkalimetallen, wo die Gitterdynamik sehr gut durch zentrale Paarkräfte zwischen den Ionen beschrieben werden kann, liefert die Flüssigkeit der Leitungselektronen einen nur dichteabhängigen Beitrag zur Gesamtenergie, der in diesen Paarkräften nicht enthalten ist und dafür sorgt, daß die Gleichgewichtsgitterkonstante nicht durch das Energieminimum bezüglich der Paarkräfte gegeben ist. Das über zentrale Paarkräfte wechselwirkende Ionengitter steht quasi unter einem von der Elektronenflüssigkeit ausgeübten Druck.

8.3. Die adiabatische Näherung

8.3.1. Formale Durchführung

In diesem Kapitel geben wir die Rechtfertigung für die zu Beginn von [8] gemachte Näherungsannahme, die Energie des Kristalls könne durch die Ionenkoordinaten allein ausgedrückt werden, ohne noch explizit von den Elektronenkoordinaten abzuhängen.

Wir betrachten dazu die Schrödinger-Gleichung für das Gesamtsystem aus Ionen und Elektronen

$$\begin{aligned} H\Phi(\boldsymbol{r}, \boldsymbol{R}) &= E\Phi(\boldsymbol{r}, \boldsymbol{R}) , \\ H &= T_{\mathrm{i}}(\boldsymbol{R}) + V_{\mathrm{ii}}(\boldsymbol{R}) + H_{\mathrm{e}}(\boldsymbol{r}) + V_{\mathrm{ei}}(\boldsymbol{r}, \boldsymbol{R}) . \end{aligned} \tag{1}$$

Die Gesamtwellenfunktion Φ hängt von der Gesamtheit $\boldsymbol{R} = (\boldsymbol{R}_1, \boldsymbol{R}_2, \ldots)$ der Ionenorte und der Gesamtheit $\boldsymbol{r} = (\boldsymbol{r}_1, \boldsymbol{r}_2, \ldots)$ der Elektronenorte ab.

$$T_{\mathrm{i}}(\boldsymbol{R}) = -\sum_l \frac{1}{2M_l} \frac{\partial^2}{\partial \boldsymbol{R}_l^2} \tag{2}$$

ist der Operator der kinetischen Energie der Ionen und V_{ii} das Potential ihrer Coulomb-Wechselwirkung. H_{e} ist der Hamilton-Operator (kinetische Energie plus Coulomb-Wechselwirkung) der Elektronen allein, und V_{ei} ist die potentielle Energie der Coulomb-Wechselwirkung zwischen den Ionen und den Elektronen. Die nachfolgenden Betrachtungen ändern sich nicht, wenn man die „Ionen" durch die Atomkerne ersetzt und unter den „Elektronen" alle Elektronen einschließlich der energetisch tiefliegenden Rumpfelektronen der Ionen versteht, obwohl von vornherein klar ist, daß sich die letzteren starr mit den Ionen bewegen.

Zunächst denken wir uns die Ionenorte $\boldsymbol{R}$ fixiert und betrachten die Bewegung der Elektronen im starren Ionengitter. Die zugehörige Schrödinger-Gleichung, die jetzt von den festen Ionenorten nur als Parametern abhängt, ist

$$H_0 \varphi_n(\boldsymbol{r}; \boldsymbol{R}) = E_n(\boldsymbol{R})\, \varphi_n(\boldsymbol{r}; \boldsymbol{R}) \tag{3}$$

mit

$$H_0(\boldsymbol{r}; \boldsymbol{R}) = H_{\mathrm{e}}(\boldsymbol{r}) + V_{\mathrm{ei}}(\boldsymbol{r}, \boldsymbol{R}) . \tag{4}$$

Ihre Lösungen φ_n, E_n hängen natürlich nun auch von den Parametern $\boldsymbol{R}$ ab. Setzt man speziell für $\boldsymbol{R}$ die Gleichgewichtsorte im Kristall ein, so liefert (3) u. a. die Bandstruktur.

Wir denken uns jetzt (3) für beliebige Parametersätze $\boldsymbol{R}$ gelöst. Für jeden Satz $\boldsymbol{R}$ bilden die $\varphi_n(\boldsymbol{r}; \boldsymbol{R})$ bezüglich ihrer $\boldsymbol{r}$-Abhängigkeit ein vollständiges Funktionensystem, und es kann insbesondere die $\boldsymbol{r}$-Abhängigkeit von $\Phi(\boldsymbol{r}, \boldsymbol{R})$ nach diesen Funktionen entwickelt werden:

$$\Phi(\boldsymbol{r}, \boldsymbol{R}) = \sum_n \varphi_n(\boldsymbol{r}; \boldsymbol{R}) \, \chi_n(\boldsymbol{R}) \,. \tag{5}$$

Die Entwicklungskoeffizienten χ_n hängen natürlich wieder von den $\boldsymbol{R}$ ab. Setzen wir (5) in die Schrödinger-Gleichung (1) ein, multiplizieren skalar von links mit φ_m und benutzen die Orthonormierung (N_e = Gesamtzahl der Elektronen)

$$(\varphi_m, \varphi_n) = \int \mathrm{d}^{3N_\text{e}}r \; \varphi_m^*(\boldsymbol{r}; \boldsymbol{R}) \, \varphi_n(\boldsymbol{r}; \boldsymbol{R}) = \delta_{mn} \,, \tag{6}$$

so erhalten wir

$$(T_\text{i} + V_\text{ii} + E_m) \, \chi_m + \sum_n T_{mn} \chi_n = E \chi_m \tag{7}$$

mit

$$T_{mn} = -\sum_l \left(\varphi_m \left| \frac{1}{M_l} \frac{\partial}{\partial \boldsymbol{R}_l} \right| \varphi_n\right) \frac{\partial}{\partial \boldsymbol{R}_l} - \sum_l \left(\varphi_m \left| \frac{1}{2M_l} \frac{\partial^2}{\partial \boldsymbol{R}_l^2} \right| \varphi_n\right). \tag{8}$$

Der im Inneren der Matrixelemente von (8) stehende Differentialoperator wirkt nur noch auf die dahinter stehende Funktion $\varphi_n(\boldsymbol{r}; \boldsymbol{R})$, die Matrixelemente sind im Sinne von (6) zu verstehen.

8.3.2. Physikalischer Inhalt

Der physikalische Inhalt der adiabatischen Näherung besteht nun in folgendem: Wegen des großen Massenunterschiedes zwischen den Elektronen und den Ionen erfolgt die Ionenbewegung im „Zeitempfinden der Elektronen" sehr langsam, quasistatisch. Das Elektronensystem bleibt daher bei der Bewegung der Ionen im gleichen Quantenzustand φ_m (der von den Ionenorten parametrisch abhängt). Formal erhält man diese Näherung, wenn man in (7) die Übergangsmatrixelemente T_{mn} $(m \neq n)$ zwischen verschiedenen Quatenzuständen des Elektronensystems vernachlässigt. Für die Beiträge (8) zum diagonalen Matrixelement T_{mm} erhält man

$$\left(\varphi_m \left| \frac{1}{M_l} \frac{\partial}{\partial \boldsymbol{R}_l} \right| \varphi_m\right) = \frac{1}{2M_l} \frac{\partial}{\partial \boldsymbol{R}_l} (\varphi_m \mid \varphi_m) = \frac{1}{2M_l} \frac{\partial}{\partial \boldsymbol{R}_l} 1 = 0 \,,$$

$$\sum_l \left(\varphi_m \left| \frac{1}{2M_l} \frac{\partial^2}{\partial \boldsymbol{R}_l^2} \right| \varphi_m\right) \sim \sum_l \frac{m}{M_l} \left(\varphi_m \left| \frac{1}{2m} \frac{\partial^2}{\partial \boldsymbol{r}_l^2} \right| \varphi_m\right) \sim \sum_l \frac{m}{M_l} \varepsilon_\text{F} \,. \tag{9}$$

In (9) wurde der Deutlichkeit halber die Elektronenmasse m hier explizit angegeben. Bei der Abschätzung der Größenordnung in (9) wurde berücksichtigt, daß die abschirmende Elektronenwolke der Bewegung der Ionen weitgehend folgt, also $\partial\varphi_m/\partial\boldsymbol{R}_l \sim \partial\varphi_m/\partial\boldsymbol{r}_l$ mit $\boldsymbol{r}_l$ als der Koordinate des sich beim Ion l aufhaltenden Elektrons ist. Dabei entsteht das Matrixelement der kinetischen Energie des Elektrons, das proportional der Fermi-Energie ε_F ist.

Die Amplitude der Schwingungsbewegung der Ionen im Grundzustand (Nullpunktsschwingungen) ist um so kleiner, je größer ihre Masse ist. Wir setzen daher für die Auslenkungsvektoren der Ionen

$$\boldsymbol{u} = \left(\frac{m}{M}\right)^\alpha \boldsymbol{v} \,, \tag{10}$$

wobei $\boldsymbol{v}$ massenunabhängige Größen nullter Ordnung sind. Die potentielle Energie für die Ionenbewegung ist dann

$$U \sim \left(\frac{m}{M}\right)^{2\alpha} \tag{11}$$

und die kinetische Energie

$$T \sim \left(\frac{m}{M}\right) \frac{1}{2m} \frac{\partial^2}{\partial \boldsymbol{u}^2} = \left(\frac{m}{M}\right)^{1-2\alpha} \frac{1}{2m} \frac{\partial^2}{\partial \boldsymbol{v}^2}\,. \tag{12}$$

Damit beide Energien von der gleichen Ordnung sind, wie es das Virialtheorem für die harmonische Schwingungsbewegung erfordert, muß offenbar $1-2\alpha = 2\alpha$, d. h. $\alpha = 1/4$ gelten. Für das Verhältnis der Energie der Ionenbewegung zur Elektronenenergie (einer von den Ionenmassen unabhängigen Größe nullter Ordnung) erhält man daraus

$$\omega_{\text{ph}}/\varepsilon_{\text{F}} \sim \sqrt{m/M}\,, \tag{13}$$

wobei ω_{ph} eine charakteristische Phononenfrequenz ist. Aus (8) und (9) folgt mit (13)

$$T_{mm} \sim N \sqrt{\frac{m}{M}}\, \omega_{\text{ph}}\,. \tag{14}$$

Die Änderung dieser ($\boldsymbol{R}$-abhängigen) Größe bei der Erzeugung eines Phonons ($\boldsymbol{u} \sim N^{-1/2}$, $\delta\varepsilon_{\text{F}} \sim \boldsymbol{u}^2$) ist proportional $\sqrt{m/M}\,\omega_{\text{ph}}$, während die von (7) gelieferten Anregungsenergien proportional ω_{ph} sein müssen. Wegen $\sqrt{m/M} \approx 2 \cdot 10^{-2} \dots 2 \cdot 10^{-3}$ ist daher T_{mm} in (7) vernachlässigbar, und wir erhalten für die Ionenbewegung die Schrödinger-Gleichung

$$(T + U_m)\,\chi_m = E\chi_m, \quad U_m(\boldsymbol{R}) = V_{\text{ii}}(\boldsymbol{R}) + E_m(\boldsymbol{R})\,, \tag{15}$$

die die Elektronenwellenfunktion nicht mehr enthält. Dagegen tritt die parametrisch von den Ionenorten abhängige Energie $E_m(\boldsymbol{R})$ des Elektronensystems in der Rolle eines zusätzlichen Potentials für die Ionenbewegung auf. Das ist auch das Ergebnis der adiabatischen Näherung. Führen wir für $U_m(\boldsymbol{R})$ aus (15) die Entwicklung (8.1-3) an den Gleichgewichtsorten durch und beschränken uns auf die Glieder zweiter Ordnung in den Auslenkungen, so sind wir wieder bei (8.1-32) angelangt.

8.3.3. Störungsrechnung und Vielteilchentheorie

Eine mathematisch strengere Formulierung der von uns etwas physikalisch intuitiv durchgeführten Überlegungen stellt die Born-Oppenheimer-Störungsrechnung dar (Born u. Oppenheimer, 27, Born u. Huang, 54, § 14 u. Anhang VII, Maradudin, 74).

Es verbleibt noch zu zeigen, daß tatsächlich die Nichtdiagonalelemente T_{mn} ($m \neq n$) in (7), die Prozesse der Elektron-Phonon-Wechselwirkung beschreiben, ebenfalls vernachlässigt werden können. Dabei kann eine so einfache Abschätzung wie in (9) nicht durchgeführt werden. Eine vollständige Analyse für Metalle mit Hilfe der Vielteilchenstörungsrechnung wurde von Brovman und Kagan (67, 74) gegeben. Es wurde gezeigt, daß die nichtadiabatischen Korrekturen zu den Phononenfrequenzen im allgemeinen proportional $(\omega_{\text{ph}}/\varepsilon_{\text{F}})^2$ sind, nur in einer engen Umgebung der Migdal-Kohn-Anomalien (s. nächstes Kapitel) sind sie um eine Ordnung größer und proportional zu $(\omega_{\text{ph}}/\varepsilon_{\text{F}})$. Die Phononenlebensdauern infolge nichtadiabatischer Übergänge (Elektron-Phonon-Wechselwirkung) sind proportional zu $(\omega_{\text{ph}}/\varepsilon_{\text{F}})$. Dagegen sind die Korrekturen zu den Elektronenenergien in der Nähe der Fermi-Energie groß ($\Delta\varepsilon_{\boldsymbol{k}} \sim \varepsilon_{\boldsymbol{k}} - \varepsilon_{\text{F}}$ für $|\varepsilon_{\boldsymbol{k}} - \varepsilon_{\text{F}}| \leqq \omega_{\text{ph}}$, s. [9]).

Die Gültigkeit der adiabatischen Näherung vereinfacht wesentlich alle Vielteilchentheorien, in denen die Phononen eine Rolle spielen: die adiabatischen Phononen sind bereits mit hoher Genauigkeit gleich den realen Phononen im Festkörper. Alle wesentlichen Effekte der Elektron-Ion-Wechselwirkung sind in ihnen über $E_m(\boldsymbol{R})$ in (15) enthalten. (Ohne Berücksichtigung der Elektron-Ion-Wechselwirkung würde man im Metall z. B. keinen longitudinal akustischen Zweig erhalten, sondern dieser würde für $q \to 0$ gegen die Plasmafrequenz des Ionengitters streben; die Gittersumme (8.1-27) divergiert bei $q = 0$ für die nicht abgeschirmte Coulomb-Wechselwirkung der Ionen). Eine Renormierung der adiabatischen Phononen ist nicht erforderlich und in vielen Fällen sogar falsch! Letzteres bezieht sich insbesondere auf den sogenannten *Fröhlich-Hamilton-Operator*

$$H_{\text{F}} = \sum_{\boldsymbol{k}n} \varepsilon_{\boldsymbol{k}n} a^{+}_{\boldsymbol{k}n} a_{\boldsymbol{k}n} + \sum_{\boldsymbol{q}\lambda} \omega_{\boldsymbol{q}\lambda} b^{+}_{\boldsymbol{q}\lambda} b_{\boldsymbol{q}\lambda} + \sum_{\substack{\boldsymbol{k}\boldsymbol{q}\\ nn'\lambda}} g_{\boldsymbol{q}nn'\lambda} a^{+}_{\boldsymbol{k}+\boldsymbol{q}n'} a_{\boldsymbol{k}n} (b_{\boldsymbol{q}\lambda} + b^{+}_{-\boldsymbol{q}\lambda}) \,, \qquad (16)$$

in dem $\varepsilon_{\boldsymbol{k}n}$ die Bandstrukturenergien der Elektronen (aus (3) mit $\boldsymbol{R}$ als den Gleichgewichtsorten des Gitters), $\omega_{\boldsymbol{q}\lambda}$ adiabatische Phononenfrequenzen, $g_{\boldsymbol{q}nn'\lambda}$ das Matrixelement einer Elektron-Phonon-Wechselwirkung und die $a_{\boldsymbol{k}n}$ und $b_{\boldsymbol{q}\lambda}$ die Feldoperatoren der Bandelektronen bzw. adiabatischen Phononen sind. Einen solchen Hamilton-Operator kann man prinzipiell nicht aus (1) ableiten, da in den adiabatischen Phononen bereits alle virtuellen Prozesse der Elektron-Phonon-Wechselwirkung enthalten sind. Er hat reinen Modellcharakter und ist mit der Vorschrift zu benutzen, daß alle *Phononenausbreitungsfunktionen unrenormiert bleiben.* Zum Beispiel alle Stabilitätskriterien für das Gitter, die in der Literatur unter Nichtbeachtung dieser Vorschrift aus dem Fröhlich-Modell abgeleitet wurden, sind ungültig (s. z. B. Maximow, 75). Bei Beachtung obiger Vorschrift liefert dieses Modell aber außerordentlich wichtige Aussagen über die Renormierung der Elektronenzustände an der Fermi-Energie (s. [9]) und in der Theorie der Supraleitung (Eliashberg, 60). Eine weitere wichtige Vereinfachung stellt dabei das Migdal-Theorem dar, daß auch der Vertexteil der Elektron-Phonon-Wechselwirkung mit der Genauigkeit $(\omega_{\text{ph}}/\varepsilon_{\text{F}})$ nicht renormiert zu werden braucht (Migdal, 58). Man beachte zu diesen Fragen die außerordentlich klare Diskussion von Brovman und Kagan (74).

8.4. Die dielektrische Behandlung der Gitterschwingungen

8.4.1. Zusammenhang zwischen dynamischer Matrix und linearer Abschirmfunktion

Die Ionen im Kristallgitter wechselwirken untereinander und mit den Elektronen über Coulomb-Kräfte. Daher läßt sich die dynamische Matrix des Kristalls mit Hilfe elementarer Elektrostatik durch die dielektrische Responsefunktion des Kristallelektronensystems ausdrücken. Die entsprechenden Ableitungen führen wir jetzt durch.

Zunächst schreiben wir die potentielle Energie der Ion-Ion-Wechselwirkung aus (8.3-1) für die Gleichgewichtskonfiguration des Kristalls als

$$V_{\text{ii}}(\boldsymbol{R}) = \tfrac{1}{2} \sum_{m\mu \neq n\nu} Z_\mu v_{n\nu}(\boldsymbol{R}_{m\mu}) \,. \tag{1}$$

Hierbei ist Z_μ die Ladung des Ions der Sorte μ und $v_{n\nu}$ das vom Ion bei $\boldsymbol{R}_{n\nu}$ erzeugte Coulomb-Potential

$$v_{n\nu}(\boldsymbol{r}) = \frac{Z_\nu}{|\boldsymbol{r} - \boldsymbol{R}_{n\nu}|}\,, \qquad -\frac{\Delta}{4\pi} v_{n\nu}(\boldsymbol{r}) = \varrho_{n\nu}(\boldsymbol{r}) = Z_\nu \delta(\boldsymbol{r} - \boldsymbol{R}_{n\nu})\,, \tag{2}$$

für das wir hier noch die Poisson-Gleichung aufgeschrieben haben. Auf die Elektronen wirkt das gleiche Coulomb-Potential (2) von den Ionen. — Wird nun ein Ion bei $\boldsymbol{R}_{n\nu}$ aus seiner Gleichgewichtslage ausgelenkt, so entsteht eine Potentialstörung

$$\delta V = -\boldsymbol{u}_{n\nu} \frac{\partial}{\partial \boldsymbol{r}} v_{n\nu}(\boldsymbol{r}) + \frac{1}{2}\left(\boldsymbol{u}_{n\nu} \frac{\partial}{\partial \boldsymbol{r}}\right)^2 v_{n\nu}(\boldsymbol{r}) + \dots = \delta V_1 + \delta V_2 + \dots\,, \tag{3}$$

die wir nach Potenzen des Auslenkungsvektors $\boldsymbol{u}_{n\nu}$ entwickelt haben. Diese Potentialstörung wirkt auch auf die Elektronen, die darauf mit einer Ladungsdichtestörung reagieren und so die Potentialstörung abschirmen:

$$\delta V \to \delta \widetilde{V} = \varepsilon^{-1}\, \delta V_1 + \delta \widetilde{V}_2 + \dots\,. \tag{4}$$

Das erste Glied ist der übliche lineare Responseterm

$$\varepsilon^{-1} \delta V_1 = \int \mathrm{d}^3 r'\, \varepsilon^{-1}(\boldsymbol{r}, \boldsymbol{r}')\, \delta V_1(\boldsymbol{r}') \tag{5}$$

mit der *linearen Abschirmfunktion* (inversen dielektrischen Funktion) ε^{-1} des inhomogenen Elektronensystems im ungestörten Kristall, s. [6.2][1]), hier als Integraloperator geschrieben. Die explizite Gestalt des zweiten Gliedes in (4), das die quadratische Abschirmung von δV_1 und die lineare Abschirmung von δV_2 aus (3) enthält, wird, wie sich noch herausstellt, nicht benötigt.

Analog zu (3) kann man die Störung der (δ-förmigen) Ionenladungsdichte bei $\boldsymbol{R}_{m\mu}$ nach Potenzen der Auslenkung entwickeln:

$$\varrho = \varrho_{m\mu}(\boldsymbol{r}) - \boldsymbol{u}_{m\mu} \frac{\partial}{\partial \boldsymbol{r}} \varrho_{m\mu}(\boldsymbol{r}) + \dots = \varrho_0 + \delta\varrho_1 + \dots\,. \tag{6}$$

Die Arbeit, die am System verrichtet werden muß, um das Ion bei $\boldsymbol{R}_{m\mu}$ um die infinitesimale Größe $\boldsymbol{u}_{m\mu}$ zu verschieben, ist

$$\delta W = \boldsymbol{u}_{m\mu} Z_\mu \left.\frac{\partial \widetilde{V}}{\partial \boldsymbol{r}}\right|_{\boldsymbol{r} = \boldsymbol{R}_{m\mu}} = \int \mathrm{d}^3 r\, \delta\varrho_1(\boldsymbol{r})\, \widetilde{V}(\boldsymbol{r})\,, \tag{7}$$

wobei $\widetilde{V}$ das gesamte von allen Ionen und Elektronen am Ort $\boldsymbol{R}_{m\mu}$ erzeugte Potential ist. Es enthält insbesondere den Beitrag $\delta\widetilde{V}_1 = \varepsilon^{-1}\delta V_1$ aus (4). Für die atomare Kraftkonstante (s. [8.1]) zweiter Ordnung mit $m\mu \neq n\nu$ ergibt sich hieraus sofort

$$\sum_{\alpha\beta} u_{m\mu\alpha} \Phi_{m\mu\alpha;\, n\nu\beta} u_{n\nu\beta} = \int d^3 r\, \delta\varrho_1\, \varepsilon^{-1}\, \delta V_1\,, \qquad m\mu \neq n\nu\,,$$

[1]) Das in (4) und (5) eingeführte ε^{-1} entspricht $\varepsilon'^{-1}_{\text{mik}}$ von [6.2.5], S. 251.

oder mit (5), (3) und der zweiten Gleichung (2)

$$\Phi_{m\mu\alpha;\,n\nu\beta} = \int d^3r \left(-\frac{\Delta}{4\pi}\frac{\partial v_{m\mu}}{\partial x_\alpha}\right) \varepsilon^{-1} \left(\frac{\partial v_{n\nu}}{\partial x_\beta}\right), \qquad m\mu \neq n\nu\,. \tag{8}$$

Die diagonalen Kraftkonstanten $\Phi_{m\mu\alpha;\,m\mu\beta}$ können auf diese Weise natürlich nicht bestimmt werden, sie ergeben sich aus einem Ausdruck der Form

$$\int d^3\, r\varrho_0\, \delta \tilde{V}_2\,.$$

Es besteht jedoch keine Notwendigkeit, sie explizit zu berechnen, da sie durch die zweite Bedingung (8.1-8)

$$\Phi_{m\mu\alpha;\,m\mu\beta} = -\sum_{n\nu(\neq m\mu)} \Phi_{m\mu\alpha;\,n\nu\beta} \tag{9}$$

festgelegt werden, sobald die nichtdiagonalen Kraftkonstanten (8) gemäß bestimmt sind.

Wir führen nun die Fourier-Darstellungen

$$\begin{aligned} \frac{\partial v_{m\mu}(\boldsymbol{r})}{\partial x_\alpha} &= \frac{1}{(2\pi)^3}\int \mathrm{d}^3k\; ik_\alpha\, \mathrm{e}^{i\boldsymbol{k}(\boldsymbol{r}-\boldsymbol{R}_{m\mu})}\, v_{\mu\boldsymbol{k}}\,, \\ v_{\mu\boldsymbol{k}} &= \frac{4\pi Z_\mu}{k^2}\,, \end{aligned} \tag{10}$$

und

$$\begin{aligned} \varepsilon^{-1}(\boldsymbol{r},\boldsymbol{r}') &= \frac{1}{(2\pi)^6}\int \mathrm{d}^3k \int \mathrm{d}^3k'\; \mathrm{e}^{i\boldsymbol{k}\boldsymbol{r}}\, \mathrm{e}^{-i\boldsymbol{k}'\boldsymbol{r}'}\, \varepsilon^{-1}_{\boldsymbol{k},\boldsymbol{k}'} \\ &= \sum_{\boldsymbol{G}} \frac{1}{(2\pi)^3}\int \mathrm{d}^3k\; \mathrm{e}^{i\boldsymbol{k}(\boldsymbol{r}-\boldsymbol{r}')}\, \mathrm{e}^{-i\boldsymbol{G}\boldsymbol{r}'}\, \varepsilon^{-1}_{\boldsymbol{k},\boldsymbol{k}+\boldsymbol{G}} \end{aligned} \tag{11}$$

ein. Im zweiten Gleichheitszeichen von (11) wurde beachtet, daß wegen der diskreten Translationssymmetrie des Kristalls

$$\varepsilon^{-1}(\boldsymbol{r},\boldsymbol{r}') = \varepsilon^{-1}(\boldsymbol{r}-\boldsymbol{R}_n,\, \boldsymbol{r}'-\boldsymbol{R}_n) \tag{12}$$

gilt, weshalb der Integrand in (11) nur für $\boldsymbol{k}' = \boldsymbol{k} + \boldsymbol{G}$ von Null verschieden sein darf. Mit (10) und (11) ergibt sich aus (8)

$$\begin{aligned} &\Phi_{m\mu\alpha;\,n\nu\beta} = \\ &= \frac{1}{(2\pi)^3}\frac{1}{4\pi}\int d^3k \sum_{\boldsymbol{G}} k^2 k_\alpha v_{\mu\boldsymbol{k}} \varepsilon^{-1}_{\boldsymbol{k},\boldsymbol{k}+\boldsymbol{G}} (\boldsymbol{k}+\boldsymbol{G})_\beta\, v_{\nu\boldsymbol{k}+\boldsymbol{G}}\, \mathrm{e}^{i\boldsymbol{k}(\boldsymbol{R}_{n\nu}-\boldsymbol{R}_{m\mu})}\, \mathrm{e}^{-i\boldsymbol{G}\boldsymbol{R}_{m\mu}}\,. \end{aligned} \tag{13}$$

Setzt man dieses Ergebnis zusammen mit (9) in (8.1-27) ein und beachtet (A 5-3)

$$\sum_n \mathrm{e}^{-i\boldsymbol{k}\boldsymbol{R}_n} = \frac{(2\pi)^3}{V_0} \sum_{\boldsymbol{G}} \delta(\boldsymbol{k}-\boldsymbol{G})\,, \tag{14}$$

so erhält man den grundlegenden Ausdruck für die dynamische Matrix in der mikroskopischen Theorie der Gitterdynamik

$$D_{\mu\alpha;\nu\beta}(\boldsymbol{q}) = \frac{1}{\sqrt{M_\mu M_\nu}} [\mathcal{D}_{\mu\alpha;\nu\beta}(\boldsymbol{q}) - \delta_{\mu\nu} \sum_{\nu'} \mathcal{D}_{\mu\alpha;\nu'\beta}(0)] ,$$

$$\mathcal{D}_{\mu\alpha;\nu\beta}(\boldsymbol{q}) = \frac{1}{4\pi V_0} \sum_{\boldsymbol{G}\boldsymbol{G}'} (\boldsymbol{q} + \boldsymbol{G})^2 (\boldsymbol{q} + \boldsymbol{G})_\alpha \, e^{i\boldsymbol{G}\boldsymbol{s}_\mu} v_{\mu\boldsymbol{q}+\boldsymbol{G}} * \\ * \, \varepsilon^{-1}_{\boldsymbol{q}+\boldsymbol{G},\boldsymbol{q}+\boldsymbol{G}'} v_{\nu\boldsymbol{q}+\boldsymbol{G}'} \, e^{-i\boldsymbol{G}'\boldsymbol{s}_\nu} (\boldsymbol{q} + \boldsymbol{G}')_\beta \, . \tag{15}$$

Man beachte, daß sich das Auftreten der linearen Responsefunktion ε^{-1} in (15) auf ganz natürliche Weise aus der harmonischen Näherung ergab. Die Ableitung ist völlig allgemein und korrekt und enthält keinerlei zusätzliche Näherungsannahmen. Insbesondere ist die Annahme einer augenblicklichen Reaktion der Elektronen auf das Störpotential in (5) nicht erforderlich, (5) kann gemäß

$$\varepsilon^{-1}\delta V_1 = \int d^3r' \, dt' \, \varepsilon^{-1}(\boldsymbol{r}t, \boldsymbol{r}'t') \, \delta V_1(\boldsymbol{r}', t') \tag{16}$$

verallgemeinert werden, was lediglich dazu führt, daß in (15) die frequenzabhängige (komplexe) Abschirmfunktion einzusetzen ist. Die dynamische Matrix wird dann frequenzabhängig, und das Eigenwertproblem (8.1-26) ist selbstkonsistent zu lösen. Im Ergebnis erhält man die Frequenzen und Dämpfungskonstanten der nichtadiabatischen Phononen. Die adiabatische Näherung besteht gerade in der Benutzung von (5), d. h. der Benutzung der *statischen Abschirmfunktion* in (15). Eine Behandlung des Problems mit Methoden der Vielteilchentheorie (Maximov, 75) liefert natürlich dasselbe Ergebnis.

Für das Potential $v_{n\nu}$ hatten wir in (2) bzw. (10) das Potential einer Punktladung Z_ν verwendet. Das ist für $|\boldsymbol{r} - \boldsymbol{R}_{n\nu}| > R_c$ (R_c = Radius der Ionenrümpfe) zwar richtig, im Gebiet des Ionenrumpfes bei $\boldsymbol{R}_{n\nu}$ unterscheidet sich das Elektron-Ion-Potential hiervon jedoch um die Austausch- und Korrelationsbeiträge zwischen Rumpf- und Leitungselektronen. $v_{n\nu}$ bzw. $v_{\nu\boldsymbol{q}+\boldsymbol{G}}$ ist daher durch ein effektives (nicht abgeschirmtes) Elektron-Ion-Potential zu ersetzen. Die direkte Ion-Ion-Wechselwirkung (1) wird hierdurch nicht beeinflußt, da das effektive Potential am Nachbarion mit dem Coulomb-Potential übereinstimmt. Ein gewisser Fehler in dem kleinen Volumen des Ionenrumpfes im Integranden von (8), der praktisch immer in Kauf genommen werden kann, ergibt sich, wenn man dieses effektive Potential auch für $v_{m\mu}$ verwendet, denn für die Austausch- und Korrelationsbeiträge gilt die Poisson-Gleichung nicht.

Natürlich ist mit (15) das Problem der Gitterdynamik nicht gelöst. Es ist lediglich umformuliert. Die ganze komplizierte quantenmechanische Vielteilchenproblematik, die im Problem der Bestimmung der atomaren Kraftkonstanten aus ersten Prinzipien nun einmal enthalten ist, steckt jetzt in ε^{-1}, der Responsefunktion des (inhomogenen) Bloch-Elektronensystems im ungestörten Kristall.

8.4.2. Coulomb-Anteil der dynamischen Matrix

Benutzen wir für ε^{-1} die Beziehung

$$\varepsilon^{-1}_{\boldsymbol{q}+\boldsymbol{G},\boldsymbol{q}+\boldsymbol{G}'} = \delta_{\boldsymbol{G}\boldsymbol{G}'} + v_{\boldsymbol{q}+\boldsymbol{G}} \sum_{\boldsymbol{G}''} \chi_{\boldsymbol{q}+\boldsymbol{G},\boldsymbol{q}+\boldsymbol{G}''} \varepsilon^{-1}_{\boldsymbol{q}+\boldsymbol{G}'',\boldsymbol{q}+\boldsymbol{G}'} \tag{17}$$

mit der Polarisationsfunktion χ und der Coulomb-Wechselwirkung der Elektronen

$$v_{\boldsymbol{q}} = \frac{4\pi}{q^2}\,, \tag{18}$$

so können wir (15) in den Beitrag von der direkten Coulomb-Wechselwirkung der Ionen $V_{\text{ii}}(\boldsymbol{R})$ und den Beitrag von der Wechselwirkung über die Elektronen $E_m(\boldsymbol{R})$ aus (8.3-15) aufspalten:

$$\mathcal{D} = \mathcal{D}^{\text{c}} + \mathcal{D}^{\text{e}}\,,$$

$$\mathcal{D}^{\text{c}}_{\mu\alpha;\,\nu\beta}(\boldsymbol{q}) = \frac{Z_\mu Z_\nu}{V_0} \sum_{\boldsymbol{G}} (\boldsymbol{q} + \boldsymbol{G})_\alpha\, v_{\boldsymbol{q}+\boldsymbol{G}} (\boldsymbol{q} + \boldsymbol{G})_\beta\, \mathrm{e}^{i\boldsymbol{G}(\boldsymbol{s}_\mu - \boldsymbol{s}_\nu)}\,,$$

$$\mathcal{D}^{\text{e}}_{\mu\alpha;\,\nu\beta}(\boldsymbol{q}) = \frac{1}{V_0} \sum_{\boldsymbol{G}\boldsymbol{G}'\boldsymbol{G}''} (\boldsymbol{q} + \boldsymbol{G})_\alpha\, \mathrm{e}^{i\boldsymbol{G}\boldsymbol{s}_\mu}\, v_{\mu\boldsymbol{q}+\boldsymbol{G}} \chi_{\boldsymbol{q}+\boldsymbol{G},\,\boldsymbol{q}+\boldsymbol{G}''} \,*$$

$$* \,\varepsilon^{-1}_{\boldsymbol{q}+\boldsymbol{G}'',\,\boldsymbol{q}+\boldsymbol{G}'} v_{\nu\boldsymbol{q}+\boldsymbol{G}'}\, \mathrm{e}^{-i\boldsymbol{G}'\boldsymbol{s}_\nu} (\boldsymbol{q} + \boldsymbol{G}')_\beta\,. \tag{19}$$

In $\mathcal{D}^{\text{c}}$ haben wir zunächst für $v_{\mu\boldsymbol{q}}$ und $v_{\nu\boldsymbol{q}}$ wieder das Coulomb-Potential (10) eingesetzt.

Die Summe über reziproke Gittervektoren im Ausdruck (19) für $\mathcal{D}^{\text{c}}$ divergiert, da die Summanden für große $\boldsymbol{G}$ nicht abfallen. Diese Divergenz hat rein formalen Charakter und keinerlei physikalische Bedeutung. Sie rührt von der Singularität des Coulomb-Potentials bei $r = 0$ her und hängt damit zusammen, daß in $\mathcal{D}(\boldsymbol{q})$ ein Ausdruck (8) für $m\mu = n\nu$ (elektrostatische Selbstwechselwirkung eines Ions) enthalten ist, der in (15) mit $\mathcal{D}(0)$ wieder abgezogen wird. Durch beliebiges „Abschneiden" des Coulomb-Potentials bei kleinen r (kleiner als der kleinste Atomabstand im Gitter) läßt sich die Divergenz beseitigen. Gewöhnlich benutzt man jedoch hierzu die Ewald-Technik (s. [7.2.2], Born u. Huang, 54, § 30, Maradudin, 74, § 6), die es gleichzeitig gestattet, im Falle eines Nichtmetalls das makroskopische elektrische Feld zu separieren (Singularität von D^{c} bei $\boldsymbol{q} = 0$). Man erhält

$$\mathcal{D}^{\text{c}}_{\mu\alpha;\,\nu\beta}(\boldsymbol{q}) = \frac{Z_\mu Z_\nu}{V_0} \sum_{\boldsymbol{G}} (\boldsymbol{q} + \boldsymbol{G})_\alpha\, v_{\boldsymbol{q}+\boldsymbol{G}}\, \mathrm{e}^{-(\boldsymbol{q}+\boldsymbol{G})^2/4P}\, (\boldsymbol{q} + \boldsymbol{G})_\beta\, \mathrm{e}^{i\boldsymbol{G}(\boldsymbol{s}_\mu - \boldsymbol{s}_\nu)}$$

$$- \frac{Z_\mu Z_\nu}{V_0} P^{3/2} \sum_n{}' H_{\alpha\beta}\big(\sqrt{P}\, \boldsymbol{R}_{0\mu-n\nu}\big)\, \mathrm{e}^{-i\boldsymbol{q}\boldsymbol{R}_{0\mu-n\nu}}\,,$$

$$H_{\alpha\beta}(\boldsymbol{r}) = -\delta_{\alpha\beta} F(r) + \frac{x_\alpha x_\beta}{r^2} \left(3F(r) + \frac{4}{\sqrt{\pi}}\, \mathrm{e}^{-r^2} \right),$$

$$F(r) = \frac{2}{\sqrt{\pi}} \left(\frac{1}{r^3} \int\limits_r^\infty \mathrm{e}^{-s^2}\, \mathrm{d}s + \frac{1}{r^2}\, \mathrm{e}^{-r^2} \right). \tag{20}$$

Der Strich an der Summe über n bedeutet, daß im Falle $\mu = \nu$ der Summand mit $n = 0$ (d. h. $\boldsymbol{R}_{0\mu-n\nu} = 0$) wegzulassen ist.

8.4.3. Akustische Summenregel für ε^{-1}

Wir betrachten im Ausdruck (15) für $\mathcal{D}$ noch den Beitrag mit $\boldsymbol{G} = 0$. Mit $v_{\mu \boldsymbol{q}}$ aus (10) ist er gleich

$$\frac{Z_\mu}{V_0} \sum_{\boldsymbol{G}'} q_\alpha \varepsilon^{-1}_{\boldsymbol{q}, \boldsymbol{q}+\boldsymbol{G}'} v_{\nu \boldsymbol{q}+\boldsymbol{G}'} \, \mathrm{e}^{-i\boldsymbol{G}' \boldsymbol{s}_\nu} \, (\boldsymbol{q} + \boldsymbol{G}')_\beta \, . \tag{21}$$

Aus der Ableitung, die auf (15) führte, ist ersichtlich, daß die Summe über $\boldsymbol{G}'$ in (21) für $\boldsymbol{q} \to 0$ die homogene Komponente E_α der elektrischen Feldstärke infolge der Auslenkung des von den Ionen der Sorte ν gebildeten Untergitters in β-Richtung (bezogen auf den Betrag der Auslenkung) ist. Die entsprechende Kraft auf ein Ion der Sorte μ ist $Z_\mu E_\alpha$. Werden alle Ionen in einer Elementarzelle um den gleichen Betrag ausgelenkt, so darf wegen der Ladungsneutralität des Kristalls eine homogene Komponente des elektrischen Feldes nicht entstehen, was auf die Bedingung

$$\lim_{\boldsymbol{q} \to 0} \sum_\nu \sum_{\boldsymbol{G}} q_\alpha \varepsilon^{-1}_{\boldsymbol{q}, \boldsymbol{q}+\boldsymbol{G}} v_{\nu \boldsymbol{q}+\boldsymbol{G}} \, \mathrm{e}^{-i\boldsymbol{G} \boldsymbol{s}_\nu} \, (\boldsymbol{q} + \boldsymbol{G})_\beta = 0 \tag{22}$$

für die Responsefunktion ε^{-1} führt, die als *akustische Summenregel* bezeichnet wird (Pick u. a., 70, Sham, 74). Insbesondere sichert sie die Stetigkeit des Ausdrucks

$$\sum_\nu \mathcal{D}_{\mu\alpha;\, \nu\beta}(\boldsymbol{q}) \tag{23}$$

bei $\boldsymbol{q} = 0$ und in Verbindung mit der ersten Gleichung (15)

$$\lim_{\boldsymbol{q} \to 0} \sum_\nu \sqrt{M_\nu} \, D_{\mu\alpha;\, \nu\beta}(\boldsymbol{q}) = 0 \, , \tag{24}$$

woraus die Existenz akustischer Phononenzweige folgt (s. (8.1-31)).

Es muß betont werden, daß in allen diesen Problemen, die sich aus der unbegrenzten Reichweite der Coulomb-Wechselwirkung ergeben ($v_{\boldsymbol{q}} \sim 1/q^2$), die Bedingung der lokalen Ladungsneutralität makroskopischer Bereiche als physikalische Zusatzforderung zu stellen ist. Vom mathematischen Standpunkt aus ist die elektrostatische Energie pro Volumen eines unendlich ausgedehnten Systems von Ladungen nicht definiert (s. auch [7.2.2]).

In Metallen ist (22) einfach dadurch erfüllt, daß $\varepsilon^{-1}_{\boldsymbol{q}, \boldsymbol{q}} \sim q^2$ gilt, d. h., der langreichweitige Anteil der Coulomb-Wechselwirkung wird vollständig abgeschirmt. Daher gilt hier (22) sogar ohne die ν-Summe, d. h., die dynamische Matrix selbst ist stetig bei $\boldsymbol{q} = 0$ und nicht nur die Summe (23) (Sham, 72). In Metallen sind deshalb alle Phononenmoden bei $\boldsymbol{q} = 0$ stetige Funktionen des Wellenvektors und nicht nur die akustischen. (In Nichtmetallen hängen die optischen Phononenmoden bei $\boldsymbol{q} = 0$ unstetig von der Richtung des Wellenvektors ab, wobei der Sprung in den Frequenzen durch die Lyddane-Sachs-Teller-Relation bestimmt ist. Erst die Berücksichtigung der an diese Phononen gekoppelten elektromagnetischen Wellen, d. h. die elektro*dynamische* Behandlung liefert den stetigen Übergang dieser Moden in die entsprechenden Polaritonmoden (z. B. Maradudin, 74).)

8.4.4. Migdal-Kohn-Anomalie und Peierls-Instabilität

Eine Anomalie in den Phononenspektren der Metalle ergibt sich dagegen an ganz anderer Stelle aus dem Elektronenanteil $\mathcal{D}^e$ der dynamischen Matrix (19). Dieser enthält die Polarisation χ des Kristallelektronensystems, für die sich in Hartree-Näherung (RPA, vgl. auch (1.7-1) oder [6.2.6])

$$\chi^0_{q+G,\,q+G'} = -\frac{2}{V}\sum_{k\nu}^{\text{bes}}\sum_{\nu'}\frac{\langle k\nu|\,\mathrm{e}^{-i(q+G)\,r}\,|k+q\nu'\rangle\,\langle k+q\nu'|\,\mathrm{e}^{i(q+G')\,r}\,|k\nu\rangle + \text{konj. kompl.}}{\varepsilon_{k+q\nu'} - \varepsilon_{k\nu}} \tag{25}$$

ergibt. Die Summation läuft über alle besetzten Elektronenzustände $|k\nu\rangle$ der Bänder ν mit Wellenvektoren k und Energien $\varepsilon_{k\nu}$ und über alle Bänder ν'. Der exakte Ausdruck für die Polarisation

$$\chi = -\frac{i}{\vartheta}$$  (26)

hat wegen der zwei auftretenden Greenschen Einteilchenfunktionen dieselbe Struktur wie (25). Die $\varepsilon_{k\nu}$ im Nenner sind jetzt die Polstellen der Greenschen Einteilchenfunktion in der komplexen ε-Ebene, und im Zähler stehen anstelle der Wellenfunktionen die zugehörigen Spektralfunktionen und eine Vertexfunktion. Insbesondere sind die $\varepsilon_{k\nu}$ an der Fermi-Grenze des ν-ten Bandes reell:

$$\varepsilon_{k\nu} = \varepsilon_F \quad \text{für} \quad k = k_F(\nu)\,. \tag{27}$$

Der Integrand des k-Integrals (25) (wenn man von der Summation über k zur Integration übergeht) hat einen Pol auf der Fläche im k-Raum, die durch

$$\varepsilon_{k\nu} = \varepsilon_{k+q\nu'} \tag{28}$$

gegeben ist. Die Integration erfolgt über das Gebiet innerhalb der Fermi-Fläche des Bandes ν. Die Situation ist nun völlig analog zu der bei den Landau-Singularitäten der S-Matrix in der Quantenfeldtheorie. Solange die Singularitätsfläche ganz außerhalb des Integrationsgebietes liegt (Abb. 8.4-1a)) oder dieses schneidet (Abb. 8.4-1c), ist

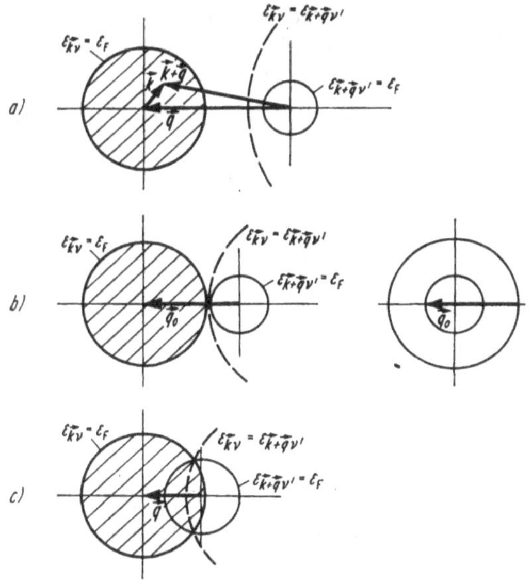

Abb. 8.4-1. Zum Entstehen der Singularität in der q-Abhängigkeit der Polarisationsfunktion χ^0 aus (25). Über das schraffierte Gebiet wird in (25) integriert, und die gestrichelte Linie gibt die Lage des Pols des Integranden an. a) $q > q_0$ aus (29), b) $q = q_0$ (Singularität von χ^0), c) $q < q_0$

das Ergebnis eine analytische Funktion von $\boldsymbol{q}$ (im letzteren Falle ist das Integral im Sinne des Cauchyschen Hauptwerts zu nehmen). Eine Singularität des Ergebnisses als Funktion von $\boldsymbol{q}$ erhält man nur, wenn die Singularitätsfläche das Integrationsgebiet berührt (Abb. 8.4-1b). Aus Abb. 8.4-1 ersieht man, daß das immer dann der Fall ist, wenn

$$\boldsymbol{q} = \boldsymbol{q}_0 = \boldsymbol{k}_F(\nu) + \boldsymbol{k}_F(\nu') \,, \quad \left(\frac{\partial \varepsilon_{\boldsymbol{k}\nu}}{\partial \boldsymbol{k}}\right)_{\boldsymbol{k}_F} \Bigg\| \left(\frac{\partial \varepsilon_{\boldsymbol{k}\nu'}}{\partial \boldsymbol{k}}\right)_{\boldsymbol{k}_F} \tag{29}$$

gilt, d. h., wenn der Phononenwellenvektor von einem Punkt einer Fermi-Fläche zu einem anderen Punkt einer Fermi-Fläche mit zueinander parallelen (oder antiparallelen) Flächennormalen zeigt. Für diesen Phononenwellenvektor ergibt sich eine Anomalie in der $\boldsymbol{q}$-Abhängigkeit der dynamischen Matrix und damit der Phononenfrequenzen (und Polarisationsvektoren), die sogenannte *Migdal-Kohn-Anomalie* (Migdal, 58, Kohn, 59). Experimentell wurden sie zuerst von Brockhouse u. a. (61) gefunden und für Aluminium besonders ausführlich von Stedman u. a. (67) untersucht.

Physikalisch besteht die Ursache für die Anomalie darin, daß die Gitterwelle in Resonanz mit den Friedel-Oszillationen (s. [1.3.3], [1.5.3]) der Elektronendichte gerät, die im Metall bei der Abschirmung jeder äußeren Störung und damit auch bei der Abschirmung des von der Gitterwelle selbst erzeugten Störpotentials entstehen. Die Wellenvektoren dieser Oszillationen stimmen gerade mit $\boldsymbol{q}_0$ aus (29) (im Falle einer Fermi-Kugel $q_0 = 2\,k_F$) überein. Mathematisch ergeben sich die Friedel-Oszillationen aus demselben Ausdruck (25), da χ ja gerade die Reaktion der Elektronendichte auf ein Störpotential beschreibt.

Wie gezeigt wurde, hängen die Migdal-Kohn-Anomalien mit der Existenz der scharfen Fermi-Grenze zusammen. Sie werden daher bei höheren Temperaturen thermisch verschmiert und verschwinden schließlich.

Für die Form der Anomalie bei $T = 0$ genügt es, im $\boldsymbol{k}$-Integral (25) eine kleine Umgebung der Stelle zu betrachten, in der die Singularitätsfläche (28) die Fermi-Fläche berührt. Der Zähler von (25) kann dabei als Konstante aus dem Integral herausgezogen werden. Es sind dann drei Fälle zu unterscheiden (Afanasiew u. Kagan, 62): die Berührung der Singularitätsfläche (28) mit der Fermi-Fläche erfolgt a) in einem Punkt, b) auf einer Linie und c) auf einem Flächenstück. Für die Anomalie in χ und damit in den Phononenfrequenzquadraten ω^2 erhält man in diesen Fällen

$$\left.\begin{aligned} &\text{a)}\ \omega^2 \sim (q_0 - q) \ln |q_0 - q| \,, \\ &\text{b)}\ \omega^2 \sim \Theta(q_0 - q) \sqrt{q_0 - q} \,, \quad q_0 - q = (\boldsymbol{q}_0 - \boldsymbol{q}) \frac{\partial \varepsilon}{\partial \boldsymbol{k}} \,, \\ &\text{c)}\ \omega^2 \sim \ln |q_0 - q| \,. \end{aligned}\right\} \tag{30}$$

In Abb. 8.4-2a) bis c) sind diese Fälle dargestellt. In der Umgebung der kritischen Stelle hängt der Nenner von (25)

$$\varepsilon_{\boldsymbol{k}+\boldsymbol{q}\nu'} - \varepsilon_{\boldsymbol{k}\nu} \tag{31}$$

im Falle b) nur von zwei Komponenten von $\boldsymbol{k}$ und im Falle c) nur von einer Komponente von $\boldsymbol{k}$ ab. Daher spricht man von quasizweidimensionalen und quasieindimensionalen Anomalien.

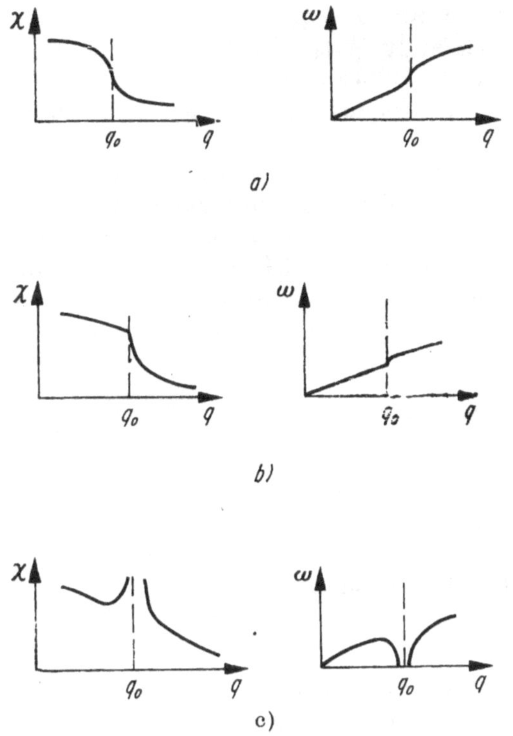

Abb 8.4-2. Form der Singularität von χ und der Migdal-Kohn-Anomalie bei $T = 0$, a) dreidimensional, b) zweidimensional, c) eindimensional (s. (30))

Anomalien der Form a) treten in jedem Metall auf. Eine Anomalie der Form b) wurde z. B. im Phononenspektrum der Schichtstruktur $NbSe_2$ mit zylindrischen Fermi-Flächenteilen gefunden (Wakabayashi u. a., 74). Es ist interessant, daß Anomalien der Form b) praktisch auch in allen Metallen auftreten, wenn man von den Alkalimetallen absieht. Allerdings liegen sie in irgendwelchen nichtsymmetrischen Richtungen des Phononenwellenvektors und wurden deshalb bisher experimentell nicht untersucht. Von den Alkalimetallen abgesehen, gibt es nämlich praktisch überall halsförmige Fermi-Flächenteile mit Pu nkten, in denen die Gaußsche Krümmung der Fermi-Fläche verschwindet. Die zu diesen Punkten gehörigen Migdal-Kohn-Anomalien sind ähnlich der Form b) (Kaganow u. Semenenko, 60, Kaganow u. a., 82, Weiß u. Eschrig, 82).

Im Falle der Anomalie c) ist aus (30) ersichtlich, daß für $\boldsymbol{q} \approx \boldsymbol{k}_0$ das Phononenfrequenzquadrat notwendig negativ wird und das Gitter daher instabil gegen eine periodische Überstruktur mit dem reziproken Gittervektor $\boldsymbol{q}_0$. Dabei entsteht an der ursprünglichen Fermi-Fläche eine Brillouin-Zonengrenze, und die Fermi-Fläche verschwindet. Das ist die *Peierls-Instabilität* (Peierls, 55) des eindimensionalen Metalls bei $T = 0$. Bei genügend hohen Temperaturen ist die Singularität (30) verschmiert, und die metallische Konfiguration kann stabil sein. Man erhält also in derartigen metallischen quasieindimensionalen Strukturen Gitterphasenübergänge mit der Ausbildung einer Überstruktur bei tiefen Temperaturen („Ladungsdichtewelle"). Die Untersuchung solcher Phasenübergänge in quasieindimensionalen Systemen und in den Sandwich-Strukturen der Übergangsmetalldichalkogenide ist zur Zeit hochaktuell.

Streng genommen gilt die Formel (30 c) nur für $|\boldsymbol{q} - \boldsymbol{q}_0| \geqq \omega/v_F$ mit v_F als der Fermi-Geschwindigkeit. Im sehr kleinen Gebiet $|\boldsymbol{q} - \boldsymbol{q}_0| < \omega/v_F$ wird die Singularität (30 c) durch Renormierung des Vertexteils in (26) abgeschwächt, wie Afanasiew und Kagan (62) zeigten. Dies ist der einzige Fall, wo das Migdal-Theorem (s. Schluß von [8.3]) nicht gilt.

Wir beschließen dieses Kapitel mit einer elementaren Erklärung der Peierls-Instabilität. Wir betrachten ein eindimensionales Metall mit der Bandstruktur der Abb. 8.4-3 (gestrichelte Dispersionskurve). Beim Auftreten einer periodischen Gitterverzerrung mit dem reziproken Gittervektor $2k_F$ entsteht bei k_F eine neue Brillouin-Zonengrenze und eine Lücke der Größe $2V$ in der Dispersionskurve, wobei V das Matrixelement des zur Gitterverzerrung gehörenden zusätzlichen Elektron-Ion-Potentials

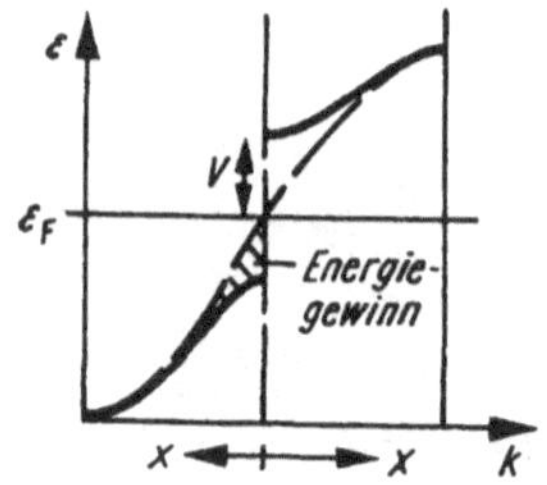

Abb. 8.4-3. Zur Peierls-Instabilität

ist. V ist also proportional der Verzerrung. Das ursprüngliche Metall geht dabei in einen Isolator über. Die neue Dispersionsbeziehung in der Nähe der Lücke ist

$$\varepsilon - \varepsilon_F = \pm \sqrt{V^2 + x^2}\,, \qquad x = \left.\frac{d\varepsilon}{dk}\right|_{k_F} |k - k_F|\,. \tag{32}$$

Der mit der Gitterverzerrung verbundene Gewinn an Bandstrukturenergie ist daher proportional zu

$$\int_0^{x_0} dx \left(\sqrt{V^2 + x^2} - x\right) = -\frac{V^2}{2} \ln V + O(V^2)\,. \tag{33}$$

(Der genaue Wert der oberen Integrationsgrenze x_0 ist hier unwichtig.) Der mit der Verzerrung verbundene Verlust an elektrostatischer Energie des Gitters ist dagegen nur proportional zu V^2. Bei einer hinreichend kleinen Verzerrung (kleiner Wert von V) überwiegt daher immer der Energiegewinn (33), d. h., das metallische Gitter ist instabil (bei $T = 0$).

8.5. Pseudopotentialtheorie der Gitterschwingungen

8.5.1. Dynamische Matrix in niedrigster Störungsordnung

Wie bereits in [3] dargelegt wurde, kann in den einfachen Metallen das Elektron-Ion-Potential durch ein schwaches Pseudopotential w ersetzt und eine Störungsentwicklung nach Potenzen des Pseudopotentials durchgeführt werden. In (8.4-15) bedeutet das die Entwicklung der Abschirmfunktion ε^{-1} nach Potenzen des Pseudopotentials. Ein alternatives Vorgehen (z. B. Brovman u. Kagan, 74) mit dem gleichen Ergebnis besteht in der störungstheoretischen Berechnung von $E_n(\boldsymbol{R})$ aus (8.3-3) (s. auch (8.3-15), für $T = 0$ ist der Grundzustand $E_0(\boldsymbol{R})$ zu berechnen) und der anschließen- Entwicklung nach Potenzen der Auslenkungen der Ionen.

In niedrigster Ordnung ist die Abschirmfunktion der homogenen Elektronenflüssig- den keit zu verwenden,

$$\varepsilon^{-1}_{\boldsymbol{q}+\boldsymbol{G},\,\boldsymbol{q}+\boldsymbol{G}'} = \delta_{\boldsymbol{G}\boldsymbol{G}'}\varepsilon^{-1}_{|\boldsymbol{q}+\boldsymbol{G}|}\,,$$
$$\varepsilon_q^{-1} = 1 + \frac{4\pi}{q^2}\chi_q\varepsilon_q^{-1}\,, \tag{1}$$

die wie auch die Polarisationsfunktion χ jetzt diagonal (und isotrop) im Wellenvektor ist, da für die homogene Elektronenflüssigkeit (8.4-12) für beliebige Vektoren $\boldsymbol{R}_n$ gilt und nicht nur für Gittervektoren.

Für den Elektronenanteil (8.4-19) der dynamischen Matrix ergibt sich damit (z. B. Harrison, 66)

$$\mathcal{D}^{\mathrm{e}}_{\mu\alpha;\nu\beta}(\boldsymbol{q}) = -\frac{4\pi}{V_0}Z_\mu Z_\nu\sum_{\boldsymbol{G}}F_{\mu\nu}(|\boldsymbol{q}+\boldsymbol{G}|)\frac{(\boldsymbol{q}+\boldsymbol{G})_\alpha(\boldsymbol{q}+\boldsymbol{G})_\beta}{(\boldsymbol{q}+\boldsymbol{G})^2}\mathrm{e}^{i\boldsymbol{G}(\boldsymbol{s}_\mu-\boldsymbol{s}_\nu)} \tag{2}$$

mit der *normierten Energie-Wellenzahl-Charakteristik*

$$F_{\mu\nu}(q) = -\frac{q^2}{4\pi Z_\mu Z_\nu}\chi_q\frac{w^0_{\mu q}w^0_{\nu q}}{\varepsilon_q}\,,^{1)} \tag{3}$$

in der der Vorfaktor so gewählt ist, daß $F_{\mu\nu}(0) = 1$ gilt. Die genaue Form dieser Größe für ein nichtlokales Pseudopotential wurde in [7.2.4] besprochen.

Der Ausdruck (2) entspricht der zweiten Störungsordnung für $E_0(\boldsymbol{R})$ aus (8.3-3), der niedrigsten Ordnung, in der E_0 überhaupt von $\boldsymbol{R}$ abhängt. Daher bezeichnet man (2) auch als Elektronenanteil der dynamischen Matrix in „zweiter Störungsordnung". Das ist jedoch nicht ganz korrekt, da in der Pseudopotentialtheorie nur die Pseudopotential-Matrixelemente $w^0_{\mu G}$ zu *reziproken Gittervektoren* kleine Parameter sind, die in der Entwicklung von Größen des ungestörten Kristalls (wie z. B. ε^{-1} in (8.4-15)) ausschließlich auftreten. Für $q \ll G$ (praktisch für alle $\boldsymbol{q}$ in der ersten Brillouin-Zone) ist (3) eine Größe nullter Ordnung. Daher enthält (2) sowohl Glieder nullter Ordnung (für $\boldsymbol{G} = 0$) als auch zweiter Ordnung (für $\boldsymbol{G} \neq 0$) in w_G. Entsprechend enthält der nächsthöhere Ausdruck für $\mathcal{D}^{\mathrm{e}}$, den man aus dem Beitrag erster Ordnung zu ε^{-1} bzw. der dritten Ordnung von E_0 erhält und als „dritte Störungsordnung" der dynamischen Matrix bezeichnet, in Wirklichkeit Glieder erster, zweiter und dritter Ordnung usw. (Brovman u. Kagan, 74).

Die daraus manchmal gezogene Schlußfolgerung, (2) liefere für $\boldsymbol{q} \to 0$ prinzipiell inkorrekte Ergebnisse, ist jedoch in keiner Weise begründet. Der Ausdruck (2)

[1]) Beim Vergleich mit (7.2-19 u. 20) ist zu beachten, daß hier in (3) wie überall in [8] ε die dielektrische Funktion ist, die in dem auf eine Testladung wirkenden Potential auftritt, während in [7.2] wie auch in [3] und [6] die dielektrische Funktion verwendet wird, die in dem auf ein Systemelektron wirkenden Potential auftritt (zum Zusammenhang beider s. (1.6-7'')). Weiter beachte man $w^0_\mu(\boldsymbol{q}) = w^0_{\mu q}/V_{\mathrm{at}}$ im Sinne des Textes nach (A 8-2); χ_q, ε_q schließlich sind mit $\chi(\boldsymbol{q})$, $\varepsilon(\boldsymbol{q})$ identisch.

liefert für $\boldsymbol{q} \to 0$ das Ergebnis in der führenden Störungsordnung (nämlich der nullten) und stimmt bis zu Gliedern dieser nullten Ordnung auch mit den aus der Methode statischer Deformationen berechneten elastischen Konstanten überein. Insbesondere verschwindet der Beitrag nullter Ordnung der Elektronen zu den transversalen elastischen Konstanten. Diese werden in dieser Ordnung allein durch die direkte Coulomb-Wechselwirkung der Ionen bestimmt (Brovman u. Kagan, 74). Analoges gilt für die nächsten Glieder der Entwicklung. Die aus (2) berechneten Phononenfrequenzen haben für alle $\boldsymbol{q}$ dieselbe relative Genauigkeit, nämlich bis auf Glieder $(w_{\mu G}/\varepsilon_F)$. Diese Überlegungen haben prinzipiellen Charakter und haben nichts mit der Bedingtheit einer Störungsentwicklung nach Potenzen des Pseudopotentials infolge der Nichteindeutigkeit des letzteren zu tun, von der weiter unten die Rede sein wird.

In Strukturen mit mehreren Atomen in der Elementarzelle sind auch die Matrixelemente des Pseudopotentials zu den ersten reziproken Gittervektoren mit $G \leqq 2k_F$ nicht klein, sondern klein sind die zugehörigen Strukturfaktoren (s. [3] u. [7.2]). Da in (2) die Strukturfaktoren nicht auftreten, sind im Sinne der obigen Diskussion auch die Summanden von den ersten reziproken Gittervektoren von nullter Ordnung. Das trifft insbesondere für $\boldsymbol{G}_{001}$ im hexagonal dicht gepackten Gitter zu, für das der Strukturfaktor Null ist. In Abb. 8.5-1 sind die Verhältnisse dargestellt. Die Mitnahme der Beiträge von größeren reziproken Gittervektoren jedoch, für die $w_{\mu\boldsymbol{q}+\boldsymbol{G}}$ im Sinne der Pseudopotentialidee klein ist, ist genau genommen nur konsistent, wenn man auch die entsprechenden Beiträge im Ausdruck „dritter und vierter Störungsordnung“

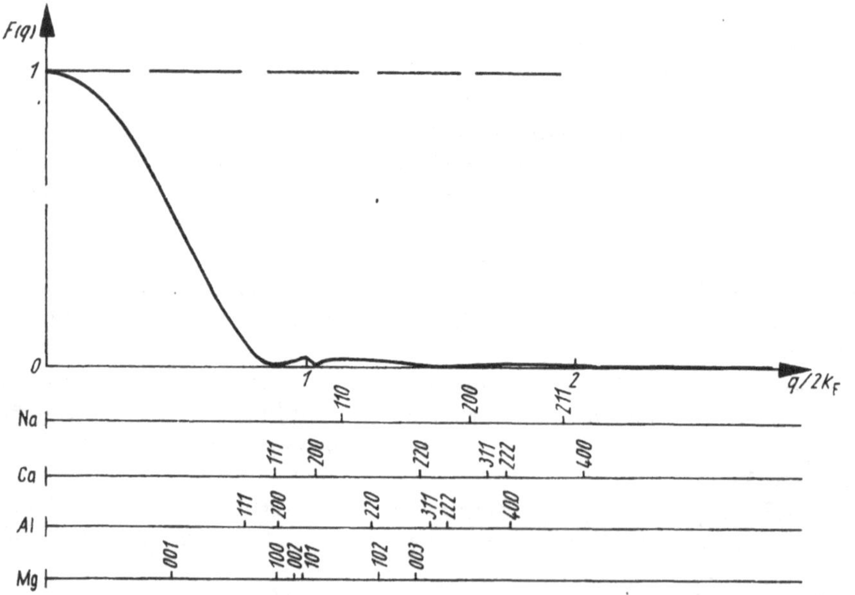

Abb. 8.5-1. Typische Form der normierten Energie-Wellenzahl-Charakteristik (3). Die gestrichelte Waagerechte entspricht dem Coulomb-Beitrag zur dynamischen Matrix ($\mathcal{D} \sim (1 - F)$, s. (8.4-19) und (2)). Für $q \to 0$ kompensieren sich die Beiträge zu $\mathcal{D}^c$ und $\mathcal{D}^e$ gegenseitig. Die Beträge der ersten reziproken Gittervektoren einiger Metalle sind zum Vergleich angegeben

für die dynamische Matrix berücksichtigt. Das gilt für alle Phononenwellenvektoren und nicht nur für $\boldsymbol{q} \to 0$.

Vergleicht man den Ausdruck (2) mit $\mathcal{D}^c$ aus (8.4-19) unter Beachtung von (8.4-18), so sieht man, daß man $\mathcal{D}^c$ formal aus (2) erhält, indem man dort $F_{\mu\nu}(q)$ durch 1 ersetzt. Aus Abb. 8.5-1 erkennt man nun, daß in den Gliedern nullter Ordnung von $\mathcal{D}$, d. h. in den Gliedern mit $|\boldsymbol{q} + \boldsymbol{G}| \leqq 2k_F$ eine starke Kompensation zwischen $\mathcal{D}^c$ und $\mathcal{D}^e$ stattfindet. Der physikalische Grund hierfür ist außerordentlich einfach: Die Elektronen schirmen in erster Linie das Coulomb-Potential der Ionen ab, und ein Ion am Ort $\boldsymbol{R}_{n\nu}$ spürt vom Ion am Ort $\boldsymbol{R}_{m\mu}$ nicht das in $\mathcal{D}^c$ stehende Coulomb-Potential dieses Ions, sondern ein viel schwächeres abgeschirmtes Potential einer polarisierten neutralen Einheit aus dem Ion und der dieses umgebenden Valenzelektronenwolke (Abb. 8.5-2). Daraus ergibt sich auch, daß die Kompensation zwischen $\mathcal{D}^c$ und $\mathcal{D}^e$ mit der Valenz anwächst.

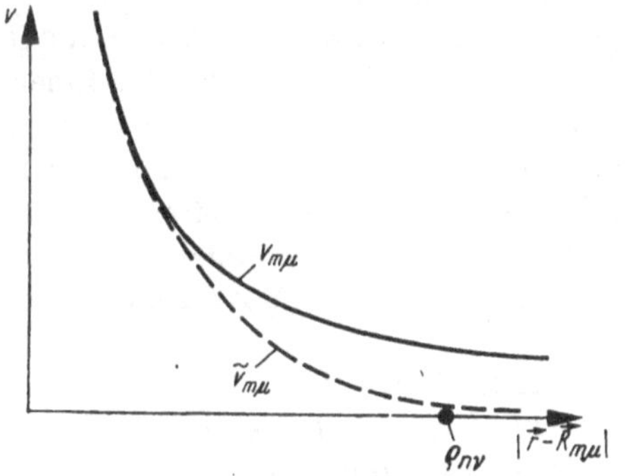

Abb. 8.5-2. Verlauf des nackten ($v_{m\mu}$) und des abgeschirmten ($\tilde{v}_{m\mu}$) Coulomb-Potentials des Ions bei $\boldsymbol{R}_{m\mu}$. Am Nachbarort $\boldsymbol{R}_{n\nu}$ ist das abgeschirmte Potential sehr viel schwächer als das nackte. $\varrho_{n\nu}$ s. (8.4-2)

Wie in [1.6] gezeigt wurde, stellt die Berechnung der Abschirmfunktion einer homogenen Elektronenflüssigkeit bei metallischen Dichten wegen der Coulomb-Wechselwirkung zwischen den Elektronen und der damit verbundenen starken Korrelationseffekte ein kompliziertes, nicht vollständig gelöstes Vielteilchenproblem dar. Nach dem eben Gesagten ist es verständlich, daß es bei der Berechnung der Phononenspektren auf eine genaue Kenntnis der Abschirmfunktion ankommt. Die Phononenfrequenzen vor allem der mehrwertigen Metalle gehören zu den Meßgrößen, die am empfindlichsten von Effekten der Elektronenkorrelation in der Abschirmfunktion abhängen. Trotzdem liefern sie keine direkten Aussagen über die letztere, da andere in die Theorie eingehende Größen, wie das Pseudopotential selbst, in dem selben Maße nur ungenau bekannt sind.

In einigen Strukturen kommen sehr niedrig liegende Phononenzweige vor. Man spricht vom „Weichwerden“ (softening) des Gitters. Dabei ist es möglich, daß der Anstieg eines akustischen Zweiges sehr flach wird (elastisches softening) oder eine Phononenfrequenz bei $\boldsymbol{q} \neq 0$ (bzw. eine optische Frequenz bei $\boldsymbol{q} = 0$) klein wird (softening bei struktureller Phasenumwandlung). In solchen Fällen ist es möglich, daß die Beiträge nullter Ordnung in (w_G/ε_F) gar keine positiven Phononenfrequenzquadrate und damit kein stabiles Gitter liefern und dieses erst bei Berücksichtigung von Beiträgen der nächsten Ordnung erhalten wird. Das ist z. B. bei Zink und weißem Zinn der Fall (Kagan u. Brovman, 68, Brovman u. Kagan, 74), wo insbesondere das Ionengitter instabil ist. In diesen speziellen Fällen liefert der Ausdruck (2) inkorrekte

Ergebnisse, da er die hier wesentlichen Beiträge von höherer als der nullten Ordnung in (w_G/ε_F) nur teilweise enthält. Bezüglich der in diesem Falle unbedingt notwendigen Ausdrücke höherer Ordnung für die dynamische Matrix siehe z. B. Brovman und Kagan (74).

8.5.2. Höhere Störungsordnungen, Mehrkörperkräfte

Der Ausdruck (2) für den Elektronenanteil der dynamischen Matrix ergab sich daraus, daß wir in (8.4-19) bzw., was auf dasselbe hinausläuft, in (8.4-8) für ε^{-1} die Abschirmfunktion der homogenen (und daher auch isotropen) Elektronenflüssigkeit eingesetzt hatten. Im Ausdruck (8.4-8) ist dann aber überhaupt keine Richtung neben der Verbindungsgeraden der beiden Ionen bei $\boldsymbol{R}_{m\mu}$ und $\boldsymbol{R}_{n\nu}$ ausgezeichnet. Mit anderen Worten enthält (2) nur eine zentrale Paarwechselwirkung zwischen den Ionen. Wird statt dessen in (8.4-8) die Abschirmfunktion ε^{-1} in erster oder höherer Störungsordnung im Pseudopotential verwendet, so ergeben sich Korrekturen von zweierlei Art. Einmal wird berücksichtigt, daß die Elektronenflüssigkeit infolge der Anwesenheit der Ionen bei $\boldsymbol{R}_{m\mu}$ bzw. $\boldsymbol{R}_{n\nu}$ selbst nicht homogen ist. Hierdurch wird die Form der zentralen Paarwechselwirkung modifiziert. Zum anderen aber ergeben sich Korrekturen wegen der Inhomogenität der Elektronenflüssigkeit infolge der Anwesenheit weiterer Ionen an dritten Orten. Diese stellen echte *Mehrkörperkräfte* dar, die demzufolge nur in den höheren auf (2) folgenden Störungsordnungen für die dynamische Matrix enthalten sind (s. auch [7.2.3]).

Von besonderem Interesse ist nun die experimentelle Bestätigung des Auftretens solcher Mehrkörperkräfte. Auf eine Möglichkeit wurde schon am Ende von [8.2] hingewiesen, die Verletzung der Cauchy-Relationen. Hier ist jedoch der Effekt echter Mehrkörperkräfte immer überdeckt von dem gleichzeitigen vorhandenen Effekt des hydrostatischen Drucks der Elektronenflüssigkeit. Wie von Brovman u. a. (68) (s. auch Brovman u. Kagan, 74) gezeigt wurde, gibt es für die Phononenfrequenzen im hexagonal dicht gepackten Gitter am Punkt K der Brillouin-Zone (Mittelpunkt der hexagonalen Kante) eine Symmetrierelation, deren Verletzung ein direktes Maß für die Existenz echter Mehrkörperkräfte allein ist. Diese Relation ist insbesondere in

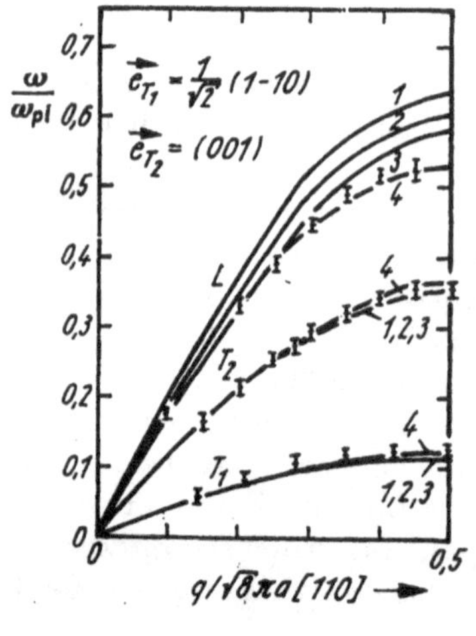

Abb. 8.5-3. Phonondispersionskurven in Na in (110)-Richtung, mit einem OPW-Pseudopotential in „zweiter" Ordnung und verschiedenen Näherungen für die Abschirmfunktion berechnet (Geldard u. a., 70). Die Polarisationsvektoren der transversalen Zweige sind angegeben. ω_{pl} — Plasmafrequenz des Ionengitters. 1: Hartree-Näherung, 2: Hubbard-Näherung, 3: Hubbard-Geldard-Vosko-Näherung (erfüllt Kompressibilitätstheorem), 4: Geldard-Taylor-Näherung. Siehe [1.6] bezüglich dieser Näherungen für die Abschirmfunktion. Die senkrechten Striche geben experimentelle Werte an

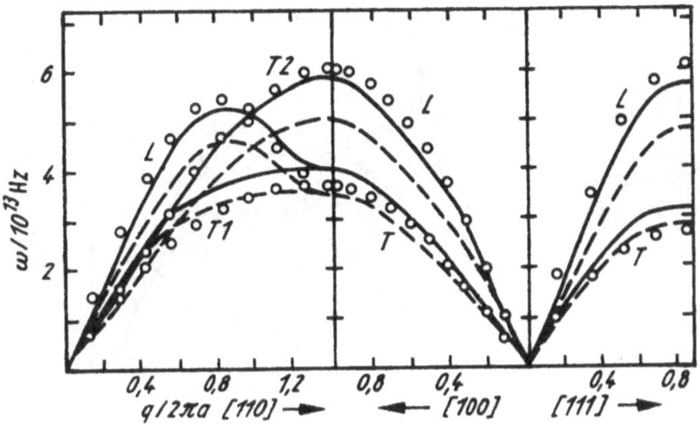

Abb. 8.5-4. Phononendispersionskurven in Al, mit einem Harrison-Pseudopotential in „zweiter" Ordnung und der X_α-Näherung für die Austauschwechselwirkung zwischen Rumpf- und Leitungselektronen berechnet (Hafner u. Schmuck, 74). ——— für $\alpha = 0{,}375$ (beste Anpassung an experimentelle, durch Kreise dargestellte Werte), – – – für $\alpha = 0{,}438$ (von Lindgren und Schwarz als optimaler Wert für Eigenschaften des freien Atoms gefunden). $\omega/10^{13}$ Hz $= \hbar\omega/6.59$ meV

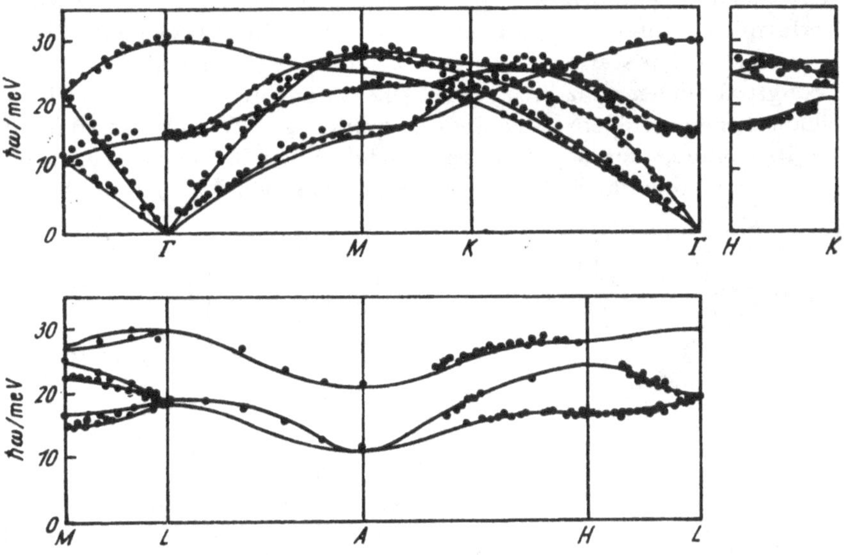

Abb. 8.5-5. Phononendispersionskurven in Mg, mit dem nichtlokalen Shaw-Pseudopotential in „zweiter" Ordnung und der Abschirmfunktion von Singwi, Sjölander, Tosi und Land berechnet (Eschrig u. a., 74). Die Punkte sind experimentelle Werte. Man beachte, daß in der Rechnung außer den Gitterkonstanten keine Parameter des Kristalls benutzt wurden!

Beryllium und Zink stark verletzt. Ein weiteres direktes Maß für Mehrkörperkräfte sind die sogenannten *Brovman-Anomalien* im Phononenspektrum (Brovman u. Kagan, 72, Rumjanzew u. a., 77).

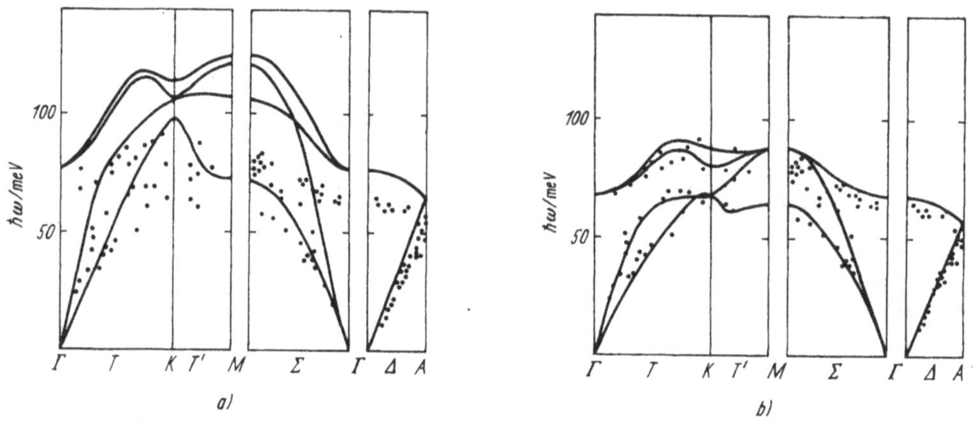

Abb. 8.5-6. Phononendispersionskurven in Be, mit dem nichtlokalen Heine-Abarenkow-Pseudopotential a) in „zweiter" und b) in „dritter" Ordnung berechnet (Bortolani, 74). Die Punkte sind experimentelle Werte

An dieser Stelle ist eine allgemeine Bemerkung über die Bedingtheit einer Störungsrechnung in der Pseudopotentialtheorie am Platze. Bekanntlich ist das Pseudopotential eine prinzipiell nichteindeutige Größe. Bei Verwendung zweier verschiedener, insbesondere verschieden starker Pseudopotentiale erhält man nun in den verschiedenen Störungsordnungen ganz unterschiedliche Ergebnisse, ohne daß sich am Ergebnis physikalischer Meßgrößen etwas ändert, wenn man die Störungsreihe aufsummiert. Eine Berechnung der nächsten auf (2) folgenden Störungsordnung mit einem gegebenen Pseudopotential liefert daher allein noch kein Maß für die Stärke

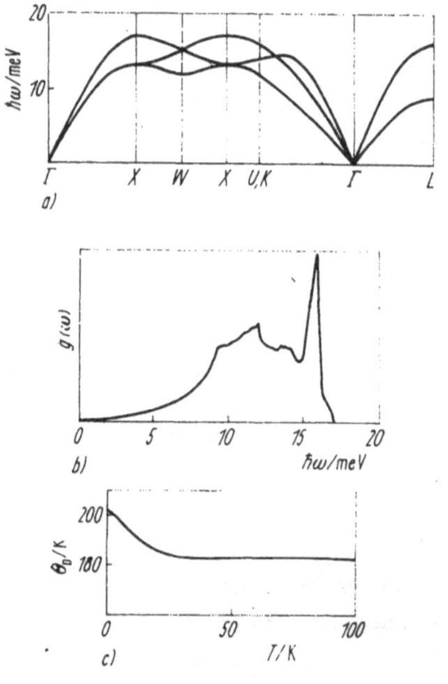

Abb. 8.5-7. a) Phononendispersionskurven, b) Phononenzustandsdichte und c) daraus gemäß (8.1-52) berechnete Debye-Temperatur in Ca (Taut u. Eschrig, 76). Die Dispersionskurven wurden mit dem nichtlokalen Shaw-Pseudopotential und der Abschirmfunktion von Vashishta und Singwi berechnet. Da es bisher nicht gelang, Einkristalle von Ca herzustellen, fehlen experimentelle Daten. Die einzige direkte experimentelle Vergleichsgröße ist $\Theta_D(0) = 229$ K, was um 10% über dem berechneten Wert liegt

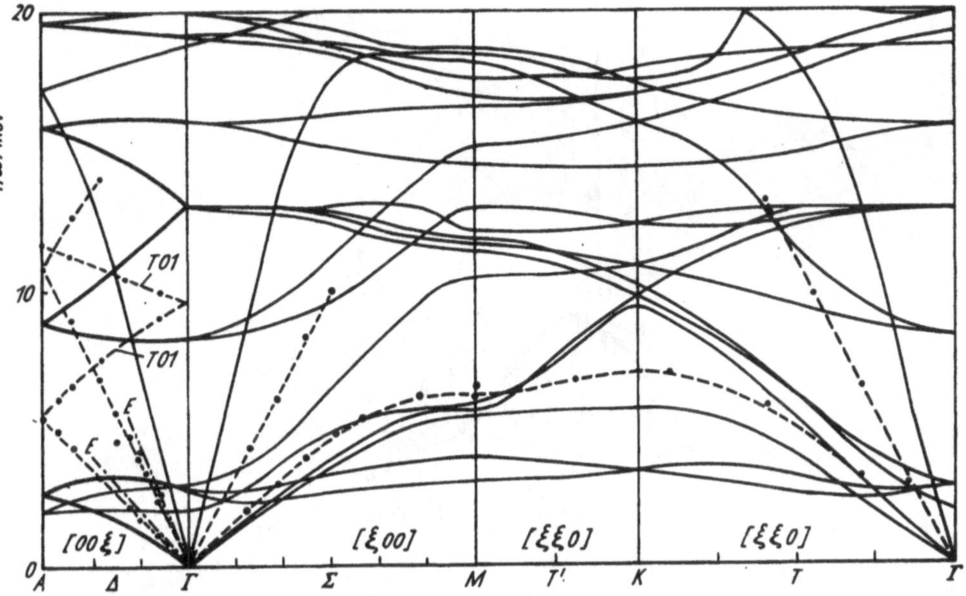

Abb. 8.5-8. Niederenergetischer Teil der Phononendispersionskurven in $MgZn_2$ (hexagonale Laves-Phase *C*14, 12 Atome in der Elementarzelle), mit dem nichtlokalen Shaw-Pseudopotential in „zweiter" Ordnung und der Hubbard-Geldard-Vosko-Näherung für die Abschirmfunktion berechnet (Eschrig u. a., 72a). Punkte und gestrichelte Linien sind experimentelle Eregbnisse (Dorner u. a., 74). *E* — Anstiege der akustischen Zweige aus elastischen Konstanten. Befriedigende Übereinstimmung ergibt sich nur bei einigen Zweigen

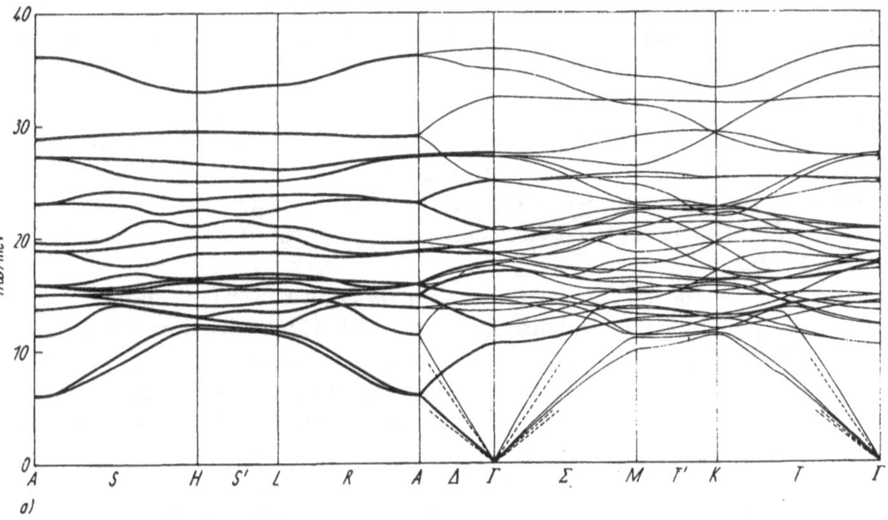

Abb. 8.5-9 a

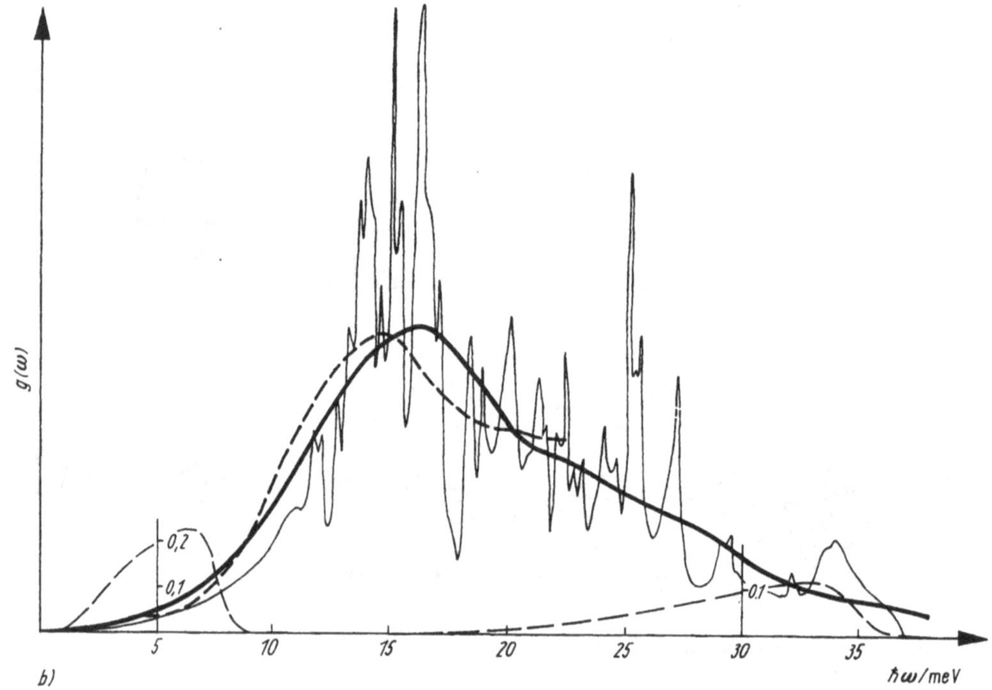

Abb. 8.5-9. a) Phononendispersionskurven in $CaMg_2$ ($C14$-Struktur), mit dem nichtlokalen Shaw-Pseudopotential in „zweiter" Ordnung und der Abschirmfunktion von Vashishta und Singwi berechnet. Die gestrichelten Linien geben die Anstiege der akustischen Zweige aus experimentellen elastischen Konstanten an. b) Aus a) mit der Tetraedermethode (s. [A 4]) berechnete Phononenzustandsdichte (———), ebenfalls mit dieser Tetraedermethode berechneter Streuquerschnitt der kohärenten inelastischen Neutronenstreuung für eine spezielle experimentelle Anordnung (**———**) und experimenteller Streuquerschnitt (**— — —**). Die energieabhängige Auflösungsfunktion des Spektrometers für zwei Energieübertragungen ist angegeben (– – –). Sowohl in a) als auch in b) ist die Übereinstimmung mit den experimentellen Werten gut (Eschrig u. a., 77)

von Mehrkörperkräften, da, wie bereits erwähnt, alle höheren Störungsordnungen auch Beiträge zur zentralen Paarwechselwirkung liefern und die Größe dieser Beiträge in den einzelnen Ordnungen von der Wahl des Pseudopotentials abhängt. (Die Stärke der tatsächlichen Mehrkörperkräfte hängt natürlich nicht von der speziellen Wahl des Pseudopotentials ab.)

Die Konvergenz der Störungsreihe kann nun optimiert werden, indem man im Rahmen der prinzipiellen Nichteindeutigkeit ein möglichst schwaches Pseudopotential konstruiert (s. [3.2]). Solche aus ersten Prinzipien konstruierten, optimierten Pseudopotentiale sind im allgemeinen stark nichtlokal. Der Vergleich berechneter mit gemessenen Phononenspektren liefert jedoch keinerlei Information über die Nichtlokalität des Pseudopotentials, da in den Ausdrücken, in denen es in die dynamische Matrix eingeht, stets über die Nichtlokalität integriert wird (s. die Ausdrücke für die Energie-Wellenzahl-Charakteristik in [7.3]). Zu jedem solchen Potential läßt sich daher immer eine lokale Version angeben, die speziell für Strukturenergie und Gitterdynamik dieselben Ergebnisse liefert (Bertoni u. a., 73). Diese lokale Version hat allerdings nichts zu tun mit der häufig für elektronische Eigenschaften verwendeten lokalen Näherung der Fermi-Flächenstreuung $\left(w_\mu^0(q) \neq \langle \boldsymbol{k}_F + \boldsymbol{q} | \, w_\mu^0 \, | \boldsymbol{k}_F \rangle\right)$. Die Anwendung der letzteren bei der Berechnung der Struktureigenschaften und Phononenspektren ist in keiner Weise gerechtfertigt und hat in den frühen Jahren der Pseudopotentialtheorie zu einer gewissen Verwirrung geführt. Hierauf wurde zuerst von Shaw und Pynn (69) und von Eschrig und Wonn (70) hingewiesen.

Die Situation in der Pseudopotentialtheorie der Phononen ist anhand einiger illustrierender Beispiele (Abb. 8.5-3 bis 9) anschaulich dargestellt.

8.6. Gitterschwingungen in Übergangsmetallen und deren Verbindungen

8.6.1. Inversion der dielektrischen Matrix für Bloch-Elektronen

Das Problem der theoretischen Beschreibung der Phononenspektren in Übergangsmetallen ist weitaus komplizierter als in einfachen Metallen und befindet sich erst im Anfangsstadium seiner Lösung. Der Grund besteht darin, daß die d-Elektronen der Übergangsmetalle bereits merklich polarisieren und zur effektiven Ion-Ion-Wechselwirkung beitragen, andererseits aber noch so stark an „ihr Ion" gebunden sind, daß sich eine störungstheoretische Behandlung von ε^{-1}, ausgehend vom Ausdruck (8.5-1), verbietet. Die Nichtdiagonalelemente bezüglich $\boldsymbol{G}$ und $\boldsymbol{G}'$ von ε^{-1} sind hier stets groß.

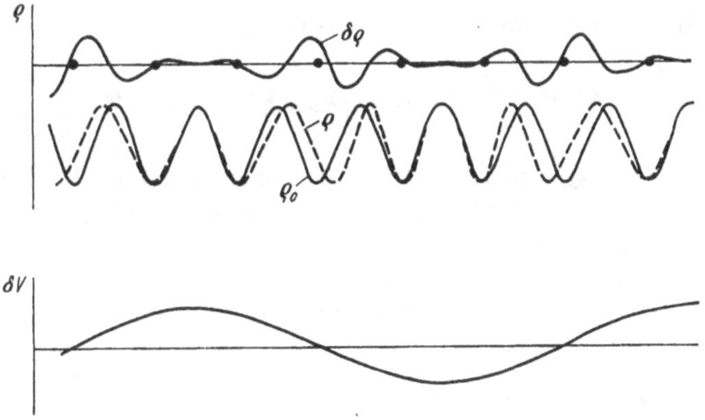

Abb. 8.6-1. Response der inhomogenen Elektronenladungsdichte ϱ_0 eines Kristalls auf ein langperiodisches äußeres Störpotential δV. Die gestörte Ladungsdichte ϱ und die Ladungsdichtestörung $\delta\varrho = \varrho - \varrho_0$ sind dargestellt. Die Punkte geben die Gleichgewichtslagen der Ionen an.

Das letztere läßt sich ohne weiteres physikalisch anschaulich verstehen. Wegen der Lokalisierung der d-Elektronen ist die gesamte Valenzladungsdichte im ungestörten Kristall stark inhomogen (ϱ_0 von Abb. 8.6-1). Die Wirkung eines äußeren Störpotentials δV mit relativ kleiner Wellenzahl q besteht hauptsächlich in einer Verschiebung der Valenzladungen an den Ionen zur gestörten Ladungsverteilung ϱ. Die entstehende

Ladungsdichtestörung $\delta\varrho = \varrho - \varrho_0$ von Abb. 8.6-1 besitzt die Periodizität des Gitters und eine Amplitudenmodulation mit der Wellenzahl q. Eine solche Ortsabhängigkeit (im eindimensionalen Beispiel der Abb. 8.6-1) liefert gerade die Überlagerung zweier ebener Wellen

$$\mathrm{Re}\,[\mathrm{e}^{i(q+G)x} + \mathrm{e}^{i(q-G)x}] = 2\cos(qx)\cos(Gx)]\,. \tag{1}$$

Wegen

$$\delta\varrho = \chi\,\delta\widetilde{V}\,, \quad \delta\widetilde{V} = \delta V + v\chi\varepsilon^{-1}\,\delta V \tag{2}$$

sind also die wesentlichen Matrixelemente von χ in diesem Falle

$$\chi_{q+G,\,q}\,, \quad \chi_{q-G,\,q}\,. \tag{3}$$

Analoges gilt dann auch für das von $\delta\varrho$ erzeugte Abschirmpotential und für ε^{-1}. Die wesentlichen Fourier-Komponenten des Abschirmpotentials haben jetzt also nicht die Periodizität des äußeren Störfeldes, sondern etwa die Periodizität des Kristallfeldes (sog. Lokalfeldkorrekturen, s. auch [6.2.1]).

Nun berechnet sich ε^{-1} aus χ gemäß Formel (8.4-17), die man auch als

$$\varepsilon_{\boldsymbol{q}+\boldsymbol{G},\,\boldsymbol{q}+\boldsymbol{G}'} = \delta_{\boldsymbol{G}\boldsymbol{G}'} - v_{\boldsymbol{q}+\boldsymbol{G}}\chi_{\boldsymbol{q}+\boldsymbol{G},\,\boldsymbol{q}+\boldsymbol{G}'}\,, \tag{4}$$

schreiben kann. ε ist eine Matrix bezüglich reziproker Gittervektoren als Indizes, in der jetzt im dreidimensionalen Fall eine Vielzahl von Nichtdiagonalelementen wesentlich ist, d. h. eine Matrix von sehr hoher Ordnung. Eine der hauptsächlichen praktischen Schwierigkeiten in Verbindung mit der Berechnung der Phononenspektren in Übergangsmetallen ist die Inversion von (4), d. h. die Inversion der Matrix ε.

Benutzt man in (8.4-25) die Wannier-Darstellung (5.3-21) für die Bandzustände $|\boldsymbol{k}\nu\rangle$, so erhält man χ^0 in der funktionalen Form (Sinha, 69, Hayashi u. Shimizu, 69, s. auch (6.2-121))

$$\chi^0_{\boldsymbol{q}+\boldsymbol{G},\,\boldsymbol{q}+\boldsymbol{G}'} = -\sum_{\substack{mm'\\ \nu\nu'}} F_{\nu\nu'}(\boldsymbol{q}+\boldsymbol{G}, \boldsymbol{R}_m)\,\Theta_{\nu\nu'}(\boldsymbol{q}, \boldsymbol{R}_m - \boldsymbol{R}_{m'})\,F^*_{\nu\nu'}(\boldsymbol{q}+\boldsymbol{G}', \boldsymbol{R}_m')\,, \tag{5}$$

wobei ν und ν' Bandindizes sind und $\boldsymbol{R}_m$ und $\boldsymbol{R}_{m'}$ Gittervektoren. Diese Form bleibt auch erhalten, wenn man die Austausch- und Korrelationskorrekturen der Elektronen an dem selben Gitterort berücksichtigt (Sham, 71).

Benutzt man einen Ausdruck (5) für den von den Tight-Binding-Bändern herrührenden Anteil und einen (in $\boldsymbol{G}$ diagonalen) Ausdruck für den von den fast freien Elektronen herrührenden Anteil, so kann man die ε-Matrix aus (4) als $(s = (\nu\nu'm))$

$$\varepsilon_{\boldsymbol{q}+\boldsymbol{G},\,\boldsymbol{q}+\boldsymbol{G}'} = \varepsilon_{|\boldsymbol{q}+\boldsymbol{G}|}\delta_{\boldsymbol{G}\boldsymbol{G}'} + v_{\boldsymbol{q}+\boldsymbol{G}}\sum_{ss'} F_s(\boldsymbol{q}+\boldsymbol{G})\,\Theta_{ss'}(\boldsymbol{q})\,F_{s'}(\boldsymbol{q}+\boldsymbol{G}') \tag{6}$$

schreiben. Dieser Ausdruck läßt sich formal invertieren mit dem Ergebnis (Hanke, 73a)

$$\varepsilon^{-1}_{\boldsymbol{q}+\boldsymbol{G},\,\boldsymbol{q}+\boldsymbol{G}'} = \frac{\delta_{\boldsymbol{G}\boldsymbol{G}'}}{\varepsilon_{|\boldsymbol{q}+\boldsymbol{G}|}} - v_{\boldsymbol{q}+\boldsymbol{G}}\sum_{ss'}\widetilde{F}_s(\boldsymbol{q}+\boldsymbol{G})\,[V(\boldsymbol{q}) + \Theta^{-1}(\boldsymbol{q})]^{-1}_{ss'}\,\widetilde{F}_{s'}(\boldsymbol{q}+\boldsymbol{G}') \tag{7}$$

mit

$$\begin{aligned}\widetilde{F}_s(\boldsymbol{q}+\boldsymbol{G}) &= F_s(\boldsymbol{q}+\boldsymbol{G})/\varepsilon_{|\boldsymbol{q}+\boldsymbol{G}|}\,,\\ V_{ss'}(\boldsymbol{q}) &= \sum_{\boldsymbol{G}} F^*_s(\boldsymbol{q}+\boldsymbol{G})\,\frac{v_{\boldsymbol{q}+\boldsymbol{G}}}{\varepsilon_{|\boldsymbol{q}+\boldsymbol{G}|}}\,F_{s'}(\boldsymbol{q}+\boldsymbol{G})\,.\end{aligned} \tag{8}$$

Allerdings ist die Ordnung der Matrizen Θ und $V + \Theta^{-1}$ wieder nur im extremen Tight-Binding-Fall so klein, daß die Inversion praktisch möglich ist.

Immerhin kann der Ausdruck (7), in (8.4-15) eingesetzt, als Muster für einen Modellansatz mit einigen wenigen phänomenologischen Parametern für die dynamische Matrix dienen, der physikalisch anschaulich als ein verallgemeinertes Schalenmodell interpretiert werden kann (Sinha u. a., 71, Hanke u. Bilz, 72). Zum physikalischen Inhalt eines Schalenmodells siehe Abb. 8.6-2. Ein rein phänomenologisches Schalenmodell hatte sich zur Beschreibung der Phononen in Übergangsmetallen bereits als sehr nützlich erwiesen (Hanke u. Bilz, 71). Auf der Grundlage von (7) konnten die Phononenspektren in Ni (Hanke u. Bilz, 72) und Pd (Hanke, 73b) mit einem Minimum von Anpaßparametern gut wiedergegeben werden (s. auch Bilz u. a., 74, § 2).

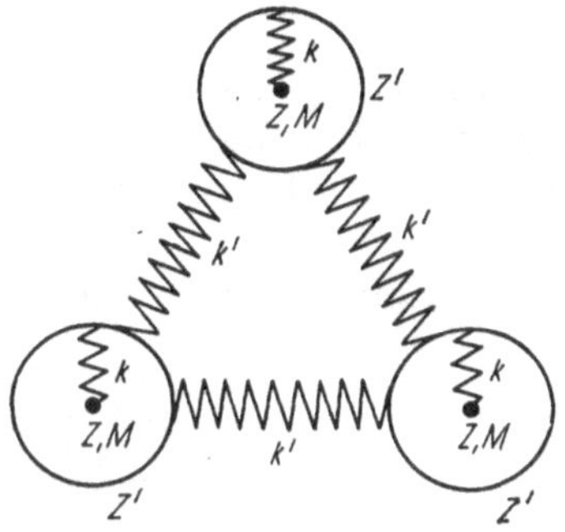

Abb. 8.6-2. Schalenmodell. Die Punktladungen Z mit Massen M an den Ionenorten sind von masselosen (adiabatische Näherung!) Kugelschalen der Ladung Z' umgeben. Punktmassen und Schalen wechselwirken über Coulomb-Kräfte und kurzreichweitige Federkräfte mit Federkonstanten k und k', welche die quantenmechanische Wechselwirkung modellieren, die nicht direkt in Coulomb-Kräften resultiert

Strebt man eine parameterfreie mikroskopische Behandlung der Phononen in Übergangsmetallen an, wie sie sich bei den einfachen Metallen als möglich erwies, so muß man beachten, daß in einem Übergangsmetall wegen der stets großen Zahl von Valenzelektronen pro Atom die im vorigen Kapitel erwähnte Kompensation zwischen $\mathcal{D}^c$ und $\mathcal{D}^e$ (s. auch Abb. 8.5-2) stets drastisch ist. $\mathcal{D}^c$ ist proportional Z^2, während die Phononenfrequenzen und damit die Summe aus $\mathcal{D}^c$ und $\mathcal{D}^e$ gar keinen monotonen Gang mit der Zahl der Valenzelektronen Z zeigen. Eine explizite Berechnung von ε^{-1} aus χ gemäß (8.4-17), die die Aufspaltung von $\mathcal{D}$ in $\mathcal{D}^c$ und $\mathcal{D}^e$ automatisch impliziert, ist deshalb von vornherein dem Problem der Gitterdynamik in Übergangsmetallen wenig angepaßt.

8.6.2. Eine mögliche Alternative

Die Kompensation zwischen $\mathcal{D}^c$ und $\mathcal{D}^e$ ist der mathematische Ausdruck der physikalischen Situation, daß ein großer Teil der Elektronenladung praktisch starr der Auslenkung des Ions folgt. Statt wie in (8.4-15) die Reaktion des Elektronensystems auf die Auslenkung der nackten Ionen zu berechnen, wäre es wünschenswert, die Theorie so umzuformulieren, daß sie die Reaktion der Elektronen auf die Auslenkung neutraler Gebilde enthält. Eine näherungsweise Lösung dieses Problems wurde von Eschrig (76) vorgeschlagen.

Wir betrachten das Übergangsmetall als ein Ensemble sich überlappender neutraler Einheiten, Quasiatome, an Gitterplätzen $\boldsymbol{R}_l$ mit der Elektronenladungsdichte

$$\tilde{\varrho}_l(\boldsymbol{r}) = \tilde{\varrho}(\boldsymbol{r} - \boldsymbol{R}_l) \qquad (9)$$

und dem Coulomb-Potential $\tilde{v}_l(\boldsymbol{r})$ aus

$$-\frac{\Delta}{4\pi}(\tilde{v}_l - v_l) = \tilde{\varrho}_l \,. \tag{10}$$

Der Kürze halber fassen wir hier und im weiteren die Indizes n und ν von (8.1-1) zu einem Index l zusammen. Wie früher ist v_l das nackte Coulomb-Potential des l-ten Ions.

$$V_c(\boldsymbol{r}) = \sum_l \tilde{v}_l(\boldsymbol{r}) \tag{11}$$

ist der Coulomb-Anteil des Kristallpotentials. Gemäß dem oben Gesagten ist nun als Ausgangsnäherung

$$\varepsilon^{-1}\,\nabla v_l \approx \nabla\tilde{v}_l \tag{12}$$

zu setzen; die Abschirmwirkung der Elektronen bei der Auslenkung des i-ten Ions führt dazu, daß das l-te Quasiatom als Ganzes ausgelenkt wird. Die Näherung (12) wäre in (8.4-8) allerdings meist ungenügend, denn sie vernachlässigt die Polarisation des Quasiatoms bei der Auslenkung vollständig.

Um zu einer Verbesserung dieser Näherung zu kommen, benutzen wir die Identitäten

$$\varepsilon^{-1}\,\nabla v_l = \nabla\tilde{v}_l + \varepsilon^{-1}(\nabla v_l - \nabla\tilde{v}_l + v\chi\,\nabla\tilde{v}_l) \tag{13}$$

und

$$\int d^3r\left(-\frac{\Delta}{4\pi}\,U\right)(\varepsilon^{-1}V) = \int \mathrm{d}^3r\,(\varepsilon^{-1}U)\left(-\frac{\Delta}{4\pi}\,V\right). \tag{14}$$

Die erste Identität folgt unmittelbar aus (4). Wir benutzen hier die Operatorschreibweise

$$v\chi\,\nabla\tilde{v}_l = \int \mathrm{d}^3r'\,\mathrm{d}^3r''\,\frac{1}{|\boldsymbol{r}-\boldsymbol{r}'|}\,\chi(\boldsymbol{r}',\boldsymbol{r}'')\,\nabla''\tilde{v}_l(\boldsymbol{r}'')\,. \tag{15}$$

Die Beziehung (14) folgt aus der Definition von ε^{-1} und bringt zum Ausdruck, daß die Wechselwirkungsenergie zweier Testladungen mit den Coulomb-Potentialen U und V in einem abschirmenden Elektronengas auf zweierlei Weise aufgeschrieben werden kann.

Mit (13) und (14) formen wir (8.4-8) folgendermaßen um:

$$\begin{aligned}\Phi_{l\alpha;l'\beta} &= \int \mathrm{d}^3r\left(-\frac{\Delta}{4\pi}\,\nabla_\alpha v_l\right)\nabla_\beta\tilde{v}_{l'}\\ &\quad+\int \mathrm{d}^3r\left(-\frac{\Delta}{4\pi}\,[\nabla_\beta v_{l'} - \nabla_\beta\tilde{v}_{l'} + v\chi\,\nabla_\beta\tilde{v}_{l'}]\right)\varepsilon^{-1}\,\nabla_\alpha v_l\\ &= \int \mathrm{d}^3r\left(-\frac{\Delta}{4\pi}\,\nabla_\alpha v_l\right)\nabla_\beta\tilde{v}_{l'}\\ &\quad+\int \mathrm{d}^3r\left(-\frac{\Delta}{4\pi}\,[\nabla_\beta v_{l'} - \nabla_\beta\tilde{v}_{l'} + v\chi\,\nabla_\beta\tilde{v}_{l'}]\right)\nabla_\alpha\tilde{v}_l + \dots\,.\end{aligned} \tag{16}$$

Damit ist in höherer Näherung das explizite ε^{-1} eliminiert. Der in der runden Klammer stehende erste Faktor im zweiten Integral von (16) ist wegen (13) proportional der Polarisationsladungsdichte der Quasiatome infolge der Auslenkung des l'-ten Quasiatoms. Diese ist an den Nachbarn des l'-ten Quasiatoms in derselben Weise von Null verschieden wie an diesem selbst, da bei der Auslenkung eines Quasiatoms dessen Nachbarn ebenso wie dieses polarisieren. Insbesondere enthält sie die Friedel-Oszillationen. Der Hauptbeitrag zum zweiten Faktor $\varepsilon^{-1}(\nabla_\alpha v_l)$ in diesem Integral ist aber durch (12) gegeben, und es erscheint gerechtfertigt, jetzt den zweiten Ausdruck von (13) zu vernachlässigen. Man beachte hierbei, daß im zweiten Integral von (16) der wesentliche Beitrag aus dem Volumen des l-ten Quasiatoms kommt (das infolge der Auslenkung des l'-ten polarisiert). Im ersten Integral ist der Integrand zwar auch nur im Volumen des l-ten Quasiatoms von Null verschieden, $\nabla \tilde{v}_{l'}$ ist aber dort bereits eine kleine Größe (siehe Abb. 8.5-2). Daher sind die beiden Integrale in (16) im allgemeinen von gleicher Größenordnung, auch wenn der zweite Summand von (13) (im Volumen des l-ten Quasiatoms) klein gegen den ersten ist.

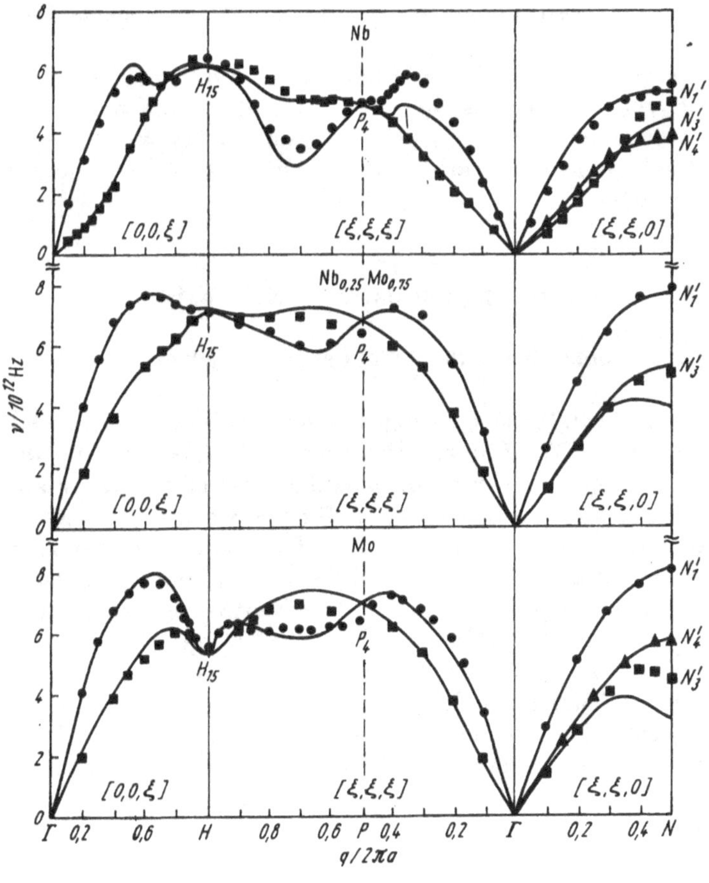

Abb. 8.6-3. Berechnete Phononendispersionskurven in Nb, $Nb_{0,25}Mo_{0,75}$ und Mo (Varma u. Weber, 77). Der glatte Teil der Dispersionskurven wurde angepaßt. Ein dem letzten Term von (17) entsprechender parametrisierter Ausdruck lieferte die Anomalien. Die Kreise, Quadrate und Dreiecke sind experimentelle Punkte. $\nu/10^{12}$ Hz $= \hbar\omega/4{,}138$ meV

Mit (10) bringen wir (16) in die endgültige Form

$$\Phi_{l\alpha;\,l'\beta} = \int \mathrm{d}^3r \left(-\frac{\Delta}{4\pi}\nabla_\alpha\tilde{v}_l\right)\nabla_\beta\tilde{v}_{l'} - \int \mathrm{d}^3r\,[(\nabla_\alpha\tilde{\varrho}_l)\,(\nabla_\beta\tilde{v}_{l'}) + (\nabla_\alpha\tilde{v}_l)\,(\nabla_\beta\tilde{\varrho}_{l'})] + \int \mathrm{d}^3r\,(\nabla_\alpha\tilde{v}_l)\,\chi(\nabla_\beta\tilde{v}_{l'})\,. \tag{17}$$

Die einzige Näherung, die dieser Ausdruck enthält, ist die Näherung (12) im zweiten Integral (16). Damit wurde der enorme Vorteil erkauft, daß (17) nur noch abgeschirmte Potentiale enthält und deshalb auch ε^{-1} nicht mehr explizit vorkommt. Es treten daher keine großen, sich gegenseitig kompensierenden Terme mehr auf. Zu einer endgültigen Beurteilung müssen noch ausführlichere numerische Rechnungen abgewartet werden.

Gemäß den Betrachtungen in [8.4.4] enthält der letzte Summand von (17) die Migdal-Kohn-Anomalien. Ein solcher Ausdruck wurde insbesondere erfolgreich zur Erklärung der physikalischen Natur der starken Phononenanomalien in Übergangsmetallen (Varma u. Weber, 77) benutzt (Abb. 8.6-3).

Während also die mikroskopische Theorie der Phononen in einfachen Metallen weitestgehend abgeschlossen vorliegt, ist das für die Übergangsmetalle und deren metallische Verbindungen (wie auch für Nichtmetalle allgemein) bei weitem noch nicht der Fall. Eine völlig offene Frage ist hier auch noch der befriedigende Einbau von Effekten der Elektronenkorrelation.

8.7. Zur Theorie der Neutronenstreuung am harmonischen Kristall

8.7.1. Wechselwirkung des harmonischen Kristalls mit einem Teilchenstrahl

In diesem abschließenden Kapitel von [8] sollen einige Aspekte der inelastischen Neutronenstreuung als der wichtigsten Technik zur experimentellen Bestimmung der Phononenspektren in Metallen besprochen werden. Beiläufig erhalten wir zu Anfang die wichtigsten Ausdrücke der elastischen Streuung, die für die Strukturanalyse mit Neutronen und mit Röntgen-Strahlen gleichermaßen gelten. Die Phononendispersionskurven auf Symmetrielinien sind praktisch für alle Metalle und für eine Vielzahl von intermetallischen Verbindungen mit Hilfe der inelastischen Neutronenstreuung ausgemessen. Einen ziemlich vollständigen Überblick bis zum Jahr 1973 gibt Dolling (74). Eine ausführliche Darstellung der Grundlagen der Theorie der inelastischen Neutronenstreuung enthält Gurjewitsch und Tarasow (65).

Zunächst betrachten wir ganz allgemein die Wechselwirkung eines harmonischen Kristalls mit einem Teilchenstrahl (Neutronen, Photonen usw.). Die experimentelle Anordnung ist in Abb. 8.7-1 dargestellt. Die Wellenfunktionen für die Teilchen vor und nach der Streuung seien

$$\langle \boldsymbol{r} \mid \boldsymbol{k}\rangle \sim \mathrm{e}^{i\boldsymbol{k}\boldsymbol{r}}\,, \quad \langle \boldsymbol{r} \mid \boldsymbol{k}'\rangle \sim \mathrm{e}^{i\boldsymbol{k}'\boldsymbol{r}}\,. \tag{1}$$

Der Operator der Wechselwirkung mit den Kristallionen sei

$$W(\boldsymbol{r}) = \sum_{n\nu} w_{n\nu}(\boldsymbol{r} - \boldsymbol{R}_{n\nu} - \boldsymbol{u}_{n\nu})\,. \tag{2}$$

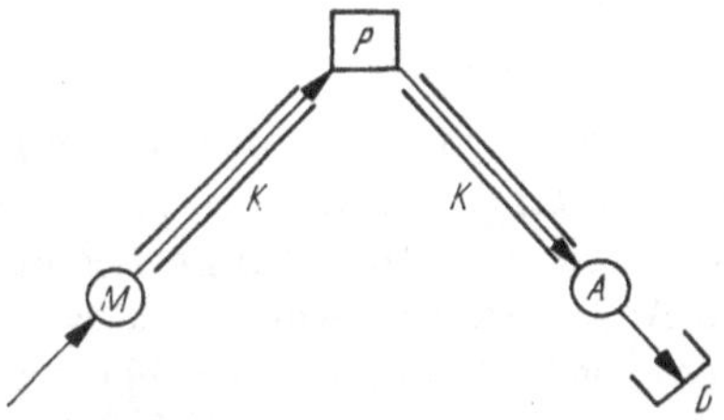

Abb. 8.7-1. Schema der experimentellen Anordnung im Streuexperiment. M — Monochromator, P — Probe, A — Analysator, D — Detektor, K — Kollimatoren zur Ausblendung eines Strahlenbündels. Im Falle der elastischen Streuung kann der Analysator (oder der Monochromator) wegfallen

Die Übergangswahrscheinlichkeit des Gesamtsystems Kristall plus Teilchenstrahl vom Zustand $|a\rangle$ in den Zustand $|b\rangle$ ist nach der „goldenen Regel" der Quantenmechanik durch

$$\gamma_{b\leftarrow a} = \frac{2\pi}{\hbar} |\langle b|\, W|\, a\rangle|^2 \, \delta(E_b - E_a) \tag{3}$$

gegeben (in diesem Kapitel schreiben wir überall $\hbar$ mit auf).

Die Zustände $|a\rangle$ und $|b\rangle$ setzen sich aus den Zuständen (1) des Teilchenstrahls und dem Kristallzustand zusammen. Wir wollen annehmen, daß im Kristall keine elektronischen Übergänge stattfinden, die Kristallzustände können daher wie in (8.1-36 bis 38) durch die Phononenbesetzungszahlen $n_{\boldsymbol{q}\lambda}$ charakterisiert werden:

$$|a\rangle = |\boldsymbol{k}\rangle \mid \dots n_{\boldsymbol{q}\lambda} \dots\rangle \,, \qquad |b\rangle = |\boldsymbol{k}'\rangle \mid \dots n'_{\boldsymbol{q}\lambda} \dots\rangle \,. \tag{4}$$

Zunächst ist

$$\begin{aligned} \langle \boldsymbol{k}'|\, W\, |\boldsymbol{k}\rangle &= \frac{1}{V} \int \mathrm{d}^3 r \, \mathrm{e}^{-i\boldsymbol{k}'\boldsymbol{r}} \sum_{n\nu} w_{n\nu}(\boldsymbol{r} - \boldsymbol{R}_{n\nu} - \boldsymbol{u}_{n\nu}) \, \mathrm{e}^{i\boldsymbol{k}\boldsymbol{r}} \\ &= \sum_{n\nu} \mathrm{e}^{-i\boldsymbol{\varkappa}(\boldsymbol{R}_{n\nu} + \boldsymbol{u}_{n\nu})} \, w_{n\nu}(\boldsymbol{\varkappa}) \end{aligned} \tag{5}$$

mit der Impulsänderung der Teilchen im Strahl

$$\hbar\boldsymbol{\varkappa} = \hbar(\boldsymbol{k}' - \boldsymbol{k}) \,. \tag{6}$$

Die Fourier-Transformierte der Wechselwirkung $w_{n\nu}(\boldsymbol{\varkappa})$ ist im Falle der Kernwechselwirkung thermischer Neutronen eine Konstante, proportional der Fermischen Streulänge, da der Wechselwirkungsradius im Vergleich zur Wellenlänge der Neutronen verschwindend klein ist $\big(w_{n\nu}(\boldsymbol{\varkappa}) = w_{n\nu}(0)\big)$. Im Falle der magnetischen Wechselwirkung der Neutronen und im Falle von Röntgen-Strahlen ist $w_{n\nu}(\boldsymbol{\varkappa})$ proportional dem jeweiligen atomaren Formfaktor und hängt von der Magnetisierungsdichte bzw. der Elektronendichte im Atomvolumen ab. Mit (4) und (5) erhält (3) die Form

$$\gamma_{b\leftarrow a} = \frac{2\pi}{\hbar} \left| \sum_{n\nu} \langle \dots n'_{\boldsymbol{q}\lambda} \dots |\, \mathrm{e}^{-i\boldsymbol{\varkappa}\boldsymbol{u}_{n\nu}} \,| \dots n_{\boldsymbol{q}\lambda} \dots\rangle \, \mathrm{e}^{-i\boldsymbol{\varkappa}\boldsymbol{R}_{n\nu}} \, w_{n\nu}(\boldsymbol{\varkappa}) \right|^2 \delta(E_b - E_a) \,, \tag{7}$$

wobei gemäß (8.1-59, 33 und 24)

$$\begin{aligned} \boldsymbol{u}_{n\nu} &= {\sum_{\boldsymbol{q}\lambda}}' \boldsymbol{V}_{n\nu;\,\boldsymbol{q}\lambda} (b_{\boldsymbol{q}\lambda} + b^+_{\boldsymbol{q}\lambda}) \,, \\ \boldsymbol{V}_{n\nu;\,\boldsymbol{q}\lambda} &= \frac{1}{2} \sqrt{\frac{\hbar}{N M_\nu \omega_{\boldsymbol{q}\lambda}}} \, \big(\boldsymbol{e}_{\nu;\,\lambda}(\boldsymbol{q}) \, \mathrm{e}^{i\boldsymbol{q}\boldsymbol{R}_{n\nu}} + \text{konj. kompl.}\big) \end{aligned} \tag{8}$$

ist.

8.7.2. Elastische und inelastische Streuung

Betrachten wir zunächst ganz kurz die *elastische Streuung*, bei der sich der Kristallzustand nicht ändert, d. h., alle $n'_{q\lambda}$ sind gleich $n_{q\lambda}$. Wegen der δ-Funktion in (7) muß dann $|\boldsymbol{k}| = |\boldsymbol{k}'|$ sein. Da die Intensität der elastischen Streuung stets viel größer als die der inelastischen Streuung ist, kann hierbei der Analysator in Abb. 8.7-1 weggelassen werden. Nach der thermischen Mittelung des Ausdrucks (7) ist das Matrixelement wegen (8.1-60) gleich dem sogenannten *Debye-Waller-Faktor*

$$\langle e^{-i\boldsymbol{\varkappa}\boldsymbol{u}_{n\nu}}\rangle = e^{-W_\nu(\boldsymbol{\varkappa},\, T)}\,,$$

$$W_\nu(\boldsymbol{\varkappa}, T) = \frac{\hbar}{2NM_\nu}\sum_{\boldsymbol{q}\lambda}\frac{|\boldsymbol{\varkappa}\boldsymbol{e}_{\nu;\,\lambda}(\boldsymbol{q})|^2}{\omega_{\boldsymbol{q}\lambda}}\left(\bar{n}_{\boldsymbol{q}\lambda} + \frac{1}{2}\right) = \sum_{\alpha\beta} W_{\nu,\,\alpha\beta}(T)\,\varkappa_\alpha\varkappa_\beta \tag{9}$$

mit $\bar{n}_{q\lambda}(T)$ aus (8.1-45). Aus (7) erhält man im Fall der elastischen Streuung

$$\gamma_{\boldsymbol{k}'\leftarrow\boldsymbol{k}} = \frac{2\pi}{\hbar}\,\delta(\varepsilon_{\boldsymbol{k}'} - \varepsilon_{\boldsymbol{k}})\left|\sum_{n\nu} w_{n\nu}\, e^{-W_\nu}\, e^{i\boldsymbol{\varkappa}\boldsymbol{R}_{n\nu}}\right|^2. \tag{10}$$

$\varepsilon_{\boldsymbol{k}}$ ist die Energie eines Teilchens im Strahl mit dem Impuls $\hbar\boldsymbol{k}$.

Sind die Streuamplituden $w_{n\nu}$ für alle Atome der gleichen Sorte gleich (kohärenter Fall, s. unten), so kann (10) mit (8.4-14) weiter umgeformt werden zu

$$\begin{aligned}\gamma_{\boldsymbol{k}'\leftarrow\boldsymbol{k}} &= \frac{2\pi N}{\hbar}\,\delta(\varepsilon_{\boldsymbol{k}'} - \varepsilon_{\boldsymbol{k}})\,\frac{(2\pi)^3}{v}\sum_{\boldsymbol{G}}\delta(\boldsymbol{\varkappa} - \boldsymbol{G})\,F(\boldsymbol{\varkappa}, T)\,,\\ F(\boldsymbol{\varkappa}, T) &= \left|\sum_\nu w_\nu(\boldsymbol{\varkappa})\, e^{-W_\nu(\boldsymbol{\varkappa},\,T)}\, e^{i\boldsymbol{\varkappa}\boldsymbol{s}_\nu}\right|^2.\end{aligned} \tag{11}$$

Zunächst muß also die *Bragg-Bedingung* $\boldsymbol{\varkappa} = \boldsymbol{G}$ erfüllt sein. Damit können auf einfache Weise die Gitterkonstanten des Kristalls bestimmt werden. Die Bestimmung der Struktur innerhalb der Elementarzelle, d. h. der $\boldsymbol{s}_\nu$, ist jedoch dadurch erschwert, daß in (11) nicht einfach das Quadrat des Strukturfaktors

$$S(\boldsymbol{\varkappa}) = \frac{1}{M}\sum_\nu e^{i\boldsymbol{\varkappa}\boldsymbol{s}_\nu} \tag{12}$$

steht. Es muß noch der Debye-Waller-Faktor bekannt sein, wozu man gemäß (9) detaillierte Aussagen über das Phononenspektrum, zumindest in einem befriedigenden Modell, benötigt. Im Falle der Röntgen-Streuung muß auch noch die Elektronendichte im Kristall bekannt sein. Umgekehrt kann man eine der beiden letzteren Größen bestimmen, wenn man die Struktur kennt (z. B. wenn die $\boldsymbol{s}_\nu$ aus Symmetriegründen festliegen). Aus der Temperaturabhängigkeit des Debye-Waller-Faktors kann man insbesondere bedingte Rückschlüsse über die Temperaturabhängigkeit der Phononenfrequenzen ziehen, das ist jedoch schon ein kompliziertes Problem. (Es sei bemerkt, daß der Debye-Waller-Faktor zum Nachweis der von der Quantenmechanik vorhergesagten Nullpunktschwingungen benutzt wurde; nach (9) wird der Exponent für $T = 0$ nicht Null, wie es klassisch zu erwarten wäre.)

Wir kommen nun zur *inelastischen Streuung* und betrachten z. B. einen Prozeß mit Erzeugung eines Phonons $\boldsymbol{q}\lambda$, d. h., es sei in (7) $n'_{q\lambda} = n_{q\lambda} + 1$. Mit (8) schreiben wir

$$\mathrm{e}^{-i\varkappa \boldsymbol{u}_{n\nu}} = [1 - i\varkappa \boldsymbol{V}_{n\nu;\,\boldsymbol{q}\lambda}(b_{\boldsymbol{q}\lambda} + b^+_{\boldsymbol{q}\lambda}) + \ldots]\,\mathrm{e}^{-i\varkappa \boldsymbol{u}'_{n\nu}}\,,$$
$$\boldsymbol{u}'_{n\nu} = \sum_{\boldsymbol{q}'\lambda'(\neq \boldsymbol{q}\lambda)} \boldsymbol{V}_{n\nu;\,\boldsymbol{q}'\lambda'}(b_{\boldsymbol{q}'\lambda'} + b^+_{\boldsymbol{q}'\lambda'})\,, \tag{13}$$

wobei $\boldsymbol{u}'_{n\nu}$ die Auslenkung ohne Berücksichtigung der Mode $\boldsymbol{q}\lambda$ ist. Für $N \to \infty$ ist aber $\boldsymbol{u}'_{n\nu} = \boldsymbol{u}_{n\nu}$, da die Zahl der Phononenmoden proportional N ist und jede einzelne nur noch verschwindend wenig zu $\boldsymbol{u}_{n\nu}$ beiträgt $\left(\boldsymbol{V} \sim N^{-1/2}\text{, s. (8)}\right)$. Wegen (8.1-36), (8.1-37) liefert jetzt nur der Summand von (13), der proportional $b^+_{\boldsymbol{q}\lambda}$ ist, einen Beitrag, und wenn wir diesen Operator auf den links stehenden Zustand anwenden, erhalten wir für das Matrixelement in (7)

$$-i\varkappa \boldsymbol{V}_{n\nu;\,\boldsymbol{q}\lambda}\sqrt{n_{\boldsymbol{q}\lambda}+1}\,\langle \ldots n_{\boldsymbol{q}\lambda} \ldots|\,\mathrm{e}^{-i\varkappa \boldsymbol{u}'_{n\nu}}\,|\ldots n_{\boldsymbol{q}\lambda} \ldots\rangle\,. \tag{14}$$

Bei der thermischen Mittelung von (7) tritt analog zu (9) an die Stelle von (14)

$$-i\varkappa \boldsymbol{V}_{n\nu;\,\boldsymbol{q}\lambda}\sqrt{\bar{n}_{\boldsymbol{q}\lambda}+1}\,\mathrm{e}^{-W_\nu(\varkappa,\,T)}\,. \tag{15}$$

Die Mittelung erfolgt dabei unter der Wurzel und im verbleibenden Matrixelement von (14) unabhängig voneinander, da das verbleibende Matrixelement von $n_{\boldsymbol{q}\lambda}$ nicht mehr abhängt. Nach dem oben Gesagten ist für $N \to \infty$ aber trotzdem

$$\langle \mathrm{e}^{-i\varkappa \boldsymbol{u}'_{n\nu}}\rangle = \mathrm{e}^{-W_\nu(\varkappa,\,T)}\,. \tag{16}$$

Setzen wir (15) mit $\boldsymbol{V}_{n\nu;\,\boldsymbol{q}\lambda}$ aus (8) für das Matrixelement in (7) ein, so erhalten wir die Wahrscheinlichkeit für einen Prozeß mit Phononenerzeugung. Wir schreiben das Ergebnis zusammen mit dem für Phononenvernichtung auf, das man durch eine völlig analoge Überlegung mit $n'_{\boldsymbol{q}\lambda} = n_{\boldsymbol{q}\lambda} - 1$ erhält:

$$\gamma^{(\boldsymbol{q}\lambda)}_{\boldsymbol{k}'\leftarrow\boldsymbol{k}} = \frac{\pi}{2N}\,\delta(\varepsilon_{\boldsymbol{k}'} - \varepsilon_{\boldsymbol{k}} \pm \hbar\omega_{\boldsymbol{q}\lambda})\,\frac{\bar{n}_{\boldsymbol{q}\lambda} + \frac{1}{2} \pm \frac{1}{2}}{\omega_{\boldsymbol{q}\lambda}}\,*$$
$$*\left|\sum_{n\nu}\frac{w_{n\nu}}{\sqrt{M_\nu}}\,\mathrm{e}^{-W_\nu}\,[\varkappa \boldsymbol{e}_{\nu;\,\lambda}(\boldsymbol{q})\,\mathrm{e}^{i(\varkappa+\boldsymbol{q})\boldsymbol{R}_{n\nu}} + \varkappa \boldsymbol{e}^*_{\nu;\,\lambda}(\boldsymbol{q})\,\mathrm{e}^{i(\varkappa-\boldsymbol{q})\boldsymbol{R}_{n\nu}}]\right|^2. \tag{17}$$

Das untere Vorzeichen gilt für Phononenvernichtung. Die gesamte Streuwahrscheinlichkeit von $\boldsymbol{k}$ nach $\boldsymbol{k}'$ erhält man durch Summation von (17) über alle Phononenmoden:

$$\gamma_{\boldsymbol{k}'\leftarrow\boldsymbol{k}} = \sum_{\boldsymbol{q}\lambda}\gamma^{(\boldsymbol{q}\lambda)}_{\boldsymbol{k}'\leftarrow\boldsymbol{k}} = \sum_\lambda \frac{V}{(2\pi)^3}\int_{\mathrm{BZ}} \mathrm{d}^3q\,\gamma^{(\boldsymbol{q}\lambda)}_{\boldsymbol{k}'\leftarrow\boldsymbol{k}}\,. \tag{18}$$

Der differentielle Wirkungsquerschnitt ergibt sich aus (18) gemäß (z. B. Landau u. Lifschitz, 79)

$$\mathrm{d}\sigma = \frac{M_n^2V^2}{(2\pi)^3\,\hbar k}\,\gamma_{\boldsymbol{k}'\leftarrow\boldsymbol{k}}\,\mathrm{d}^3k' = \frac{M_n^2V^2}{(2\pi\hbar)^3}\,\frac{k'}{k}\,\gamma_{\boldsymbol{k}'\leftarrow\boldsymbol{k}}\,\mathrm{d}\Omega\,\mathrm{d}\varepsilon\,, \tag{19}$$

wobei M_n die Neutronenmasse und $\mathrm{d}\Omega$ das Raumwinkelelement im Impulsraum ist. Für die Streuamplitude der Kernstreuung an einem Ion gilt (ebenda)

$$f_{n\nu}(\varkappa) = -\frac{M_nV}{2\pi\hbar^2}\,w_{n\nu}(\varkappa) = -b_{n\nu}\,, \tag{20}$$

wobei, wie schon am Anfang des Kapitels gesagt, für thermische Neutronen hier der Grenzwert $-b_{n\nu}$ für $\varkappa \to 0$ verwendet werden kann; $b_{n\nu}$ wird als Fermische Streulänge bezeichnet. Die Formeln (17) bis (20) lassen sich zu

$$\frac{d^2\sigma}{d\Omega\, d\varepsilon} = \frac{\hbar}{4N} \frac{k'}{k} \sum_\lambda \frac{V}{(2\pi)^3} \int_{BZ} d^3q\, \delta(\varepsilon_{k'} - \varepsilon_k \pm \hbar\omega_{q\lambda}) \frac{\bar{n}_{q\lambda} + \frac{1}{2} \pm \frac{1}{2}}{\omega_{q\lambda}} F_{q\lambda}(\varkappa, T),$$

$$F_{q\lambda}(\varkappa, T) = \left| \sum_{n\nu} \frac{b_{n\nu}}{\sqrt{M_\nu}} e^{-W_\nu} [\varkappa e_{\nu;\lambda}(q)\, e^{i(\varkappa+q)R_{n\nu}} + \varkappa e^*_{\nu;\lambda}(q)\, e^{i(\varkappa-q)R_{n\nu}}] \right|^2 \tag{21}$$

zusammenfassen. Wir betrachten hier und im weiteren nur die Kernstreuung der Neutronen und lassen die viel schwächere magnetische Streuung außer acht.

8.7.3. Kohärente und inkohärente Streuung

Zur weiteren Auswertung von (21) muß man beachten, daß die Ionen der Sorte ν zwar in allen Elementarzellen n chemisch gleich sind, ihre Streulängen $b_{n\nu}$ aber trotzdem verschieden sein können. Dafür gibt es zwei Gründe. Einmal treten viele Elemente in der Natur als Isotopengemisch auf, und die Kernwechselwirkung der Neutronen mit verschiedenen Isotopen ist natürlich verschieden. Zum anderen haben viele Kerne einen von Null verschiedenen Spin, und die Kernwechselwirkung hängt vom Betrag des Gesamtspins von Kern und Neutron ab. Da die Kernspins bei Temperaturen über einigen Millikelvin prinzipiell nicht ausgerichtet sind (bei tieferen Temperaturen kann es Kernmagnetismus geben), ist die relative Spineinstellung von Kern und Neutron in verschiedenen Elementarzellen n unterschiedlich.

Damit macht sich eine Mittelung der $b_{n\nu}$ über n erforderlich. Die Werte der $b_{n\nu}$ an verschiedenen Orten sind natürlich nicht miteinander korreliert, so daß für $n\nu \neq n'\nu'$

$$\langle b_{n\nu} b_{n'\nu'} \rangle = \langle b_{n\nu} \rangle \langle b_{n'\nu'} \rangle \tag{22}$$

gilt. Für $n\nu = n'\nu'$ schreiben wir

$$\langle b_{n\nu}^2 \rangle = \langle b_{n\nu} \rangle^2 + (\langle b_{n\nu}^2 \rangle - \langle b_{n\nu} \rangle^2)\,. \tag{23}$$

Werden die $b_{n\nu}$ durch ihre Mittelwerte ersetzt, so wird damit der Anteil der Streuung beschrieben, der in allen Elementarzellen in gleicher Weise erfolgt, der *kohärente Anteil*. Der Rest, der zweite Summand von (23), beschreibt den *inkohärenten Anteil*. Dementsprechend schreiben wir

$$\langle b_{n\nu} \rangle = b_{\nu,\mathrm{koh}}\,, \quad \langle b_{n\nu}^2 \rangle - \langle b_{n\nu} \rangle^2 = b^2_{\nu,\mathrm{ink}}\,, \tag{24}$$

und der Streuquerschnitt (21) zerfällt ebenfalls in einen kohärenten und einen inkohärenten Anteil. Unter Benutzung von (8.4-14) erhält man für diese

$$\frac{d^2\sigma_{\mathrm{koh}}}{d\Omega\, d\varepsilon} = N \frac{\hbar}{2} \frac{k'}{k} \left\langle \frac{b_{\mathrm{koh}}}{\sqrt{M}} e^{-W} \right\rangle^2 \frac{\bar{n}(\varepsilon) + \frac{1}{2} \pm \frac{1}{2}}{\varepsilon} \sum_\lambda \frac{V_0}{(2\pi)^3} \int_{BZ} d^3q\, \delta(\varepsilon \pm \hbar\omega_{q\lambda}) * \\ * \frac{(2\pi)^3}{V_0} \sum_G \delta(\varkappa - q - G)\, F^{\mathrm{koh}}_{q\lambda}(\varkappa)\,, \tag{25}$$

$$F^{\mathrm{koh}}_{q\lambda}(\varkappa) = \left| \sum_\nu \frac{b_{\nu,\mathrm{koh}}\, e^{-W_\nu}/\sqrt{M_\nu}}{\langle b_{\mathrm{koh}}\, e^{-W}/\sqrt{M} \rangle} \varkappa e^*_{\nu;\lambda}(q)\, e^{i(\varkappa-q)s_\nu} \right|^2;$$

$$\frac{\mathrm{d}^2\sigma_{\text{ink}}}{\mathrm{d}\Omega\,\mathrm{d}\varepsilon} = N\,\frac{\hbar}{2}\,\frac{k'}{k}\left\langle\frac{b^2_{\text{ink}}}{M}\,\mathrm{e}^{-2W}\right\rangle\frac{\bar{n}(\varepsilon)+\frac{1}{2}\pm\frac{1}{2}}{\varepsilon}\sum_{\lambda}\frac{V_0}{(2\pi)^3}\int\limits_{\text{BZ}}\mathrm{d}^3q\;\delta(\varepsilon\pm\hbar\omega_{\boldsymbol{q}\lambda})\,F^{\text{ink}}_{\boldsymbol{q}\lambda}\,,$$

$$F^{\text{ink}}_{\boldsymbol{q}\lambda} = \sum_{\nu}\frac{b^2_{\nu,\,\text{ink}}\,\mathrm{e}^{-2W_\nu}/M_\nu}{\langle b^2_{\text{ink}}\,\mathrm{e}^{-2W}/M\rangle}\,|\boldsymbol{\varkappa}\boldsymbol{e}_{\nu;\,\lambda}(\boldsymbol{q})|^2\,. \qquad (26)$$

In diesen Formeln wurde noch die Energieänderung

$$\varepsilon = \varepsilon_{\boldsymbol{k}'} - \varepsilon_{\boldsymbol{k}} \qquad (27)$$

der gestreuten Neutronen eingeführt. Wegen der δ-Funktion kann der Faktor $(\bar{n}_{\boldsymbol{q}\lambda} + 1/2 \pm 1/2)/\omega_{\boldsymbol{q}\lambda}$ aus dem $\boldsymbol{q}$-Integral herausgezogen werden. Weiter wurde (8.1-30) und die ebenfalls aus (8.1-29) folgende Beziehung

$$\boldsymbol{e}_{\nu;\,\lambda}(-\boldsymbol{q}) = \boldsymbol{e}^*_{\nu;\,\lambda}(\boldsymbol{q}) \qquad (28)$$

benutzt. Die herausgezogenen Größen in spitzen Klammern in (25) und (26) stellen Mittelwerte über die Elementarzelle dar, um die Faktoren F zu normieren. (M bedeutet hier die Ionenmasse und ist nicht mit der Anzahl der Atome pro Elementarzelle zu verwechseln, die in diesem Buch ebenfalls mit M bezeichnet wird.) Bezüglich einer gruppentheoretischen Analyse von $F^{\text{koh}}_{\boldsymbol{q}\lambda}$ s. Elliott und Thorpe (67), eine Anwendung auf eine komplizierte Kristallstruktur geben Eschrig u. a. (72b).

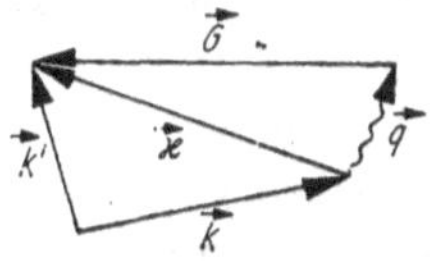

Abb. 8.7-2. Quasiimpulserhaltung bei der kohärenten Streuung mit Phononenvernichtung

Die Ergebnisse (25) und (26) enthalten eine δ-Funktion für den Energiesatz, der bei der Streuung immer gilt. Im kohärenten Fall „sieht“ das Neutron ein diskret translationsinvariantes Kristallgitter, weshalb auch noch der Quasiimpulserhaltungssatz gilt, der durch die andere δ-Funktion ausgedrückt ist (Abb. 8.7-2). Im inkohärenten Fall „sieht“ das Neutron ein ungeordnetes Gitter, und der Quasiimpulssatz gilt nicht. Die kohärente Streuung gestattet somit die Ausmessung der Phononendispersionskurven, der Phononenenergie $\hbar\omega_{\boldsymbol{q}\lambda}$ als Funktion des Quasiimpulses $\hbar\boldsymbol{q}$. Im Falle eines kubischen Kristalls mit einem Atom in der Elementarzelle (bzw. eines beliebigen Kristalls mit nur einer Atomsorte, wenn man über alle Kristallorientierungen mittelt, d. h. polykristalline Proben benutzt) ist $F^{\text{ink}} = \varkappa^2$, und man erhält aus der inkohärenten Streuung direkt die Phononenzustandsdichte (8.1-46) (wobei im Experiment zweckmäßig $\boldsymbol{\varkappa} = \text{const}$ gehalten werden sollte und nur ε variiert, um den Debye-Waller-Faktor konstant zu halten). Der allgemeine Fall ist natürlich der, bei dem beide Streuanteile (25) und (26) von Null verschieden sind. Die Verhältnisse sind in Abb. 8.6-3 dargestellt.

Daraus erkennt man, daß im Falle eines Bravais-Gitters, in dem es nur akustische Phononenzweige gibt, für $\boldsymbol{\varkappa} = \boldsymbol{G}$ ein kohärenter Anteil der Streuung für $\omega \neq 0$ nicht auftreten kann. Auf diese Weise kann man die Phononenzustandsdichte auch in kubischen Kristallen bestimmen, die nur schwach inkohärent streuen (Kagan, 62).

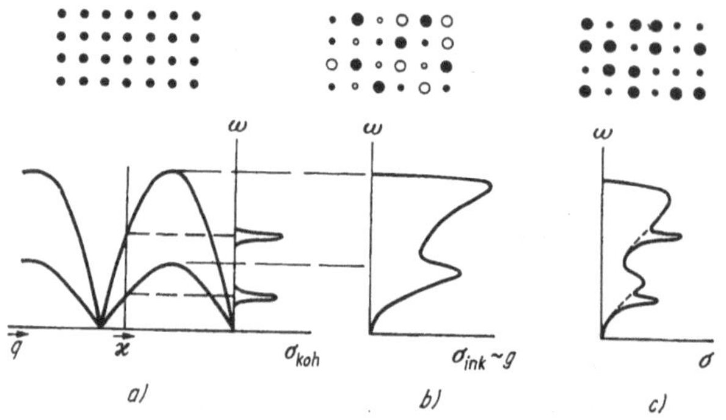

Abb. 8.7-3. a) Die kohärente Streuung liefert Peaks im Wirkungsquerschnitt bei $\omega(\varkappa)$ (bzw. $\omega(\varkappa + G)$). b) Die vollständig inkohärente Streuung ($\langle b \rangle = 0$) liefert (im Falle nur einer Atomsorte) einen Wirkungsquerschnitt proportional zur Phononenzustandsdichte $g(\omega)$. c) Im allgemeinen Fall sind beide Beiträge überlagert. Über den Diagrammen ist angedeutet, wie das Neutron den Kristall „sieht". Die Größe der Punkte soll die Streulänge b charakterisieren, Kreise bedeuten negative Streulänge

Existieren in der Natur Isotope eines Elements mit unterschiedlichem Vorzeichen der Streulänge b (wie z. B. Ni), so kann man ein Isotopengemisch mit $b_{\text{koh}} = \langle b \rangle = 0$ herstellen, in dem dann überhaupt keine kohärente Streuung auftritt. Von Egelstaff (61) wurde gezeigt, daß der kohärente Streuquerschnitt in der Grenze sehr großer Impulsübertragungen $\varkappa$ (wenn infolge der endlichen Strahlöffnung die optische Kohärenzbedingung nicht mehr erfüllt ist) proportional dem inkohärenten Querschnitt wird und damit auch die Phononenzustandsdichte liefert. Die Methode ist jedoch aus mehreren Gründen nicht sehr genau. Es muß noch einmal betont werden, daß im Falle mehrerer Atomsorten der inkohärente Streuquerschnitt überhaupt nicht proportional der Phononenzustandsdichte ist (Tschernopljokow u. a., 63).

Bei den meisten Elementen dominiert der kohärente Anteil der Streuung. Natürlich kann man die Phononenzustandsdichte als wichtigste Charakteristik der Gitterdynamik durch Ausmessung der Phononendispersionsbeziehungen in der ganzen Brillouin-Zone und anschließende Berechnung mit Hilfe von (8.1-46) erhalten, was aber sehr aufwendig ist. Deshalb wurde von Oskotskij und Mitarbeitern (Bredow u. a., 67, Oskotski, 67) eine Methode zur Bestimmung der Phononenzustandsdichte aus der kohärenten Neutronenstreuung vorgeschlagen, bei der die Nichterfüllung der optischen Kohärenzbedingung bei kleiner Impulsübertragung erzwungen wird a) durch gleichzeitige Messung in einem großen Streuwinkelbereich und b) durch Mittelung über alle Kristallorientierungen durch Verwendung polykristalliner Proben. Bei Substanzen mit mehreren Atomsorten erhält man natürlich auch hier nicht direkt die Zustandsdichte.

Der einzige allgemein gangbare Weg zur Bestimmung der Phononenzustandsdichte mit vertretbarem Aufwand auch in komplizierteren nichtkubischen Strukturen scheint in der Aufstellung eines theoretischen Modells für die Gitterdynamik, der vollständigen Berechnung des Neutronenstreuquerschnitts daraus, dem Vergleich mit dem Experiment und der anschließenden Korrektur der Ergebnisse des Modells zu bestehen (Eschrig u. a., 74, 77).

8.8. Literatur

Afanasiew, A. M., J. M. Kagan, Ž. eksper. teoret. fiz. **43**, 1456 (1962).

Barron, T. H. K., M. L. Klein, in: Horton u. Maradudin (74), S. 391.

Bertoni, C. M., V. Bortolani, C. Calandra, F. Nizzoli, Phys. Rev. Lett. **31**, 1466 (1973).

Bilz, H., B. Gliss, W. Hanke, in: Horton u. Maradudin (74), S. 343.

Born, M., Atomtheorie des festen Zustands, 2. Ausg., Teubner, Leipzig 1923, S. 578.

Born, M., K. Huang, Dynamical Theory of Crystal Lattices, Clarendon, Oxford 1954.

Born, M., R. Oppenheimer, Ann. Physik (Leipz.) **84**, 457 (1927).

Bortolani, V., in: P. Ziesche (Hrsg.), Proc. 4th Symp. Electronic Structure, TU Dresden, 1974, S. 42.

Bredow, M. M., B. A. Kotow, N. M. Okunewa, W. S. Oskotski, A. L. Schach-Budagow, Fiz. tverd. tela **9**, 289 (1967).

Brockhouse, B. N., K. R. Rao, A. D. B. Woods, Phys. Rev. Lett. **7**, 93 (1961).

Brovman, E. G., J. M. Kagan, Ž. eksper. teoret. fiz. **52**, 557 (1967).

Brovman, E. G., J. M. Kagan, Ž. eksper. teoret. fiz. **57**, 1329 (1969).

Brovman, E. G., J. M. Kagan, Ž. eksper. teoret. fiz. **63**, 1937 (1972).

Brovman, E. G., J. M. Kagan, in: Horton u. Maradudin (74), S. 191.

Brovman, E. G., J. M. Kagan, A. Holas, in: Inelastic Scattering of Neutrons **1**, IAEA Wien 1968, S. 165.

Cochran, W., Proc. Roy. Soc. **A276**, 308 (1963).

Dawydow, A. S., Quantenmechanik, Akademie-Verlag, Berlin 1967, § 33.

Dolling, G., in: Horton u. Maradudin (74), S. 541.

Dorner, B., K. Feldmann, K. Hennig, P. Urwank, L. Weiß, phys. stat. sol. (b) **63**, K135 (1974).

Egelstaff, P. A., in: Inelastic Scattering of Neutrons, IAEA, Wien 1961, S. 25.

Eliashberg, G. M., Ž. eksper. teoret. fiz. **38**, 966, **39**, 1437 (1960).

Elliott, R. J., M. F. Thorpe, Proc. Phys. Soc. **91**, 903 (1967).

Eschrig, H., in: P. Ziesche (Hrsg.), Proc. 4th Symp. Electronic Structure, TU Dresden, 1974, S. 17.

Eschrig, H., in: P. Ziesche (Hrsg.), Proc. 6th Symp. Electronic Structure, TU Dresden, 1976, S. 46.

Eschrig, H., H. Wonn, phys. stat. sol. **40**, 163 (1970).

Eschrig, H., K. Feldmann, K. Hennig, L. Weiß, in: Neutron Inelastic Scattering, IAEA, Wien 1972a, S. 157.

Eschrig, H., P. Urwank, H. Wonn, phys. stat. sol. (b) **49**, 807 (1972b).

Eschrig, H., L. van Loyen, P. Ziesche, phys. stat. sol. (b) **66**, 587 (1974).

Eschrig, H., K. Feldmann, K. Hennig, W. Matz, P. Paufler, phys. stat. sol. (b) **79**, 283 (1977).

Geldard, D. J. W., R. Taylor, Y. P. Varshni, Can. J. Phys. **48**, 183 (1970).

Gurjewitsch, I. I., L. W. Tarasow, Fisika nejtronow niskich energij, Nauka, Moskau 1965.

Hafner, J., P. Schmuck, Phys. Rev. **B9**, 4138 (1974).

Hanke, W., Phys. Rev. **B8**, 4585 (1973a).

Hanke, W., Phys. Rev. **B8**, 4591 (1973b).

Hanke, W., H. Bilz, Z. Naturf. **26**, 585 (1971).

Hanke, W., H. Bilz, in: Neutron Inelastic Scattering, IAEA, Wien 1972, S. 1.

Harrison, W. A., Pseudopotentials in the Theory of Metals Benjamin, New York 1966 (Übers. ins Russ., Mir, Moskau 1968).

Hayashi, E., M. Shimizu, J. Phys. Soc. Japan **26**, 1396 (1969).

Horton, G. K., A. A. Maradudin (Hrsg.), Dynamical Properties of Solids, Bd. 1, North-Holland, Amsterdam 1974.

Huang, K., Proc. Roy. Soc. **A203**, 178 (1950).

Kagan, J. M., Ž. eksper. teoret. fiz. **42**, 1375 (1962).
Kagan, J. M., E. G. Brovman, in: Inelastic Scattering of Neutrons IAEA, Wien 1968, Bd. 1, S. 3.
Kaganow, M. I., A. I. Semenenko, Ž. eksper. teoret. fiz. **50**, 630 (1966).
Kaganow, M. J., A. G. Pljawenek, M. Hietschold, Ž. eksper. teoret. fiz. **82**, 2029 (1982).
Kato, T., Perturbation theory for linear operators, Springer, Berlin 1966, Chap. II, §§ 5, 6 (Übers. ins Russ., Mir, Moskau 1972).
Kohn, W., Phy. Rev. Lett. **2**, 393, (1959).
Landau, L. D., E. M. Lifschitz, Lehrbuch der Theoretischen Physik, Bd. III, Akademie-Verlag, Berlin 1979, § 125.
Macke, W., Quanten, Geest & Portig, Leipzig 1965, Kap. 24.
Maradudin, A. A., in: Horton u. Maradudin (74), S. 1.
Maradudin, A. A., S. H. Vosko, Rev. Mod. Phys. **40**, 1 (1968).
Maximow, E. G., Ž. eksper. teoret. fiz. **69**, 2236 (1975).
Migdal, A. B., Ž. eksper. teoret. fiz. **34**, 1438 (1958).
Oskotski, W. S., Fiz. tverd. tela **9**, 550 (1967).
Peierls, R. E., Quantum Theory of Solids, Clarendon, Oxford 1955, § 5.3.
Pick, R. M., M. H. Cohen, R. M. Martin, Phys. Rev. **B1**, 910 (1970).
Rumjanzew, A. Ju., V. V. Puschkarjow, M. G. Semljanow, P. P. Parschin, N. A. Tschernoplojkow, in: Inelastic Neutron Scattering, Bd. 1, IAEA, Wien 1977, S. 293.
Schulze, G. E. R., Metallphysik, Akademie-Verlag, Berlin 1974, Kap. F.
Sham, L. J., Proc. Roy. Soc. **A283**, 33 (1965).
Sham, L. J., Phys. Rev. **188**, 1431 (1969).
Sham, L. J., Phys. Rev. Lett. **27**, 1725 (1971).
Sham, L. J., Phys. Rev. **B6**, 3581 (1972).
Sham, L. J., in: Horton u. Maradudin (74), S. 301.
Shaw, Jr., R. W., R. Pynn, J. Phys. **C2**, 2089 (1969).
Sinha, S. K., Phys. Rev. **177**, 1256 (1969).
Sinha, S. K., R. P. Gupta, D. L. Price, Phys. Rev. Lett. **26**, 1324 (1971).
Stedman, R., L. Almqvist, G. Nilsson, G. Raunio, Phys. Rev. **162**, 545 (1967).
Taut, M., H. Eschrig, phys. stat. sol. (b) **73**, 151 (1976).
Toja, T., J. Res. Inst. Catalysis **6**, 161, 183 (1958).
Tschernopljokow, N. A., M. G. Semljanow, E. G. Brovman, A. G. Tschitscherin, in: Inelastic Scattering of Neutrons, IAEA, Wien 1963, S. 173.
Varma, C. M., W. Weber, Phys. Rev. Lett. **39**, 1094 (1977).
Vosko, S. H., R. Taylor, G. H. Keech, Can. J. Phys. **43**, 1187 (1965).
Wakabayashi, N., H. G. Smith, S. Shanks, Phys. Lett. **50A**, 367 (1974).
Warren, J. L., Rev. Mod. Phys. **40**, 38 (1968).
Weiß, L., H. Eschrig, phys. stat. sol. (b) **114**, 419 (1982).
Ziman, J. M., Prinzipien der Festkörpertheorie, Akademie-Verlag, Berlin 1974.

9. Elektron-Phonon-Wechselwirkung

W. John

Die Elektron-Phonon-Wechselwirkung (EPWW) ist durch einen kleinen Parameter — das Elektron-Ion-Masseverhältnis m/M — charakterisiert. Bei Vernachlässigung von Termen der Ordnung m/M kann das Phononenspektrum in adiabatischer Näherung berechnet werden. Die EPWW führt jedoch zu einer Renormierung des Quasiteilchenspektrums der Elektronen in der Nähe der Fermi-Energie und zu einer anziehenden Wechselwirkung zwischen den Elektronen. Unter Vernachlässigung der Vertexkorrekturen kann die durch die EPWW bedingte Selbstenergie des Elektrons über die Elektron-Phonon-Spektralfunktion $\alpha^2(\omega)\,F(\omega)$ berechnet werden. Der Realteil der Selbstenergie wird durch die dimensionslose Kopplungskonstante λ charakterisiert. Für einfache Metalle kann das Matrixelement der Elektron-Phonon-Wechselwirkung mit Hilfe des Pseudopotentials bestimmt werden. Die berechneten λ-Werte sind in guter Übereinstimmung mit den empirischen Daten. Für Übergangsmetalle wird die EPWW im Rahmen der Rigid-Muffin-Tin-Approximation (RMTA) betrachtet. Die Gaspari-Gyorffy-Formel für den Hopfield-Parameter η wird abgeleitet und der Einfluß der Bandstruktur auf die EPWW diskutiert.

9.0. Einleitende Betrachtungen

In den bisherigen Teilen dieses Buches wurde das Spektrum der Elektronen in einem starren Gitter und das der Phononen in adiabatischer Näherung behandelt. In einem Metall sind jedoch die Elementaranregungen der Leitungselektronen und der Ionen nicht unabhängig voneinander, sondern wechselwirken miteinander. Die Untersuchung dieser Wechselwirkung — der Elektron-Phonon-Wechselwirkung (EPWW) — ist von grundlegender Bedeutung für das Verständnis der elektronischen Eigenschaften der Metalle. Diese Feststellung ergibt sich einmal aus dem Umstand, daß die EPWW zu einer effektiven, anziehenden Wechselwirkung der Elektronen führt, die, falls sie größer als die abstoßende Coulomb-Wechselwirkung der Elektronen ist, für die Bildung von Cooper-Paaren verantwortlich ist. Das Elektronensystem geht dabei vom Zustand einer normalen Fermi-Flüssigkeit in den supraleitenden Zustand über, der sich in den meisten physikalischen Eigenschaften wesentlich von der normalleitenden Phase unterscheidet. Aber auch in normalen, d. h. nicht supraleitenden Metallen, beeinflußt die EPWW viele elektronische Größen dadurch, daß sie zu einer endlichen Lebensdauer aller Elementaranregungen im Metall und gleichzeitig zu einer Renormierung der Quasiteilchenenergien beiträgt. Die endliche Lebensdauer der Quasiteilchen im Metall und der damit verbundene Impuls- und Energietransport zwischen dem Elektronen- und dem Phononensystem bestimmen entscheidend die Transport- und Relaxationsprozesse im Idealkristall. Während bei tiefen Temperaturen auch bei Berücksichtigung der EPWW im Metall wohldefinierte Elementaranregungen mit großer Lebensdauer vorliegen, führt die EPWW jedoch stets zu einer Renormierung der Elektronenenergien in der Nähe der Fermi-Energie, die a priori nicht klein ist. Diese Renormierung der Elektronenenergien beeinflußt solche wichtigen Größen wie den elektronischen Anteil der spezifischen Wärme, die Zyklotronmassen, die Amplitude der de-Haas-van-Alphen-Oszillationen und andere Meßgrößen.

Vor einer Theorie der EPWW stehen damit folgende drei Aufgaben:

1. Ausgehend von ersten Prinzipien muß gezeigt werden, daß auch bei Berücksichtigung der EPWW wohldefinierte Elementaranregungen vom Bose-Typ (Phononen) und Fermi-Typ (Elektronen) in normalen Metallen existieren, und es sind Methoden zur Berechnung der Dispersionsrelation und Lebensdauer der Elementaranregungen zu entwickeln. Von entscheidender Bedeutung für das Verständnis der Rolle der EPWW ist dabei der Umstand, daß das Vielteilchensystem der Elektronen und Ionen durch einen kleinen Parameter — das Elektron-Ion-Massenverhältnis m/M — charakterisiert wird. Unter Vernachlässigung von Korrekturen der Größenordnung $(m/M)^{1/2}$ kann gezeigt werden, daß die adiabatischen Phononen (s. [8]) durch die EPWW nicht renormiert werden (Brovman u. Kagan, 74, Geilikman, 75). In der gleichen Näherung können durch die EPWW bedingte Vertexkorrekturen bei der Berechnung der Selbstenergie der Elektronen vernachlässigt werden (Migdal, 58). Das Hauptproblem, das bis heute nur teilweise gelöst ist, besteht in der Berücksichtigung der Coulomb-Wechselwirkung der Elektronen bei der Bestimmung des abgeschirmten Elektron-Phonon-Matrixelements und des Vertexteils (Heine u. a., 66, Hedin u. Lundqvist, 69, Maximow, 75).

2. Die Selbstenergie Σ der Elektronen an der Fermi-Energie ist — ausgehend von der Bandstruktur und dem Spektrum der adiabatischen Phononen — zu bestimmen. Die meisten Arbeiten beschränken sich dabei auf die Berechnung der durch $\lambda = -(\mathrm{d}\Sigma/\mathrm{d}\varepsilon)_{\varepsilon=\varepsilon_F}$ definierten dimensionslosen Elektron-Phonon-Kopplungskonstanten λ bei $T = 0$. Von Interesse sind vor allem Aussagen darüber, welche Charakteristika der Bandstruktur und des Phononenspektrums auf die EPWW wesentlichen Einfluß haben und wie sich dadurch empirisch gefundene Trends innerhalb des Periodensystems der Elemente verstehen lassen. Diese Fragestellung ist natürlich vor allem für das Problem der Hochtemperatursupraleitung von Bedeutung.

3. Berechnung der supraleitenden Sprungtemperatur T_c und Untersuchung des Einflusses der EPWW auf andere physikalische Meßgrößen der Metalle. Zur Berechnung von T_c sind in den letzten Jahren Näherungslösungen der Eliashberg-Gleichung (McMillan, 68, Allen u. Dynes, 75) angegeben worden, die als wesentlichsten Parameter die Elektron-Phonon-Kopplungskonstante λ enthalten. Der Einfluß der EPWW auf andere physikalische Meßgrößen kann vielfach durch Renormierung der Bandstrukturmasse der Elektronen in der Nähe der Fermi-Energie mit einem Faktor $(1 + \lambda)$ erfaßt werden. Da jedoch auch die Wirkungsquerschnitte der Streuprozesse renormiertwerden müssen, ist die EPWW auf einige wichtige Größen, wie die Periode der de-Haas-van-Alphen-Oszillationen oder die elektrische Gleichstromleitfähigkeit bei $T = 0$, ohne Einfluß. Eine Übersicht über den Einfluß der EPWW auf die Eigenschaften normaler Metalle findet der Leser bei Grimvall (76).

Anliegen dieses Teils ist eine detaillierte Darstellung der Methoden und Ergebnisse der Berechnung der Elektron-Phonon-Kopplungskonstanten λ für Übergangsmetalle. Auf diesem Gebiet sind im Zusammenhang mit der Entwicklung effektiver Bandstrukturberechnungsverfahren in den letzten zehn Jahren wichtige Fortschritte erzielt worden, die in zusammengefaßter Form bisher in der Literatur noch nicht dargestellt worden sind.

In [9.1] wird ein knapper Überblick über die wichtigsten Ergebnisse der Vielteilchentheorie der EPWW gegeben, die in den weiteren Kapiteln benötigten charakteristischen Größen — wie die Elektron-Phonon-Spektralfunktion $\alpha^2F(\omega)$ und die Kopplungskonstante λ — werden eingeführt und ihr Zusammenhang zu wichtigen physikalischen Größen dargestellt. [9.2] ist der Berechnung der Elektron-Phonon-Kopplungskonstanten für einfache Metalle mit Hilfe der Pseudopotentialtheorie gewidmet. In [9.3] wird das „Rigid-Muffin tin"-Konzept zur Berechnung der Elektron-Phonon-Kopplungskonstanten in Übergangsmetallen dargestellt.

Wir beschränken uns in den folgenden Darlegungen auf reine Metalle und Kristallstrukturen mit nur einem Atom in der Elementarzelle (Bravais-Gitter). Eine Verallgemeinerung der meisten Überlegungen auf Gitter mit Basis und intermetallische Verbindungen ist jedoch ohne Schwierigkeiten möglich. Zur Vereinfachung der Formeln werden die Konstanten $\hbar$, $2m$, $\epsilon^2/2$ durch 1 ersetzt. Damit werden Längen in Einheiten des Bohrschen Radius $a_0 = \hbar^2/m\epsilon^2$ und Energien in $ryd = \epsilon^2/2a_0$ gemessen.

9.1. Selbstenergie des Gitterelektrons

9.1.1. Greensche Einteilchenfunktion

In diesem Kapitel sollen die wichtigsten Ergebnisse einer systematischen Vielteilchentheorie der EPWW in Metallen dargestellt werden. Zu diesem Zweck betrachten wir ein System wechselwirkender Elektronen und Ionen. Zur Vereinfachung der folgenden Überlegungen nehmen wir an, daß die Z-fach geladenen Ionen punktförmige Teilchen sind. Die Koordinaten der Ionen bezeichnen wir mit

$$\boldsymbol{R}_n = \boldsymbol{R}_n^0 + \boldsymbol{u}_n \,, \tag{1}$$

wobei die klassischen Ruhelagen $\boldsymbol{R}_n^0$ ein ideales Gitter bilden sollen. Die Orts- und Spinkoordinaten der Elektronen $\boldsymbol{r}$ und σ fassen wir zu einer Variablen x zusammen. Mit den Erzeugungs- und Vernichtungsoperatoren $\psi^\dagger(x)$ und $\psi(x)$ ergibt sich der Operator der Elektronendichte zu

$$\varrho_e(\boldsymbol{r}) = \sum_\sigma \psi^\dagger(x)\,\psi(x)\,. \tag{2}$$

Der entsprechende Dichteoperator der Ionen ist durch

$$\varrho_i(\boldsymbol{r}) = \sum_n \delta(\boldsymbol{r} - \boldsymbol{R}_n) \tag{3}$$

gegeben.

Der Hamilton-Operator des betrachteten Systems

$$H = T_e + T_i + V_{ee} + V_{ii} + V_{ei} \tag{4}$$

enthält neben den kinetischen Energien der Elektronen und Ionen T_e und T_i die Coulomb-Wechselwirkungen der Elektronen und Ionen. Die Coulomb-Wechselwirkung der Elektronen V_{ee} hat die Form

$$V_{ee} = \frac{1}{2} \int dx\, dx'\, \psi^\dagger(x)\, \psi^\dagger(x')\, v(\mathbf{r}, \mathbf{r}')\, \psi(x')\, \psi(x)\,, \tag{5}$$

wobei $v(\mathbf{r}, \mathbf{r}')$ das Coulomb-Potential

$$v(\mathbf{r}, \mathbf{r}') = \frac{2}{|\mathbf{r} - \mathbf{r}'|} \tag{6}$$

ist. Die Coulomb-Abstoßung der Ionen V_{ii} und die Elektron-Ion-Wechselwirkung V_{ei} ergeben sich mit (2) und (6) zu

$$V_{ii} = \frac{1}{2} \sum_{n \neq n'} Z^2\, v(\mathbf{R}_n, \mathbf{R}_{n'})\,, \tag{7}$$

$$V_{ei} = -Z \sum_n \int d^3r\, \varrho_e(\mathbf{r})\, v(\mathbf{r}, \mathbf{R}_n)\,. \tag{8}$$

Das Quasiteilchenspektrum der Elektronen wird durch die Greensche Funktion

$$G(x, t; x', t') = -i\langle\langle T\psi(x, t)\, \psi^\dagger(x', t')\rangle\rangle \tag{9}$$

bestimmt (s. [1.2]). Die Greensche Funktion $G(x, t; x', t')$ genügt der Bewegungsgleichung

$$\left(i\frac{\partial}{\partial t} + \frac{\partial^2}{\partial \mathbf{r}^2} - V(\mathbf{r}, t)\right) G(x, t; x', t')$$

$$- \int dx''\, dt''\, \Sigma\, (x, t; x'', t'')\, G(x'', t''; x', t') = \delta(x - x')\, \delta(t - t')\,. \tag{10}$$

Das Einteilchenpotential $V(\mathbf{r}, t)$ in (10) bestimmt sich aus dem Hartree-Potential der Elektronen und Ionen und einem zeitabhängigen Hilfspotential $V_{ext}(\mathbf{r}, t)$, das nach Ausführen der Funktionalableitung in (17) Null gesetzt wird,

$$V(\mathbf{r}, t) = \int d^3r'\, v(\mathbf{r}, \mathbf{r}')\, \{\langle\langle\varrho_e(\mathbf{r}')\rangle\rangle - Z\langle\langle\varrho_i(\mathbf{r}')\rangle\rangle\} + V_{ext}(\mathbf{r}, t)\,. \tag{11}$$

$\Sigma(x, t; x', t')$ ist der sogenannte Selbstenergieoperator der Elektronen, der sämtliche Vielteilcheneffekte enthält.

Für $\Sigma(x, t; x', t')$ ergibt sich das folgende, formal abgeschlossene Gleichungssystem (Hedin u. Lundqvist, 69, Maximow, 75, Maximow u. Chomski, 77):

$$\Sigma(1, 2) = i \int d(3\,4)\, W(1^+, 3)\, G(1, 4)\, \Gamma(4, 2; 3)\,, \tag{12}$$

$$W(1, 2) = W^e(1, 2) + W^{ph}(1, 2)\,, \tag{13}$$

$$W^e(1, 2) = v(1, 2) + \int d(3\,4)\, v(1, 3)\, P^e(3, 4)\, W^e(4, 2)\,, \tag{14}$$

$$W^{ph}(1, 2) = \int d(3\,4)\, W^e(1, 3)\, D(3, 4)\, W^e(4, 2)\,, \tag{15}$$

$$P^e(1, 2) = -i \sum_{\sigma_1} \int d(3\,4)\, G(1, 3)\, G(4, 1)\, \Gamma(3, 4; 2)\,, \tag{16}$$

$$\Gamma(1, 2; 3) = \delta(1, 2)\, \delta(1, 3) + \frac{\delta\Sigma(1, 2)}{\delta V(3)}\,. \tag{17}$$

Zur Vereinfachung der Schreibweise haben wir dabei in den Gleichungen (12 bis 17) die Variablen $(\mathbf{r}, t)$ durch 1 und $(\mathbf{r}, \sigma, t)$ durch **1** abgekürzt. Die Bezeichnung $\mathbf{1}^+$ in (12) bedeutet dabei, daß t_1 durch $t_1 + \delta$ mit $\delta \gtrsim 0$ zu ersetzen ist. In Gleichung (12) ist $W(1, 2)$ die effektive Wechselwirkung (13) zweier Elektronen unter Berücksichtigung der Abschirmung der Coulomb-Wechselwirkung durch die Dichtefluktuationen der Elektronen und Ionen. Die durch die Valenzelektronen abgeschirmte Coulomb-Wechselwirkung $W^e(1, 2)$ wird über den Polarisationsoperator $P^e(1, 2)$[1]) gemäß (14) bestimmt und kann mittels der dielektrischen Funktion $\varepsilon(1, 2)$ ausgedrückt werden:

$$W^e(1, 2) = \int d3\, v(1, 3)\, \varepsilon^{-1}(3, 2)\,. \tag{18}$$

$W^{ph}(1, 2)$ beschreibt die indirekte Wechselwirkung der Elektronen über die Dichtefluktuationen der Ionen. $D(1, 2)$ ist die Dichtekorrelationsfunktion der Ionen

$$D(1, 2) = -iZ^2 \langle\!\langle T\tilde{\varrho}_i(1)\, \tilde{\varrho}_i(2)\rangle\!\rangle\,, \tag{19}$$

wobei

$$\tilde{\varrho}_i(1) = \varrho_i(1) - \langle\!\langle \varrho_i(1)\rangle\!\rangle \tag{20}$$

die Abweichungen der Ionendichte vom Mittelwert angibt. Betrachten wir ein starres Gitter, so ist $D(1, 2) = 0$, und die Wechselwirkung der Elektronen wird nur durch die abgeschirmte Coulomb-Wechselwirkung $W^e(1, 2)$ (18) bestimmt. $W^{ph}(1, 2)$ beschreibt deshalb den Einfluß der Gitterdynamik und damit der EPWW auf die Selbstenergie des Elektrons.

Das Gleichungssystem (12) bis (17) ist exakt und bestimmt bei Kenntnis der Dichtekorrelationsfunktion $D(1, 2)$ der Ionen (19) den Selbstenergieoperator $\Sigma(1, 2)$ der Elektronen. Da Gleichung (17) eine Funktionsableitung enthält, erfordert die Lösung des Gleichungssystems die Bestimmung der funktionalen Abhängigkeit der Selbstenergie vom Einteilchenpotential $V(\boldsymbol{r}, t)$. Deshalb ist das Gleichungssystem (12) bis (17) nur die formale Zusammenfassung einer Gleichungshierarchie. Das Gleichungssystem (12) bis (17) macht aber auch deutlich, daß die Berechnung der EPWW gleichzeitig eine Behandlung der Elektron-Elektron-Wechselwirkung erfordert.

9.1.2. Berechnung der Selbstenergie

Da im Bereich der für Metalle typischen Elektronendichten die Coulomb-Wechselwirkung keinen kleinen Parameter enthält, ist gegenwärtig ein systematisches Lösungsverfahren des oben angegebenen Gleichungssystems nicht bekannt. Im folgenden sollen daher die wichtigsten Näherungen angegeben werden, die es gestatten, die Berechnung der EPWW in Metallen im wesentlichen auf ein Einelektronenproblem zu reduzieren.

Um das Gleichungssystem zur Bestimmung der Selbstenergie zu vereinfachen, ersetzen wir den Vertexoperator $\Gamma(1, 2; 3)$ näherungsweise durch

$$\Gamma(1, 2; 3) = \delta(1, 2)\, \delta(1, 3)\,. \tag{21}$$

Ein Vergleich mit Gleichung (17) zeigt, daß die Näherung (21) für den Vertexoperator der Annahme entspricht, daß die Selbstenergie Σ unabhängig vom mittleren Einteilchenpotential ist. Unter Benutzung von (21) zerfällt die Selbstenergie $\Sigma(1, 2)$ dann in einen Elektronenanteil und einen Phononenanteil:

$$\Sigma(1, 2) = \Sigma^e(1, 2) + \Sigma^{ph}(1, 2) \tag{22}$$

[1]) Der Polarisationsoperator $P^e(1, 2)$ entspricht der in [1.3.1] eingeführten Suszeptibilität χ.

mit

$$\Sigma^{\mathrm{e}}(1, 2) = iW^{\mathrm{e}}(\mathbf{1}^+, 2)\, G(1, 2) \tag{23}$$

und

$$\Sigma^{\mathrm{ph}}(1, 2) = iW^{\mathrm{ph}}(\mathbf{1}^+, 2)\, G(1, 2)\,. \tag{24}$$

Korrekturen zu dem Vertexoperator (21) können im Prinzip durch iteratives Lösen des Gleichungssystems (12) bis (17) gewonnen werden.

Jedoch konnte von Migdal (58) gezeigt werden, daß der Phononenanteil der effektiven Wechselwirkung $W^{\mathrm{ph}}(\mathbf{1}, 2)$ nur Vertexkorrekturen der Größenordnung $(m/M)^{1/2}$ liefert. Entscheidend dafür ist, daß der kleine Parameter $(m/M)^{1/2}$ das Verhältnis der typischen Phononen- und Elektronenenergien bzw. das der charakteristischen Geschwindigkeiten der Ionen und Elektronen bestimmt. Es gilt (s. [8.3])

$$\frac{\omega_{\mathrm{ph}}}{\varepsilon_{\mathrm{F}}} \sim \frac{v_{\mathrm{ph}}}{v_{\mathrm{F}}} \sim \left(\frac{m}{M}\right)^{1/2} \ll 1\,. \tag{25}$$

Die EPWW beeinflußt deshalb die Greensche Funktion der Elektronen nur in einem kleinen Energieintervall $|\varepsilon - \varepsilon_{\mathrm{F}}| \leqq \omega_{\mathrm{ph}}$ und Impulsbereich $|k - k_{\mathrm{F}}| \leqq \omega_{\mathrm{ph}}/v_{\mathrm{F}}$. Mit Hilfe von Phasenraumbetrachtungen läßt sich daher der Einfluß der EPWW auf wichtige Größen abschätzen. So kann gezeigt werden, daß die EPWW zu den in adiabatischer Näherung berechneten Phononen nur Korrekturen der Größenordnung m/M hinzufügt (Brovman u. Kagan, 74, Geilikman, 75). Ebenfalls unter Benutzung der Relation (25) kann bei der Berechnung des Phononenanteils der effektiven Wechselwirkung $W^{\mathrm{ph}}(\mathbf{1}, 2)$ in (15) und (18) die statische dielektrische Funktion $\varepsilon(\boldsymbol{r}_1, \boldsymbol{r}_2)$ benutzt werden.

Bei der Ableitung der genannten Resultate geht neben dem kleinen Parameter m/M die Dimension des Phasenraumes als wesentliche Größe ein. Das eben Gesagte gilt deshalb nur für dreidimensionale Systeme. In quasieindimensionalen Systemen führt die EPWW zu einer Instabilität des Gitters (Peierls-Übergang, s. z. B. Bulajewski, 77 u. [8.4.4]). In harmonischer Näherung für die Phononen ergibt sich unter den diskutierten Voraussetzungen für die bezüglich der Zeit Fourier-transformierte Wechselwirkung W^{ph} aus den Gleichungen (15) und (18)

$$W^{\mathrm{ph}}(\boldsymbol{r}, \boldsymbol{r}', \omega) = \mathcal{V}^{-1} \sum_{\boldsymbol{q}, \nu} D_{\boldsymbol{q}\nu}(\omega)\, g_{\boldsymbol{q}\nu}(\boldsymbol{r})\, g^*_{\boldsymbol{q}\nu}(\boldsymbol{r}') \tag{26}$$

mit

$$g_{\boldsymbol{q}\nu}(\boldsymbol{r}) = \left(\frac{\mathcal{V}_0}{2M\omega_\nu(\boldsymbol{q})}\right)^{1/2} \sum_n \int \mathrm{d}^3r'\,\varepsilon^{-1}(\boldsymbol{r}, \boldsymbol{r}')\, \boldsymbol{e}_\nu(\boldsymbol{q})\, \frac{\partial v_{\mathrm{i}}(\boldsymbol{r}' - \boldsymbol{R}_n^0)}{\partial \boldsymbol{r}'}\, \mathrm{e}^{i\boldsymbol{q}\boldsymbol{R}_n^0}\,. \tag{27}$$

$D_{\boldsymbol{q}\nu}(\omega)$ ist die Greensche Funktion der adiabatischen Phononen $\omega_\nu(\boldsymbol{q})$ mit der Polarisationsrichtung $\boldsymbol{e}_\nu(\boldsymbol{q})$ (s. (29)), $\mathcal{V}$ das Kristallvolumen und $\mathcal{V}_0$ das der Wigner-Seitz-Zelle. In dem bisher betrachteten Modell punktförmiger Ionen ist $v_{\mathrm{i}}(\boldsymbol{r} - \boldsymbol{R}_n^0)$ durch das Coulomb-Potential $-2Z/|\boldsymbol{r} - \boldsymbol{R}_n^0|$ gegeben. Für Ionen endlicher Ausdehnung ergibt sich in der Näherung starrer Ionen (Rigid Ion Approximation) ebenfalls die Beziehung (27), wobei $v_{\mathrm{i}}(\boldsymbol{r} - \boldsymbol{R}_n^0)$ das nichtabgeschirmte Ionenpotential darstellt. Gleichung (27) enthält den Gradienten des Potentials $v_{\mathrm{i}}(\boldsymbol{r} - \boldsymbol{R}_n^0)$, weil über die Dichtekorrelationsfunktion $D(1, 2)$ (19) und (20) der Ionen nur die Potentialänderung durch die Auslenkung der Ionen in die effektive Wechselwirkung W^{ph} eingeht.

Wie Migdal (58) weiter zeigen konnte, kann bei der Berechnung der Selbstenergie nach Formel (24) in der Greenschen Funktion der Elektronen der Selbstenergieanteil Σ^{ph} vernachlässigt werden. Berechnungen des Coulomb-Anteils der Selbstenergie (Hedin, 65) zeigten, daß dieser keinen wesentlichen Einfluß auf die $\boldsymbol{k}$-Abhängigkeit der Quasiteilchenenergie hat (s. auch [2.1.3]). Wir nehmen deshalb an, daß Austausch- und Korrelationseffekte im Rahmen des Dichte-Funktional-Formalismus bei der Berechnung der Bandstruktur ε_k bereits berücksichtigt worden sind, und ersetzen die Greensche Funktion der Elektronen in (24) durch die Greensche Funktion G^0 unabhängiger Fermionen für $T \neq 0$:

$$G^0(\boldsymbol{r}, \boldsymbol{r}', \omega) = \sum_k \varphi_k(\boldsymbol{r})\, \varphi_k^*(\boldsymbol{r}') \left\{ \frac{f(\varepsilon_k)}{\omega - \varepsilon_k - i\delta} + \frac{1 - f(\varepsilon_k)}{\omega - \varepsilon_k + i\delta} \right\}. \tag{28}$$

Hierbei ist $\varphi_k(\boldsymbol{r})$ die Bloch-Funktion zur Energie ε_k und $f(\varepsilon)$ die Fermi-Verteilungsfunktion. k bezeichnet gleichzeitig den Wellenzahlvektor $\boldsymbol{k}$ und den Bandindex. Mit der Greenschen Funktion der Phononen

$$D_{\boldsymbol{q}\nu}(\omega) = 2\omega_\nu(\boldsymbol{q}) \left\{ \frac{1 + \bar{n}(\omega_\nu(\boldsymbol{q}))}{\omega^2 - (\omega_\nu(\boldsymbol{q}) - i\delta)^2} - \frac{\bar{n}(\omega_\nu(\boldsymbol{q}))}{\omega^2 - (\omega_\nu(\boldsymbol{q}) + i\delta)^2} \right\} \tag{29}$$

erhalten wir endgültig für die Selbstenergie in der Bloch-Darstellung

$$\Sigma^{\mathrm{ph}}(k, \omega, T) = \int_{-\infty}^{+\infty} \mathrm{d}\varepsilon \int_0^\infty \mathrm{d}\omega'\, \alpha_k^2(\omega')\, F(\omega') * \\ * \left\{ \frac{1 - f(\varepsilon) + \bar{n}(\omega')}{\omega - \omega' - \varepsilon + i\delta} + \frac{f(\varepsilon) + \bar{n}(\omega')}{\omega + \omega' - \varepsilon + i\delta} \right\}. \tag{30}$$

$\bar{n}(\omega)$ ist die Bose-Verteilungsfunktion und $\alpha_k^2(\omega)\, F(\omega)$ die k-abhängige Elektron-Phonon-Spektralfunktion (Eliashberg-Funktion)[1])

$$\alpha_k^2(\omega)\, F(\omega) = \mathcal{V}^{-1} \sum_{k', \nu} |g(k, k', \nu)|^2\, \delta\big(\omega - \omega_\nu(\boldsymbol{k}' - \boldsymbol{k})\big)\, \delta(\varepsilon_{k'}) \tag{31}$$

mit

$$g(k, k', \nu) = \big(2\mathcal{V}_0 M \omega_\nu(\boldsymbol{k}' - \boldsymbol{k})\big)^{-1/2}\, \mathcal{V} \int \mathrm{d}^3r \int \mathrm{d}^3r'\, \varphi_k^*(\boldsymbol{r})\, \varepsilon^{-1}(\boldsymbol{r}, \boldsymbol{r}') * \\ * \boldsymbol{e}_\nu(\boldsymbol{k}' - \boldsymbol{k})\, \frac{\partial v_{\mathrm{i}}(\boldsymbol{r}')}{\partial \boldsymbol{r}'}\, \varphi_{k'}(\boldsymbol{r}). \tag{32}$$

Wie in der Literatur üblich, sind in den Gleichungen (28) bis (31) die Elektronenenergien ε_k auf das chemische Potential ζ bezogen.

Wegen $f(\varepsilon) = 1 - f(-\varepsilon)$ ist der Realteil der Selbstenergie $\mathrm{Re}\, \Sigma^{\mathrm{ph}}(k, \omega)$ eine ungerade Funktion von ω. Für $|\omega| > \omega_{\mathrm{D}}$ (ω_{D} — Debye-Frequenz) fällt $\mathrm{Re}\, \Sigma^{\mathrm{ph}}(k, \omega)$ rasch ab, da $\alpha_k^2(\omega)\, F(\omega)$ für $\omega > \omega_{\mathrm{D}}$ verschwindet. Führen wir für $T = 0$ durch die Beziehung

$$\lambda_k = - \left. \frac{\partial\, \mathrm{Re}\, \Sigma^{\mathrm{ph}}(k, \omega, T = 0)}{\partial \omega} \right|_{\omega = \varepsilon_k = 0} = 2 \int \mathrm{d}\omega\, \omega^{-1}\, \alpha_k^2(\omega)\, F(\omega) \tag{33}$$

[1]) $\alpha_k^2(\omega) F(\omega)$ ist die mit dem Absolutquadrat des Matrixelements der EPWW gewichtete Zustandsdichte der Phononen, $F(\omega)$.

den dimensionslosen Parameter λ_k der EPWW ein, an der Fermi-Energie $\varepsilon_k = 0$, so erhalten wir bei Vernachlässigung des Imaginärteils der Selbstenergie für die Greensche Funktion der Elektronen an der Fermi-Energie

$$G(k, \omega) = (1 + \lambda_k)^{-1} \frac{1}{\omega - \dfrac{\varepsilon_k}{1 + \lambda_k}} . \tag{34}$$

Die EPWW führt somit zu einer Renormierung der Quasiteilchenenergien (gekennzeichnet durch *)

$$\varepsilon_k^* = \frac{\varepsilon_k}{1 + \lambda_k} \tag{35}$$

in der Nähe der Fermi-Energie. Der Imaginärteil der Selbstenergie $\Sigma^{\mathrm{ph}}(k, \omega, T)$

$$|\mathrm{Im}\, \Sigma^{\mathrm{ph}}(k, \omega, T)| = \pi \int_0^\infty \mathrm{d}\omega' \, \alpha_k^2(\omega') \, F(\omega') \, \{2\bar{n}(\omega') + f(\omega' - \omega) + f(\omega' + \omega)\} \tag{36}$$

bestimmt die Dämpfung der Quasiteilchenanregungen. Mit $\alpha_k^2(\omega) \, F(\omega) \sim \omega^2$ für $\omega \to 0$ folgt aus (36), daß für $T = 0$ der Imaginärteil der Selbstenergie proportional zu ω^3 ist. Für tiefe Temperaturen ergibt sich an der Fermi-Energie $\mathrm{Im}\, \Sigma^{\mathrm{ph}}(k, \omega, T)|_{\omega=0} \sim T^3$.

Damit ist gezeigt, daß für tiefe Temperaturen an der Fermi-Energie wohldefinierte Quasiteilchen mit der Dispersionsrelation (35) existieren. Die Renormierung der Einteilchenenergien beeinflußt die thermodynamischen Eigenschaften und eine Reihe von Transportgrößen der Metallelektronen. Eine Übersicht über den Einfluß der EPWW auf verschiedene Meßgrößen gibt Grimvall (76). Eine Reihe von physikalischen Größen, wie die spezifische Wärme oder die Supraleitungssprungtemperatur T_c, hängen dabei nur von der über die Fermi-Fläche gemittelten Selbstenergie ab. Wir führen deshalb die Spektralfunktion

$$\alpha^2(\omega) \, F(\omega) = \frac{\sum\limits_k \alpha_k^2(\omega) \, F(\omega) \, \delta(\varepsilon_k)}{\sum\limits_k \delta(\varepsilon_k)} \tag{37}$$

ein und definieren den Kopplungsparameter:

$$\lambda = \frac{\sum\limits_k \lambda_k \, \delta(\varepsilon_k)}{\sum\limits_k \delta(\varepsilon_k)} = 2 \int \mathrm{d}\omega \alpha^2(\omega) \mathrm{F}(\omega) \omega^{-1} . \tag{38}$$

Für die Fermi-Geschwindigkeit $\boldsymbol{v}_k$ ergibt sich dann aus (35) näherungsweise $\boldsymbol{v}_k^* = \boldsymbol{v}_k(1 + \lambda)^{-1}$. Wegen $v_k = k/m_b$ kann die Renormierung der Fermi-Geschwindigkeit auch als Massenrenormierung $m^* = m_b(1 + \lambda)$ der Bandmasse m_b aufgefaßt werden (m_b ergibt sich aus $|\boldsymbol{k}|/|\partial\varepsilon_k/\partial\boldsymbol{k}|$ durch Mittelung über die Fermi-Fläche). Der Kopplungsparameter λ wird daher auch als „mass-enhancement"-Faktor bezeichnet. Da die Zustandsdichte der Fermi-Geschwindigkeit umgekehrt proportional ist, ergibt sich für die renormierte Zustandsdichte an der Fermi-Energie $D_s^* = D_s(1 + \lambda)$ und damit für den Elektronenanteil der spezifischen Wärme

$$C_{el} = \frac{2\pi^2 k_B T}{3} D_s(\varepsilon_F)\,(1 + \lambda)\,. \tag{39}$$

$D_s(\varepsilon_F)$ ist dabei die Zustandsdichte pro Spin an der Fermi-Energie. Das Residuum $(1 + \lambda)^{-1}$ der Greenschen Funktion (34) führt zu einer Renormierung aller Wirkungsquerschnitte. So ergibt sich für die Lebensdauer τ, bedingt durch Streuung an Fremdatomen oder anderen Kristallbaufehlern, $\tau^* = (1 + \lambda)\,\tau$. Die freie Weglänge $\Lambda = v\tau$ der Elektronen und damit der Restwiderstand sind deshalb unabhängig von der EPWW.

Alle bisherigen Überlegungen waren auf normale, d. h. nicht supraleitende Metalle beschränkt. Ist die effektive Wechselwirkung W^{ph} (26) stark genug, so geht das Metall für tiefe Temperaturen in den supraleitenden Zustand über. Eliashberg (60) konnte jedoch zeigen, daß die wesentlichen Aussagen der Theorie der EPWW auch in der supraleitenden Phase richtig bleiben und daß die oben eingeführte Spektralfunktion $\alpha^2(\omega)\,F(\omega)$ als wichtiger Materialparameter in die Bestimmungsgleichung für die supraleitenden Sprungtemperatur T_c eingeht. Mit Hilfe numerischer Lösungen der Eliashberg-Gleichungen wurden von verschiedenen Autoren Näherungsformeln für T_c angegeben, die als wesentliche Parameter λ und das Coulombsche Pseudopotential μ^* enthalten. Nach McMillan (68) gilt

$$T_c = \frac{\langle\omega\rangle}{1{,}20} \exp\left[-\frac{1{,}04\,(1 + \lambda)}{\lambda - \mu^*(1 + 0{,}62\,\lambda)}\right], \tag{40}$$

wobei $\langle\omega\rangle$ durch

$$\langle\omega\rangle = \frac{\int d\omega\,\alpha^2(\omega)\,F(\omega)}{\int d\omega\,\omega^{-1}\,\alpha^2(\omega)\,F(\omega)} \tag{41}$$

definiert ist.

Zusammenfassend kann festgestellt werden, daß die EPWW durch den kleinen Parameter $(m/M)^{1/2}$ charakterisiert ist. Daher führt die EPWW nur in der Nähe der Fermi-Energie zu einer Renormierung der Elektronenenergien und beeinflußt das Phononenspektrum nicht. Die wesentliche Näherung in der gegenwärtigen Theorie der EPWW ist die Vernachlässigung aller Vertexkorrekturen (21). Sämtliche Information über die EPWW ist in der k-abhängigen Spektralfunktion $\alpha_k^2(\omega)\,F(\omega)$ (31) enthalten. Die Berechnung dieser Spektralfunktion und aus ihr abgeleiteter Größen erfordert neben der Kenntnis der Bandstruktur und des Phononenspektrums die Berechnung der reziproken dielektrischen Funktion ε^{-1}. In der Bestimmung von ε^{-1} liegt dabei das Hauptproblem, das für Übergangsmetalle bis heute nicht befriedigend gelöst ist.

9.2. Pseudopotentialtheorie der Elektron-Phonon-Wechselwirkung

9.2.1. Darstellung des Kopplungsparameters

Wie bereits in [3] gezeigt wurde, kann das Energiespektrum der Leitungselektronen in einfachen Metallen über ein schwaches Pseudopotential $w(\boldsymbol{r})$ bestimmt werden. Die dielektrische Funktion im Metall kann daher in guter Näherung durch die dielektrische

Funktion des homogenen Elektronengases ersetzt werden. Zur Berechnung des Matrixelements $g(k, k', \nu)$ (9.1-32) der EPWW benötigen wir die Potentialänderung $\delta v(\boldsymbol{r})$ beim Auslenken eines Ions um $\boldsymbol{u}$

$$\delta v(\boldsymbol{r}) = -\boldsymbol{u} \int \mathrm{d}^3 r' \, \varepsilon^{-1}(\boldsymbol{r} - \boldsymbol{r}') \frac{\partial v_\mathrm{i}(r')}{\partial \boldsymbol{r}'}, \tag{1}$$

wobei $v_\mathrm{i}(\boldsymbol{r})$ das nichtabgeschirmte Ionenpotential ist.[1]) $\varepsilon(\boldsymbol{r} - \boldsymbol{r}')$ ist die statische dielektrische Funktion des homogenen Elektronengases ([1.3.1]). Aus der Translationsinvarianz der dielektrischen Funktion des homogenen Elektronengases ergibt sich für (1) sofort

$$\delta v(\boldsymbol{r}) = -\boldsymbol{u} \frac{\partial v_\mathrm{s}(\boldsymbol{r})}{\partial \boldsymbol{r}}. \tag{2}$$

$v_\mathrm{s}(r)$ ist das durch die Valenzelektronen abgeschirmte Ionenpotential

$$v_\mathrm{s}(\boldsymbol{r}) = \int \mathrm{d}^3 r' \, \varepsilon^{-1}(\boldsymbol{r} - \boldsymbol{r}') \, v_\mathrm{i}(\boldsymbol{r}'). \tag{3}$$

Für das Matrixelement $g(k, k', \nu)$ aus (9.1.-32) ergibt sich damit

$$g(k, k', \nu) = \left(2 V_0 M \omega_\nu(\boldsymbol{k}' - \boldsymbol{k})\right)^{-1/2} V \int \mathrm{d}^3 r \, \varphi_k^*(\boldsymbol{r}) \, \boldsymbol{e}_\nu(\boldsymbol{k}' - \boldsymbol{k}) \frac{\partial v_\mathrm{s}(\boldsymbol{r})}{\partial \boldsymbol{r}} \varphi_{k'}(\boldsymbol{r}). \tag{4}$$

Wir wollen nun zeigen, daß im Matrixelement (4) der EPWW Wellenfunktion und Potential durch Pseudowellenfunktion und Pseudopotential ersetzt werden können (Sham, 61, Sham u. Ziman, 63). Wesentlich dabei ist, daß zur Bestimmung der Spektralfunktion $\alpha^2(\omega) F(\omega)$ (9.1-37) nur Matrixelemente $g(k, k', \nu)$ von Zuständen zur gleichen Energie $\varepsilon_k = \varepsilon_{k'} = \varepsilon_\mathrm{F}$ benötigt werden. Für elastische Streuprozesse ist das Matrixelement (4) unabhängig vom Potentialverlauf innerhalb des Ionenrumpfes (Radius R_c) und kann vollständig aus dem Verhalten der Wellenfunktionen für $r > R_c$ bestimmt werden. Zum Beweis betrachten wir zwei Bloch-Zustände $\varphi_k(\boldsymbol{r})$ und $\varphi_{k'}(\boldsymbol{r})$ zur gleichen Energie ε. Innerhalb des Ionenrumpfes kann das Potential der benachbarten Ionen als konstant angenommen werden. $\varphi_k(\boldsymbol{r})$ bzw. $\varphi_{k'}(\boldsymbol{r})$ erfüllen deshalb für $r < R_c$ die Schrödinger-Gleichung

$$\left\{\varepsilon + \frac{\partial^2}{\partial \boldsymbol{r}^2} - v_\mathrm{s}(\boldsymbol{r})\right\} \varphi_{k'}(\boldsymbol{r}) = 0. \tag{5}$$

Differenzieren wir die Schrödinger-Gleichung für $\varphi_k^*(\boldsymbol{r})$, so erhalten wir

$$\left\{\varepsilon + \frac{\partial^2}{\partial \boldsymbol{r}^2} - v_\mathrm{s}(\boldsymbol{r})\right\} \frac{\partial \varphi_k^*(\boldsymbol{r})}{\partial \boldsymbol{r}} - \frac{\partial v_\mathrm{s}(\boldsymbol{r})}{\partial \boldsymbol{r}} \varphi_k^*(\boldsymbol{r}) = 0. \tag{6}$$

Durch Multiplizieren der Gleichung (5) und (6) mit $\partial \varphi_k^* / \partial \boldsymbol{r}$ bzw. $\varphi_{k'}$ und Subtrahieren beider Gleichungen voneinander ergibt sich nach Integration über das Rumpfgebiet die Beziehung

$$\int\limits_{r < R_c} \mathrm{d}^3 r \, \varphi_k^*(\boldsymbol{r}) \frac{\partial v_\mathrm{s}(r)}{\partial \boldsymbol{r}} \varphi_{k'}(\boldsymbol{r}) = \int\limits_{r < R_c} \mathrm{d}^3 r \left\{\varphi_{k'}(\boldsymbol{r}) \frac{\partial^2}{\partial \boldsymbol{r}^2} \frac{\partial \varphi_k^*(\boldsymbol{r})}{\partial \boldsymbol{r}} - \frac{\partial \varphi_k^*(\boldsymbol{r})}{\partial \boldsymbol{r}} \frac{\partial^2}{\partial \boldsymbol{r}^2} \varphi_{k'}(\boldsymbol{r})\right\}. \tag{7}$$

[1]) Wir nehmen dabei an, daß die Rumpfzustände nicht deformiert werden (Rigid Ion Approximation).

Die rechte Seite von (7) läßt sich mit Hilfe des Gaußschen Satzes in ein Oberflächenintegral überführen:

$$\int \mathrm{d}^3r\, \varphi_k^*(\boldsymbol{r}) \frac{\partial v_s(r)}{\partial \boldsymbol{r}} \varphi_{k'}(r) = R_c^2 \int \mathrm{d}\Omega \left\{\varphi_{k'}(\boldsymbol{r}) \frac{\partial}{\partial r} \frac{\partial \varphi_k^*(\boldsymbol{r})}{\partial \boldsymbol{r}} - \frac{\partial \varphi_k^*(\boldsymbol{r})}{\partial \boldsymbol{r}} \frac{\partial}{\partial r} \varphi_{k'}(\boldsymbol{r})\right\}. \quad (8)$$

Damit ist gezeigt, daß der Beitrag des Rumpfbereiches zum Matrixelement $g(k, k', \nu)$ (4) nur von den Streueigenschaften des Potentials im Rumpfbereich abhängt. Da die Pseudowellenfunktion $\chi_k(\boldsymbol{r})$ außerhalb des Rumpfes mit der Kristallwellenfunktion $\varphi_k(\boldsymbol{r})$ übereinstimmt, folgt aus (8) zugleich, daß für ein lokales Pseudopotential $w(\boldsymbol{r})$ das Matrixelement $g(k, k', \nu)$ der EPWW über

$$g(k, k', \nu) = \big(2\mathcal{V}_0 M\omega_\nu(\boldsymbol{k}' - \boldsymbol{k})\big)^{-1/2}\, \mathcal{V} \int \mathrm{d}^3r\, \chi_k^*(\boldsymbol{r})\, \boldsymbol{e}_\nu(\boldsymbol{k}' - \boldsymbol{k}) \frac{\partial w(\boldsymbol{r})}{\partial \boldsymbol{r}} \chi_{k'}(\boldsymbol{r}) \quad (9)$$

berechnet werden kann.

In erster Näherung ersetzen wir die Pseudowellenfunktion durch eine ebene Welle (Ashcroft u. Wilkins, 65)

$$\chi_{\boldsymbol{k}}(\boldsymbol{r}) = \mathcal{V}^{-1/2}\, \mathrm{e}^{i\boldsymbol{k}\boldsymbol{r}}\,. \quad (10)$$

Mit der Fourier-Transformierten des Pseudopotentials

$$w(\boldsymbol{q}) = \frac{1}{\mathcal{V}_0} \int \mathrm{d}^3r\, \mathrm{e}^{i\boldsymbol{q}\boldsymbol{r}}\, w(\boldsymbol{r}) \quad (11)$$

ergibt sich für das Matrixelement $g(k, k', \nu)$ der EPWW (9)

$$g(k, k'\nu) = \left(\frac{\mathcal{V}_0}{2M\omega_\nu(\boldsymbol{k}' - \boldsymbol{k})}\right)^{1/2} w(\boldsymbol{k}' - \boldsymbol{k})\, \boldsymbol{e}_\nu(\boldsymbol{k}' - \boldsymbol{k})\, (\boldsymbol{k}' - \boldsymbol{k})\,. \quad (12)$$

Für den Kopplungsparameter λ (9.1-38) erhalten wir mit (12) die Beziehung

$$\lambda = \frac{\mathcal{V}_0^2 D_s^{-1}(\varepsilon_F)}{(2\pi)^6} \sum_\nu \int \frac{\mathrm{d}^2k}{|\boldsymbol{v}_k|} \int \frac{\mathrm{d}^2k'}{|\boldsymbol{v}_{k'}|} \frac{|w(\boldsymbol{k}' - \boldsymbol{k})\, \boldsymbol{e}_\nu(\boldsymbol{k}' - \boldsymbol{k})\, (\boldsymbol{k}' - \boldsymbol{k})|^2}{M\omega_\nu^2(\boldsymbol{k}' - \boldsymbol{k})}\,, \quad (13)$$

wobei die k-Integrationen über die Fermi-Fläche auszuführen sind. $\boldsymbol{v}_k$ ist die Geschwindigkeit $\partial\varepsilon_k/\partial\boldsymbol{k}$.

9.2.2. Ergebnisse

Numerische Rechnungen zeigen, daß die Näherung (10) für die Pseudowellenfunktion bereits befriedigende Werte für λ liefert. Zur Diskussion der Anisotropie von λ_k (9.1-33) ist jedoch eine Berechnung des Matrixelements $g(k, k', \nu)$ mit Pseudowellenfunktionen notwendig. Wie aus (12) ersichtlich ist, divergiert das Matrixelement $g(k, k', \nu)$, wenn $\boldsymbol{k}'$ und $\boldsymbol{k}$ sich um einen reziproken Gittervektor $\boldsymbol{G}$ unterscheiden. Mit

$$\boldsymbol{k}' - \boldsymbol{k} = \boldsymbol{G} + \boldsymbol{q} \quad (14)$$

erhalten wir für $q \to 0$:

$$g(k, k', \nu) \sim \omega_\nu^{-1/2}(q) \to \infty . \tag{15}$$

Wie Sham und Ziman (63) zeigen konnten, wird diese unphysikalische Divergenz bereits bei Verwendung zweier ebener Wellen beseitigt. Rechnungen von Leung u. a. (76) mit Pseudowellenfunktionen, bestehend aus 15 ebenen Wellen, ergaben für λ_k von Aluminium eine Anisotropie im Bereich von 0,34 bis 0,58 bei einem Wert für λ von 0,43.

Tabelle 9.2-1. Kopplungskonstante λ berechnet mit der Pseudopotentialmethode, und empirische Daten λ_{emp} (Grimvall, 76)

Element	λ	λ_{emp}
Li	0,41 ± 0,15	...
Na	0,16 ± 0,04	...
K	0,13 ± 0,03	...
Rb	0,16 ± 0,04	...
Ca	0,16 ± 0,06	...
Mg	0,35 ± 0,04	...
Be	0,26	0,24 ± 0,01
Zn	0,42 ± 0,01	0,43 ± 0,05
Cd	0,32 ± 0,11	0,42 ± 0,04
Al	0,49 ± 0,05	0,39 ± 0,02
Ga	0,24 ± 0,03	0,42 ± 0,03
Pb	1,47 ± 0,29	1,55
Sn	0,89 ± 0,15	0,72
Tl	0,91 ± 0,14	0,795
In	0,94 ± 0,15	0,805
α-Hg	0,93 ± 0,08	1,6

Tab. 9.2-1 gibt einen Überblick über die mit der Pseudopotentialmethode berechneten Kopplungskonstanten λ (Grimvall, 76). Die in Tab. 9.2-1 angegebenen λ-Werte sind Mittelwerte über Ergebnisse verschiedener Autoren. Die Fehlergrenzen charakterisieren die Streuung der berechneten λ-Werte. Die unterschiedlichen Werte für λ ergeben sich teils durch die Verwendung verschiedener Formfaktoren und teils durch unterschiedliche Näherungsannahmen über die Pseudowellenfunktion und das Phononenspektrum. Für die Supraleiter mit starker Kopplung (Pb bis Hg) wurden die empirischen λ-Werte über Tunnelmessungen gewonnen. Die empirischen Daten für die Supraleiter mit schwacher Kopplung (Be bis Ga) wurden aus den gemessenen Sprungtemperaturen bestimmt. Berechnungen der Selbstenergie bei $T = 0$ und für endliche Temperaturen unter Berücksichtigung eines realistischen Phononenspektrums wurden erstmals von Grimvall (67) für Na durchgeführt. Allen und Cohen (70) berechneten die Temperaturabhängigkeit von λ für 16 einfache Metalle unter vereinfachenden Annahmen über das Phononenspektrum.

Zusammenfassend kann festgestellt werden, daß für einfache Metalle Bandstruktur (s. [3] u. [6]), Phononenspektrum (s. [8]) und EPWW in einheitlicher Weise im Pseudopotentialkonzept behandelt werden können.

9.3. Streukonzept und Elektron-Phonon-Wechselwirkung in Übergangsmetallen

9.3.1. Rigid-Muffin-Tin-Modell

In [4] konnte gezeigt werden, daß die Streutheorie für Systeme nichtüberlappender Muffin-Tin- (MT-) Potentiale sowohl ein geeigneter Ausgangspunkt für eine qualitative Diskussion der Elektronenstruktur der Übergangsmetalle darstellt als auch die Grundlage moderner Bandstrukturberechnungsmethoden (APW, KKR, H-NFE-TB, LMTO) bildet. Es liegt daher nahe, das MT-Konzept auch in der Theorie der EPWW für Übergangsmetalle zu benutzen. Bei der Behandlung der EPWW in einfachen Metallen wurde in [9.2] das Elektron-Ion-Potential durch ein schwaches Pseudopotential ersetzt und im Sinne einer Störungsentwicklung nach Potenzen des Pseudopotentials für ε^{-1} die inverse dielektrische Funktion des homogenen Elektronengases benutzt. Ein derartiges Vorgehen ist für Übergangsmetalle, wie bereits in [8.6] erläutert, nicht möglich. Das Elektron-Ion-Potential in Übergangsmetallen ist nicht schwach, und für ε^{-1} kann daher prinzipiell nicht die Näherung des homogenen Elektronengases verwendet werden. Im Rahmen des LCAO-Konzepts ist es jedoch möglich, die inverse dielektrische Matrix ε^{-1} unter vereinfachenden Annahmen über die Bandstruktur zu berechnen (s. [8.6]) und damit Phononenspektrum und EPWW in einheitlicher Weise zu behandeln. Erste Erfolge konnten dadurch bei der Deutung der Phononenanomalien in supraleitenden Übergangsmetallnitriden und -karbiden und der Berechnung der Elektron-Phonon-Kopplungskonstante λ in diesen Substanzen erreicht werden (Hanke, 78). Systematische Trenduntersuchungen für Übergangsmetalle wurden auf diesem Wege jedoch noch nicht durchgeführt. Dagegen wurde bereits 1970 von Barisič u. a. das Elektron-Phonon-Matrixelement in einem einfachen Tight-Binding-Modell für Übergangsmetalle berechnet. Neuere Untersuchungen in dieser Richtung berücksichtigen die Nichtorthogonalität der verwendeten Orbitale (Varma u. Dynes, 76). Effekte der Abschirmung werden in diesen Untersuchungen nur pauschal durch plausible Annahmen über die Abstandsabhängigkeit der TB-Matrixelemente berücksichtigt.

Gegenwärtig werden systematische Untersuchungen der EPWW in Übergangsmetallen hauptsächlich mit Hilfe der von Gaspari und Gyorffy (72) vorgeschlagenen Rigid-Muffin-Tin-Approximation (RMTA)[1]) durchgeführt, mit der wir uns im folgenden beschäftigen wollen. Wir betrachten dazu zunächst das Matrixelement $g(k, k', \nu)$ (9.1-32) der EPWW. Zur Berechnung dieses Matrixelements muß die Änderung des Kristallpotentials δv beim Auslenken eines Ions um $\boldsymbol{u}$

$$\delta v(\boldsymbol{r}) = -\int \mathrm{d}^3r'\, \varepsilon^{-1}(\boldsymbol{r}, \boldsymbol{r}')\, \boldsymbol{u}\, \frac{\partial v_i(\boldsymbol{r}')}{\partial \boldsymbol{r}'} \tag{1}$$

bestimmt werden. In der RMTA ersetzen wir (1) näherungsweise durch die Potentialänderung beim Verschieben eines als starr angenommenen MT-Potentials $v(r)$

$$\delta v(\boldsymbol{r}) = -\boldsymbol{u} \frac{\partial v(\boldsymbol{r})}{\partial \boldsymbol{r}}\,. \tag{2}$$

[1]) Die RMTA wurde bereits 1967 von Golibersuch vorgeschlagen. Systematische Untersuchungen im Rahmen der RMTA wurden jedoch erst durch die oben zitierte Arbeit von Gaspari und Gyorffy angeregt.

Der RMTA liegt die Vorstellung zugrunde, daß die Elektronen der Auslenkung des Ions starr folgen, eine Annahme, die für die d-Elektronen in Übergangsmetallen vernünftig erscheint. Eine quantitative Abschätzung des Fehlers bei der Berechnung der EPWW mit Hilfe von (2) steht noch aus. Es konnte jedoch gezeigt werden, daß die RMTA im wesentlichen der Näherung starr überlagerter atomarer Elektronendichten äquivalent ist. Berechnet man die Potentialänderung $\delta v(\boldsymbol{r})$ bei Auslenkung eines Ions mit Hilfe der Mattheiss-Konstruktion (s. [2.3.3]) aus starr überlagerten atomaren Ladungsdichten, so ergibt sich beispielsweise für λ von Vanadium nur eine Korrektur von 10% gegenüber dem in der RMTA berechneten Wert (Hamann, 78).

Es muß jedoch betont werden, daß eine Behandlung des Phononenspektrums im Rahmen des Streukonzepts nur in den ersten Ansätzen vorliegt. (Pickett u. Gyroffy, 76). Wir beschränken uns daher auf die Behandlung des rein elektronischen Anteils der EPWW, der durch den Hopfield-Parameter (Hopfield, 69)

$$\eta = 2M \int d\omega\, \omega\, \alpha^2(\omega)\, F(\omega) \tag{3}$$

beschrieben wird. Die Bedeutung der RMTA liegt vor allem darin, daß der Hopfield-Parameter η (3) ohne weitere Näherungen allein durch die Streuphasen des MT-Potentials und die partiellen Zustandsdichten an der Fermi-Energie ausgedrückt werden kann. Damit werden systematische Trenduntersuchungen über den Einfluß der Bandstruktur auf die Elektron-Phonon-Kopplungskonstante mit vertretbarem numerischen Aufwand möglich. Auf die Ergebnisse dieser Untersuchungen kommen wir weiter unten zu sprechen.

Man überzeugt sich leicht davon, daß der in (3) eingeführte Hopfield-Parameter η unabhängig vom Phononenspektrum ist. Der Faktor $2M\omega$ in (3) kompensiert einen entsprechenden Faktor im Nenner des Elektron-Phonon-Matrix-Elements $g(k, k', \nu)$ (9.1-32). Damit kann die ω-Integration in (3) ausgeführt werden und mit der Vollständigkeitsrelation für die Polarisationsvektoren

$$\sum_{\nu} \boldsymbol{e}_{\nu}^{*}(\boldsymbol{k})\, \boldsymbol{e}_{\nu}(\boldsymbol{k}) = 1 \tag{4}$$

ergibt sich für η

$$\eta = D_s^{-1}(\varepsilon_F) \sum_{kk'} \int d^3r \int d^3r' \, \frac{\partial v(\boldsymbol{r})}{\partial \boldsymbol{r}} \frac{\partial v(\boldsymbol{r}')}{\partial \boldsymbol{r}'}\, \varphi_k^*(\boldsymbol{r})\, \varphi_{k'}(\boldsymbol{r})\, \varphi_{k'}^*(\boldsymbol{r}')\, \varphi_k(\boldsymbol{r}') \, * \\ * \, \delta(\varepsilon_k - \varepsilon_F)\, \delta(\varepsilon_{k'} - \varepsilon_F)\,. \tag{5}$$

Mit dem Hopfield-Parameter η läßt sich die Elektron-Phonon-Kopplungskonstante λ in der erstmals von McMillan (68) angegebenen Form

$$\lambda = \frac{\eta}{M\langle\omega^2\rangle} \tag{6}$$

darstellen. Der Mittelwert $\langle\omega^2\rangle$ ist dabei durch die Beziehung

$$\langle\omega^2\rangle = \frac{\int d\omega\, \omega\, \alpha^2(\omega)\, F(\omega)}{\int d\omega\, \omega^{-1}\, \alpha^2(\omega)\, F(\omega)} \tag{7}$$

definiert. Ein Vergleich der mit Hilfe von Tunnelmessungen bestimmbaren Spektralfunktion $\alpha^2(\omega)\, F(\omega)$ mit den aus Neutronenstreuexperimenten gewonnenen Phononenzustandsdichten $F(\omega)$ zeigt, daß $\alpha^2(\omega)$ nur schwach von ω abhängt (McMillan, 68). $\langle\omega^2\rangle$ kann deshalb näherungsweise aus der Phononenzustandsdichte allein bestimmt werden:

$$\langle\omega^2\rangle \approx \frac{\int d\omega\, \omega F(\omega)}{\int d\omega\, \omega^{-1} F(\omega)}. \tag{8}$$

In der Näherung $\alpha^2(\omega) = \text{const}$, die wir im folgenden stets benutzen wollen, zerfällt also die Kopplungskonstante λ in den nur von der Elektronenstruktur abhängigen Hopfield-Parameter η aus (5) und einen geeignet definierten Mittelwert über das Phononenspektrum $\langle\omega^2\rangle$.

9.3.2. Gaspari-Gyorffy-Formel

Im folgenden wollen wir einen im Rahmen der RMTA exakten Ausdruck für den Hopfield-Parameter η, die Gaspari-Gyorffy-Formel ableiten. Dazu ist es zweckmäßig, die energieabhängige Einteilchendichtematrix

$$n(\boldsymbol{r}, \boldsymbol{r}', \varepsilon) = \sum_{k} \varphi_k(\boldsymbol{r})\, \varphi_k^*(\boldsymbol{r}')\, \delta(\varepsilon - \varepsilon_k) \tag{9}$$

einzuführen. Mit der Beziehung (9) ergibt sich für den Hopfield-Parameter η (5) in der RMTA (2)

$$\eta = D_s^{-1}(\varepsilon_F) \int d^3r \int d^3r'\, \frac{\partial v(\boldsymbol{r})}{\partial \boldsymbol{r}} \frac{\partial v(\boldsymbol{r}')}{\partial \boldsymbol{r}'}\, n^2(\boldsymbol{r}, \boldsymbol{r}', \varepsilon_F). \tag{10}$$

Wesentlich für die weitere Auswertung der Beziehung (10) ist, daß der Integrand nur innerhalb der MT-Kugel von Null verschieden ist. Innerhalb der MT-Kugel kann jedoch die Dichtematrix $n(\boldsymbol{r}, \boldsymbol{r}', \varepsilon)$ nach den regulären Lösungen der Schrödinger-Gleichung für das kugelsymmetrische Potential $v(r)$ zur Energie $\varepsilon = \varkappa^2$ entwickelt werden. Wegen

$$n(\boldsymbol{r}, \boldsymbol{r}', \varepsilon) = -\frac{1}{\pi} \operatorname{Im} G(\boldsymbol{r}, \boldsymbol{r}', \varepsilon) \tag{11}$$

können wir die in [4] abgeleitete Darstellung der Greenschen Funktion benutzen und erhalten

$$n(\boldsymbol{r}, \boldsymbol{r}', \varepsilon) = \frac{\varkappa}{\pi} \sum_{\substack{l, l' \\ \alpha, \mu}} A_{ll'}^{\alpha} J_{l\mu}^{\alpha}(\boldsymbol{r}) J_{l'\mu}^{\alpha}(\boldsymbol{r}'). \tag{12}$$

Die regulären Lösungen der Schrödinger-Gleichung $J_{l\mu}^{\alpha}(\boldsymbol{r})$ wählen wir in der Form[1]):

$$J_{l\mu}^{\alpha}(\boldsymbol{r}) = \begin{cases} R_l(r)\, K_{l\mu}^{\alpha}(\boldsymbol{r}), & r \leqq R_{\mathrm{MT}}, \\ \left(j_l(\varkappa r) \cos\delta_l - n_l(\varkappa r) \sin\delta_l\right)\, K_{l\mu}^{\alpha}(\boldsymbol{r}), & r \geqq R_{\mathrm{MT}}. \end{cases} \tag{13}$$

[1]) Zur Vereinfachung der Schreibweise bezeichnen wir in diesem Kapitel mit $A_{ll'}^{\alpha}$ den Imaginärteil der in (4.5-18) eingeführten Koeffizienten der Greenschen Funktion, $A_{ll'}^{\alpha}$. Um Verwechslungen mit dem Hopfield-Parameter η zu vermeiden, werden im folgenden die Streuphasen mit δ_l bezeichnet.

Die Gitterharmonischen $K^{\alpha}_{l\mu}(\boldsymbol{r})$ sind reelle Funktionen, die Linearkombinationen der Kugelflächenfunktionen darstellen und sich wie die irreduziblen Darstellungen der Punktgruppe des betrachteten Gitterplatzes transformieren. α charakterisiert dabei die irreduzible Darstellung, und der Index μ numeriert die verschiedenen Funktionen zu einer Darstellung. Außerhalb der MT-Kugel wird die radiale Lösung $R_l(r)$ (13) zum Drehimpuls l durch die Streuphasen δ_l charakterisiert. Die reellen Koeffizienten $A^{\alpha}_{ll'}$ der Dichtematrix (12) sind symmetrisch, $A^{\alpha}_{ll'} = A^{\alpha}_{l'l}$, und werden über die Beziehung

$$A^{\alpha}_{ll'} = \frac{\pi}{\varkappa} \sum_{k} (-1)^{(l-l')/2}\, C^{\alpha}_{l\mu}(k)\, C^{\alpha}_{l'\mu}(k)\, \delta(\varepsilon - \varepsilon_k) \tag{14}$$

berechnet, wobei die $C^{\alpha}_{l\mu}(k)$ die reellen Entwicklungskoeffizienten[1]) der Bloch-Funktionen nach den Gitterharmonischen sind:

$$\varphi_k(\boldsymbol{r}) = \sum_{l,\alpha,\mu} i^l C^{\alpha}_{l\mu}(k)\, J^{\alpha}_{l\mu}(\boldsymbol{r})\,, \qquad r < R_{\mathrm{MT}}\,. \tag{15}$$

Die Koeffizienten $A^{\alpha}_{ll'}$ der Dichtematrix sind ein unmittelbares Maß für die Effekte der Vielfachstreuung im betrachteten System. Für ein isoliertes MT-Potential ergibt sich $A^{\alpha}_{ll'} = \delta_{ll'}$. Die partielle Zustandsdichte in der MT-Kugel zum Drehimpuls l und der irreduziblen Darstellung α

$$D^{\alpha}_l(\varepsilon) = \sum_{\mu} \int_{\mathrm{MT}} \mathrm{d}^3r \int_{\mathrm{MT}} \mathrm{d}^3r'\, K^{\alpha}_{l\mu}(\boldsymbol{r})\, n(\boldsymbol{r}, \boldsymbol{r}', \varepsilon)\, K^{\alpha}_{l\mu}(\boldsymbol{r}') \tag{16}$$

ist dem Koeffizienten A^{α}_{ll} proportional,

$$D^{\alpha}_l(\varepsilon) = A^{\alpha}_{ll} g^{\alpha} \frac{\varkappa}{\pi} \int_0^{R_{\mathrm{MT}}} \mathrm{d}r\, r^2 R^2_l(r)\,, \tag{17}$$

wobei g^{α} die Dimension der irreduziblen Darstellung α angibt. Da der neben A^{α}_{ll} in Gleichung (17) auftretende Faktor die partielle Zustandsdichte eines isolierten MT-Potentials darstellt, ist A^{α}_{ll} ein direktes Maß für den Einfluß der Gitterstruktur und der Vielfachstreueffekte auf die partielle Zustandsdichte.

Für kubische Symmetrie ist die Dichtematrix für $l \leqq 3$ entsprechend den irreduziblen Darstellungen der Gruppe O_h durch sieben Diagonalelemente ($A^{\Gamma_1}_{00}$, $A^{\Gamma_{15}}_{11}$, $A^{\Gamma_{12}}_{22}$, $A^{\Gamma_{25'}}_{22}$, $A^{\Gamma_{2'}}_{33}$, $A^{\Gamma_{25}}_{33}$, $A^{\Gamma_{15}}_{33}$) und ein Nichtdiagonalelement $A^{\Gamma_{15}}_{13}$ bestimmt. Zur Illustration des charakteristischen Verhaltens der Koeffizienten der Dichtematrix sind in Abb. 9.3.-1 die Zustandsdichte und in Abb. 9.3-2a) bis h) die Koeffizienten $A^{\alpha}_{ll'}$ für Vanadium dargestellt. Da die Zustände am Bandboden vorwiegend s-Zustände sind, ist dort $A_{00} > 1$. An der unteren Kante der d-Bänder ist $A_{11} > 1$, während oberhalb der d-Resonanz die Zahl der p-Zustände reduziert ist. Dieses erstmalig von Terakura (77) als Antiresonanz (Fano, 61) gedeutete Verhalten der p-Zustände ist typisch für alle Übergangsmetalle und beeinflußt die EPWW wesentlich. Die Doppelpeakstruktur der Zustandsdichte im Bereich der d-Bänder wird durch die Koeffizienten $A^{\Gamma_{12}}_{22}$ und $A^{\Gamma_{25'}}_{22}$ bestimmt. Wichtig für das Weitere ist, daß die Koeffizienten zu $l = 3$, $A^{\Gamma_{2'}}_{33}$ $A^{\Gamma_{25}}_{33}$ und $A^{\Gamma_{15}}_{33}$, im Bereich der d-Bänder größer als Eins sind und stark von der Energie ab-

[1]) Wir setzen dabei voraus, daß die betrachtete Gitterstruktur Inversionssymmetrie besitzt. Nur unter dieser Voraussetzung können die Koeffizienten $C^{\alpha}_{l\mu}(k)$ stets reell gewählt werden. Beim Vergleich mit [4], [6], [11] beachte man $c^{\alpha}_{l\mu} = i^l C^{\alpha}_{l\mu}$.

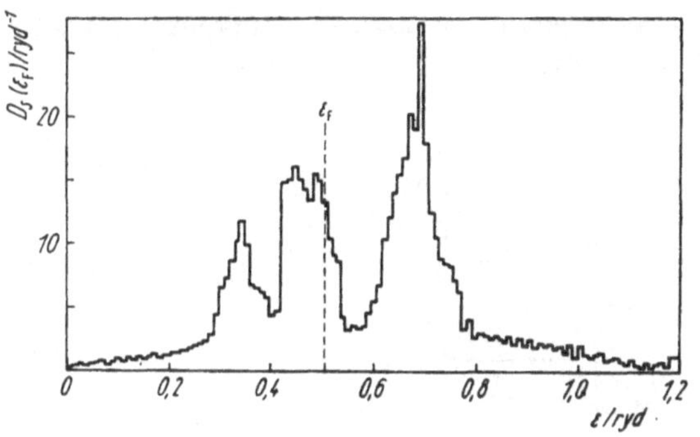

Abb. 9.3-1. Zustandsdichte pro Spin und Atom $D_s(\varepsilon)$ von Vanadium (John u. a., 78). In der Ordinatenbezeichnung muß es richtig ε (statt ε_F) heißen

hängen. Dieser Umstand läßt sich in einem einfachen TB-Bild leicht verständlich machen. Denken wir uns die Kristallwellenfunktion als Bloch-Summe lokalisierter d-Wellenfunktionen aufgebaut, so ergibt sich die partielle Zustandsdichte der f-Zustände nach (16) als Entwicklung der an den Nachbaratomen sitzenden d-Orbitale nach den Gitterharmonischen in der betrachteten MT-Kugel. Der Beitrag der f-Zustände zur Zustandsdichte eines Einzelstreuers ist jedoch klein, da das Integral über das Quadrat der radialen Wellenfunktion in (17) klein ist.

Mit den Beziehungen (12) und (13) erhalten wir für η aus (10)

$$\eta = \frac{\varepsilon_F}{\pi^2 D_s(\varepsilon_F)} \sum_{\substack{l,l'l_1l_1' \\ \alpha,\alpha_1}} A^{\alpha}_{ll_1'} A^{\alpha_1}_{l_1l_1'} \left\{ \sum_{\mu,\mu_1} \int \mathrm{d}^3r \int \mathrm{d}^3r' \, J^{\alpha_1}_{l_1\mu_1}(\boldsymbol{r}) \frac{\partial v}{\partial \boldsymbol{r}} J^{\alpha}_{l\mu}(\boldsymbol{r}) \, J^{\alpha}_{l'\mu}(\boldsymbol{r}') \frac{\partial v}{\partial \boldsymbol{r}'} J^{\alpha_1}_{l_1\mu_1}(\boldsymbol{r}') \right\} . \tag{18}$$

Die Integrale über die MT-Kugel ersetzen wir mit Hilfe der Beziehung (9.2.-8) durch ein Oberflächenintegral und erhalten mit (13)

$$\int \mathrm{d}^3r \, J^{\alpha_1}_{l_1\mu_1}(\boldsymbol{r}) \frac{\partial v}{\partial \boldsymbol{r}} J^{\alpha}_{l\mu}(\boldsymbol{r}) = \int\limits_{R_{MT}} \mathrm{d}r \, r^2 \, R_{l_1}(r) \, R_l(r) \frac{\mathrm{d}v}{\mathrm{d}r} \int \mathrm{d}\Omega \, K^{\alpha_1}_{l_1\mu_1} \frac{\boldsymbol{r}}{r} K^{\alpha}_{l\mu}$$

$$= R^2_{MT} \left\{ R_{l_1}(r) \frac{\mathrm{d}^2 R_l}{\mathrm{d}r^2} - \frac{\mathrm{d}R_{l_1}(r)}{\mathrm{d}r} \frac{\mathrm{d}R_l(r)}{\mathrm{d}r} \right\} \int\limits_{R_{MT}} \mathrm{d}\Omega \, K^{\alpha_1}_{l_1\mu_1} \frac{\boldsymbol{r}}{r} K^{\alpha}_{l\mu} . \tag{19}$$

Auf Grund der Drehimpulsauswahlregeln für Dipolübergänge ergibt sich bei der Winkelintegration in (19) ein von Null verschiedenes Resultat nur für $l_1 = l \pm 1$. Für diesen Fall kann aber der radiale Anteil in (19) mit Hilfe des asymptotischen Verhaltens der radialen Lösung R_l für $r > R_{MT}$ (13) ausgewertet werden (Gaspari u. Gyorffy, 72):

$$\int \mathrm{d}r \, r^2 R_{l\pm 1}(r) \frac{\mathrm{d}v}{\mathrm{d}r} R_l(r) = \pm \sin (\delta_l - \delta_{l\pm 1}) . \tag{20}$$

Für den Hopfield-Parameter η aus (18) ergibt sich dann ein Ausdruck, der nur von den Streuphasen δ_l und den Koeffizienten $A^{\alpha}_{ll'}$ an der Fermi-Energie abhängt:

$$\eta = \frac{\varepsilon_F}{\pi^2 D_s(\varepsilon_F)} \sum_{\substack{\alpha,\alpha_1 \\ l,l'l_1l_1'}} (l_1' - l) \sin (\delta_l - \delta_{l_1'}) \, (l' - l_1) \sin (\delta_{l_1} - \delta_{l'}) \, *$$

$$* \; A^{\alpha}_{ll'} A^{\alpha_1}_{l_1l_1'} F(l, l', \alpha; l_1' \, l_1', \alpha_1) . \tag{21}$$

Dabei haben wir die nur von der Gittersymmetrie abhängigen Winkelintegrationen über die Gitterharmonischen in dem Koeffizienten

$$F(l, l', \alpha; l_1, l_1', \alpha_1) = \sum_{\mu, \mu_1} \int \mathrm{d}\Omega \, \mathrm{d}\Omega' \, K_{l\mu}^{\alpha}(\boldsymbol{r}) \, K_{l'\mu}^{\alpha}(\boldsymbol{r}') \, K_{l_1\mu_1}^{\alpha_1}(\boldsymbol{r}) \, K_{l_1'\mu_1}^{\alpha_1}(\boldsymbol{r}') \, \frac{xx' + yy' + zz}{rr'} \tag{22}$$

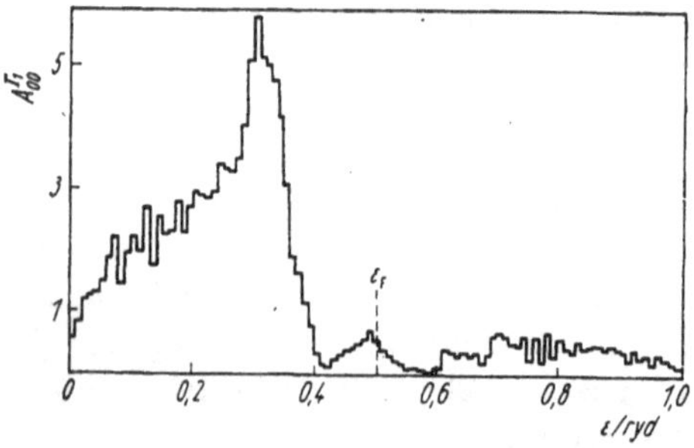

a)

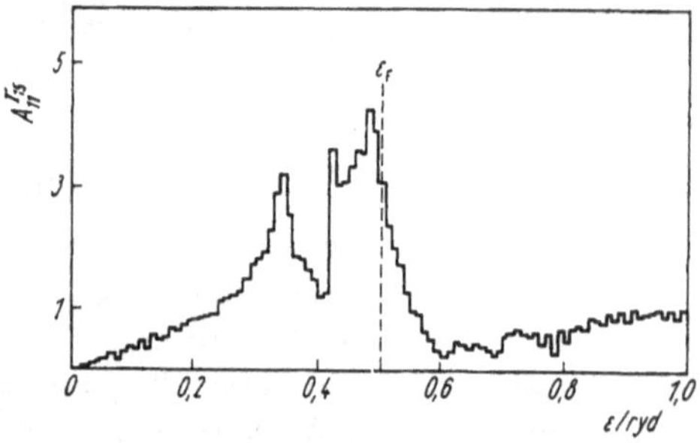

b)

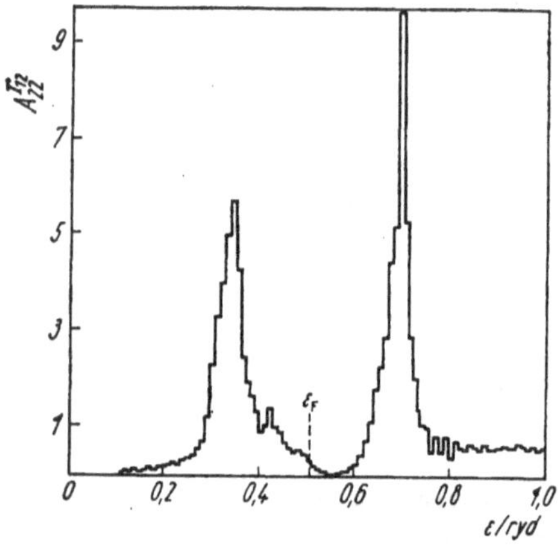

c)

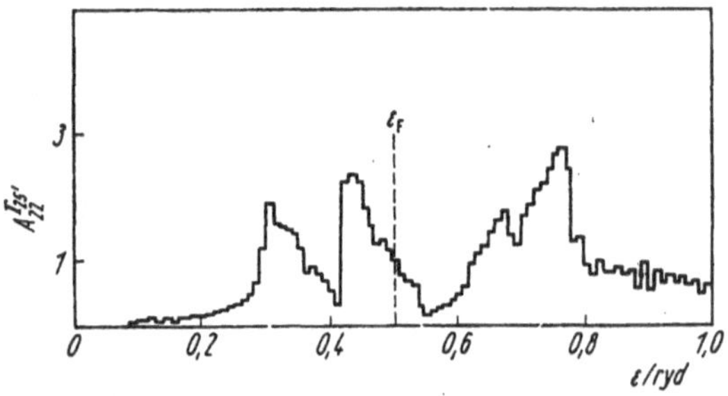

d)

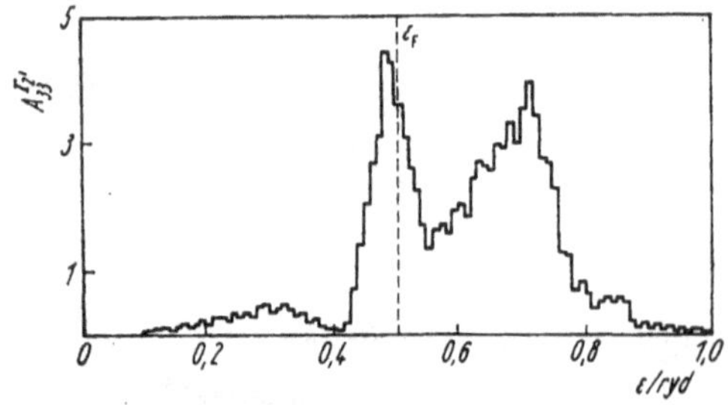

e)

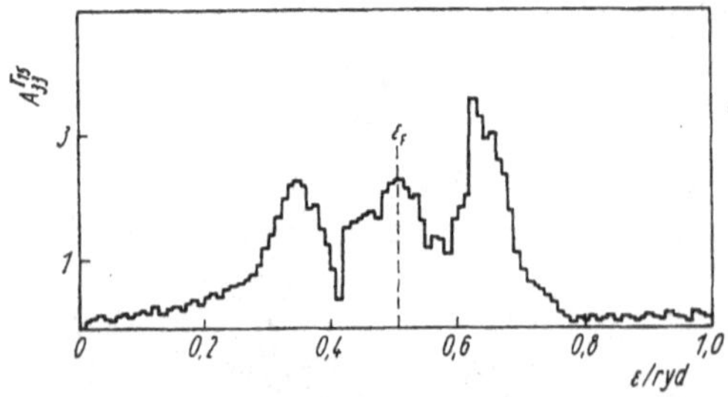

f)

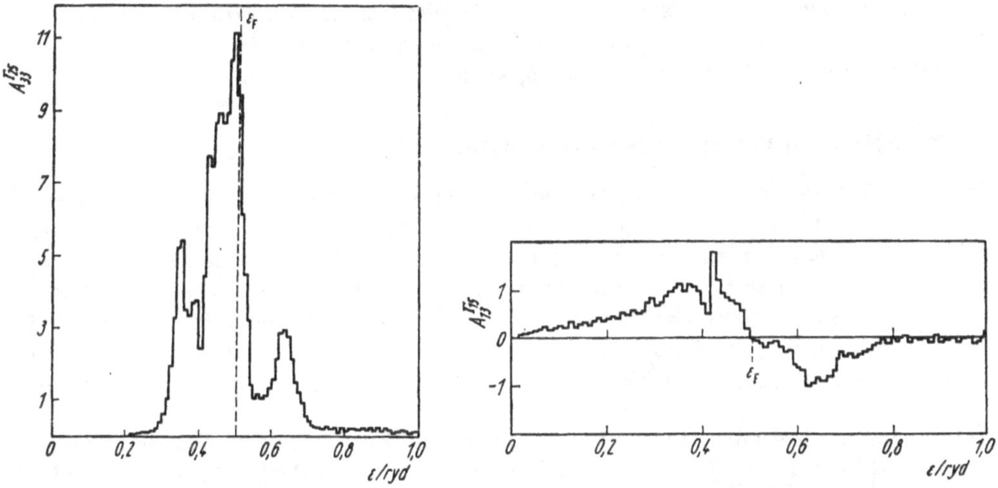

g) h)

Abb. 9.3-2. a) bis h) Koeffizienten der Dichtematrix $A_{ll'}^{\alpha}$ für Vanadium (John u. a., 78)

zusammengefaßt. Eine weitere Auswertung von Gleichung (21) ist elementar, muß aber wegen der Koeffizienten (22) für jede Gitterstruktur gesondert durchgeführt werden.

Für den wichtigen Fall kubischer Strukturen (krz, kfz) ergibt sich folgendes Resultat (John, 73, John u. a., 76, 78, Butler u. a., 76):

$$\eta = \eta_0 + \eta_1 \tag{23}$$

mit

$$\eta_0 = \frac{\varepsilon_F}{\pi^2 D_s(\varepsilon_F)} \sum_l 2(l+1) \sin^2(\delta_l - \delta_{l+1}) \bar{A}_l \bar{A}_{l+1} \tag{24}$$

und

$$\eta_1 = \frac{\varepsilon_F}{\pi^2 D_s(\varepsilon_F)} \left\{ \frac{6}{35} \sin^2(\delta_2 - \delta_3) (A_{22}^{\Gamma_{12}} - A_{22}^{\Gamma_{25'}}) (3A_{33}^{\Gamma_{15}} - 2A_{33}^{\Gamma_{2'}} - A_{33}^{\Gamma_{25}}) \right.$$
$$\left. + \frac{25}{4} \sqrt{\frac{3}{7}} \sin(\delta_1 - \delta_2) \sin(\delta_2 - \delta_3) (A_{22}^{\Gamma_{12}} - A_{22}^{\Gamma_{25'}}) A_{13}^{\Gamma_{15}} \right\}. \tag{25}$$

Der erste Term η_0 in (23) liefert den Hauptbeitrag zur EPWW. Die Größen $\bar{A}_l$ sind Mittelwerte über die verschiedenen irreduziblen Darstellungen α zu einem Drehimpuls l:

$$\bar{A}_l = \frac{1}{2l+1} \sum_\alpha g^\alpha A_{ll}^\alpha . \tag{26}$$

η_0 wird daher als sphärischer Anteil bezeichnet und ist nicht explizit von der Gitterstruktur abhängig. Gaspari und Gyorffy (72) bestimmten nur den sphärischen Anteil η_0, indem sie für die Koeffizienten $C_{l\mu}^\alpha(k)$ der Wellenfunktionen $\varphi_k(\boldsymbol{r})$ (15) die Näherung

$$C_{l\mu}^\alpha(k) = C_l(\varepsilon_k) K_{l\mu}^\alpha(\boldsymbol{k}) \tag{27}$$

benutzten, d. h. eine sphärische Bandstruktur voraussetzten. Aus (14) folgt dann, daß die Koeffizienten der Dichtematrix A_{ll}^α unabhängig von der Darstellung α sind, und demzufolge ist $\eta_1 = 0$. Der Term η_1 beschreibt nichtsphärische Anteile und hängt explizit von der Gitterstruktur ab. In der Gleichung für η_1 wurden nur Drehimpulse bis $l \leqq 3$ berücksichtigt. Höhere Drehimpulse können bei Übergangsmetallen auf Grund der Kleinheit der Streuphasen δ_l vernachlässigt werden.[1])

9.3.3. Hopfield-Parameter für Übergangsmetalle

In Tab. 9.3-1 und 9.3-2 sind als Beispiel alle zur Berechnung von η benötigten Größen für V zusammengestellt. Da wir im weiteren auch auf die Druckabhängigkeit der EPWW eingehen wollen, sind sämtliche Daten unter Normaldruck und für eine um 5% reduzierte Gitterkonstante angegeben, was einem Druck von etwa 20 GPa entspricht. Die mit diesem Daten berechneten Hopfield-Parameter für V sind in Tab. 9.3-3 zusammengestellt. Dabei wurde der sphärische Anteil η_0 entsprechend der Drehimpulssumme in (24) nach Drehimpulsanteilen $\eta_0 = \eta_{sp} + \eta_{pd} + \eta_{df}$ aufgegliedert.

Tabelle 9.3-1. Gitterkonstante a, Fermi-Energie ε_F, Zustandsdichte pro Spin und Atom $D_s(\varepsilon_F)$ und Streuphasen δ_l für V unter Normaldruck und mit um 5% reduzierter Gitterkonstante (John u. a., 78)

	a/a_0	ε_F/ryd	$D_s(\varepsilon_F)/ryd^{-1}$	δ_0	δ_1	δ_2	δ_3
V	5,7225	0,744	11,40	−0,761	−0,202	1,006	0,003
V(red.)	5,4364	0,876	10,73	−0,895	−0,274	1,084	0,003

Tabelle 9.3-2. Koeffizienten $A_{ll'}^{\alpha}$ der Dichtematrix für V unter Normaldruck und mit um 5% reduzierter Gitterkonstante (John u. a., 78)

	$A_{00}^{\Gamma_1}$	$A_{11}^{\Gamma_{15}}$	$A_{22}^{\Gamma_{12}}$	$A_{22}^{\Gamma_{25'}}$	$A_{33}^{\Gamma_{2'}}$	$A_{33}^{\Gamma_{15}}$	$A_{33}^{\Gamma_{25}}$	$A_{13}^{\Gamma_{15}}$
V	0,456	2,657	0,233	0,904	3,226	2,163	7,421	−0,047
V(red.)	0,885	3,058	0,294	0,971	3,165	1,783	7,048	−0,010

Tabelle 9.3-3. Beiträge zu η für V unter Normaldruck und bei um 5% reduzierter Gitterkonstante (John u. a., 78)

	η_{sp}/(eV/Å²)	η_{pd}/(eV/Å²)	η_{df}/(eV/Å²)	η_0/(eV/Å²)	η_1/(eV/Å²)	η/(eV/Å²)
V	0,218	1,890	3,996	6,074	0,168	6,242
V(red.)	0,730	3,258	5,534	9,522	0,283	9,805

Aus Tab. 9.3-3 ist ersichtlich, daß der nichtsphärische Anteil η_1 nur eine kleine Korrektur darstellt. Die bisherigen Rechnungen für einige 3d-Metalle (John u. a., 78) und die 4d-Metalle (Butler u. a., 76, Butler, 77) zeigen, daß der nichtsphärische Anteil η_1 stets kleiner als 15% ist. Obwohl die Koeffizienten der Dichtematrix $A_{ll'}^{\alpha}$ für verschiedene irreduzible Darstellungen zum gleichen Drehimpuls stark voneinander abweichen (Abb. 9.3-2, Tab. 9.3-2) und damit die sphärische Näherung (27) nicht gerechtfertigt ist, sorgen die in η_1 (25) auftretenden kleinen Gewichtsfaktoren dafür, daß der nichtsphärische Beitrag zu η klein bleibt. Es muß allerdings betont werden, daß

[1]) Zu beachten ist, daß das Vorzeichen der Gitterharmonischen $K_{l\mu}^{\alpha}(\boldsymbol{r})$ willkürlich wählbar ist. Diese Willkür führt bei Butler (77) und John u. a. (76, 78) zu unterschiedlichen Vorzeichen im nichtsphärischen Anteil η_1 (25). Dagegen enthält die Arbeit von Butler u. a. (76) einen Vorzeichenfehler in den Formeln (2.25) und (2.26).

bisher nur für die kubischen Übergangsmetalle nachgewiesen wurde, daß die sphärische Näherung η_0 (24) zur Berechnung des Hopfield-Parameters ausreichend ist. Berechnungen des nichtsphärischen Anteils für andere Gitterstrukturen liegen bisher noch nicht vor. Das hängt wesentlich damit zusammen, daß mit abnehmender Symmetrie die Zahl der Koeffizienten $A^{\alpha}_{ll'}$ der Dichtematrix rasch anwächst und damit der numerische Aufwand steigt. Für die hdp-Struktur werden beispielsweise bereits 19 Koeffizienten zur Bestimmung der Dichtematrix benötigt. Ob die sphärische Näherung auch für solche Strukturen wie z. B. die $A15$-Phasen ausreichend ist, müssen weitere Untersuchungen zeigen.

Der Hauptbeitrag zur EPWW liefert für Vanadium die d-f-Streuung (Tab. 9.3-3). Auch diese Aussage ist für fast alle Übergangsmetalle gültig und hängt mit den großen Werten der Koeffizienten A^{α}_{ll} für $l = 3$ (Tab. 9.3-2) zusammen. Die in älteren Arbeiten verwendete Einzentrennäherung (Gaspari u. Gyorffy, 72, Evans u. a., 73a, b, Stocks u. a., 72, Gomersall u. Gyorffy, 73, 74, Ratti u. a., 74, Schwarz u. Weinberger, 75), in der alle Koeffizienten $\overline{A}_l$ mit $l \neq 2$ gleich Eins gesetzt werden, liefert daher für Übergangsmetalle stets zu kleine η-Werte. Der Antiresonanzeffekt in den p-Zuständen (Abb. 3.3-2a) führt, wenn die Fermi-Energie knapp unterhalb der d-Resonanz liegt, zu einer Erhöhung des Beitrages η_{pd}. Das ist zweifellos eine der Ursachen dafür, daß die Elemente V, Nb und Ta zu den Übergangsmetallen mit den höchsten Sprungtemperaturen gehören.

Eine Übersicht über die bisher mit Hilfe der RMTA berechneten Hopfield-Parameter und Elektron-Phonon-Kopplungskonstanten λ für 38 Metalle gibt Tab. 9.3-4. Die Daten für die Zustandsdichte $D_s(\varepsilon_F)$ und den Hopfield-Parameter η wurden den Arbeiten von Papaconstantopoulos u. a. (77), Butler (77) (4d-Metalle) und John u. a. (82) (5d-Metalle) entnommen. Dabei muß beachtet werden, daß bis auf die 5d-Metalle alle Elemente in einer kubischen (krz oder kfz), paramagnetischen Struktur berechnet wurden. Da nur für wenige Metalle Ergebnisse von Tunnelmessungen zur Verfügung stehen, wurde nach einem Vorschlag von Butler (77) $\langle\omega^2\rangle$ näherungsweise aus der Debye-Temperatur Θ_D bei Zimmertemperaturen (Gschneidner 64) über die Relation $\langle\omega^2\rangle = (0.69\, k_B\, \Theta_D)^2$ bestimmt. Die in der vorletzten Spalte der Tab. 9.3-4 angegebenen empirischen Werte λ_{emp} sind optimale Werte, die sich aus Tunnelmessungen, T_c-Daten und Messungen des elektronischen Anteils der spezifischen Wärme ergeben. Sie wurden den Arbeiten von McMillan (68), Grimvall (76) und Butler (77) entnommen. In den Abb. 9.3-3a bis 3f sind die Daten der Tab. 9.3-4 für die drei Übergangsmetallperioden (3d, 4d und 5d) veranschaulicht. Für die Übergangsmetalle liefert die RMTA im Vergleich zu den empirischen Daten zu große Werte für λ und damit für T_c. Abschätzungen von Pettifor (77) ergaben, daß eine bessere Berücksichtigung der Abschirmung den Beitrag η_{df} der f-Zustände um etwa die Hälfte reduzieren kann. Wesentlich ist jedoch, daß die experimentellen Trends innerhalb der Reihe der Elemente richtig wiedergegeben werden. Die Abbildungen zeigen deutlich, daß der Hopfield-Parameter innerhalb der Übergangsmetallperioden nicht konstant ist. Im Widerspruch zu der Annahme von McMillan (68) ist deshalb die Bandstruktur für die Variation von T_c innerhalb der Übergangsmetalle der bestimmende Faktor. Auch die Vorstellung, daß eine hohe Zustandsdichte zu einer hohen Sprungtemperatur führt, ist nur bedingt richtig. Ein Vergleich der Zustandsdichte und des Kopplungsparameters λ läßt erkennen, daß λ der Zustandsdichte nicht pro-

Tabelle 9.3-4. Zustandsdichte $D_s(\varepsilon_F)$, Hopfield-Parameter η, λ und Debye-Temperatur Θ_D

Element	$D_s(\varepsilon_F)/ryd^{-1}$	$\eta/(eV/Å^2)$	λ	λ_{emp}	Θ_D/K
Li	3,40	0,27	0,22	0,41	448
Be	0,44	0,56	0,07	0,24	1031
Na	3,04	0,02	0,04	0,16	155
Mg	3,18	0,12	0,06	0,35	330
Al	2,39	0,59	0,17	0,43	390
K	5,26	0,11	0,03	0,13	100
Ca	12,26	0,24	0,13	0,25	230
Sc	16,02	3,31	0,38	0,30	476
Ti	12,38	4,84	0,83	0,38	380
V	12,70	6,89	1,05	0,60	390
Cr	4,74	4,20	0,53		424
Mn	12,02	5,48	0,89		363
Fe	26,11	5,62	0,86		373
Co	14,34	3,90	0,53		386
Ni	27,18	1,76	0,30		345
Cu	1,96	0,46	0,09	0,14	310
Zn	2,14	0,54	0,18	0,42	237
Ga	1,85	0,60	0,18	0,40	240
Y	18,86	1,92	0,56	0,26	214
Zr	11,13	3,87	0,80	0,45	250
Nb	10,30	7,39	1,39	0,97	260
Mo	4,33	4,95	0,43	0,44	377
Tc	12,13	11,12	0,75	0,78	422
Ru	10,01	6,87	0,47	0,41	415
Rh	10,59	4,63	0,43	0,27	350
Pd	15,55	2,15	0,32	0,70	275
Ag	1,74	0,29	0,07	0,10	221
Cd	2,48	0,36	0,08	0,40	221
In	2,27	0,36	0,22	0,81	129
Lu	11,81	2,62	0,64		166
Hf	4,48	3,20	0,47	0,34	213
Ta	10,89	9,05	1,17	0,69	225
W	2,40	3,27	0,22	0,28	312
Re	6,98	8,43	0,71	0,46	275
Os	4,61	5,51	0,21	0,39	400
Ir	7,62	6,24	0,46	0,34	298
Pt	12,20	4,37	0,52	0,60	225
Au	1,87	0,51	0,10	0,14	178

portional ist. Für einfache Metalle liefert die RMTA zu kleine Werte für den Hopfield-Parameter. Bessere Ergebnisse können jedoch durch eine geeignete Anpassung des Potentials erreicht werden. Im Rahmen der linearen Abschirmung gilt für das abgeschirmte Ionenpotential $v(q \to 0) = -(2/3)\,\varepsilon_F^0$, wobei ε_F^0 die Fermi-Energie freier Elektronen ist (Lee u. Heine 75). Das mit Hilfe der Mattheiss-Konstruktion berechnete Potential erfüllt diese Bedingung nicht. Korrigiert man jedoch das MT-Potential für große Abstände r durch Hinzufügen eines in Thomas-Fermi-Näherung abgeschirmten Coulomb-Potentials geeigneter Stärke, so läßt sich die oben angegebene Relation

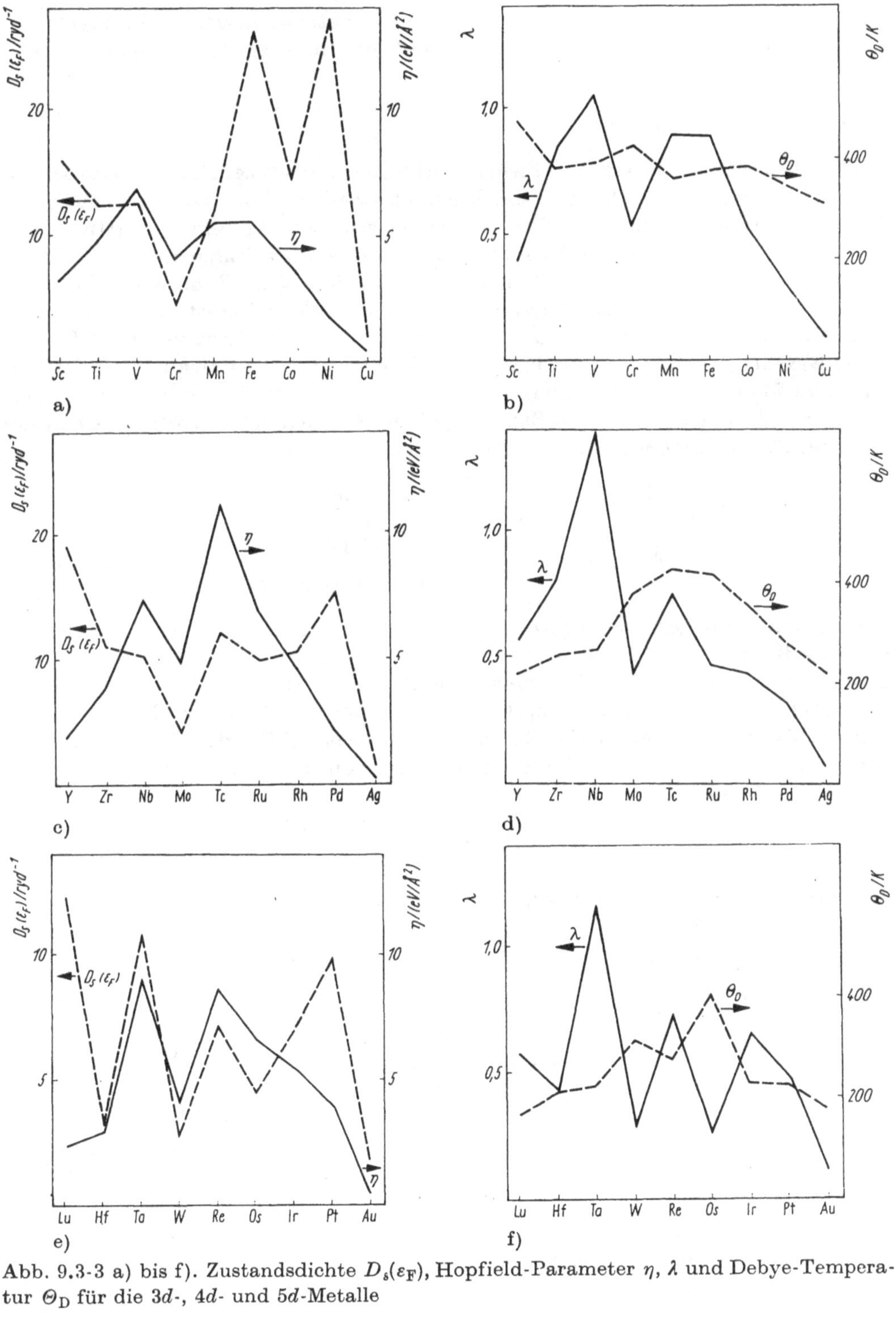

Abb. 9.3-3 a) bis f). Zustandsdichte $D_s(\varepsilon_F)$, Hopfield-Parameter η, λ und Debye-Temperatur Θ_D für die $3d$-, $4d$- und $5d$-Metalle

erfüllen. Zdetsis u. a. (81) konnten zeigen, daß diese Potentialkorrektur die Ergebnisse für λ für einfache Metalle wesentlich verbessert, die Resultate für Übergangsmetalle jedoch wenig beeinflußt.

9.3.4. Relativistische Effekte

Bekanntlich müssen für schwere Elemente ab etwa $Z = 40$ bei Bandstrukturberechnungen relativistische Effekte berücksichtigt werden. Für die Berechnung des Hopfield-Parameters wurde die Bedeutung relativistischer Korrekturen erstmals von Glocker und Fritsche (78) für La und W nachgewiesen. Im Rahmen semirelativistischer selbstkonsistenter LMTO-Bandstrukturberechnungen (d. h. unter Vernachlässigung der Spin-Bahn-Kopplung) wurde η für alle $4d$- und $5d$-Metalle von Glötzel u. a. (79) berechnet. Eine Verallgemeinerung der Gaspari-Gyorffy-Formel für die Dirac-Gleichung wurde von Hamann und John abgeleitet (Hamann, 78, John u. Hamann, 79, John u. a., 80). Modifizierungen der nichtrelativistischen Theorie ergeben sich dabei durch die Spin-Bahn-Kopplung. Für den sphärischen Anteil η_0 des Hopfield-Parameters ergibt sich im relativistischen Fall statt (24)

$$\eta_0 = \frac{2\varkappa_F^2}{\pi^2 D(\varepsilon_F)} \sum_l 2(l+1) \left\{ \frac{l+2}{2l+3} \bar{A}_l^+ \bar{A}_{l+1}^+ \sin^2(\delta_l^+ - \delta_{l+1}^+) + \frac{1}{2l+1} \bar{A}_l^- \bar{A}_{l+1}^- \sin^2(\delta_l^- - \delta_{l+1}^-) + \frac{1}{(2l+1)(2l+3)} \bar{A}_l^+ \bar{A}_{l+1}^- \sin^2(\delta_l^+ - \delta_{l+1}^-) \right. . \tag{28}$$

Die Indizes $\pm$ an den Streuphasen $\delta_l^\pm$ und den Koeffizienten $\bar{A}_l^\pm$ der Dichtematrix charakterisieren dabei die Spineinstellung $j = l \pm 1/2$. $D(\varepsilon_F)$ ist im Unterschied zur Zustandsdichte in der nichtrelativistischen Beziehung (24) die Zustandsdichte pro Atom, und $\varkappa_F$ ist durch $\varkappa_F^2 = \varepsilon_F(1 + \varepsilon_F/c^2)$ definiert. Gleichung (28) geht unter Vernachlässigung der Spin-Bahn-Kopplung in die Gaspari-Gyorffy-Formel (24) über. Davon kann man sich leicht überzeugen, wenn man die über die Spinorientierung gemittelten Größen

$$\delta_l = \frac{(l+1)\,\delta_l^+ + l\delta_l^-}{2l+1}, \qquad \bar{A}_l = \frac{(l+1)\,\bar{A}_l^+ + l\bar{A}_l^-}{2l+1} \tag{29}$$

einführt. Damit ergibt sich für (28) die Beziehung

$$\eta_0 = \frac{2\varkappa_F^2}{\pi^2 D(\varepsilon_F)} \sum_l 2(l+1)\, \bar{A}_l \bar{A}_{l+1} \sin^2(\delta_l - \delta_{l+1}) + \Delta\eta\,. \tag{30}$$

Der Korrekturterm $\Delta\eta$ beschreibt den direkten Einfluß der Spin-Bahn-Kopplung und verschwindet im nichtrelativistischen Grenzfall $\delta_l^\pm \to \delta_l$ und $\bar{A}_l^\pm \to \bar{A}_l$.

Numerische Ergebnisse für den Hopfield-Parameter einiger $5d$-Übergangsmetalle sind in Tab. 9.3-5 zusammengestellt. Die Ergebnisse der ersten und zweiten Spalte für das jeweilige Element wurden mit Hilfe vollrelativistischer APW-Rechnungen gewonnen. Sie zeigen, daß der direkte Einfluß der Spin-Bahn-Kopplung gering ist und daher $\Delta\eta$ vernachlässigt werden kann. Das ist deshalb bemerkenswert, weil am Ende der $5d$-Übergangsmetallperiode (Pt) die Spin-Bahn-Kopplung sich wesentlich auf die partiellen Zustandsdichten und die Koeffizienten $\bar{A}_l^\pm$ auswirkt. Ähnlich wie im Falle der nichtsphärischen Korrekturen η_1 (25) bleibt der Beitrag $\Delta\eta$ jedoch klein, weil sich der Hopfield-Parameter als ein Mittelwert über alle Zustände an der Fermi-Fläche

Tabelle 9.3-5. Einfluß der Spin-Bahn-Kopplung auf η für ausgewählte $5d$-Metalle nach (28) und (30) (John u. a., 82). η_s — semirelativistische Resultate nach Glötzel u. a. (79)

	$\eta_0/(\mathrm{eV/Å^2})$	$\Delta\eta/(\mathrm{eV/Å^2})$	$\eta_s/(\mathrm{eV/Å^2})$
Ta	9,24	−0,19	8,94
W	3,36	−0,09	5,69
Ir	6,60	−0,36	7,34
Pt	4,66	−0,29	5,63

mit näherungsweise gleichem Gewicht ergibt. Ein Vergleich mit den Ergebnissen von Glötzel[1]) u. a. (79) zeigt, daß semirelativistische Bandberechnungen nur teilweise befriedigende Werte für den Hopfield-Parameter liefern.

9.3.5. Druckabhängigkeit des Hopfield-Parameters

Berechnungen der Kopplungskonstanten λ mit Hilfe der Gaspari-Gyorffy-Formel wurden auch für einige intermetallische Verbindungen, wie z. B. PdH, PdD, NbC, TaC, HfC und V_3Si (Klein u. a., 76), durchgeführt. Allerdings ist dabei die Bestimmung der Mittelwerte $\langle\omega^2\rangle$ für die beiden Komponenten problematisch. Ein wichtiger Test für die Gültigkeit der RMTA ist die Berechnung der Druckabhängigkeit von T_c. Während für einfache Metalle die Sprungtemperatur unter Druck abnimmt, zeigen einige Übergangsmetalle am Anfang der Übergangsmetallperioden, wie z. B. Ti, V, Y, Zr, La und Ba, ein Anwachsen von T_c unter Druck. Nimmt man an, daß μ^* unabhängig vom Volumen V ist, so ergibt sich für die Volumenabhängigkeit von T_c nach der McMillan-Formel (9.1-40) (Ratti u. a., 74)

$$-\frac{\mathrm{d}\ln T_c}{\mathrm{d}\ln V} = \gamma_G - \left(\frac{(1+\lambda)(1-0{,}62\,\mu^*)}{\lambda-\mu^*(1+0{,}62\,\lambda)} - 1\right)\frac{1{,}04\,\lambda}{\lambda-\mu^*(1+0{,}62\,\lambda)} * \\ * \left(\frac{\mathrm{d}\ln\eta}{\mathrm{d}\ln V} + 2\gamma_G\right). \quad (31)$$

Die Änderung des Phononenspektrums mit dem Volumen wurde dabei näherungsweise durch die Grüneisen-Konstante γ_G (Gschneidner, 64) ausgedrückt:

$$\gamma_G = -\frac{1}{2}\frac{\mathrm{d}\ln\langle\omega^2\rangle}{\mathrm{d}\ln V}. \quad (32)$$

$\mathrm{d}\ln\eta/\mathrm{d}\ln V$ ist stets negativ. Von gleicher Größenordnung aber positiv ist die Grüneisen-Konstante γ_G, so daß der Ausdruck $\mathrm{d}\ln\eta/\mathrm{d}\ln V + 2\gamma_G$ positiv oder negativ sein kann. Für einfache Metalle ist er jedoch positiv, da stets der Term $2\gamma_G$ überwiegt. In Verbindung mit dem Dominieren des zweiten Summanden in (31) gegenüber γ_G wird damit $\mathrm{d}\ln T_c/\mathrm{d}\ln V > 0$ (Ratti u. a., 74). Für V ergibt sich mit den Daten aus Tab. 9.3-1 u. 2 $\mathrm{d}\ln\eta/\mathrm{d}\ln V = -2{,}9$ und damit für die Volumenabhängigkeit von T_c der Wert $\mathrm{d}\ln T_c/\mathrm{d}\ln V = -1{,}4$ in befriedigender Übereinstimmung mit dem

[1]) Der Autor dankt Dr. Glötzel für die freundliche Überlassung noch nicht veröffentlichter Ergebnisse.

experimentellen Wert von —2,0. Wie gezeigt werden konnte (Pettifor, 77, Duthie u. Pettifor, 78), liegt die Ursache für die großen Werte von $|d \ln \eta/d \ln \mathcal{V}|$ am Beginn der Übergangsmetallperioden in den relativ großen Ionenradien begründet.

9.3.6 Ausblick

Die Elektron-Phonon-Spektralfunktion $\alpha^2(\omega)\, F(\omega)$ wurde im Rahmen der RMTA von Harmon und Sinha (77) und Butler u. a. (79) für Niob berechnet. Die Ergebnisse zeigen, daß $\alpha^2(\omega)$ nur in grober Näherung frequenzunabhängig ist. Mit Hilfe der Elektron-Phonon-Spektralfunktion wurden von Glötzel u. a. (79) λ und T_c durch numerische Lösung der Eliashberg-Gleichung für alle $4d$- und $5d$-Metalle bestimmt. Berechnungen des Beitrages der EPWW zu Phononenlebensdauern im Rahmen der RMTA ergaben eine gute Übereinstimmung mit experimentellen Daten für Nb (Butler u. a. 79). Obwohl die RMTA eine Reihe von Trends in der Elektron-Phonon-Wechselwirkung für Übergangsmetalle richtig beschreibt, bleibt die Berechnung des Elektron-Phonon-Matrixelements (Sinha, 68) von ersten Prinzipien her ein aktuelles Problem der Elektronentheorie der Übergangsmetalle. Weitere Hinweise s. Ergänzungen zu [9.4], S. 569.

9.4. Literatur

Allen, P. B., M. L. Cohen, Phys. Rev. **B1**, 1329 (1970).
Allen, P. B., R. C. Dynes, Phys. Rev. **B12**, 905 (1975).
Ashcroft, N. W., J. W. Wilkins, Phys. Rev. Lett. **14**, 285 (1965).
Barisič, S., J. Labbe, J. Friedel, Phys. Rev. Lett. **25**, 919 (1970).
Brovman, E. G., J. M. Kagan, Usp. fiz. nauk. **112**, 369 (1974).
Bulajewski, L. N., s. Ginsburg (77), S. 271.
Butler, W. H., Phys. Rev. **B15**, 5267 (1977).
Butler, W. H., J. J. Olson, J. S. Faulkner, B. L. Gyorffy, Phys. Rev. **B14**, 3823 (1976).
Butler, W. H., F. J. Pinski, P. B. Allen, Phys. Rev. **B19**, 3708 (1979).
Douglass, D. H. (Hrsg.), Superconductivity in *d*- and *f*-Band Metals, Plenum, New York 1976.
Duthie, J. C., D. G. Pettifor, Solid State Comm. **27**, 613 (1978).
Eliashberg, G. M., Ž. eksper. teoret. fiz. **38**, 966 (1960).
Evans, R., G. D. Gaspari, B. L. Gyorffy, J. Phys. **F3**, 39 (1973a).
Evans, R. V. K. Ratti, B. L. Gyorffy, J. Phys. **F3**, L 199 (1973b).
Fano, U., Phys. Rev. **124**, 1866 (1961).
Gaspari, G. D., B. L. Gyorffy, Phys. Rev. Lett. **28**, 801 (1972).
Geilikman, B. T., Usp. fiz. nauk **115**, 403 (1975).
Ginsburg, B. L., D. A. Kirschnitz (Hrsg.), Problema wysokotemperaturnoi swerçhprowodimosti, Nauka, Moskau 1977.
Glocker, R., L. Fritsche, Solid State Comm. **25**, 1117 (1978).
Glötzel, D., D. Rainer, H. R. Schober, Z. Phys. **B35**, 317 (1979).
Golibersuch, D. C., Phys. Rev. **157**, 532 (1967).
Gomersall, I. R., B. L. Gyorffy, J. Phys. **F3**, L 138 (1973).
Gomersall, I. R., B. L. Gyorffy, J. Phys. **F4**, 1204 (1974).
Grimvall, G., Phys. kondens. Materie **6**, 15 (1967).

Grimvall, G., Physica Scripta **14**, 63 (1976).
Gschneidner, K. A., Solid State Physics **16**, 275 (1964).
Hamann, D., Dissertation A, TU Dresden, 1978.
Hanke, W., Adv. Phys. **27**, 287 (1978).
Harmon, B. N., S. K. Sinha, Phys. Rev. **B16**, 3919 (1977).
Hedin, L., Phys. Rev. **139**, A 796 (1965).
Hedin, L., S. Lundqvist, Solid State Physics **23**, 2 (1969).
Heine, V., P. Nozières, J. W. Wilkins, Phil. Mag. **13**, 741 (1966).
Hopfield J. J., Phys. Rev. **186**, 443 (1969).
John, W., J. Phys. **F3**, L 231 (1973).
John, W., D. Hamann, P. Urwank, phys. stat. sol. (b) **86**, 568 (1978).
John, W., D. Hamann, P. Urwank, in P. Ziesche (Hrsg.): Proc. 6th Symp. Electronic Structure, TU Dresden, 1976, S. 58.
John, W., D. Hamann, phys. stat. sol. (b) **93**, K143 (1979).
John, W., V. V. Nemoshkalenko, V. N. Antonov, Vl. N. Antonov, phys. stat. sol. (b) **99**, 599 (1980).
John, W., V. V. Nemoshkalenko, V. N. Antonov, Vl. N. Antonov, in: P. Ziesche (Hrsg.), Proc. 12th Symp. Electronic Structure, TU Dresden, (1982), S. 244.
Klein, M., D. A. Papaconstantoupolos, L. L. Boyer, s. Douglass (76), S. 339.
Lee, M. J. G., V. Heine, Phys. Rev. **B5**, 3839 (1975).
Leung, H. K., J. P. Cabotte, D. W. Taylor, C. R. Leavens, Can. J. Phys. **54**, 1585 (1976).
Maximow, E. G., Ž. eksper. teoret. fiz. **69**, 2236 (1975).
Maximow, E. G., D. I. Chomski, s. Ginsburg (77), S. 110.
McMillan, W. L., Phys. Rev. **167**, 331 (1968).
Migdal, A. B., Ž. eksper. teoret. fiz. **34**, 1438 (1958).
Papaconstantopoulos, D. A., L. L. Boyer, B. M. Klein, A. R. Williams, V. L. Moruzzi, J. F. Janak, Phys. Rev. **B15**, 4221 (1977).
Pettifor, G. D., J. Phys. **F7**, 1009 (1977).
Pickett, W. E., B. L. Gyorffy, s. Douglass (76), S. 251.
Ratti, V. K., R. Evans, B. L. Gyorffy, J. Phys. **F4**, 371 (1974).
Schwarz, K., P. Weinberger, J. Phys. **C8**, L 573 (1975).
Sham, L. J., Proc. Phys. Soc. **78**, 895 (1961).
Sham, L. J., J. M. Ziman, Solid State Physics, **15**, 221 (1963).
Sinha, S. K., Phys. Rev. **169**, 477 (1968).
Stocks, G. M., G. D. Gaspari, B. L. Gyorffy, J. Phys. **F2**, L 123 (1972).
Terakura, K., J. Phys. **F7**, 1773 (1977).
Varma, C. M., R. C. Dynes, s. Douglass (76), S. 507.
Zdetsis, A. D., E. N. Economou, D. A. Papaconstantopoulos, Phys. Rev. **B24**, 3115 (1981).

Ergänzungen zu [9.4] beim Korrekturlesen s. S. 569.

10. Oberflächen

G. Paasch, M. Hietschold

Verglichen mit der in den vorangegangenen Teilen behandelten Theorie unbegrenzter Systeme, ist die gegenwärtige Form der Elektronentheorie von Metalloberflächen noch relativ jung. Hauptinhalt dieses Kapitels ist ein von ersten Prinzipien ausgehender Überblick über den gegenwärtigen Stand der mikroskopischen Beschreibung von Metall-Vakuum-Grenzflächen. Auf die allgemeine makroskopische Theorie von Systemen mit Oberfläche wird daher nur kurz eingegangen. — Die Darstellung der Elektronentheorie von Metalloberflächen beginnt mit einer ausführlichen Diskussion des Kristallpotentials an der Oberfläche. Danach kann die experimentell zugängliche Austrittsarbeit eingeführt und ein strenger Ausdruck für diese Größe im Rahmen des Dichte-Funktional-Formalismus hergeleitet werden. Die Diskussion der Wellenfunktionen im Potentialgraben ermöglicht die Berücksichtigung der Randbedingungen durch eine wellenzahlabhängige Phase im asymptotischen Ausdruck. Für diese Phase kann eine Summenregel hergeleitet werden, deren physikalischer Inhalt ähnlich wie bei der Friedelschen Summenregel die Ladungsneutralität des Gesamtsystems ist. Eine weitere Meßgröße ist die Oberflächenenergie. Im Rahmen des Dichte-Funktional-Formalismus werden die verschiedenen Anteile dieser theoretisch fundamentalen Größe besprochen. Unabhängig vom Vorangegangenen kann ein System mit Oberfläche mikroskopisch durch seine Greensche Funktion beschrieben werden. — Bei der konkreten Berechnung von Oberflächeneigenschaften einfacher Metalle kann in niedrigster Näherung von der diskreten Gitterstruktur abgesehen werden (Geleemodell). Die erzielten Ergebnisse sind aber vor allem für höhere Elektronendichten nicht befriedigend. Mit einem Modell, das eine parametrisierte Elektronendichte vorgibt und Gitterionen berücksichtigt, gelingt es, eine Reihe experimenteller Ergebnisse und Trends zu reproduzieren. Abschließend wird kurz auf genauere numerische Verfahren zur selbstkonsistenten Berechnung der Elektronenstruktur von Metalloberflächen eingegangen.

10.1. Metalle und Oberflächen

In den vorangegangenen Teilen wurde davon abgesehen, daß alle realen Festkörper tatsächlich räumlich begrenzt sind, d. h., daß sie durch eine Oberfläche (allgemeiner eine Grenzfläche) von ihrer Umgebung getrennt sind. Statt dessen wurden (häufig implizit) periodische Randbedingungen angenommen. Ein solches Vorgehen ist für makroskopische Festkörper (Zahl der Atome $N \approx 10^{24}$) gerade für solche Eigenschaften gerechtfertigt, die proportional zu N sind (extensiv), da der relative Anteil der Oberflächenatome ($N_s/N \approx N^{-1/3} \approx 10^{-8}$) äußerst klein ist.

Andererseits sind viele technisch bedeutsame Erscheinungen in erster Linie durch die Existenz, das Entstehen, Verschwinden oder allgemeiner durch die Veränderung von Oberflächen bedingt. Hierzu gehören beispielsweise die spanende Verformung, die Pulvermetallurgie (Sintern u. ä.), Brucherscheinungen, heterogene Katalyse, Korrosion und vieles andere. Es braucht nicht besonders hervorgehoben zu werden, welche große Bedeutung ein genaueres Verständnis auch nur eines der genannten Probleme hätte. Dazu sind allerdings noch beträchtliche Schwierigkeiten zu überwinden; gegenwärtig ist der Beitrag der theoretischen Festkörperphysik zur Lösung dieser praktisch so wichtigen Fragen noch recht gering. Wir wollen hier noch bestimmte Strahlendefekte erwähnen, die durch massenhafte Bildung innerer Oberflächen (Poren oder Voids) zu einem schwammartigen Aufblähen verschiedener Substanzen (verbunden mit einer Verschlechterung ihrer mechanischen Eigenschaften) führen und die Reaktortechnik vor schwierige Werkstoffprobleme stellen. Auch die Tatsache, daß die Mehrzahl der in der modernen Halbleiter- und vor allem Mikroelektronik ausgenutzten Effekte auf Grenzflächenerscheinungen beruht, soll hier noch genannt werden.

Dieser Teil beschäftigt sich fast ausschließlich mit der Behandlung von Metall-Vakuum-Grenzflächen (im weiteren kurz Metalloberflächen genannt). Bereits bei der Untersuchung dieses recht einfachen Grenzflächenproblems (einfach im Vergleich zu den oben angeführten technisch interessanten Problemen) treten einige grundsätzliche Schwierigkeiten auf, die beim kompakten Festkörper nicht vorhanden sind:

- Die dreidimensionale Translationssymmetrie des Kristallgitters ist, zumindest senkrecht zur Oberfläche, nicht mehr vorhanden.
- Das Elektronengas ist im Oberflächenbereich stark inhomogen. (Die Elektronendichte fällt auf einer Strecke von der Größenordnung einer Gitterkonstanten von dem für das kompakte Material charakteristischen Wert praktisch auf Null ab.)
- Die Ionen der obersten Netzebenen relaxieren, d. h., ihre Gleichgewichtslage ist gegenüber der im kompakten Material geändert. Dabei können sowohl einfache Änderungen des Netzebenenabstandes (wie bei den einfachen Metallen, s. Hietschold u. a., 80) als auch andere Strukturen der Oberflächennetzebenen (wie die nach einer Oberflächen-Phasenumwandlung beobachtete $c(2 \times 2)$-Struktur bei Mo(001), s. Felter u. a., 77) auftreten.

Diese Schwierigkeiten führten dazu, daß detailliertere Untersuchungen zur Theorie der Elektronenstruktur von Metalloberflächen erst relativ spät (gegen Ende der 60er Jahre) begannen. Solche Arbeiten sind meistens auch numerisch sehr aufwendig, sofern man sich nicht auf die Behandlung relativ einfacher Modellsysteme beschränkt.

Gegenwärtig wird eine Vielzahl der in der Theorie des kompakten Festkörpers entwickelten Verfahren und Konzeptionen (Greensche Funktionen, Pseudopotentiale, Dichte-Funktional-Formalismus, LCAO, Vielfachstreuung, ...) auf Metalloberflächen angewandt. Tatsächlich können aber die durch die Anwesenheit der Oberfläche hervorgerufenen spezifischen Veränderungen zur Zeit häufig nur für bestimmte Modellsysteme und die sogenannten einfachen Metalle einigermaßen adäquat beschrieben werden. Dazu gehören auch erste Erfolge beim theoretischen Verständnis der Adsorption an solchen Oberflächen. Die bei den Übergangsmetallen vorliegenden Ergebnisse wurden im wesentlichen im Modell starker Bindung gewonnen. Die an der Oberfläche auftretende Ladungsumverteilung gegenüber dem kompakten Material wird dabei allenfalls durch sehr grobe Annahmen berücksichtigt.

Im folgenden wird auf die Untersuchung der Übergangsmetalloberflächen nicht weiter eingegangen werden (mit Ausnahme von [10.4.4]). Desgleichen werden magnetische Oberflächeneffekte (s. z. B. Neel, 54), Oberflächenplasmonen (s. z. B. Raether, 80) und Oberflächenmoden der Gitterschwingungen (s. z. B. Allen u. a., 71) nicht behandelt. Dasselbe trifft auf den Oberflächeneinfluß auf die elektromagnetischen Eigenschaften der Metalle (s. z. B. Celli, 74, Laks u. Mills, 79, 80) zu. Auch das umfangreiche Gebiet der Interpretation bzw. Berechnung von LEED-Spektren (s. z. B. Fingerland u. Tomášek, 74, Jona, 78). wird hier ausgeklammert. Das folgende Kapitel gibt zunächst einen Überblick über die makroskopische, weitgehend materialunabhängige Beschreibung von Oberflächen. [10.3] ist der Schwerpunkt dieses Teils und behandelt grundlegende Modelle und Konzeptionen zur mikroskopischen Beschreibung der Metalloberfläche. In [10.4] werden schließlich einige Ergebnisse angeführt, die bei der Berechnung der Elektronendichte, der Austrittsarbeit, der Oberflächenenergie und weiterer Größen erzielt wurden.

10.2. Makroskopische Beschreibung von Oberflächen

10.2.1. Thermodynamische Beschreibung

Wir betrachten ein endliches System einschließlich seiner Oberfläche (die Betrachtung der Oberfläche allein als thermodynamisches System ist nicht möglich). Die Arbeit, die zur reversiblen Vergrößerung seiner Oberfläche A um $\mathrm{d}A$ geleistet wird, wird mit $\mathrm{d}W_1$ (im Unterschied zu W_2 in (9)) bezeichnet und ist durch

$$\mathrm{d}W_1 = \gamma \, \mathrm{d}A \tag{1}$$

gegeben. Dabei ist γ eine die thermodynamischen Eigenschaften der Grenzfläche charakterisierende Zustandsgröße, die Oberflächenspannung. Sie ist also die Arbeit, die zur reversiblen Vergrößerung einer schon vorhandenen Oberfläche um $\mathrm{d}A$ (im allgemeinen durch elastische Dehnung) nötig ist, bezogen auf den neu hinzugekommenen Teil $\mathrm{d}A$ der Oberfläche. Ist γ positiv definit (zur Anisotropie s. [10.2.2]), so wird sich das System so lange verformen, bis die von der Oberfläche infolge (1) ausgehenden Kräfte gerade von den inneren Spannungen, beschrieben durch die Elastizitätstheorie, kompensiert werden. Für ein negatives γ wäre das System instabil.

Für die innere Energie U und das thermodynamische Potential J (Landau u. Lifschitz, 79, § 154) des betrachteten Systems gelten

$$\begin{aligned} \mathrm{d}U &= T \, \mathrm{d}S - p \, \mathrm{d}V + \mu \, \mathrm{d}N_0 + \gamma \, \mathrm{d}A \equiv \mathrm{d}U_0 + \mathrm{d}U_s \\ \mathrm{d}J &= -S \, \mathrm{d}T - p \, \mathrm{d}V - N_0 \, \mathrm{d}\mu + \gamma \, \mathrm{d}A \equiv \mathrm{d}J_0 + \mathrm{d}J_s \, . \end{aligned} \tag{2}$$

$\mathrm{d}U$ und $\mathrm{d}J$ bestehen aus den bekannten Volumenanteilen $\mathrm{d}U_0$ und $\mathrm{d}J_0$ und den zusätzlichen Oberflächenanteilen $\mathrm{d}U_s$ und $\mathrm{d}J_s$, die durch die jeweils letzten Summanden in (2) gegeben sind. Hierbei wurde die thermodynamisch unbestimmte Zahl N_s der Oberflächenteilchen gleich Null gesetzt; das ist im Sinne einer makroskopischen Beschreibung gerechtfertigt (s. [10.1]). Den Oberflächenanteil von J erhält man für konstantes T, V, μ:

$$\mathrm{d}J|_{T,V,\mu} = \gamma \, \mathrm{d}A = \mathrm{d}J_s \tag{3}$$

und daraus weiter mit (2)

$$J = J_0 + J_s = J_0 + \gamma A. \tag{4}$$

Erweitert man die übliche Entropiedefinition $S_0 = -(\partial J_0/\partial T)_{V,\mu}$ für Systeme mit Oberfläche auf $S = -(\partial J/\partial T)_{V,\mu,A}$, so wird der Oberflächenanteil der Entropie mit (4) zu

$$S_s = -\left(\frac{\partial J_s}{\partial T}\right)_{V,\mu,A} = -A\,\frac{d\gamma}{dT}. \tag{5}$$

Hier kann die totale Ableitung nach der Temperatur geschrieben werden, da J_s wegen $N_s = -(\partial J_s/\partial \mu)_{T,V,A} = 0$ nicht von μ und wegen der Definition über (1) auch nicht vom Volumen abhängen kann. (5) zeigt die Möglichkeit der experimentellen Bestimmung von S_s durch Messung von $\gamma(T)$ (Jones u. Leak, 67). In der Regel ist $\gamma(T)$ monoton fallend, so daß S_s mit zunehmender Temperatur wächst (die Situation ist also ähnlich wie beim Volumenanteil S_0 der Entropie).

Für den Oberflächenanteil der freien Energie

$$F = J + N\mu \tag{6}$$

gilt (wieder mit $N_s = 0$)

$$F_s = J_s = \gamma A\,. \tag{7}$$

Daraus folgt für den Oberflächenanteil der inneren Energie

$$U_s = F_s + TS_s = \left(\gamma - T\,\frac{d\gamma}{dT}\right) A\,. \tag{8}$$

In der Literatur tritt an dieser Stelle häufig ein ungenauer Gebrauch von Begriffen auf, indem F_s und U_s als freie bzw. innere Oberflächenenergie bezeichnet werden, während andererseits der Begriff der Oberflächenenergie (s. unten) über eine von (1) verschiedene physikalische Situation (9) eingeführt wird.

Wir haben bisher nur die Oberflächenspannung γ behandelt, die entsprechend (1) über die reversible Arbeit zur Vergrößerung einer schon vorhandenen Oberfläche eingeführt wurde. Meistens werden aber beim Vergrößern der Oberfläche auch Teilchen, die sich vorher im Inneren des Systems befanden, an die Oberfläche gebracht, und es können auch (beim Festkörper) Mikrorisse auf der Oberfläche entstehen. Dadurch wird die Änderung dN_s der Zahl der Teilchen an der Oberfläche wesentlich.

Zur Beschreibung dieser Tatsache wird zunächst unabhängig von (1) durch

$$W_2 = \sigma A \tag{9}$$

die freie (spezifische) Oberflächenenergie σ (im weiteren kurz Oberflächenenergie genannt) eingeführt. W_2 ist hierbei die im allgemeinen nicht reversible Arbeit, die zur Schaffung einer neuen freien Oberfläche A benötigt wird. Die Oberflächenenergie ist, wie in [10.3 und 10.4] sichtbar wird, diejenige Größe, die einer mikroskopischen Theorie direkt zugänglich ist. σ beschreibt anschaulich den Energieüberschuß des Oberflächenbereiches gegenüber dem kompakten Material. In diesem Sinne ist aber

$$F_s = \sigma\big(N_s(A)\big)\,A = \sigma(A)\,A\,, \tag{10}$$

woraus mit (7) und (1) für den Zusammenhang zwischen γ und σ

$$\gamma = \sigma + \frac{d\sigma}{dA}\,A \tag{11}$$

folgt.

Wir haben bisher stets ein isotropes System betrachtet. Allgemein ist aber γ ein Tensor und σ ein Skalar (Grimvall, 70), und anstelle von (11) gilt

$$\gamma_{ij} = \sigma\delta_{ij} + \frac{\partial\sigma}{\partial\varepsilon_{ij}},$$

wobei $i, j = 1, 2$ die Koordinaten der Oberfläche bezeichnen und ε_{ij} der Verzerrungstensor der Oberfläche ist.

Experimente zur Messung der Oberflächenspannung verlaufen meist bei relativ hohen Temperaturen und mit hinreichend langsamer Dehnung der Oberfläche. Dann ist $dN_s/dA \approx 0$, womit $\partial\sigma/\partial A$ gleichfalls nahezu verschwindet und fast gleiche Zahlenwerte für Oberflächenenergie und Oberflächenspannung gemessen werden.

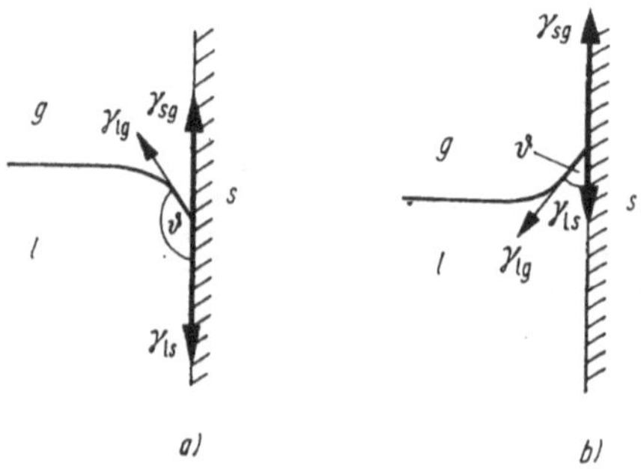

Abb. 10.2-1. Benetzung einer Festkörperoberfläche durch eine Flüssigkeit (s: Festkörper, l: Flüssigkeit, g: Gas)

Für makroskopische Phänomene ist zumeist γ die relevante Größe (Skorow u. a., 73). So bestimmt die Oberflächen- bzw. Grenzflächenspannung die makroskopischen Verhältnisse an Mehrphasengrenzen. Ein bekanntes Beispiel ist die Benetzung einer Festkörperoberfläche durch eine Flüssigkeit (s. Abb. 10.2-1). Der Randwinkel ϑ folgt aus der Gleichgewichtsbedingung für die von den Grenzflächenspannungen verursachten Kräfte. Wegen der Starrheit der Festkörperoberfläche werden nur die Kraftkomponenten parallel zu dieser Oberfläche betrachtet. Auf die Längeneinheit der Dreiphasengrenze bezogen, entsteht die sogenannte Youngsche Gleichung

$$\gamma_{sg} = \gamma_{ls} + \gamma_{lg} \cos\vartheta \tag{12}$$

(s: Festkörper, l: Flüssigkeit, g: Gas). In vielen Fällen ist bei nicht zu hohen Gasdrucken die Grenzflächenspannung gegenüber der umgebenden Gasatmosphäre etwa gleich der Oberflächenspannung im Vakuum. Gleichung (12) vereinfacht sich dann zu

$$\gamma_s = \gamma_{ls} + \gamma_l \cos\vartheta\,. \tag{12'}$$

Der Randwinkel ϑ ist dann

$$\vartheta = \arccos\frac{\gamma_s - \gamma_{ls}}{\gamma_l}, \tag{13}$$

woraus zu sehen ist, daß nur im Fall $\gamma_s > \gamma_{ls}$ die Flüssigkeit den Festkörper benetzt (Randwinkel $\vartheta < \pi/2$, s. Abb. 10.2-1b)). Ein weiteres Beispiel ist ein polykristallines System, für das in Abb. 10.2-2 ein zweidimensionales Modell dargestellt ist. Für einen einkomponentigen Einkristall wird die Mehrzahl der Winkel zwischen den Korngrenzen durch das Kräftegleichgewicht für die Korngrenzenspannungen γ_{ss} bestimmt (120° im zweidimensionalen Beispiel der Abb. 10.2-2 für eine Dreiphasengrenze). Beide Beispiele lassen erkennen, daß schon solche einfachen Betrachtungen technologische Bedeutung haben können (Metallurgie: Stabilität homogener und heterogener Gefüge, Ausscheidungen; Erzaufbereitung: Elementarprozesse der Flotation). Voraussetzung ist dabei, daß die entsprechenden Grenzflächenspannungen aus dem Experiment bzw. der mikroskopischen Theorie bekannt sind.

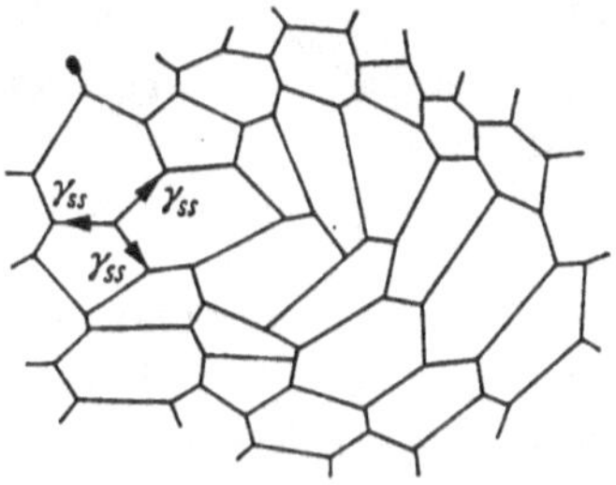

Abb. 10.2-2.
Zweidimensionales polykristallines Netzwerk

10.2.2. Stabilität und Anisotropie

In Kristallen ist die Oberflächenspannung anisotrop und γ als stetige Funktion der Richtung $\boldsymbol{n}$ der Flächennormale darstellbar (vgl. die Bemerkung im Anschluß an (11)). Die Gleichgewichtsform eines frei wachsenden Kristalls wird durch das Variationsproblem

$$\oint\!\!\oint_{(V)} \mathrm{d}\boldsymbol{A}\, \gamma(\boldsymbol{n}) \to \mathrm{Min} \tag{14}$$

bestimmt. Es entspricht einer Verallgemeinerung des üblichen Minimalprinzips für die freie Energie auf ihren additiven Anteil F_s (7). Im isotropen Fall entstehen (bei Vernachlässigung des Gravitationsfeldes) als Gleichgewichtsformen Kugeln. Allgemein kann mit den Methoden der Variationsrechnung gezeigt werden, daß die Lösungen von (14) für die Gleichgewichtsform innere Enveloppen einer bestimmten Klasse von Ebenen sind (Landau u. Lifschitz, 79, § 155).

Ein einfaches, äquivalentes, rein geometrisches Lösungsverfahren von (14) stellt die sogenannte Wulffsche Konstruktion (Wulff, 01) dar:

— $\gamma(\boldsymbol{n})$ wird durch zu γ proportionale, in Richtung von $\boldsymbol{n}$ zeigende Ortsvektoren für alle $\boldsymbol{n}$ dargestellt; die von ihren Spitzen gebildete Fläche wird γ-plot genannt.
— Durch die Endpunkte aller Ortsvektoren werden senkrecht auf diesen stehend Ebenen gelegt.
— Die innere Enveloppe dieser Ebenen ergibt die Gleichgewichtsform.

Abb. 10.2-3 zeigt ein einfaches zweidimensionales Beispiel für einen solchen γ-plot und die zugehörige Gleichgewichtsform für $T = 0$. Man sieht, daß in diesem Fall der Kristall nur von wenigen (atomar ebenen) Oberflächen mit niedrigen Millerschen Indizes begrenzt wird. Das Auftreten dieser ebenen Begrenzungsflächen hängt mit dem Vorhandensein von Singularitäten im γ-plot zusammen. Deshalb werden diese Flächen als singuläre Oberflächen bezeichnet. Natürlich sind auch Gleichgewichtsformen denkbar, bei denen die Begrenzungsflächen nur um sehr kleine Winkel gegen die singulären Flächen geneigt sind und für die $\oint\!\!\oint \mathrm{d}\boldsymbol{A}\, \gamma(\boldsymbol{n})$ sich nur sehr wenig von dem durch (14)

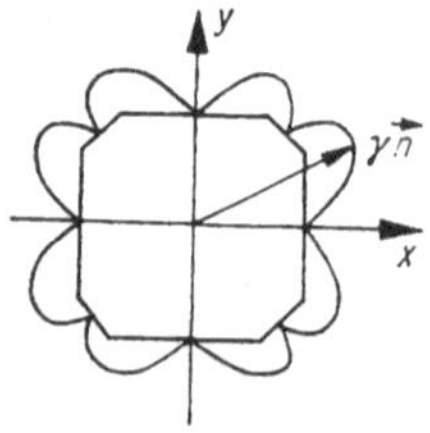

Abb. 10.2-3.
γ-plot und innere Enveloppe (Gleichgewichtsform) für $T = 0$

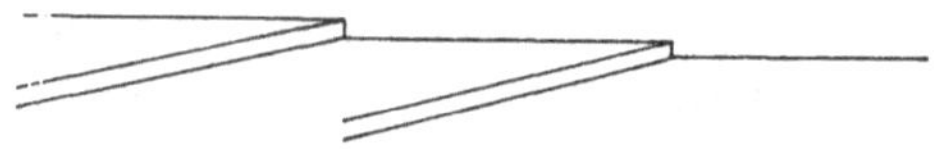

Abb. 10.2-4. Struktur einer Vizinalfläche bei $T = 0$

bestimmten Minimum unterscheidet. Solche Flächen kann man sich als atomar stufenförmig aufgebaut denken, wobei das Verhältnis von Stufenhöhe zu Stufenbreite sehr klein ist (Terrassenstruktur, Abb. 10.2-4). Solche Oberflächen werden als Vizinalflächen bezeichnet und haben sehr große Millersche Indizes.

Bei steigenden Temperaturen verschwinden zumindest einige der Singularitäten im γ-plot und die Gleichgewichtsform des Kristalls wird immer weniger scharfkantig. Diese „Abrundungen" entstehen durch viele kleine Oberflächen, die atomar sehr rauh sind. Sie treten an die Stelle der bei $T = 0$ vorhandenen Ebenen und werden als nichtsinguläre Oberflächen bezeichnet. Auch die Terrassenstruktur der Vizinalflächen wird immer unregelmäßiger, je höher T wird. Die einzelnen Terrassen haben keine glatte Begrenzung mehr, es treten an ihren Kanten Aus- bzw. Einbuchtungen („kinks") auf (Abb. 10.2-5).

Diese Betrachtungen führen von der makroskopischen zur halbmikroskopischen Beschreibung der Festkörperoberfläche durch das TLK (Terrace, Ledge, Kink)-Modell. Hierbei wird die Anzahl der nächsten Nachbarn eines Atoms auf einer Ter-

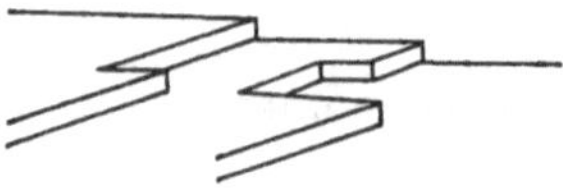

Abb. 10.2-5.

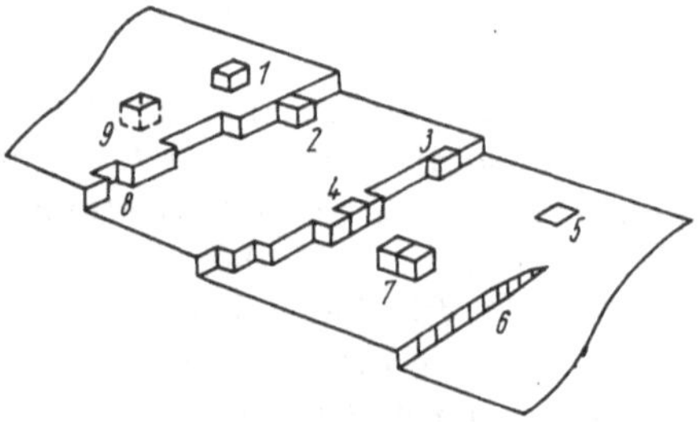

Abb. 10.2-6.

Abb. 10.2-5. Ausbildung von Kinken an den Terrassenstufen bei höheren Temperaturen

Abb. 10.2-6. Schematische Darstellung einer Oberfläche nach dem TLK-Modell: *1* Adatom, *2* Adatom an einer Stufe, *3* Atom am Ende einer Stufe, *4* Atom in einer Stufe, *5* Atom in einer Terrasse, *6* Austritt einer Schraubenversetzung, *7* Paar von Adatomen, *8* Leerstelle in einer Stufe, *9* Leerstelle in einer Terrasse

rassenfläche, an einer Stufe und an einem Kink im Vergleich zu der im kompakten Material betrachtet. (Es können weiterhin auch einzelne auf den Terrassen sitzende Atome oder Fehlstellen mit in die Betrachtung eingeschlossen werden). Durch Vergleich mit halbempirischen Werten für die Bindungsenergie eines Atoms im kompakten Kristall werden die entsprechenden Bindungsenergien an den einzelnen Strukturelementen der Oberfläche abgeschätzt. Mit den Verfahren der Gleichgewichtsstatistik (Boltzmann-Faktoren) kann ein quasistatisches Oberflächenmodell für endliche Temperaturen aufgestellt werden (Frenkel, 46, Burton u. a., 51). Damit können Fragen der Diffusion von Atomen parallel zur Oberfläche, Keimwachstum u. a. behandelt werden. Abb. 10.2-6 zeigt ein solches Oberflächenmodell.

Eine detailliertere mikroskopische Beschreibung der Oberflächen von ersten Prinzipien aus muß quantenmechanischer Art sein und wird in den folgenden Kapiteln in einigen Grundzügen behandelt.

10.3. Grundlagen der Elektronentheorie von Metalloberflächen

10.3.1. Das Kristallpotential an einer Oberfläche

Wie für die Behandlung des kompakten Materials ist auch für die Oberfläche die Einteilchenbeschreibung (s. [2.1]) in vieler Hinsicht ein sehr guter Ausgangspunkt. Prinzipiell ist also auch in diesem Fall die Schrödinger-Gleichung

$$\left(-\frac{\hbar^2}{2m}\frac{\partial^2}{\partial \boldsymbol{r}^2} + v_{\text{eff}}(\boldsymbol{r})\right)\varphi_i(\boldsymbol{r}) = \varepsilon_i\varphi_i(\boldsymbol{r}) \,,$$

$$v_{\text{eff}}(\boldsymbol{r}) = v(\boldsymbol{r}) + \int d^3r' \frac{e^2}{|\boldsymbol{r} - \boldsymbol{r}'|} n(\boldsymbol{r}') + v_{\text{xc}}(\boldsymbol{r}) \,, \quad n(\boldsymbol{r}) = \sum_i^{\text{bes}} |\varphi_i(\boldsymbol{r})|^2 \,, \tag{1}$$

zu lösen. $v(\boldsymbol{r})$ ist das Potential der Ionen, der zweite Anteil ist das Coulomb-Potential der Valenz- oder Leitungselektronen, und v_{xc} ist das Austausch- und Korrelationspotential (s. [2.2]). Das gesamte Kristallpotential hat an der Oberfläche den in

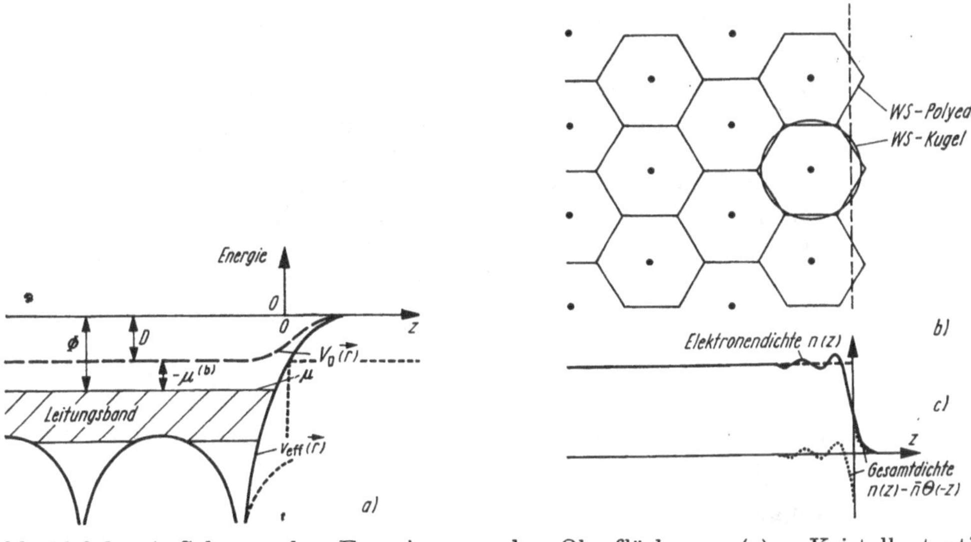

Abb. 10.3-1. a) Schema der Energien an der Oberfläche. $v_{\text{eff}}(\boldsymbol{r})$ = Kristallpotential (punktiert bei abgeschnittener Elektronendichte), μ = Fermi-Energie, Φ = Austrittsarbeit, $V_{\text{D}}(\boldsymbol{r})$ = Potential der Dipolschicht, D = Höhe der Dipolbarriere, μ^{b} = Fermi-Energie des kompakten Materials gemäß (23). b) Oberfläche als Schnitt an der Oberfläche von WS-Polyedern, Ersetzen der Polyeder durch die WS-Kugeln, gestrichelt die ideal glatte Oberfläche. c) Abfall und Oszillationen der Elektronendichte (ausgezogene Kurve) an der Oberfläche (Volumenoszillationen wurden weggelassen). Gesamtdichte (punktierte Kurve) für den Fall, daß die Ionen durch einen bei $z = 0$ abgeschnittenen, homogenen Untergrund ersetzt werden

Abb. 10.3-1a schematisch gezeigten Verlauf, der in folgender Weise erklärbar ist. Wir denken uns zunächst den Kristall entlang der Grenzen der Wigner-Seitz-(WS)-Polyeder aufgeschnitten (Abb. 10.3-1b); die Elektronendichte habe dabei bis zu dieser Grenzfläche denselben Verlauf wie im kompakten Material und falle dort sprungartig auf Null ab. Bekanntlich kann man für die Berechnung elektrostatischer Energien im Kristall die WS-Polyeder in sehr guter Näherung durch die volumengleichen WS-Kugeln ersetzen. Da diese Kugeln neutral sind, verschwindet das Potential auf ihren Oberflächen. Demzufolge ist der elektrostatische Anteil des Kristallpotentials an der zuvor definierten Schnittfläche näherungsweise Null. Das Austauschpotential dagegen ist wegen $v_{\text{xc}} \sim -(n(\boldsymbol{r}))^{1/3}$ außen Null und springt an der Grenzfläche auf einen endlichen, negativen Wert, wie es in Abb. 10.3-1a punktiert eingezeichnet ist. Da der Potentialsprung endlich ist, können die Elektronen mit exponentiell abfallenden Wellenfunktionen in das Außengebiet hineintunneln, so daß die Elektronendichte nunmehr den in Abb. 10.3-1c dargestellten glatten Verlauf zeigt. Aus dem Sprung des Austausch- und Korrelationspotentials wird dabei auch ein glatter Verlauf.

Die bisherigen Rechnungen bestätigen die frühen Abschätzungen (Smoluchowski, 41), wonach die „atomare Rauhigkeit" der Oberfläche, die dem Schnitt an den Grenzflächen der WS-Polyeder entspricht, im wesentlichen verschwindet, der Abfall der Elektronendichte also nur schwach vom Ort auf der Oberfläche abhängt. Es entsteht eine „atomar glatte" Oberfläche des Elektronengases. Eine größere atomare Rauhigkeit hätte nämlich im Vergleich zur glatteren Oberfläche wegen der notwendigen Krümmung der Wellenfunktionen eine viel größere kinetische Energie zur Folge, während sich die anderen Energiebeiträge nur weniger änderten.

Durch das Hinausfließen der Elektronen entsteht weiterhin eine elektrische Dipolschicht, da der Ladungsschwerpunkt der Elektronen in Richtung des Außengebietes verschoben wird. Als Folge bildet sich das in Abb. 10.3-1a eingezeichnete Dipolpotential V_{D} als Bestandteil des Coulomb-Potentials der Elektronen. Die Dipolbarriere wird im allgemeinen noch dadurch verändert, daß auch die Ionen der obersten Atomschichten sich etwas gegenüber ihrer Lage im kompakten Material verschieben.

Für den Fall, daß die Dichten nur von der Richtung senkrecht zur Oberfläche abhängen, kann man das Dipolpotential leicht aufschreiben. Die Elektronendichte sei $n(z)$, und die Teilchendichte der positiven Ionen soll durch $\bar{n}\Theta(-z)$ genähert werden. Das bedeutet, daß die Ionen durch einen homogenen Untergrund ersetzt werden, der an der Oberfläche $z = 0$ abgeschnitten ist. Seine Dichte $\bar{n}$ ist gleich der mittleren Elektronendichte. Die Gesamtladungsdichte dieses sogenannten Geleemodells der Oberfläche, eine Dipolschicht

$$\varrho(z) = e[n(z) - \bar{n}\Theta(-z)] = en_{\text{D}}(z)\,,$$

ist in Abb. 10.3-1c gezeigt; sie fällt von der Oberfläche her nach innen und außen auf Null ab. Aus der Poisson-Gleichung $-\Delta U_{\text{D}} = \varepsilon_0^{-1}\varrho(z)$ erhält man das auf ein Elektron wirkende (mechanische) Dipolpotential $V_{\text{D}} = eU_{\text{D}}$:

$$V_{\text{D}}(z) = 4\pi\epsilon^2\{z\int_z^\infty \text{d}z'\, n_{\text{D}}(z') - \int_z^\infty \text{d}z'\, z'n_{\text{D}}(z')\}\,, \qquad V_{\text{D}}(\infty) = 0\,,$$

$$D \equiv V_{\text{D}}(\infty) - V_{\text{D}}(-\infty) = 4\pi\epsilon^2 \int_{-\infty}^{\infty} \text{d}z'\, z'n_{\text{D}}(z')\,. \tag{2}$$

D ist die Höhe der Dipolbarriere. Rechnungen zeigen, daß man den Dichteverlauf der Elektronen an der Oberfläche bei einfachen Metallen genähert durch den Ansatz

$$n(z) = \frac{\bar{n}}{2} e^{-\beta z} \Theta(z) + \bar{n}\left(1 - \frac{1}{2} e^{\beta z}\right) \Theta(-z) \tag{3}$$

beschreiben kann. Für Dipolpotential und Dipolbarriere erhält man in diesem Fall

$$V_D(z) = -\frac{4\pi\epsilon^2\bar{n}}{\beta^2}\left[\frac{1}{2} e^{-\beta z} \Theta(z) + \left(1 - \frac{1}{2} e^{\beta z}\right) \Theta(-z)\right], \qquad D = \frac{4\pi\epsilon^2\bar{n}}{\beta^2}, \tag{4}$$

wie es qualitativ in Abb. 10.3-1a gezeigt ist. Da wegen des Abfalls der Dichte im Außenraum auch das Austausch- und Korrelationspotential exponentiell abfällt, trifft dasselbe auch für das Gesamtpotential zu. Ein ähnlich starker Abfall des Gesamtpotentials ergibt sich auch bei Lösung der Einelektronengleichungen für das Geleemodell (Lang u. Kohn, 70). Dieses Abklingen erfordert eine detailliertere Betrachtung. In den ursprünglichen Einelektronengleichungen (ähnlich wie in [2.1.2]) enthält das Gesamtpotential, das auf die betrachtete Wellenfunktion φ_i wirkt, keine Anteile von dieser Wellenfunktion selbst. Im Inneren des Kristalls sind die Wellenfunktionen über den gesamten Kristall ausgedehnt, der Beitrag einer Wellenfunktion zur Dichte also proportional zu $(N)^{-1}$, so daß zur Potentialberechnung in (1) die gesamte Dichte einschließlich des Anteils der betrachteten Wellenfunktion φ_i verwendet werden kann. Ist dagegen der Ort des betrachteten Elektrons weit außerhalb des Kristalls, so ist dort die Dichte der anderen Elektronen praktisch Null. Das Austausch- und Korrelationspotential verschwindet also, und auf das Elektron wirkt nur noch das Coulomb-Potential des Metalls, in dem das eine Elektron fehlt.[1]) Aus der klassischen Elektrostatik ist bekannt, daß dieses mit der Spiegelladungsmethode zu berechnende Potential wie $-\epsilon^2/2z$ abfällt, wenn z der senkrechte Abstand des Elektrons von der Oberfläche ist. Dieses Potential ist die Folge der Oberflächenladung, die durch das außerhalb des Metalls befindliche Elektron im Metall induziert wird. In den meisten Berechnungen der Ladungsdichte der Elektronen an der Oberfläche wird jedoch dieser Verlauf des Bildpotentials weit außerhalb des Metalls nicht berücksichtigt. Lediglich im Geleemodell konstruierten Lang und Kohn (70) das Potential entsprechend. Es stellte sich aber heraus, daß nur geringe Abweichungen auftreten zu dem Fall, daß bei der Potentialberechnung in (1) überall die Gesamtdichte eingesetzt wird.

Die totale Ladungsdichte eines Kristalls kann bei Vorliegen einer Oberfläche bei $z = z_0$ in folgender Weise geschrieben werden:

$$\begin{aligned} \varrho(\boldsymbol{r}) &= \varrho^{l}(\boldsymbol{r}) + \delta\varrho^{s}(\boldsymbol{r}) , \\ \varrho^{l}(\boldsymbol{r}) &= \varrho^{b}(\boldsymbol{r})\, \Theta(z_0 - z) , \qquad \varrho^{b}(\boldsymbol{r}) = \varrho^{b}(\boldsymbol{r} + \boldsymbol{R}) . \end{aligned} \tag{5}$$

ϱ ist die ursprüngliche, translationssymmetrische Ladungsverteilung ϱ^b, die bei z_0 abgeschnitten wird (Abb. 10.3-2). $\delta\varrho^s$ ist die an der Oberfläche gegenüber der abgeschnittenen Ladungsdichte ϱ^l auftretende Änderung und stellt die Dipolschicht dar, die gerade für einfache Fälle besprochen worden ist. Das von der abgeschnittenen

[1]) Ähnliches ist für die Atome bekannt: Das auf ein Elektron wirkende Potential verhält sich für große Abstände wie $-\epsilon^2/r$.

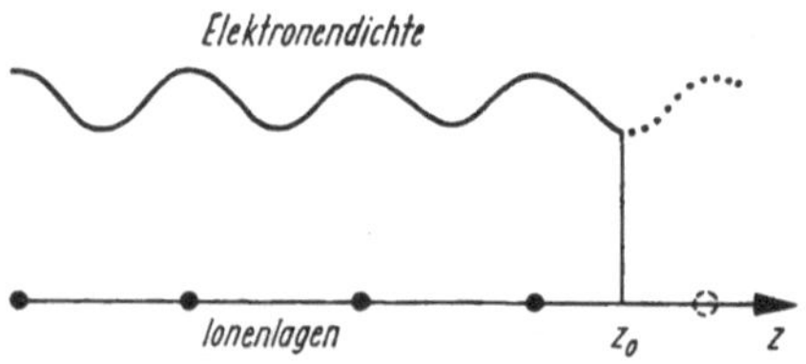

Abb. 10.3-2.
Bei $z = z_0$ abgeschnittener Kristall:
Verlauf der Elektronendichte und Ionenlagen

Ladungsdichte ϱ^l erzeugte elektrostatische Potential muß offensichtlich für $z \to -\infty$ in das von ϱ^b erzeugte translationssymmetrische Potential übergehen und für $z \to \infty$ gegen Null gehen. Dieses Potential $V_1(\boldsymbol{r})$ soll jetzt berechnet werden (Paasch u. Hietschold, 77). Es gilt die Poisson-Gleichung (n: Teilchendichte negativer Ladungen)

$$\Delta V_1(\boldsymbol{r}) = -4\pi\epsilon^2 n^l(\boldsymbol{r}) \qquad (\varrho = en, \; V = eU)\,. \tag{6}$$

Die translationssymmetrische Dichte $n^b(\boldsymbol{r})$ ruft den Coulomb-Anteil des Kristallpotentials hervor, den wir hier mit $V(\boldsymbol{r})$ bezeichnen (nach (1) $v_{\text{eff}} - v_{\text{xc}}$):

$$\Delta V(\boldsymbol{r}) = -4\pi\epsilon^2 n^b(\boldsymbol{r}), \quad V(\boldsymbol{r}) = \sum_{\boldsymbol{G}} e^{i\boldsymbol{G}\boldsymbol{r}} V_{\boldsymbol{G}}, \quad V_{\boldsymbol{G}} = S_{\boldsymbol{G}} v_{\boldsymbol{G}}\,. \tag{7}$$

Der Koeffizient $V_{\boldsymbol{G}}$ der Fourier-Entwicklung kann wie üblich in Formfaktor $v_{\boldsymbol{G}}$ und Strukturfaktor $S_{\boldsymbol{G}}$ aufgespalten werden [s. (7.2-2)]. Die abgeschnittene Dichte $n^l(\boldsymbol{r})$ weist noch die zweidimensionale (2D) Translationssymmetrie in der Oberfläche auf. Die entsprechenden 2D reziproken Gittervektoren sind die Projektionen der 3D reziproken Gittervektoren auf die x-y-Ebene und werden mit $\boldsymbol{G}_{||}$ bezeichnet, es gilt also $\boldsymbol{G} = \boldsymbol{G}_{||} + G_z \boldsymbol{e}_z$. Die 2D Fourier-Entwicklung von (7) ist

$$V(\boldsymbol{r}) = \sum_{\boldsymbol{G}_{||}} e^{i\boldsymbol{G}_{||}\boldsymbol{r}} V_{\boldsymbol{G}_{||}}(z)\,, \quad V_{\boldsymbol{G}_{||}}(z) = \sum_{G_z} e^{iG_z z} S_{\boldsymbol{G}} v_{\boldsymbol{G}}\,. \tag{8}$$

Für das gesuchte Potential V_1 fordern wir nun, daß es für $z \to -\infty$ in $V(\boldsymbol{r})$ übergeht und daß es für $z \to \infty$ Null wird. Das kann durch den Ansatz

$$V_1(\boldsymbol{r}) = V(\boldsymbol{r})\,\Theta(z_0 - z) + \varphi(\boldsymbol{r})\,, \quad \varphi(\boldsymbol{r}) \to 0 \quad \text{für } z \to \pm\infty\,,$$
$$\varphi = \varphi^{\pm}(\boldsymbol{r}) = \sum_{\boldsymbol{G}_{||}} e^{i\boldsymbol{G}_{||}\boldsymbol{r}} \varphi^{\pm}_{\boldsymbol{G}_{||}}(z) \quad \text{für } z \gtrless z_0 \tag{9}$$

beschrieben werden.

Setzt man (9) und (7) in (6) ein, so entsteht

$$\Delta\varphi - V(\boldsymbol{r}) \frac{d}{dz} \delta(z_0 - z) - 2 \frac{\partial V}{\partial z} \delta(z_0 - z) = 0\,. \tag{10}$$

Diese Differentialgleichung für φ reduziert sich für $z \neq z_0$ auf $\Delta\varphi = 0$, mit der in (9) angegebenen Entwicklung also auf

$$\sum_{\boldsymbol{G}_{||}} e^{i\boldsymbol{G}_{||}\boldsymbol{r}} \left(-G_{||}^2 + \frac{d^2}{dz^2}\right) \varphi^{\pm}_{\boldsymbol{G}_{||}}(z) = 0\,, \quad z \gtrless z_0\,. \tag{11}$$

Multipliziert man mit $\exp(-i\boldsymbol{G}'_{||}\boldsymbol{r})$ und integriert man über x und y, so findet man, daß jede Fourier-Komponente der Gleichung

$$\left(-G_{||}^2 + \frac{d^2}{dz^2}\right) \varphi^{\pm}_{\boldsymbol{G}_{||}}(z) = 0\,, \quad z \gtrless z_0\,, \tag{11'}$$

genügt. Zusammen mit der in (9) angegebenen Randbedingung führt das auf die Lösungen

$$\varphi^{\pm}_{G_{||}}(z) = \begin{cases} 0 & \text{für} \quad G_{||} = 0\,, \\ A^{\pm}_{G_{||}} e^{\mp|G_{||}|(z-z_0)} & \text{für} \quad G_{||} \neq 0, \quad z \gtrless z_0\,. \end{cases} \tag{12}$$

Es verbleibt nur noch die Bestimmung der Koeffizienten $A^{\pm}_{G_{||}}$. Da $V_1(\boldsymbol{r})$ bei z_0 stetig sein muß, gilt nach (9), (8) und (12)

$$V_{G_{||}}(z_0) + A^{-}_{G_{||}} = A^{+}_{G_{||}}\,. \tag{13}$$

Eine zweite Bedingung erhält man aus (10), indem man diese Gleichung über ein kleines Gebiet um z_0 integriert. Es folgt dann

$$-|G_{||}|\,(A^{+}_{G_{||}} + A^{-}_{G_{||}}) = V'_{G_{||}}(z_0) \equiv \frac{\mathrm{d}}{\mathrm{d}z}\, V_{G_{||}}(z)|_{z_0}\,. \tag{13'}$$

Aus (13), (13′), (12) und (9) erhält man das gesuchte Potential $V_1(\boldsymbol{r})$ mit

$$\varphi(\boldsymbol{r}) = \varphi^{\pm}(\boldsymbol{r}) = \sum_{G_{||}\neq 0} e^{iG_{||}\boldsymbol{r}}\, e^{\mp|G_{||}|(z-z_0)} A^{\pm}_{G_{||}}\,, \qquad z \gtrless z_0\,,$$

$$\begin{aligned} A^{\pm}_{G_{||}} &= -\frac{1}{2}\left(\mp V_{G_{||}}(z_0) + \frac{1}{|G_{||}|}\, V'_{G_{||}}(z_0)\right) \\ &= \frac{1}{2|G_{||}|} \sum_{G_z} e^{iG_z z_0}\, S_G v_G(\pm |G_{||}| - iG_z)\,. \end{aligned} \tag{14}$$

Rechts von der Spaltebene $z = z_0$ fällt V_1 exponentiell auf Null ab, und links davon nähert es sich exponentiell dem translationssymmetrischen Potential $V(\boldsymbol{r})$. Zur Berechnung von V_1 benötigt man neben der Kenntnis der Gitterstruktur und der Orientierung der Oberfläche nur den Formfaktor v_G zu V. Das Potential V_1 wird z. B. benötigt zur Berechnung der klassischen Spaltungsenergie (s. [10.3.6]) und zur Bestimmung der bereits erwähnten Relaxation der obersten Ionenlagen (s. [10.4.2]).

10.3.2. Die Austrittsarbeit

Die Austrittsarbeit ist die minimale Energie, durch die bei $T = 0$ ein Elektron aus einem Metall entfernt werden kann (z. B. Hölzl u. Schulte, 79). Die höchsten besetzten Zustände des Leitungsbandes haben die Fermi-Energie $\varepsilon_F = \mu$ (chemisches Potential[1]), so daß man im Rahmen der Näherung unabhängiger Teilchen zu erwarten hat, daß die Austrittsarbeit durch

$$\Phi = v_{\text{eff}}(\infty) - \mu \tag{15}$$

gegeben ist. $v_{\text{eff}}(\infty)$ ist dabei (s. Abb. 10.3-1a) das Kristallpotential in großer Entfernung vom Metall. Es ist nicht von vornherein klar, ob durch diesen Ausdruck auch die Vielteilcheneffekte richtig erfaßt sind. Durch das Entfernen eines Elektrons bleibt das Metall ja einfach positiv geladen zurück und zieht dementsprechend das Elektron an. Es ist die Frage, ob die gegen diese Bildkraft aufzubringende Arbeit in der Definition (15) der Austrittsarbeit richtig erfaßt ist. Lang und Kohn (71) konnten zeigen, daß dies tatsächlich der Fall ist. Wegen seiner grundsätzlichen Bedeutung soll dieser Beweis angeführt werden.

[1]) In [10] wird das in [1] eingeführte elektrochemische Potential μ der Kürze halber als chemisches Potential bezeichnet. Das dort eingeführte chemische Potential ζ wird hier mit $\bar{\mu}$ bezeichnet (s. (21), (22)).

Ausgangspunkt ist der Dichte-Funktional-Formalismus von Hohenberg und Kohn (64) für das inhomogene, wechselwirkende Elektronengas (s. [1.7.2]). Bei fester Elektronenzahl N im statischen Potential $v(\boldsymbol{r})$ (Potential der Ionen) existiert danach der folgende Ausdruck für die Gesamtenergie des Elektronengases:

$$E_v[n] = \int \mathrm{d}^3r\, v(\boldsymbol{r})\, n(\boldsymbol{r}) + \frac{1}{2}\int \mathrm{d}^3r\, \mathrm{d}^3r' \frac{\epsilon^2}{|\boldsymbol{r}-\boldsymbol{r}'|} n(\boldsymbol{r})\, n(\boldsymbol{r}') + G[n]\,, \tag{16}$$

$$G[n] = T_0[n] + E_{\mathrm{xc}}[n]\,, \tag{16'}$$

$$\delta E_v[n] = 0 \quad \text{bei} \quad \delta N = \int \mathrm{d}^3r\, \delta n(\boldsymbol{r}) = 0\,. \tag{17}$$

T_0 ist die kinetische Energie nichtwechselwirkender Elektronen der Dichte $n(\boldsymbol{r})$, E_{xc} ist die Austausch- und Korrelationsenergie des wechselwirkenden Elektronengases der Dichte $n(\boldsymbol{r})$. $G[n]$ ist ein universelles Funktional der Dichte, das nicht explizit vom Potential $v(\boldsymbol{r})$ abhängt. $E_v[n]$ ist die Grundzustandsenergie, wenn die für das Potential v sich einstellende Dichte $n(\boldsymbol{r})$ eingesetzt wird. Die erste Variation von $E_v[n]$ um diese Dichte verschwindet. Für den hier zu führenden Beweis wird nun ein System von Elektronen im Potential v betrachtet, wobei das chemische Potential bei $T = 0$ vorgegeben und $\delta N \neq 0$ zugelassen ist. Definiert man für dieses System

$$J_{v,\mu}[n] = E_v[n] - \mu \int \mathrm{d}^3r\, n(\boldsymbol{r})\,, \tag{18}$$

so gilt für die erste Variation der Dichte

$$\delta J_{v,\mu}[n] = 0\,. \tag{18'}$$

Für eine Variation $\delta n_1(\boldsymbol{r})$, die (17) erfüllt, ist dies unmittelbar klar. Sind andererseits $n_{\mu,v}(\boldsymbol{r})$ und $n_{\mu+\delta\mu,v}(\boldsymbol{r})$ die Dichten zu v und μ bzw. $\mu + \delta\mu$, so sind dadurch zwei Systeme mit dem Unterschied

$$\delta N = \int \mathrm{d}^3r\, [n_{\mu+\delta\mu,v}(\boldsymbol{r}) - n_{\mu,v}(\boldsymbol{r})] \equiv \int \mathrm{d}^3r\, \delta n_2(\boldsymbol{r})$$

der Teilchenzahl beschrieben. Die entsprechende Variation erster Ordnung ist

$$\delta J_{v,\mu}[n] = E_v[n_{\mu+\delta\mu,v}] - E_v[n_{\mu,v}] - \mu\delta N = 0\,.$$

Sie verschwindet, weil durch diese Gleichung bei $T = 0$ gerade das chemische Potential definiert ist. Eine beliebige Variation der Dichte kann aus den genannten zwei Arten von Dichtevariationen aufgebaut werden, so daß bei einer solchen beliebigen Dichtevariation gerade (18′) gelten muß.

Wir betrachten nun eine makroskopische Schicht eines Metalls, dessen Oberfläche überwiegend von zwei parallelen (identischen) Flächen gebildet wird. $n(\boldsymbol{r})$ sei die Elektronendichte für gegebenes Ionenpotential v, chemisches Potential μ und Elektronenzahl N. Aus (18), (18′) und (16) folgt dann

$$\int \mathrm{d}^3r\, \delta n(\boldsymbol{r}) \left(v_{\mathrm{c}}(\boldsymbol{r}) + \frac{\delta G[n]}{\delta n(\boldsymbol{r})} \right) - \mu\delta N = 0\,, \tag{19}$$

$$v_{\mathrm{c}}(\boldsymbol{r}) = v(\boldsymbol{r}) + \int \mathrm{d}^3r' \frac{\epsilon^2}{|\boldsymbol{r}-\boldsymbol{r}'|} n(\boldsymbol{r}')\,. \tag{19'}$$

v_{c} ist das gesamte Coulomb-Potential der Ionen und Elektronen. Betrachtet man die Dichtevariation mit $\delta N = 0$, so muß wegen (19) gelten

$$v_{\mathrm{c}}(\boldsymbol{r}) + \frac{\delta G[n]}{\delta n(\boldsymbol{r})} = \mu'\,, \tag{20}$$

wobei μ' eine Konstante ist. Bei einer beliebigen Dichtevariation folgt dann aus (19) und (20)

$$\mu = \mu' = v_c(\boldsymbol{r}) + \frac{\delta G[n]}{\delta n(\boldsymbol{r})}. \tag{20'}$$

Die Austrittsarbeit Φ ist definitionsgemäß gleich der Energie des herausgetrennten Elektrons in großem Abstand $v_c(\infty)$ plus der Energie E_{N-1} des Metalls mit N positiven Ladungen und $N - 1$ Elektronen, minus der Energie des ursprünglichen, neutralen Metalls E_N mit je N Elektronen und positiven Ladungen:

$$\Phi = [v_c(\infty) + E_{N-1}] - E_N .$$

Mit der Definition des chemischen Potentials gemäß $\mu = E_N - E_{N-1}$ und (20') folgt daraus

$$\begin{aligned} \Phi &= v_c(\infty) - \mu \\ &= [v_c(\infty) - \bar{v}_c] - \bar{\mu} , \end{aligned}$$

$$\bar{v}_c \equiv \langle v_c(\boldsymbol{r})\rangle , \quad \bar{\mu} = \mu - \bar{v}_c = \langle\frac{\delta G}{\delta n}\rangle. \tag{21}$$

$\langle \dots \rangle$ stellt dabei den Mittelwert über das Metallvolumen dar. $\bar{\mu}$ ist das chemische Potential relativ zu dem mittleren, inneren elektrostatischen Potential. Wesentlich ist, daß diese Größe wegen der Universalität des Funktionals $G[n]$ nicht explizit vom Gitterpotential v abhängt. Das Resultat (21) zeigt, daß der plausible Ansatz (15) für die Austrittsarbeit richtig ist. Die Vielteilcheneffekte sind in dem Austausch- und Korrelationsbeitrag zu G enthalten sowie in der Größe $v_c(\infty) - \bar{v}_c$ dadurch, daß das Potential im Außenraum den Verlauf des Bildpotentials annehmen muß.

Für das schon in [10.3.1] eingeführte Geleemodell ist $v_c(\infty) - \bar{v}_c$ gerade die Dipolbarriere D (2), und $\bar{\mu}$ ist als Summe von kinetischer Energie und Austausch- und Korrelationspotential (mit v_{xc} nach (1.7-26b))

$$\bar{\mu} = \frac{\hbar^2}{2m} k_F^2 + v_{xc}(\bar{n}) , \qquad \bar{n} = k_F^3/3\pi^2 . \tag{22}$$

Lang (69) und Lang und Kohn (70, 71) berechneten für das Geleemodell selbstkonsistent die Gleichungen (1). Die damit bestimmten Werte für Φ, $\bar{\mu}$ und D sind in Abhängigkeit vom Dichteparameter r_s in Abb. 10.3-3 angegeben. Bemerkenswert ist, daß für $r_s < 2{,}5$, d. h. für die meisten der mehrwertigen einfachen Metalle, $\bar{\mu} > 0$ ist, ohne die Dipolbarriere also die Fermi-Energie über dem Potentialwert außerhalb des Metalls läge. Dieser Sachverhalt deutet darauf hin, daß das Geleemodell für diese hohen Elektronendichten instabil wird, was sich bei Berechnung der Oberflächenenergie bestätigt (s. [10.4.1]). Die Dipolbarriere ist für kleine r_s sehr groß — im Gegensatz zu halbempirisch bestimmten Werten. Beides zeigt, daß für realistische Aussagen über Metalloberflächen die Ionenpotentiale in geeigneter Weise einbezogen werden müssen. Lang und Kohn (70, 71) gingen vom Geleemodell aus und berücksichtigten die Ionenpotentiale in der ersten Störungsordnung.

Eine Aufspaltung der Austrittsarbeit in Oberflächen- und Volumenanteil ist außer für das Geleemodell durch (21) nicht gegeben (Paasch, 74a). Es war schon zu Beginn

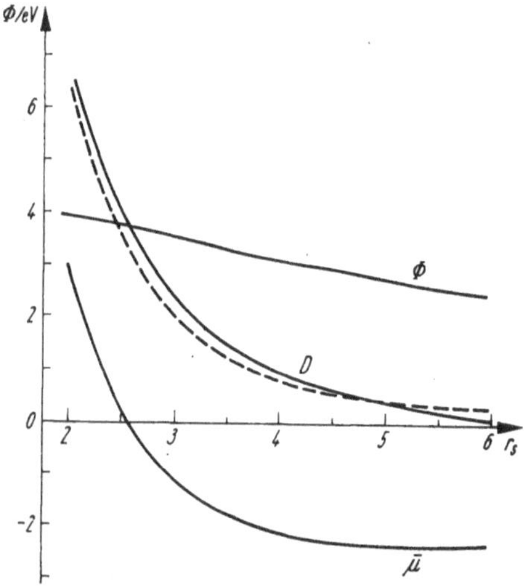

Abb. 10.3-3. Austrittsarbeit Φ, chemisches Potential $\bar{\mu}$ gemäß (22—23) und Dipolbarriere D für das Geleemodell. Darstellung nach den Werten der selbstkonsistenten Rechnung von Lang u. Kohn (71), D wurde auch nach dem Variationsverfahren von Smith (69) berechnet (gestrichelte Linie)

von [10.3.1] darauf hingewiesen worden, daß auf dem Rand der WS-Polyeder das Coulomb-Potential der Ionen und Elektronen praktisch Null ist. Der Mittelwert dieses Coulomb-Potentials ist dagegen auch ohne die Dipolschicht negativ, weil die lokalisierten Ionen ein Potential haben, das stärker anziehend ist als das der Leitungselektronen, die ziemlich gleichmäßig in der WS-Zelle verteilt sind, abstoßend ist. Eine echte Aufspaltung der Austrittsarbeit in Volumen- und Oberflächenanteil ist durch die in (5) vorgenommene Aufspaltung der Ladungsdichte möglich. Die abgeschnittene Ladungsdichte $n^1(\boldsymbol{r})$ erzeugt das Coulomb-Potential $V_1(\boldsymbol{r})$, das gemäß (9), (14) nach außen exponentiell gegen Null geht. $\delta\varrho^s$ erzeugt dagegen gerade das Potential $V_D(\boldsymbol{r})$ der Dipolschicht, das einen stufenförmigen Verlauf hat. Die Höhe der Dipolbarriere ist $D = v_c(\infty) - \langle V_D \rangle$. Deswegen kann man die Austrittsarbeit statt wie in (21) auch aufspalten wie

$$\Phi = \left(v_c(\infty) - \langle V_D \rangle\right) - (\mu - \langle V_D \rangle) \equiv D - \mu^b \,. \tag{23}$$

μ^b ist dann das für das kompakte Material berechnete chemische Potential, wobei der Energienullpunkt so gewählt ist, daß für die abgeschnittene Ladungsdichte das Potential im Außenraum gegen Null geht.

Da der Potentialverlauf an der Oberfläche von der kristallographischen Orientierung dieser Fläche abhängt, erhält man für den halbunendlichen Kristall bei unterschiedlichen Oberflächen auch unterschiedliche Werte für die Austrittsarbeit. Auf die Probleme, die sich ergeben, wenn man das Vorhandensein unterschiedlich orientierter Oberflächen an einem Kristall zu berücksichtigen hat, soll hier nicht eingegangen werden. Das Problem wurde u. a. von Lang (73) behandelt.

10.3.3. Dimensionseffekte und Randbedingungen

Die Frage, ob in einem Experiment an einem Festkörper Volumen- oder Oberflächeneigenschaften gemessen werden, hängt von den Bedingungen ab, unter denen das Experiment durchgeführt wird. So dringen bei LEED Elektronen der Primärenergie 100 eV nur ein bis zwei Atomlagen in den Festkörper ein, können also nur die Eigenschaften dieser Oberflächenschichten widerspiegeln, während für höhere und niedrigere Primärenergien zunehmend Eigenschaften der tiefer liegenden Atome die Verteilung der reflektierten Elektronen bestimmen. Würden bei einer der Zahl $N \approx 10^{24}$ der Atome eines Festkörpers proportionalen Meßgröße alle Atome gleichmäßig einen Beitrag liefern, so wäre der Beitrag der Oberflächenatome vernachlässigbar, da deren Anzahl von der Größe $N^{2/3} \approx 10^{16}$ ist. Hier sollen nun gerade die Eigenschaften der Oberflächenschichten betrachtet werden. Der Einfachheit wegen beschränken wir uns im allgemeinen auf einen durch eine ebene Oberfläche ($z = 0$) begrenzten halbunendlichen Kristall oder auf eine durch zwei parallele Oberflächen begrenzte Schicht.

Ist eine Größe F durch eine räumliche Dichte darstellbar, so gilt

$$F = \int_{\mathcal{V}} \mathrm{d}^3r\, f(\boldsymbol{r}) \,.$$

Die Dichte sei im Inneren des Festkörpers $f^{\mathrm{b}}(\boldsymbol{r})$. In einer die Oberfläche umhüllenden Schicht $\mathcal{V}'$ fällt die Dichte auf Null ab. Definiert man $\Delta f(\boldsymbol{r}) = f(\boldsymbol{r}) - f^{\mathrm{b}}(\boldsymbol{r})\, \Theta(z)$, so kann man F darstellen als

$$\begin{aligned} F &= \int_{\mathcal{V}} \mathrm{d}^3r\, f^{\mathrm{b}}(\boldsymbol{r})\, \Theta(z) + \int_{\mathcal{V}'} \mathrm{d}^3r\, \Delta f(\boldsymbol{r}) \\ &= \int_{\mathcal{V}} \mathrm{d}^3r\, f^{\mathrm{b}}(\boldsymbol{r})\, \Theta(z) + \int \mathrm{d}A f^{\mathrm{s}}(\boldsymbol{r}_{\|}) \,, \end{aligned}$$

$$f^{\mathrm{s}}(\boldsymbol{r}_{\|}) \equiv \int \mathrm{d}z\, \Delta f(\boldsymbol{r})$$

($\boldsymbol{r}_{\|}$ — zweidimensionaler Ortsvektor in der Oberfläche). Δf ist nur in dem um die Oberfläche liegenden Volumen $\mathcal{V}'$ von Null verschieden, das um Größenordnungen kleiner ist als das Gesamtvolumen $\mathcal{V}$. $f^{\mathrm{s}}(\boldsymbol{r}_{\|})$ ist nur proportional zur Dicke der Oberflächenschicht, stellt also eine Flächendichte der Größe F dar. Sofern f^{b} und f^{s} nicht ortsabhängig sind bzw. nach Mittelung über die atomaren Bereiche erhält man

$$F = \mathcal{V} f^{\mathrm{b}} + A f^{\mathrm{s}} \,, \tag{24}$$

wobei A die Oberfläche ist. Geht man nun bei der Berechnung der elektronischen Eigenschaften eines Festkörpers von den periodischen Born-von-Karman-Randbedingungen (RB) (s. Brauer, 72, Ziman, 74) aus, so ist definitionsgemäß $\Delta f = 0$, und man erhält prinzipiell keine Oberflächenbeiträge, während man die Volumenbeiträge richtig erhält. Die bei den periodischen RB vorhandene Translationssymmetrie entfällt beim Vorhandensein von Oberflächen und die Berücksichtigung der entsprechenden RB ist die Hauptschwierigkeit bei der theoretischen Beschreibung der Oberfläche (neben der starken Inhomogenität des Elektronengases an der Oberfläche).

Wir beginnen bei der Betrachtung der RB mit dem einfachsten System: nämlich unabhängige Teilchen in einer Schicht mit konstantem Potential $V = 0$. Es werden einmal periodische RB angenommen, und zum anderen sei $V \to \infty$ außerhalb der Schicht (d. h. für $z < 0$ und $z > L$) (eindimensionaler Kasten mit unendlich hohen Wänden). Die Lösung der Schrödinger-Gleichung ist in beiden Fällen $\varphi_n(z) \sim \sin q_n z$, und die Energien sind $\varepsilon_n = \hbar^2 q_n^2/2m$. Für die periodischen RB gilt

$$\mathrm{e}^{iq_n(x+L)} = \mathrm{e}^{iq_n x}; \; q_n L = 2\pi n; \; n = 0, \pm 1, \pm 2, \ldots; \; \varepsilon_n = \frac{\hbar^2}{2m}\left(\frac{\pi}{L}\right)^2 (2n)^2 \,, \tag{25}$$

während für den Kasten die Wellenfunktion bei $z = 0$ und $z = L$ verschwinden muß:

$$\sin q_n L = 0; \quad q_n L = \pi n; \quad n = 1, 2, \ldots; \quad \varepsilon_n = \frac{\hbar^2}{2m}\left(\frac{\pi}{L}\right)^2 n^2 . \tag{25'}$$

$n = 0$ tritt hier nicht auf, da die Wellenfunktion hierfür eine nicht normierbare Konstante wäre. Da die q-Werte in einer makroskopischen Schicht sehr dicht liegen, kann von Summen zu Integralen übergegangen werden, wobei die Dichten der q-Werte aus (25), (25') folgen:

$$\sum_{q_n} \ldots = \int \mathrm{d}q\, D(q) \ldots, \quad D^{\mathrm{PRB}}(q) = \frac{L}{2\pi}, \quad D^{\mathrm{K}}(q) = \frac{L}{\pi}\, \Theta(q) - \frac{1}{2}\, \delta(q) . \tag{26}$$

Die Zustandsdichte für den Kasten enthält also nicht nur den der Schichtdicke L proportionalen Anteil L/π (nur $q > 0$, bei periodischen RB $L/2\pi$, aber $q \gtrless 0$), sondern auch einen, der proportional zu L^0 ist, der bei weiterer Berücksichtigung der Ausdehnung in der Schicht also gerade der Oberfläche proportional ist.

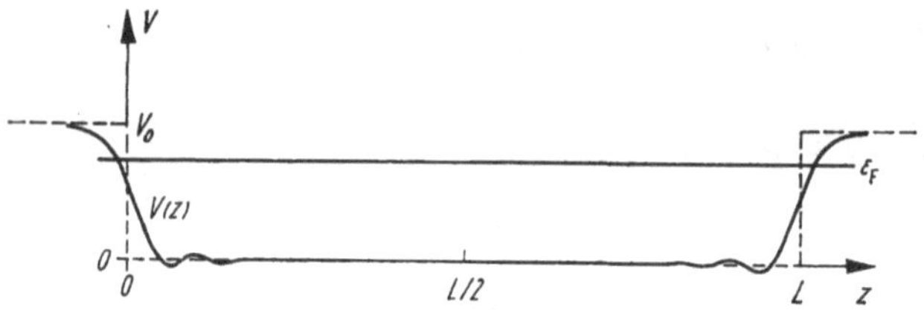

Abb. 10.3-4. Potentialgraben als Geleemodell einer metallischen Schicht der Dicke L

Als nächstes betrachten wir die Zustände von Elektronen in dem in Abb. 10.3-4 gezeigten Potentialgraben, der entsteht, wenn die Ionen in der Schicht durch eine homogene, positive, an den Oberflächen abgeschnittene Ladungsverteilung ersetzt werden (Geleemodell s. [10.3.1]). Die Schrödinger-Gleichung lautet

$$\left(-\frac{\hbar^2}{2m}\frac{\partial^2}{\partial \boldsymbol{r}^2} + V(z) - \varepsilon\right) \varphi(\boldsymbol{r}) = 0 , \tag{27}$$

wobei über den konkreten Potentialverlauf in der Umgebung der Oberflächen bei $z = 0$ und $z = L$ keinerlei Annahmen gemacht werden. Es soll jedoch die Dicke L der Schicht groß sein gegen die Bereiche, in denen sich das Potential ändert (diese haben eine Ausdehnung von der Größe des Bohr-Radius a_0). Für die Koordinaten x und y in der Oberfläche werden periodische RB angenommen, als Periodizitätslängen wählen wir ebenfalls L. Die Lösungen von (27) sind dann

$$\varphi_{\boldsymbol{k}}(\boldsymbol{r}) = L^{-1} \exp\,(i[k_x x + k_y y])\, \Phi_q(z), \quad \boldsymbol{k} \equiv (k_x, k_y, q) ,$$

$$k_i = \frac{2\pi}{L} n_i , \quad i = x, y, \quad n_i = 0, \pm 1, \pm 2, \ldots \tag{28}$$

Im Inneren der Schicht ist $V(z) \to 0$, und die Funktion Φ_q muß sich asymptotisch verhalten wie

$$\Phi_q(z) \to C_q \sin\,(qz + \eta_q) , \quad \eta_{q=0} = 0 , \tag{29}$$

unterscheidet sich also von den Wellenfunktionen des zuvor diskutierten Kastens durch die Phasen η_q, die durch den konkreten Potentialverlauf an der Oberfläche bestimmt sind. So ist zum Beispiel für den in Abb. 10.3-4 gestrichelt eingezeichneten Kasten mit endlicher Höhe V_0

$$\eta_q = \arcsin \frac{\hbar q}{\sqrt{2m\, V_0}}\,, \tag{30}$$

was sich sofort aus der Anschlußbedingung der Wellenfunktion $\left(\mathrm{d} \ln \Phi_q(z)/\mathrm{d}z|_{z=0}\right.$ stetig$\left.\right)$ ergibt. Für den allgemeinen Potentialverlauf ist η_q durch numerische Integration der Schrödinger-Gleichung zu gewinnen. Für die q-Werte in (29) liegen zunächst im Gegensatz zu k_x und k_y (28) noch keine diskreten Werte vor. Beachten wir aber, daß das Potential symmetrisch bezüglich $z = L/2$ ist, so muß (29) bezüglich $z = L/2$ eine gerade oder eine ungerade Funktion sein, daraus folgt

$$q_m \frac{L}{2} + \eta_{q_m} = \frac{\pi}{2} m\,, \quad m = 1, 2, \dots \tag{31}$$

$m = 0$ würde wie in (25′) eine nicht normierbare Konstante liefern und tritt nicht auf. Die Werte q_m liegen im Vergleich zu denen des Kastens mit unendlich hohen Wänden (25)′ um $2\eta_{q_m}L$ tiefer. Die Lage der diskreten Wellenzahlen ist in Abb. 10.3-5 veranschaulicht. Die q_m sind durch den konkreten Verlauf der Phase η_q bestimmt. Anstatt jedoch diese Werte direkt aus der transzendenten Gleichung (31) zu bestimmen, ist es günstiger, zur Zustandsdichte im Wellenzahlraum überzugehen (analog zu (26)). Zuvor vermerken wir noch, daß mit der bisher getroffenen Wahl der Wellenfunktionen die Energiewerte von (27) schon bestimmt sind. Im Inneren der Schicht gilt nämlich $V(z) \to 0$, und folglich ist

$$\varepsilon_k = \frac{\hbar^2}{2m} (k_x^2 + k_y^2 + q^2) \tag{32}$$

mit $q = q_m$ aus (31).

Da die durch (31) bestimmten Werte q_m allgemein nicht äquidistant sind, muß eine q-abhängige Dichte der q-Werte auftreten. Zu ihrer Bestimmung betrachten wir eine Summe (Paasch u. Wonn, 75, Allen, 75)

$$\begin{aligned} \sum_{m=1}^{M} f(q_m) &= -\tfrac{1}{2} f(0) + \tfrac{1}{2} f(q_M) + \left[\tfrac{1}{2} f(0) + \sum_{m=1}^{M-1} f(q_m) + \tfrac{1}{2} f(q_M)\right] \\ &\equiv -\tfrac{1}{2} f(0) + \tfrac{1}{2} f(q_M) + \int_0^q dq'\, B(q')\, f(q')\,. \end{aligned} \tag{33}$$

Diese Überführung in ein Integral ist offensichtlich für $\eta \equiv 0$ gemäß (31) korrekt, wenn man für den Integranden $B(q) = L/\pi$ setzt und $q = q_M$ wählt (M entspricht wie üblich der Anzahl der Zustände in einem makroskopischen System). Falls η_q nicht verschwindet, sind q und als Oberflächeneffekt die Korrektur zu $B(q)$ von der Ordnung L^0 zu bestimmen. Dazu betrachten wir die Anzahl der Zustände im Bereich $q \geqq q' \geqq 0$, die sich aus der Bedingung (31) zu

$$M(q) = \text{Integer}\left[\frac{L}{\pi}\left(q + \frac{2}{L}\eta_q\right)\right] = \int_0^q \mathrm{d}q'\, B(q') \tag{34}$$

ergibt, wobei im zweiten Schritt (33) mit $f \equiv 1$ verwendet wurde. Die Funktion Integer(x) kann man darstellen als

$$\text{Integer}\,(x) = x - \tfrac{1}{2} + Q(x)\,,$$
$$Q(x) = Q(x+1),\; Q(x) = \tfrac{1}{2} - x \quad \text{für} \quad 0 \leqq x \leqq 1\,. \tag{34'}$$

Durch Differentiation von (34) nach q erhält man unmittelbar

$$B(q) = \frac{\mathrm{d}}{\mathrm{d}q} M(q) = \sum_{m=1}^{\infty} \frac{L}{\pi} \left(1 + \frac{2}{L} \frac{\mathrm{d}\eta_q}{\mathrm{d}q}\right) \delta\left(\frac{L}{\pi}\left(q + \frac{2}{L}\eta_q\right) - m\right). \tag{35}$$

Da die q_m-Werte, die sich aus der δ-Funktion ergeben, sehr dicht liegen, kann zur Integration übergegangen werden, und man erhält

$$B(q) = \frac{L}{\pi}\left(1 + \frac{2}{L}\frac{\mathrm{d}\eta_q}{\mathrm{d}q}\right). \tag{35'}$$

Der Vergleich mit (34') zeigt, daß dieses Resultat der Vernachlässigung der kleinen Korrektur $Q(x)$ entspricht; diese Korrektur ist aber Null, wenn man als obere Grenze der Integration in (34) $q = q_M$ gemäß (31) wählt. Damit kann man die Summe (33) als (Paasch u. Wonn, 75, Kenner u. Allen, 75)

$$\sum_{m=1}^{M} f(q_m) = \int_{0-\delta}^{q_M+\delta} \mathrm{d}q\, G(q)\, f(q)\,, \qquad \delta \to 0\,,$$
$$G(q) = -\frac{1}{2}\delta(q) + \frac{1}{2}\delta(q - q_M) + \frac{L}{\pi}\left(1 + \frac{2}{L}\frac{\mathrm{d}\eta_q}{\mathrm{d}q}\right) \tag{36}$$

schreiben. Die Dichte G der q-Werte enthält den der Schichtdicke L proportionalen Anteil L/π und die zu L^0 proportionalen „Oberflächenterme". Auf diese Art hat man die RB (31) berücksichtigt und braucht die diskreten q_m aus dieser Gleichung gar nicht mehr zu bestimmen. Für eine allgemein interessierende Summe über eine Funktion $F(k_x, k_y, q_m)$ erhält man mit (36) und mit periodischen RB in der Oberfläche

$$\sum_{\boldsymbol{k}} F(\boldsymbol{k}) = \int_{q \geqq 0} \mathrm{d}^3k\, \mathcal{N}(\boldsymbol{k})\, F(\boldsymbol{k})\,, \qquad \mathcal{N}(\boldsymbol{k}) = \left(\frac{L}{2\pi}\right)^2 G(q)\,. \tag{37}$$

Da die Einteilchenenergie nach (32) $\varepsilon_{\boldsymbol{k}} = \hbar^2(k_x^2 + k_y^2 + q^2)/2m$ ist, geht das Potential insgesamt nur noch über die Phasen η_q in die Dichte $\mathcal{N}(\boldsymbol{k})$ der Zustände im $\boldsymbol{k}$-Raum ein.

Wir bemerken noch, daß sich die Normierungskonstante C_q in (29) ebenfalls durch die Phasen ausdrücken läßt. Aus (27), (28) und (32) folgt nämlich die Gleichung

$$\left(-\frac{\hbar^2}{2m}\frac{\mathrm{d}^2}{\mathrm{d}z^2} + V(z)\right)\Phi_q(z) = \frac{\hbar^2}{2m} q^2 \Phi_q(z)$$

für Φ_q. Multiplikation mit $\Phi_{q'}$, Subtraktion der erhaltenen Gleichung mit vertauschten q und q', anschließende z-Integration und Grenzübergang $q \to q'$ liefern

$$\int_{-\infty}^{z} \mathrm{d}z'\, \Phi_q^2(z') = \frac{1}{2q}\left(\frac{\mathrm{d}\Phi_q}{\mathrm{d}z}\frac{\mathrm{d}\Phi_q}{\mathrm{d}q} - \Phi_q \frac{\mathrm{d}^2\Phi_q}{\mathrm{d}q\,\mathrm{d}z}\right) \to \frac{C_q^2}{2}\left[z + \frac{\mathrm{d}\eta_q}{\mathrm{d}q} - \frac{1}{2q}\sin\,(2qz + 2\eta_q)\right].$$

Im letzten Schritt wurde die im Inneren der Schicht gültige Form (29) eingesetzt. Wegen der Symmetrie ist Φ_q normiert, wenn bei $z = L/2$ die linke Seite der Gleichung den Wert 1/2 hat. Durch die RB (31) verschwindet sin (...) dort, und man erhält

$$C_q^{-2} = \frac{L}{2}\left(1 + \frac{2}{L}\frac{\mathrm{d}\eta_q}{\mathrm{d}q}\right).$$

Die Normierungskonstante enthält also auch einen zu L^0 proportionalen Oberflächenanteil, der durch die Phase bestimmt ist.

Für den realen Fall, daß das Potential im Inneren der Schicht nicht konstant ist, liegt eine ähnlich kompakte Formulierung des Einflusses der RB nicht vor. Man kann jedoch allgemein folgendes feststellen. Bei periodischen RB würden Bloch-Wellen $\varphi_{\boldsymbol{k}} = \exp(i\boldsymbol{k}\boldsymbol{r})\, u_{\boldsymbol{k}}(\boldsymbol{r})$ mit $u_{\boldsymbol{k}}(\boldsymbol{r}) = u_{\boldsymbol{k}}(\boldsymbol{r} + \boldsymbol{R})$ als Wellenfunktionen vorliegen. Bei Vorhandensein der Oberfläche dürfte in z-Richtung kein Strom auftreten. Die Wellenfunktionen müssen daher tief im Inneren des Festköpers die Form

$$\varphi_{\boldsymbol{k}} = C_q\, \mathrm{e}^{i\boldsymbol{k}\boldsymbol{r}_{\|}}\, [\mathrm{e}^{i(qz+\eta_q)}\, u_{\boldsymbol{k}}(\boldsymbol{r}) + \mathrm{e}^{-i(qz+\eta_q)}\, u_{k_x,k_y,-q}(\boldsymbol{r})]$$

haben, wobei wiederum durch den Potentialverlauf bestimmte Phasen η_q auftreten. Die Wellenfunktionen sind, wie auch der Spezialfall (28), (29), in z-Richtung stehende Wellen. An der Oberfläche fällt ihre Amplitude dann auf Null ab. Neben diesen ausgedehnten Zuständen kann es noch Oberflächenzustände geben, die sowohl in das Vakuumgebiet als auch in das Innere des Festkörpers hinein auf Null abfallen, in der Oberfläche dagegen ausgedehnte, zweidimensionale Bloch-Zustände sind. Bei Bedeckung der Oberfläche mit Fremdatomen kann es darüber hinaus noch an diesen Atomen lokalisierte Oberflächenzustände geben, die vor allem bei Halbleitern eine Rolle spielen. Wir betrachten hier auch nicht solche Zustände die oberhalb des Potentialniveaus im Vakuum liegen (Streu- und Resonanzzustände).

10.3.4. Oberflächenzustandsdichte, Neutralität und Summenregel

Die im vorangegangenen Abschnitt eingeführten Phasen der Wellenfunktionen genügen einer Summenregel (Sugiyama, 60, Langreth, 72, Appelbaum und Blount, 73, Paasch und Wonn, 75), die durch die Neutralität des Festkörpers als Ganzes bestimmt ist. Sie ist ein Analogon zu der Friedelschen Summenregel für die Streuphasen für Punktdefekte (s. [4.3.6], Ziman, 74). Die Summenregel für die Phasen der Wellenfunktionen ist ein Spezialfall einer allgemeineren Summenregel für die Oberflächenzustandsdichte (Paasch, 75), die hier zunächst abgeleitet werden soll. Ist die Anzahl der Elektronen einer Spinrichtung pro Volumenelement und pro Energieintervall $\mathcal{D}_s(\varepsilon)$ und befinden sich im Volumen $\mathcal{V}$ gerade $2N$ Elektronen, so ist unter Beachtung der Spinentartung die Fermi-Energie ε_F definiert durch

$$N = \mathcal{V} \int^{\varepsilon_F} \mathrm{d}\varepsilon\, \mathcal{D}_s(\varepsilon)\,. \tag{38}$$

Analog zu den Ausführungen zu Beginn von [10.3.3] enthält die Zustandsdichte einen Volumenanteil $\mathcal{D}_s^{\mathrm{b}}(\varepsilon)$ und einen Oberflächenanteil $\mathcal{D}_s^{\mathrm{s}}(\varepsilon)$ gemäß

$$\mathcal{V}\mathcal{D}_s(\varepsilon) = \mathcal{V}\mathcal{D}_s^{\mathrm{b}}(\varepsilon) + A\mathcal{D}_s^{\mathrm{s}}(\varepsilon)\,, \tag{39}$$

wobei A die Oberfläche ist. $\mathcal{D}_s^{\mathrm{b}}(\varepsilon)$ ist gerade die Zustandsdichte, die man bei Verwendung der periodischen RB erhält. $\mathcal{D}_s^{\mathrm{s}}(\varepsilon)$ enthält allgemein sowohl einen Anteil, der von der Änderung der Zustandsdichte der ausgedehnten Zustände an der Oberfläche herrührt, als auch einen Anteil von den Oberflächenzuständen. Die üblicherweise verwendete Fermi-Energie des kompakten Materials $\varepsilon_{\mathrm{Fb}}$ folgt aus

$$N = \mathcal{V} \int^{\varepsilon_{\mathrm{Fb}}} \mathrm{d}\varepsilon \, \mathcal{D}_s^{\mathrm{b}}(\varepsilon) \,. \tag{38'}$$

Bei Vorhandensein der Oberfläche ist allgemein zunächst die Fermi-Energie gegenüber $\varepsilon_{\mathrm{Fb}}$ verschoben: $\varepsilon_{\mathrm{F}} = \varepsilon_{\mathrm{Fb}} + \delta\varepsilon_{\mathrm{F}}$. Diese Änderung $\delta\varepsilon_{\mathrm{F}}$ ist proportional $A/\mathcal{V}$. Setzt man nämlich (38'), (39) in (38) ein, so erhält man

$$\begin{aligned} N &= \int^{\varepsilon_{\mathrm{Fb}}+\delta\varepsilon_{\mathrm{F}}} \mathrm{d}\varepsilon \, \left(\mathcal{V}\mathcal{D}_s^{\mathrm{b}}(\varepsilon) + A\mathcal{D}_s^{\mathrm{s}}(\varepsilon)\right) \\ &= N + \delta\varepsilon_{\mathrm{F}} \, \mathcal{V}\mathcal{D}_s^{\mathrm{b}}(\varepsilon_{\mathrm{Fb}}) + A \int^{\varepsilon_{\mathrm{Fb}}} \mathrm{d}\varepsilon \, \mathcal{D}_s^{\mathrm{s}}(\varepsilon) + AO\left(\frac{A}{\mathcal{V}}\right), \end{aligned}$$

$$\delta\varepsilon_{\mathrm{F}} = -\frac{A}{\mathcal{V}} \frac{\int^{\varepsilon_{\mathrm{Fb}}} \mathrm{d}\varepsilon \, \mathcal{D}_s^{\mathrm{s}}(\varepsilon)}{\mathcal{D}_s^{\mathrm{b}}(\varepsilon_{\mathrm{Fb}})} \,. \tag{40}$$

Terme höherer Ordnung in $A/\mathcal{V} \approx 10^{-8}$ wurden dabei weggelassen (zur Anwendung auf dünne Schichten s. Schulte, 77).

Nach (40) unterscheidet sich im Inneren des Festkörpers innerhalb einer Elementarzelle vom Volumen $\mathcal{V}_0$ die Anzahl der Elektronen von der Anzahl der positiven Ionenladungen um $2\mathcal{V}_0\delta\varepsilon_{\mathrm{F}}\mathcal{D}_s^{\mathrm{b}}(\varepsilon_{\mathrm{F}})$, da $\mathcal{D}_s^{\mathrm{s}}(\varepsilon)$ räumlich um die Oberfläche lokalisiert ist (Faktor 2 von Spinentartung). Es liegt also im Inneren des Festkörpers eine mittlere Ladungsdichte $e\delta n$ vor, wobei mit (40) gilt

$$\delta n = 2\delta\varepsilon_{\mathrm{F}}\mathcal{D}_s^{\mathrm{b}}(\varepsilon_{\mathrm{F}}) = -\frac{A}{\mathcal{V}} 2 \int^{\varepsilon_{\mathrm{Fb}}} \mathrm{d}\varepsilon \, \mathcal{D}_s^{\mathrm{s}}(\varepsilon) \,. \tag{41}$$

Das mechanische Potential $V = eU$ einer sich von $z = 0$ nach links erstreckenden konstanten Ladungsdichte $e\delta n$ folgt aus der Poisson-Gleichung zu

$$V(z) = -2\pi e^2 z^2 \delta n \,.$$

Da das Gesamtvolumen $\mathcal{V} = AL$ mit $L \to \infty$ ist, würde die Selbstenergie der Ladungsverteilung mit (41)

$$W \sim \int_{z \geqq 0} \mathrm{d}^3 r \, \delta n \, V(z) \sim A(\delta n)^2 L^3 \sim AL \to \infty$$

unendlich werden, wenn nicht $\delta n = O\left((A/\mathcal{V})^2\right)$ gilt. Mit anderen Worten, eine proportional $A/\mathcal{V}$ nichtverschwindende Ladungsdichte hätte solche Felder zur Folge, die zu einer Ladungsverteilung führten, bis δn in der Ordnung $A/\mathcal{V}$ verschwindet. Mit (41) bedeutet das

$$\int^{\varepsilon_{\mathrm{Fb}}} \mathrm{d}\varepsilon \, \mathcal{D}_s^{\mathrm{s}}(\varepsilon) = 0 \quad \text{oder} \quad \delta\varepsilon_{\mathrm{F}} = 0 \,. \tag{42}$$

Das ist die Summenregel für die Oberflächenzustandsdichte. Sie ist äquivalent der Feststellung, daß die Zahl der Elektronen in jeder Elementarzelle tief im Inneren des Festkörpers bis zur Ordnung $A/\mathcal{V}$ exakt gleich der Zahl der positiven Ionenladungen ist.

Um die Summenregel als solche für die Phasen der Wellenfunktionen zu formulieren, muß man lediglich $\mathscr{D}_s^s(\varepsilon)$ durch die Phasen ausdrücken. Definitionsgemäß ist

$$V\mathscr{D}_s(\varepsilon) = \int \mathrm{d}^3k\, \mathscr{N}(\boldsymbol{k})\, \delta(\varepsilon - \varepsilon_{\boldsymbol{k}})\,.$$

Als Beispiel betrachten wir das in [10.3.3] untersuchte System, das in Abb. 10.3-4 dargestellt ist. Für $\mathscr{N}(\boldsymbol{k})$ gilt (36), (37) ($q \geqq 0$). Wir erhalten mit $k^2 = k_x^2 + k_y^2$

$$L^3\mathscr{D}_s(\varepsilon) = \left(\frac{L}{2\pi}\right)^2 2\pi \frac{m}{\hbar^2} \int\limits_0^{\sqrt{2m\varepsilon}/\hbar} \mathrm{d}q \int\limits_0^{\infty} \mathrm{d}k \left[\frac{L}{\pi}\left(1 + \frac{2}{L}\frac{\mathrm{d}\eta_q}{\mathrm{d}q}\right) - \frac{1}{2}\delta(q)\right] * \\ * \, \delta\left(k - \sqrt{\frac{1}{\hbar^2}2m\varepsilon - q^2}\right),$$

wobei die zweite δ-Funktion von (36) entfällt, da die k-Integration bis unendlich ausgedehnt ist. Wir erhalten dann

$$L^3\mathscr{D}_s(\varepsilon) = L^3\mathscr{D}_s^{\mathrm{b}}(\varepsilon) + 2L^2\mathscr{D}_s^{\mathrm{s}}(\varepsilon)\,,$$

$$\mathscr{D}_s^{\mathrm{b}}(\varepsilon) = \frac{\sqrt{2m^3}}{2\pi^2\hbar^3}\sqrt{\varepsilon}\,, \quad \mathscr{D}_s^{\mathrm{s}}(\varepsilon) = \frac{m}{\pi^2\hbar^2}\left(\eta\left(\frac{\sqrt{2m\varepsilon}}{\hbar}\right) - \frac{\pi}{4}\right) \tag{43}$$

($L^3 = V$, $2L^2 = A$, da zwei Oberflächen). Der Anteil $\mathscr{D}_s^{\mathrm{b}}$ für das kompakte Material ist von den periodischen RB her bekannt. Der Anteil $\sim -\pi/4$ in $\mathscr{D}_s^{\mathrm{s}}$ kommt daher, daß kein $\boldsymbol{k}$-Wert mit $q = 0$ auftritt (s. Abb. 10.3-5). Er ist der alleinige Beitrag zu $\mathscr{D}_s^{\mathrm{s}}$ für den Kasten mit unendlich hohen Wänden. Dieser Effekt wird reduziert durch die Phase η_q für endliches V_0. $\mathscr{D}_s^{\mathrm{s}}$ kann negativ sein: Es handelt sich ja nicht um eine echte Zustandsdichte, sondern vielmehr um die Differenz zur Zustandsdichte des kompakten Materials (wenn diese bis zur Oberfläche denselben Verlauf wie im Inneren hätte). Setzen wir (43) in (42) ein, so kann die Summenregel in die häufig verwendete Form

$$\langle\eta\rangle_{\mathrm{F}} = \frac{\pi}{4}\,, \quad \langle\eta\rangle_{\mathrm{F}} = \frac{1}{\varepsilon_{\mathrm{F}}}\int\limits_0^{\varepsilon_{\mathrm{F}}} \mathrm{d}\varepsilon\, \eta\left(\frac{\sqrt{2m\varepsilon}}{\hbar}\right) = \frac{2}{k_{\mathrm{F}}^2}\int\limits_0^{k_{\mathrm{F}}} \mathrm{d}q\, q\, \eta_q \tag{44}$$

gebracht werden. Der Ausdruck für $\delta\varepsilon_{\mathrm{F}}$ (40) führt mit $\varepsilon_{\mathrm{F}} = \hbar^2 k_{\mathrm{F}}^2/2m$ auf eine Änderung der Fermi-Wellenzahl

$$\delta k_{\mathrm{F}} = -\frac{1}{L}\left(\langle\eta\rangle_{\mathrm{F}} - \frac{\pi}{4}\right),$$

die ebenso wie $\delta\varepsilon_{\mathrm{F}}$ in der Ordnung L^{-1} verschwindet, wenn die Summenregel erfüllt ist. Falls $\eta \equiv 0$ ist (Kasten mit unendlich hohen Wänden), vergrößert sich der Radius der Fermi-Kugel um $\pi/4L$ (Abb. 10.3-5), wobei allerdings die Summenregel verletzt ist.

In den früheren Ableitungen der Summenregel wurde nicht wie hier vorgegangen (Sugiyama, 60, Langreth, 72), sondern es wurde die Teilchenzahl direkt durch die Wellenfunktionen und damit durch die Phasen ausgedrückt. Nach dem hier dargestellten Zugang bedeutet das, daß implizit auch die Zustandsdichte $\mathscr{D}_s^{\mathrm{s}}$ bzw. $\mathscr{N}(\boldsymbol{k})$

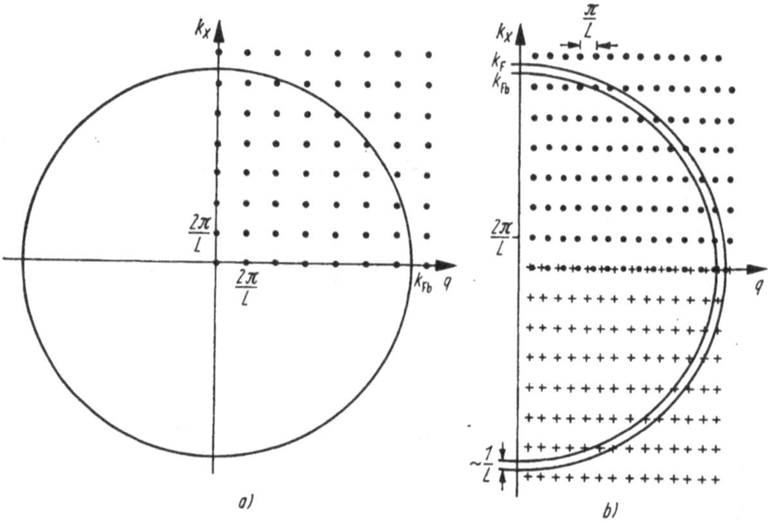

Abb. 10.3-5. Diskrete Wellenzahlen für die x- und z-Richtung. a) Periodische Randbedingungen (nur der erste Quadrant ist eingetragen). b) In z-Richtung Randbedingungen (31) für den Potentialgraben, $q = 0$ tritt nicht auf. Obere Bildhälfte für $\eta_q \equiv 0$, d. h. für $V_0 \to \infty$. Damit sich in der Fermi-(Halb-)Kugel die richtige Anzahl der Zustände befindet, ist der Fermi-Radius $\sim L^{-1}$ vergrößert. Untere Bildhälfte für $\eta_q \neq 0$: alle diskreten q-Werte sind um $2\eta(q)/L$ verkleinert, der Fermi-Radius wird dabei auch wieder kleiner. Wenn die Summenregel (44) erfüllt ist, wird $k_F = k_{F0}$ ($= k_{Fb}$ in dieser Abb.)

bestimmt wurde. Die Ableitung der Phasen-Summenregel für den allgemeinen Fall, daß das Potential im Inneren des Festkörpers nicht konstant ist, ist sehr aufwendig (Appelbaum u. Blount, 73), so daß hier nur das Ergebnis angegeben wird. Es lautet in diesem Fall

$$\langle \eta \rangle_F - \frac{\pi}{4}(n_- - n_+) + \pi \int^{\varepsilon_F} d\varepsilon \, \mathscr{D}^s_{loc}(\varepsilon) = 0 . \tag{45}$$

$n_-(n_+)$ ist die Anzahl der Minima (Maxima) der Energie (in Abhängigkeit von $\boldsymbol{k}_{||}$) unterhalb ε_F. Die ersten zwei Terme repräsentieren den Beitrag der ausgedehnten Zustände analog zu dem vorherigen Fall, bei dem $n_- = 1$ und $n_+ = 0$ war. $\mathscr{D}^s_{loc}$ ist die Zustandsdichte der Oberflächenzustände. (45) entspricht also völlig der allgemeinen Formulierung (42) der Summenregel. In (45) wurden Terme nicht berücksichtigt, die durch Wahl des Koordinatenursprungs und der Phasen zum Verschwinden gebracht werden können.

Zusammenfassend können wir feststellen, daß die zur Berechnung vieler Meßgrößen benötigten Zustandsdichten $\mathscr{N}(\boldsymbol{k})$ bzw. $\mathscr{D}(\varepsilon)$ Oberflächenanteile enthalten, die sich durch die Phasen der Wellenfunktionen und durch die Anteile der Oberflächenzustände ausdrücken lassen. Diese Größen unterliegen einer Bedingung durch die Summenregel (42) oder (44) oder (45), die die Neutralität der Elementarzellen tief im Inneren des Festkörpers ausdrückt. Die Summenregel kann man als Test bei numerischen Berechnungen verwenden oder auch, um Parameter von Modellsystemen zu bestimmen.

Letzteren Gesichtspunkt wollen wir an einem Beispiel erläutern. Für den Fall der eckigen Potentialstufe endlicher Höhe ist die Phase durch (30) gegeben. Der gemäß (44) berechnete Mittelwert $\langle\eta\rangle_{\mathrm{F}}$ ist

$$\langle\eta\rangle_{\mathrm{F}}^{\mathrm{K}} = \left(1 - \frac{1}{2x^2}\right)\arcsin x + \frac{1}{2}\sqrt{\frac{1}{x^2} - 1}$$

$$\to \begin{cases} \frac{2}{3}x + \frac{1}{15}x^3 + \dots & \text{für} \quad x \to 0\,, \\ \frac{\pi}{4} & \text{für} \quad x \to 1\,, \end{cases} \qquad x^2 = \frac{\varepsilon_{\mathrm{F}}}{V_0}. \tag{46}$$

Das bedeutet, daß nur für $\varepsilon_{\mathrm{F}} = V_0$ die Summenregel erfüllt ist. In jedem realen Fall ist aber $\varepsilon_{\mathrm{F}} < V_0$. Da aber der allgemeine Verlauf der Phase für das in Abb. 10.3-4 dargestellte System grob (30) ähnelt (Paasch und Wonn, 75), könnte man als einfachste Parametrisierung einfach eine Umnormierung gemäß

$$\eta(q) = \frac{\pi}{4}\left(\langle\eta\rangle_{\mathrm{F}}^{\mathrm{K}}\right)^{-1} \arcsin \frac{\hbar q}{\sqrt{2mV_0}}$$

vornehmen, so daß die Phasenregel erfüllt ist. Eine etwas andere Möglichkeit geht schon auf Huntington (51) zurück. Der Potentialverlauf der Abb. 10.3-4 beschreibt ja die Situation, daß die Ionen durch einen homogenen, abgeschnittenen Untergrund ersetzt worden sind. Ersetzt man den Potentialverlauf modellmäßig durch die eckige Stufe der Höhe V_0, so muß sich diese Stufe nicht zwangsläufig dort befinden, wo der homogene Untergrund abgeschnitten ist ($z = 0$). Legt man die Stufe an die Stelle $n = -d$ (Abb. 10.3-6), so

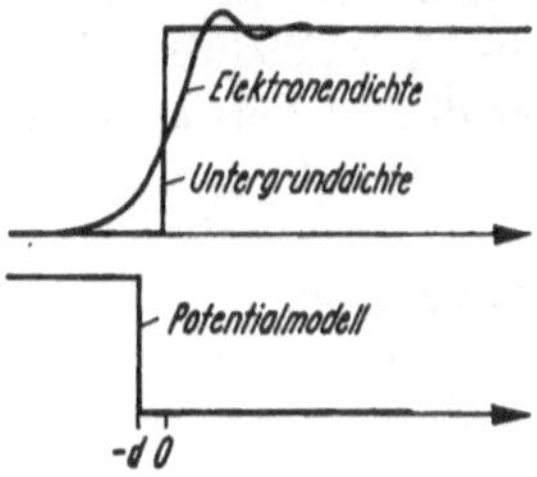

Abb. 10.3-6. Eckige Potentialmulde als Vereinfachung des Potentials des Geleemodells an der Oberfläche. Der Wert d wird so gewählt, daß die Neutralität gewährleistet ist, d. h., daß die Summenregel für die Phasen (44) erfüllt ist

läßt sich d aus der Forderung nach Neutralität (Huntington) bzw. durch Erfüllen der Summenregel bestimmen. Nach (40) ist die Zahl der Zusatzelektronen (Spinentartung beachten) $2\delta\varepsilon_{\mathrm{F}} V \mathcal{D}^{\mathrm{b}}(\varepsilon_{\mathrm{Fb}})$. Sie muß gleich sein der Zahl der positiven Ladungen des Untergrundes in der Schicht der Dicke d, d. h. $Ad\bar{n}$. Die Dichte des Untergrundes ist $\bar{n} = k_{\mathrm{F}}^3/3\pi^2$. Unter Verwendung von (40) (44) und (46) erhält man für d

$$d = \frac{3}{k_{\mathrm{F}}}\left(\frac{\pi}{4} - \langle\eta\rangle_{\mathrm{F}}^{\mathrm{K}}\right)$$

als Funktion von $\varepsilon_{\mathrm{F}}/V_0$. Mahan (75) benutzte die Wellenfunktionen (28), (29) mit den Phasen (30) für ein gerade durch d charakterisiertes System zur Berechnung der Oberflächenenergie in einem Variationsverfahren mit $\varepsilon_{\mathrm{F}}/V_0$ als Variationsparameter. Die Ergebnisse stimmen gut mit den genaueren Rechnungen überein und zeigen, daß man selbst mit einem sehr groben Modellsystem Oberflächeneigenschaften unter Umständen gut beschreiben kann, sofern man dafür sorgt, daß die Summenregel erfüllt ist.

Ein gänzlich anderer Zugang zur Oberflächenzustandsdichte, der bei Rechnungen im Rahmen des Modells der starken Bindung üblich ist, soll hier nur kurz erwähnt werden (s. Davenport u. a., 74, Kolář, 77). Definitionsgemäß ist die lokale Zustandsdichte

$$n(\boldsymbol{r}, \varepsilon) = \sum_{\boldsymbol{k}} |\varphi_{\boldsymbol{k}}(\boldsymbol{r})|^2 \, \delta(\varepsilon - \varepsilon_{\boldsymbol{k}}) \,, \quad H\varphi_{\boldsymbol{k}} = \varepsilon_{\boldsymbol{k}}\varphi_{\boldsymbol{k}} \,.$$

Die Zahl der Elektronen pro Energieintervall im Bereich einer gegebenen (atomartigen) Wellenfunktion φ_a am Gitterplatz $\boldsymbol{R}$ ist dann

$$\begin{aligned} D_{\boldsymbol{R}}(\varepsilon) &= \sum_{\boldsymbol{k}} |\langle \varphi_a(\boldsymbol{r} - \boldsymbol{R}) \mid \varphi_{\boldsymbol{k}}(\boldsymbol{r})\rangle|^2 \, \delta(\varepsilon - \varepsilon_{\boldsymbol{k}}) \\ &= \sum_{\boldsymbol{k}} \langle \varphi_a(\boldsymbol{r} - \boldsymbol{R})| \, \delta(\varepsilon - H)| \, \varphi_{\boldsymbol{k}}(\boldsymbol{r})\rangle \, \langle \varphi_{\boldsymbol{k}}(\boldsymbol{r}) \mid \varphi_a(\boldsymbol{r} - \boldsymbol{R})\rangle \\ &= \langle \varphi_a(\boldsymbol{r} - \boldsymbol{R})| \, \delta(\varepsilon - H) \, |\varphi_a(\boldsymbol{r} - \boldsymbol{R})\rangle \,. \end{aligned}$$

Diese Größe wird häufig (unkorrekt) auch als lokale Zustandsdichte bezeichnet. Sie hat natürlich für ein Atom an der Oberfläche einen anderen Wert als für ein Atom im Inneren des Festkörpers. Auf ihre Berechnung im Tight-Binding-Formalismus und dessen Spezialfall, der Kettenbruchmethode (Haydock u. a., 72), wird hier nicht eingegangen (s. dazu [5.3.3]). Auf der Grundlage solcher Methoden wurden auch schon Berechnungen für Adatome und Schichtbedeckungen vorgenommen (s. Schrieffer u. Soven, 75).

10.3.5. Die Oberflächenenergie

Der Begriff der Oberflächenenergie wurde bereits in (10.2-9) eingeführt durch $W_2 = \sigma A$, wobei W_2 die zur Schaffung einer neuen freien Oberfläche A benötigte Arbeit ist. Wir schreiben die Gesamtenergie eines Festkörpers mit oder ohne Oberfläche als

$$E = \int \mathrm{d}^3 r \; \epsilon[n_g(\boldsymbol{r})] \,, \tag{47}$$

wobei die Energiedichte $\epsilon[n_g(\boldsymbol{r})]$ ein Funktional der Gesamtladungsdichte $en_g(\boldsymbol{r})$ ist. Spaltet man einen unendlich ausgedehnten Festkörper entlang einer ebenen Grenzfläche A in zwei Teile (neue Oberfläche $2A$), so ist

$$\sigma = (2A)^{-1} \int \mathrm{d}^3 r \; \{2\epsilon[n_g^s(\boldsymbol{r})] - \epsilon[n_g^b(\boldsymbol{r})]\} \,. \tag{48}$$

Dabei kennzeichnen die Indizes s und b ein halbunendliches System mit Oberfläche bzw. ein unendlich ausgedehntes System. Den Ausführungen zu Beginn von [10.3.3] und [10.3.4] folgend, kann man auch die Gesamtenergie eines Systems mit Oberfläche als

$$E^s = \int \mathrm{d}^3 r \; \epsilon[n_g^s(\boldsymbol{r})] = \mathcal{V}\eta + A\sigma' \tag{49}$$

darstellen. Die mittlere Energiedichte η ist gleich derjenigen des unendlichen Systems. σ unterscheidet sich von σ' durch einen in σ' nicht enthaltenen elektrostatischen Anteil, die klassische Spaltungsenergie, wie weiter unten erläutert werden wird.

Zur Berechnung der Oberflächenenergie benötigt man also einen Ausdruck für die Energie des inhomogenen Elektronengases. Hierzu kann der Formalismus von Hohenberg und Kohn(64) (s. [1.7.2]) verwendet werden. Die positiven Ionen (Teilchendichte $n_i(\boldsymbol{r})$) rufen das Potential

$$v(\boldsymbol{r}) = -\int \mathrm{d}^3 r' \, \frac{\epsilon^2}{|\boldsymbol{r} - \boldsymbol{r}'|} \, n_i(\boldsymbol{r}') \,, \quad \epsilon^2 = \frac{e^2}{4\pi\varepsilon_0} \,, \tag{50}$$

hervor. Für das Elektronengas der Teilchendichte $n(\boldsymbol{r})$ existiert dann das Funktional

$$E_v[n(\boldsymbol{r})] = \int \mathrm{d}^3r\, n(\boldsymbol{r})\, v(\boldsymbol{r}) + \frac{1}{2}\int \mathrm{d}^3r \int \mathrm{d}^3r' \frac{\epsilon^2}{|\boldsymbol{r}-\boldsymbol{r}'|}\, n(\boldsymbol{r})\, n(\boldsymbol{r}') + G[n(\boldsymbol{r})]\,,$$
$$G[n] = T_0[n] + E_{\mathrm{xc}}[n]\,, \tag{51}$$

das für die Grundzustandsdichte ein Minimum hat, das gleich der exakten Grundzustandsenergie ist. T_0 ist die kinetische Energie von nichtwechselwirkenden Elektronen der Dichte $n(\boldsymbol{r})$, und $E_{\mathrm{xc}}[n]$ ist die Austausch- und Korrelationsenergie. Die Gesamtenergie des Festkörpers enthält die direkte Ion-Ion-Wechselwirkung, so daß (47) die Form

$$E = E_v[n] + \frac{1}{2}\int \mathrm{d}^3r \int \mathrm{d}^3r' \frac{\epsilon^2}{|\boldsymbol{r}-\boldsymbol{r}'|}\, n_{\mathrm{i}}(\boldsymbol{r})\, n_{\mathrm{i}}(\boldsymbol{r}')$$
$$= T_0 + E_{\mathrm{xc}} + \frac{1}{2}\int \mathrm{d}^3r \int \mathrm{d}^3r' \frac{\epsilon^2}{|\boldsymbol{r}-\boldsymbol{r}'|}\, n_{\mathrm{g}}(\boldsymbol{r})\, n_{\mathrm{g}}(\boldsymbol{r}') \tag{52}$$

hat, wobei der dritte Term in der zweiten Zeile die gesamte elektrostatische Energie des Systems der Elektronen und Ionen ist. Folglich enthält die Oberflächenenergie ebenfalls Anteile von der kinetischen, der Austausch- und Korrelations- und der elektrostatischen Energie:

$$\sigma = \sigma_t + \sigma_{\mathrm{xc}} + \sigma_{\mathrm{c}}\,. \tag{53}$$

Zu ihrer Berechnung betrachten wir im folgenden immer einen halbunendlichen Kristall mit der (idealen) Oberfläche bei $z = z_0$.

Wir beginnen mit dem elektrostatischen Anteil der Oberflächenenergie, σ_{c}. Zu einer sinnvollen Aufspaltung dieses Ausdrucks entsprechend den Anteilen der Ladungsdichte führen wir vorübergehend die Bezeichnung

$$\langle n_1, n_2\rangle = \frac{1}{aA}\int \mathrm{d}^3r \int \mathrm{d}^3r' \frac{\epsilon^2}{|\boldsymbol{r}-\boldsymbol{r}'|}\, n_1(\boldsymbol{r})\, n_2(\boldsymbol{r}')\,, \quad a = \begin{cases} 1 & \text{für } n_1 \neq n_2\,, \\ 2 & \text{für } n_1 = n_2\,, \end{cases} \tag{54}$$

ein. Nach (48), (52), (53) ist dann

$$\sigma_{\mathrm{c}} = \langle n_{\mathrm{g}}^{\mathrm{s}}(\boldsymbol{r}), n_{\mathrm{g}}^{\mathrm{s}}(\boldsymbol{r})\rangle - \tfrac{1}{2}\langle n_{\mathrm{g}}^{\mathrm{b}}(\boldsymbol{r}), n_{\mathrm{g}}^{\mathrm{b}}(\boldsymbol{r})\rangle\,, \tag{55}$$

wobei die folgenden Bezeichnungen für Teilchen- bzw. Ladungsdichten eingeführt werden:

en	Ladungsdichte der Elektronen,
$-en_{\mathrm{i}}$	Ladungsdichte der Ionen,
$en_{\mathrm{g}} = e(n - n_{\mathrm{i}})$	Gesamtladungsdichte,
$n_{\mathrm{i}}^{\mathrm{b}}, n^{\mathrm{b}}$	Dichten des unendlichen Systems,
$n_{\mathrm{i}}^{\mathrm{s}}, n^{\mathrm{s}}$	Dichten des halbunendlichen Systems mit Oberfläche,
$n^{\mathrm{b}}\Theta(z_0 - z) \equiv n^{\mathrm{l}},\ n_{\mathrm{i}}^{\mathrm{b}}\,\Theta(z_0 - z) \equiv n_{\mathrm{i}}^{\mathrm{l}},$	bei $z = z_0$ „abgeschnittene" Dichten
$n^{\mathrm{b}}\Theta(z - z_0) \equiv n^{\mathrm{r}},\ n_{\mathrm{i}}^{\mathrm{b}}\,\Theta(z - z_0) \equiv n_{\mathrm{i}}^{\mathrm{r}}$	links bzw. rechts der Oberfläche,

$$\delta n^{\mathrm{s}} = n^{\mathrm{s}} - n^{\mathrm{l}}\,. \tag{56}$$

Beachten wir $n_g = n_g^l + n_g^r$ und $\langle n_g^r, n_g^r\rangle = \langle n_g^l, n_g^l\rangle$, dann entsteht aus (55) unmittelbar

$$\begin{aligned}\sigma_c &= \langle n_g^s, n_g^s\rangle - \tfrac{1}{2}\{\langle n_g^r, n_g^r\rangle + \langle n_g^l, n_g^l\rangle + \tfrac{1}{2}\langle n_g^r, n_g^l\rangle + \tfrac{1}{2}\langle n_g^l, n_g^r\rangle\} \\ &= \{\langle n_g^s, n_g^s\rangle - \langle n_g^l, n_g^l\rangle\} - \tfrac{1}{2}\langle n_g^r, n_g^l\rangle \\ &\equiv \sigma_{rel} + \sigma_{cl}\,. \end{aligned} \tag{57}$$

Dabei ist σ_{cl} die sogenannte klassische Spaltungsenergie (cleavage energy, Lang u. Kohn, 70)

$$\sigma_{cl} = -\frac{1}{2}\langle n_g^r, n_g^l\rangle = -\frac{1}{2A}\int d^3r \int d^3r' \frac{e^2}{|\boldsymbol{r}-\boldsymbol{r}'|}\, n_g^b(\boldsymbol{r}')\, \Theta(z_0 - z')\, n_g^b(\boldsymbol{r}) * \Theta(z - z_0)\,. \tag{58}$$

Das ist also die auf die neue Oberfläche $2A$ bezogene Energie, die man benötigt, um nach einem Schnitt bei $z = z_0$ die zwei Halbkristalle in große Entfernung voneinander zu bringen, ohne daß die Ladungsdichten sonst im Vergleich zum unendlichen Kristall verändert werden. Dieser Prozeß ist in Abb. 10.3-7a) veranschaulicht. Diese Größe ist ein Analogon zur Madelung-Energie (s. [7.2.2]) und wird im nächsten Abschnitt berechnet werden. Sie ist in dem in (49) definierten σ' nicht enthalten.

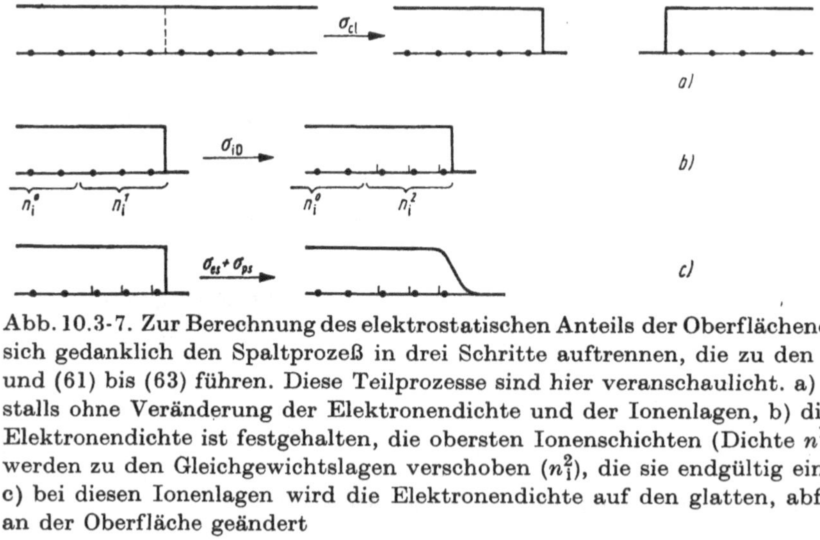

Abb. 10.3-7. Zur Berechnung des elektrostatischen Anteils der Oberflächenenergie kann man sich gedanklich den Spaltprozeß in drei Schritte auftrennen, die zu den Ausdrücken (58) und (61) bis (63) führen. Diese Teilprozesse sind hier veranschaulicht. a) Spalten des Kristalls ohne Veränderung der Elektronendichte und der Ionenlagen, b) die abgeschnittene Elektronendichte ist festgehalten, die obersten Ionenschichten (Dichte n_i^1, unrelaxiert n_i^0) werden zu den Gleichgewichtslagen verschoben (n_i^2), die sie endgültig einnehmen werden, c) bei diesen Ionenlagen wird die Elektronendichte auf den glatten, abfallenden Verlauf an der Oberfläche geändert

Die Relaxationsenergie

$$\sigma_{rel} = \langle n_g^s, n_g^s\rangle - \langle n_g^l, n_g^l\rangle \tag{59}$$

ist die auf die Oberfläche A eines Halbkristalls bezogene Differenz der Selbstenergien eines Kristalls mit der Ladungsdichte, wie sie auf der Oberfläche tatsächlich vorliegt, und eines halbunendlichen Kristalls, dessen Ladungsdichte bis zu $z = z_0$ den Verlauf wie im kompakten Material hat und dort abgeschnitten ist. Während man zur Berechnung von σ_{cl} nur die Ladungsdichte des kompakten Materials (und die Orientierung der Oberfläche) benötigt, braucht man für σ_{rel} den Verlauf der Elektronendichte an der Oberfläche und die Relaxation der Ionenlagen. Mit der Bezeichnung (56) kann man die Relaxationsenergie aufspalten in

$$\sigma_{\mathrm{rel}} = \sigma_{\mathrm{iD}} + \sigma_{\mathrm{es}} + \sigma_{\mathrm{ps}} \,. \tag{60}$$

Die einzelnen Anteile sind in Abb. 10.3-7b), c) veranschaulicht und haben folgende Bedeutung:

$$\sigma_{\mathrm{iD}} = \langle -n_{\mathrm{i}}^{\mathrm{s}} + n^{\mathrm{l}}, -n_{\mathrm{i}}^{\mathrm{s}} + n^{\mathrm{l}} \rangle - \langle n_{\mathrm{g}}^{\mathrm{l}}, n_{\mathrm{g}}^{\mathrm{l}} \rangle \tag{61}$$

ist die Energieänderung bei festgehaltener, abgeschnittener Elektronendichte durch die Verschiebung der Ionen von den Lagen im kompakten Material (enthalten in $n_{\mathrm{g}}^{\mathrm{l}}$) zu den Lagen, die sie im System mit Oberfläche, d. h. bei relaxierter Elektronendichte einnehmen (Abb. 10.3-7b). Eine solche Aufspaltung entspricht natürlich nicht dem tatsächlichen Spaltungsvorgang, ist aber für die Rechnungen von Vorteil. Weiterhin ist

$$\sigma_{\mathrm{es}} = \langle \delta n^{\mathrm{s}}, \delta n^{\mathrm{s}} \rangle \tag{62}$$

die Selbstenergie der Dichte δn^{s}, d. h. der Differenz zwischen der Elektronendichte an der Oberfläche und der abgeschnittenen Elektronendichte.

$$\sigma_{\mathrm{ps}} = \langle n_{\mathrm{i}}^{\mathrm{s}} - n^{\mathrm{l}}, \delta n^{\mathrm{s}} \rangle \tag{63}$$

ist die Wechselwirkungsenergie zwischen δn^{s} und der abgeschnittenen Gesamtdichte (letztere mit relaxierten Ionenlagen). Ersichtlich muß man zur Berechnung aller drei Anteile der Relaxationsenergie σ_{rel} in (60) die sich an der Oberfläche einstellende Elektronendichte und die Relaxation der Ionenlagen kennen. Elektronendichte und Ionenlagen stellen sich so ein, daß die Oberflächenenergie ein Minimum hat. Berechnungen dieser Art sind zur Zeit nur mit stark vereinfachenden Modellvorstellungen möglich (s. [10.4.1] u. [10.4.2]).

Wenden wir uns nun den von Austausch- und Korrelationsenergie und kinetischer Energie $T_0 + E_{\mathrm{xc}} = G$ herrührenden Anteilen $\sigma_t + \sigma_{\mathrm{xc}}$ in (53) zu. Die hierbei auftretenden Schwierigkeiten sind von prinzipieller Natur wegen der Korrelationsenergie, die die Komplikationen des Vielteilchenproblems enthält. Die einfachste Möglichkeit besteht darin, die Gradientenentwicklung (Hohenberg u. Kohn, 64, s. [1.7.5]) des Funktionals $G[n]$ der Elektronendichte zu verwenden:

$$G[n] = \int \mathrm{d}^3r \, \{g_0(n(\boldsymbol{r})) + g_2(n(\boldsymbol{r})) \, (\nabla n(\boldsymbol{r}))^2 + O(\nabla^4)\} \,. \tag{64}$$

Hierbei sind die $g_{0,2}$ Funktionen der Elektronendichte. g_0 ist die Dichte von kinetischer, Austausch- und Korrelationsenergie des homogenen Elektronengases,

$$g_0(n) = \frac{\epsilon^2}{a_0} n \left\{ \frac{1{,}105}{r_s^2} - \frac{0{,}458}{r_s} - \frac{0{,}44}{r_s + 7{,}8} \right\}, \qquad \frac{1}{n} = \frac{4\pi}{3} (r_s a_0)^3 \,. \tag{65}$$

(Hier wurde der von Wigner (38) angegebene Näherungsausdruck für die Korrelationsenergie verwendet.) Bei Vernachlässigung der weiteren Terme in (64) spricht man von der Näherung der lokalen Dichte (LDN). g_2 ist der erste Anteil, der die Inhomogenität des Elektronengases berücksichtigt; er ist

$$g_2(n) = \frac{\epsilon^2 a_0}{72n} + g_{2,\mathrm{xc}} \,, \qquad g_{2,\mathrm{xc}} = -\frac{\pi \epsilon^2}{12} \frac{\mathrm{d}^4 G}{\mathrm{d}q^4}\bigg|_{q=0} \,. \tag{66}$$

Hierbei ist $G(q, k_F(r_s))$ die Austausch- und Korrelationskorrektur (Lokalfeldkorrektur der dielektrischen Funktion, s. [1.6] sowie Gupta u. Singwi, 77, Paasch u. Hietschold, 75, Niklasson u. a., 75). (Für $g_{2,\mathrm{xc}}$ wird auch die Bezeichnung $b(n)$ verwendet, s. [1.7.5].) Setzt man in g_2 noch die lokale Dichte an der Oberfläche ein, so kann man den entsprechenden Anteil zur Oberflächenenergie (47), (48), (52) berechnen. Die Integration ist allerdings so kompliziert, daß man sich i. allg. entweder auf die LDN oder auf einen Näherungsausdruck für die Elektronendichte an der Oberfläche beschränkt. Für die zweite Variante sind die resultierenden Ausdrücke für die Oberflächenenergie im Geleemodell mit der Dichte (3) (Paasch u. Hietschold, 75, Hietschold u. a., 75) in [10.4] angegeben. $\sigma_t + \sigma_{\mathrm{xc}}$ hängt von dem Parameter β des Dichteabfalls an der Oberfläche ab, dasselbe gilt für den elektrostatischen Anteil σ_{rel}, und man kann durch $\sigma \to$ Minimum die Oberflächenenergie und β, d. h. den Abfall der Elektronendichte an der Oberfläche bestimmen (Smith, 69, 70). Dieses Verfahren läßt sich erweitern, indem man in den elektrostatischen Anteilen die Ionen und ihre Relaxation berücksichtigt und beim Aufsuchen des Minimums der Oberflächenenergie auch die Ionenlagen mit variiert (Paasch u. a., 72, Paasch u. Hietschold, 75). Es sei schon hier darauf hingewiesen, daß der von g_2 gemäß (66) herrührende Inhomogenitätsanteil der Oberflächenenergie dabei nicht vernachlässigbar ist. Dann entsteht natürlich die Frage, ob die höheren Gradiententerme in (64) vernachlässigbar sind. Das konnte bisher nicht nachgewiesen werden, obwohl die numerischen Ergebnisse gut mit den experimentellen Werten übereinstimmen. Hinweise für die Berechtigung des Abbruchs der Gadientenentwicklung gibt es (Gupta u. Singwi, 77, Rasolt u. a., 77, Hodges, 73, Ma u. Sahni, 77).

Für den Anteil der kinetischen Energie zur Oberflächenenergie gibt es einen anderen Zugang, der auf die Einelektronengleichungen (Kohn u. Sham, 65) zurückgreift, die sich aus der Extremalforderung für das Funktional (51) ergeben (s. [1.7.6]):

$$\left(-\frac{\hbar^2}{2m}\frac{\partial^2}{\partial \boldsymbol{r}^2} + v_{\mathrm{eff}}\right)\varphi_i = \varepsilon_i\varphi_i\,, \qquad v_{\mathrm{eff}} = v + \int \mathrm{d}^3r' \,\frac{\epsilon^2}{|\boldsymbol{r}-\boldsymbol{r}'|}\, n(\boldsymbol{r}') + v_{\mathrm{xc}}\,,$$

$$n(\boldsymbol{r}) = \sum_i^{\mathrm{bes}} |\varphi_i(\boldsymbol{r})|^2\,. \tag{67}$$

Das in dem effektiven Kristallpotential v_{eff} auftretende Austausch- und Korrelationspotential (s. [1.7] u. [2.2]) ist durch die folgende Funktionalableitung gegeben (1.7 -26b u. 27):

$$v_{\mathrm{xc}} = \frac{\delta E_{\mathrm{xc}}[n]}{\delta n(\boldsymbol{r})}\,, \qquad E_{\mathrm{xc}}[n] = \int \mathrm{d}^3r\, \epsilon_{\mathrm{xc},\boldsymbol{r}}[n(\boldsymbol{r})]\,. \tag{68}$$

Multipliziert man (67) von links mit φ_i^*, integriert und summiert über i (besetzte Zustände), so entsteht

$$T = \sum_i^{\mathrm{bes}} \varepsilon_i - \int \mathrm{d}^3r\, n(\boldsymbol{r})\, v_{\mathrm{eff}}(\boldsymbol{r}) \equiv E_{\mathrm{bs}} - \int \mathrm{d}^3r\, n(\boldsymbol{r})\, v_{\mathrm{eff}}(\boldsymbol{r})\,. \tag{69}$$

Zur Auswertung des zweiten Anteils kann man das Austausch- und Korrelationspotential in der LDN verwenden (Kohn-Sham-Austausch, s. [2.2.1]): $\epsilon_{\mathrm{xc},\boldsymbol{r}}[n(\boldsymbol{r})] = n(\boldsymbol{r})\,\varepsilon_{\mathrm{xc}}(n(\boldsymbol{r}))$. Die Berechnung des entsprechenden Anteils zur Oberflächenenergie (48) führt auf Ausdrücke, die denen der Relaxationsenergie entsprechen. Der Ausdruck, der sich für das Geleemodell ergibt, wird in [10.4] mit angegeben.

Die in (69) auftretende Summe über die Einteilchenenergien der besetzten Zustände wird wie für das kompakte Material als Bandstrukturenergie bezeichnet. (Im Unterschied zu [7.2] ist in E_{bs} hier jedoch die Coulomb-Wechselwirkung noch doppelt gezählt.) Sie kann mit der in [10.3.4] eingeführten Zustandsdichte dargestellt werden. Analog zu (38) bis (40) gilt also (Spinentartung liefert den Faktor 2)

$$E_{\mathrm{bs}} = \sum_{i}^{\mathrm{bes}} \varepsilon_i = 2 \int^{\varepsilon_{\mathrm{F}}} \mathrm{d}\varepsilon\, \varepsilon \mathcal{V} \mathcal{D}_s(\varepsilon) = 2 \int^{\varepsilon_{\mathrm{F}}} \mathrm{d}\varepsilon\, \varepsilon\, \{\mathcal{V}\mathcal{D}_s^{\mathrm{b}}(\varepsilon) + A\mathcal{D}_s^{\mathrm{s}}(\varepsilon)\}\,. \tag{70}$$

Das läßt sich schreiben als (Paasch, 75)

$$E_{\mathrm{bs}} = \mathcal{V}\eta + A\sigma_{\mathrm{bs}}\,,$$

$$\eta = 2 \int^{\varepsilon_{\mathrm{Fb}}} d\varepsilon\, \varepsilon \mathcal{D}_s^{\mathrm{b}}(\varepsilon)\,,$$

$$\sigma_{\mathrm{bs}} = 2 \int^{\varepsilon_{\mathrm{Fb}}} \mathrm{d}\varepsilon (\varepsilon - \varepsilon_{\mathrm{Fb}})\, \mathcal{D}_s^{\mathrm{s}}(\varepsilon) = 2 \int^{\varepsilon_{\mathrm{Fb}}} \mathrm{d}\varepsilon\, \varepsilon \mathcal{D}_s^{\mathrm{s}}(\varepsilon)\,. \tag{71}$$

η ist die Energiedichte und σ_{bs} der Anteil der Bandstrukturenergie zur Oberflächenenergie. Das letzte Gleichheitszeichen gilt, wenn (wie es sein muß) die Summenregel (42) erfüllt ist. Die Oberflächenzustandsdichte $\mathcal{D}_s^{\mathrm{s}}$ enthält allgemein Anteile von den ausgedehnten Zuständen und von Oberflächenzuständen. Für das in [10.3.3] und [10.3.4] betrachtete Geleemodell ist $\mathcal{D}_s^{\mathrm{s}}$ allein durch die Phasen der Wellenfunktionen bestimmt (43), so daß man (Huntington, 51, Lang, 73, Paasch u. Wonn, 75)

$$\sigma_{\mathrm{bs}} = \frac{2m}{\pi^2\hbar^2} \int^{\varepsilon_{\mathrm{Fb}}} \mathrm{d}\varepsilon (\varepsilon - \varepsilon_{\mathrm{Fb}}) \left(\eta\left(\sqrt{\frac{2m\varepsilon}{\hbar}}\right) - \pi/4\right) \tag{72}$$

erhält. Ist das Potential so bestimmt, daß die Phasenregel erfüllt ist (das System also neutral ist), so verschwindet wie in (71) der Summand mit $\varepsilon_{\mathrm{Fb}}$.

Die mit den Formeln (64) bis (66) diskutierte Möglichkeit der Bestimmung des xc-Anteils zur Oberflächenenergie geht von der statischen Umverteilung der Elektronen an der Oberfläche aus. Es werden dann die Ausdrücke für Austausch- und Korrelationsenergie verwendet, die sich für räumlich ausgedehnte Systeme, auch mit inhomogener Elektronendichte, bewährt haben. An der Oberfläche muß man jedoch erwarten, daß das Korrelationsloch in seiner Form wesentlich modifiziert wird. Es gibt verschiedene Zugänge, um diesen Sachverhalt zu berücksichtigen. Physikalisch wird dabei im wesentlichen berücksichtigt, daß durch das Verhandensein der Oberfläche neue kollektive Moden auftreten, die die Grundzustandsenergie der Elektronen verändern. Wesentlich sind dabei nur die Oberflächenplasmonen, deren Grundzustandsenergie Bestandteil der Korrelationsenergie ist. Obwohl es einige Erfolge in dieser Richtung gegeben hat und sogar dieser kollektive oder Oberflächenplasmonenanteil zur Oberflächenenergie allein zur Diskussion von Trends in den experimentellen Oberflächenenergien benutzt wurde (Schmit u. Lucas, 72, Craig, 72, Lucas, 73, Peuckert, 71), gibt es doch ernsthafte Einwände (Paasch, 74b), so daß die Anwendung zur Zeit noch sehr fragwürdig erscheint.

10.3.6. Die klassische Spaltungsenergie

Im vorangegangenen Abschnitt wurde gezeigt, daß der elektrostatische Anteil σ_c (57) die klassische Spaltungsenergie σ_{cl} (58)

$$\sigma_{cl} = -\frac{\epsilon^2}{2A} \int\limits_{z \geqq z_0} dr^3 \int d^3r' \frac{n_g^1(\boldsymbol{r}')}{|\boldsymbol{r} - \boldsymbol{r}'|} n_g^b(\boldsymbol{r}) = -\frac{1}{2A} \int\limits_{z \geqq z_0} d^3r \, V_1(\boldsymbol{r}) \, n_g^b(\boldsymbol{r}) \tag{73}$$

enthält. Im ersten Schritt wurde gegenüber (58) $n_g^1(\boldsymbol{r}')$ gemäß (56) eingeführt, und die Beschränkung der z-Integration wurde direkt aufgeschrieben. Im zweiten Schritt wurde das in [10.3.1] eingeführte Potential verwendet, das von der abgeschnittenen Ladungsdichte $n_g^1(\boldsymbol{r}') = n_g^b(\boldsymbol{r}') \, \Theta(z_0 - z')$ hervorgerufen wird. σ_{cl} ist also durch die Gesamtladungsdichte des kompakten Materials bestimmt (Paasch u. Hietschold, 75). Wir wollen hier nur den Anteil betrachten, der sich für Punktladungen $-Ze$ an Gitterplätzen in einem homogenen, kompensierenden Elektronenuntergrund der Dichte $\bar{n}$ ergibt (Lang u. Kohn, 70, Paasch u. Hietschold, 77). Wir vernachlässigen damit alle Anteile, die mit den räumlichen Oszillationen der Elektronendichte verbunden sind. (Wie von Paasch und Hietschold (77) gezeigt wurde, sind diese Anteile nicht generell vernachlässigbar. Insbesondere für die Anisotropie der Oberflächenenergie spielen sie eine Rolle.)

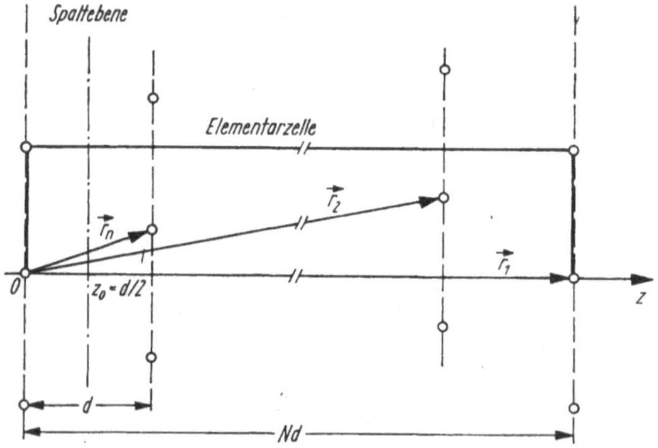

Abb. 10.3-8. Einteilung des Kristalls in (i. allg. nichtprimitive) Elementarzellen, durch die gemäß Text die Gittervektoren $\boldsymbol{R}_i$, die Atomlagen $\boldsymbol{r}_j$ in der Zelle sowie die 3D und 2D reziproken Gittervektoren $\boldsymbol{G}$ und $\boldsymbol{G}_{||}$ bestimmt sind. Alle Atome der Zelle liegen rechts von der Spaltebene

Zur Berechnung von (73) in dieser Näherung betrachten wir ein Gitter (Abb. 10.3-8), das durch Stapelung äquivalenter Netzebenen entsteht. Der Netzebenenabstand sei d, die Stapelperiode Nd. Die Spaltebene $z = z_0$ liegt in der Mitte zwischen zwei Netzebenen. Als Elementarzelle benutzen wir das rechteckige Prisma, das die zweidimensionale (2D) Elementarzelle der Spaltebene als Basis hat. Allgemein ist die so gewählte dreidimensionale (3D) Elementarzelle nicht die kleinstmögliche. Die 3D Gittervektoren seien $\boldsymbol{R}_i$ und die Atomlagen $\boldsymbol{R}_{ij} = \boldsymbol{R}_i + \boldsymbol{r}_j$. Mit unserer Wahl der Elementarzelle sind die Projektionen der $\boldsymbol{R}_i$ auf die Spaltebene auch Gittervektoren dieser Ebene. Dasselbe gilt für die 3D und 2D reziproken Gittervektoren $\boldsymbol{G}$ und $\boldsymbol{G}_{||}$. Die

Projektion der 3D BZ ist damit gleich der 2D BZ (wählt man die kleinstmögliche 3D Elementarzelle, so ist im allgemeinen die 2D BZ kleiner als die Projektion der 3D BZ). Weiterhin gilt dann auch $\boldsymbol{G}_{||}\boldsymbol{R}_i = 2\pi h$ (h — ganze Zahl).

Bei der hier vorgenommenen Vernachlässigung der Elektronendichteoszillationen ist

$$n_{\mathrm{g}}^{\mathrm{b}}(\boldsymbol{r}) = \bar{n} - Z \sum_{ij} \delta(\boldsymbol{r} - \boldsymbol{R}_{ij}) .$$

Damit wird (73) zu

$$\sigma_{\mathrm{cl}}^0 = -\frac{1}{2A} \int\limits_{z \geqq z_0} \mathrm{d}^3r\, V_1(\boldsymbol{r}) \{\bar{n} - Z \sum_{ij} \delta(\boldsymbol{r} - \boldsymbol{R}_{ij})\} = \frac{Z}{2A} \sum_{\substack{ij \\ (z_{ij} \geqq z_0)}} V_1(\boldsymbol{R}_{ij}) . \qquad (73')$$

Das in [10.3.1] berechnete Potential V_1 hat gemäß (9) und (12) keine $\boldsymbol{G}_{||} = 0$-Komponente; deswegen liefert der Summand mit der Konstanten $\bar{n}$ bei der Integration gerade Null. Setzen wir noch (14) ein, so entsteht

$$\sigma_{\mathrm{cl}}^0 = \frac{Z}{2A} \sum_{\boldsymbol{G}_{||} \neq 0} A_{\boldsymbol{G}_{||}}^{+} \sum_{i}^{\text{Ebene}} \sum_{Z_i} \sum_{j} \mathrm{e}^{i\boldsymbol{G}_{||}\boldsymbol{r}_j}\, \mathrm{e}^{-|\boldsymbol{G}_{||}|(Z_i + z_j - z_0)} , \qquad (73'')$$

wobei $\boldsymbol{G}_{||}\boldsymbol{R}_i = 2\pi h$ berücksichtigt wurde. Die Summe über die Gittervektoren in einer Netzebene liefert die Zahl N_A der 2D Elementarzellen in der Netzebene der Fläche A. Ad ist das Volumen der Netzebenenschicht, JZN_A/Ad also die mittlere Teilchendichte $\bar{n}$. J ist die Anzahl der Atome in der Oberflächenebene der Elementarzelle. Weiterhin kann man in (73'') die Summe über die Gitterebenen Z_i ausführen, da eine einfache geometrische Reihe vorliegt, es ist ja $Z_i = (Nd)\, l$ mit $l = 0, 1, 2, \ldots$ Dann entsteht

$$\sigma_{\mathrm{cl}}^0 = Z\bar{n}\epsilon^2\alpha^0,$$

$$\alpha^0 = \frac{1}{2} \sum_{\boldsymbol{G}_{||} \neq 0} \frac{\mathrm{d}A_{\boldsymbol{G}_{||}}^{+}}{JZ\epsilon^2} (1 - \mathrm{e}^{-|\boldsymbol{G}_{||}|Nd})^{-1} \sum_{j(z_j \geqq z_0)}^{\text{Zelle}} \mathrm{e}^{i\boldsymbol{G}_{||}\boldsymbol{r}_j - |\boldsymbol{G}_{||}|(z_j - z_0)}. \qquad (74)$$

Gemäß Abb. 10.3-8 liegen alle Atome der Elementarzelle rechts von z_0. Die Summe über j enthält nur noch diese Atome einer Elementarzelle. (74) zeigt, daß σ_{cl}^0 durch die Valenz Z, die mittlere Dichte $\bar{n}$ und die Konstante der Spaltungsenergie α^0 darstellbar ist. Die Konstante α^0 hängt dabei nur noch vom Gittertyp und von der Orientierung der Oberfläche ab. α^0 stellt damit eine Analogon zur Madelung-Konstanten dar.

In (74) werden noch die Koeffizienten $A_{\boldsymbol{G}_{||}}^{+}$ (14) für die gegebene Ladungsverteilung benötigt. Hier geht der Formfaktor $v_{\boldsymbol{G}}$ für Punktladungen $-Ze$ im homogenen Untergrund $e\bar{n}$ ein; er ist gerade $v_{\boldsymbol{G}} = -4\pi Z\epsilon^2/\mathcal{V}_0 G^2$ für $G \neq 0$ ($\mathcal{V}_0$ — Volumen pro Atom). Damit ist (14)

$$\frac{\mathrm{d}A_{\boldsymbol{G}_{||}}^{+}}{Z\epsilon^2} = -\frac{2\pi d}{\mathcal{V}_0|\boldsymbol{G}_{||}|} \sum_{g_z} \mathrm{e}^{ig_z z_0} S_{\boldsymbol{G}} \frac{|\boldsymbol{G}_{||}| - ig_z}{G^2} .$$

Mit der Beziehung (Paasch u. Hietschold, 77)

$$\sum_{g_z} \mathrm{e}^{ig_z z_0} S_{\boldsymbol{G}} \frac{|\boldsymbol{G}_{||}| - ig_z}{G^2} = \frac{d(1 - \mathrm{e}^{-|\boldsymbol{G}_{||}|Nd})^{-1}}{J} \sum_{\substack{j \\ (z_j \geqq z_0)}}^{\text{Zelle}} \mathrm{e}^{-i\boldsymbol{G}_{||}\boldsymbol{r}_j}\, \mathrm{e}^{-|\boldsymbol{G}_{||}|(z_0 + Nd - z_j)}$$

erhält man nun aus (74)

$$\alpha^0 = -\sum_{G_{||}\neq 0} \frac{\pi d^2}{V_0|G_{||}|}(1-e^{-|G_{||}|Nd})^{-2} B_1(G_{||}) B_2(G_{||}),$$

$$B_1(G_{||}) = \frac{1}{J}\sum_j^{\text{Zelle}} e^{iG_{||}r_j} e^{-|G_{||}|(z_j-z_0)}, \qquad (75)$$

$$B_2(G_{||}) = \frac{1}{J}\sum_j^{\text{Zelle}} e^{-iG_{||}r_j} e^{-|G_{||}|(z_0+Nd-z_j)}.$$

Dieser Ausdruck für α^0 enthält eine schnell konvergierende Summe über die reziproken Gittervektoren $G_{||}$ der Spaltebene sowie in den Faktoren B_1 und B_2 Summen über die Atome einer Elementarzelle. Damit ergibt sich für die Berechnung der Konstanten α^0 ein wesentlich geringerer Aufwand als mit dem von Lang und Kohn (70) angegebenen Verfahren. Die hier dargestellte Methode hängt eng mit der Summation über Ebenen von Sholl (67) zusammen.

In Tab. 10.3-1 sind numerische Werte für α^0 angegeben, die folgendes zeigen:

Tabelle 10.3-1. Die Konstante $\alpha^{(0)}$ (75) der klassischen Spaltungsenergie für unterschiedliche Gittertypen und Oberflächen. Die Packungsdichte $\varkappa$ der betreffenden Oberfläche ist mit angegeben ($\varkappa = A/A_0$, A_0 ist die Fläche der Spaltebene, A ist die Fläche, die bei einer Kugelpackung aus der durch die Atomzentren gehenden Ebene von den Kugeln herausgeschnitten wird)

Gitter	Oberfläche	$\varkappa$	$\alpha^{(0)}$
einf. kub.	100	0,785	−0,00395
	110	0,555	0,02465
	111	0,453	0,03120
krz	110	0,833	0,00563
	100	0,589	0,03100
	111	0,340	0,06295
kfz	111	0,907	0,00325
	100	0,785	0,01434
	110	0,555	0,04407
hdp	0001	0,907	0,00314

i) Für die (100)-Oberfläche des einfach-kubischen Gitters ist $\alpha^0 < 0$. Das drückt die elektrostatische Instabilität dieses Gitters aus und rührt daher, daß jedes Atom sich an einem Maximum des Potentials der anderen Netzebenen befindet.

ii) Allgemein steigt α^0 mit sinkender Packungsdichte der Netzebenen parallel zur Oberfläche an. Je geringer nämlich die Packungsdichte der Netzebenen ist, desto stärker oszilliert das Potential parallel zu dieser Ebene und desto geringer wird der Netzebenenabstand. Für eine gegebene Packungsdichte hängt α^0 vom Netzebenenabstand und von der Stapelfolge ab. hdp-(0001) und kfz-Gitter (111) haben die Stapelfolgen *ABAB*... und *ABCABC*... Die daraus resultierende Differenz zwischen den beiden α^0 ist geringer als 3%.

iii) Für hexagonales Gitter (0001) hängt α^0 sehr empfindlich vom c/a-Verhältnis ab. Wie Abb. 10.3-9 zeigt, ändert sich α^0 nahezu um den Faktor 3 vom c/a des Cd zum c/a des Be.

iv) Berechnet man die numerischen Werte für σ_{cl}^0 mit den gerade bestimmten α^0, so stellt sich heraus, daß σ_{cl}^0 allein dieselbe Größenordnung hat wie die experimentell bestimmten Oberflächenenergien. Numerische Werte werden in [10.4] angegeben. Aus der Tatsache, daß σ_{cl}^0 schon die Größe der experimentell bestimmten Oberflächenenergie hat, folgt nicht, daß die übrigen (im vorangegangenen Abschnitt besprochenen) Anteile der Oberflächenenergie klein sind. Vielmehr treten mehrere sich gegenseitig teilweise kompensierende Anteile auf, so daß man bei der Berechnung der einzelnen Anteile sehr sorgfältig vorgehen muß.

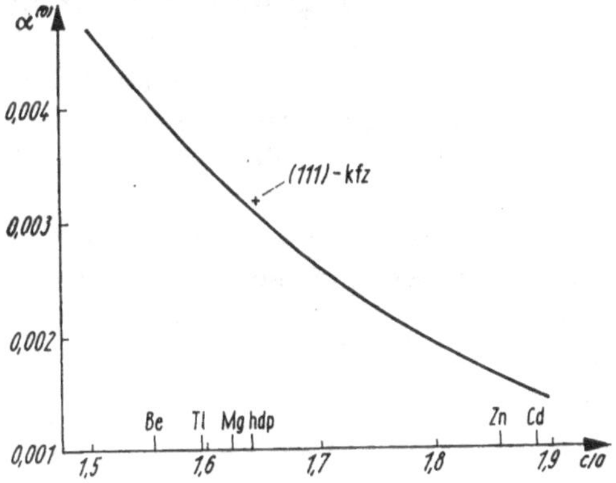

Abb. 10.3-9.

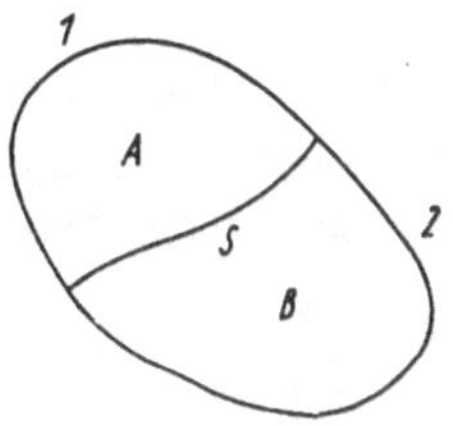

Abb. 10.3-10.

Abb. 10.3-9. Die Konstante $\alpha^{(0)}$ (75) der klassischen Spaltungsenergie für die (0001)-Oberfläche des hexagonalen Gitters in Abhängigkeit vom c/a-Verhältnis. Der Wert für die (111)-Oberfläche des kfz-Gitters ist beim c/a des hdp-Gitters mit angegeben

Abb. 10.3-10. Gesamtsystem aus den Medien A und B mit den äußeren Oberflächen 1 bzw. 2 und der Grenzfläche S

10.3.7. Greensche Funktionen für Systeme mit Oberflächen

In der Einteilchenbeschreibung sind sämtliche Informationen über ein System in der Greenschen Funktion (GF) $G(\boldsymbol{r}, \boldsymbol{r}', \varepsilon)$ enthalten, darunter Energiespektrum, Dichte, Zustandsdichte. Außerdem ist ihre Verwendung in der Störungsrechnung von Vorteil. Garcia-Moliner und Rubio (69) entwickelten ein Verfahren zur Bestimmung der GF eines aus zwei Medien bestehenden Systems, die an einer Grenzfläche aneinanderstoßen. Die ursprüngliche Methode zur Lösung dieser Aufgabe wurde von verschiedenen Autoren (Inglesfield, 71, Velický u. Bartoš, 71, Klose u. a., 71, Garcia-Moliner u. Rubio, 71) aufgegriffen, übersichtlicher und allgemeiner formuliert und auf unterschiedliche Probleme angewandt. Unsere Ausführungen schließen sich eng an die Darstellung von Inglesfield (71) an.

Betrachtet werden zwei Medien A und B mit den äußeren Rändern 1 bzw. 2 und der gemeinsamen Grenzfläche S (Abb. 10.3-10). Das Potential habe die Form

$$V(\boldsymbol{r}) = \begin{cases} V_A(\boldsymbol{r}) , & \boldsymbol{r} \text{ in } A , \\ V_B(\boldsymbol{r}) , & \boldsymbol{r} \text{ in } B , \end{cases}$$

und weise an der Grenzfläche höchstens einen Sprung auf. Gesucht ist die GF $G(\boldsymbol{r}, \boldsymbol{r}', \varepsilon)$ für das Gesamtsystem. Bekannt seien die GF G_A und G_B, die für das Medium A bzw. B derselben Differentialgleichung wie G und auf dem Rand 1 bzw. 2 derselben Randbedingung wie G genügen, auf der Grenzfläche jedoch anderen, frei wählbaren Randbedingungen (RB) (z. B. periodische Fortsetzung des Potentials V_A in das Gebiet B und umgekehrt).

Der prinzipielle Mangel der Methode zeigt sich bereits in der eben formulierten Aufgabenstellung: Die in $G(\boldsymbol{r}, \boldsymbol{r}', \varepsilon)$ enthaltene Dichte der Elektronen und damit das Potential in der Umgebung der Grenzfläche S hängen von den tatsächlichen Randbedingungen für G auf S ab. Es stellt sich dann ein glatter Übergang vom Potential V_A zum Potential V_B ein, wie er in [10.3.1] besprochen wurde. Für einen solchen Potentialverlauf lassen sich aber allgemein keine RB für S angeben, mit denen man für G_A und G_B praktisch handhabbare Ausdrücke erhielte. Man muß sich also auf den Fall beschränken, daß das (häufig periodische oder konstante) Potential im Gebiet A bzw. B streng bis zur Grenzfläche fortgesetzt ist und dort (meistens) einen Sprung aufweist. Für Untersuchungen an derartigen Modellsystemen hat sich die Methode jedoch als überaus fruchtbar erwiesen.

Nach Inglesfield betrachten wir die Differentialgleichungen für die GF (das Vorzeichen vor der δ-Funktion ist hier anders gewählt; die Abhängigkeit von ε wird bis (78) nicht extra angegeben)

$$\begin{aligned} \left(-\frac{\hbar^2}{2m}\frac{\partial^2}{\partial \boldsymbol{r}^2} + V - \varepsilon\right) G(\boldsymbol{r}, \boldsymbol{r}') &= -\delta(\boldsymbol{r} - \boldsymbol{r}')\,, \\ \left(-\frac{\hbar^2}{2m}\frac{\partial^2}{\partial \boldsymbol{r}^2} + V - \varepsilon\right) G_A(\boldsymbol{r}'', \boldsymbol{r}) &= -\delta(\boldsymbol{r}'' - \boldsymbol{r})\,, \end{aligned} \qquad \boldsymbol{r}, \boldsymbol{r}', \boldsymbol{r}'' \text{ in } A\,. \tag{76}$$

Durch Multiplikation mit $G_A(\boldsymbol{r}'', \boldsymbol{r})$ bzw. mit $G(\boldsymbol{r}, \boldsymbol{r}')$ und Subtraktion entsteht

$$\frac{\hbar^2}{2m}\left[-G_A(\boldsymbol{r}'', \boldsymbol{r})\frac{\partial^2}{\partial \boldsymbol{r}^2} G(\boldsymbol{r}, \boldsymbol{r}') + G(\boldsymbol{r}, \boldsymbol{r}')\frac{\partial^2}{\partial \boldsymbol{r}^2} G_A(\boldsymbol{r}'', \boldsymbol{r})\right]$$
$$= -G_A(\boldsymbol{r}'', \boldsymbol{r})\,\delta(\boldsymbol{r} - \boldsymbol{r}') + G(\boldsymbol{r}, \boldsymbol{r}')\,\delta(\boldsymbol{r}'' - \boldsymbol{r})\,.$$

Diese Gleichung wird über das gesamte Volumen A integriert. Nach Anwendung des Gaußschen Satzes links verbleibt dort ein Integral über die Oberflächen 1 und S von A. Da G und G_A auf 1 derselben RB genügen, verbleibt nur das Oberflächenintegral über S. Bezeichnen wird die Normalableitung auf S von A nach B mit $\partial/\partial n_s$, so entsteht (nach Umbenennung der Variablen) für $\boldsymbol{r}$, $\boldsymbol{r}'$ in A

$$\frac{\hbar^2}{2m} G(\boldsymbol{r}, \boldsymbol{r}') = G_A(\boldsymbol{r}, \boldsymbol{r}') - \frac{\hbar^2}{2m}\int\limits_S \mathrm{d}S\left\{G_A(\boldsymbol{r}, \boldsymbol{r}_s)\frac{\partial}{\partial n_s} G(\boldsymbol{r}_s, \boldsymbol{r}') - G(\boldsymbol{r}_s, \boldsymbol{r}')\frac{\partial}{\partial n_s} G_A(\boldsymbol{r}, \boldsymbol{r}_s)\right\}. \tag{77}$$

Liegen $\boldsymbol{r}$, $\boldsymbol{r}''$ in B und $\boldsymbol{r}'$ in A, so gilt

$$\left(-\frac{\hbar^2}{2m}\frac{\partial^2}{\partial \boldsymbol{r}^2} + V - \varepsilon\right) G(\boldsymbol{r}, \boldsymbol{r}') = 0\,,$$

$$\left(-\frac{\hbar^2}{2m}\frac{\partial^2}{\partial \boldsymbol{r}^2} + V - \varepsilon\right) G_B(\boldsymbol{r}, \boldsymbol{r}'') = -\,\delta(\boldsymbol{r}'' - \boldsymbol{r})\,.$$

Mit demselben Verfahren erhält man dann für $\boldsymbol{r}$ in B und $\boldsymbol{r}'$ in A

$$\frac{\hbar^2}{2m} G(\boldsymbol{r}, \boldsymbol{r}') = \frac{\hbar^2}{2m} \int_s \mathrm{d}S \left\{ G_B(\boldsymbol{r}, \boldsymbol{r}_s) \frac{\partial}{\partial n_s} G(\boldsymbol{r}_s, \boldsymbol{r}') - G(\boldsymbol{r}_s, \boldsymbol{r}') \frac{\partial}{\partial n_s} G_B(\boldsymbol{r}, \boldsymbol{r}_s) \right\}. \tag{78}$$

Der Unterschied im Vorzeichen zu (77) entsteht, weil in beiden Gleichungen die Normalableitung von A nach B zu bilden ist. Durch (77) und (78) (und eine zu (77) analoge Gleichung für $\boldsymbol{r}, \boldsymbol{r}'$ in B) ist die GF $G(\boldsymbol{r}, \boldsymbol{r}')$ gegeben, wenn G_A und G_B nebst Normalableitungen bekannt sind. $G(\boldsymbol{r}_s, \boldsymbol{r}')$ steht noch im Integranden, kann aber durch Inversion der Integralgleichung (77) oder (78) für $\boldsymbol{r} = \boldsymbol{r}_s$ gewonnen werden, und $\partial G(\boldsymbol{r}_s, \boldsymbol{r}')/\partial n_s$ erhält man durch die Stetigkeitsforderung, d. h. dadurch, daß (77) und (78) für $\boldsymbol{r} = \boldsymbol{r}_s$ gleich sein müssen. Zur Inversion der Integralgleichung wählt man zweckmäßig eine solche Darstellung der GF, bei der die Integralgleichung in ein algebraisches Gleichungssystem übergeht.

Vor der Darstellung des allgemeinen Verfahrens betrachten wir das einfachste Beispiel, eine Potentialstufe. Das Potential im Gebiet $A(z < 0)$ sei Null, und im Gebiet $B(z > 0)$ sei es gleich $-V_0$. Dieses Modell wurde z. B. von Mahan (70) für Energien $\varepsilon > 0$ als einfachstes Modell zur Beschreibung des Oberflächeneinflusses auf die Emission von Photoelektronen verwendet. Durch die vorgegebene Symmetrie kann man alle Größen durch die 2D Fourier-Transformierten darstellen, wie z. B.

$$G(\boldsymbol{r}, \boldsymbol{r}') = \int \frac{\mathrm{d}^2 k_{||}}{(2\pi)^2} \mathrm{e}^{i\boldsymbol{k}_{||}(\boldsymbol{r}-\boldsymbol{r}')} G_{\boldsymbol{k}_{||}}(z, z', \varepsilon) .$$

Damit werden (77), (78) zu algebraischen Gleichungen (zur Abkürzung schreiben wir zeitweilig $G_{\boldsymbol{k}_{||}}(z, z', \varepsilon) = G(z, z')$)

$$G(z, z') = G_A(z, z') - \frac{\hbar^2}{2m} \{G_A(z, 0)\, G'(0, z') - G(0, z')\, G_A'(z, 0)\}, \quad z, z' < 0 , \tag{77'}$$

$$G(z, z') = \frac{\hbar^2}{2m} [G_B(z, 0)\, G'(0, z') - G(0, z')\, G_B'(z, 0)] , z > 0, \quad z' < 0 . \tag{78'}$$

Die G_A und G_B sind die GF für konstantes Potential 0 bzw. $-V_0$ im ganzen Raum. Da für diesen Fall die 3D Fourier-Transformierte

$$G_{A,B}(\boldsymbol{k}, \varepsilon) = \frac{1}{\varepsilon - \varepsilon_{\boldsymbol{k}} + i\delta}, \quad \varepsilon_{\boldsymbol{k}} = \begin{cases} \hbar^2(k_z^2 + k_{||}^2)/2m & \text{in } A , \\ \hbar^2(k_z^2 + k_{||}^2)/2m - V_0 & \text{in } B , \end{cases} \tag{79}$$

ist (s. [1.2.2]), erhält man unmittelbar

$$G_{A,B\,\boldsymbol{k}_{||}}(z, z', \varepsilon) = \int \frac{\mathrm{d}k_z}{2\pi} \mathrm{e}^{ik_z(z-z')}\, G_{A,B}(\boldsymbol{k}, \varepsilon) = \frac{m}{ip_z\hbar} \mathrm{e}^{ip_z|z-z'|/\hbar}$$

$$\text{mit } p_z^2 = \begin{cases} 2\, m\varepsilon - \hbar^2 k_{||}^2 = p_{zA}^2 & \text{in } A , \\ 2m(\varepsilon + V_0) - \hbar^2 k_{||}^2 = p_{zB}^2 & \text{in } B . \end{cases} \tag{80}$$

Daraus folgt, daß für die Argumente entsprechend (77) und (78) $G_A'(z, 0) = m/\hbar^2$ und $G_B'(z, 0) = -m/\hbar^2$ gilt. (77') und (78') sind für $z = 0$ ein Gleichungssystem für $G(0, z')$ und $G'(0, z')$, aus dem man

$$\frac{\hbar^2}{2m} G'(0, z') = \frac{G_A(0, z')}{G_A(0, 0) + G_B(0, 0)}, \qquad G(0, z') = \frac{2\, G_B(0, 0)\, G_A(0, z')}{G_A(0, 0) + G_B(0, 0)} \tag{81}$$

erhält. Für $G(z, z')$ für $z > 0$ und $z' < 0$ erhalten wir dann aus (78′) mit (80) und (81)

$$G_{k_{\|}}(z, z', \varepsilon) = -i \frac{e^{ip_{zA}z'/\hbar} (e^{ip_{zB}z/\hbar} + 1)}{\hbar(p_{zA} + p_{zB})/m}, \quad z > 0, \quad z' < 0. \tag{82}$$

Eine solche GF, bei der ein Argument in dem einen Gebiet (dem Festkörper) und das andere in dem anderen Gebiet (dem Vakuum) liegt, benötigt man beispielsweise zur Beschreibung der Photoelektronenemission. Für den hier betrachteten einfachen Fall läßt sich (82) zwar direkt aus (76) gewinnen (Mahan, 70), jedoch ist das hier angegebene Verfahren (Inglesfield u. Wikborg, 73) auch auf ein im Inneren des Festkörpers räumlich variierendes Potential anwendbar (Paasch, 78). Inglesfield und Wikborg gaben die (82) entsprechende GF für $\varepsilon < 0$ an. Aus dem allgemeinen Zusammenhang (unter Beachtung der Spinsummation) zwischen GF und Dichte

$$n(\boldsymbol{r}) = -\frac{2}{\pi} \int^{\varepsilon_F} d\varepsilon \operatorname{Im} G(\boldsymbol{r}, \boldsymbol{r}', \varepsilon + i\delta), \quad \delta \underset{\to}{>} 0,$$

folgt unmittelbar mit (80)

$$n(z) = -\frac{1}{2\pi^3} \int^{\varepsilon_F} d\varepsilon \int d^2k_{\|} \operatorname{Im} G_{k_{\|}}(z, z', \varepsilon + i\delta).$$

Auf diese Art berechneten Inglesfield und Wikborg (73) die Elektronendichte an der Potentialstufe. Das Ergebnis ähnelt dem der selbstkonsistenten Rechnungen von Lang und Kohn (70) für das Geleemodell, jedoch sind die Oszillationen der Dichte stärker ausgeprägt als Folge des als sprunghaft angenommenen Potentialverlaufes anstelle des glatten. Das Verfahren wurde von Inglesfield und Wikborg weiter ausgebaut zur Untersuchung der Oberflächenplasmonen.

Wir wenden uns nun wieder der allgemeinen Behandlung der Gleichungen (77), (78) zu. Bei $\boldsymbol{r} = \boldsymbol{r}_s$, d. h. auf dem Rande selbst, müssen (77) und (78) gleich sein. In formaler Matrixschreibweise können wir diese Gleichungen mit $G(\boldsymbol{r}_s, \boldsymbol{r}') \equiv g$, $\partial G(\boldsymbol{r}_s, \boldsymbol{r}')/\partial n_s \equiv g'$ und analogen Definitionen von $g_{A,B}$ und $g'_{A,B}$ symbolisch schreiben als

$$g = g_A - g_A g' + g'_A g, \qquad \boldsymbol{r}' \text{ in } A, \tag{77''}$$

$$g = g_B g' - g'_B g. \tag{78''}$$

Durch Gleichsetzen erhält man zunächst

$$g' = [g_A + (1 - g'_A)(1 + g'_B)^{-1} g_B]^{-1} g_A. \tag{83}$$

Einsetzen des aus dieser Matrixgleichung bestimmten g' in (77″) oder (78″) liefert g, beides zusammen in (77) und (78) bestimmt die gesuchte GF $G(\boldsymbol{r}, \boldsymbol{r}')$. Das Hauptproblem ist die Inversion des in (83) in eckiger Klammer stehenden Ausdrucks. Existiert das Inverse nicht, so hat g bei der entsprechenden Energie Pole, d. h., es treten diskrete Eigenwerte — Oberflächenzustände — auf. Die Bedingung dafür ist also die Säkulargleichung, wie sie von Inglesfield (71) angegeben wurde,

$$\det | g_A + (1 - g'_A)(1 + g'_B)^{-1} g_B | = 0. \tag{84}$$

Man kann zu einer symmetrischeren Formulierung kommen, wenn man (83) in (78″) einsetzt:

$$g = (1 + g'_B)^{-1} g_B g' = (1 + g'_B)^{-1} g_B [g_A + (1 - g'_A)(1 + g'_B)^{-1} g_B]^{-1} g_A \quad (85)$$

oder

$$g^{-1} = g_B^{-1}(1 + g'_B) + g_A^{-1}(1 - g'_A) \,. \quad (85')$$

Die Nullstellen dieser Gleichung geben die Pole der GF und damit die diskreten Eigenwerte.

Wählt man auch das zweite Argument $\boldsymbol{r}'$ der GF auf der Oberfläche, so nennt man diese GF auch Oberflächen-GF (SGF): $G(\boldsymbol{r} = \boldsymbol{r}_s, \boldsymbol{r}' = \boldsymbol{r}'_s) = \mathcal{G}(\boldsymbol{r}_s, \boldsymbol{r}'_s)$. Die Gleichung für die SGF und die Bestimmungsgleichung für die Oberflächenzustände sind formal mit (85′) identisch,

$$\mathcal{G}^{-1} = \mathcal{G}_B^{-1}(1 + \mathcal{G}'_B) + \mathcal{G}_A^{-1}(1 - \mathcal{G}'_A); \qquad \mathcal{G}^{-1} = 0 \,. \quad (86)$$

In der von Garcia-Moliner und Rubio (69) ursprünglich angegebenen Formulierung wurden die GF G_A und G_B so gewählt, daß die Ableitungen verschwinden. Zu den Ableitungen der SGF ist noch eine Bemerkung notwendig. Es ist z. B.

$$\mathcal{G}'_A = \partial G_A(\boldsymbol{r}, \boldsymbol{r}_s)/\partial n_s|_{\boldsymbol{r} \to \boldsymbol{r}_s \mathrm{in}\, A} \equiv \mathcal{D}_A^+$$

die Ableitung rechtsseitig der δ-Inhomogenität der Differentialgleichung. An der Inhomogenität weist die Ableitung der GF einen Sprung auf, den man durch Integration entlang der Normalen gewinnt. Als Beispiel führen wir an

$$\int_{-\eta}^{\eta} \mathrm{d}z \left(-\frac{\hbar^2}{2m}\frac{\mathrm{d}^2}{\mathrm{d}z^2} + V(z) - \varepsilon\right) \mathcal{G}(x_s, y_s, z, x'_s, y'_s, 0)$$

$$= -\int_{-\eta}^{\eta} \mathrm{d}z\, \delta(z)\, \delta(x_s - x'_s)\, \delta(y_s - y'_s) \,, \qquad \eta \to 0 \,,$$

$$\frac{\hbar^2}{2m}[\mathcal{G}'(x_s, y_s, +0, x'_s, y'_s, 0) - \mathcal{G}'(x_s, y_s, -0, x'_s, y'_s, 0)] = \delta(y - y'_s)\, \delta(x - x'_s) \,.$$

In der oben verwendeten symbolischen oder Matrix-Schreibweise lautet die Sprungbedingung also (Velický u. Bartoš, 71)

$$\frac{\hbar^2}{2m}(\mathcal{D}^+ - \mathcal{D}^-) = 1 \,. \quad (87)$$

In der Verallgemeinerung (Bartoš u. Máca, 76) auf beliebige krummlinige Koordinaten in der Oberfläche muß lediglich für „1" die entsprechende Form der δ-Funktion gewählt werden. (86) nimmt dann die Form

$$\mathcal{G}^{-1} = \mathcal{G}_B^{-1}\mathcal{D}_B^+ - \mathcal{G}_A^{-1}\mathcal{D}_A^- \,; \quad \mathcal{G}^{-1} = 0 \quad (88)$$

an, die von Velický und Bartoš (71) angegeben und danach vielfach angewandt wurde (z. B. Kolář u. Bartoš, 73, Bartoš, 73, Bartoš u. a., 78). Einen großen Raum nimmt dabei die Untersuchung von Oberflächenzuständen ein, auf die hier nicht weiter eingegangen werden soll.

10.4. Modelle für die reine Oberfläche

10.4.1. Das Geleemodell

In diesem Abschnitt soll zunächst erläutert werden, in welchem Umfang Oberflächeneigenschaften einfacher Metalle durch das sogenannte Geleemodell sinnvoll beschrieben werden. In diesem Modell ist die Dichte der Ionen durch eine konstante, an der Oberfläche $z = 0$ abgeschnittene Dichte ersetzt. Die Elektronendichte wird dadurch rein z-abhängig:

$$n_i(\boldsymbol{r}) = \bar{n}\Theta(-z)\,, \quad n(\boldsymbol{r}) \equiv n(z)\,, \quad n(z \to -\infty) \to \bar{n}\,. \tag{1}$$

(Der Begriff Geleemodell wird hier also etwas anders gebraucht als in [1.1.1].)
Die Elektronendichte $n(z)$ ist selbstkonsistent oder durch einen Variationsansatz zu bestimmen und muß den schematisch in Abb. 10.3-1c gezeigten Verlauf aufweisen, d. h. einen Abfall von $\bar{n}$ tief im Innern auf Null im Außenraum und Oszillationen in der Umgebung der Oberfläche. Die Gesamtladungsdichte dieses Modells ist eine Dipolschicht

$$\varrho(z) = e[n(z) - \bar{n}\Theta(-z)] \equiv e n_{\rm D}(z)\,, \tag{2}$$

die das elektrostatische Potential (10.3-2)

$$V_{\rm D}(z) = 4\pi e^2 \left[z \int\limits_z^\infty {\rm d}z'\, n_{\rm D}(z') - \int\limits_z^\infty {\rm d}z'\, z' n_{\rm D}(z')\right] \tag{3}$$

hervorruft. Das in den Einelektronengleichungen auftretende Kristallpotential (z. B. (10.3-67)) enthält neben (3) das Austausch- und Korrelationspotential (10.3-68), das sich in der Näherung der lokalen Dichte (LDN) (s. (10.3-65)) auf

$$v_{\rm xc}(n(\boldsymbol{r})) = \frac{\rm d}{{\rm d}n}\left(n\varepsilon_{\rm xc}(n)\right), \quad \varepsilon_{\rm xc}(n) = \frac{e^2}{a_0}\left[-\frac{0{,}458}{r_s} - \frac{0{,}44}{r_s + 7{,}8}\right] \tag{4}$$

reduziert. Der zweite Anteil in $\varepsilon_{\rm xc}$ ist die Korrelationsenergie des homogenen Elektronengases (Interpolationsformel von Wigner (38) am geeignetsten für die Oberfläche, da sie für metallische Dichten und für sehr geringe Dichten gültig ist). Das gesamte Kristallpotential

$$v_{\rm eff}(\boldsymbol{r}) \equiv V(z) = V_{\rm D}(z) + v_{\rm xc}(n(z)) \tag{5}$$

geht für $z \to \infty$ gegen Null und mit (10.3-2) für $z \to -\infty$ gegen

$$V_{\rm D}(-\infty) + v_{\rm xc}(\bar{n}) = -4\pi e^2 \int\limits_{-\infty}^{\infty} {\rm d}z'\, z' n_{\rm D}(z') + v_{\rm xc}(\bar{n}) = -D + v_{\rm xc}(\bar{n})\,. \tag{6}$$

Die Einelektronengleichung

$$\left[-\frac{\hbar^2}{2m}\frac{\partial^2}{\partial \boldsymbol{r}^2} + V(z)\right]\varphi_{\boldsymbol{k}}(\boldsymbol{r}) = \varepsilon_{\boldsymbol{k}}\varphi_{\boldsymbol{k}}(\boldsymbol{r}) \tag{7}$$

wird durch den Ansatz (vgl. [10.3.3])

$$\begin{aligned} &\varphi_{\boldsymbol{k}} = \exp\left[i(k_x x + k_y y)\right] \chi_q(z)\,, \\ &\chi_q(z) \to \sin\left(qz - \eta(q)\right) \quad \text{für} \quad z \to -\infty \end{aligned} \tag{8}$$

in ein eindimensionales Problem überführt. Die Phasen $\eta(q)$ der Wellenfunktion χ_q sind mit $\eta(0) = 0$ und stetigem Verlauf eindeutig. Für die Energiewerte ergibt sich wegen (6) bis (8)

$$\varepsilon_{\boldsymbol{k}} = V_{\mathrm{D}}(-\infty) + v_{\mathrm{xc}}(\bar{n}) + \frac{\hbar^2}{2m}(k_x^2 + k_y^2 + q^2) . \tag{9}$$

Die Zustände werden bis zur Fermi-Energie $\varepsilon_{\boldsymbol{k}} = \varepsilon_{\mathrm{F}}$ aufgefüllt, wobei wegen der Neutralität des Gesamtsystems $k_x^2 + k_y^2 + q^2 \leqq k_{\mathrm{F}}^2$ mit $k_{\mathrm{F}}^3/3\pi^2 = \bar{n}$ gelten muß. Schließlich erhält man für die Dichte

$$n(z) = \frac{1}{2\pi^2} \int\limits_0^{k_{\mathrm{F}}} \mathrm{d}q(k_{\mathrm{F}}^2 - q^2)\, |\chi_q(z)|^2 . \tag{10}$$

Die numerische Lösung des Gleichungssystems (7) bis (10) mit (3) bis (5) erfordert Sorgfalt wegen des Auftretens von Oszillationen in der Dichte und im Potential, stellt jedoch keine prinzipielle Schwierigkeit dar. Lang und Kohn (70, 71) lösten das System für metallische Dichten ($r_s = 2 \ldots 6$). (Aus praktischen Gründen wurde in den Rechnungen der Energienullpunkt so verschoben, daß $\varepsilon_{\mathrm{F}} = 0$ gilt).

Gemäß [10.3.2] ist bei der Festlegung des Energienullpunktes wie in (9) die Fermi-Energie ε_{F} gleich negativen der Austrittsarbeit Φ. Nach (9) und (6) ist also

$$\Phi = D - v_{\mathrm{xc}}(\bar{n}) - \frac{\hbar^2}{2m} k_{\mathrm{F}}^2 \equiv D - \bar{\mu} . \tag{11}$$

Man erhält also die Austrittsarbeit unmittelbar bei der Lösung der Einelektronengleichungen, wobei nur die Größe der Dipolbarriere D vom Dichteverlauf an der Oberfläche abhängt.

Zur Bestimmung der Oberflächenenergie reicht die Kenntnis der Dichte $n(z)$ und der Phasen $\eta(q)$ aus. Nach (10.3-53) ist die Oberflächenenergie

$$\sigma = \sigma_t + \sigma_{\mathrm{xc}} + \sigma_{\mathrm{c}} . \tag{12}$$

Der elektrostatische Anteil reduziert sich auf (10.3-62) mit $\delta n^s \equiv n_{\mathrm{D}}$, d. h. auf die Selbstenergie der Dipolschicht

$$\sigma_{\mathrm{c}} = \sigma_{\mathrm{es}} = \tfrac{1}{2} \int\limits_{-\infty}^{\infty} \mathrm{d}z\, n_{\mathrm{D}}(z)\, V_{\mathrm{D}}(z) , \tag{13}$$

wobei (2) und (3) verwendet wurden. Für den Austausch- und Korrelationsanteil verwendeten Lang und Kohn die LDN (zweiter und dritter Term in (10.3-65)). Dann entsteht mit (10.3-48) und (4)

$$\begin{aligned} \sigma_{\mathrm{xc}} &= \int\limits_{-\infty}^{\infty} \mathrm{d}z\, [n(z)\, \varepsilon_{\mathrm{xc}}(n(z)) - \tfrac{1}{2}\, \bar{n}\varepsilon_{\mathrm{xc}}(\bar{n})] \\ &= \int\limits_{-\infty}^{\infty} \mathrm{d}z\, [n(z)\, \varepsilon_{\mathrm{xc}}(n(z)) - \bar{n}\varepsilon_{\mathrm{xc}}(\bar{n})\, \Theta(-z)] \\ &= \int\limits_{-\infty}^{\infty} \mathrm{d}z\, [\varepsilon_{\mathrm{xc}}(n(z)) - \varepsilon_{\mathrm{xc}}(\bar{n})]\, n(z) . \end{aligned} \tag{14}$$

Der letzte Ausdruck ergibt sich durch die Neutralitätsbedingung. Für den Anteil der kinetischen Energie hat man schließlich (10.3-69 u. 71) zu verwenden,

$$\sigma_t = \sigma_{bs} - \int\limits_{-\infty}^{\infty} dz\, n_D(z)\, [V(z) - V(-\infty)]\,, \tag{15}$$

wobei sich der Bandstrukturanteil mit (10.3-43) ergibt:

$$\begin{aligned}\sigma_{bs} &= \frac{2m}{\pi^2\hbar^2}\int\limits_0^{\varepsilon_F} d\varepsilon \left(\eta\left(\frac{\sqrt{2m\varepsilon}}{\hbar}\right) - \frac{\pi}{4}\right)(\varepsilon - \varepsilon_F)\\ &= \frac{2m}{\pi^2\hbar^2}\int\limits_0^{\varepsilon_F} d\varepsilon \left(\eta\left(\frac{\sqrt{2m\varepsilon}}{\hbar}\right) - \frac{\pi}{4}\right)\varepsilon\\ &= \frac{\hbar^2}{\pi^2 m}\int\limits_0^{k_F} dq\, q^3(\eta(q) - \pi/4)\,.\end{aligned} \tag{16}$$

Im zweiten Gleichheitszeichen wurde die Phasenregel (10.3-44) verwendet (Neutralität). Bereits eine geringfügige Verletzung der Phasenregel führt auf völlig falsche Werte für σ_{bs} (Paasch u. Wonn, 75).

Lang und Kohn berechneten selbstkonsistent die Elektronendichte $n(z)$ (Abb. 10.4-1), das elektrostatische Potential V_D und das Gesamtpotential v_{eff} (Abb. 10.4-2), die Austrittsarbeit (11) Φ mit ihren Bestandteilen Dipolbarriere D und chemisches Potential $\bar{\mu}$ des unendlich ausgedehnten Systems (Abb. 10.3-3) sowie die Oberflächenenergie (Abb. 10.4-3). Der Vorteil des Verfahrens von Lang und Kohn besteht in der Selbstkonsistenz. Nachteile sind die Verwendung der LDN in (4) und (14) sowie die Schwierigkeit, von diesem Modell ausgehend die tatsächlichen Ionenpotentiale anstelle des homogenen Untergrundes einzubeziehen.

In dem von Smith (69) verwendeten Variationsverfahren wird dagegen für die Dichte der Ansatz (10.3-3)

$$n(z) = \bar{n}[(1 - \tfrac{1}{2}\, e^{\beta z})\, \Theta(-z) + \tfrac{1}{2}\, e^{-\beta z}\Theta(z)] \tag{17}$$

gemacht. Dann wird mit dieser Dichte die Oberflächenenergie als Funktion des Abfallparameters der Elektronendichte, β, berechnet, und durch

$$\sigma(\beta) \to \text{Minimum} \tag{18}$$

werden die Elektronendichte (und damit auch das Potential und die Dipolbarriere) und die Oberflächenenergie bestimmt. Der Nachteil des Verfahrens liegt in dem einfachen, die Oszillationen vernachlässigenden Dichteansatz anstelle der selbstkonsistenten Lösung. Der Vorzug liegt in der Erweiterungsmöglichkeit auf das Vorhandensein der Ionenpotentiale und in der Möglichkeit, über die LDN hinauszugehen. Smith verwendete von der Gradientenentwicklung der Energie des Elektronengases nur den ersten Anteil von (10.3-66), d. h. nur die Inhomogenitätskorrektur der kinetischen Energie. Paasch und Hietschold (75) verwendeten auch die Inhomogenitätskorrektur für die Austausch- und Korrelationsenergie. Der explizite Ausdruck für $\sigma(\beta)$ ergibt

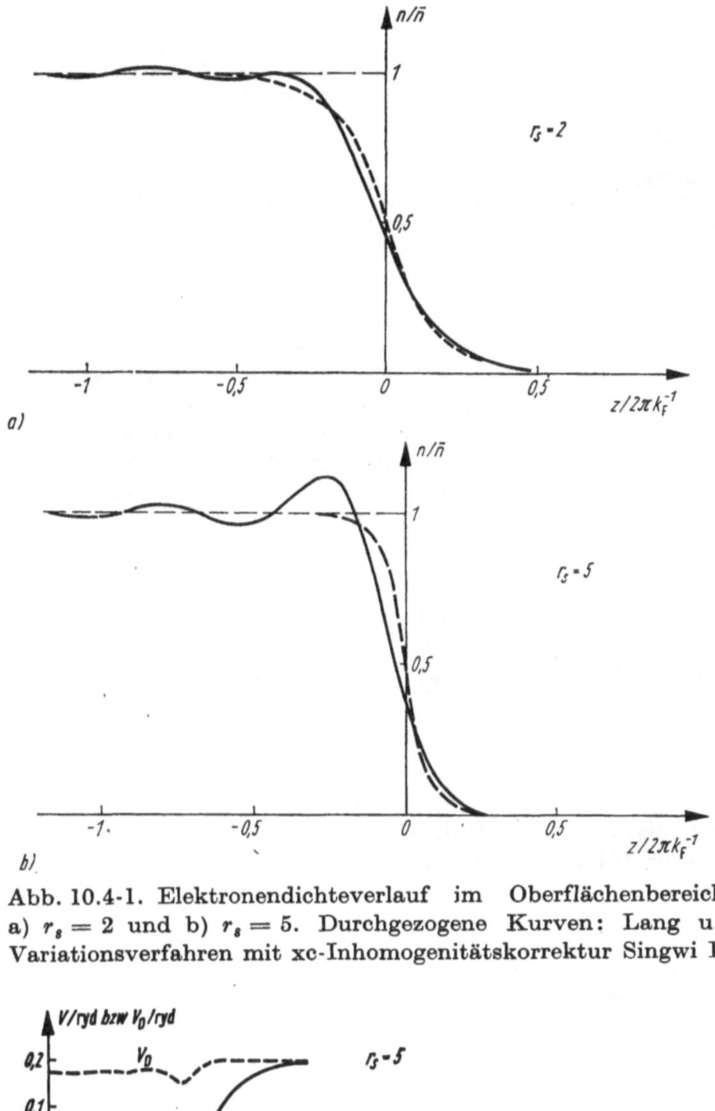

Abb. 10.4-1. Elektronendichteverlauf im Oberflächenbereich des Geleemodells für a) $r_s = 2$ und b) $r_s = 5$. Durchgezogene Kurven: Lang u. Kohn (70), gestrichelt: Variationsverfahren mit xc-Inhomogenitätskorrektur Singwi IV nach Hietschold (76)

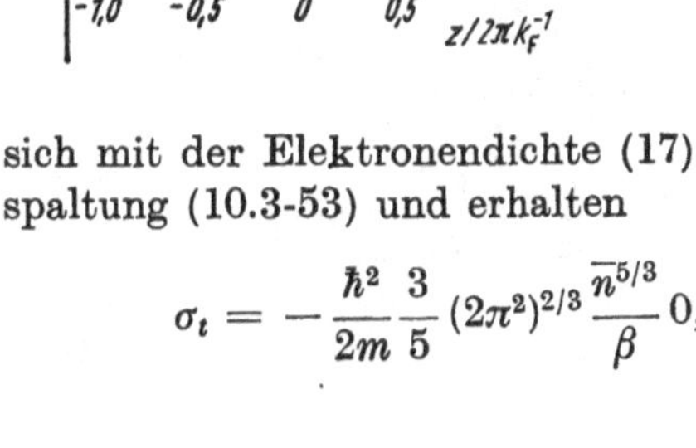

Abb. 10.4-2. Elektrostatisches Dipolpotential $V_D(z)$ und Gesamtpotential $V(z)$ für $r_s = 5$ nach Lang u. Kohn (70)

sich mit der Elektronendichte (17) gemäß [10.3.5]. Wir verwenden wieder die Aufspaltung (10.3-53) und erhalten

$$\sigma_t = -\frac{\hbar^2}{2m}\frac{3}{5}(2\pi^2)^{2/3}\frac{\bar{n}^{5/3}}{\beta}0{,}572 + \epsilon^2 a_0 \frac{\beta\bar{n}}{72}\ln 2 \tag{19}$$

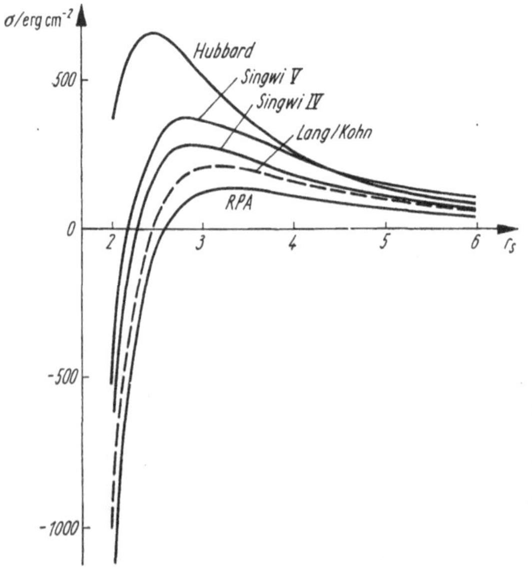

Abb. 10.4-3. Oberflächenenergie des Geleemodells aus dem Variationsverfahren mit verschiedenen xc-Inhomogenitätskorrekturen und aus dem selbstkonsistenten Verfahren von Lang u. Kohn nach Paasch u. Hietschold (75) (1 erg/cm² = = 10^{-11} N/m)

als Anteil der kinetischen Energie. Der erste Summand rührt von der LDN her, der zweite von dem ersten Term der Gradientenentwicklung (10.3-66). Für den elektrostatischen Anteil erhält man wie oben die Selbstenergie der Dipolschicht, hier speziell

$$\sigma_c = \epsilon^2 \frac{\pi \bar{n}^2}{2\beta^3} . \tag{20}$$

Für den Austausch- und Korrelationsanteil erhält man schließlich wieder einen Term von der LDN und einen von der Inhomogenitätskorrektur ($\sigma_{xc,2}$),

$$\sigma_{xc} = \sigma_{xc,0} + \sigma_{xc,2} ,$$

$$\sigma_{xc,0} = \epsilon^2 \frac{3}{4} \left(\frac{3}{\pi}\right)^{1/3} \frac{\bar{n}^{4/3}}{\beta} 0{,}339 + \frac{\epsilon^2}{a_0 \beta} F(\bar{n}) . \tag{21}$$

Der erste Summand in $\sigma_{xc,0}$ ist der Austauschanteil, und der Korrelationsanteil enthält eine Funktion $F(\bar{n})$:

$$F(\bar{n}) = 0{,}168\,\bar{n} \left\{ \frac{1}{6} - \frac{b}{2}(1 - 2^{-2/3}) + b^2(1 - 2^{-1/3}) - \frac{b^6}{1 + b^3} \ln \left| \frac{b+1}{b + 2^{-1/3}} \right| \right.$$
$$+ \frac{b(1-b)}{2(1+b^3)} \ln \frac{3}{1 + 2^{-1/3} + 2^{-2/3}} - \frac{b/\sqrt{3}}{1 + b^2 - b} \left(\arctan \sqrt{3} \right.$$
$$\left. \left. - \arctan \frac{2^{2/3} + 1}{\sqrt{3}} \right) \right\} - 0{,}084\,\bar{n} \left\{ a^2 - \frac{a}{2} + \frac{1}{3} - a^3 \ln \left| \frac{a+1}{a} \right| \right\}$$

$$\text{mit } b = 0{,}079\,\bar{n}^{-1/3} a_0 \text{ und } a = 2^{1/3} b . \tag{22}$$

Gemäß (10.3-66) hängt die Inhomogenitätskorrektur $\sigma_{\text{xc},2}$ von der xc-Korrektur G der dielektrischen Funktion ab. Verwendet man die Näherungsausdrücke

$$G(q) = 0\,, \quad \text{RPA}\,, \tag{23a}$$

$$G(q) = \frac{1}{2}\,\frac{q^2}{q^2 + k_s^2}\,, \quad k_s^2 = k_F^2 + \frac{2}{\pi a_0}\,k_F, \quad \text{Hubbard, s. Animalu u. Heine (64)}, \tag{23b}$$

$$G(q) = A(n)\left[1 - \exp\left(-\frac{B(n)q^2}{k_F^2}\right)\right], \quad \text{Singwi IV und Singwi V}, \tag{23c}$$

mit den Funktionen

$$\left.\begin{aligned} A(n) &= 1{,}0630 - 0{,}1537\,k_F(n)\,a_0\,, \\ B(n) &= -0{,}2736 + 0{,}618\,k_F^{1/5}(n)\,a_0^{1/5}\,, \end{aligned}\right\} \quad \text{Singwi u. a. (70) (Singwi IV)},$$

$$\left.\begin{aligned} A(n) &= 0{,}4666 + 0{,}3735\,k_F^{-2/3}(n)\,a_0^{-2/3}\,, \\ B(n) &= -0{,}0085 + 0{,}3318\,k_F^{1/5}(n)\,a_0^{1/5}\,, \end{aligned}\right\} \quad \begin{array}{l}\text{Vashishta u. Singwi (72)} \\ \text{(Singwi V)}\,,\end{array} \tag{24}$$

die durch Interpolation der in den angegebenen Arbeiten tabellierten Werte gewonnen wurden, so entsteht

$$\sigma_{\text{xc},2} = \begin{cases} \displaystyle\int_{-\infty}^{\infty} \mathrm{d}z\, \frac{\epsilon^2 \big(\mathrm{d}n(z)/\mathrm{d}z\big)^2}{29{,}16\, n^{4/3}(z) + 12 n(z)/a_0 + 1{,}235\, n^{2/3}(z)/a_0^2} & \text{für (23b)}, \\[2ex] \displaystyle\frac{\epsilon^2}{3^{4/3}\,\pi^{5/3}} \int_{-\infty}^{\infty} \mathrm{d}z\, \frac{A\big(n(z)\big)\, B^2\big(n(z)\big)\, \big(\mathrm{d}n(z)/\mathrm{d}z\big)^2}{n^{4/3}(z)} & \text{für (23c)}\,. \end{cases} \tag{25}$$

Die Integrationen können mit (24) analytisch ausgeführt werden, so daß man insgesamt eine einfache Abhängigkeit $\sigma(\beta)$ der Oberflächenenergie des Geleemodells vom Abfallparameter β der Dichte (17) erhält und die Variation (18) einfach durchführbar ist (numerisch). Dipolbarriere und Dipolpotential sind dann nach (10.3-4) ebenfalls bekannt.

Nach dieser Darstellung zweier Möglichkeiten zur Bestimmung der Oberflächeneigenschaften des Geleemodells sollen einige Schlußfolgerungen aus den erzielten Ergebnissen gezogen werden. Auf den Verlauf der Ladungsdichte und des Potentials war schon hingewiesen worden (Abb. 10.4-1 u. 2). Es ist noch festzuhalten, daß die in dem Ansatz (17) vernachlässigten Dichteoszillationen nur bei geringen Dichten (die etwa den einwertigen Alkalimetallen entsprechen) wesentlich sind. Der Verlauf der Dipolbarriere D, der Austrittsarbeit Φ und von $\bar{\mu}$ als Funktion des Dichteparameters ist in Abb. 10.3-3 gezeigt. In Abb. 10.4-4 ist außerdem die Dipolbarriere aus der selbstkonsistenten Dichtebestimmung verglichen mit der aus dem Variationsverfahren, wobei in letzterem verschiedene xc-Inhomogenitätskorrekturen verwendet wurden. Wegen der Proportionalität von D zur mittleren Dichte $n \sim r_s^{-3}$ wird D für große r_s, d. h. für kleine Dichten, auch klein. Der stärkere Abfall für den selbstkonsistenten Verlauf entsteht dadurch, daß das gesamte Dipolmoment der Oberflächenschicht durch die bei diesen Dichten wesentlichen Oszillationen verringert wird. Der Unterschied durch die verschiedenen xc-Korrekturen ist nicht zu vernachlässigen und beträgt bis zu mehr als einem eV. Der in Abb. 10.3-3 gezeigte Verlauf der Austrittsarbeit stimmt erstaunlicherweise mit $\pm 0{,}5$ eV im wesentlichen mit den experimentell ermittelten Austrittsarbeiten der meisten einfachen Metalle überein, obwohl das Geleemodell ja eine starke Vereinfachung darstellt. Andererseits stimmt der Verlauf der Einzelbeiträge D und $\bar{\mu}$ nicht: Die Dipolbarriere kann nämlich halbempirisch bestimmt werden (Heine u. Hodges, 72), und man findet insbesondere für die mehrwertigen einfachen Metalle ($r_s = 2 \ldots 3$), daß Werte von etwa 1 ... 3 eV auftreten und keine eindeutige Abhängigkeit vom Dichteparameter vorhanden ist (im Geleemodell ist D bei $r_s = 2$ je nach verwendeter Näherung 7 ... 9 eV). Auf dieses Problem soll im nächsten Abschnitt bei der Berücksichtigung der Ionenpotentiale nochmals eingegangen werden.

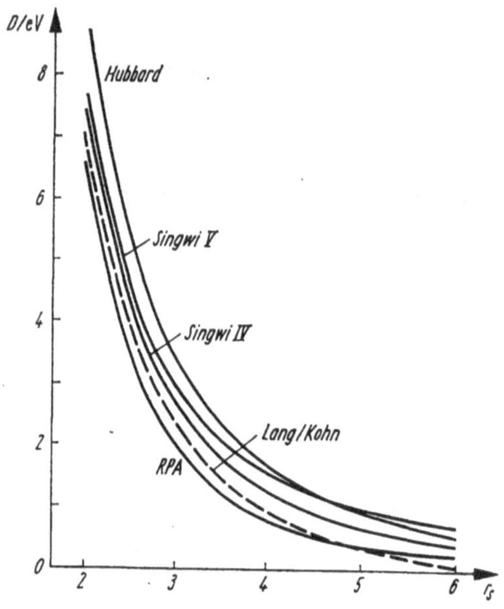

Abb. 10.4-4.

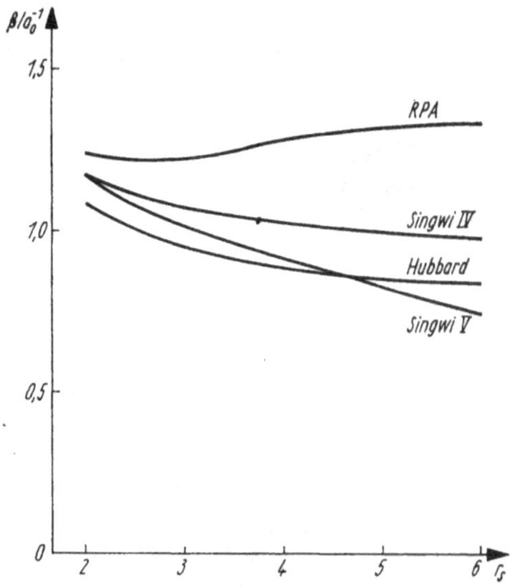

Abb. 10.4-5.

Abb. 10.4-4. Dipolbarrieren des Geleemodells aus dem Variationsverfahren mit verschiedenen xc-Inhomogenitätskorrekturen und aus dem selbstkonsistenten Verfahren von Lang u. Kohn. Nach Hietschold (76)

Abb. 10.4-5. Abfallparameter der Elektronendichte (17) des Geleemodells aus dem Variationsverfahren für verschiedene xc-Inhomogenitätskorrekturen. Nach Paasch u. Hietschold (75)

Wenden wir uns nun der Oberflächenenergie und dem Einfluß der LDN bzw. der über sie hinausgehenden Inhomogenitätskorrekturen zu (Kurzbezeichnungen wie in (23)). Die Ergebnisse sind zusammengestellt in Abb. 10.4-3 und Abb. 10.4-5 sowie in Tab. 10.4-1. An Abb. 10.4-3 sieht man, daß die Oberflächenenergie eine starke Abhängigkeit von der benutzten Näherung für den Inhomogenitätsbeitrag für Austausch und Korrelation zeigt. Offensichtlich können diese Beiträge nicht vernach-

Tabelle 10.4-1. Relative Anteile der Oberflächenenergie, bezogen auf den Gesamtwert. Bezeichnung der Anteile: el. stat. — gesamter elektrostatischer Anteil, kin. h. — Anteil der kinetischen Energie in der LDN, kin. i. — Anteil vom ersten Gradiententerm der kinetischen Energie, x. h. — Anteil der Austauschenergie in der LDN, c. h. — Anteil der Korrelationsenergie in der LDN, xc. i. — Anteil des ersten Gradiententerms der Austausch- und Korrelationsenergie

r_s		el. stat.	kin. h.	kin. i.	x. h.	c. h.	xc. i.
2,0	Lang und Kohn'	−1,32	5,55		−3,05	−0,18	—
	RPA	−0,99	5,16	−0,48	−2,53	−0,16	0
	Hubbard	4,84	−19,02	1,35	9,35	0,53	3,95
	Singwi IV	−2,19	10,12	−0,84	−4,98	−0,28	−0,83
	Singwi V	−2,58	11,72	−0,96	−5,76	−0,33	−1,09
6,0	Lang und Kohn	0,17	−0,09		0,75	0,17	—
	RPA	0,03	−0,55	0,53	0,81	0,18	0
	Hubbard	0,06	−0,46	0,18	0,68	0,15	0,39
	Singwi IV	0,05	−0,49	0,25	0,73	0,16	0,30
	Singwi V	0,08	−0,43	0,13	0,64	0,14	0,45

lässigt werden, wie es beispielsweise in dem selbstkonsistenten Verfahren von Lang und Kohn geschieht. Zur Entscheidung, welche der Näherungen besser ist, könnten die Oberflächenuntersuchungen beitragen. Des weiteren wäre natürlich zu prüfen, inwieweit die Berücksichtigung höherer Terme in der Gradientenentwicklung (10.3-64) notwendig wäre. Möglichkeiten hierzu wurden durch die Untersuchungen der quadratischen Polarisierbarkeit des Elektronengases (z. B. Paasch u. Rennert, 77) eröffnet.

Die Oberflächenenergie des Geleemodells ist für hohe Elektronendichten ($r_s \leqq 2{,}5$, das entspricht mehreren mehrwertigen einfachen Metallen) negativ, wie das in Abb. 10.4-3 gezeigt ist. Das Modell ist also für diese Dichten instabil. Die Ursache hierfür liegt darin, daß die positiven Ionen des Metalls durch den homogenen Untergrund ersetzt sind. Tab. 10.4-1 zeigt, daß bei hohen Dichten der Hauptbeitrag von der kinetischen Energie (LDN-Anteil) herrührt. Dieser Anteil enthält gemäß (19) bis (25) die höchste Potenz von $\bar{n}$. Dadurch wird die Oberflächenenergie verringert und ein Hinausfließen der Elektronen begünstigt. Dem wirkt der mit β^{-3} gehende, jedoch schwächer dichteabhängige elektrostatische Anteil (20) entgegen. Oberhalb einer kritischen Dichte kann durch ihn aber das Hinausfließen der Elektronen nicht verhindert werden. Weiterhin zeigt Tab. 10.4-1, daß bei hohen Dichten die Einzelbeiträge zur Oberflächenenergie groß sind, vom Betrag her zum Teil ein mehrfaches des Gesamtbetrages. Außerdem gibt es große Unterschiede für die verschiedenen xc-Inhomogenitätskorrekturen. Andererseits zeigt Abb. 10.4-5, daß bei diesen Dichten ihr Verlauf nicht sehr stark von der Art dieser Korrektur abhängt. Desgleichen sind die Oszillationen der Elektronendichte gemäß Abb. 10.4-3 nicht wesentlich.

Bei geringen Elektronendichten sind die Verhältnisse anders. Die Oberflächenenergie ist positiv und geht für $r_s \to \infty$ gegen Null. Der Hauptbeitrag rührt von Austausch und Korrelation her. Das ist insofern verständlich, als mit abnehmender Dichte das Elektron als relativ isoliertes Teilchen in Erscheinung tritt (vergleiche die

Wigner-Kristallisation des Elektronengases bei sehr geringen Dichten). Der Zusammenhalt des Systems verringert sich dabei. Er hängt dann wesentlich von der gegenseitigen Anordnung der Ladungen und Spins (hier nicht berücksichtigt) ab. Tab. 10.4-1 zeigt, daß alle Einzelbeiträge betragsmäßig kleiner sind als die gesamte Oberflächenenergie und auch nicht mehr stark von der xc-Inhomogenitätskorrektur abhängen. Dagegen ist der Dichteverlauf selbst sehr stark von dieser Näherung abhängig (Abb. 10.4-5), und auch die Oszillationen (Abb. 10.4-1) sind sehr ausgeprägt. Beides hat aber auf die Oberflächenenergie wegen der geringen mittleren Dichte $\bar{n}$ nur einen geringen Einfluß.

Die Trends der Einzelbeiträge zur Oberflächenenergie und ihre relative Größe zueinander sind in den verschiedenen Näherungen für die xc-Inhomogenitätskorrektur gleich und entsprechen im wesentlichen auch dem selbstkonsistenten Verfahren. Letzteres ist nicht selbstverständlich, da für die Variation die gesamte Oberflächenenergie benutzt wurde. Abschließend kann bezüglich des Vergleichs des selbstkonsistenten mit dem Variationsverfahren festgestellt werden, daß sich die grundsätzlichen Aussagen im wesentlichen entsprechen. Vor- und Nachteile beider Verfahren sind schon genannt worden. Die Vorteile des Variationsverfahrens kommen besonders bei der Berücksichtigung der Ionen zum Tragen.

10.4.2. Ionengittermodell

In diesem Abschnitt wird vom Geleemodell abgegangen, indem der homogene Untergrund durch die Ionen ersetzt wird, die sich an den Gitterplätzen befinden. Bei den einfachen Metallen können die Ionen, bestehend aus Atomkern und abgeschlossenen Elektronenschalen, durch Pseudo- oder Modellpotentiale beschrieben werden (s. [3]). Das einfachste dieser Potentiale ist das von Ashcroft (68) vorgeschlagene Modellpotential

$$w(r) = \begin{cases} -\epsilon^2 Z/r\,, & r > r_c\,, \\ 0\,, & r < r_c\,, \end{cases} \tag{26}$$

mit dem in vielen Fällen gute Ergebnisse für verschiedene Eigenschaften erzielt worden sind. Z ist die Valenz des Ions. Einziger Parameter ist der Modellradius r_c, der auf verschiedene Art und Weise bestimmt werden kann (s. z. B. Wei-Mei Shyu u. Gaspari, 68).

Ersetzt man den homogenen Untergrund des Geleemodells durch die Ionenpotentiale, so ändern sich erstens die in diesem Modell erfaßten Beiträge zur Oberflächenenergie. So gehen Oberflächenzustände in die Bandstrukturenergie ein, und die Elektronendichte bekommt einen anderen Verlauf. Zweitens treten Beiträge zur Oberflächenenergie auf, die im Geleemodell verschwinden. Das sind die klassische Spaltungsenergie σ_{cl} (10.3-58) und die in [10.3.5] besprochenen Anteile σ_{iD} und σ_{ps}.

Lang und Kohn (70, 71) berücksichtigten das Vorhandensein der Ionenpotentiale (26) an den Gitterplätzen anstelle des homogenen Untergrundes in erster Störungsordnung, ausgehend vom Geleemodell. Zur Oberflächenenergie des Geleemodells kommt dann als Abweichung hinzu (s. (10.3-57 bis 63))[1]

$$\Delta\sigma = \sigma_{cl} + \sigma_{ps}\,. \tag{27}$$

[1]) Der Anteil σ_{iD} (10.3-61) wurde in einem Spezialfall ebenfalls störungstheoretisch berechnet.

Die klassische Spaltungsenergie ist in [10.3.6] besprochen worden. Für σ_{ps} ist zu beachten, daß in der ersten Störungsordnung die Dichte δn_s gleich der im Geleemodell bestimmten Dipolschicht $n_D(z)$ ist. Folglich ist

$$\sigma_{ps} = \int_{-\infty}^{\infty} dz\, n_D(z)\, \delta v(z)\,. \tag{28}$$

$\delta v(z)$ ist die Summe der Modellpotentiale (26) an Gitterplätzen im Halbraum minus das Potential des halbunendlichen homogenen Untergrundes, gemittelt über die x-y-Ebene. Ein Beispiel für die in (28) eingehenden Anteile ist in Abb. 10.4-6 gezeigt. Daran ist zu sehen, daß die Oszillationen der Elektronendichte einen wesentlichen Einfluß auf σ_{ps} haben können. Andererseits ist festzustellen, daß in der ersten Ordnung der Störungsrechnung generell die Rückwirkung der Relaxation der Ionen der obersten Ionenlagen auf den Verlauf der Elektronendichte nicht erfaßt werden kann.

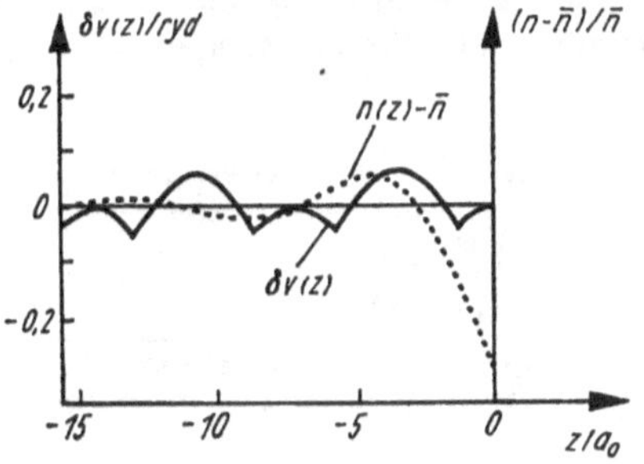

Abb. 10.4-6. Faktoren im Integranden von σ_{ps} (28) für Kalium (K hat eine geringe Elektronendichte, und die Oszillationen der Elektronendichte sind stark ausgeprägt). Nach Lang u. Kohn (70)

Eine andere Möglichkeit zur Berücksichtigung des Einflusses der Ionen besteht in der Erweiterung des im vorigen Abschnitt besprochenen Variationsverfahrens (Paasch u. Hietschold, 75). Dazu wird wieder der Ansatz (17) für die Elektronendichte verwendet, in dem die Oszillationen nicht berücksichtigt sind. Die Abhängigkeit der Anteile (19) bis (25) zur Oberflächenenergie vom Abfallparameter β bleibt ungeändert. Hinzu kommen σ_{cl} (unabhängig von β und der Gitterrelaxation) sowie σ_{ps} und σ_{iD}. Nimmt man an, daß nur die oberste Ionenlage als Ganzes gegenüber ihrer Gleichgewichtslage im kompakten Material um δ verschoben wird, so ergibt sich mit den Potentialen (26) genähert

$$\sigma_{ps} = \frac{2\pi\epsilon^2\bar{n}^2 d}{\beta^2}\left\{\frac{1}{d\beta}(1 - e^{-\beta d}) - \frac{1}{2}\left(e^{-\beta((d/2)-r_c-\delta)} + e^{-\beta((d/2)+r_c-\delta)}\right)\right\}. \tag{29}$$

d ist wieder der Netzebenenabstand senkrecht zur Oberfläche (bei $z = -d$ ist die Dichte $\delta n^s = n_D$ praktisch auf Null abgefallen). Für σ_{iD} (10.3-61) soll die Näherung

$$\sigma_{iD} = 2\pi\epsilon^2\bar{n}^2 d\delta^2 \tag{30}$$

verwendet werden. Das ist die Energie, die notwendig ist, um die Ionenschicht aus der Mitte einer Elektronenschicht der Dicke d mit der Dichte $\bar{n}$ um δ zu verschieben. Nicht berücksichtigt ist dabei die Kraft, die der links von $z = -d$ sich befindende Restkristall (also die bei $z = -d$ abgeschnittene Ladungsverteilung; die Berechnung eines solchen Potentials wurde in [10.3.1] beschrieben) auf die oberste Ionenlage ausübt. Mit σ_{cl}, (29), (30) und (19) bis (25) ist die Oberflächenenergie eine Funktion sowohl des Parameters β des Abfalls der Elektronendichte als auch der Relaxation δ der obersten Ionenlage. Durch

$$\sigma(\beta, \delta) \to \text{Min.} \tag{31}$$

werden β und δ sowie die Oberflächenenergie selbst bestimmt. Für die Dipolbarriere D entsteht neben dem Elektronenbeitrag noch ein Ionenanteil, so daß insgesamt

$$D = \frac{4\pi e^2 \bar{n}}{\beta^2} - 4\pi e^2 \bar{n} d\delta \tag{32}$$

ist. Durch die Verschiebung der Ionen nach außen ($\delta > 0$) wird das gesamte Dipolmoment der Oberflächenschicht verringert.

Tabelle 10.4-2. Mit dem Variationsverfahren bestimmte Werte für den Abfallparameter β, die Dipolbarriere D und die Oberflächenenergie σ für das Vorgehen i), ii) und iii) gemäß Text. Zum Vergleich sind experimentelle bzw. halbempirische Werte angegeben. Nach Paasch und Hietschold (75) (1 erg/cm² = 10^{-11} N/m)

		i)	ii)	iii)	Experiment
Al kfz (111)	β/a_0^{-1}	1,16	1,38	1,29	—
$r_s = 2{,}073$				$\delta = 0{,}053$	
$r_c = 1{,}109\ a_0$	D/eV	6,81	4,81	3,36	3,4 halbemp.
	σ/erg cm^{-2}	—381 (1034)	930	862	860
Na krz (110)	β/a_0^{-1}	1,03	0,99	0,90	—
$r_s = 3{,}931$				$\delta = 0{,}119$	
$r_c = 1{,}7113\ a_0$	D/eV	1,27	1,37	0,76	0,7 halbemp.
	σ/erg cm^{-2}	189 (230)	229	221	220

Mit diesem Variationsverfahren ist es möglich, den Einfluß der Verwendung der ersten Störungsordnung zu untersuchen. Dazu werden in Tab. 10.4-2 für Al und Na die Oberflächenenergie und die Dipolbarriere für folgende Fälle angegeben:

i) Geleemodell; in Klammern die Oberflächenenergie, wenn σ_{cl} und σ_{ps} in erster Störungsordnung (d. h. mit dem Abfallparameter β für das Geleemodell und mit $\delta = 0$) addiert werden. Es ist zu sehen, daß die Einbeziehung der Ionenpotentiale auch bei hohen Dichten (Al) zu positiven Werten für die Oberflächenenergie führt. Die Dipolbarriere ist zu groß.

ii) Es wird $\sigma(\beta, \delta = 0) \to$ Min. betrachtet, d. h., die oberste Ionenlage wird festgehalten, der Einfluß der Ionenpotentiale auf den Abfall der Elektronendichte wird dagegen berücksichtigt. Im Vergleich zur ersten Störungsordnung ändert sich σ bei den mehrwertigen Metallen wie bei Al um etwa 10%.

iii) Es wird (31) verwendet. Durch die nun stattfindende Relaxation der obersten Ionenlage wird die Dipolbarriere reduziert und befindet sich in guter Übereinstimmung mit den halbempirischen Werten. Die Oberflächenenergie reduziert sich um weitere 5…10%.

Diese Ergebnisse zeigen, daß der Einfluß der Ionen selbst auf die Elektronendichte und die Relaxation der obersten Ionenlagen wesentlich sind, um sinnvolle Werte für Oberflächenenergie und Dipolbarriere (und mit ihr für die Austrittsarbeit) zu gewinnen.

Tabelle 10.4-3. Mit dem Variationsverfahren bestimmte Werte für die Oberflächenenergie σ, die Dipolbarriere D und die Oberflächenparameter β und δ für Al (111) ($r_s = 2{,}073$, $r_c = 1{,}109$) mit unterschiedlichen xc-Inhomogenitätskorrekturen (1 erg/cm² $= 10^{-11}$ N/m)

	Exper.	Singwi IV	Singwi V	Hubbard	RPA
σ/erg cm^{-2}	860	862	955	1785	316
D/eV	3,4	3,36	3,46	4,24	2,74
β/a_0^{-1}	—	1,29	1,26	1,11	1,47
δ/a_0	—	0,053	0,057	0,079	0,037

In Tab. 10.4-3 sind Ergebnisse für σ und D für Al gezeigt, die mit den unterschiedlichen xc-Inhomogenitätskorrekturen (23) bis (25) durch das Variationsverfahren bestimmt wurden. So wie in Tab. 10.4-3 für Al ergibt sich in den meisten Fällen die beste Übereinstimmung mit den experimentellen Werten, wenn die Singwi-IV-Korrektur (23c) verwendet wird. Der in Tab. 10.4-3 sichtbare, sehr starke Einfluß der verwendeten Näherung für die xc-Inhomogenitätskorrektur tritt auch bei anderen Größen auf, beispielsweise bei der Berechnung von Phononenspektren (s. [8]).

Insgesamt konnte für eine große Zahl einfacher Metalle mit dem Variationsverfahren eine gute Übereinstimmung der Oberflächenenergien, Dipolbarrieren, Austrittsarbeiten und der Anisotropie dieser Größen mit den experimentellen Werten erzielt werden (Paasch u. a., 72, Paasch 74a, Paasch u. Hietschold, 75, Hietschold u. a., 75, Paasch u. Hietschold, 77). Dasselbe gilt für das Verfahren von Lang und Kohn (70, 71) (Lang, 69, 73). Hier soll nicht auf alle Einzelheiten eingegangen werden. Vielmehr sollen einige allgemeine Resultate und die sich aus ihnen ergebenden Schlußfolgerungen dargestellt werden.

Beginnen wir mit der Systematik der Oberflächenenergie (Hietschold u. a., 75). Sie nimmt für einfache Metalle im wesentlichen mit steigender Elektronendichte zu. Versuche, dieses Verhalten allein mit der Korrelationsenergie zu erklären (Schmit u. Lucas, 72, Craig, 72), sind nicht zu akzeptieren, trotz der damit scheinbar erzielten Erfolge, wie von Paasch (74b) gezeigt wurde. Aus den experimentellen Werten für die Oberflächenenergie läßt sich jedoch eine eindeutige, durch weitere Parameter bestimmte Abhängigkeit nur schwer herausfinden. Zum ersten liegt das daran, daß die Experimente noch sehr ungenau sind. Deshalb werden häufig auch zum Vergleich die Oberflächenspannungen nahe dem Schmelzpunkt verwendet (so auch in Abb. 10.4-7), die sich genauer bestimmen lassen. Zweitens hängt die Oberflächenenergie sowohl von der Oberflächenorientierung als auch von der Kristallstruktur ab. Unter den neunzehn einfachen Metallen treten mehrere unterschiedliche Kristallstrukturen auf, so daß das Auffinden von Ursachen für Trends in der Oberflächenenergie dadurch erschwert ist. In einer gewissen Beziehung zur Oberflächenenergie stehen vor allem die Schmelzwärme, die Bindungsenergie pro Elektron und die Gesamtenergie pro Elektron ε_t (ohne Energie der starren Ionen). Mit der Bindungsenergie pro Elektron ε_B besteht der Zusammenhang

$$-\varepsilon_t = |\varepsilon_B| + \bar{\varepsilon}_{ion} ,$$

wobei $\bar{\varepsilon}_{ion}$ der Mittelwert der Z (Valenz) ersten Ionisationsenergien ist. Die experimentellen Werte für ε_t zeigen eine recht klare Abhängigkeit vom Dichteparameter

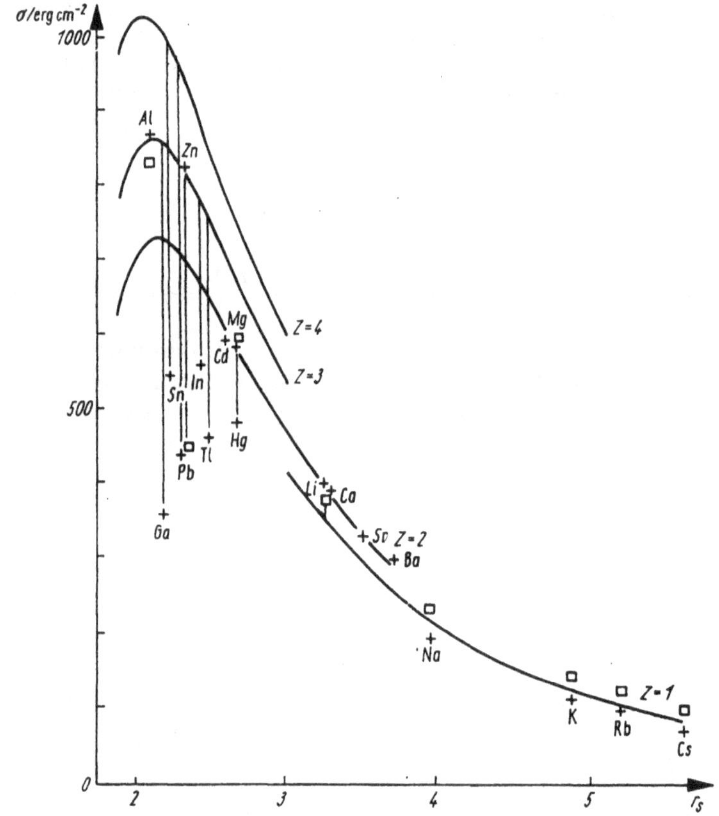

Abb. 10.4-7. Systematische Abhängigkeit der Oberflächenenergie vom Dichteparameter r_s und von der Valenz Z nach dem Variationsverfahren (für $Z = 1$ eine (110)-krz-Oberfläche, für $Z = 2, 3, 4$ eine kfz-(111)-Oberfläche, xc-Inhomogenitätskorrektur Singwi IV). Zum Vergleich experimentelle Werte der Oberflächenspannungen am Schmelzpunkt (+) und theoretische Werte des selbstkonsistenten Verfahrens von Lang u. Kohn (□). Nach Hietschold u. a. (75) (1 erg/cm² = 10^{-11} N/m)

und von der Valenz, die in Abb. 10.4-8 gezeigt ist. Diese Tendenz läßt sich unter Verwendung des Ashcroft-Modellpotentials (26) theoretisch in folgender Weise beschreiben. Ashcroft und Langreth (67) gaben einen Ausdruck für die Gesamtenergie eines einfachen Metalls als Funktion der Valenz, des Modellradius sowie des Dichteparameters r_s an. Durch $\varepsilon_t(r_c, r_s, Z) \to$ Min. bei der vorgegebenen Gleichgewichtsdichte wird der Modellradius r_c des Potentials (26) zu einer einfachen Funktion $r_c(r_s, Z)$. Die Bandstrukturenergie wird dabei in ε_t vernachlässigt (s. [3]). Berechnet man nun mit diesem so bestimmten Modellpotential die Gesamtenergie pro Elektron ε_t, so ergeben sich die in Abb. 10.4-8 gezeigten Kurven, die die experimentellen Werte für die ein- und zweiwertigen Metalle sehr gut beschreiben. Für die höheren Valenzen ist eine klare r_s-Abhängigkeit in den experimentellen Werten nicht zu sehen: Das Modellpotential ist für diese Metalle bereits kein schwaches Potential mehr, und die Vernachlässigung der Bandstrukturenergie ist nicht gerechtfertigt. Außerdem ist in diesen Fällen das Ashcroft-Modellpotential zu einfach.

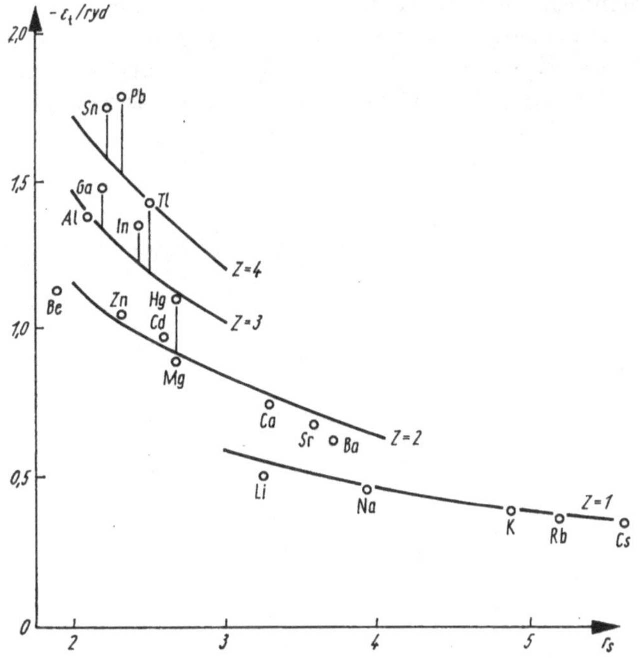

Abb. 10.4-8. Gesamtenergie pro Elektron ε_t als Funktion des Dichteparameters r_s und der Valenz Z im Vergleich mit experimentellen Werten (Ashcroft u. Langreth, 67). Nach Hietschold u. a. (75)

Verwendet man in dem oben beschriebenen Variationsverfahren zur Bestimmung der Oberflächeneigenschaften die in der soeben erklärten Art bestimmten Modellpotentiale, so kann für jede Valenz, Oberflächenorientierung und Gitterstruktur die Oberflächenenergie als Funktion des Dichteparameters r_s berechnet werden. Derartige Ergebnisse sind in Abb. 10.4-7 dargestellt. Dabei wurde für eine einheitliche Behandlung für die einwertigen, d. h. Alkalimetalle eine (110)-krz-Oberfläche, für alle anderen Fälle eine (111)-kfz-Oberfläche angenommen. Die theoretischen Kurven zeigen einen Anstieg von σ mit wachsender Elektronendichte (im Bereich der metallischen Dichten) sowie ein Ansteigen mit der Valenz. Beides entspricht den experimentellen Werten der ein- und zweiwertigen Metalle sehr gut. Ausnahmen sind Be, Zn und Hg. Für Be ist das Pseudopotentialkonzept nicht sehr gut geeignet, da der Ionenrumpf nur s-Elektronen enthält. Für Zn und Hg ist das Ashcroft-Modellpotential eine zu einfache Näherung. Mit Ausnahme des Al sind die experimentellen Oberflächenenergien der drei- und vierwertigen Metalle niedriger als die berechneten. Im Gegensatz zu ε_t ist eine Gruppierung nach der Valenz ebenfalls nicht klar erkennbar. Abgesehen vom Auftreten komplizierterer Kristallstrukturen (Sn, Ga) und von dem auch hier zu einfachen Modellpotential, gibt es weitere Ursachen, die zu einer Verringerung der berechneten Werte führen müssen. Die erste ist die Abstoßung der d-Elektronen in abgeschlossenen Schalen. Zweitens sind bei den hohen Dichten die Inhomogenitäten des Elektronengases, die durch die Ionen hervorgerufen werden, so stark, daß sie nicht mehr wie in dem Ansatz (17) vernachlässigt werden können. Die Elektronendichteoszillationen des kompakten Materials führen auch zu einer Veränderung der klassischen Spaltungsenergie gegenüber dem in [10.3.6] berechneten dominierenden Term (Paasch u. Hietschold, 77). Diese Modifikationen lassen sich in guter Näherung mit einem geringen Aufwand für die ein- und zweiwertigen Metalle berechnen. Sie führen dazu, daß die Anisotropie der berechneten Oberflächenenergien besser mit den experimentellen Werten übereinstimmt (jedoch nicht quantitativ).

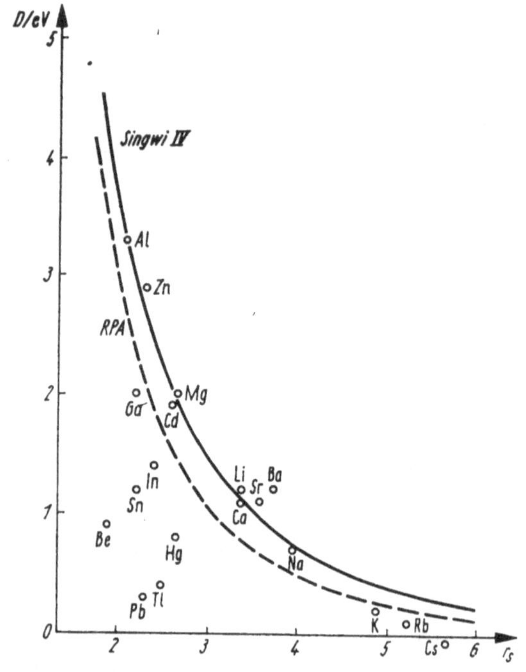

Abb. 10.4-9. Dipolbarriere (32), bestimmt aus dem Variationsverfahren. Unterschiedliche Valenzen führen bei der Dipolbarriere in diesem Modell praktisch nicht zu Unterschieden. Zwei Kurven mit verschiedenen xc-Inhomogenitätskorrekturen sind angegeben. Zum Vergleich sind die von Heine und Hodges halbempirisch bestimmten Werte (○) eingetragen (der Wert für Be wurde später korrigiert und liegt näher an den theoretischen Kurven). Nach Hietschold u. a. (75) und Hietschold (76)

Die Untersuchung der Anisotropie zeigt auch, daß die Annahme eines nur z-abhängigen Dichteabfalls an der Oberfläche nur für dichtgepackte Oberflächen eine gute Näherung liefert.

Mit dem zuvor geschilderten Verfahren zur Bestimmung des Modellradius r_c des Potentials (26) erhält man die Dipolbarriere ebenfalls als eine Funktion des Dichteparameters. (Eine andere Untersuchung zur Dipolbarriere wurde von Lang und Kohn (73) publiziert). Die so erhaltenen Werte sind als Kurve in Abb. 10.4-9 eingetragen (unterschiedliche Valenzen machen sich in dieser Größe nicht bemerkbar).

Für 12 der 19 einfachen Metalle erhält man eine sehr gute Übereinstimmung mit den von Heine und Hodges (72) bestimmten halbempirischen Werten. Insgesamt liegt jedoch bei der Dipolbarriere keine eindeutige r_s-Abhängigkeit vor. Das führte Heine und Hodges zu der Frage, warum trotzdem die Austrittsarbeit $\Phi = |-D + \bar{\mu}|$ der mehrwertigen einfachen Metalle ($r_s = 2 \dots 3$) in dem engen Bereich von $4{,}1 \pm 0{,}5$ eV liegt. Diese Werte erhält man bereits in dem sehr einfachen Geleemodell (s. Abb. 10.3-3) sowie mit dem Variationsverfahren bei Berücksichtigung des Mittelwertes der Potentiale (Paasch u. a., 72) und in einer vom Geleemodell ausgehenden speziellen störungstheoretischen Beschreibung (Lang u. Kohn, 71). Als Erklärung kann man folgendes angeben. $\bar{\mu}$ ist das chemische Potential des kompakten Materials und damit auch eines Systems, dessen „Oberfläche" entlang der Oberflächen der Wigner-Seitz-Polyeder (Abb. 10.3-1) verläuft und kein Dipolmoment hat, in dem die Ladungsdichte

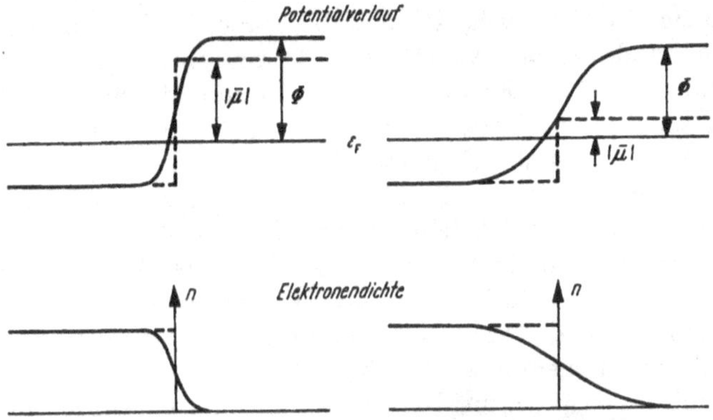

Abb. 10.4-10. Zur Stabilisierung der Austrittsarbeit

also entlang der Polyederoberflächen einfach abgeschnitten wurde. In der Kugelnäherung für die Polyeder ist dann das Potential im Außenraum Null, und $|\bar{\mu}|$ ist die Austrittsarbeit dieses hypothetischen Systems. Ist nun $|\bar{\mu}|$ groß, so liegt der höchste unbesetzte Zustand bereits tief unter dem Vakuumniveau, und die Elektronen können nur geringfügig in das Vakuumgebiet hineintunneln. Damit entsteht also nur eine kleine Dipolbarriere. Ist $|\bar{\mu}|$ dagegen klein, so wird die Dipolbarriere groß. Beides ist in Abb. 10.4-10 veranschaulicht. Natürlich sind bei der Ausbildung der Dipolschicht die Ionen durch ihre Relaxation ebenfalls beteiligt (Paasch, 74a). Die Frage, warum dieser Rückkopplungsmechanismus die resultierenden Werte für die Austrittsarbeit auf einen so engen Bereich einschränkt, ist verbal nur schwer zu beantworten. Die physikalische Ursache dürfte jedoch in der Eigenheit der Coulomb-Wechselwirkung zwischen den Ladungen zu suchen sein. Bereits äußerst geringe Ladungsverschiebungen führen zu außerordentlich großen Kräften. So führt beispielsweise eine nur 1%ige Relaxation der obersten Ionenlage im festgehaltenen Elektronenuntergrund bei Al (111) zu einem Beitrag von $-1{,}3$ eV zur Dipolbarriere.

Abschließend soll noch auf die gerade genannte Gitterrelaxation eingegangen werden. In dem Variationsverfahren erhält man Werte für die Relaxation δ, bezogen auf den Netzebenenabstand d senkrecht zur Oberfläche, von 1% bis 5% für dicht gepackte Oberflächen, generell eine Relaxation nach außen (Hietschold u. a., 75). Ähnliche Werte sind von Allen und De Wette (69) auf ganz andere Art für Edelgaskristalle berechnet worden. Auch das Anisotropieverhalten ist ähnlich. In den letzten Jahren ist es nun möglich geworden, durch den Vergleich von LEED-Messungen mit Rechnungen (dynamische Theorie) ebenfalls Werte für die Gitterrelaxation zu bestimmen. Martin und Somerjai (73) fanden beispielsweise bei Al (110) eine wesentliche Kontraktion. Faßt man die Ergebnisse mehrerer Autoren zu dieser Problematik zusammen, so kann man feststellen, daß z. B. für das kfz-Gitter bei den dichter gepackten (111)- und (100)-Oberflächen die Relaxation nur von der Größenordnung 1% sein dürfte, während bei der weniger dicht gepackten (110)-Oberfläche eine Kontraktion von der Größenordnung 10% auftritt (Jona, 78). Allerdings wird diese Aussage aus Rechnungen geschlußfolgert, in denen Änderungen des Potentials an der Oberfläche nicht berücksichtigt werden. Ob das auch bei der wenig dicht gepackten kfz-(110)-Oberfläche gerechtfertigt ist, wird in diesen Arbeiten nicht nachgewiesen. Die Erfahrungen mit dem oben geschilderten Variationsverfahren lassen das als fraglich erscheinen. Die bisherigen Versuche, die Gitterrelaxation zu berechnen, sind nicht ausreichend fundiert. In dem hier beschriebenen Variationsverfahren enthält (30) eine zu starke Vereinfachung (s. Text nach dieser Formel), eine Beseitigung dieses Mangels erfolgte kürzlich (Hietschold u. a., 80) unter Verwendung der in [10.3.1] beschriebenen Methode zur Berechnung von $V_1(\boldsymbol{r})$. (Das Modell liefert dann nicht mehr durchweg Relaxationen nach außen.) Daneben sind aber die Dichteoszillationen parallel zur Oberfläche nicht erfaßt. Andere Autoren berücksichtigen ebenfalls nicht alle wesentlichen auf die oberste Ionenlage wirkenden Kräfte (Finnis u. Heine, 74), oder sie berechnen die Kräfte auf die oberste Ionenlage mit der Elektronendichte des unrelaxierten Kristalls (Alldredge u. Kleinman, 74a, 74b). Das muß nach den obigen Ausführungen über den Rückkopplungsmechanismus zu falschen Ergebnissen führen. Ein Versuch einer in sich konsistenten Berechnung der Gitterrelaxation wurde von Tejedor und Flores (75, 76) publiziert.

Zusammenfassend können wir feststellen, daß mit den geschilderten Verfahren eine Reihe von Oberflächeneigenschaften der einfachen Metalle recht gut beschrieben wird. Jede echte Erweiterung erfordert eine Berechnung der Elektronenzustände des Festkörpers mit Oberfläche, d. h. der ausgedehnten Zustände mit den Phasen und der Oberflächenzustände. Einige solcher Verfahren werden im folgenden Abschnitt überblicksmäßig zusammengestellt. Obwohl diese Verfahren z. T. schon selbstkonsistent durchgeführt werden, kann mit ihnen wegen des erforderlichen Aufwandes die Gitterrelaxation praktisch nicht berücksichtigt werden. Damit wird natürlich auch die Rückwirkung der Relaxation auf die Elektronenzustände selbst, insbesondere auf die Oberflächenzustände, nicht erfaßt. Voraussichtlich werden deswegen in Zukunft die relativ einfachen Modelle, wie sie hier geschildert wurden, bei der Untersuchung der Oberflächeneigenschaften ihre Berechtigung behalten. Dafür spricht auch, daß derartige Modelle einen guten Ausgangspunkt für die Untersuchung von Adatomen oder Deckschichten darstellen (Besold u. Hietschold, 80, Hietschold u. Besold, 81)

10.4.3. Selbstkonsistente Methoden zur Berechnung der elektronischen Struktur von Oberflächen einfacher Metalle

Die rasche Entwicklung experimenteller Techniken, die speziell zur Untersuchung der Elektronenzustände im unmittelbaren Oberflächenbereich geeignet sind (z. B. UV-Photoelektronenemission, inelastische Streuung niederenergetischer Elektronen), führte zu einem verstärkten Bedürfnis nach einer über die in den vorigen Abschnitten dargelegten Modelle hinausgehenden Beschreibung des Oberflächenbereiches. Entsprechende Rechnungen sind im Modell unabhängiger Teilchen durchgeführt worden. Das Potential der Ionen wurde dabei berücksichtigt, und das Potential der Elektronen wurde in selbstkonsistenter Weise berechnet. Hier sollen drei Zugänge kurz beschrieben werden, von denen der erste von einer Halbraumgeometrie ausgeht, während die beiden anderen auf der Beschreibung einer dünnen Schicht beruhen.

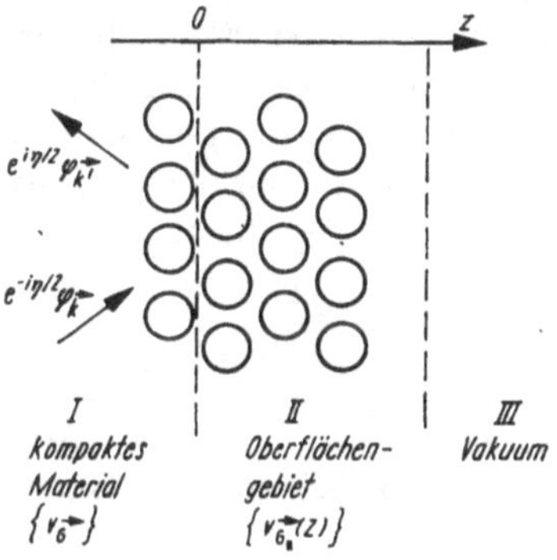

Abb. 10.4-11. Oberflächenmodell von Appelbaum und Hamann (72). η ist die Streuphase zwischen der auf die Oberfläche einfallenden und der von ihr reflektierten Bloch-Welle im Bereich I

Appelbaum und Hamann (72) benutzten das in Abb. 10.4-11 dargestellte Oberflächenmodell, das (ebenso wie die folgenden) in den Richtungen parallel zur Oberfläche die volle Gittersymmetrie enthält. Es werden drei Bereiche unterschieden. Im Bereich I herrschen die gleichen physikalischen Bedingungen wie im unbegrenzten Metall, d. h., die Wellenfunktionen sind einfallende und reflektierte Bloch-Wellen

$$\varphi_{\boldsymbol{k}}^{\mathrm{I}}(\boldsymbol{r}) = \sum_{\boldsymbol{G}} \mathrm{e}^{i(\boldsymbol{k}+\boldsymbol{G})\boldsymbol{r}}\, u_{\boldsymbol{k}}(\boldsymbol{G}) , \tag{33}$$

die sich als Lösungen der Schrödinger-Gleichung für ein gittersymmetrisches Kristallpotential (Pseudopotentiale an Gitterplätzen)

$$v^{\mathrm{I}}(\boldsymbol{r}) = v_{\mathrm{i}} + v_{\mathrm{es}} + v_{\mathrm{xc}} = \sum_{\boldsymbol{G}} \mathrm{e}^{i\boldsymbol{G}\boldsymbol{r}}\, v_{\boldsymbol{G}} \tag{34}$$

ergeben. v_{i} ist das Potential der Ionen, v_{es} und v_{xc} sind elektrostatisches, Austausch- und Korrelationspotential der Leitungselektronen. Ein für kompliziertere Strukturen nach dem zweiten Gleichheitszeichen in (34) auftretender Strukturfaktor bleibt hier unberücksichtigt. II ist der Oberflächenbereich. Das Kristallpotential enthält dieselben Anteile wie (34), ist aber nur noch parallel zur Oberfläche gittersymmetrisch,

$$v^{\mathrm{II}}(\boldsymbol{r}) = \sum_{\boldsymbol{G}_{||}} \mathrm{e}^{i\boldsymbol{G}_{||}\boldsymbol{r}}\, v_{\boldsymbol{G}_{||}}(z) . \tag{35}$$

Die Wellenfunktion hat in diesem Gebiet die Form

$$\varphi_{\boldsymbol{k}_{||}}^{\mathrm{II}}(\boldsymbol{r}) = \sum_{\boldsymbol{G}_{||}} \mathrm{e}^{i(\boldsymbol{k}_{||}+\boldsymbol{G}_{||})\boldsymbol{r}}\, u_{\boldsymbol{G}_{||}}(z) , \tag{36}$$

wobei sich die Koeffizientenfunktionen $u_{\boldsymbol{G}_{||}}(z)$ aus dem Differentialgleichungssystem

$$\left(-\frac{\hbar^2}{2m}\frac{\mathrm{d}^2}{\mathrm{d}z^2} + \frac{\hbar^2}{2m}(\boldsymbol{k}_{||}+\boldsymbol{G}_{||})^2 - \varepsilon\right) u_{\boldsymbol{G}_{||}}(z) + \sum_{\boldsymbol{G}'_{||}(\neq \boldsymbol{G}_{||})} v_{\boldsymbol{G}_{||}-\boldsymbol{G}'_{||}}(z)\, u_{\boldsymbol{G}'_{||}}(z) = 0 \tag{37}$$

ergeben. Für den Vakuumbereich III gilt

$$v_{G_{||}}(z) = 0 \quad \text{für} \quad G_{||} \neq 0 \,. \tag{38}$$

Das System (37) wird numerisch integriert, wobei die Lösungen $u_{G_{||}}(z)$ den Randbedingungen einer stetigen Anpassung von $\varphi_{k_{||}}(r)$ und seiner ersten Ableitung an die Lösung (33) (mit einem zusätzlich erlaubten Phasenfaktor zwischen einfallender und reflektierter Bloch-Welle) sowie des Verschwindens für $z \to +\infty$ unterworfen werden. Die so berechneten $u_{G_{||}}(z)$, die mit einem physikalisch plausiblen Startpotential $v_{G_{||}}$ bestimmt wurden, benutzt man anschließend zur Berechnung des neuen Kristallpotentials. Das Verfahren wird bis zum Erreichen der Selbstkonsistenz fortgesetzt. Bezüglich der Details muß hier auf die Originalarbeiten verwiesen werden (Appelbaum u. Hamann, 72, 76) (es sei nur darauf hingewiesen, daß in der hier kurz skizzierten Form das Problem noch überbestimmt ist). Abb. 10.4-12 zeigt das Kristallpotential und die

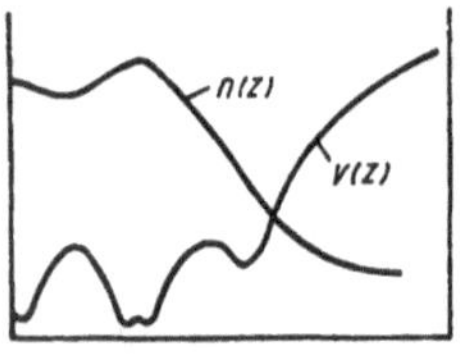

Abb. 10.4-12. Mittelwert der Elektronendichte $n(z)$ und des Potentials $v(z)$ für eine Na-(100)-Oberfläche nach Appelbaum u. Hamann (72)

über die Richtungen parallel zur Oberfläche gemittelte Elektronendichte, die nach diesem Verfahren für eine (100)-Oberfläche von Na berechnet wurden. Festzustellen ist eine scheinbar unabhängige Überlagerung der Dichteoszillationen infolge des Kristallgitters und der durch die Oberfläche selbst bewirkten Störung. Es soll noch vermerkt werden, daß den Lösungen von (37) sowohl räumlich ausgebreitete als auch im Oberflächenbereich lokalisierte Zustände entsprechen.

Wenden wir uns nun den auf einer Schichtgeometrie aufbauenden Verfahren zu. Das erste der hier zu besprechenden geht auf Alldredge und Kleinman (72) zurück. Entsprechend Abb. 10.4-13 ist die dünne Schicht aus dreidimensionalen, in einer

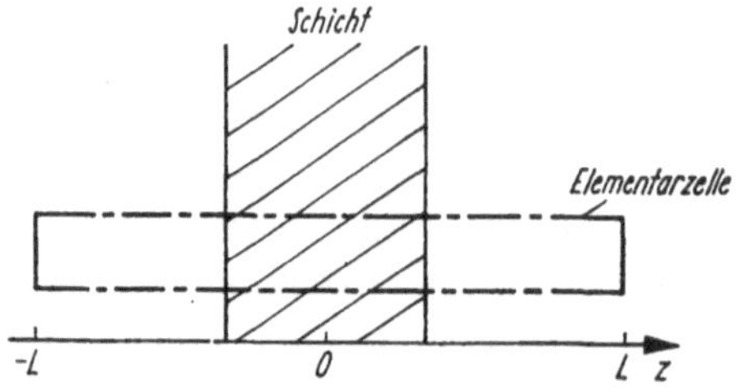

Abb. 10.4-13. Aufbau einer dünnen Schicht aus der Anordnung von dreidimensionalen Elementarzellen mit einer großen Ausdehnung $2L$ senkrecht zur Normalenrichtung der Schicht

Ebene angeordneten Elementarzellen aufgebaut, deren Ausdehnung $2L$ in Normalenrichtung der Schicht sehr groß sein soll. Ein vollständiger Satz von Basisfunktionen, die die zweidimensionalen periodischen Randbedingungen erfüllen und für $z = \pm L$ verschwinden, ist

$$\varphi_{k_{||},G_{||},n}(r) = \begin{cases} \sqrt{2}\,\exp\{i(k_{||} + G_{||})\,r\}\,\sin\left(\dfrac{n\pi}{2}\dfrac{z}{L}\right), & n = 0, 2, 4, \dots, \\ \sqrt{2}\,\exp\{i(k_{||} + G_{||})\,r\}\,\cos\left(\dfrac{n\pi}{2}\dfrac{z}{L}\right), & n = 1, 3, 5, \dots \end{cases} \tag{39}$$

Ausgehend von diesen Basisfunktionen wird die Lösung der Säkulardeterminante des zugehörigen Eigenwertproblems bestimmt. Bei Verwendung von Pseudopotentialen ergibt sich eine genügend schnelle Konvergenz bei einer selbstkonsistenten Lösung des Problems. Abb. 10.4-14 bis 16 zeigen die für einen Li-(001)-Film von 13 Atomlagen berechnete Elektronendichte, die zweidimensionale Bandstruktur im Vergleich mit der des kompakten Materials, sowie die Wellenfunktion eines ausgedehnten und eines Oberflächenzustandes. Mit diesem Verfahren lassen sich auch

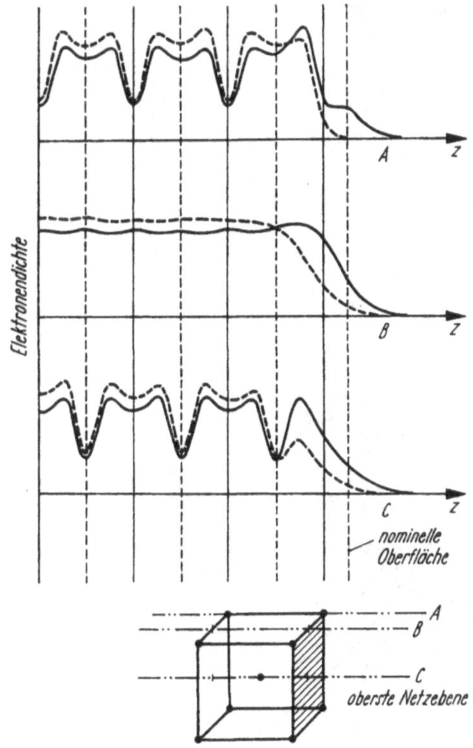

Abb. 10.4-14. Elektronendichte von Li-(100) senkrecht zur Oberfläche an verschiedenen Stellen der Oberfläche A, B, C (die Lagen sind in der Elementarzelle im unteren Bildteil gezeigt). Dargestellt sind die Ergebnisse einer selbstkonsistenten (——) und einer nichtselbstkonsistenten Rechnung (------). Nach Alldredge u. Kleinman (74)

Übergangsmetalle behandeln, wenn man die Basisfunktionen (39) derart erweitert, daß die d-Wellenfunktionen gut beschrieben werden (Caruthers u. Kleinman, 75). Chelikowsky u. a. (75) benutzten eine Modifikation des eben beschriebenen Verfahrens, indem sie anstelle des Verschwindens der Basisfunktionen bei $z \doteq \pm L$ auch in z-Richtung periodische Randbedingungen fordern. Anstelle von (39) benutzten sie

$$\varphi_{\boldsymbol{k}_{||}, \boldsymbol{G}_{||}, n}(\boldsymbol{r}) = \exp\{i(\boldsymbol{k}_{||} + \boldsymbol{G}_{||})\, \boldsymbol{r} + i k_n z\}\,, \quad k_n = \frac{2\pi n}{L}\,, \qquad n = 0, \pm 1, \pm 2, \ldots \tag{40}$$

Dieses Verfahren wurde z. B. auf einen Al-(111)-Film angewandt (12 Atomlagen, Länge der Basiszelle: 18 Atomlagen).

Während die Halbraumgeometrie die physikalisch adäquate Beschreibung einer ungestörten ebenen Oberfläche darstellt, ist das Eigenwertproblem für eine dünne Schicht wesentlich einfacher handhabbar. Letztere dürfte deswegen für die Behand-

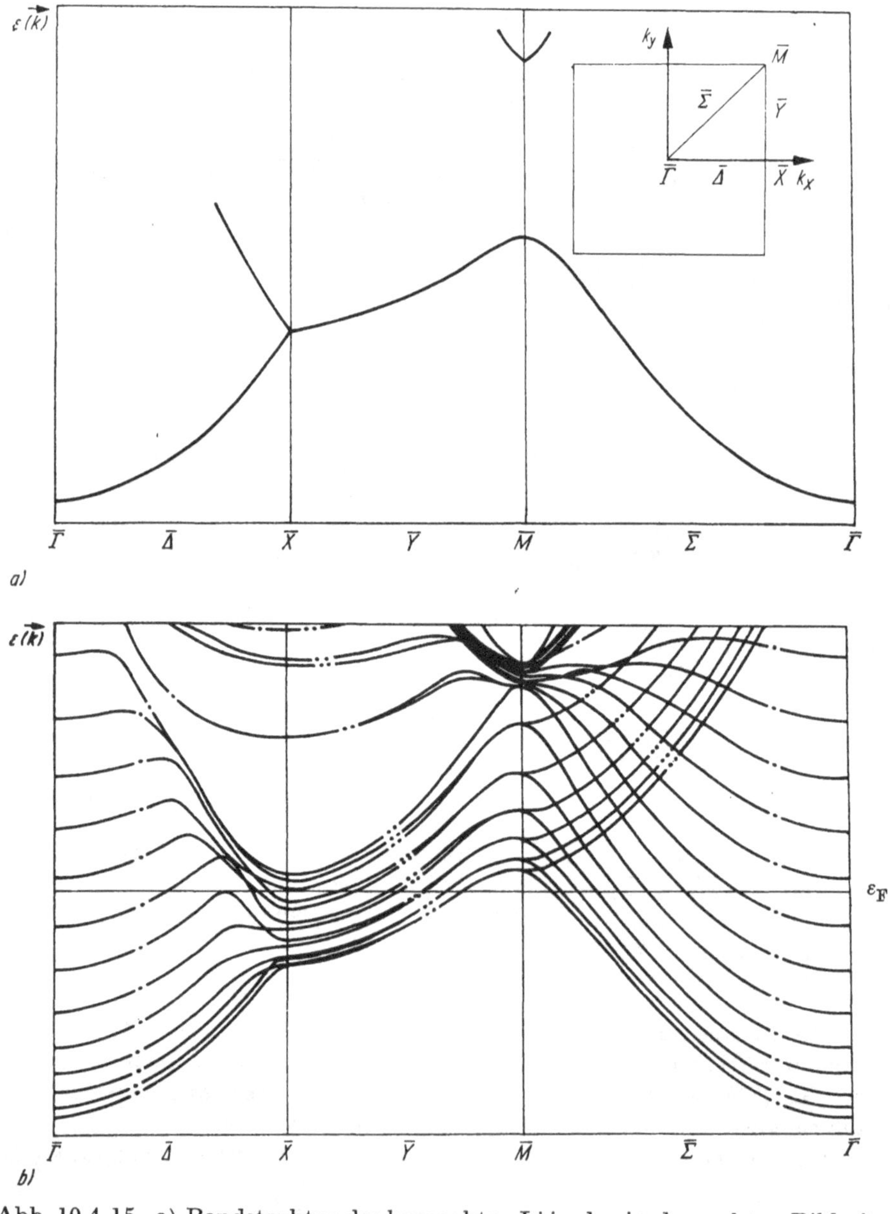

Abb. 10.4-15. a) Bandstruktur des kompakten Li in der in der rechten Bildseite gezeigten Oberflächen-BZ (001)-krz. Bandstruktur nach Ham (62). b) Bandstruktur eines aus 13 Atomlagen bestehenden Li-Films ((001)-Oberfläche) in der Oberflächen-BZ. Nach Alldredge u. Kleinman (74)

lung von Übergangsmetalloberflächen und von Adsorptionsproblemen zu bevorzugen sein. Andererseits muß man für eine praktikable Beschreibung der Schicht diese so dünn wählen, daß die gegenseitige Beeinflussung der Oberflächen noch eine Rolle spielt, so daß nicht ausschließlich Eigenschaften einer Oberfläche erfaßt werden.

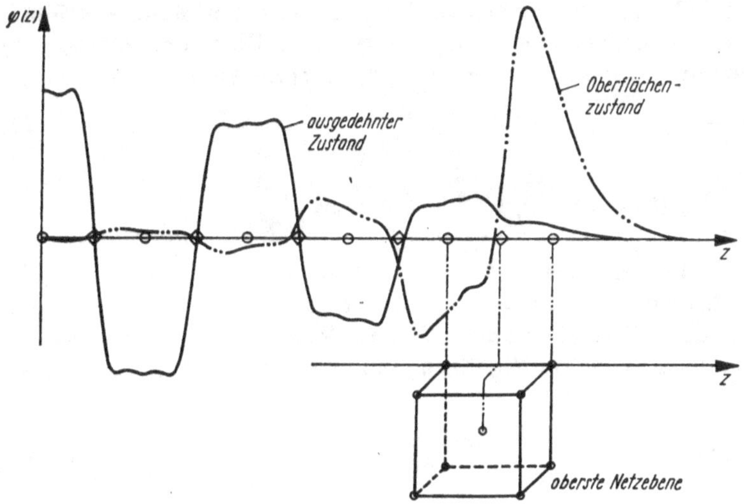

Abb. 10.4-16. Wellenfunktionen eines ausgedehnten Zustandes und eines Oberflächenzustandes für Li-(001). Nach Alldredge u. Kleinman (74)

10.4.4. Modell renormierter Pseudoatome

M. Taut

In diesem Abschnitt wird eine zu [10.4.2] und [10.4.3] alternative Methode (Taut u. a., 80) zur Berechnung der Dipolbarriere D von Metallen beschrieben, bei der ein grundsätzlich anderes Herangehen gewählt wird, das auch die Behandlung von Übergangsmetallen gestattet. Die Austrittsarbeit $\Phi = D - \mu^b$ kann bei bekannter Fermi-Energie μ^b der Volumenbandstruktur, wie in (10.3-23) bzw. Abb. 10.3-1 gezeigt, dann leicht aus D berechnet werden. Natürlich stellt die Berechnung von D und Φ für Übergangsmetalle kein prinzipielles Problem dar. Bei der selbstkonsistenten Bandberechnung einer Oberfläche fällt Φ automatisch mit an. Auch D kann aus der sowieso benötigten Ladungsdichte berechnet werden. Hier geht es vielmehr um eine Methode, mit der Trenduntersuchungen im gesamten Periodensystem mit geringem Aufwand durchgeführt werden können.

Für die Berechnung der Dipolbarriere D aus

$$D = 4\pi\epsilon^2 \frac{p_z}{A}\,, \tag{41}$$

$$p_z = \int d^3r\, z n(\boldsymbol{r}) \tag{42}$$

benötigen wir die Elektronendichte $n(\boldsymbol{r})$. ep_z/A ist das Dipolmoment pro Oberfläche.

Für die Bestimmung von $n(\boldsymbol{r})$ an der Oberfläche wird folgende Methode verwendet: Bei der LCAO-Methode (s. [5]) mit periodischen Randbedingungen (ohne Oberfläche) erhalten wir die Bloch-Funktionen in der Form

$$\varphi_{\boldsymbol{k}\nu}(\boldsymbol{r}) = \frac{1}{\sqrt{N}} \sum_m C_{m\nu}(\boldsymbol{k}) \sum_{\boldsymbol{R}} e^{i\boldsymbol{k}\boldsymbol{R}}\, a_m(\boldsymbol{r} - \boldsymbol{R})\,. \tag{43}$$

Für $a_m(\boldsymbol{r})$ werden die in (5.1-15) definierten optimal lokalisierten Basisfunktionen $(\boldsymbol{r}|\boldsymbol{R}m)$ nach Eschrig und Bergert (78) gewählt. Die gesamte Elektronendichte $n(\boldsymbol{r})$ kann daraus als Summe von „atomaren" Dichten $n_a(\boldsymbol{r})$ geschrieben werden:

$$n(\boldsymbol{r}) = \sum_{\boldsymbol{R}} n_a(\boldsymbol{r} - \boldsymbol{R}) \,, \tag{44}$$

$$n_a(\boldsymbol{r}) = \sum_{mm'} \frac{1}{N} \sum_{\boldsymbol{k}\nu}^{\text{bes}} C_{m\nu}(\boldsymbol{k})\, C_{m'\nu}(\boldsymbol{k}) \sum_{\boldsymbol{R}} \mathrm{e}^{-i\boldsymbol{k}\boldsymbol{R}}\, a_m^*(\boldsymbol{r})\, a_{m'}(\boldsymbol{r} - \boldsymbol{R}) \,. \tag{45}$$

Die wesentliche Annahme besteht nun darin, daß (44) auch an der Oberfläche gilt, wobei natürlich nur die Gitterplätze in die $\boldsymbol{R}$-Summen einbezogen werden, die wirklich besetzt sind. Nach sphärischer Mittelung und genäherter Berücksichtigung der weniger wichtigen Beiträge mit $m \neq m'$ erhalten wir für $n_a(\boldsymbol{r})$ anstelle von (43) (s. Taut u. a., 80)

$$n_a(r) = \frac{1}{4\pi} \sum_m f_m [R_m(r)]^2 \,, \tag{46}$$

wobei R_m die Radialteile von a_m und f_m die Besetzungszahlen der zugehörigen Orbitale im unendlichen Festkörper sind. Wir teilen nun den Kristall in verallgemeinerte

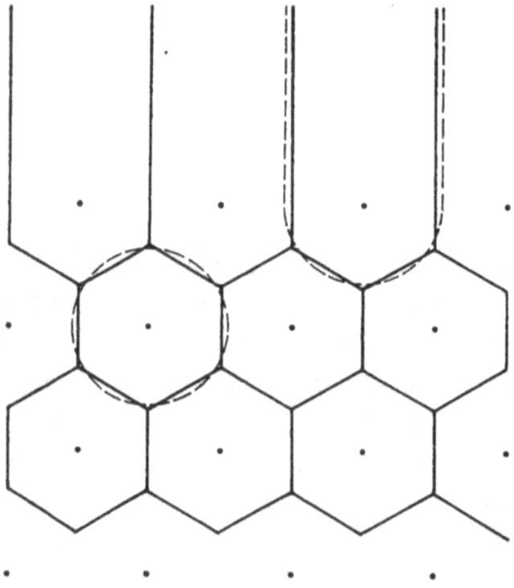

Abb. 10.4-17. Einteilung der Oberfläche in verallgemeinerte Wigner-Seitz-Zellen (zweidimensionaler Schnitt). Diese wurden für die konkrete Rechnung im Kristallinneren durch Kugeln und an der Oberfläche durch die an einem Atom eingezeichneten reagenzglasförmigen Körper ersetzt

Wigner-Seitz-Zellen (VWS-Zellen) ein (s. Abb. 10.4-17) und renormieren darin die $R_m(r)$:

$$R_m^{\text{ren}}(r) = \frac{R_m(r)}{\sqrt{Q_m}} \,, \tag{47}$$

$$Q_m = \frac{1}{4\pi} \int\limits_{\text{VWS-Zelle}} \mathrm{d}^3 r \, [R_m(r)]^2 \,. \tag{48}$$

Dadurch wird erreicht, daß alle VWS-Zellen neutral sind und die Elektronendichte innerhalb einer Zelle kugelsymmetrisch ist.

Die Ergebnisse für die Dipolbarrieren sind in Abb. 10.4-18 und 19 dargestellt. Bemerkenswert bei den einfachen Metallen ist, daß der hier vertretene „atomare"

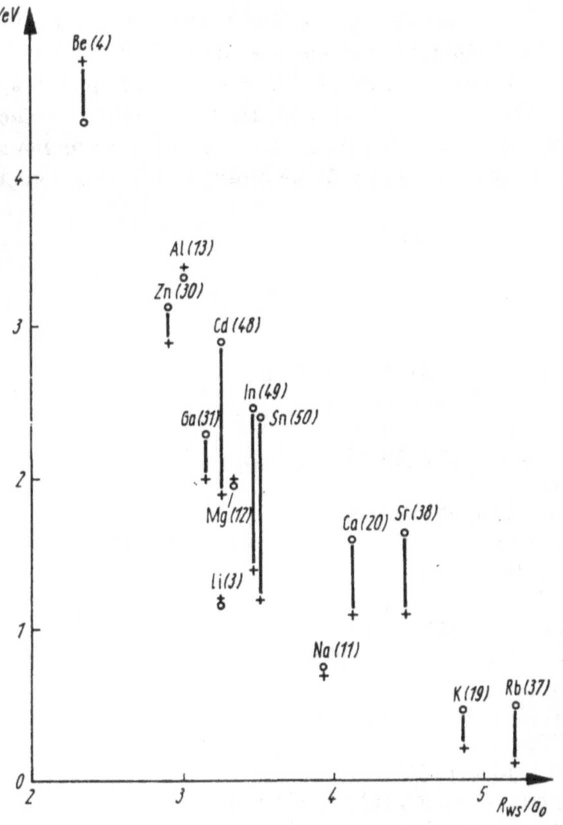

Abb. 10.4-18. Dipolbarriere der einfachen Metalle. Die Zahl hinter dem chemischen Symbol ist die Kernladungszahl. Kreise: Rechnung nach Taut u. a. (80), Kreuze: Halbempirische Werte nach Heine u. Hodges (72)

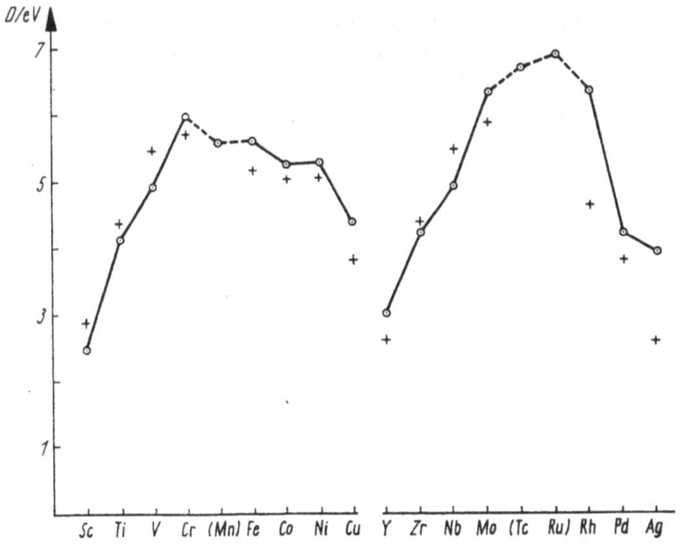

Abb. 10.4-19. Dipolbarriere für Übergangsmetalle der 3*d*- und 4*d*-Reihe. Kreise: Rechnung nach Taut u. a. (80), Kreuze: Halbempirische Werte nach Nieminen u. Hodges (76)

Standpunkt bei der Konstruktion der Elektronendichte zu Ergebnissen führt, die mit den semiempirischen Werten genauso gut übereinstimmen wie die in Abb. 10.4-9 auf einem ganz anderen Wege erhaltenen. Bei der $3d$- und $4d$-Reihe der Übergangsmetalle ist ein einheitlicher Trend in Abhängigkeit von der Valenzelektronenanzahl zu sehen, der von der Rechnung gut wiedergegeben wird. Dieser geht auf das Zusammenspiel zwischen der Größe des Wigner-Seitz-Radius und der Ausdehnung der Valenzwellenfunktionen zurück.

10.5. Literatur

Alldredge, G. P., L. Kleinman, Phys. Rev. Lett. **28**, 1264 (1972).
Alldredge, G. P., L. Kleinman, Phys. Rev. **B10**, 559 (1974).
Alldredge, G. P., L. Kleinman, Phys. Lett. **48A**, 337 (1974a).
Alldredge, G. P., L. Kleinman, J. Phys. **F4**, L 207 (1974b).
Allen, R. E., Solid State Comm. **16**, 1143 (1975).
Allen, R. E., F. W. de Wette, Phys. Rev. **179**, 873 (1969).
Allen, R. E., G. P. Alldredge, F. W. de Wette, Phys. Rev. **B4**, 1648, 1661 (1971).
Animalu, A. O. E., V. Heine, Phil. Mag. **12**, 1249 (1964).
Appelbaum, J. A., E. J. Blount, Phys. Rev. **B8**, 483 (1973).
Appelbaum, J. A., D. R. Hamann, Phys. Rev. **B6**, 2166 (1972).
Appelbaum, J. A., D. R. Hamann, Rev. Mod. Phys. **48**, 479 (1976).
Ashcroft, N. W., J. Phys. **C1**, 232 (1968).
Ashcroft, N. W., D. C. Langreth, Phys. Rev. **155**, 682 (1967).
Bartoš, I., Czech. J. Phys. **B23**, 1395 (1973).
Bartoš, I., F. Máca, Czech. J. Phys. **B26**, 619 (1976).
Bartoš, I., M. Hietschold, G. Paasch, phys. stat. sol. (b) **87**, 111 (1978).
Besold, J., M. Hietschold, in: P. Ziesche (Hrsg.), Proc. 10-th Symp. Electronic Structure, TU Dresden, 1980, S. 182.
Brauer, W., Einführung in die Elektronentheorie der Metalle, Geest & Portig, Leipzig 1972.
Burton, N. K., F. C. Frank, N. Cabrera, Phil. Trans. Roy. Soc. **243**, 299 (1951).
Caruthers, E., L. Kleinman, Phys. Rev. Lett. **35**, 738 (1975).
Celli, V., in: Surface Science, Vol. 1, ICTP, Trieste 1974, S. 393.
Chelikovsky, J. R., M. Schlüter, S. G. Louis, M. L. Cohen, Solid State Comm. **17**, 1103 (1975).
Craig, R. A., Phys. Rev. **B6**, 1134 (1972).
Davenport, J. W., T. L. Einstein, J. R. Schrieffer, Japan. J. Appl. Phys. (Suppl.) **2**, Part 2, 691 (1974).
Eschrig, H., I. Bergert, phys. stat. sol. (b) **90**, 621 (1978).
Felter, T. E., R. A. Barker, P. J. Estrup, Phys. Rev. Lett. **38**, 1138 (1977).
Fingerland, A., M. Tomášek, in Surface Science, Vol. 1, ICTP, Trieste 1974, S. 145.
Finnis, M., V. Heine, J. Phys. **F4**, L 37 (1974).
Frenkel, J., Ž. eksper. teoret. fiz. **16**, 39 (1946).
Garcia-Moliner, F., J. Rubio, J. Phys. **C2**, 1789 (1969).
Gracia-Moliner, F., J. Rubio, Proc. Roy. Soc. **A324**, 257 (1971).
Green, M., (Hrsg.), Solid State Surface Science, Vol. I, Dekker, New York 1969.
Grimvall, G., Kompendium i ytfysik, Göteborg 1970, S. 121.
Gupta, A. K., K. S. Singwi, Phys. Rev. **B15**, 1801 (1977).
Ham, F. S., Phys. Rev. **128**, 82 (1962).
Haydock, R., V. Heine, M. J. Kelly, J. Phys. **C5**, 2845 (1972).

Heine, V., C. H. Hodges, J. Phys. **C5**, 225 (1972).
Hietschold, M., Dissertation A, TU Dresden, 1976.
Hietschold, M., J. Besold, in: P. Ziesche (Hrsg.), Proc. 11-th Symp. Electronic Structure, TU Dresden, 1981, S. 143.
Hietschold, M., G. Paasch, Exp. Techn. Phys. **23**, 239 (1975).
Hietschold, M., G. Paasch, P. Ziesche, phys. stat. sol. (b) **70**, 653 (1975).
Hietschold, M., G. Paasch, I. Bartoš, phys. stat. sol. (b) **101**, 239 (1980).
Hodges, C. H., Can. J. Phys. **51**, 1428 (1973).
Hohenberg, P., W. Kohn, Phys. Rev. **136**, B 864 (1964).
Hölzl, J., F. K. Schulte, in: Solid Surface Physics, (Springer Tracts in Modern Physics, Vol. 85), Springer, Berlin 1979, S. 1.
Huntington, H. B., Phys. Rev. **81**, 1035 (1951).
Inglesfield, J. E., J. Phys. **C4**, L 14 (1971).
Inglesfield, J. E., E. Wikborg, J. Phys. **C6**, L 158 (1973).
Jona, F., J. Phys. **C11**, 4271 (1978).
Jones, H., G. M. Leak, Metal Science Journal **1**, 211 (1967).
Kenner, V. E., R. E. Allen, Phys. Rev. **B11**, 2858 (1975).
Klose, W., P. Entel, P. Hertel, Z. Phys. **245**, 347 (1971).
Kohn, W., L. J. Sham, Phys. Rev. **140**, A 1133 (1965).
Kolář, M., phys. stat. sol. (b) **80**, 521 (1977).
Kolář, M., I. Bartoš, Czech. J. Phys. **B23**, 179 (1973).
Laks, B., D. L. Mills, Phys. Rev. **B20**, 4962 (1979), **B21**, 5175 (1980).
Landau, L. D., E. M. Lifschitz, Lehrbuch der Theoretischen Physik, Band V, Akademie-Verlag, Berlin 1979.
Lang, N. D., Solid State Comm. **7**, 1047 (1969).
Lang, N. D., Solid State Physics **28**, 225 (1973).
Lang, N. D., W. Kohn, Phys. Rev. **B1**, 4555 (1970).
Lang, N. D., W. Kohn, Phys. Rev. **B3**, 1215 (1971).
Lang, N. D., W. Kohn, Phys. Rev. **B8**, 6010 (1973).
Langreth, D. C., Phys. Rev. **B5**, 2842 (1972).
Lucas, A. A., Phys. Rev. **B7**, 3527 (1973).
Ma, C. Q., V. Sahni, Phys. Rev. **B16**, 4249 (1977).
Mahan, G. D., Phys. Rev. **B2**, 4334 (1970).
Mahan, G. D., Phys. Rev. **B12**, 5585 (1975).
Martin, M. R., G. A. Somerjai, Phys. Rev. **B7**, 3607 (1973).
Néel, L., J. Phys. Radium **15**, 225 (1954).
Nieminen, R. M., C. H. Hodges, J. Phys. **F6**, 537 (1976).
Niklasson, G., A. Sjölander, K. S. Singwi, Phys. Rev. **B11**, 113 (1975).
Paasch, G., in: Neuere Entwicklungen der Physik, Dt. Verl. d. Wiss., Berlin 1974, S. 162 (1974a).
Paasch, G., phys. stat. sol. (b) **65**, 221 (1974b).
Paasch, G., phys. stat. sol. (b) **71**, K5 (1975).
Paasch, G., phys. stat. sol. (b) **87**, 191 (1978).
Paasch, G., M. Hietschold, phys. stat. sol. (b) **67**, 743 (1975).
Paasch, G., M. Hietschold, phys. stat. sol. (b) **83**, 209 (1977).
Paasch, G., H. Wonn, phys. stat. sol. (b) **70**, 555 (1975).
Paasch, G., P. Rennert, phys. stat. sol. (b) **83**, 501 (1977).
Paasch, G., H. Eschrig, W. John, phys. stat. sol. (b) **51**, 283 (1972).
Peuckert, V., Z. Phys. **241**, 191 (1971).
Raether, H., Springer Tracts in Modern Physics, Vol. 88, Springer, Berlin 1980.
Rasolt, M., J. Shy-Yih Wang, L. M. Kahn, Phys. Rev. **B15**, 580 (1977).

Schmit, J., A. A. Lucas, Solid State Comm. **11**, 415 (1972).
Schrieffer, J. R., P. Soven, Physics Today **28**, No. 4 (1975).
Schulte, K., phys. stat. sol. (b) **79**, 149 (1977).
Sholl, C. A., Proc. Phys. Soc. **92**, 434 (1967).
Singwi, K. S., A. Sjölander, M. P. Tosi, R. H. Land, Phys. Rev. **B1**, 1044 (1970).
Skorow, D. M., A. J. Daschkowski, W. N. Maskaletz, W. K. Chischni, Powerchnostnaja energija twerdych metallitscheskych fas, Atomisdat, Moskau 1973.
Smith, J. R., Phys. Rev. **181**, 522 (1969).
Smith, J. R., Phys. Rev. Lett. **25**, 1023 (1970).
Smoluchowski, R., Phys. Rev. **60**, 661 (1941).
Sugiyama, A., J. Phys. Soc. Japan **15**, 956 (1960).
Taut, M., H. Eschrig, M. Schubert, phys. stat. sol. (b) **100**, 243 (1980).
Tejedor, C., F. Flores, Solid State Comm. **17**, 995 (1975).
Tejedor, C., F. Flores, J. Phys. **F6**, 1647 (1976).
Vashishta, P., K. S. Singwi, Phys. Rev. **B6**, 875 (1972).
Velický, B., I. Bartoš, J. Phys. **C4**, L 104 (1971).
Wei-Mei Shyu, G. D. Gaspari, Phys. Rev. **170**, 687 (1968).
Wigner, E. P., Trans. Faraday Soc. **34**, 678 (1938).
Wulff, G., Z. Krist. **34**, 449 (1901).
Ziman, J. M., Prinzipien der Festkörpertheorie, Akademie-Verlag, Berlin 1974.

Ergänzungen zu [10.5] beim Korrekturlesen

Übersichtsartikel:

J. E. Inglesfield, Rep. Progr. Phys. **45**, 223 (1982).
J. E. Inglesfield, B. W. Holland, in: D. A. King, D. P. Woodruff (Hrsg.), The Chemical Physics of Solid Surfaces and Heterogeneous Catalysis, Elsevier, Amsterdam 1981, S. 355
M. B. Partenskij, Usp. fiz. nauk **128**, 69 (1979).

11. Eigenschaften lokalisierter Defekte in Metallen

E. Mrosan, G. Lehmann

Es werden einige Eigenschaften von isolierten, nichtmagnetischen, substitutionellen Punktdefekten in Metallen behandelt. Ausgangspunkt ist das Modell eines einzelnen durch das Störpotential des Punktdefektes hervorgerufenen Streuzentrums in dem von den Leitungselektronen des Wirtskristalls gebildeten homogenen Elektronengas. Dieses Modell dient zur Diskussion der Friedelschen Summenregel, der Friedel-Oszillationen, des Restwiderstandes, der Änderung der diamagnetischen Suszeptibilität und des Einflusses auf den de-Haas-van-Alphen-Effekt. Der Einfluß der Bandstruktur des Wirtskristalls wird im Modell starker Bindung und mit der Theorie der Vielfachstreuung untersucht. Anschließend wird auf die Konstruktion des Potentials der Punktdefekte eingegangen. Die entsprechenden Überlegungen dienen zur Beschreibung der Eigenschaften von $3d$-Übergangsmetallpunktdefekten in Aluminium und in Kupfer.

11.1. Substitutionelle Fremdatome in Metallen

Im Laufe der letzten zehn Jahre hat sich gezeigt, daß zur Beschreibung der elektronischen Eigenschaften von reinen Metallen gut arbeitende theoretische Methoden zur Verfügung stehen, die Bandstruktur, Zustandsdichte, Fermi-Fläche und weitere Meßgrößen in befriedigender Übereinstimmung mit dem Experiment liefern. Ausgehend von den bei der Untersuchung ideal reiner Metalle gewonnenen Erkenntnissen, wird in zunehmendem Maße versucht, die Eigenschaften von realen Festkörpern, d. h. von Metallen mit Fremdatomen, von ungeordneten Legierungen (substitutionelle bzw. strukturelle Unordnung) und von komplizierten intermetallischen Verbindungen zu verstehen. Auch Oberflächen werden in die Untersuchungen einbezogen. In diese Realstrukturuntersuchungen ordnet sich die Beschreibung von lokalisierten substitutionellen Fremdatomen in Metallen ein. Mit solchen Störungen der idealen Kristallsymmetrie sind neue charakteristische Eigenschaften des realen Festkörpers verknüpft, die beim ideal reinen Metall nicht auftreten (z. B. Restwiderstand).

Bei der Beschreibung der Eigenschaften von Fremdatomen besteht eines der Hauptprobleme in der Konstruktion des Potentials der Fremdatome. Dieses Potential muß Umladungs- und Abschirmungseffekte beinhalten, die mit dem Fremdatom verbunden sind. Besonders kritisch ist das Problem der Potentialkonstruktion bei ungeordneten Legierungen. Einzelne Fremdatome in einem Wirtskristall (Punktdefekte), deren Eigenschaften hier untersucht werden sollen, entsprechen dem Grenzfall einer verdünnten Legierung. Zur allgemeinen Beschreibung der Eigenschaften von Punktdefekten geht man zwei verschiedenen Wege. Dabei wird der Wirtskristall in beiden Fällen mit den Methoden, die von reinen Metallen bekannt sind, behandelt. Einerseits werden die physikalisch wichtigen Defekteigenschaften in geeigneter Weise parametrisiert. Diese Parameter werden an bestimmte Experimente angepaßt, um damit weitere Meßgrößen berechnen zu können. Diese Methode liefert eine gute Übereinstimmung von berechneten und experimentellen Größen. Andererseits werden die Defekteigenschaften aus ersten Prinzipien berechnet, d. h., die Eigenschaften des Defektsystems werden aus den Eigenschaften der Bauelemente des Wirtskristalls und den Eigenschaften der Fremdatome erklärt, ohne daß irgendwelche Parameter an Experimenten gefittet werden. Dieses Vorgehen ist das schwierigere von beiden. Die Übereinstimmung von theoretischen und experimentellen Größen ist oft weniger gut. Der zweite Weg führt aber zu einem tieferen physikalischen Verständnis.

Im weiteren werden wir uns auf lokalisierte Fremdatome beschränken. Die Störung der idealen Struktur soll dabei auf die Wigner-Seitz-Zelle, in der sich das Fremdatom befindet, beschränkt sein. Der Einfluß von Gitterdeformationen wird vernachlässigt. Die Fremdatome sollen sich an Gitterplätzen befinden (substitutionelle Punktdefekte) und werden als nichtmagnetisch angenommen, d. h., es werden keine Kondo-Systeme betrachtet, in denen mit dem Fremdatom lokalisierte magnetische Momente verbunden sind. Es wird nur der Grenzfall $T = 0$ behandelt, Temperaturabhängigkeiten werden nicht diskutiert. Andererseits soll die Konzentration der Punktdefekte so gering sein, daß alle Wechselwirkungseffekte zwischen Punktdefekten untereinander vernachlässigt werden können und die Defekteigenschaften eine lineare Konzentrationsabhängigkeit zeigen.

Zunächst werden wir die wichtigsten Resultate für isolierte Punktdefekte, die sich in einem von den Leitungselektronen des Wirtskristalls gebildeten homogenen Elektronengas befinden, diskutieren. Danach wird der Einfluß von Punktdefekten auf den de-Haas-van-Alphen-Effekt ausführlich besprochen. Der Einfluß der Bandstruktur des Wirtskristalls wird im Modell starker Bindung und unter Verwendung der Theorie der Vielfachstreuung entsprechend den Ergebnissen von [4.5] diskutiert. Die Konstruktion des Potentials der Punktdefekte und die Eigenschaften von $3d$-Übergangsmetallpunktdefekten in Aluminium und in Kupfer werden abschließend untersucht.

11.2. Punktdefekt im homogenen Elektronengas

11.2.1. Beschreibung des Modells und Friedelsche Summenregel

Zur Beschreibung der Eigenschaften von lokalisierten Fremdatomen in einem Metall verwenden wir zunächst das Modell eines einzelnen isolierten Streuzentrums in einem homogenen Elektronengas und stellen noch einmal die wichtigsten Resultate aus [4] zusammen.

Das homogene Elektronengas soll durch die Leitungselektronen des Wirtskristalls repräsentiert werden. In dieser Näherung wird die anisotrope Bandstruktur des Wirtskristalls vernachlässigt und durch eine Bandstruktur freier Elektronen mit der Dispersionsrelation $\varepsilon_{\boldsymbol{k}} = \hbar^2 \boldsymbol{k}^2/2m$ ersetzt. Mit dem durch das Elektronengas abgeschirmten Fremdatom sei ein kugelsymmetrisches Störpotential $V(r)$ verbunden. Dieses Störpotential soll durch ein Muffin-Tin-Potential beschrieben werden (Abb. 11.2-1). Dabei wird die Vorstellung verwendet, daß das durch den Punktdefekt hervorgerufene Störpotential nur eine endliche Reichweite haben soll und außerhalb eines Radius R_{MT} verschwindet. Die Streueigenschaften des Störpotentials sind durch die Streuphasen

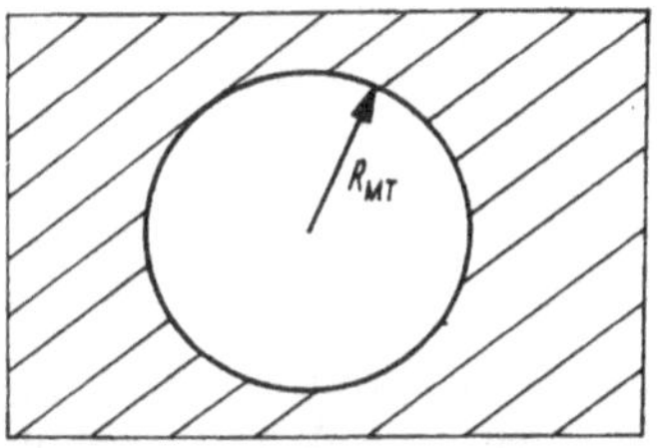

Abb. 11.2-1. Muffin-Tin-Potential für einen einzelnen Punktdefekt in einem homogenen Elektronengas

$\eta_l(\varepsilon)$ gegeben. Die Streuphasen $\eta_l(\varepsilon)$ des lokalisierten Fremdatoms sind nicht vollkommen willkürlich, sondern müssen für $\varepsilon = \varepsilon_F$ der Friedelschen Summenregel (4.3-77″) genügen:

$$\Delta Z = \frac{2}{\pi} \sum_l (2l + 1)\, \eta_l(\varepsilon_F)\,. \tag{1}$$

ΔZ stellt die mit dem Fremdatom verbundene Störladung dar (Valenzdifferenz).

Die Friedelsche Summenregel gewährleistet die Neutralität des Systems und ist eine Bedingung für das mit dem Fremdatom verbundene Störpotential $V(r)$. Die rechte Seite von (1) stellt die durch das Fremdatom hervorgerufene Änderung der integrierten Zustandsdichte $\Delta N(\varepsilon_F)$ an der Fermi-Energie dar (s. [4.3.6]). Die Änderung der Zustandsdichte $\Delta D(\varepsilon)$ ergibt sich somit zu

$$\Delta D(\varepsilon) = \frac{2}{\pi} \sum_l (2l + 1)\, \frac{d\eta_l(\varepsilon)}{d\varepsilon}\,. \tag{2}$$

Die durch (2) gegebene Änderung der Zustandsdichte hängt mit der durch die Fremdatome hervorgerufenen Änderung des Elektronenanteils der spezifischen Wärme zusammen. Bei tiefen Temperaturen ist der Elektronenanteil der spezifischen Wärme von Metallen proportional zur Temperatur:

$$C_{el} = \gamma T\,. \tag{3}$$

Für den Faktor γ gilt (s. (6.1-9) oder Ziman, 76)

$$\gamma = \tfrac{1}{3}\, \pi^2 k_B D(\varepsilon_F)\,(1 + \lambda)\,. \tag{4}$$

Dabei ist $D(\varepsilon_F)$ die Zustandsdichte an der Fermi-Energie und λ die Elektron-Phonon-Wechselwirkungskonstante (s. [9]), die den Einfluß der Elektron-Phonon-Wechselwirkung beschreibt.

Für die durch Punktdefekte hervorgerufene Änderung der spezifischen Wärme ergibt sich aus (4) unmittelbar

$$\frac{\Delta\gamma}{\gamma} = \frac{\Delta D(\varepsilon_F)}{D(\varepsilon_F)} + \frac{\Delta\lambda}{1 + \lambda}\,. \tag{5}$$

Bei Vernachlässigung des Einflusses der Fremdatome auf die Elektron-Phonon-Wechselwirkung folgt mit (2) für die durch die Fremdatome verursachte Änderung der spezifischen Wärme

$$\frac{\Delta\gamma}{\gamma} = \frac{2}{\pi D(\varepsilon_F)} \sum_l (2l + 1)\, \frac{d\eta_l(\varepsilon)}{d\varepsilon}\bigg|_{\varepsilon_F}\,. \tag{6}$$

Diese Meßgröße ist entsprechend (6) mit der Energieableitung der Streuphasen des Störpotentials an der Fermi-Energie verknüpft.

11.2.2. Ladungsdichteoszillationen

Durch lokalisierte Fremdatome werden in Metallen relativ langreichweitige Ladungsdichteoszillationen (Friedel-Oszillationen) hervorgerufen. Ihr grundsätzlicher Verlauf ist durch (4.3-72) mit (4.3-68) gegeben. Diese Ausdrücke wurden in [4.5.5] für lokalisierte Defekte ausgewertet. Mit (4.3-68) läßt sich der Ausdruck (4.3-72) dann auch schreiben als

$$\Delta n(\boldsymbol{r}) = \sum_{\boldsymbol{k}}^{\text{bes}} [|\varphi_{\boldsymbol{k}}(\boldsymbol{r})|^2 - |\varphi_{\boldsymbol{k}}^0(\boldsymbol{r})|^2] \,. \tag{7}$$

Dabei bedeuten $\varphi_{\boldsymbol{k}}^0$ bzw. $\varphi_{\boldsymbol{k}}$ die Wellenfunktionen im ungestörten System bzw. bei Vorhandensein des lokalisierten Fremdatoms. Die Summe in (7) beinhaltet auch die Spinsummation (s. Fußnote in [3.2.1]).

Aus (4.5-39 u. 40) folgt für den winkelgemittelten Anteil von $\Delta n(\boldsymbol{r})$

$$\Delta n(r) = \sum_l \frac{2l+1}{2\pi^2} \int_0^{k_{\mathrm{F}}} \mathrm{d}\varkappa\, \varkappa^2 \{[\mathrm{n}_l^2(\varkappa r) - \mathrm{j}_l^2(\varkappa r)] \sin^2 \eta_l(\varkappa) - \mathrm{n}_l(\varkappa r)\, \mathrm{j}_l(\varkappa r) \sin 2\eta_l(\varkappa)\} \,. \tag{8}$$

Zur Berechnung von $\Delta n(r)$ entsprechend (8) ist somit nicht nur die Kenntnis der Streuphasen η_l an der Fermi-Energie notwendig, sondern es wird ihre gesamte Energieabhängigkeit unterhalb ε_{F} benötigt. (8) liefert im Rahmen des benutzten Modells einen exakten Ausdruck für die Änderung der Ladungsdichte an einem beliebigen Ort $r > R_{\mathrm{MT}}$.

Mit (4.5-42) ist der asymptotische Ausdruck für (8) durch

$$\Delta n(r) = -\sum_l \frac{2l+1}{2\pi^2} \sin \eta_l(k_{\mathrm{F}}) \frac{\cos(2k_{\mathrm{F}}r + \eta_l(k_{\mathrm{F}}) - l\pi)}{r^3} \tag{9}$$

gegeben. (9) kann in der Form (4.5-43)

$$\Delta n(r) = A \frac{\cos(2k_{\mathrm{F}}r + \Phi)}{r^3} \tag{10}$$

geschrieben werden, wobei die Amplitude A und die Phase Φ als Funktionen der Streuphasen $\eta_l(k_{\mathrm{F}})$ in (4.5-44) gegeben sind. Sie bestimmen das asymptotische Verhalten im Gegensatz zum nichtasymptotischen Ausdruck (8), zu dessen Berechnung die gesamte Energieabhängigkeit der Streuphasen benötigt wird.

Die mit dem Fremdatom verbundenen Ladungsdichteoszillationen können mit Methoden der magnetischen Kernresonanz (NMR) untersucht werden und gehen in verschiedene Meßgrößen, wie elektrischer Feldgradient, wipe-out-number und die Änderung der Knight-Verschiebung, ein (s. dazu den Übersichtsartikel von Grüner u. Minier, 77).

11.2.3. Restwiderstand

Bekanntlich besitzt ein Gas freier Elektronen oder auch ein ideal reiner Metallkristall für $T \to 0$ keinen elektrischen Widerstand, d. h., er hat eine unendliche Leitfähigkeit. Hier soll zunächst der durch Fremdatome hervorgerufene temperaturunabhängige Restwiderstand untersucht werden, der durch Streuung der Leitungselektronen des Wirtskristalls an dem durch die Fremdatome hervorgerufenen Störpotential verursacht wird. Die weitaus einfachste und verbreitetste Methode zur Berechnung von Transportgrößen beruht auf dem quasiklassischen Konzept der Boltzmann-Gleichung. Die Boltzmann-Gleichung stellt eine Bestimmungsgleichung für die klassische Einteilchenverteilungsfunktion $f_{\boldsymbol{k}} = f(\boldsymbol{k}, \boldsymbol{r}, t)$ der Elektronen dar.[1]) Mit dieser Verteilungsfunktion wird über

$$\boldsymbol{j} = \frac{e}{V} \sum_k f_{\boldsymbol{k}} \boldsymbol{v}_{\boldsymbol{k}} \tag{11}$$

die Stromdichte berechnet. Die Geschwindigkeit $\boldsymbol{v}_{\boldsymbol{k}}$ der Elektronen ergibt sich mittels

$$\boldsymbol{v}_{\boldsymbol{k}} = \frac{1}{\hbar} \frac{\partial \varepsilon_{\boldsymbol{k}}}{\partial \boldsymbol{k}}$$

aus der Dispersionsrelation $\varepsilon_{\boldsymbol{k}}$. Durch Vergleich mit

$$\boldsymbol{j} = \boldsymbol{\sigma} \boldsymbol{E} \tag{12}$$

folgt der Widerstand $\boldsymbol{\rho} = \boldsymbol{\sigma}^{-1}$. $\boldsymbol{E}$ ist das angelegte äußere elektrische Feld. Im allgemeinen Fall sind $\boldsymbol{\sigma}$ und $\boldsymbol{\rho}$ Tensoren. Für isotrope Systeme sind beide Größen jedoch Skalare. Da das thermodynamische Gleichgewicht einen stromlosen Zustand beschreibt, folgt für die Fermi-Dirac-Gleichgewichtsverteilung der Elektronen $f_{\boldsymbol{k}}^0 = (\exp((\varepsilon_{\boldsymbol{k}} - \zeta)/k_{\mathrm{B}}T) + 1)^{-1}$ die Beziehung

$$\sum_k f_{\boldsymbol{k}}^0 \boldsymbol{v}_{\boldsymbol{k}} = 0\,. \tag{13}$$

ζ ist das chemische Potential. Für $T = 0$ ist das chemische Potential gleich der Fermi-Energie ε_{F}. Für die Berechnung des Stromes wird die Abweichung von der Gleichgewichtsverteilung $f_{\boldsymbol{k}}^0$ benötigt,

$$f_{\boldsymbol{k}} = f_{\boldsymbol{k}}^0 + g_{\boldsymbol{k}}\,. \tag{14}$$

Die Boltzmann-Gleichung ist eine Bestimmungsgleichung für die Funktion $g_{\boldsymbol{k}}$, d. h. für die Abweichung von der Gleichgewichtsverteilung $f_{\boldsymbol{k}}$. Diese Abweichung wird sowohl durch äußere Störungen (elektrische Felder $\boldsymbol{E}$, magnetische Felder $\boldsymbol{B}$, Temperaturgradienten $\partial T/\partial \boldsymbol{r}$ und Konzentrationsgradienten $\partial\zeta/\partial \boldsymbol{r}$) als auch durch Streuprozesse der Leitungselektronen hervorgerufen. Die Boltzmann-Gleichung stellt eine Bilanzgleichung aller dieser Störungen dar. Sie lautet in linearisierter Form (s. Ziman, 76)

$$\left(-\frac{\partial f_{\boldsymbol{k}}^0}{\partial \varepsilon}\right) \boldsymbol{v}_{\boldsymbol{k}} \left\{\frac{\varepsilon_{\boldsymbol{k}} - \zeta}{T} \frac{\partial T}{\partial \boldsymbol{r}} - \left(e\boldsymbol{E} - \frac{\partial \zeta}{\partial \boldsymbol{r}}\right)\right\} + \boldsymbol{v}_{\boldsymbol{k}} \frac{\partial g_{\boldsymbol{k}}}{\partial \boldsymbol{r}} + \frac{e}{\hbar} (\boldsymbol{v}_{\boldsymbol{k}} \times \boldsymbol{B}) \frac{\partial g_{\boldsymbol{k}}}{\partial \boldsymbol{k}} = \left(\frac{\partial g_{\boldsymbol{k}}}{\partial t}\right)_{\text{Stoß}}. \tag{15}$$

[1]) Der Einfachheit halber beschränken wir uns auf den Fall eines einzigen Energiebandes und lassen in den nachfolgenden Betrachtungen den Bandindex ν weg.

Die Linearisierung bei der Ableitung der Boltzmann-Gleichung bezieht sich auf schwache äußere Störungen in $\boldsymbol{E}$ und $\partial T/\partial \boldsymbol{r}$. Dabei wird angenommen, daß auch die Abweichung von der Gleichgewichtsverteilung klein sei, und es werden Terme, die sowohl äußere Störungen als auch $g_{\boldsymbol{k}}$ enthalten, vernachlässigt. Eine Ausnahme bildet der Magnetfeldterm in (15), der entsprechend obiger Argumentation bereits ein Term zweiter Ordnung ist. Dieser Term muß allerdings berücksichtigt werden, da der entsprechende lineare Term in $\boldsymbol{B}$ die Form $\boldsymbol{v}_{\boldsymbol{k}}(\boldsymbol{v}_{\boldsymbol{k}} \times \boldsymbol{B})$ hat und identisch verschwindet. Der Stoßterm auf der rechten Seite von (15) beschreibt die Streuprozesse und hat die Form

$$\left(\frac{\partial g_{\boldsymbol{k}}}{\partial t}\right)_{\text{Stoß}} = \sum_{\boldsymbol{k}'} P_{\boldsymbol{k}\boldsymbol{k}'}(g_{\boldsymbol{k}'} - g_{\boldsymbol{k}}) \,. \tag{16}$$

$P_{\boldsymbol{k}\boldsymbol{k}'}$ ist die Übergangswahrscheinlichkeit aus (4.5-20) für eine Streuung des Elektrons aus einem Zustand mit der Wellenzahl $\boldsymbol{k}$ und der Energie $\varepsilon_{\boldsymbol{k}}$ in einen Zustand mit $\boldsymbol{k}'$ und $\varepsilon_{\boldsymbol{k}'}$. Wir beschränken uns auf die Untersuchung elastischer Streuprozesse, für die $\varepsilon_{\boldsymbol{k}} = \varepsilon_{\boldsymbol{k}'}$ gilt.

Zur Berechnung des Restwiderstandes wird ein zeitunabhängiges, homogenes äußeres elektrisches Feld betrachtet. Mit $\boldsymbol{B} = 0$, $\partial T/\partial \boldsymbol{r} = 0$, $\partial \zeta/\partial \boldsymbol{r} = 0$ und $\partial g_{\boldsymbol{k}}/\partial \boldsymbol{r} = 0$ folgt aus (16)

$$\left(-\frac{\partial f_{\boldsymbol{k}}^0}{\partial \varepsilon_{\boldsymbol{k}}}\right) \boldsymbol{v}_{\boldsymbol{k}} e \boldsymbol{E} = \left(-\frac{\partial g_{\boldsymbol{k}}}{\partial t}\right)_{\text{Stoß}} . \tag{17}$$

Der Term $\partial g_{\boldsymbol{k}}/\partial \boldsymbol{r}$ verschwindet, da nur eine im Ortsraum homogene Störung angenommen wird.

Für isotrope Systeme ist es möglich, zur weiteren Auswertung von (17) die sogenannte Relaxationszeitnäherung zu benutzen. Dazu wird eine Relaxationszeit τ eingeführt:

$$-\frac{\partial g_{\boldsymbol{k}}}{\partial t} = \frac{g_{\boldsymbol{k}}}{\tau} \,. \tag{18}$$

Die anschauliche Interpretation für diesen phänomenologischen Ansatz besteht darin, daß die Lösung von (18)

$$g_{\boldsymbol{k}}(t) = g_{\boldsymbol{k}}(0)\, \mathrm{e}^{-t/\tau} \tag{19}$$

einen Zustand beschreibt, der exponentiell auf Null abklingt, d. h. nach abgeschaltetem äußerem Feld nähert sich das Elektronengas exponentiell wieder der Fermi-Dirac-Gleichgewichtsverteilung. Bei einer anisotropen Bandstruktur $\varepsilon_{\boldsymbol{k}}$ wird die Relaxationszeit ebenfalls eine Funktion des Wellenzahlvektors $\boldsymbol{k}$ sein, d. h., $\tau = \tau_{\boldsymbol{k}}$. Für ein homogenes Elektronengas mit einer Dispersionsrelation $\varepsilon_{\boldsymbol{k}} = \hbar^2 k^2/2m$ und einer kugelförmigen Fermi-Fläche $\varepsilon_{\boldsymbol{k}} = \varepsilon_{\text{F}}$ kann aus Symmetriegründen die Relaxationszeit nur von der Fermi-Wellenzahl k_{F} abhängen. In diesem Sinne unterscheidet man zwischen isotropen Relaxationszeiten, die nur von k_{F} abhängen, und anisotropen Relaxationszeiten $\tau_{\boldsymbol{k}}$, die für verschiedene Wellenzahlvektoren $\boldsymbol{k}$ auf der Fermi-Fläche unterschiedliche Werte haben (im allgemeinen Fall ist $\tau_{\boldsymbol{k}}$ ein Tensor).

Mit (18) folgt als Lösung von (17) sofort

$$g_{\boldsymbol{k}} = \left(-\frac{\partial f_{\boldsymbol{k}}^0}{\partial \varepsilon_{\boldsymbol{k}}}\right) \boldsymbol{v}_{\boldsymbol{k}}\, e \boldsymbol{E} \tau \,. \tag{20}$$

Zur Berechnung der Leitfähigkeit ist entsprechend (11) und (13)

$$\boldsymbol{j} = \sum_k \frac{e}{V} \boldsymbol{v}_k g_k \tag{21}$$

auszuwerten. Dazu wird zunächst entsprechend (A5-5) die Summe über k in ein Integral umgewandelt (Faktor 2 wegen Spinsummation),

$$\sum_k = 2 \int \frac{V \, \mathrm{d}^3 k}{(2\pi)^3} \,. \tag{22}$$

Die Integration über $\boldsymbol{k}$ wird aufgeteilt in eine Integration über Flächen $\varepsilon_{\boldsymbol{k}} = \text{const}$ und in eine Integration in Richtung $k_\perp$, senkrecht auf den Flächen konstanter Energie.

$$\mathrm{d}^3 k = \mathrm{d}S_{\boldsymbol{k}} \, \mathrm{d}k_\perp \,. \tag{23}$$

Wegen $\mathrm{d}\varepsilon = |\partial \varepsilon_{\boldsymbol{k}} / \partial \boldsymbol{k}| \, \mathrm{d}k_\perp$ folgt

$$\mathrm{d}^3 k = \frac{\mathrm{d}\varepsilon \, \mathrm{d}S_{\boldsymbol{k}}}{\left| \dfrac{\partial \varepsilon_{\boldsymbol{k}}}{\partial \boldsymbol{k}} \right|} = \frac{1}{\hbar v_{\boldsymbol{k}}} \mathrm{d}\varepsilon \, \mathrm{d}S_{\boldsymbol{k}} \,. \tag{24}$$

Für $T \to 0$ ist die Ableitung der Fermi-Dirac-Verteilung eine Deltafunktion,

$$\left(- \frac{\partial f_{\boldsymbol{k}}^0}{\partial \varepsilon_{\boldsymbol{k}}} \right) = \delta(\varepsilon_{\boldsymbol{k}} - \varepsilon_{\mathrm{F}}) \,. \tag{25}$$

Für das isotrope freie Elektronengas gilt weiterhin

$$\overline{v_x^2} = \overline{v_y^2} = \overline{v_z^2} = \tfrac{1}{3} \, v_{\mathrm{F}}^2 \,. \tag{26}$$

Unter Benutzung von

$$n = \frac{N}{V} = \frac{1}{3} \frac{k_{\mathrm{F}}^3}{\pi^2}, \quad N = Z N_a \tag{27}$$

ergibt sich bei Auswertung von (11) endgültig

$$\sigma = \frac{e^2 n \tau}{m} \qquad \text{bzw.} \qquad \varrho = \frac{m}{e^2 n} \frac{1}{\tau} \,. \tag{28}$$

Dabei ist N_a die Anzahl der Atome, Z die Anzahl der Valenzelektronen eines Atoms und N die Gesamtzahl der Valenzelektronen. Die Relaxationszeit τ kann interpretiert werden als die mittlere Zeit zwischen zwei aufeinanderfolgenden Streuprozessen. Es ist auch üblich, die mittlere freie Weglänge

$$\Lambda = v_{\mathrm{F}} \tau \tag{29}$$

einzuführen als den mittleren Weg, den die Elektronen zwischen zwei aufeinanderfolgenden Streuprozessen zurücklegen.

Zur Berechnung des Restwiderstandes ist es noch notwendig, die Relaxationszeit τ durch die mikroskopischen Größen, die den Streuprozeß beschreiben, auszudrücken. Dazu wird für $g_{\boldsymbol{k}}$ der Ansatz gemacht

$$g_{\boldsymbol{k}} = \left(- \frac{\partial f_{\boldsymbol{k}}^0}{\partial \varepsilon_{\boldsymbol{k}}} \right) e \, \boldsymbol{\Lambda}_{\boldsymbol{k}} \boldsymbol{E} \,. \tag{30}$$

Hierbei stellt $\boldsymbol{\Lambda}_k$ den Vektor einer anisotropen freien Weglänge der Elektronen dar. Mit (30) folgt aus (17) und (16)

$$\boldsymbol{v}_k = \sum_{k'} P_{kk'}(\boldsymbol{\Lambda}_k - \boldsymbol{\Lambda}_{k'})\,. \tag{31}$$

(31) stellt eine inhomogene, lineare Integralgleichung für $\boldsymbol{\Lambda}_k$ dar, wobei die Vektoren $\boldsymbol{k}$ und $\boldsymbol{k}'$ auf der Fermi-Fläche liegen,

$$\boldsymbol{\Lambda}_k = \Big(\sum_{k'} P_{kk'}\Big)^{-1} \Big[\boldsymbol{v}_k + \sum_{k'} P_{kk'}\boldsymbol{\Lambda}_{k'}\Big]\,. \tag{32}$$

Für den Fall eines isotropen freien Elektronengases (hierbei ist $\boldsymbol{v}_k = \hbar\boldsymbol{k}/m$) bietet sich analog zu (29) der Ansatz

$$\boldsymbol{\Lambda}_k = \boldsymbol{v}_k\tau \tag{33}$$

an. Im allgemeinen Fall hat wegen (32) der Vektor $\boldsymbol{\Lambda}_k$ nicht die gleiche Richtung wie $\boldsymbol{v}_k$, und die Relaxationszeit τ ist ein $\boldsymbol{k}$-abhängiger Tensor.

Mit (33) folgt für (31)

$$\boldsymbol{v}_k = \tau \sum_{k'} P_{kk'}(\boldsymbol{v}_k - \boldsymbol{v}_{k'})\,. \tag{34}$$

Zur weiteren Auswertung wird $\boldsymbol{v}_{k'}$ in (34) in eine Komponente senkrecht und eine Komponente parallel zur Richtung $\boldsymbol{v}_k$ zerlegt (Abb. 11.2-2):

$$\boldsymbol{v}_{k'} = \boldsymbol{v}_{k'\parallel} + \boldsymbol{v}_{k'\perp} \quad \text{mit} \quad \boldsymbol{v}_{k'\parallel} = \boldsymbol{v}_k \cos\vartheta,\ \vartheta = \sphericalangle(\boldsymbol{k}, \boldsymbol{k}')\,. \tag{35}$$

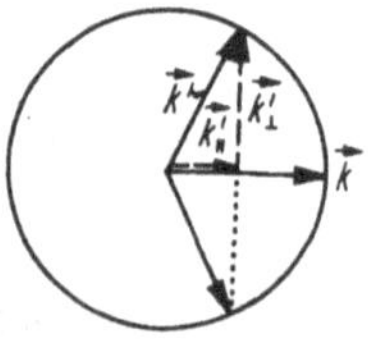

Abb. 11.2-2. Zerlegung des Wellenzahlvektors $\boldsymbol{k}'$ in eine Komponente senkrecht und eine Komponente parallel zu $\boldsymbol{k}$

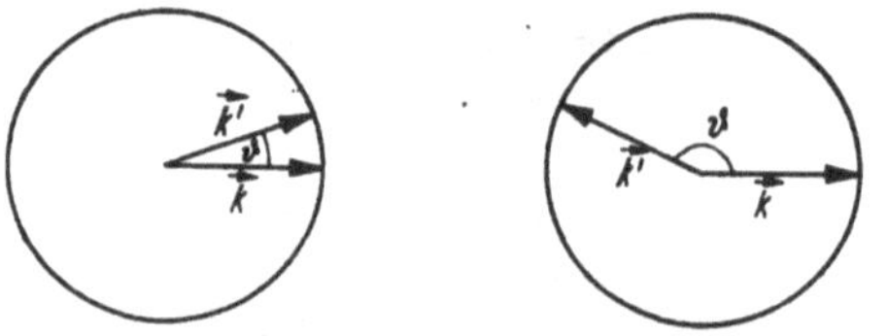

a) b)

Abb. 11.2-3. a) Kleinwinkelstreuung trägt nur gering zum Restwiderstand bei. b) Großwinkelstreuung liefert großen Beitrag zum Restwiderstand

Damit folgt

$$\boldsymbol{v}_k = \tau\boldsymbol{v}_k \sum_{k'} P_{kk'}(1 - \cos\vartheta) - \tau \sum_{k'} P_{kk'}\boldsymbol{v}_{k'\perp}\,. \tag{36}$$

Da für ein freies Elektronengas mit einer kugelförmigen Fermi-Fläche $P_{kk'}$ nur vom Kosinus des Winkels zwischen $\boldsymbol{k}$ und $\boldsymbol{k}'$ abhängt, heben sich aus Symmetriegründen die Summanden im zweiten Term von (36) gegenseitig weg, und es folgt aus (36) endgültig (s. Abb. 11.2-2)

$$\frac{1}{\tau} = \sum_{k'} P_{kk'}(1 - \cos\vartheta)\,. \tag{37}$$

Der Faktor $(1 - \cos\vartheta)$ begünstigt die Streuung um möglichst große Winkel. Das ist anschaulich klar, da Streuprozesse in Richtung des elektrischen Feldes $\boldsymbol{E}$ sicher nichts zum Widerstand beitragen sollten, während die maximalen Beiträge zum Widerstand von Streuprozessen in Richtung $-\boldsymbol{E}$ zu erwarten sind (s. Abb. 11.2-3). Die Übergangswahrscheinlichkeit $P_{\boldsymbol{kk}'}$ für N_i unabhängig streuende Defektatome kann durch die T-Matrix des Systems entsprechend der „golden rule" (4.5-20) für einen Defekt ausgedrückt werden:

$$P_{\boldsymbol{kk}'} = N_\mathrm{i} \frac{2\pi}{\hbar} |T_{\boldsymbol{kk}'}|^2 \, \delta(\varepsilon_{\boldsymbol{k}} - \varepsilon_{\boldsymbol{k}'}) \,. \tag{38}$$

Die Deltafunktion beschreibt die Energieerhaltung bei den betrachteten elastischen Streuprozessen. Die T-Matrix aus (4.5-28) kann im vorliegenden Fall mit $\operatorname{Im} A_{ll}^{\alpha} = 1$, $\Phi_\alpha = \eta_l$ und $c_{kl\mu}^{\alpha} = 4\pi i^l Y_L(\boldsymbol{k})/\sqrt{\mathscr{V}}$ (s. auch (4.1-15 u. 15′)) durch die Streuphasen η_l des Störpotentials der Fremdatome dargestellt werden:

$$T_{\boldsymbol{kk}'} = -\frac{4\pi}{\mathscr{V}} \frac{\hbar^2}{2m} \frac{1}{k_\mathrm{F}} \sum_l (2l+1) \sin \eta_l \, e^{i\eta_l} P_l(\cos\vartheta) \,. \tag{39}$$

$P_l\,(\cos\vartheta)$ sind die Legendreschen Polynome.

Mit (37), (38) und (39) folgt unter Verwendung von (22) bis (27) für den Restwiderstand (28)

$$\varrho = \frac{c}{Z} \frac{\hbar}{e^2} \frac{4\pi}{k_\mathrm{F}} \sum_{l,l'} (2l+1)\,(2l'+1) \sin \eta_l \, e^{i\eta_l} \sin \eta_{l'} \, e^{-i\eta_{l'}} \, I_{ll'} \tag{40}$$

mit

$$I_{ll'} = \int_0^\pi \mathrm{d}\vartheta \sin\vartheta \,(1 - \cos\vartheta)\, P_l(\cos\vartheta)\, P_{l'}\,(\cos\vartheta) \tag{41}$$

und $c = N_\mathrm{i}/N_\mathrm{a}$ als Konzentration der Fremdatome (N_a = Anzahl aller Atome). Unter Verwendung der Eigenschaften der Legendreschen Polynome (A2-4 u. 6) erhält man für das Integral (41)

$$I_{ll'} = \frac{2}{2l+1} \left[\delta_{ll'} - \frac{l+1}{2l'+1} \delta_{l+1,l'} - \frac{l}{2l'+1} \delta_{l-1,l'} \right]. \tag{42}$$

Mit (42) kann die Doppelsumme in (40) ausgewertet werden, und man erhält endgültig

$$\varrho = \varrho(\varepsilon_\mathrm{F}) = \frac{c}{Z} \frac{\hbar}{e^2} \frac{4\pi}{k_\mathrm{F}} \sum_l (l+1) \sin^2 \big(\eta_l(\varepsilon_\mathrm{F}) - \eta_{l+1}(\varepsilon_\mathrm{F})\big) \,. \tag{43}$$

(43) stellt den mit der Boltzmann-Gleichung erhaltenen durch Fremdatome verursachten temperaturunabhängigen Restwiderstand dar. Die Elektronen des Wirtskristalls werden dabei durch ein Gas freier Elektronen beschrieben. Charakteristisch ist die Kopplung benachbarter Drehimpulse l und $l + 1$. Diese Kopplung ist auf den Faktor $(1 - \cos\vartheta)$, der in der Relaxationszeit τ in (37) auftritt, zurückzuführen.

Aus dem Restwiderstand läßt sich eine weitere Transportgröße berechnen, die Thermokraft. Entsprechend der Mott-Formel (s. Ziman, 76) gilt

$$Q = Q(\varepsilon_\mathrm{F}) = \frac{\pi^2}{3} \frac{k_\mathrm{B}}{e} k_\mathrm{B} T \left[\frac{\partial \ln \varrho(\varepsilon)}{\partial \varepsilon} \right]_{\varepsilon = \varepsilon_\mathrm{F}} . \tag{44}$$

Gegenüber dem Widerstand ist die Thermokraft $Q(\varepsilon)$ eine relativ empfindliche Größe, da sie von der Energieableitung des Widerstandes abhängt. Letztere wird durch die Energieableitung der Streuphasen bestimmt, und somit sind Details der Energieabhängigkeit der Streuphasen in der Nähe der Fermi-Energie wichtig.

Der anisotrope Fall, d. h. die Berechnung von Transportgrößen bei Vorhandensein einer beliebigen, $\boldsymbol{k}$-abhängigen Dispersionsrelation $\varepsilon_{\boldsymbol{k}}$ wird in [11.5.3] behandelt.

11.2.4. Diamagnetismus der Leitungselektronen in verdünnten Legierungen

Zunächst wird ein Gas freier Elektronen betrachtet, das sich innerhalb eines kugelförmigen Normierungsvolumens mit dem Radius R befindet. Es wird ein äußeres homogenes Magnetfeld $\boldsymbol{B}$ parallel zur z-Achse angelegt,

$$\boldsymbol{B} = B\boldsymbol{e}_z \,. \tag{45}$$

Für das Vektorpotential $\boldsymbol{A}$ kann

$$\boldsymbol{A} = -\tfrac{1}{2}\boldsymbol{r} \times \boldsymbol{B} \tag{46}$$

geschrieben werden, wobei für $\boldsymbol{A}$ die Beziehungen

$$\boldsymbol{B} = \operatorname{rot} \boldsymbol{A} \tag{47}$$

und

$$\operatorname{div} \boldsymbol{A} = 0 \tag{48}$$

gelten. Unter Verwendung von (46) folgt für den Hamilton-Operator $H = (\boldsymbol{p} - e\boldsymbol{A})^2/2m$ die Beziehung

$$H = \frac{p^2}{2m} + \frac{1}{2}\frac{e}{m}\boldsymbol{B}\boldsymbol{l} + \frac{e^2}{8m}B^2(x^2 + y^2)\,, \tag{49}$$

wobei $\boldsymbol{l} = \boldsymbol{r} \times \boldsymbol{p}$ ist.

Der Hamilton-Operator (49) kann in der Form

$$H = H_0 + H_1 \tag{50}$$

geschrieben werden, mit

$$H_0 = \frac{p^2}{2m} + \frac{1}{2}\frac{e}{m}Bl_z \tag{51}$$

und

$$H_1 = \frac{e^2B^2}{8m}(x^2 + y^2)\,. \tag{52}$$

Das magnetische Moment $\boldsymbol{M}$ wird erhalten durch Ableitung des Erwartungswertes $\varepsilon = \overline{H}$ nach dem Magnetfeld,

$$\boldsymbol{M} = -\frac{\partial \varepsilon}{\partial \boldsymbol{B}}\,. \tag{53}$$

Unter Benutzung von (51) und (52) ergibt sich

$$M = M_0 + M_1 \tag{54}$$

mit

$$M_0 = -\frac{e}{2m}\bar{l}_z \tag{55}$$

und

$$M_1 = -\frac{e^2B}{4m}\overline{(x^2+y^2)}\,. \tag{56}$$

Um den Erwartungswert von M in erster Ordnung in B zu berechnen, könnte man versuchen, H_1 zu vernachlässigen, da H_1 das Magnetfeld in zweiter Ordnung enthält. Dieses Vorgehen würde aber bei der Berechnung des Landau-Diamagnetismus von freien Elektronen versagen. Die Ursache besteht darin, daß $H_1 \sim B^2(x^2+y^2)$ auch für kleine B für genügend große x oder y beliebig groß wird und nicht vernachlässigt werden kann. Jedoch für eine lokalisierte Störung $V(r)$, wie sie durch Fremdatome hervorgerufen wird, deren Ausdehnung sehr klein im Vergleich zum Normierungsvolumen ist, kann H_1 vernachlässigt werden.

Die Wellenfunktionen freier Elektronen bei Abwesenheit des Magnetfeldes B sind in Drehimpulszerlegung gegeben durch

$$\varphi_{klm_l}(\boldsymbol{r}) = \mathrm{j}_l(kr)\, Y_{lm_l}(\boldsymbol{r})\,. \tag{57}$$

Für die Energieeigenwerte bis zur ersten Ordnung in B, die mit den Wellenfunktionen nullter Ordnung berechnet werden, folgt

$$\varepsilon_{klm_l} = \frac{\hbar^2k^2}{2m} + \frac{eB}{2m}m_l\,. \tag{58}$$

Zu beachten ist, daß die Wellenfunktion auf der Oberfläche des Normierungsvolumens Null werden muß:

$$\mathrm{j}_l(kR) = 0\,. \tag{59}$$

Unter Verwendung des asymptotischen Ausdruckes der sphärischen Bessel-Funktionen ist (59) äquivalent zu

$$\sin(kR - l\pi/2) = 0 \tag{60}$$

oder

$$kR - l\pi/2 = n\pi\,. \tag{61}$$

Die Zustandsdichte der Drehimpulskomponente l beträgt demnach

$$d_l(\varepsilon) = \frac{2Rm}{\pi\hbar^2k}\,, \tag{62}$$

wobei beide Spinrichtungen einbezogen wurden. Der Erwartungswert von M_0 ist entsprechend (55) durch

$$M_0 = -\frac{e}{2m}m_l\hbar \tag{63}$$

gegeben. Der Gesamtbeitrag der l-ten Drehimpulskomponente wird durch Summation über alle besetzten Zustände $k \leqq k_{\mathrm{F}}$ und über die magnetische Quantenzahl m_l gegeben,

$$(M_0)_l = \sum_k \sum_{m_l} M_0 . \tag{64}$$

Die Summe über die Wellenzahlen k kann unter Verwendung von $\sum_k = \int \mathrm{d}\varepsilon\, d_l(\varepsilon)$ in ein Energieintegral übergeführt werden:

$$\sum_k \sum_{m_l} M_0 = \sum_{m_l} \int \mathrm{d}\varepsilon\, f^0\left(\varepsilon + \frac{eB\hbar}{2m} m_l\right) d_l(\varepsilon) \left(-\frac{e}{2m} m_l \hbar\right). \tag{65}$$

Entwicklung der Fermi-Verteilungsfunktion nach B liefert

$$f^0\left(\varepsilon + \frac{eB\hbar}{2m} m_l\right) = f^0(\varepsilon) + \left(\frac{\partial f^0}{\partial \varepsilon}\right) \frac{eB\hbar}{2m} m_l + \dots \tag{66}$$

Der von B unabhängige Term verschwindet, da $\sum_{m_l} m_l = 0$ gilt.

$$(M_0)_l = \sum_{m_l} \left(\frac{\hbar e}{2m}\right)^2 B m_l^2 \int \mathrm{d}\varepsilon \left(-\frac{\partial f^0}{\partial \varepsilon}\right) d_l(\varepsilon) . \tag{67}$$

Für $T = 0$ gilt $\left(-(\partial f^0/\partial \varepsilon)\right) = \delta(\varepsilon - \varepsilon_F)$, und mit

$$\sum_{m_l=0}^{l} m_l^2 = \tfrac{1}{6}(2l+1)(l+1)\,l$$

folgt endgültig

$$(M_0)_l = \hbar^2 e^2 B\, d_l(\varepsilon_F)/(2m)^2 \,\frac{(2l+1)(l+1)\,l}{6} . \tag{68}$$

Für den Erwartungswert von M_1 erhält man

$$(M_1)_l = -\frac{Be^2}{4m} \langle x^2 + y^2 \rangle_l \tag{69}$$

mit

$$\langle x^2 + y^2 \rangle_l = \int \mathrm{d}^3 r (x^2 + y^2)\, n_l(\boldsymbol{r}) , \tag{70}$$

wobei $n_l(\boldsymbol{r})$ die ungestörte Elektronendichte für den Drehimpuls l ist. Für isotrope Systeme gilt $x^2 = y^2 = z^2 = r^2/3$. Damit folgt

$$(M_1)_l = -\frac{e^2 B}{6m} \int r^2 n_l(\boldsymbol{r})\, \mathrm{d}^3 r . \tag{71}$$

Denkt man sich jetzt das durch die Fremdatome hervorgerufene Störpotential $V(r)$ eingeschaltet, so ergibt sich für die asymptotische Form der Wellenfunktionen

$$\sin(kr - l\pi/2 + \eta_l)/kr . \tag{72}$$

Aus der Randbedingung erhält man jetzt im Unterschied zu (51)

$$kR - l\pi/2 + \eta_l = n\pi . \tag{73}$$

Für die geänderte Zustandsdichte folgt

$$d_1'(\varepsilon) = 2\left(\frac{Rm}{\pi\hbar^2 k} + \frac{1}{\pi}\frac{\partial \eta_l}{\partial \varepsilon}\right). \tag{74}$$

Der Faktor 2 berücksichtigt die Spinsummation. Damit ergeben sich neue magnetische Momente

$$(M_0')_l = \frac{\hbar^2 e^2 B}{2m^2} d_l'(\varepsilon_F) \frac{(2l+1)(l+1)l}{6} \tag{75}$$

und

$$(M_1')_l = -\frac{e^2 B}{6m} \int r^2 n_l'(\boldsymbol{r}) \, d^3r \,. \tag{76}$$

Für die durch die Fremdatome hervorgerufene Änderung des magnetischen Momentes erhält man aus (75) und (76) durch Subtraktion der ungestrichenen Größen und durch Summation über alle Drehimpulse

$$\Delta M = B\left[\frac{\hbar^2 e^2}{2\pi m^2} \sum_l \frac{l(l+1)(2l+1)}{6} \left(\frac{\partial \eta_l}{\partial \varepsilon}\right)_{\varepsilon_F} - \frac{e^2}{6m} \int \Delta n(\boldsymbol{r}) \, r^2 \, d^3r\right]. \tag{77}$$

Für N_i Frematome pro Volumen ergibt sich für die Änderung der magnetischen Suszeptibilität $\Delta\chi$ pro Volumen

$$\Delta\chi = \frac{N_i}{\mathscr{V}}\left[\frac{\hbar^2 e^2}{\pi m^2} \sum_l \frac{l(l+1)(2l+1)}{6} \left(\frac{\partial \eta_l}{\partial \varepsilon}\right)_{\varepsilon_F} - \frac{e^2}{6m} \int \Delta n(\boldsymbol{r}) \, r^2 \, d^3r\right]. \tag{78}$$

(78) ist das Endresultat von Kohn und Luming (63). Der zweite Term entspricht dem Langevin-Pauli-Resultat für ein „Atom", dessen Ladungsdichte gleich der Differenzladungsdichte zwischen einem Fremdatom und einem Atom des Wirtskristalls ist. Der erste Term hängt vom Anstieg der Streuphasen an der Fermi-Energie ab und kann sowohl positives als auch negatives Vorzeichen haben.

11.3. De-Haas-van-Alphen-Effekt

11.3.1. Quantisierung der Energieniveaus freier Elektronen im Magnetfeld

Es wird wie in [11.2.4] der Einfluß eines homogenen Magnetfeldes $\boldsymbol{B} = B\boldsymbol{e}_z$ auf ein System freier Elektronen untersucht. Das Vektorpotential wird aber hier in der Landau-Eichung

$$\boldsymbol{A} = Bx\boldsymbol{e}_y \tag{1}$$

gewählt. $\boldsymbol{A}$ erfüllt ebenfalls die Relationen

$$\operatorname{rot} \boldsymbol{A} = \boldsymbol{B} \tag{2}$$

und

$$\operatorname{div} \boldsymbol{A} = 0 \tag{3}$$

und unterscheidet sich von (11.2-46) durch einen Term $\partial f/\partial \boldsymbol{r}$ mit $f = r^2 B/2$, dessen Rotation verschwindet.

Der Hamilton-Operator hat die Gestalt

$$H = (\boldsymbol{p} - e\boldsymbol{A})^2/2m \,. \tag{4}$$

Die Schrödinger-Gleichung $H\varphi = \varepsilon\varphi$ lautet mit (1) und (4)

$$-\frac{\hbar^2}{2m}\frac{\partial^2\varphi}{\partial x^2} + \frac{1}{2m}\left(\frac{\hbar}{i}\frac{\partial}{\partial y} - eBx\right)^2 \varphi - \frac{\hbar^2}{2m}\frac{\partial^2\varphi}{\partial z^2} = \varepsilon\varphi\,. \tag{5}$$

Mit dem Ansatz für die Wellenfunktion

$$\varphi(x, y, z) = \varphi(x)\, e^{ip_y y/\hbar}\, e^{ip_z z/\hbar} \tag{6}$$

folgt für die Schrödinger-Gleichung

$$-\frac{\hbar^2}{2m}\frac{d^2\varphi(x)}{dx^2} + \frac{e^2B^2}{2m}(x - p_y/eB)^2\,\varphi(x) = \left(\varepsilon - \frac{p_z^2}{2m}\right)\varphi(x)\,. \tag{7}$$

Vergleichen wir (7) mit der Schrödinger-Gleichung für den eindimensionalen harmonischen Oszillator

$$-\frac{\hbar^2}{2m}\frac{d^2\varphi}{dx^2} + \frac{m\omega^2}{2}x^2\varphi = \varepsilon(n)\,\varphi \tag{8}$$

mit den Energieeigenwerten

$$\varepsilon(n) = \hbar\omega(n + 1/2)\,, \tag{9}$$

so entspricht (7) einem harmonischen Oszillator, dessen Nullpunkt um die Strecke $x_0 = p_y/eB$ verschoben ist. x_0 stellt klassisch gerade den Radius der Kreisbahn eines Elektrons im Magnetfeld dar, wie aus der Gleichgewichtsbedingung von Zentrifugalkraft mv^2/R und Lorentz-Kraft $|e|Bv$ folgt: $R = mv/|e|B = p/|e|B$. Die Oszillatorfrequenz in (7) ist gleich der Larmor-Frequenz des Elektrons

$$\omega = |e|B/m\,. \tag{10}$$

Die Energiewerte ergeben sich zu

$$\varepsilon(n, p_z) = p_z^2/2m + \frac{|e|\hbar B}{2m}(2n + 1)\,. \tag{11}$$

Dieser Ausdruck beschreibt die sogenannten Landau-Niveaus. Die Energieniveaus in p_z-Richtung sind kontinuierlich verteilt, während in den Ebenen senkrecht zum Magnetfeld diskrete Niveaus vorliegen. Stellt man diese Zustände erneut im Impulsraum der freien Elektronen dar, sind die diskreten Niveaus durch Kreise mit den Radien $p_n = \sqrt{2|e|B\hbar(n + 1/2)}$ gegeben. Ihr Flächeninhalt ist

$$S = \pi(2m\varepsilon_F - p_z^2) = 2\pi|e|B\hbar(n + 1/2)\,. \tag{12}$$

Die möglichen Energieniveaus liegen somit auf Zylindern, den sogenannten Landau-Zylindern.

Zur Berechnung des Entartungsgrades der Energieniveaus wird ein kastenförmiges Volumen mit den Kantenlängen L_x, L_y und L_z betrachtet. Alle zu verschiedenen p_y-Werten gehörigen Energiewerte sind miteinander entartet. Auf ein Intervall der Länge L_x entfallen N_x Parabeln. Man erhält N_x, indem man L_x durch den Abstand zweier benachbarter Parabeln $\Delta x = \hbar\Delta k_y/|e|B$ dividiert,

$$N_x = \frac{L_x}{\Delta x} = \frac{L_x|e|B}{\hbar\Delta k_y} = \frac{L_xL_y}{2\pi\hbar}|e|B\,. \tag{13}$$

Zwei benachbarte k_y- oder k_z-Werte liegen dabei um

$$\Delta k_y = \frac{2\pi}{L_y}, \qquad \Delta k_z = \frac{2\pi}{L_z} \tag{14}$$

auseinander.

(13) ist gerade die Anzahl der Zustände zwischen zwei Kreisen mit den Radien p_{n+1} und p_n, denn nach (12) und (14) ist diese

$$(S_{n+1} - S_n)\, L_x L_y/(2\pi\hbar)^2 = L_x L_y |e| B/2\pi\hbar\,. \tag{15}$$

Wird (15) mit $\Delta N_z = \Delta p_z L_z/2\pi\hbar$ multipliziert, so erhält man die Anzahl der Zustände, die in einem bestimmten Impulsintervall $\mathrm{d}p_z$ mit der Quantenzahl n liegen:

$$|e| B\mathcal{V}/(2\pi\hbar)^2 \quad \text{mit} \quad \mathcal{V} = L_x L_y L_z\,. \tag{16}$$

Mit $\mathrm{d}p_z = (\mathrm{d}p_z/\mathrm{d}\varepsilon)\,\mathrm{d}\varepsilon$ folgt für die Zustandsdichte des n-ten Niveaus unter Berücksichtigung der Spinentartung

$$D_n(\varepsilon) = \frac{2\mathcal{V}}{(2\pi\hbar)^2} |e| B \frac{\mathrm{d}p_z}{\mathrm{d}\varepsilon}\,. \tag{17}$$

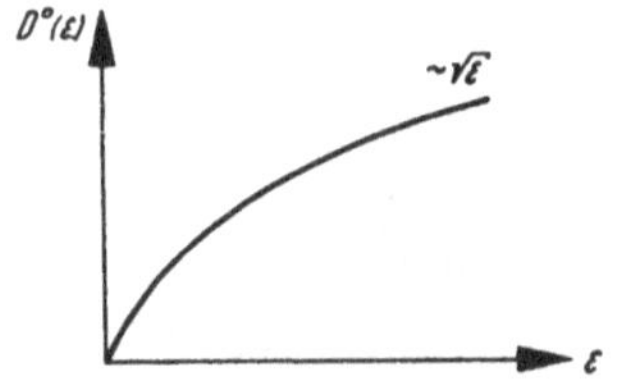

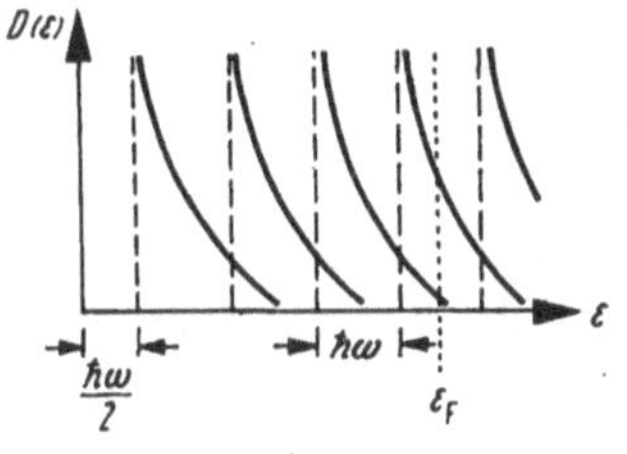

Abb. 11.2-4. Parabelförmige Zustandsdichte freier Elektronen ohne Magnetfeld. Im Magnetfeld spaltet die Zustandsdichte in Bänder auf, die den einzelnen Landau-Zylindern entsprechen

$\mathrm{d}p_z/\mathrm{d}\varepsilon$ wird nach (11) berechnet. Nach Ausführung der Summation über alle Niveaus folgt für die gesamte Zustandsdichte (Abb. 11.2-4).

$$D(\varepsilon) = \frac{1}{N} \frac{2\mathcal{V}}{(2\pi\hbar)^2} |e| B \sqrt{\frac{m}{2}} \sum_n \frac{\Theta(\varepsilon - \hbar\omega(n + 1/2))}{\sqrt{\varepsilon - \hbar\omega(n + 1/2)}}\,. \tag{18}$$

Eine Variation des Magnetfeldes führt zur Änderung der Radien der Landau-Zylinder. Für $T = 0$ erfolgt beim Durchgang der Landau-Zylinder durch die Fermi-Fläche eine sprunghafte Änderung in der Besetzung, da nur Zustände innerhalb des Fermi-Körpers besetzt sein können. Diese Änderung der Besetzung führt zu Oszillationen in

den thermodynamischen Größen, wie der Freien Energie, der Magnetisierung und der Suszeptibilität, die als de-Haas-van-Alphen-(dHvA)-Effekt bezeichnet werden.
Der Hauptbeitrag zu diesen Oszillationen kommt von den Gebieten des Fermi-Körpers, wo sich die Landau-Zylinder und der Fermi-Körper tangieren, d. h. von den Bereichen in der Nähe von extremalen Querschnitten des Fermi-Körpers senkrecht zur Magnetfeldrichtung. Bei freien Elektronen entspricht einem solchen extremalen Querschnitt die Fläche der Landau-Zylinder

$$S_{\text{extr}}(\varepsilon_F) = 2\pi\hbar|e|B(n + 1/2)\,. \tag{19}$$

Sei B_n das Magnetfeld, bei dem der n-te Landau-Zylinder den Fermi-Körper tangiert, so folgt für die Periodenlänge der dHvA-Oszillationen

$$\Delta\left(\frac{1}{B}\right) = \frac{1}{B_n} - \frac{1}{B_{n+1}} = \frac{2\pi\hbar|e|}{S_{\text{extr}}(\varepsilon_F)}\,. \tag{20}$$

Die Periodenlänge wird entsprechend (20) durch die extremalen Querschnittsflächen des Fermi-Körpers bestimmt. Der dHvA-Effekt erlaubt dadurch eine unmittelbare experimentelle Untersuchung der extremalen Querschnitte der Fermi-Fläche.

11.3.2. dHvA-Effekt für reine Metalle

Nach der mehr qualitativen Diskussion des dHvA-Effektes für ein System freier Elektronen soll nun ein Metall mit einer beliebigen Dispersionsrelation betrachtet werden. Die Berechnung der dHvA-Oszillationen für eine beliebige Dispersionsrelation der Elektronen wurde von Lifschitz und Kosewitsch (56) durchgeführt. Eine ausführliche Ableitung findet sich auch z. B. bei Abrikossow (76). Dieser Effekt wurde von de Haas und van Alphen (30) experimentell entdeckt und nach ihnen benannt.

Ausgangspunkt ist eine beliebige Dispersionsrelation der Metallelektronen (der Bandindex wird nachfolgend weggelassen)

$$\varepsilon_s(n, p_z) = \varepsilon(n, p_z) + \mu_B B s_z\,. \tag{21}$$

$s = \pm 1/2$ kennzeichnet den Spin, μ_B ist das Bohrsche Magneton. Für die Metallelektronen, die der Dispersionsrelation (21) genügen, wird das thermodynamische Potential $J(\zeta, T)$ berechnet:

$$J = -\frac{V}{(2\pi\hbar)^2}\,|e|B \sum_n \sum_s \int \mathrm{d}p_z \ln\left(1 + \mathrm{e}^{(\zeta - \varepsilon_s(n, p_z))/k_B T}\right). \tag{22}$$

Aus dem thermodynamischen Potential folgt dann unmittelbar die Magnetisierung durch Ableitung nach dem Magnetfeld:

$$M = -\frac{1}{V}\frac{\partial J}{\partial B}\,. \tag{23}$$

Wir wollen hier nur das Endergebnis dieser Rechnung angeben. Für den in Abhängigkeit vom Magnetfeld oszillierenden Anteil der Magnetisierung $\tilde{M}$ erhält man die

Lifschitz-Kosewitsch-Formel

$$\tilde{M} = -\frac{1}{2^{3/2}\pi^{7/2}}\left(\frac{|e|}{\hbar}\right)^{3/2} B^{1/2} \sum_{\nu} \left|\left(\frac{\partial^2 S(p_z, \zeta)}{\partial p_z^2}\right)_{p_z^\nu}\right|^{-1/2} \frac{S(p_z^\nu, \zeta)}{m^*(p_z^\nu, \zeta)} *$$
$$* \sum_{l=1}^{\infty} \frac{\psi(l\lambda)}{l^{3/2}} \sin\left[\frac{lS(p_z^\nu, \zeta)}{|e|\,\hbar B} \pm \frac{\pi}{4}\right] \cos\left(\pi l \frac{m^*(p_z^\nu, \zeta)}{m}\right). \quad (24)$$

Dieser relativ komplizierte Ausdruck soll nun näher diskutiert werden. $S(p_z, \varepsilon)$ bedeutet eine Querschnittsfläche des Fermi-Körpers. Die p_z^ν geben die Werte der z-Komponente des Impulses an, für die der Fermi-Körper extremale Querschnittsflächen hat. Dabei gehört der Term $\pm\pi/4$ in der Sinusfunktion entweder zu einer minimalen Querschnittsfläche $\partial^2 S/\partial p_z^2|_{p_z^\nu} > 0$ $(+\pi/4)$ oder zu einer maximalen Querschnittsfläche $\partial^2 S/\partial p_z^2|_{p_z^\nu} < 0$ $(-\pi/4)$. Über alle extremale Querschnittsflächen wird summiert. ζ ist das chemische Potential. Die Funktion $\psi(l\lambda)$ beschreibt die Temperaturabhängigkeit des dHvA-Effektes,

$$\psi(l\lambda) = \frac{l\lambda}{\sinh(l\lambda)}, \quad (25)$$

wobei

$$\lambda = \frac{2\pi^2 k_B T m^*(p_z^\nu, \zeta)}{|e|\hbar B} \quad (26)$$

ist. Die effektive Masse m^* ist gegeben durch

$$m^*(p_z^\nu, \zeta) = \frac{1}{2\pi}\left(\frac{\partial S(p_z^\nu, \varepsilon)}{\partial \varepsilon}\right)_\zeta. \quad (27)$$

m^* wird als Zyklotronmasse bezeichnet. Die Ableitung $\partial S/\partial \varepsilon$ der von der Bahn in der Ebene senkrecht zum Magnetfeld eingeschlossenen Fläche des Fermi-Körpers nach der Energie kann durch ein Umlaufintegral längs des Randes dieser Fläche, d. h. entlang der Bahn ausgedrückt werden,

$$m^* = (2\pi)^{-1} \oint \frac{\mathrm{d}p}{v_\perp}. \quad (27')$$

Dabei bedeutet $v_\perp$ die Komponente der Fermi-Geschwindigkeit in der Ebene senkrecht zum Magnetfeld.

Die Kosinusfunktion in (24) stammt von der Summe über die beiden Spinrichtungen. Die Sinusfunktion in (24) beschreibt eine periodische Abhängigkeit von $1/B$. Die Perioden dieser Oszillationen betragen

$$\Delta\left(\frac{1}{B}\right) = \frac{2\pi|e|\hbar}{S(p_z^\nu, \zeta)} \quad (28)$$

und sind durch die extremalen Querschnittsflächen des Fermi-Körpers gegeben.

Abschließend soll noch die Temperaturabhängigkeit des dHvA-Effektes diskutiert werden. Für $T \to 0$ folgt $\lambda \to 0$ und $\psi(l\lambda) \to 1$. Für nicht zu tiefe Temperaturen gilt $\psi(l\lambda) \approx 2l\lambda \exp(-l\lambda)$, und man kann sich in der Summe über l auf den Term mit

$l = 1$ beschränken. Für den oszillierenden Anteil der Magnetisierung erhält man

$$\tilde{M} \approx -\frac{2^{1/2} k_B T}{\pi^{3/2}} \frac{\sqrt{|e|}}{\hbar^{5/2}} B^{-1} \sum_\nu S(p_z^\nu, \zeta)\, e^{-(2\pi^2 k_B T m^*(p_z^\nu, \zeta)/|e|\hbar B)} *$$

$$* \sin\left(\frac{S(p_z^\nu, \zeta)}{|e|\hbar B} \pm \frac{\pi}{4}\right) \cos\left(\pi \frac{m^*(p_z^\nu, \zeta)}{m}\right). \quad (29)$$

Nach (29) führen also Temperaturen $T > 0$ zu einer exponentiellen Dämpfung der Amplituden der dHvA-Oszillationen.

11.3.3. Einfluß von Fremdatomen auf den dHvA-Effekt

Durch das Zulegieren von Fremdatomen werden die Energieniveaus der Elektronen geändert. Die Einteilchenenergieniveaus in einer substitutionell ungeordneten Legierung werden durch die Polstellen der strukturgemittelten Greenschen Funktion bestimmt. Die Strukturmittelung wird durch $\langle \ldots \rangle$ dargestellt.

$$\langle G(\varepsilon) \rangle = \frac{1}{\varepsilon + i\delta - H_0 - \Sigma}, \quad \delta \underset{\to}{>} 0\,. \quad (30)$$

Hierbei bedeutet Σ die komplexe Selbstenergie des Systems. Der Realteil der Selbstenergie bewirkt eine Verschiebung der Energieniveaus der Elektronen:

$$\varepsilon = \varepsilon_{\boldsymbol{k}} + \operatorname{Re} \Sigma(\boldsymbol{k}, \varepsilon)\,. \quad (31)$$

Der Imaginärteil der Selbstenergie führt zu einem Verschmieren der Energieniveaus. Somit läßt sich erwarten, daß Fremdatome sowohl zu einer Änderung der Periode der dHvA-Oszillationen führen (wegen der Verschiebung der Energieniveaus) als auch Anlaß geben zu einem exponentiellen Dämpfungsfaktor (wegen der Verschmierung der Energieniveaus) analog zum Einfluß der Temperatur auf die Amplitude der dHvA-Oszillationen. Es besteht jedoch ein feiner Unterschied zwischen dem Einfluß der Temperatur und dem Einfluß von Fremdatomen. Während der exponentielle Dämpfungsfaktor, der den Temperatureinfluß beschreibt, auf die für $T > 0$ auftretende Ausschmierung der Fermi-Fläche zurückzuführen ist, beruht der exponentielle Dämpfungsfaktor, der den Einfluß von Fremdatomen beschreibt, auf der durch den Imaginärteil der Selbstenergie gegebenen Ausschmierung der Energieniveaus $\varepsilon_{\boldsymbol{k}}$.

Dingle (52) untersuchte als erster den Einfluß von Fremdatomen auf die dHvA-Oszillationen. Eine ausführliche Behandlung dieses Problemes findet sich auch bei Mann (71).

Schreibt man die Selbstenergie als

$$\Sigma = \operatorname{Re} \Sigma + i \operatorname{Im} \Sigma\,, \quad (32)$$

so ergibt sich für den oszillierenden Anteil der Magnetisierung bei Vorhandensein von Fremdatomen

$$\tilde{M} = -\frac{1}{2^{2/3}\pi^{7/3}} \left(\frac{|e|}{\hbar}\right)^{3/2} B^{1/2} \sum_\nu \left|\left(\frac{\partial^2 S(p_z, \zeta)}{\partial p_z^2}\right)_{p_z^\nu}\right|^{-1/2} S(p_z^\nu, \zeta)/m^*(p_z^\nu, \zeta) *$$

$$* \sum_{l=1}^{\infty} \frac{\psi(l\lambda)}{l^{3/2}} \sin\left[\frac{l}{\hbar|e|B} S(p_z^\nu, \zeta) - \left(\frac{\partial S(p_z^\nu, \varepsilon)}{\partial \varepsilon}\right)_\mu \langle \operatorname{Re} \Sigma\, (p_z^\nu, \zeta) \rangle_{\text{orb}} \pm \frac{\pi}{4}\right] *$$

$$* \exp\left[-\frac{l}{|e|B\hbar} \left(\frac{\partial S(p_z^\nu, \varepsilon)}{\partial \varepsilon}\right)_\zeta \langle -\operatorname{Im} \Sigma\, (p_z^\nu, \zeta) \rangle_{\text{orb}}\right] \cos\left(\pi l \frac{m^*(p_z^\nu, \zeta)}{m}\right). \quad (33)$$

Wie bereits an Hand von (30) diskutiert, bewirkt der Realteil von Σ eine Änderung der Perioden der dHvA-Oszillationen. Der Imaginärteil der Selbstenergie führt zu einem exponentiellen Dämpfungsfaktor

$$\exp\left[-\frac{2\pi l m^*(p_z^\nu,\zeta)}{|e|\hbar B}\langle -\operatorname{Im}\Sigma(p_z^\nu,\zeta)\rangle_{\text{orb}}\right]. \tag{34}$$

Dabei bedeutet $\langle\ldots\rangle_{\text{orb}}$ eine Mittelung längs der Elektronenbahn auf der extremalen Querschnittsfläche des Fermi-Körpers. In Analogie zu (29) läßt sich (34) durch Einführung einer charakteristischen Temperatur, der Dingle-Temperatur T_{D}, schreiben als

$$\exp\left[-2\pi^2 m^*(p_z^\nu,\zeta)\, k_{\text{B}} T_{\text{D}}/|e|\hbar B\right], \tag{35}$$

wobei gilt

$$\langle -\operatorname{Im}\Sigma(p_z^\nu,\zeta)\rangle_{\text{orb}} = \pi k_{\text{B}} T_{\text{D}}\,. \tag{36}$$

Die Dingle-Temperatur T_{D} ist ein Maß für die durch die Fremdatome hervorgerufene Amplitudendämpfung der dHvA-Oszillationen und gibt eine fiktive Temperatur $T_{\text{D}} > 0$ an, bei der die dHvA-Oszillationen eines ideal reinen Metalls auf Grund des Temperatureinflusses um den gleichen Faktor gedämpft sind wie durch den Einfluß von Fremdatomen bei der Temperatur $T = 0$.

Im Grenzfall einer verdünnten Legierung ($c \ll 1$) ist die Selbstenergie Σ in einfacher Weise mit der T-Matrix verknüpft. Entsprechend (30) war die strukturgemittelte Greensche Funktion durch

$$\langle G\rangle = (\varepsilon + i\delta - H_0 - \Sigma)^{-1}\,, \qquad \delta \underset{\to}{>} 0\,, \tag{37}$$

gegeben. H_0 ist der Hamilton-Operator des idealen Kristalls. Mit $G_0 = (\varepsilon + i\delta - H_0)^{-1}$ als Greensche Funktion für den idealen Kristall kann (37) umgeformt werden in

$$\langle G\rangle = G_0 + G_0\,\Sigma\,\langle G\rangle\,. \tag{38}$$

Andererseits kann G durch die T-Matrix des Systems ausgedrückt werden:

$$G = G_0 + G_0 T G_0\,. \tag{39}$$

Strukturmittelung in (39) und Vergleich mit (38) liefert

$$\langle T\rangle = \Sigma\,(1 + G_0\langle T\rangle) \tag{40}$$

bzw.

$$\Sigma = \langle T\rangle\,(1 + G_0\langle T\rangle)^{-1}\,. \tag{41}$$

Für eine verdünnte Legierung ist die strukturgemittelte T-Matrix durch

$$\langle T\rangle = c N_{\text{a}} T_{\boldsymbol{kk}}^{\text{D}} \tag{42}$$

gegeben. T beschreibt gemäß (4.5-28) oder (11.5-3) die Streuung an einem Fremdatom Bei Beschränkung auf Terme, die linear in c sind, erhält man aus (41)

$$\Sigma = c N_{\text{a}} T \tag{43}$$

bzw.

$$\operatorname{Im}\Sigma(\boldsymbol{k},\varepsilon_{\text{F}}) = c N_{\text{a}} \operatorname{Im} T_{\boldsymbol{kk}}\,. \tag{44}$$

Führt man noch wie in (4.5-34) die anisotrope Relaxationszeit $\tau_{\boldsymbol{k}}^{\mathrm{D}}$ ein,

$$\frac{1}{\tau_{\boldsymbol{k}}^{\mathrm{D}}} = -\frac{2}{\hbar} c N_{\mathrm{a}} \operatorname{Im} T_{\boldsymbol{kk}}, \tag{45}$$

so ergibt sich für die Dingle-Temperatur mit (44) und (45)

$$T_{\mathrm{D}} = \frac{\hbar}{2\pi k_{\mathrm{B}}} \left\langle \frac{1}{\tau_{\boldsymbol{k}}^{\mathrm{D}}} \right\rangle_{\mathrm{orb}}. \tag{46}$$

Die Relaxationszeit (45) darf nicht mit der Transportrelaxationszeit (11.2-37) verwechselt werden.

Die Mittelung längs der Elektronenbahn auf der betrachteten extremalen Querschnittsfläche des Fermi-Körpers bedeutet

$$\left\langle \frac{1}{\tau_{\boldsymbol{k}}^{\mathrm{D}}} \right\rangle = \frac{\displaystyle\oint \frac{\mathrm{d}k}{v_{\perp}(\boldsymbol{k})} \frac{1}{\tau_{\boldsymbol{k}}^{\mathrm{D}}}}{\displaystyle\oint \frac{\mathrm{d}k}{v_{\perp}(\boldsymbol{k})}}, \tag{47}$$

$v_{\perp}(\boldsymbol{k})$ ist die Komponente der Fermi-Geschwindigkeit $\boldsymbol{v}(\boldsymbol{k}) = \partial\varepsilon_{\boldsymbol{k}}/\partial\hbar\boldsymbol{k}$ in der Ebene der extremalen Querschnittsfläche senkrecht zur Richtung des äußeren Magnetfeldes.

Man erhält somit für jede extremale Querschnittsfläche des Fermi-Körpers eine besondere Dingle-Temperatur T_{D}. Diese Dingle-Temperaturen lassen sich aus der Abhängigkeit der Dämpfung der dHvA-Oszillationen von der Konzentration c der Fremdatome experimentell bestimmen. Wegen $1/\tau_{\boldsymbol{k}}^{\mathrm{D}} \sim c$ folgt $T_{\mathrm{D}} \sim c$. Trägt man den Logarithmus des Dämpfungsfaktors (35) über der Konzentration c der Fremdatome auf, so erhält man eine abfallende Gerade, aus deren Anstieg unmittelbar die Dingle-Temperatur abgelesen werden kann. Zur Berechnung der Dingle-Temperatur T_{D} muß man zunächst die Relaxationszeit $\tau_{\boldsymbol{k}}^{\mathrm{D}}$ berechnen, die wesentlich durch die Streueigenschaften (d. h. die Streuphasen) der Fremdatome bestimmt wird. Weiterhin muß man den Mittelwert der Relaxationszeit $\tau_{\boldsymbol{k}}^{\mathrm{D}}$ über die Elektronenbahn entlang der extremalen Querschnittsfläche des Fermi-Körpers ausführen. Dazu ist die genaue Kenntnis der Topologie des Fermi-Körpers erforderlich.

Der dHvA-Effekt stellt einen der wichtigsten Effekte zur Untersuchung der Eigenschaften von Fremdatomen in Metallen dar.

11.4. Lokalisierte Defekte im Modell starker Bindung (Tight-Binding-Modell)

11.4.1. Koster-Slater-Modell

Koster und Slater (54a, b) schlugen zur Beschreibung der Eigenschaften von lokalisierten Defekten in Metallen ein Modell auf der Basis von Wannier-Funktionen vor. In diesem Modell werden die Leitungselektronen des Wirtskristalls in Wannier-Darstellung behandelt. Wannier-Funktionen bilden ebenso wie Bloch-Funktionen ein vollständiges orthogonales Funktionensystem zur Beschreibung von Gitterelektronen. Der Zusammenhang zwischen Bloch-Funktionen und Wannier-Funktionen ist durch

(5.3-1 u. 3)

$$\varphi_\nu(\boldsymbol{r} - \boldsymbol{R}) = \frac{1}{\sqrt{N}} \sum_{\boldsymbol{k}} \mathrm{e}^{-i\boldsymbol{k}\boldsymbol{R}} \varphi_{\boldsymbol{k}\nu}(\boldsymbol{r}) \tag{1}$$

bzw.

$$\varphi_{\boldsymbol{k}\nu}(\boldsymbol{r}) = \frac{1}{\sqrt{N}} \sum_{\boldsymbol{R}} \mathrm{e}^{i\boldsymbol{k}\boldsymbol{R}} \varphi_\nu(\boldsymbol{r} - \boldsymbol{R}) \tag{2}$$

gegeben. Wannier-Funktionen $\varphi_\nu(\boldsymbol{r} - \boldsymbol{R})$ haben die Eigenschaft, an den Gitterplätzen $\boldsymbol{R}$ lokalisiert zu sein. ν bezeichnet in (1) und (2) den Bandindex. Die Wannier-Funktionen sind Funktionen des Ortes, aber im Unterschied zu den Bloch-Funktionen sind sie unabhängig vom Wellenzahlvektor $\boldsymbol{k}$.

Die Schrödinger-Gleichung für einen ideal reinen Kristall mit dem Hamilton-Operator H_0

$$H_0\varphi_{\boldsymbol{k}\nu} = \varepsilon_{\boldsymbol{k}\nu}\varphi_{\boldsymbol{k}\nu} \tag{3}$$

geht unter Verwendung der Wannier-Funktionen über in

$$H_0\varphi_\nu(\boldsymbol{r} - \boldsymbol{R}) = \sum_{\boldsymbol{R}'} \varepsilon_{\boldsymbol{R}-\boldsymbol{R}',\nu}\, \varphi_\nu(\boldsymbol{r} - \boldsymbol{R}') , \tag{4}$$

wobei $\varepsilon_{\boldsymbol{R}\nu}$ die Fourier-Komponenten der Dispersionsrelation sind:

$$\varepsilon_{\boldsymbol{k}\nu} = \sum_{\boldsymbol{R}} \varepsilon_{\boldsymbol{R}\nu}\, \mathrm{e}^{-i\boldsymbol{k}\boldsymbol{R}} . \tag{5}$$

Die Schrödinger-Gleichung des Systems mit Fremdatomen hat die Form

$$(H_0 + V)\, \varphi = \varepsilon\varphi . \tag{6}$$

V sei das durch die Fremdatome hervorgerufene Störpotential. φ sind die Wellenfunktionen des gestörten Systems. Diese Wellenfunktionen werden nach Wannier-Funktionen entwickelt:

$$\varphi(\boldsymbol{r}) = \sum_{\nu,\boldsymbol{R}} u_\nu(\boldsymbol{R})\, \varphi_\nu(\boldsymbol{r} - \boldsymbol{R}) . \tag{7}$$

Die Schrödinger-Gleichung (6) wird mit dem Ansatz (7) und unter Berücksichtigung von (4) zu einer Bestimmungsgleichung für die Entwicklungskoeffizienten $u_\nu(\boldsymbol{R})$:

$$\sum_{\nu',\boldsymbol{R}'} [\varepsilon_{\boldsymbol{R}-\boldsymbol{R}',\nu}\delta_{\nu\nu'} + V_{\nu\nu'}(\boldsymbol{R}, \boldsymbol{R}')]\, u_{\nu'}(\boldsymbol{R}') = \varepsilon u_\nu(\boldsymbol{R}) . \tag{8}$$

In (8) wurde als Abkürzung für das mit den Wannier-Funktionen gebildete Matrixelement des Störpotentials

$$V_{\nu\nu'}(\boldsymbol{R}, \boldsymbol{R}') = \langle\varphi_{\nu'}(\boldsymbol{r} - \boldsymbol{R})|\, V\, |\varphi_{\nu'}(\boldsymbol{r} - \boldsymbol{R}')\rangle \tag{9}$$

verwendet. Für $V = 0$ folgt als Lösung von Gl. (8) sofort:

$$\varepsilon = \varepsilon_{\boldsymbol{k}\nu} \quad \text{und} \quad u_\nu^0(\boldsymbol{R}) = \mathrm{e}^{i\boldsymbol{k}\boldsymbol{R}} . \tag{10}$$

(8) kann mit Hilfe der Greenschen Funktion

$$G(\boldsymbol{R}, \boldsymbol{R}') = \frac{2}{N} \sum_{\boldsymbol{k}} \frac{\mathrm{e}^{i\boldsymbol{k}(\boldsymbol{R}-\boldsymbol{R}')}}{\varepsilon + i\delta - \varepsilon_{\boldsymbol{k}}} , \quad \delta \underset{\to}{>} 0 , \tag{11}$$

in die Bornsche Integralgleichung umgeschrieben werden (wir beschränken uns ab jetzt auf ein einziges Band und verzichten auf den Bandindex):

$$u(\boldsymbol{R}) = e^{i\boldsymbol{k}\boldsymbol{R}} + \sum_{\boldsymbol{R}',\boldsymbol{R}''} G(\boldsymbol{R}, \boldsymbol{R}')\, V(\boldsymbol{R}', \boldsymbol{R}'')\, u(\boldsymbol{R}'') . \tag{12}$$

Aus dieser Gleichung lassen sich einige wichtige Schlußfolgerungen ziehen. Da das Potential des Defekts auf dessen Nachbarschaft begrenzt ist und auch die Wellenfunktionen als lokalisiert angenommen werden können, ist $V(\boldsymbol{R}, \boldsymbol{R}')$ nur von Null verschieden, falls $\boldsymbol{R}$ und $\boldsymbol{R}'$ benachbarte Gitterplätze bezeichnen. Um die Schreibweise zu entlasten, betrachten wir im folgenden ein stark lokalisiertes Störpotential, bei dem nur ein einziges Matrixelement von Null verschieden sein soll:

$$V(\boldsymbol{R}, \boldsymbol{R}') = V\delta_{\boldsymbol{R}\boldsymbol{R}_0}\delta_{\boldsymbol{R}'\boldsymbol{R}_0} . \tag{13}$$

Nur für den Gitterplatz $\boldsymbol{R}_0$ ist das Matrixelement $V(\boldsymbol{R}_0, \boldsymbol{R}_0) = V$ ungleich Null. Mit (13) folgt aus (12)

$$u(\boldsymbol{R}_0) = \frac{e^{i\boldsymbol{k}\boldsymbol{R}_0}}{1 - V\, G(\boldsymbol{R}_0, \boldsymbol{R}_0)} . \tag{14}$$

Die $\boldsymbol{k}$-Summe in G kann bei Verwendung der Zustandsdichte $D(\varepsilon)$ umgeformt werden in

$$G(\boldsymbol{R}_0, \boldsymbol{R}_0) = \frac{2}{N} \sum_{\boldsymbol{k}} \frac{1}{\varepsilon - \varepsilon_{\boldsymbol{k}} + i\delta} = \int d\varepsilon' \frac{D(\varepsilon')}{\varepsilon - \varepsilon' + i\delta} ; \quad \delta \to +0 . \tag{15}$$

Unter Verwendung der Dirac-Identität

$$\int d\varepsilon' \frac{D(\varepsilon')}{\varepsilon - \varepsilon' + i\delta} = P \int d\varepsilon' \frac{D(\varepsilon')}{\varepsilon - \varepsilon'} - i\pi D(\varepsilon) \equiv F(\varepsilon) - i\pi D(\varepsilon) \tag{16}$$

folgt für (14) endgültig

$$u(\boldsymbol{R}_0) = \frac{e^{i\boldsymbol{k}\boldsymbol{R}_0}}{1 - VF(\varepsilon) + i\pi D(\varepsilon)} . \tag{17}$$

Aus (17) können einige allgemeine Eigenschaften der Entwicklungskoeffizienten $u(\boldsymbol{R}_0)$ der Wellenfunktion des gestörten Systems abgelesen werden. ε_0 sei der Energiewert, für den

$$1 - VF(\varepsilon_0) = 0 \tag{18}$$

gilt. Liegt ε_0 innerhalb des betrachteten Bandes, d. h., es gilt $D(\varepsilon_0) \neq 0$, so wird $u(\boldsymbol{R}_0)$ für $\varepsilon = \varepsilon_0$ groß werden. In diesem Fall liegt typisches Resonanzverhalten vor. Das durch das Fremdatom verursachte Störpotential V führt zu einem Resonanzzustand innerhalb des betrachteten Bandes bei der Energie $\varepsilon = \varepsilon_0$. Falls ε_0 außerhalb des betrachteten Bandes liegt, ist $D(\varepsilon_0) = 0$, und $u(\boldsymbol{R}_0)$ geht gegen Unendlich für $\varepsilon \to \varepsilon_0$. Damit wird die Amplitude der Wannier-Funktion unendlich. Dieses Verhalten kann als das Entstehen eines gebundenen Zustandes außerhalb des Bandes der Leitungselektronen des Wirtskristalles interpretiert werden.

11.4.2. Berechnung der Übergangswahrscheinlichkeit

Das von Koster und Slater (54) entwickelte Modell der starken Bindung zur Beschreibung von lokalisierten Fremdatomen in Metallen wurde von Seeger u. a. (67), Clausecker u. a. (69) zur Berechnung des Einflusses von Fremdatomen auf Tramsportgrößen wie Magnetowiderstand und Hall-Koeffizient angewandt. Zur Berechnung von Transportgrößen ist es notwendig, die Boltzmann-Gleichung zu lösen (11.2.). Zunächst soll der Integralkern der Boltzmann-Gleichung, die Übergangswahrscheinlichkeit $P_{\boldsymbol{k}\boldsymbol{k}'}$, berechnet werden. Wir folgen hier den Ausführungen von Clausecker u. a. (69). In Matrixschreibweise läßt sich (12) in folgender kompakter Form schreiben:

$$u_{\boldsymbol{k}} = e_{\boldsymbol{k}} + GVu_{\boldsymbol{k}} . \tag{19}$$

$u_{\boldsymbol{k}}$ sind die Entwicklungskoeffizienten der Wellenfunktion des gestörten Systems. Der Einfachheit halber erfolgt wieder die Beschränkung auf nur ein einziges Band. $e_{\boldsymbol{k}}$ stellt die ebene Welle $\exp(i\boldsymbol{k}\boldsymbol{R})$ dar, V repräsentiert das Matrixelement $V(\boldsymbol{R}, \boldsymbol{R}')$, und G ist die Greensche Funktion $G(\boldsymbol{R}, \boldsymbol{R}')$.

(19) kann formal nach $u_{\boldsymbol{k}}$ aufgelöst werden:

$$u_{\boldsymbol{k}} = (1 - GV)^{-1}\, e_{\boldsymbol{k}} . \tag{20}$$

Mit Hilfe der T-Matrix $T(\boldsymbol{R}, \boldsymbol{R}')$ kann (20) zu

$$u_{\boldsymbol{k}} = e_{\boldsymbol{k}} + GTe_{\boldsymbol{k}} \tag{21}$$

umgeformt werden, wobei gilt

$$T = V(1 - GV)^{-1} . \tag{22}$$

Aus der T-Matrix folgt die Streuamplitude $A_{\boldsymbol{k}\boldsymbol{k}'}$, die die elastische Streuung der Elektronen aus dem Zustand $\boldsymbol{k}$ in den Zustand $\boldsymbol{k}'$ beschreibt,

$$A_{\boldsymbol{k}\boldsymbol{k}'} = e_{\boldsymbol{k}'}^{+} Te_{\boldsymbol{k}} = \sum_{\boldsymbol{R}, \boldsymbol{R}'} \mathrm{e}^{-i\boldsymbol{k}'\boldsymbol{R}}\, T(\boldsymbol{R}, \boldsymbol{R}')\, \mathrm{e}^{i\boldsymbol{k}\boldsymbol{R}'} . \tag{23}$$

Aus der Streuamplitude ergibt sich nach (4.5-20) die Übergangswahrscheinlichkeit $P_{\boldsymbol{k}\boldsymbol{k}'}$

$$P_{\boldsymbol{k}\boldsymbol{k}'} = \frac{2\pi}{\hbar} cN_{\mathrm{a}}\, |A_{\boldsymbol{k}\boldsymbol{k}'}|^2\, \delta(\varepsilon_{\boldsymbol{k}} - \varepsilon_{\boldsymbol{k}'}) . \tag{24}$$

Mit (23) folgt

$$\begin{aligned} P_{\boldsymbol{k}\boldsymbol{k}'} &= \frac{2\pi}{\hbar} cN_{\mathrm{a}} \sum_{\boldsymbol{R}, \boldsymbol{R}'} \sum_{\boldsymbol{R}'', \boldsymbol{R}'''} \mathrm{e}^{i\boldsymbol{k}'(\boldsymbol{R}''-\boldsymbol{R})}\, T(\boldsymbol{R}, \boldsymbol{R}')\, \mathrm{e}^{i\boldsymbol{k}(\boldsymbol{R}'-\boldsymbol{R}''')}\, T^*(\boldsymbol{R}'', \boldsymbol{R}''')\, \delta(\varepsilon_{\boldsymbol{k}} - \varepsilon_{\boldsymbol{k}'}) \\ &= \sum_{\boldsymbol{R}} \mathrm{e}^{i\boldsymbol{k}'\boldsymbol{R}}\, b_{\boldsymbol{k}}(\boldsymbol{R})\, \delta(\varepsilon_{\boldsymbol{k}} - \varepsilon_{\boldsymbol{k}'}) , \end{aligned} \tag{25}$$

wobei

$$b_{\boldsymbol{k}}(\boldsymbol{R}) = \frac{2\pi}{\hbar} cN_{\mathrm{a}} \sum_{\boldsymbol{R}', \boldsymbol{R}'', \boldsymbol{R}'''} T(\boldsymbol{R}', \boldsymbol{R}'')\, \mathrm{e}^{i\boldsymbol{k}(\boldsymbol{R}''-\boldsymbol{R}''')}\, T(\boldsymbol{R} + \boldsymbol{R}', \boldsymbol{R}''') \tag{26}$$

ist.

Beschränkt man sich auf lokalisierte Fremdatome mit nur wenigen von Null verschiedenen Matrixelementen V, so haben die Matrizen V und T endliche Dimension, und entsprechend (25) reduziert sich die Übergangswahrscheinlichkeit $P_{kk'}$ auf eine endliche Summe von Produkten, deren Summanden bezüglich $\boldsymbol{k}$ und $\boldsymbol{k}'$ separieren. Damit hat $P_{kk'}$ die allgemeine Gestalt

$$P_{kk'} = \sum_{n=1}^{N_{\max}} \alpha_n(\boldsymbol{k}) \, \beta_n(\boldsymbol{k}') \, \delta(\varepsilon_{\boldsymbol{k}} - \varepsilon_{\boldsymbol{k}'}) \, . \tag{27}$$

Die Anzahl $N_{\max}$ der Summanden in (27) hängt von der Anzahl der nichtverschwindenden Matrixelemente $V(\boldsymbol{R}, \boldsymbol{R}')$ ab. Die Faktorisierung der Übergangswahrscheinlichkeit $P_{kk'}$ ermöglicht eine exakte Lösung der Boltzmann-Gleichung. Mit (27) bekommt diese einen ausgearteten Integralkern und kann in ein endliches algebraisches lineares inhomogenes Gleichungssystem umgeformt werden. Die Eigenschaft (27) wurde bereits von Sondheimer (62) und von Jones und Sondheimer (67) zur Berechnung des Magnetowiderstandes ausgenutzt. Allerdings wurde (27) nur als Annahme benutzt ohne eine physikalische Begründung. Wie in [11.5] gezeigt wird, kann die Übergangswahrscheinlichkeit $P_{kk'}$ außer im Modell der starken Bindung auch für den Fall, daß der Wirtskristall durch ein System von gitterperiodisch angeordneten MT-Potentialen beschrieben wird, in einer faktorisierten Form analog zu (27) dargestellt werden.

11.5. Theorie der Vielfachstreuung für lokalisierte Defekte

11.5.1. *T*-Matrix

Nachdem in [11.2] das Modell eines Fremdatoms in einem homogenen Elektronengas betrachtet wurde, soll jetzt ein einzelnes substitutionelles Fremdatom in einem sonst ungestörten Kristall untersucht werden. Dabei wird wieder vom MT-Konzept Gebrauch gemacht (s. Abb. 11.5-1).

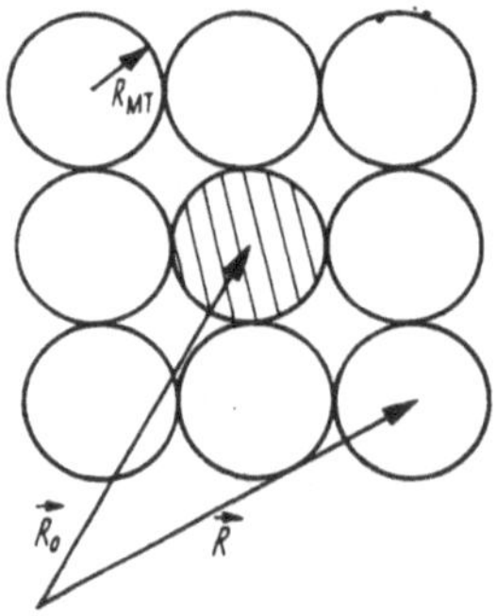

Abb. 11.5-1. Modell eines lokalisierten Punktdefekts in einer Umgebung von ungestörten Muffin-Tin-Potentialen der Atome des Wirtskristalls

Am Gitterplatz $\boldsymbol{R}_0$ befinde sich das Fremdatom (= impurity), dessen Störpotential auf die MT-Kugel um diesen Ort beschränkt sei und durch die Streuphasen $\eta_l^{\mathrm{i}}(\varepsilon)$ beschrieben werde. An den Orten $\boldsymbol{R}$ befinden sich die MT-Potentiale der Atome des ungestörten Wirtskristalls (= host), charakterisiert durch die Streuphasen $\eta_l^{\mathrm{h}}(\varepsilon)$. Zur mathematischen Beschreibung dieses Modells müssen nur die in [4.3] und [4.5] allgemein abgeleiteten Beziehungen spezifiziert werden.

Zunächst geben wir noch einmal die Greensche Funktion für den idealen Kristall an. Es gilt nach (4.3-64) im kugelsymmetrischen Fall für primitive Gitter und für $\boldsymbol{R} = \boldsymbol{R}'$

$$G(\boldsymbol{r}, \boldsymbol{r}') = \frac{2m}{\hbar^2} \varkappa \sum_{L, L'} [H_L^+(\boldsymbol{r}) J_L(\boldsymbol{r}') \delta_{LL'} + (i\delta_{LL'} - A_{LL'}) J_L(\boldsymbol{r}) J_{L'}(\boldsymbol{r}')] \text{ für } r > r' \tag{1}$$

mit $\varkappa = \sqrt{2m\varepsilon/\hbar^2}$ und J_L, H_L aus (4.3-56 bzw. 59) für den kugelsymmetrischen Fall $A_{L\lambda} = \delta_{L\lambda}$. Vom zweiten Summanden in (4.3-64) ist hier ein Summand i abgespalten worden:

$$e^{i\eta_l} \mathcal{G}_{LL'}^{00} e^{i\eta_{l'}} = i\delta_{LL'} - A_{LL'} . \tag{2}$$

Alle weiteren Betrachtungen beschränken wir auf Kristalle mit kubischer Symmetrie und auf die Berücksichtigung von Drehimpulsen $l \leqq 2$. Dann sind nach (4.5-14) die Koeffizienten $A_{LL'}$ diagonal $(= A_{ll}^{\alpha}\delta_{LL'})$, und es treten nur vier unabhängige Koeffizienten entsprechend den irreduziblen Darstellungen $\Gamma_1(l = 0)$, $\Gamma_{15}(l = 1)$ und $\Gamma_{25'}$ bzw. $\Gamma_{12}(l = 2)$ auf. Nachfolgend wird $L \triangleq (\alpha, \mu)$ als Abkürzung verwendet, wobei μ die zur irreduziblen Darstellung α gehörigen Basisfunktionen numeriert; der Summationsindex l entfällt, da wegen $l \leqq 2$ zu einer Darstellung α jeweils nur ein Drehimpuls l auftritt.

Die Koeffizienten $A_{ll}^{\alpha}(\varepsilon)$ hängen mit der Zustandsdichte des Kristalls zusammen. Der Imaginärteil dieser Koeffizienten ist durch die partiellen Zustandsdichten gegeben, und der entsprechende Realteil hängt mit dem Imaginärteil über eine Hauptwertintegration vom Kramers-Kronig-Typ zusammen.

Aus (1) folgt der Spezialfall der Greenschen Funktion eines Einzelstreuers in einem homogenen Elektronengas durch $A_{ll}^{\alpha}(\varepsilon) = i$.

Zur Charakterisierung der Streueigenschaften eines lokalisierten Fremdatoms in einem Kristall ist die Kenntnis der T-Matrix nötig, die die Streuung eines einfallenden Bloch-Elektrons mit dem Wellenzahlvektor $\boldsymbol{k}$ in einen Zustand $\boldsymbol{k}'$ beschreibt. Für obiges Modell gilt nach (4.5-28 und 29)

$$T_{\boldsymbol{k}\boldsymbol{k}'} = -\frac{\hbar^2}{2m} \frac{1}{\varkappa_F} \sum_L c_L^*(\boldsymbol{k}) c_L(\boldsymbol{k}') S_\alpha \tag{3}$$

mit

$$S_\alpha = \frac{\sin(\Delta\eta_l) \exp(i\Delta\eta_l)}{1 + (i - A_{ll}^{\alpha}) \sin(\Delta\eta_l) \exp(i\Delta\eta_l)} \tag{4}$$

und $A_{ll}^{\alpha} = A_{ll}^{\alpha}(\varepsilon_F)$ sowie

$$\Delta\eta_l = \eta_l^{\mathrm{i}}(\varepsilon_F) - \eta_l^{\mathrm{h}}(\varepsilon_F) . \tag{5}$$

Für $R_l \to \mathrm{j}_l$, $c_L(\boldsymbol{k}) \to 4\pi i^l Y_L(\boldsymbol{k})/\sqrt{\mathcal{V}}$, $A_{ll}^{\alpha} = i$, $\varkappa_F = k_F$ und $\eta_l^{\mathrm{h}}(\varepsilon) = 0$ folgt dann für die T-Matrix eines einzelnen lokalisierten Streuers im konstanten Potential der bekannte Ausdruck (11.2-39)

$$T_{\boldsymbol{k}\boldsymbol{k}'} = -\frac{4\pi}{\mathcal{V}} \frac{\hbar^2}{2m} \frac{1}{k_F} \sum_l (2l + 1) \sin\eta_l^{\mathrm{i}} e^{i\eta_l^{\mathrm{i}}} P_l(\cos\vartheta) \tag{6}$$

mit ϑ als Winkel zwischen $\boldsymbol{k}$ und $\boldsymbol{k}'$. T-Matrix und Streuamplitude f aus (4.1-15) hängen dabei über $T = -4\pi f$ zusammen.

Für die Änderung der integrierten Zustandsdichte $\Delta N(\varepsilon)$ wurde im Falle stark lokalisierter Defekte in (4.5-17) abgeleitet:

$$\Delta N(\varepsilon) = \frac{2}{\pi} \sum_L \Phi_\alpha \,. \tag{7}$$

Dabei stellen die Φ_α die effektiven Streuphasen gemäß (4.5-19) dar. In der Näherung eines einzelnen lokalisierten Streuers im konstanten Potential ($A^\alpha_{ll} = i$) geht (7) in

$$\Delta N(\varepsilon) = \frac{2}{\pi} \sum_l (2l + 1) \, \Delta\eta_l(\varepsilon) \tag{8}$$

über (s. auch (11.2-1)).

11.5.2. Dingle-Temperatur

Die Dingle-Temperaturen, die den Einfluß der lokalisierten Fremdatome auf den dHvA-Effekt charakterisieren und eine exponentielle Dämpfung der Amplituden der dHvA-Oszillationen bewirken, waren entsprechend (11.3-45 u. 46) durch den Imaginärteil der T-Matrix gegeben. Mit der T-Matrix (3) folgt

$$T_\mathrm{D} = \frac{c}{Z} \frac{N_\mathrm{a}}{\pi k_\mathrm{B}} \frac{\hbar^2}{2m} \frac{1}{\varkappa_\mathrm{F}} \sum_\alpha \frac{\sin^2 \Phi_\alpha}{\operatorname{Im} A^\alpha_{ll}} \langle F_\alpha \rangle \,. \tag{9}$$

Dabei wurden (gemäß (4.5-29)die effektiven Streuphasen Φ_α verwendet, wobei F_α für

$$F_\alpha(\boldsymbol{k}) = \sum_\mu |c^\alpha_{l\mu}(\boldsymbol{k})|^2 \tag{10}$$

steht.

Die Mittelung $\langle F_\alpha \rangle$ bedeutet eine Integration längs der Elektronenbahn auf der betrachteten extremalen Querschnittsfläche des Fermi-Körpers:

$$\langle F_\alpha \rangle = \frac{\oint \frac{\mathrm{d}k}{v_\perp(\boldsymbol{k})} F_\alpha(\boldsymbol{k})}{\oint \frac{\mathrm{d}k}{v_\perp(\boldsymbol{k})}} \,. \tag{11}$$

Zur Berechnung der Dingle-Temperaturen ist folglich über die Koeffizienten $c^\alpha_{l\mu}(\boldsymbol{k})$ der Bloch-Funktionen des idealen Kristalls entlang der extremalen Bahn zu integrieren. Ergebnisse von Berechnungen der Dingle-Temperaturen für $3d$-Übergangsmetalldefekte in Kupfer werden in [11.8.1] diskutiert. In der Näherung eines einzelnen Streuzentrums in einem homogenen Elektronengas folgt für die Dingle-Temperaturen wegen $c^\alpha_{l\mu}(\boldsymbol{k}) \to 4\pi i^l Y_L(\boldsymbol{k})/\sqrt{\mathscr{V}}$

$$T_\mathrm{D} = \frac{c}{Z} \frac{4}{3\pi^2} \frac{\varepsilon_\mathrm{F}}{k_\mathrm{B}} \sum_l (2l + 1) \sin^2 \Delta\eta_l \,. \tag{12}$$

In dieser Näherung sind die Dingle-Temperaturen somit durch die Streuphasen allein bestimmt. In diesem Modell, in dem der Wirtskristall durch ein Gas freier Elektronen mit der Dispersionsrelation $\varepsilon_{\boldsymbol{k}} = \hbar^2 k^2/2m$ beschrieben wird, tritt allerdings nur ein extremaler Querschnitt auf, der einem Kreis um den Mittelpunkt der Fermi-Kugel mit dem Radius k_F entspricht.

11.5.3. Restwiderstand

Unter Verwendung der T-Matrix (3) kann die Übergangswahrscheinlichkeit (4.5-20)

$$P_{\boldsymbol{k}\boldsymbol{k}'} = cN_a \frac{2\pi}{\hbar} |T_{\boldsymbol{k}\boldsymbol{k}'}|^2 \, \delta(\varepsilon_{\boldsymbol{k}} - \varepsilon_{\boldsymbol{k}'}) \tag{13}$$

in der Form

$$P_{\boldsymbol{k}\boldsymbol{k}'} = \sum_m \alpha_m(\boldsymbol{k}) \, \beta_m(\boldsymbol{k}') \, \delta(\varepsilon_{\boldsymbol{k}} - \varepsilon_{\boldsymbol{k}'}) \tag{14}$$

mit

$$\left.\begin{aligned} \alpha_m(\boldsymbol{k}) &= cN_a \frac{2\pi}{\hbar} \left(\frac{\hbar^2}{2m\,\varkappa_F}\right) S_\alpha S^*_{\alpha'} c^*_L(\boldsymbol{k}) \, c_{L'}(\boldsymbol{k}) \,, \\ \beta_m(\boldsymbol{k}') &= c_L(\boldsymbol{k}') \, c^*_{L'}(\boldsymbol{k}') \end{aligned}\right\} \tag{15}$$

geschrieben werden. m wird als Abkürzung für L, L' verwendet. Dabei bezeichnet $P_{\boldsymbol{k}\boldsymbol{k}'}$ analog zu (11.3-42) die für eine verdünnte Legierung mit wechselwirkungsfreien Defekten strukturgemittelte Übergangswahrscheinlichkeit.

Entsprechend unserer Beschränkung auf kubische Kristalle und auf Drehimpulse $l \leqq 2$ haben wir nur eine endliche Anzahl von Summanden in (14). Mit der anisotropen Relaxationszeit $\tau_{\boldsymbol{k}}$,

$$\frac{1}{\tau_{\boldsymbol{k}}} = \sum_{\boldsymbol{k}'} P_{\boldsymbol{k}\boldsymbol{k}'} \,, \tag{16}$$

folgt für die Boltzmann-Gleichung (11.2-32)

$$\boldsymbol{\Lambda}_{\boldsymbol{k}} = \tau_{\boldsymbol{k}}[\boldsymbol{v}_{\boldsymbol{k}} + \sum_{\boldsymbol{k}'} P_{\boldsymbol{k}\boldsymbol{k}'} \boldsymbol{\Lambda}_{\boldsymbol{k}'}] \,. \tag{17}$$

Unter Benutzung des ausgearteten Integralkerns $P_{\boldsymbol{k}\boldsymbol{k}'}$ in der Form (14) läßt sich (17) durch den Ansatz

$$\boldsymbol{\Lambda}_{\boldsymbol{k}} = \tau_{\boldsymbol{k}}[\boldsymbol{v}_{\boldsymbol{k}} + \sum_m \alpha_m(\boldsymbol{k}) \, \boldsymbol{X}_m] \tag{18}$$

mit noch unbekannten Koeffizienten $\boldsymbol{X}_m$ in ein inhomogenes Gleichungssystem für die Koeffizienten $\boldsymbol{X}_m$ umwandeln:

$$\sum_n \boldsymbol{X}_n C_{nm} = \boldsymbol{D}_m \,. \tag{19}$$

Die Größen C_{nm} und $\boldsymbol{D}_m$ sind durch

$$\boldsymbol{D}_m = \sum_{\boldsymbol{k}'} \beta_m(\boldsymbol{k}') \, \tau_{\boldsymbol{k}'} \boldsymbol{v}_{\boldsymbol{k}'} \delta(\varepsilon_{\boldsymbol{k}} - \varepsilon_{\boldsymbol{k}'}) \,, \tag{20}$$

$$C_{nm} = \delta_{mn} - \sum_{\boldsymbol{k}'} \beta_n(\boldsymbol{k}') \, \alpha_m(\boldsymbol{k}') \, \tau_{\boldsymbol{k}'} \delta(\varepsilon_{\boldsymbol{k}} - \varepsilon_{\boldsymbol{k}'}) \tag{21}$$

gegeben, wie man durch Einsetzen von (18) in (17) und durch Vergleich mit (19) leicht verifiziert. Nach Lösung des Gleichungssystems (19) und Bestimmung der Koeffizienten $\boldsymbol{X}_n$ kann der Restwiderstand unter Benutzung von (11.2-30 u. 21) für kubische Symmetrie unmittelbar berechnet werden:

$$\frac{1}{\varrho} = \sigma = \frac{1}{12\pi^3} \frac{e^2}{\hbar} \int\limits_{\varepsilon_k = \varepsilon_F} \frac{dS_k}{v_k} \boldsymbol{v}_k \boldsymbol{\Lambda}_k \,. \tag{22}$$

Wie die gruppentheoretische Analyse des Gleichungssystems (19) zeigt (Mrosan u. Lehmann, 76b), existieren im hier betrachteten Fall kubischer Symmetrie und für $l \leqq 2$ nur für $|l - l'| = 1$ von Null verschiedene Koeffizienten $\boldsymbol{X}_{LL'}$, die den drei Kombinationen der irreduziblen Darstellungen $\Gamma_1\Gamma_{15}$, $\Gamma_{12}\Gamma_{15}$, $\Gamma_{25'}\Gamma_{15}$ entsprechen (s. [4.5.4)]. Der Vektor der freien Weglänge hat die Form

$$\boldsymbol{\Lambda}_k = \tau_k[\boldsymbol{v}_k + \alpha_{\Gamma_1\Gamma_{15}}(\boldsymbol{k})\, \boldsymbol{X}_{\Gamma_1\Gamma_{15}} + \alpha_{\Gamma_{12}\Gamma_{15}}(\boldsymbol{k})\, \boldsymbol{X}_{\Gamma_{12}\Gamma_{15}} + \alpha_{\Gamma_{15}\Gamma_{25'}}(\boldsymbol{k})\, \boldsymbol{X}_{\Gamma_{15}\Gamma_{25'}}] \,. \tag{23}$$

Diese Kopplung zwischen benachbarten Drehimpulsen entspricht der Kopplung von Drehimpulsen l und $l + 1$ im Restwiderstand (11.2-43) im Falle einer Bandstruktur freier Elektronen des Wirtskristalls. Die bei einer detaillierten numerischen Auswertung des Gleichungssystems (19) auf der Grundlage einer Bandstrukturberechnung auftretenden Oberflächenintegrale (20), (21) bzw. (22) über Flächen konstanter Energie $\varepsilon_k = \text{const}$ können mit Standardmethoden, wie z. B. der Tetraedermethode (s. (A 4]), ausgeführt werden.

Unter Ausnutzung des ausgearteten Integralkerns wurde von Mertig u. a. (82) der Restwiderstand von 3d-Übergangsmetallpunktdefekten in Kupfer berechnet.

11.6. Konstruktion des Potentials eines Punktdefekts

11.6.1. Verwendung der Friedelschen Summenregel

Durch den Punktdefekt wird eine Störung der elektronischen Ladungsdichte des Wirtskristalls an dem Ort, an dem der Punktdefekt lokalisiert ist, hervorgerufen. Diese Störung ist zunächst qualitativ durch die Differenz der Valenzen der Atome des Punktdefekts und der Atome des Wirtskristalls gegeben. Doch selbst bei gleichen Valenzen wird auf Grund der unterschiedlichen atomaren Wellenfunktionen und der daraus resultierenden unterschiedlichen atomaren Ladungsdichten eine Störung der gitterperiodischen Ladungsdichte des ungestörten Wirtskristalls vorliegen. Diese Ladungsdichtestörung wird mittels der Coulomb-Wechselwirkung durch die Leitungselektronen abgeschirmt (Friedel-Oszillationen). Es ist notwendig, diesen Relaxationsprozeß der Abschirmung der Ladungsdichtestörung bei der Konstruktion des Potentials der Punktdefekte zu berücksichtigen.

Häufig wird das abgeschirmte Potential des Punktdefekts in einfacher Weise durch ein Yukawa-Potential beschrieben (z. B. Friedel, 56, Blatt, 57, Riedinger, 71):

$$V^1(r) = \frac{\Delta Z\, e^{-qr}}{r} \quad \text{für} \quad r \leqq R_{\mathrm{MT}} \,. \tag{1}$$

Die Abschirmlänge $\lambda = 1/q$ wird dabei so gewählt, daß die mit dem Potential (1) berechneten Streuphasen die Friedelsche Summenregel erfüllen. Dieses Modell wurde von Blatt (57) zur Berechnung von Nichtübergangsmetallpunktdefekten in Cu, Ag und Au angewandt und liefert eine gute Übereinstimmung zwischen theoretischen und experimentellen Werten.

Zur Beschreibung der Eigenschaften von Punktdefekten hat sich auch das folgende Potentialmodell bewährt (Inglesfield 72, Lasseter u. Soven, 73, Mrosan u. Lehmann, 76b):

$$V^{\mathrm{I}}(r) = \begin{cases} V(r) + \Delta\,, \\ 0\,, \end{cases} \quad r \lessgtr R_{\mathrm{MT}}\,. \tag{2}$$

In (2) ist $V(r)$ zunächst das nichtabgeschirmte MT-Potential des Punktdefekts, der von Atomen des Wirtskristalls umgeben ist. $V(r)$ wird mit der Mattheiss-Konstruktion (s. [2]) berechnet. Dabei werden die atomaren Ladungsdichten von neutralen Atomen, die sich an Gitterplätzen $\boldsymbol{R}$ befinden, überlagert. Die Ladungsdichte und das Coulomb-Potential von Atomen in der Umgebung des betrachteten Gitterplatzes $\boldsymbol{R}_0$ des Punktdefekts werden unter Verwendung der Löwdin-Technik (Löwdin, 56) um den betrachteten Gitterplatz $\boldsymbol{R}_0$ entwickelt. Nach Beschränkung auf die kugelsymmetrischen Beiträge ergibt sich $V(r)$ aus der Summe des überlagerten Coulomb-Potentials und des mit der überlagerten Dichte in X_α-Näherung berechneten Austauschpotentials. Damit erhält man ein Potential des Punktdefekts, der sich in einer Umgebung von Atomen des Wirtskristalls befindet. Zu diesem Potential $V(r)$ wird jetzt ein konstanter Potentialbeitrag Δ addiert, der Abschirmungs- und Umladungseffekte beschreiben soll. Ein solcher konstanter Potentialbeitrag entspricht einer auf einer Kugelschale auf der Oberfläche der MT-Kugel um den Punktdefekt gleichmäßig angeordneten Dipolladung. Eine derartige Abschirmladung liefert im Inneren der MT-Kugel gerade einen konstanten Potentialbeitrag. Der Parameter Δ wird jetzt ebenfalls so gewählt, daß die mit dem Potential (2) berechneten Streuphasen die Friedelsche Summenregel erfüllen. Die Anwendung dieses Modells auf $3d$-Übergangsmetallpunktdefekte in Aluminium wird im nächsten Kapitel diskutiert.

11.6.2. Selbstkonsistente Potentialkonstruktion

Eine selbstkonsistente Beschreibung von Punktdefekten wurde von Zeller und Dederichs (79) auf der Basis der Vielfachstreutheorie [4] durchgeführt. Ausgangspunkt ist die Greensche Funktion $G(\boldsymbol{r}, \boldsymbol{r}'; \varepsilon)$ für eine Anordnung von kugelsymmetrischen MT-Potentialen an Gitterplätzen $\boldsymbol{R}_i$ in der Form (4.3-64)

$$G^{\mathrm{r}}(\boldsymbol{x} + \boldsymbol{R}_i, \boldsymbol{x}' + \boldsymbol{R}_j; \varepsilon) = \frac{2m}{\hbar^2} \varkappa \sum_{LL'} J_L^i(\boldsymbol{x}) \left[H_L^{+i}(\boldsymbol{x}')\, \delta^{ij} \delta_{LL'} + \mathrm{e}^{i\eta_l^i}\, \mathcal{G}_{LL'}^{ij}\, \mathrm{e}^{i\eta_{l'}^j}\, J_{L'}^j(\boldsymbol{x}')\right] \tag{3}$$

mit $x' > x$. Es wird jetzt ein substitutioneller Punktdefekt in einem Kristall betrachtet. Die Greensche Funktion G^{D} des gestörten Systems hängt mit der Greenschen Funktion G^{c} des idealen Kristalls über die (symbolisch geschriebene) Dyson-Gleichung

$$G^{\mathrm{D}} = G^{\mathrm{c}} + G^{\mathrm{c}}\, \Delta V G^{\mathrm{D}}\,, \tag{4}$$

die analog zur Lippmann-Schwinger-Gleichung (4.5-1) gilt, zusammen. ΔV ist die durch den Punktdefekt hervorgerufene Potentialstörung. Unter Verwendung der Drehimpulsdarstellung (3) für die Greenschen Funktionen G^{D} folgt aus (4) analog zu

(4.5-11) die Beziehung für kugelsymmetrische Streuer

$$\mathcal{G}^{\mathrm{D}ij}_{LL'} = \mathcal{G}^{\mathrm{c}ij}_{LL'} + \sum_{\{j'\},\tilde{L}''} \mathcal{G}^{\mathrm{c}ij'}_{L\tilde{L}''} \varkappa \, \Delta t^{j'}_{\tilde{L}''} \, \mathcal{G}^{\mathrm{D}j'j}_{\tilde{L}''L'} \,. \tag{5}$$

Gleichung (5) vereinfacht sich stark, wenn ein streng lokalisierter Punktdefekt betrachtet wird und nur das MT-Potential am Ort $\boldsymbol{R}_{j'} = \boldsymbol{R}_0$ gestört ist. Von besonderem Interesse ist dann die Greensche Funktion des gestörten Systems für $i = j = 0$. Für kubische Symmetrie und Drehimpulse $l \leqq 2$ ist diese Greensche Funktion diagonal,

$$\mathcal{G}^{\mathrm{D00}}_{LL'} = \mathcal{G}^{\mathrm{D}}_{L} \delta_{LL'} \,,$$

und die Lösung von (5) ist durch

$$\mathcal{G}^{\mathrm{D}}_{L} = (1 - \mathcal{G}^{\mathrm{c}}_{L} \varkappa \, \Delta t_l)^{-1} \, \mathcal{G}^{\mathrm{c}}_{L} \tag{6}$$

gegeben. Nach Berechnung der Koeffizienten $\mathcal{G}^{\mathrm{D}}_{L}$ aus (6) folgt aus dem Imaginärteil der Greenschen Funktion G^{r} die Ladungsdichte in der MT-Kugel des Punktdefekts mittels

$$n(\boldsymbol{r}) = -\frac{2}{\pi} \int\limits_{-\infty}^{\varepsilon_{\mathrm{F}}} \mathrm{d}\varepsilon \, \mathrm{Im} \, G^{\mathrm{r}}(\boldsymbol{r}, \boldsymbol{r}; \varepsilon) \,. \tag{7}$$

Die selbstkonsistente Berechnung des Potentials des Punktdefekts verläuft nach folgendem Schema: Ausgangspunkt sind die Greensche Funktion $\mathcal{G}^{\mathrm{c}}_{L}$ des idealen Kristalls, die auf der Grundlage einer Bandstrukturberechnung erhalten wird, und die Streuphasen des Punktdefekts, die mittels der Mattheiss-Konstruktion berechnet werden. Damit wird über (6) die Greensche Funktion G^{r} bestimmt, und mittels (7) erhält man die Ladungsdichte in der MT-Kugel des Punktdefekts, aus der ein neues Potential konstruiert wird, woraus wiederum neue Streuphasen folgen. Mit diesen Streuphasen geht man wieder in (6) ein und durchläuft den beschriebenen Zyklus bis zur Selbstkonsistenz.

Dieses Verfahren wurde von Zeller u. a. (80) auf den Fall erweitert, wenn mit dem Punktdefekt ein lokalisiertes magnetisches Moment verbunden ist. In diesem Falle wurde die Rechnung spinpolarisiert durchgeführt. Man hat zwischen zwei MT-Potentialen $V^{\mathrm{i}}(r)$ des Punktdefekts zu unterscheiden, jeweils für Parallelstellung von Elektronenspin und am Punktdefekt lokalisierten Spin (V^{i}_{+}) und Antiparallelstellung (V^{i}_{-}). Dadurch erhalten die Streuphasen, Greenschen Funktionen und Dichten einen weiteren Index „+“ oder „−“. Die Elektronendichten sind jetzt durch

$$n_{\pm}(\boldsymbol{r}) = -\frac{1}{\pi} \int\limits_{-\infty}^{\varepsilon_{\mathrm{F}}} \mathrm{d}\varepsilon \, \mathrm{Im} \, G^{\mathrm{r}}_{\pm}(\boldsymbol{r}, \boldsymbol{r}; \varepsilon) \tag{8}$$

gegeben.

Für die praktische Durchführung wurde von Zeller u. a. (80) für den Austausch- und Korrelationsanteil des MT-Potentials die lokale-Spindichte-Näherung nach von Barth und Hedin (72) verwendet (s. auch (2.2-5 u. 6)).

11.7. Eigenschaften von 3d-Übergangsmetallpunktdefekten in Aluminium

11.7.1. Eigenschaften der Streuphasen

Eines der am ausführlichsten untersuchten Systeme verdünnter Legierungen sind $3d$-Übergangsmetallpunktdefekte in Aluminium (Grüner, 74). Aluminium ist ein Vertreter der sogenannten einfachen Metalle. Die einfachen Metalle besitzen eine Bandstruktur, die der Bandstruktur freier Elektronen relativ nahekommt, da in einfachen Metallen nur Leitungselektronen mit s- und p-Charakter vorhanden sind (vgl. [3]). Die Streueigenschaften der MT-Potentiale von einfachen Metallen sind schwach, die entsprechenden Streuphasen η_l^{h} sind klein (s. Abb. 11.7-1). Aus diesen Gründen kann die Anisotropie der Bandstruktur des Wirtskristalls in erster Näherung vernachlässigt werden. Zur Beschreibung der Eigenschaften von Punktdefekten in Aluminium werden wir deshalb alle Überlegungen verwenden können, die wir für einzelne isolierte Streuzentren in einem Gas freier Elektronen erhalten haben.

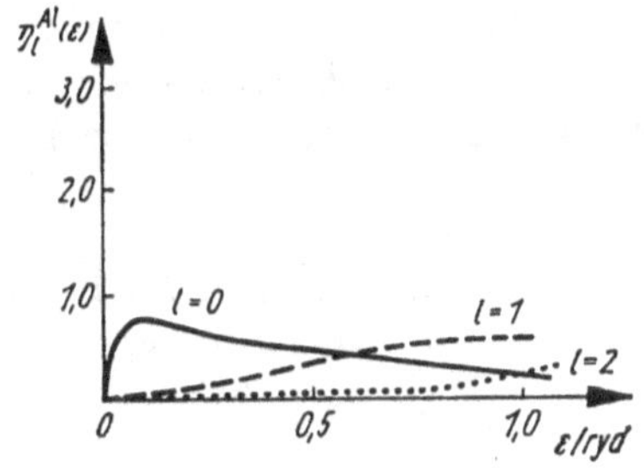

Abb. 11.7-1. Streuphasen von Aluminium

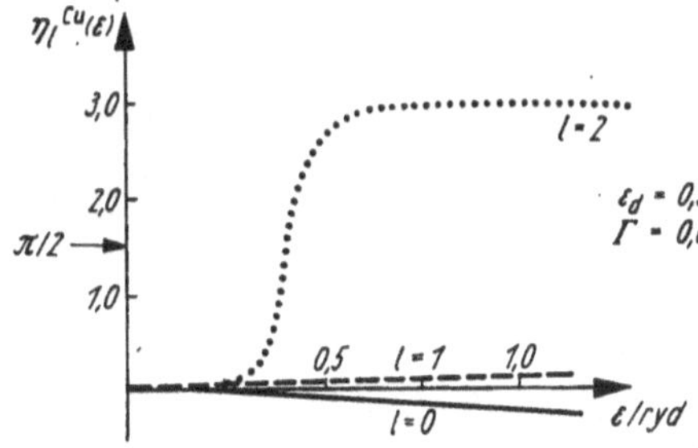

Abb. 11.7-2. Streuphasen von Kupfer

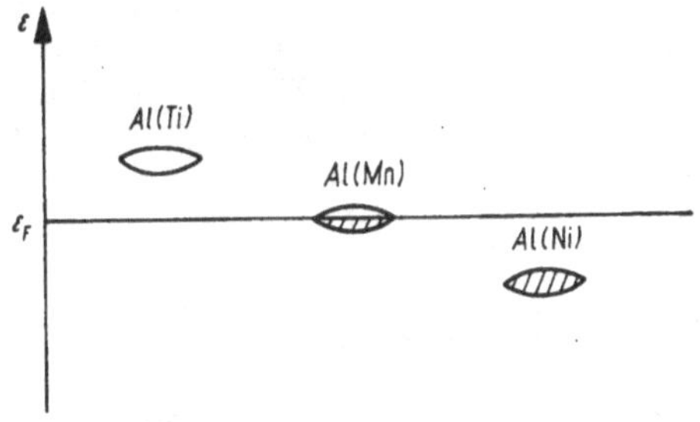

Abb. 11.7-3. Virtuell gebundene Zustände von $3d$-Übergangsmetallpunktdefekten in Aluminium

In den Übergangsmetallen sind relativ lokalisierte d-Elektronen vorhanden, die zu charakteristischen Resonanzen in den Streuphasen η_l^{i} für $l = 2$ führen. Die Streuphasen gehen dabei durch den Wert $\pi/2$ (s. Abb. 11.7-2). Werden Übergangsmetall-Punktdefekte in ein anderes Metall eingebaut, so entsprechen diesen Resonanzen dann virtuell gebundene Zustände in einer bestimmten relativen Lage bezüglich der Fermi-Energie des Wirtskristalls (Abb. 11.7-3). Liegt dieser virtuell gebundene Zustand sehr nahe der Fermi-Energie des Wirtskristalls, so werden dessen Leitungselektronen stark gestreut (Resonanzstreuung). Je weiter der virtuell gebundene Zustand von der Fermi-Energie entfernt ist, desto geringer wird diese Streuung. Diese

Resonanzstreuung ist die Ursache für das Auftreten charakteristischer Maxima in verschiedenen physikalischen Größen in Abhängigkeit von der Ordnungszahl der Punktdefekte. Die qualitative Diskussion dieses Effektes geht auf Friedel (52, 56, 58) zurück.

Die Streuphasen $\eta_2^i(\varepsilon)$ für Übergangsmetalle können in der aus (4.2-16) bekannten Weise geschrieben werden:

$$\tan \eta_2^i(\varepsilon) = \frac{\Gamma}{\varepsilon_d - \varepsilon} + \tan \eta_2'(\varepsilon) . \tag{1}$$

Hierbei bedeuten ε_d und Γ die Lage bzw. die Breite der virtuell gebundenen Zustände. $\tan \eta_2'(\varepsilon)$ ist eine nur schwach energieabhängige Funktion. Unter Verwendung des in [11.6] beschriebenen Potentialmodells (11.6-2) wurden die Streuphasen für $3d$-Übergangsmetallpunktdefekte in Al berechnet (Mrosan u. Lehmann, 78). Die charakteristischen Parameter ε_d und Γ sind in Tab. 11.7-1 zusammengestellt. Der Vorzeichenwechsel in $\varepsilon_d - \varepsilon_F$ zwischen V und Cr entspricht dem Durchqueren des virtuell gebundenen Zustandes durch die Fermi-Energie des Wirtskristalls. Beim Absinken des virtuell gebundenen Zustandes wird seine Breite Γ kleiner. Beide Resultate werden qualitativ experimentell durch Photoelektronen-Spektroskopie-Untersuchungen bestätigt (Steiner u. a., 77).

Tabelle 11.7-1. Charakteristische Parameter der Resonanz in den Streuphasen für $l = 2$ von $3d$-Übergangsmetallpunktdefekten in Aluminium (s. Mrosan u. Lehmann, 78)

Punktdefekt	$(\varepsilon_d - \varepsilon_F)$/eV	2Γ/eV
V	0,17	3,26
Cr	−0,25	2,56
Mn	−0,60	2,05
Fe	−1,03	1,63
Co	−1,84	1,25
Ni	−3,34	0,80
Cu	−6,57	0,30

11.7.2. Restwiderstand und Änderung der Ladungsdichte

Die Resultate für den Restwiderstand, der nach (11.2-43) berechnet wurde, sind in Abb. 11.7-4 angegeben. Der charakteristische Trend in dieser Meßgröße, ein Maximum etwa in der Mitte der $3d$-Reihe, hervorgerufen durch Resonanzstreuung der Leitungselektronen des Wirtskristalls, wird qualitativ richtig wiedergegeben. Die berechneten Werte liegen allerdings alle unterhalb der Meßwerte. Diese Tatsache ist darauf zurückzuführen, daß für die Berechnung des Restwiderstandes nur die Streuung der Elektronen an einem einzelnen MT-Potential des Punktdefekts (streng lokalisierter Defekt) berücksichtigt wurde. Mit dem Einbau des Punktdefekts in das Kristallgitter des Wirtskristalls verbundene Gitterdeformationen wurden ebenfalls vernachlässigt. Es ist jedoch zu erwarten, daß beide Effekte zum Restwiderstand beitragen. Der Einfluß der effektiven Streuphasen Φ_α aus (4.5-19), die Informationen der kristallinen Umgebung des Punktdefekts beinhalten, auf den Restwiderstand von $3d$-Übergangsmetallpunktdefekten in Al wurde von Schöpke und Mrosan (78) unter-

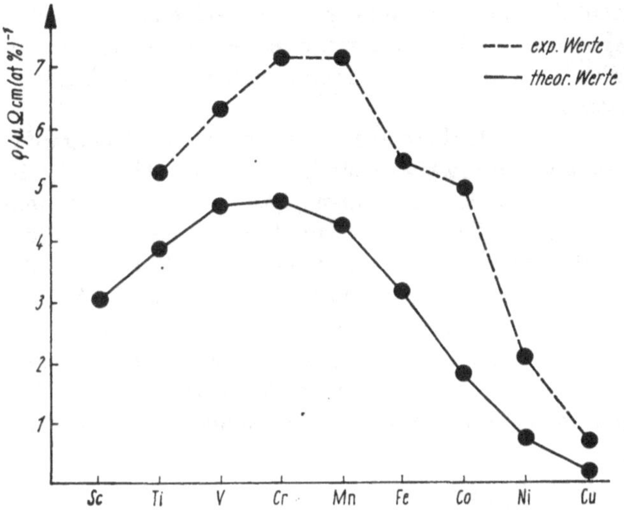

Abb. 11.7-4. Restwiderstand für 3*d*-Übergangsmetallpunktdefekte in Aluminium (s. Mrosan u. Lehmann, 76 a, b, c)

sucht (s. Abb. 11.7-5, s. auch Gupta u. Benedek, 79). Ähnlich wie in (11.2-28, 37 bis 43) entsteht

$$\varrho = \varrho_0 \sum_{l \leq 2} (l + 1) \sin^2 [\Phi_l(\varepsilon_F) - \Phi_{l+1}(\varepsilon_F)] \tag{2}$$

in der durch $c_L(\boldsymbol{k}) \sim \sqrt{\operatorname{Im} A_{ll}^{\alpha}}\, Y_L(\boldsymbol{k})$ gekennzeichneten Näherung sphärischer Bänder (außerdem gilt $A_{22}^{\Gamma_{25'}} = A_{22}^{\Gamma_{12}}$, also auch $\Phi_{\Gamma_{25'}} = \Phi_{\Gamma_{12}}$, so daß die effektiven Streuphasen Φ_α mit l indiziert werden können: Φ_l).

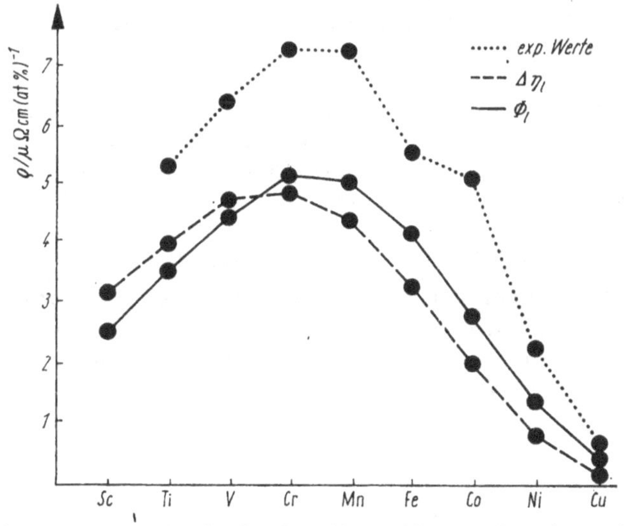

Abb. 11.7-5. Vergleich des Restwiderstandes für 3*d*-Übergangsmetallpunktdefekte in Aluminium, berechnet mit effektiven Streuphasen und mit den Streuphasen für ein einzelnes Streuzentrum (s. Schöpke u. Mrosan, 78)

Aus Abb. 11.7-5 ist zu entnehmen, daß die Verwendung der effektiven Streuphasen Φ_l (ausgezogene Kurve) zur Berechnung des Restwiderstandes bessere Übereinstimmung mit den experimentellen Werten bezüglich des Trends liefert als die Verwendung der Streuphasen des Einzelstreuers.

Das vorgestellte Modell zur Beschreibung der Streueigenschaften von $3d$-Übergangsmetallpunktdefekten in Al liefert auch für weitere Meßgrößen, wie Thermokraft, Änderung des Elektronenanteils der spezifischen Wärme, Änderung der Sprungtemperatur der Supraleitung und Dingle-Temperatur, qualitativ eine recht gute Übereinstimmung mit experimentellen Werten (Mrosan u. Lehmann, 76a, b, c). Als Beispiel seien noch die Resultate für die Änderung der Ladungsdichte für Fe-Fremdatome in Al in Abb. 11.7-6 angegeben (Lautenschläger u. a., 78). Der Vergleich von asymptotischer (11.2-3) und nichtasymptotischer Lösung (11.2-2) zeigt, das für große Abstände r vom Fremdatom beide Resultate übereinstimmen. Abweichungen zwischen asymptotischer und nichtasymptotischer Lösung treten für kleine Abstände vom

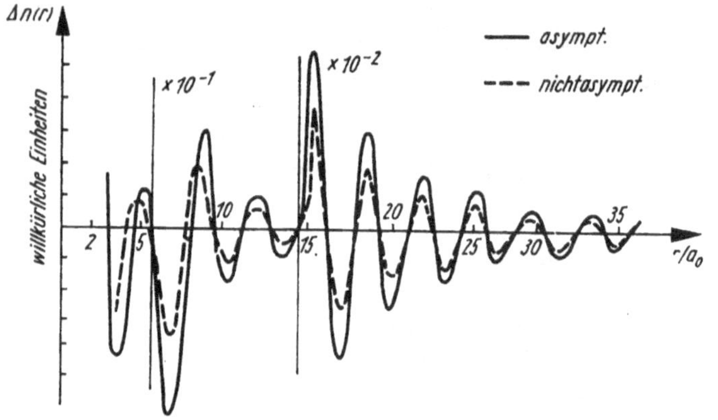

Abb. 11.7-6. Änderung der Ladungsdichte, hervorgerufen durch Fe-Punktdefekte in Aluminium (s. Lautenschläger u. Mrosan, 78)

Fremdatom auf. Generell ist die Amplitude der nichtasymptotischen Oszillationen kleiner als die der asymptotischen Ladungsdichteoszillationen. Dieses Resultat ist analog den Ergebnissen von Zlatic und Grüner (77). Zlatic und Grüner berechneten die Änderung der Ladungsdichte für Cr- und Mn-Fremdatome in Al ausgehend vom Anderson-Modell.

Abschließend soll noch ein sehr einfaches Modell zur Berechnung der Streuphasen von $3d$-Übergangsmetallfremdatomen angegeben werden, das für erste Abschätzungen durchaus geeignet ist. Beschränkt man sich nur auf den Beitrag der Resonanzstreuung $l = 2$ und vernachlässigt die Drehimpulsbeiträge $l = 0$ und $l = 1$, so nimmt die Friedelsche Summenregel die einfache Gestalt

$$\Delta Z = \frac{2}{\pi} (2 \cdot 2 + 1) \, \eta_2(\varepsilon_F) \tag{3}$$

an. Für die Streuphase $\eta_2(\varepsilon_F)$ folgt also unmittelbar

$$\eta_2(\varepsilon_F) = \frac{\pi \Delta Z}{10}. \tag{4}$$

Der Restwiderstand wird mit (4)

$$\varrho \sim \sin^2\left(\frac{\pi \Delta Z}{10}\right). \tag{5}$$

Für $\Delta Z = 5$, also etwa in der Mitte der $3d$-Reihe, erhält man ein Maximum, für $\Delta Z = 0$ und $\Delta Z = 10$ verschwindet der Restwiderstand.

Das Konzept der Resonanzstreuung ist nicht nur für $3d$-Übergangsmetallpunktdefekte in Al gültig. Auf dieser Basis kann der Restwiderstand von $3d$-, $4d$- und $5d$-Übergangsmetallpunktdefekten in Al und in den Edelmetallen Cu, Ag und Au verstanden werden (s. z. B. Myers u. a., 80, Mertig u. a., 82).

11.8. Berücksichtigung der Anisotropie der Bandstruktur des Wirtskristalls

11.8.1. Allgemeine Übersicht

Will man den Einfluß der Anisotropie der Bandstruktur des Wirtskristalls berücksichtigen, so reicht das oben diskutierte Modell eines isolierten Störpotentials eines Punktdefekts in einem Gas freier Elektronen nicht mehr aus. Nachfolgend soll eine kurze Übersicht über verschiedene Möglichkeiten, dieses Problem zu behandeln, gegeben werden. Diese Übersicht wird nur unvollständig sein, und es wird auf die Literaturzusammenstellungen in den angeführten Originalarbeiten verwiesen.

Das in [11.4] diskutierte Modell der starken Bindung wurde zur Berechnung von Transportgrößen wie Restwiderstand, Magnetowiderstand (Seeger u. a., 67, Clausecker u. a., 69) und zur Untersuchung des Einflusses von Punktdefekten auf den dHvA-Effekt (Mann, 71, Hehl u. Mann, 71) verwendet. Dabei wurden Nichtübergangsmetall-Punktdefekte in Cu betrachtet. Für lokalisierte Punktdefekte hat die T-Matrix in Wannier-Darstellung nur einige wenige von Null verschiedene Matrixelemente, und der Integralkern der Boltzmann-Gleichung ist ausgeartet. In einem solchen Fall reduziert sich die Boltzmann-Gleichung (Integralgleichung) auf ein algebraisches lineares inhomogenes Gleichungssystem von endlicher Dimension (Sondheimer, 62). Die Gültigkeit der erhaltenen Resultate hängt jedoch ab von Annahmen über die Lokalisierung der Wannier-Funktionen. Eine alternative Erklärung für eine solche Behandlung der Boltzmann-Gleichung wurde von Lehmann (73) auf der Basis der Vielfachstreutheorie gegeben; für 3d-Übergangsmetallpunktdefekte in Cu ergab sich damit eine gute Übereinstimmung mit dem Experiment (Mertig u. a., 82).

Für einfache Metalle wurde von Inglesfield (71, 72) und von Sorbello (74) die Bandstruktur des Wirtskristalls im Rahmen des Pseudopotentialkonzeptes berücksichtigt.

Für Punktdefekte in Übergangsmetallen kombinierte Riedinger (71, 73) beide Betrachtungsweisen auf der Basis eines empirischen H-NFE-TB-Modelles.

Als sehr tragfähig hat sich die Behandlung der Punktdefekte mit dem Vielfachstreuformalismus der KKR-Methode erwiesen (Beeby, 64, 67, Harris, 70a, b, Blaker u. Harris, 71, Harris u. Mulimani, 74, Lasseter u. Soven, 73). Ausführlich wurde der Einfluß von Punktdefekten auf den dHvA-Effekt untersucht (Coleridge, 72, 73, Coleridge u. a., 74, Poulsen u. a., 74, Holzwarth u. a., 75, Lee u. a., 76). Aus dem dHvA-Effekt lassen sich auf empirischem Wege Streuphasen des Punktdefekts gewinnen. Durch Messung der Dingle-Temperaturen und Berechnung der Mittelwerte der Koeffizienten der Wellenfunktionen des idealen Kristalls über die verschiedenen extremalen Bahnen kann man die Streuphasen des Punktdefekts bestimmen. Allerdings erfüllen die so bestimmten Streuphasen nicht immer die Friedelsche Summenregel genügend gut. Außerdem erweist sich das Anpassen der Streuphasen an experimentelle Werte oft als nicht eindeutig, da häufig mehrere Sätze von Streuphasen gewählt werden können, um die experimentellen Werte zu reproduzieren (vgl. [4.4.5]).

Eine selbstkonsistente Behandlung von Fremdatomen in einem Cu- bzw. Ag-Wirtskristall wurde von Zeller u. a. (79, 80) und Podloucky u. a. (80) durchgeführt. Auf der Basis einer spinpolarisierten Rechnung konnten die lokalen magnetischen Momente für 3*d*-Übergangsmetallfremdatome berechnet werden. Die erhaltenen Resultate stimmen qualitativ gut mit experimentellen Ergebnissen überein.

11.8.2. Dingle-Temperaturen für 3*d*-Übergangsmetallfremdatome in Kupfer

Anisotrope Dingle-Temperaturen für alle 3*d*-Übergangsmetallfremdatome in Kupfer wurden von Mertig und Mrosan (80) berechnet. Ausgangspunkt waren eine Bandstrukturberechnung für Kupfer auf der Basis der H-NFE-TB-Methode und das in [11.6] diskutierte Potentialmodell für Punktdefekte (11.6-2). Die nach (11.5-11) notwendigen numerischen Integrationen entlang der entsprechenden Bahnen auf der Fermi-Fläche von Kupfer wurden unter Verwendung der Tetraedermethode (s. [A 4]) durchgeführt. Abb. 11.8-1 zeigt die Fermi-Fläche von Kupfer. Charakteristisch sind

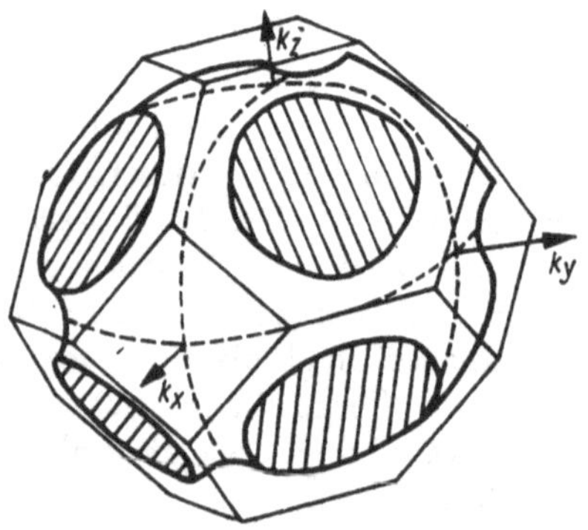

Abb. 11.8-1. Fermi-Fläche von Kupfer

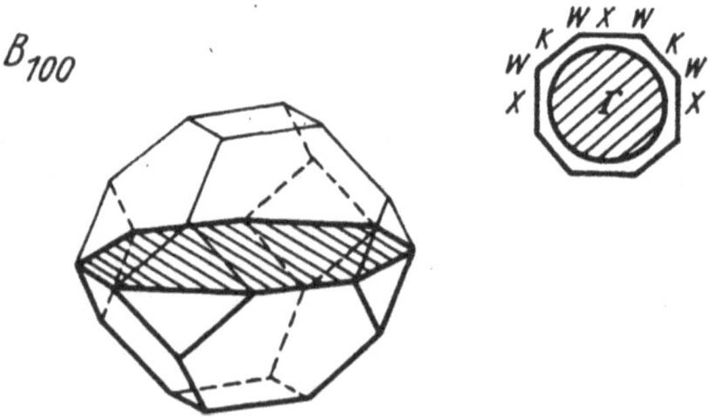

Abb. 11.8-2. B⟨100⟩-Bahn (Belly)

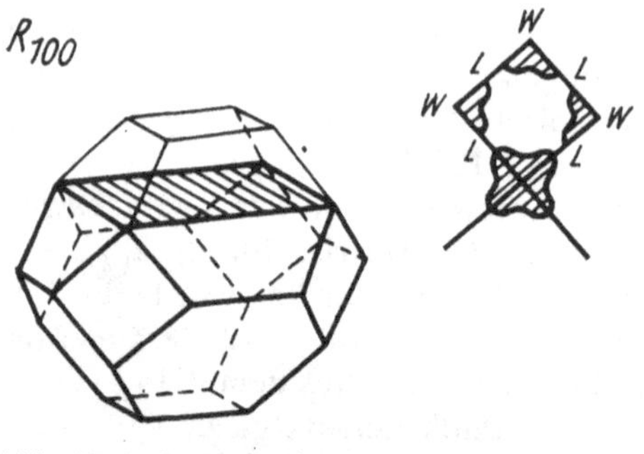

Abb. 11.8-3. R⟨100⟩-Bahn (Rosette)

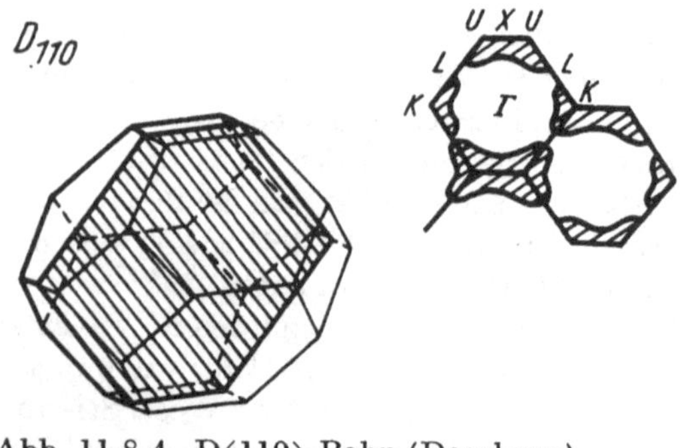

Abb. 11.8-4. D⟨110⟩-Bahn (Dogsbone)

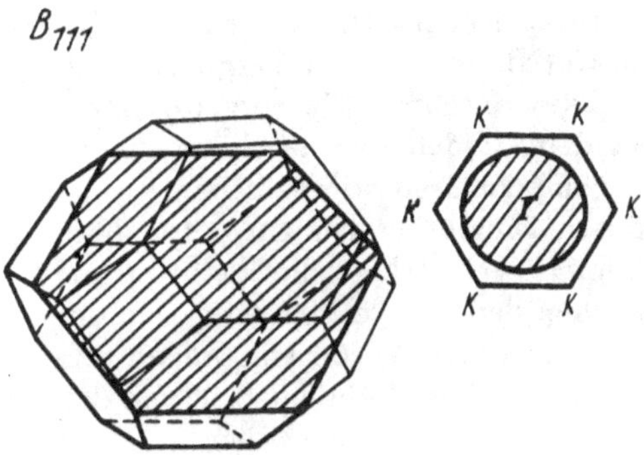

Abb. 11.8-5. B⟨111⟩-Bahn (Belly)

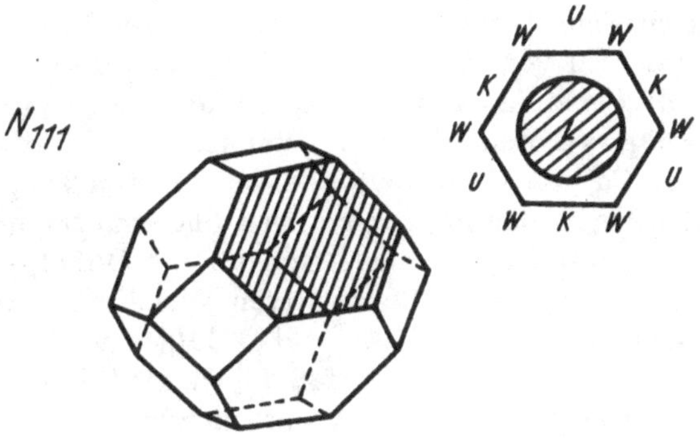

Abb. 11.8-6. N⟨111⟩-Bahn (Neck)

Tabelle 11.8-1. Extremale Bahnen der Fermi-Fläche für Kupfer

Extremale Bahn	Normalenrichtung des Magnetfeldes	Bahnzentrum	Bezeichnung
Belly	⟨100⟩	Γ	B⟨100⟩
Rosette	⟨100⟩	(0, 0, 1/2)	R⟨100⟩
Dogsbone	⟨110⟩	Γ	D⟨110⟩
Belly	⟨111⟩	Γ	B⟨111⟩
Neck	⟨111⟩	L	N⟨111⟩

Tabelle 11.8-2. Experimentelle und berechnete Dingle-Temperaturen (in K/at %) für Fe-, Co- und Ni-Verunreinigungen in Cu

	B⟨100⟩	R⟨100⟩	D⟨110⟩	B⟨111⟩	N⟨111⟩
Cu(Fe)					
$T_{D,exp}$ [a)]	255	270	205	300	100
$T_{D,theor}$ [b)]	221	216	190	252	85
Cu(Co)					
$T_{D,exp}$ [c)]				155	70
$T_{D,theor}$ [d)]	114,4	99,3	98,3	116,9	35,0
$T_{D,theor}$ [b)]	111	108	96	127	43
Cu(Ni)					
$T_{D,exp}$ [e)]	26,6	25,0	26,6	30,9	14,9
$T_{D,theor}$ [d)]	32,9	29,2	28,4	34,3	10,0
$T_{D,theor}$ [b)]	28,6	27,4	24,2	32,5	10,8

a) Coleridge (72)
b) Mertig und Mrosan (80)
c) Coleridge und Templeton (71)
d) Riedinger (73)
e) Poulsen u. a. (74)

die Hälse in ⟨111⟩-Richtung, die die Brillouin-Zonengrenze berühren. In Tab. 11.8-1 und in Abb. 11.8-2 bis 6 sind die betrachteten extremalen Bahnen zusammengestellt. In Tab. 11.8-2 sind die entsprechenden Dingle-Temperaturen für Cu(Fe), Cu(Co) und Cu(Ni) aufgeführt. Die Dingle-Temperaturen für Cu(Fe) und Cu(Co) sind mit experimentellen Werten von Coleridge (72) verglichen. Die experimentellen Werte für Cu(Ni) stammen von Poulsen u. a. (74). Für Cu(Co) und Cu(Ni) wurde zum Vergleich noch eine Rechnung von Riedinger (73) herangezogen. Diese Rechnung basiert auf einem Yukawa-Potential für die Punktdefekte und auf dem Modell für die Fermi-Fläche von Cu von Halse (69). Die berechneten Dingle-Temperaturen stimmen im wesentlichen mit den experimentellen überein. Die größten Dingle-Temperaturen für diese verdünnten Legierungen sind für die B⟨111⟩-Bahn zu vermerken, die kleinsten für die N⟨111⟩-Bahn. Die relativen Verhältnisse zwischen den Dingle-Temperaturen der Bahnen B⟨100⟩, R⟨100⟩ und D⟨110⟩ sind für unterschiedliche Verunreinigungen verschieden. Das bedeutet, daß die Dingle-Temperaturen für diese Bahnen stark von den Streueigenschaften der entsprechenden Verunreinigungen bestimmt werden.

Weiterhin wurden die Dingle-Temperaturen als Funktion der Richtung des äußeren Magnetfeldes in den Ebenen {100} und {110} untersucht. Φ und Θ sind die in Abb. 11.8-7 veranschaulichten Winkel. Die Orientierungsabhängigkeit der Dingle-Temperaturen für Cu(Fe) und Cu(Ni) ist in Abb. 11.8-8 und 9 dargestellt. Die Punkte in diesen beiden Abbildungen sind die berechneten Werte, die Kurven sollen den Verlauf der Orientierungsabhängigkeit veranschaulichen. Die Orientierungsabhängigkeit

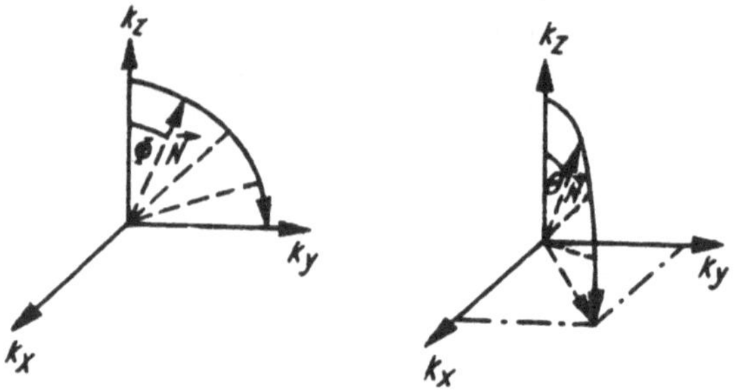

Abb. 11.8-7. Änderung des äußeren Magnetfeldes in den Ebenen {100} (Winkel Φ) und {110} (Winkel Θ)

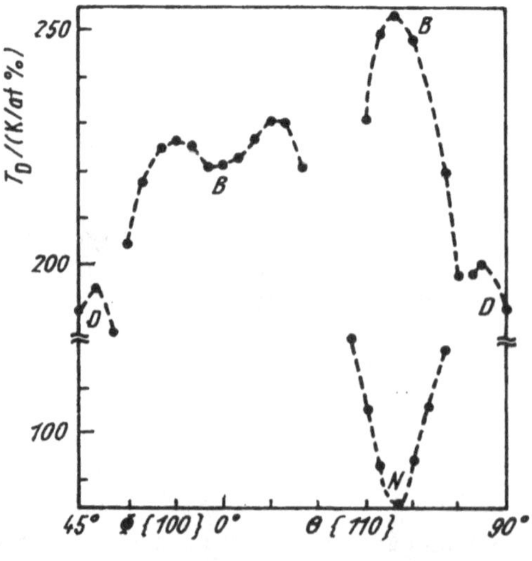

Abb. 11.8-8. Orientierungsabhängigkeit der Dingle-Temperatur in Cu(Fe) in den Ebenen {110} und {100} in K/at%

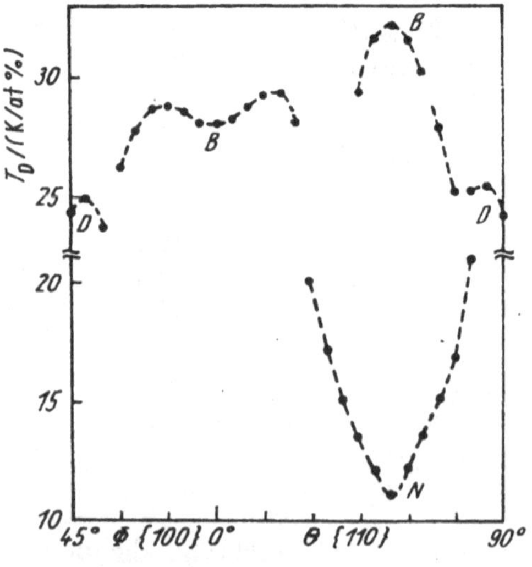

Abb. 11.8-9. Orientierungsabhängigkeit der Dingle-Temperatur in Cu(Ni) in den Ebenen {110} und {100} in K/at %

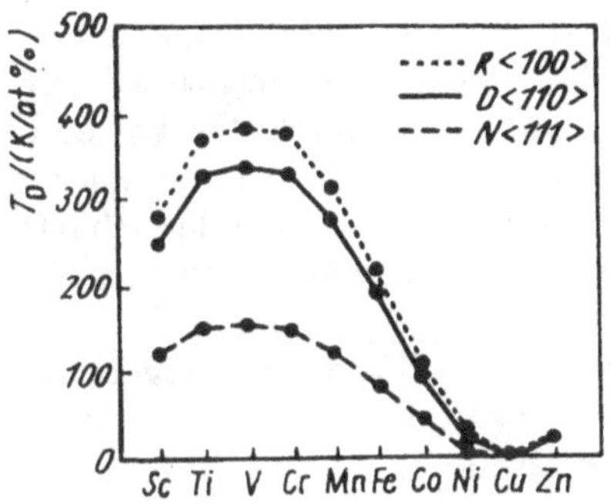

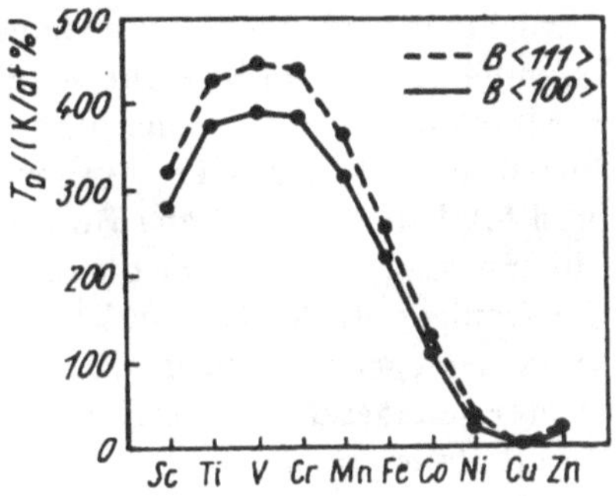

Abb. 11.8-10. Charakteristisches Verhalten der Dingle-Temperaturen für Verunreinigungen der $3d$-Reihe in Cu für fünf extremale Bahnen

wird von der Topologie der Fermi-Fläche bestimmt. Die Dingle-Temperaturen geben Anlaß zu Extremwerten in der Orientierungsabhängigkeit.

Betrachtet man die Dingle-Temperaturen der extremalen Bahnen für alle $3d$-Übergangsmetall-Verunreinigungen, dann ergibt sich das in Abb. 11.8-10 dargestellte charakteristische Verhalten. Das Maximum innerhalb der $3d$-Reihe ist auf die Resonanzstreuung an dem von den $3d$-Elektronen der Fremdatome hervorgerufenen virtuell gebundenen Zustand zurückzuführen. Diese Resonanzstreuung wurde bereits in [11.7] am Beispiel von $3d$-Fremdatomen in Aluminium ausführlich diskutiert.

11.8.3. Vielteilcheneffekte in Röntgen-Spektren

R. Schöpke

Im Unterschied zu den bisher behandelten statischen Punktdefekten entstehen bei der Röntgen-Absorption oder -Emission insofern dynamische Punktdefekte, als die Erzeugung oder Vernichtung eines Loches im Atomrumpf auf die Leitungselektronen wie eine plötzliche Erhöhung oder Verringerung der Kernladungszahl wirkt. Daher kann das Streukonzept auch zur Behandlung verschiedener Phänomene der Röntgen-Absorption und -Emission herangezogen werden.

Im Rahmen eines Einteilchenbildes geht man von der „Goldenen Regel" (4.5-20) aus und schreibt zum Beispiel für die Absorptionsrate in Dipolnäherung

$$W_{\mathrm{abs}}(\omega) \sim \sum_{\boldsymbol{k}} \left| \int \mathrm{d}^3r\, \varphi_c^*(\boldsymbol{r}) \left(\boldsymbol{n} \frac{\partial}{\partial \boldsymbol{r}}\right) \varphi_{\boldsymbol{k}}(\boldsymbol{r}) \right|^2 \delta(\varepsilon_{\boldsymbol{k}} - \varepsilon_c - \hbar\omega) . \quad (1)$$

$\varphi_{\boldsymbol{k}}(\boldsymbol{r})$ ist dabei die Wellenfunktion eines unbesetzten Zustandes im Leitungsband, in den durch die Strahlung mit der Frequenz ω und der Polarisationsrichtung $\boldsymbol{n}$ ein Elektron aus dem Rumpfzustand $\varphi_c(\boldsymbol{r})$ angeregt wird.

Macht man die Annahme, daß das Matrixelement in (1) nicht von $\boldsymbol{k}$ abhängt, so stellt die verbleibende Summe einfach die Zustandsdichte dar, und man hat

$$W_{\mathrm{abs}}(\omega) \sim |W|^2\, D(\varepsilon_c + \hbar\omega)\, \Theta(\varepsilon_c + \hbar\omega - \varepsilon_{\mathrm{F}}) . \quad (2)$$

Die Θ-Funktior ergibt sich, weil die $\boldsymbol{k}$-Summation beschränkt ist auf die unbesetzten Zustände mit $\varepsilon_{\boldsymbol{k}} > \varepsilon_{\mathrm{F}}$ (für Röntgen-Emission wäre in dieser Näherung einfach nur das Argument der Θ-Funktion umzukehren, da dann die Summation gerade über die besetzten Zustände erstreckt werden müßte):

In Wirklichkeit sind die Matrixelemente aber doch $\boldsymbol{k}$-abhängig, so daß dieses einfache Ergebnis mehr oder weniger modifiziert wird. Darüber hinaus ergibt sich ein weiterer Effekt aus der Tatsache, daß der Rumpfzustand schon durch den betrachteten Prozeß der Bildung oder Vernichtung eines Loches eine endliche Lebensdauer besitzt und folglich eine endliche Breite haben muß. Das führt dazu, daß der scharfe Sprung im Spektrum, mit dem die Absorption (bzw. Emission) gemäß (2) einsetzt, mehr oder weniger stark abgerundet wird.

Im krassen Gegensatz dazu wurden — nachdem das Auflösungsvermögen der Spektrometer genügend hoch getrieben werden konnte — besonders in den L-Spektren vieler Metalle (zum Beispiel Al, Na, Mg) anstelle der Abrundungen deutliche Überhöhungen (Spitzen) unmittelbar an den Bandkanten gemessen. Dieser Effekt entzog sich der Deutung im Rahmen des oben skizzierten Einteilchenmodelles und konnte von Nozieres und De Dominicis (69) erklärt werden, nachdem bereits Mahan (67) an einem einfachen Modell demonstriert hatte, daß die Wechselwirkung aller Leitungselektronen mit dem durch die Strahlung erzeugten Loch im Atomrumpf eine Überhöhung an der Kante des Spektrums hervorbringt.

Nozieres und De Dominicis untersuchten das Modell eines Metalles mit freien Elektronen im Leitungsband und berücksichtigten dabei explizit die Elektron-Loch-Streuung. Damit handelt es sich also um ein Vielteilchenproblem mit der zusätzlichen Besonderheit, daß im Moment der Absorption bzw. Emission eines Röntgen-Quantes eine plötzliche Änderung der Streuung erfolgt. Die Lösung dieses Problems gelang für den Teil des Spektrums in unmittelbarer Nähe der Bandkante, es ergab sich

$$W_{\text{abs}}(\omega) \sim \Theta(\omega - \omega_T) \sum_{l=l_c\pm 1} |W_l|^2 \left(\frac{\xi_0}{\omega - \omega_T}\right)^{\alpha_l} \tag{3}$$

mit den Kantenexponenten

$$\alpha_l = \frac{2}{\pi}\eta_l(\varepsilon_F) - \alpha \tag{4}$$

und dem sogenannten Asymmetrie-Index

$$\alpha = \frac{2}{\pi^2}\sum_l \eta_l^2(\varepsilon_F)\,. \tag{5}$$

ω_T ist hier die Frequenz, bei der nach der Einteilchentheorie die Bandkante liegen würde, l_c ist die Drehimpuls-Quantenzahl des betrachteten Rumpfzustandes, ξ_0 ist ein freier Parameter von der Größenordnung der Fermi-Energie, die W_l sind Übergangsmatrixelemente und müssen im Rahmen dieses Modelles ebenfalls als anpaßbare Parameter betrachtet werden. Für $\alpha_l > 0$ divergiert die Absorptionsrate an der Bandkante, was darauf zurückzuführen ist, daß in dem betrachteten Modell die Energie des Rumpfzustandes als scharf angenommen wurde. Faltet man jedoch (3) mit einer Lorentz-Verteilung geeigneter Breite, so verschwindet die Divergenz, und es ergibt sich je nach der Größe von α_l eine mehr oder weniger deutlich ausgeprägte Überhöhung des Spektrums an der Bandkante. Ob nun eine Überhöhung oder im Gegenteil (bei $\alpha_l < 0$) eine weitere Abrundung der Bandkante erfolgt, hängt einzig und allein von den Streuphasen $\eta_l(\varepsilon)$ des Defektpotentials ab, das durch die plötzliche Entfernung (bei Absorption) oder Hinzufügung (bei Emission) eines Rumpfelektrons entsteht.

Die qualitativen und zum Teil auch quantitativen Erfolge des beschriebenen Modelles ließen die Frage nach der Anwendbarkeit auf reale Metalle aufkommen, für die die Näherung freier Elektronen im Leitungsband nicht mehr zutreffend ist. Es konnte gezeigt werden, daß die Formeln (3) bis (5) richtig bleiben, wenn man nur die Streuphasen $\eta_l(\varepsilon_F)$ durch die effektiven Streuphasen $\Phi_l(\varepsilon_F)$ aus (4.5-19) ersetzt (Schöpke u. a., 79). In dieser Arbeit werden auch Ergebnisse numerischer Rechnungen für die Metalle Li, Na, Al, Cu und Ag angegeben und mit experimentellen Daten sowie mit Rechnungen anderer Autoren verglichen. Beispielsweise ergibt sich für Al der Wert $\alpha_0 = 0{,}20$, somit ist eine deutliche Überhöhung des Spektrums an der Bandkante zu erwarten. Tatsächlich ergibt sich experimentell $\alpha_0 = 0{,}16$. Im Hinblick auf die großen experimentellen Unsicherheiten ist die Übereinstimmung als durchaus befriedigend zu bezeichnen, jedoch ist sie nicht in allen Fällen so gut. Zum Vergleich sei hinzugefügt, daß (ebenfalls für Al) Mahan (75) im Modell freier Elektronen $\alpha_0 = 0{,}24$ errechnete, Almbladh und von Barth (76) erhielten mit einem eigentlich realistischeren Modell als dem freier Elektronen $\alpha_0 \doteq 0{,}06$.

Abschließend noch eine Bemerkung zum Asymmetrie-Index (5): Er spielt eine große Rolle bei der Interpretation von Röntgen-Photoelektronen-Spektren der Rumpfniveaus. Entsprechend der schon erwähnten Verbreiterung der Rumpfzustände infolge der endlichen Lebensdauer müßten diese Spektren Lorentz-förmige Linien darstellen, wenn man das Einteilchenbild zugrunde legt. Doniach und Sunjic (70) konnten nun, ausgehend von dem oben dargestellten Vielteilchenmodell, ableiten, daß die Linienform durch die Formel

$$y(\varepsilon) \sim \frac{\cos\left[\pi\alpha/2 + (1-\alpha)\arctan(\varepsilon/\gamma)\right]}{[\varepsilon^2 + \gamma^2]^{(1-\alpha)/2}} \tag{6}$$

gegeben ist. Diese Kurve stellt für $\alpha = 0$ eine Lorentz-Linie der Breite 2γ dar und wird für $\alpha > 0$ asymmetrisch, wodurch auch die Bezeichnung von α als Asymmetrie-Index verständlich wird. Sie hat sich bei der Interpretation einer großen Zahl von Linienspektren sehr gut bewährt.

11.9. Literatur

Abrikossow, A. A., Theorie normaler Metalle, Akademie-Verlag, Berlin 1976.
Almbladh, C.-O., U. von Barth, Phys. Rev. **B13**, 3307 (1976).
Barth, U. von, L. Hedin, J. Phys. **C5**, 1629 (1972).
Beeby, L. J., Proc. Roy. Soc. **A279**, 82 (1964).
Beeby, L. J., Proc. Roy. Soc. **A302**, 113 (1967).
Blaker, J. W., R. Harris, J. Phys. **C4**, 569 (1971).
Blatt, F. J., Phys. Rev. **108**, 286 (1957).
Blatt, F. J., Phys. Rev. **108**, 1204 (1957).
Clausecker, K., E. Mann, A. Seeger, Phys. kondens. Materie **9**, 73 (1969).
Coleridge, P. T., J. Phys. **F2**, 1016 (1972).
Coleridge, P. T., Phys. Rev. **B7**, 3508 (1973).
Coleridge, P. T., N. A. W. Holzwarth, M. J. G. Lee, Phys. Rev. **B10**, 1213 (1974).
Coleridge, P. T., I. M. Templeton, Canad. J. Phys. **49**, 2449 (1971).
Dingle, R. B., Proc. Roy. Soc. **A211**, 517 (1952).
Doniach, S., M. Sunjic, J. Phys. **C3**, 285 (1970).
Friedel, J., Phil. Mag. **43**, 153 (1952).
Friedel, J., Canad. J. Phys. **34**, 1190 (1956).
Friedel, J., Nuovo Cimento, Suppl. **7**, 287 (1958).
Grüner, G., Adv. Phys. **23**, 941 (1974).

Grüner, G., M. Minier, Adv. Phys. **26**, 231 (1977).
Gupta, R. P., R. Benedek, Phys. Rev. **B19**, 583 (1979).
Haas, W. J. de, P. M. van Alphen, Proc. Amsterdam Acad. **33**, 1106 (1930).
Halse, M. R., Phil. Trans. Roy. Soc. **A265**, 507 (1969).
Harris, R., J. Phys. **C3**, 172 (1970a).
Harris, R., Phys. Lett. **31 A**, 194 (1970b).
Harris, R., G. B. Mulimani, J. Phys. **F4**, 703 (1974).
Hehl, W., E. Mann, phys. stat. sol. (b) **48**, 271 (1971).
Holzwarth, N. A. W., Phys. Rev. **B11**, 3718 (1975).
Inglesfield, J. E., J. Phys. **F2**, 878 (1972).
Inglesfield, J. E., J. Phys. **F2**, 1921 (1972).
Jones, M. C., E. H. Sondheimer, Phys. Rev. **155**, 567 (1967).
Kohn, W., M. Luming, J. Phys. Chem. Solids **24**, 851 (1963).
Koster, G. F., Phys. Rev. **95**, 1436 (1954).
Koster, G. F., J. C. Slater, Phys. Rev. **95**, 1167 (1954a).
Koster, G. F., J. C. Slater, Phys. Rev. **96**, 1208 (1954b).
Lasseter, R. H., P. Soven, Phys. Rev. **B8**, 2476 (1973).
Lautenschläger, G., E. Mrosan, in: P. Ziesche (Hrsg.), Proc. 8th Symp. Electronic Structure, TU Dresden, 1978, S. 154.
Lee, M. J. G., N. A. W. Holzwarth, P. T. Coleridge, Phys. Rev. **B13**, 3249 (1976).
Lehmann, G., phys. stat. sol. (b) **56**, K33 (1973).
Lehmann, G., phys. stat. sol. (b) **70**, 737 (1975).
Lifschitz, I. M., A. M. Kosewitsch, Ž. eksper. teoret. fiz. **31**, 63 (1956).
Löwdin, P. O., Adv. Phys. **5**, 1 (1956).
Mahan, G. D., Phys. Rev. **163**, 612 (1967).
Mahan, G. D., Phys. Rev. **B11**, 4814 (1975).
Mann, E., Phys. kondens. Materie **12**, 210 (1971).
Mertig, I., E. Mrosan, J. Phys. **F10**, 417 (1980).
Mertig, I., E. Mrosan, R. Schöpke, J. Phys. **F12**, 1689 (1982).
Mrosan, E., G. Lehmann, phys. stat. sol. (b) **77**, K161 (1976a).
Mrosan, E., G. Lehmann, phys. stat. sol. (b) **77**, 607 (1976b).
Mrosan, E., G. Lehmann, phys. stat. sol. (b) **78**, 159 (1976c).
Mrosan, E., G. Lehmann phys. stat. sol. (b) **87**, K21 (1978).
Myers A., F. F. Becker, H. van Nasson, J. Phys. **F10**, 461 (1980).
Nozieres, P., C. T. De Dominicis, Phys. Rev. **178**, 1097 (1969).
Podloucky, R., R. Zeller, P. H. Dederichs, Phys. Rev. **B22**, 5777 (1980).
Poulsen, R. G., D. L. Randles, M. Springford, J. Phys. **F4**, 981 (1974).
Riedinger, R., J. Phys. **F1**, 392 (1971).
Riedinger, R., J. Phys. **F3**, 967 (1973).
Schöpke, R., E. Mrosan, phys. stat. sol. (b) **90**, K95 (1978).
Schöpke, R., W. John, E. Mrosan, J. Phys. **F9**, 1205 (1979).
Seeger, A., E. Mann, K. Clausecker, phys. stat. sol. **24**, 721 (1967).
Sondheimer, E. H., Proc. Roy. Soc. **A268**, 100 (1962).
Sorbello, R. S., J. Phys. **F4**, 1665 (1974).
Steiner, R., H. Höchst, S. Hüfner, J. Phys. **F7**, L 105 (1977).
Zeller, R., P. H. Dederichs, Phys. Rev. Lett. **42**, 1713 (1979).
Zeller, R., R. Podloucky, P. H. Dederichs, Z. Phys. **B38**, 165 (1980).
Ziman, J. M., Electrons and Phonons, Clarendon, Oxford 1976.
Zlatic, V., G. Grüner, J. Phys. Lett. **38**, L 87 (1977).

Ergänzungen zu [11, 9] beim Korrekturlesen s. S. 569.

Anhang

A 1. Gruppentheorie

G. Lehmann

A 1.1. Problemstellung

Bekanntlich erleichtert die Existenz von Erhaltungsgrößen A die Lösung der Schrödinger-Gleichung beträchtlich. Als physikalische Größen werden sie durch hermitesche Operatoren

$$A = A^\dagger \tag{1}$$

dargestellt, deren Zeitableitung bei Erhaltungsgrößen verschwindet:

$$\dot{A} = \frac{i}{\hbar} [H, A] = 0 . \tag{2}$$

Die Existenz des Erhaltungssatzes ist über

$$[H, S] = 0 \tag{3}$$

mit einer Symmetrieeigenschaft des Hamilton-Operators H bzw. seiner Invarianz gegen eine Transformation S verkoppelt.

Bekannte Beispiele sind die Invarianzen gegenüber Translationen bzw. Rotationen im Raum, die durch die unitären Operatoren

$$T_{\boldsymbol{a}} = \exp\left(\frac{i}{\hbar} \boldsymbol{ap}\right) \quad \text{bzw.} \quad D_{\boldsymbol{\varphi}} = \exp\left(\frac{i}{\hbar} \boldsymbol{\varphi l}\right) \tag{4}$$

dargestellt werden. $\boldsymbol{a}$ kennzeichnet den Ortsvektor, um den die Translation erfolgt, und die Richtung von $\boldsymbol{\varphi}$ bezeichnet die Achse und der Betrag φ den Winkel der Drehung. $\boldsymbol{p}$ bzw. $\boldsymbol{l}$ stellen die hermiteschen Impuls- bzw. Drehimpulsoperatoren dar. Man bezeichnet sie als Erzeugende der infinitesimalen Translation bzw. Rotation, da ihre Kenntnis für die Bestimmung beliebiger Translationen bzw. Rotationen ausreicht, denn diese lassen sich durch sukzessive infinitesimale Transformationen

$$T_{\mathrm{d}\boldsymbol{a}} = 1 + (i/\hbar)\, \mathrm{d}\boldsymbol{ap} \quad \text{bzw.} \quad T_{\mathrm{d}\boldsymbol{\varphi}} = 1 + (i/\hbar)\, \mathrm{d}\boldsymbol{\varphi l} \tag{5}$$

darstellen. Bei den Translationen ergeben sich keine Probleme, während bei den Rotationen zu beachten ist, daß das Ergebnis von der Reihenfolge der Einzeldrehungen abhängt (mathematisch drückt sich das in der Nichtvertauschbarkeit der Komponenten des Drehimpulsoperators aus). Mit (5) ist für beliebige $\mathrm{d}\boldsymbol{a}$ und $\mathrm{d}\boldsymbol{\varphi}$ sofort ersichtlich, wie der Erhaltungssatz aus der Symmetrie des Hamilton-Operators folgt.

Die Invarianz des Hamilton-Operators bei der unitären Transformation S,

$$S^{-1} = S^\dagger , \tag{6}$$

läßt sich aus der Umstellung von (3) ablesen:

$$S^{-1}HS = H\,. \tag{7}$$

$S^{-1}HS$ stellt den transformierten Hamilton-Operator dar, der nach (7) mit dem ursprünglichen identisch ist.

Kennt man eine Eigenfunktion Φ der Schrödinger-Gleichung

$$H\Phi = \Phi E \tag{8}$$

so lassen sich mit (3) und (8) über

$$H(S\Phi) = SH\Phi = (S\Phi)\,E \tag{9}$$

sofort weitere Eigenfunktionen Φ' von (8) zum gleichen Eigenwert E des Hamilton-Operators gewinnen:

$$\Phi' = S\Phi\,. \tag{10}$$

Im Falle, daß keine Entartung vorliegt, sind Φ' und Φ bis auf den komplexen Faktor s vom Betrage Eins identisch:

$$S\Phi_s = \Phi_s s\,. \tag{11}$$

Φ stellt dann eine gemeinsame Eigenfunktion von H und S dar. Es genügt also die Kenntnis der entarteten bzw. nichtentarteten Eigenfunktionen Φ_s in einem Grundgebiet des Raumes, um durch (11) ihren Verlauf in dem durch die Transformation entstehenden Gebiet zu bestimmen.

In der Festkörperphysik interessieren besonders die Translationen, Drehungen und Spiegelungen, die den Kristall in sich übergehen lassen, sowie die Zeitumkehrsymmetrie. Diese Operationen sind nicht kontinuierlich, so daß (5) nicht mehr gilt. Die Aufgabe besteht in der optimalen Ausnutzung der Symmetrieeigenschaften des Hamilton-Operators für die Erleichterung der Lösung des Bewegungsproblems, wobei das Problem in der Nichtvertauschbarkeit der einzelnen Operationen liegt. Die die Lösung des Problems vereinfachenden Φ_s können daher nicht gleichzeitig Eigenfunktionen zu allen Symmetrieoperationen sein.

Die konsequente Realisierung dieser Aufgabe erfolgt mit dem Apparat der Gruppentheorie. In vielen Darstellungen wird dieser als streng mathematische Disziplin abgehandelt. Hier soll eine Konzentration auf den physikalischen Inhalt und auf für konkrete Rechnungen benötigte Ergebnisse erfolgen. Die Anwendung ist dabei auf alle elementaren Anregungen des Festkörpers möglich, erfolgt also besonders für Elektronen und Phononen in gleicher Weise.

Im Falle der reinen Translationssymmetrie ist das Problem einfach zu lösen. Alle Eigenfunktionen des Hamilton-Operators sind gleichzeitig Eigenfunktionen des Translationsoperators $T_{\boldsymbol{R}}$ um einen beliebigen Gittervektor

$$\boldsymbol{R} = \sum_{i=1}^{3} \boldsymbol{a}_i n_i, \quad n_i \text{ ganze Zahl} \tag{12}$$

(mit a_i als elementare Gittervektoren),

$$T_{\boldsymbol{R}}\Phi_{\boldsymbol{k}}(\boldsymbol{r}) = \Phi_{\boldsymbol{k}}(\boldsymbol{r} + \boldsymbol{R}) = \mathrm{e}^{i\boldsymbol{k}\boldsymbol{R}}\,\Phi_{\boldsymbol{k}}(\boldsymbol{r})\,, \tag{13}$$

zum Eigenwert

$$t_{\boldsymbol{R}} = \exp(i\boldsymbol{k}\boldsymbol{R}) . \tag{14}$$

(13) stellt aber nichts anderes als das Bloch-Theorem dar. Der Pseudowellenvektor $\boldsymbol{k}$ charakterisiert also die Translationseigenschaft der Wellenfunktion. Wegen der Exponentialform (14) liefern nur Werte im Grundgebiet des $\boldsymbol{k}$-Raumes, der ersten Brillouinschen Zone, unterschiedliche Translationseigenschaften. Als Erzeugende der Translation sind mit (12) die Operatoren $T_i = \exp(i\boldsymbol{p}\boldsymbol{a}_i/\hbar)$ mit den Eigenwerten $t_i = \exp(i\boldsymbol{k}\boldsymbol{a}_i)$ zu bezeichnen, denn mit (12) läßt sich $T_{\boldsymbol{R}}$ durch fortgesetzte Anwendung der T_i darstellen.

A 1.2. Definition einer Gruppe, Beispiele

Eine Gruppe besteht aus einer Anzahl von Elementen, zwischen denen eine Verknüpfungsbezeihung existiert. Wir werden uns darunter raum-zeitliche Transformationen vorstellen. Die Verknüpfung besteht in der Aufeinanderfolge der Transformationen. Dabei entsteht wieder eine mögliche Transformation. So z. B. beschreiben zwei nacheinander ausgeführte Raumdrehungen wiederum eine Drehung.

Von einer Gruppe spricht man dann, wenn folgende 4 Bedingungen erfüllt sind:

1. Neben den Elementen S_i und S_k gehört auch ihre Verknüpfung S_iS_k zur Gruppe.
2. Für die Verknüpfung von mehr als zwei Elementen gilt das Assoziativgesetz

$$(S_iS_h)\, S_l = S_i(S_hS_l) . \tag{1}$$

3. Es existiert ein Einselement E mit der Eigenschaft

$$ES_i = S_iE = S_i . \tag{2}$$

4. Zu jedem Element S_i existiert ein Inverses S_i^{-1} mit der Eigenschaft

$$SS_i^{-1} = E . \tag{3}$$

Die Anzahl der Elemente einer Gruppe nennt man ihre Ordnung g.

Zum Beispiel bilden die Elemente 1, i, -1 und $-i$ bezüglich der Multiplikation eine Gruppe der Ordnung 4. Wegen der Vertauschbarkeit der Elemente nennt man diese Gruppe abelsch.

Für unsere Zwecke sind jedoch nichtabelsche Gruppen interessant. Ein einfaches Beispiel ist die Gruppe, deren Elemente die Transformationen darstellen, die das gleichseitige Dreieck in Abb. A 1-1 in sich überführen. Es sind dies die identische Transformation E, zwei Drehungen D und D^2 um die Winkel $2\pi/3$ bzw. $4\pi/3$ sowie die

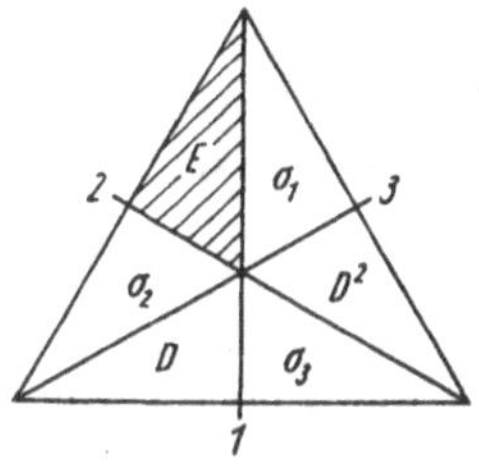

Abb. A 1-1. Zur Illustration der Elemente der Gruppe C_{3v}. Das jeweils bezeichnete Gebiet entsteht bei Anwendung der Transformation aus dem schraffierten Teil

drei Spiegelungen σ_1, σ_2 und σ_3 an den drei eingezeichneten Winkelhalbierenden 1, 2 und 3. Man bezeichnet diese Gruppe mit C_{3v} (vgl. Landau/Lifschitz, Bd. III). Ihre Verknüpfungen sind in der Multiplikationstafel in Tab. A 1-1 gegeben. Wie man sieht, bilden E, D und D^2 selbst wieder eine Gruppe, die Untergruppe C_3. Für σ_1, σ_2 und σ_3 ist das nicht der Fall, denn zwei aufeinanderfolgende Spiegelungen ergeben eine Drehung.

Tabelle A 1-1. Multiplikationstafel der Gruppe C_{3v}. Die in einem Feld angegebene Transformation entsteht, wenn man zunächst die an der Spitze der Spalte angegebene und danach die am Anfang der Zeile stehende Transformation ausführt

E	D	D^2	σ_1	σ_2	σ_3
D	D^2	E	σ_3	σ_1	σ_2
D^2	E	D	σ_2	σ_3	σ_1
σ_1	σ_2	σ_3	E	D	D^2
σ_2	σ_3	σ_1	D^2	E	D
σ_3	σ_1	σ_2	D	D^2	E

Die Tafel ist nicht spiegelsymmetrisch um die Hauptdiagonale, was auf die Nichtvertauschbarkeit der Elemente hinweist. Am Schnittpunkt eines Elementes mit seinem Inversen steht jeweils E. Jede Zeile bzw. jede Spalte der Multiplikationstafel enthält jedes Element genau einmal, d. h., jedes Element S ist nur auf genau eine Weise in das Element S' zu transformieren.

Die Multiplikationstafel der Gruppe mit den Elementen 1, i, -1, $-i$ ist in Tab. A 1-2 gegeben.

Tabelle A 1-2. Multiplikationstafel der Gruppe mit den Elementen 1, i, -1, $-i$

1	i	-1	$-i$
i	-1	$-i$	1
-1	$-i$	1	i
$-i$	1	i	-1

In den Multiplikationstafeln sind sämtliche Informationen über die Gruppe enthalten. Die Aufgabe der Gruppentheorie besteht darin, die bestehenden inneren Beziehungen in Form einfacher logischer Konsequenzen aufzudecken.

Alle drei in unserem Beispiel auftretenden Spiegelungen sind Operationen vom gleichen Typ. Sie unterscheiden sich nur durch die Lage der Spiegelachse, nicht durch ihre Art. Eine Spiegelung um die Gerade 3 läßt sich z. B. erreichen, indem man zunächst das Dreieck in Abb. A 1—1 um D dreht, dann um die Gerade 1 spiegelt und anschließend um D^{-1} wieder zurückdreht[1]). Das heißt, alle Operationen A' vom

[1] Die gedrehte Gerade 3' fällt nämlich mit 1 zusammen; es sind jedoch durchaus nicht alle Spiegelungen gleichwertig, wie Abb. A 1-2 zeigt: Die gestrichelten Spiegelachsen in einem regelmäßigen Sechseck lassen sich durch keine Symmetrieoperation in die ausgezogenen überführen.

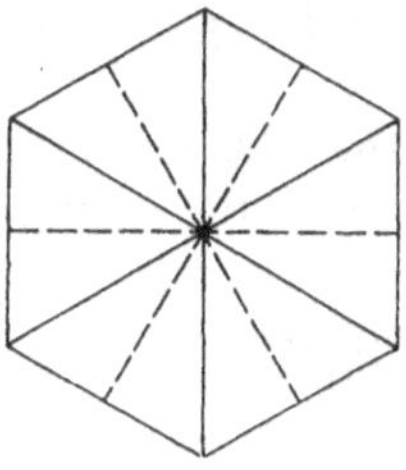

Abb. A 1-2. Spiegelachsen in einem regelmäßigen Sechseck

gleichen Typ wie die Operation A erhält man aus

$$A' = S_i^{-1} A S_i \,. \tag{4}$$

Setzt man in (4) alle möglichen Elemente S_i der Gruppe ein, erhält man die Elemente A', die den gleichen Typ wie das Element A besitzen. Sie bilden eine *Klasse* K.

Man erhält mit (4) alle Elemente einer Klasse. Wegen der Gruppeneigenschaft liefert

$$A'' = S_j^{-1} A' S_j = S_j^{-1} S_i^{-1} A S_i S_j = S_h^{-1} A S_h \tag{5}$$

nichts Neues, denn $S_h = S_i S_j$ ist ebenfalls ein Gruppenelement. Die zu den Elementen einer Klasse inversen Elemente A^{-1} bilden mit (4) wegen

$$(A^{-1})' = S_i^{-1} A^{-1} S_i = A'^{-1} \tag{6}$$

wiederum eine Klasse, die zu K adjungierte Klasse $\tilde{K}$. Gehören A und A^{-1} zur gleichen Klasse, sind K und $\tilde{K}$ gleich.

In unserem Beispiel existieren drei Klassen:

— das Einselement; wegen (2) und (3) bildet es immer eine eigene Klasse,
— die beiden Drehungen D und D^2; sie erfolgen um den gleichen Winkel und dieselbe Drehachse, sie unterscheiden sich nur durch den Drehsinn; und
— die drei Spiegelungen σ_1, σ_2 und σ_3.

Die Elemente der Punktgruppe eines Kristalls bestehen aus allen Drehungen und Spiegelungen, die den Kristall in sich überführen, ungeachtet der dabei auftretenden Translationen. Die Raumgruppen bezieht alle möglichen Gittertranslationen mit ein. Bei Punkt- und Raumgruppen handelt es sich um diskrete Gruppen im Gegensatz zu den kontinuierlichen Translations- und Drehgruppen im dreidimensionalen Raum.

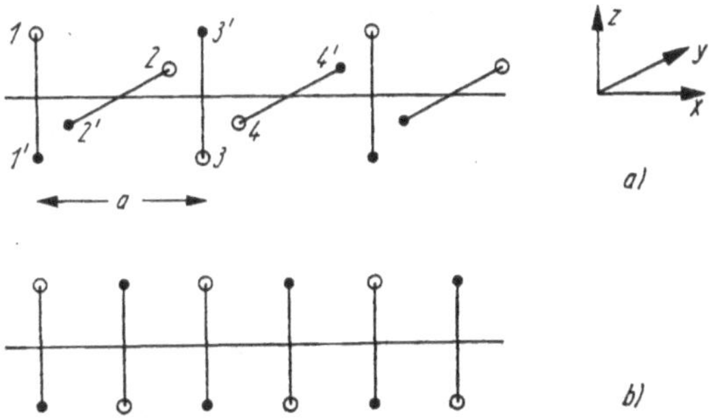

Abb. A 1-3. Beispiel für Elemente einer nichtsymmomorphen Gruppe. Die Transformation besteht aus einer Drehung um die x-Achse um den Winkel $-\pi/2$ (Abb. a)) bzw. π (Abb. b)) bei gleichzeitiger Translation in x-Richtung um eine halbe Gitterkonstante $a/2$. Nacheinanderfolgende Transformationen führen (1, 1′) in (2, 2′), (3, 3′) und (4, 4′) über

Im folgenden werden uns bevorzugt die Punktgruppen interessieren. Ihre maximale Ordnung ist 48 (z. B. für kubische Systeme).

Treten in einer Punktgruppe nur Elemente auf, die genau einen Punkt des Kristalls in sich überführen, die also keinerlei Translation hervorrufen, so nennt man die Gruppe symmomorph. Nichtsymmomorphe Gruppen enthalten Elemente, die aus einer Drehung oder Spiegelung und einer Translation um einen Teil einer elementaren Gittertranslation bestehen. Ein Beispiel ist in Abb. A 1-3 dargestellt.

A 1.3. Darstellungen

Durch Anwendung aller g Elemente einer Gruppe auf eine völlig unsymmetrische Funktion φ_1 entstehen g verschiedene Funktionen φ_n. Bei Anwendung eines beliebigen Gruppenelementes auf den Satz der φ_n geht dieser in sich über. Er bildet die Basis einer Darstellung. Die Gruppenelemente S_i werden dabei durch Transformationsmatrizen $(G_i)_{nn'}$, für die Basisfunktionen repräsentiert:

$$S_i \varphi_n = \sum_{n'} (G_i)_{nn'} \varphi_{n'} . \tag{1}$$

Die Matrizen G_i bilden die sogenannte reguläre Darstellung der Gruppe. Sie sind Matrizen vom Range g, in denen in jeder Zeile und Spalte jeweils eine Eins steht. Ihre Multiplikation erfolgt entsprechend den Multiplikationstafeln für die Gruppenelemente. Die Diagonalisierung der G_i ist gleichbedeutend mit der Bestimmung der Eigenfunktionen der Symmetrieoperatoren.

Eine die Symmetrie eines vorliegenden Problems voll berücksichtigende Funktion wäre Eigenfunktion (A 1.1-10) zu *allen* Symmetrieoperatoren S_i. Wegen der Nichtvertauschbarkeit derselben ist das jedoch nicht für alle Funktionen möglich.

Das Ziel der Überlegung besteht im Auffinden möglichst kleiner Gruppen von Funktionen φ_i', die Linearkombinationen der ursprünglichen Funktionen φ_i sind (genauer: durch unitäre Transformationen der φ_i sich ergeben) und die sich bei *allen* Symmetrieoperationen nur untereinander transformieren. Alle Darstellungsmatrizen bezüglich der Basis φ_i nehmen dabei die in Abb. A 1-4 wiedergegebene blockdiagonale Form an, d. h., keine der Matrizen G_i besitzt außerhalb der eingezeichneten Blöcke von Null verschiedene Matrixelemente. Bei einer beliebigen Symmetrieoperation werden also die Funktionen innerhalb eines Blockes ineinander übergeführt. Ist es nicht möglich, durch weitere unitäre Transformationen die Größe eines Blockes zu

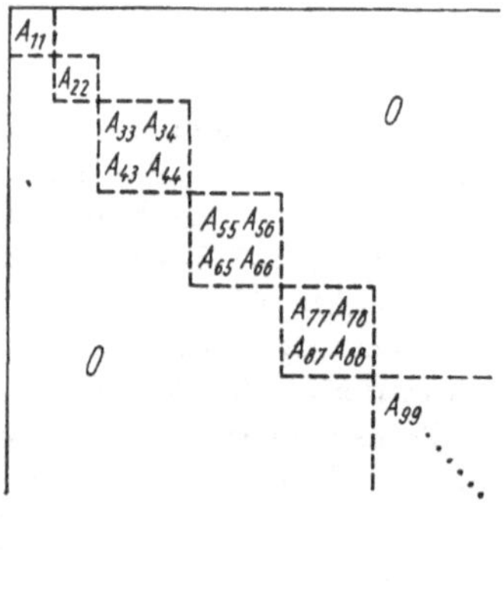

Abb. A 1-4. Beispiel für eine blockdiagonale Matrix, außerhalb der eingegrenzten Felder sind alle Matrixelemente gleich Null

reduzieren, spricht man von einer irreduziblen Darstellung G_i^α. Der Index α kennzeichnet dabei die unterschiedlichen irreduziblen Darstellungen.

Die Darstellungsmatrizen für die Elemente einer Klasse K gehen nach der Beziehung (A 1.2-5) durch unitäre Transformationen

$$G'_K = (G_i)\, G_K (G_i^{-1}) \tag{2}$$

auseinander hervor. Die Matrizen sind also bis auf eine unbedeutende unitäre Transformation der Basisfunktionen der Darstellung gleich. Insbesondere bleibt bei der Transformation (2) ihre Spur, der sogenannte Charakter χ_K, gleich:

$$\chi_K^\alpha = \mathrm{Sp}(G_i^\alpha) \quad \text{für} \quad i \in K\,. \tag{3}$$

Eine wesentliche Vereinfachung der Theorie besteht darin, daß zur eindeutigen Charakterisierung einer Darstellung, insbesondere der irreduziblen, die Kenntnis der χ_K genügt. Die durch die willkürliche Auswahl einer speziellen Basis in den Matrizen G_K enthaltene unnötige Information wird durch die Benutzung der χ_K also eliminiert.

Die Summe der Matrizen aller Elemente einer Klasse K bezeichnen wir im folgenden mit C_K.

$$C_K = \sum_{i \in K} G_i\,. \tag{4}$$

Wegen (2) ist C_K mit allen Elementen G_i der Gruppe vertauschbar:

$$C_K = G_i C_K G_i^{-1}\,. \tag{5}$$

Bei Anwendung der Transformation (5) auf (4) werden wegen der Eigenschaft (2) nämlich nur die Summanden in (4) innerhalb der Klasse umgeordnet. Für eine irreduzible Darstellung α muß daher C_K^α ein Vielfaches c_K^α der Einheitsmatrix I sein, denn wegen der Irreduziblität läßt sich die Größe des Blockes nicht verringern, und nur die Einheitsmatrix ist mit allen nichtdiagonalen Blockmatrizen vertauschbar:

$$C_K^\alpha = c_K^\alpha I\,. \tag{6}$$

Für die Klasse des Einselementes E ist $c_E^\alpha = 1$. Ihr Charakter χ_E^α gibt also die Dimension der Matrizen der Darstellung α an. Für χ_K^α ergibt sich aus (3), (5) und (6)

$$\mathrm{Sp}\, C_K^\alpha = h_K \chi_K^\alpha = c_K^\alpha \chi_E^\alpha\,. \tag{7}$$

h_K bezeichnet dabei die Anzahl der unterschiedlichen Elemente, die in der Klasse K enthalten sind.

Alle wesentlichen Aussagen über die Charaktere sind in den in [A 1.4] bewiesenen Orthogonalitätsrelationen

$$\sum_K \chi_K^\alpha \tilde{\chi}_K^\beta h_K = g\delta^{\alpha\beta}\,, \tag{8}$$

$$\sum_\alpha \chi_K^\alpha \tilde{\chi}_{K'}^\alpha = \frac{g}{h_K}\delta_{KK'} \tag{9}$$

enthalten. $\tilde{\chi}_K$ bezeichnet den Charakter der zu K adjungierten Klasse. K bzw. α läuft dabei jeweils über alle Klassen bzw. irreduzible Darstellungen, deren Anzahl gleich ist.

A 1.4. Orthogonalitätsrelationen

Wir beweisen zunächst die Relation (A 1.3-8). Dazu benutzen wir die Eigenschaften der Matrix $A^{\alpha\beta}_{kl,mn}$

$$A^{\alpha\beta}_{kl,mn} \equiv \sum_{i=1}^{g} (G_i)^{\alpha}_{kl}(G_i^{-1})^{\beta}_{mn} . \tag{1}$$

$(G_i)^{\alpha}_{kl}$ ist dabei das Matrixelement kl von G_i in der irreduziblen Darstellung α. Die Summe erfolgt über alle Elemente der Gruppe. Infolge der Gruppeneigenschaften gilt für $A^{\alpha\beta}_{kl,mn}$ folgende Beziehung:

$$\sum_{k'} (G_j)^{\alpha}_{kk'} A^{\alpha\beta}_{k'l,mn} = \sum_{i} (G_jG_i)^{\alpha}_{kl}(G_i^{-1}G_j^{-1}G_j)^{\beta}_{mn}$$
$$= \sum_{i'n'} (G_{i'})^{\alpha}_{kl}(G_{i'}^{-1})^{\beta}_{mn'}(G_j)^{\beta}_{n'n} = \sum_{n'} A^{\alpha\beta}_{kl,mn'}(G_j)^{\beta}_{n'n} . \tag{2}$$

Dabei wurde im zweiten Gleichheitszeichen $G_{i'} = G_jG_i$ benutzt, was einfach einer Umnumerierung aller Gruppenelemente entspricht. Summiert man (2) über alle Elemente einer Klasse K, so erhält man mit (A 1.3-4 u. 6)

$$A^{\alpha\beta}_{kl,mn}(c^{\alpha}_K - c^{\beta}_K) = 0 . \tag{3}$$

Für unterschiedliche Darstellungen $\alpha \neq \beta$ sind wegen (A 1.3-7) einige der $(c^{\alpha}_K - c^{\beta}_K)$ von Null verschieden, da unterschiedliche irreduzible Darstellungen nicht gleiche Charaktere haben (bzw. auch nicht proportional sind). A ist daher nur für $\alpha = \beta$ von Null verschieden:

$$A^{\alpha\beta}_{kl,mn} = \delta^{\alpha\beta}\tilde{A}^{\alpha}_{kl,mn} .$$

Wir benutzen nun (2) für $\alpha = \beta$ und für feste Werte von l und m. (2) bedeutet dann, daß die Matrix A^{α}_{lm} mit *allen* Matrizen G^{α}_i der irreduziblen Darstellung α vertauschbar ist. Das ist nur möglich, falls A^{α}_{lm} ein Vielfaches der Einheitsmatrix ist,

$$\tilde{A}^{\alpha}_{kl,nm} = \tilde{\tilde{A}}^{\alpha}_{lm}\,\delta_{kn} .$$

Eine analoge Schlußweise gilt auch für das Indexpaar lm, so daß wir insgesamt

$$\sum_{i=1}^{g} (G_i)^{\alpha}_{kl}\,(G_i^{-1})^{\beta}_{mn} = \delta^{\alpha\beta}\delta_{kn}\delta_{lm}\,g/\chi^{\alpha}_E \tag{4}$$

erhalten. Der Wert der von α abhängigen Proportionalitätskonstanten ergibt sich aus (1) für $l = m, \alpha = \beta$ und nach Summation über m zu g/χ^{α}_E. Spurbildung in (4) über k, l und m, n führt auf der linken Seite zu den Charakteren $\chi^{\alpha}_{K(i)}$ bzw. $\tilde{\chi}^{\beta}_{K(i)}$, die für alle Elemente derselben Klasse gleich sind. Die Summe über i ist daher durch die Summe über alle Klassen ersetzbar, wenn man beachtet, daß in jeder Klasse h_K Elemente existieren. Bei der Spurbildung entsteht auf der rechten Seite gerade ein Faktor χ^{α}_E, so daß aus (4) die Orthogonalitätsrelation (A 3.1-8) entsteht:

$$\sum_{K} \chi^{\alpha}_K\tilde{\chi}^{\beta}_K h_K = \delta^{\alpha\beta}g . \tag{5}$$

Die $\chi^{\alpha}_K(h_K)^{1/2}$ können daher als orthogonale Basisvektoren eines linearen Vektorraumes aufgefaßt werden. Ihre Anzahl M, d. h. die Zahl der verschiedenen irreduziblen Darstellungen, kann dabei nicht größer sein als die Dimension L des Vektorraumes, d. h. der Zahl der Klassen: $M \leq L$. Im folgenden wird gezeigt werden

$$M = L\,, \tag{6}$$

d. h., daß die χ^α eine vollständige Basis bilden.

Zur Ableitung der Relation (A 1.3-9) zerlegen wir die Spur der regulären Darstellung G_i^{R} der i-ten Gruppenelemente

$$\chi_i^{\mathrm{R}} = \operatorname{Sp} G_i^{\mathrm{R}} = \begin{cases} g & \text{für} \quad G_i = E\,, \\ 0 & \text{für} \quad G_i \neq E \end{cases} \tag{7}$$

nach den Charakteren der irreduziblen Darstellungen χ_K^α, die in der regulären d^α-mal enthalten seien:

$$\chi_K^{\mathrm{R}} = \sum_\alpha d^\alpha \chi_K^\alpha\,. \tag{8}$$

In (7) wurde benutzt, daß nur für das Einselement der regulären Darstellung die Diagonalelemente den Wert Eins, sonst aber immer Null annehmen. Für d^α erhält man unter Benutzung von (5) und (7)

$$d^\alpha = \frac{1}{g} \sum_K \chi_K^{\mathrm{R}} h_K \chi_K^\alpha = \chi_E^\alpha\,. \tag{9}$$

Eine n-dimensionale irreduzible Darstellung taucht demnach in der regulären gerade n-mal auf. (7) nimmt damit die Form

$$\sum_\alpha \chi_E^\alpha \chi_K^\alpha = g\delta_{E,K} \tag{10}$$

an. Das ist für $K' = E$ gerade die Aussage von (A 1.3-9). Für $K = E$ erhält man aus (10) eine für das praktische Aufsuchen der Charaktere einer Gruppe nützliche Relation

$$\sum_\alpha (\chi_E^\alpha)^2 = g\,. \tag{11}$$

Zur vollständigen Ableitung von (A 1.3-9) benutzen wir die Multiplikationseigenschaft der Klassen C_K aus (A 1.3-4)

$$C_K C_{K'} = \sum_{K''} C_{K''}\, d_{KK'K''}\,. \tag{12}$$

Das Produkt zweier Klassen K und K' ergibt die Summe über die Klassen K'' mit den ganzzahligen Gewichten $d_{KK'K''}$, die eine Eigenschaft der Gruppe (nicht einer speziellen Darstellung) sind. Für die Darstellung α geht die Matrixgleichung (12) mit (A 1.3-6 u. 7) in eine Beziehung zwischen den Zahlen $c_K^\alpha = h_K \chi_K^\alpha / \chi_E^\alpha$ über. Multiplikation mit χ_E^α und Summation über α liefert dann unter Benutzung von (10)

$$h_K h_{K'} \sum_\alpha \chi_K^\alpha \chi_{K'}^\alpha = d_{KK'E}\, g\,. \tag{13}$$

Das Einselement ist im Produkt (12) zweier Klassen nur enthalten, wenn K und K' adjungiert sind, und dann genau h_K-mal:

$$d_{KK'E} = h_K \delta_{K\tilde{K}'}\,. \tag{14}$$

Damit nimmt (13) die gesuchte Form an:

$$\sum_{\alpha} \chi_K^{\alpha} \tilde{\chi}_{K'}^{\alpha} = \delta_{KK'} g/h_K \, . \tag{15}$$

(5) und (15) stellen somit Orthonormierungs- und Vollständigkeitsrelation für die Vektoren $\chi_K^{\alpha}(h_K/g)^{1/2}$ dar. Aus (15) folgt, daß $L \leqq M$ und damit (6) gilt.

A 1.5. Beispiele für irreduzible Darstellungen von Punktgruppen

Die Anwendung der Relationen (A 1.3-8 u. 9) sowie (A 1.4-11) für die Konstruktion der zu einer Gruppe gehörigen irreduziblen Darstellungen (in Form ihrer Charaktere) soll nun an dem Beispiel der Gruppe C_{3v} von Tab. A 1-1 und danach für die kubische Gruppe O_h (die beim krz-Gitter auftritt) illustriert werden.

Man bestimmt zunächst die Klassen: E, K_1 (Elemente D, D^2) und $K_2(\sigma_1, \sigma_2, \sigma_3)$. Nach (A 1.4-6) muß es drei Darstellungen geben, die wir mit Λ_1, Λ_2 und Λ_3 bezeichnen wollen. (A 1.4-11) läßt sich mit $g = 6$ nur durch

$$1^2 + 1^2 + 2^2 = 6$$

erfüllen, d. h., eine der Darstellungen (Λ_3) ist zweidimensional, die beiden anderen sind eindimensional. Die Charaktere der vollständig symmetrischen Darstellung (Γ_1) sind alle gleich Eins. Die Charaktere des Einselements sind gleich der Dimension der Darstellung. Da jede Klasse gleich ihrer adjungierten ist, sind alle Charaktere reell. Aus den Orthogonalitätsrelationen lassen sich somit leicht die in Tab. A 1-3 gegebenen restlichen vier Charaktere bestimmen.

Tabelle A 1-3. Charaktertafel der Gruppe C_{3v}

Klassen K und deren Elemente		E	D_3, $D^2{}_3$	σ_1, σ_2, σ_3
Anzahl der Elemente, h_K		1	2	3
Darstellung	Λ_1	1	1	1
	Λ_2	1	1	−1
	Λ_3	2	−1	0

Die kubische Gruppe hat 10 Klassen: E, 3 Drehungen D_2 um die kubischen Achsen um π, 8 Drehungen D_3 um die Raumdiagonalen um die Winkel $2\pi/3$ bzw. $4\pi/3$, 6 Drehungen D_4 um die kubischen Achsen um die Winkel $\pi/2$ bzw. $3\pi/2$ und 6 Spiegelungen JS an den Flächendiagonalen mit anschließender Inversion sowie alle diese Klassen verkoppelt mit einer zusätzlichen Inversion J. Da J mit allen anderen Operatoren vertauschbar ist, genügt es zunächst, die erste Fünfergruppe zu betrachten. Sie enthält $g = 24$ Elemente und 5 Klassen. Nach (A 1.4-11)

$$1^2 + 1^2 + 2^2 + 3^2 + 3^2 = 24$$

müssen von den fünf irreduziblen Darstellungen je zwei ein- bzw. dreidimensionale und eine zweidimensionale vorliegen. Sie werden traditionell wie in Tab. A 1-4 mit Γ_1, Γ_2, Γ_{12}, $\Gamma_{15'}$ und $\Gamma_{25'}$ bezeichnet. (Man überzeuge sich, daß (A 1.4-11) keine andere

Tabelle A 1-4. Charaktertafel der kubischen Gruppe O_h. Von jeder Klasse K ist nur ein Element als Vertreter angegeben. Vor diesen Elementen steht jeweils h_K (= Zahl der Elemente von K)

Klasse	$1E$	$3D_2$	$6D_4$	$8D_3$	$6JS$	$1J$	$3JD_2$	$6JD_4$	$8JD_3$	$6S$
Γ_1	1	1	1	1	1	1	1	1	1	1
Γ_2	1	1	−1	1	−1	1	1	−1	1	−1
Γ_{12}	2	2	0	−1	0	2	2	0	−1	0
$\Gamma_{15'}$	3	−1	1	0	−1	3	−1	1	0	−1
$\Gamma_{25'}$	3	−1	−1	0	1	3	−1	−1	0	1
$\Gamma_{1'}$	1	1	1	1	1	−1	−1	−1	−1	−1
$\Gamma_{2'}$	1	1	−1	1	−1	−1	−1	−1	−1	1
$\Gamma_{12'}$	2	2	0	−1	0	−2	−2	0	1	0
Γ_{15}	3	−1	1	0	−1	−3	1	−1	0	1
Γ_{25}	3	−1	−1	0	1	−3	1	1	0	−1

Zerlegung zuläßt, insbesondere ist die maximale Dimension gleich Drei.) Alle Charaktere sind wieder reell, da alle Klassen gleich ihren Adjungierten sind. Für die völlig symmetrische Γ_1-Darstellung sind alle Charaktere gleich Eins. Für die andere eindimensionale Darstellung Γ_2 müssen sie wegen (A 1.3-8) auch vom Betrage Eins sein, wegen der Orthogonalität zu Γ_1 muß die Summe der Elemente mit $\chi = +1$ gleich 12 sein. Das ist nur in der angegebenen Kombination möglich. Zur Erzielung der Orthogonalität von Γ_{12} zu Γ_1 und Γ_2 sind nur die Klassen E, D_2 und D_3 wichtig (da ihre Charaktere für Γ_1 und Γ_2 gleich sind). Mit den gegebenen h_K sind nur die Werte in Tab. A 1-4 möglich. Aus der Normierung der Charaktere von Γ_{12} sieht man, daß in den Spalten von D_4 und JS Nullen stehen müssen. Die gleichzeitige Orthogonalität von $\Gamma_{15'}$ (bzw. $\Gamma_{25'}$) zu Γ_1, Γ_2 und Γ_{12} erfordert, daß in der Spalte von D_2 jeweils -1 und von D_3 Null steht. Die Normierung und die gegenseitige Orthogonalität von $\Gamma_{15'}$ und $\Gamma_{25'}$ ergibt sofort die Werte ± 1 in den Spalten von D_4 und JS.

Die irreduziblen Darstellungen Γ_1, Γ_2, Γ_{12}, $\Gamma_{15'}$ und $\Gamma_{25'}$ sind symmetrisch bei Inversion, die restlichen fünf Darstellungen $\Gamma_{1'}$, $\Gamma_{2'}$, $\Gamma_{12'}$, Γ_{15} und Γ_{25} antisymmetrisch. Daher sind für die erste Gruppe die Charaktere der Klassen mit Inversion gleich denen ohne Inversion, und bei der zweiten Gruppe unterscheiden sie sich um ein Minuszeichen.

Es gelingt auf diese Weise mit den angegebenen Formeln relativ leicht, für eine gegebene Gruppe Anzahl und Charakter der irreduziblen Darstellungen aus der Kenntnis der Klassen der Gruppe abzuleiten.

Für die Untersuchung der Raumgruppe sind die Eigenschaften der Punktgruppe mit denen der Translation zu verkoppeln. Die Eigenwerte des Translationsoperators sind nach (A 1.1-14) $\exp(i\boldsymbol{k}\boldsymbol{R})$. $\boldsymbol{k}$ nimmt dabei die Werte in der ersten Brillouinschen Zone ein, die für krz-Gitter in Abb. A 1-5 dargestellt ist. Der Punkt Γ ($\boldsymbol{k} = (0, 0, 0)$) besitzt die volle Symmetrie der Punktgruppe. Die anderen $\boldsymbol{k}$-Punkte in der Brillouinschen Zone haben geringere Symmetrien. Für einen Punkt an der Oberfläche ist es möglich, daß er durch Symmetrieoperationen S in einen äquivalenten Punkt übergeführt wird, der sich vom ursprünglichen nur um einen reziproken Gittervektor

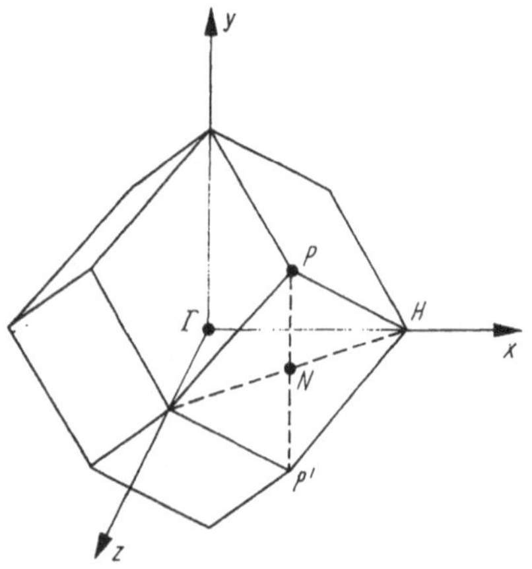

Abb. A 1-5. Brillouinsche Zone für krz-Gitter, die kubischen Achsen sind mit Pfeilen gekennzeichnet, die hochsymmetrischen Punkte haben folgende Koordinaten: Γ: (0, 0, 0), H: $(2\pi/a)$ (1, 0, 0), P: (π/a) (1, 1, 1), N: (π/a) (1, 1, 0), einschließlich der durch Symmetrieoperationen daraus hervorgehenden Punkte; die ersten reziproken Gittervektoren sind $(2\pi/a)$ (1, 1, 0) und $(2\pi/a)$ (2, 0, 0) und die durch Symmetrieoperationen daraus hervorgehenden Vektoren

unterscheidet. Das Problem ist dann invariant gegen S. Aus diesem Grunde besitzt der Punkt H in Abb. A 1-5 ebenfalls die volle Symmetrie der Punktgruppe wie der Punkt Γ. Die Charaktere sind daher diesselben wie in Tab. A 1-4. Dem Punkt P entspricht nur eine Symmetriegruppe mit 24 Elementen (es fehlt die Invarianz gegen Inversion) und den folgenden Klassen: E, $3D_2$, $6JD_4$, $8D_3$, $6S$. Die Charaktere der fünf irreduziblen Darstellungen sind dieselben wie im ersten Quadranten von Tab. A 1-4. Die Linie $\Lambda = \overline{\Gamma P}$ besitzt die zu Beginn des Kapitels untersuchte Symmetrie C_{3v}. Beim Übergang vom Punkte Γ zur Linie Λ lassen sich wegen der damit verbundenen Verringerung der Symmetrie die irreduziblen Darstellungen von Γ weiter ausreduzieren. In Tab. A 1-5 sind die für beide Symmetrien gemeinsamen Klassen und

Tabelle A 1-5. Zur Ausreduktion der irreduziblen Darstellungen von Γ auf der Linie $\Lambda = \overline{\Gamma R} = (k, k, k)$. Die letzte Spalte gibt an, welche irreduziblen Darstellungen Λ_j in Γ_i enthalten sind

Darstellung	E	$2D_3$	$3S$ (bzw. σ)	
Λ_1	1	1	1	
Λ_2	1	1	−1	
Λ_3	2	−1	0	
Γ_1	1	1	1	Λ_1
Γ_2	1	1	−1	Λ_2
Γ_{12}	2	−1	0	Λ_3
$\Gamma_{15'}$	3	0	−1	$\Lambda_2 + \Lambda_3$
$\Gamma_{25'}$	3	0	1	$\Lambda_1 + \Lambda_3$
$\Gamma_{1'}$	1	1	−1	Λ_2
$\Gamma_{2'}$	1	1	1	Λ_1
$\Gamma_{12'}$	2	−1	0	Λ_3
Γ_{15}	3	0	1	$\Lambda_1 + \Lambda_3$
Γ_{25}	3	0	−1	$\Lambda_2 + \Lambda_3$

Charaktere dargestellt. Die letzte Zeile enthält die in Γ_i auftretenden irreduziblen Darstellungen Λ_j, die mit Hilfe der Orthogonalitätsrelation (A 1.3-8) ermittelt wurden. Diese sogenannten Kompatibilitätsrelationen stellen einschränkende Bedingungen für den Symmetrietyp von Bändern auf Linien und angrenzenden Symmetriepunkten dar. Die vollständigen Kompatibilitätsrelationen für die Symmetrie der kubischen $A15$-Struktur sind in Tab. A 1-6a bis d gegeben. Sie lassen sich in der angegebenen

Tabelle A 1-6a. Vollständige Kompatibilitätsrelationen für die Symmetrie der kubischen $A15$-Struktur (Bezeichnungen s. Abb. A 1-7)

Γ	Δ	Λ	Σ
Γ_1	Δ_1	Λ_1	Σ_1
Γ_2	Δ_3	Λ_2	Σ_2
Γ_{12}	$\Delta_1 + \Delta_3$	Λ_3	$\Sigma_1 + \Sigma_2$
$\Gamma_{15'}$	$\Delta_2 + \Delta_5$	$\Lambda_2 + \Lambda_3$	$\Sigma_2 + \Sigma_3 + \Sigma_4$
$\Gamma_{25'}$	$\Delta_4 + \Delta_5$	$\Lambda_1 + \Lambda_3$	$\Sigma_1 + \Sigma_3 + \Sigma_4$
$\Gamma_{1'}$	Δ_2	Λ_2	Σ_4
$\Gamma_{2'}$	Δ_4	Λ_1	Σ_3
$\Gamma_{12'}$	$\Delta_2 + \Delta_4$	Λ_3	$\Sigma_3 + \Sigma_4$
Γ_{15}	$\Delta_1 + \Delta_5$	$\Lambda_1 + \Lambda_3$	$\Sigma_1 + \Sigma_2 + \Sigma_3$
Γ_{25}	$\Delta_3 + \Delta_5$	$\Lambda_2 + \Lambda_3$	$\Sigma_3 + \Sigma_2 + \Sigma_4$

M	Σ	Z	T
M_1	Σ_1	Z_1	T_1
M_2	Σ_1	Z_2	T_3
M_3	Σ_2	Z_3	T_2
M_4	Σ_1	Z_3	T_4
M_5	$\Sigma_3 + \Sigma_4$	$Z_2 + Z_4$	T_5
$M_{1'}$	Σ_3	Z_2	T_1
$M_{2'}$	Σ_4	Z_2	T_3
$M_{3'}$	Σ_3	Z_4	T_2
$M_{4'}$	Σ_4	Z_4	T_4
$M_{5'}$	$\Sigma_1 + \Sigma_2$	$Z_1 + Z_3$	T_5

R	T	Λ	S
R_1	T_5	$\Lambda_1 + \Lambda_2$	S
R_2	T_5	Λ_3	S
R_3	T_5	Λ_3	S
R_4	$T_1+T_2+T_3+T_4$ $+ T_5$	$\Lambda_1+\Lambda_2+\Lambda_3+\Lambda_3$	$S+S+S$

X	Δ	Z	S
X_1	$\Delta_1 + \Delta_3$	$Z_1 + Z_3$	S
X_2	$\Delta_2 + \Delta_4$	$Z_2 + Z_4$	S
X_3	Δ_5	$Z_1 + Z_4$	S
X_4	Δ_5	$Z_2 + Z_3$	S

Tabelle A 1-6b. Klassen, Elemente, Darstellungen und Charaktere der Gruppen Σ und S für die Punkte auf den Symmetrielinien $\Sigma = \overline{\Gamma M} = (k, k, 0)$ und $S = \overline{XR} = (k, k, \pi/a)$. m_z und S_1 bezeichnen Spiegelungen auf der xy-Ebene bzw. der Diagonalen $x = y$. Zu S existiert also nur eine zweidimensionale Darstellung. Vgl. Abb. A 1-7

Klassen und deren Elemente	E	m_z / m_zT	S_1G / S_1GT	m_zS_1G / m_zS_1GT	T
Anzahl h_K	1	2	2	2	1
Σ_1	1	1	1	1	1
Σ_2	1	1	−1	−1	1
Σ_3	1	−1	1	−1	1
Σ_4	1	−1	−1	1	1
S	2	0	0	0	−2

Tabelle A 1-6c. Klassen, Elemente, Darstellungen und Charaktere der Gruppen Δ und T für die Punkte auf den Symmetrielinien $\Delta = \overline{\Gamma X} = (0, 0, k)$ und $T = \overline{MR} = (\pi/a, \pi/a, k)$; beide Gruppen sind völlig äquivalent, bei den Elementen D_4G und S_1G sind die Charaktere mit dem komplexen Faktor exp $(ika/2)$ vom Betrage Eins zu multiplizieren. Die Darstellungen sind damit ebenfalls äquivalent zu M_1 bis M_5 aus Tab. A 1-10. m_x und m_y bezeichnen Spiegelungen an der yz- bzw. xz-Ebene

Klassen und deren Elemente	E	D_2	D_4 D_4^{-1}	m_x m_y	S_1 S_2
Anzahl h_K	1	1	2	2	2
Δ_1, T_1	1	1	1	1	1
Δ_2, T_2	1	1	1	−1	−1
Δ_3, T_3	1	1	−1	1	−1
Δ_4, T_4	1	1	−1	−1	1
Δ_5, T_5	2	−2	0	0	0

Tabelle A 1-6d. Klassen, Elemente, Darstellungen und Charaktere der Gruppe Z für die Punkte der Symmetrielinie $Z = \overline{XM} = (\pi/a, 0, k)$

Klassen und Elemente	E	m_x	m_y	$m_x m_y$
Anzahl h_K	1	1	1	1
Z_1	1	1	1	1
Z_2	1	1	−1	−1
Z_3	1	−1	1	−1
Z_4	1	−1	−1	1

Tabelle A 1-7. Ausreduktion der Kugelfunktionen nach irreduziblen Darstellungen der Gruppe O_h

l	Kugelfunktion	E	D_2	D_4	D_3	JS	J	JD_2	JD_4	JD_3	S	Darstellung
0	$Y_{00} \sim 1$	1	1	1	1	1	1	1	1	1	1	Γ_1
1	$Y_{11} \sim x$ $Y_{10} \sim z$ $Y_{1\bar{1}} \sim y$	3	−1	1	0	−1	−3	1	−1	0	1	Γ_{15}
2	$Y_{22} \sim x^2 - y^2$ $Y_{21} \sim zx$ $Y_{20} \sim (1/\sqrt{3})(2z^2 - x^2 - y^2)$ $Y_{2\bar{1}} \sim zy$ $Y_{2\bar{2}} \sim xy$	5	1	−1	−1	1	5	1	−1	−1	1	$\Gamma_{12} + \Gamma_{25'}$

Weise aus der Kenntnis der gemeinsamen Elemente beider Symmetrietypen und der entsprechenden Charaktere unter Benutzung von (A 1.3-8) leicht ermitteln.

In vielen Fällen interessiert die Ausreduktion der Kugelfunktionen, die ja die irreduziblen Darstellungen der Drehgruppe sind, hinsichtlich der Punktgruppe eines Gitters. Wir illustrieren das Vorgehen wieder an Hand der kubischen Gruppe O_h in Tab. A 1-7. Die zweite Spalte enthält die wesentliche Winkelabhängigkeit der reellen Kugelfunktionen Y_{lm}, die folgenden Spalten die zu den entsprechenden Klassen gehörigen Charaktere der Kugelfunktionen, die man durch die Berechnung der Darstellungsmatrizen erhält. Die letzte Spalte gibt das Ergebnis der Ausreduktion. In kubischer Symmetrie spaltet demnach ein fünffach entartetes Niveau (zum Drehimpuls $l = 2$) für ein freies Atom in ein zweifach entartetes Niveau Γ_{12} (Funktionen $(x^2 - y^2)$, $1/\sqrt{3}\,(2z^2 - x^2 - y^2)$) und ein dreifach entartetes Γ_{25} (Funktionen xy, xz, yz) auf. Die drei Kugelfunktionen zu $l = 1$ transformieren sich wie die Komponenten eines Vektors nach der irreduziblen Darstellung Γ_{15}.

Sind die Transformationseigenschaften $(G^\alpha)_{nn'}$, und $(G^\beta)_{mm'}$ für zwei Darstellungen α und β mit den Basisfunktionen φ_n^α bzw. φ_m^β bekannt, so ergibt sich die Darstellungsmatrix für die Produktfunktion $\varphi_n^\alpha\varphi_m^\beta$ zu $G^\alpha_{nn'}G^\beta_{mm'}$. Spurbildung bedeutet dabei Summation über $n = n'$ und $m = m'$, d. h., die Charaktere für die Produktdarstellung ergeben sich als Produkt der Charaktere der Darstellungen α und β:

$$\chi_K^{\alpha\beta} = \chi_K^\alpha \chi_K^\beta \,. \tag{1}$$

So gebildete Produkte irreduzibler Darstellungen sind im allgemeinen natürlich reduzibel. Die Reduktion erfolgt nach (A 1.3-8). Das Beispiel in Tab. A 1-8 gibt die Ausreduktion der Produktdarstellung $\Gamma_{15} \otimes \Gamma_{25} = \Gamma_2 + \Gamma_{12} + \Gamma_{15'} + \Gamma_{25'}$. Die Summe der Charaktere der letzten vier Zeilen ist gleich den Charakteren von $\Gamma_{15} \otimes \Gamma_{25}$.

Tabelle A 1-8. Ausreduktion der Produktdarstellung $\Gamma_{15} \otimes \Gamma_{25}$ der Gruppe O_h

	E	$3D_2$	$6D_4$	$8D_3$	$6JS$	J	$3JD_2$	$6JD_4$	$8JD_3$	$6S$
Γ_{15}	3	−1	1	0	−1	−3	1	−1	0	1
Γ_{25}	3	−1	−1	0	1	−3	1	1	0	−1
$\Gamma_{15} \otimes \Gamma_{25}$	9	1	−1	0	−1	9	1	−1	0	−1
Γ_2	1	1	−1	1	−1	1	1	−1	1	−1
Γ_{12}	2	2	0	−1	0	2	2	0	−1	0
$\Gamma_{15'}$	3	−1	1	0	−1	3	−1	1	0	−1
$\Gamma_{25'}$	3	−1	−1	0	1	3	−1	−1	0	1

A 1.6. Nichtsymmomorphe Gruppen

Bei nichtsymmomorphen Gruppen ist eine Besonderheit zu beachten, die damit zusammenhängt, daß Symmetrieelemente der Raumgruppe mit Translationen um Bruchteile einer Gittertranslation verkoppelt sind. Diese Besonderheit soll am Beispiel der zweizähligen Schraubenachse von Abb. A 1-3b) erläutert werden. Völlig analoge Verhältnisse treten auch bei Gleitspiegelungen auf.

Für den Punkt $\boldsymbol{k} = 0$ führt die Schraubenachse (ein derartiges Element sei hier symbolisch mit G bezeichnet) wegen der Invarianz gegenüber Translationen zu keinen Besonderheiten. Auch für die Punkte innerhalb der Brillouin-Zone treten bei diesen Elementen nur komplexe skalare Faktoren $\exp\,(ik_xa/2)$ auf. Existiert jedoch zusätzlich die Spiegelung S an einer Ebene normal zur x-Achse (dieser Fall kann nur für Punkte $k_x = \pi/a$ an der Oberfläche der Brillouin-Zone auftreten), so gilt die Beziehung zwischen den Symmetrieoperatoren

$$(SG)\,(SG) = 1\,, \tag{1}$$

denn SGS stellt eine Translation um $-a/2$ dar, die die von G gerade kompensiert. Die noch in G enthaltene Spiegelung bzw. Drehung bleibt von S unbeeinflußt. Anderer-

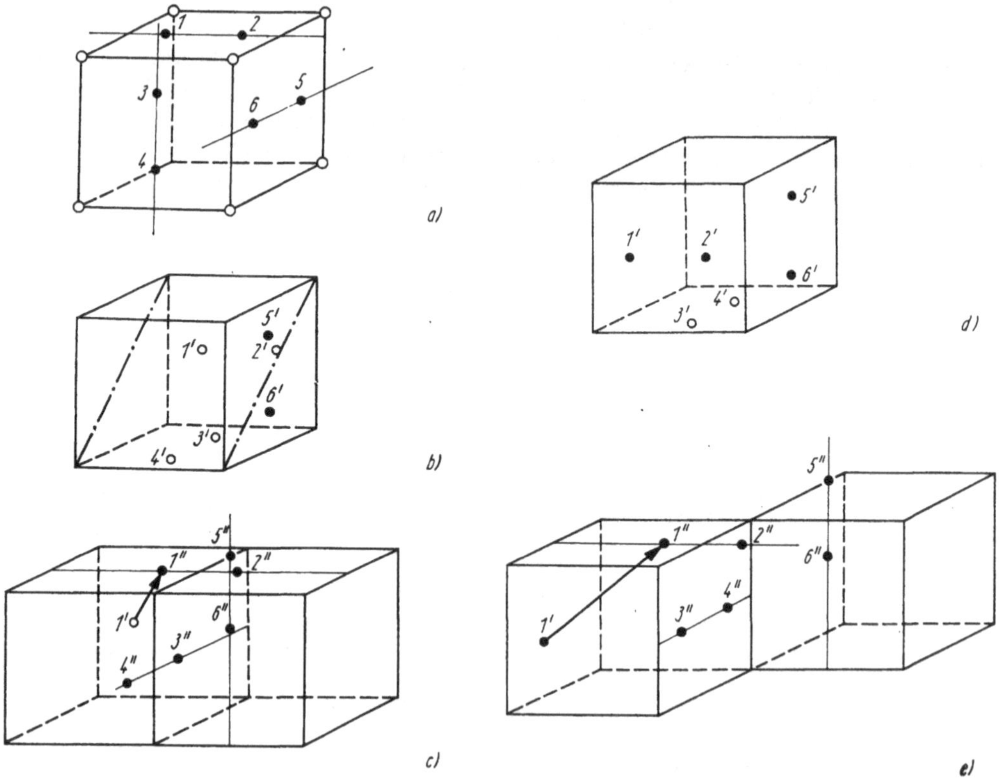

Abb. A 1-6. a) Elementarzelle der A15-Struktur: Die Atome 1 bis 6 der Sorte A sitzen auf den Würfelflächen (Kantenlänge a). An den Eckpunkten und im Zentrum des Würfels befindet sich noch je ein Atom der Sorte B. b) und c) Zur Erläuterung der Gleitspiegelung: Die Spiegelung an der Ebene durch die in b) strichpunktiert gezeichnete Flächendiagonale führt die Punkte 1 bis 6 in 1′ bis 6′ über. Eine anschließende Verschiebung um die halbe Raumdiagonale führt die Punkte wieder in die ursprünglichen Ketten über (in c) zweifach gestrichene Punkte) und bringt das Gitter wieder zur Deckung mit sich selbst. Die Kette der Punkte 3, 4 zeigte ursprünglich in z-Richtung, nach der Transformation liegt sie in y-Richtung. d) und e) Dasselbe wie für b) und c) für eine Drehung um $\pi/2$ um die x-Achse und anschließende Translation um die halbe Raumdiagonale

seits liefert G^2 eine reine Translation um a, was den Faktor $\exp(ika) = \exp(i\pi) = -1$ für Punkte $\boldsymbol{k}$ an der Oberfläche der Brillouin-Zone ergibt:

$$G^2 = -1\,. \tag{2}$$

Die Relationen (1) und (2) können für eindimensionale Darstellungen, in denen die Operatoren G und S durch ihre Eigenwerte G bzw. S ersetzt werden können, nicht erfüllt werden, denn wegen $S^2 = 1$ gilt $s = \pm 1$. (1) würde $g^2 = 1$ im Gegensatz zu (2) $g^2 = -1$ ergeben. Für die Punkte $k_x = \pi/a$ können daher nur mindestens zweidimensionale Darstellungen existieren. Zweizählige Schraubenachsen (mit einer Drehung um π) treten z. B. in hexagonal dichtgepackten Strukturen auf. Symmetrieelemente dieser Art treten auch in der Gruppe der Gittersymmetrie vom Typ $A15$ auf (Abb. A 1-6). Die Translation ist dabei mit einer Drehung um $\pi/2$ um eine kubische Achse bzw. einer Spiegelung an einer Flächendiagonalen verkoppelt.

Die gruppentheoretische Behandlung kann erfolgen, indem man die Anzahl der Elemente verdoppelt durch die zusätzliche Symmetrieoperation

$$T = G^2 \quad \text{mit} \quad T^2 = 1 \tag{3}$$

mit den Eigenwerten $\exp(2i\boldsymbol{kc}) = \pm 1$ von T für entsprechende $\boldsymbol{k}$-Werte; $\boldsymbol{c}$ stellt dabei die in G enthaltene Translation dar.

Das Vorgehen sei am Beispiel der kubischen Gruppe für die A 15-Gitterstruktur illustriert. Die zugehörige Elementarzelle ist kubisch primitiv, die Brillouin-Zone daher ebenfalls. Die Bezeichnung der Symmetrie-Punkte ist aus Abb. A 1-7 ersichtlich. Die Punkte Γ und R besitzen die volle kubische Symmetrie (48 Elemente), während für die Punkte X und M die dreizähligen Drehachsen fehlen (16 Elemente).

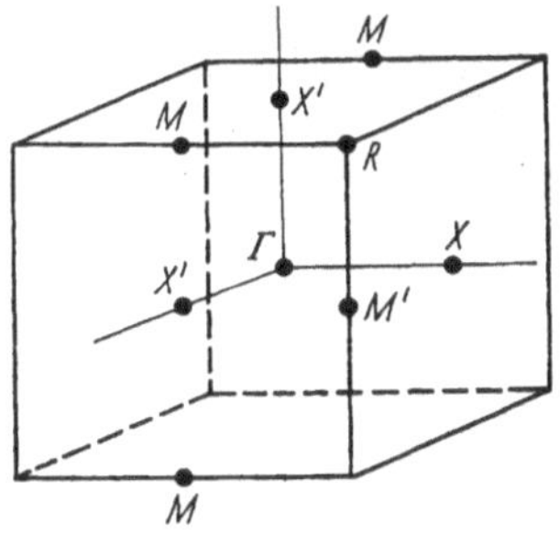

Abb. A 1-7. Brillouin-Zone für kubisch primitive Gitter

Die aufwendigste Arbeit ist die Bestimmung der Klassen. Es existieren insgesamt 14. Sie sind in Tab. A 1-9 angegeben. Zum Einselement und der Klasse der drei zweizähligen Drehungen D_2 um die kubischen Achsen sowie der Klasse der acht dreizähligen Drehungen D_3, D_3^2 kommen die Klassen, die aus T, D_2T bzw. D_3T, D_3^2T bestehen. Die Klasse der vierzähligen Drehungen mit der Translation G enthält auch die mit T multiplizierten Elemente, also insgesamt 12 Elemente. Das gleiche gilt für die Klasse der Gleitspiegelungen SG und die mit J multiplizierten Gleitoperationen JD_4G bzw. $J\check{S}G$. Zwei weitere Klassen bestehen aus den je 8 Elementen JD_3, JD_3^2T bzw. JD_3T, JD_3^2. Zu den zehn Darstellungen für den Punkt Γ mit dem Eigenwert 1 für T kommen also noch vier für R mit dem Eigenwert -1 für T hinzu. Nach (A 1.4-11)

$$2^2 + 2^2 + 2^2 + 6^2 = 48$$

Tabelle A 1-9. Charaktertafel der nichtsymmomorphen, kubischen Gruppe der $A15$-Struktur von Abb. A 1-6 an den Symmetriepunkten $\Gamma = (0, 0, 0)$ und $R = (\pi/a)\,(1, 1, 1)$, vgl. Abb. A 1-7.
S_1 und S_2 bezeichnen Spiegelungen an den Flächendiagonalen

Klassen und deren Elemente	E	D_2	D_4G $D_4^{-1}G$ D_4GT $D_4^{-1}GT$	D_3 D_3^2	JS_1G JS_1GT JS_2G JS_2GT	J JT	JD_2 JD_2T	JD_4G $JD^{-1}G$ JD_4GT $JD_4^{-1}GT$	JD_3T JD_3^2	S_1G S_1GT S_2G S_2GT	T	D_2T	D_3T D_3^2T	JD_3 JD_3^2T
Anzahl h_K	1	3	12	8	12	2	6	12	8	12	1	3	8	8
Γ_1	1	1	1	1	1	1	1	1	1	1	1	1	1	1
Γ_2	1	1	−1	1	−1	1	1	−1	1	−1	1	1	1	1
Γ_{12}	2	2	0	−1	0	2	2	0	−1	0	2	2	−1	−1
$\Gamma_{15'}$	3	−1	1	0	−1	3	−1	1	0	−1	3	−1	0	0
$\Gamma_{25'}$	3	−1	−1	0	1	3	−1	−1	0	1	3	−1	0	0
$\Gamma_{1'}$	1	1	1	1	1	−1	−1	−1	−1	−1	1	1	1	−1
$\Gamma_{2'}$	1	1	−1	1	−1	−1	−1	1	−1	1	1	1	1	−1
$\Gamma_{12'}$	2	2	0	−1	0	−2	−2	0	1	0	2	2	−1	1
Γ_{15}	3	−1	1	0	−1	−3	1	−1	0	1	3	−1	0	0
Γ_{25}	3	−1	−1	0	1	−3	1	1	0	−1	3	−1	0	0
R_1	2	−2	0	2	0	0	0	0	0	0	−2	2	−2	0
R_2	2	−2	0	−1	0	0	0	0	$\sqrt{3}i$	0	−2	2	1	$-\sqrt{3}i$
R_3	2	−2	0	−1	0	0	0	0	$-\sqrt{3}i$	0	−2	2	1	$\sqrt{3}i$
R_4	6	2	0	0	0	0	0	0	0	0	−6	−2	0	0

Tabelle A 1-10. Charaktertafel der nichtsymmomorphen, kubischen Gruppe der $A15$-Struktur von Abb. A 1-6 an den Symmetriepunkten $M = (\pi/a)\,(1, 1, 0)$ und $X = (\pi/a)\,(0, 0, 1)$, vgl. Abb. A 1-7.
m_x und m_y bezeichnen Spiegelungen an der yz- bzw. xz-Ebene, S_1 und S_2 an den Flächendiagonalen $x = y$ bzw. $x = -y$

Klassen und deren Elemente	E	D_2	m_x m_y	D_4G $D_4^{-1}G$ D_4GT $D_4^{-1}GT$	S_1G S_1GT S_2G S_2GT	J JT	JD_2 JD_2T	Jm_x Jm_yT	JD_4G $JD_4^{-1}G$ JD_4GT $JD_4^{-1}GT$	JS_1G JS_1GT JS_2G JS_2GT	T	D_2T	m_xT m_yT	Jm_xT Jm_y
Anzahl h_K	1	1	2	4	4	2	2	2	4	4	1	1	2	2
M_1	1	1	1	1	1	1	1	1	1	1	1	1	1	1
M_2	1	1	1	−1	−1	1	1	1	−1	−1	1	1	1	1
M_3	1	1	−1	1	−1	1	1	−1	1	−1	1	1	−1	−1
M_4	1	1	−1	−1	1	1	1	−1	−1	1	1	1	−1	−1
M_5	2	−2	0	0	0	2	−2	0	0	0	2	−2	0	0
$M_{1'}$	1	1	1	1	1	−1	−1	−1	−1	−1	1	1	1	−1
$M_{2'}$	1	1	1	−1	−1	−1	−1	−1	1	1	1	1	1	−1
$M_{3'}$	1	1	−1	1	−1	−1	−1	1	−1	1	1	1	−1	1
$M_{4'}$	1	1	−1	−1	1	−1	−1	1	1	−1	1	1	−1	1
$M_{5'}$	2	−2	0	0	0	−2	2	0	0	0	2	−2	0	0
X_1	2	2	2	0	0	0	0	0	0	0	−2	−2	−2	0
X_2	2	2	−2	0	0	0	0	0	0	0	−2	−2	2	0
X_3	2	−2	0	0	0	0	0	2	0	0	−2	2	0	−2
X_4	2	−2	0	0	0	0	0	−2	0	0	−2	2	0	2

sind davon drei zweidimensional (R_1, R_2, R_3) und eine sechsdimensional (R_4). Mit (A 1.3-8) ergeben sich eindeutig die in Tab. A 1-9 angegebenen Charaktere, die nur für die Klassen von Null verschieden sind, deren Elemente durch Multiplikation mit T auseinander paarweise hervorgehen. Die Charaktere dieser Paare unterscheiden sich nur durch ihr Vorzeichen. Nur die Klassen mit JD_3 bzw. JD_3T haben komplexe Charaktere, da alle anderen zu sich selbst adjungiert sind. Die Charaktere der Darstellungen in den Punkten M und X sind in Tab. A 1-10 gegeben.

A 1.7. Doppelgruppe

Bei der Behandlung von Spinoren muß deren Eigenschaft beachtet werden, daß eine Drehung um den Winkel 2π im Gegensatz zu skalaren Feldern den Faktor -1 liefert:

$$D_{2\pi} = -1 . \tag{1}$$

Bei Inversion bleibt der Spinor invariant. Da eine Spiegelung S an einer Ebene mit der Normalen $\boldsymbol{n}$ sich aus einer Drehung D_π mit dem Winkel π um die Achse mit der Richtung $\boldsymbol{n}$ und einer Inversion ergibt, $S = JD_\pi$, gilt für Spiegelungen ebenfalls im Gegensatz zu skalaren Feldern ($S^2 = 1$)

$$S^2 = D_\pi^2 = D_{2\pi} = -1 . \tag{2}$$

(1) und (2) können durch die Einführung eines neuen Elements $D_{2\pi}$ mit

$$D_{2\pi}^2 = 1 \tag{3}$$

berücksichtigt werden. Die Anzahl der Gruppenelemente verdoppelt sich dabei wieder. Für skalare Felder gelten die Darstellungen mit dem Eigenwert $+1$ für $D_{2\pi}$, für Spinorfelder die Darstellungen mit dem Eigenwert -1. Im letzten Falle sind ebenfalls keine eindimensionalen Darstellungen möglich, wenn eine zweizählige Drehachse bei einer Symmetrieoperation wieder in sich übergeht. Dann gehören nämlich D_π und $D_\pi^{-1} = D_\pi D_{2\pi}$ zur gleichen Klasse, haben also den gleichen Charakter, was bei einer eindimensionalen Darstellung zum Widerspruch mit (1) führt. Das trifft zu für die kubische Gruppe. Die Charaktertafel der kubischen Doppelgruppe ist in Tab. A 1-11

Tabelle A 1-11. Charaktertafel der kubischen Doppelgruppe O_h. Die Drehung um 2π ist mit D_1 bezeichnet
Die Charaktere zu den Darstellungen Γ_6^-, Γ_7^-, Γ_8^- für die angegebenen Klassen sind gleich denen für Γ_6^+, Γ_7^+, Γ_8^+; für die Klassen mit zusätzlicher Inversion haben sie die entgegengesetzten Werte

	E	$6D_2$	$6D_4$	$8D_3$	$12JS$	D_1	$6D_4D_1$	$8D_3D_1$
Γ_1	1	1	1	1	1	1	1	1
Γ_2	1	1	-1	1	-1	1	-1	1
Γ_{12}	2	2	0	-1	0	2	0	-1
$\Gamma_{15'}$	3	-1	1	0	-1	3	1	0
$\Gamma_{25'}$	3	-1	-1	0	1	3	-1	0
Γ_6^+	2	0	$\sqrt{2}$	1	0	-2	$-\sqrt{2}$	-1
Γ_7^+	2	0	$-\sqrt{2}$	1	0	-2	$+\sqrt{2}$	-1
Γ_8^+	4	0	0	-1	0	-4	0	1

dargestellt (ohne die Elemente mit Inversionen). Die mit $6D_2$ bezeichnete Klasse enthält die Elemente D_2^x, $D_2^x D_1$, D_2^y, $D_2^y D_1$, D_2^z, $D_2^z D_1$; die mit $6D_4$ bezeichnete die Elemente D_4^x, $(D_4^x)^{-1}$, D_4^y, $(D_4^y)^{-1}$, D_4^z, $(D_4^z)^{-1}$. D_1 steht hier für die Drehung $D_{2\pi}$ um den Winkel 2π. Analoges gilt für $8D_3$. Da bei der Doppelgruppe drei zusätzliche Klassen auftreten, existieren zwei zweidimensionale Darstellungen und eine vierdimensionale ($2^2 + 2^2 + 4^2 = 24$).

A 1.8. Zeitumkehrsymmetrie

Bei Zeitumkehr ändern Impulse $\boldsymbol{p}$ und Drehimpulse $\boldsymbol{s}$ ihre Vorzeichen, während der Ort unverändert bleibt:

$$\begin{aligned} \boldsymbol{r} &\to \boldsymbol{r}\,, \\ \boldsymbol{p} &\to -\boldsymbol{p}\,, \\ \boldsymbol{s} &\to -\boldsymbol{s}\,. \end{aligned} \tag{1}$$

Diese Transformation wird durch den (nichtlinearen!) Operator

$$K = -i\sigma_y K_0 \tag{2}$$

erzeugt. K_0 bewirkt dabei den Übergang zu komplex konjugierten Größen. σ_y ist die Paulische Spinmatrix für die y-Komponente des Spins $\sigma_y = \begin{pmatrix} 0 & i \\ -i & 0 \end{pmatrix}$. Mit den Vertauschungsrelationen für die Spinmatrizen und $K^+ = -K$ genügen die Erwartungswerte $\bar{A}$ von $\boldsymbol{r}$, $\boldsymbol{p}$ und $\boldsymbol{s}$ bei der Transformation $K^+ AK$ den Relationen (1). Der Hamilton-Operator für Systeme mit Spin-Bahn-Kopplung ohne äußeres Magnetfeld ist dabei invariant. Neben $\varphi_{\boldsymbol{k}}(\boldsymbol{r})$ ist somit auch $K\varphi_{\boldsymbol{k}}(\boldsymbol{r})$ Lösung der Pauli-Gleichung zur gleichen Energie.

Besitzt das System noch Inversionssymmetrie (Inversionsoperator J), so bleibt die Bloch-Bedingung (A 1.1-13) bei der durch JK bewirkten Transformation der Wellenfunktion invariant. $JK\varphi_{\boldsymbol{k}}(\boldsymbol{r})$ stellt also eine Lösung zum gleichen Eigenwert $\exp(i\boldsymbol{kR})$ des Transformationsoperators dar wie $\varphi_{\boldsymbol{k}}(\boldsymbol{r})$. Wegen der Beziehung

$$K^2 = -1 \quad \text{bzw.} \quad (JK)^2 = -1 \tag{3}$$

gilt im Falle einer eindimensionalen Darstellung

$$JK\varphi = \alpha\varphi \tag{4}$$

mit dem Eigenwert α für JK dann

$$(JK)^2\varphi = (JK)\,(\alpha\varphi) = \alpha^*(JK)\varphi = |\alpha|^2\,\varphi \neq -\varphi \tag{5}$$

im Widerspruch zu (3). Bei inversionsinvarianten Systemen müssen bei Vorliegen der Zeitumkehrsymmetrie also alle Darstellungen mindestens zweidimensional sein. Das entspricht der bekannten Entartung der beiden Spinrichtungen für freie Elektronen bzw. der Entartung bezüglich der z-Komponente des Gesamtspins im kugelsymmetrischen äußeren Potential.

A 2. Legendresche Polynome und Kugelfunktionen

P. Ziesche

In den folgenden Gleichungen sind zusammengestellt: (1) Explizite Darstellung (Rodrigues-Formel), (2) Parität, (3) spezielle Werte, (4) Orthogonalität, (5) Differentialgleichung, (6) Rekursionsformeln und (7) erzeugende Funktion der Legendreschen Polynome:

$$P_l(\zeta) = \frac{1}{2^l l!}\left(\frac{\mathrm{d}}{\mathrm{d}\zeta}\right)^l (\zeta^2 - 1)^l\,, \quad |\zeta| \leqq 1, \quad l = 0, 1, 2, \dots\,, \tag{1}$$

$$P_l(-\zeta) = (-1)^l\, P_l(\zeta)\,, \tag{2}$$

$$P_0(\zeta) = 1\,, \quad P_l(\pm 1) = (\pm 1)^l\,, \tag{3}$$

$$\int\limits_{-1}^{+1} \mathrm{d}\zeta\, P_l(\zeta)\, P_{l'}(\zeta) = \frac{2}{2l+1}\,\delta_{l,l'}\,, \tag{4}$$

$$\left[(1-\zeta^2)\frac{\mathrm{d}^2}{\mathrm{d}\zeta^2} - 2\zeta\frac{\mathrm{d}}{\mathrm{d}z} + l(l+1)\right] P_l(\zeta) = 0\,, \tag{5}$$

$$(2l+1)\,\zeta P_l(\zeta) = (l+1)\, P_{l+1}(\zeta) + l P_l(\zeta)\,, \tag{6}$$

$$\frac{1}{\sqrt{1 - 2\alpha\zeta + \alpha^2}} = \sum_{l=0}^{\infty} \alpha^l P_l(\zeta), \quad |\alpha| < 1\,. \tag{7}$$

Die Legendreschen Polynome $P_l(\zeta)$ sind vom Grade l und besitzen l Nullstellen im Intervall $(-1, +1)$.

Bezeichnung der (komplexen) Kugelfunktionen:

$$\mathcal{Y}_L(\boldsymbol{n}) \quad \text{mit} \quad \begin{cases} \boldsymbol{n} \mathrel{\hat{=}} (\zeta, \varphi)\,, \; \zeta = \cos\vartheta, \; 0 \leqq \vartheta \leqq \pi\,, \; -\pi \leqq \varphi \leqq \pi\,, \\ L \mathrel{\hat{=}} (l, m)\,, \; l = 0, 1, 2, \dots\,; \; m = -l, -l+1, \dots, +l\,. \end{cases} \tag{8}$$

Explizite Darstellung für $m \geqq 0$:

$$\mathcal{Y}_L(\boldsymbol{n}) = c_l(-1)^m \sqrt{\frac{2l+1}{2}\frac{(l-m)!}{(l+m)!}}\, \sqrt{1-\zeta^2}^{\,m} \left(\frac{\partial}{\partial\zeta}\right)^m P_l(\zeta)\, \frac{\mathrm{e}^{im\varphi}}{\sqrt{2\pi}}\,, \tag{9}$$

für $m < 0$ aus

$$\mathcal{Y}_{l,-m}(\boldsymbol{n}) = (-1)^m\, \mathcal{Y}^*_{l,m}(\boldsymbol{n})\,. \tag{10}$$

Willkürlicher Phasenfaktor $c_l = 1$, $(-1)^l$, i^l, $(-i)^l$ je nach Autor. Parität:

$$\mathcal{Y}_L(-\boldsymbol{n}) = (-1)^l\, \mathcal{Y}_L(\boldsymbol{n})\,. \tag{11}$$

Speziell für $m = 0$ und $\boldsymbol{n} = \boldsymbol{e}_z$ gilt

$$\mathcal{Y}_{l,0}(\boldsymbol{n}) = c_l \sqrt{\frac{2l+1}{4\pi}}\, P_l(\zeta), \quad \mathcal{Y}_L(\boldsymbol{e}_z) = c_l \sqrt{\frac{2l+1}{4\pi}}\, \delta_{m,0}\,. \tag{12}$$

Orthogonalität und Vollständigkeit:

$$\int \mathrm{d}\Omega\, \mathcal{Y}_{L'}^*(\boldsymbol{n})\, \mathcal{Y}_L(\boldsymbol{n}) = \delta_{L,L'}\,, \quad \mathrm{d}\Omega = \sin\vartheta\, \mathrm{d}\vartheta\, \mathrm{d}\varphi \mathrel{\hat{=}} \mathrm{d}\zeta\, \mathrm{d}\varphi\,, \tag{13}$$

$$\sum_L \mathcal{Y}_L(\boldsymbol{n})\, \mathcal{Y}_L^*(\boldsymbol{n}') = \delta(\boldsymbol{n}-\boldsymbol{n}')\,,$$

$$\delta(\boldsymbol{n}-\boldsymbol{n}') = \frac{\delta(\vartheta-\vartheta')}{\sin\vartheta}\,\delta(\varphi-\varphi') = \delta(\zeta-\zeta')\,\delta(\varphi-\varphi')\,. \tag{14}$$

Additionstheorem:

$$4\pi \sum_m \mathcal{Y}_L(\boldsymbol{n})\, \mathcal{Y}_L^*(\boldsymbol{n}') = (2l+1)\, P_l(\boldsymbol{n}\boldsymbol{n}')\,. \tag{15}$$

Differentialgleichungen (Eigenzustände des Bahndrehimpulses $\boldsymbol{l}$):

$$[\boldsymbol{l}^2 - \hbar^2 l(l+1)]\, \mathcal{Y}_L(\boldsymbol{n}) = 0\,, \; [l_z - \hbar m]\, \mathcal{Y}_L(\boldsymbol{n}) = 0\,, \quad \boldsymbol{l} = \boldsymbol{r} \times \frac{\hbar}{i}\frac{\partial}{\partial \boldsymbol{r}}\,, \tag{16}$$

ferner $\Delta r^l \mathcal{Y}_L(\boldsymbol{n}) = 0$. Jedes $\mathcal{Y}_L(\boldsymbol{n})$ kann durch eine Linearkombination aus

$$r^{n+1}\, \frac{\partial^l}{\partial x^\alpha\, \partial y^\beta\, \partial z^\gamma}\, \frac{1}{r} \quad \text{mit} \quad \alpha + \beta + \gamma = l \tag{17}$$

dargestellt werden. Darstellung als Entwicklung nach Potenzen von $\boldsymbol{n}$ (wird für (A 3-34) gebraucht):

$$\mathcal{Y}_L(\boldsymbol{n}) = c_l(-1)^m \sqrt{\frac{2l+1}{4\pi}\frac{(l-m)!}{(l+m)!}}\left(\boldsymbol{\varepsilon}\frac{\partial}{\partial \boldsymbol{e}_z}\right)^m P_l(\boldsymbol{e}_z\boldsymbol{n})\,, \; \boldsymbol{\varepsilon} = \boldsymbol{e}_x + i\boldsymbol{e}_y\,, \quad m \geqq 0\,. \tag{18}$$

$\varepsilon\partial/\partial \boldsymbol{e}_z$ bewirkt bei Anwendung auf $(\boldsymbol{e}_z\boldsymbol{n})^s$ die Ersetzung durch $s(\boldsymbol{\varepsilon n})\,(\boldsymbol{e}_z\boldsymbol{n})^{s-1}$; Analoges geschieht durch $\eta\, \mathrm{d}/\mathrm{d}\zeta$, $\eta = \boldsymbol{\varepsilon n} = (x+iy)/r = \sin\vartheta\, \mathrm{e}^{i\varphi}$. Im Unterschied zu komplexen Kugelfunktionen ($\sim \mathrm{e}^{im\varphi}$) gilt für reelle Kugelfunktionen (s. (4.2-34))

$$Y_{l,m}(\boldsymbol{n}) \sim \begin{cases} \cos m\varphi\,, \; m = 0, 1, \dots, l\,, & \text{für} \quad m \geqq 0\,, \\ \sin |m|\,\varphi\,, \; |m| = 1, \dots, l\,, & \text{für} \quad m < 0\,. \end{cases} \tag{19}$$

In diesem Falle entfällt in (13) bis (15) das Zeichen „komplex konjugiert".

Bei der Entwicklung von Produkten aus Kugelfunktionen

$$\mathcal{Y}_L(\boldsymbol{n})\, \mathcal{Y}_{L_1}^*(\boldsymbol{n}) = \sum_{L_2} C_{LL_1L_2}\, \mathcal{Y}_{L_2}(\boldsymbol{n}) \tag{20}$$

treten die Clebsch-Gordan-Koeffizienten

$$C_{LL_1L_2} = \int \mathrm{d}\Omega\, \mathcal{Y}_L(\boldsymbol{n})\, \mathcal{Y}_{L_1}^*(\boldsymbol{n})\, \mathcal{Y}_{L_2}^*(\boldsymbol{n}) \tag{21}$$

auf. Bei Verwendung reeller Kugelfunktionen spricht man von Gaunt-Koeffizienten; sie sind ungleich Null nur für

$$l = |l_1 - l_2|\,, |l_1 - l_2| + 2, \dots, l_1 + l_2$$

und

$$m = |m_1 \pm m_2| \quad \text{für} \quad \begin{cases} m_1 \geqq 0 \quad \text{und} \quad m_2 \geqq 0 \quad \text{oder} \\ m_1 < 0 \quad \text{und} \quad m_2 < 0 \end{cases} \tag{22}$$

oder

$$m = -|m_1 \pm m_2| \quad \text{für} \quad \begin{cases} m_1 \geqq 0 & \text{und} \quad m_2 < 0 \quad \text{oder} \\ m_1 < 0 & \text{und} \quad m_2 \geqq 0 \,. \end{cases}$$

A 3. Sphärische Zylinderfunktionen

P. Ziesche

Sphärische Zylinderfunktionen (= Zylinderfunktionen mit halbzahligem Index, s. (54)) treten z. B. auf, wenn man die Streuzustände eines kugelsymmetrischen Potentials endlicher Reichweite (genauer eines Muffin-Tin-Potentials) untersucht. Außerhalb des Streupotentials, d. h. des Muffin-Tin-Radius, also im potentialfreien Gebiet, lautet die radiale Schrödinger-Gleichung mit $E = \hbar^2\varkappa^2/2m$ und $z = \varkappa r$

$$\left[z \frac{\mathrm{d}^2}{\mathrm{d}z^2} z + z^2 - l(l+1)\right] u_l(z) = 0 \,. \tag{1}$$

Für $l = 0$ ergibt sich sofort $zu_0(z) \sim \sin z$ oder $\cos z$ als (bei $z = 0$) reguläre bzw. singuläre Lösung. Letztere erfüllt die Gleichung

$$(\Delta + \varkappa^2)\,(-1)\,\frac{\cos \varkappa r}{\varkappa r} = \frac{4\pi}{\varkappa}\,\delta(\boldsymbol{r}) \,. \tag{2}$$

Aus $u_0(z)$ entstehen die Lösungen von (1) für $l = 1, 2, \ldots$ durch Rekursion. Dies erkennt man durch Einführung von $\chi_l(z) = u_l(z)/z^l$ und der aus (1) folgenden Differentialgleichung (Dgl) ($' = \mathrm{d}/\mathrm{d}z$)

$$\chi_l'' + \frac{2(l+1)}{z}\chi_l' + \chi_l = 0 \,. \tag{3}$$

Differenziert man nämlich (3) nach z, so findet man

$$\left(\frac{1}{z}\chi_l'\right)'' + \frac{2(l+2)}{z}\left(\frac{1}{z}\chi_l'\right)' + \left(\frac{1}{z}\chi_l'\right) = 0 \,. \tag{4}$$

Der Vergleich von (4) mit (3) zeigt, daß χ_l'/z die Dgl (3) für $l + 1$ (statt l) erfüllt. Daher kann ohne Verlust an Allgemeinheit $\chi_{l+1} = -\chi_l'/z$ gesetzt werden, woraus $\chi_l = (-\mathrm{d}/z\mathrm{d}z)^l\,\chi_0$ oder

$$u_l(z) = (-z)^l \left(\frac{\mathrm{d}}{z\mathrm{d}z}\right)^l u_0(z) \tag{5}$$

als Rayleigh-Formel folgt. Als sphärische Bessel-Funktionen $\mathrm{j}_l(z)$ und Neumann-Funktionen $\mathrm{n}_l(z)$ — es finden sich auch die Bezeichnungen sphärische Bessel-Funktionen erster und zweiter Art — werden definiert

$$\mathrm{j}_l(z) = (-z)^l \left(\frac{\mathrm{d}}{z\mathrm{d}z}\right)^l \frac{\sin z}{z}, \tag{6a}$$

$$\mathrm{n}_l(z) = (-z)^l \left(\frac{\mathrm{d}}{z\mathrm{d}z}\right)^l (-1) \frac{\cos z}{z}. \tag{6b}$$

Für $l = 0$ und 1 ergibt sich

$$\mathrm{j}_0(z) = \frac{\sin z}{z}, \qquad \mathrm{j}_1(z) = \frac{\sin z - z \cos z}{z^2}, \tag{7a}$$

$$\mathrm{n}_0(z) = -\frac{\cos z}{z}, \qquad \mathrm{n}_1(z) = -\frac{\cos z + z \sin z}{z^2}. \tag{7b}$$

Allgemein gilt

$$\mathrm{j}_l(z) = \mathrm{R}_l(z) \frac{\sin z}{z} + \mathrm{S}_l(z) \frac{\cos z}{z}, \tag{8a}$$

$$\mathrm{n}_l(z) = \mathrm{S}_l(z) \frac{\sin z}{z} - \mathrm{R}_l(z) \frac{\cos z}{z}. \tag{8b}$$

Dabei sind $\mathrm{R}_l(z)$ und $\mathrm{S}_l(z)$ Polynome in $1/z$ mit reellen Koeffizienten vom Grade l bzw. $l - 1$ und der Parität $(-1)^l$ bzw. $(-1)^{l-1}$; die Koeffizienten können aus

$$\mathrm{R}_l(z) + i\mathrm{S}_l(z) = \sum_{s=0}^{l} \frac{i^{s-l}}{2^s s!} \frac{(l+s)!}{(l-s)!} \frac{1}{z^s} \tag{9}$$

gewonnen werden. Eine andere, rekursive Darstellung der Koeffizienten ergibt sich aus

$$\mathrm{j}_l(z) = f_l(z) \sin z + (-1)^{l+1} f_{-l-1}(z) \cos z, \tag{10}$$

wobei sich die $f_l(z)$ aus $f_0(z) = 1/z$ und $f_1(z) = 1/z^2$ sowie

$$f_{l-1}(z) + f_{l+1}(z) = \frac{2l+1}{z} f_l(z), \quad l = 0, \pm 1, \pm 2, \ldots, \tag{11}$$

bestimmen. Aus (9) ergibt sich für die Quadratsumme von Bessel- und Neumann-Funktion

$$\mathrm{j}_l^2(z) + \mathrm{n}_l^2(z) = \frac{1}{z^2} [\mathrm{R}_l^2(z) + \mathrm{S}_l^2(z)] = \frac{1}{z^2} \sum_{s=0}^{l} \frac{(2l-s)!\,(2l-2s)!}{s!\,[(l-s)!]^2} (2z)^{2s-2l}, \tag{9'}$$

also

$$\mathrm{j}_0^2(z) + \mathrm{n}_0^2(z) = \frac{1}{z^2}, \qquad \mathrm{j}_1^2(z) + \mathrm{n}_1^2(z) = \frac{1}{z^2} + \frac{1}{z^4}, \tag{9''}$$

$$\mathrm{j}_2^2(z) + \mathrm{n}_2^2(z) = \frac{1}{z^2} + \frac{3}{z^4} + \frac{9}{z^6}$$

usw.

Direkt für $u_l(z) = \mathrm{j}_l(z)$ oder $\mathrm{n}_l(z)$ folgen aus (6) die Rekursionsformeln

$$u_{l-1}(z) = \left(\frac{l+1}{z} + \frac{\mathrm{d}}{\mathrm{d}z}\right) u_l(z)\,, \quad u_{l+1}(z) = \left(\frac{l}{z} - \frac{\mathrm{d}}{\mathrm{d}z}\right) u_l(z)\,. \qquad (12\text{a, b})$$

Die Kombination beider Rekursionsformeln liefert

$$u_{l-1}(z) + u_{l+1}(z) = \frac{2l+1}{z} u_l(z)\,, \qquad (13\text{a})$$

$$l u_{l-1}(z) - (l+1)\, u_{l+1}(z) = (2l+1) \frac{\mathrm{d}}{\mathrm{d}z} u_l(z)\,. \qquad (13\text{b})$$

Die diesen Rekursionsformeln genügenden Funktionen erfüllen natürlich die ursprüngliche Dgl, d. h., aus (12) folgt (1). Umgekehrt kann (12) unmittelbar aus (1) abgelesen werden. Mit den Operatoren

$$t_l^+ = \frac{1}{z}\left(l - z\frac{\mathrm{d}}{\mathrm{d}z}\right) = -z^l \frac{\mathrm{d}}{\mathrm{d}z} z^{-l}\,, \qquad (14\text{a})$$

$$t_l^- = \frac{1}{z}\left(l + z\frac{\mathrm{d}}{\mathrm{d}z}\right) = z^{-l-1} \frac{\mathrm{d}}{\mathrm{d}z} z^{l+1} \qquad (14\text{b})$$

kann nämlich (1) wegen

$$t_{l+1}^- t_l^+ = \frac{1}{z^2}\left[l(l+1) - z\frac{\mathrm{d}^2}{\mathrm{d}z^2} z - z^2\right] = t_{l-1}^+ t_l^- \qquad (15)$$

in den Formen

$$[t_{l+1}^- t_l^+ - 1]\, u_l = 0 \quad \text{oder} \quad [t_{l-1}^+ t_l^- - 1]\, u_l = 0 \qquad (16\text{a, b})$$

geschrieben werden, woraus sofort (durch Anwendung von t_l^+ auf (16a) und t_l^- auf (16b)) folgt

$$[t_l^+ t_{l+1}^- - 1]\, t_l^+ u_l = 0\,, \quad [t_l^- t_{l-1}^+ - 1]\, t_l^- u_l = 0\,. \qquad (17\text{a, b})$$

Der Vergleich von (17a) mit (16b) und (17b) mit (16a) zeigt $u_{l\pm1} \sim t_l^\pm u_l$, also (mit dem Gleichheitszeichen statt der Proportionalität) gerade (12). Die $t_l^\pm$ sind bezüglich der Drehimpulsquantenzahl mithin Erzeugungs- und Vernichtungsoperatoren. Daß nun $u_l = t_{l-1}^+ \ldots t_0^+ u_0$ tatsächlich (16) löst, sieht man durch fortgesetztes Anwenden von (15) so:

$$\begin{aligned} t_{l+1}^- t_l^+ u_l &= t_{l+1}^- t_l^+ t_{l-1}^+ \ldots t_0^+ u_0 = t_{l-1}^+ t_l^- t_{l-1}^+ t_{l-2}^+ \ldots t_0^+ u_0 = \ldots \\ &= t_{l-1}^+ \ldots t_0^+ t_1^- t_0^+ u_0 = t_{l-1}^+ \ldots t_0^+ u_0 = u_l\,. \end{aligned}$$

Schließlich folgt aus (14a) $t_{l-1}^+ \ldots t_0^+ = (-z)^l\,(\mathrm{d}/z\mathrm{d}z)^l$, also (6).

Die j_l und n_l entstehen aus

$$\mathrm{j}(z, z') = (-z)^l \left[\frac{1}{z}\left(\frac{\partial}{\partial z} + \frac{\partial}{\partial z'}\right)\right]^l \frac{\sin z'}{z} = \mathrm{R}_l(z) \frac{\sin z'}{z} + \mathrm{S}_l(z) \frac{\cos z'}{z} \qquad (18)$$

gemäß $\mathrm{j}_l(z) = \mathrm{j}_l(z, z)$ und $\mathrm{n}_l(z) = -\left(\partial \mathrm{j}_l(z, z')/\partial z'\right)_{z=z'}$. Schließlich folgt aus (2)

$$\mathrm{n}_0(\varkappa r) = (\Delta + \varkappa^2)^{-1} \frac{4\pi}{\varkappa} \delta(\boldsymbol{r}) = -\frac{4\pi}{\varkappa} \int \frac{\mathrm{d}^3k}{(2\pi)^3} \frac{P}{k^2 - \varkappa^2} \mathrm{e}^{i\boldsymbol{kr}}$$

$$= -\frac{1}{\pi} \int\limits_{-\infty}^{+\infty} \frac{k^2\,\mathrm{d}k}{\varkappa} \frac{P}{k^2 - \varkappa^2} \frac{\sin kr}{kr} \tag{19}$$

$$\int \frac{\mathrm{d}\Omega_k}{4\pi} \mathrm{e}^{i\boldsymbol{kr}} = \int\limits_{-1}^{+1} \frac{\mathrm{d}\zeta}{2} \mathrm{e}^{ikr\zeta} = \frac{\sin kr}{kr}, \tag{20}$$

P bedeutet den Cauchyschen Hauptwert.

Für das asymptotische Verhalten der $u_l(z)$ gilt:

	$\|z\| \to 0$	$\|z\| \to \infty$
$\mathrm{j}_l(z) \to$	$\dfrac{z^l}{(2l+1)!!}$	$\dfrac{1}{z} \sin\left(z - \dfrac{l\pi}{2}\right)$
$\mathrm{n}_l(z) \to$	$-\dfrac{(2l-1)!!}{z^{l+1}}$	$-\dfrac{1}{z} \cos\left(z - \dfrac{l\pi}{2}\right)$

(21)

Dabei bedeutet $(2l \pm 1)!! = 1 \cdot 3 \cdot 5 \cdots (2l \pm 1)$. Die erste Zeile ergibt sich folgendermaßen: Für $|z| \to 0$ genügt es, in der Potenzreihe von $(\sin z)/z$ den Term $(-1)^l z^{2l}/(2l+1)!$ zu betrachten, da die niedrigeren Potenzen nach (6) wegdifferenziert werden und die höheren Potenzen in (21) nur zu Korrekturen (d. h. zu den nächsten asymptotischen Termen) führen. Mit $(\mathrm{d}/z\mathrm{d}z)\, z^n = n z^{n-2}$ ergibt sich

$$\mathrm{j}_l(z) \to \frac{2l(2l-2) \ldots 2}{(2l+1)!} z^l = \frac{z^l}{(2l+1)!!},$$

q. e. d. Für $|z| \to \infty$ genügt es, die Differentialoperatoren in (6) nur auf $\sin z$ wirken zu lassen, da Differentiationen von $1/z$ nur zu rascher abklingenden Termen führen. Mit $(-\mathrm{d}/\mathrm{d}z) \sin z = \sin(z - l\pi/2)$ ergibt sich

$$\mathrm{j}_l(z) \to \frac{1}{z}\left(-\frac{\mathrm{d}}{\mathrm{d}z}\right)^l \sin z = \frac{1}{z} \sin\left(z - \frac{l\pi}{2}\right),$$

q. e. d. Analog wird die zweite Zeile in (21) bewiesen. In der Entwicklung nach Potenzen von z lauten die höheren Terme

$$\mathrm{j}_l(z) = \frac{z^l}{(2l+1)!!}\left[1 - \frac{1}{1!(2l+3)} \frac{z^2}{2} + \frac{1}{2!(2l+3)(2l+5)} \frac{z^4}{2^2} - + \ldots\right],$$

$$\mathrm{n}_l(z) = -\frac{(2l+1)!!}{z^{l+1}}\left[1 - \frac{1}{1!(1-2l)} \frac{z^2}{2} + \frac{1}{2!(1-2l)(3-2l)} \frac{z^4}{2^2} - + \ldots\right]. \tag{22}$$

(21) ergibt sich bis auf konstante Faktoren auch unmittelbar aus der Dgl (1): Für $z \to \infty$ kann ja der Zentrifugalterm $l(l+1)$ vernachlässigt werden, so daß die Dgl für $u_0(z)$ entsteht, und für $z \to 0$ kann z^2 vernachlässigt werden, was zu den Lösungen $u_l(z) \sim z^l$ und $1/z^{l+1}$ führt.

Qualitativ ergibt sich aus (21) folgendes Bild: $z\mathrm{j}_l(z)$ beginnt bei $z \geqq 0$ wegen z^{l+1} und $(2l+1)!!$ mit einem um so flacheren Verlauf, je größer l ist, und geht bei $z = \sqrt{l(l+1)}$ (Wendepunkt) in einen oszillierenden Verlauf (etwa zwischen ± 1) über; das asymptotische Verhalten (21) für große Argumente ist richtig für $z \gg l(l+1)/2$, praktisch (bis auf $\pm 10\%$) verwendbar für $z \gtrapprox 2l$. Betrachtet man für festes z die Abhängigkeit von l, so beginnt $z\mathrm{j}_l(z)$ bei kleinen l etwa zwischen ± 1 oszillierend und klingt etwa ab $l = z$ für große l rascher als e^{-l} ab:

$$\mathrm{j}_l(z) \approx \frac{z^{l+1}}{(2l+1)!!} = z^l \frac{2^l\, l!}{(2l+1)!} \approx \frac{z^l}{\sqrt{2}} \left(\frac{\mathrm{e}}{2l}\right)^{l+1} \to \mathrm{e}^{-l \ln l} < \mathrm{e}^{-l}. \tag{23}$$

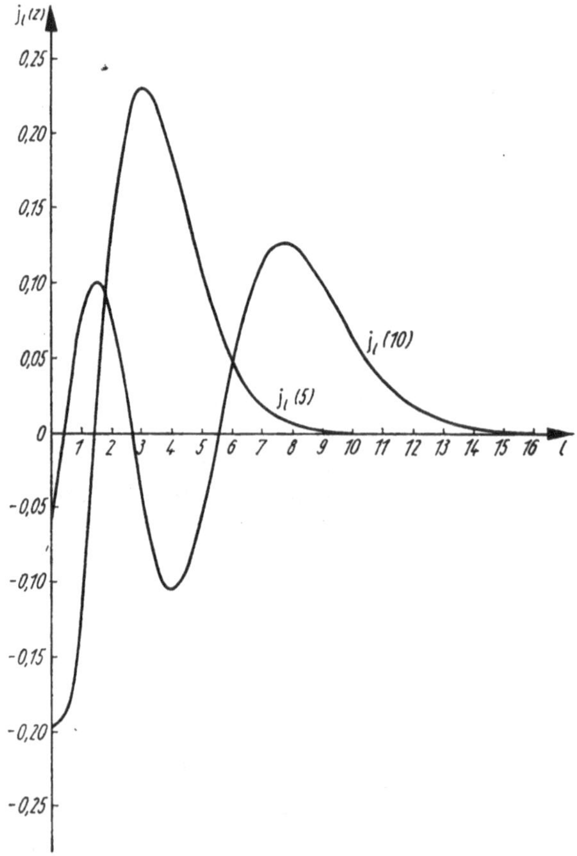

Abb. A 3-1. Sphärische Bessel-Funktionen für festes z in Abhängigkeit von l

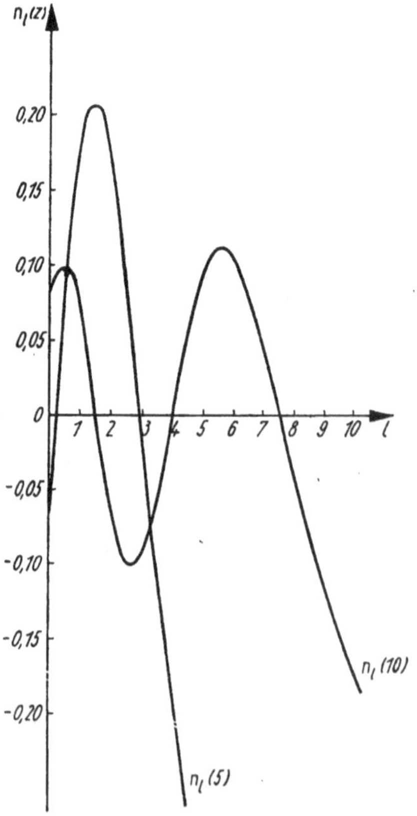

Abb. A 3-2. Sphärische Neumann-Funktionen für festes z in Abhängigkeit von l

Dabei wurde die Stirlingsche Formel $l! \approx \sqrt{2\pi l}(l/e)^l$ verwendet. Aus (23) folgt $j_{l-1}(z)/j_l(z) \approx (2l+1)/z$ für $l \gg z$. $zn_l(z)$ beginnt für festes l bei $z \gtrapprox 0$ singulär (außer für $l = 0$) und geht nach Durchlaufen einer Nullstelle in einen oszillierenden Verlauf über; für festes z beginnt $zn_l(z)$ bei kleinem l oszillierend und wächst dem Betrage nach für große l rascher als e^l an:

$$n_l(z) \approx -\frac{(2l-1)!!}{z^{l+1}} = -\frac{1}{z^{l+1}}\frac{(2l-1)!}{2^{l-1}(l-1)!} \approx -\frac{\sqrt{2}}{z^{l+1}}\left(\frac{2l}{e}\right)^l$$
$$\to -e^{l \ln l} < -e^l\,. \tag{24}$$

Die l-Abhängigkeit von $j_l(z)$ und $n_l(z)$ für festes z wird durch Abb. A 3-1 und A 3-2 illustriert. Für den quantitativen Verlauf stehen Tabellen (z. B. Abramowitz u. Stegun, 72) oder Rechenprogramme zur Verfügung.

Im folgenden werden Formeln zusammengestellt, die für das Rechnen mit sphärischen Bessel- und Neumann-Funktionen nützlich sind (s. auch Messiah, 61, Schiff, 55, Abramowitz u. Stegun, 72, Landau u. Lifschitz, 79):

1. Wronski-Beziehung und Kreuzprodukte:

Multipliziert man die Dgl für $n_l(z)$ mit $j_l(z)$ und umgekehrt und bildet die Differenz, so ergibt sich

$$\frac{d}{dz}(j_l z^2 n_l' - n_l z^2 j_l') = 0$$

also $(...) = \text{const}$, woraus mit $(...) \to 1$ für $z \to 0$ oder ∞ die Wronski-Beziehung

$$j_l(z)\, n_l'(z) - j_l'(z)\, n_l(z) = \frac{1}{z^2} \tag{25}$$

folgt. Diese zieht wegen (12)

$$j_l(z)\, n_{l-1}(z) - j_{l-1}(z)\, n_l(z) = \frac{1}{z^2}\,, \tag{26}$$

$$j_{l+1}(z)\, n_{l-1}(z) - j_{l-1}(z)\, n_{l+1}(z) = \frac{2l+1}{z^3} \tag{27}$$

nach sich.

2. Entwicklung einer ebenen Welle:

Die sphärischen Bessel-Funktionen treten bei der Entwicklung einer ebenen Welle nach Legendreschen Polynomen als Koeffizienten auf:

$$e^{iz\zeta} = \sum_{l=0}^{\infty} i^l(2l+1)\, j_l(z)\, P_l(\zeta)\,. \tag{28}$$

Zunächst ist klar, daß mit $\zeta = \boldsymbol{n}_k\boldsymbol{n}_r$ und $\boldsymbol{k} = \varkappa\boldsymbol{n}_k$, also $z\zeta = \boldsymbol{kr}$, linke und rechte Seite von (28) auf Grund der Differentialgleichungen, denen $j_l(\varkappa r)$ und $P_l(\zeta)$ genügen, also (1) und (A 2-5), die potentialfreie Schrödinger-Gleichung $(\Delta + \varkappa^2)\,\varphi(r) = 0$ erfüllen. Mithin brauchen nur noch die bereits angegebenen Koeffizienten c_l neben $j_l P_l$ verifiziert zu werden. Zunächst folgt $c_l^* = (-1)^l c_l$ aus

$$\sum_l c_l^*\, j_l(z)\, P_l(\zeta) = \sum_l c_l\, j_l(z)\, P_l(-\zeta)$$

unter Verwendung von (A 2-2). Daher ist $c_l \sim i^l$. Für $z = 0$ vereinfacht sich (28) zu $1 = c_0$, also $|c_0| = 1$. Die Beträge der übrigen Koeffizienten, $|c_l| = 2l + 1$, ergeben sich aus der Potenzentwicklung beider Seiten von (28):

$$\frac{(iz\zeta)^l}{l!} = i^l\,|c_l|\,\frac{z^l}{(2l+1)!!}\,\frac{2l(2l-1)\ldots(2l-(l-1))}{2^l\,l!}\,\zeta^l = \frac{|c_l|}{2l+1}\,\frac{(iz\zeta)^l}{l!}\,.$$

Dabei wurde der aus (A 2-1) folgende Koeffizient der höchsten Potenz (ζ^l) verwendet. Ein anderer Beweis von (28) benutzt die Rekursionsformeln der P_l und j_l (Messiah, 61).

3. Darstellung durch Legendresche Differentialoperatoren:

(28) erlaubt mit der Orthogonalität der Legendreschen Polynome (A 2-4) die Darstellung

$$\mathrm{j}_l(z) = \frac{1}{i^l}\,\frac{1}{2}\int\limits_{-1}^{+1} \mathrm{d}\zeta\, P_l(\zeta)\,\mathrm{e}^{iz\zeta} = \frac{1}{i^l}\,P_l\left(\frac{\mathrm{d}}{i\,\mathrm{d}z}\right)\frac{1}{2}\int\limits_{-1}^{+1}\mathrm{d}\zeta\,\mathrm{e}^{iz\zeta}\,, \tag{29}$$

die sich wegen (20) auch in der Form

$$\mathrm{j}_l(z) = \frac{1}{i^l}\,P_l\left(\frac{\mathrm{d}}{i\,\mathrm{d}z}\right)\frac{\sin z}{z} \tag{30a}$$

schreiben läßt. Analog hierzu gilt auch

$$\mathrm{n}_l(z) = \frac{1}{i^l}\,P_l\left(\frac{\mathrm{d}}{i\,\mathrm{d}z}\right)(-1)\,\frac{\cos z}{z}\,. \tag{30b}$$

Aus (18) und (30a) folgt nämlich

$$\mathrm{j}_l(z, z') = \frac{1}{i^l}\,P_l\left(\frac{\partial}{i\,\partial z} + \frac{\mathrm{d}}{i\,\mathrm{d}z'}\right)\frac{\sin z'}{z}\,,$$

woraus sich (30b) gemäß $\mathrm{n}_l(z) = -(\partial \mathrm{j}_l\,(z, z')/\partial z')_{z'=z}$ ergibt. — Beim Vergleich von (30) und (6) stellt sich heruas, daß allgemein

$$(-z)^l\left(\frac{\mathrm{d}}{z\,\mathrm{d}z}\right)^l - \frac{1}{i^l}\,P_l\left(\frac{\mathrm{d}}{i\,\mathrm{d}z}\right) = f_l\left(z, \frac{\mathrm{d}}{\mathrm{d}z}\right)\left(\frac{\mathrm{d}^2}{\mathrm{d}z^2} + 1\right)z$$

gilt; bei Anwendung auf $u_0(z)$ verschwindet die rechte Seite.

4. Darstellung durch sphärische Differentialoperatoren:

Mit dem Additionstheorem (A 2-15) läßt sich (28) auch in der Form

$$\mathrm{e}^{i\boldsymbol{k}\boldsymbol{r}} = 4\pi \sum_L i^l\,\mathrm{j}_L(\varkappa\boldsymbol{r})\,\mathcal{Y}_L^*(\boldsymbol{n}_k) \tag{31}$$

schreiben. Dabei ist $\boldsymbol{k} = \varkappa\boldsymbol{n}_k$, und es wurde

$$\mathrm{j}_L(\varkappa\boldsymbol{r}) \equiv \mathrm{j}_l(\varkappa r)\,\mathcal{Y}_L(\boldsymbol{n}_r)\,,$$

$$\mathrm{n}_L(\varkappa\boldsymbol{r}) \equiv \mathrm{n}_l(\varkappa r)\,\mathcal{Y}_L(\boldsymbol{n}_r)\,, \qquad L \mathrel{\hat=} (l, m)\,, \tag{32}$$

eingeführt. In (31) entfällt das Zeichen für „komplex konjugiert", falls reelle Kugelfunktionen $Y_L(\boldsymbol{n})$ verwendet werden. Die Orthogonalität der Kugelfunktionen (A 2-13) läßt aus (31) die Darstellung

$$i^l\, \mathrm{j}_L(\varkappa \boldsymbol{r}) = \int \frac{\mathrm{d}\Omega_k}{4\pi}\, \mathcal{Y}_L(\boldsymbol{n}_k)\, \mathrm{e}^{i\boldsymbol{k}\boldsymbol{r}} = \mathcal{Y}_L\left(\frac{\partial}{i\varkappa\, \partial \boldsymbol{r}}\right) \int \frac{\mathrm{d}\Omega_k}{4\pi}\, \mathrm{e}^{i\boldsymbol{k}\boldsymbol{r}} \tag{33}$$

entstehen, die mit (20) auch in der Form

$$i^l\, \mathrm{j}_L(\varkappa \boldsymbol{r}) = \mathcal{Y}_L\left(\frac{\partial}{i\varkappa\, \partial \boldsymbol{r}}\right) \frac{\sin \varkappa r}{\varkappa r} \tag{34a}$$

geschrieben werden kann. Analog hierzu gilt

$$i^l\, \mathrm{n}_L(\varkappa \boldsymbol{r}) = \mathcal{Y}_L\left(\frac{\partial}{i\varkappa\, \partial \boldsymbol{r}}\right) (-1) \frac{\cos \varkappa r}{\varkappa r} . \tag{34b}$$

(34a u. b) werden als Kasterinsche Formeln bezeichnet (Kasterin, 1897, 98). (34b) läßt sich aus (34a) so ähnlich gewinnen wie (30b) aus (30a). Der Vergleich mit (30) und (32) zeigt, daß bei Anwendung auf $u_0 = \mathrm{j}_0$ oder n_0 gilt $\mathcal{Y}_L(\partial/i\varkappa\partial \boldsymbol{r}) = \mathcal{Y}_L(\boldsymbol{n}_r) P_l(\mathrm{d}/i\varkappa\, \mathrm{d}r)$. — Die Kasterinsche Formel (34a) wurde aus (31) gewonnen, umgekehrt erlaubt sie die in der Streutheorie nützliche Darstellung der ebenen Wellle ($\hat{\boldsymbol{k}} = \partial/i\, \partial \boldsymbol{r}$)

$$\begin{aligned} \mathrm{e}^{i\boldsymbol{k}\boldsymbol{r}} &= 4\pi \sum_L \mathcal{Y}_L\left(\frac{\hat{\boldsymbol{k}}}{\varkappa}\right) \mathcal{Y}_L^*(\boldsymbol{n}_k)\, \frac{\mathrm{e}^{i\varkappa r} - \mathrm{e}^{-i\varkappa r}}{2i\varkappa r} \\ &\underset{(r\to\infty)}{\to} 4\pi \left[\delta(\boldsymbol{n}_r - \boldsymbol{n}_k)\, \frac{\mathrm{e}^{i\varkappa r}}{2i\varkappa r} + \delta(\boldsymbol{n}_r + \boldsymbol{n}_k)\, \frac{\mathrm{e}^{-i\varkappa r}}{-2i\varkappa r}\right] \end{aligned} \tag{35}$$

als Überlagerung von auslaufender und einlaufender Kugelwelle. Dabei wurde die Vollständigkeit der Kugelfunktionen (A 2-14) verwendet.

5. Orthogonalität und Vollständigkeit der sphärischen Bessel-Funktionen (s. Messiah, 61, I, S. 367):

Mit (32) und (33) ergibt sich

$$\begin{aligned} \int_0^\infty r^2\, \mathrm{d}r\, \mathrm{j}_l(\varkappa r)\, \mathrm{j}_l(\varkappa' r) &= \int \mathrm{d}^3 r\, \mathrm{j}_L^*(\varkappa \boldsymbol{r})\, \mathrm{j}_L(\varkappa' \boldsymbol{r}) \\ &= \frac{(2\pi)^3}{(4\pi)^2} \int \mathrm{d}\Omega_k\, \mathcal{Y}_L^*(\boldsymbol{n}_k) \int \mathrm{d}\Omega_{k'}\, \mathcal{Y}_L(\boldsymbol{n}_k') \int \frac{\mathrm{d}^3 r}{(2\pi)^3}\, \mathrm{e}^{i(\boldsymbol{k}-\boldsymbol{k}')\boldsymbol{r}} . \end{aligned} \tag{36}$$

Wegen

$$\int \frac{\mathrm{d}^3 r}{(2\pi)^3}\, \mathrm{e}^{i(\boldsymbol{k}-\boldsymbol{k}')\boldsymbol{r}} = \delta(\boldsymbol{k} - \boldsymbol{k}') = \frac{\delta(\varkappa - \varkappa')}{\varkappa^2}\, \delta(\boldsymbol{n}_k - \boldsymbol{n}_k') \tag{37}$$

gilt daher mit (A 2-13)

$$\int_0^\infty r^2\, \mathrm{d}r\, \mathrm{j}_l(\varkappa r)\, \mathrm{j}_l(\varkappa' r) = \frac{\pi}{2}\, \frac{\delta(\varkappa - \varkappa')}{\varkappa^2} . \tag{38a}$$

Daraus folgt der analoge Ausdruck

$$\int_0^\infty \varkappa^2 \, d\varkappa \, j_l(\varkappa r) \, j_l(\varkappa r') = \frac{\pi}{2} \frac{\delta(r - r')}{r^2} . \tag{38b}$$

Dies läßt sich mit (32), (A 2-13 u. 14) auch in der Form

$$\begin{aligned} &\int d^3r \, \varkappa \sqrt{\frac{2}{\pi}} \, j_L^*(\varkappa \boldsymbol{r}) \, \varkappa \sqrt{\frac{2}{\pi}} \, j_{L'}(\varkappa' \boldsymbol{r}) = \delta(\varkappa - \varkappa') \, \delta_{L,L'} , \\ &\sum_L \int d\varkappa \, \varkappa \sqrt{\frac{2}{\pi}} \, j_L(\varkappa \boldsymbol{r}) \, \varkappa \sqrt{\frac{2}{\pi}} \, j_L^*(\varkappa \boldsymbol{r}') = \delta(\boldsymbol{r} - \boldsymbol{r}') \end{aligned} \tag{39}$$

schreiben. Die Funktionen $\varkappa \sqrt{2/\pi} \, j_L(\varkappa \boldsymbol{r})$ bilden also einen vollständigen, orthonormierten Satz.

6. Additionstheoreme und Summenregeln:

Es gilt (Friedman u. Russek, 54)

$$i^l \, j_L(\varkappa(\boldsymbol{r}_1 + \boldsymbol{r}_2)) = 4\pi \sum_{L_1, L_2} C_{LL_1L_2} \, i^{l_1+l_2} \, j_{L_1}(\varkappa \boldsymbol{r}_1) \, j_{L_2}^*(\varkappa \boldsymbol{r}_2), \quad r_{1,2} \text{ beliebig} , \tag{40a}$$

$$i^l \, n_L(\varkappa(\boldsymbol{r}_1 + \boldsymbol{r}_2)) = 4\pi \sum_{L_1, L_2} C_{LL_1L_2} \, i^{l_1+l_2} \, n_{L_1}(\varkappa \boldsymbol{r}_1) \, j_{L_2}^*(\varkappa \boldsymbol{r}_2) , \quad r_1 > r_2 , \tag{40b}$$

mit den in (A 2-21) definierten Koeffizienten $C_{LL_1L_2}$. (40b) konvergiert um so schlechter, je näher r_1 bei r_2 liegt, und divergiert für $r_1 < r_2$. Für $l = 0$ gilt speziell

$$j_0(\varkappa \, |\boldsymbol{r}_1 + \boldsymbol{r}_2|) = 4\pi \sum_L (-1)^l \, j_L(\varkappa \boldsymbol{r}_1) \, j_L^*(\varkappa \boldsymbol{r}_2), \qquad r_{1,2} \text{ beliebig} , \tag{41a}$$

$$n_0(\varkappa \, |\boldsymbol{r}_1 + \boldsymbol{r}_2|) = 4\pi \sum_L (-1)^l \, n_L(\varkappa \boldsymbol{r}_1) \, j_L^*(\varkappa \boldsymbol{r}_2) , \qquad r_1 > r_2 . \tag{41b}$$

Dabei ist $\mathcal{Y}_0(\boldsymbol{n}) = 1/\sqrt{4\pi}$ zu beachten. Aus (41) folgt (40), wenn man z. B. $\mathcal{Y}_L(\boldsymbol{k}_2/\varkappa)$ auf (41) anwendet (dabei wird der Summationsindex L in L_1 umbenannt) und (A 2-20) benutzt (Ziesche, 72). Damit braucht nur noch (41) bewiesen zu werden, was in einfacher Weise durch Darstellung des Translationsoperators mittels (31) geschieht:

$$e^{\boldsymbol{r}_2(\partial/\partial \boldsymbol{r}_1)} = 4\pi \sum_L i^l \, j_L^*(\varkappa \boldsymbol{r}_2) \, \mathcal{Y}_L\left(\frac{\hat{\boldsymbol{k}}_1}{\varkappa}\right). \tag{42}$$

Anwendung auf $j_0(\varkappa \boldsymbol{r}_1)$ bzw. $n_0(\varkappa \boldsymbol{r}_1)$ liefert mit (34) unmittelbar (41). Anwendung von (42) auf $i^l \, j_L(\varkappa \boldsymbol{r}_1)$ bzw. $i^l \, n_L(\varkappa \boldsymbol{r}_1)$ liefert übrigens mit (A 2-20) nochmals direkt (40). (40a) ist eine unmittelbare Folge der Entwicklung (31) einer ebenen Welle (Ziman, 66, Lehmann, 70, Williams, 70), (40b) kann auch durch Integration im Komplexen (ähnlich wie (30b) oder (45b)) gewonnen werden (John u. Ziesche, 71). — Mit (32) und (A 2-15) kann (41) auch in der Form

$$j_0(\sqrt{z^2 + z'^2 - 2zz'\zeta}) = \sum_l (2l + 1) \, j_l(z) \, j_l(z') \, P_l(\zeta) , \tag{43a}$$

$$n_0(\sqrt{z^2 + z'^2 - 2zz'\zeta}) = \sum_l (2l + 1) \, j_l(z) \, n_l(z') \, P_l(\zeta) , \quad |z'| > |z| , \tag{43b}$$

geschrieben werden. Der Spezialfall von (43a)

$$\mathrm{j}_0(z \pm z') = \sum_l (\mp 1)^l \, (2l + 1) \, \mathrm{j}_l(z) \, \mathrm{j}_l(z') \tag{44}$$

folgt auch durch Anwendung von (28) und (30a) auf die Taylor-Entwicklung

$$\mathrm{j}_0(z \pm z') = \mathrm{e}^{\pm z'(\mathrm{d}/\mathrm{d}z)} \, \mathrm{j}_0(z) \tag{45}$$

(Ziesche, 77). Aus (44) ergeben sich die Summenregeln

$$\sum_l (-1)^l \, (2l + 1) \, \mathrm{j}_l^2(z) = \mathrm{j}_0(2z) \, , \quad \sum_l (2l + 1) \, \mathrm{j}_l^2(z) = 1 \tag{46a, b}$$

sowie

$$\mathrm{j}_1(z \pm z') = - \sum_l (\mp 1)^l \, \mathrm{j}_l(z') \, [l \mathrm{j}_{l-1}(z) - (l + 1) \, \mathrm{j}_{l+1}(z)] \tag{47}$$

und daraus wieder

$$2 \sum_l (-1)^l \, (l + 1) \, \mathrm{j}_l(z) \, \mathrm{j}_{l+1}(z)$$

$$= - \frac{1}{z} \sum_l (-1)^l \, (2l + 1) \, l(l + 1) \, \mathrm{j}_l^2(z) = \mathrm{j}_1(2z) \, , \tag{48a}$$

$$\frac{2}{z} \sum_l (l + 1)^2 \, \mathrm{j}_l(z) \, \mathrm{j}_{l+1}(z) = \frac{1}{z^2} \sum_l (2l + 1) \, l(l + 1) \, \mathrm{j}_l^2(z) = \frac{2}{3} . \tag{48b}$$

Weiter gilt

$$\sum_l \mathrm{j}_l^2(z) = \frac{\mathrm{Si}(2z)}{2z}, \quad \sum_l (2l + 1)^2 \, \mathrm{j}_l^2(z) = \frac{1}{2} \left[\frac{\sin 2z}{2z} + \cos 2z + 2z \, \mathrm{Si}(2z) \right] . \tag{49a, b}$$

7. Differentiationsformeln:

$$z^n \left(\frac{\mathrm{d}}{z \, \mathrm{d}z} \right)^n [z^{l+1} u_l(z)] = z^{l+1} u_{l-n}(z) \, , \tag{50a}$$

$$z^n \left(- \frac{\mathrm{d}}{z \, \mathrm{d}z} \right)^n \left[\frac{1}{z^l} \, u_l(z) \right] = \frac{1}{z^l} \, u_{l+n}(z) \, . \tag{50b}$$

8. Erzeugende Funktionen:

$$\frac{1}{z} \cos \sqrt{z^2 - 2zt} = \sum_{l=0}^{\infty} \frac{t^l}{l!} \, \mathrm{j}_{l-1}(z) \, , \tag{51a}$$

$$\frac{1}{z} \sin \sqrt{z^2 + 2zt} = \sum_{l=0}^{\infty} \frac{(-t)^l}{l!} \, \mathrm{n}_{l-1}(z) \, , \quad 2|t| < z \, . \tag{51b}$$

9. Bestimmte und unbestimmte Integrale:

$$\int^{\infty} \mathrm{d}z \, \mathrm{j}_0(z) = \frac{\pi}{2} \, , \qquad \int_0^{\infty} \mathrm{d}z \, \mathrm{j}_1^2(z) = \frac{\pi}{6} \, , \tag{52a, b}$$

$$\int_0^\infty dz\, j_l(z)\, j_{l'}(z) = \begin{cases} \dfrac{\pi}{2(2l+1)} & \text{für } l' = l\,, \\ 0 & \text{für } |l'-l| = 2, 4, \ldots\,, \\ \dfrac{(-1)^{(l-l'-1)/2}}{(l-l')(l+l'+1)} & \text{für } |l'-l| = 1, 3, \ldots\,, \end{cases} \tag{52c}$$

$$\int_0^\infty \frac{dz}{z}\, j_l^2(z) = \frac{1}{2l(l+1)} \qquad \text{für } l > 0\,, \tag{52d}$$

$$\int dz\, j_1(z) = -j_0(z)\,, \tag{53a}$$

$$\int dz\, z^2\, j_0(z) = z^2\, j_1(z)\,, \tag{53b}$$

$$\int dz\, z^2\, j_0^2(z) = \tfrac{1}{2}\, z^3[j_0^2(z) + n_0(z)\, j_1(z)]\,, \tag{53c}$$

$$\int dz\, z^2\, j_l^2(z) = \tfrac{1}{2}\, z^3[j_l^2(z) - j_{l-1}(z)\, j_{l+1}(z)]\,, \quad l > 0\,, \tag{53d}$$

$$\int dz\, z^2\, n_0^2(z) = \tfrac{1}{2}\, z^3[n_0^2(z) - j_0(z)\, n_1(z)]\,. \tag{53e}$$

10. Zusammenhang mit anderen Funktionen:

Die sphärischen Zylinderfunktionen sind bis auf Faktoren Zylinderfunktionen (Bessel- und Neumann-Funktionen) halbzahliger Ordnung

$$j_l(z) = \sqrt{\frac{\pi}{2z}}\, J_{l+(1/2)}(z)\,, \qquad n_l(z) = \sqrt{\frac{\pi}{2z}}\, N_{l+(1/2)}(z)\,. \tag{54a, b}$$

Darstellung und asymptotisches Verhalten (für $|z| \to \infty$) der sphärischen Hankel-Funktionen (erster und zweiter Art)[1]

$$h_l(z) = h_l^1(z) = j_l(z) + i\, n_l(z) = (-z)^l \left(\frac{d}{z\, dz}\right)^l \frac{e^{iz}}{iz} \to \frac{1}{iz}\, e^{i(z-(l\pi/2))}\,, \tag{55a}$$

$$h_l^*(z) = h_l^2(z) = j_l(z) - i n_l(z) = (-z)^l \left(\frac{d}{z\, dz}\right)^l \frac{e^{-iz}}{-iz} \to \frac{1}{-iz}\, e^{-i(z-(l\pi/2))} \tag{55b}$$

ergeben sich aus (6) und (21). Aus (42) folgt

$$h_0(\varkappa|\boldsymbol{r}_1 + \boldsymbol{r}_2|) = 4\pi \sum_L (-1)^l\, h_L(\varkappa \boldsymbol{r}_1)\, j_l^*(\varkappa \boldsymbol{r}_2)\,, \; r_1 > r_2\,. \tag{56}$$

Dabei ist $h_L(\varkappa \boldsymbol{r}) = h_l(\varkappa r)\, \mathcal{Y}_L(\boldsymbol{n}_r)$. Für die logarithmischen Ableitungen der Hankel-Funktionen ergibt sich mit (25)

$$\frac{h_l'(z)}{h_l(z)} = \frac{\frac{1}{2}[j_l^2(z) + n_l^2(z)]' + \frac{i}{z^2}}{j_l^2(z) + n_l^2(z)}\,, \tag{57}$$

[1] Die $h_l(z)$ werden auch als sphärische Bessel-Funktionen dritter Art bezeichnet. In [4] und [11] werden auch die Bezeichnungen $h_l^{\pm}$ mit $+ih_l^+ = h_l^1$ und $-ih_l^- = h_l^2$ verwendet, da diese Ausdrücke in ihrer asymptotischen Form (mit $\varkappa r$ als Argument) aus- bzw. einlaufende Kugelwellen beschreiben.

also mit (9′) bzw. (9″)

$$\frac{h_0'(z)}{h_0(z)} = -\frac{1}{z} + i, \qquad \frac{h_1'(z)}{h_1(z)} = -\frac{\frac{1}{z} + \frac{2}{z^3}}{1 + \frac{1}{z^2}} + \frac{i}{1 + \frac{1}{z^2}} \tag{58}$$

usw.

A 3.1. Literatur

Abramowitz, M., I. A. Stegun, Handbook of Mathematical Functions (8. Aufl.), Dover, New York 1972, S. 435.

Friedman, B., J. Russek, Quart. Appl. Math. **12**, 13 (1954).

John, W., P. Ziesche, phys. stat. sol. (b) **47**, 555 (1971).

Kasterin, N., Proc. Amsterdam **6**, 460 (1897, 98), und Diss., Moskau 1903, (Zitat nach Korringa 47).

Korringa, J., Physica **13**, 392 (1947).

Landau, L. D., E. M. Lifschitz, Lehrbuch der Theoretischen Physik, Bd. III, Akademie-Verlag, Berlin 1979, § 33.

Lehmann, G., phys. stat. sol. **38**, 151 (1970).

Messiah, Q., Quantum Mechanics, North-Holland, Amsterdam 1961, S. 357 u. 488.

Schiff, L. I., Quantum Mechanics (2. Aufl.), McGraw-Hill, London 1955, Kap. IV, Abschn. 15.

Williams, A. R., Phys. Rev. **B1**, 3417 (1970).

Ziesche, P., ZAMM **52**, 375 (1972).

Ziesche, P., ZAMM **57**, 194 (1977).

Ziman, J. M., Proc. Phys. Soc. **88**, 387 (1966).

A 4. Tetraedermethode zur Berechnung von Integralen in der Brillouin-Zone

M. Taut, G. Lehmann

A 4.1. Problemstellung

In diesem Abschnitt wird eine Methode zur Berechnung von Integralen der folgenden Typen angegeben:

$$I_1(\omega) = \int\limits_{\omega(\boldsymbol{k})=\omega} \frac{\mathrm{d}S}{|\nabla\omega(\boldsymbol{k})|} A(\boldsymbol{k}) , \tag{1}$$

$$I_2(\omega) = \int\limits_{\omega(\boldsymbol{k})=\omega} \frac{\mathrm{d}S}{|\nabla\omega(\boldsymbol{k})|} A(\boldsymbol{k})\, \Theta\big(\varepsilon_\mathrm{F} - \varepsilon(\boldsymbol{k})\big) , \tag{2}$$

$$I_3(\omega, \varepsilon) = \int\limits_{\substack{\omega(\boldsymbol{k})=\omega \\ \varepsilon(\boldsymbol{k})=\varepsilon}} \frac{\mathrm{d}l}{|\nabla\omega(\boldsymbol{k})|\,|\nabla\varepsilon(\boldsymbol{k})|} A(\boldsymbol{k}) . \tag{3}$$

∇ ist der Nabla-Operator im $\boldsymbol{k}$-Raum. Die Integrale I_1 und I_2 sind Oberflächenintegrale über die Fläche $\omega(\boldsymbol{k}) = \omega$, während I_3 ein Linienintegral über die Schnittlinie der beiden Flächen $\omega(\boldsymbol{k}) = \omega$ und $\varepsilon(\boldsymbol{k}) = \varepsilon$ darstellt. In (2) ist $\Theta(x)$ die Stufenfunktion, die bei physikalischen Anwendungen von der Fermi-Verteilungsfunktion bei $T = 0$ herrührt.

Die Integrale I_1 und I_2 kann man in einfacher Weise formal in Volumenintegrale über die Brillouin-Zone umformen:

$$I_1(\omega) = \int \mathrm{d}^3k\, A(\boldsymbol{k})\, \delta\big(\omega - \omega(\boldsymbol{k})\big)\ , \tag{4}$$

$$I_2(\omega) = \int \mathrm{d}^3k\, A(\boldsymbol{k})\, \delta\big(\omega - \omega(\boldsymbol{k})\big)\, \Theta\big(\varepsilon_\mathrm{F} - \varepsilon(\boldsymbol{k})\big)\ . \tag{5}$$

Man braucht dabei nur zu beachten, daß das Volumenelement auch in der Form

$$\mathrm{d}^3k = \mathrm{d}S\, \frac{\mathrm{d}\omega}{|\nabla\omega(\boldsymbol{k})|}$$

geschrieben werden kann. Das Integral I_3 kann sowohl als Flächen- als auch als Volumenintegral formuliert werden:

$$I_3(\omega, \varepsilon) = \int\limits_{\omega(\boldsymbol{k})=\omega} \frac{\mathrm{d}S}{|\nabla\omega(\boldsymbol{k})|}\, \tilde{A}(\boldsymbol{k})\, \delta\big(\varepsilon - \varepsilon(\boldsymbol{k})\big) \tag{6}$$

$$= \int \mathrm{d}^3k\, \tilde{A}(\boldsymbol{k})\, \delta\big(\varepsilon - \varepsilon(\boldsymbol{k})\big)\, \delta\big(\omega - \omega(\boldsymbol{k})\big)\ . \tag{7}$$

Dabei ist

$$\tilde{A}(\boldsymbol{k}) = A(\boldsymbol{k}) \sin\alpha(\boldsymbol{k}) = A(\boldsymbol{k}) \sqrt{1 - \left(\frac{\nabla\omega(\boldsymbol{k})}{|\nabla\omega(\boldsymbol{k})|}\, \frac{\nabla\varepsilon(\boldsymbol{k})}{|\nabla\varepsilon(\boldsymbol{k})|}\right)^2}\ ,$$

und α ist der Winkel zwischen $\nabla\omega(\boldsymbol{k})$ und $\nabla\varepsilon(\boldsymbol{k})$. Zum Beweis von (6) schreibt man das Flächenelement in der Form

$$\mathrm{d}S = \mathrm{d}l\, \frac{\mathrm{d}\varepsilon}{|\nabla\varepsilon(\boldsymbol{k})|\, \sin\alpha(\boldsymbol{k})}\ .$$

Der Schritt von (6) nach (7) ist analog zu dem von (1) nach (4) bzw. (2) nach (5).

Anhand der Darstellung (5) kann man leicht die Verwandtschaft der Form (2) mit folgendem Ausdruck nachweisen:

$$R_2(\omega) = \frac{1}{\pi} \int \mathrm{d}^3k\, \frac{A(\boldsymbol{k})}{\omega - \omega(\boldsymbol{k})}\, \Theta\big(\varepsilon_\mathrm{F} - \varepsilon(\boldsymbol{k})\big)\ . \tag{8}$$

R_2 und I_2 stellen Real- und Imaginärteil eines komplexen Ausdruckes dar. Man kann R_2 und I_2 mit Hilfe der Kramers-Kronig-Relationen auseinander berechnen. Hat man I_2 aus (2) direkt berechnet, so erhält man R_2 aus folgendem eindimensionalen Hauptwertintegral:

$$R_2(\omega) = \frac{1}{\pi}\, \mathrm{P} \int \mathrm{d}\omega'\, \frac{I_2(\omega')}{\omega - \omega'}\ .$$

Analog kann man auch zu I_1 und I_3 Realteile R_1 und R_3 aufschreiben und mit den hier angegebenen Methoden berechnen.

Konkrete physikalische Anwendungsmöglichkeiten der Integrale I_1 sind Zustandsdichten elementarer Anregungen in Festkörpern (z. B. Elektronen, Phononen, Magnonen usw.), weiche Röntgen-Spektren, Transportkoeffizienten, Debye-Waller-Faktoren, effektive Massen, inkohärente inelastische Neutronenstreuung u. a.. Integrale vom Typ I_2 und R_2 treten bei der Berechnung dielektrischer und magnetischer Suszeptibilitäten auf, die ihrerseits für optische Eigenschaften, Verlustfunktionen usw. benötigt werden. Die Form I_3 taucht sowohl bei der Berechnung von Photoemmisionsspektren (mit direkten Übergängen) als auch bei verschiedenen Berechnungen der Elektronenbewegungen im Magnetfeld auf.

Das Problem für die numerische Berechnung von (1), (2) und (3) besteht darin, daß in der Praxis die Funktionen $A(\boldsymbol{k})$, $\varepsilon(\boldsymbol{k})$ und $\omega(\boldsymbol{k})$ nicht in analytischer Form, sondern als Wertetabelle für ein bestimmtes Stützpunktnetz im $\boldsymbol{k}$-Raum gegeben sind und daß die Integrationsgrenzen im allgemeinen kompliziert sind.

A 4.2. Übersicht über verwendete Methoden

Zur Lösung des Problems werden z. B. Histogrammethoden benutzt (Blackmann, 39). Dabei wird die Anzahl der Werte N_i gezählt, die in einem Energiebereich der Breite $\Delta\varepsilon$ um die Energie ε_i liegen, und in Form einer Stufenfunktion dargestellt (ein Beispiel für ein Histogramm ist in Abb. 4.6-3a gegeben). Wählt man die Kastenbreite $\Delta\varepsilon$ klein, liegen nur wenige Punkte N_i in diesem Gebiet, und die relativen statistischen Fluktuationen (Rauschen) $\Delta N_i/N_i \sim N_i^{-1/2}$ sind groß. Wählt man große $\Delta\varepsilon$, reduzieren sich diese Fluktuationen in den betrachteten Kästen, das Bild der entstehenden Zustandsdichte ist aber recht grob. Man benötigt also möglichst viele Stützpunkte, deren Berechnung aufwendig ist. Ihre Zahl kann durch lineare (Gilat u. Dolling, 64) bzw. quadratische (Brust, 68, Mueller u. a., 71) Interpolation zwischen einem ursprünglichen Stützpunktnetz mit relativ geringem Aufwand vergrößert werden. Die Fehler der linearen Interpolation sind proportional zu $N^{-2/3}$, wobei N die Anzahl der Stützpunkte bedeutet, zwischen denen linear interpoliert wird.

Da bei analytischen Interpolationsverfahren die zusätzliche Fehlerquelle durch die statistischen Fluktuationen in den einzelnen Kästen vermieden wird, sind diese den Methoden auf der Basis von Histogrammen grundsätzlich überlegen. Das aussichtsreichste analytische Verfahren ist die Tetraedermethode (Lehmann u. a., 70, Jepsen u. Andersen, 71, Lehmann u. Taut, 72, 73). Dabei geht man so vor, daß die Brillouin-Zone in Tetraeder eingeteilt wird, wobei die Tetraederecken jeweils auf Stützpunkten liegen. Zwischen vier Stützwerten an den Ecken werden nun $A(\boldsymbol{k})$, $\varepsilon(\boldsymbol{k})$ und $\omega(\boldsymbol{k})$ innerhalb jedes Tetraeders linear interpoliert. Mit den so gewonnenen analytischen Ausdrücken können die Integrale innerhalb jedes Tetraeders analytisch berechnet werden. Die Beiträge aller Tetraeder werden anschließend aufsummiert.

In einem ähnlichen Verfahren zur Berechnung von I_1 und R_1 nach Gilat u. a. (66, 69) werden Würfel statt Tetraeder verwendet. Es gehen dabei jedoch nicht die Funktionswerte an den Würfelecken ein, sondern die Funktionswerte und die Gradienten der Funktionen an den Würfelzentren. Damit wird eine lineare Extrapolationsformel für den Bereich des entsprechenden Würfels definiert.

Lipton und Jacobs (70) benutzten ebenfalls Würfel als lineare Interpolationsbereiche, sie verwendeten jedoch die acht Funktionswerte an den Würfelecken zur

Festlegung der linearen Funktionen. Die vier freien Parameter der linearen Funktion wurden durch Minimalisierung der mittleren quadratischen Abweichung zwischen den vorgegebenen Stützwerten und den linearen Näherungswerten an den Würfelecken festgelegt.

Allen angegebenen Methoden ist gemeinsam, daß die in den Integralen enthaltenen Funktionen innerhalb gewisser Elementargebiete linear approximiert werden. Bei genaueren Interpolationen ist die analytische Integration innerhalb der Elementargebiete nicht mehr möglich. Eine Erhöhung der Genaugkeit kann deshalb nur durch Erhöhung der Stützpunktzahl erreicht werden. Wenn der Aufwand für die Berechnung der Funktionswerte an den Stützstellen sehr hoch ist, empfiehlt sich zur Erhöhung der Genauigkeit das von Janak u. a. (70) und Cooke und Wood (72) vorgeschlagene Verfahren. Dabei werden zunächst mit Hilfe einer beliebig genauen Interpolation Stützwerte an den Punkten eines feineren Gitters berechnet. Zwischen den Punkten des feineren Gitters wird dann eine der linearen Interpolationsmethoden angewandt (bei Cooke und Wood (72) die Gilat-Raubenheimer-Methode, bei MacDonald u. a. (79) die Tetraedermethode). Ein Überblick über eine Reihe der genannten Methoden wird bei Gilat (72, 76) gegeben.

Die Tetraedermethode hat gegenüber den beiden anderen linearen Methoden wegen der anderen Geometrie des Elementargebietes folgende Vorteile:

1. Alle Brillouin-Zonen können lückenlos in Tetraeder, aber nicht in Würfel eingeteilt werden. Dadurch entfallen Ungenauigkeiten infolge von Randeffekten.

2. Die Ergebnisse sind unabhängig von der Form des gewählten Tetraeders, nur ihr Volumen geht in die Endformel ein.

3. Integrale vom Typ I_2 und R_2 können im Rahmen der Tetraedermethode auf solche vom Typ I_1 und R_1 zurückgeführt werden. Das ist bei den Würfelmethoden nicht der Fall.

4. Die Tetraedermethode mit den vier Stützwerten pro Elementargebiet ist der linearen Interpolation mit ihren vier freien Parametern am besten angepaßt und deshalb am einfachsten. Bei Gilat u. a. (66, 69) werden außerdem die Gradienten an den Stützstellen benötigt; bei Lipton und Jacobs (70) muß ein Mininmalisierungsverfahren benutzt werden. Unterteilt man die Tetraeder in jeder Dimension jeweils n-fach, erhält man $(n + 3)!/3!\,n!$ Stützpunkte. Diese Zahl ist genau gleich der Zahl der benötigten Koeffizienten für ein vollständiges Polynom n-ter Ordnung in x, y, z. Dabei ist es möglich, den Interpolationsfehler, der proportional $N^{-(n+1)/3}$ ist, stark zu verringern. Die direkte analytische Berechnung der Integrale I_i und R_i $(i = 1, 2, 3)$ aus einem Polynom n-ter Ordnung mit $n > 1$ bereitet zwar größere Schwierigkeiten, man kann jedoch mit Hilfe des Polynoms weitere Stützstellen berechnen, auf die man die lineare Tetraedermethode anwendet, wie es MacDonald u. a. (79) für $n = 2$ vorschlagen.

5. Die bei der Tetraedermethode verwendete stückweise lineare Funktion ist an den Grenzen der Elementargebiete stetig (das gilt auch für höhere Polynome).

Der Nachteil der Tetraedermethode gegenüber den anderen linearen Methoden, daß die lineare Funktion die wahre Funktion innerhalb des Elementargebietes schlechter approximiert, wird dadurch kompensiert, daß die größere Rechengeschwindigkeit der Tetraedermethode beim gleichen numerischen Aufwand eine höhere Stützpunktzahl erlaubt.

Die Methode von Bansil (75) wird dann verwendet, wenn die δ-Funktion in (4) durch eine Spektralfunktion mit scharfen Peaks endlicher Breite ersetzt ist. Das tritt z. B. bei der Berechnung von Zustandsdichten in ungeordneten Legierungen nach der KKR-CPA-Methode auf (Stocks u. a., 79). Sie ist dann besonders genau, wenn die radialen Integrale von einem Punkt der Brillouin-Zone (oft $\boldsymbol{k} = 0$) aus strahlenförmig nach außen wenig von der Richtung abhängen. Diese radialen Integrale in geeignet gewählten Richtungen werden mit Gewichtsfaktoren addiert.

Zu erwähnen ist noch die Strahlenmethode (Chen, 77), deren Vorteil in einer sehr genauen Interpolation zwischen den Stützstellen besteht. Die verwendete Integrationsmethode ist ein Spezialfall der von Bansil (75) verwendeten.

A 4.3. Rechnerische Behandlung der Tetraedermethode

Im folgenden werden Rechengang und Ergebnisse für das Integral (1) im Rahmen der Tetraedermethode angegeben. Die Behandlung der Integrale (2) und (3) wird am Ende kurz erläutert.

Wir betrachten zunächst nur das Integral innerhalb eines Tetraeders und bezeichnen es mit $J(\omega)$. Ein Tetraeder wird gemäß Abb. A4-1 durch die vier Vektoren

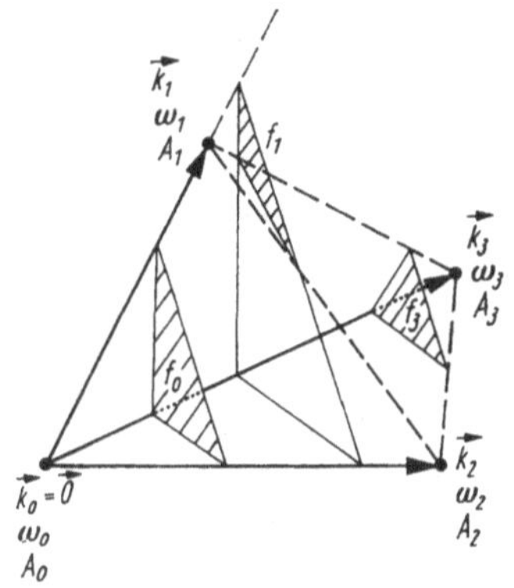

Abb. A 4-1. Ein Tetraeder und das es aufspannende Vektortripel $\boldsymbol{k}_i$ sowie die Flächen f_μ. f_0 (bzw. f_3) entsteht als Integrationsfläche, wenn $\omega_0 \leqq \omega \leqq \omega_1$ (bzw. $\omega_2 \leqq \omega \leqq \omega_3$) ist. f_1 wird zur Berechnung der Fläche im Fall $\omega_1 \leqq \omega \leqq \omega_2$ benötigt; über f_1 wird nicht integriert

$\boldsymbol{k}_0 = 0$ und $\boldsymbol{k}_i (i = 1, 2, 3)$ aufgespannt. Zum Dreibein $\boldsymbol{k}_i$ existiert das kontragrediente Tripel $\boldsymbol{r}_i$ $(i = 1, 2, 3)$, wobei folgende Bedingung gilt:

$$\boldsymbol{r}_i \boldsymbol{k}_j = \delta_{ij} \; . \tag{9}$$

Die Numerierung der Tetraederecken erfolgt dabei so, daß die Stützwerte ω_μ $(\mu = 0, 1, 2, 3)$ der Funktion $\omega(\boldsymbol{k})$ der Größe nach geordnet sind: $\omega_\mu \leqq \omega_{\mu+1}$. Die lineare Approximation der Funktion $\omega(\boldsymbol{k})$ kann man folgendermaßen ausdrücken:

$$\omega(\boldsymbol{k}) = \omega_0 + \boldsymbol{\omega} \boldsymbol{k} \; , \tag{10}$$

wobei sich der Vektor $\boldsymbol{\omega}$ aus den ω_i $(i = 1, 2, 3)$ ergibt:

$$\boldsymbol{\omega} = \sum_{i=1}^{3} (\omega_i - \omega_0)\, \boldsymbol{r}_i \; . \tag{11}$$

Wie leicht nachzuprüfen ist, reproduziert (10) die Stützwerte an den Tetraederecken.

Analoge Ausdrücke gelten für $A(\boldsymbol{k})$:

$$A(\boldsymbol{k}) = A_0 + \boldsymbol{A}\boldsymbol{k}\,, \tag{12}$$

$$\boldsymbol{A} = \sum_{i=1}^{3} (A_i - A_0)\,\boldsymbol{r}_i\,, \tag{13}$$

wobei A_μ ($\mu = 0, 1, 2, 3$) die den Tertaederecken zugeordneten Stützwerte der Funktion $A(\boldsymbol{k})$ sind.

Durch Einsetzen von (12) in (1) zerfällt das Integral in zwei Teile:

$$J(\omega) = A_0 i_0(\omega) + \boldsymbol{A}\boldsymbol{i}(\omega)\,, \tag{14}$$

$$i_0(\omega) = \int\limits_{\omega(\boldsymbol{k})=\omega} \frac{\mathrm{d}S}{|\boldsymbol{\omega}|} = \frac{f(\omega)}{|\boldsymbol{\omega}|}\,, \tag{15}$$

$$\boldsymbol{i}(\omega) = \int\limits_{\omega(\boldsymbol{k})=\omega} \frac{\mathrm{d}S}{|\boldsymbol{\omega}|}\,\boldsymbol{k} = \frac{f(\omega)}{|\boldsymbol{\omega}|}\,\boldsymbol{s}(\omega)\,. \tag{16}$$

$i_0(\omega)$ ist die Zustandsdichte eines Tetraeders, und $f(\omega)$ ist der Flächeninhalt, der vom betrachteten Tetraeder aus der Ebene $\omega(\boldsymbol{k}) = \omega$ herausgeschnitten wird. $f(\omega)$ kann aus Dreiecksflächen f_i zusammengesetzt werden (s. Abb. A 4-1):

$$f(\omega) = \begin{cases} f_0 & \text{für} \quad \omega_0 \leqq \omega \leqq \omega_1\,, \\ f_0 - f_1 & \text{für} \quad \omega_1 \leqq \omega \leqq \omega_2\,, \\ f_3 & \text{für} \quad \omega_2 \leqq \omega \leqq \omega_3 \end{cases} \tag{17}$$

mit

$$\frac{f_\mu}{|\boldsymbol{\omega}|} = (-1)^\mu \frac{v}{2} \frac{(\omega - \omega_\mu)^2}{\prod\limits_{\substack{\nu=0\\(\nu\neq\mu)}}^{3} (\omega_\nu - \omega_\mu)}\,. \tag{18}$$

Dabei ist das Spatprodukt $v = [\boldsymbol{k}_1, \boldsymbol{k}_2, \boldsymbol{k}_3]$ gleich dem sechsfachen Tetraedervolumen.

$\boldsymbol{s}(\omega)$ ist der Schwerpunktvektor der Fläche $f(\omega)$, den man aus den Schwerpunktvektoren $\boldsymbol{s}_i$ der Dreiecke f_i zusammensetzt:

$$\boldsymbol{s}(\omega) = \begin{cases} \boldsymbol{s}_0 & \text{für} \quad \omega_0 \leqq \omega \leqq \omega_1\,, \\ \dfrac{\boldsymbol{s}_0 f_0 - \boldsymbol{s}_1 f_1}{f_0 - f_1} & \text{für} \quad \omega_1 \leqq \omega \leqq \omega_2\,, \\ \boldsymbol{s}_3 & \text{für} \quad \omega_2 \leqq \omega \leqq \omega_3\,, \end{cases} \tag{19}$$

$$\boldsymbol{s}_\mu = \boldsymbol{k}_\mu + \frac{(\omega - \omega_\mu)}{3} \sum_{\substack{\nu=0\\(\nu\neq\mu)}}^{3} \frac{(\boldsymbol{k}_\nu - \boldsymbol{k}_\mu)}{(\omega_\nu - \omega_\mu)}\,. \tag{20}$$

Setzt man nun rückwärts die entsprechenden Formeln in (14) ein, erhält man folgendes Endergebnis:

$$J(\omega) = \begin{cases} J_0 & \text{für} \quad \omega_0 \leqq \omega \leqq \omega_1 , \\ J_0 - J_1 & \text{für} \quad \omega_1 \leqq \omega \leqq \omega_2 , \\ J_3 & \text{für} \quad \omega_2 \leqq \omega \leqq \omega_3 , \end{cases} \tag{21}$$

$$J_\mu = \frac{f_\mu}{|\boldsymbol{\omega}|} \left(A_\mu + \frac{(\omega - \omega_\mu)}{3} \sum_{\substack{\nu=0 \\ (\nu \neq \mu)}}^{3} \frac{(A_\nu - A_\mu)}{(\omega_\nu - \omega_\mu)} \right). \tag{22}$$

Man sieht an (21), (22) und (18), daß der Beitrag eines Tetraeders zum Gesamtintegral (1) aus drei kubischen Parabelstücken zusammengesetzt ist. Außerdem kann man beweisen, daß die Funktion $J(\omega)$ an den Nahtstellen ω_μ stetig ist und und eine stetige erste Ableitung besitzt, falls alle Werte ω_μ verschieden sind. $J(\omega)$ hat damit den in Abb. A 4-2 gezeigten Kurvenverlauf. Weiterhin ist bemerkenswert, daß in $J(\omega)$ nur die Stützwerte A_μ und ω_μ sowie das Tetraedervolumen eingehen, nicht aber die Form des Tetraeders.

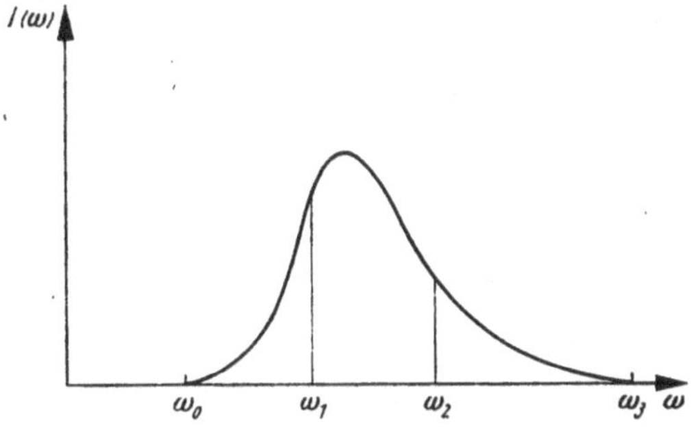

Abb. A 4-2. Beitrag eines Tetraeders $J(\omega)$ zum Gesamtintegral $I_1(\omega)$.

Wenn man die Beiträge aller Tetraeder aufsummiert, erhält man eine stetige knickfreie Kurve, die stückweise aus kubischen Parabeln besteht. Diese Tatsache kann für die genaue Berechnung von Integralen über $I_1(\omega)$ ausgenutzt werden.

Integrale I_2 innerhalb eines Tetraeders unterscheiden sich von I_1 nur dadurch, daß durch die $\Theta(x)$-Funktion ein Teil des Integrationsgebietes abgeschnitten wird. Bei linearer Interpolation der Funktion $\varepsilon(\boldsymbol{k})$ kann der Rest wieder durch Integrale über Tetraeder ausgedrückt werden. Die ausführliche Betrachtung dieses Falles wurde von Lehmann und Taut (72) durchgeführt.

Integrale I_3 kann man durch folgende Manipulation auf Integrale vom Typ I_2 zurückführen. Geht man von der Form (6) aus und beachtet $\delta(x) = \mathrm{d}\Theta(x)/\mathrm{d}x$, so entsteht

$$I_3(\omega, \varepsilon) = \frac{\partial}{\partial \varepsilon} \int\limits_{\omega(\boldsymbol{k})=\omega} \frac{\mathrm{d}S}{|\nabla\omega(\boldsymbol{k})|} \tilde{A}(\boldsymbol{k}) \, \Theta(\varepsilon - \varepsilon(\boldsymbol{k})) \, .$$

Zur Berechnung von Integralen vom Typ I_3 kann man also solche vom Typ I_2 lösen und das Ergebnis numerisch nach ε differenzieren. Mit einem Computerprogramm für I_2 können also I_3 (und I_1) mit behandelt werden. Will man die numerische Differentiation vermeiden (Mertig u. Mrosan, 79), kann die Differentiation der Formeln für I_2 auch analytisch erfolgen.

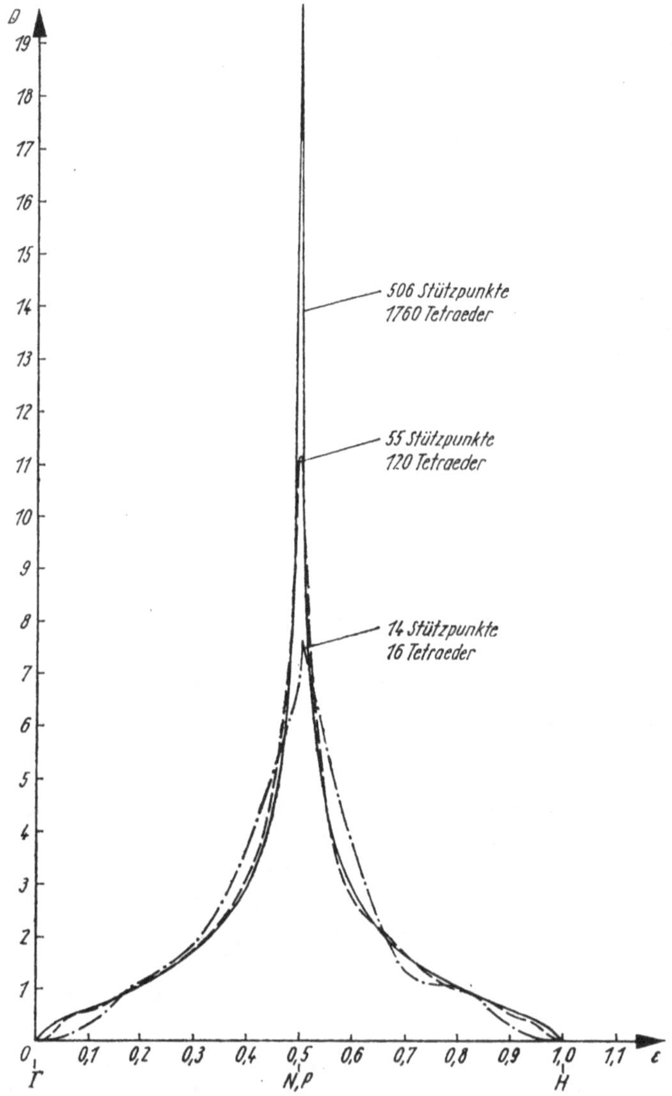

Abb. A 4-3 a)

In Abb. A 4-3 ist ein Konvergenztest für das krz-Gitter mit zwei Bandstrukturen gezeigt. Die Rechnung wurde für 14, 55, 140, 285, 506 Stützpunkte im irreduziblen Teil der Brillouin-Zone ausgeführt. Die Kurven für 140 und 285 Stützpunkte (im Bild nicht gezeigt) stimmen im Rahmen der Zeichengenauigkeit mit der exakten Kurve (repräsentiert durch die Kurve für 506 Punkte) überein.

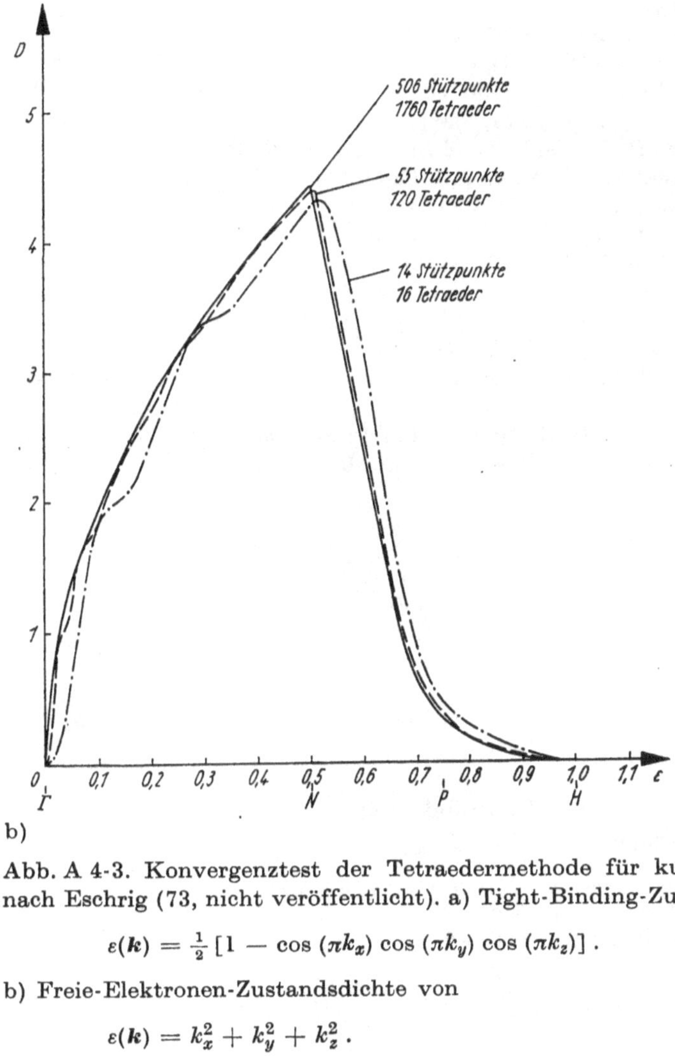

b)

Abb. A 4-3. Konvergenztest der Tetraedermethode für kubisch raumzentriertes Gitter nach Eschrig (73, nicht veröffentlicht). a) Tight-Binding-Zustandsdichte von

$$\varepsilon(\boldsymbol{k}) = \tfrac{1}{2}\,[1 - \cos(\pi k_x)\cos(\pi k_y)\cos(\pi k_z)]\,.$$

b) Freie-Elektronen-Zustandsdichte von

$$\varepsilon(\boldsymbol{k}) = k_x^2 + k_y^2 + k_z^2\,.$$

Variiert ist die Anzahl der Stützpunkte und damit der Tetraeder im irreduziblen Teil der Brillouin-Zone. Die Kurven sind so normiert, daß $\int d\varepsilon\, D(\varepsilon) = 2$ gilt. Neben der Energieskala sind die Energiewerte der Symmetriepunkte eingezeichnet

A 4.4. Literatur

Bansil, A., Solid State Comm. **16**, 885 (1975).
Blackmann, W., Proc. Roy. Soc. **A159**, 416 (1939).
Brust, D., J. Comput. Phys. **8**, 33 (1968).
Chen, A., Phys. Rev. **B16**, 329 (1977).
Cooke, J. F., R. F. Wood, Phys. Rev. **B5**, 1276 (1972).
Gilat, G., J. Comput. Phys. **10**, 432 (1972).

Gilat, G., Methods Comput. Phys. **15**, 317 (1976).
Gilat, G., L. Bohlin, Solid State Comm. **7**, 1727 (1969).
Gilat, G., G. Dolling, Phys. Lett. **8**, 304 (1964).
Gilat, G., Z. Kam, Phys. Rev. Lett. **22**, 715 (1969).
Gilat, G., L. J. Raubenheimer, Phys. Rev. **144**, 390 (1966).
Janak, J. R., D. E. Eastman, A. R. Williams, Solid State Comm. **8**, 271 (1970).
Jepsen, O., O. K. Andersen, Solid State Comm. **9**, 1763 (1971).
Lehmann, G., M. Taut, phys. stat. sol. (b) **54**, 469 (1972).
Lehmann, G., M. Taut, phys. stat. sol. (b) **57**, 815 (1973).
Lehmann, G., P. Rennert, M. Taut, H. Wonn, phys. stat. sol. **37**, K27 (1970).
Lipton, D., R. L. Jacobs, J. Phys. **C3**, 1388 (1970).
MacDonald, A. H., S. H. Vosko, P. T. Coleridge, J. Phys. **C12**, 2991 (1979).
Mertig, I., E. Mrosan, phys. stat. sol. (b) **94**, K23 (1979).
Mueller, F. M., J. W. Garland, M. H. Cohen, K. H. Bennemann, Ann. Phys. (N.Y.) **67**, 19 (1971).
Stocks, G. M., W. M. Temmermann, B. L. Györffy, in: P. Phariseau, B. L. Györffy, L. Scheire (Hrsg.), Electrons in Disordered Metals and at Metallic Surfaces, Plenum, New York 1979, S. 193.

A 5. Gittersummen

G. Lehmann

Die bekannten Orthogonalitäts- bzw. Vollständigkeitsrelationen, die bei Fourier-Transformationen benutzt werden,

$$\int d^3r\, e^{i\boldsymbol{kr}} = (2\pi)^3\, \delta(\boldsymbol{k}) \qquad \text{bzw.} \qquad \int d^3k\, e^{i\boldsymbol{kr}} = (2\pi)^3\, \delta(\boldsymbol{r})\,, \tag{1}$$

nehmen bei Gitterperiodizität folgende Form an:

$$\int\limits_{\mathcal{V}_0} d^3r\, e^{i\boldsymbol{Gr}} = \mathcal{V}_0\, \delta_{\boldsymbol{G},0} \qquad \text{bzw.} \qquad \int\limits_{\text{BZ}} d^3k\, e^{i\boldsymbol{Rk}} = \frac{(2\pi)^3}{\mathcal{V}_0}\, \delta_{\boldsymbol{R},0} \tag{2}$$

oder

$$\sum_{\boldsymbol{k}\in \text{BZ}} e^{i\boldsymbol{Rk}} = N\, \delta_{\boldsymbol{R},0}\,, \tag{2'}$$

$$\sum_{\boldsymbol{R}} e^{i\boldsymbol{kR}} = \frac{(2\pi)^3}{\mathcal{V}_0} \sum_{\boldsymbol{G}} \delta(\boldsymbol{k} - \boldsymbol{G}) = N \sum_{\boldsymbol{G}} \delta_{\boldsymbol{k},\boldsymbol{G}}\,, \tag{3}$$

$$\sum_{\boldsymbol{G}} e^{i\boldsymbol{rG}} = \mathcal{V}_0 \sum_{\boldsymbol{R}} \delta(\boldsymbol{r} - \boldsymbol{R})\,. \tag{4}$$

$\mathcal{V}_0$ ist dabei das Volumen der Elementarzelle, $(2\pi)^3/\mathcal{V}_0$ das der Brillouinschen Zone (BZ). $\boldsymbol{R}$ und $\boldsymbol{G} = \sum_{i=1}^{3} \boldsymbol{b}_i n_i$ sind die Gittervektoren im Ortsraum bzw. im reziproken Gitter ($\boldsymbol{b}_i$ sind dessen Basisvektoren), N ist die Zahl der Elementarzellen.

Bei Aufteilung des gesamten Raumes $\mathcal{V}$ in N Elementarzellen ergibt sich über $\boldsymbol{r} = \boldsymbol{x} + \boldsymbol{R}$ mit (2) und (3) wieder (1)

$$\int\limits_{\mathcal{V}} \mathrm{d}^3r\, \mathrm{e}^{i\boldsymbol{kr}} = \sum_{\boldsymbol{R}} \mathrm{e}^{i\boldsymbol{kR}} \int\limits_{\mathcal{V}_0} \mathrm{d}^3x\, \mathrm{e}^{i\boldsymbol{kx}} = \frac{(2\pi)^3}{\mathcal{V}_0} \sum_{\boldsymbol{G}} \delta(\boldsymbol{k} - \boldsymbol{G})\, \mathcal{V}_0 \delta_{\boldsymbol{G},0} = (2\pi)^3\, \delta(\boldsymbol{k})\,.$$

Der Beweis von (2) bis (4) erfolgt zunächst bei endlichen $\mathcal{V}$ und N mit diskreten Werten $\boldsymbol{k}$ nach (4.4-4), die der periodischen Randbedingung (4.4-1) genügen. Beim Übergang zu kontinuierlichen $\boldsymbol{k}$ ist

$$\sum_{\boldsymbol{k}} \rightarrow \int \frac{\mathcal{V}\,\mathrm{d}^3k}{(2\pi)^3} \tag{5}$$

und

$$\delta_{\boldsymbol{k},\boldsymbol{k}'} \rightarrow \frac{(2\pi)^3}{\mathcal{V}}\, \delta(\boldsymbol{k} - \boldsymbol{k}') \tag{6}$$

zu beachten, wobei der Faktor $\mathcal{V}/(2\pi)^3$ über (4.4-3) aus dem Abstand zweier diskreter Eigenwerte in einer Richtung i folgt: $\Delta n_i = (1/2\pi)\,(N_i a_i)\,\Delta k_i$. Das Volumen $\Delta^3 k$, das einem Eigenwert in drei Dimensionen zur Verfügung steht, ergibt sich somit zu

$$1 = \Delta n = \frac{\mathcal{V}\Delta^3 k}{(2\pi)^3}\,.$$

Wir beweisen (2) und (3) bzw. (4) nur in einer Dimension, die Erweiterung auf drei Dimensionen erfolgt analog:

$$\int\limits_0^{a_1} \mathrm{d}x_1\, \mathrm{e}^{ib_1 n x_1} = \begin{cases} a_1 & \text{für} \quad n = 0\,, \\ \dfrac{1}{ib_1 n}\,(\mathrm{e}^{ib_1 a_1 n} - 1) = 0 & \text{für} \quad n \neq 0\,. \end{cases} \tag{7}$$

Dabei wurde (4.4-5) benutzt und $\boldsymbol{G}$ durch $b_1 n$ ersetzt.

$$\sum_{n=0}^{N_1-1} \mathrm{e}^{i n_1 b_1 a_1 n/N_1} = \begin{cases} N_1 & \text{für} \quad n_1/N_1 \text{ nicht ganzzahlig}\,, \\ 0 & \text{für} \quad n_1/N_1 \text{ ganzzahlig}\,. \end{cases} \tag{8}$$

Hier wurde $\boldsymbol{k} \rightarrow n_1 b_1/N_1$ und $\boldsymbol{R} \rightarrow a_1 n$ gesetzt und wiederum (4.4-5) benutzt. Mit (6) ergibt sich aus (8) dann (3) bzw. (4).

Mit den abgeleiteten Formeln können auch leicht Gittersummen im $\boldsymbol{k}$-Raum in solche im Ortsraum überführt werden:

$$\begin{aligned} \sum_{\boldsymbol{G}} f(\boldsymbol{k} - \boldsymbol{G}) &= \int \mathrm{d}^3k'\, f(\boldsymbol{k}') \sum_{\boldsymbol{G}} \delta(\boldsymbol{k}' - \boldsymbol{k} + \boldsymbol{G}) \\ &= \frac{\mathcal{V}_0}{(2\pi)^3} \sum_{\boldsymbol{R}} \int \mathrm{d}^3k'\, f(\boldsymbol{k}')\, \mathrm{e}^{i(\boldsymbol{k}-\boldsymbol{k}')\boldsymbol{R}} = \mathcal{V}_0 \sum_{\boldsymbol{R}} \mathrm{e}^{i\boldsymbol{kR}}\, \tilde{f}(\boldsymbol{R})\,. \end{aligned} \tag{9}$$

Dabei stellt $\tilde{f}(\boldsymbol{r})$ die Fourier-Transformierte von $f(\boldsymbol{k})$ dar,

$$\tilde{f}(\boldsymbol{r}) = \int \frac{\mathrm{d}^3k}{(2\pi)^3}\, f(\boldsymbol{k})\, \mathrm{e}^{-i\boldsymbol{kr}}\,. \tag{10}$$

A 6. Fundamentale Konstanten. Atomare Einheiten. Charakteristische Größen des Elektronengases

P. Ziesche

1. Fundamentale Konstanten

Plancksche Konstante $$\hbar = 1{,}055 \cdot 10^{-34}\ \mathrm{Ws^2}\,, \tag{1}$$

Ruhmasse des Elektrons $$m = 9{,}110 \cdot 10^{-31}\ \mathrm{kg}\,, \tag{2}$$

Ladung des Elektrons $$e = -1{,}602 \cdot 10^{-19}\ \mathrm{As}\,, \tag{3}$$

elektrische Feldkonstante ε_0 $$\frac{1}{4\pi\varepsilon_0} = 8{,}988 \cdot 10^{9}\ \frac{\mathrm{Vm}}{\mathrm{As}}\,, \tag{4}$$

magnetische Feldkonstante μ_0 $$\frac{\mu_0}{4\pi} = 10^{-7}\,\frac{\mathrm{Vs}}{\mathrm{Am}}\,, \tag{5}$$

Vakuumlichtgeschwindigkeit $$c \equiv \frac{1}{\sqrt{\varepsilon_0\mu_0}} = 2{,}998 \cdot 10^{8}\ \frac{\mathrm{m}}{\mathrm{s}}\,, \tag{6}$$

Kopplungskonstante der Coulomb-Wechselwirkung (ϵ^2/r, $4\pi\epsilon^2/q^2$)

$$\epsilon^2 \equiv \frac{e^2}{4\pi\varepsilon_0} = 2{,}307 \cdot 10^{-28}\ \mathrm{Wsm}\,, \tag{7}$$

Sommerfeldsche Feinstrukturkonstante

$$\alpha \equiv \frac{\epsilon^2}{\hbar c} = \frac{1}{137{,}04}\,, \tag{8}$$

Boltzmann-Konstante $$k_\mathrm{B} = 1{,}381 \cdot 10^{-23}\,\frac{\mathrm{Ws}}{\mathrm{K}}\,. \tag{9}$$

Man beachte: V = W/A, W = J/s, J = Nm, N = m kg/s².

2. Atomare Einheiten

Länge (Bohrscher Radius) $$a_0 \equiv \frac{\hbar^2}{m\epsilon^2} = 0{,}5292 \cdot 10^{-10}\ \mathrm{m}\,, \tag{10}$$

$$\text{Energie}\begin{cases}\text{(Rydberg)} & ryd \equiv \dfrac{\hbar^2}{2ma_0^2} = \dfrac{m\epsilon^4}{2\hbar^2} = \dfrac{\epsilon^2}{2a_0} = 13{,}60535\ \text{eV}, & (11)\\ \text{(Doppel-Rydberg)} & 2ryd \equiv \dfrac{\hbar^2}{ma_0^2} = \dfrac{m\epsilon^4}{\hbar^2} = \dfrac{\epsilon^2}{a_0} = 27{,}2107\ \text{eV}\ . & (12)\end{cases}$$

1 *ryd* ist die Bindungsenergie des H-Atoms. Manchmal wird 2 *ryd* als 1 Hartree bezeichnet, als Symbol für die Maßeinheit in Formeln ist dies aber nicht gebräuchlich. Die Verwendung atomarer Einheiten wird oft durch a. u. (= atomic units) ausgedrückt. Dabei ist die Verwendung von 2 *ryd* (in [8]) gleichbedeutend mit der Ersetzung von $\hbar$, m, ϵ durch 1 (so daß die kinetische Energie $\boldsymbol{p}^2/2$ oder $\boldsymbol{k}^2/2$ und das Coulomb-Potential $1/r$ lautet), dagegen entspricht die Verwendung von 1 *ryd* (in [4] u. [9]) der Ersetzung von $\hbar$, $2m$, $\epsilon^2/2$ durch 1 (mit dem Nachteil „unnatürlicher" Formen $\boldsymbol{p}^2$ oder $\boldsymbol{k}^2$ und $2/r$ für kinetische Energie und Coulomb-Potential). — Der vollständige Anschluß an die SI-Einheiten erfolgt schließlich durch

$$1\ \text{eV} = 1{,}602 \cdot 10^{-19}\ \text{Ws}, \quad \frac{1\text{meV}}{\hbar} = 1{,}519\ \text{THz}, \quad \frac{1\text{meV}}{k_\text{B}} = 11{,}604\ \text{K}\ . \tag{13}$$

3. Dichteabhängige Einheiten

Beim Elektronengas ergibt sich aus der Teilchendichte $n \equiv N/\mathcal{V}$ bzw. aus dem mittleren Volumen pro Teilchen $v \equiv \mathcal{V}/N = 1/n$ über

$$\frac{4\pi r_0^3}{3} \equiv \frac{1}{n}, \qquad \text{also} \qquad r_0 \equiv \left(\frac{3}{4\pi n}\right)^{1/3} \tag{14}$$

die Länge r_0 als Maß für den mittleren Abstand der Teilchen.

Dichteabhängige Energiemaße sind $\hbar^2/mr_0^2$ (für die kinetische Energie pro Teilchen) und ϵ^2/r_0 (für die potentielle Energie pro Teilchen). Die Darstellung

$$r_s = \frac{r_0}{a_0} = \frac{\epsilon^2/r_0}{\hbar^2/mr_0^2} \tag{15}$$

läßt erkennen, daß der dimensionslose Dichteparameter r_s zugleich ein Maß für das Verhältnis von potentieller zu kinetischer Energie pro Teilchen darstellt.

4. Charakteristische Größen der Fermi-Grenze

Hierbei treten

$$\alpha \equiv \left(\frac{4}{9\pi}\right)^{1/3} = 0{,}5211\ , \qquad \frac{1}{\alpha} = \left(\frac{9\pi}{4}\right)^{1/3} = 1{,}919 \tag{16}$$

als dimensionslose Zahlen auf. Aus dem Zusammenhang zwischen Fermi-Wellenzahl k_F und Teilchendichte n

$$2\,\frac{\mathcal{V}4\pi k_\text{F}^3/3}{(2\pi)^3} = N\ , \quad \text{also} \quad \frac{k_\text{F}^3}{3\pi^2} = n \tag{17}$$

folgt mit (14) bis (16):

Fermi-Wellenzahl $$k_F = (3\pi^2 n)^{1/3} = \frac{1}{\alpha}\frac{1}{r_0} = \frac{1}{\alpha r_s}\frac{1}{a_0}, \qquad (18)$$

Fermi-Impuls $$p_F \equiv \hbar k_F = \frac{1}{\alpha}\frac{\hbar}{r_0} = \frac{1}{\alpha r_s}\frac{\hbar}{a_0}, \qquad (19)$$

Fermi-Geschwindigkeit $$v_F \equiv \frac{\hbar k_F}{m} = \frac{1}{\alpha}\frac{\hbar}{m r_0} = \frac{1}{\alpha r_s}\frac{\hbar}{m a_0}, \qquad (20)$$

Fermi-Energie $$\varepsilon_F^0 \equiv \frac{(\hbar k_F)^2}{2m} = \frac{1}{\alpha^2}\frac{\hbar^2}{2m r_0^2} = \frac{1}{(\alpha r_s)^2}\,\mathrm{ryd}, \qquad (21)$$

Fermi-Frequenz $$\omega_F^0 \equiv \frac{\varepsilon_F^0}{\hbar} = \frac{1}{\alpha^2}\frac{\hbar}{2m r_0^2} = \frac{1}{(\alpha r_s)^2}\,\mathrm{ryd}/\hbar, \qquad (22)$$

Fermi-Zustandsdichte $$D_F^0 \equiv \frac{3}{2\varepsilon_F^0} = \frac{3}{2}\alpha^2\frac{2m r_0^2}{\hbar^2} = \frac{3}{2}(\alpha r_s)^2\,\mathrm{ryd}^{-1}, \qquad (23)$$

5: *Charakteristische Größen von Abschirmung und Plasmonen*

Thomas-Fermi-Wellenzahl $$q_{TF} \equiv \left(\frac{6\pi e^2 n}{\varepsilon_F^0}\right)^{1/2} = 3\alpha^2 r_s^{1/2} k_F = \frac{3\alpha}{r_s^{1/2}}\frac{1}{a_0}, \qquad (24)$$

Thomas-Fermi-Abschirmlänge $$\lambda_{TF} \equiv \frac{1}{q_{TF}} = \frac{1}{3\alpha r_s^{1/2}}\,r_0 = \frac{r_s^{1/2}}{3\alpha}\,a_0, \qquad (25)$$

Plasmafrequenz $$\omega_{pl} \equiv \left(\frac{4\pi e^2 n}{m}\right)^{1/2} = 2\alpha^2(3r_s)^{1/2}\,\omega_F^0 = 2\left(\frac{3}{r_s^3}\right)^{1/2}\frac{ryd}{\hbar}, \qquad (26)$$

Grenzwellenzahl $$q_c \equiv \frac{\omega_{pl}}{v_F} = \alpha^2(3r_s)^{1/2}\,k_F = \alpha\left(\frac{3}{r_s}\right)^{1/2}\frac{1}{a_0}. \qquad (27)$$

Die Beziehungen

$$\left(\frac{\lambda_{TF}}{r_0}\right)^2 = \frac{2}{9}\frac{\varepsilon_F^0}{e^2/r_0}, \qquad \left(\frac{\omega_{pl}}{\omega_F^0}\right)^2 = 6\alpha^2\frac{e^2/r_0}{\varepsilon_F^0} \qquad (28)$$

zeigen, wie die Thomas-Fermi-Abschirmlänge λ_{TF} und die Plasmafrequenz ω_{pl} durch das Verhältnis von kinetischer und potentieller Energie pro Teilchen bestimmt werden.

Die Thomas-Fermi-Wellenzahl q_{TF} kann durch die Zustandsdichte an der Fermi-Grenze D_F^0 dargestellt werden,

$$q_{TF}^2 = \frac{6\pi e^2 n}{\varepsilon_F^0} = D_F^0\, 4\pi e^2 n, \qquad (29)$$

und

$$q_{\mathrm{TF}}^2 = \frac{6\pi \epsilon^2 n}{\varepsilon_{\mathrm{F}}^0} = \frac{3}{2} \frac{m\omega_{\mathrm{pl}}^2}{\varepsilon_{\mathrm{F}}^0} = 3 \frac{\omega_{\mathrm{pl}}^2}{v_{\mathrm{F}}^2} = 3q_{\mathrm{c}}^2 \tag{30}$$

besagt, daß sich q_{TF} von der Grenzwellenzahl q_{c} nur um einen Faktor unterscheidet.

q_{TF} und ω_{pl}, dargestellt durch k_{F} bzw. ω_{F}^0, liefern

$$q_{\mathrm{TF}}^2 = \frac{4}{\pi} \frac{k_{\mathrm{F}}}{a_0}, \qquad \omega_{\mathrm{pl}}^2 = \frac{16}{3\pi} (\omega_{\mathrm{F}}^0)^{3/2} \left(\frac{ryd}{\hbar}\right)^{1/2}. \tag{31}$$

A 7. Pauli-Hellmann-Feynman- und Virialtheoreme

P. Ziesche

Auf Pauli (33), Hellmann (37) und Feynman (39) geht eine (heute oft als Hellmann-Feynman-Theorem bezeichnete) Aussage zurück, die für die Eigenzustände eines beliebigen Hamilton-Operators H gilt. Enthält H einen Parameter λ (wie z. B. Kernladungen Z_l und Kernort $\boldsymbol{R}_l$ für die Elektronenhülle von Atomen, Molekülen, Festkörpern oder Kopplungskonstanten $\hbar^2$, m, ϵ^2 oder Form und Größe eines begrenzenden Volumens V usw.), dann hängen natürlich auch die zugehörigen Eigenzustände Φ_n, E_n davon ab, und als Folge der Schrödinger-Gleichung oder der dazu äquivalenten Extremaleigenschaft gilt

$$\frac{\mathrm{d}E_n}{\mathrm{d}\lambda} = \frac{\overline{\mathrm{d}H}^{(n)}}{\mathrm{d}\lambda}, \qquad \bar{A}^{(n)} = \frac{(\Phi_n, A\Phi_n)}{(\Phi_n, \Phi_n)}. \tag{1}$$

Das ist das Pauli-Hellmann-Feynman-Theorem (PHFT).

Das Virialtheorem (VT) hängt damit eng zusammen und verknüpft die Mittelwerte der kinetischen und potentiellen Energie eines Systems $H = T + V$. Für einen Energieeigenzustand gilt

$$\overline{[H, \tfrac{1}{2} \sum_i (\boldsymbol{r}_i \boldsymbol{p}_i + \boldsymbol{p}_i \boldsymbol{r}_i)]} = 0\,. \tag{2}$$

Daraus folgt mit $T = \sum_i \boldsymbol{p}_i^2/2m$

$$2\bar{T} - \overline{\sum_i \boldsymbol{r}_i \frac{\partial}{\partial \boldsymbol{r}_i} V} = 0\,. \tag{3}$$

Der letzte Term wird nach Clausius als Virial der (inneren und äußeren) Kräfte bezeichnet. (3) läßt sich nach Fock (30) auch aus einer Ähnlichkeitstransformation $\Phi_n \to \Phi_{n,\lambda} = \Phi_n(\lambda \boldsymbol{r}_i)$ gewinnen, indem man damit den Erwartungswert des nichttransformierten Hamilton-Operators H bildet und ausnutzt, daß dieser Erwartungswert $\bar{H}^{(n,\lambda)}$ für $\lambda = 1$ einen Extremwert (für den Grundzustand ein Minimum) hat.

Atome-, Moleküle, Cluster

1. Festgehaltene Kerne: Der Hamilton-Operator $H = T + V + U$ mit

$$V = \frac{1}{2} \sum_{i \neq j} \frac{\epsilon^2}{r_{ij}} - \sum_{i,l} \frac{Z_l \epsilon^2}{r_{il}} + \frac{1}{2} \sum_{l \neq l'} \frac{Z_l Z_{l'} \epsilon^2}{R_{ll'}}, \tag{4}$$

$$r_{ij} = |\boldsymbol{r}_i - \boldsymbol{r}_j|, \quad r_{il} = |\boldsymbol{r}_i - \boldsymbol{R}_l|, \quad R_{ll'} = |\boldsymbol{R}_l - \boldsymbol{R}_{l'}|,$$

$$U = \sum_i u(\boldsymbol{r}_i), \quad u(\boldsymbol{r}) = \begin{cases} 0 & \text{für} \quad \boldsymbol{r} \in \mathcal{V}, \\ u_0 \to \infty & \text{für} \quad \boldsymbol{r} \notin \mathcal{V}, \end{cases} \tag{5}$$

enthält als Parameter die Kernorte $\boldsymbol{R}_l$, Kernladungen Z_l, die Kopplungskonstanten $\hbar^2$, m und ϵ^2 sowie $\mathcal{V}$ als (großes, aber zunächst endliches, im Inneren die Kernorte $\boldsymbol{R}_l$ enthaltendes) Volumen, auf das die Elektronen durch $u(\boldsymbol{r})$ als Wandpotential beschränkt werden. Damit ergeben sich für Eigenzustände von H die PHFT

$$\frac{\partial E}{\partial \boldsymbol{R}_l} = -\int_{\mathcal{V}} \mathrm{d}^3r\, n(\boldsymbol{r}) \frac{\partial}{\partial \boldsymbol{R}_l} \frac{Z_l \epsilon^2}{|\boldsymbol{r} - \boldsymbol{R}_l|} + \sum_{l'(\neq l)} \frac{\partial}{\partial \boldsymbol{R}_l} \frac{Z_l Z_{l'} \epsilon^2}{R_{ll'}}, \tag{6}$$

$$\frac{\partial E}{\partial Z_l} = -\int_{\mathcal{V}} \mathrm{d}^3r\, n(\boldsymbol{r}) \frac{\epsilon^2}{|\boldsymbol{r} - \boldsymbol{R}_l|} + \sum_{l'(\neq l)} \frac{Z_{l'} \epsilon^2}{R_{ll'}}, \tag{7}$$

$$(\hbar^2/m) \frac{\partial E}{\partial \hbar^2/m} = \overline{T}, \qquad \epsilon^2 \frac{\partial E}{\partial \epsilon^2} = \overline{V}, \tag{8a, b}$$

$$3\mathcal{V} \frac{\mathrm{d}E}{\mathrm{d}\mathcal{V}} = -\int_{\mathcal{V}} \mathrm{d}^3r\, n(\boldsymbol{r})\, \boldsymbol{r} \frac{\partial}{\partial \boldsymbol{r}} u(\boldsymbol{r}) = -\oiint_{(\mathcal{V})} \mathrm{d}\boldsymbol{f}\, \boldsymbol{r} p = -3\mathcal{V} p. \tag{9}$$

Dabei ist $n(\boldsymbol{r})$ die zum betrachteten Eigenzustand von H gehörige (und für $u_0 \to \infty$, am Rande von $\mathcal{V}$ verschwindende) Elektronendichte. Für $\overline{T}$ und $\overline{V}$ wird darüber hinaus die Impulsverteilung $n(\boldsymbol{p})$ und die Paarverteilung $n(\boldsymbol{r}_1, \boldsymbol{r}_2)$ benötigt. In (9) beschreibt $-\partial u(\boldsymbol{r})/\partial \boldsymbol{r}$ die Kraft, die auf die Oberfläche von $\mathcal{V}$ wirkt, was die Ersetzung durch den hydrostatischen Druck p erlaubt, der längs der Oberfläche von $\mathcal{V}$ konstant ist (Slater, 67). — Das VT nimmt die Form

$$2\overline{T} + \overline{V} + \sum_l \boldsymbol{R}_l \frac{\partial}{\partial \boldsymbol{R}_l} E + 3\mathcal{V} \frac{\mathrm{d}}{\mathrm{d}\mathcal{V}} E = 0 \tag{10a}$$

an. Äquivalente Formen dazu sind (wegen $E = \overline{T} + \overline{V}$)

$$-\left[1 + \sum_l \boldsymbol{R}_l \frac{\partial}{\partial \boldsymbol{R}_l} + 3\mathcal{V} \frac{\mathrm{d}}{\mathrm{d}\mathcal{V}}\right] E = \overline{T}, \tag{10b}$$

$$\left[2 + \sum_l \boldsymbol{R}_l \frac{\partial}{\partial \boldsymbol{R}_l} + 3\mathcal{V} \frac{\mathrm{d}}{\mathrm{d}\mathcal{V}}\right] E = \overline{V}. \tag{10c}$$

In (10a) ist die Selbstwechselwirkung der Kerne untereinander nur scheinbar enthalten:

$$2\overline{T} + \overline{V^{--}} + \int \mathrm{d}^3r\, n(\boldsymbol{r})\, \boldsymbol{r} \frac{\partial}{\partial \boldsymbol{r}} \sum_l \frac{Z_l \epsilon^2}{|\boldsymbol{r} - \boldsymbol{R}_l|} + 3\mathcal{V} \frac{\mathrm{d}}{\mathrm{d}\mathcal{V}} E = 0. \tag{11}$$

V^{--} bedeutet die Selbstwechselwirkung der Elektronen untereinander (erster Term in (4)). In (11) stellen der dritte und vierte Term das Virial der „äußeren" Kräfte dar, die auf die Elektronen wirken. — Falls die Kerne so angeordnet sind, daß E minimal wird, verschwinden natürlich in (10) die Terme mit $\partial E/\partial \boldsymbol{R}_l$. — Für $\mathcal{V} \to \infty$ als üblicherweise betrachteten Normalfall entfällt die Abhängigkeit von $\mathcal{V}$ als äußerem Parameter, und mit $\mathcal{V}\,\mathrm{d}E/\mathrm{d}\mathcal{V} \to 0$ vereinfachen sich (9) bis (11). Eine weitere Vereinfachung ergibt sich für den Fall nur eines Kerns (Atom): Dann entfallen auch noch die Ableitungen nach $\boldsymbol{R}_l$, und z. B. (10a) vereinfacht sich zu $2\overline{T} + \overline{V} = 0$ oder $\eta = -\overline{V}/2\overline{T} = 1$. Dies gilt streng für die mit der exakten atomaren Vielelektronenwellenfunktion gebildeten Erwartungswerte von $\overline{T}$ und $\overline{V}$, aber auch für solche Näherungsverfahren wie das Hartree-Fock-Verfahren (s. [2.1.2]) und die X_α-Methode (s. Fußnote in [2.2.2]). Manchmal wird das VT in der Form $\eta = 1$ auch als Gleichung zur Bestimmung noch offener Parameter benutzt (s. [2.2.2]).

2. Bewegte Kerne: Hier sind die Kernorte $\boldsymbol{R}_l$ nicht mehr äußere Parameter, ihre Bewegung ist quantenmechanisch zu behandeln. Daher ist $T = \sum_i \boldsymbol{p}_i^2/2m$ durch

$$T = T^- + T^+ = \sum_i \boldsymbol{p}_i^2/2m + \sum_l \boldsymbol{P}_l^2/2M_l \tag{12}$$

zu ersetzen, und an die Stelle z. B. von (10a) tritt

$$2\overline{T} + \overline{V} + 3\mathcal{V}\frac{\mathrm{d}E}{\mathrm{d}\mathcal{V}} = 0\,. \tag{13}$$

Dabei werden auch die Verteilungsfunktionen für die Orte und Impulse der Kerne benötigt. Für $\mathcal{V} \to \infty$ verschwindet wieder der letzte Term.

Festkörper

1. Festgehaltene Kerne: Hier lautet der Hamilton-Operator $H = T + V$ mit V gemäß (4) und Kernen, die über ein großes Volumen $\mathcal{V}$ verteilt sind und die Elektronen an dieses Volumen binden. Verzichtet man darauf, Festkörper unter Druck zu betrachten, entfällt U. Die PHFT (6) bis (8) gelten auch hier, das VT lautet

$$2\overline{T} + \overline{V} + \sum_l \boldsymbol{R}_l \frac{\partial E}{\partial \boldsymbol{R}_l} = 0 \tag{14a}$$

oder

$$2\overline{T} + \overline{V^{--}} + \int \mathrm{d}^3r\, n(\boldsymbol{r})\, \boldsymbol{r}\frac{\partial}{\partial \boldsymbol{r}} \sum_l \frac{Z_l \epsilon^2}{|\boldsymbol{r} - \boldsymbol{R}_l|} = 0\,. \tag{14b}$$

Nach Slater (74) nimmt der dritte Term in (14a) die Form $3\mathcal{V}\,\mathrm{d}E/\mathrm{d}\mathcal{V} = -3\mathcal{V}p$ an mit p als dem die Kernanordnung (Gitterstruktur und Gitterkonstante) bestimmenden hydrostatischen Druck.

2. Bewegte Kerne: Hier ist wieder $T = \sum_i \boldsymbol{p}_i^2/2m$ durch (12) zu ersetzen, und (14a) geht in $2\overline{T} + \overline{V} = 0$ über, wiederum auch die Verteilungsfunktionen für die Kernorte und -impulse enthaltend.

Inhomogenes Elektronengas

Hier werden die Elektronen durch eine positive Ladungsdichte $|e|\,\varrho(\boldsymbol{r})$ gebunden, der Hamilton-Operator lautet $H = T + V$ mit $V = V^{--} + V^{-+} + V^{++}$ und

$$V^{--} = \frac{1}{2} \sum_{i \neq j} \frac{\epsilon^2}{r_{ij}}, \qquad V^{-+} = -\sum_i \int \mathrm{d}^3 r\, \varrho(\boldsymbol{r}) \frac{\epsilon^2}{|\boldsymbol{r}_i - \boldsymbol{r}|}, \qquad V^{++} = \frac{1}{2} \int \mathrm{d}^3 r\, \varrho(\boldsymbol{r}) \int \mathrm{d}^3 r'\, \varrho(\boldsymbol{r}') \frac{\epsilon^2}{|\boldsymbol{r} - \boldsymbol{r}'|}. \tag{15}$$

Das PHFT bezüglich Änderungen der Untergrunddichte $\varrho(\boldsymbol{r})$ nimmt die Form

$$\frac{\delta E}{\delta \varrho(\boldsymbol{r})} = \int \mathrm{d}^3 r' \left[-n(\boldsymbol{r}') + \varrho(\boldsymbol{r}')\right] \frac{\epsilon^2}{|\boldsymbol{r} - \boldsymbol{r}'|} = \varphi^-(\boldsymbol{r}) + \varphi^+(\boldsymbol{r}) = \varphi(\boldsymbol{r}) \tag{16}$$

an (van Himbergen u. Silbey, 79); $\varphi^{\pm}(\boldsymbol{r})$, $\varphi(\boldsymbol{r})$ sind die elektrostatischen Potentiale des Untergrundes, der Elektronen und des Gesamtsystems. Das VT lautet (Ziesche, 80)

$$2\overline{T} + \overline{V} = -\int \mathrm{d}^3 r\, \varrho(\boldsymbol{r})\, \boldsymbol{r} \frac{\partial}{\partial \boldsymbol{r}} \frac{\delta E}{\delta \varrho(\boldsymbol{r})} = 3N(\overline{\varphi}^{\varrho} - \overline{\varphi}^{(\varrho)}) \tag{17a}$$

oder (zugleich als PHFT bezüglich der Kopplungskonstanten)

$$-\left[1 + \int \mathrm{d}^3 r\, \varrho(\boldsymbol{r})\, \boldsymbol{r} \frac{\partial}{\partial \boldsymbol{r}} \frac{\delta}{\delta \varrho(\boldsymbol{r})}\right] E = \overline{T} = (\hbar^2/m) \frac{\partial}{\partial \hbar^2/m} E, \tag{17b}$$

$$\left[2 + \int \mathrm{d}^3 r\, \varrho(\boldsymbol{r})\, \boldsymbol{r} \frac{\partial}{\partial \boldsymbol{r}} \frac{\delta}{\delta \varrho(\boldsymbol{r})}\right] E = \overline{V} = \epsilon^2 \frac{\partial}{\partial \epsilon^2} E \tag{17c}$$

oder (ohne Selbstwechselwirkung des Untergrundes)

$$2\overline{T} + \overline{V^{--}} = -\int \mathrm{d}^3 r\, n(\boldsymbol{r})\, \boldsymbol{r} \frac{\partial}{\partial \boldsymbol{r}} \varphi^+(\boldsymbol{r}). \tag{18}$$

Das zweite Gleichheitszeichen in (17a) entsteht mit (16) und durch partielle Integration (Ziesche, Lehmann, 82). Damit wird ein von Budd und Vannimenus (73) gegebenes Theoren (BVT) verallgemeinert.
$\overline{\varphi}^{\varrho} = N^{-1} \int \mathrm{d}^3 r\, \varrho(\boldsymbol{r}) \varphi(\boldsymbol{r})$ und $\overline{\varphi}^{(\varrho)} = N^{-1} \int \mathrm{d}^3 r\, (-\partial \varrho(\boldsymbol{r})/\partial \boldsymbol{r})\, \boldsymbol{r} \varphi(\boldsymbol{r})/3$ sind 'Volumen'- und 'Oberflächen'-Mittelwerte von $\varphi(\boldsymbol{r})$.

Endliches Elektronengas mit konstanter Untergrunddichte

Hier wird angenommen, daß die Untergrunddichte in einem durch lineare Parameter $L, R, \ldots$ charakterisierten Volumen $\mathcal{V}$ den konstanten Wert $\varrho_0 = N/\mathcal{V}$ hat. Für das VT und BVT ergibt sich dann

$$2\overline{T} + \overline{V} = -\left(L \frac{\partial}{\partial L} + R \frac{\partial}{\partial R} + \ldots\right)_N E = 3N\left[\overline{\varphi}^{\mathcal{V}} - \overline{\varphi}^{(\mathcal{V})}\right] \tag{19}$$

(Ziesche, 80). Dabei ist $\bar{\varphi}^{\mathcal{V}}$ das elektrostatische Potential, gemittelt über das Volumen $\mathcal{V}$, und

$$\bar{\varphi}^{(\mathcal{V})} = \frac{1}{3\mathcal{V}} \oiint_{(\mathcal{V})} \mathrm{d}\boldsymbol{f}\, \boldsymbol{r}\varphi(\boldsymbol{r})\,. \tag{20}$$

Im Falle einer Kugel (Radius R) ist $\bar{\varphi}^{(\mathcal{V})} = \varphi(R)$. Für $R \to \infty$ geht (19) in Volumentheoreme (Sawada, 57, March, 58, Budd u. Vannimenus, 73)

$$2t^b + v^b = -r_s \frac{\mathrm{d}\varepsilon}{\mathrm{d}r_s} = 3[\varphi(0) - \varphi(R \to \infty)] \tag{21a}$$

für $\varepsilon = \lim\limits_{\mathcal{V}, N \to \infty} E/N = t^b + v^b$, die Energie pro Teilchen des homogenen Elektronengases, und in Oberflächentheoreme (Vannimenus u. Budd, 77, 74)

$$2t^s + v^s = -\left(r_s \frac{\mathrm{d}}{\mathrm{d}r_s} + 2\right) \sigma \sim n \int\limits_0^{R \to \infty} \mathrm{d}r\, [\varphi(r) - \varphi(0)] \tag{21b}$$

für $\sigma = \lim\limits_{\mathcal{V}, N \to \infty} (E - N\varepsilon)/A = t^s + v^s$, die Oberflächenenergie des halbunendlichen Elektronengases, über (Ziesche u. Lehmann, 82). Spezifizierungen von (19) für Kugelschale, kugelförmiges Loch im ansonsten homogenen Elektronengas und ebene Platte (einschl. Aussagen über deren Austrittsarbeit) werden von Ziesche und Lehmann (83) angegeben.

Homogenes Elektronengas, Energie als Funktional von $\varepsilon_{\boldsymbol{k}}^0$

Falls die (Grundzustands-)Energie $E = \langle\!\langle H \rangle\!\rangle$ als Funktion(al) von $\varepsilon_{\boldsymbol{k}}^0 = \hbar^2 \boldsymbol{k}^2/2m$ gegeben ist, lassen sich unter Verwendung von (1.1-3) gemäß

$$\frac{\partial E}{\partial \varepsilon_{\boldsymbol{k}}^0} = \left\langle\!\left\langle \frac{\partial H}{\partial \varepsilon_{\boldsymbol{k}}^0} \right\rangle\!\right\rangle = \left\langle\!\left\langle \sum_s a_k^\dagger a_k \right\rangle\!\right\rangle = n(\boldsymbol{k})\,, \qquad \sum_{\boldsymbol{k}} \varepsilon_{\boldsymbol{k}}^0 \frac{\partial E}{\partial \varepsilon_{\boldsymbol{k}}^0} = \langle\!\langle T \rangle\!\rangle \tag{22}$$

Impulsverteilung und kinetische Energie bestimmen.

Hinweise auf Anwendungen, weitere Details und Literatur

Diese finden sich bei Zülicke (73), Heinrichs (79), Ziesche (80), Averill und Painter (81).

A 7.1. Literatur

Averill, F. W., G. S. Painter, Phys. Rev. **B24**, 6795 (1981).
Budd, H. F., J. Vannimenus, Phys. Rev. Lett. **31**, 1218, 1430 (1973).
Feynman, R. P., Phys. Rev. **56**, 340 (1939).
Fock, V., Z. Phys. **63**, 855 (1930).
Heinrichs, J., phys. stat. sol. (b) **92**, 185 (1979).
Hellmann, H., Einführung in die Quantenchemie, Deuticke, Leipzig 1937.

March, N. H., Phys. Rev. **110**, 604 (1958).
Pauli, W., in: H. Geiger, K. Scheel (Hrsg.), Handb. d. Phys., Bd. 24 (2. Aufl.), Teil 1, Springer, Berlin 1933, S. 162.
Sawada, K., Phys. Rev. **106**, 372 (1957).
Slater, J. C., Quantum Theory of Molecules and Solids, Vol. 3: Insulators, Semiconductors and Metals, McGraw Hill, New York, 1967, S. 349.
Slater, J. C., Quantum Theory of Molecules and Solids, Vol. 4: The Self-consistent Field for Molecules and Solids, McGraw Hill, New York 1974, S. 291.
Himbergen, J. E. van, R. Silbey, Phys. Rev. **B20**, 567 (1979).
Vannimenus, J., H. F. Budd, Solid State Comm. **15**, 1739 (1974).
Vannimenus, J., H. F. Budd, Phys. Rev. **B15**, 5302 (1977).
Ziesche, P., J. Phys. **C13**, 3625 (1980).
Ziesche, P., D. Lehmann, J. Phys. **C15**, 4807 (1982).
Ziesche, P., D. Lehmann, J. Phys. **C16**, 879 (1983).
Zülicke, L., Quantenchemie, Bd. 1, Deutscher Verl. d. Wissenschaften, Berlin 1973, S. 202.

A 8. Störungstheorie und Elektronengas

P. Ziesche

Gegenüber dem idealen Fermi-Gas treten bei den in [1], [2], [3], [7], [8] behandelten Elektronengasen als Störungen auf: Nichtlokale statische (äußere) Potentiale

$$W^0 = \sum_{\boldsymbol{q} \neq 0} \sum_{\boldsymbol{k}, s} a^\dagger_{\boldsymbol{k}+\boldsymbol{q}, s} \, W^0(\boldsymbol{k}, \boldsymbol{q}) \, a_{\boldsymbol{k}, s} \tag{1}$$

(gemäß (7.2-2) gilt für das nichtabgeschirmte Pseudopotential der Ionen $W^0(\boldsymbol{k}, \boldsymbol{q}) = S(\boldsymbol{q}) \, w^0(\boldsymbol{k}, \boldsymbol{q})$, in [3] wird als Index c (= core) statt 0 verwendet) sowie die (innere) Coulomb-Wechselwirkung der Elektronen untereinander (s. (1.1-3))

$$V^0 = \frac{1}{2} \sum_{\boldsymbol{q} \neq 0} \sum_{\substack{\boldsymbol{k}, s \\ \boldsymbol{k}', s'}} a^\dagger_{\boldsymbol{k}+\boldsymbol{q}, s} a^\dagger_{\boldsymbol{k}'-\boldsymbol{q}', s'} v^0(\boldsymbol{q}) \, a_{\boldsymbol{k}', s'} a_{\boldsymbol{k}, s} \,,$$
$$v^0(\boldsymbol{q}) = \frac{1}{V} v_q \,, \qquad v_q = \int d^2 r \, e^{-i\boldsymbol{q}\boldsymbol{r}} \frac{\epsilon^2}{r} = \frac{4\pi\epsilon^2}{q^2} \,. \tag{2}$$

In den elektrostatischen Betrachtungen wird gewöhnlich wie auch in [1.3] die Fourier-Transformierte des Coulomb-Potentials v_q verwendet, in der quantenmechanischen Störungsrechnung treten dagegen die mit normierten ebenen Wellen gebildeten Matrixelemente des Coulomb-Potentials, hier mit $v^0(\boldsymbol{q})$ bezeichnet, auf; beide Ausdrücke unterscheiden sich um einen Normierungsfaktor. Der Index Null in (1) und (2) soll andeuten, daß es sich um die nichtabgeschirmten (nackten) Potentiale handelt.

Als besonders zweckmäßig hat sich die Behandlung solcher Störungen im Rahmen der zeitabhängigen Störungstheorie erwiesen (zusammenfassende Darstellungen der Vielteilchenstörungstheorie geben z. B. Mahan, 81, Landau u. Lifschitz, 80, Jones u.

March, 73, Fetter u. Walecka, 71, March u. a., 67, Schrieffer, 64, Abrikossow u. a., 62). Diese Störungen treten dabei in den interessierenden Größen (Gesamtenergie und Ausbreitungsfunktionen des gestörten Grundzustandes) in Form der S-Matrix auf:

$$S = T\, e^{-(i/\hbar)\int dt[W^0(t)+V^0(t)]} = N\, e^{\langle T a a'^{\dagger}\rangle(\delta^2/\delta a'^{\dagger}\delta a)} \cdot e^{-(i/\hbar)\int dt[W^0(t)+V^0(t)]} . \tag{3}$$

T ordnet Produkte zeitabhängiger Operatoren einschließlich entsprechender Vorzeichenwechsel mit nach links zunehmender Zeit, und über

$$a_{\boldsymbol{k},s}(t) = e^{(i/\hbar)H^0 t}\, a_{\boldsymbol{k},s}\, e^{-(i/\hbar)H^0 t} = e^{-i\omega_{\boldsymbol{k}}^0 t}\, a_{\boldsymbol{k},s} , \qquad \omega_{\boldsymbol{k}}^0 = \frac{\hbar \boldsymbol{k}^2}{2m} , \tag{4}$$

erhalten W^0 und V^0 die Zeitabhängigkeit des Wechselwirkungsbildes. Außerdem enthalten W^0 und V^0 je einen Faktor (exp $(-|t|/\tau)$ o. ä.), der das quasistatische Ein- und Ausschalten der Störung beschreibt. Der zweite Schritt in (3) enthält das Wicksche Theorem; dabei bedeutet $\langle\,\rangle$ den Grundzustand des ungestörten Systems H^0 (ideales Fermi-Gas), der Differential- oder Kontraktionsoperator im ersten Exponenten ist symbolisch (entsprechende Integrationen über s, $\boldsymbol{k}$ und t weglassend) geschrieben, und N stellt das sogenannte Normalprodukt her, ordnet alle Lochvernichtungsoperatoren $a_{\boldsymbol{k},s}^{\dagger}$ mit $|\boldsymbol{k}| < k_F$ und alle Teilchenvernichtungsoperatoren $a_{\boldsymbol{k},s}$ mit $|\boldsymbol{k}| > k_F$ einschließlich entsprechender Vorzeichenwechsel nach rechts.

Die Untersuchung von (3) zeigt, daß die erwähnten Größen durch die jeweilige Summe aller topologisch verschiedenen, verbundenen, also nicht in getrennte Teile zerfallenden Graphen (kurz Verbundgraphen) gegeben sind.[1] Die Bauelemente dieser Verbundgraphen sind (mit $k \triangleq (\boldsymbol{k}, \omega)$ als Abkürzung)

$$= iG^0(k) = i\,\frac{1}{\omega - \omega_{\boldsymbol{k}}^0 + i\delta\,\mathrm{sgn}\,(\omega_{\boldsymbol{k}}^0 - \omega_F^0)} , \qquad \delta \gtrsim 0 , \tag{5}$$

$$= -\frac{i}{\hbar}\, v^0(\boldsymbol{q}) , \qquad v^0(\boldsymbol{q}) = \frac{1}{V}\, v_q , \qquad v_q = \frac{4\pi e^2}{q^2} , \tag{6}$$

$$= -\frac{i}{\hbar}\, W^0(\boldsymbol{k}, \boldsymbol{q}) , \quad W^0(\boldsymbol{k}, \boldsymbol{q}) = S(\boldsymbol{q})\, w^0(\boldsymbol{k}, \boldsymbol{q}) . \tag{7}$$

An jedem Vertex sind die Erhaltungssätze für Impuls und Energie zu beachten, also

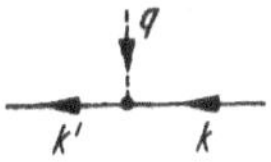

$$= \delta_{k', k+q} .$$

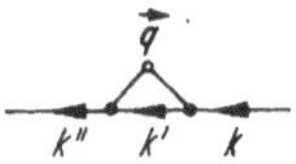

$$= \delta_{k'', k'+q}\, \delta_{k', k} . \tag{8}$$

[1] Diese Verbundgraphentheoreme gehen auf Gell-Mann und Low (51), Goldstone (57), Hubbard (57, 58), Sucher (57), Rodberg (58), Bogoljubow und Shirkow (57) und Bloch (58) zurück. Allgemein kann der S-Operator durch Verbundgraphen in Exponentialform dargestellt werden (Macke u. Ziesche, 64), daraus folgt unmittelbar die Verbundgraphendarstellung der Energie, das Zustandsvektors und der Ausbreitungsfunktionen. Die Verbundgraphendarstellung des S-Operators ist als Spezialfall im allgemeinen Exponentialverbundgraphentheorem (Ziesche, 67) enthalten.

Dabei ist $\delta_{k',k} = \delta_{\boldsymbol{k}',\boldsymbol{k}} 2\pi\delta(\omega' - \omega)$, und in der zweiten Gleichung von (8) bringt $q \mathrel{\hat{=}} (\boldsymbol{q}, 0)$ den statischen Charakter des Pseudopotentials der Ionen zum Ausdruck. Über alle inneren Impulse und Energien ist gemäß $\int \mathrm{d}k = \sum_{\boldsymbol{k}} \int \mathrm{d}\omega/2\pi = \int \mathrm{d}^3k\, d\omega/(2\pi)^4$ zu integrieren. Bei den q-Integrationen ist $\boldsymbol{q} \neq 0$ gemäß (1) und (2) zu beachten, zusätzlich entfällt bei den Pseudopotentialen die Energieintegration. Jeder geschlossenen Elektron-Loch-Linie wird ein Faktor -1 sowie (durch Summation über die beiden Spineinstellungen) ein Faktor 2 zugeordnet. Alle Verbundgraphen verschwinden, die Elemente des Typs

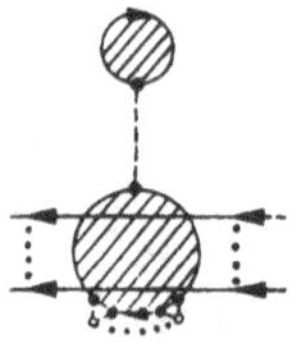

(9)

enthalten. Der obere Graphenteil soll neben geschlossenen Elektron-Loch-Linien nur innere Coulomb-Wechselwirkungen (2) bzw. (6), also keine äußeren Potentiale (1) bzw. (7) enthalten. Daher trägt die in (9) gezeichnete Wechselwirkungslinie den Impuls $\boldsymbol{q} = 0$, dieser ist aber auszulassen (darin kommt die neutralisierende Wirkung des positiven Untergrundes zum Ausdruck).

Die Gesamtenergie ist (zusammen mit einem Faktor $(-i/\hbar) \int \mathrm{d}t$) durch die Summe aller Verbundgraphen gegeben, die keine äußeren Linien aufweisen; zusätzlich zu den obengenannten Graphenregeln wird jedem dieser Vakuumverbundgraphen G ein Symmetriefaktor $g(G)$ zugeordnet, der sich aus der Symmetrie von G ergibt. Für das homogene Elektronengas ($W^0 = 0$ bzw. bezüglich W^0 nullte Störungsordnung) ist daher die Energie in erster und zweiter Störungsordnung bezüglich der Coulomb-Wechselwirkung durch

(10)

gegeben (einfachheitshalber sind die Pfeile an den Linien weggelassen). Während der erste Term gerade die Austauschenergie (1.1-13) liefert, zeigt der zweite Term die in [1.1.4] und [1.5.2] diskutierte (durch die nackte Coulomb-Wechselwirkung bedingte unphysikalische) Divergenz für $\boldsymbol{q} \to 0$. Diese wird in RPA durch Aufsummation aller (ebenfalls divergierenden) Verbundgraphen des Typs

(11)

beseitigt. Dies besagt zugleich, daß eine Störungsrechnung (Potenzentwicklung) nach (2) bzw. (6) nicht existiert und daß bei Entwicklung nach (1) bzw. (7) in jeder Störungsordnung eine Aufsummation von unendlich vielen Ordnungen bezüglich (2) bzw. (6) vorzunehmen ist. Die in (7.2-17) benötigte Energie (bezüglich des Pseudopotentials von zweiter Ordnung) ist durch Verbundgraphen des Typs

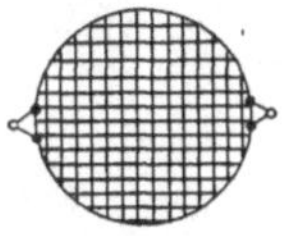

(12)

gegeben.

Der in [1.2.3] eingeführte Massen- oder Selbstenergieoperator $\Sigma(k)$ ist für das homogene Elektronengas durch die Verbundgraphensumme

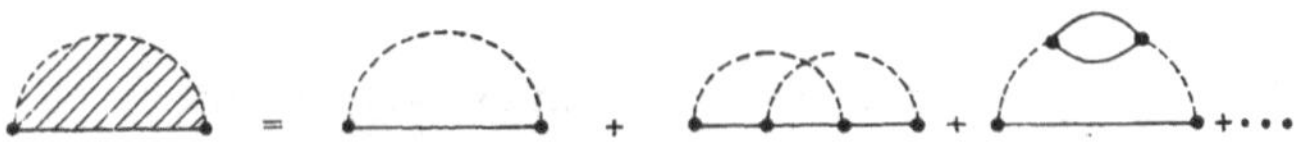

(13)

gegeben. Dabei treten nur Graphen auf, die beim Zerschneiden einer Elektron-Loch-Linie nicht in zwei getrennte Teile zerfallen. Mit (13) nimmt die Dyson-Gleichung (1.2-4) die Form

(14)

an. Nach (1.2-9) ist $\langle\langle V \rangle\rangle$ damit durch

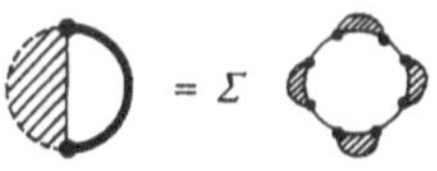

(15)

gegeben.

Die in (1.3-4) eingeführte Suszeptibilität (oder Polarisierbarkeit oder Polarisationsfunktion) $\chi(q)$ ist für das homogene Elektronengas durch die Verbundgraphensumme

(16)

gegeben. Dabei treten nur Graphen auf, die beim Zerschneiden einer Wechselwirkungslinie nicht in zwei getrennte Teile zerfallen. Aus (16) ergibt sich nach (1.3-9) für die Polarisierbarkeit (oder Suszeptibilität oder Responsefunktion) $\alpha(q)$

(17)

Während nun die für α physikalisch nicht sinnvolle nullte Störungsordnung

(18)

bedeutet, ergibt sich sie selbstkonsistente Abschirmung in Hartree-Näherung (RPA) aus

(19)

(also $\chi = \chi^0$). Dabei ist die Lindhardsche Funktion $\chi^0(q)$, s. (1.5-12 u. 15), durch

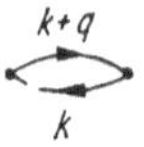

$$= -2 \int \mathrm{d}k\, G^0(k+q)\, G^0(k) \tag{20}$$

gegeben. Die Hartree-Abschirmung oder RPA (19) bedeutet gemäß (17) für $\alpha(q)$ ähnlich wie in (11) die Teilsummation

(21)

Die über (19) hinausgehende Hubbard-Teilsummation (1.6-1) bedeutet

(22)

Die in [1.5.2], [2.1.3] und [9.1.1] erwähnte effektive (mit der DF $\varepsilon(q)$, s. (1.3-8), abgeschirmte) Coulomb-Wechselwirkung $v(q) = v^0(q)/\varepsilon(q)$ ist ähnlich wie (14) und (17) durch

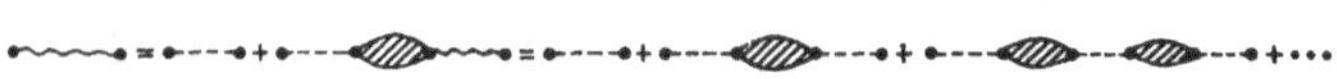

(23)

gegeben. Damit ist $\langle\langle V \rangle\rangle$ nach (1.4-10) auch durch

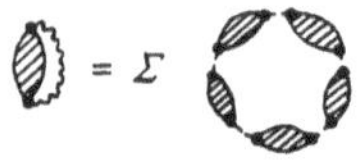

(24)

(statt durch (15)) gegeben. In RPA (19) entsteht daraus (11). Effektive Coulomb-Wechselwirkung $v(q)$ und Selbstenergie $\Sigma(q)$ sind in RPA (19) durch

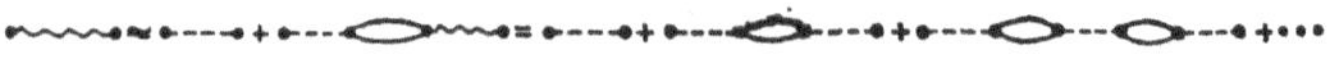

(25)

(statt durch (23)) und

(26)

(statt durch (13)) gegeben. Der erste Term in (26) entspricht der Hartree-Fock-Näherung. Der in [2.1.3] und [9.1.1] erwähnte Vertexoperator $\Gamma(k, k'; q)$ ist durch

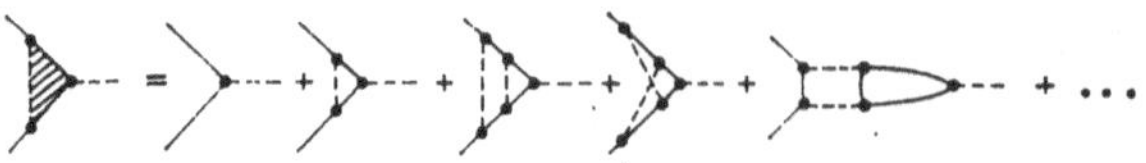

(27)

gegeben.

Genau genommen stimmen die in (1.3-4, 9 u. 11) eingeführten Größen α und χ mit den durch die Graphensummen (17) und (16) definierten Größen $\tilde{\alpha}$ und $\tilde{\chi}$ nur für $\omega > 0$ überein, für $\omega < 0$ sind sie zueinander komplex konjugiert. α und $\tilde{\alpha}$ entstehen aus bestimmten Zweiteilchenausbreitungsfunktionen (der Teilchendichten),

$$\begin{aligned}\alpha(\boldsymbol{q}, t) &= -\frac{i}{\hbar}\frac{1}{V}\,\Theta(t)\,\langle\langle[\varrho_{\boldsymbol{q}}(t), \varrho_{\boldsymbol{q}}^{\dagger}(0)]\rangle\rangle\,,\\ \tilde{\alpha}(\boldsymbol{q}, t) &= -\frac{i}{\hbar}\frac{1}{V}\,\langle\langle T\varrho_{\boldsymbol{q}}(t)\,\varrho_{\boldsymbol{q}}^{+}(0)\rangle\rangle\,,\end{aligned} \tag{28}$$

also jeweils aus einer retardierten und einer kausalen Ausbreitungsfunktion. Fourier-Transformation von (26) liefert (1.3-11) sowie

$$\tilde{\alpha}(\boldsymbol{q}, \omega) = \frac{1}{V}\sum_n |(\varrho_{\boldsymbol{q}}^{\dagger})_{n0}|^2\,\frac{1}{\hbar}\left[\frac{1}{\omega - \omega_{n0} + i\delta} - \frac{1}{\omega + \omega_{n0} - i\delta}\right], \tag{29}$$

woraus $\mathrm{Re}\,\tilde{\alpha} = \mathrm{Re}\,\alpha$ und $\mathrm{Im}\,\tilde{\alpha} = \pm\,\mathrm{Im}\,\alpha$ für $\omega \gtrless 0$ sowie

$$\tilde{\alpha}(q) = -\frac{i}{\hbar}\frac{1}{V}$$  , $$\tilde{\alpha}^0(q) = -\frac{i}{\hbar}\frac{1}{V}$$  (30)

und

$$\tilde{\chi}(q) = -\frac{i}{\hbar}\frac{1}{V}$$  , $$\tilde{\chi}^0(q) = -\frac{i}{\hbar}\frac{1}{V}$$  (31)

folgt.

A 8.1. Literatur

Abrikossow, A. A., L. P. Gorkow, I. E. Dsjaloschinski, Metody kwantowoi teorii polja w statistitscheskoi fisike, Staatsverl. f. phys.-math. Lit., Moskau 1962, Kap. II.

Bloch, C., Nucl. Phys. **7**, 451 (1958).

Bogoljubow, N. N., D. W. Shirkow, Wwedenije w kwantowuju teoriju polja, Staatsverl. f. techn.-theor. Lit., Moskau 1957.

Fetter, A. L., J. D. Walecka, Quantum Theory of Many-Particle Systems, McGraw-Hill, New York 1971, Kap. 3 und 4.

Gell-Mann, M., F. Low, Phys. Rev. **84**, 350 (1951).

Goldstone, J., Proc. Roy. Soc. **A239**, 267 (1957).

Hubbard, J., Proc. Roy. Soc. **A240**, 539 (1957), **243**, 336 (1958), **244**, 199 (1958).

Jones, W., N. H. March, Theoretical Solid State Physics, Wiley, London 1973, Bd. 1, Anh. A 2.2.

Landau, L. D., E. M. Lifschitz, Lehrbuch der Theoretischen Physik, Bd. IX, Akademie-Verlag, Berlin 1980, Kap. II.

Macke, W., P. Ziesche, Acta Phys. Hung. **17**, 215 (1964).

Mahan, G. D., Many Particle Physics, Plenum, New York 1981.

March, N. H., W. H. Young, S. Sampanthar, The Many-Body Problem in Quantum Mechanics, Cambridge University Press, London 1967 (Übers. ins Russ., Mir, Moskau 1969), Kap. 4.

Rodberg, L., Phys. Rev. **110**, 277 (1958).

Schrieffer, J. R., Theory of Superconductivity, Benjamin, New York 1964 (Übers. ins Russ., Nauka, Moskau 1969), Kap. 5.

Sucher, J., Phys. Rev. **107**, 1448 (1957).

Ziesche, P., Commun. math. Phys. **5**, 301 (1967).

Ergänzungen zu [0.1] beim Korrekturlesen

Sammeldarstellungen zur elektronischen Struktur:

M. Springford (Hrsg.), Electrons at the Fermi surface, Cambridge University Press, Cambridge 1980.

F. Y. Fradin (Hrsg.), Treatise on Material Science and Technology, Vol. 21, Electronic Structure and Properties, Academic Press, New York 1981.

Vielteilchentheoretische Begründung der Bandstruktur und Vielteilcheneffekte in Metallen: J. W. Wilkins, in: M. Springford (80), S. 46.

Ergänzungen zu [1.8] beim Korrekturlesen

1. Homogenes Elektronengas:

a) Ferrell-Theorem:

S. Ichimaru, H. Iyetomi, K. Utsumi, Phys. Rev. **B25**, 1374 (1982),

b) Lokalfeldkorrekturen:

V. D. Gorobchenko, E. G. Maksimov, Usp. fiz. nauk **130**, 65 (1982).
V. G. Kohn, V. D. Gorobchenko, J. Phys. **C15**, 2935 (1982).
K. Utsumi, S. Ichimaru, Phys. Rev. **B22**, 1522, 5203 (1980), **B23**, 3291 (1982). **B24**, 3220, 3226 (1981).

Überblick:

K. S. Singwi, M. P. Tosi, Solid State Physics **36**, 177 (1981).

c) Fermi-Hypernetted-Chain-Näherung:

L. J. Lantto, Phys. Rev. **B22**, 1380 (1980).
J. G. Zabolitzky, Phys. Rev. **B22**, 2353 (1980).

d) Fermionen-expS- und Bosonen-expS_2-Methode:

R. F. Bishop, K. H. Lührmann, Physica **B&C108**, 873 (1981).
E. Pajanne, J. Arponen, J. Phys. **C15**, 2683 (1982).

e) Monte-Carlo-Berechnungen:

D. Ceperley, B. J. Alder, J. Physique Coll. **41**, C7, 295 (1980), Phys. Rev. Lett. **45**, 566 (1980).

2. Inhomogenes Elektronengas:

a) Gradientenentwicklung:

D. C. Langreth, J. P. Perdew, Phys. Rev. **B21**, 5469 (1980).

b) Dichte-Funktional-Formalismus:

Relativistischer Dichte-Funktional-Formalismus:
A. H. MacDonald, S. H. Vosko, J. Phys. **C12**, 2977 (1979).
Verbesserung der lokalen-Dichte-Näherung:
O. Gunnarsson, M. Jonson, B. I. Lundqvist, Phys. Rev. **B20**, 3136, (1979).

Überblick:

W. Kohn, P. Vashishta, General Density Functional Theory, NSF-ITP-80-32.
J. Avery, J. P. Dahl (Hrsg.), Local Density Approximation, Plenum, N. Y. 1983.

c) Ladungsdichtewellen:

L. M. Sander, J. H. Rose, H. B. Shore, Phys. Rev. **B21**, 2739 (1980).

d) Überblick:

S. Lundqvist, N. H. March (Hrsg.), Theory of the Inhomogeneous Electron Gas, Plenum, New York 1983.

3. Zweidimensionales Elektronengas:

A. Czachor, A. Holas, S. R. Sharma, K. S. Singwi, Phys. Rev. **B25**, 2144 (1982).
T. Ando, A. B. Fowler, F. Stern, Rev. Mod. Phys. **54**, 437 (1982).

Ergänzungen zu [9.4] beim Korrekturlesen

1. Zusammenfassende Darstellungen und Konferenzberichte:

G. Grimvall, The Electron-Phonon Interaction in Metals, Selected Topics in Solid State Physics, Vol. 16, North-Holland, Amsterdam, 1981.
W. H. Butler, in: F. Y. Fradin (Hrsg.), Electronic Structure and Properties, Academic Press, New York, 1981, S. 165.
W. Buckel, W. Weber (Hrsg.), Superconductivity in d- and f-Band Metals, Kernforschungszentrum Karlsruhe, Karlsruhe 1982.

2. Experimentelle Bestimmung der Elektron-Phonon-Spektralfunktion:

D. M. Burnell, J. Zasadzinski, R. J. Noer, E. L. Wolf, G. B. Arnold, Solid State Comm. **41**, 637 (1982).
A. P. van Gelder, Solid State Comm. **35**, 19 (1980).
J. Caro, R. Cochoorn, D. G. de Groot, Solid State Comm. **39**, 267 (1981).

3. Elektron-Phonon-Kopplungskonstante λ für Übergangsmetalle und intermetallische Verbindungen:

H. B. Radousky, T. Jarlborg, G. S. Knapp, A. J. Freeman, Phys. Rev. **B26**, 1208 (1982).
H. Winter, in: W. Buckel, H. Weber (82), S. 503.

4. Berechnung von Transportgrößen:

F. J. Pinski, P. B. Allen, W. H. Butler, Phys. Rev. **B23**, 5080 (1981).
T. P. Beaulac, P. B. Allen, F. J. Pinski, Phys. Rev. **B26**, 1549 (1982).

Ergänzungen zu [11.9] beim Korrekturlesen

1. Übersichtsartikel:

P. T. Coleridge, in: M. Springford (Hrsg.), Electrons at the Fermi Surface, Cambridge University Press, Cambridge 1980, S. 362.

P. H. Dederichs, R. Zeller, in: J. Treusch (Hrsg.), Festkörperprobleme, Bd. XXI, Vieweg, Braunschweig 1981, S. 243.
B. Lengeler, in: G. Höhler (Hrsg.), Springer Tracts in Modern Physics, Bd. 82, Springer, Berlin 1978, S. 1.
P. Jena, in: F. Y. Fradin (Hrsg.), Electronic Structure and Properties, Academic Press, New York 1981, S. 351.

2. Elektronische Eigenschaften streng lokalisierter Punktdefekte:

P. J. Braspenning, R. Zeller, P. H. Dederichs, A. Lodder, J. Phys. **F12**, 105 (1982).
J. Deutz, P. H. Dederichs, R. Zeller, J. Phys. **F11**, 1787 (1981).
C. Koenig, P. Leonhard, E. Daniel, J. Physique **42**, 1015 (1981).
I. Mertig, E. Mrosan, J. Phys. **F12**, 1139 (1982).
I. Mertig, E. Mrosan, J. Phys. **F12**, 3031 (1982), **F13**, 373 (1983).

3. Einfluß der gestörten Umgebung:

P. J. Braspenning, A. Lodder, J. Phys. **F11**, 79 (1981).
A. Lodder, J. Phys. **F6**, 1885 (1976); **F7**, 139 (1977).
A. Lodder, P. J. Braspenning, J. Phys. **F10**, 2259 (1980).
A. Lodder, P. M. Boerrigter, P. J. Braspenning, phys. stat. sol. (b) **114**, 405 (1982).
J. Molenaar, P. T. Coleridge, A. Lodder, J. Phys. **F11**, 437 (1981).
R. S. Sorbello, phys. stat. sol. (b) **100**, 347 (1980).

Fußnote zu S. 163:

Für die Fourier-Transformierte $T_{\boldsymbol{kk}'}$ von $T(\boldsymbol{r}, \boldsymbol{r}')$ ergibt sich damit

$$\begin{aligned} T_{\boldsymbol{kk}'} &= \int \mathrm{d}^3r \int \mathrm{d}^3r' \, \mathrm{e}^{-i\boldsymbol{k}'\boldsymbol{r}'} \, T(\boldsymbol{r}', \boldsymbol{r}) \, \mathrm{e}^{i\boldsymbol{kr}} \\ &= (4\pi)^2 \sum_{LL'} i^{-l+l'} Y_L(\boldsymbol{k}') \, T_{LL'} Y_{L'}(\boldsymbol{k}) = -4\pi f(\boldsymbol{n}, \boldsymbol{n}') , \end{aligned}$$

wobei (4.1-15′) und $\boldsymbol{k} = \boldsymbol{k}' = x$ benutzt wurde.

Fußnote zu S. 189:

Für Kugelsymmetrische Streuer wie in [11] kann α in Δt_α und $\Delta\eta_\alpha$ durch l ersetzt werden.

Fußnote zu S. 190:

Im Gegensatz zur bisherigen Normierung der Wellenfunktion beziehen wir hier sowie in [9] und [11] in die Koeffizienten c_{kl}^{ic} bzw. c_{kl}^{ir} Faktoren $1/\sqrt{V}$ ein, so daß $T_{kk'}^{\mathrm{D}} \sim 1/V$.

Sachverzeichnis